U0904587

竖向建筑结构手册

竖向建筑结构手册

[美] 沃尔夫冈·许勒尔 著
袁 勇 邵晓云 柳 献
金安石 彭定超 译

中国建筑工业出版社

著作权合同登记图字：01－2000－4002号

图书在版编目（CIP）数据

竖向建筑结构手册/［美］沃尔夫冈·许勒尔著；袁勇等译．—北京：中国建筑工业出版社，2002
ISBN 7－112－05343－9

Ⅰ．竖…　Ⅱ．①许…　②袁…　Ⅲ．高层建筑—高层结构—技术手册　Ⅳ．TU973－62

中国版本图书馆CIP数据核字（2002）第075439号

责任编辑：程素荣

竖向建筑结构手册
［美］沃尔夫冈·许勒尔　著
袁　勇　邵晓云　柳　献　金安石　彭定超　译

*

中国建筑工业出版社出版、发行（北京西郊百万庄）
新华书店经销
北京嘉泰利德公司制作
北京建筑工业印刷厂印刷

*

开本：787×1092毫米　1/16　印张：41½　字数：1000千字
2002年12月第一版　2002年12月第一次印刷
定价：**89.00**元
ISBN 7－112－05343－9

TU·4682（10957）

本社网址：http：//www.china-abp.com.cn
网上书店：http：//www.china-building.com.cn

目　录

前　言

本书按结构形式和特性，以有序、对比方式列举了丰富的竖向结构类型。从块状建筑到细塔、地面到地下、深水或外层空间，或简单的对称到复杂的不对称，从盒式到阶状，从低层（low – rise Building）到高层（High – rise Building），从普通承重墙、骨架和芯筒结构到桥式建筑、单元群、悬吊建筑、管筒、超级框架和新一代复合混杂的摩天大楼。

为促进对建筑结构空间体系的理解，必须以不同于其他设计因素的语言来剖析。因此，用几何、美学、历史、功能、环境、建造的观点研究建筑物，通过这个方法，各建筑设计专家可以相互观摩他人所关注的方面，从而发展成成功的团队工作的基础。同时，结构的处理扩大到与之相关的、传统上分割的施工、结构分析和建筑材料、建筑历史、几何与工程制图等领域。描述、分析、图形研究相并重。本书的视图部分为建筑设计人员学习所必备，数百幅图的分析皆在支持这一观点。

分解复杂结构问题仅引用初等数学，通过近似设计方法启发对结构特性的感受、以及用手算校核计算机输出结果的能力。

尽管计算机是一种必备工具，但也必须制度化，否则设计人员过分依靠软件，会导致丧失对结构特性的整体把握，甚至设计人员的独立校核能力。希望本书所介绍的方法可以协助设计人员扩展对结构性能的感受和关于结构的知识，架起建筑设计师和结构师之桥，在建筑中为结构建立了一个位置。

本书旨在使结构为建筑的一个主要部分，使设计人员在总体上把握，而不仅仅依赖于结构和力学、建筑学、施工技术等分枝末节。结构工程书籍通常强调解决问题的方法，因而在数学抽象中物理本质丧失殆尽，这对其他专业人才几乎是不可能领悟的。类似地，建筑学采用广泛的概念诠释（自 1960 年代起，今天只有部分留存），未能响应此后发生的知识爆炸。

本书的写作也受当今高校结构工程教学的驱使。土木工程专业的研究生熟悉并乐于使用计算机——如何输入数据得到解答——但他们并不太了解结构总体物性，从而会采用不能完善模拟真实结构的模型。青年工程师还未学会描绘“活”建筑，而倾向于太多分析和结构的局部细节。另一方面，建筑学的学子在工作室中主要关心建筑的表现与展示，而独立于建筑的有机联系和建造之外。他们熟知课堂中讲授（与设计分离）的技术。这样课程仅会介绍基本概念，远远赶不上近些年的知识爆炸。

进而，在学术层面上，结构单元与荷载已从基本源中分离，因此主要重点在各种分析求解方法。相反，本书强调如何从实际结构找出问题——荷载，构件形状，由结构布局导出边界条件，施工方法等。学生必须将复杂体系分解为几个基本体系，以便快速评价和配比结构构件，通过实际结构抽取数学力学和性能概念，学生可更好的掌握结构目的和逻辑，理解结构是如何起作用和影响建筑形式的。但最重要的是，这种经历教会学生数学是一有效的系统工具，而不是其结果。通过这一方式，学生可发挥结构性能的感受，从而获得处理结构概念的信心。

大量的建筑案例的描述能帮助学生扩大与结构以及相关物理世界的沟通能力，他们会理解结构并不仅停留于数学层次。建筑案例的选择仅为示范结构概念和开发结构与形式的感受，而不是支配某一建筑风格或结构模式。本书以图示方式分析设计概念，通过形态学的（morphological）方法以简单的线图和图表抽象表现现存建筑的特征，以揭示形式逻辑，实际建筑的表现可帮助设计者探索结构的三维组织，以及看出力流，结构单元的空间交互作用。

建筑师会接受结构规律，在实际阶段学会控制物质与非物质空间的交互演绎，类似地，结构工程师能将建筑单元的结构性能翻译成它们所熟知的抽象图像。

并非所有的描述都按工程习惯分析或精确解释。一些插图没有简化和清晰定义，相反，以复杂和有意展开解释的方式呈现。在讲述一个故事，迫使读者通过绘图参与设计，并不打算指定如何用图准确素描。这样由其自身表述，总体精神贯穿，突显超越所描写，传递给设计人员比陈述还丰富的境界情感。这种方法与视觉思考，艺术形式有关，而不是绘图方法，除美学欣赏外，图示在于激发创新。

本书最重要的目的之一，是用最少的数学解释各种建筑形式中单元的结构性能，以合理的精度初步估计构件尺寸，数学要求在初级水平，以使特性分析不被复杂分析过程所掩盖。通过本书解释各种简化的原因——设计绝不是仅仅将数据塞进已制备好的公式中。

导出的简化方程可以快速估计构件比例，这在设计和施工中尤其重要，这些应用的例子在初步设计阶段比较各结构方案时找出力的大小和方向是有意义的，在扩初阶段因美学需比较尺寸，在快速控制图和计算机输出时，或现场发现构件尺寸不正确，或超静定结构初试截面。

结构的学生只靠阅读书面描述材料和听精彩演讲是绝不会真正理解结构性能的复杂性。为真切学会主体和探求未知，必须实际解决问题，为支撑这一目标，重点在分析类习题，书中给出近2000个问题。最后学生会发展出建筑结构是生动的感受，因为他突然将自己融入结构，从而体验应力集中和骨骼扭曲的痛苦。

这里必须指出，各章所附习题并非仅为促使更好地理解材料，在一定程度上，还是为了开发清晰的概念，甚至有几个案例是为引入文中未提到的新思想。读者可容易地找到相关参考书。

本书不是精确分析和设计或施工方法的替代品。读者已具备静力学，以及钢结构和钢筋混凝土的设计基础。然而，本书第四章也简要复习了一些重要的基本概念。

第一章引入设计基本概念，给读者对结构作为建筑的一部分的总体认识。重要历史文件，建筑学考虑，建筑物内涵，功能组织，机电设备系统，安全因素均包括在内。第二章为一般结构原则，针对结构整体，而不是其中的构件，为后续章节的基础。施工和基础的基本原则也包括在内。像重力、动力、风、地震、温度、和其他隐性荷载（如能量耗散系统）的复杂作用，结构整体和多余度性等在第三章讨论。第四章涉及钢筋混凝土，钢、预应力混凝土构件的近似设计方法。侧向力（包括扭矩）在竖向结构的分配在第五章展开，还包括楼板结构系统（看作隔板和重力分配系统）、各种钢筋混凝土板的近似设计。第六章墙板体系，包括幕墙、隔墙、承重墙、砌体和配筋砌体的近似设计方法以砌体方式引入。第七章给出丰富的建筑结构体系，包括砌体、钢筋混凝土、钢结构、复合结构、混合结构、大量典型建筑的近似设计。第八章介绍其他大型结构，如塔、离岸结构，地下结构，外层空间结构。

本书不仅可作为建筑结构课程和设计课程的教科书，也可作为设计工作室的施工课程的参考书。本书对青年工程师和建筑师极有价值，许多建筑案例以比较的方式呈现出来，可以加强初级设计阶段建筑师和结构工程师的实践。

本书的主题是引导性的，然而，也希望所呈现的过程不仅为设计师熟悉丰富的竖向结构，而且也启发关键性思考，激发充分的好奇心做进一步研究。加强对设计和施工的创新，也为建筑相关职业领域沟通和理解提供桥梁。

致　谢

首先，我要将这份感谢送给弗吉尼亚州立大学工学院建筑系的学生们。本书中大部分的插图均出自于这些学生之手。参与这项工作时间较长的同学有：Mark Bittle，Louis Conway，Mario Cortes，Lisa Davis，Luciano Galletta，William Galloway，Jennifer Gillespie，Gerry Gutierrez，Mark Jones，Charles Matta，Mark Pruitt，Eka Rohardjo，George Russel，Andrea Varner，Mitzi Vernon ，Robert Wright，以及 Syracuse 大学的 Bryan Berthold 和 Ron Weston。

我还要感谢我在弗吉尼亚工学院的研究生助教：Mario Cortes 和 Eka Rohardjo；他们两人在绘制本书插图时所做的工作非常出色。我还要感谢 David Johnson，Thomas Kostelecky，John Moench，Peter Paoli 和 Daniel Shear，他们无偿地提供了本书中的部分图例。同时，我还要感谢 Glen Okaley，他帮我校对了全书，并给我提出了许多有价值的建议。最后，我要感谢 Kurt Hedrick，他编辑了本书的练习手册。这些助教积极的工作态度一直激励着本人。

我还要感谢那些上面所未提及，但参与了本书的制图、校对工作，并且用批判和富有建设意义的想法来支持我的人们。

我非常感激 Brenda Lester 女士，她在过去的几年中，一直都是耐心地在弗吉尼亚工学院的主机上用 GML script 字处理软件来帮我准备本书的手稿。

同时，本书得以出版发行，离不开建筑师和工程师的辛勤工作；他们的建筑设计及用数学方法来解释结构性能是本书的基础。在这里，我不能一一列举这些建筑师和工程师的姓名，但读者能在本书的参考书目和插图目录中找到他们。

再此，我要特别感谢著名的工程师和教育家 Lynn S. Beedle，他是美国高层建筑和城市住宅理事会的会长；该理事会在 Lynn S. Beedle 先生的倡导下于 1969 年在里海大学成立。该协会的出版物是我编写本书的主要参考资料。

最后，我还要感谢出版社的编辑和印刷工人，他们在本书的出版过程中付出了辛勤的劳动。

1 建筑设计的一般概念

建筑设计是一种复杂的在交互过程中逐渐发展起来的，许多形式的决定因素，涉及范围，包括从文化或自然的环境效果到正常功能的建筑组织本身。本书的主要目的在于使读者从结构的角度清楚的了解建筑，对于一些常用的决定建筑形式的因素也将在本章节中简要介绍，它们是：

（1）从技术和建筑物风格角度考虑高层建筑的演变；

（2）建筑设计理论和几何形态；

（3）环境背景；

（4）建筑的功能，包括与各种活动、各种支撑体系、建筑物安全有关的建筑物竖向结构的发展。

竖向建筑结构的发展

19 世纪以前，高层建筑是各种阶梯式庙宇、金字塔、露天大剧院、城堡、市政厅、寺庙、清真寺、天主教堂以及各种类型的塔等。它们的设计通常源于政治和宗教的原因——这些建筑往往是权力和信仰的象征。其他的多层建筑主要是 3 ~ 4 层用于居住的城市建筑，建筑底层与商业用途有关。那时的高层建筑主要是砌体结构，但是罗马人已经在公元前 2 世纪就用混凝土建造房层，并且混凝土的使用在当时达到了一个很高的技术水平——这已经为著名的罗马石砌神殿所证实。在这些建筑中，混凝土通常不外露在建筑结构的外表，而用大理石作为永久的装饰物覆盖。

在古代巴比伦、雅典、拜占庭的城市中心，用泥砖和木材建造的四层建筑已经非常普遍。罗马人建造了 10 层廉价出租建筑，建筑的主要材料是木材，但是在奥古斯丁皇帝时期，建筑物的高度被限制在 70 英尺左右以便能够减少火灾的危害，混凝土取代木材用于拱形楼板和楼梯。在随后几个世纪里（贯穿整个中世纪），欧洲建造墙体所用的普通材料一直是石材、砖、木材和砌体填充木框架。采用这些材料的其他建筑构件是利用拱、穹和柱梁的概念。楼板由木梁或相对较高、较重的石砌拱顶来支撑。直到 19 世纪人们第一次把较轻、较薄的穹顶用来作为楼板结构，这些穹顶材料包括砖、粘土瓦以及后来的钢筋混凝土板。

今天，人们仍然可以在沙特阿拉伯南部，也门找到传统高层建筑的施工方法。在这些地区，几个世纪以来，阿拉伯人一直在建造塔式城市。这些房屋高度可以达到 100 英尺，足有 8 层高。在许多地区，这些高塔房屋完全由晒干（未经过烧制）的砖坯砌成。

在随后的几个章节，我们主要讨论现代高层建筑的发展，首先，人们使用钢和铁，同时也使用其他对于现代高层建筑所必需的技术要素，这些要素最终体现在 20 世纪 20 年代和 30 年代的摩天大楼中。最后，讨论一下钢筋混凝土。

技术要素

直到 19 世纪末 20 世纪初，在多层建筑中钢结构框架才开始慢慢取代笨重的砖砌施工方法，传统中高层砌体房层，是大型承重结构，在这些结构中墙体是独立结构——它们的功能不是整个三维建筑形式的一部分。

随着建筑物体积和高度的增加，建筑荷载相应地增加，传统建筑物的高度很快达到极限。这是因为钢材具有 16000 磅力/英寸^2 承载力，相比之下，混凝土砌体仅能承受 200 磅力/英寸^2；并且基础的承载面积，不能再加大，最终结果是墙体又厚又重。墙体质量重，设计布置的不灵活使得砖砌体在多层中的应用效果不佳。这在 19 世纪最后一座剪力墙砌体结构——芝加哥市 16 层（Monadnock）大厦（始建于 1891 年，见图 1.1e）的北部结构中明显地表现出来：这个大厦底部所采用的框架结构是根据传统经验的设计准则，墙体在底部有 6 英尺厚。设计者用砌体剪力墙来支撑这座又长又窄的高层建筑——内部支撑框架由生铁柱和钢梁所组成，在最底层中砌体工程竟然占据了五公之一的建筑面积！

砌体剪力墙结构的强度较低，平面布置缺乏灵活性很明显地指明金属框架为摩天大厦发展过程中一种必要的组成部分。尽管人类已经认识钢和铁几千年，但是直到 18 世纪才在英格兰钢铁制造业发现大规模生产钢铁的生产方式，起初是生产生铁，然后是熟铁、铁板。早些时期的冶金工程师们花费了很长时间来研究各种把铁从铁矿石中分离出来的方法，怎样获得足够高的温度来熔化大量铁，怎样使金属达到最有利的强度和硬度。最终在 1855 年，英国人亨利·贝斯曼（Henry Bessemer）第一次发明了大量生产钢材的生产流程。

钢铁桁架，通常被作为工业革命的一种象征，它伴随着城市和人口的快速增长。在这期间，新的建筑形式产生了（包括火车站、工厂、大型仓库、市场大厅、展览厅和可大量生产的标准住宅）。在大发明和工业化时代，不仅产生大规模生产方式和新型施工方法，而且还产生了新型结构体系和建筑形式。大跨结构需要新的结构形式，需要在现有结构中进一步发展。其拱门的使用已得到证明；拱门被用在火车站、桥梁的桁架和各种梁、悬索桥跨、以及采用单层大跨式或人字形框架的展览大厅。多层框架结构形式也自然受到了芝加哥人德奥达·泰勒（Deodat Taylor）（1833）为民用住宅设计的轻型木结构框架的影响。没有科学进步，技术革新是不可能的——结构理论主要形成于18、19世纪，主要集中地在法国。1747年，法国巴黎诞生了世界上第一所工科大学。

19世纪的大型室内展厅、大跨屋顶和桥梁、高层建筑可以做为结构概念扩展和工程师创新思想的里程碑。以下几个结构是非常有名的：

- 1851年Paxon在伦敦建造的水晶宫（Crystal Palace）
- Roebling在纽约建造的1595英尺长的布鲁克林桥
- 埃菲尔于1889年在巴黎建造的984英尺高的铁塔

比起由工程师进行主要设计的大跨度屋面、桥梁和单层框架，由建筑师们负责的摩天大楼的发展则经历更多的时间，因为这包括了许多其他因素。这不仅要开发支撑结构，还要开发防火方法、电梯、机械、电力、通风系统，高层建筑的外表形式除了技术上的因素，建筑师还非常关注建筑美观，特别是关于保存历史和延续城市背景。

多层结构的起源可以追溯到19世纪初英国的磨坊和仓库，当时内部采用铁框架，通常不采用砌体结构来支撑楼板。虽然生铁柱沿建筑外墙线布置，但是这些柱子却被自承重石墙和立面砖墙所挡住。在美国，19世纪40年代，熟铁梁开始取代抗拉强度较低、脆性较大的生铁梁，典型的多层框架结构也开始慢慢地发展起来。与此同时，外部的砌体砖墙和扶墙为建筑提供了横向支撑：箱式结构向框架结构迈进了第一步，代表高层建筑的诞生。

这种从外部承重墙到框架的变化可以在生铁立面建筑中得到反映，这些例子可以在利物浦、格拉斯哥、圣路易斯河谷的仓库中找到。最有影响力的建筑作品设计是发明家丹尼尔. 巴杰（Daniel Badger）和詹姆斯·博加德斯（James Bogardus）于1840年在纽约设计的铸造厂。它们建造了2层到6层铁框架建筑，包括预制的铁墙面，这些墙面，可以轻易地运到现场进行安装。

约翰·B·科利耶斯（John B. Coliers）和詹姆斯·博加德斯按照威尼斯文艺复兴风格，在纽约建造的高达6层的哈帕兄弟（Harper and Brothers）印刷厂。这间始建于1854年后于1920年被拆除的印刷厂采用细柔的生铁框架，同时还用玻璃。它内部的桁架梁是按照薄拱的形式铸造起来的，并由生铁杆件连接起来展示了材料的轻质和高强；

这些组装起来的桁架梁横跨在铸铁内柱和承重外墙之间，同时桁架梁支撑熟铁工字梁，这些工字梁承受楼板传递给砖砌拱的重量。这幢建筑通常被认为是纽约最早的防火建筑。

普里丰塔尼耶（Prefontaine）和丰塔尼耶（Fontaine）在法国设计了圣旺（Saint - Ouen）码头仓库（这幢建筑始建于1865年，现已被拆除），它毫无疑问地代表了结构向高层建筑结构迈出了更为重要的一步，这幢建筑是第一幢防火、全框架、多层结构，它由生铁框和熟铁梁组成，这些熟铁梁支撑着座落在梁的下翼缘的空心砖砌薄拱，梁上部叠合有混凝土，建筑物的外表充分展现了带有内部填充墙的钢铁框架结构。建筑师琼斯·桑尼尔（Jules Saulnier）和工程师A·蒙尼圣特（A. Monisant）共同设计了位于巴黎附近Noisiel - sur - Marne的Menier巧克力工厂，通过对框架结构和悬臂梁采用横向支撑，使得高层建筑结构发展趋势向前迈出了更大的一步。这幢4层建筑内部没有刚性墙，完全座落在四根巨大的支柱上。建筑纵向由平行的外墙支撑，外墙下部有高度很高的悬臂箱式梁，这些箱式梁传递熟铁立面框架、交叉式抗风网架、以及填充空心墙的荷载。某种意义上，这些外露的支撑框架，就象巨型格构式悬臂桁架，这种桁架常用于桥梁结构中。

19世纪早期，高层建筑中的各组成部分的独自发展，使得19世纪下半叶高层建筑在技术上的突破成为可能，这些组成部分包括以下几方面：

- 结构：全框架金属结构，能够提供横向稳定
- 幕墙：把围护墙从支撑结构中区分出来，围护成为骨架的填充墙
- 安全性：防火
- 电梯
- 机械设施和卫生：管道工程，中央供热，人造灯光，通风

在美国的许多地区，19世纪60年代人们就使用可靠的卫生设备系统，电气照明系统，蒸汽加热系统和蒸汽式通风扇，在20世纪20年代人们开始使用空调。

随着载客电梯的产生，建筑物的高度不再局限于5层高度（这个高度是人们爬楼梯时所认为的合理高度）。这一时期通常与埃利沙·奥提斯（Elisha Otis）于1854年在纽约展览会上展出他著名的“安全电梯”联系起来。在这次展览会上，奥提斯剪断缆绳而电梯仍然安全地停留在半空，证实了他的“安全电梯”是令人信服的。他的第一部安全载客电梯由蒸汽驱动，安装在Harghtwout大厦，这是纽约的一家百货公司。这家百货公司由丹尼尔·巴杰和约翰·P·戈伊罗（John P. Goyrore）于1857年设计，也是美国历史第一次使用安全电梯的设计，它的建成通常被认为是前摩天楼时期（preskyscraper period）的开始。

19世纪70年代后期，蒸汽载客升降机为速度更快的液压升降机所代替。在19世纪90年代早期，奥提斯基本上设计出了现代的电动升降机，在1889年，不仅埃菲尔

（Gustave Eiffel）设计的984英尺高的埃菲尔（Eiffel）铁塔轰动一时，而且在铁塔内部支架的双层水力升降机也成为轰动一时的新闻，而且其中一部电梯可直达塔顶。

1857年以后，随着吉尔曼（Gilman）和肯达尔（Kendall）和工程师G·B·波斯特（G. B. post）在纽约设计建造了公平生命保险公司大厦（Equitable Life Assurance Building），高层建筑得到了进一步发展，在1870年进入了一个重要新阶段。通常人们认为这幢建筑是高层建筑的早期版本，因为它除高度低外采用箱式建造原则包含所有技术上的必要部分。

这幢建筑华丽的法国Mansardic风格，虽然只有5层，但在高度上却达到了130英尺，也是人类第一次在办公室中使用载人电梯。这幢建筑通常被认为是所谓的电梯建筑或原始摩天楼时期（proto－skyscraper）的开始。

在1871年那场灾难性的芝加哥大火中许多钢构件的破坏导致了在防火方面许多新发明，这些高层建筑继续发展的必要条件。工人们在钢梁和钢柱外部覆盖瓷砖，同时采用空心瓷砖地面，换句话说，它们用更多隔热材料来保护金属骨架。

后来，威廉·L·贝隆（由Wlliam Le Baron Jenney）在芝加哥设计的10层家庭生命保险公司大厦（图1.1b）（Home Life Insurance Company）（该建筑毁于1931年）意味着真正意义摩天大厦的诞生。这幢建筑内部没有承重墙，整幢建筑完全由框架结构承担。框架包括内部填充水泥灰浆的圆形铸铁柱，建筑底部6层采用熟铁工字梁和其余4层采用钢梁。其中典型梁是高5英尺，用于支撑瓷砖楼面拱、砖石立面（包括窗间墙和拱肩）、它象帘子一样挂在框架上，由固定在托肩梁上的角铁来承担重量。

建筑师伯汉姆（Burnham）和卢特（Root）在芝加哥的20层Masonic Temple大厦设计中形成了竖向剪力墙的概念。由于这幢建筑物的高度在当时是世界上最高的，因此立面框架采用横向斜杆支撑，进而建立了竖向桁架原则。

摩天大厦的发展

摩天大厦的发展从1880年左右开始到1900年，高层建筑发展的早期集中在芝加哥，芝加哥的块形开放式建筑仅仅能达到20层。而接下来纽约的高层塔式建筑才开始了真正的高层建筑，这些建筑是美国城市的象征。在以下章节中所要讨论的几个重要的建筑主要强调本质上的视觉特色，它们可以在图1.1中看到。

第一次高层建筑时期

随着家庭生命保险公司大厦的建成，第一次高层建筑时期到来了。这一阶段最早开始于芝加哥，并直接伴随着芝加哥学派的发展。

虽然第一次高层建筑发展时期在很大程度与新技术发展有关，但建筑师们也不得不

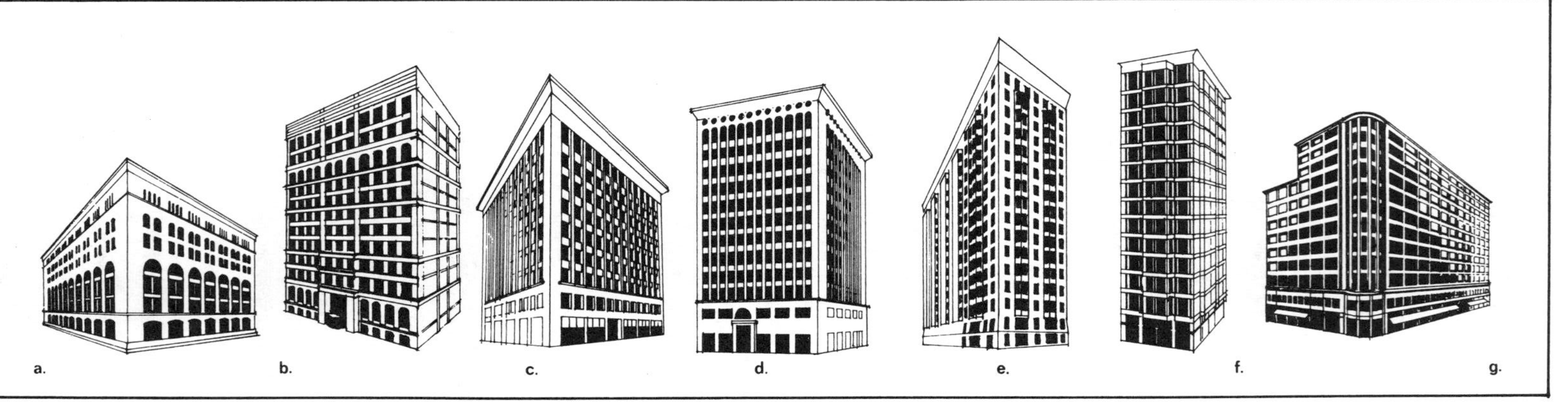

图1.1　摩天大厦的演变

努力寻求外形，或新的形式语言，在城市环境中表现这种飞快发展的建筑。这不是简单的工作，一方面工程师们，为了拓展科学技术的视野天才般地进行创造：高效率地建造桥梁、火车站、展览厅等等；它们所想象中的世界有可以由水晶宫这座建筑反映出来。另一方面，建筑师们按照它们的传统，它们无法摆脱受历史风格的影响，不得不保存过去的价值，同时，还不得不适应城市环境爆炸般发展的新条件——这种新条件就是高速发展的芝加哥进取精神和新的建造方法，建筑师必须在这种处境中找到解决办法。

文艺复兴时建造的豪华宫殿风格早于第一次高层建筑时期的一种混合风格。但随着建筑物高度的增加，这种宫殿式的布局无法满足人们的要求，建筑师不得不寻找一种混合的解决方法。在芝加哥，第一次高层建筑时期带来的用于箱式和板式高层建筑的平面楼板取代了折线形楼板。设计者们在寻找一种吸引人的混合解决方法过程中，它们完成了许多事情，即重新给不同时期复兴风格的建筑分组，这些风格包括罗马风格、古典风格、安妮女王（Queen Anne）风格。这些风格都是与数学和几何的进展同步进行的。它们在每一层宫殿上堆建另外一层宫殿，或者延伸宫殿的中间部分，因此形成壮观的层次感（例如，具有罗马风格的拱和柱子竖直向上伸展）。接下来的几种模式是相互借鉴，同时发展的：①通过在每层宫殿堆建新的宫殿来强调水平空间的分割；②借助柱子基座、杆、屋顶的比喻，并通过延伸建筑的中间区域，来达到扩展的宫殿类型式构成的三重体系；③芝加哥框架或商业风格，这些建筑的立面组成不再是强加的而清楚地表现支撑结构和外在质感。

家庭生命保险公司代表着第一类模式（如图 1.1b），建筑的外墙不再表达骨胳—皮肤的概念，而是用来做为承重的窗间墙—以一种模糊的罗马风格在水平平面上布置。这幢建筑的重要性在于它的技术方面，而不在于它的美学方面。

亨利·H·理查森（Henry Hobson Richardson）（1887）在芝加哥设计的 Marshall Field 仓库是第一类风格的经典之作（见图 1.1a）。这幢建筑是罗马早期风格，但是却按照一种类似于文艺复兴时期宫殿的风格进行布置。水平层的完美比例和窗户从笨重的基础开始向上不断延伸都表现了一种松散、平衡、连续、简单和清晰视觉，通过拱形来清楚地表达承重墙的类型、力量、整体性，同时，这些拱使得建筑物看起来更高。

芝加哥学派的大师路易斯·沙利文（Louis Sullivan）受理查森设计的影响，Marshall Field 仓库的视觉布置（而不是它的风格）反映了简洁、朴素和完美的布置。在不拆毁整体建筑的情况下你无法改动其中任何一个构件。这种在很大程度影响了沙利文，并帮助他发展了高层建筑的形式。虽然沙利文相信技术本身无法充分保证设计出一个好的建筑物，但是他却坚信技术是设计中一个很有意义的组成部分。对他来说，装饰体系无法从建筑自身脱离开来，他试图通过对功能和情感在视觉上的结合创造出一种彻底的完整性。沙利文坚持不懈地探索这种新式建筑——他不受建筑理想主义的影响（这些理想主义者完全执迷于复兴历史风格)。沙利文相信理想高层建筑的组成非常平衡，一定能表现建筑结构的本质，高度和工业社会的精神。沙利文认为布置的艺术性、建筑结构的本质和时代的精神是相互作用，他的两个杰作（Wainwright 大厦和 Guaranty 大厦），采用扩展式宫殿排列来验证他的思想。

沙利文和他的搭挡丹克马·阿德勒（Dankmar Adler）在设计圣路易斯市 Wainwright 大厦中（如图 1.1c），采用了一种广为使用的钢框架，这些框架在外墙部分仅露出很宽的柱子，这些柱子沿基础等间距布置。

在上部每隔一根柱子才是结构柱——假柱子的解决方法很自然地掩盖了钢框架的特征。竖直的构件清楚地表现建筑物的高度，化笨重屋面为飞檐的形式表现建筑物向上的伸展，同时精细的装饰给建筑立面带来更多的活力。

沙利文最伟大的成就或许就是 1895 年布法罗（Buffalo）市的 Guaranty 大厦（如图 1.1d），对于这幢大厦，沙利文没有强烈地去表现大厦的三段式划分，同样也没有表现从抽象风格中考虑出来的各种衍生物。

建筑物的巨大的承载基座看起来承受着向上不断伸展的塔楼，在某种程度上早于底层采用支柱的国际风格的建筑。这幢建筑的屋檐不仅截断了高耸杆件向上的延伸，同时屋檐本身看起来象从竖向构件中自然而然地生长出来。

伯汉姆和卢特于 1891 年在芝加哥设计的 16 层 Monadnock 大厦，不仅因其是最后一幢巨型砖墙承重结构（或者早期高层建筑），而且设计的高质量也十分出名。这幢建筑不加任何修饰，没有借鉴任何历史风格却很明显地表现了结构和功能。这仅仅模糊地说明经过拓展的宫殿模式。承重砖增从底向上不断地变窄，以不断减少重量，增加压强，同时垂直向上的伸展趋势到达屋檐后便终止了。虽然建筑本身强有力地表现竖向支撑和建筑物本身的高度，但与此同时建筑的表面也具有创造性、艺术性。这种风格至少在 30 年后才在欧洲大陆上出现，同时这种新形式使它与框架结构的视觉差异可以说是微乎其微。

当 Wairwright，Guaranty 和 Monadnock 大厦尝试着一种包含传统价值的新式建筑语言时，由霍拉伯德（Holabird）和罗奇（Roche）设计，始建于 1889 年芝加哥的 Tacoma 大厦第一次突破这种约束，并产生了所谓的芝加哥商业风格。它是由楼板结构定义的各个水平层组成，而不是建造宫殿模式，它是世界上第一幢展示幕墙和开放式立面的建筑，这种方式使得光线可以穿过其内部，由于伸向外部的凸出结构使得建筑物向上的延伸趋势被顶层平衡掉了。这幢 13 层的建筑毁于 1929 年，它是世界上第一座采用铆接、且它所采用工字型钢梁和钢筋混凝土所组成的筏板基地是具有革命性的。由 C·B·阿特伍德（C. B. Atwood of Burham）和他的伙伴设计的坐落于芝加哥市的 15 层瑞莱斯（Reliance）大厦进一步表现了利用建筑的立面进行采光，在视觉方面上强调水平的窗带，这条窗带几乎完全是玻璃的，建筑物立面框架被覆盖有红色瓷砖。立面结构的透明性和比例纯净直接导致20世纪50年代的玻璃幕墙建筑快速发展。

然而在1879年，威廉·L·贝隆·珍妮设计芝加哥市的第一莱特大厦（First Leiter Building）就开始大胆地主张芝加哥学派哲学。这幢建筑一般被认为是这一运动的早期的力作。珍妮为了让窗户从黑板到天棚一直开通和清晰地表现窗间墙细柔特性而废除了外墙。过去，人们在使用框架结构中，外部的砖砌窗间墙和熟铁托墙梁与内部的框架分离。尽管这幢7层结构并不是高层建筑，但是从审美学的观点它是最有影响力的，并且预示了晚些时候的芝加哥风格结构。最后，随着沙利文在芝加哥的最后一幢杰作——即1904年的Carso Pirie Scott百货公司（参见图1.1g），第一次高层建筑阶段中的商业风格达到了顶点，但这过程并未结束。这幢建筑物的框架嵌有白色陶瓷，框架本身显露出静态的折衷特性。骨架空间的跨度和高度由功能的需求来决定，而不受制于规则性和对称性的抽象法则。这幢建筑是芝加哥学派对现代建筑一个有影响力的说明，同时也强调了沙利文著名观点“形式服从功能”。

第二次高层建筑时期

1895年，当美国纽约21层的Surety大厦（这幢建筑也曾经被认为是世界上第一幢独立式塔式建筑）在高度上超过了芝加哥具有新哥特风格的20层高的Masonic Temple大厦时，建筑物高度的竞赛从芝加哥转移到了纽约。一直到本世纪末，一直是技术限制建筑物的高度。然而，在一战之前的一段很短的时间里许多高层建筑的建成证实了技术因素不再是限制建筑物高度的主要决定因素。

1908年欧内斯特·弗莱格（Ernest Flagg）设计的47层Singer大厦，高度上已达到614英尺。一年以后，拿破仑·勒布伦（Napoleon LeBrun）父子设计50层的大都市生命保险大厦，高度上达到了675英尺。最后，1913年卡斯·吉尔伯特（Cass Gillbert）设计的57层的Woolworth大厦高度达到了792英尺，成为当时世界上最高的建筑，直得17年后77层的克莱斯勒（Chrysler）大厦的建成，它的高度才被超过，仅在一年以后，1931年美国高层建筑黄金时期的桂冠授与了帝国大厦，帝国大厦的高度居然达到了1250英尺。

第二次高层建筑时期或者说是高层建筑结构中的塔式建筑时期发生在纽约。可以按照下面的塔式结构的形状和风格来进行组织。

第一阶段：独塔式建筑和有基座的塔式建筑
古典风格（来源于个个时期）
哥特风格

第二阶段：缩进式塔或建筑（从1925年到第二次世界大战）
装饰艺术风格

芝加哥学派所关注的表现建筑功能的思想不为纽约设计者们所接受。他们非常坚信一种分离式装饰体系，这种体系存在于过去一系列风格中（主要表现在古典和哥特式阶段）。这种体系和钢框架结合就掩饰了钢框架。沙利文试图使建筑及其装饰不可分离，纽约学派的设计者却通过直接来源于折衷主义而形成的熟练的技巧和强调建筑的总体形象来完成建筑装饰。当建筑物的高度越来越高，宫殿模式就过时了，设计者们不得不寻找新的历史突破，塔式结构已经取代了芝加哥学派时期相对矮小的方块形建筑。这些高层建筑超过其他建筑，高耸入云；它们不仅成为定义天空轮廓的标志，而且成为美国城市的缩影；当建筑能够连接天和地，高层建筑使诞生了。但是高层建筑的象征意义更广泛——它不仅被认为美丽，而且也成为反映了美国公司实力的形象。

Singer 大厦（1908）和大都市人寿保险（Metropolitan Life Insurance）大厦（如图 1.1h）｛1909｝按照古典样式设计的，这标志着第二次高层建筑发展时期的开始。在这里，设计者为适应高层建筑应高耸入云的象征引入了塔式建筑风格。这种风格在历史上已有先例，Singer 大厦中塔式结构部分横向连结着结构的整体，而在大都市人寿保险大厦中塔楼部分从基础开始一直脱颖而出，它是按照威尼斯中世纪的 San Marco 钟楼设计的，并用一种古典的处理方法来处理立面效果。

在 1913 年 Woolworth 大厦成功地引入了教堂的哥特式风格（如图 1.1i），使之成为更适合高层建筑设计的模式，这种风格也被称作商业的教堂，Woolworth 作为当时世界上最高的建筑，被称作是世界上第一幢真正的高层建筑，完美地表现了建筑物的竖直耸入高空和美国生活中商业的活力。建筑物的塔楼不仅是一个象征，而且也提供了相当合理的楼面面积，这幢建筑由 3 部分组成：巨大的 27 层基座、30 层的塔楼和尖塔。在正面窗间墙从底层一直建到顶层，并把所有的部分都连结起来成为一个整体。环绕钢柱的厚墙墩和薄墙墩所形成的窗棂，强调了建筑竖向不间断性。尽管建筑的立面装饰华美，一定程度掩盖建筑物支撑结构的排列，但人们可以轻易想象出高层塔式建筑所需要的横向支撑。这些支撑包括刚性框架、斜支撑、K 形支撑和角支撑。

芝加哥国际 Tribune 塔楼竞赛代表建筑史上一件非常重要的事件，它不仅代表了高层建筑在城市背景下的许多见解和观点，而且也促进了高层建筑设计的进一步发展。格鲁皮乌斯（Walter Gropius）和迈耶（Adolf Meyer）的竞赛作品反映出技术、结构和功能——在某种程度上它是沙利文设计的 Carso Pirie Scott 百货公司的新发展。这位现代主义大师的观点已被密斯·凡·德·罗继承并得到发展，并于 1920 在密斯·凡·德·罗的玻璃大厦中表现出来。相比之下，埃列莱尔·萨里宁（Eliel Saarinen）的作品，（如图 1.1j）不仅仅是革命性和进步的，它继承了美国建筑已有的观点并建立了新的审美观点。萨里宁没有采用 Woolworth 大厦的哥特式风格，（对塔楼部分采用夸大的竖向排列结构构件），而是相反，让建筑物整体来表达向上的趋势。收进式（setback 即随着高度的上升而要逐渐后退）建筑像山峰一样拔地而起，建筑物中的塔楼部分从它的整体结构和厚重的基础上脱颖而出。尽管装饰处理是完全竖向的，没有表达建筑物水平楼层，但是这种风格并不是哥特式风格而是人为地、艺术性地表达一种对具有创造性的新艺术风格的怀念，经常被称为具有日耳曼特色的罗马风格。对当时的批评家来说，萨里宁的设计要比第一名霍德（Hood）的设计成功，因为它深深地影响后来的建筑设计。

萨里宁的设计看起来似可在某种程度上预示了 1916 年纽约建筑法规修订后的影响——即通过限制每块土地上建筑物的最大空间控制建筑物对城市环境的影响，保护相邻场地的阳光和通风。规范所制定的新的建筑形式就是后退式塔式建筑。休·费里斯（Hugh Ferris）夸大并神秘地刻画了 1922 年地区新规范的影响。他通过把建筑物刻画成像山峰一般拔地而起，按照城市次序建立高层大厦，同时也试图反映 20 世纪 20 年代拥有摩天楼的城市是美国的象征。费里斯的艺术性作品和萨里宁的个人的解释被常常用来作为后挫式建筑的形成和处理方法。这就导致在设计中整体结构的安排和组成作为一种象征成为设计要素中最重要的一部分。建筑总体的形象被加上了一种浪漫的、乌托邦式的情调，最重要的是加入了现代主义关于机器时代技术的观点。这种精神和艺术、建筑和个人哲学相结合形成了装饰艺术风格，这种风格反映了一种绘画上的浪漫情调。高层建筑中具有装饰艺术风格的装饰性外形建筑表达了现代主义的一种精神，这种精神含有对历史的了解，这包括对历史风格的反映和使用，但是这种精神反对复兴主义者把建物外表处理成一种虚饰，使装饰艺术风格和建筑外表具有美学情调的结构。这种结构起着很重要的作用——建筑表面处理独立于建筑物的内部组织，独自发展了自己的构成和有机的特性。装饰艺术风格最为特出的部分是建筑的尖塔和穹顶，值得称颂。

1930 年，威廉·冯·阿兰（William Van Allen）设计纽约克莱斯勒大厦，特别是大厦的不锈钢尖塔强调了装饰艺术风格。建筑的立面采用了现代建筑形式语言，这种形式语言的风格，使我们想起工业时代的设计概念，这个概念把建筑物本身看作是机器的象征，同时建筑外部装饰看起来也似乎反映了曼哈顿爵士乐时代的风格。这幢收进式建筑的整体包括大塔座、各种封闭式楼板、塔楼、尖塔，还包括传统上的竖向窗间墙，在塔楼中间部分隐蔽的托墙梁，这些梁在建筑的角部按水平条带形分布。建成以后，这幢建筑直耸入云，足以证明它是当时世界上最高的建筑。克莱斯勒大厦确实是一幅广告，它是美国摩天大楼的象征之一。

相比较而言，施里夫（Shreve），莱姆（Lamb）和哈努（Harnon）设计的帝国大厦采用了更简洁的形式，通过采用收进式的风格和带有具有装饰艺术风格的隐蔽式铝制柱梁、连续立柱，便得建筑更显高耸。建筑物惊人的高度在经过壮观的屋顶之后过渡到了天空，使得人们不得不感叹这幢建筑物的高度，同时这幢建筑也保持了许多年世界建筑高度第一的称号。然而这幢建筑并没有在外部展示高达 1250 英尺的建筑物作为有机体的复杂性和成就，这正是现代主义运动非常关注的一个特色。

到了20 世纪20 年代的尾声，现代主义更为朴素的风格和线性几何形式占据了主导地位。它们把功能、效率、经济表现在装饰或把建筑物本身作为广告宣传来赞美商业和现实主义，在20 世纪30 年代早期，伟大的现代主义流线型高层建筑已经建立了基础。在这期间，由于雷蒙德·M·霍德（Raymond M. Hood）对创作的敏感性和对实际需求有清楚的了解，使他成为这一时代最有创作最有才华的代表人之一。

在纽约每日新闻大厦（Daily News Building）（1930 年）如图（1.1m）霍德表现了休·费里斯所设计的浪漫高耸摩天大楼所具有的现代抽象风格。这幢平板式塔楼建筑没有任何中断，连续的收进一直向上延伸，顶端没有采用穹顶。建筑立面由一系列竖向沉重的石砌条带组成，几乎没任何建筑特色，而且通过收进水平的托梁把建筑的横向特性减少到最低限度。为了使建筑看起来更高，霍德在真实柱子之间加入了假柱子。

与此相对应的是纽约市 McGraw – Hill 大厦［1931］如图 1.1n 所示。这幢建筑表现风格复杂，整体性松散。在这里霍德通过加强对水平方向的支撑使建筑物看起来更为轻盈。建筑物的两个立面展示了钢框架的布置和水平分布（这一点好象受欧洲现代文化运动的影响），这些特色在某种程度上被具有装饰艺术风格的布置和塔楼、屋顶的形象所压制。

Hood 主要负责曼哈顿洛克菲勒中心 70 层 RCA 大厦的概念设计（1933 年）（如图 1.1o 所示），这也许是他最伟大的成就。他巧妙地塑造竖向板，把平面实体分解成浮式细长板来超越厚板自身的特色。阶梯形不仅考虑到美学和功能上的要求，而且也使得不同的电梯竖井可以到达在不同楼层。霍德通过等间距地布设窗间墙表达建筑立面的竖直特性，通过一宽两窄的柱子排列来清楚地展现各个墙面 27 英尺等间距布置的承重柱。铝制托梁的水平状态在某种程度上减缓这些建筑物的向上趋势，这些托梁与这些立柱差不多齐平。

如图 1.1p，豪（Howe）和莱斯卡兹（Lescaze）设计的费城 Saving Fund Society（PSFS）大厦［1932］是世界上第一幢真正的高层建筑。这幢建筑放弃了塔形轮廓，清楚地展示了建筑的承重柱，并使得这些柱子支撑着各层楼板。建筑师们在这幢 39 层的钢结构建筑中以一种完全不同的视角创立了一种不同的建筑风格。这幢建筑建造在费城而不是纽约。同时，它是在美国第二座使用空调的高层建筑。建筑的平面设计呈“T”形轮廓，设计中“T”形建筑腹板部在底部非对称布置，腹板端部与翼缘连接部位是电梯井，设计明显有欧洲现代主义运动风格的基础。它的整体性显示了各种功能上的因素，显示了竖向核心和水平办公炽的各种不同的内部功能，同时显示了支撑结构的特性，其中包括在建筑相对较窄的一面强有力的悬挑部分。这幢建筑没有使用墙体做为围护结构也没有关注形象或意义表达的浪漫色彩。建筑构图中没有强迫外部表现与内部结构分离，而是使外部表现经过内部结构组织自然而然地产生。这幅建筑作品对“现代主义”思想的解释非常具有革命性——平衡非对称性的立体派形象。PSFS大厦标志着第二次高层建筑阶段的终止。但是在这之前，在20世纪30年代的早期，已经出现了预示二战后具有国际风格的高层建筑。

第三和第四次高层建筑时期

现代主义思想主宰了第三次高层建筑时期，在某种程度上这种思想一直在继续着发生在芝加哥的第一次高层建筑的时期所放弃的商业风格。当时称谓的高耸建筑屋顶平坦，不仅使用钢结构，而且还使用混凝土结构和砌体结构。与以往的发展阶段一样，过去密切地关注情感来强调外部表面装饰、建筑意义或历史风格。现在关注功能和技术上的因素，重点已经明显地转移到理性方面上来：即结构已经成为形式产生过程中的主要促进因素。建筑物的有机部分——例如骨胳和透明皮肤得到了表现——在图1.2中反映出了这种精神。设计者们是革新的、有创造性的，他们试着用材料和建筑技术来赞美技术和功能——技术被上升到艺术的水平。在这一阶段，高层建筑在工程技术方面的发展是显著的，到20世纪70年代早期，有效的高耸结构体系已经形成了，并成功地建造了当今世界上最高的建筑——纽约世界贸易中心、芝加哥西尔斯大厦（如图8.1），这两者在高度上均超过了帝国大厦。

第四次和当今高层建筑所处的阶段与20世纪70年代的后现代主义和现代主义晚期相联系。特别是后现代主义时期，装饰艺术风格又成为建筑主要的灵感，复兴了早期建筑形象，相反，结构上（现代主义晚期的一种形式）表现了一种太空时代的精神，使我们想起了机器人技术和先进的太空技术。本书将在以后部分对最后两次高层建筑时期进行讨论，因此在本章节不再详述。

钢筋混凝土高层建筑结构的发展

第二次高层建筑发展阶段中所有的高层建筑都采用钢结构，钢筋混凝土仅用在低层建筑，或作为钢结构的替代品，直到20世纪50年代钢筋混凝土作为材料和结构，才确立了自己在高层结构中心地位。

很明显，比起高层结构中钢材使用的快速发展，混凝土的发展是缓慢的，钢筋混凝土发展的重要里程碑是英国人约瑟夫·阿斯普登（Joseph Aspdin）发明了硅酸盐水泥（其材料为石灰石和粘土）和19世纪中后期许多先驱者确立的钢筋混凝土结构形式，这些先驱者是法国人弗朗索瓦·夸涅（Francois Coignet）和约瑟夫·莫尼耶（Joseph Monie）。其他一些有贡献的先驱者分别是英国人威廉·B·威尔金森（William

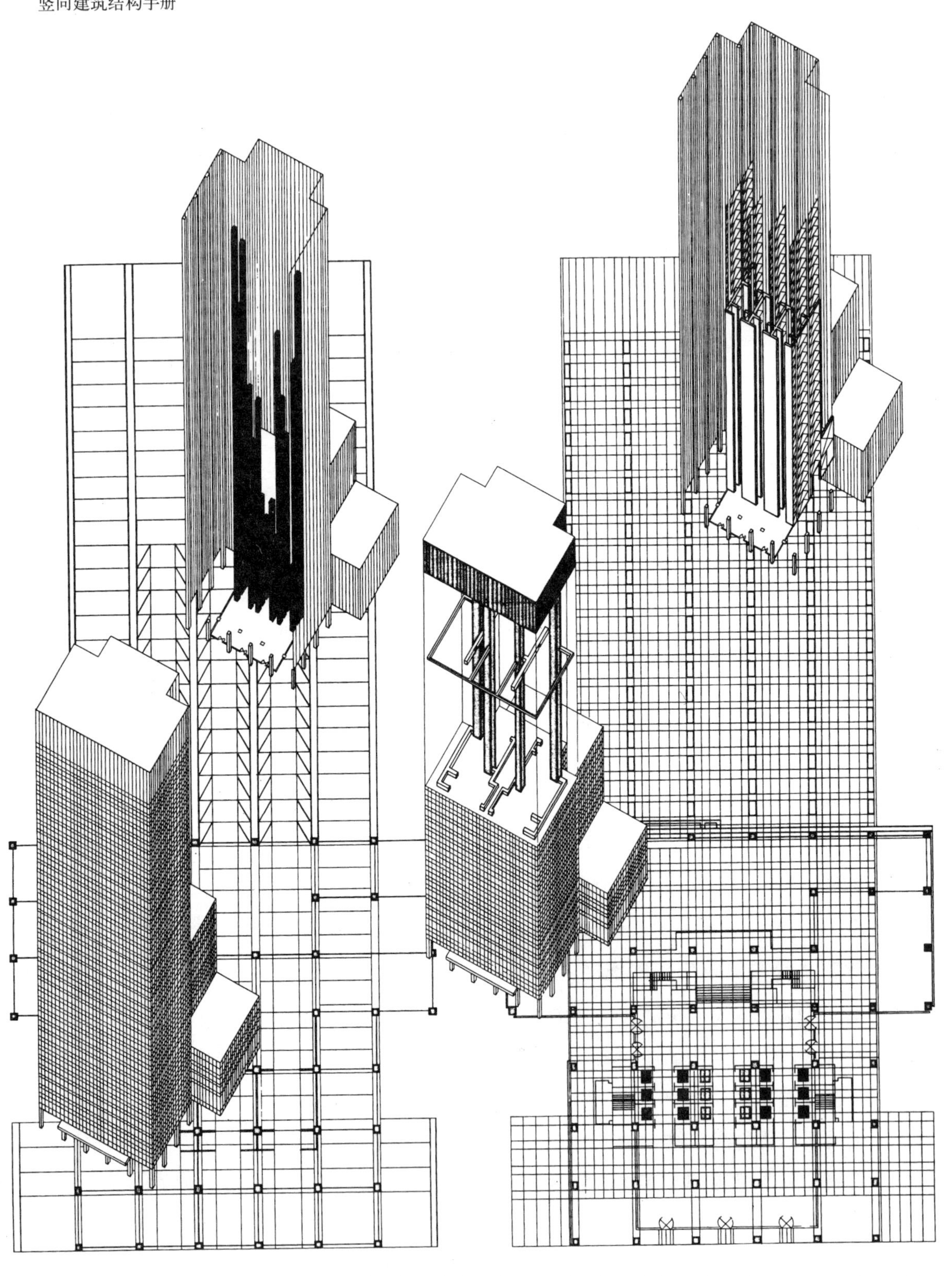

图 1.2 现代的精髓

B. Wilkinson）和撒迪厄斯·海厄特（Thaddeus Hyatt），德国人 G. A. Wayss，法国人弗朗索瓦·埃内比克（Francois Hennebique），美国人威廉·E·沃德（William E. Ward）和欧内斯特·L·兰塞姆（Ernest Leslie Ransome）。

纽约波特·切斯特地区沃特住宅是机械工程师威廉·E·沃德在 1876 年设计的自用住宅，通常被认为是美国历史上第一幢钢筋混凝土建筑，其中这幢房屋的楼板采用了 Coignet 的专利。在以后的几年里一直到这个世纪末，钢筋混凝土结构建筑的兴起，因此钢筋混凝土理论也同样得到快速发展，而在一战前，高层钢结构中钢筋混凝土主要用在基础，偶尔也应用楼板上。

欧内斯特·L·兰塞姆不仅因为其于 1872 年在芝加哥建立了生产钢筋混凝土预制构件 T 而出名，而且他在 19 世纪末 20 世纪初的时候负责钢筋混凝土框架结构研究和发展。与此同时法国的弗朗索瓦·埃内比克也在进行类似的框架结构研究。1902 年德国工程师埃米尔·莫尔施（Emil Morsch）在他的著作 Der Eisenbetonbau 中提出钢筋混凝土设计的弹性理论，这一理论在许多年来一直被作为标准的设计方法，直到 20 年前它才被极限强度所取代。

最终在 1903 年建成了世界上第一幢钢筋混凝土高层建筑：弗朗索瓦·埃内比克也在辛辛那提按照兰塞姆设计的体系大胆地设计了 16 层 210 米高的 Ingalls 大厦。同时奥格斯特·佩莱特（Auguste Perret）和工程师弗朗索瓦·埃内比克在欧洲第一次在高耸结构中使用钢筋混凝土框架概念，Perret 在巴黎设计 38 层高的 Franklin 公寓，这幢建筑中外露出混凝土框架，以达到统一结构和建筑效果的目的。奥格斯特·佩莱特，安纳图尔·d·鲍道特（Anatole de Baudot）和托尼·甘尼尔（Tony Garnier）都支持混凝土，他们试图使混凝土在建筑材料中占有重要的地位（三人均是法国人）。

在接下来的几十年里，除了几个著名的混凝土建筑，美国设计师们主要集中在钢结构而忽略混凝土结构。赖特（Frank Lloyd Wright）在伊利诺依斯州橡树公园用钢筋混凝土材料建造 Unity Temple［1906］，阿尔伯·康（Alber Kahn）在底特律为 Packard，Ford 和 Hudson 设计了钢筋混凝土结构的工厂。相反，欧洲的现代主义设计师们在一战之后，放弃了钢结构，对钢筋混凝土结构在美学上的用途非常青睐。在这时期对混凝土的性能进行探索的一些卓越人士分别是：工程师 Engene Fregssinnet，Robert Maillart，Eduardo Torroja 和 Pier Luigi Nervi 和建筑师勒·柯布西耶，Dominikus Bohm，Erich Mendelson，以及其他一些人。

在美国，已建造的混凝土建筑的高度直到二战后才超过 23 层，但在阿根廷和巴西早已建起一些更高的混凝土建筑。在这以前，混凝土结构在高层建筑中仅仅被做为钢结构替代品，设计准则完全仿照钢结构，这一作法导致了混凝土构件尺寸过大，特别是高层建筑中底层部分的柱子尺寸非常大。许多年以后混凝土才形成了新的设计概念，并得到了认同。在 20 世纪 40 年代中期，由 Joseph Distasio 在布鲁克林发起的 Clinton

Hill Housing 计划，其中 13 层的住宅楼所采用的平板结构的和剪力墙结构为混凝土结构取得最终的地位迈出重要的一步。平板、剪力墙和后来的承重格栅墙这些新的设计概念开始慢慢挑战适用于钢结构的单向板、支撑框架、幕墙这些典型概念，随着威斯康星州约翰逊公司（Johnson Wax）大厦［1950］（见图 8.3）的落成，赖特成为在高层建筑结构中第一批突破传统骨架结构观念的人。尽管 15 层的建筑高度并不是很先进，但赖特创造性地把混凝土的特性用到建筑的设计概念中来。赖特在其有机建筑论中运用了树的概念，他采用蘑菇样式圆柱，由下到上逐渐增粗，到顶上扩大成一片圆板，柱子底部深深地根植在地里。在 Oklahoma Bartlesville16 层的 Price 塔楼中（如图 7.3j）[1956]，赖特自由地发挥了混凝土的可塑性和创造性，进一步确定混凝土材料的功能。

在 1962 年，伯特兰·哥德堡（Bertrand Goldberg）设计的芝加哥市 60 层高的 Marina 大厦高度上达到 588 英尺，是第一批真正反映混凝土特色的钢筋混凝土大厦。1968 年，随着芝加哥市 70 层 645 英尺高的平板—剪力墙结构 Lake Point 塔楼住宅的建成（如图 5.12），混凝土结构的高度之争才真正开始。（如图 7.286）当今世界上最高的混凝土建筑是 75 层，946 英尺高的芝加哥 311 号南 Wacker Drive 办公大厦，这幢大厦于 1990 年竣工，高度在世界上排第 12 位。[1]

钢材和钢筋混凝土材料的进一步发展、砌体的重新使用、20 世纪 60 年代开始使用的预应力混凝土、以及后来的混合和复合结构的使用（这包括各种自由造型设计的高层建筑形式），所有这些都将在第 6 章、第 7 章讨论。

建筑设计因素

不幸的是，文化中的建筑不能象科学那样靠通用理论和公式来定义它，因为建筑本身也是艺术，它把抽象的意识转化成为形式。建筑的一方面是客观的、理性的；另一方面它又是主观的、不理性的、受感性支配的；同时，建筑作为实体，它是可以衡量的。建筑作一种试验，它取决于人们在需求和视觉的相当不确定反应，这种反应是不易定量和量测的。进一步来说，取决于外部作用影响，人们对建筑体验（这包括种价值和观点）的同时，还要使建筑从文化中获得自己的设计准则，这需要对历史和现实统一的把握，换句话说，在传统和创新中找到平衡。

早期罗马人维特鲁维斯（Vitruvius）创立的建筑理论和后来阿尔伯提（Alberti）和帕拉弟奥（Palladio）在文艺复兴时期时所创立建筑理论仅仅适应它们的时代和文化，而更早期的各种建筑风格却延续了很长时间，这反映了建筑的概念是统一的。相比之下，在

[1] 这个排名随时都在变化——译注。

20 世纪有许多建筑理论，表现出多种多样的风格。一部分原因是许多国家采用民主方法来管理国家，同时也因为新型建筑材料的新的施工方法可以创造各种形式。例如当代的各种理论的主要理论基础是功利主义，自然科学构成主义，自然法则，经济，行为主义，哲学（如象征主义）和艺术历史。建筑的这些独立和混合的理论有可能相互矛盾，因而反映了生命本身的冲突，一种明显的混乱；然而正是这种混乱才便得人们不断地追求真理，寻找秩序，但是所有这些理论或多或少地包含了维特鲁维斯理论的基本原则：商业或功能上的实用性，牢固程度或温度，安全性，材料的耐久性，经济性，愉悦感和吸引人的外表。从维特鲁维斯，帕拉弟奥和勒杜（Ledoux）到密斯·范（Mies Van）完美古典概念，构造上的完美平衡，事物整体上视觉的完整在几个世纪里经历了不断地变迁。

本文打算建立并形成读者对结构的认识，我们只打算研究建筑设计的基本原则，因此只能描述建筑中一部分、有序的、合乎理性、可以看得到的方面，而不描述直觉上不可察觉的方面，本章的目的也不是定义建筑美学方面的特色和各种风格。

建筑的各种风格可以仅仅看作是几何上的构成，这种构成来自形式的体系规则或形式的基本原则。虽然可以认为任何风格都是从几何的观点上形成的，但是这样做容易忽视风格的意义，忽视反映思想的象征意义和设计的重要来源。因此说，如果一个构成体系的决定因素要么是来源于理想的形式规律的美学标准，要么是去适应于结构的功能和时代的精神，那么这个体系就是不重要的。本文认为建筑应被看作复合的有机体，受各种具体形式制约因素控制。这些基本设计组织原则试图按照建筑空间的定义、建筑空间的功能、建筑空间的形成及其构成特性来解释建筑空间。主要的决定因素如下：

形式空间：
- 形式实体的建筑
- 想象的建筑
- 空间组成的建筑

功能空间：
- 有机体的建筑
- 活动空间的建筑
- 功能体系的建筑
- 围护和气候控制的建筑

材料空间：
- 材料的建筑
- 支撑结构的建筑
- 构件组装的建筑
- 表现施工过程的建筑

任何一个产生形式的决定因素都在设计中占有主要地位。如地下环境、水下环境、太空环境都明显受制于功能和材料。正如前所谈到的，其他重要方面，如建筑的“空间”，建筑的感染力（或者说是建筑作为表达其来源背景形象的象征），都已起超出了我们的讨论范围。

弄清建筑是人们建造的三维实体的观点来解决对形式、功能、材料空间的定义，可通过以下基本原则来描述设计原则，这些原则将在头三章中加以介绍：

几何

环境背景

功能

机械系统

结构

施工

安全因素

本书从视觉上研究设计概念，通过形态学的方法研究、抽象、并用简单的线条图或表格现来揭示建筑具体特性形式的逻辑。为便于理解，建筑形式分解为有描述力的图表，用以表现自然的、哲学和心理上的决定因素。形态学是生物学的一个分支，主要研究动植物外形和结构，形态学也是语言学的一个分支，它关注内在结构和语言的形式。结构、语言和句法成为语法的基本组成部分。形态学技术用在这里，通过反映几何和其他组织上的特性来揭示建筑物的逻辑或细节形式。这里所关注的是怎样进行建造，内容是一种类似于结构主义的句法，并通过构成的秩序和关系而不是形象来揭示意义，这一尝试也没有试图去探寻建筑的统一性、本质、完整，也试图理解建筑的全部矛盾和复杂性。通过句法而不是形象和语义的意义正是这次分析值得关注的地方。然而，这种方法也没有像资料集一样对概念进行简单的分类，而作为一种创造性过程和学习的强有力工具。

这次研究的目的不在于提供建筑设计或进行设计的模式；在这里，类型学仅被视为功能上的方法，而没有被视为低层次的建筑理论。一方面，设计过程有可能通过一些模式（如分析——综合模式）安排和综合各种各样的建筑需求。另一方面，这一过程也有可能含更人性化，主观的方法，这种方法最初通过使用形象，借喻、类比、暗示、象征、模仿和隐喻等方法，把需求多样性概念化来处理整体（整体式局部），后来，这种方法通过综合其他形式因素（想象——分析模式）来进行不断的改进设计。但是，无论采用哪一种设计方式，我们必须理解设计的基本决定因素。

传统上，通过介绍建筑的各个组成部分来进行建筑技术和建筑科学的教学，例如场地、基础、楼板、墙体、屋顶、材料、门窗、环境控制、机械系统功能、装饰工程等。这些能从建筑中分离，独立成为一个单位。通过对各个组成部分的信息和知识的研究使技术从整体中分离开来，这也正是设计过程中所关注的地方。形态法方法通过从整体中推出各个部分来补足这一学习经验，以便人们能够发现各个真实的组成构件是设计的基本组成，是一个体系中相互影响的各个部分，因此也是整个设计的一个完整部分。另外，通过采用适当的建筑实例作为模型来学习技术，我们就能够讨论当前施工方法，或创新施工方法：读者也就对了解建筑的真实世界有了信心。

一般认为形态学技术的强处在于发现设计的基本要素和表现整体建筑特性的具体几何形式，通过演泽方法得到了体型学、形式模式或原型，大量的变量组织起来建立了视觉和行动准则的基础；但必须强调的是这不意味着组织合理的过程表会自动产生设计。我们必须清楚的意识建筑的整体不仅仅是各部分的简单之和。

几何组织

几何是形式的语言，它研究空间排列；几何在建筑、工程、艺术、自然科学和其他领域都占有同样的地位。绘画是表现几何的一种手段，为房层建筑提供了建设性的基础，而且也为明确、清晰地表现建筑提供手段。虽然绘画能够把设计和构造融为一个过程，但是必须强调的是，几何不仅能给欧几里得空间提供确定的尺寸，而且也能使我们对形式、关系、尺寸、比例有所了解。早在古希腊时代，柏拉图认为几何和数字是表达式中最小的形式，因此是一种理想性的哲学语言。

以下的类型学研究收集整理各种不同的建筑形式（平面、截面、立面）。这种研究是用来进行比较的理论手段（或理论方法）的一部分，有助于对形式次序的了解。这种方法做为一种思想过程能够理清关系，有助于洞察各种几何构件通过几何次序的改变和组合而形成的轮廓。但这种方法不应仅仅被作为一种分类工具或产品设计的目录，因为这一方法仅局限于研究个体的、分离的几何特性。很明显，建筑形式的多样式和建筑整体的重要尺度不能仅仅定义为抽象的简化线条图。

正如图 1.3 所描述的平面图、侧面图、正面图、轴测图那样，这种研究方法仅仅是采用重复的长方形空间网络，来反映高密度城市建筑的有机特性，来表现建筑形式的复杂性、形式上的变化性（包括一幢建筑和建筑楼群）、独立式和连体式建筑、阶梯形和倒阶梯形建筑、开放式和封闭式建筑等。相反，每个建筑形式上的丰富性、随意性可以通过研究非传统的建筑（见图 7.41）来得到证明。以下研究的目的是掌握高层建筑的几何特性，定义和重新构建已给出的形式，揭示几何排列准则。

几何的基本要素或它的基本尺度是点、线、面和体。线不仅是直线而且可以是曲线，可以连续也可以间断。这些要素可以按照它们的位置、方向和其他要素间的关系来进行组织。相似的方法可以用在平面上，当各种类型的线定义好平面的边界，也就

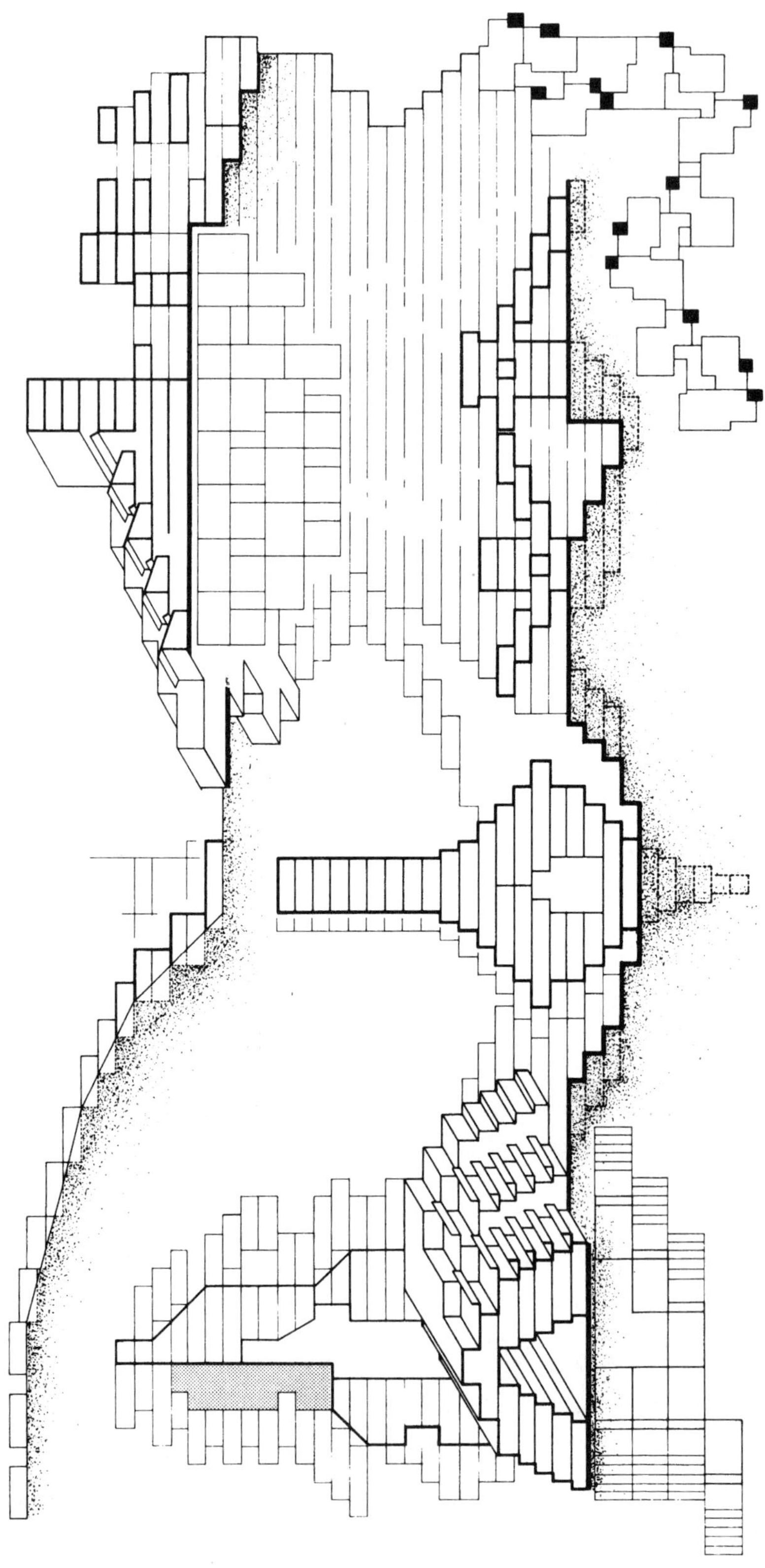

图1.3 从单体住宅到城市建筑

定义好了形状。过去建筑的基本形式是圆形、椭圆形、正方形、长方形和三角形，表面可以是格栅的或实心的。体积是由实体或面和线的交织构成的。

这些基本要素，按照各种各样的变化进行组合形成各种样式的构图。一些用来评价几何组成和构成空间的基本概念的目的，是建立视觉次序的清晰性（但从来没有提出过什么具体的次序）。这些概念分别是：模块性、形式、大小、尺寸、比例、规则度、对比性、重心、完整性、混乱、极性、连接、层次、对照、单调性、严肃性、放射性、平衡、层次、集中、可读性、同一性、多样性、协调性、韵律、反复、简化、对称、密度、稀疏、纹路、颜色、整体性、相似性、地域性、过度、区域划分、分割、密实度、完整性、开放度、连续性、运动、进取、发展、方向性、扰动、冗余，等等。

在有关建筑背景，环境控制，结构和施工过程的章节中，我们将讨论几何图案的评价，这些图案与建筑的性能或方向尺寸有关。对几何构成的最高层次评价刻画了整体的总体概念，具有反映构成尺度完整性的尺度，可以是功能上的、社会的、象征的，等等。在这种背景下，最主要的、最小的但最重要表现形式的几何次序思想，代表了建筑的整体或部分平面。这就是建筑总体设计的主要思想。这种思想极易被识别和理解，能清楚地指出其优先顺序。一般来说，画出建筑图同时对建筑进行分析能够揭示建筑的复杂性——这种复杂性深植于文化中，需要进行广泛的理论研究。

在这一节里，通过对基本几何尺度的分析，高层建筑的外形首次被人们按照网络模型加以识别。后来利用平面和剖面，以及建筑物的水平平面和竖向平面，及建筑内部的几何组成来加以研究。

最后，讨论建筑物的效果（常常通过建筑的外部围护来表现）。这一方法与基本设计方法相符合，它利用视觉交流的基本方法来定义普通物体：如平面、立面、剖面、轴测图和想象的草图、图表，创作模型来检查设计决策。

图 1.4 所示高层建筑，形状从箱形、各种基本形状，到这些形状经过复合杂交而形成丰富表面效果的形状。传统建筑通常是各种棱形，这些形状基于正方形、长方形、辐轮形、其他平面长方形和这些形状的组合。相比之下，后现代主义时期的高层建筑看起来可以自由地创造各种形式，建筑实体可以在水平方向和竖直方向分解出许多相互作用的模块，这样可减少建筑的尺度，使建筑看起来象许多小型建筑实体的组成。收进式设计可以提供空中花园和住户平台，这也与分区规划相适应。

一方面，建筑整体可以表现内部建筑机体的生命和行动，另一方面，它也可以提供统一的形式象征，如高耸的建筑，仿照古典风格的柱子，其中这些建筑被分为基座、主体、屋顶。尖顶和装饰屋顶，例如金字塔形状的阶梯形屋顶，与平面的没有装饰的屋顶之间形成了对比。大厅的室外延伸部分可以被定义为基座，主体部分也可以通过

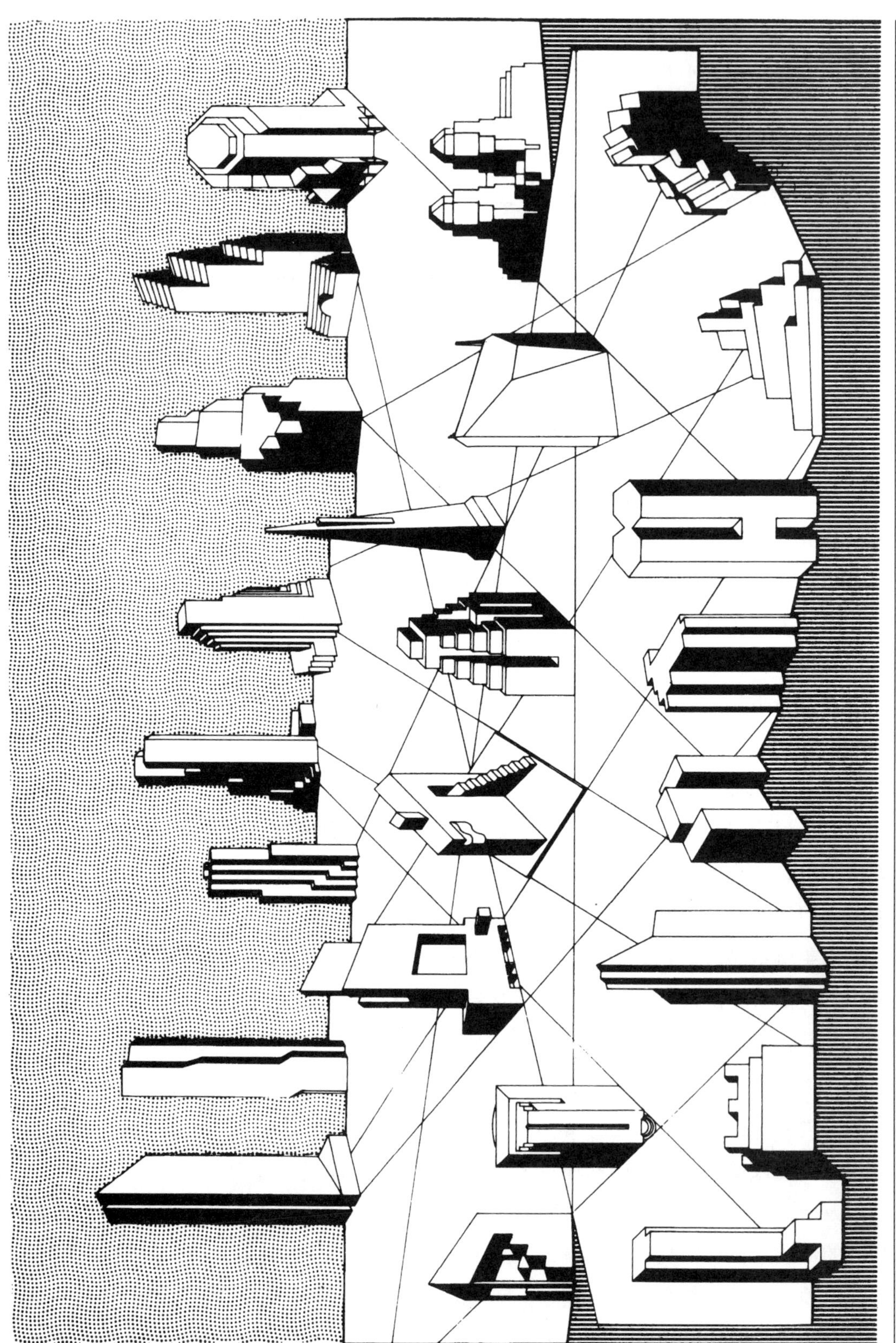

图1.4 建筑形态

收进来反映不同楼层的平面变化。

从总体比例的观点来看，建筑单元可以组织如下

- 水平板
- 主体单元
- 竖向墙体
- 塔楼

建筑基本形式有时可能来源于以下几何实体：

- 球体
- 棱柱体/圆柱体（规则/不规则）
- 锥体，棱锥体
- 斜截棱柱体，斜截棱锥体
- 反棱柱体
- 拟柱体
- 其他多面体

过去，棱锥体、棱柱体、圆柱体、圆锤和球体被认为是组成建筑空间的唯一方法。

其他建筑形状是字母型，但有可能在尺寸上有些变化。这些形式于二战前在美国非常流行，这些形式用在钢框架结构的独立式建筑单元。典型形式是：

I、L、T、+、F、|、Z、H、U、θ、E、□、Y、X、Δ、O

建筑外形的形成可以通过添加线、面、格栅和实体，或通过多面体组合和空间网格等，增加几何组织手法来完成，其他许多过程也能创造出空间几何，如：

- 加，乘，合并，累积，层叠
- 减，缩减，侵蚀（开洞，开孔，开槽），截断，做成梯形，切断
- 映象，凸对凹
- 分割，分区，分层，集中
- 变形，移动，扭转
- 变形，扭转，弯曲，延伸，逐渐变细，做成阶梯形
- 连接，穿孔，相交，重叠，合并，联合，环绕

这些手法还有许多，以几何的观点我们可以从图 1.4 中明显地看到，建筑外形在形式的使用上是没有限制的。

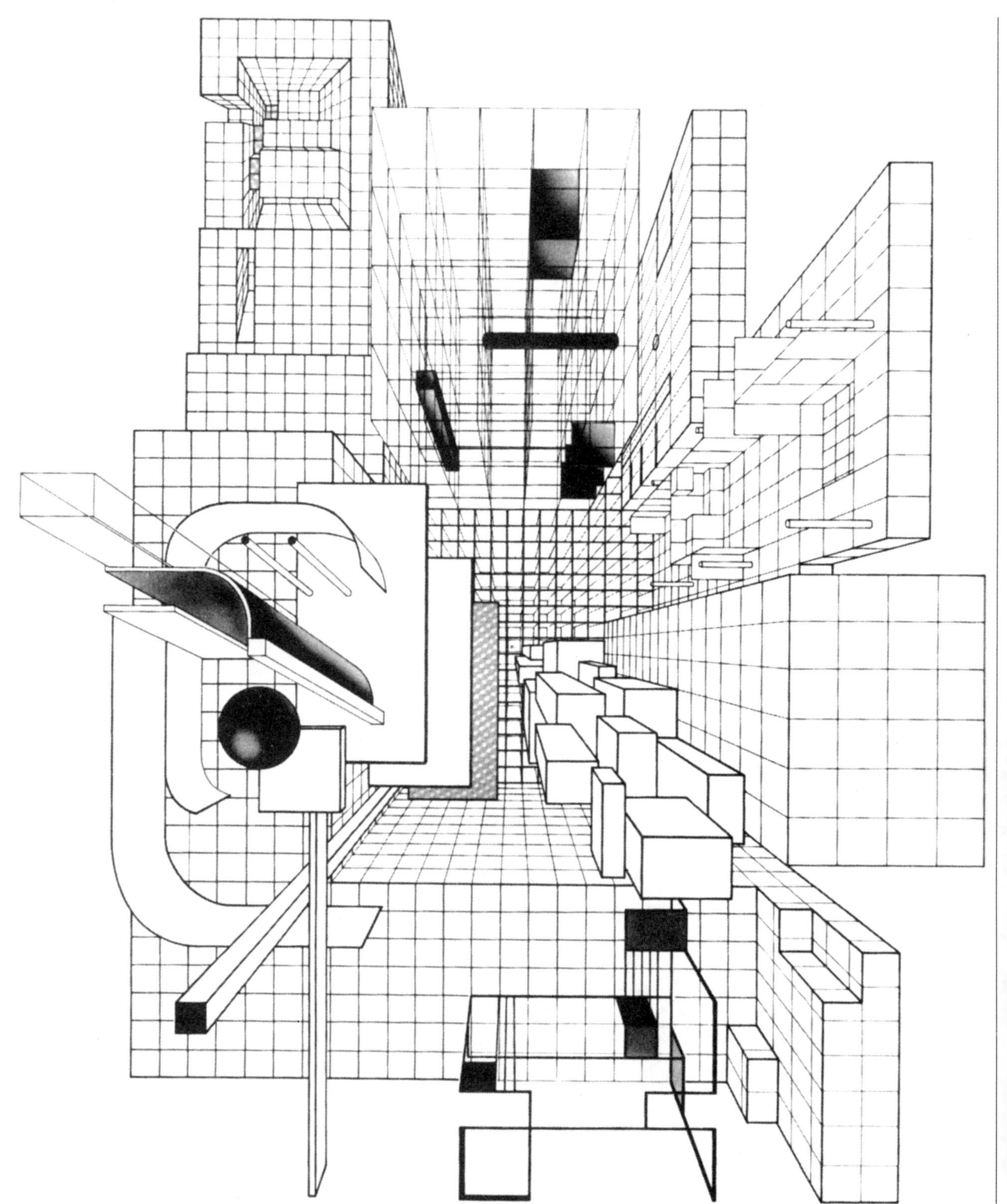

在从建筑整体形状讨论到内部的几何次序之前（即平面图、立面图、轴测图研究），要简单地介绍一些通用的组成次序原则。这些原则来源于具体的而非象征性的立体网格。必须牢记的是，被选定的几何实体表现了空间静态的平衡，相反，曲线型几何实体却反映了运动和空间的动态平衡，巴洛克时期这种风格由严格的几何形式产生绚丽多彩的形式。

空间是通过基本模数所组成的不可见风格的进一步组合，（例如：基本单位）常用的如 1M = 100mm（≈4 英寸）。用于平面布置和结构上的网格的多模数是基本模数的乘积，如典型的模数 3M = 300mm（≈12 英寸），12M = 1200mm（≈4 英尺）。空间的网格反映了模数协调，这种网格加上了尺寸的限制。柱、墙、地下室的位置、尺寸、空间和联系，可以通过空间网格来控制，它保证预制构件适当的装配，并允许适当容许偏差。

在图 1.5 中对空间和实体的研究不仅表现网格的限制作用，而且试图表明网格是灵活和各种变化的基础。这种重复不一定导致枯燥，而有可能创造出丰富的多样性，空间网格体系通过各种各样的改造，都形成了空间。实际中，可以通过对实体的增加、空间的分割或引伸过程展示内部空间，或者建筑物通过挪去上部建筑的办法来展现地下结构。线、面、体的连续的空间活动表明了建筑空间的使用是不受限制。

建筑平面是空间组织的一个最重要的组成部分，它把水平空间连成一个整体。水平平面在竖直方向连接起来便形成了空间。正是几何使建筑平面结合起来，并允许空间的分割和分区。传统的平面由长方形、正方形、十字形、辐轮形、字母形和其他相连的形状。型式怪异的高层建筑，随着高度的变化楼层面也变化。例如在底部平面可以是梯形，在顶部可以是三角形，换而言之，各层楼板形状也不必重复一致。通过图 1.6 可以确切地看到新的平面形式的复杂性。新的平面形式范围包括封闭规则多边形、带截角（或圆角）锯齿形、规则的敞开形式或者多边折叠形式、曲线形式。平面形态可以通过以下几何组织原则来分析。

- 平面形状的复杂性：规则度
- 平面轮廓：连续直线或曲线相对于不连续的直线和曲线，敞开式相对于封闭式，各条边的数目、周长、规则程度。
- 平面构成：单一的形状有可能是截断式的、简化的，带有不同角度的扭曲，多形式连接或重叠，部分旋转合并。
- 平面网格（组织网格）模块性，规则与半规则，规则与不规则平面网格：平面网格和建筑轮廓与平面构成的关系（例如从网格中得出各种闭合的形式）。
- 平面构成：点/柱的布置，线/墙的布置，地下室/核心筒/地道的布置；相互作用程度；重心，偏心；外部（周长）与内部对称性。

还有许多其他标准来建立视觉上清晰性和层次感，在图1.6中各种不同平面形式

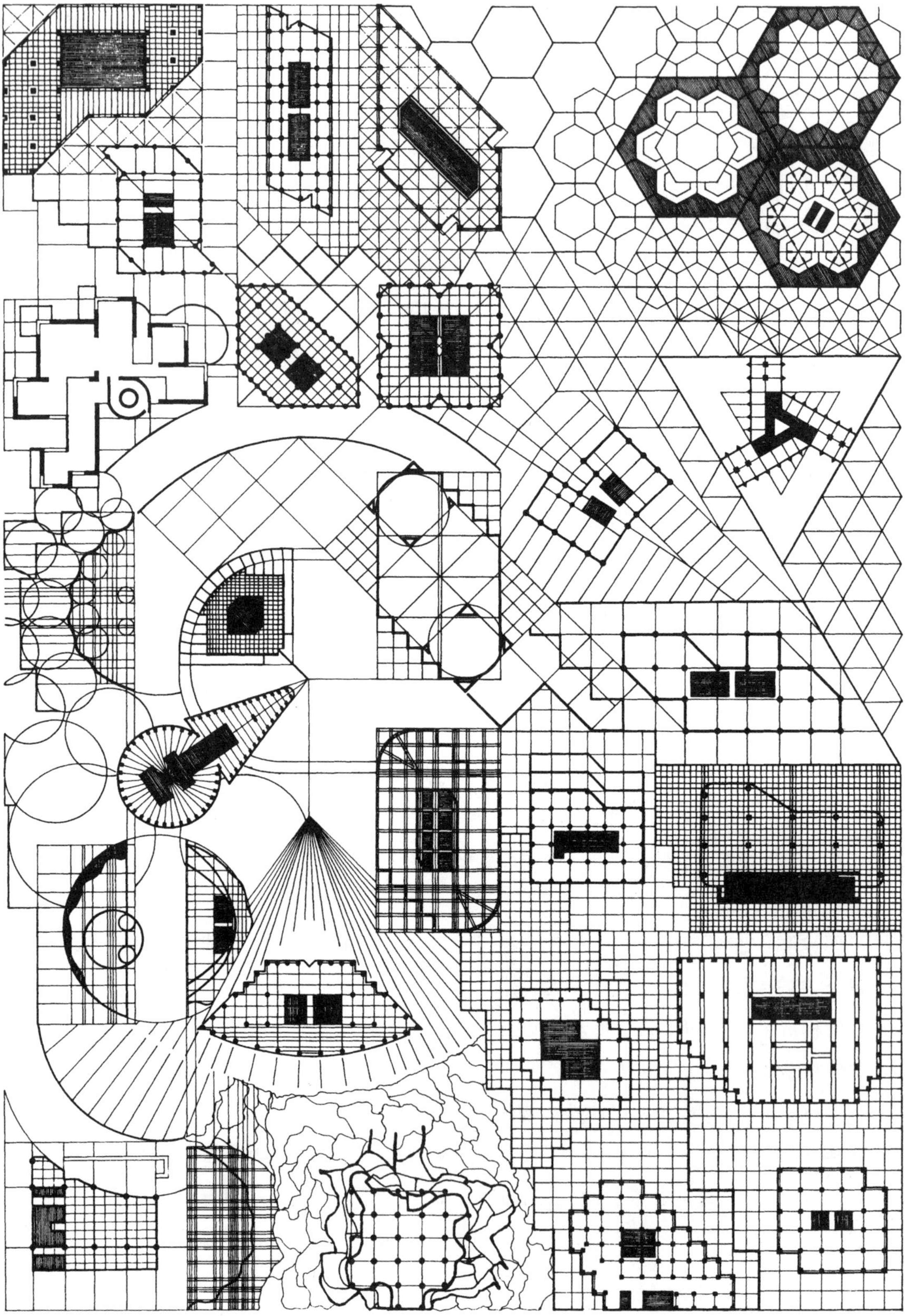

图1.6 平面构成

仅表明这种建立过程，这个过程即由圆、多边形和格栅建立和组织各种平面形式、各种实体的安排和定位，这些形式形成了相同的规则图案和不连续的开放式图案。通过本文我们可以学习与功能组织和平面布置相关的各种平面形式。

应该强调的是，此处的意图不是从平面形式设计建筑来强调平面是设计的主要决定因素,而是认为平面是一把建筑作为有机体来讲解的本质工具。在现代主义运动的早期，动态的敞开式平面（plan libre）是一个与静态封闭平面相对的重要概念，在这个概念里空间是自封闭的，在开放的平面内部空间相互流动、综合，允许内部空间穿透外部空间，反过来也一样，内部和外部以某种方式相互融合。

平面图用在水平空间，剖面用来表现竖向空间，要牢记的是各个水平剖面也能形成平面的立面图，剖面图把平面图解释成空间，因此，剖面图是理解竖向建筑几何形体连续性的关键，它表现了几何的变化和空间的构成。不应该轻视剖面图。

图 1.7 的各种例子试图解释形式表达的丰富性，剖面不仅揭示了水平轮廓的形状，整体建筑的形状、水平分层相互作用、内部的围闭、竖向的连续程度，而且也确认了建筑模块的堆砌、中庭的空间、竖向交通流动和大厅水平空间和其他各种区域的关系。剖面描述了建筑形式的作用，分解成各个模块，表现了收进和内部空间，也反映了形式的非对称程度。可以通过使用类似于平面分析的形式语言进一步研究几何剖面。

通过图 1.8 的学习，我们不仅可以在建筑空间里审视建筑（即平面、剖面、立面），也必须把结构理解为空间上相互作用的有机体。在三维空间里，建筑可以被看作是一系列的相连和相互作用的空间，这些分类步是按照材料空间或运动体系进行划分的，在其中各种服务体系和能源是沿着竖向核心区向水平活动空间延伸。尽管这种视图是理解空间特性的基本,它却没有像剖面图和立面图,特别是平面图那样提供真实的、不扭曲的视图。这就是为什么工作中采用平面图和剖面图的原因。

建筑立面以一种类似于剖面的方式处理竖向建筑空间——它展示构成或特性——但是它不必确定建筑内部的层次（建筑组织结构）因为建筑方面的一个主要任务是围护，即把内部环境从外部环境中分离开来，建筑外皮与空间建筑实体完全分开，它仅仅表示幕墙独立结构——建筑外皮的效果反映了总体建筑形象。

在图 1.9 中，我们进行各种各样的建筑立面的研究；当然，形式上的表达不受限制。虽然在高层建筑中，通常出于功能和结构上的考虑，内部空间加以控制，正是建筑外皮允许自由的表现每个人的建筑价值。建筑的立面可以通过揭示建筑内部的承重构件来表现建筑支撑结构的强度，或者建筑表皮可以覆盖整个结构，表层可以表现材料多变的特性和支撑的构造特性，因此清楚地表明外皮的建筑思想。反过来，材料的特性可以在形状怪异的建筑或者幕墙中通过弱化其材料特性使其以建筑外皮形式出现。

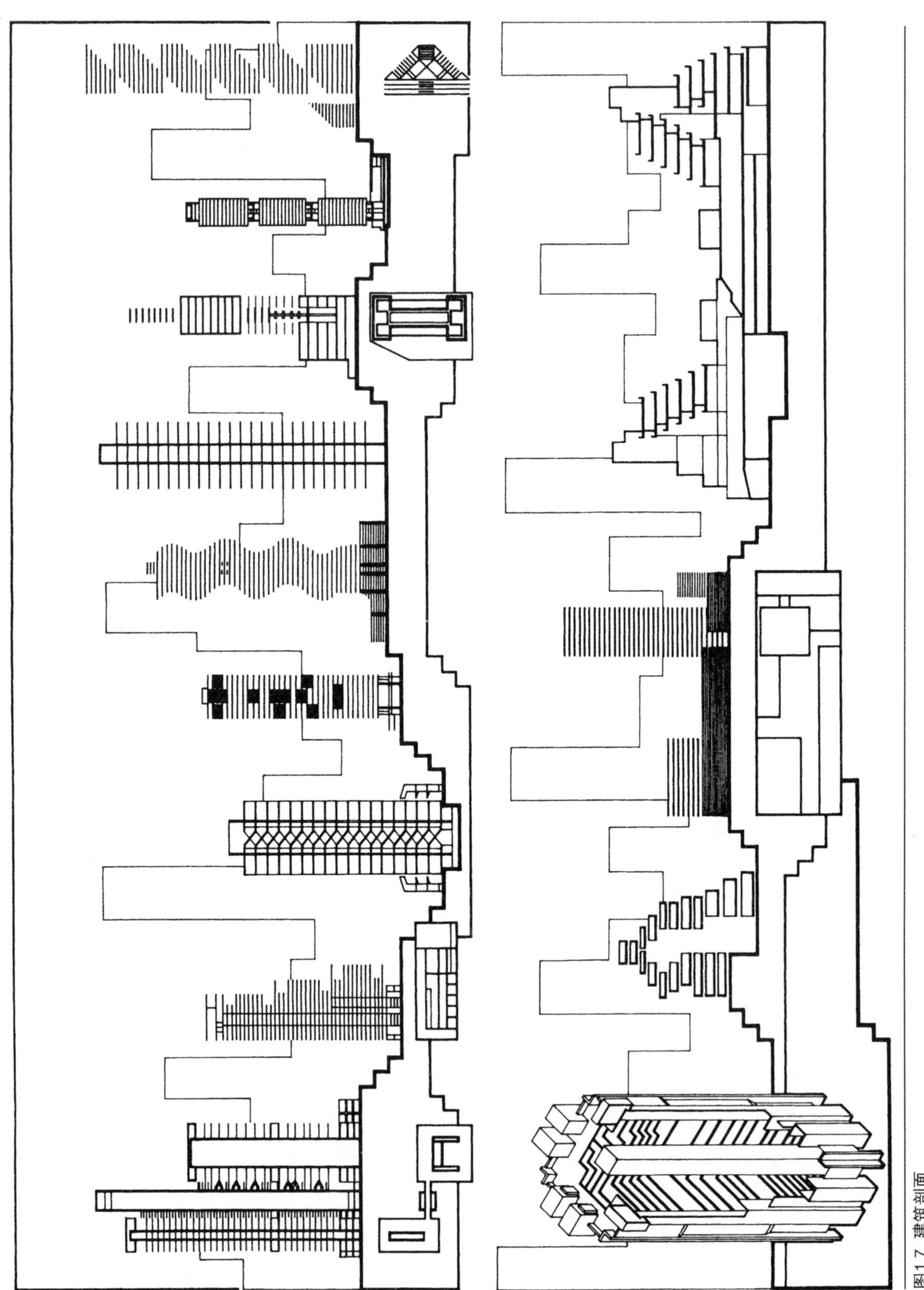

图1.7 建筑剖面

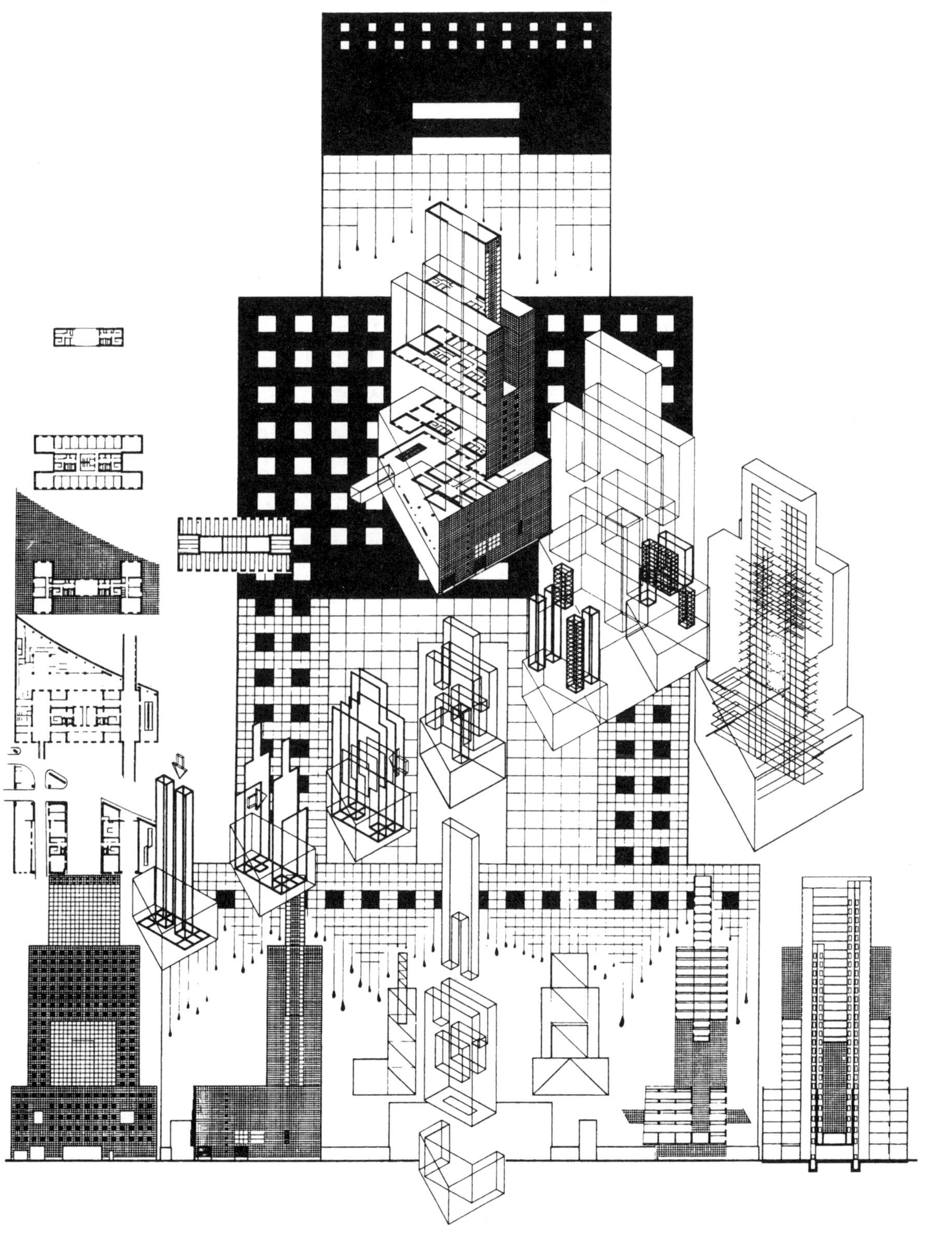

图1.8 空间秩序

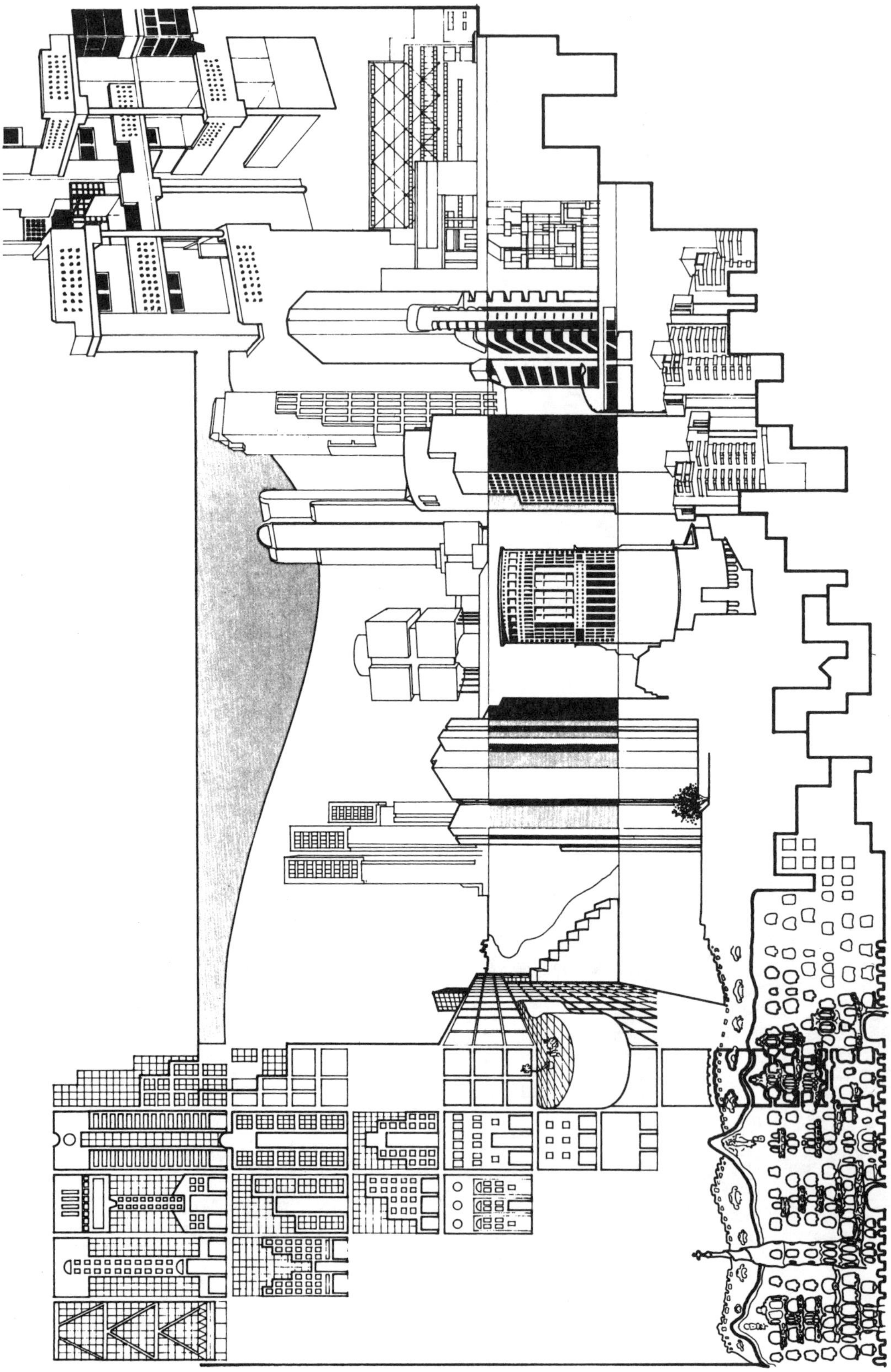

图 1.9 建筑围护结构

建筑外皮可以是无尺度，无特征的，没有细节；它也可以是装饰的，而且可以通过实体、空间、网格来清楚地表达。幕墙的视觉效果可表现沉重感或表现材料的轻质；它可以装饰简单，也可装饰华美；可是实体也可是透明的；可以是连续的也可以是分阶的。它可以象征一个具体的形象，使我们想起当地风俗或者是过去风格，它也可以是新古典的、新哥特式的，或者是装饰艺术的。外部围护体系可以是带有管道系统的建筑结构，可以是桁架式的，也可以在竖向表面留有门窗洞口，或者在墙面开孔。围护可以仅仅以承重墙的形式出现，表现出沉重的毛面的石质材料——实质上，达到这些效果材料仅仅是挂在框架上很薄的镶面板。人们也不应该忘记装饰不是建筑使用的必要部分，而有可能是结构的一个完整独立的部分或者是其余各个部分的组合，不仅要让立面看起来象封闭式的、纯装饰作用的幕墙，更要通过给建筑机体分区揭示建筑内部来表现生命的意义。在图1.9中的一个例子，带有卫生设备的不锈钢房间被悬在建筑的外部，成为建筑的抢眼部分。

图1.9中所选例子仅能用来表达形式无限性和外部视觉特色的一部分。进一步研究应该弄清敞开或封闭程度、材料本质特性、几何构图、结构和表皮之间、实体和空间之间的作用，重复性与惟一性和其他特色。

环境背景

建筑的形式可以被看作受它的环境影响，可以广泛地从文化和自然界的观点来处理它。文化的宽广范围包括政治、经济、社会方面和历史的美学的观点。包含在这一组是，自然景观、场地的重要性、城市规划法规的法律约束性，各种规范（如结构上的AISC、ACI、AISI规范）。总的来说，这些都保护消费者和公众（如公共健康、安全和大众福利）。建筑很明显地要受顾客的类型影响，投资开发者、公司、学校和政府在期望方面有很大的差异。

自然环境包括气象（场地方位、太阳照射角和强度、最大降水、盛行风向等）地貌和地理（植被、排水、场地承载能力），现有的建筑（场地使用、服务设施等）、通达程度（步行和车辆交通. 停车），现有使用设施能力和位置（排水沟、供水、供电、供气等）和生态（建筑对环境和影响）。

在高密度城市地区的繁华地段，建筑形式受场地的大小和城市规划限制，与此同时，在面积更大的开放空场中高层建筑的方向和形式可以有更多的选择，这些选择取决于气候、阳光、地形学，观点如前所述。

从经济的观点，现场建筑位置有可能由等高线控制，这指明了可以在哪里回填，以便土方量最小，距离最短。现场的地质条件——土的承载能力，也有可能决定建筑的选址和平面形状。

受环境影响的建筑形式和建筑群的形式是一个非常复杂的问题，在这一章节里，仅简要介绍一些确定方向、尺寸、平面布置、形式大小的经济性、城市规划相关的基本概念。

在考虑能源的设计中，气候的影响是主要因素。在以下的讨论中，忽略气候和场所与地理和地形的相互影响作用。理想情况下，一个建筑的方向、形状和大小应有效地把阳光分配到建筑的内部空间，如果有必要的话，应该有效的吸收冬天的阳光而挡住夏天的阳光，免受寒冷的北风侵害。对建筑群来说，建筑之间的距离应该保证冬天阳光能够照射到室内和温度的舒适度。而且，在大风地区，建筑布置应该能够挡风，提供避风场所，但仍然要使微风通行，以便于自然通风（如图 3.6）。落叶树木能够在夏天挡光，提供阴凉，而且能够挡风，同时在冬天里阳光也能穿过树枝。

在美国，夏天中午太阳入射角度要比冬天正午太阳入射角多出 40°，夏天里太阳入射角大对以下三个重要的立面有影响：

- 东立面：太阳辐射强度同西面一样高，但是空气温度比较低。
- 南立面：由于太阳照射角度较大，太阳辐射辐射强度较低，在这个方向阳光可控制，例如通过水平方向挑出部分建筑。
- 西立面；这是最热的一面，可以通过在西面采用凹凸形设计来控制阳光。

相比之下，冬天里时间又短入射角度又低的太阳照射能把太阳的大多数影响集中在南面，所以在南面应最大程度地安装玻璃，可以使阳光照射到建筑内部。在寒冷的气候里，应使得阳光照射到建筑内部深色的墙面和楼层面，使其吸收太阳辐射，进而产生较高温度的内部实体，这些实体在白天，储存热量，在晚上释放出来。自然采光的建筑需要阳光，与此同时，阳光也能加热建筑，这一点在寒冷气候里是有利的（在这些地方供暖设计限制了建筑设计），但是在酷热的地区却相反（在这些地区主要任务是制冷）。在干燥、炎热或寒冷气候里，给定楼面面积的条件下，建筑和环境的交界面应该最小（例如正方体和圆柱体），以便获得较少热量交换。表面和体积比低使得实体有效地存储热量（高热容），这是因为表面积控制热量的增加率和损失率，但是通过减少外部表面，日照也被减少了，因此有可能需要电力照明，电力照明也就成为一个主要的热源，设计者必须处理这些矛盾找出最优解。

从考虑节省能源的设计角度来讲，一般来说，纵向应在东西方向，横向在南北方向的建筑是最节能的。然而，建筑的纵横比与气候有关。

- 在寒带，应减少外露的表面来控制热量损失，表面体积比低，形式紧凑的形状比较有利，但是在冬天里获取阳光和日照成为主要问题，因此需要在南立面上大量开窗使得阳光能够照到室内，同时也需要在内部的各种构件刷上深颜色，必须适当遮挡夏天的太阳，所以在其他立面的墙上应少设窗户。

- 在炎热、干燥的气候里,夜晚很凉,可以通过使用少量窗户和浅色来尽量减少空气热传导和热量散失,同时尽量增加外部的保温实体。这样使得紧凑的建筑形式热效很高,这就是说,面积体积比小的大型建筑是有利的。在许多具有地方特色的建筑中建筑围护采用整体的土坯结构明显地具有节能的特性。然而，必须要记住的是板式建筑越高就有利，屋顶的阳光强度要比在竖向墙上高出许多，这是因为竖向墙阳光更易被遮住。
- 在炎热、潮湿的气候里，在东西两个关键立面上，应尽量减少墙面积和玻璃窗面积来控制阳光。在这情况下，又长又窄的板式建筑是最有效的，但是进深短是不经济的。在这种气候里每日温度波动低，为了致冷应尽量减少保温块，增加对流通风（大量的开窗），减少建筑的横向距离，应该使用易于反射的浅颜色隔热层和洞口的遮阳设施。
- 在温暖的气候里，冬天获得太阳和日照是主要问题。在这种背景下，板式建筑是最为有效的，这是因为这种建筑利用朝向最大地获得冬天的阳光和对流通风，最小程度地获得春秋两季的阳光。

然而，也要强调的是要建筑尺度，例如边长为“L”的立方体，表面积与立方体边长平方成正比（$A_s \propto L^2$），体积与立方体的边长立方成正比（$V \propto L^3$），如果构件的长度增加10倍，那么表面积要增加10^2或100倍，与此同时体积要增加10^3或1000倍。这里（正如图1.10的下部）所研究的面积体积比的特性在建筑设计就变得非常重要。单个实体单元的面积体积比$A_s/V=5/1=5$，但是对于一个由125个实体单元组成的大的立方体来说，它的体积是$V=5(5)5=125$立方英尺，面积体积比就变成$A_s/V=5(25)/125=1$。因此，非常明显，随着建筑体积的增加，建筑的周围表面和静态被动能源因素的影响减少了，而动态的HVAC体系的影响因素增加了。换句话说，外部结构承重为主的建筑（如居民住宅、轻型商业结构），可以通过增加内部构件尺寸，变成内部承重为主的建筑。在这种建筑里也只有周围区域仍然由外部承重。比例协调的影响在自然界有很明显的例子，哺乳动物和鸟类对食物供给需求与它们的表面积和重量无关，这是因为热量是身体体积的一个函数，而热量损失取决于皮肤表面积，每个成人需要1%体重的食物，一只老鼠要吃的食物的重量是体重的25%，但一只地鼠（最小的哺乳动物）尤其在冬天里必须不停地吃才能生存。这确实是真实的，因此大型种类的动物不需要那么多的食物，这是由于它们的面积体积比较小，它们能获得较多的热量，损失较少的热量，很明显，因为夏天散热的需要，在散热方面必须对生物的尺寸有所限制。

图1.10 建筑布局的基本研究

建筑面积体积比不仅从能量的观点和长期维护费用的观点是重要的，而且在考虑建筑的设计造价上也是重要的。从数学上我们可以知道，如果所围成的体积最大，那么实体的周长最小而且没有任何端角。如图 1.10（上部），对于给定的封闭的空间体积，要研究各种屋顶面积相等的长方形建筑，大多数是单层的建筑群，这些建筑群的形式范围从正方形单体建筑到能获得最大的表面积的分散的建筑，而前者的周长最小，且只有四个端角，后者的周长是前者的四倍，端角的数目增加了 16 倍。

在这里长方形外墙面积的效率可以通过给定体积除以表面积来表达，因此，对于单体建筑，单元效率可以表示为

$$(V/A)\ 100\% = (16/16)\ 100 = 100\%$$

若这个正方体单元组成的长方体的边长比例为 2∶8，周长效率减少到

$$(V/A)\ 100\% = (16/20)\ 100 = 80\%$$

外墙的面积与体积比的表达式

$$A/V = 2\ (8+2)\ /16 = 20/16 = 1.25$$

因此，这个形状需要多 25% 的表面积。单元体分割成 16 个独立的基本单元时，周长的效率只有：

$$(V/A)\ 100\% = (16/\ (16\times4))\ 100 = 25\%$$

按照墙体的面积体积比的表达式，各个单元需要 $A/V=16\ (4)\ /16=4$ 倍的表面积。另外，端角的数目增长了 16 倍，这也相应地增加了造价，当这些单元竖向一个接一个叠加形成了塔楼形状时，侧面积与体积的比值仍然不变。

上述讨论认为屋顶面积相同，这是因为各个建筑的高度相等，但是塔楼结构例外。当基本的空间单元在竖向被组装起来，屋面面积和总表面积之比就发生了变化，在保持给定的封闭体积不变的条件下，通过对图 1.10 底部的 4 种建筑类型的研究可以得出以下结论。

- 立方体的表面积 80% 由侧面积组成，20% 由屋顶面积组成，在这种情况下，总面积 A_5 与体积之比 $A_s/V=80/64=1.25$。
- 对于单层平板式建筑，屋面占总面积的 62%，其余 38% 内外墙面积组成，在这种情况下，总面积体积比 $A_s/V=(40+64)/64=1.63$，与立方体的总面积比为 $1.63/1.25=1.3$，换句话说，水平楼板需要增加 30% 表面积。
- 对于竖向板式高层建筑，14% 的总面积由屋顶组成，剩余的 86% 由侧面积组成，在这种情况下，表面积体积比很高，$A_s/V=(96+16)/64=1.75/1.25=1.4$。因此，竖向建筑要比立方体建筑多需要 40% 的总面积。

- 对于双层的天井式建筑，中庭被玻璃屋顶覆盖，因此在这里仅考虑外墙面积。在这种情况下，屋顶占了总面积的43%，其余57%由外墙面积组成，总面积与体积之比为 A_s/V = （48 + 36）/64 = 1.31，和立方体表面积体积之比的比值是1.31/1.25 = 1.05；换句话说，中庭式建筑比立方体建筑仅仅多需要5%的表面积，然而，当把重要的外墙与体积比作为评估的基础，中庭式建筑要比立方体形式更为有效，特别是包括如何获得最大的日照。

很明显，对于给定的体积，立方体能够给出最有效的面积体积比。因为低层建筑屋顶面积占表面积的比值增加，所以面积体积比也要相应地增加。随着高度增加外墙所占比值增加，面积体积比也相应地增加。明显地，占地面积大、层数少的建筑表面积由屋顶面积控制，高层建筑的表面积由外墙面积控制。然而，当把重要的外墙面积作为评价的基础，中庭建筑要比布局紧凑的建筑群体更为有效。

因为屋顶表面性质和外墙面的性质差异很大，所以用总面积是不对的。在竖向立面上的日照强度，比水平面上的日照强度要低，除此之外，墙上的日照通过遮阳要比采用隔热层屋顶控制阳光更容易一些。另外，墙体也有利于日照，竖向堆积立方体单元减少了层面积，但是同时也增加了建筑结构构件的荷载作用、换气的需求和热量损失。进一步说，在某一建筑高度以上，建筑的建造变得更昂贵了。我们可以得出结论，对于给定的建筑体积，随着建筑平面尺寸的增加每平方英尺造价降低；随着建筑高度的增加每平方英尺造价增加。但是，复杂的平面形式，组合建筑形式也明显增加造价。

在图1.10的底部，我们研究了表面积体积比，在这张图的上部，在图的四周按照建筑密度不变，建筑体积场地面积不变，展示了典型的建筑平面布置形式。例如：为了适应住宅建筑，典型的布置包括

- 分离的，独立的（一家一户的）核心形式
- 形成了乡村和其他类型的联立式住宅相邻单元的建筑
- 低层的链式或网格分布多户建筑形式
- 分离的高层板式和塔楼建筑形式

自然地，这些形式的组合能够形成连续的集中的或阶地式城市建筑，这些形式存在于低层，中层和高层单元中。

尽管以上四组中每一组都假设相同的人口密度（每亩的人数）或每亩相同的寓所（DUA），土地的使用程度（那就是，公共场地与私有场地之比，或者开放空间比，OSR）和每种布置的流通长度是截然不同的，在图1.10上部图表中间部分，通过保证建筑的高度不变，来对土地的使用（按照各种不同的密度）进行图示说明（可以参考

Martin 和 March，1972）。通过在图 1.10 顶部采用核心，集中形式，同时在底部采用反转的庭院形式来表示 90% ~50% 的各种不同的土地使用。在图中部 10% 的土地使用演示了由集中形式向分散形式发展。

分布密度取决于经济因素、土地利用率、社会和文化的需求等等；它们通过分区规划法律来管理。美国一些地区的典型人口密度为（与香港人口密度相比）

- 单户独立式房屋，每亩 8 户寓所 8DUA
- 二层联立式房屋 20DUA
- 四层无电梯公寓 40DUA
- 复合低层/高层建筑 90DUA
- 多层板式公寓建筑 90DUA
- 高层住宅建筑 120DUA
- 典型的市区高耸建筑 200DUA
- 纽约的最大人口密度 425DUA
- 香港的最大人口密度 1000DUA

为了对人口密度有一个粗略的了解，可以假设美国每个居住单元平均有 3 个人，每个单元有 1.25 停车位。

在城市背景下，建筑的大小、形状、选址、功能受分区法规的影响，这些法规不仅控制人口的密度和建筑的使用（例如：用于住宅的、商业的、制造业的、混合的），而且也控制建筑的选址、高度、体积。各个建筑之间的距离与建筑距红线的距离都有具体规定，这也有可能限制了建筑平面形式和场地的位置。随着建筑物高度的增加，建筑物间的最小距离也要相应地增加，这样才能使得阳光达到地面（图 1.11）和相邻的场地。从本世纪初到二次世界大战，由于美国城市采用了矩形分区规划形式，没有形成字母形的建筑街区，同时也是为了适应自然采光和通风，建筑的高度被限制在 50 英尺以内。在此之后，人工照明和空调的发展使得更高的建筑成为可能。

概念上，城市规划法规产生于以下规划的共同作用。如图 1.11 所示，要记住的是在底部通常有一个很小的收进区域。

- 高层建筑区域规划。可以通过对场地上建筑所能使用最大面积限制在规定的范围内，保证在地面上有少量的活动空间，例如：不得超过总面积的 40%。
- 小区规划。如按照建筑总面积是场地面积的乘积，则建筑总面积是有限的。FAR（容积率）表示建筑总面积与场地面积的比值。在这里，容积率是一个确定的数字，设计者把这个数字乘以场地面积就得到所容许的建筑总面积。例如：FAR 为

16∶1，16 层高没有收进的建筑将使用所有的场地面积；而 32 层建筑将使用一半的场地面积；64 层建筑将使用1/4 的场地面积，但是3 者都将获得相同的建筑总面积。对于一个人口稠密的城市地区，典型的FAR 在15～25 之间。但通过从相邻的场地建筑的上部空间转换面积（如规划场地的合并）或通过鼓励性的规划，可以获得较高的FAR 值，这样可以放弃对高度和体积的限制换取特殊的设施（如广场、内部共享大厅、商场、街区商业走廊（图1.15）交通枢纽、市区停车场，住宅等等）。

- 外形规划。充分利用场地，建筑形状由外形控制，外形组成了所谓的露天面，这与街道宽度有关，外形要保证光线照射到地面。通常说来，建筑在场地边界的最大高度是限定的，超过这个高度，建筑物就不得不收进，这样建筑就不能超过露天面，典型的高度收进比的范围从2.5∶1 到3∶1，这大概与露天面70°倾斜角有关，这种方式导致建筑轮廓呈阶梯形。规则收进方法，建筑占据了整个场地，而轮流收进方法建筑从街道和红线处向里收进，以便在地面上留有更大的活动空间。对于这种情况，采用更大的高度收进比将形成更高的建筑。如果在各层的建筑面积没有超过40% 的场地面积，建筑的上部（塔楼部分）有可能穿透露天面。人们宁愿通过采用收进方法来建造高层建筑，这种建筑虽然穿透露天面，但是这种建筑只占整个场地面积的25% 到40%，同时由于建筑底部有少量的收进而形成建筑广场，这种建筑反映了60 年代的典型趋势，这一时期的高层建筑都成为著名的景观。在这种情况下，高层建筑的高度可以由FAR 来控制。

例1.1

对于0.25 亩的城市场地，分区规划法则允许300DUA，容积率为15∶1，同时建筑占地不得超过55% 的总场地面积。这个粗略的初步调查，我们可以设定一幢简单的、长方体形的高耸建筑，双卧室式公寓，消费对象为高薪阶层，每个家庭有1.25 辆轿车：

场地面积：134.8 ×8.16 =11.000 平方英尺

最大单元数目：0.25 亩@300 =75 单元

建筑面积最大值：15FAR（16000）=165，000 平方英尺

标准层建筑面积最大值：0.55（11，000）=6050 平方英尺

最大建筑高度：165000/6050 =27 英尺

保守地假设，标准层15% 的建筑面积作为不出租的空间（公共空间），忽略建筑底部不同使用条件的影响，得出的最大出租面积为0.85（6050）=5142 平方英尺/层，这相当于每层有4 个双卧室式公寓，每个公寓能获得最大使用面积为5142/4 =1285 平方英尺，这超出1200 平方英尺左右的使用面积。

假设建筑的高度在60英尺左右就能够满足底层最小标准收进，得到建筑的最大长度为6050/60 =101英尺，这一长度是令人满意的，也适合场地尺寸。因此，总单位为75，建筑在基础以上的层楼为75/4 =19层。

对给定条件下，城市的高密度很明显不允许所有汽车在地面停放，需要多层停车库，那就是说建筑底部在相当多的空间在地面标高以上或以下，假设每台车占地250平方英尺，那么近似对车库总的建筑面积为1.25（75）350 =32813平方英尺，如果建筑底层要给出所有的停车位，同时底层不向外延伸，所需层数为32813/（60×101）≈6层

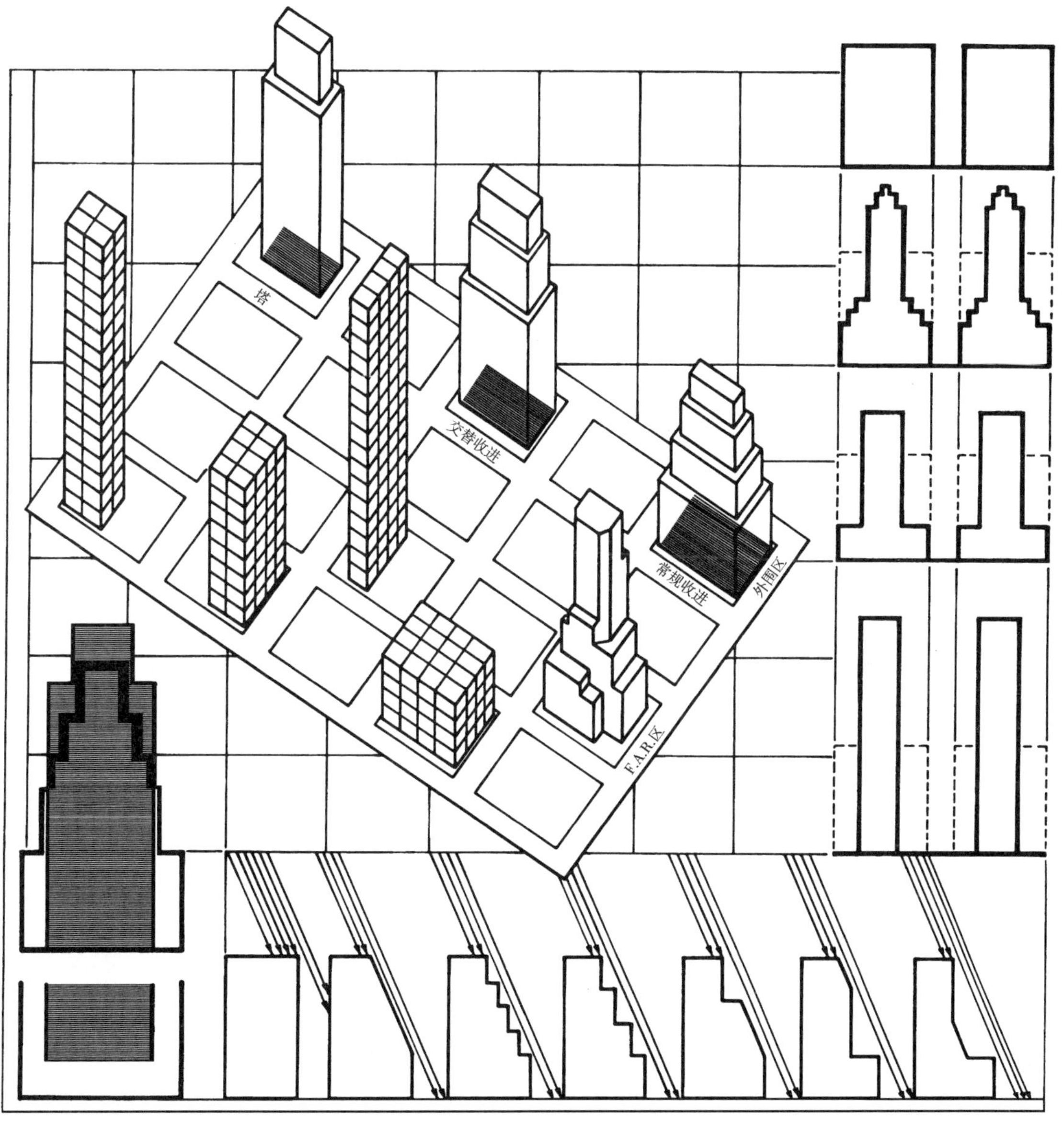

图1.11　建筑构形分区法则的效应

如果小区规划法规中的规定刚刚是用来规定建筑外形的，那么新的规定更关注于建筑的表现形式。这些规定的基础是日照要求和相邻建筑背景下有关的需求，这包括街道的开放程序；对于市内大面积地区，通过大规模总体规划而不是小型区域规划来进行规划控制。这包括允许使用准则中的外形，这种外形所需的基础结构能够满足建筑红线、收进线、交通路线、公共设施等的需求。

从上述讨论中，我们可以明显的看出城市的高层建筑形状受小区规划的影响。小区规划法规要求提供额外的公共设施，给予建筑更大的自由，但由于建筑密度和建筑高度的增加，它也有可能对照明和空气的需求和环境质量产生威胁。在任何情况下，小区规划法规代表建筑设计语言中句法的一个重要部分。规划法规致力于建筑的外部效果，而建筑结构规范关注于使用者的健康和建筑结构的安全，因此它对建筑本身更感兴趣。许多规范中考虑的是：防火紧急出口的布置准则、移动运输准备、施工和材料标准、照明和通风的最小需求，等等。节能法规要求建筑应有遮光设施，要求建筑朝向应有利于节能、植被和建筑布局，有时规范是建议而不是具体规定，其目的不在于提供“做什么”的准则，如果这样做将导致设计的千篇一律。在本书的其他部分将讨论对建筑形状有要求的规范、法规、标准。

功能组织

建筑空间不仅具有材料空间静态的和固定性的特性，而且（作为围护空间）也是有生命活力的，其内部人流和生命能源供应沿水平方向和竖直方向进行，从一地方到另一个地方。建筑空间的内部有用来检修和活动的流动空间，可用来检修，同时也是重要的连接空间。在图 1. 12 中的形象比喻有助于逐渐感受循环流通体系的力量，把建筑内部简单的交通体系或城市的大规模交通体系与人体复杂机体相比是非常有趣的。人体血液、神经传输系统、机体能量供应系统，看起来与建筑生命线、输送水和汽的管线、通风管道、以及沿电网进行电力分配都相似。建筑功能与生物的比喻，为人们了解建筑功能提供了有力工具，使人们能对建筑功能环境的基本类别原则有所认识。

呼吸、消化、泌尿系统的器官沿着各种管道为身体提供氧气和食物、排泄废物，但是这种过得就像夜晚的城市生活，当人们入睡时，这一过程速度也慢了下来。心脏的泵送作用使得血液沿着复杂的动脉网从心脏中流出，沿着静脉又流回心脏，复杂的神经系统从脊髓中发散到身体的各个部位，这正如图 1. 12 所示，神经系统也协调大脑所命令的各种活动，它控制各种刺激信号，组织人体的各种肌肉活动，管理思考活动

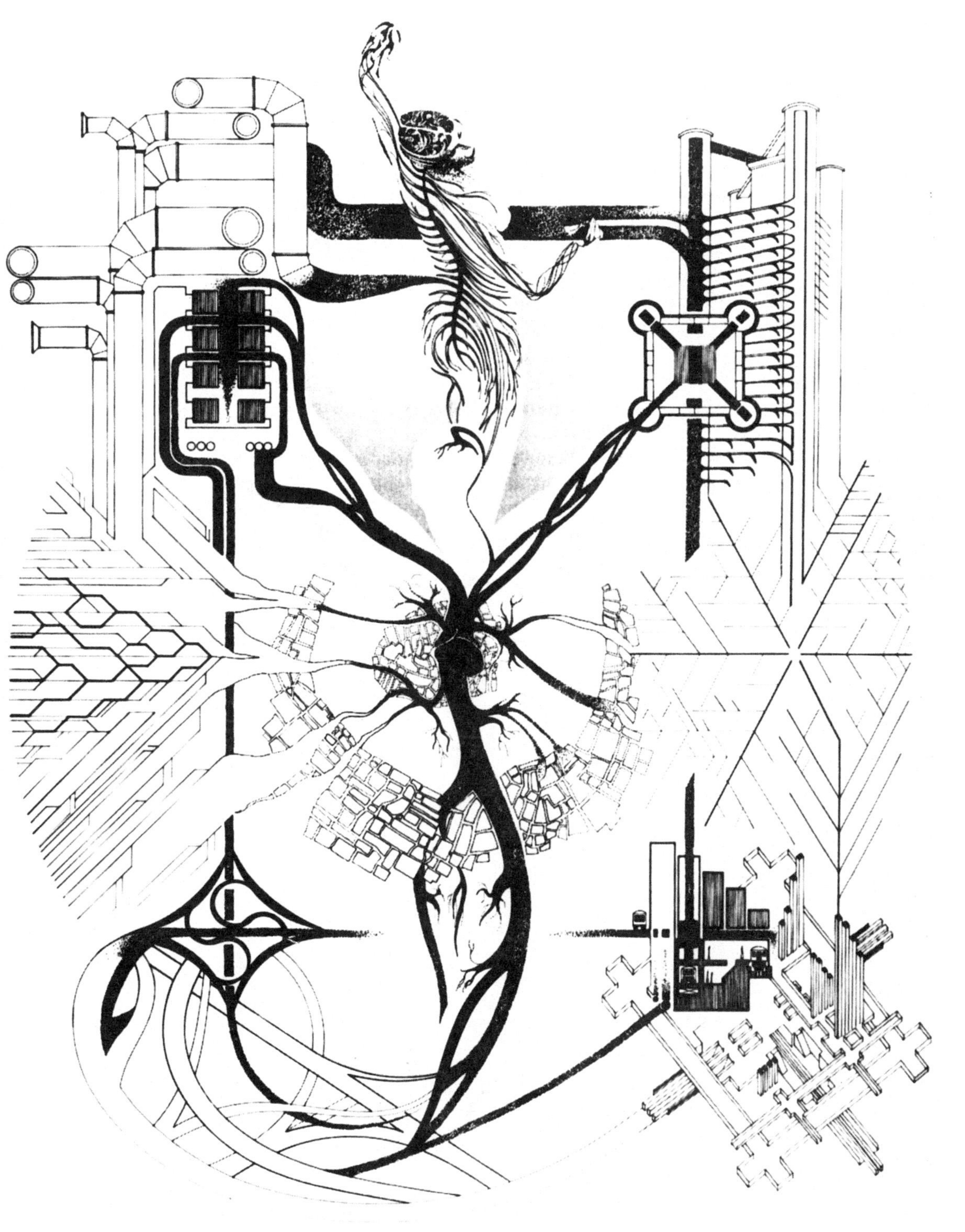

图1.12 运动体系

和机体活动。人类的器官可以被视为加油站、污水处理厂、废物处理厂、蓄水和供水系统、工厂、火车站、码头、机场和机器等等。建筑和城市机体生存所需的交通体系包括高速公路、隧道、桥梁、铁路、水道、地铁、自动载人运输机、人行道、建筑内走廊和电梯和供水管道管线、废水固体废物和危险性废品的处理站、安全调节装置、电力管道通用线路。

形式产生于运动，蜿蜒而行的动作反映了河流的自然路径，这类似于水蛇游动时身体的摆动。水流分布形式使我们想起了自然的排水方式，当电能释放的时候使我们想起了闪电，或者是轿车中的液体和电力分配系统，当流动的规则性在连接处被打乱，则需要复杂的过渡阶段，例如，多层高速公路互通式立体交叉点。

在高层建筑中，流通分配模式也使我们联想到水果树，树杆和分枝表示支持生命的能量输送结构，这一结构把能量分配给各片叶子。同时，流通密度的减少，组成部分也成比例地减少。树干可视为建筑的主体部分、内核、中枢神经。另外，可以比喻成带有各种设施、竖向尽端式道路，它是建筑的主要的分配体系，包括电梯、楼梯、功能管道等等。它在底部或在上部把建筑和城市构造联系起来，它能到达行人马路，连接停车场，偶尔也能直接连接地铁，它连接了能量供给管线和污水处理管线。空间循环对建筑整体进行分区，在各种不同空间建立了各种层次。从功能的观点来看，建筑可以细分为活动空间、服务空间、交通区、进入区或连接区间。

活动区域可以清楚地由某些建筑形成的封闭空间来定义，例如：住宅、宿舍和旅馆，但是它们也有可能是开放的办公景观，或者像展览厅那样具有开放的、灵活的平面布置，拥有可移动的分区。通常，开放空间和封闭空间的复合型楼板平面能够提供隐蔽性和公开性动态变换。活动的类型取决于建筑使用方式。

- 住宅

  低层建筑（无电梯公寓）：低密度（如独立式住宅），高密度（如：半独立式住宅，如二联式住宅，三联式住宅，联立式住宅）。

  中层建筑（即4~6层有电梯或没有电梯）隔墙式住宅，方块形住宅。

  高层建筑：方块形住宅，阶梯形住宅，板式高层建筑，建筑组群等。

  上述形式的组合：城市住宅
- 商业：办公室、商店、商务中心、宾馆、饭店等。
- 工业：工厂、仓库等。
- 机构：学校、医院、监狱、教堂、博物馆、办公大厅等。

- 特殊建筑：塔楼、运动中心、桥梁、机场、海岸结构、停车场等。
- 多用途建筑：市区的高层建筑是生活、工作、服务活动空间的组合。例如一幢混合用途的70层摩天大楼由可以由以下各部分组成：3层地下停车库和检修区间，8层零售区间，20层办公区间，2个设备层，18层宾馆房间，2个设备层，20层公寓住宅，电梯机房。
- 巨型建筑：大型城市建筑，可以通过欧洲的一些新城市来理解，例如在巴黎周围的一些城市，这些城市建筑的功能包括生活、工作、教育、娱乐。

以下是美国对于一个人进行各项活动的空间分配，可以用来估计居住单元大小、电梯容量、交通和管线：

- 开放空间，假设每个雇员拥有110平方英尺区域，使用空间为75%，25%的空间用于交通，大约5%～10%的总面积用于安装设备。
- 商业建筑，假定每个人用地60平方英尺。
- 住宅建筑，平均每人用地300平方英尺，不得小于150平方英尺。假设每个卧室2个人，每户3人，低价住房每户4人。在世界其他地区，每个人平均占用面积要小得多，例如，香港的公用地区违章建筑平均每人只有35平方英尺。
- 宾馆，假设两个房间1人。
- 走廊的标准宽度为5～7英尺，但对于学校和医院说，标准宽度为8～12英尺。
- 办公住宅楼，楼板间的高度为11～14英尺。目前13英尺高度是能够满足高技术通信线路的布置的。框架结构公寓式建筑的平均高度是9.5英尺，但对于平板结构可以少一英尺，这里的楼板可以直接作为顶棚面。对于梁板体系结构需要进行吊顶，但除了在走廊之外，其他房间顶部不需要留有设备空间，顶棚高度通常在8～8.75英尺。

高层建筑中典型的竖向交换体系可以是载人和载货电梯、链式升降机、自动扶梯、坡道、空气管道、小型提升机、楼梯、竖向烟道、排气管道、空气通风管道、上下水管、避雷针、垃圾通道等，电梯靠拉力来牵引或者靠液压来推动。在牵引式电梯系统中，电梯舱电缆和绳索绕过升降机的滑轮组，带动电梯舱在给定的轨道上升降，牵引设备一般位于电梯井上方的电梯设备间，同时电梯舱和平衡块连接起来，平衡整个电梯舱的重量。液压式电梯由液压升降机来升降电梯，因为电梯是自平衡的，电梯设备没有给建筑结构增加竖向荷载，因此允许采用较轻的电梯井结构和较小的基础。对于重型升降机直接安装在电梯舱顶部的电梯来说，则不需电梯设备间，但是它比牵引式电梯需要更大的马力，因为它没有平衡块。牵引式电梯由于运行速度快而用于高层建筑；液压电梯运行速度慢，仅用在中、低层建筑。

人们沿着竖向主干和分支，分配到水平和竖向的各个活动区间，这些区间由封闭单元的集合体或开放的楼层组成，图 1.13 中有所表现。影响到人口流动的一些因素是：

- 建筑形状
- 平面形式（简单的，封闭对开放的，多边形形式）
- 平面高度（矮对高对各种不同高度）
- 核心区的数目、位置和方向（单核心对多核心，布置在外侧对应于布置在内侧，分散的对应于集中的）
- 活动单元区的布置（例如：环状、辐射状、线形、聚合状、多边形）

水平方向的流动取决于平面组织。平面组织可以表示成辐射形或直线形层次感很强的流通系统，这种组织用于封闭单元体组成的住宅建筑；或者可随具体环境随意改动的体系，这种体系用于开放的办公空间。自然而然地，相应于空间使用可以有无穷的组合。在图 1.13 中我们已经研究了各种建筑形式和平面类型和各自的流通模式的相互作用，但仅能使我们对平面组织、空间协调，最佳层次有所了解。

在高层办公和多用途建筑中，电梯井、烟道、紧急楼梯和卫生间都集中在建筑的核心区域，这样无用的建筑体积被减少到最小。同时这些房间占楼面面积的 20% ~ 25%。核心区的中心位置到周边区域的距离也是最短的。可以通过核心区的周围走廊到达核心区的电梯、楼梯、卫生间；同时电梯井可以相邻的，也可以相对，但必须通过前厅把两者分开（见图 1.14，图 5.4），核心筒是建筑物的脊髓，它把建筑物竖向和水平连接成整体，并把它和外界能量连接起来。

在高层建筑中，有效地竖向分配人口是一个非常复杂的交通问题；很明显人数越多并不意味电梯越多越大。超高层建筑的高速直达电梯起止厅分成若干竖向区间，每一区间都有专门的服务电梯，区间的划分把特快电梯和局部电梯区分开来，以减少电梯井的数目和空间（如核心筒大小和运行时间）。

选择电梯的数目是一个复杂的问题，它取决于层数、办公建筑中的电梯容量和速度（700 英尺/分钟，2000 英尺/分钟是人坐电梯感觉舒适的上限值）、建筑大小（每层人数）、建筑使用（房客居住类型、早晚的流动高峰、房客与参观者的比例等）、

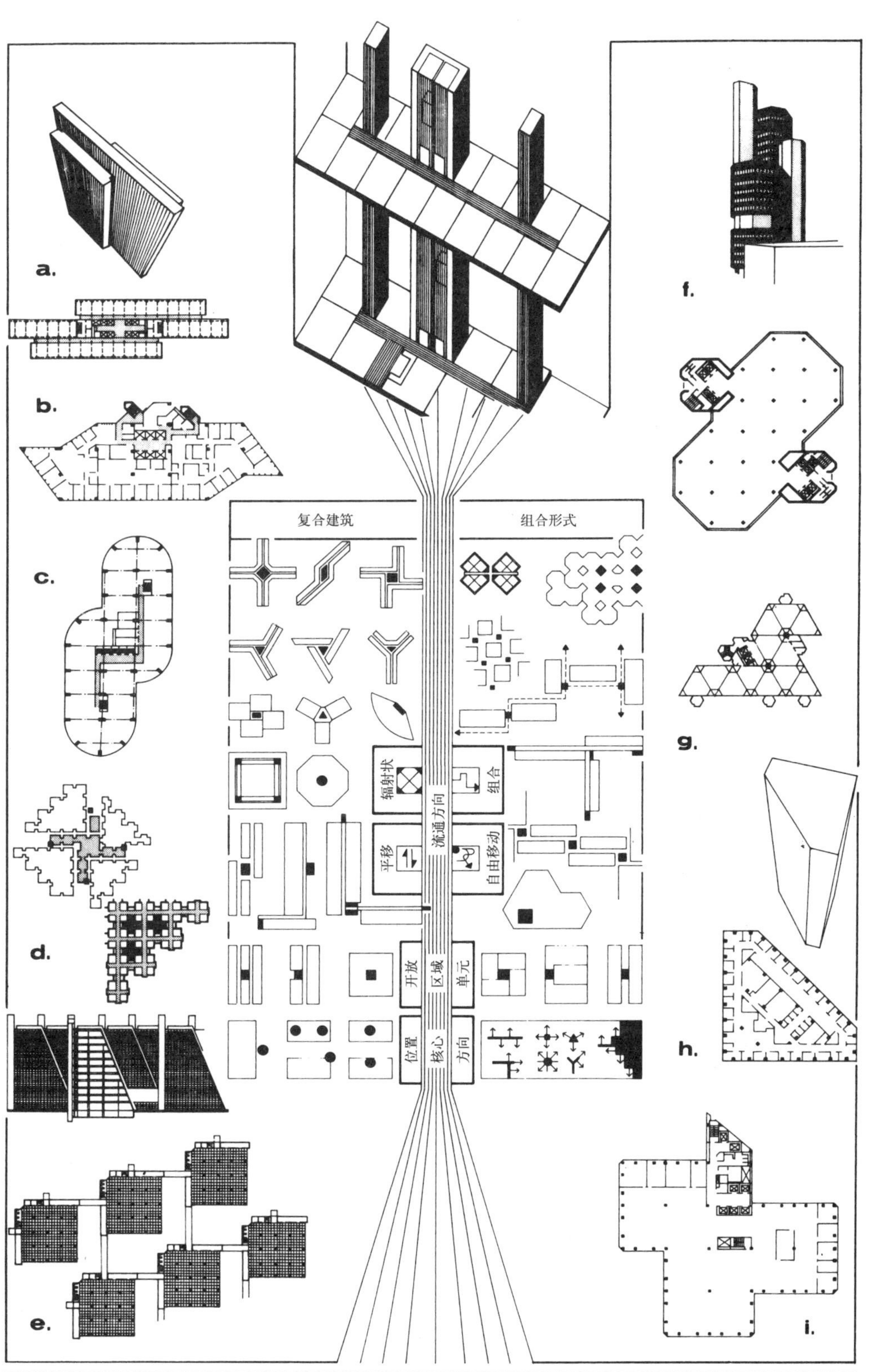

图 1.13 平面构形, 循环和核心位置

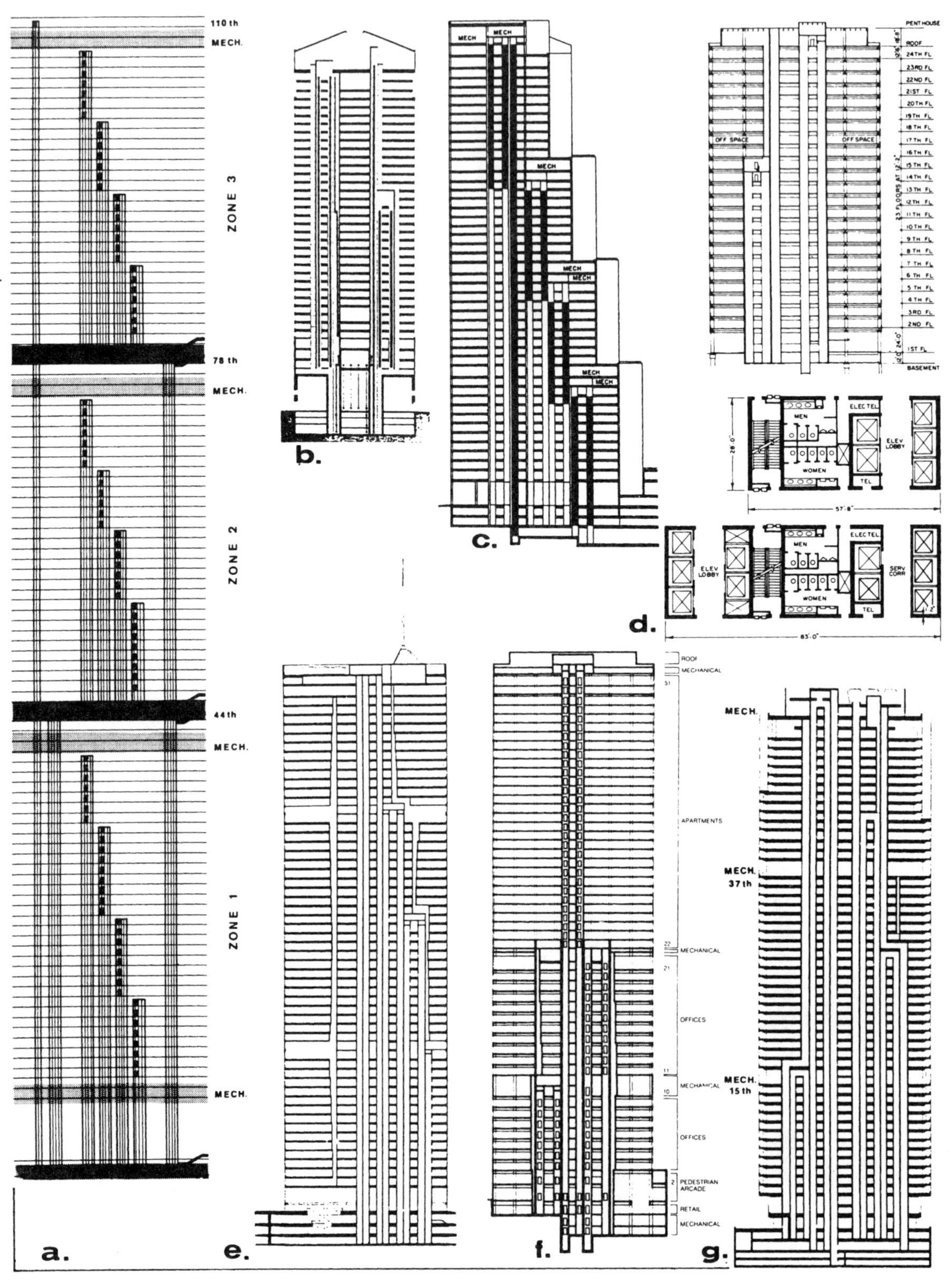

图1.14　升降井筒和设备展示例

最大等待时间（办公楼为30秒，居民住宅为90秒）。初步估计的经验法则为，每25000平方英尺租用办公区应有一部电梯。对于12～40层典型的公寓式建筑平均应有3部慢速电梯式、2部高速电梯和一部服务电梯；到25层以上，两部高速电梯中的一部可以作为载货电梯；电梯系统有电梯设备房（电梯机械、电梯舱和平衡块）和电梯井。从交通运行的观点，电梯系统有3个基本类型。

- 局部电梯
- 特快电梯，在某一层以上可以作为局部电梯
- 往返电梯，连通地面高度和电梯起止厅

电梯轿厢可以是单层的，多层的（如双层，3层，4层）。例如，双层在上下各有一个标准电梯轿厢，底部电梯轿厢电梯用在单数层，上部电梯轿厢用在偶数楼层。

如图1.14a，110层高采用双塔式建筑形式的纽约世界贸易中心[1]，它内部的电梯每天要运送5000名工人和8000各参观者，每个塔楼为电梯起止厅分成三部分，直达往返式电梯直接运行到电梯起止厅，在电梯起止厅之间，乘客可以换到局部特快电梯来达到其余的各个楼层。在每个塔楼里，有23部往返式电梯（每部电梯载客55人，运行速度1600英尺/分钟）和72部局部特快电梯（加4部载货电梯）。

在一般的建筑中，要通过许多组电梯处理复杂的和沉重的交通，新一代智能电梯能大量减少运行时间，为更多的人服务。所有的电梯可视为一个整体而不仅仅是独立的电梯轿厢。有“思想”的电梯的程序能通过测量电梯轿厢的重量来感应有多少人乘电梯，它们能判断有多少人在等电梯，可以适应不断变化的要求，它们甚至可以预期各种搭乘模式。

竖向流动模式的各种特点已经令人信服的在图1.14中的各个实例中加以图示说明。世界贸易中心塔楼在竖向被细分成三个区间，并以视觉强调，其他的例子表明，电梯可以在某一层面以上减少，所以核心筒面积随着高度增加而减少。“F”图中电梯井模式证明了当建筑从办公区过渡到住宅区时，用在住宅区域的电梯可以减少，在图例C中收进的建筑轮廓对电梯井布置的影响不言而喻。

从功能的观点来看，前庭包括通道可以看作连接空间、道路体系、环境和功能的缓冲区；它们的最初形式是布鲁塞尔、米兰、巴黎和罗马的柱廊、拱廊和19世纪著名的长廊。前庭可以提供具有景观的广场空间，同时把室外的城市景观延伸到室内，它们可以通过下沉式广场来开放和连接地下人行空间，甚至可以在建筑的上部提供带有植被和喷泉的半公共空间，它们把自然光和自然景色引到内部空间，隔开外部环境，

---

[1] 已于2001年9月11日遭恐怖分子袭击后倒塌。

通过太阳能和通风创造一个有利于在整个建筑内节能的小环境来调气候。从气候而不从空间的、社会的观点，天井可以比作人体的肺部，肺部是人体能源供应系统的一部分，肺部是人体用来呼吸的器官，通过这个器官氧气被吸入和带到血液中去，同时释放 CO_2。正确地设计建筑形状（例如：各种比例）、方向、中庭空间与建筑总空间比来减少对机械系统的依赖，最大程度的利用被动能源（即日照）制冷、供热、通风和植物、水来获得舒适的温度。中庭可视为整体的通风管道（如图 3.6，中部具有排气功能），从周围的活动空间抽取废气，并和外部的新鲜空气进行交换，因而对天井和居住空间进行通风和制冷。天井也可以作为热量交换的缓冲区、过渡区，它减少建筑内部使用区间的外界环境影响，在这种条件下，天井的温度应介于内、外温度之间。在夏天，通过遮住天井的墙体和屋面设施来控制热量，同时夜晚寒冷的空气进入到建筑内部，这些气体能够在白天吸收热量；在冬天，阳光能够直接进入到天井，为墙体和楼板吸收。

中庭布置原则（atrium principle）的形式多样式在图 1.15 中加以表明，前庭可以起间隔和连接的作用。它们可以在建筑之间或者建筑内部形成走廊和画廊，或沿着建筑形成连拱廊。中庭可以被建筑物围起来，也可以作为建筑的内外交通区间。它们可以在地面高度上形成水平连接的中枢骨干（有可能是画廊网络），它们也可以在竖向堆砌起来。从形式上的观点，中庭可以是单面的（附着建筑上）、双面的（平行敞开或者是位于建筑的角部的单元）、三面的（部分封闭的）、四面的（完全封闭的）。在高耸建筑中，前庭可是电梯起止厅（sky lobby），也可以是高度变化的多层前庭，形成建筑中的建筑。底层中庭大厅可以延伸到整个建筑高度：例如：在 52 层的 Atlanta Marriott Marquis 大厦（1985）中的中庭有 48 层，520 英尺高。

高层塔式建筑或板式建筑仅占场地的一小部分，通过使用这种建筑形式来获得给定的建筑面积，倒不如把相同的建筑体积沿场地周围布置来产生更紧凑的庭院式建筑。建筑的高度也降低了许多（如图 1.10 底部）。每层建筑面积越大会导致每平方英尺建筑物重量的越小，进一步来说，越低的建筑越不易受水平作用的影响，需要的建筑时间越少，电梯数目越少。另外，低层建筑的外墙面积和建筑面积之比也要比普通的高层塔楼小得多。因为中庭可以使大量的阳光进入，同时也因建筑外墙面积较小，以机械系统的承重设计要求也要适当地减少。前庭正确位置与本章“环境背景”一节中所讨论的立面和房间的布置的道理相类似。中庭不仅作为采光井，而且也可以作为温度缓冲区（例如；在寒冷和温暖的环境中）用来挡住冬天的冷风，并把加热区封闭储存起来，同时也把它作为隔热空间来减少热量损失；一般来说，夏天里要控制热量增加。

对住宅建筑功能组织的进一步研究已经在图 1.16 中处理过了。在图 1.16 中，这些结构非常适用，因为围绕流通体系的布置房间对于绝大多数文化都是常见的。从功能

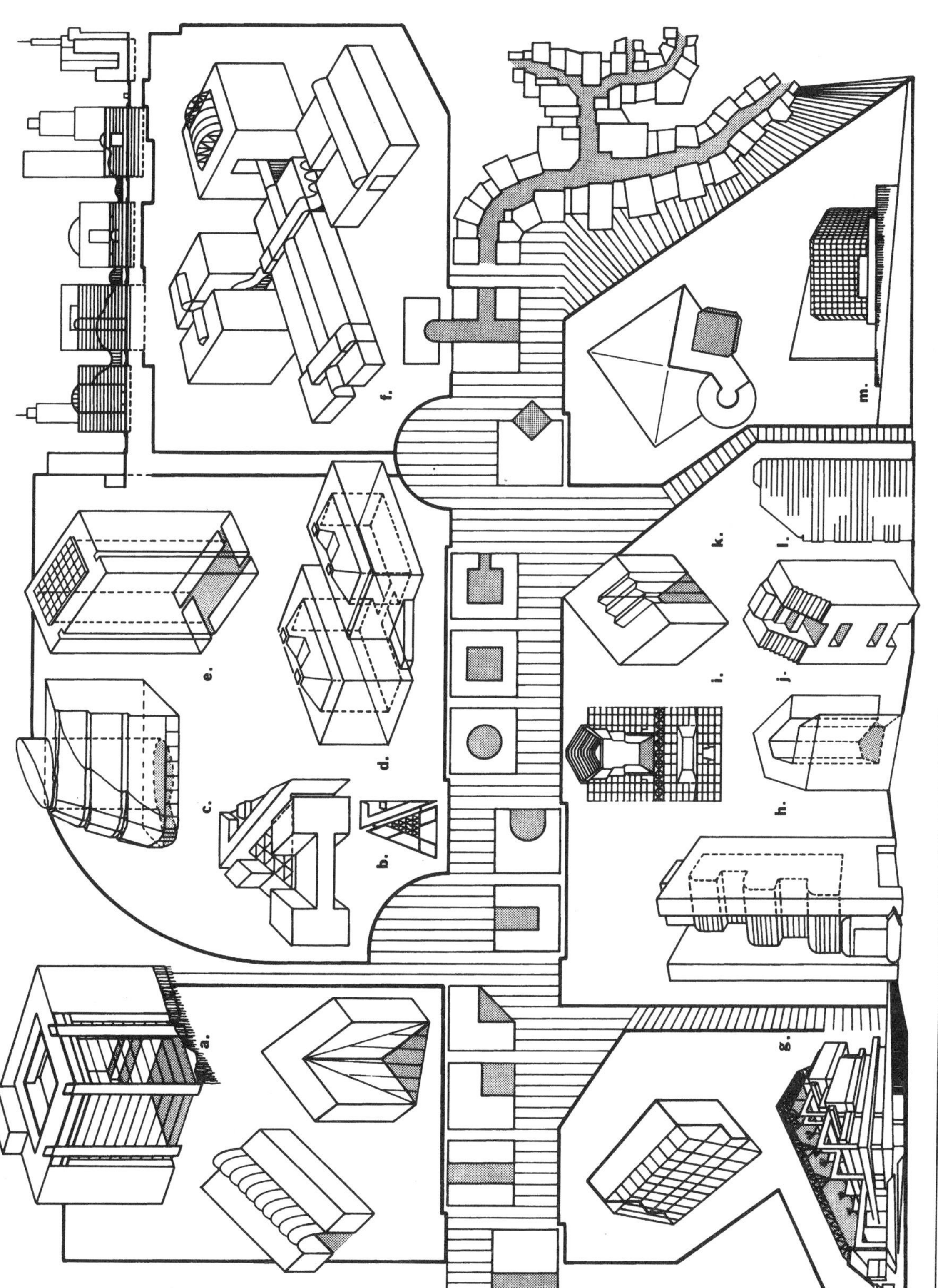

图1.15 前庭

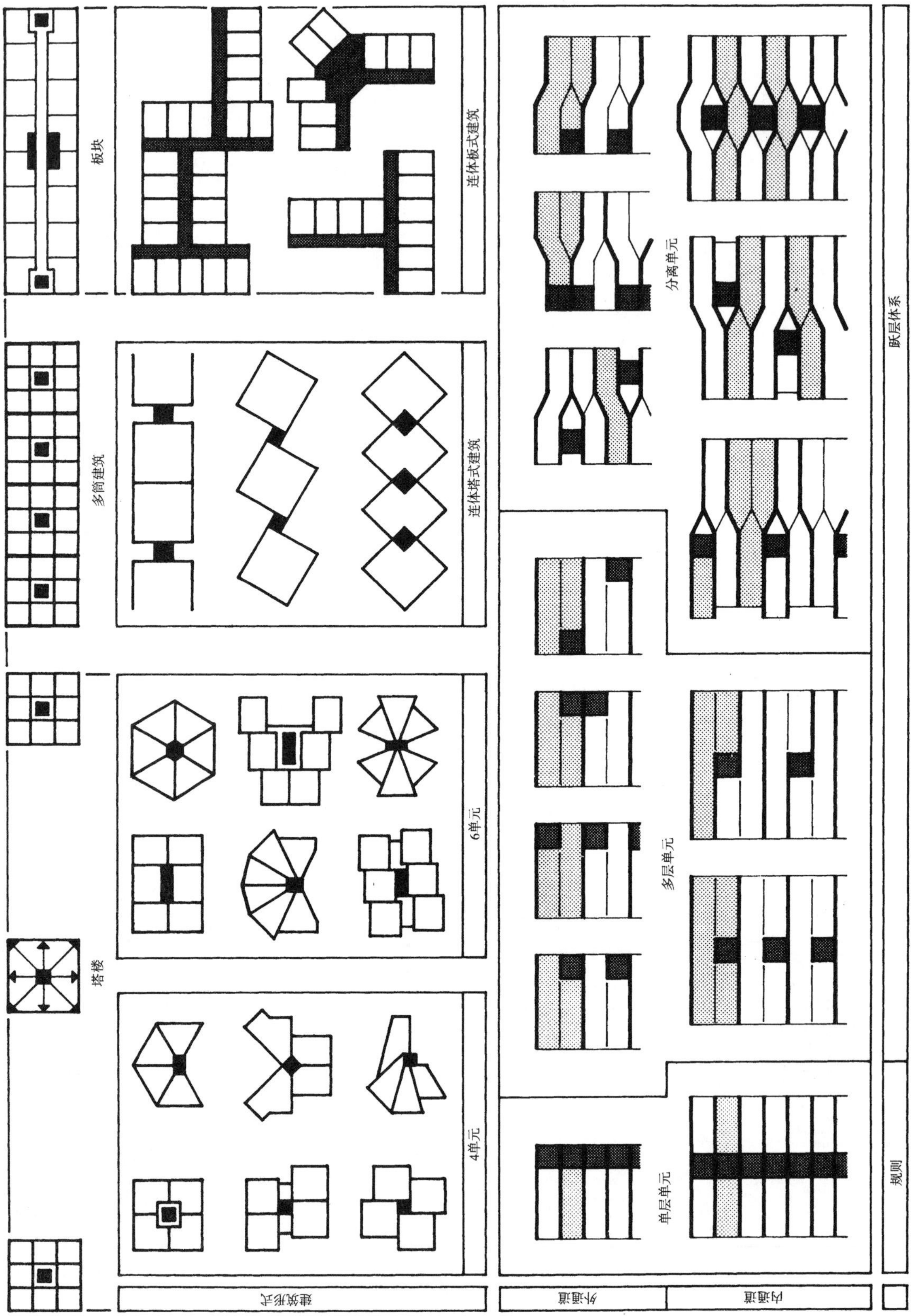

图1.16 住宅的功能组织

的观点来看，基本的建筑类型是：

- 走廊建筑
- 塔式建筑或点式建筑
- 多核心建筑
- 阶梯形建筑

从经济的观点，走廊和区域（公共活动空间－非受益空间）应该减到最少，本质上是减少交通路线所占空间。要想达到经济的话，非收益部分应该不超过总面积的 10% ~ 15%。这里，我们假设建筑的出入层面在地面标高处，核心筒位于公寓式建筑的中央来减少移动路程。规范规定每个楼层至少有 2 个紧急出口，同时限定每层各点到出口的最大距离，这将影响建筑的长度。对于没有装备自动喷水灭火装置的高层住宅结构，从居住单元的入口到紧急出口的最大距离通常在 75 ~ 100 英尺之间；但对于装有自动喷水灭火装置建筑，这个距离可以增加 50%。因此，初期电梯核心筒位于建筑的中央，普通的附属楼梯间位于长廊板式建筑的端部，在这些楼梯间里，采用普通的带有平台的“U”形楼梯，对于塔楼建筑，楼梯间是中心服务核心区的一部分。在这样的楼梯间里采用的是剪刀形楼梯，在这种情形里，两直跑楼梯直接横跨在两楼板之间没有中间平台，但是方向相反，两者相交。楼梯间具有防火和分隔功能，所以楼梯间不能相互连通。

走廊式建筑是一种板式建筑，其中寓所单元一般沿走廊进行布置，依次提供电梯、附属楼梯。板式建筑的说法有点错误，因为建筑形状不一定是竖向平板，居住单元也不一定按照直线方式沿走廊布置，它们可以按照曲线、交错形式或其他不规则形式布置，楼梯的布置也不一定是一成不变的；它们可以在不同的楼层有不同的布置。走廊的形式可以作为其他建筑类型组织的基础（图 1.16）

- 外廊建筑（每层，每隔一层，每隔二层，每两层）
- 内廊建筑（每层，每隔一层，每隔二层，每两层）
- 内廊夹层建筑
- 走廊交替布置的建筑

如果规范要求每层要有大量的防火楼梯和紧急出口，上述的一些楼梯体系是不允许的。

位于建筑中心部位的走廊无法得到阳光；这个走廊可以被视为纯粹的分配体系和一种分隔人们居住空间的手段，这样导致的安全感会使用户感受到孤独，特别是政府补贴的公共住房。相比之下，沿外部布置的走廊能看到阳光和景色，给整个空间增加了人性化特性，而且使得邻居们相互接触。外廊也可以作为外部环境气候的缓冲区，但它们建造起来也更加昂贵。

对于采用跃层的寓所，就不必在每个楼层面上设置走廊，因此电梯也不必每层都停。单元的居住者除了使用单元内部的楼梯之外，也可以从单元的上部或下部进入。

在塔楼结构中，各个单元布置是按照围绕中间核心区周围走廊以辐射状而不是按照线性方式集中在一起。建筑的形状与活动区间的数目和轮廓有关，可由图 1.16 中圆形、正方形、三足形、交叉形、扇形、辐轮形和环状建筑说明。当塔楼间相互之间直接相连及比连，多核心建筑就形成了。这种竖向多通道的解决办法对于多家庭，无电梯的住房是非常常见的。

对于初步设计，我们假设美国的标准公寓尺寸。然而，我们要认识到这些值是随着居住者的文化和收入变化而变化的。

小住宅	450 ~ 600 平方英尺	（标准宽 16 英尺）
1 卧室住宅	650 ~ 900 平方英尺	（30 英尺宽）
2 卧室住宅	950 ~ 1200 平方英尺	（45 英尺宽）
3 卧室住宅	1250 ~ 1600 平方英尺	（55 英尺宽）

例 1.2

假设在例 1.1 中，建造塔楼的过程中要求 500 平方英尺公寓式住宅和 20% 的 900 平方英尺的单卧室住宅和 20% 的 1500 平方英尺的 3 卧室面积，以及 40% 的 1200 平方英尺的卧室面积。按照小区法规，场地能够容纳 75 住宅单元。

总的净收益面积等于

单位	平方英尺数	总平方英尺数
15 住宅	550	8250
15 个单卧室房间	900	13500
30 个双卧室房间	1200	36000
15 个 3 卧室房间	1500	22500
总共 75 个居住单位	平均 1070	总计 80250

总的建筑收益净面积加上 15% 的总建筑面积，或者，保守一点，把 20% 的建筑净面积加到标准结构层，考虑到走廊、楼梯、电梯井、墙体等，就会得出总建筑面积为 96300 平方英尺，所需要的面积为 0.2（80250） = 16050 平方英尺。

加上底层建筑面积中用于公共和设备间的 6%，得出：总楼面面积除去 102078 平方英尺的停车场共需要 0.06（96300） = 5778 平方英尺（见例 1.1）。加上总的停车面积 32813 平方英尺，总的楼面面积（包括停车场）为 134813 平方英尺，总的楼面面积

（包括停车场）为134891平方英尺。

总的建筑面积可以乘以每平方英尺的造价可以大致得出建筑的总体造价。在这种情况下，结构造价占了总造价的1/3，设备系统造价有可能接近这个值。

对于内廊建筑，为了有效的获得日照，标准住宅的高度在25~30英尺，这样可出得出标准住宅尺寸中所给出的近似宽度。因此可以看出住宅房间的数目是否适合所给出的建筑长度。要注意的是，支撑结构平面布置的影响已忽略掉了。中间走廊的标准尺寸是5英尺，典型的建筑高度则为55~60英尺。对于普通的高层办公建筑，从玻璃幕到内部核心，最优的尺寸为45英尺，建筑物的高度在120~150英尺之间，这个高度要比典型的建筑高出两倍。

典型的居住单元被分为含有居住空间的外部空间（如起居室和卧室）和内部空间（如厨房、浴室、门厅）；内部空间拥有机械通风和人工造明。高度超过25英尺，宽度窄的公寓单元要比又矮又宽的单元更加经济。因前者的外墙面积较少，而外墙造价很高。然而，考虑到阳光，必须牢记的是平面高度明显地影响窗户的使用要求，公寓单元的类型可以按照以下标准进行组织。

- 方位：单向单元是单向采光的（例：内部，阶梯形建筑）或双向单元双向采光（例如端角型单元、端开口单元）
- 形式：长方形（各种比例），棱角形等
- 单层单元对多层单元

住宅单元由各种房间组成（如图1.18所示）。然而在这里我们不打算对它们的组织使用和外部采光需求进行深入研究。对于房间的最小尺寸，可以参考城市发展部准则或夏令时标准。

为了给图1.16中图表研究增加活力，在图1.17中研究各种建筑实例。图中清楚地表现了竖向和水平流通与房间空间相互作用的多样性。在图1.18我们将形象地研究城市住宅环境从房间单元到城市巨型建筑细胞型的增长。首先，我们先定义基本模数，这些模数协调房间单元，然后把房间单元组装成为居住单元。依此下去，这些居住单元被组成社会群体，社会群体形成房屋或建筑单元。各个房屋组织在一起形成了住宅区。最后，各个街区连接在一起形成城市的巨型建筑。因此，建筑与城市是相互溶合的，荷兰著名建筑师赫尔曼·赫茨贝格（Herman Hertzberger）没有把结构上的设计方法仅仅看作增加标准功能的方便组织方法，而是看作一种方式，这种方式瓦解了封闭街区的单调乏味和街区与城市背景的分离。建筑被看作大量生命的细胞或有独立机构部分的合成体。它们又被集成一体形成像城市一样的整体式建筑，在这种背景下，走廊不仅仅是疏通通道而是街道，它们具有社区功能。

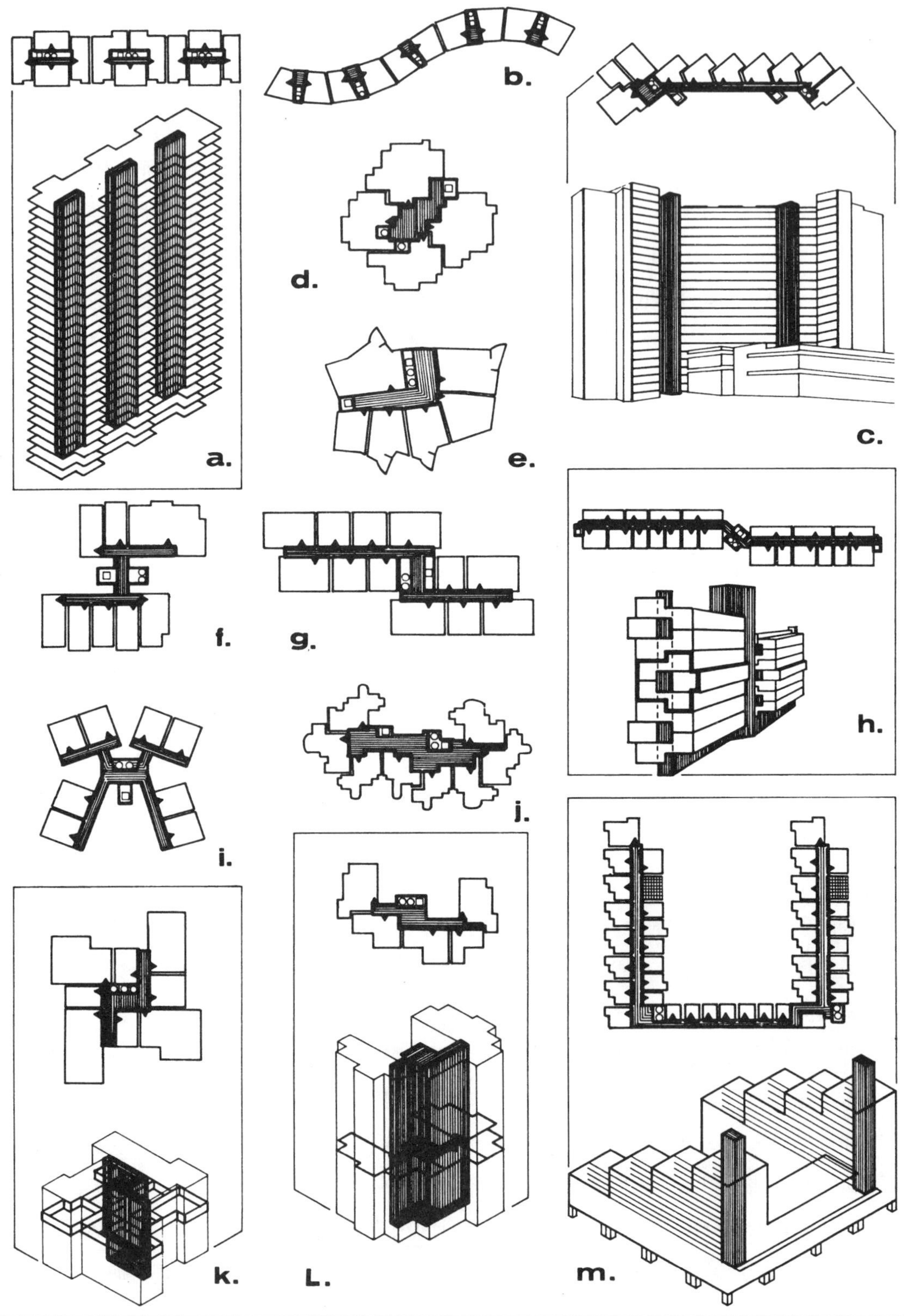

图 1.17 公寓建筑的环境系统

阶梯式建筑使我们想起埃及早期的阶梯形金字塔，中美州的阶梯形金字塔、雅典和地中海上的山坡城市，在某种意义上使我们想起北美城市中的阶梯形高层建筑街区。阶梯形建筑按照阶梯的样式加以堆砌，要么直接堆砌在山上，也有可能坐落在半山腰，要么它们在平原上形成了山峰般高层建筑。这些建筑沿直线布置，在一面或两面

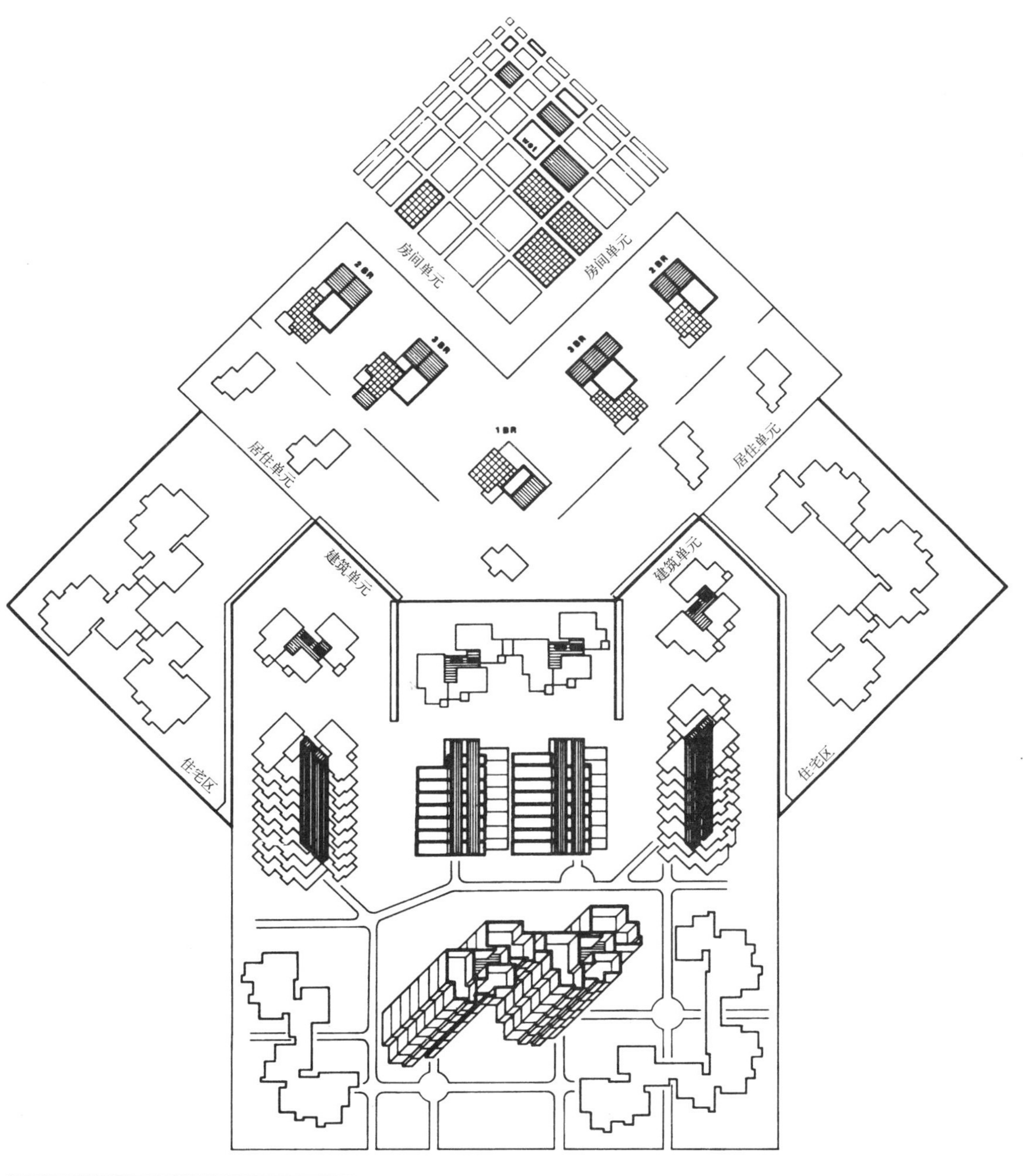

图 1.18　单元的生长

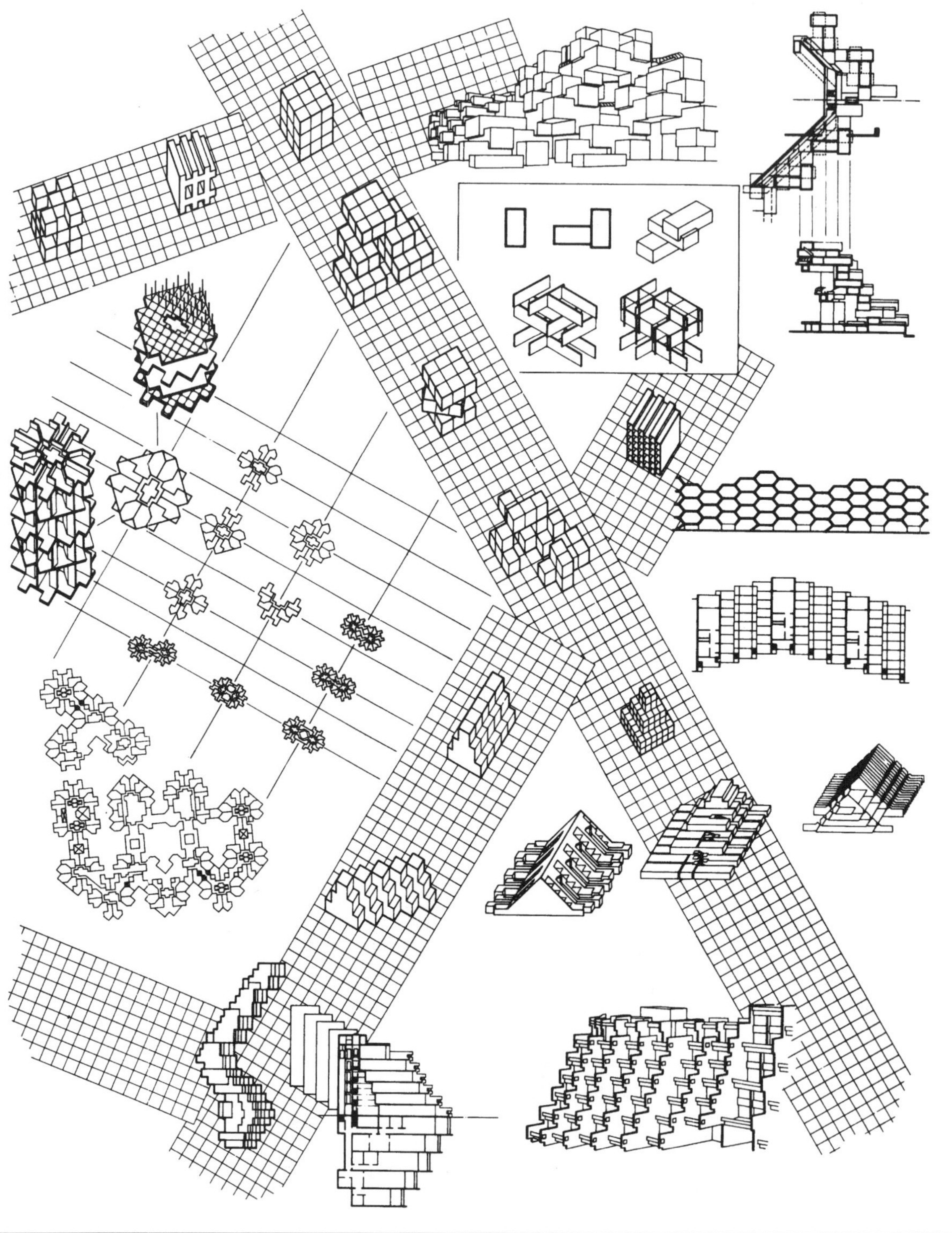

图1.19 阶梯状建筑

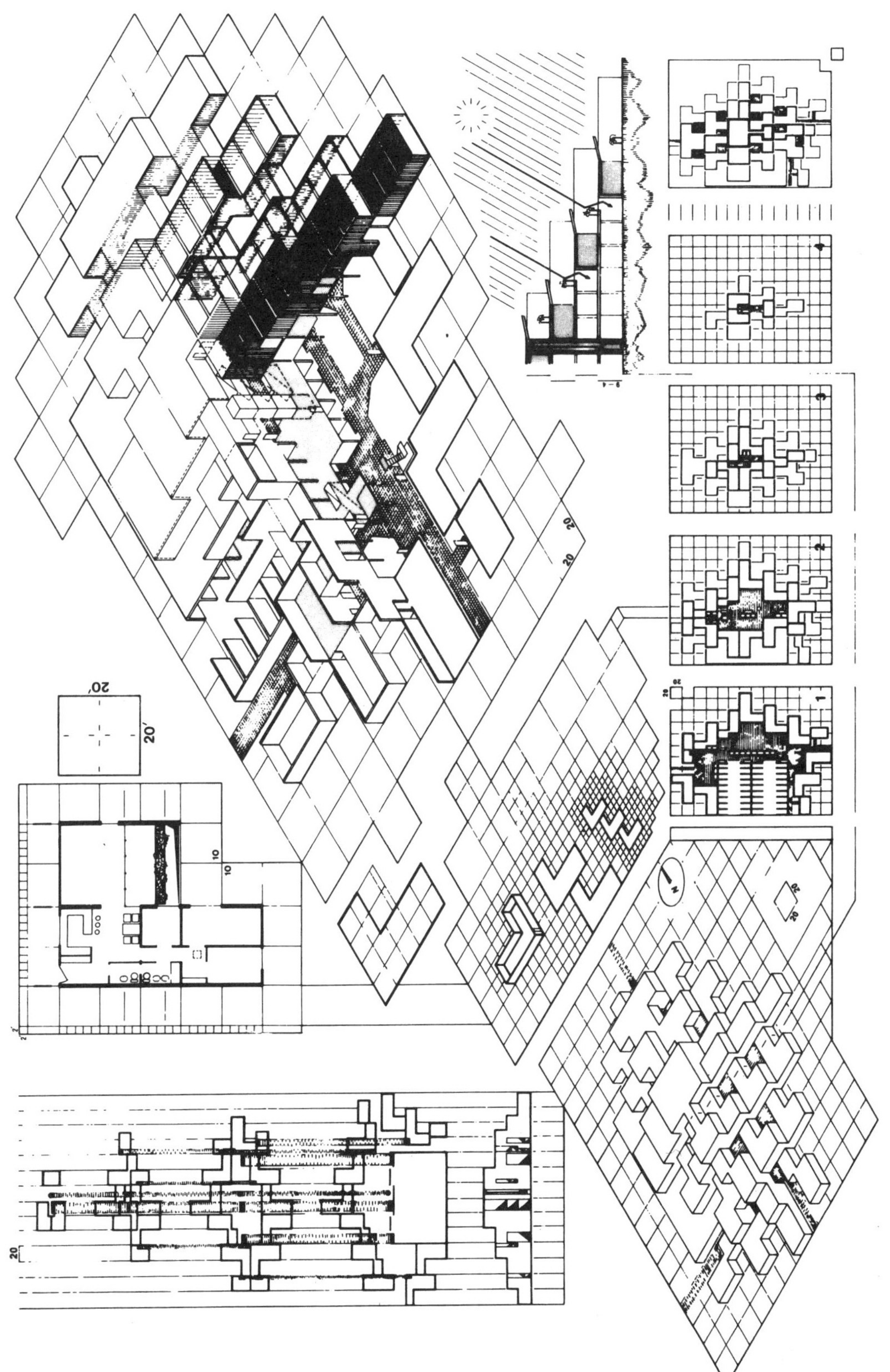

图1.20 阶梯状建筑案例

成阶梯形，它们也有可能是高层建筑底部连接部分并作为高层向低层的缓冲区。这些建筑不仅可形成金字塔形式，也可以倒转建造，形成像陨坑一样倒转的圆锥体。如图1.19各个实例所描述的平面布置可以是直线的、交线的、曲线的或封闭的多边形形式。设计阶梯形房屋的一些目的在于：

- 打破高层街区的单调性，给城市建筑提供一种社会的氛围—换句话说，建立一种更有人情的环境。
- 给每个生活单元提供更多的室外隐私
- 因为建筑是收进的，可在较高的标高处提供花园。一个单元的屋顶可以作为上部相邻单元的阳台，这样可以建造生态环境（生态建筑）
- 最大程度接受阳光，使阳光有效地进入到生活单元
- 在有流通功能的内部金字塔空间建立受控微观气候，这种气候能够达到居住单元，阻断外部环境。

阶梯形建筑能够按照传统的剪力墙、框架方法加以建造或使用细胞型建筑方法（这一方法将在图6.18进一步讨论）。这类结构的一个著名例子便是蒙特利尔的Habitat 67建筑（图1.19右上方）。在这幢建筑中，预应力承重混凝土箱体被堆砌到12层高，通过后张法连接起来，每个箱子长38½英尺，宽17½英尺，高10英尺，重80~95吨。竖向电梯井、楼梯间和水平高架道路（也就是梁）为整个建筑组合体提供了额外的支撑，空间的预制单元不必是长方体形，它们可以是从自然界的细胞组织体中衍生过出来，可以是多面体的组装，它可以作为单元形式和空间定义的基础。例如：阿尔弗雷的（Alfred Neumann）和赫克（Zvi Hecker）的多面体建筑就是非常出名的。赫克设计的耶路撒冷Ramot的住宅计划按照五边形的方式向外延伸成空间的规则12面单元体的组装体，对于山坡上角度较小的阶梯形建筑，通常采用随挖随填方法。然而，这种方法，对于角度大于30度的陡坡是不切实际的，在这些地区，柱支撑结构和悬臂支撑结构是符合地形的。

阶梯形建筑的一些复杂的几何组织协调已经形象地在图1.20中研究过了，细胞型增长（cellular growth）、支撑结构的特性和布置、功能空间、居住单元和走廊空间的相互作用都已经进行过研究，使我们又能够了解这类建筑的局限性。

机械和电力系统

因为走廊网（corridor network）可以进出建筑内部的许多活动单元，所以能源供给线也要给相同的单元提供必需要的服务、流通区间的树状分布和管道、导线管、水管

的主要网络通常被方便地组织在一起，因为两个系统都服务于相同的住宅区，它的关系类似于一个城市的街道、地下设施、公共基础设施。

除了要把能源供应系统隐藏在顶棚上和竖向管道井中，能源供应系统也要沿走廊和检修区中显露出来，以便能够检修和围护，因此这些系统成为建筑设计的一个特色。大体积的空气管道可以沿外墙布置以便不占据大量的内部空间，作为大型结构的一个必要的支持部分，外部管线表达了建筑的逻辑和它的服务功能；它们展现了令人兴备的视觉特色和整个建筑的一个强有力部分，例如，巴黎蓬皮杜中心（1977）（见图 7.41）、德国亚琛市大学医疗中心（1979）（见图 7.6）、伦敦的劳埃德社（Lloyd's）（1986）（如图 7.10）。在伦敦劳埃社建筑中，整体卫生间单元被显示出来，使人们看出它是插件单元。6 个卫星设备塔中的 4 个建筑的顶部拥有 3 层的植物房，从这里空气管道直接向下延伸，然后水平分叉并进入楼层空间。亚琛大学诊所的精密卫生保健机器，沿外墙以有机体的方式表现一张复杂的管道网。这张网由通风管、实验室和卫生间的上水管和下水管、麻醉室和特护病房的氧气管道组成。对于费城的 Richards Memorial 实验室（1961）（参见图 7.3），路易斯·康把进气管、排气管、循环管作为一组围绕实验室的外部竖向建筑显露出来，他把它们作为一个基本层次构件来清楚地表达建筑的意图。相比之下，对于 Jonas E. Salk 学院（1965）、La Jolla、加利福尼亚，路易斯·康通过填隙式结构概念（如图 7.21）把机械设施系统进行水平展示而不是竖向展示，把结构构件作为管道，使结构和机械系统能够结合起来。例如，外部的空心柱和托墙梁可以做为机械系统的供应、回程管道。

当一个人认识到机械和电力系统占整个建筑造价的 25% ~45%，那么机械和电力系统在整个设计过程的重要性，就非常明显了。进一步来说，结构体系在建筑最初造价中很重要的一部分，但是机械和电力系统同时对整个建筑运营成本有很大影响。

本章在“环境背景”一节中已经说明随着建筑表面积和体积比的减少，外墙面积的影响力也相应降低。因此，建筑的比例增加，对于平面的较高体积大的建筑来说，外部承重为主的建筑如低层住宅结构就变成了内部承重为主的建筑，其内部不再受周长的影响，在这种情况下，只有周长区域依旧是外皮承重（图 1.21a）。

对于供热制冷负荷和能源耗费的确是一个复杂的过程，它取决于许多因素，如：建筑的密集程度、住户类型、建筑围护的方向和自然属性（用来控制外部和内部环境的交换）、采光、通风需求和所选择的 HVAC 集成系统（它包括输送系统和操作时间）。这些区间可以通过中央式或分散式集成系统来提供服务。

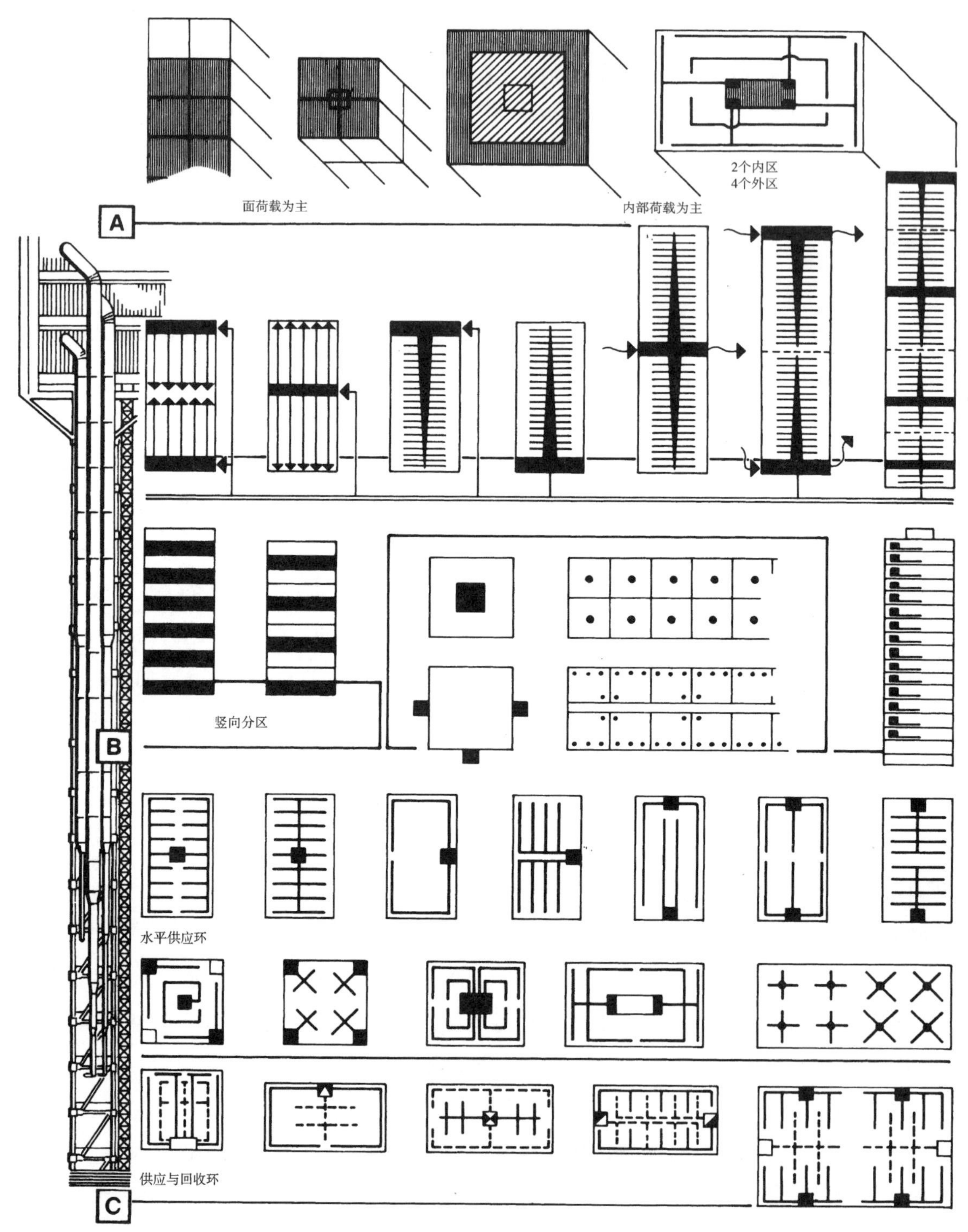

图1.21　设备体系的分布

在高层建筑中，典型的机械和电力系统为

- 集成（供热，通风和空调）
- 室内冷热水系统
- 管道系统（雨水管道和卫生间下水管道）
- 防火和安全（参见本章“防火安全”一节）
- 电力分配，包括通讯系统
- 照明
- 运输（例如电梯一见本章“功能组织”一节）

机械系统基本上由设备房的设备和输送管线组成，输送管线把燃料送到各个终端。人类需要食物来进行各种活动，机械系统像人一样，它需要的燃料有空气、水、阳光和运行能量；通过电、汽、油、煤或太阳能来提供能量。燃料沿着水管、油管和电网分配到建筑的各个部分，这反映了一种树状的分配体系。在这种分配体系，竖向分配主干足够大，以至于可以给整个水平分支系统提供供应。这种分配方式与血液通过动脉和静脉进行循环方式非常相似，竖向主干表示烟囱、烟道、通风井、机械设备井、废物处理溜槽。沿整个建筑分布的复杂电网与神经系统分布相似，神经系统从脊椎中分散开来，到达身体的各个部位（见图1.12）。电力的输送看上去与上下水的分配系统相似。由于两端截然不同的电荷，电子沿着连续的路径（也就是闭合回路）或环路通过导线管中的电线导体运动，沿着导体端部的电势能差是产生导线中电流的力量，它所产生的电流类似于水管中的水从高水位流向低水位；产生电流的力量称之为电压，与产生水流的水压相似。水流能够按照每分钟流过的加仑数来量测，同样电子流或电流可以通过安培来量测（单位时间通过的电量），在线路中电流的阻力（量测单位为欧姆）与水管中减慢水流流速的表面摩擦阻力直接相关。能量的消耗单位为瓦特，所有能量的消耗按照千瓦时（kWh）给出。

分配系统中的供应多少取决于建筑的功能，在固定的细分的建筑里，例如公寓、宿舍、宾馆等产生了分散的供应终端，每个供应终端必须提供可调节的供热设施和上下水供应（包括管道井）。相比之下，在高层建筑或开放的办公场所或多用途的摩天大楼里，机械设施应该统一分布。

集成系统

在公寓建筑里对供热和制冷需求取决于地理位置和居住类型（也就是豪华住宅与低价的公共住宅）；某些气候条件下不需要供热和制冷，对于温带的标准型公寓建筑可以通过开窗来采光和进行自然通风，也需要采用集中供热和独立制冷（例如，每户的空调单元）通过循环热水和蒸汽来获取集中供热。与此同时，夏天里通常通过冬天时的热水管用凉水达到集中制冷。内部厨房和浴室（也就是潮湿的房间）需要通过排烟管道来进行机械通风，排气与室外的空气或者与走廊的空气进行交换。如果没有窗户的话，内部走廊也需要进行机械通风。潮湿的房间相互之间应该竖向相连，同时管道墙夹在每个单元之间。并通过增加管道设施，上水管线和下水管线来有效地供应大量的卫生设备。机器设备通常位于地下室（如锅炉、冷冻机）和屋顶上（如带有空气处理的空调装备、冷却塔），供热管沿着外墙竖向分配到各个房间，与此截然相对的是大型开放空间，供热管采用带有水平管网分布的竖向集中方法。在公寓式建筑中很少需要吊顶，而在宾馆的走廊和进出口采用吊顶则是很普遍的。

在美国高层多用途的办公建筑一般拥有中央空调；这些建筑的窗户是固定的，以至于室内温度的舒适程度和空气质量要通过机械来控制。所要考虑的因素有空气温度、相对湿度、空气流动性、空气的清洁和气味、表面的辐射温度。在美国的许多高层建筑都有一个制冷的问题，这些建筑的内部都是散热的，这是因采用了电灯、电子办公设备、计算机，人本身也是一个98.6℉的散热体。在核心区域的热量积累需要常年进行制冷和通风。然而，周围区域的制冷与供热取决于建筑外皮所要传递的荷载；周围区域是承重为主的，它要受到外界气候、方位、外皮的自然属性（隔热程度）和居住者的生活水平（内部产生的热量的多少）等的影响。

一幢多用途的建筑各区间不仅是水平分割的，而且在竖向也按照各自的用途分为各个主要的温度区。要知道每个区域可以由不同的集成系统来提供服务。一些温度区的供应可以靠中央集成系统，其他的温度区可以采用局部的集成系统。对于温度较高的内部区域常年需要制冷，对于周围区域则需要供热或制冷。例如在冬季里，机械通风系统可以把热量从内部区域重新分配给周围区域，相反在夏天的时候通风系统把热量排出减少制冷的负荷。

对集成系统的选取取决于（在其他标准中）建筑的大小、区间的分布、内部产生的热量和空间使用的舒适程度。标准的制热设备、制冷设备、供应循环设备的组成有：炉子（加热空气）、锅炉（热水蒸气）、冷水设备（即产生用于制冷的冷水的冷冻设备）和把制冷机散发出来的热量释放到户外的冷却塔（或蒸汽冷凝器）、各种泵（控制水流）、马达和空气处理设备（用于空气流通的进风扇和排风扇）加热设备把电能或燃料（汽油，煤）转化为热量，它可以加热流体（空气、水）或者产生蒸汽用于加热。

用于传递热量的各种介质是空气、水、水汽和（在某种意义上）电力，尽管它不需要其他媒介（但按照这种方式加热是昂贵的）。换句话说，热量通过热空气、热水、蒸流或电力把热量传递到空间。

对于通过凉水、冷气来制冷的集成系统可以按照传热介质分为：

- 全部采用空气
- 全部采用水
- 空气和水
- 水蒸气
- 上述各种类型的组合

热量和冷却能在各个终端处散发出去，例如：（通过空气扩散器）散热器、对流供热器。电动辐射踢脚板式散热器、鼓风式盘管散热装置。一些较为普通的终端装置为：

- 翅管式散热器系统（如：踢脚板散热装置）
  在散热管中，蒸汽和热水进行循环，并通过自然对流把热量从管表面传递给空气。这一系统用作周边散热器和用来制冷的管道或空调系统。
- 暖风机（如：墙式暖风机）
  这些设备可以通过水蒸气、热水和电力来提供能量。
- 鼓风盘管式设备（如墙式或顶棚式暖机）
  它们由制热或散热盘管风扇、过滤器组成，与水管分配系统相连接用来加热或冷却空气；风扇一般设置在盘管上部。在这种情况下，也要采用机械或自然方法来提供空气流通。
- 空气调节装置（如落地式房间、顶部排气口）
  这些装置类似于鼓风盘管装置，但是它们没有风扇。冷水，热水和空气被输送到设备中，通过盘管来多次进行加热或散热。
- 辐射式加热或散热装置（如，红外加热装置、辐射式顶棚或墙面镶板、嵌入式通风管道）
  辐射式加热或散热装置需要空气、水蒸气、或者电力。

空气调节设备尺寸小到一间房间中所使用的简单的空调设备或窗式空调，大到墙式热泵，以及工厂组装的带有管道的整体式空调系统，甚至大到由几个空气调节装置的空调组成的中央式空调，这种空调系统主要用于医院和多层建筑。建筑内部的空气的温度、湿度、清洁度、气味和供给是受控制的。风扇把冷热空气沿着管道送到各个空间，首先，沿着位于核心区两端的竖向通风管道（图 1.21 上部）然后再水平方向沿着各个楼层上的管道到达建筑的内部和周围的区域。外部和内部区域又都被细分成两个空间，由供应环路管道的分支来进行供热和制冷。管道终端有各种样式的出口（如，各种形状的顶棚扩散器、楼板式墙面搁栅和送气口、多孔的顶棚板）。回气则通过顶棚的气隙直接流回通风道，或者先被水平的回气管道收集起来再流向通风管道（如图1.21c）。回气入口一般位于楼面附近，各种管道（圆形，方形）是按照管道内部的气压和速度来进行分类，高速高压管道系统能有效减少管道尺寸。在调节后的空气沿着管道输送到各个区域之前，加热和散热控制可以集中由空气调节装置来完成，或者它可以由各局部终端加以控制调节（如：二次加热系统、混合室、空气调节装置）。

散热基本原理是从内部空间获取热量，并把热量释放到空气中去。用来传递热量的媒介是可反复地循环使用的制冷液体（例如氟立昂）。在一般制冷过程中，液体必须通过吸引能量（热量）来蒸发成汽体，同时，汽体也必须通过释放能量来液化（也即汽化和凝结过程）。当这一个原则应用到制冷机器时，随着制冷剂穿过低压蒸发器，制冷剂直接从空气中获取热量，或者从周围水中获取热量，因此产生冷水，冷水沿着各自的管网送到各个需要制冷的空间（即，供气和回气管道输送到各个鼓风室式终端）。在下一次循环过程开始时，冷却汽体必须被变回它最初的液态状态，它要通过冷凝器进行冷凝，同时把产生的热量传递给散热器（例如冷却塔）或传递给蒸汽冷凝器。例如，冷凝器中的热水在冷却塔中冷却，接着又送回冷冻机。换句话说，就是冷凝水（供水和回水）管网连接着制冷机和散热塔。散热汽体从汽态变回液态需要能量，这些能量通过机械能来获得，如要么采用压缩机来获取能量，要么通过吸热式制冷机来获取更多的热量。

鼓风系统可以分为恒定通风系统和可调节通风系统。比起分散式鼓风盘管系统和热泵系统，这些鼓风系统主要是中央式系统。在恒定通风系统中，被调节后的气体从管道恒定地流向各个不同的区域；在这种情况下，温度的调节是集中控制，或者通过局部混合热空气和冷空气，或重新加热冷空气。普通的恒定通风系统可以是单管道/区域系统，终端二次加热系统，双管道系统，多区域系统，空气调节系统。单管路系统通常用在百货公司，其中供应管路把空气从空调、供气设备直接送到所需位置，回气管把空气又送回供气设备。如果单区域系统在许多房间中的管道中没有二次加热盘管（这些盘管使用热水蒸气或电能），这种系统被称之为终端二次加热系统。这一系统局部通过温度控制装置加以控制，以适应实验室和医院变化的房间温度需求或者适应大型办公室间的负荷的变化。在双管道系统里，一根管道输送冷空气，另一根管道输送热空气，分开的热气流和冷气流延伸到使用点处，在这里它们在终端混合器里进行混合，可以服务于特定的区间/房间的要求。如果空气集中在鼓风机系统中进行混合，并由一根管道输送到各个区间，那么整个系统被称之为多区间系统，这些系统经常用在小型的商业建筑里，空气调节系统把高压高速气体的温度调节后通过小管道输送给各个终端的空气调节装置。最初用于内部空间的恒定通风系统通过辅助系统加以弥补功能上的不足，如二次加热系统、空气调节系统，鼓风盘管式空调系统。

可调节通风系统（VAV 系统）在办公建筑中非常流行。在这种情况下，可调节的恒温空气通过一根单管供给各个区域；这种系统的空气没有进行混合式二次加热，因为它们主要是用来降低内部高温空间的温度。混合系统包括可调节大小的双管道系统，其所用的方法类似于恒定通风量的终端二次加热系统，VAV 系统（制冷用）经常和分离式辅助系统一起用于供热，例如翅管式散热器恒定通风系统（双管系统）。

在全部由水作为传热介质的系统中，水在锅炉加热，在冷冻机里冷却，然后，沿着供水管和回水管被分配到中央或终端的空气调节装置，再进行局部循环，而不是空气——水系统集中循环，这样减少了管道设施。在公寓式和宾馆建筑中，通常把水沿周边分配给各个房间的终端设施如翅管式散热系统，房间内部暖器，或用于加热和制冷的鼓风式盘管设备和辐射板。水管则按照以下分配系统进行组织，

- 双管系统，有一个上水线和下水线，可以送热水也可以送冷水
- 三管系统，有一个热水供应管、一个冷水供应管、一个普通回水管
- 四管系统，有两种分离式管路，其中一套回路输送热水，另一套回路输送冷水

因为水的热容比空气大，所以水具有比较高的加热和散热能力，因此可以降低管道尺寸和建筑的层高，同时把管线的长度减到最小。因为用水进行加热和散热的系统不控制空气温度和空气质量，因此它也不得不靠自然或机械通风进行辅助。水像空气一样遇热膨胀，密度小时水上升，温度降低时水下降，因此，在热水管和热水池中水体温度差异会产生很微小的连续对流运动，需要水泵或重力式水箱来控制流向各个区域的水流。

气—水系统一般用于建筑外部空间。在这种情况下，空气在一个集中系统中进行调节，然后再循环送到各个终端（如：气—水空气调节设施）。在这些设备中，空气的温度通过锅炉的热水或制冷机的冷水进行调节。因为绝大部分的加热或者散热是通过水管管线来进行的，少部分加热或者散热是通过管道空气系统来进行的，所以这些系统可以减少管道。

蒸汽式加热系统沿着公寓式建筑的周边布置使用，蒸汽由于温度高气压低会在管道内部上升，在终端设备散发完热量之后蒸汽又冷凝成水－这些设备（如翅管式散热系统式、熟悉的铸铁式散热器），接着沿着加水管再流回到锅炉，重新被加热成蒸汽。

蒸汽加热管要比热水管大，但是比通气管道小。

在一幢有大面积窗户的高层建筑中，一个强力冷风系统通常和一个辅助系统（如水式供热系统）一起使用，处理对供热和制冷需求上的在差异。用于制冷的管道系统从建筑的上部分散到各个空间，而各层管道可以先沿内部核心区进行竖向布置然后再水平布置，或者是在每层的底部沿着周边墙或柱竖向直接地输送到窗户下的各个终端设备。

管道系统

管道系统中的管网把水、空气、气体和垃圾送到建筑各个部分。在高层建筑中，自来水必须先送到顶部设备层上的高架水塔。冷热水系统中要用增压系统，同时也用在消防供水系统中，以便有足够的压力把水供应到建筑的各个部分。高层建筑在竖向进行细分以便在每个分区都保持同一压力，靠重力式水箱、压力水箱（有压力空气的封闭式水箱）或压力泵来提供。当压力区位于区域的顶部时称为向下供应系统，否则是向上供应系统，或是两种系统的组合。对于自动防火喷洒系统来说，它具有大面积的水平分叉网格设施（交叉的主线和分支线），自然而然地需要泵送管道。例如，芝加哥西尔斯大厦喷洒系统有 7 个竖向分区，每个区域都靠加压泵来供水。

废物处理靠重力（经由）排水管排到污水沟，固体垃圾可在焚烧炉中焚烧处理。这需要相应的管道通风管提供清新空气，带走垃圾分解所产生的气味。局部的排气系统不仅用于内部卫生间、浴室和厨房，对于实验室也是必须的。为了避免泡沫状物质的堆积，高层建筑上部的污水管道不能和底部楼层相连。雨水排水系统，把水从屋顶和铺面区域送到雨水沟。

电力分配

高压电能沿着地下电力干线通过最初的馈线传到接线端，接线端和地下电力线一般位于高层建筑的地下室；这个进户设备主要由一个大的变压器组成，变压器把高压电能转为建筑中使用的低压电能。从变压器开始，电能沿着主干线经由低压电缆，竖向传给辅助的分级接线装置，这些装置包括内部的分配设备。最后，电能被送到使用处，如马达、机械、照明、加热设备、电源插座等等。照明所需要的电能消耗了高层建筑中总电能中的很大部分。除此之外，照明也产生了很大的热量。机械、电力、卫生、数据处理设备、电梯、通讯设备和其他机器都需要电。大而笨重的电池系统（如 400 磅/平方英尺），或发电机（即发动机、涡轮机）和燃油储藏箱，用来作为紧急供应能源来保证连续的能源供应，对于医院和计算中心是必备的。由于信息时代技术的爆炸和智能建筑概念的发展，电能的需求近来发展很快，大量的电子设备需要更大电力能源供应量和更为灵活的地板底部电网线为电子办公提供服务。

在当代的计算机大楼中，电能的主要部分用在通讯和制冷机械上——在这种环境下，设备所需电能远远超过人们生活所需的电能。

建筑组织

一幢典型的多用途高层建筑分为许多不同的温度空间，通常在楼面标高上至少有5个空间（见图1.21a）。建筑按照设计用途如停车、零售、办公、设备层和公寓部分，可以在竖向分成几个部分。机械、电子、卫生设备主要集中在所谓的设备层的楼区中。这些设备可能位于（图1.21b）底部、建筑的一半高度的地方和相距12~20层的各个中间层，或在使用功能发生变化的地点，如从办公室楼层过渡到宾馆层；同时，这些设备应放在设备层的中央以减少管道。设备层必须相应于它所提供服务楼层的数目装备相应的空气净气设备，沿着墙面的气窗可以明显地看出新鲜空气的进入和排出，同时，也要记住的是使用燃料的炉子和锅炉总是需要不间断空气供应燃烧，同时也需要排走废气的烟道。

随着楼层数目增加，不仅竖向通风管道和设备大小增加，而且设备层的高度也要增加。在这些设备空间里要有一些典型设备，冷冻机、锅炉、泵、鼓风机、马达和卫生设备。另外，还要有电力和通网房间、地下室的燃料储藏、中间层的储藏罐和热水罐、楼顶上的电梯设备间、冷却塔和其他冷却设备，重型设备应放在地下室平整的地面，以便使建筑不承受这些荷载。

在传统的集中供应方式中，电能的主要部分和水先沿着中间的树干（核心）输送到设备层，同时所需空气可以直接从通风口进入。HVAC设备按照树状的形式分配给建筑的各个部分（例如大型鼓风机沿着竖向通风井和水平通风管道送风，自然而然地需要复杂的控制设备）。机械设备的竖向分布不必集中在大的核心中央，它可以由几个竖井组成，这取决于建筑形状和使用功能的分布（如实验室）；这些较小分支输送网的任何一个都服务于它们各自的建筑区间。建筑的周边有许多小管道，这些管道有可能和柱子集成在一起，在这种情况下，在墙内仅仅需要各种较短的分支管道。

从水平或竖向的观点，建筑的分区可以集中起来，也可以分散开来。在分散方式中，没有将机械设备集中在某些层面；带有进气口和排气口，面积小的机械设备层有很多布置在各个层面上；这些房间为加热、制冷，通风设备提供了房间，与此同时一个冷却塔为整个建筑提供服务。分散方式的优势在于减少分配树网，并可以按照局部需求更严格地控制质量。同时因为鼓风机不会把烟和气体带到其他楼层，所以可以确保由于局部系统损坏只造成局部影响和更好的安全保证。在填隙式方法（interstitial approach）中，空间提供各种方法改进灵活性，进行扩展；随着楼板功能的变化，就需要额外的分支、设备和控制。在这种情况下，机械设备的主干线不再沿着竖向布置而是沿着水平方向布置。

前文中已经强调过，管线系统中有明显的次序，这反映了随着管线接近使用终端和负荷的减少，管线尺寸越小。用于办公空间的水平管线是非常精密复杂的。它可以在结构层下面，也可以在结构层当中（如电线），也可以在结构层上部，管道中水平方向的上水和下水仅集中在中间位置。楼板下的电力设备线路所形成的复杂管线网遍布整个楼层；喷洒管线也一样，尽管它没有像电气管线那样复杂。类似地，强力空气系统的进气和排气管线的分支必须布置到各个供给空间。

对于高层建筑中的一个标准层来说，它至少有 5 个温度区间。内部区间是以绝热为主，它和自然环境的热量交换被周边区间所阻隔，通常没有净能量增加，图 1.21a 中的内部空间又被细分成两个区域。相比之下，周围区域在接受外部环境温度影响，在冬天失去热量，在夏天获得热量。周围区域通常按照方向分为东、西、南、北区域。单程系统有一个普通的分配管道，能达到各个终端，双程系统使用分离的管道用于加热和制冷，通常还要加上一个回管，两种系统必须一起来供应不同需求的内部和周边的建筑区域。在图 1.21c 中可以确定各种水平分支系统。典型的供应分支形式有沿周边或内部区域的周围环路、线性树状环路、辐射状环路，这些基本平面布置方式的组合可以用来覆盖整个内部和周围区域。如果回气可以通过水平管道直接排走，而不是先沿着顶棚气隙再流向回气管道，那么回气管线（虚线）和供应管线（实线）可以采用图 1.21c 所示的分支形式。很自然地，水平分支形式的分配取决于竖向回气管道的数目和位置，它的范围包括以采用核心区域的集中方式到有许多分配网的多区域分散方式。空气管和水管悬挂在楼板结构上，在楼板结构下和吊棚之间布设，管道可以直接由它来支撑（如：木桁架、格构梁或框架梁、腹部留孔的大梁、空腹梁、短粗梁）。在这种柱形下，楼面梁可以使得机械管道设施和导道的布设垂直于房屋的跨度，通过这样使得机械设备能够像结构体系那样容纳相同的空间体积。因为导管尺寸较小，比起通风管来说少了许多相交，但是配管的重量却很重。导管和通风管和电力通讯设施也可以通过高架地板布置在结构楼板上部，这在计算机房是非常普通的。电能和电话线的典型导线分布位于分格式屋面板中，或者是平坦的地毯下，或者是高架于楼板下。不应忽略的事实是，用于中央式空气处理体系的水平机械空间可能占据整个楼层高度的1/3。高层建筑中标准的层间安装高度大约是46英寸。

对于管道设施平而布置效率的基本考虑是：

- 和其他建筑构件集成在一起，尽量减少占用空间
- 紧密地集中在竖向分配管道周围，主要的设备空间用到竖向管道（如锅炉房、冷水厂、冷却塔、鼓风室、水泵、垃圾碾压机等）
- 使用直线和光滑曲线相连（包括简单地把水平通风管和竖向通风管在竖向管道中相连）来保证水平和竖向的连续性
- 采用最短、最小的管线布局来减少使用分支管线
- 采用平衡的、对称布置的分支系统
- 采用流动磨擦阻力最小的管道减少能量损失

在新一类的智能建筑中内部环境是自动控制的。办公自动化和通讯为提高生产率提供了最佳的环境，控制系统监控着建筑性能。例如：传感器，网络对温度变化非常敏感，能够收集建筑内部环境的数据，所得到的信息接下来由计算机处理，并调节建筑各种控制开关，有效地适应变化的条件和控制能量的使用。自动化的智能程度取决于机械系统、防火和生命安全、安全性、电梯、电话、对数据和工作的处理和办公自动化中有多少部件与电子网络相连。然而，今天建筑智能趋势是创造复杂的内部微观气候，这需要更多的能量用于电子设备，平面布置更加灵活。技术设备需要更多的能量，但是会产生更多的热量，制冷能力的需求也要相应的增加，使所产生的热能能够得到有效的控制。

防火安全

在火灾中保护生命是建筑的最主要和最复杂的设计问题之一。不仅要在耐火性设计上考虑结构的完整性，也要考虑居民和保证消防队安全的逃生路线，这包括在现场正常地进出建筑。高层建筑的防火安全和功能失效要比低层建筑重要得多（在一些城市里可以通过云梯从外部达到10层）。必须牢记的是高层建筑中由于建筑内部和外部之间温度差异所造成的管道效应（stack effect）使得火势要比低层建筑扩散得快。在高层结构中没有地面的各种防火设备，必须从建筑内部进行逃生努力。只有低层部分的人才可能撤离，而其他层的居民必须通过建筑物的安全逃离区撤离，这需要对建筑物进行水平和竖向分区。这些由连续防火隔墙和楼板、顶棚和特殊密闭的房门组成的分

隔区形成了防火单元。这些隔热的围护结构耐火时间很长，更为理想的是当它们内部物质燃尽的时间，仍然起到挡火的作用。

然而，这仅仅是理论模型，因为这些房间的墙板和楼板不可能是完全抗火的。设备管道、类似于烟囱（即管道效应）的竖向管道、开启的门、缝隙和其他孔洞、孔洞密封不足（如在楼板上穿管线的孔洞），都削弱和贯穿了楼板。火焰通过窗户向建筑外扩展。火焰的大小和形状也随窗户形状、可燃物质、房间几何形状、外部装饰等的变化而变化。甚至楼层下部的火焰所传递的热量有可能点燃楼层上部的可燃物品。很明显，应尽可能减小窗户来防止火势的扩散。为了使火焰偏离立面，窗户的高宽比应大于1，或者采用防火板。

建筑的平面布置必须提供无烟（通风的）和防火的水平和竖向封闭区间，作为逃生路线和足够的逃生口，以及消防人员使用的进出路径；在这种背景下，挡风门屏可以作为竖井和楼板之间的烟障。各种规范中给出了紧急情况下逃生路线容纳的人数，和沿着走廊到逃离口或紧急楼梯间（因为电梯井有可能成为烟道，因此电梯可能不安全）的最长距离，而且在本章“功能组织”一节进行了部分介绍。实际上走道的长度直接与可燃烧的物质有关。不应忽略的是防火墙的使用也减少了对楼梯间的需求。很明显，通过使用一些警报系统早期发现火情也是必要的。

许多人在大火中被浓烟所困，受到有毒气体的伤害，甚至丧命，对烟进行过滤来保护逃生路线是重要的。因为防火墙的不严密和防火墙两边的气压差导致烟的扩散，仅仅通过被动的防火墙来控制烟的扩散是无法令人满意的，所以，也要采用烟区通风和烟雾控制区。排烟可以直接通过外墙、烟道，使用 HVAC 系统中的排风扇进行机械通风来进行，要记住的是机械系统并不是一直在工作。为了减少烟雾扩散，机械风扇可能用来在某些区域加压，这种例子是在竖向楼梯井和电梯井中加压来减少管道效应，或者是通过对烟区的上下各楼层进行加压形成压力夹层区（如图 1.22D）。

相比之下，传统建筑中楼面层阻止了火势的发展，火和烟可以轻易地进入到天井空间，因而成为防火安全设计中的复杂问题。通过使用自动的排烟扇和通过天窗进行通风的方法，同时也要使一些楼层对中庭开放，通过防火和防烟隔板封闭其他楼层来把大量的烟排出。另外，也要考虑穿过玻璃的热辐射。

为了控制火势的发展，必须对火的复杂特性有所了解。火是燃烧或是空气中氧气和一种物质进行的化学反应，两种物质通过外部的热源进行加热，燃烧过程便开始了。一旦燃烧的最初阶段形成，所产生的热量要多于维持这一反应所需热量，这样火势也就增强了。

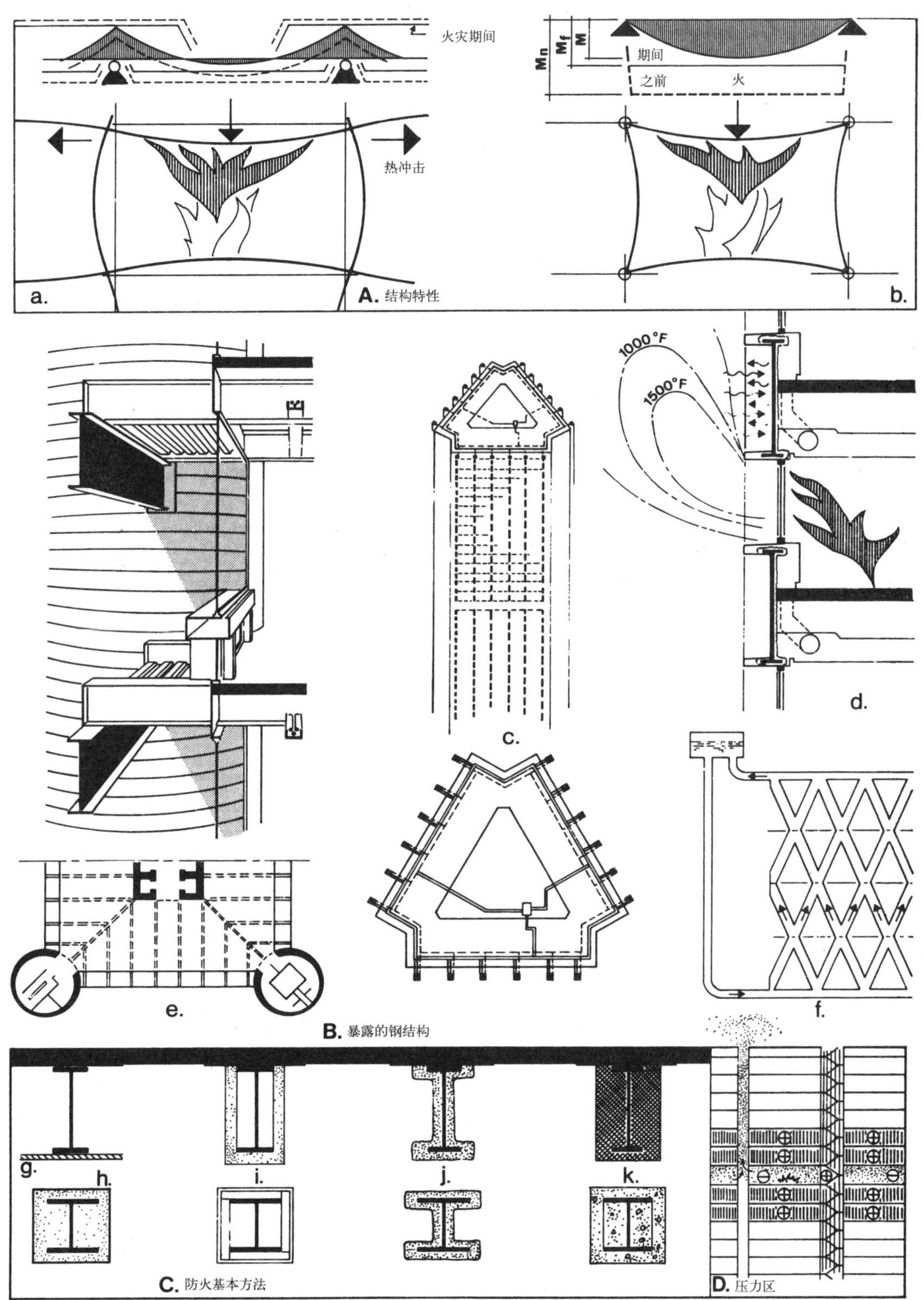

火灾期间
热冲击
a.
A. 结构特性
M_n
M_f
M
期间
之前
火
b.
1000°F
1500°F
c.
d.
e.
f.
B. 暴露的钢结构
g.
h.
i.
j.
k.
C. 防火基本方法
D. 压力区

图 1.22 防火安全因素

大火的持续时间和严重性取决于内部空间的燃烧物质、高度、开放程度、隔热程度、这些依次对空气的供给和热量的损失有影响。当空气供应充足的时候，大火由可燃物质控制。这取决于可燃物质的易燃程度、数量和摆放。而通风取决于窗户面积的尺寸、各种门、HVAC 系统和其他的洞口。然而，当空气的供给受到限制的时候，火是由通风来控制的，这使得火向有氧气的地方扩散。最严重的火情看起来似乎发生在两种极端条件之间。

燃烧过程不仅产生了火焰和大量的热，而且也产生了有毒气的烟，随着火情的发展，火焰越来越大，空气供给相应减少，最终导致不彻底的燃烧，相应产生了大量的烟。构成大量伤亡的主要原因正是烟和有毒气体而不是火焰。大火沿建筑周围通常不会延续很长时间，火势很强的时间很短，因为这些区间可以通过破损的窗户进行通风，燃烧后这些区间很快会冷却下来。

火焰和灼热的气体的辐射和对流要比热传导更能扩展火势的发展，可燃的物质，从燃流和辐射中所产生的对流中吸收热量，一直到它们开始燃烧，较薄的材料比较厚的材料更易于燃烧，这是因为它们仅需较少的热量就能达到燃点。当材料相互接触时大火可以仅通过热传导来慢慢扩散，例如可以沿着木楼板通过墙体扩散到相邻的空间。然而和木材相比，钢铁是很好的导热体。另一方面，由于温度变化而在竖向通风管道中产生的对流或者是由于空气流经灼热的表面造成的热传递都能造成火势的蔓延。大火也能通过无障碍开放空间进行热辐射扩散到相邻建筑。

把可燃物质移走就可以扑灭大火。但是由于不同材料燃烧起来差异较大，所以需要特殊的防火技术。高层建筑中大多数火情可以浇水去除热量来扑灭大火，因为水转化成蒸气需要大量热量，使正在燃烧的材料的温度被降到燃点以下。自动喷水系统在火情的早期是最有效的，它们有效地把大火控制在火情开始的地区，但是必须要记住的是这些系统持续工作时间不长。当火情不适合用水来扑灭时，可以使用某些化学物质产生泡沫，这些物质通过阻绝氧气来熄灭火焰。火势很强的大火，如可燃的液体和固体所造成的大火，必须用泡沫灭火剂、干燥化学剂、二氧化碳和其他任何有用的气体。除了喷洒系统以外，另外一种自动灭火系统就是 Halon（用作灭火材料的几种碳卤化合物中的任意一种）系统，这种系统通常用在要求干燥的地方中的关键区域。Halon 的液体形态储存在罐子中，当它被释放出来它便形成了气体，这种气体不支持燃烧。

在设计阶段时，火灾安全和烟雾控制的基本考虑是限制可燃成分或消防负荷；消防负荷一般按照所产生的热量（每平方英尺所产生的热量）给出，设计者必须知道塑料的可燃成分要比纤维素中的可燃成分造成的火势更大。除此之外，还要产生更多的烟和有毒气体，因此必须限制合成的隔热材料、装饰材料和挂毯的使用。反之，对于外露的结构和非结构材料的固定火荷载，可以使用阻燃的涂层加以控制。对于移动火荷载，情况就不同了，对此设计者可不进行控制。在其他标准中，一场大火的持续时间和严重程度取决于可燃烧成分的类型，这些成分依次直接与空间的居住使用类型有关。因此，规范规定支撑结构的耐火极限，例如，对于公寓式建筑的时间为1.5个小时，对于办公和宾馆建筑为2个小时，工业和商业建筑的耐火极限为3个小时。

一个建筑结构必须要设计有必要的耐火能力来保证稳定性，防止大火从起火的房间中扩散出来，以便形成可能的逃生路线保护人民的生命。建筑规范通过控制水平和竖向楼板的防火来保护建筑整体。这些楼板不仅按照使用类型，而且按照结构类型共同形成各种防火房间，这些房间取决于建筑物大小（高度和建筑面积）、结构材料、建筑地点、喷水系统防护和其他标准。此外，保险公司的赔偿费的比率也反映了结构的耐火程度。

很明显，结构构件必须能够承受一段时间由于火势完全展开所带来的压力，同时也要承受其他荷载作用而不至于倒塌。因此，防火是按照建筑构件必须在外露条件下所能承受的时间进行评定。然而，那不意味着对于某一住房，所有的建筑构件必须有相同的等级，在这种情况下，比较重要的构件可以耐火4个小时，这是防火能力最大等级，楼板可以仅有3个小时的额定值。在美国，一般规范对于高层建筑中保证主要结构构件火灾中的完整性的时间要求是：

楼板结构：	2~3小时
框架，包括柱子和内部承重墙：	4小时
竖向管道空间：	2小时
屋顶：	1½~2小时

各种结构构件如：楼板、顶棚、墙体、柱子、梁等，它们的防火等级是以ASTM E119所规定的防火实验为依据的，这些实验是由Underwriter's Laboratories公司提出并为规范所采纳。也可以从许多机构获得一系列防火等级，如Underwriter's Laboratories公司（UL）、美国保险联合会（AIA）和美国国家标准局（NBS）。

例如，对于2个小时的耐火等级的混凝土板的最小厚度为3.5~5英寸，这取决于骨料的类型。办公建筑中，比较典型的2英寸或3英寸的钢板常采用2英寸厚的混凝土保护层和防火涂层，或采用2.5英寸的轻质混凝土（115英磅/立方英尺）而没有防火涂层，来提供2个小时的防火等级。8英寸×8英寸的混凝土柱子有1.5小时的防火等级，12英寸×12英寸的混凝土柱子大约有3个小时的防火等级，对于初步设计，应该在工字钢截面周围采用2英寸的保温层来提供4个小时的防火等级。

结构防火工程师，没有采用限制性的规范方法，而是形成了以功能为导向的更为理性的方法。对钢结构的梁和柱设计的防火等级，通过提供耐火实验数据，可以获得分析技术（而不是实验）对其进行评估。除了其他标准，结构构件的防火还要随它的质量和形状变化而变化。质量较重、露火面积较小、截面整体性的较强的物体，要明显地比质量较轻、外露的积较大、截面细长的物体加热起来更耗时。例如，对于没有围护的工字钢，温度的变化与截面面积 A 成反比，但却与外露周长 P 成正比，可以得出结论，防火类型一定随 P/A（周长面积比）变化而变化。当 P/A 比例较小，被加热的周长较小，体积大，质量重的物体所需隔热层也就越小。

结构防火工程师在研究火灾中，重力荷载下如何对结构进行理性的设计做出了大量的细致工作。这种设计条件，对大火的环境要有所定义，要预测传给结构的热量，要理解结构构件的性能。很明显，这是非常困难的工作。对于没有围护钢结构构件热变形和热应力的一些基本概念，将在第 3 章中“隐蔽荷载”加以介绍，然而，由于热效应作用导致材料强度和刚度的下降，高温下热胀系数的增加，所以分析会变得更加困难。例如从 100～1200℉，钢材的热胀系数大约等于 $\alpha=(6.1+0.0019T)\times10^{-6}$其中 T 为温度（用华氏温度来表达）。对于初步设计，我们可以假定常规重量的混凝土的热膨胀系数与 1000℉左右的钢材的热膨胀系数大致相当。混凝土和钢材的弹性系数随温度的增高明显地降低。对于钢材来说，在 70℉时 $E=29000$ 千磅力/英寸^2，到 900℉时，弹性系数直线下降到 $E=25000$ 千磅力/英寸^2，在这之后，会下降得更快。相比之下，混凝土的抗压强度可以一直稳定到至少 900℉，而在这个温度下，钢材的强度已经降低了很多并接近临界阶段，这部内容将在以后进行讨论。

除了能够确定构件的温度、温度的分布、构件的外露时间，估算局部外露在高温下对材料属性的影响是极端困难的。所有这些因素不容易确定，因此只能通过估算。对于图 1.22a 中混凝土构件的分析，不仅要考虑高温下的材料属性，而且也要考虑构件的温度分布，同时要画出受热后的变形图和相应的弯矩图。

- 一个简单的支撑梁，当从底部进行加热时，随着温度的增加它将继续变形。同时混凝土的强度将降低。在现有荷载下，钢材达到应力屈服时，构件失效，覆盖在钢材的表面的混凝土保护层控制着达到临界温度的时间。
- 连续的构件随着温度的增加应力也要经历连续变化。然而，在这里弯矩是进行重新分配的；构件的弯距减少多少，支座弯矩就增加多少。

进一步说，结构在高温下膨胀将增加轴向的推力，非均匀受热将导致构件的弯曲，造成轴力的偏心作用，进而形成了附加弯矩。

主要建筑材料，木材、钢材、混凝土和砌体中，只有木材是可燃的，但仅有混凝土和砌体是防火的。虽然木材可以燃烧，但是在火中防火的木构件要比一些没有防护的金属强度保持更长的时间。木构件为了获得必要的防火等级，可以加大构件尺寸，外部产生的焦炭层可以阻止进一步燃烧，但连接的钢结点必须隐藏在隔热层的后面。许多铝合金的温度升高，立即丧失强度，并在900°~12000℉之间开始熔化。砌体材料很长时间一直被用于建筑防火。砌体在高温下的抗压强度与混凝土相似，混凝土是耐火性能非常好的材料之一，常规混凝土的耐火性能更好。为了控制钢筋的温度，钢筋上下的保护层必须足够厚，通常如ACI规范所规定的对于钢筋混凝土保护层最小厚度满足其防火等级的要求。和混凝土结构相比，钢结构长时间外露于的大火的高温中，会在短时间内丧失承载力，承载力的丧失和过量的变形和扭曲在连续结构中产生附加的应力，最终导致钢结构的失效。在600℉左右，钢材的承载力迅速下降，在1000℉左右几乎等于零，在2400°~2750℉钢材开始熔化。钢材不能燃烧，但是钢材是非常好的热导体，热低容，以致于在火灾早期，钢结构整个构件很快就全部达到临界温度。很明显对于可预见的火灾强度和持续时间内，钢结构构件必须是能够防火的，以便构件的温度不超过临界温度（大约为1000℉）。这是非常重要的因素，一般建筑物大火可以达到1300°~1700℉！

建筑中可以使用隔板作为防火层，例如墙体或顶棚的保护楼板框架和管道（如图5.7），或者可以通过隔热材料来隔热，或用特殊的保护层来吸收热量，来保证钢结构构件实现钢结构构件的防火。必须强调的是，在隔热板和分隔间的方法中，必须沿边缘（如顶棚和墙）提供正常的防火隔断，这类似于楼板和外部填塞物之间的防火隔断。

钢结构构件采用隔热材料进行隔热的典型方法有实体包裹（干式或湿式的），箱式隔火方式（图1.22c），或者采用防火涂料。钢结构构件可以直接嵌入混凝土中（如图1.22k），或者由隔热的填充物包裹，外面包有非承重的金属外壳（图1.22h）钢结构构件，可以通过使用灰浆、贴面、外壳包镶。它们可以是以下典型隔热材料：水泥灰浆、轻质混凝土（如珍珠岩混凝土、蛭石混凝土、加气混凝土）、石膏、矿物纤维板、绝热毡毯、灰浆可以用在围绕构件的金属拉网。

构件可以包裹石膏板、板材或毛石，偶尔也可采用砌体，或构件可以用矿物纤维粘土质岩或隔热毯进行包裹，钢结构构件也可以用矿物纤维或水泥混合物直接喷在构件外部来进行隔热（图1.22j）。石棉矿物纤维因其对健康有危害必然加以严格限制！膨胀材料（涂层或板材）只有在高温下才起保护作用。可用膨胀树脂材料刷在或喷涂在钢材上，当表面温度升高时，涂层进行化学反应，膨胀成很厚的隔热板形成了隔热层，保护钢结构构件。

升华材料（如：各种涂层或轻质泡沫材料）不能对火中钢结构构进行隔热，而是吸热，作用类似于冷冻系统。高温使得升华材料从固体变成气体。因为状态的改变需要大量的热，这些材料用于降低温度与冷却剂同样有效，是一种热吸收器。

临界失效温度是使用应力的函数。荷载较小的钢构件中，使用应力较低，故而防火层的厚度可以降低。不要忘记的是抗拉构件随着温度的升高而伸长，而石浆保护层却随着温度的升高而收缩，这两种效果的共同作用有可能导致顶部钢吊钩外露出来，这种情况必须通过延长保护层来防止。同时也必须关注用在孔洞内部的填充物，防火密封物（如腻子、抿胶）和泵送泡沫材料。

当建筑内部钢结构防火的各种方法标准化的时候，对于外部结构就不一定合适，在这里视觉上的因素成为非常重要的标准。如果结构被隐藏在立面墙的后面，那么可以采用传统的防火方法。然而，如果设计者想要表现结构，必须发展特殊的技术。在传统的方法中，承重结构被钢板包裹，换句话说，外部结构采用防火材料进行隔热，然后，包有一层钢板来模拟结构的形状，但会扭曲了框架的真实比例改变建筑的外表。

为了减少贴面要求和外露真实的结构，人们发明了几种技术使得外露出的构件能承受最大的温度，例如，最高 600℉。这些方法的基本概念是隔离、分离或防护和冷却。

1. 空气隔绝原则

位于建筑内部的外露钢结构，只要它距离玻璃线和幕墙足够远，那么它将不必进行防火处理。例如（图 1.22e）康猩狄格州纽黑文市的哥仑布骑士大楼中［1969］主要的外部钢梁，横跨两个混凝土楼塔的角部，它们不必进行防火隔热，因为它们离开外部玻璃有 5 英尺。然而，不能忽略的是位于防火玻璃层的外部，虽然不受火焰的影响，但它仍然暴露于内部辐射热。

2. 防火围护

可以在外露的柱子后部提供防火墙，同时采用围护楼板来防止火焰达到外部结构，这样可以达到隔离火焰的作用。对于玻璃幕墙和玻璃，可以使用防火挡板来使火焰远离外露的结构。装配的平面布置（如：几何形状）可以这样设计成以便结构中的钢构件远离窗户和主要的热源和火源。防护围护的原则用在纽约市 One Liberty Plaza 大楼［1972］的外部腹板很高的托梁构件（图 1.22d）。在这种情况下，腹板外露，但是在内表面具有防火层，同时也用作保温隔热层。对火焰影响的防护可以通过对钢翼缘加覆盖层来挡住内部火势的影响，因此火势不会影响到腹板，腹板也不会达到临界温度。腹板吸收辐射热，但也会把部分热量通过辐射和对流释放到温度较低的环境中。对于沿着外墙外部蔓延的大火，可以通过大于3英尺宽的突出部分（如阳台）、凹进的空间和活动隔板这些挡火屏障来阻止。

3. 充液柱体系

这种系统里外露的外部钢柱由空心截面构件组成，这些截面内部充水，也有可能是防冻剂和防腐剂，来作为吸热装置。只要有不间断的水流把热量带走，钢材就不会达到临界温度。随着构件温度上升，热量被液体吸收。通过对流，液体上升到储液缺罐，并与池中的冷水进行热交换，因此在构件和储液罐之间形成了从低温到高温的循环流。火热较强时，会产生水汽，水汽会从储液罐的顶部排出去，避免在储液罐的构件中产生压力。这一原则最早大规模用在美国宾夕法尼亚州匹兹堡市 Steel Building 建筑［1970］（图1.22c，也可参见图3.15），在这幢建筑中、独立的、空心的、整体的箱形截面的柱子和连接柱子的柱梁的内部注有化学处理过的水。因为柱子距离建筑表面3英尺，它们外露在火中的强度要小得多。建筑分成4个竖向供水分区，每个分区控制各个柱子的静水压力，排气储液罐位于每个供水层的顶部，位于三角形供应核心的内部，在每个区域的上部和下部用管线把所有的外部柱子连接起来。英国伦敦 Bush Lane 住宅［1976］的水冷却系统的应用是有趣的。在这种幢建筑里，外部不锈钢钢管格构式框架是注水的，并提供一个小时的耐火极限，在图1.22f 对此有详细的展示。

（见图7.41）巴黎的蓬皮杜中心［1977］实际上采用各种类型的防火。外部的柱子是注水的，立面悬挑的托架镶有防火板，外部的拉杆离开窗户25英尺，自动喷水系统也用在外墙，格构式桁架和楼板梁外包混凝土作为隔热层。

在遇火温度低的各种建筑中，钢材不会达到临界温度，这种情况可以是开放层面的多层停车库、单层工业厂房的屋架、水平大跨空间（如火车站），在这里钢材地面以上的高度可不保护。对于单层、开放建筑，如果可以获得足够的逃生路线和足够的超静定次数，保证不因局部构件损坏而倒塌，那么建筑的屋顶框架通常是可以外露的。然而，对于带有可燃陈列品的展览空间，钢屋顶框架也不得不局部进行保护，例如采用膨胀涂料和自动喷水消防系统。

2 结构和施工概念

本章介绍空间围护体系（或物性空间）的性质，与建筑体量的非物性空间（或分区）不同，后者由空间的功能导出，为前章所关注的主要内容之一。空间围护体系由支撑结构、外围护、顶棚以及隔墙构成。结构为物件提供支撑，使建筑内的空间得以存在。结构使建筑立起，外围护提供对外界环境的庇护，隔墙形成内部划分。本章不仅分析结构所起的作用和特性，而且有关其建造，其他空间围护体系在第六节介绍。另外，简要讨论从上部结构到基础，然后到地基的转换。

本章末尾所附习题目的仅在复习力学和材料强度的基本观念，因此文中不提供任何与这些练习并行的预备知识与范例。因许多问题提及塔楼，读者也可阅读第八章第一节。

结构组织

只有结构才使建筑围护成为可能，它抵抗重力和侧向力作用，使建筑立起不致倒塌。然而，结构也可作为空间和维度的组织者，类似于身体骨架（对于生物支撑体系）。

建筑支撑结构引言

结构变化，从堆砌为单层建筑部分的大型重块，到抗侧向荷载的细长、密实纯结构（如图 2.1 巨型竖向悬臂梁）。位于埃及 Gizeh 的金字塔（基奥普斯[❶]金字塔，原高 481 英尺，建于 4000 年前，看起来像一座山或地面的自然延伸），其坚实重块是内在稳定的象征。形成鲜明对比的是最高的烟囱（高 1250 英尺），看起来是结构另一极端，

---

❶ 埃及第四王朝第二代国王，因下令大建金字塔而闻名——译者注。

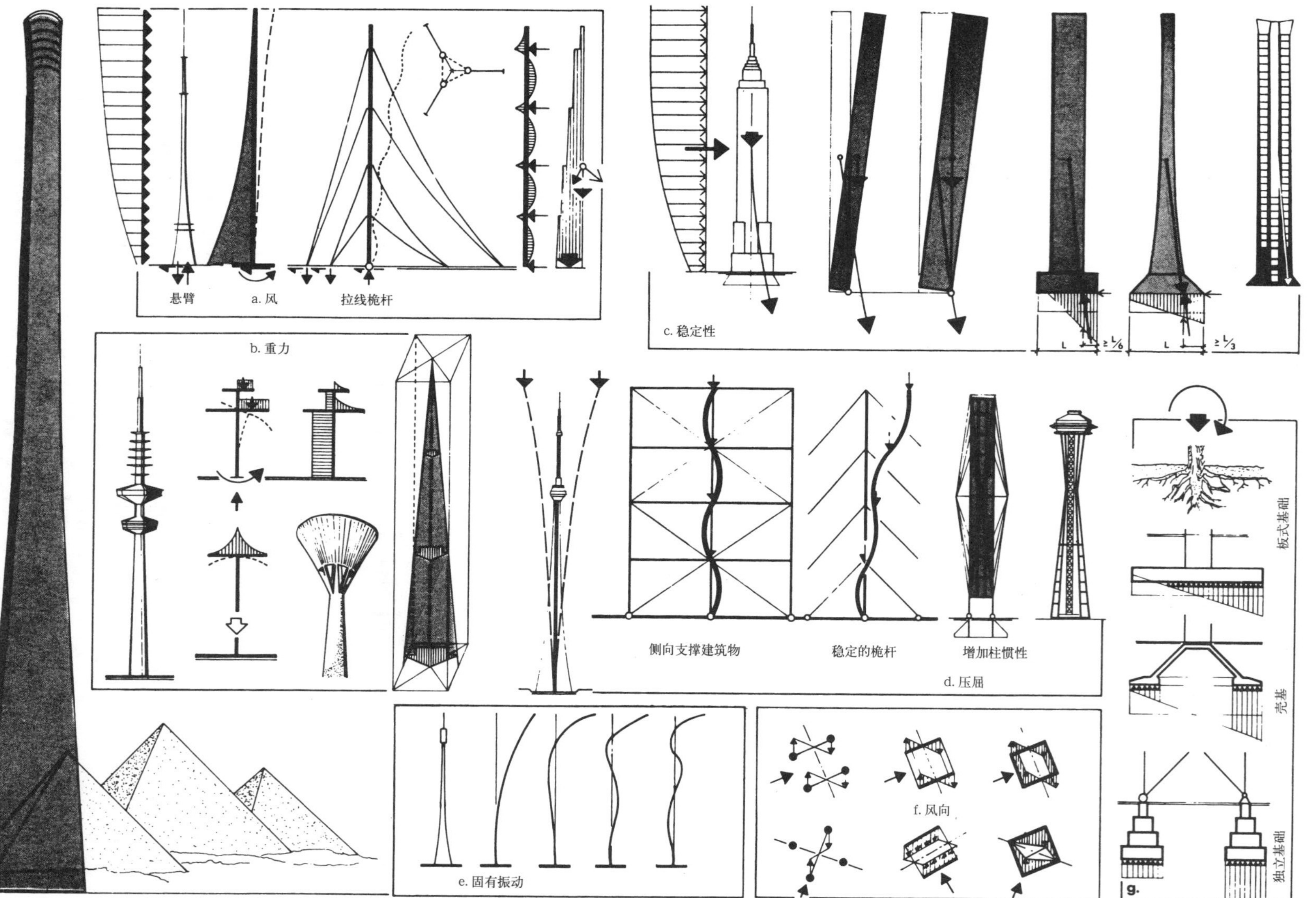

图 2.1　塔的基本特性概念

人们担心它会被风吹倒。

然而，这个钻出地面的细长塔式悬臂梁，用其所有能量抵御侧力。扁平多跨单层建筑则平地铺开，几乎不抗风，竖向重力流路径短，这时结构性能主要取于水平重力流，即重力引起弯曲作用。相反，大体积建筑块体由轴向重力流控制。随建筑高度增加，由风和地震作用引起的侧向荷载（而不再是重力）成为主要设计决定量。对典型细长板式建筑，必须将轴向力与侧力作用一道考虑。对建筑塔楼细长比从 5∶1 增加到 8∶1（建筑物上限为 12∶1，电视塔为 30∶1），风效应与结构振荡和弯曲变形变得极其重要。从简化出发，上述讨论假定建筑形式等效于抗侧力结构形式。

图 2.1 着重于塔结构的描述，初步引入作为支撑体系的一些基本结构概念。竖向细长结构，从锥形自立井筒，到侧向支撑拉线桅杆；从矮粗重力塔，到轻细反重力悬臂梁（或许带大头）；或许是刚性重力塔；或柔性拉线桅杆（桅杆不仅用作受压支杆，相对预应力拉索而言，它还是把风载传递到弹簧状拉索支撑的竖直梁）。较广的意义上，塔楼井筒可看作更大体积建筑的隐蔽或暴露芯筒，为建筑提供侧向稳定。

结构语言的基本概念

这里，相应于弱化荷载作用效应，给出一些与塔楼结构高度、细长比、形状等相关的基本原则。

细长比（*slenderness*）

重力式塔，可当作基底固定，顶端可自由转动的自立悬臂柱。若其太细长会在达到其压缩极限前因自重而压屈，必须认识到几乎不存在整体屈曲问题，对正常高宽比的普通建筑物则更不会。

可以指明，变截面细长悬臂塔，当满足下例临界压缩荷载条件时（即沿高度分布的轴向荷载 P_{cr} 在其自重下屈曲，铁摩辛柯和格列，1961）

$$P_{cr} = P_{cr}H = mEI_o/H^2$$

或

$$P_{cr} = mEI_o/H^3 \qquad \textbf{(2.1a)}$$

其中 m ——对横截面均匀的塔为 7.84；对线性锥的塔为 5.78；对曲线锥塔为 3.67；

EI_0——塔基底处的刚度；

H ——塔高。

明显，像电视塔这样带大头的细长塔，轴向力作用于顶部时的压屈能力很低。设塔的横截面均匀，有效柱长为其高度的 2 倍（$K=2$），临界轴向力（据弹性压杆稳定欧拉公式）

$$P_{cr}=\frac{\pi^2 EA}{(KH/r)^2}=\frac{\pi^2 EAr^2}{4H^2}=\frac{\pi^2 EI}{4H^2}=\frac{2.47EI}{H^2} \qquad (2.1b)$$

其中 $r^2=I/A$。

例如，对横截面积 $A=\pi DT$ 的圆形壳体塔，忽略安全系数的屈曲应力

$$F_a=\frac{P_{cr}}{A}=\frac{\pi^2 E}{(KH/r)^2}=\frac{\pi^2 ED^2}{32H^2}=0.31E\ (D/H)^2 \qquad (2.2)$$

其中

$$r^2=\frac{I}{A}=\frac{\pi D^3 t/8}{\pi Dt}=\frac{D^2}{8}$$

基于弹性屈曲导出圆塔的大致比例是有趣的。对于均匀截面筒体由于塔重产生的最大压应力不会比式（2.1a）所得压曲应力大。

$$f_a=\frac{\gamma AH}{A}\leqslant\frac{7.84E}{H^2}\ (\frac{I}{A})\ \approx E\ (D/H)^2$$

这里，γ 是建筑物单位重量。整理得

$$\frac{H^3}{D^2}\approx E/\gamma \text{ 或} \frac{H\sqrt{H}}{D}=\frac{H^{1.5}}{D}\approx\sqrt{E/\gamma}=\text{常数} \qquad (2.3)$$

因此，塔的比例大致等于材料常数的平方根。对金属和木材大致在相同范围；对混凝土和石材仅为前者的一半。如果推导中采用锥形塔，常数会改变，但塔的形式仍然保持为 $D\propto H^{1.5}$。

从这一近似公式中，相当清楚了塔的比例不是如 H/D 那样保持常数，而是迅速增加。这在自然界也清楚表明，如蚂蚁腿比象腿细，稻草的比例不能简单地转换为大树，否则树在自重下会压屈倒塌。注意麦秸的细长比 H/D 为 500，对竹子则为 133，巨型红杉则仅为 36。与自然界的比较是有趣的，从极细的 5 英寸（12.7cm）高的麦秸 $H/D=500$，到 1000 英尺（304.8m）高麦秸形状的电视塔，当塔像麦穗在穗重（图 8.2）下摇摆时，相应于头部和顶部悬臂平台荷重下塔会弯曲（图 2.1b）。若使待求塔与麦秸

的比例相等，可导出

$$\left(\frac{H\sqrt{H}}{D}\right)_{秸}=\left(\frac{H\sqrt{H}}{D}\right)_{塔}$$

$$500\sqrt{5}=(H/D)\sqrt{1000}$$

$$H/D\approx 35$$

这个比例大致相应于法兰克福通讯塔（图8.2）的比例27:1（尤其考虑弹性性能较低时）。此外，自然界比人造结构允许更大的柔性和侧向运动，后者必须相对较刚；也必须认识到自然界不一定比人造结构的效率高。如250英尺（76.2m）高、自承钢天线柱可达220的细长比，这在自然界中是找不到的。

从这个讨论可归结出，一种尺度的细长比例不能简单地转换到更大尺度。进而，必须认识到高度的限制。伽利略早在1638年就预计没有比300英尺（91.4m）高的树，因为树在摇晃时其自重会令其弯曲而毁坏。树木是地球上最大的有机生物。加利福尼亚红杉高达360英尺（109.7m），而美洲巨杉以其总尺寸表征了最大的生命形式（即重约4300千磅），树龄超过4000年。

等应力塔

随结构的细长比降低，材料强度（而不是轴向稳定性）将控制设计。下面段落简要分析材料对重力作用的抗力。

对纯重力荷载作用下的塔，轴向应力 $f_a=N/A$ 随高度增加（柱和墙的支撑横截面积 A），最大许用应力 F_a 内与重力作用成比例，$N\propto A$（图2.1b）。

相似比例的柱/墙强度用于建筑较低部位，这一现象可由建筑自重下的定常压应力和建筑顶部施加的单一荷载（为简化可当作活载合力）来解说。为满足等应力/强度结构的条件，塔形建筑必须有相应的形式。换句话说，其形状相应于其重量加上叠加荷载，然后以保持轴向应力为常数使其等于材料压缩强度来优化（不考虑细长效用）。

顶端（图2.2）抗力横截面积 A_o 可从叠加荷载 P 与许用压应力 F_a 解出（或从其他函数要求）

$$A_o=P/F_a \quad \textbf{(a)}$$

在任意层面 z（从塔楼顶部度量），需要横截面积

$$A=(P+W_z)/F_a \quad \textbf{(b)}$$

在该面下微小距离 dz，要求横截面积

$$A+\mathrm{d}A=(P+W_z+\mathrm{d}W)/F_a \tag{c}$$

式（c）和（b）式相减，代入微分重量 $\mathrm{d}W=\gamma \mathrm{d}V=\gamma A\mathrm{d}z$，导出

$$\mathrm{d}A=\mathrm{d}W/F_a=\gamma A\mathrm{d}z/F_a \quad 或$$

$$\frac{\mathrm{d}A}{A}=(\gamma/F_a)\ \mathrm{d}z \quad 或 \quad \int_o^z \mathrm{d}A/A=(\gamma/F_a)\int_o^z \mathrm{d}z \tag{d}$$

微分方程两边积分得对数函数

$$\ln A=(\gamma/F_a)\ z+C_1$$

或表示为指数函数

$$A=e^{(\gamma/F_a)z+C_1}=e^{C_1}e^{\gamma z/F_a}=ce^{\gamma z/F_a} \tag{e}$$

对 $z=0$ 时（顶部横截面积 A_o），有

$$A_{z=0}=A_o=c \tag{f}$$

式（f）代入式（e），得出任意层面塔面积的一般方程

$$A=A_o e^{\gamma z/F_a} \tag{2.4}$$

对半径 r 的圆形管筒，$A=t\ (2\pi r)$，墙厚 t 设为常数时，方程变为

$$r=r_o e^{\gamma z/F_a} \tag{2.5}$$

因此，塔的形状由指数函数定义，看起来像巨大针叶树的树干，也就是巴黎埃菲尔塔的形状。可得出结论，当把塔当作在重力荷载作用下的柱时，它的特性为不受高

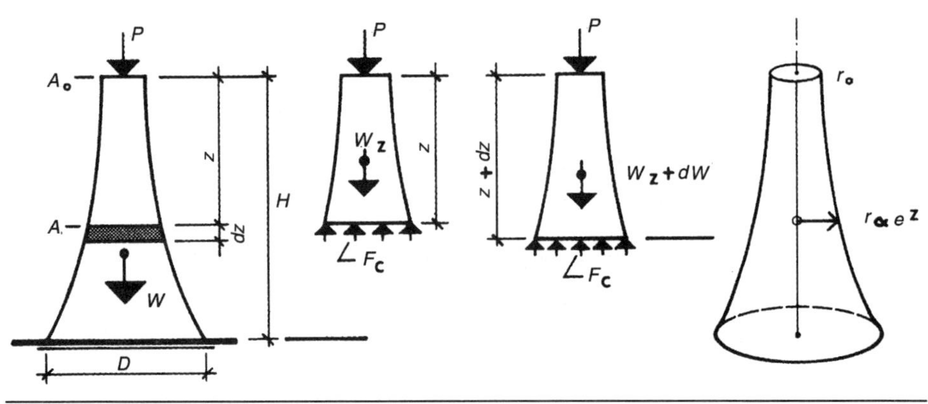

图2.2 等应力塔

度限制的等应力形式。然而，若塔的形式保持不变，很快会达到高度极限，因为重力随体积增加，而抗力面积却保持不变。

例如，用6000 磅/英寸^2 普通混凝土，忽略细长效应，导出最大高度 H

$$f_a = \frac{W}{A} = \frac{\gamma\ (HA)}{A} = \gamma H \leqslant F_a = 0.22 f'_c$$

或

$$H_{max} = F_a/\gamma = 0.22\ (6)\ 12^2/0.150 = 1267 \text{ 英尺（约 386.2m）} \qquad (2.6)$$

重力塔与悬臂塔之比较

自然，塔高有极限，塔不能仅采用重力塔这样等应力强度的形式。随塔高增加而更细长，风显得更重要。由于高度增加，风效应从顶到底以比重力快的速度增加。因此，悬臂作用比柱作用更关键（或扭转 M/S 比轴向变化 N/A 更重要）。截面模量 S（或惯性矩 I）而不是横截面积 A 控制塔的应力，成为塔形式的主导量。

再者，可以看到，重力荷载下塔的理想形状也必须对风载优化。因此，更一般地，对风和重力组合作用，方程（2.4）可设为形如

$$A = \text{常数}\ e^{z} \qquad (2.7)$$

自然地，这个过于简化的方法不足以包括许多本质的设计方面，诸如风扭、向阳面和背阴面的温差、塔的挠曲导致重力附加弯矩、提升平台（即塔头）的非对称活荷载、以及特殊动力因素。风的周期较大，会接近柔性塔的自振周期而产生共振荷载。换句话说，塔的振荡和相应侧力会累积（取决于系统所表现的阻尼）。

在特定应力条件下，塔椅建筑设计可忽略侧向荷载作用。熟知的重力侧力组合加载（即轴向和弯曲作用）相互作用方程（考虑许用应力应增加 1/3）

$$\frac{f_a}{F_a} + \frac{f_b}{F_a} \leqslant 1 \cdot \quad (1.33)$$

让 $F_a = F_b$，导出

$$f_a + f_b \leqslant 1.33 F_a$$

或

$$0.75\ (f_a + f_b) \leqslant F_a$$

可得出结论如下：若要使 $f_a = F_a$ 成立，风致弯曲应力必须满足

$$f_b \leqslant f_a/3 \quad \text{或}$$

$$f_a/f_b \leqslant 3 \tag{2.8}$$

因此，当因侧力作用的弯曲应力f_b不超过轴向力f_a（活载与恒载）的1/3，那么风或地震作用效应可忽略，结构可当做重力塔，风不影响主要构件尺寸。然而，如果轴向荷载最小，那么塔的行为主要为竖向悬帝梁。这时风致弯矩随高度的平方（H^2）增加，侧向挠曲随高度的4次方（H^4）增加，因而清楚地指明（随高度增加）柔度或刚度EI（而不是强短）最为重要。换句话说，要求塔截面惯性矩随高度灯平方增加（$I\times H^2$），在一定高度要变为$I\times H^4$。

建筑物的稳定性

当建筑仅受重力集中荷载，那么基底的接触压力是均匀的。然而，由侧向作用产生转动时，基底接触压力不再是常量。对梯形分布的接触压力，不产生张拉应力。这时，建筑受预压应力，消除了因侧力转动的张拉；竖向重力和水平力的合力（图2.1c）落在基础支撑间1/3处（所谓的形心）。合力通过基础传到地下，类似于树根（图2.1g）。当合力落在形心外（就如接触压力三角形分布的情形），那么会引起张力或部分基底上抬。自然，当合力落在基础外（就像最小重量狭窄建筑），如果塔没有锚在地基上将会倾倒，这时，建筑基础应加宽。显然，重力荷载应汇集于建筑的抗侧力构件，此处为基底最宽处。

用重物去稳定（或者预加应力于建筑物或建筑构件）不是现代的发明。中世纪的营造商就嗅到“截面核心”的概念。他们为抑制屋架拱的侧向冲力，通过额外小尖顶增加支墩重量以消除哥特式教堂飞拱上圆屋顶的侧向冲力。

消除倾覆力矩，必须研讨地面以上抗侧力结构重量和材料能力，或与其下部结构锚固建立的连续性。保守地，仅考虑重量或最小恒载的抵消（作用）。那么，根据规范，起稳定作用的抵抗矩M_{react}至少比侧力引起的作用矩M_{act}大50%（甚至有些规范要求更高的安全系数）

$$S.F.=\frac{M_{react}}{M_{act}}\geqslant 1.5 \tag{2.9}$$

这个最低要求导出合力位置在离建筑基础边缘$L/6$的最小距离（见习题2.10）。关键地，摩天大厦的稳定性为其高度与其基底平行于风向的宽度间关系（假设抗侧力结构沿建筑周边布置）。明显，较宽的基底扩散荷载。摩天大楼的纵横比在6～8范围，尽管所谓的“银子”公寓楼群（纽约，挤在城区住宅之间，宽20英尺）极窄的板式结构高20层左右，这些“银子”细长比达10以上！世界高层建筑中，最细的结构想必是纽约72层高、810英尺的城市尖顶（1988），这个混用细长混凝土塔楼，底脚宽仅80英尺，细长比10:1。必须注意，尽管许多规范不特别要求抗滑安全系数，其侧力也足以使建筑物水平滑动。

高层结构体系

建筑结构可看作由水平平面（楼板骨架）和竖向支撑平面（墙和/或框架）构成。水平平面将竖向平面束在一起，达到盒式效应和一定的紧密性。明显，细长高塔式建筑必须是紧凑的三维闭合结构，整个体系就像一个单元。管筒、芯筒以及交错桁架是三维建筑结构的典型例子。另一方面，厚实的块体建筑仅需一些刚性的稳定构件以对其他部分提供侧向支撑。从这个意义上，建筑结构表征一其竖向平面结构分离的开放体系，像实心墙、刚性框架、框支结构落于不同位置，形成提供侧向稳定的自立体系。

每幢建筑由承载结构和非承载部分构成。承载结构可分为承重结构（gravity structure，仅承载重力荷载）和抗侧力结构（lateral - force resisting structure，支承重力，还必须提供建筑侧向稳定性）。对仅抵抗水平力而不承载重荷（除自重外）的侧向支撑，可看作次要结构（secondary structure）。次要构件的失效不像主构件那样紧要（主构件失效会引起建筑部分倒塌，取决于结构的冗余度），非承载结构单元包括风索、膜和面层（幕墙、顶棚、隔墙等覆盖结构和细分空间的成分）。塔式建筑的抗侧力结构或完全集中于中央筒（例如要求最佳视觉和轻巧周边结构时）；相反，不将抗侧力结构隐藏在内部，而将其外露形成周边结构（如像管筒）。

结构表征一由组件和连接件构成的装配系统。基本元素如线（柱、梁）、搁栅（楼板骨架、框架）、面（板、墙、块）、空间单元（分隔间、管、筒）和其组合。这些元素间的交互或连续程度取决于连接类型（铰结、半刚结、刚结）。自然地，这些基本组件的无穷变化组合就形成建筑。

在讨论结构特征的一些基本概念前，首先介绍典型结构体系，但仅限于几何观点。建筑结构的这项分析从平面和剖面组织入手。平面和剖面的交互形成建筑，在本书的其他部分会以实例分析方式详细讨论。

尽管建筑物是三维的，从特征性能的观点，其支撑结构经常可当作在建筑两个主方向上两维竖向平面元素的集合。换句话说，因为结构单元很少在平面上随意布局，结构常可细划为一些简单集。最普通的高层结构体系示于图2.3左边的方块中，这里简单地以平面二维结构示出，尽管其可按相互组合的特征（和以建筑语言）形成图2.4建筑方案所示的空间结构。其变化从纯结构体系（如骨架、承重墙结构）和转换结构体系，到复合体系和巨型结构。随建筑高度增加，出于效率的考虑，需要不同结构体系。下列的体系分类大致按照其刚度变化。

- 二维结构

  承重墙结构：单层墙和连接墙组合、隔墙、长墙、双向墙、堆叠盒单体。

  骨架（框架）结构：刚框架、框支、桁架、平板、空腹桁式墙梁连接墙和框架。

  芯筒结构：（从结构元素的观点应为三维，但不必集成到整个建筑形状）悬臂式板、桥式结构（多筒）、带外挑筒（可在顶、中、底等层面），上述体系的组合。

- 三维结构

  交错墙梁

  带外挑桁和腰桁芯筒：单、双、多重外挑体系

  管筒：空腹管筒，深拱肩管筒，带洞墙/壳筒，桁式筒，带腰桁和顶盖管筒等

  巨型结构：超级框架超级斜撑

  混杂结构

典型结构体系组合为：

墙 + 芯筒

框架 + 芯筒

管筒 + 框架或墙

管筒 + 芯筒（筒中筒）

管筒 + 管筒（成束筒）

其他组合

竖向叠砌结构：桥式之接续塔楼

系列超级框架

内支撑结构

格体式结构

拉索结构

其他混合体系

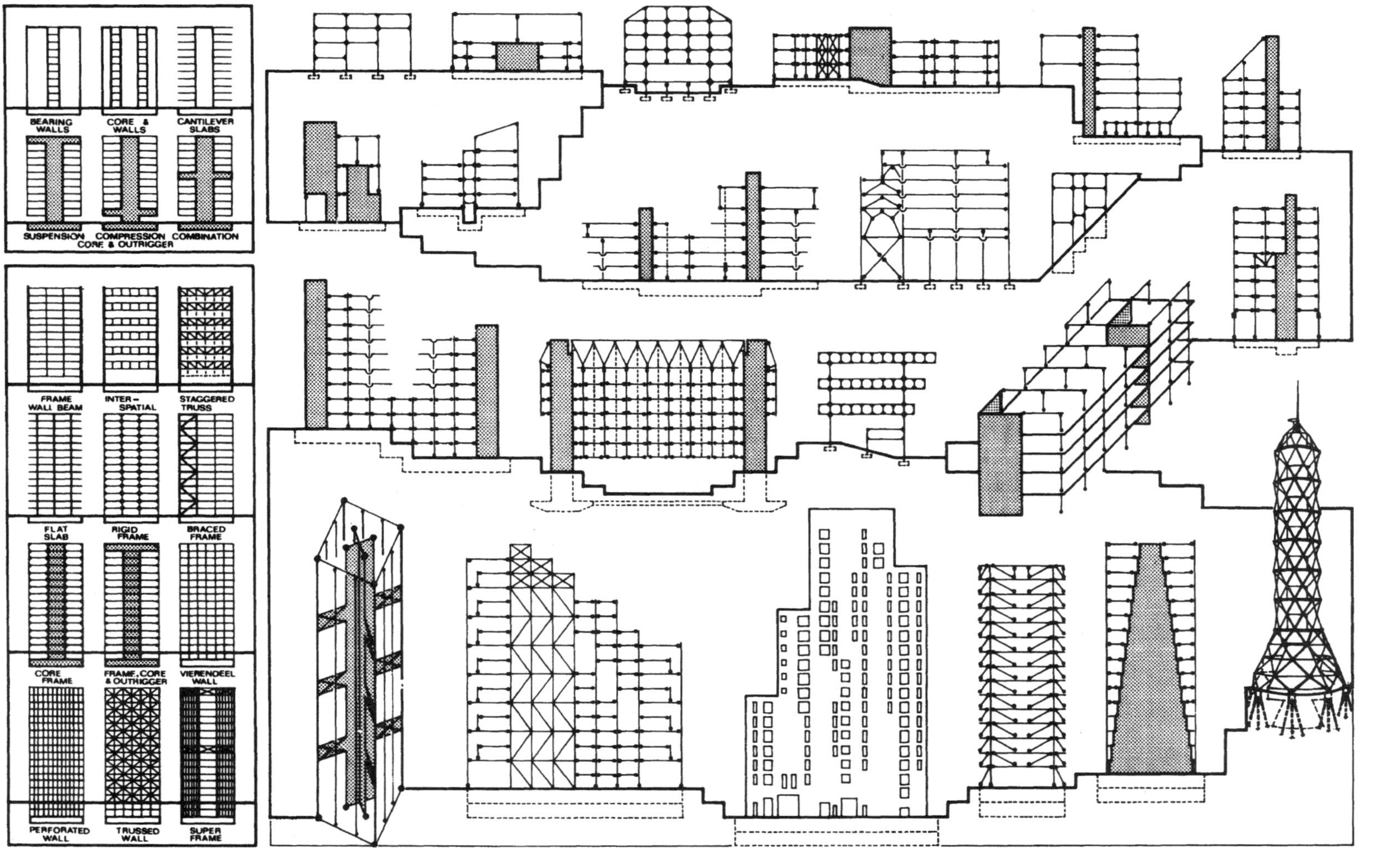

BEARING WALLS
CORE & WALLS
CANTILEVER SLABS
SUSPENSION
COMPRESSION CORE & OUTRIGGER
COMBINATION
FRAME WALL BEAM
INTER-SPATIAL
STAGGERED TRUSS
FLAT SLAB
RIGID FRAME
BRACED FRAME
CORE FRAME
FRAME, CORE & OUTRIGGER
VIERENDEEL WALL
PERFORATED WALL
TRUSSED WALL
SUPER FRAME

图2.3 结构体系

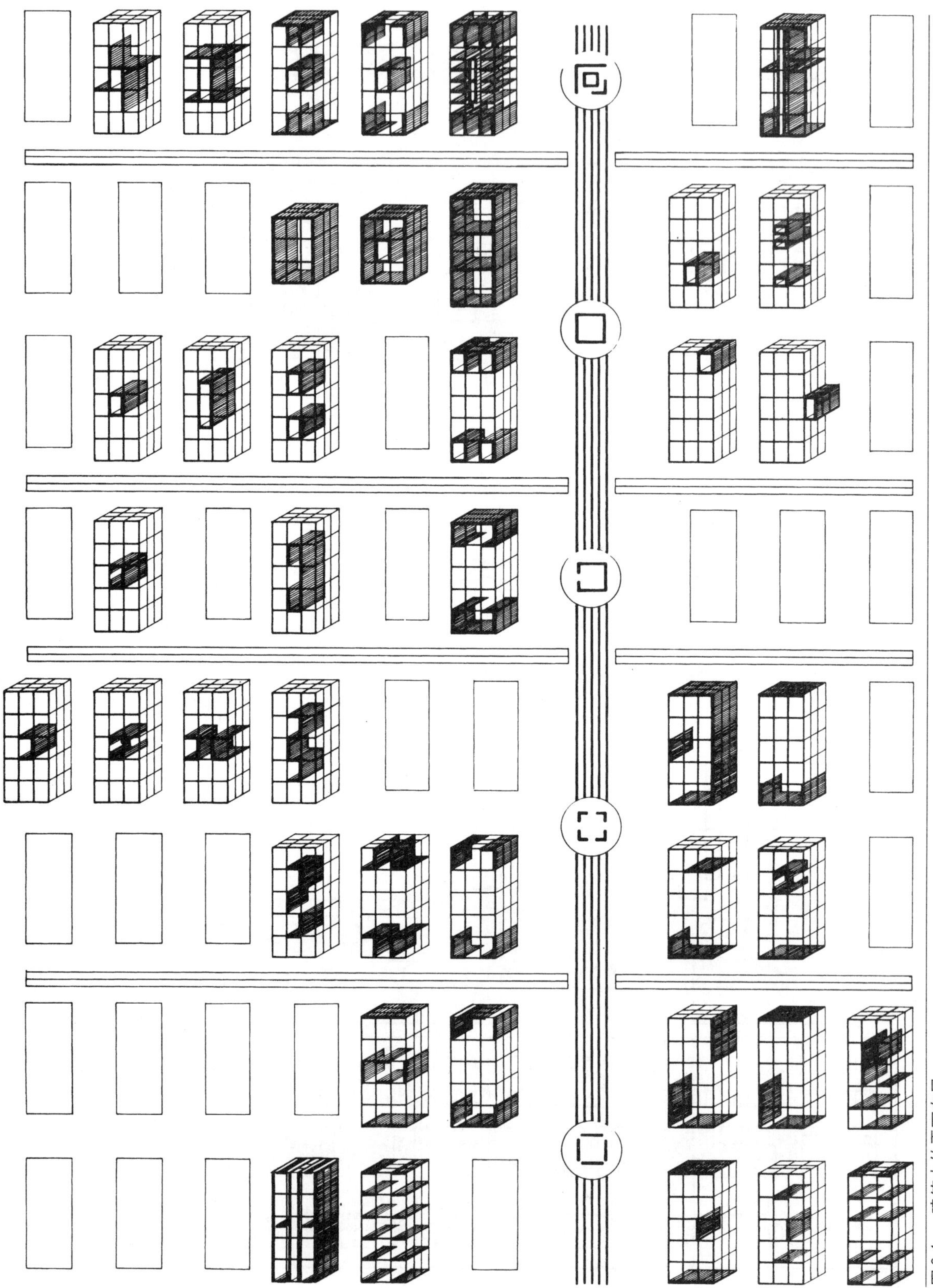

图 2.4　建筑中的平面布局

结构体系的选取不是一个简单的问题。在所有准则中，取决于总体几何尺度、竖向轮廓、高度限制、细长比（即建筑高宽比）、平面构形（深宽比、规则度等），是相应荷载条件下强度、刚度和延性的函数。也取决于建筑地基条件、场地条件、建筑协调（包括施工准备和施工时间）。为避免给出上述纯结构是强加于建筑的印象，以及避免结构造型过程不含灵活性的观念，图 2.3 右边部分示出了各种案例，它们表现了低层和中层楼房结构体系无尽可能组合的一部分，注意小尺寸楼房比大尺度塔楼有更大的组合自由度。同时也表现了结构相应于缩进、镂空、变跨、变层高、交替开间比例、刚度突变、场地倾斜、空间倾斜等。除带斜挑桁架（连接到角柱）或沿周边张力网稳定的中央芯筒建筑外，大部分结构当做平面的。

为更好地理解图 2.3 建筑结构体系，必须置于建筑空间中，因而必须知道其位置。出于这一理由，实体元素被置于图 2.4 各种平面形式的均匀梁柱网格。它们表现了墙、芯筒、框架、管筒或任意组合的抗侧力结构体系，它们既可形成平面的也可构成空间的集合。这些案例的组合基于形状、数量、连续度、位置、抗侧力元素的布局。出于方便仅采用了矩形平面形式，建筑形状和不连续性（不规则性）的效应在这一分析中未予考虑。

从开口到闭合集合体的转换（从左到右）是这一组织的基调。

- 单一平面面结构（ ||| ， |-| ）
- 形成角形和 T 形的集束平面（L，T）
- 单一、开敞隔间，如槽钢和宽翼横截面（U，I，Y，X，C）
- 开敞多隔间如多个单一隔间或带洞芯筒（II，] [，[ ]）
- 闭合芯筒：如单筒（○，□，△）、多筒（□□，∞）和混合筒（如轮轴）

竖向表面元素的安置方式可以是对称的（如图 2.4 上部所示），或者是非对称（如图 2.4 底部所示）的；既可以布置于建筑的外部或沿周边形成包络线，也可以作为芯筒隐于结构内部。布局变化从三个非平行、非共向独立墙体这样稳定骨架的低密度结构，到全墙、密集多单元建筑。

建筑的强度和刚度与结构元素的类型和布局密切相关，图 2.5 做了进一步分析。单元的密度和交互（或连续）与对称性一起，显示出结构的紧凑程度。自然，随建筑高度增加（大约超过 30 层），除平面布局外，竖向平面也成为描述结构空间作用的必要成分。

图 2.5 的上部（a）将典型结构布局区分为开口体系，其布局变化从周边结构、集

中式内脊结构，到均匀结构。图 2.5 底部（b）所示为封闭空间结构的一些布局，从筒中筒的圆环、交互网格状边筒和网格或成束筒，到形成巨型框架的多筒。

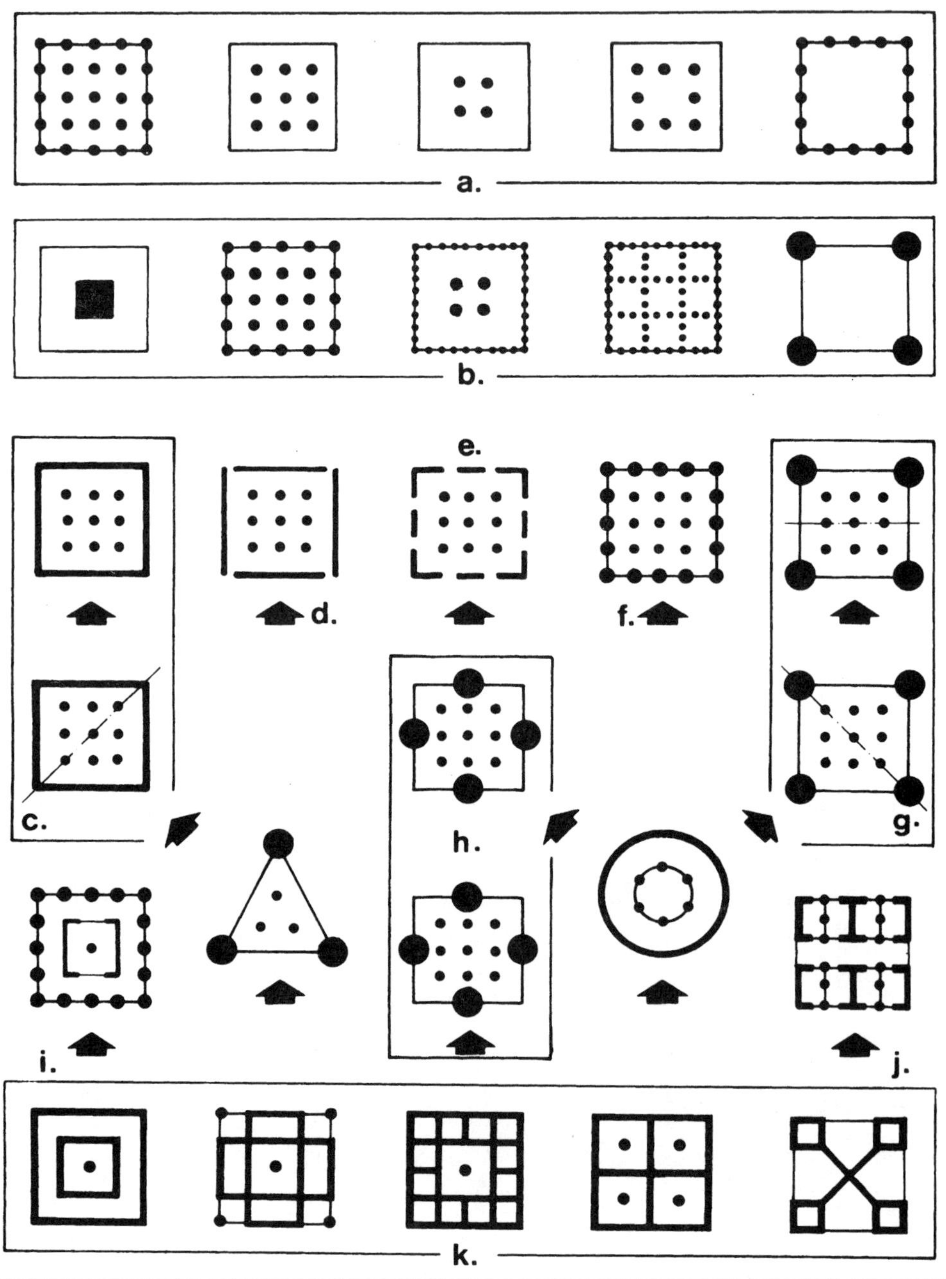

图2.5 结构的平面布局

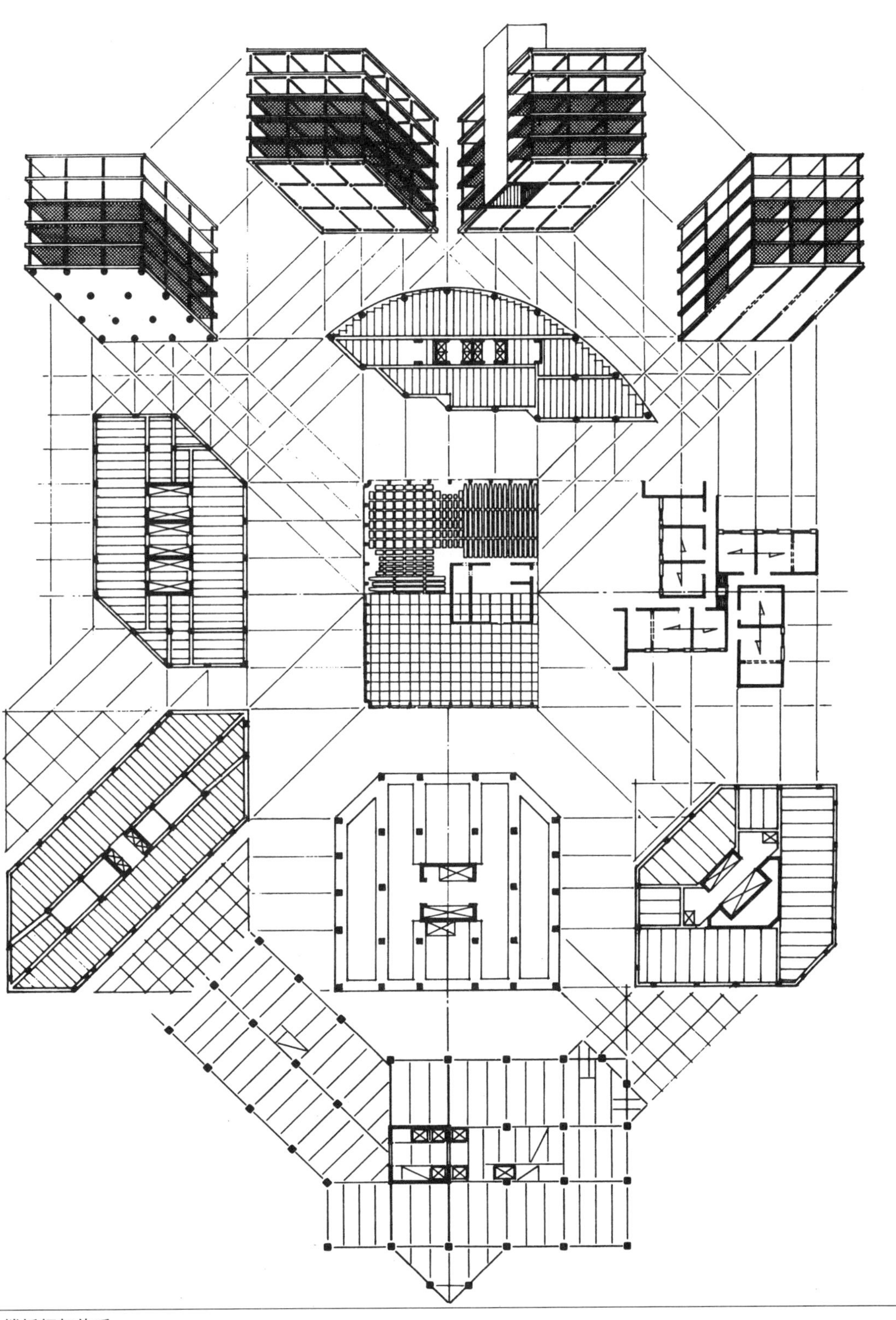

图 2.6　楼板框架体系

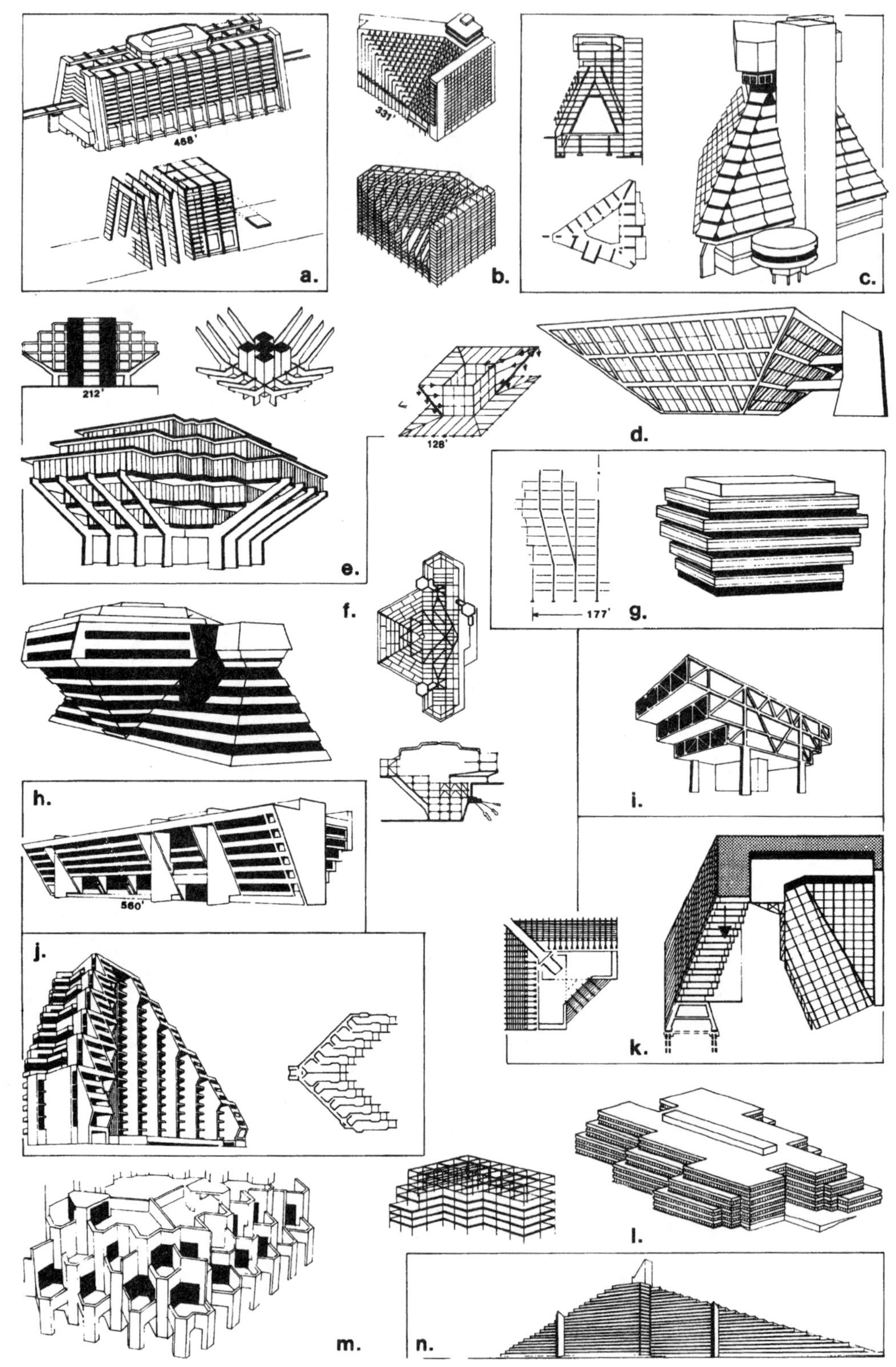

图2.7 倾斜建筑结构

图2.5中部，研讨不同结构体系，考虑侧向作用的方向（如本章稍后所讨论）。管筒从一实体外筒（图2.5c）、带洞或柔性开口非连接筒（图2.5d）、敞式承重墙外壳（图2.5e）或刚性边框（图2.5f），最后到桥式结构（图2.5g，仅在角部设柱），进一步分析见习题2.13到习题2.16。

到此为止，仅定义了竖向结构体系，而水平建筑平面或楼板结构（将竖向平面束在一起）则简化为实体。楼板结构的用途不仅是传递重力荷载到竖向结构平面，而且也作为一庞大扁平水平深梁传承侧向力至相应的竖向抗侧力单元。图2.6所示为一些典型的楼板框架布置，在第五章将作进一步讨论，如何从建筑形状导出楼板框架。竖向结构单元如何布置，只能从各种案例中得到启示，构件密度范围从宽间距梁（支撑相对厚板）到密间距梁（支撑较薄的楼板或托梁板）

为集中关注于高层结构体系的原则，前面的讨论忽略建筑形状效应。为得到这一元素的直观评价，图2.7研讨倾斜建筑结构，其变化从金字塔、倒金字塔、倒梯形、反转踏步式金字塔，直到不规则的、用改进人字框架或承重墙为支撑结构的不规则悬臂梁。

建筑荷载

普通建筑的主要荷载为重力竖向作用和风与地震水平作用。这些或静或动、或内或外的荷载可表征为分布或集中力，可为同心作用亦可能为偏心。这里仅简要介绍建筑荷载，以便归纳力作用的基本含义和建筑结构如何响应，更详细的讨论见第3章。简化假设如下：

- 重量看作均布，且为楼板面积或建筑体积的函数
- 风压垂直于裸体外表面，可看作均布
- 建筑质量取为均匀、与建筑体积成正比

混凝土和砌体建筑一般比钢结构建筑重得多。普通钢结构总平均毛重在50~80磅/英尺^2（1磅/英尺^2=0.048kN/m^2）或大约5~8磅/英尺^3（1磅/英尺^3=16kg/m^3）的范围，非预应力混凝土建筑为其2倍。如果包括活载，那么对钢结构办公楼总重大

致在 10 磅/英尺^3，对混凝土办公楼为 14～18 磅/英尺^3，对混凝土公寓为 20 磅/英尺^3。运用高强材料可减少重量，这对强度（而不是刚度）控制结构设计时是有利的。当楼板采用轻骨料混凝土时，结构恒载可进一步减少到 10～20 磅/英尺^2。

结构本身重量仅是建筑总恒载构成中相对较小的部分，对框架建筑在 20%～50%范围（随高度变化）。例如，10 层的钢框架建筑重约 6 磅/英尺^2；相比较，100 层建筑大约 30 磅/英尺^2（见表 7.1）。这个尺寸效应也见于自然界，动物骨架尺寸随体形增加变得更大，因为重量按立方增加，而支撑面积仅以平方增加。鼠骨仅占体重的 8%，相比较，人体骨骼占体重的 18%。

与材料重量（恒载）相比，设备和人这类活载具可变特征。对于办公楼活载大约 80 磅/英尺^2，为住宅楼的 2 倍，类似，办公区域（包括廊道）活载至少为居住区域 40 磅/英尺^2 的两倍。设备间活载为 150 磅/英尺^2，休闲广场可高达 300 磅/英尺^2。根据一些规范，支撑面积大于 150 英尺^2 的构件，活载可折减；多层结构，每层楼均为满荷载是不可能的，这样柱或墙上活载可折减达 60%以上。

风和地震荷载引起水平力作用于建筑物。其为动力荷载，但常处理为准静态侧向力。如果建筑没有异常的形状，这个方法对风作用是合理的，对于变化力的作用，如果建筑物足够刚，它就不致于振荡和产生加速度。自然如所见，建筑平、立面形状相当大地影响侧向抗力，记住流线性滴珠状对给定风向阻力最小，将外柱置为倾斜不仅可改善建筑物的刚度（如芝加哥 John Hancock 中心的切角金字塔，图 7.25e）也可减小侧力阻抗，因而使得侧移大大减少。

从形象化出发，作用于建筑物的侧力总体可当作恒定均匀风压，注意实际非均匀风压会产生扭转，然而就对称建筑初步设计而言，可认为是不显著的。美国内陆高层建筑典型风压范围在 20～40 磅/英尺^3。对倾斜和曲线表面，风压取建筑物的垂直投影面，如图 2.8 所解析的那样。该图表明建筑形状对设计有本质影响，如圆形建筑物仅需抵抗矩形建筑物风压的 60%。

随建筑高度和长细增加，风的动力作用成为主要因素，柔性建筑不仅沿风向响应，而且在横风向也会有侧振。当强风吹过建筑时发生涡流分叉，漩涡交替在两边形成（图 3.6），产生低压区，造成高柔建筑物垂直于风向（而不是沿风向）运动最大。表面风压周期性变化方式取决于风速和建筑形式。如果流场以接近建筑固有

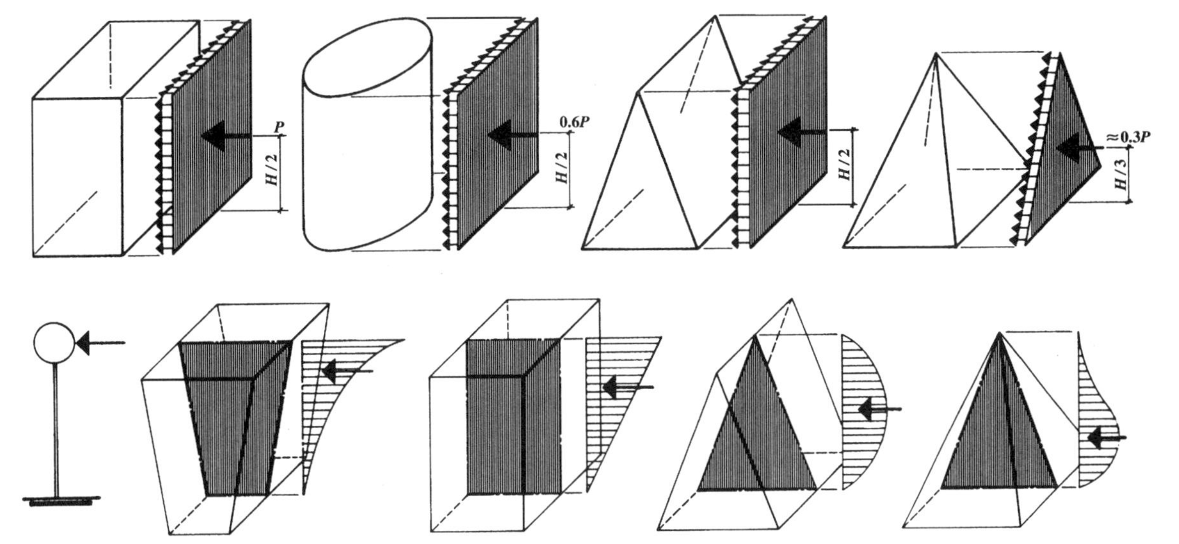

图2.8 风和地震作用分布对建筑的影响

周期的间隔方式作用，它会使建筑共振而急剧加载。在200英里/小时的风速下，当今的高层建筑会接近这一临界涡漩状态。而细长比达12:1的新生代摩天楼，在遭遇较低风速时就已受激振。这时尖塔可减少涡漩分异，为控制振动需附加机械阻尼体系。已发现有些建筑形式比其他易发生涡漩分异。令人奇怪的是，圆形高层建筑比矩形易发生，因矩形周围的紊流成为阻尼媒介。例如西尔斯塔（图7.33）的模数降低，减少裸露表面，不仅晃动减少，而且引起紊流减少振荡。这个效应类似于在建筑上部开孔，让风吹过产生紊流（类似于大型扰流板的功能），这些紊流破坏了涡漩的形成。同样，也可采用特殊的振动控制装置，第三章关于“动力荷载”作进一步讨论。

对应于风所施加的外部侧向力，地震地面运动引起内部侧向力（此时竖向力常被忽略），可把建筑视为骑行在不平坦的地面上。由于地面以随机方式突然加速，地面上的建筑体将抛在后面，因而激发侧向力惯性力。换句话说，物体的惯性趋于抵抗运动，类似于人在车中经历突然加速。建筑物响应（地震）地面晃动（荷载）所产生的基底加速度所需时间成为建筑物的一项重要特征，引入第四维时间作为加荷参数。

作为引论，设建筑物为刚体，忽略柔度、结构类型、质量分布、位置、场地地质等的影响，那么根据牛顿第二定律，侧向惯性力为建筑物质量 M 与地面加速度 a 之积，这里质量等于建筑物重量除以重力加速度 g，定义为地震系数 $C=a/g$

$$F=M\ (a)\ =W\ (a/g)\ =WC \tag{2.10}$$

上式清楚表明，侧力大小直接与建筑重量相关。必须记住，当考虑前述那些忽略因素时这个值或大或小。实践中将地震力的大小表为建筑重量的百分比。主要地震带高层建筑的典型值范围，对刚框架结构大约5%，对刚性承重墙建筑约为20%。因为混凝土建筑较重，侧向地震力比钢结构建筑高得多。另外，由于砌体和混凝土墙与钢框架相比没什么储能能力，安全系数越高侧向力越大。

对均匀质量分布的典型矩形建筑，地震地面运动的侧向力可视为等效静力（如图2.8示出的三角形荷载）。该图底部示出其他普通建筑构形的侧力分布。对均匀质量布置，侧力分布与建筑体的形状成比例，从而清晰证明金字塔为一有效形态。

可以得出结论，如平面组织和竖向质量布局所反映那样，建筑形式和质量分配决定地震力合力位置；进而，抗侧力结构的形式和其在建筑体内的位置，决定地震力作用的类型。当质心与抗力中心不一致时会产生扭转，如楼层面刚度突然变化。对当前流行的新型杂和、复合建筑形式，平立面不对称的影响尤其典型。

地震力构成的内部侧向荷载按质量和刚度分布，风在刚性建筑引起的外力取决于外露立面表面积，地震荷载对于刚性低中层结构的性能是重要的，而风载通常控制细高建筑的设计。强烈地震区高层建筑的最优设计与受风荷相矛盾，因地震作用要求延性有较大余量，而抗风则要求刚性以符合居者舒适性。

力流

水平和竖向结构平面必须扩散内外力到地面。图2.9~图2.11以简化方式讨论各种结构体系传递竖向和侧向荷载的一些基本概念。

重力荷载作用于楼板，使楼板框架受弯传递到竖向结构平面之一（图 2.9 上右），然后以轴向直接将荷载传到地面。力流的类型和模式取决于竖向结构平面的布置，图 2.9 上示出为二维结构。柱可为竖直或倾斜，连续或交错，平均分布或集中在中央，沿周边或形成芯筒。力流路径可沿柱连续或可突然中止并水平传递到另一竖向线。荷载传递或短直，或曲长（如悬吊结构）。从效率的观点竖向荷载应取到基础的最短路径。

当柱倾斜时重力会引起侧向冲力，随柱离开竖向支撑条件越远冲力增加越快。图 2.9 底部（参见图 2.7）的案例指出，柱顶的水平板梁充作拉条（当柱外倾时），位于柱底时充作压杆。对称结构的恒载冲力会自平衡，但必须抵抗非对称活荷载产生的水平力；非对称建筑其重量也产生冲力。因此，不仅风和地震（除曲线桥车辆离心力影响外）而且与几何条件相应的重力也会引起建筑物侧向力。

最优高层建筑通常要求最少柱的自由地面空间。从大堂入口和宽阔休息区、公寓、停车区、到公共广场。对这些情况，上部建筑的质量必须用不同结构体系连到地面。建筑结构的几何模块不能扩展到基础墙，从而不连续须由另一结构体系取代。对初步设计而言，上下结构可分开分析。图 2.9 中部示出各种转换类型。从悬吊建筑和上心拱吊起整个建筑，到用框筒格架内的转换体系将柱距变宽。后者常增加主柱拱肩梁尺寸，或以枝状方式改变柱尺寸，以产生自然拱式荷载逐步传递体系。荷载也可通过诸如桁梁、桁架、墙梁、拱（直接或间接），或 V 和 Y 形柱（两和三叉柱）这样的巨大转换体系达到集中上部柱体荷载。这些 V 形柱在抵抗风和地震作用是有效的，但不幸的是如前所讨论，非对称重力荷载具有水平冲力。读者可研究各种倾斜柱（图 2.9 案例）的性能。

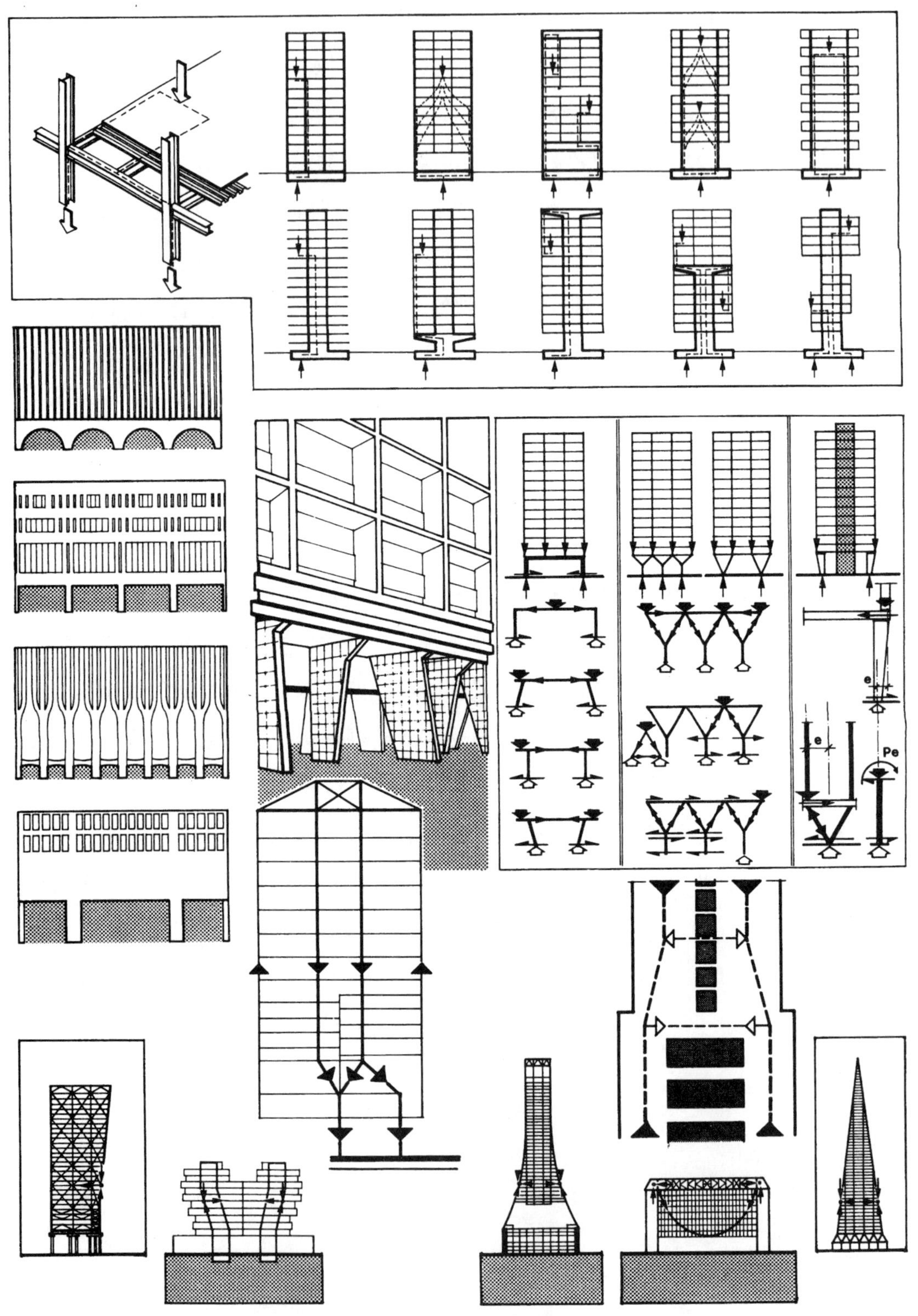

图2.9　竖向力流

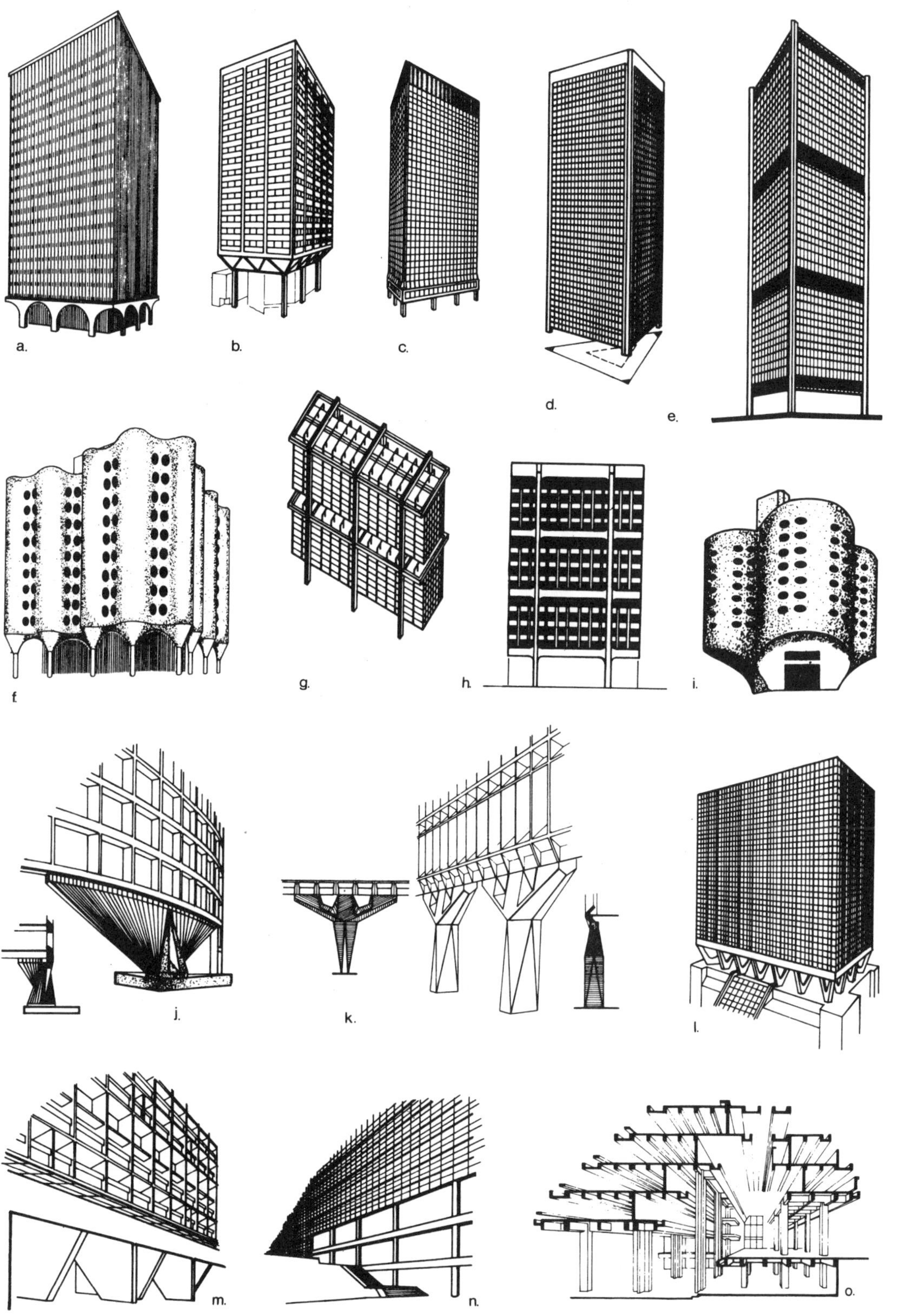

图 2.10 建筑物向地基的转换

图 2.10 进一步分析提供底部自由空间的许多设计途径，诸如：

- 整个立面作为空腹深墙梁跨于角柱上（图 2.10e），或顶部采用转换大梁（图 2.10d）
- 24 根柱上的空间钢桁架承载整幢建筑，转换到 5 个底柱和芯筒（图 2.10b），类似地（图 2.10o），整幢建筑落于大型底柱。
- 从 3 个超级框架悬吊 2 个四层楼的单元（图 2.10g），类似于图 2.10h，其承载框架墙在每第四层处转换，将荷载传递到 8 个大体积外柱。
- 周边混凝土壳墙从芯筒以巨型拱悬挑（图 2.10i）
- 柱散开形成半锥和拱以支撑波状壳墙（图 2.10f）。其他各种柱的类型如图 2.10k 的雕塑形柱，两枝 V 形支撑（图 2.10m），图 2.10j 的抛物线立面支撑，图 2.10n，底部暴露的是柱—梁体系，而 16 层的建筑（图 2.10l）置于 V 形钢结构上心拱和设备芯筒。

在讨论过重力流之后，图 2.11 简要介绍侧向荷载的分布。水平力沿楼板面传递，

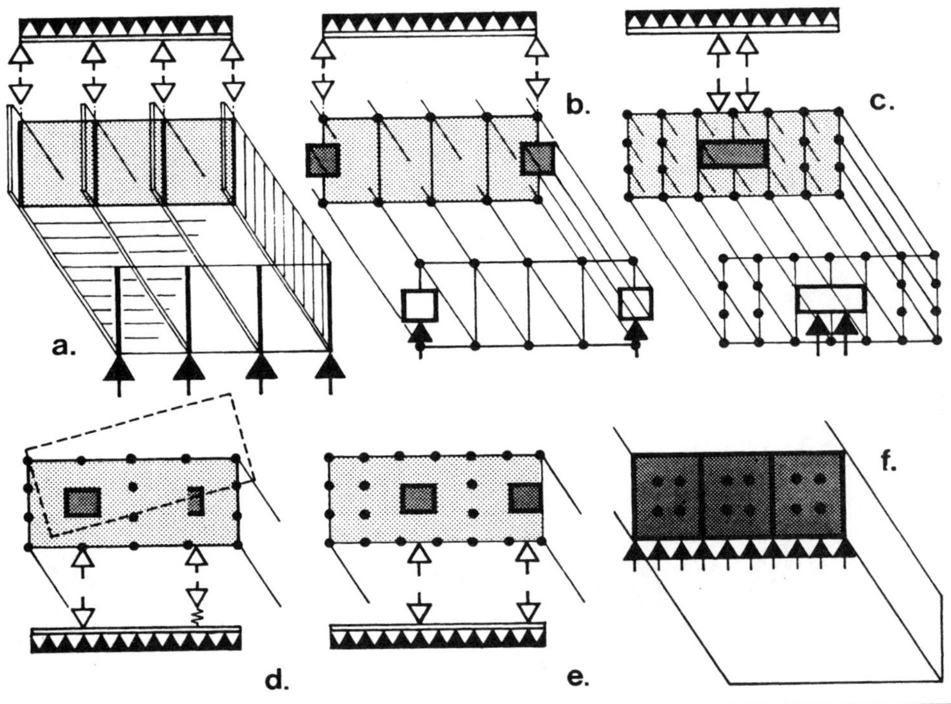

图 2.11 水平力流

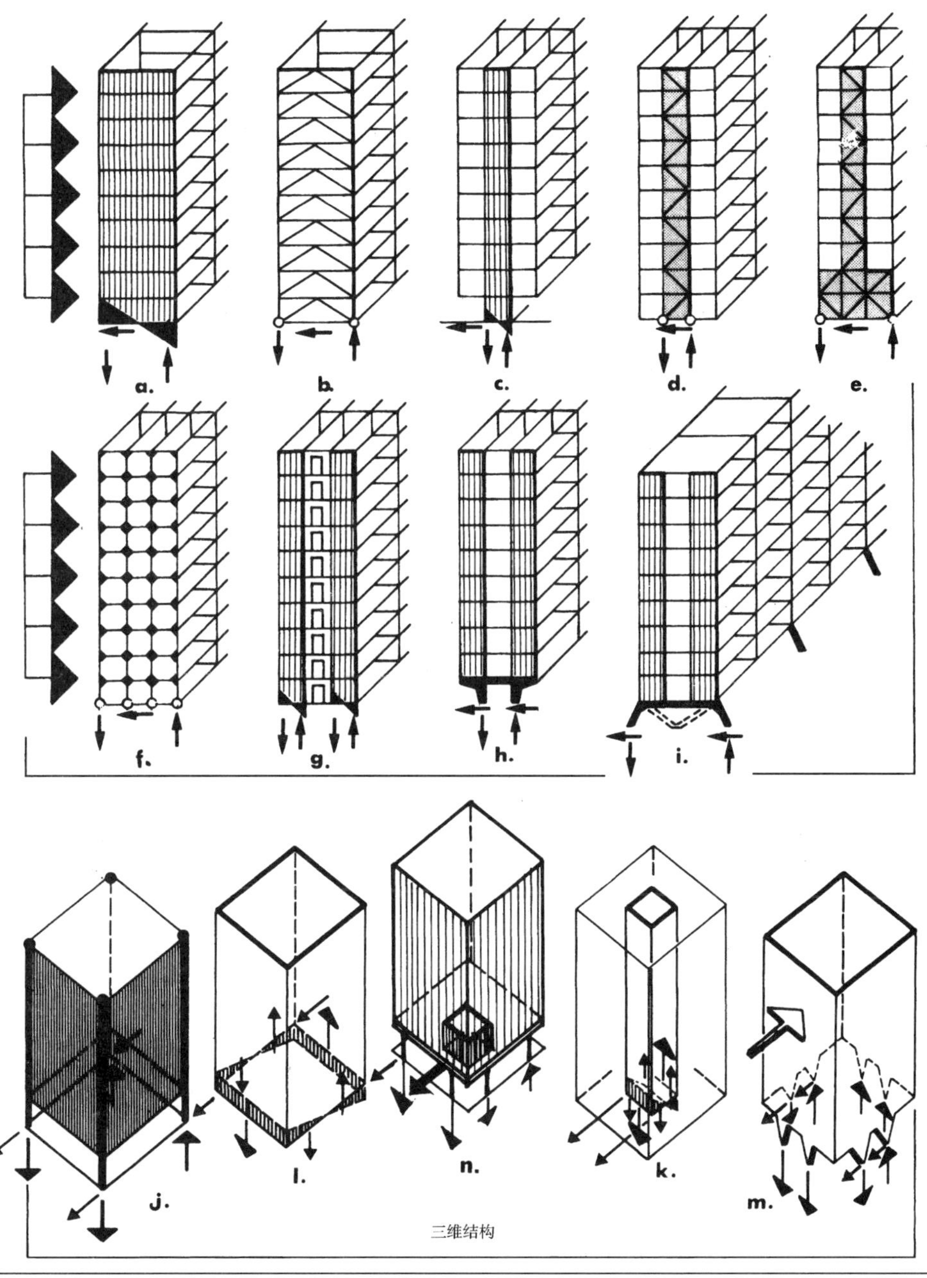

图2.12 各种建筑结构的抗倾覆力

楼板作为扁平深梁跨于竖向抗侧力结构之间。楼板作为刚性隔板由弹性竖向弯剪单元支撑。对典型结构体系，诸如承重墙建筑，具相同或不同刚度的对称或非对称芯筒结

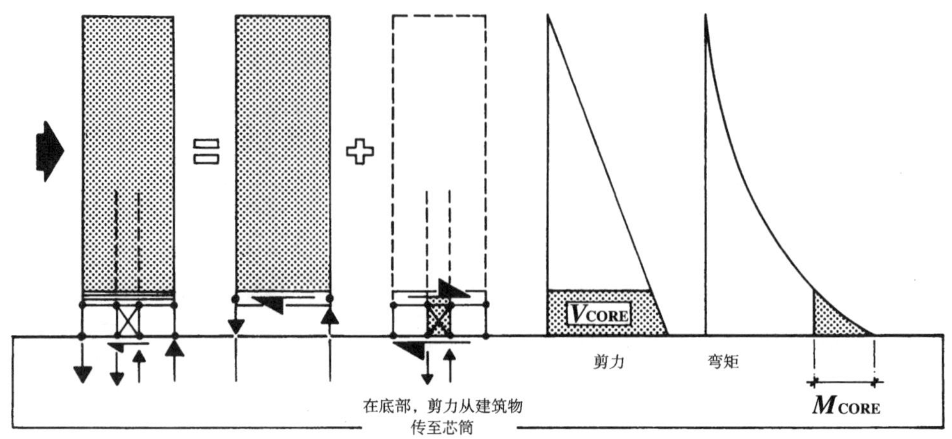

图2.13 侧向力流改变方向

构和束筒，其楼板在均匀荷载作用下的深梁特征示于图2.11。传递侧向力的水平和竖向平面间必须保证剪力连接，这对预制大板和骨架结构尤其重要。

如果合力作用点不通过刚体中心，那样将产生扭转。图2.11f中，扭转由周边结构（而不是由中央芯筒）有效抵抗（图2.11c）。为获取最大杠杆臂，最好让实墙绕过建筑外角，一旦侧力分配到竖向抗力面内，这些体系就作为将力传承至地面的竖向悬臂梁。图2.12的各种二维和三维结构体系，阐明风致倾覆力矩如何由基底处各种实墙或骨架构成的悬梁抵抗。这时，骨架既可为受弯体系（当其为刚框架时，图2.12f，构件受弯），亦可为轴力体系（框支，外力主要以拉压方式承载，图2.12b，d，e）。不同结构的横截面（或建筑平面，图2.5）以受弯方式抗侧力有多种方式，注意混凝土剪力墙提供附加重量，有利于减小上浮问题。

高层建筑的案例从早期摩天楼均匀刚框架模式（图2.5a左），1960和1970年代单边筒（图2.5c），混杂结构（图2.5k）直到最近的巨型框架（图2.5k右）。结构平面图（图2.3左）依次表现了剪力如何沿实板、桁、刚框架或框筒传递的多种选择。读者在习题2.13～习题2.20中可进一步分析竖向悬臂梁的性能。

若平面形式或结构体系改变（通常位于建筑基底，顶部或中部层面的收进处），会产生力流冲突。例如，当三角形平面变化为L形基础，或像筒一样的周边结构不能延续到基础时，那么需要大范围的水平转换结构，不仅重新定向竖向力，而且也作为传递水平力的隔板。对图2.13（也参加图2.12n）的情形，侧向力必须从周边通过厚实隔板结构改变方向到芯筒。因此从管筒结构到底部大空间结构的转换可由设置以拉压抗倾覆的外柱实现，而整个剪力由内芯筒承载（即所谓的剪力筒），地面以下剪力由隔板回传至地下室墙体。

建筑结构的性能简介

当建筑结构响应图 2.14 描述的荷载作用时，强度和刚度为其主要特征，在强震区，延性也成为一项重要指标。细高塔楼的稳定性和与荷载相关效应已简要介绍过（图2.1），在结构分析中，真实结构由理想化模型取代，其对加荷的响应基于从材料特性和构件性能导出的分析理论。

首先，概要分析结构对侧向加荷的反力，已经表明（图 2.11）相对于水平力作用，楼板结构为（支撑于弹性竖向单元上的）刚性板，这些抗侧力单元是内芯筒（图 2.14），芯筒 + 墙（图 2.14j），以及边筒（图 2.14m）。芯筒可为开口或闭合形式，可落在建筑中心或偏置。建筑形式决定风压合力作用点，建筑重量分布定义地震合力位置。因建筑上部侧向刚度要求降低，芯筒墙在电梯组的机房可削去或收进。

如果抗力结构是剪力墙或框支构件（如图 2.15 所示），高层建筑对侧力的响应主要为弯曲型。这种体系的特征为受转动控制而不是剪力，由实墙或斜撑提供的剪切刚度很高，可忽略剪切变形。但当抗力单元为刚框架，高层建筑性能为剪切型，因为剪力仅由受弯梁柱抵抗，这时转动效应（即柱的轴向缩短和伸长）是次要的，对初步设计而言可忽略。不同结构体系的组合作用，如刚性框架与支撑芯筒（取决于每一体系的相对刚度），其扁平 S 形曲线反映了剪切型框架建筑置于弯曲型结构顶部的表现。

在上述讨论中，假定均为高层建筑且具备相同高度。明显，当剪力墙或框支不再是细长的时，就像低层建筑水平板框这样的极端情况，其特征就像剪切型而不是弯曲型；如从材料基本强度所知，对称条件下侧向荷载的弯曲抗力由轴向受弯作用 M/S 和剪力作用 V/A 表示（图 2.14d），对给定的均匀侧向加载情况，剪力朝基础线性增加（$V \propto H$），而弯短增加更快（按二次抛物线 $M \propto H^2$）。因为抗力结构和/或侧向合力的偏心作用对称条件简单弯曲的特殊条件一般不存在。首先简要回顾受弯构件结构特征的一些基本概念，进而，像管筒结构这样的薄壁墙梁特征在本文中略去。

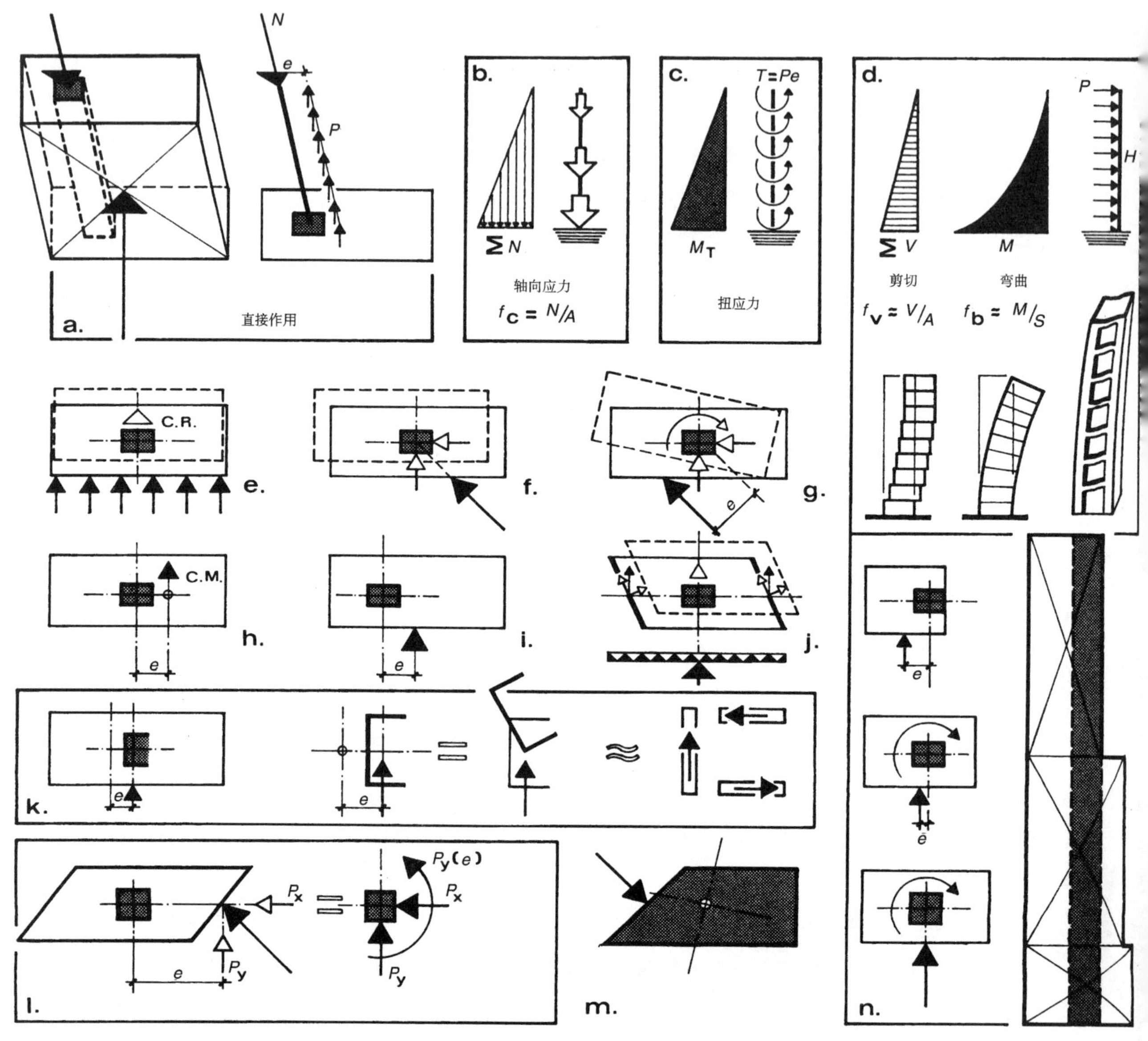

图2.14　荷载下的建筑响应——不对称影响

总之，确定无对称轴截面的纯弯需要复杂计算。首先主轴总是相互垂直的，且必须定位惯性矩关于何处分别为最大和最小，然后可找出中性轴的方向。所有这些轴和形心轴均通过横截面中心。自然，对一般情况，不能使用仅适用于对称受弯的简单弯曲公式$f_b = MC/I = M/S$。

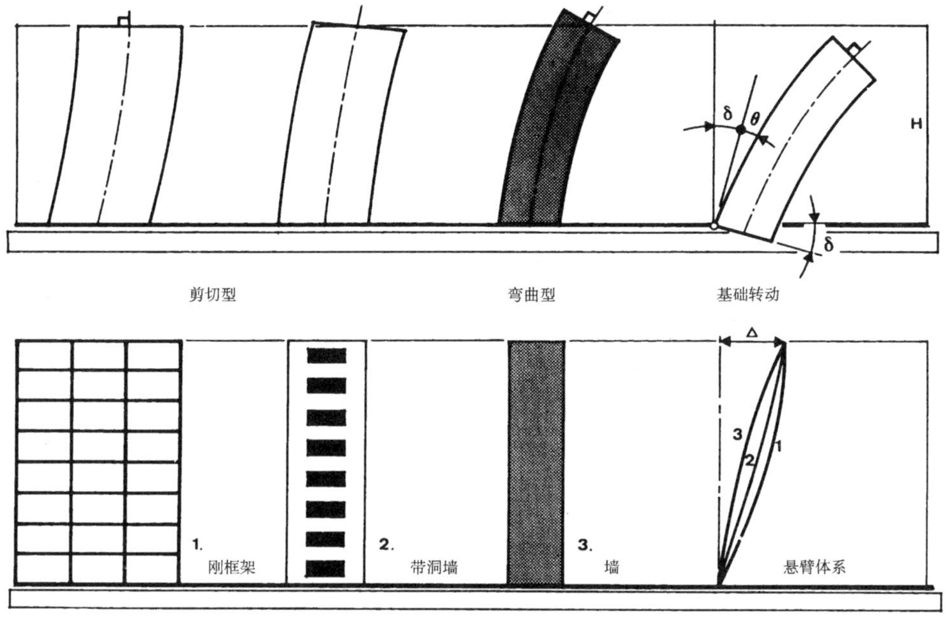

图2.15 悬臂式结构类型的效应

另外，荷载必须作用于剪切中心或扭转中心（剪切轴的交点）以不致产生对称弯曲面外的扭转。因此，必须定位剪切中心，它与横截面形心不吻合。可以总结出，当荷载作用于形心，构件受弯时会扭转，不对称导致偏心荷载、非对称弯曲、以及扭转。幸运地是横截面总有一点对称，这样简化了特征的理解和应力计算。要记住对称轴总是中性轴。下例案例给出基本横截面形状，大部分抗侧力建筑结构体系可依此分类。

- 具有一个对称轴的形状（T，U，A，E），这时形心轴也即主轴

  当荷载平行于两个主轴之一作用，且通过剪力中心，为无扭转简单受弯 $f_b = M/S$；如荷载通过剪力中心，但不平行于主轴，那么可分解为平行于主轴的分量，造成双向受弯，在最远端产生不同最大应力

$$f_b = +\ [\ (M/S)_x + (M/S_y)\ ]_1$$

$$f_b = +\ [\ (M/S)_x + (M/S_y)\ ]_2 \qquad \textbf{(2.11a)}$$

当荷载不通过剪力中心，但通过形心那么产生扭转。在第五章“侧力在竖向抗力结构的分布”一节进一步讨论截面对扭转的近似响应。

- 有两个对称轴的双对称形（Ｉ，I，H，□，○）。这时形心轴，主轴和剪力轴都与对称轴重合。

当荷载通过横截面形心（剪力中心）这些轴也是中性轴，换句话说，受弯轴线是梁的形心轴。这时（图 2.14f）力可分解为沿主轴引起双向纯弯的分量，最大应力产生于四角。

$$f_b = \pm\left[(M/S)_x + (M/S)_y\right]_{1,2} \tag{2.11b}$$

然而，当合力不通过质心弯曲时会有扭转（如图 2.14i 例，矩形芯筒风压合力位置偏心）。相应，当建筑质量中心与刚体中心不一致（图 2.14h），在地震区会产生扭转；其他情况（图 2.14j，e）双向弯曲时会发生扭转。

显然，封闭筒体的断面比相应带口开敞筒体的更刚更强。前者扭转仅发生单纯扭剪（圣维南扭转），而开口截面（图 2.14k）除扭剪外会发生弯扭（翘曲），第 5 章第一节会进一步讨论。

圆形闭合薄壁筒是抗扭的理想形状，这时仅会产生均匀扭剪应力，必须记住开口使筒削弱，扰乱均匀剪力流，引起翘曲。

开口管形截面会因扭转翘曲以及力直接作用弯曲；当开口井筒至少有 2 平行墙（I，E，H 或 U 形），那么其扭转主要由其受弯束有效抵抗，因扭转可分解为偶矩（图 5.1）。然而，无平行墙的开口井筒（L，T，十等）会很柔，其性能极其复杂。对于对称的普通建筑结构（图 2.14e，f，g），非均匀风压的扭转效应在初步设计时通常忽略，但地震作用时则不然必须考虑意外扭转。

分析表明，扭转源于不对称建筑（图 2.14j，e，m）或偏心和不对称芯筒（图 2.14I，k）（质量中心与刚体中心不一致），或荷载合成的位置与方向（图 2.14g）。

当前流行的复合混杂建筑形式由于缺乏对称性，造成强烈的偏心荷载。几何非对称的影响，平面上示于图 1.6，剖面上见图 1.7，空间形式如图 1.4。不对称产生于规则质量分布的交替变化，因踏步或变锥所致刚度的突变或渐变，基础或其他层面的不连续（开穴，切槽等等），例如，在矩形基础顶部的三角形塔间，质量和刚度沿径向变化，特别地两个造形的结构体系也不同。建筑不对称的程序是最重要的因素，在地震带特别关键的是避免产生扭转作用，应尽可能地对称。

扭转作用沿整个建筑高度是均匀的（图 2. 14c）或在收进点改变（图 2. 14n），在建筑内部或因建筑形状受阻（图 2. 14m）。

从结构的观点，沿建筑周边抵抗扭转更有效（因力矩大所需力小）。管筒结构特有的扭转刚度是熟知的，特别是当各建筑面连续一起形成空间单元的桁架绕角翘曲时。

通常在初步设计时，可大大简化抗侧力单元简单弯曲应力分析。例如，对图 2. 16f 的典型十字墙建筑在两端剪力墙具单或双回转，可穿过廊道耦联。这些墙可看作竖向

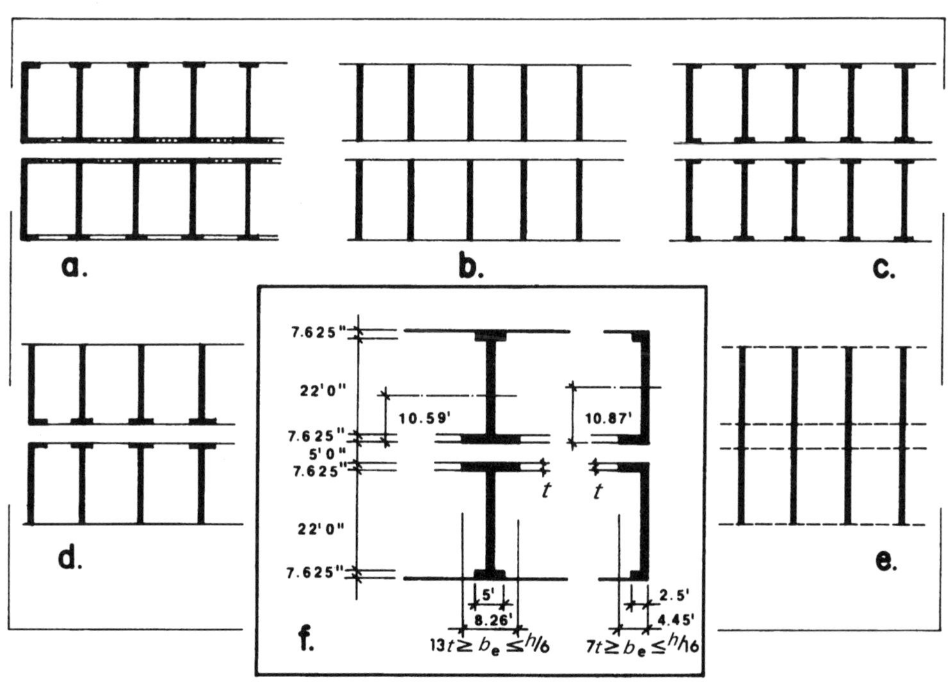

图2.16　典型隔墙

悬臂板梁，墙腹由楼板加强刚度。保守的忽略翼缘抗转动作用，仅采用平面墙单元（图 2.16b）会用很少的计算时间，而不必先确定形心轴位置和惯性矩。其他简化方法进一步分析见习题 2.21.

建筑对力作用的响应

前面已讨论过，侧力下转动的大小朝基础以比重力流快得多的速率增长。对该力密度分配所需反力可采用多种方式达到（如图 2.17 所分析），典型解决方案如：

- 拱或锥形建筑形式
- 构件几何布置
- 增大构件尺寸
- 增加材料强度
- 施工方法
- 上述组合

理论上，建筑物的响应会取指数函数（图 2.2，方程 2.7）的形状。对曲线图（如 1093 英尺东京塔所反映，图 2.17d），或由基底铺开来的墩墙或由刚性三角基底上的柔性塔，给人以稳定的感受。抗侧力周边结构的效率明显与几何形状相关，常用深宽比和高度比表示。

向基底力流的增加，据信在不同情况可由应力迹线密度和桁架模拟表示。图 2.17 中部可以看到柱墙布局如何响应于荷载积累。例如增加柱或墙，其尺寸可阶状、锥状、或曲线增加，开窗可减少，桁架单元密度可增加或加宽基础，设倾斜或树形柱。阶状墙不仅可随力密度增加而且提供出色的侧向稳定性，SOM 的 Walter Netsch 设计的芝加哥伊利诺伊斯大学 28 层行政楼（图 2.17a）的立面结构，随建筑上升增加开间尺寸（根据混凝土强度和最小用钢量）。立面比例源于“黄金分隔”，从施工和结构体系的观点，对力流的响应有多种可选择性。不同结构体系在本章关于“高层建筑结构”一节已作讨论。

结构对荷载积累的隐性响应常由加厚构件和/或增加材料强度来做到。例如，大致 40 层楼，钢柱的形状可从厚重的巨型 W 截面，到盖板 W 截面或格构形，如箱形、十字形、叠合板或多筒截面（如多腹板）。柱的尺寸视觉上可保持不变，减小横截面密度，例如由中空混凝土筒，到基础变为实体，改变材料强度。

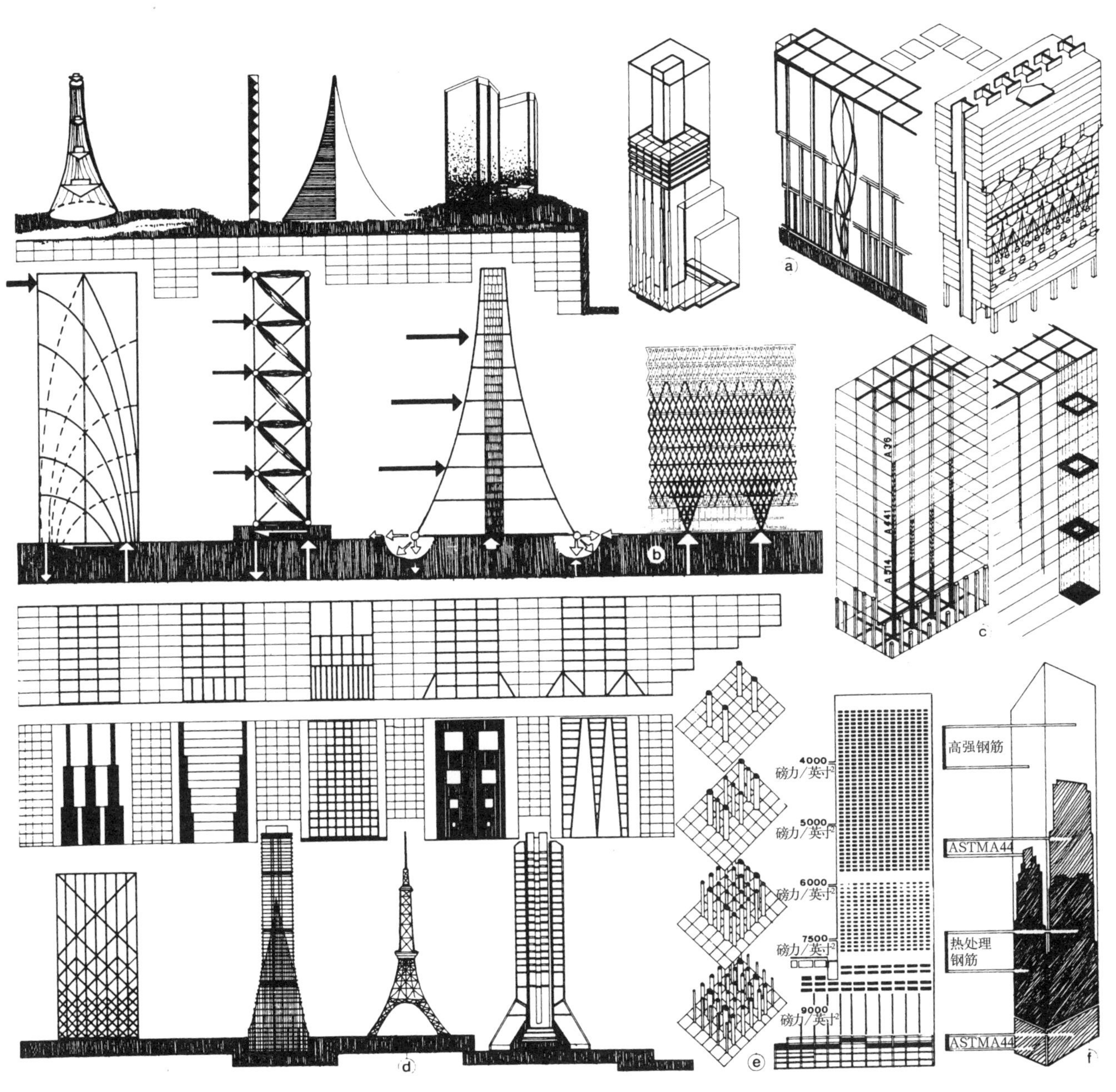

图 2.17 建筑对荷载强度的响应

注：ASTM 为美国材料实验协会

沿匹茨堡 IBM 大厦（图 2.17b）承载钢格栅墙的荷载流大小，采用各种型号的钢材，顶部 A36 底部 A441（$F_y=50$ 千磅力/英寸^2），底部三角柱 100 千磅力/英寸^2 钢（所有荷载集中点）。纽约世贸中心外筒空腹桁墙（图 2.17f），包括 12 种不同等级钢材（屈服点从 42～65 千磅力/英寸^2），底部较低部分为 100 千磅力/英寸^2（附加风应力为主导）；建筑基底（柱距更大更宽）要求 50 千磅力/英寸^2 钢材；所有内芯柱为 A36 钢。

建筑从高到底，（图 2.17c）钢柱典型材料变化如下

- 碳钢：ASTM A36：$F_y=36$ 千磅力/英寸^2　最常用
- 高强低合金钢

  ASTM A572：$F_y=42\sim65$ 千磅力/英寸^2

  等级 50 为用于建筑铆接和焊接，典型高强钢

  ASTM A441：$F_y=40\sim50$ 千磅力/英寸^2　偶尔采用

  ASTM A588：$F_y=50$ 千磅力/英寸^2　用于型钢耐腐防锈，主要用于裸露环境
- 高强热处理合金钢

  ASTM A514：$F_y=90\sim100$ 千磅力/英寸^2

  这种高强钢材目前只有板材，可用于建筑底部的焊接柱

纽约第 3 大街 53 号椭圆形 34 层办公楼（1985），芯墙仅用四个大体积钢柱承载 50% 的重荷和 80% 的风载，这些巨型柱用 6 英寸厚、30 英寸宽的钢板制成，焊接形成管状，柱的重量几乎为当前最大轧制宽翼截面的 5 倍。

对高层建筑结构的较低部分，强度起控制作用。如恒载为总设计荷载的主要成分常采用高强钢材；而当刚度主导时，采用相应较大尺寸的低强度钢材。总之，当强度控制设计时，高强钢经济，而当稳定性、挠曲、伸长或刚度为设计主导因素时，低碳钢更经济。

高层混凝土建筑中，减少较低部分柱的尺寸是必要的。普通强度混凝土柱会相当大，严重限制了楼板布局的柔性，耗去大量楼层空间，因而，当今大量采用高强混凝土于高层建筑以减小较低层面柱的尺寸，西雅图联合广场大楼（图 7.38*i*）19000磅力/英寸^2 混凝土柱为用于传统结构的最高强度混凝土，另外，7.2×10^{-6} 磅力/英寸^2 的高弹模约为普通混凝土的 2 倍（对于刚度要求是必不可少的）以满足居住者的舒适度标准，这标志着混凝土使用强度从过去为钢材的 1/10 增加为当前几乎

一半。与传统预拌混凝土抗压强度3000～5000磅力/英寸^{2}相比，高强混凝土的质量可改变下述标准工艺达到，包括采用化学添加剂、粉煤灰、高强水泥、以及骨料级配。采用减水剂减少水灰比是最重要的因素，混凝土拌合中水越少，强度越高，收缩和徐变越低，但和易性会更差。超出水泥水化所需的水会使混凝土强度降低，减水超塑剂可改善混凝土工作性能。

减水剂是一种使混合物流动（和易性）因而需水少的化合物。其他相关添加剂如磨细粉煤灰，超细微硅（也称硅粉），性能类似于水泥但与水反应时不产生那么多的热。硅通过填充水泥颗粒间细微孔隙，增强和密实混凝土，此外提供更大延性。其他增强混凝土强度的必备因素为：高强水泥、高水泥含量、高强细圆骨料（具最佳级配），最后为全面质量控制程序。

高层建筑中首个应用高强混凝土的著名案例是芝加哥74层的水塔广场（图2.17e，1976）这个霞长筒状塔楼由柔性边筒构成，横向由带洞内剪力墙支撑（承担65%风载）。楼板采用轻骨料混凝土以减轻建筑重量和柱上荷载，柱的强度从底部9000磅力/英寸^{2}到顶部的400磅力/英寸^2，柱的尺寸为地下室层面4英尺见方（纵向配筋率8%），到24层时为16英寸×48英寸（纵向配筋仅为0.8%）。

从工程和监理角度，砌块沿整个建筑高度可用相同厚度而不是逐渐变化墙厚，例如，混凝土砌块用下面的判别方法

- 顶部：部分浆砌低强砌块（如1000磅力/英寸^{2}砌块）50%空心，不检
- 中部：实砌高强砌块（如3500磅力/英寸^2）检查
- 底部：实砌具强砌块不超过25%空心，可能的话加筋

高约15层的多层承重墙建筑要求砌体抗压强度为4400～6000磅力/英寸^2，相应地，砂浆强度为2000～2400磅力/英寸^2；非常高的建筑，砌体加筋可减少墙所占面积增强竖向延续性。

建筑高度的影响

20～30层普通建筑结构设计（其重力结构也提供侧向抗力），通常由重荷控制。这时重力结构可吸收侧向力，构件尺寸可不必增加。随建筑高度增加，侧向抗力成为主要设计考量。对高约40层的普通建筑（偶尔达60层），抗侧力结构可包容在建筑体

积内，因而不会影响建筑的外观。随建筑高度增加总体砌筑形式活跃，结构必须沿周边集结以有效抵抗侧力所致倾覆。因而当总高度变细（如高度超过基础最小尺寸的5倍），那么因风所致建筑侧向变形成为主要关注点，此时刚度而不是强度成为控制设计的决定量——包括建筑角部的扭转效应——因而包含扭转刚度。风在柔性建筑引起的动力响应，特别是横风向会产生扭转与振荡。进而，除其他次效应（如竖向单元的差异缩短）外，必须考虑由于较大偏移（$P-\Delta$ 效应）引起的次弯矩做为主要设计确定量。就必须沿周边集结荷载以协助抵抗倾覆，这成为当前的基本考虑（因建筑更轻）。然而必须认识到，即使小于5∶1 的建筑，当所有侧力仅由中与芯墙抵抗时，以结构工程师的观点结构仍太柔。同样随建筑高度增加，内外结构单元临界温度变化的控制成为基本要素，至少外部建筑结构需要热外罩。

随建筑高度增加，刚度（而不是强度）决定材料需求量，记住在严重地震区还必须考虑延性。建筑总刚度取决于高宽比、形式和结构体系。高层建筑的侧向挠曲为其设计的关心要点，注意纽约世贸中心在风中的晃动几乎为帝国大厦（摇摆仅为6.5英寸）的2倍。

建筑的侧向摇晃主要由风和地震引起，必须记住，与风相比地震对高层建筑的晃动不比低层大。然而低层建筑主要以第一振型振动，更高的建筑会在高阶振型下挠曲（类似于蛇状）。非对称竖向荷载产生的侧移经过几层后可自平衡，较刚的建筑可忽略均匀分布荷载 w 下，具均匀截面的细塔受弯的最大静态挠曲（忽略剪切挠曲），由类似方程给出

$$\Delta = wH^4/8EI \tag{2.12a}$$

对线性变尖的弯曲悬臂梁，这个表达式变为

$$\Delta = wH^4/6EI_o \tag{2.12b}$$

对曲线塔顶部最大侧移，近似为

$$\Delta = wH^4/4EI_o \tag{2.12c}$$

其中 EI_0 = 塔底刚度。其他侧移参见表 A14（均匀塔断面）。规范限制建筑侧移

为 $\Delta_{max} = H/500$，即风作用移动 $R = \Delta/H = 1/500$。对地震移动，这个比例为 $\Delta_{max} = H/200$，此外对无筋砌体建筑，取 $H/400$。一楼层相对相邻楼层的晃动也用同样的侧移率（值），即设 $H = h$。这个极限挠曲基于百年一遇最强风极限设计准则，对使用设计要求有时可采用 50 年一遇。例如 1000ft 高的塔楼建筑挠曲不应大于 1000/500 = 2 英尺。

侧向刚度（$k = 1/\Delta$）也控制建筑物的动力性能，即自振频率。普通建筑的初步设计，可认为与其高度成比例（$T \infty H$，见式 3.21 和 3.22），也随材料阻抗线性增加（即类似于线性锥形悬臂梁）。然而，对锥形梁固有频率与高度的平方根成比例（由树木的例子可证实）。

因为以下几个理由，必须控制建筑刚度和其侧移。

- 建筑完整性，弯型建筑会挠曲，以致于压迫建筑子系统，或幕墙与隔墙以及设备系统。
- 居住舒适性：因阵风过大侧向位移与振荡（即加速度）对人居舒适性是不可接受的。人对移动敏感，在高风暴下不能工作，某些人还有恐动病，自然对运动敏感居住者言上述侧移限值不足以控制结构效应。
- 结构稳定性：侧向荷载下受弯型建筑会移动，每一楼板质心会运动，因而结构重量增强了倾覆倾向。导致加大侧向挠曲，引起所谓的 $P-\Delta$ 效应，而重载的偏心作用导致初级次弯矩。受弯型高层建筑的设计考虑 $P-\Delta$ 现象是必要的。

线性剪切变形一般控制开口刚框架的侧向位移，而弯曲型变形控制剪力墙和框支结构的性能。然而，大多数质量和刚度分布相对均匀的细高建筑结构的位移模式介于纯剪力型和弯曲型悬臂梁之间，对初步设计而言，可合理地假设结构以线性方式变形，对于刚性基础，在基底时接近剪力型悬臂梁。从材料力学可知，弯矩与挠曲成比例（即弯曲刚度设为常量）或与斜率变化率成正比（在本例中因直线挠曲设为常数）

$$\tan\theta \approx \theta = \Delta/H = M/k$$

$$\text{或} \qquad M = k\theta, \qquad k = M/\theta \qquad \textbf{(2.13)}$$

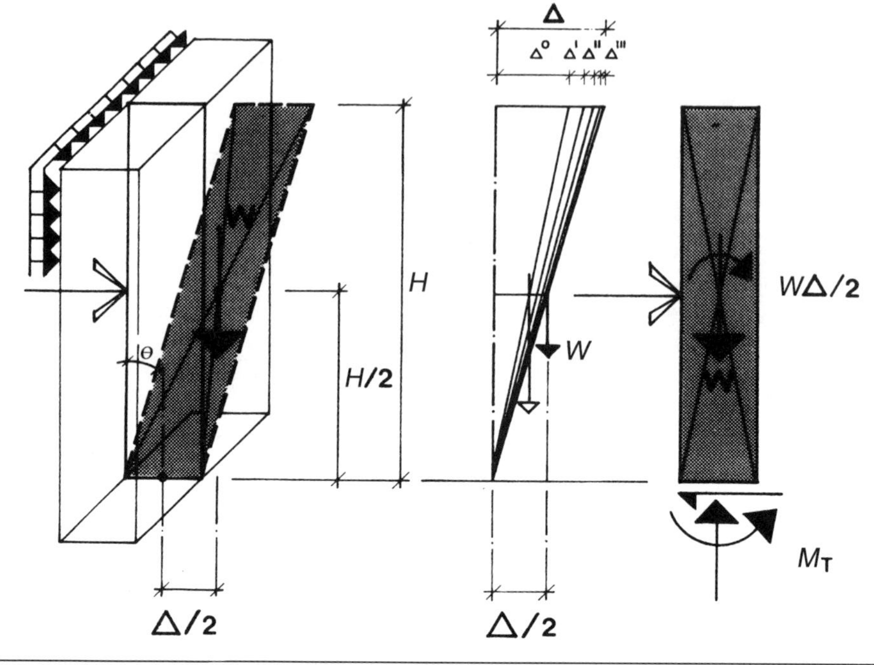

图 2.18　建筑物的 P- △效应

由初始弯矩 M（来自侧向力）和来自结构重量的弯矩合成的最终弯矩示于图 2.18

$$M_T = M + W\ (\Delta/2) \tag{a}$$

因重量的附加弯矩为 $W\Delta^{\circ}/2$，由此造成进一步的挠曲量 Δ'，相应地弯矩增量为 $W\Delta'/2$；这个过程逐渐递减，除非结构有足够的刚度稳住这样的移动，否则会导致倒塌。最终挠曲

$$\Delta = \Delta^{\circ} + \Delta' + \Delta'' + \cdots \tag{b}$$

保持常数

$$\frac{\Delta}{M_T} = \frac{\Delta^{\circ}}{M} = \frac{\Delta'}{W\Delta^{\circ}/2} = \frac{\Delta''}{W\Delta'/2} = \cdots$$

或

$$\Delta' = \frac{W\Delta^{\circ}}{2}\left[\frac{\Delta^{\circ}}{M}\right],\ \Delta'' = \frac{W\Delta'}{2}\left[\frac{\Delta^{\circ}}{M}\right] \tag{c}$$

将式（c）代式（b），导出

$$\Delta = \Delta^{\circ} + \frac{W\Delta^{\circ}}{2M}\ (\Delta^{\circ} + \Delta' + \Delta'' + \cdots)\ = \Delta^{\circ} + \frac{W\Delta^{\circ}}{2M}\Delta$$

$$= \Delta^{o} + \left[\frac{1}{1 - \frac{W\Delta^{o}}{2M}}\right] \tag{d}$$

然而从方程（c）知，$\Delta =（M_T/M）\Delta^{o}$，因此

$$M_T = M\left[\frac{1}{1 - \frac{W\Delta^{o}}{2M}}\right] \tag{e}$$

将 $M = KQ^{o}$ 和 $\Delta^{o} = HQ^{o}$（式 2.13）代入式（e），导出

$$M_T = M\left[\frac{1}{1 - \frac{WH}{2k}}\right] = M\ (MF) \tag{2.14a}$$

这里，放大系数 MF 类似于用于细柱设计的弯矩放大器。对矩形建筑形状上式可进一步简化，设 $k = M/\theta = M/R = M/（\Delta/H）= \frac{wH^2/2}{\Delta/H}$，$W = qHB = pH$

$$MF = 1/\left[1 - \frac{WH}{2k}\right] = 1/\left[1 - \frac{p\ (\Delta/H)}{w}\right] = 1/\left[1 - \frac{p}{p_c}\right] \tag{2.14b}$$

$P-\Delta$ 效应是出于稳定性的考虑使用荷载由屈曲荷载除以安全系数（或计入荷载系数）与抗力系数 ϕ，见式 3.45）决定

$$MF = 1/\left[1 - \frac{\gamma p}{\phi p_c}\right] \tag{2.14c}$$

其中 q——单位建筑重量（磅/英尺^3）；

w——均匀风压；

β——风载方向建筑宽度；

$R = \Delta/H$——侧移值；

$p = qB$——单位高度建筑重量；

$p_c = w\ (H/\Delta)$——单位高度引起侧向弹性屈曲的建筑重量由式 2.1a 和 2.12 导出；

γ——荷载系数；

ϕ——抗力系数。

尽管放大系数由总体结构弯矩作用导出，亦可应用于剪力效应的初步近似，对结构构件的初步设计，由于侧向作用的弯矩，剪力轴力由放大系数加倍。

式2.13中假设为刚性基础条件注意基础和土体并非无限刚度考虑细长建筑倾斜基础转动（当做常量图2.15）引起总侧移为

$$\Delta = (\theta + \delta) H$$

例2.1

近似分析高860英尺、宽120英尺、长180英尺建筑的 $P-\Delta$ 效应。设建筑重10磅力/英尺^2，必须抵抗的均匀风压为40磅力/英尺^2，极限侧移值 $H/500$，荷载系数取1.4。

高宽比 $H/B = 860/120 = 7.17$，表明建筑相当细，必须考虑挠曲。

据式（2.14c，忽略 ϕ）放大系数为

$$MF = 1\Big/\left[1 - \frac{\gamma p}{p_c}\right] = 1\Big/\left[1 - 1.4\,\frac{10\,(120)\,1/500}{40}\right] = 1.09$$

因 $P-\Delta$ 效应的风致弯矩（忽略安全系数6.4）会大6.4%，但对结构构件设计，风作用的弯矩和力会被放大9%，因此对于基底放大后的风致弯矩为

$$\begin{aligned} M_T &= M\,(MF) \\ &= [0.040 \times (180 \times 860) \times 860/2] \times 1.09 = 2662560 \times 1.09 \\ &= 2902190 \text{ 千磅力·英尺（约 3932213.3kN·m）} \end{aligned}$$

施工

设计人员往往只考虑建筑最终的受力性能而不太重视施工中可能出现的情况，也就是指包含了各行业活动相互作用的实际建筑结构。建筑物的建造涉及到一个复杂的过程，它不仅仅指各种建筑构件的制造、运输、存储和装配，还包含这些劳动力和设备的组织和时序安排。

设计者常常缺乏现场施工经验而不能想象出承包商是如何建造它们的。但他们必须在设计阶段，即当他们在确定建筑结构的布置和构件的尺寸、考虑施工的经济效益（可能在设计小组中包括承包商），或是在后期的质量检验阶段确保建筑是按照图纸施工的时候，都需要考虑施工的基本概念和方法。通过与制造商和建造者的交流并共同

工作，设计小组将熟悉构件制造的过程，从车间运输至施工现场、装配现场，建筑材料的处理，现场存储空间的大小和位置，能源供给，装配过程，包括允许尺寸误差、如何校正以及建造设备的承载力和安置位置，当地可供使用的建材和施工专家。

所有这些应该使设计者认识到施工过程的复杂性并形成一个总体概念，因而他们在设计中可以提供完整详细清晰的图纸以简化建造过程，并防止可能产生的混淆和误会。当建筑师采用的结果，而不是以菜谱的形式详细描述施工方法的普通描述性说明，则他们才可以利用在某些领域（如幕墙设计）快速发展的新技术，然而他还是需要仔细研究详细说明设计规则和试验过程的文献。

在施工现场采用最少工序，包括将不同形式构件的数量最小化以获得连续重复的装配过程，简化现场连接以及减小任何活动的起始——结束次数，即每一个行当应受到其本身活动的控制而不受干扰，这样可以获得施工的最佳经济效益和效率。因而，不同的行当都需要适当的施工顺序，对施工速度会产生影响。需要能够反映标准构件的简单性和模数制协调性的建筑物空间组织包括部分结构和连接方法的重复性施工，因而也包括了控制精确性、允许误差和安装的方法。对于规则建筑，这意味着均匀的开间尺寸，对称排列布置的柱；但即使对于复杂外形的不规则结构，它们也应该是简单单元累加的结果。这种重复工作允许使用的总构件数减少，更少的时间和浪费；即设备得到有效利用的平稳施工过程。考虑到贷款施工的高昂代价，时间就是金钱。因而，人员和设备尽可能快地进入施工现场是基本要求。采用计算机系统安排和监控特定通道和特定起重机的交货时间，可以使现场运输所需时间降到最小。建造过程的合理性和自动化性能将最终使机器人的应用成为可能，而许多生产厂商以已经在生产过程中采用了机器人。

显然，设计者不喜欢这种构件和施工过程的重复，因为它将导致建筑物视觉上的单调和乏味，就像 20 世纪 50 年代和 60 年代的许多大型住宅街区一样。所以必须合理组合构件以获得最佳的形式变换！

以下几节所讨论的典型施工方法是传统的、工业化的和特殊的施工技术。施工体系的选择包括全寿命费用，也就是不仅仅指一开始的施工费用，还包括以后的保养和运行费用或资金投入以及维修替换费用。通常，投机的发展商只考虑短期的施工费用，而发展商及客户必须考虑项目发展全过程的所有费用。

业主对承包商的选择完全决定了设计者和承包商的角色，即他们作为团队相互影响的程度。在众多的施工合同中，最常见的形式是：最大保证报价合同，成本加上固定费用合同和典型的总费用合同。

施工的一个重要因素是时间。一个建筑体系很可能花费许多资金进行建造，但为了能提前交付使用，则可能花费更多。在快速施工法（阶段施工法）中，与标准的设计/投标/建造顺序相比，在建筑施工图没有完成的同时开始基础施工可以缩短施工时间。由于采用这种方法工程费用将提高，只有在必须采用快速施工方法以保证提早竣工时才使用，其所包含的较大风险也变得值得了。由于施工和设计时间是重合的，快速施工一个项目需要一支管理有素的队伍。设计时除了要考虑施工时间的长短，还要考虑体系未来变化的灵活性和适应性。在选择结构体系时，应考虑下列标准（包括其他方面）：费用、施工时间、工业化生产程度、材料和劳力的可用性、专业性程度、场地土条件、劳工需求、施工风险和结构、设备、建筑需求综合的适应性。尺寸的精确程度是选择施工体系的一个重要因素，而只有熟练的工匠才能满足要求。同时应该记住的是结构可以外露也可以隐藏在建筑面层之后。在外露结构中必须详细研究每一个细部，因而需要高质量高标准的工作，然而在被覆盖的结构中可以掩藏许多误差。

不管采用何种施工形式，在组装建筑构件时都必须保证测量精确。由于在生产、制作和建造过程中不可能有精确的尺寸，因而必须考虑允许误差；保证竖向和水平允许误差显然是必要的。虽然大多数建筑（某种程度上说）是不垂直的，对于电梯井和立面框架必须满足铅垂测量闭合误差；此外，必须观察楼层的水准测量，这对于高层建筑十分重要。

在控制允许误差中，节点是关键构件，但它必须满足其他许多要求。随着传统的施工方式逐渐被更为自动化的操作（其中包括预制构件的组装）替代时，对建筑节点和连结也越来越重视。在每个建筑构件的联结处有节点（不考虑预制构件内的节点）。节点类型取决于相邻构件的位置。构件可以是紧密连接的，或在其中间故意留出空隙（如：干缝或湿缝）。可以采用熟悉的材料来填充这些空隙，如采用化合物、油灰、树脂或垫圈来作垫层、堵缝和抹光。位于节点的构件可以相互分离，也可以采用相同的方式连接。类似地，在大型结构中，节点可以分离或部分分离成具有不同质量和刚度性质的整个建筑模块，允许一定的位移；这时，在双构件（如梁和柱）之间或悬臂构件的末端形成节点。一个节点必须满足下列所有的性能要求（如图 3.14）：环境控制（对于湿气、风、尘、声音、昆虫的密封性）；尺寸控制（生产和建造的允许误差），功能控制（维修、替换等）；位移控制（侧移、旋转等）；结构控制（对于荷载支撑和侧向连接）。显然节点提供了一个必须吸收变化的缓冲区。

节点可以设计成所谓的开放节点以允许在装配构件时更大的位移和较低的精确性（如，较大的允许尺寸误差）。在封闭节点中，构件之间的空隙采用油灰或垫圈等抵御环境能力强的密封材料简单密封。不管何种类型的节点，节点的宽度和密封材料必须与性能准则相一致；密封材料必须具有足够的弹性以保证构件之间的位移。

本章讨论的重点不是对那些已经由各个传统建筑行业建立的或正在从新技术中演变发展来的无数种类型的节点体系进行研究和分类，而只是给出一些基本介绍。

施工速度以及有效的质量控制过程是经济性的基本考虑，它直接与所需起重机设备的数量和每次移动的提升循环次数相关。

安装设备和脚手架

建筑施工中的脚手架、支撑、模板和提升装置是考虑的重点。一个正在施工的结构必须使用临时支撑，类似于简支的或脚手架性的支柱必须支撑混凝土模板。脚手架提供了工人的工作平台，或者出于安全考虑以保护施工人员。目前，由于市场革新活跃，脚手架更多的用在现存结构中而不是用在新的施工中。人们还记得自由女神修复工程中大量采用的铝质脚手架。它围绕在神像轮廓外而不允许触碰。

虽然也有脚手架采用铝材和木材，最常用的材料是钢；而在远东地区也常使用竹子。脚手架有两大类型：

- 直立式脚手架（固定的或是如滚动脚手架一样的移动单元），可以进一步细分以下主要类型：框架式脚手架是最为普通的类型，安装最快，其焊接框架或小节在上一层框架的顶部建造并受到支撑；钢管－扣件脚手架是形式最多样的体系，可以在现场一片一片连接起来；以及组合脚手架，它是钢管－扣件脚手架的变化形式。
- 悬吊式脚手架，或悬挂式平台（即从上部支撑结构中悬挂下来的一层平台），它更多地在日常维修和清洗玻璃窗时使用。

结构施工队伍和安装队伍主要使用起重机或垂直升降设备以及升降塔（升降平台，人货电梯，升降机）来提升材料和设备。竖向滑模和升板施工时采用千斤顶。通常，不仅在传送带提升材料和放置混凝土搅拌物的装料箱时使用泵，它也可以在浇注水平距离 100 英尺或更远处另一榀框架时使用。对于底部楼层，混凝土可以由位于建筑物一侧的刚性导管或柔性皮带泵来泵送，而在另一侧由起重机和料斗来提升。目前已经可以使用泵将混凝土泵送至水平 2000 英尺以外的区域，由一台位于地面的泵也可以将混凝土以 120cu yd/小时竖向运送至较低的楼层，而以 50cu yd/小时运送至较高楼层，并且总高度超过 1000 英尺；传统的泵送管的直径为 4 英寸或 5 英寸。当泵送轻质混凝土时，由于轻质骨料的多孔性，特别需要注意防止水分被吸收而降低了混凝土的工作性能。所以骨料需要预先浸湿，则轻质混凝土可以不需要更高的压力而泵送至与普通混凝土相同的高度。同时，塑性剂可使混凝土具有更佳的工作性能和流动性因而可被泵送至更高的楼层。

对于特殊的施工情况，可使用在货船卸货时采用的直升飞机和氦气球。建筑的尺寸、高度、形状以及位置（除了场地的布置和可通达性外）决定了施工设备的类型。当材料和人员升降机竖向运动时，起重机和井架提供了空间的相互作用。施工是否经济与场地布置，起重机如何安置，安置在什么位置以及它们的使用频率部分相关。材料应以最短的距离从生产厂家运输至现场的原料场。通常在选择起重机时应考虑数量、大小和类型：起重机可以是固定的、移动的或爬升式的。施工的本质条件，如建筑构件的重量、大小和形状（及其位置）决定了起重机的提升能力，在特定的风条件下其最大弯矩承载力（荷载乘以半径 $P \times R$）。起重机的数量和回转半径由场地中需要起重机覆盖区域的大小（即：结构布置区、原料存储区、运输空间、建筑红线、和其他净空）和所需的起重机提升次数即吊钩次数而定。同时须考虑不同的施工技术——构件可能运输至现场或在现场制作。例如，钢骨架结构层的装配可能需要，比方说，25 次提升，而等价的现浇混凝土楼层只需要 6 次。选择起重机并不简单，例如在施工一个高层板式公寓街区（图 2. 19o、r）时，可以使用一台移动的、轨行式（或汽车式）塔式起重机，两台爬升式起重机/井架，也可以采用两台固定的起重机，它们循环运作。在本文中，吊升次数是一个重要概念，因为每台起重机只有一个吊钩。虽然固定式起重机可能不够灵活，但它们可以随着建筑的增高而升高，占有较小的场地而缓解施工现场的拥挤。摩天大楼的主要提升设备是爬升式起重机或井架；它们通常固定在内部的电梯井内。

图 2. 19m 显示了起重机所受的典型作用力，同时人们应该记住突然的旋转移动而引起的冲击荷载将导致垂直于起重机构架的水平作用力，类似于提升时引起的竖向动力荷载。起重机，特别是可运动式起重机的抗倾覆稳定性比强度更重要。

起重机也可以成为建筑设计语言的一部分来表达建筑的精神。在 60 年代早期，Archigram（英国的一个建筑师团体）梦想着将一整块城市区域循序渐进地开发并可适应未来的变化。这时，起重机成为动态的城市结构网络中运输插入单元的象征符号。今天，伦敦 Lloy's 的 5 台楼梯塔中凸起的起重机，或是香港的香港银行中位于 4 根主要结构桅杆顶部的维修用起重机（它适应了建筑作为有机整体的动力特性），实现了这一梦想的一小部分。在以下部分将讨论各种类型的起重机和井架。

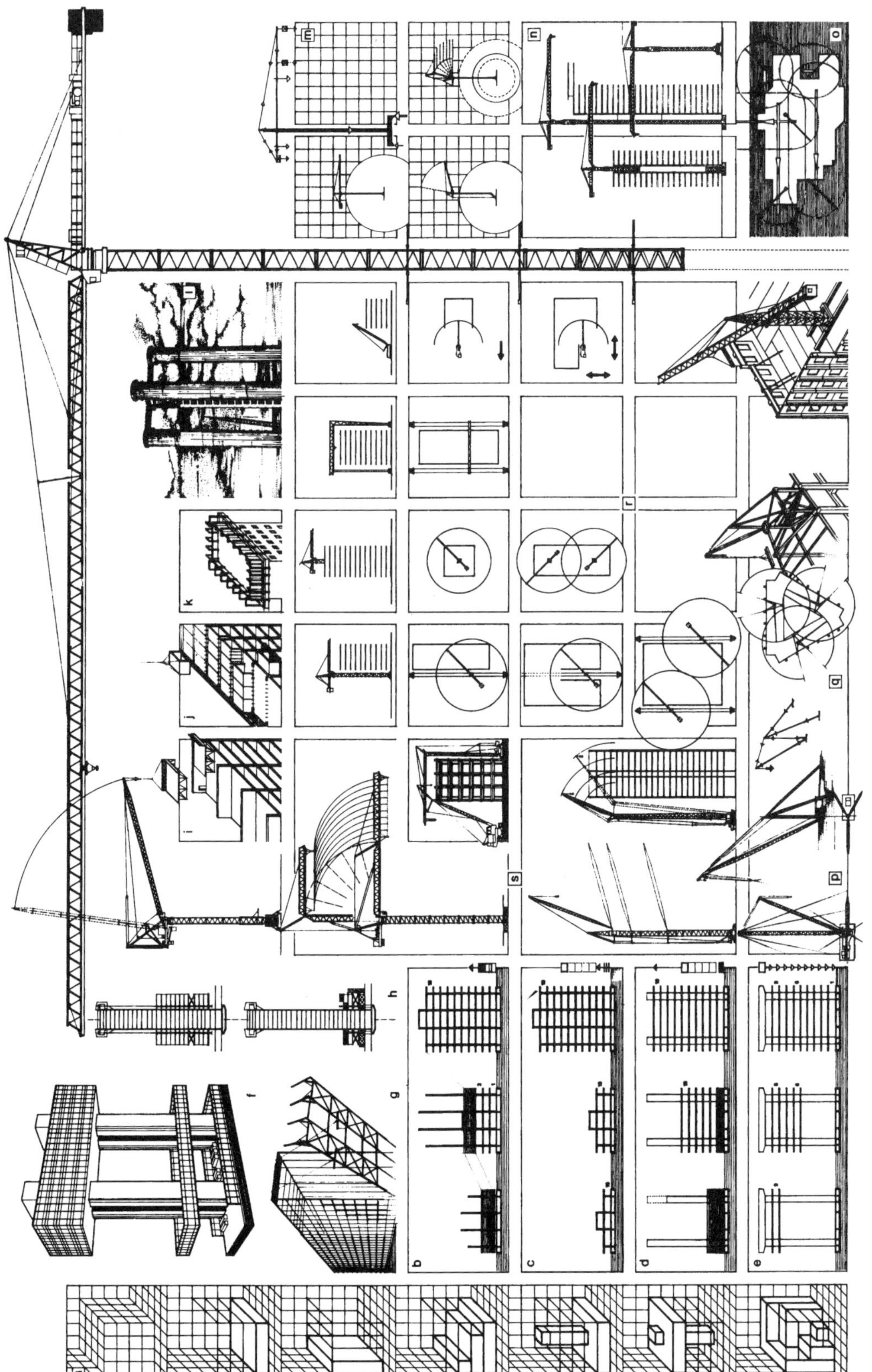

图 2.19 建筑安装

起重机

高层建筑施工最常用的起重机是塔式起重机或桅杆式起重机。在建筑高度较低或荷载不大时，有时使用带有伸缩式吊杆的汽车式起重机和橡皮轮胎和履带式带有格构式构架的移动起重机。在工厂中常用门式起重机或桥式起重机，但有时它们也会应用于板式的大型公寓式街区的施工中。桅杆为格构式长构架，可以起落摆动（井架，提升或下降）和旋转（扭转，沿圆周运动）。因而，起重机操作员必须控制旋转，起落摆动和提升竖向格构式塔，也称作桅杆，用来支撑构架。

三种常用的塔式起重机为：

- 对角支撑构架和井架形桅杆式起重机：这种起重机类型由带有位于桅杆底部的重量块的旋转桅杆（图 2. 19s），或带有带压重的杆和位于桅杆顶部重量块的固定桅杆（图 2. 19s）组成。
- 重型构架或水平吊杆起重机：桅杆通常是固定的，而带有移动式小车和重量块的固定水平吊杆在移动平台上旋转（图 2. 19n）。
- 上述两种起重机类型的组合（图 2. 19s）。

塔式起重机可以为：

- 在建筑物一侧的轨道上运动
- 在建筑物一侧固定的独立结构
- 固定并锚固在较高建筑上
- 在高层建筑施工时，在建筑物内部固定并爬升。这时，可用井架或千斤顶来提升起重机。

随着建筑高度的增加，起重机或是随着结构也增高，即采用更高的新型起重机代替原来的，或者延伸现存起重机的桅杆长度。塔式起重机的应用范围很广，可用于任何类型的建造现场。水平吊杆起重机的承载力高于上下起落起重臂的起重机。最大的起重机回转半径可以超过 300 英尺，承载力超过 100 吨。然而我们也应该记住在某些不利风压条件下起重机不能达到额定的回转半径和承载力。

井架

在高层建筑施工常用爬升式井架。它们常常位于楼层顶部并在框架上操作。它们可以固定在建筑内部的任意地方——与中心核心筒和周边结构连接，或位于建筑邻近区域。它们用于提升半径较大较重的货物。它们典型的承载力范围从10吨至20吨，然而更高承载力的井架也存在。常用的两种井架类型为：

- 固定脚起重机由铰接在回转桅杆底部的构架（吊杆）（可以旋转290°左右）和一竖向桅杆组成，由两根对角刚性支柱支撑。它固定在平台上并沿着结构向上爬升。例如，对于美国的钢结构（图2.19q），三个定时爬升的井架通过电动卷扬机自己提升。承载力为52吨的三台位于60英尺长构架端部的井架能够满足整个施工所需的提升工作。
- 在拉锁式起重机中，拉锁取代刚性支柱来支撑竖向旋转桅杆（拉锁桅杆）。在竖直方向上桅杆比构架略高些，而在固定脚起重机中，桅杆通常比吊杆短。通过将构架和桅杆倒转位置可以方便地沿竖向提升井架，构架和桅杆互相提升。构架端部和拉锁之间的净空控制了构架的摆动。

传统施工方法

建筑构架的装配，或现场浇注混凝土通常是从底部开始，一层一层施工的（图2.19a）。当采用较大的构件体系时，如树形柱（即梁柱组合体）和几个开间的楼板，采用阶梯分层施工方法将比较方便。例如，在阶梯形建筑中，核心混凝土可以比周边的钢框架施工快三到四层。在悬吊施工时，首先建造核心筒，然后在顶部的悬臂支撑到位以后，在现场吊装楼板，不过是从上往下进行。在其他施工过程中，如对于大型建筑，结构是一个开间一个开间，一部分一部分建造的，如果合适的话也可以使用图2.19a中建议的其他上述施工方法的组合。其他施工方法中包括地上和地下结构同时施工。地上/地下施工过程可能涉及到沉箱基础的施工，同时建造上部结构，并进行地下室开挖。在传统施工方法中，几乎所有特定建筑结构的构件都是依照标准轧制构件和标准模板进行设计。相反，在工业化施工方法中，制造商大批生产成品构件，如用于预先设计的建筑中的板和箱。在某种程度上，常用施工方法是一种带有一定工业化程度的合理的传统方法。虽然它仍然主要依赖于传统技术队伍，但它也保含了建造过程的机械化和预制构件应用。我们应该记住预制局部装配构件的大小是受到限制的，特别是在城市中，如柱身的限制值为10英尺宽、14英尺高、60英尺长。常用施工方法所用的主要建造设备有起重机或井架及混凝土工程中运用的混凝土泵。

钢结构施工

典型的钢结构建筑有骨架框架和只用于楼层框架面层、地下室墙及地基中的混凝土组成。与现浇混凝土施工需要使用模板相反，钢结构框架是在车间里生产的，带有标记的构件和子结构在现场根据建造图纸装配。除了框架、梁中交叉撑及组装施工支撑板的支柱需要临时的侧向支撑以外，钢结构施工几乎不需要支柱和脚手架。为减少养护时间，尽量不采用湿作业；通常采用的是楼板体系干作业法。钢结构与混凝土相比所需的现场劳动力少，施工速度快；

它们的重量轻，因而所需的地基成本降低，并能在强地震区域提供所需的延性。但我们也应该意识到钢结构成本高，而且必须要求能够抗火。例如，立面上的外柱需要采用混凝土保护，内柱需要划分抗火等级，如果使用了无等级的悬挂顶板，则隐藏梁需要涂抗火保护层。

在钢结构施工中，必须在很早的时候就确定楼板布置，因而制造商可以准备和提交其产品图给建筑师和工程师以获得批准，并预定材料。承包商则安排施工流程，画出所需要的施工草图，存储场地和现场之间的运输线路，以及建造工序。对于高层建筑，承包商必须考虑柱的不同收缩量，方法是预定一些相对较长的柱构件。

一旦施工图出图以后，钢结构施工比现浇混凝土施工快。此外，在施工过程或是未来使用过程中，它更易适应可能的变化，这在现今常常需要重新作面层和扩大结构（钢构件比混凝土构件更容易加固）的趋势中是十分重要的。然而虽然钢的强度大于混凝土，轻质构件的跨度也较大，但它的刚度不足，特别在使用高强钢筋时更为明显。

钢结构制作和建造所需的费用超过材料费用的两倍；特别是构件节点施工占用了相当一部分的总费用。为了降低费用，可以重复使用标准形状的构件，并将其他费时的装配过程降至最少，这样就要求现场装配简单易操作。通常，在制造商条件受到控制的车间里进行切割、调整、接合、焊接（即装配）和完成结构构件的制作更为经济，并在车间制作形成在现场装配更快的子结构，如两层、三层带有两层或三层拱肩的树形柱和地板组合。节点常常在车间焊接而在现场上螺栓。一般来说，现场节点由高强螺栓组成，或是采用焊接。

虽然对于大部分建筑结构，标准钢材为 A36 号，但对于建筑较高的部分，采用高强钢筋可能更为经济，因为它们可以增加强度 - 重量比值。从经济的角度来选择碳素钢筋和高强钢筋并不容易。由于钢筋是根据重量定价的，比较总的材料费用时应该考虑到采用价廉的碳素钢筋会使总重量增加，而采用高价的高强钢筋会降低总重量。同时我们也应该认识到高强钢筋并不能如同 A36 钢筋那样制作出任何厚度和形状的构件。通常，当挠度（刚度）或稳定性（长细比）控制设计时，采用标准的碳素钢可能更为经济，而在强度控制则时采用高强钢筋效率更高。不管怎样，我们还是应该记住最轻的结构并不一定价格最低——除了考虑材料的费用以外还必须同时考虑细部构造的费用。此外，设计者应意识到，随着钢筋强度的提高，脆性也更为明显；低强钢筋则具有相反的强度特点；由于其延性特性，低强钢筋构件避免了断裂破坏和没有警告现象的突然破坏。在一般情况下，梁（以及抗侧力框架）采用 ASTM A36 钢，而承受重力荷载的柱采用 ASTM A572 钢。

现浇混凝土施工

在特定情况下，与钢结构建筑相比，笨重的混凝土结构也会具有优势，因为其重量可以有效地用来抵抗侧向风作用。但是，由于其静荷载可能是钢结构的两倍，需要采用更深的和更大的基础。混凝土结构，特别是当采用平板建筑形式（其楼板结构只由板组成，而不是像钢结构那样由梁和板组成）时，可以降低建筑高度。混凝土构件比钢结构构件大，因而刚度也大（除了具有良好的阻尼特性外），这正是刚度和加速度控制设计时所希望的。混凝土的制模和成形比较简单，而且没有特别的抗火要求。特别是在柱的设计时，根据场地的条件混凝土可能比钢结构具有价格优势。目前混凝土强度不断提高，使得高层混凝土建筑（约 1000 英尺）成为可能，但是除非超高强混凝土的发展，采用目前强度的混凝土大体积构件会引起空间利用效率降低。

在钢筋和预制混凝土结构中，首先需要设计建筑构件以及制造这些构件需要的图纸，与产品设计相类似。与此相反，当混凝土结构规则布置时，可以最大限度地利用标准构件形式，而由于结构是在现场施工，所以混凝土结构可以立刻开始施工。在钢筋和预制混凝土施工中，大多数构件装配后连接形成建筑结构，而在混凝土施工中，首先需要支起模板绑扎钢筋（反过来先绑扎钢筋再支模板也可以），然后浇注混凝土，在现场需要大量劳动力。这种模板以及临时支架成为结构的一部分来提供承担材料重力荷载、混凝土倾倒、施工荷载（包括设备移动的影响）、侧向风荷载以及湿混凝土的向外压力所必须的强度和刚度。假定不采用机动小车，则竖向最小静荷载和活荷载应至少等于 100 磅力/英尺^2，最小活荷载为 50 磅力/英尺^2。

当在墙或柱模中浇注新鲜混凝土，它暂时为液体，引起侧向水压力。由于混凝土凝结完成时底部混凝土已经开始硬化，所以有效侧向压力取决于混凝土浇注的速率（R，英尺/小时）。它也取决于混凝土的重量（如：150 磅力/英尺^2）；模板中混凝土的温度（T，华式）将影响混凝土的初凝时间以及其固化方式。例如，当模板受到外界振动时，混凝土将保持液体状态，因而侧向压力显著增加。由于侧向压力大，所以在低温快速浇注混凝土时需要强度大的模板。如，在华式 65℉，当以速率向 10 英尺高的墙模中浇筑混凝土，并采用内部振捣器，当时根据 ACI 规范，半流质的混凝土所施加的等效液压为：

$$P=150+\frac{9000R}{T}\leqslant 150h\leqslant 2000\ 磅力/英尺^2 \qquad \textbf{(2.15a)}$$

$$=150+\frac{9000(4)}{65}=704\ 磅力/英尺^2(约\ 34496\text{N/m}^2)\leqslant 150(10)=1500\ 磅力/英尺^2$$

(73500N/m^2)

对于盖板、支柱、横撑和拉杆的结构设计，虽然接近于顶部的压力较低并控制在 $150h$ 大小（其中 h（英尺）为现浇混凝土表面以下的深度)，仍可以保守地假定沿着整个高度的均匀侧向压力为704 磅力/英尺^2。混凝土的浇注速率超过 10 英尺/小时，则等效液压等于：

$$P=150h \qquad \textbf{(2.15b)}$$

在钢筋混凝土结构中模板费用占了整个费用的很大一部分；混凝土框架的总造价中 50% 用来支模。因而当考虑经济因素时显然模板设计成为极其重要的部分。浇注每单位面积混凝土所需模板的费用与模板不经过修改重复使用的次数成反比。设计者必须考虑这一事实，因而在设计中采用规则的平面布置，控制结构的尺寸，并避免不规则的混凝土形状。开间与开间、楼板与楼板之间形式的重复反应了结构几何形式的简单性，使之可以使用标准尺寸的模板，最大限度地增加模板重复使用率，同时它使得普通柱和梁模板体系的使用成为可能，取代现场支模，从而减小了模板材料和装配时间的浪费。不改变楼层与楼层之间结构的尺寸而只改变配筋率将更为经济。避免模板改变及其可施工性的设计所节约下来的时间远可以抵消由于构件采用相同的形式而导致材料费用的增加。显然模板的机械化生产对于施工经济效益来说是相当重要的。

没有凸起或不规则变化的平面结构，如平板和核心筒墙，是施工最快的结构；复杂形状的结构需要特制的模板。显然，当结构布置采用重复使用的大型模板，框架和墙体这类竖向建筑板以及水平向楼板结构循环施工时，可获得较好的经济效益。同时它也意味着为了降低模板费用，混凝土结构应具有最小高度。

柱、墙以及楼板施工中所使用的传统模板构件，工具式模板，需要大量劳动力，它已经在大型高层建筑施工中被各种施工技术替代，如滑模、吊模、叠合模板。最常用的模板有悬空模板、组合模板和滑动模板，以及自动模板升降机。有时也可采用特殊的专用模板，如楼梯施工或其他高质量外露混凝土表面的施工。

悬空模板常常在大型楼板体系中使用（图 2.19i，j）。它们可以比工具式体系的模板更为经济，因为首次制造所需的费用可以通过相同尺寸的模板 10～20 次的重复使用来抵消。它由支撑在支柱体系（如木、金属柱或脚手架型框架）上的平台（即台模）

组成，可能插在已经浇注的柱或墙之间或直接位于其上，在承重墙施工时它们也可成为隧道模板体系，为墙和楼板提供可活动的模板。典型的悬空模板为由面层（如塑料面的胶合板楼板），托梁以及可能的脚手架支撑（如带有横撑的可调节支柱）组成的预制楼板，它从某一楼层沿着起重机整体提升，每星期提升一层。

组合模板通常用于立面框架和墙体施工中（图 2.19k）。它由预制、反复使用的模数制板组成，连接成一块更大的可以折叠的板单元，至于铰接组合模板，则可与整个竖向平面板一起移动。典型的墙体组合模板体系由支撑混凝土的盖板（如 4 英尺 ×8 英尺的胶合板），支撑盖板的竖向立柱横撑（如双槽形钢管）以及拉杆和保证模板在湿混凝土侧向压力下保持在原来正确位置上而采用的枝干组成。对于典型的承重墙公寓建筑，墙施工时采用组合钢模板而楼板施工采用悬空模板。

在核心筒和墙体内的滑动模板当混凝土结硬后，通过电动、液压、气压或人工千斤顶进行提升。典型的提升速率为每工作日 1 ~2 层，或每小时 10 ~12 英寸，它取决于混凝土的强度和初凝时间。竖向滑动模板可能并不比组合模数制模板便宜，但却施工更快。注意到哥伦布骑士大楼 5 个采用滑动模板施工成形的核心筒中的连接结构不仅连接分散材料，也可作为隔板保持结构形状。

采用液压升降机或完全电动千斤顶体系的自动提升模板的使用可以不需要起重机，因而节约了吊装时间。例如，外柱的侧面和圈梁的底面模板可以铰接，从开洞处挑出，沿着外部整体提升至下一层。自提升模板的发展也是外部组合施工经济性的一个关键原因。

对于一些类型的建筑来说采用某些特定技术可以降低模板费用。例如，对于长跨梁结构，施工时梁可以呈悬臂状态，就像在桥式建筑中那样不需要竖向脚手架支撑。对于楼板施工中的现浇混凝土，将梁的配筋设计成为可以支撑施工荷载的预制空腹箱形桁架来替代其他支撑，可以节约时间。这时，不再需要时间来等待混凝土达到足够的强度，同时模板也可以比在传统施工方法中更快地被重新使用。

组合钢筋 - 混凝土施工

将钢构件埋置在钢筋混凝土中或将相邻的构件绑扎起来（如机械抗剪连接件）可以获得钢筋混凝土和钢结构之间的组合相互作用，它不仅应用于结构构件中，如为人们所熟悉的板、梁和柱，也可以应用于这个建筑中。这些组合建筑结构由组合构件连结而成。其中一些典型的结构体系为：

- 组合框架筒体
- 组合钢框架

- 组合板支撑框架
- 组合内部核心筒支撑体系
- 混杂组合结构

组合结构吸收了钢结构和钢筋混凝土结构的优点。钢结构的强度、轻质、施工快速以及内部布置的灵活性与混凝土结构低廉的材料价格（包括减少约50%的钢筋用量）、刚度、较大的阻尼、抗火性能和易成形性相结合。

将钢结构和混凝土施工限制在不同的楼层中使其中间相隔几层（至少10层以上）来保证它们的施工互相影响最小，这样便可以得到最快的施工速度。通常，首先建造承重钢框架及其相应的小支撑柱并用临时索支撑平衡。然后浇注混凝土的围护框架，如组合筒体，或采用组合模板，如同传统的混凝土施工方法一样浇注组合框架－核心筒结构的周边框架和筒体墙。

组合钢－混凝土施工从材料及劳动力的角度看可能更为经济，但由于支模比较困难可能需要更多的施工时间，因而导致财务追加并超过租赁时间。

在建筑施工中用到的其他组合体系有预制－预应力混凝土薄板或作为现浇混凝土模板的墙/框架板，或组合砌体和框架体系，其中砌体墙填充构架之间的空间并提供侧向抗剪承载力。在外层受力的全钢筒体施工中，周边筒体框架提供所有强度和一部分刚度，而组合钢面层提供所需的余下的侧向刚度，而且不需要防火保护装置。

预制混凝土施工

从某种程度上讲，预制混凝土施工与钢结构施工相类似，因为它必须经过制造、运输和安装这些阶段，包括节点连接。大型的少节点构件通常更为经济，但从承载力的角度看也十分重要。

无论是从装配的角度还是从受力性能的角度看预制混凝土构件中的节点都是薄弱点。为了获得结构的完整性，必须将大型装配构件沿着竖向和水平向连结在一起。在墙体施工中，大板沿着竖向同时后张拉，而预制楼板则必须在构件、现浇混凝土圈梁（如周围的拉杆）和面层之间采用机械拉杆连系起来以获得必要的隔板作用，特别是在地震区域更为必要。预制混凝土的节点通常由湿节点而不是干节点组成，如同钢结构施工一样。承包商可能在现场预制结构构件则不再需要运输，或者在施工现场以外的预制构件场地浇注构件，但这时应认为承包商的模板精度足够可以满足尺寸精确度和构件成形质量的要求，此外，需要预制梁和板的通用预应力床。另一方面，如果车间生产的预制构件与建筑布置的要求相符，则与承包商自己制作相比，购买这种预制单元更为经济；显然，这也取决于他们相对于施工性能要求的技术水平。

砌体施工

在高层配筋或不配筋砌体承重墙结构中，虽然已经有预制砌体墙板，但有时仍然采用手工砌筑粘土砖或混凝土砌块，它代表的是传统的施工方法。砌体建筑施工中所涉及的工序较少；围护结构和内部隔墙常采用与支撑结构相同的材料。施工过程可视为以一定的速度将一层结构建造在另一层顶部，如每星期一层，砌体施工人员只需要一层脚手架来砌筑施工。当使用预制楼板体系和钢格栅楼板，不再需要浇注混凝土楼板用的模板。同时，由于板直接支撑在墙上，不再需要墙梁，从而允许层高降低，则对于 15 层的建筑来说又可增加一层。虽然传统施工中灰浆是在现场配制的，现在它也可以如同搅拌后混凝土那样运输至施工现场。此外，已经引入了环氧基树脂和其他附加粘结剂来简化施工，并提高粘结强度（即抗拉强度）。

金属铸造施工

随着巴黎蓬皮杜中心（1977）采用的铸造金属作为主要预制建筑材料重新进入建筑领域以来，铸铁已被认为是钢材的前身；此外现代建筑运动已经不需要装饰用的铸铁了。

苏格兰的 Coalbrookdale 桥（1779）是历史上第一座全铁结构。在 19 世纪的前 50 年，铁框架被广泛应用于铁路车站、购物中心、温室、工场、展览厅和工业建筑中，其中伦敦的水晶宫（1851）代表了铸铁建筑的高潮。从那以后，虽然铸铁直至 19 世纪末仍被极其广泛地应用在许多形式的建筑产品中（如，铁轨、散热器、大门、阳台以及整个立面），并以目录的形式出售，但是熟铁和轧制钢材作为建筑材料先后取代了铸铁。

从结构的角度来看铸铁使用逐渐减少的原因是它是一种受压材料，具有脆性和相对较小的抗拉强度和弯曲强度。然而最近材料科学发展了一种铸造金属合金（铸造钢、铁和铝），其性质可与钢相比，具有足够的延性、塑性性质和较高的抗拉强度。此外，某些铸造金属合金显示出抗腐蚀和抗热性。由于金属在模板中浇注，因而它可以获得更为连续和圆滑的外形，特别是在过渡点处，与直角钢结构体系形成对比。在蓬皮杜中心中的桁架节点和短悬梁形状以及慕尼黑奥林匹克体育馆屋顶中钢索的各种装配部件和锚接装置中这种情况尤为明显。蓬皮杜中心（如图 7.41）的结构由混合钢结构组成，其中柱、短悬梁、桁架节点和风荷载支撑锚固件为铸造钢材；组合楼板桁架由铸造钢节点和焊接在它们上面的钢管组成。

混合施工

在钢结构和砌体结构中采用预制混凝土板或现浇混凝土板是相当常见的，但在这种结构的混合施工中，混凝土的作用是第二位的。这里我们感兴趣的是钢－混凝土混合施工中相对较新的发展，其中混凝土建筑、钢结构建筑和混合结构建筑中的主要构件相混合。竖向混合体系来自于建筑形式的混合使用，其结构形式随时改变。例如，某一建筑较高楼层的住宅部分中采用平板混凝土结构，而在较低的办公层中采用长跨钢框架结构。以下是混合施工一些典型例子：

- 混凝土核心筒和钢框架：这种情况中，在钢结构施工以前，高处的混凝土核心筒或剪力墙采用滑动模板施工直至顶部，可以避免混凝土和钢结构分承包商之间的互相干扰。但是为了不耽误钢结构施工，需要采用一种快速墙体滑动模板施工方法（需要每周 5 天 24 小时连续工作以及相应的超时工作费用）。然而这种较高的代价与混凝土和钢结构同时施工带来的不便（如两层操作面）相比是值得的。
- 位于钢结构顶部的混凝土框架：例如，一个 40 层钢筋混凝土框架，建筑上层的住宅部分跨度较小，而下部 30 层钢结构提供商业和办公所需要的大开间。这时需要密布的混凝土柱以及设备层中的转换大梁。侧向力由周边框架来承担。
- 外部组合框架式筒体及内部简支钢框架。
- 滑动模板施工的混凝土核心筒和混凝土楼板框架和沿着混凝土内部墙体和现浇周边框架
- 预制混凝土板，作为沿着结构外部浇注的混凝土的模板，可以提供所需要的外露表面质量。混凝土也可与现浇混凝土共同作用。

工业化施工

工业化技术的应用，在制造和建筑装配中对具有重复特性的工序采用连续自动的施工过程，已形成了所谓的建筑体系或分体系，它们在工厂中大量生产。通过足够多的重复次数，使得大批量的生产获得了其固有特性——节省时间（费用）。工业化施工是体系建筑施工的一部分，除了硬件技术以外，还包括设计、生产和现场操作、资金市场和管理的协调。从硬件的角度来看，工业化的程度取决于成形构件体系或非成形构件体系的形式。工业化与住宅（单身住宅）、学校体系以及各种低层商业和工业建筑有相当密切的连系。

大批量建筑构件的生产及其装配成一建筑的概念主要是由约瑟夫·帕克斯顿（Joseph Paxton）在建造伦敦水晶宫（1851）时引进的。

到19世纪中期，美国商业目录提供了标准大批量生产的标准建筑构件。同时，在同一时期发展的框架反应了手工工艺向商业发展的转变，它强调了在相对较短的时间内使用较少的技术工人进行标准构件的装配。早在1910年，沃尔特·格罗皮乌斯（Walter Gropius）便谈到了通过机器生产标准建筑部件来实现住宅的工业化。1970年的HUD's运动试图建立自适应体制为所有收入水平的人们提供价格逐渐降低的大量快速建造的商业住宅。一些住宅市场上代表了不同工业化程度的预制产品有：

- 移动住宅产品；
- 住宅产品；
- 地方性住宅产品；
- 采用模数制和板式结构的现场装配；
- 建筑体系的制造，如标准电梯；内部隔断体系；标准的设备和公用事业设备，包括厨房、浴室和工业事业设备中心（其中包括了所有的机械和电力系统）。

在高层建筑施工中，工业化主要包括结构装配的配件，设备体系和建筑体系（隔断、幕墙、屋面等），而不包括住宅生产厂商的成品。通常，它们不代表完整的成品体系，而是未完成品且多数为不完整的；换句话说，运送到施工现场的建筑只完成了40%。更为常用的预制结构体系有：

- 构架体系：建筑的两种基本构件，柱和梁以各种方式连结起来形成平面的或空间的树形单元（如图7.15）。
- 板式框架体系：三类基本建筑构件柱、梁和板连结起来形成平面或空间的柱－板或梁－板单元（如图5.5）。
- 墙－板体系：大板单元（房间大小）最常用在内部承重墙中（如图6.19），或用在许多材料、形状和面层形式的幕墙板成品中。
- 构架类型、表面受力类型或整块壳板类型的箱形体系可以为任意多面体形状。堆积建造它们可以形成自支撑的单元群。后面将会演示典型的箱形元件。
- 混合体系：可采用无数多种各式方法组合上面任何一种结构形式，如箱形单元成品，可以插入支撑骨架或空间网状结构（如图2.7a）；箱形单元成品，可以夹在核心筒内（如图7.41）；或是箱形模数制成品，可以与板和骨架体系结合使用。

预制单元的重量、尺寸和形状受到运输净空、可使用储存场地（特别是在城市中）、卡车的操作能力和吊装设备的限制。

特殊的施工技术

在地面建造整个建筑的构件部分，然后以受拉形式提升或是受压形式推升这些构件到它们的最终位置。这些预制构件也可以在其他楼层装配，这时建筑是从上往下建造而不是从下往上建造。以下小节将讨论一些更常用的特殊施工体系。

升板施工

首先竖起柱，然后，在地面或临近建筑层面的地方装配钢楼板（空间框架或梁-格栅楼板框架）或平板混凝土楼板（后张拉或传统配筋混凝土），也可以一层一层现浇楼板，大约 20 块板，但用分隔条分离。然后使用液压千斤顶将一块板或一组板向上推升并在柱顶部固定。在每一楼层处，底部板与叠块分离而与柱连接。

推升施工

这种体系可认为是反向施工过程，首先建造顶层最后建造底层。屋面层在地面建造，其柱和/或墙由千斤顶支撑。然后将它向上推升一层，则下一层可以在它下面建造。然后用千斤顶将两层一起向上推升则又可以继续装配下面一层；重复这一过程直至底层施工结束。建筑的高度取决于千斤顶的承载力。在建筑完全竖立起来后可以进行内部装修。1962 年在荷兰 Jackblock 体系下，在英国建造了一幢 17 层的公寓建筑，第一次使用了推升施工法。

悬挂建造体系

在这种方法中，首先采用滑动模板建造中部的混凝土核心筒至其完全高度。然后在地面装配钢框架楼板甲板，或单个或成批浇注混凝土板，用液压千斤顶吊升到位，进行顶层楼板装配并向下继续施工（图 2. 19d）。楼板或者固定在悬索上，或者固定在核心筒上呈为悬臂结构。在这种方法中，首先完成顶层施工，并可以在楼板未到达其最终位置之前进行外部面层和内部装修施工。位于纽约的 20 层俄罗斯联合国官员居住的公寓建筑（1974）（SOM，图 2. 19f），和位于德国慕尼黑，BMW 塔（1972）（Karl Schwanzer，图 2. 19h）是使用这种施工方法的例子。这种方法不是在地面装配楼板结构然后吊装，而是在顶部或相邻楼层装配然后下放到位。

其他施工方法

有许多其他的特殊施工方法，如平衡悬臂建造法，它应用在桥梁施工或在地面装配多层钢框架，如果有足够的空间则沿支点向上转动（图 2. 19g），类似于应用在低层建筑中的倾斜混凝土墙体系。楼板空间板也在地面装配，然后提升到位。部分建筑中使用后张拉混凝土构件，而其他预制建筑体系将构件沿着水平方向和竖向连结起来使建筑整体受力。

基础工程

因为建筑通常不直接建造在坚硬的岩石上，所以需要基础工程作为建筑到地基的过渡结构。又因为岩土的强度一般远小于结构材料的强度，所以转换结构应该有较深的基础，或者是扩展后的水平基础 - 这种基础常用于钢结构中钢柱、墙和地基土相连的部位。基础形式主要有两种，一种是浅基础，如独立扩展基础和连续筏基；另外一种是深基础，如桩基、墩基础、沉箱基础。建筑的柱和墙往往座落在独立式基础或复合基础上，底部由地基土和桩基来承受上部荷载。密实岩土中的基础可以看作是上部建筑结构承重构件向下的延伸，而松软岩土中的基础可以通过形成筏板形式来把荷载扩散到建筑的整个底部，这是因为强度低的岩土不能承受较高的压强。

普通的高层建筑基础或者取独立式长方形基础和条形基础的组合，或者是大型筏基。在地震地区，独立式扩展基础和桩基必须由地基梁连接在一起，这样整个基础才能形成一个整体来分配地震传递的水平荷载。在密集的城市地区，高层建筑有地下室，特别是当附近有高层建筑，会产生开挖问题。在这种情况下，就需要特殊的基础如钢板桩、地下连续墙、内支撑围护墙或带有拉杆的围护墙（如锚杆、土钉墙）与相邻建筑和地铁的托换基础一起使用。如果地下水位很高，就需要进行降水，但这会带来相邻建筑的沉降问题。

建筑基础把重力和水平力作用传来的荷载分配给地基土。所产生的内力分配给水平方向还是竖直方向取决于结构体系（如图 1. 12 中所示的各种情况）。重力（如建筑的重量）和倾覆力矩产生竖向力。当建筑集中受荷时，对于初步设计阶段，我们可以假设基础的反力是均匀的。但是，对于水平荷载作用所产生的倾覆力矩，和由于重力作用的不对称产生的较小倾覆力矩，整个基础底面的接触压力则不再是常量。地基土受力的形式取决于承重构件的形式。布置比较对称的重力式结构会产生均布压力，而对于抵抗水平荷载的结构，则可能由于倾覆产生不均匀的压力，在某一局部产生较大的集中应力。

抵抗水平荷载作用的结构构件（如墙）的基底反力是不均匀的（见图 2. 12a，c，g，k，l），而框架柱的则是均匀的（见图 2. 12 中的其他例子）。应尽量减少基础的偏心荷载，荷载偏心距较大会导致最大压应力出现在基础的边缘，无法充分利用整个地基土的承载力，此外还会产生不均匀沉降。压应力的不均匀分布和稳定性已经简要介绍了（见图 2. 1c）。偶尔，有必要在传递压力的扩展基础底部布置抗拔桩和墩基础来抵抗上浮力。

风荷载和不平衡的土压力所产生的水平力（如基础剪力），可以采用以下一种或几种方法把力传递到地基：

- 基础的抗剪强度，如基础和地基土之间的摩擦力和侧阻力
- 由于深基坑和土墩而产生的被动土压力
- 桩基或墩基础的剪切力和弯距
- 斜桩的轴力
- 以上各种抗力的组合

对于较大的水平荷载，独立式基础和桩基础应用地基梁相连接，以共同作用，平均分配水平力。

从概念上讲，过去的基础体系与现在的基础体系差别不是很大。在本世纪初使用钢筋混凝土前，浅基础主要由石头和砌体建成，当荷载较大时一般架在木质格形基础上。例如，在 19 世纪 80 年代早期的芝加哥，柱墩支撑在扩展式毛石基础上，后部的柱子座落在钢格基础上。钢格基础由双层双向的层钢梁组成，同时钢梁嵌入混凝土中。早在几千年以前，巴比伦人（以及后来的罗马人）在松软的地基上使用筏板来支撑上部的建筑。与之相似，中世纪的教堂由反向拱来支撑，这些拱和基础墙相互连接，形成形如筏板的基础。桩基础的使用可以追溯到史前的沿湖泊居住的建筑。在公元前 1 世纪罗马的维特鲁威风格中（Vitruvius），描述了木桩基础。威尼斯和阿姆斯特丹如果不使用桩基础也将不复存在。在公元前 2000 年，埃及人已会使用木桩和毛石沉箱基础。纽约的一些早期建筑建立在木桩基础之上。在 19 世纪 80 年代早期，用于桥墩施工的空气沉箱技术第一次应用于纽约的高层建筑上，这使得墩台和墙可以一直下降到基岩。直到本世纪初，基础的设计一直建立在长期积累的设计经验上，而不是建立在对地基土受荷性能的理解而得出的分析方法上。土力学发展成为一门科学与澳大利亚工

程师太沙基（Karl Terzaghi）密切相关，在1925年，他出版了《土力学》一书。

为选择适当的基础体系，必须调查场地的地质条件，（在其他准则中）包括土的性质、分层以及各层土的厚度和已有的地下结构。岩土工程师必须确定土的强度和固结以及和基础设计有关的其他准则。通常情况下，需要对地基土进行勘探，特别是在城市地区，当地的地质和地下水条件已知，能够获得地质图，同时能够对相邻的建筑的功能进行评估。在更为具体的调查中，需要进行钻孔取土来确定土层剖面，各点的水位。钻孔的间距和深度取决于场地的复杂性和建筑的类型。通过对钻孔取出的土样进行测试，可以得出密度、孔隙比、含水量、颗粒级配和相对密实度这些基本的土性参数。除此之外，还可得到其他材料特性，如剪切强度、压缩性和渗透性等。土的颗粒大小从漂石、卵石、砂石一直到粘土、淤泥。地基可以广泛地分成岩石和土，即密实或松散材料。除了表层的有机沉积物，土又可以分成粘性土和非粘性土。

粘土和粘土混合物中，如淤泥，细小颗粒比例较大。这些土会随着含水率的变化而膨胀或收缩，在恒定荷载作用下产生压缩变形和蠕变，因此固结时间很长。粘土的抗剪强度较低，这主要是由于粘性土抗拉能力较差。同时，由于含水量的增加和其他扰动会导致部分丧失抗剪强度。相比较而言，颗粒土如砂砾、砂土和颗粒状混合物是非粘性的，所以它们的抗剪强度取决于颗粒间的摩擦；砂土在荷载作用下变形很快稳定下来。砂土没有弹性特性，像其他土一样，当荷载撤掉后，变形不会恢复。

基础设计的关键是：

- 土的承载力
- 过量沉降的控制
- 差异沉降的控制

极限承载力就是土的剪切破坏强度，可能仅仅用在岩石和某些粘土的控制标准。在1913年，加拿大韦尼佩格（Winnipeg）的Transcona谷仓由于不均匀荷载而倾斜了30°，这是世界上整体地基破坏的著名例子。由于斜坡失稳而导致地基失效的情况较为特殊。在这种情况下，土体的滑移源于过重的上部荷载，如暴雨和地震的作用。地震可能导致饱和砂土的液化，使之丧失承载力，造成建筑物的倾斜。对于大多数地基土（例如，软粘土，砂土和混合土）要控制过量的沉降，但也有例外。例如，芝加哥的Monadnock大厦［1891］沉降了2英尺，实际却没有任何损坏。墨西哥城的国家大剧院最初由于相邻地区大量抽取地下水而沉降了10英尺，但是当相邻地区修建高层建筑时，整个国家大剧院又被抬升起来。

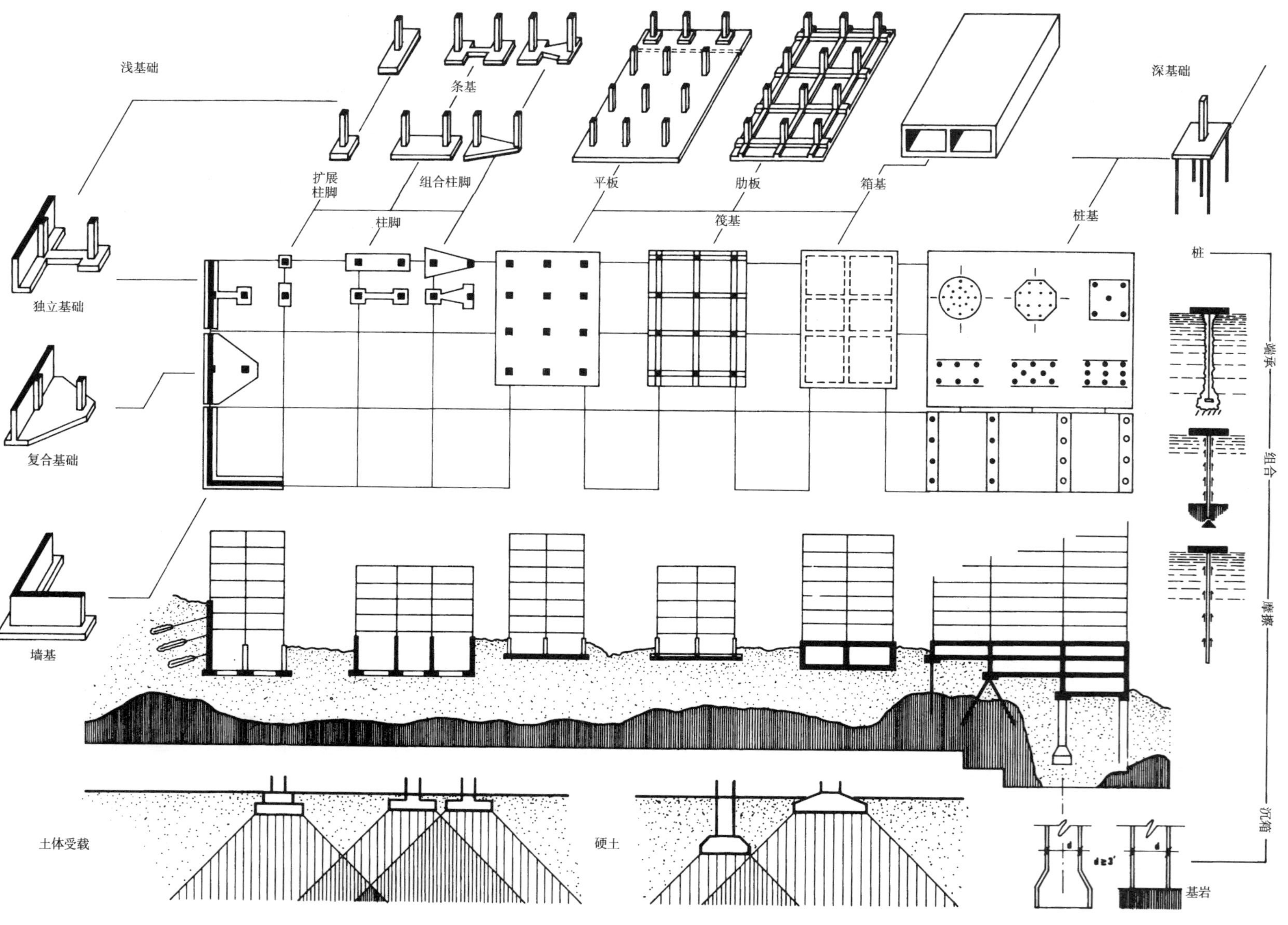

浅基础
条基
扩展
柱脚
组合柱脚
平板
肋板
箱基
深基础
柱脚
筏基
桩基
桩
独立基础
端承
复合基础
组合
墙基
摩擦
土体受载
硬土
沉箱
d≥3'
基岩

图 2.20

建筑失效的一个主要原因是地基沉降不均匀，因此地基土没有破坏而建筑破坏了。上部结构的刚度和竖向沉降的容许值影响了基础的性能，这一点十分重要。因此，小型结构应设计成允许较大位移的静定体系而不是超静定体系，否则将在构件中产生较大应力。不均匀沉降涉及到基础的大小和高度，与恒活载比值变化有关的基础类型以及土层的不均匀条件。比萨斜塔（见图 8.2）就是一个例子，它高 179 英尺，顶部偏出中心轴 18 英尺。由于砂土层下的粘土层的固结，比萨斜塔至今仍继续倾斜。不均匀沉降的其他例子将随后研究（见图 3.14，“隐蔽荷载”一节）。

浅基础

浅基础，顾名思义，把承重荷载传递到浅地表。浅基础的形式有独立式扩展基础和筏基两种，它们将各个独立基础连接起来共同承受整个或部分建筑重量。这两种基础也可以一起使用，例如，核心筒座落在筏基上，而柱子座落在独立基础上。

柱、墙基础和筏基的尺寸取决于地基土的承载力 q_a。当浅基础座落在粘土（硬粘土）上时，其承载力取决于粘土的抗剪强度。可以将土的极限承载力除以一个安全系数来得到容许承载力，这个安全系数可以是 3。在这种情况下，土的极限承载力取决于恰好能够导致土体的剪切破坏的平均土压力。然而，对于非粘性土，如砂土、砂砾和软粘土，容许承载力取决于沉降控制，这种办法得到的容许承载力要比从极限承载力中得到的承载力小得多。对于非粘性土，如砂土的沉降，沉降时间很短，这是因为砂土是可渗透的，水很容易排出。砂土的沉降包括压缩沉降和基础底部土体的剪切位移。相比之下，压缩性粘土的渗透率很低，固结消散的时间很长。也就是说，由于孔隙水排出的速度很慢，由土体体积减少而造成的沉降需要的时间也很长。

为评价土的承载力，请参考土力学有关书籍。对于不同的岩石和岩土，建筑法规给出了相应的容许承载力，这些标准可用于初步设计。图 2.1 给出了一些典型的承载力值，例如中密度软粘土的承载力为 30 千磅力/英尺^2，松砂砾和密实粗砂的承载力为 8 千磅力/英尺^2，密实页岩的承载力为 50 千磅力/英尺^2，坚硬岩石的承载力为 200 千磅力/英尺^2。

基础底部和地基土的接触压力的分布对于基础的结构设计和确定地基承载力来说非常重要，然而压力分布形式是十分复杂的，因为均布的压力不一定导致地基土的均布反力。土体反力不仅取决于作用力的类型，同时也取决于基础的刚度和地基土的强度。例如，受集中荷载作用的刚性基础变形最小。

表 2.1 各种土的典型平均容许承载力

土的类型	承载力（千磅力/英尺^2）
淤泥（砂质或粘土质淤泥）	1
粘土（软粘土），松散的页岩	3
粘土（硬粘土），湿砂，砂-粘土混合物	4
砂土（细，干砂），砂-砾混合物	6
砂（密实粗砂），松散砂砾，硬性干粘土	8
砂砾，砾-砂类混合物	12
胶凝的砾-砂混合物	16
松软岩石（破损的基岩，密实页岩），硬土层	20
沉积岩（硬页岩，砂石，石灰石，粉砂岩）	50
中等程度的坚硬岩石（页岩，片麻岩）	80
坚硬岩石（玄武岩，透辉岩，白云石，片麻岩，大理石）	200

对于非粘质砂土，最大压力点出现在中心区，但对粘性粘土，最大压力点出现在基础的外边缘。对于柔性基础，最大压力点位置正好相反。粘土的柔性基础的最大压力点出现在中部，而对于砂土，压力分布是较均匀的，在基础的端部压力可能稍微大一些。因为土的不均匀特性以及基础也介于刚性和柔性之间，一般假设基础的反力是均匀分布的。

偶尔，接触压力不用来控制基础的设计。甚至当土压力达到最大值时，底部软土层可以继续承担一部分荷载。类似地，当基础紧密布置时或者相邻的基础布置的高度不同，会产生重叠土压力（图 2.20），重叠土压力控制基础的设计。在这种情况下，要注意新建基础可能对老的基础产生的影响。很少有土层是均匀的，地下土层的沉积是不规则的，相邻土层的刚度是变化的（例如软土和硬土），厚度也是变化的。对于这种条件，有必要弄清竖向土压力来计算沉降。对于均匀的弹性土，可以使用土压力泡（竖向等压线）的概念来显示基础的影响范围和相应的可能沉降。土压力泡表明最大土压力随着深度的增加而减少，而水平土压力随着深度的增加而增大（见图 6.9 左下方）。荷载的扩散与竖直方向夹角大约为 30°，坡度为 2:1，对于长为 B、宽为 L、深度为 z，承受荷载 $W=wLB$，基础底层的压力为

$$q=\frac{W}{(B+z)\ (L+z)} \tag{2.16a}$$

对于方形基础底部深度为两倍边长（$z=2B$）的土压力为基础反力的十分之一。

$$q=W/\ (B+z)^2=W/\ (3B)^2\approx 0.1w \qquad \textbf{(2.16b)}$$

由此可以得出结论对于普通的建筑场地的土层勘探的深度为基础最大边长的1.5到2倍，这里假设基础的间距不是十分紧密。

由于气候的因素和季节性湿度的变化，有必要将浅基础埋藏在冻土线以下。在半干旱地区有很多膨胀性粘土，它们在雨季遇水膨胀，在旱季失水干缩。当土膨胀时，它产生30千磅力/英尺^{2}或更高的膨胀力，随着上浮力的作用，土体向上运动超过6英寸，因此周边基础应埋藏在浸水线以下。由于干缩－湿胀导致的季节性土体的上下运动与寒带气候下冻－融对土体的影响相类似。很明显基础不应该建立在冻土上，除非该冻土是永冻土。而内部基础则由于不受霜冻的影响，可以建造在霜冻线以上。然而，也有设计人员采用地下两英尺的深度来保证不扰动地基土。

为了控制沉降和倾斜，可压缩土上的基础应该受集中荷载；换句话说，柱基和墙基不应固定在基础上，水平剪力不能以弯距形式传递。另一方面，在密实土上的基础可以承受偏心荷载。独立式基础仅能用在低压缩土层上，因为独立式基础的沉降可能导致上部结构构件产生较大应力。可以将柱子与连续基础相结合，控制差异沉降。在压缩性土层，筏基是一种中减少不均匀沉降的有效形式。

扩展式基础

扩展式基础分为独立式基础（如：柱基础）、条形基础（如：墙基和排柱基础）和复合基础。在传统的基础设计中，承重墙支撑在钢筋混凝土扩展式条形基础上，如图2.21g所示；横向分隔墙的钢筋混凝土基础为加厚基础。当扩展式基础和地下室埋藏在地下水位以下时，地下室底板的设计必须能够承受地下水的浮力。因此，但建筑建造在回填土层上时，基础应采用桩基础和墩台基础。

当柱子或墙的间距过近，采用独立式基础会导致应力重叠，或者柱子和墙距红线的距离过近，使用独立基础会由于偏心作用产生较大弯距，应采用复合基础。设计者必须确定复合基础的形式是长方形还是梯形，以使基础的反力均匀分布。换句话说，为了避免弯距和不均匀土压力以及不均匀沉降，复合基础承压区的重心应与基础反力的合力作用点相重合。如果在偏心作用下的周边柱和内部柱的距离很大，而且土的承载力很高，那么独立式基础应该由条形地基梁连接而不必用混凝土板连接。对于这种条形基础和悬臂式基础，独立式基础应均匀分布使得基底产生均匀土

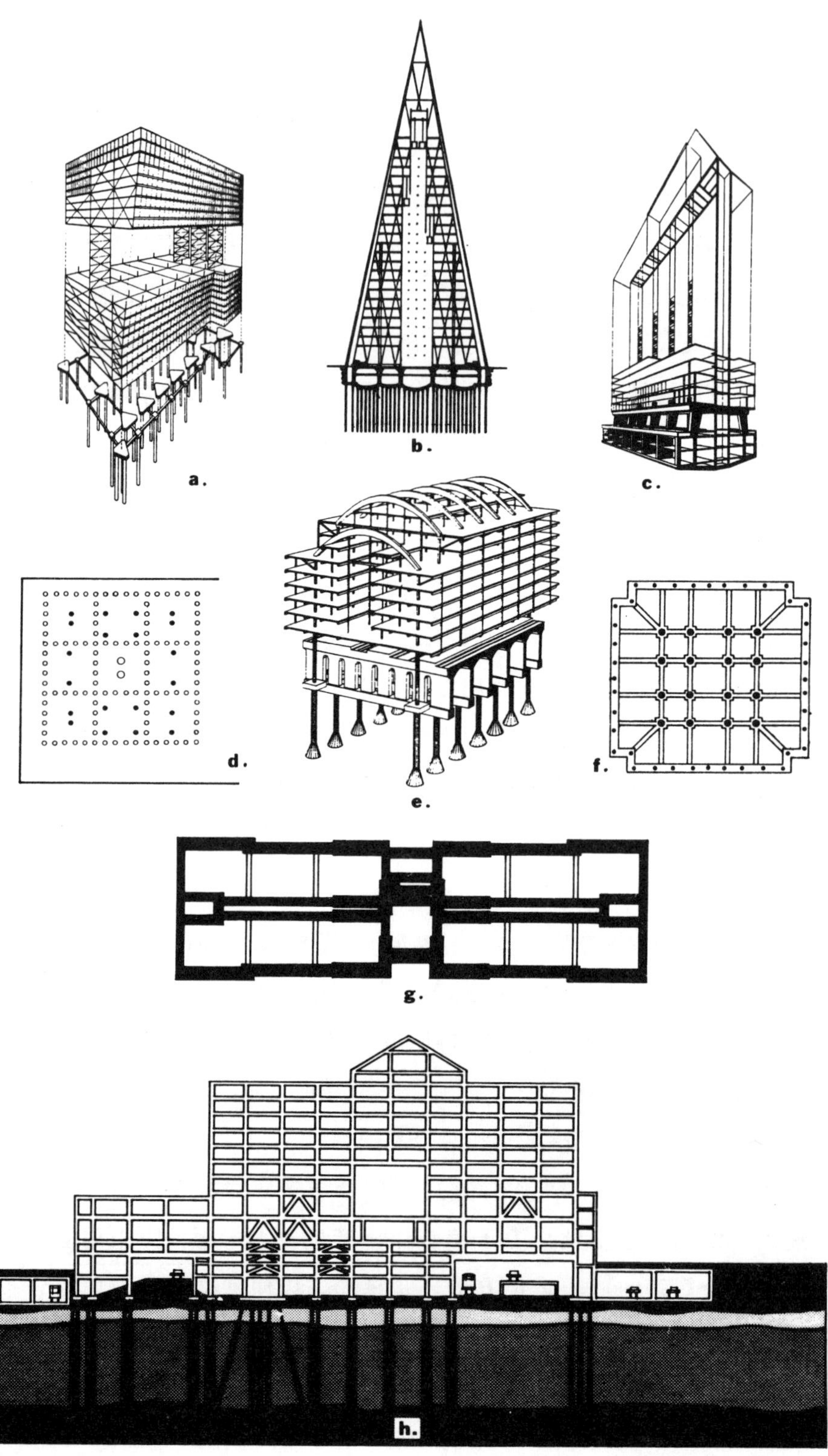

图 2.21

压力。

独立式基础一般为阶梯形或棱锥形，采用钢筋混凝土来建造，对于较轻的荷载也可采用素混凝土。过去，采用木格排基础支持砌体结构，并把荷载传给底部基础；现在，为了把钢柱的较大荷载传递给底部较宽的基础需要采用外包混凝土的钢格排基础。当代格排基础的一个著名例子是世界贸易中心（见图 2.17f 和 5.3j），格排基础在地表以下 70 英尺，直接座落在承载力为 80 千磅力/英尺^2 的基岩上。为了支持格排基础，混凝土基础建造在基岩中。这些格排基础是由巨型的钢梁框架组成，每个格排单位为 80 平方英尺，高度大约为 5 英尺。

筏形基础

筏形基础就是一个大型连续的基础，建筑就座落在这个基础之上。在这种情况下，筏板与土的交界面上的土压力不能超过土的容许压应力。当地基土的承载力很低时，需要采用筏板基础，特别是当建筑有一半的平面面积需要采用独立式基础时，采用筏板基础是更为经济的；同时，整个基坑的开挖深度也是一致的。以下情况适合采用筏板基础：独立式基础相连；土压力很高，必须分配到整个建筑的底面积；基础必须跨越软土地区；需要减少由于软土层位于地表浅层而造成的沉降；需要减少由于各种不同的土和独立式基础所造成的不均匀沉降；或者是需要控制地下水静水压力和上浮力。

常见的筏板基础（见图 2.20）有：

- 平板式筏基
- 带肋筏基
- 箱式筏基

筏板可以按照翻转的楼板结构进行设计，但是当荷载或土压力的分布取决于柱子和墙体的分布，荷载的大小与类型以及基础与地基的刚度时，必须考虑沉降。对于初步设计，考虑到筏板的刚度，可以假设土压力均匀分布，忽略基础的不均匀沉降。换句话说，接触压力线性分布，土压力的合力作用点与竖向荷载的反力相重合。这种条件实际上仅仅适用于刚性板，如非粘性土层上的箱形基础和弹性压缩土层上的荷载均匀分布柔性筏板。

高层建筑座落在筏板基础的例子有：西雅图 569 英尺高的 Rainier 国家银行大厦，筏板基础为边长为 106 英尺的正方形，厚度为 12 英尺，容许土压力为 16 千磅力/英尺²；匹兹堡市841英尺高的美国钢铁大厦（见图5.7f，7.4e和7.30f）底部连续的混凝土筏板厚度为12英尺，地基土为坚硬的页岩砂石。德国Ludwigshafen 360英尺高的BASF管理办公大厦（见图2.21c）坐落在2.63英尺厚的拱形筏板基础上，并由7个横墙和6个纵墙与筏板共同组成了刚度很大的格形筏板，筏板建造在硬土层，硬土层下面为软土层。

浮筏或补偿式筏板基础

当高层建筑建立在软土上（如压缩性粘土），地基土的承载力非常低，且由沉降控制。为了控制土层的冻胀，压力和长期固结产生的位移，通常采用补偿式筏板基础。对于补偿式筏板基础，由于土被挖走，土的重量加上水的上浮力等于地下结构和地上结构的重量。换句话说，开挖后土的压力不会改变；被替换的土体产生的压力要等于结构产生的压力，从理论上讲，这样的结构不会产生沉降。按照阿基米德原理，浮力等于所替换土体的重量，这平衡了浮筏基础结构，使得结构看起来像水中的船一样浮在土中。

但这只是一个理论模型，实际上由于活荷载的作用和水位的变化以及地基土的不均匀性，开挖后地基土反弹并再压缩将产生一定的后续沉降。认识到地基土反弹，当超载土层被挖走之后，基坑底部会产生很大的压力上浮。

对于高层建筑，这种浮筏基础可能需要几个地下室，它们不是箱形或台座形，而是以阶梯形树根形状伸向地下。地下结构建造很深，对地基土产生的荷载很大，为了平衡重量，需要上部采用轻型结构。因此，如果在筏板和土的交界面上建筑自重减去开挖土的重量的绝对值是筏板所能承受的，那么采用部分浮筏基础要比完全采用浮筏基础经济得多。

浮筏基础通常建造在地表以下很深的地方，必须考虑地下水，特别是春季地下水位很高的情况，因此需要箱形基础。对于箱形基础，设计中需要考虑浮力和水平压力的影响。

休斯顿的大多数建造在可压缩性粘土层上的高层建筑都采用浮筏作为基础形式，这是因为当地的基岩位于地表以下数千英尺。例如，1049英尺高的德克萨斯商业大厦（见图5.7b和图7.33a）采用补偿式筏板基础，大部分厚度为9.9英尺，电梯井下的筏板厚度为12.75英尺。筏板位于地表以下63英尺，地下水位以下20英尺，海平面以下15英尺。

714英尺高的One Shell广场（见图5.4h）坐落在8.25英尺厚的筏板上，筏板每边超出建筑20英尺。由于采用轻质混凝土，筏板基础可以建造在地表以下60英尺；对于普通混凝土，筏板基础不得不建造在地表以下 85 英尺。57 层高的共和银行中心（见图 7.33）的基础完全采用 8 英尺厚的补偿式基础。对于这个建筑，筏板设计十分复杂，由于主体结构的高度不同所造成的非对称荷载将在筏板中产生压力和弯距。

补偿式基础和摩擦桩

当为了防止不均匀沉降过大，把筏板基础设计得过厚时，可以采用摩擦桩和较薄的筏板，这时筏板可以看成是桩基的巨型承台。另外，当浮力影响（地下水的静水压力产生的上浮力）过大，筏板基础也要采用摩擦桩基础。

例如，墨西哥市 417 英尺高的 *A* 形 Nonoalco 大厦［1964］（见图 2.21b）的基础是一个很大的防水箱式筏板。22 英尺深的地下室被分成很多房间，每个房间底部有一个反转的薄壳拱基础。筏板底部有 233 根摩擦桩，这些桩基被打进地下土层 56 英尺以确保建筑像船体一样浮在地基土中。

例 2.2

550 英尺高的钢结构建筑座落在很厚的压缩性土层，地下采用浮筏基础。假设建筑重 10 磅/英尺^3，土的密度为 120 磅/英尺^3。

当采用完全补偿式筏板基础时，地下结构的深度应为 h，这样被挖走的土的重量等建筑的自重。

$$0.010(550+h)=0.120h，或 h=50 英尺（约 15.2m）$$

因此，筏板底部的作用力为

$$q=0.010(600)=0.120(50)=6 千磅力/英尺^2（约 288.12kN/m^2）$$

假设地下结构的这个高度是不经济的，那么可以考虑 36 英尺深，部分采用补偿式基础的双层地下室。对于这种情况，基础的土压力基本不变，但是被挖走的土的重量小于建筑的自重。因此，必须考虑建筑的自重减去被挖走的土的重量所产生的净土压力造成的沉降。

$$q_{net}=0.010(550+36)-0.120(36)=1.54 千磅力/英尺^2（73.95kN/m^2）$$

然而，如果与沉降有关的问题依然没有解决，同时也没有采用桩基，那么建筑的高度不得不减到

$$0.010(H+36)=0.120(36)，或 H=396ft（120.7m）$$

如果建筑超过 396 英尺以后继续增高，就需要一个较厚的筏基来控制沉降，或者将筏板扩散到建筑边线以外。

深基础

当表层土的承载力不足或者荷载必须传递到地表以下很深的持力层时，需要采用深基础。当建筑物的沉降是主要问题时，应适当选择桩长以减少不均匀沉降。

常见的深基础体系有桩基础和墩基础（灌注桩）。小直径的长桩一般被打入到地下，大直径的灌注桩一般先通过转孔，然后浇注混凝土来成桩；但是，两者之间的差别并不总是很明显。其他深基础可以是地下连续墙（也就是建造挡土墙的方法）和沉箱基础，沉箱基础一般用于建造桥墩和桥台。沉箱是一个巨大的，格间式的空心箱式结构，这个结构可以沉到某一位置，并能为开挖提供支护。沉箱基础有三种：箱式沉箱基础或浮式沉箱（顶部开口，底部封闭），开口沉箱（顶部和底部都开口），气压沉箱（顶部封闭，底部开口，箱内充有高压气体防止水进入箱内，这三种沉箱基础可以用来修建地下停车库。在以下的章节，我们要简要介绍在建筑中常见的深基础。

桩基础

桩基的截面很小，直径从 6 ~ 24 英寸，长细比大于 10；桩基的一般承载力为 20 ~ 400 千磅力。桩一般被桩锤打入持力层。桩基可以是木桩，钢桩，现浇混凝土桩，预制混凝土桩和其他复合材料桩；桩基可以是空心或实心，样式可以多种多样。桩基的承载力取决于桩身的强度和地基土的承载力。桩基承载力的估计十分复杂，需要静力分析、动力分析和桩基试验。对于设计所采用的静力分析来说，桩基的承载力取决于土 - 桩的连接作用（也就是，土的特性和桩的几何尺寸），即桩端阻力和桩侧摩阻力加上群桩效应。对于长细桩，桩端阻力非常小，尽管在粘土中抗力主要是由附着力提供，仍可看成摩擦桩。在动力分析中，桩基的承载力直接与桩锤打入时所遇到的阻力相关时即形成了所谓的桩基公式（如 Engineering News formula）。对桩长的估计有时也很困难。当端承桩直接打到基岩的时候，桩长就可以确定了。在这种情况下，桩可以看作是岩土支撑的短柱，因此可以不考虑桩身的摩阻力；桩的尺寸取决于地基土的承载力和桩身的强度。有时，基岩的强度要比混凝土的强度高。如果基岩的强度小于混凝土的强度，在合理的深度以内没有坚硬的土层，那么就必须使用摩擦桩。对于摩擦桩，桩的长度取决于桩的尺寸和桩身的摩阻力，而这又取决于土的剪切强度和桩身的附着力。通常，桩穿过软土层时桩身阻力支撑桩，但是随后桩端必须打入密实土层几英尺以后，整个桩才可以是摩擦端承桩。对各个土层的摩阻力进行估计，然后确定桩长是一个非常复杂的过程。当沉降控制严格时，必须保证足够桩长防止不均匀沉降。也可将短桩打入到粒状土中挤密地表土层，这些桩被称为挤密桩。桩基一般成组使用，例如每根主要柱子至少由3根桩来承担。混凝土承台把上部传来的荷载传递给承台下部的桩。桩-承台基础设计起来像扩展式基础，但是它受桩的集中荷载。桩群在柱，墙，复合基础底部可以随意布置；桩的合力作用点要与上部荷载重合。桩间距应足够大，这样单桩的承载力才不致降低，否则必须考虑群桩效应。群桩效应不仅降低土的承载力而且也增加基础沉降。

当桩群承受水平荷载或抗弯竖向桩（类似于悬臂杆）的水平反力超出时，需要采用斜桩。当基础承受倾覆力矩时，桩必须能够承受拉力以防止基础上浮。

新奥尔良地区地下150英尺以内都是粘土和砂土混合物，150英尺以下是固结粘土，所以那里的高层建筑必须采用深桩基础。例如，One Shell广场（见图7.38e）的复合筒体结构为了控制沉降采用桩基，桩的长度为210英尺，间距为7.5英尺。同时8.25英尺厚的钢筋混凝土筏板把荷载均匀分布给558根八边形预应力预制混凝土桩，桩的直径为18英寸，承载力为280吨。因为建筑核心区的柱荷载非常高，这会造成结构的中间部分沉降比周边大一些，因此核心区要建得比周边高一些，这样当荷载全部作用时，筏板才能保持水平。

墩基础

墩基和钻孔墩基是长细比小于10的大直径竖向桩。它们的承载力可以达到每平方英尺几千磅，这取决于墩身的尺寸和土的条件。对于墩基和沉井桩的施工，通常需要用机器预先钻孔，或者圆形的钢管打入土中，并将管内的土取走。墩基的截面可以有任何形式，为了检测成孔质量，墩基的直径应大于等于3英尺。墩基可以穿过密实土层，而桩基不可以。墩基可以是扩底的和直线型的，一般是由墩端来承载，有时也借助表面摩阻力。墩基按照材料分为混凝土墩、钢管混凝土墩、型钢混凝土墩。

典型混凝土墩的尺寸取决于土的承载力，有时也取决于表面摩阻力，同时墩基按照受压构件进行设计。一般假设墩基础不抵抗水平荷载，水平荷载完全由建筑基础底面和地基土的摩擦力和基础边墙被动土压力来承担。有时，墩基必须能抵抗上浮力，对于桁架筒体结构的边柱和核心柱，情况确实如此。扩底墩和锚固在基岩上进行后张法施工的墩基是可以承受拉力的。

在芝加哥，墩基础通常需要把上部超高层建筑大于100吨的重量传递到基岩上。74层高的水塔广场（Water Tower Place）（见图2.17e）采用大量的扩底沉井短桩，把荷载传递到80英尺以下的坚硬土层。AMOCO大厦（见图1.2，2.21f，5.4k）坐落在

40 个周边沉井基础，直径为 5 ~6.75 英尺，并由大梁把上部筒体的 64 根人字形柱子传到底部沉井基础。其中核心筒 16 根柱子每一根柱子都有一个沉井基础来支撑，沉井基础的直径大小从 8.75 到 10.25 英尺。类似的，John Hancock 中心（见图 7.25e）的每一根柱子都由一个沉井基础来支撑，沉井一直钻到基岩上，沉井的平均深度为 140 英尺。以上两建筑的沉井基础由混凝土基础梁搁栅（蛋形搁栅）连接，同时这些梁顶部由混凝土厚板连接。

西尔斯大厦（见图 2.21d，5.4m）坐落在 114 根嵌岩沉井基础。大厦的每一根塔柱都有自己的嵌岩沉井基础；沉井基础的直径为 6 英尺，深度为 100 英尺，端部锚固在基岩以下 9 英尺。在中间的模数单元，2 根直径为 10 英尺的嵌岩沉井基础支撑着 2 根贯穿整个建筑高度的柱子。20 根扩底端承沉井基础支撑着主体建筑的 3 个地下室（采用传统的钢框架结构），深度达 60 英尺。沉井基础顶部由地下室底部 5 英尺厚板连接，这样能够把风荷载造成的剪力传递粘土层。广场和以下的各个层面由 59 根端承沉井基础来支撑，与此同时，它的周边由 30 英寸厚、58 英尺深的地下连续墙支撑。重新布置的污水管线由支撑建筑的 240 根沉井基础中的 47 根来支撑。

另外一个例子是亚特兰大市 24 层 349 英尺高的佐治亚州能源大厦［1980］（见图 2.21a）。这幢建筑由 68 根灌注桩来支撑，灌注桩的直径从 2.5 ~6 英尺，深度为 90 英尺；对于可能上浮的柱子的墩基础，必须钻到基岩以下 8 ~10 英尺。在这里 3 个灌注桩一承台要比单桩单承台更为经济；同时对于同样的桩端承载力，灌注桩桩群也能提供更大的表面摩擦面积。主体结构周围的墩基础由地基梁连接。

对于城市场地的各种限制通常是不可见的，因为这些限制都是地下的。地铁隧道、地下交通线、通风管道、老式基础、相邻建筑基础、排污管道、上水管线、液化气和蒸汽管线、电力和电讯管线和其他使用设施都布置在不同的深度上（见图 8.4 中部），这使得基础的布置非常复杂。为了避免大面积开挖和对隧道产生压力，需要采用用于传力的地基梁（有可能是悬臂梁），把建筑物柱子的荷载传递给扩底灌注桩，这些桩避开了建筑物底部的大量地下管线。另外，因为相邻基坑的开挖和可能遭遇的较大荷载，隧道和建筑底部的桩基的深度应该更深一些。例如波士顿 Copley 大厦（见图 2.21h），14 ~16 英寸的预应力预制混凝土方桩被打入在地下收费公路和铁路之间，深度达 120 英尺。另外一个例子是英国伦敦的 Embankment Place［1989］（见图 2.21e）被作为独立结构建造在 Charing Cross 车站的上部。建筑的主要柱子支撑着建筑顶部的拱，各层楼板都悬挂在顶部的拱上，柱子坐落在 100 英尺长桩基上，这些桩穿过了支撑铁轨和站台的砖穹顶。

如何选择基础体系

选择基础体系取决于上部结构的类型，即位置、大小和传递给地基土的各种力，同时也取决于地质条件、土层的承载力和沉降特征、地下水条件。通常对于某一种情况可能有几种经济的解决办法。例如，结构受力集中在某一部位，如抵抗水平力的核心区，对于这种情况在核心区下部采用桩基或墩基础要比在建筑底部采用厚筏板来分配荷载经济得多。对于复杂的地质条件，例如整个场地土层的不均匀或者其他地下影响因素，有必要调整上部结构的布置。

在这种背景下，我们要考虑较大的重型建筑，这些建筑的荷载反力是关键。对于小型建筑，基础体系通常按照实际情况来选择。这些建筑很轻，压力很小，所以基础的设计很少考虑荷载而更多地考虑如何减少土层的运动。

一幢建筑可以建造在土层上，也可以直接或间接建造在岩石上。纽约市座落在岩石上，而芝加哥市的高层建筑的灌注桩必须钻到100英尺以下才能达到基岩。如果一个地区基岩位于地表，同时不受地震影响，那么该地区的地质条件非常理想，可以直接采用浅基础，同时沉降也不成问题。然而，当基岩深度较深，那么建筑的基础座落直接建造在土层上还是间接建造在基岩上就取决于上覆土层的特性和上部荷载的大小。当建筑建造在土层上而不建造在基岩上，基础的选择取决于承载力和沉降的特性，以及基础和上部结构必要的协调性。对于较厚的密实土层，宜采用独立式基础；对于高层建筑来说，亦可采用筏基。然而，对于另外一种极端情况，地基土仅由一层很厚的松软的、强度很低的土层组成，就像休斯顿一样，这时由于采用筏基将导致沉降过大，所以该地区不能采用筏基，除非进行深开挖，使筏基作用起来象浮筏基础。如果土层更软的话，就要采用摩擦桩来稳定筏板基础，这种形式在新奥尔良地区广为采用。如果在软土层以下适当的深度内有密实土层，则可以采用桩基和墩基。如果假设不均匀沉降影响不大，那么采用浅层扩展式基础要比深层桩基和墩基要经济得多。另外，当软弱土层上覆盖有坚硬土层时，可以采用筏板基础来承受上部较大荷载，同时采用桩基来控制沉降；对于轻型柔性建筑，采用独立式扩展基础就可以了。模型情况需要采用复合基础，例如场地基岩倾斜角度很大，基岩上覆一层松砂和一楔形夹层的粘土层。对于这种场地条件，在建筑底部的一部分可以采用筏基，其余部分采用灌注桩，灌注桩要钻到基岩上。

读者应对在斜坡上建造基础给予特别的关注（见图3.14，第5部分）。对于密实的土层和稳定斜坡，沿斜坡的横向可以采用踏步基础或者沿平行于斜坡方向采用条形基础，并由横向地基梁连接。对于土质松软或者半稳定的斜坡，必须考虑斜坡稳定性。在这种情形下，建筑应采用桩基础，桩基应锚固在密实土层，出地面的桩呈悬臂状。有几种方法可以防止有可能的滑坡，这些方法是土层加固（化学注浆，压实，土层植筋），挡土墙，打锚杆，表层和地下排水，修平边坡（可以修成梯形）。

在下面的例子中，可以证明对于一般的土层随着建筑的高度增加（也就是，荷载增加），用于低层建筑的独立式基础必须变成用于中层建筑的条基和复合基础，最后变成高层建筑使用的筏板基础。随着建筑的继续增高，可以采用桩基，深开挖后建造的浮筏基础（例 2.2），或者是钻孔墩基础来把荷载传递给承载力较高的土层。这里首先假设地下室的面积不会被扩大，形成面积较大的筏板。

例 2.3

边长为 120 英尺的正方形建筑，建筑物的 36 根柱子坐落在边长为 24 英尺的正方形搁栅上。假设这幢混凝土建筑的总体平均恒荷载为 150 磅力/英尺^2，活荷载为 50 磅力/英尺^2，即楼板的平均荷载为 200 磅力/英尺^2 或建筑体的平均重量为 18 磅/英尺^3。忽略水平力造成的倾覆力矩。

密实粘土层的承载力 $q_a = 4$ 千磅力/英尺^2（表 2.1），底层建筑面积用于独立式基础的百分比或者是土压力与土层承载力的比值与建筑的层数 n 或者是基础以上的建筑的高度 H 成函数关系。大致等于

$$0.018H/q_a \text{ 或 } 0.2n/q_a$$

1）对于 50 英尺高的建筑，建筑面积用于基础的比例为

$$0.018H/q_a = 100\ (0.018)\ 50/4 = 23\%$$

因为平均土压力小于土层承载力的 1/4，所以可以采用独立式基础。典型的内部基础尺寸近似为

$$A = P/q_a = 0.018\ (24)^2 50/4 = 129.6 \text{ 英尺}^2 \text{（约 } 12.04\text{m}^2\text{）}$$

试采用 11 英尺 5 英寸的平方形基础，$A = 130.34$ 英尺^2（约 12.1m^2）

2）对于 100 英尺高的建筑，建筑面积用于基础的比例为

$$0.018H/q_a = 100\ (0.018)\ 100/4 = 45\%$$

因为这个比例大于 25% 小于 50%，可采用平行条形基础。对于 120 英尺长的建筑，所需基础的宽度约等于

$A = P/q_a$ 即 120（a）=0.018（120×24）100/4　即 a =10.8 英尺（约 3.3m）

基础的宽度适合采用 10 英尺 10 英寸。

3）对于 180 英尺高的建筑，建筑面积用于基础的比例或者平均土压力与地基土的承载力为

$$0.018H/q_a = 100\ (0.018)\ 180/4 = 81\%$$

通常，当压力大于地基土承载力的一半时，要采用筏板基础和交叉梁基础。在这个例子中要采用筏板基础。

可以把筏板看成是一个承受 0.015（180）=3.24 千磅力/英尺^2 的反转动楼板，按照公式 5.30 确定板的厚度。从容许抗弯强度来计算板的厚度（可以通过公式 4.3），或者从冲切的角度来计算板厚，同时要满足抗弯的最小配筋率（公式 5.19）。

4）对于 360 英尺高的建筑，基础底部平均压力为 0.018（360）=6.48 千磅力/英尺^2，已经超过了土地承载力 4 千磅力/英尺^2。因此建筑必须采用更宽度基础，或者采用深基础。

4a）计算方形筏板的尺寸

$$A = P/q_a = 0.018\ (120)^2 360/4 = 93312/4 = 23328 \text{ 英尺}^2\ (\text{约 } 2167.2\text{m}^2)$$

如果地下空间足够用，可采用边长为 153 英尺的方形基础筏板面积 A =23409 英尺^2，记住要考虑由于筏板面积的加大造成的自重增加。

检查筏板基础是否适用于 33 磅/英尺^2 的均匀风压，由于风荷载造成的倾覆弯距为

$$M = 0.033\ (360 \times 120)\ 360/2 = 256608 \text{ 英尺·千磅力}\ (\text{约 } 347681.4\text{kN. m})$$

弯距造成筏板边缘的最大压应力为

$$\pm f_b = M/S = 256608/\ (153^3/6)\ = 0.43 \text{ 千磅力/英尺}^2 \leqslant f_G/3$$

因此，重力和弯曲应力的合力为

$$f_a = 93312/153^2 + 0.43 = 3.96 + 0.43 = 4.42 \text{ 千磅力/英尺}^2 \leqslant 1.33(4)$$
$$= 5.32 \text{ 千磅力/英尺}^2 (\text{约 } 255.47\text{kN/m}^2)$$

注意到公式所示所给出的水平荷载作用产生弯曲应力小等于重力产生的竖向压应力，那么可以忽略水平荷载造成的影响，整个建筑物被看作是一个重力式建筑。

4b）假设每根柱子的基础都采用一根墩基而不采用桩群，同时墩基础通过端部把荷载传到基岩。

一般的内部柱子所承担的荷载为

$$P=0.018\ (24)^2 360=3733\ \text{千磅}\ (\text{约}\ 16608.9\text{kN})$$

基础采用嵌岩灌注桩，基岩地强度为 80 千磅力/英尺^2 小于混凝土墩基础的抗压强度，$0.25f'_c=0.25\ (3)\ =0.75$ 千磅力/英尺^2 = 108 千磅力/英尺^2（约 5186.2kN/m^2），灌注桩的直径为

$$A=P/q_a\quad \text{或者}\ \pi d^2/4=3733/80\quad \text{或者}\ d=7.71\ \text{英尺}\ (\text{约}\ 2.4\text{m})$$

假设混凝土的强度能够满足墩基的设计，那么基础可以采用直径为 7 英尺 9 英寸的扩底墩基。

4c）假设采用桩基，桩基由混凝土筏板连接，筏板承受到荷载为

$$P=0.018\ (120)^2 360=93312\ \text{千磅}\ (\text{约}\ 415163.8\text{kN})$$

如果一共采用 288 根桩，那么每根桩将承担的荷载为

$$93312/288=324\ \text{千磅}\ (\text{约}\ 1441.5\text{kN})$$

沉降计算表明摩擦桩必须打到地表以下 110 英尺。接着我们计算打入表面摩阻力为 500 磅力/英尺^2 的粘土层的预制混凝土方桩的边长。桩的间距应该足够大，这样才能避免群桩效应。对于这些长桩，承载力主要取决于表面摩阻力，以至于在初步设计中可以忽略桩的端部承载力。

$$500\ (4\times d)\ 110=324000\quad \text{或者}\quad d=1.47\ \text{英尺}\ (\text{约}\ 0.45\text{m})$$

采用边长为 18 英寸的钢筋混凝土方桩。

习题

2.1 圆锥体混凝土建筑，荷载为自重，所采用的混凝土的强度为 5000 磅力/英尺^2，设计用混凝土强度为 $0.25f_c$。计算建筑的最大高度，试问结果是否有意义。

2.2 100 英尺高的圆筒形天线杆，天线杆从底到上逐渐变细。底部直径为 16 英寸，顶部为 3 英寸。假设水平风荷载为 30 磅力/英尺^2，同时顶部多出一设备间，挡风面积为 5 平方英尺。忽略天线杆的自重和变形造成的附加效应，仅仅考虑风荷载的作用。试问钢管壁的近似厚度？这里采用的钢材为 A595（F_y

=55 千磅力/英寸^2），直径和厚度比小等于 3300/ F_y。

2.3 225 英尺高的桅杆，在 150 英尺高的地方有 4 根斜拉绳索，绳索等等另一端在地面上，绳索之间夹角为 90°，绳索和地面夹角为 45°。桅杆必须像底部铰接的悬臂梁一样承受 50 磅力/英尺的风荷载。

a. 假定每根绳缆抵抗相同的风荷载，不考虑绳索的柔性、下垂和水平位移。同时绳索的预拉应力应为风荷载产生的压力的 1～1.2 倍，绳索的极限拉应力为 F_u =250 千磅力/英寸^2，试计算绳索中的预拉力和绳索的大小。

b. 假设桅杆的线密度为 30 磅力/英尺，设计中不考虑风向的变化造成的影响，试找应力最大的位置和最大应力用于设计。

c. 由于温度下降了 80 华氏度，试计算绳索中拉应力的增加值。

2.4 直径为 1 英尺、高 50 英尺的管形旗杆，壁厚为 0.5 英寸。水平风荷载为 20 磅力/英尺^2，顶部由于旗帜的重量，增加了 200lbs 的竖向荷载，试问旗杆顶部的最大变形？

2.5 30 英尺高的钢管（A36），顶部固定有一长 3 英尺、高 5 英尺的长方形牌子，牌子重 30lbs，要抵抗的水平风荷载为 20 磅力/英尺^2，钢管的直径为 6 英寸，壁厚 3/8 英寸，自重为 600lbs。计算钢管的剪应力和弯曲应力，并判断钢管强度是否满足？

2.6 华盛顿纪念碑是一石砌金字塔形建筑，底部为边长为 55 英尺的正方形，顶部为 34 英尺 6 英寸的正方形，内部中心有一自上而下截面边长为 29 英尺的正方形天井。石头的密度为 0.150 千磅力/英尺^3。建筑顶部有一竖向荷载，荷载大小等于建筑总重量的 3%，同时水平风荷载垂直作用在金字塔的一个表面上，风荷载的大小为 50 磅力/英尺^2，岩石的容许抗压强度为 750 磅力/英寸^2。试问建筑的倾覆力矩，基座的压力，并讨论该建筑的安全性。

2.7 巴黎埃菲尔铁塔高 984 英尺，受自重和风荷载作用。假定四个拱形角柱子相互搭接。四根柱子与水平面的夹角为 54°，且其基础占地面积为 328 平方米。假定恒荷载和活荷载加在一起为 11000 吨（其中活荷载占 15%）。风荷载为 35 磅力/英尺^2，迎风面等效为高 984 英尺，宽 75 英尺的矩形。假设铁塔的材料的强度为 150 千磅力/英寸^2，底部柱子的面积为 800 平方英寸，计算柱子的应力以及铁塔是否倾覆。

2.8 一金字塔形桁架铁塔所受水平风荷载为 35 磅力/英尺^2。实际迎风面积为水平投影面积的 70%。风荷载考虑负压增加 75%。铁塔高 500 英尺，底部为 60

平方英尺的正方形，顶部为10平方英尺的正方形，求风荷载作用在一个面和对角面时，底部的最大应力。

2.9 一栋高100英尺的砖砌烟囱，直径由底部的10英尺线性减少到顶部的4英尺，烟囱的壁厚由底部的15英寸线性递减到顶部的7.5英寸。烟囱的外形为圆柱形，其投影面积作用有23磅力/英尺^{2}的风压力，烟囱的自重为120磅力/英尺^3，试问烟囱的基础的控制应力。

2.10 假定2.9题中的烟囱由10平方英尺的独立扩展基础支持，则在已知条件下，烟囱是否会倾覆。

2.11 假设2.9题中的烟囱的外形为截面为正方形的四棱锥体；其他条件不变，试确定基础底面的控制应力。

2.12 圆柱形的钢烟囱高120英尺，直径为10英尺，烟囱的钢板厚由底部的$\frac{7}{16}$英寸，到顶部一直减少了一半；喷射混凝土的厚度为2英寸，重110磅力/英尺^3。假定风压为35磅力/英尺^2，试确定基础的控制应力。

2.13 一幢40层框架圆柱形建筑，平面面积为80平方英尺，每层楼高为12英尺。建筑承受32磅力/英尺^{2}的平均风压，建筑底部的墙厚为12英寸。

a. 试确定建筑在垂直其表面的风力作用下，建筑的弯距及剪力以及外墙边缘的承载力。

b. 确定由作用水平方向上的风力所产生的弯曲应力，并与a中的结论相比较。

2.14 假定2.13中的水平抗力体系为各个独立板式建筑组成（见图2.5d），忽略风荷载垂直作用的平面，计算风荷载作用下墙体的应力。

2.15 假定题2.13中封闭管内没有支撑，且由于开洞，结构受到削弱，由于剪力滞后在四角处所产生的轴力比应力线性分布时大50%。画出应力流并确定应力大小。

2.16 假定题2.13中结构体系转换为四柱子的框架体系，迎风面积相同相同（图由2.5c到g），对比不同体系的水平荷载作用的效果。

2.17 比较图2.5g和h中两种柱体的异同（外力为题2.13中所受风压）。

2.18 假定题2.13中建筑物水平方向用下内部为40平方英尺的正方形开口核心筒（见图2.5）和长度为35英尺的长截面墙（见图2.5j）来稳定，墙宽为12英寸。确定风压作用下墙体的应力。

2.19 将问题2.13中建筑用截面为三角形的结构来替换或圆柱形建筑，圆柱形建筑由于立面开口迎风面积减少 30%。圆形建筑风压折减系数为 40%，其他结构的风压不变，试确定基础的应变和应力。

2.20 图 2.12 所示十层建筑高 100 英尺，宽 60 英尺，平面上分成三个相等的开间，每跨 20 英尺。试确定图 2.12a，d，e，g，i 中（基础宽 90 英尺）所示在平局风压为 24 磅力/英尺^2 作用下基础处的轴力和最大应变。假定水平抗力体系间距为 20 英尺。

2.21 将一栋采用 8 英寸。厚隔墙的公寓楼建筑（见图 2.16f）看作竖向悬臂来确定公寓楼在水平力作用下的反应。条件如下：

a. 初步检验时忽略翼缘承载力（见图 2.16b）。

b. 可将常见横墙截面简化为翼缘宽 5 英尺的工字形对称截面。

c. 内墙计算只考虑内廊翼缘，并认为外墙不承受荷载（见图 2.16b）。

d. 不考虑墙开洞，将穿廊墙看作连续墙（见图 2.16e）。

e. 对内墙及外墙考虑如图 2.16f 所示的有效翼缘宽度 b_e 来确定墙的实际布置情况，确定不同情况下的惯性矩以计算结果。

3 荷载和力流

建筑物须充分坚固以承受施加在它上面的不种类型的外力。这些力的大小和方向随建筑物的材料类型、用途和位置而不同。最明显的荷载是由结构本身、雪、居民所产生的重力。风、地震及土和静水压力作用在结构上产生的水平力。水平外力使建筑滑移和旋转，风力将掀起屋顶；重力使结构平衡和稳定。重力和水平力对结构产生直接力的作用，位移或形变（在没有施加外力情况下所产生的）产生间接力的作用，作用在建筑物整体和作用在结构构件上的力必须区别对待。荷载可分为点荷载、线荷载和面荷载。

由起重机所产生的水平压力和冲击力是典型的水平力作用的例子。运行中的电梯会产生活塞作用，特别是在单电梯井中还会伴随着由从风井中进入的风所产生的压力，故梯井在设计时必须考虑承受这些荷载。与此同时，高层建筑中楼梯间的墙须承受火灾时所产生的水平空气压力，特别是在靠近扇形区域，多层建筑内开间中的火灾将会使混凝土楼板爆裂，同时产生相应的水平力，这种热推力须由相邻的温度较低的框架及（或）剪力墙承担；其作用与增加抗弯承载力的偏心外预应力相似。柱中的超应力也可能产生水平力作用，这种应力是由用于防火液体的内部静水压力所产生的。如果一栋大开间结构在设计时考虑到要避免逐步的塌落，那么在设计时须考虑承受内部爆发力。

荷载也可据其作用位置和作用时间的不同来分类。它们可能是恒载，例如结构自重，或者是可变的，如活载，居住荷载或风载。可变荷载可能是短期作用（如人移动所产生的荷载）或为长期作用（如由可移隔墙及家具所产生的荷载）。以上荷载都固定在某一位置，但汽车荷载在作用位置上是自由的。活载的作用期对考虑挠曲是非常重要的（如徐变）。活载可能为静态或动态的（当它们使结构振动时），由于常变居住荷载变化频率较慢，故其通常认为是静态的，阵风风载（取决于建筑物的刚度和质量）

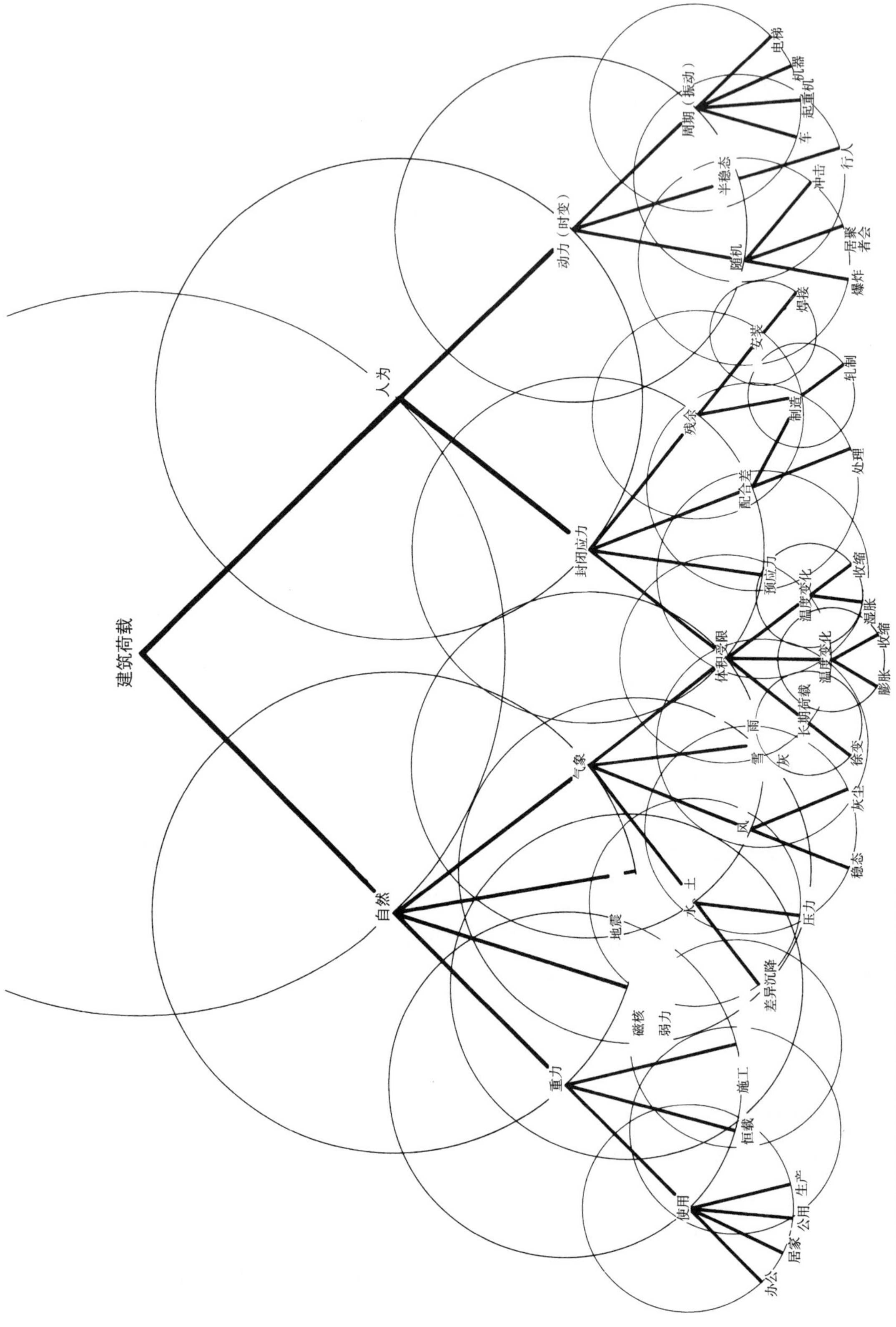

图3.1　建筑荷载来源

建筑荷载
人为
自然
动力（时变）
周期（振动）
电梯
机器
起重机
车
半稳态
行人
冲击
随机
一居聚
者会
爆炸
封闭应力
残余
安装
焊接
制造
轧制
配合差
处理
预应力
温度变化
收缩
湿胀
体积变限
温度变化
收缩
膨胀
长期荷载
徐变
气象
雨
雪
灰
灰尘
风
稳态
土
水
压力
地震
差异沉降
磁核
弱力
重力
施工
恒载
使用
生产
公用
居家
办公

可认为是动态的。动态荷载可能为周期荷载（如机器振动所产生的荷载）或随机的（如冲击所产生的冲击荷载），海浪作用既是周期性的，又是随机的。但不仅存在常规或反复作用荷载，由于爆炸还有偶发荷载作用。

振动荷载可能由位于高层建筑中任意一层的机械设备转递到居住部分。诸如风扇、水泵、冷却塔等机器须由衬垫材料（如氯丁橡胶、软木、玻璃纤维）、弹簧隔垫、或漂浮混凝土基础隔离。在以上情况下，隔离层的自振频率须比机器的小，要有较大的挠曲以消除共振现象。

力可能是人为施加的，如预应力，也可能是非人为产生的，如由于制造过程中的残余应力。当材料不能相应于温度和湿度改变时，力会封闭在杆件中；当常荷载或支座移动时，若材料不能徐变及位移会产生反力。有些荷载是与时间无关的（如恒载），有些荷载具有时效性（如在硬化初期混凝土的收缩速度递减）。大多数的荷载，无论是宇宙间存在的或人工的（见图 3.1），是非常复杂的，故设计者在设计时须注意它们的作用。

下面对于不同荷载的讨论仅限于初步设计。对于荷载准确的描述，读者可参考相应的规范或以下规范之一：

- 标准建筑规范（SBC）
- BOCA 建筑规范
- 统一建筑规范（UBC）

当规范被州或城市所采用时就成为法律。在没有任何指导规范的情况下，最好的建筑参考资料为美国国家标准协会规定的建筑物和其他结构最小设计荷载（ANSIA 58），设计者须牢记规范中所给出的信息均是最小荷载，对于特殊荷载时是不充分的。

恒载与活载

由建筑自重产生的荷载称为恒载，它的居住者称为活载，代表着重力荷载。与静态的恒载相反，活载通常为动态和非恒定的，尽管他们通常由于施加得较慢可看到静态的。恒载包括受力结构、顶棚、楼面层、隔墙、幕墙、储藏所、机电配置系统等的重力。按与持续活载部分相近的方式来考虑，恒载的可叠加部分是重要的。不属恒载的那部分重力荷载必须考虑在活载内，在本世纪特别从 60 年代以来，建筑变得越来越轻，故与恒载相比，活载效应变得越来越重要。

表3.1和3.2给出了一些材料的重力以熟悉荷载状况，对于初步设计，表3.2中可选择楼板和墙体系的常见的重力，它们以其投影面积上每平方尺上的力的平均值给出。悬挑顶棚的自重和机电设备重力都常在2～10磅力/英尺^{2}之间，在办公楼建筑中，由于隔墙的位置易于改变，故可采用2磅力/英尺^{2}的均布恒载。玻璃幕墙重约为12磅力/英尺^2，预制或砌体墙重为40～80磅力/英尺^2。

尽管决定材料自重或结构恒载大小相当容易，但在初步设计阶段不可能精确地预测出那些仍未选定材料的自重。特殊的非结构材料包括预制外立面板、照明系统、顶棚系统、管线、下水、电线及其他内部部分。钢结构中加强构件和连接体系的自重可用百分比来估算，制造商和规范所给出的材料的标准重量通常与手工制品的重量不相符。建筑构件的名义尺寸与其实际尺寸有所不同；现浇混凝土框架结构有0.5英寸的误差。同时必经牢记的是：为了适应未来办公室的计算机化，须考虑具有较高配电与储备的高负荷楼板以承受增高的楼板和无间断电力供应。以上例子表明，在缺少准确信息的情况下，恒载难以准确估算，其误差在15%～20%之间。

混凝土和砖的结构比钢结构重得多，钢结构的整体平均净重在50～80磅力/英尺^{2}之间，非预应力混凝土结构约为其两倍。当将活载考虑到整体重量之中，混凝土结构只比钢结构多30%～40%。结构的自重取决于结构本身的高度、柔度、受荷情况及偏心（见图7.1和表7.1）。竖向建筑立面而非水平楼板对于高层建筑的自重非常重要。明显可以看出，结构自重只是整个恒载中相当小的一部分，仅在20%～50%的范围内。

表3.1　常见材料重量

材料	重量（磅力/英尺^3）
钢	490
钢混凝土（普通重量）	150
铝	170
花岗岩	165
大理石	170
砖	120
土，湿松砂和砾	125
水	62.5
木材	35

表 3.2 常见设计恒载

建筑构件	恒载（磅力/英尺²）
顶棚	
混凝土或地砖上的灰浆	5
悬挂金属条和	
普通石膏	10
水泥石膏	15
隔声板	5
楼地面	
每英寸厚预应力混凝土楼板重	
普通楼板	12.5
轻质楼板	9
每英寸厚地板重	3
0.75 英寸瓷砖加 0.5 英寸砂浆层	16
沥青	1
木楼板	6
钢梁和钢板加 3 英寸厚混凝土楼板	60
8 英寸预制楼板加 1.5 英寸现浇混凝土楼板	94
钢楼板(7 磅力/英尺²) + 混凝土楼板(38 磅力/英尺²) + 顶棚(7 磅力/英尺²) + 机械、电力设备(6 磅力/英尺²) + 梁(15 磅力/英尺²) + 防火层(2 磅力/英尺²)	75
隔墙	
4 英寸厚砌体墙	
（轻质）空心混凝土砌块	20
粘土砖	40
石膏板	12.5
墙一侧的石膏	5
钢支柱和钢板外部 2 英寸厚实灰浆	20
2 行 ×4 列支柱，两侧加挂 1/2 英寸厚石膏板	8
可移动金属隔墙	5 ~ 10
墙	
12 英寸厚中空混凝土的砌块	
普通	80
轻质	55
12 英寸厚粘土砖	120
12 英寸厚钢筋混凝土墙	150
4 英寸厚砖加 8 英寸（厚粘土背衬	75
玻璃幕墙，玻璃板，直棂	10 ~ 15
窗户（玻璃，窗架，窗框）	8

表 3.3 常见均布居住活载

用途	活载(磅力/英尺^2)
住宅（私人住所、公寓、及旅店客房），私人房间和病房、教室、化妆室等	40
办公楼非计算机在办公室、私人停车库等	50
医院化验室、阅览室、不超过 100ft^2 的一、两户回廊，剧场乐队区等	60
办公楼内廊（底层之上），法庭等	80
集会场所、外回廊、露台、公共走廊、舞厅、餐厅、健身房、大厅、公用楼梯修车场、办公楼（使用计算机）、公用餐厅、公用停车场等	100
批发店（大卖场）、计算机房（荷载必须核定）等	125
兵工厂和试验场、剧院舞台、图书馆书库、设备间（传输、电梯间、排风间，以及实际设备重量较大时）等	150
制造厂、五金仓库等	125~150
锅炉房（尤其设备实际重量较大时）	300

由于重力折减能节约材料、运费、基础、安装等费用，故它是一条重要的设计准则。另外一方面，当重力荷载用以稳定柔细结构时，将会有利和必要——也即，当建筑物布置合理从而用重力来平衡上拔，不能忘记的还有建筑物质量的阻尼媒介作用。

不属于恒载的重力荷载应计入活载之内，活载是可变和不可预测的，活载不仅随时间改变而且取决于其作用方位和建筑类型，由物件等所产生的楼面活载常称为居住荷载，屋顶活载有雪、雨和冰重。楼面活载包括人重、家具、书、文件橱及其他未被看作为恒载的半永久荷载。表 3.3 所给出的是规范中所提供的活载（如常用的持续部分及非常见情况下的易变部分），大都为分布在整个楼层面积上的等效均布荷载。

等效楼面荷载是由经验而非统计调查演化而来。比如说，规范所规定的办公室楼面活载在 50~100 磅力/英尺^2 之间。在不同办公楼所做的实际调查表明最大活载仅为 40 磅力/英尺^2。同时，通过一个长达 10 年的对公寓荷载的研究，测得其最大活载为 26 磅力/英尺^2，远远小于规范所采用的 40 磅力/英尺^2。当活载作用在较小面积上，它可以看作为集中荷载，规范给出的集中荷载指明了在关键处（诸如梯级、可上人屋面、停车场换轮胎时采用的千斤顶，和其他易受高集中应力的区域）单荷作用效应。楼梯和包厢扶手必须按同时受竖向荷载和在扶手顶部受50 磅力/英尺^2 水平推力作用来设计。

从表 3.3 所给出的值可以看出在忽略恒载区别的情况下，诸如走廊等公共地带比生活或工作区域所受活载大，且可以看出办公楼比公寓楼重。办公楼活载特别是内核心筒相邻的活载可增至100 磅力/英尺^2，以便与未来建筑物的智能化同步。对于承受计算机设备和备用供电设备的区域，活载可高至400 磅力/英尺^2。

尽管许多楼面活载考虑得较为保守，但总有未预料到的杆件。比如说，对外廊和内廊（有可移支座）因为破坏后的结果将十分严重，故活载为100 磅力/英尺^2。最小的调节安全系数可保证如下不可控制的情况如演出、晚会、火灾造成人群流动使得更多荷载作用在一特殊面积上的变化。

根据强度和刚度原则，采用高的活载、恒载比似乎有效，而楼板体系的振动问题可通过增加自重或阻尼的方法来解决。

值得注意的是，在高层结构中每层楼面同时承担满活荷载是不可能的；通常，楼面面积越大或楼层层数越多，则荷载密度越小。建筑规范采用楼面活载折减系数来考虑以上情况。以下的活载折减对于柱、墩、墙、基础、桁架、梁和双向板的设计是允许的。据 ANSI 规定，对于单向板活载不折减，对于双向板仅当面积在 400ft^2 左右时才折减。据 BOCA 建筑规范（1981），100 磅力/英尺^2 左右的作用在面积至少为 150 ft^2 构件上的活载，除了在车库、开敞停车场、屋顶或公共集合处的面积之外，可以按由构件支承面以每平方英尺以 0.08% 来折减，但是，折减不能超过 60% 或由下式所得出的 R：

$$R = 23 \left(1 + (D/L)\right) \tag{3.1}$$

其中 R——折减百分率；

D——杆件受荷面积每平方英尺上的恒载；

L——杆件受荷面积每平方英尺上的设计活载，对于超过 100 磅力/英尺^2 的活载（除在柱的活载设计值可折减 20% 以外）可不用折减。

尽管承重墙可以条形基础来分析，但于附属面积相关的活载折减取决于墙的连续程度。高层中的连续墙支承较大的楼板面积，故活载折减可看作为 D/L 的函数。由于入口和开窗，承重墙在长度上不连续，故开洞间的墙可看作一根杆件。

尽管有些规范仍采用与上述讨论相似的折减办法，在 1984 年规范及随后的讨论中，BOCA 的活载折减有所改变并采用 ANSI A58 版本。根据 ANSI A58. 1 – 1982，影响面积为 400 磅力/英尺^2 的构件可用如下公式来折减活载：

$$L = L_o \left(0.25 + 15/\sqrt{A_i}\right) \tag{3.2}$$

其中 L——为折减活载（磅力/英尺^2）；

L_o——为设计活载（磅力/英尺^2）；

A_i——影响面积（英尺^2），柱为其附属面积的 4 倍，梁为其 2 倍，双向板等于其内嵌面积。

对于支承一层的构件折减后的活载不得小于未折减活载的 50%。对于支承多层的构件不得小 40%。另外，对于常用的停车结构、单向板、屋顶或公共集合面积的等于或小于 100 磅力/英尺^2 活载不可折减，超过 100 磅力/英尺^2 的活载和仅用于客车的车库中的且作用支承多于一层的构件上的活载，可折减 20%，其他情况不予折减。

规范并不考虑作用在建筑物构件上的活载折减，因为连续结构在变形后能重新分配荷载，另外一方面，读者会认为在长年风载振动、温度变化、沉降和环境力的连续变化下，计多建筑物的受荷能力会老化，但是，混凝土和砖石材料制成的建筑物其强度随着时间的变化而增长，故可提高其荷载承受力。

屋面活载通常小于楼面活载，因为它不考虑任何的机械设备荷载。由美国气象局所记录的美国最大雪荷载分布在规范中由雪荷载分布图给出。这些图表明雪荷载分布从东北方的 80 磅力/英尺^2 至南方的 5 磅力/英尺^2。在山区必须采用特殊的值，这些地区记录雪载大至 300 磅力/英尺^2。根据湿度含量，每英寸的雪重为 0. 5 ~ 1 磅力/英尺^2。

由于雪所产生的屋面活载效应在高层建筑设计时并不重要，故不作进一步的讨论。在初步设计时可考虑如下：

37°以南	20 磅力/英尺^2
37°与 45°之间	30 磅力/英尺^2
45°以北	40 磅力/英尺^2

除了在高纬度以外，荷载可以取比上述值大 10 磅力/英尺^2 的值。屋顶的坡度和形状可以忽略。雪荷载可以认为作用在屋顶平面的水平投影上，而不是作用在其斜表面

上。通常，对于大于20°的斜坡，可忽略雪荷载。设计者还须考虑由于雨篷、标志、女儿墙、邻近建筑物等障碍物所产生的雪堆积。用于屋顶花园或集会的层顶必须承受100磅力/英尺^{2}的活载，屋顶最小须考虑200磅力/英尺^{2}的允许施工活荷载（如工人和材料）。

若平跨混凝土屋顶未充分排水（没有足够的斜坡、排水管堵塞或屋顶过软），则水荷载非常关键，雨水每英寸高重5.20磅力/英尺^2，将汇集和形成滞留水池，也就是说，大雨、雨夹雪或融雪将集中和形成积水，使得柔性屋面挠曲，从而吸收更多的水形成较深的水塘。这个过程不断延续直到达到平衡或发生倒塌。增加屋顶的坡度可控制雨水积塘，相应地疏通排水沟、提供充分的刚度均能避免蓄水所产生的破坏。

设计者还需考虑伸出屋顶构件所产生的垂冰荷载和形成冰面所产生的风荷载。

重力荷载的分布：力流

在初步设计阶段，必须估计结构单元的恒载重。最好的步骤是根据应力流，从屋顶开始，活载由屋面板集中、传到柱或墙。在不同的设计阶段，估计的荷载和构件尺寸必须检验和调整，以免错误逐步积累。为了能在初步设计结构构件时能方便估计其恒重，表3.2给出了每平方英尺上的不同材料的重量。

除了一些竖向传力体系之外，在图3.2给出了单向板和双向板直接按图3.2a～e所给出的承重墙来确定其跨度的水平荷载分配体系。在单向板（图3.2a，b，e）中假设沿垂直墙的一个方向传递，墙在角落处的交结部分和平行方向上的墙的作用可忽略不计。双向板中力的分布较为复杂，墙承受三角形和梯形的楼面面积上传来的力（见第五章“双向板”部分的描述），其中连续边界比铰支边承担更多的荷载，对于有同样边界条件（如支承条件）的板其分隔线为45°，但在固定和连续边界与简支边界混合情况下，固定边将承担更多的荷载，从而分界线可认为在60°的地方（见图3.2d），实际上边界既不能自由旋转又不是固定的，而且高层受力墙中由于水平荷载所产生的应力在起拱作用下会大致呈均布分布，其中在较大荷载部分下由于相对挠曲增加，会使应力重新分布到受载较小的部分。从而，在初步设计时边界各构件的区别可以忽略不计，故可假定45°的分界线（见图3.2d）。除此之外，由于作用在梯形楼层上的外荷载中心通常与墙的抵抗中心不重合。（例如典型的非对称宽翼缘载面），将会产生旋转。同时，由于起拱作用和旋转由板向剪力墙传递，故可忽略竖向荷载的分布效应。读者可以推断，对于十层或更高的承重墙结构，轴向重力在包括翼缘和边缘的整个墙横截面上平均分布；相关的概念会将在问题3.2中讨论。

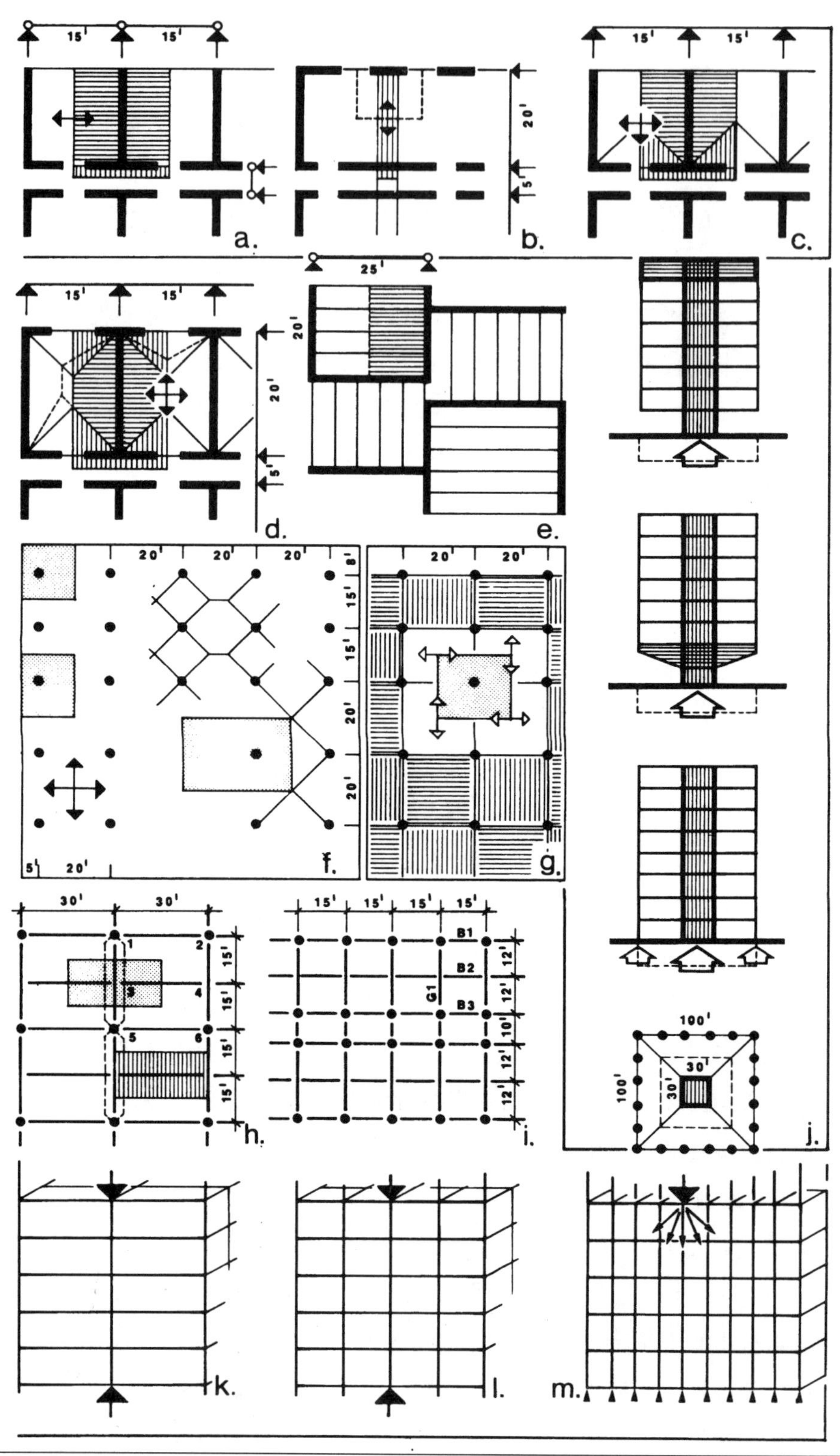

图3.2 各种结构体系的重力荷载流

图 3. 2h 和 i 表明了从单向板到梁，以及从次梁到主梁的楼板力的传递过程，进一步的讨论见问题 3. 3 ~3. 6。保守地，忽略掉直接作用在主梁上的楼面荷载。双向板至柱的荷载流（见图 3. 2f 和 g）将在问题 3. 1 中讨论。

从重力荷载角度出发，对于常规结构布置和采用轻质幕墙施工的建筑，角柱只承担内柱荷载的 1/4 和边柱荷载的 1/2。自然地，考虑到水平荷载，角柱可看作翼缘以承受较大的荷载。从施工的角度和外露柱美学上的考虑（视觉上在表达角部转换的感受时需要实体），角柱的尺寸比所需大。

在传统的骨架施工和分布较密的管架中，竖向荷载沿线性路径分布，重荷类似于承重墙中趋向于扩散（见图 3. 2m）。

问题 3. 7 中将讨论 8 层核心筒结构中的不同类型的竖向荷载分布体系。该例中，沿周边的重力荷载或者带至顶部、传到芯筒、导入底部从芯筒悬臂出的外挑梁，或者，在芯筒分离后直接流向地面。

活载分布

在结构设计时必须考虑活载的分布。这对于连续结构尤其重要，如图 3. 3 所示，其中讨论了对竖向和水平结构平面上的不同荷载分布方式。

在静定结构中，不传递构件转动，仅考虑主要效应。在这种情况下，梁仅发生局部挠曲——其剪力和弯矩图由梁直接承受的外力决定。在超静定结构中，因结点的连续性，杆件转动被传到其他杆件，故应力不仅取决于荷载，同时取决于边界的刚度。可以看出，对于构件的初步设计，需考虑活载分布所产生的最大剪力、弯矩和轴力。

在柱和墙的设计中，产生柱端最大弯矩的荷载模式和产生最大轴力的方式并不同时发生。恒载满跨分布，活载隔跨布置（如图 3. 3b 以棋盘布置方式），将产生最大末端弯矩，正如单曲率弯曲（见图 3. 3 左上）所反映的，但同时将减少整个轴向荷载。相反的是，均布荷载将产生最大的轴向荷载，对于对称框架结构的内柱不产生变矩，在外柱中将产生得较小的曲率（见图 3. 3 右上）。

对于活恒载之比较大的情况，如钢结构的办公楼，满布重力荷载适用于较低楼层。棋盘式荷载所产生的柱弯曲对于上部楼层较为重要。但必须明确的是，当检验上拔和倾覆时，水平荷载仅同最小恒载（而非组合恒、活载）同时作用。

对于框架梁或板的设计，图 3. 3b 和 f 的棋盘式产生最大和最小的局部弯矩，*A* 点最大支座变矩由图 3. 3d 中分布在邻跨的活载引起。

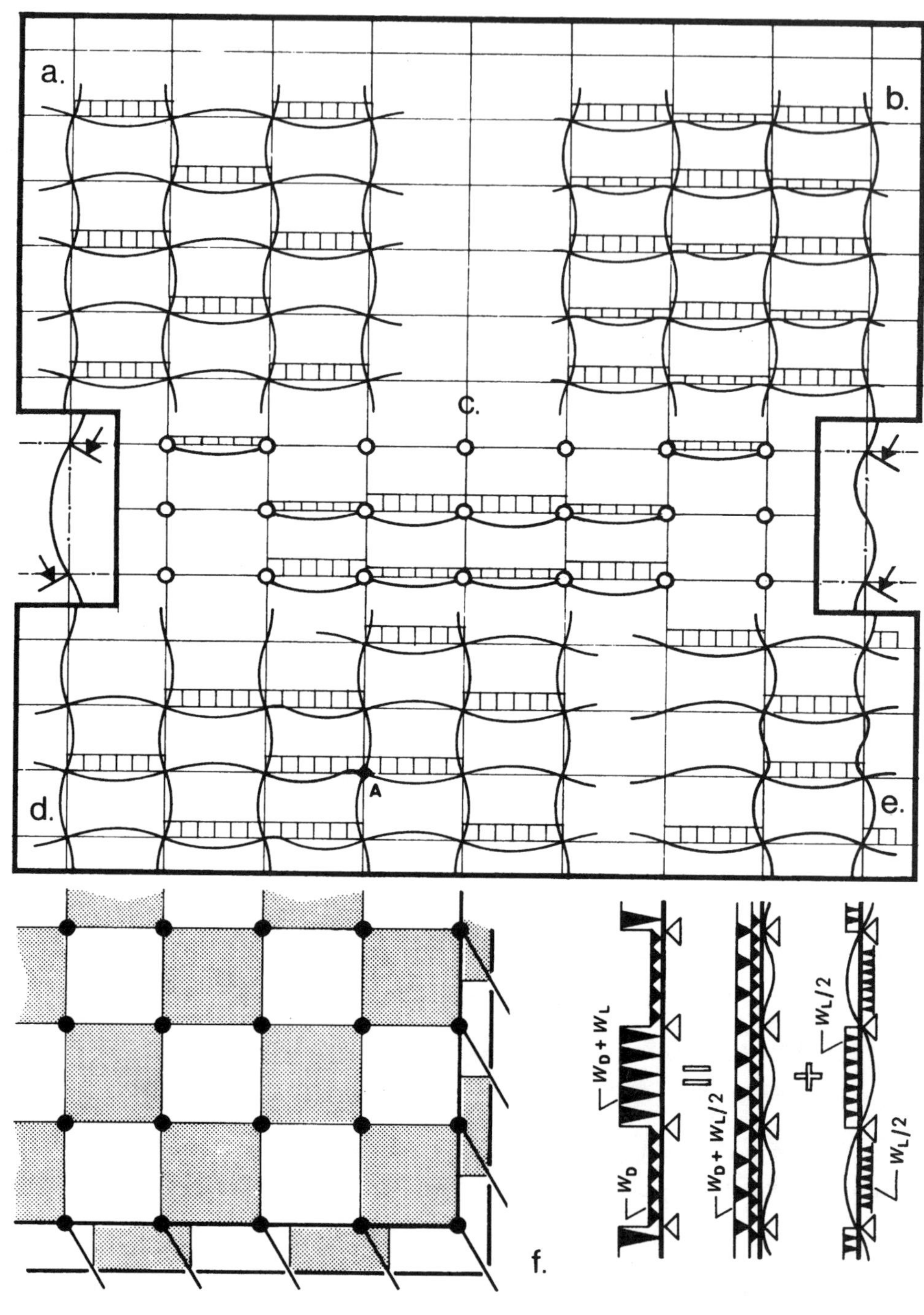

图 3.3　活载位置的最大效应

图 3. 3f 中给出了双向板中产生最大及最小局部弯矩的控制荷载的位置。在这种情况下，读者可通过简单叠加均布荷载 w_D 及作用在隔跨上的荷载 $w_L/2$，$w_D+w_L/2$，相应地，最大局部弯矩等效于简支板状态。忽略抗扭，将方形板看作双向作用，从而最大局部弯矩：

$$M_{max} \approx \frac{w_D + w_L/2}{2}\left(\frac{L^2}{24}\right) + \left(\frac{w_L}{2}\right)\frac{1}{2}\left(\frac{L^2}{8}\right)$$

$$\approx w_D L^2/48 + w_L L^2/24 \approx (w_L + w_D/2)\ L^2/24 \qquad \textbf{(3.3)}$$

在设计建筑芯筒或其他尺寸较大的构件时，也必须考虑活载的布置，例如：尽管轴力减小，活载的非均匀分布将使芯筒弯曲。读者可以推断：对于结构中每一构件的尺寸设计，必须建立各自荷载的影响区域以获得按控制截面设计的条件。

施工荷载

尽管建筑通常按重力荷载和完工后的水平荷载来设计，但部分杆件和开间在施工阶段有可能承受较大的荷载。每家建筑单位都有一套经济的施工步骤，例如：设备和材料通常存贮在建筑的某一块小面积上，这一点在城区尤其适用。在城区只有非常小的可利用的存贮空间，材料通常放在顶层上。此时，须配支撑以分散这部分重量，或者是杆件在设计时考虑到这个起控制作用的集中荷载。另外，某些建筑部位，例如芯筒和框架开间，也许会承受包括爬开塔吊的重力、风荷、起重机的水平和竖向分力、起吊设备等在内的恒载、活载。

防止体积变化的措施也会产生施工荷载，尤其在冬季施工时。多层建筑的上部楼面在控制温度下浇捣，而其余部分暴露在较低的气温之下，当控制温度突降时将会产生不同的运动，从而产生应力。当建筑商在移去支撑结构之前没有保证充分养护时间是混凝土施工的一个较大的问题。混凝土强度随时间而增长，特别是在硬化的初始阶段。但对建筑商而言时间就是金钱，他在混凝土能达到其最小设计强度之前将模板都移走。必须明确的是：混凝土、设备、脚手架和上部楼层工人的重量均由底部楼层来承担，这些重量不能超过底部楼层的设计活载。通常，对于高层建筑每周施工一层的周期，需要两层支撑和一层倒模支撑，但对于诸如公寓楼之类承受较小活载或加快施工周期的建筑，需要支撑更多的楼层。

当施工阶段没有支撑时，对于和混凝土板共同工作的梁必须考虑施工荷载。在这种情况下，梁可不考虑共同工作时的情况来检验施工荷载。另外，在安装及搬运时，用起吊机起吊预应力构件或石板时将比构件和吊板静止时产生更大的应力，这个应力能控制构件的设计。例如，一块实心墙板静止时只受轴向荷载，但水平起吊时类似在自重下弯曲的平板，当板从水平改到竖向起吊时其受力状态也是重要的，自然地，其行为取决于起吊情况，必须给出起吊点的数目和位置。偶然撞击、运输时的振动和工地上的安装也会产生其他类似的应力。

动力荷载

静荷载是静态的，变化缓慢，引起静力挠度，与其相比，动力荷载变化快得多，或者突然产生，引起振动，因此必须引入另一物理量－时间。与建筑静力参数只包括刚度相比，结构的动力参数则包括质量、刚度和阻尼。动力荷载不只是循环荷载－它们可以是突然的冲击荷载，引起短时间内的振动波，如炸药引起的爆炸荷载，音爆或移动荷载如汽车、火车、起重机、电梯等突然改变其速度。它们除了增加更多的周期振动外，作用在支撑结构上的冲击力会引起沿着运动方向的纵向力，或者它作用在弧形结构上引起沿着径向的向心力。振动荷载可能来自于建筑内部或外部。内部来源有电梯、自动扶梯、振动机械、机械设备、吊车等。外部来源有风、地震、噪声、爆炸、打桩和交通体系（如道路、铁路、地铁和桥梁）。

建筑的恒载是静止的，其大小、方向和作用位置都是固定的，因而是产生永久变形的静力荷载，但当它们以运动的方式作用时，由于惯性力会引起动力荷载。相反，活荷载是可移动的，当它们缓慢地作用在结构上（如居住荷载），它们可以认为是静力的（虽然可能需要考虑支撑结构的固有周期），但当它们突然作用或迅速改变则认为是动力荷载并引起建筑振动。行人引起的振动沿竖向墙板，然而风振与地震引起的振动一样主要沿着水平方向，但地震同时可能引起显著的竖向运动。动力作用与静力作用相比引起更大的荷载：作用的周期越短，荷载增加越大。

但这里的问题不仅仅是作用的速率或荷载波动得有多快，同时包括建筑如何反应。结构各自的动力特性由其固有周期来衡量，即结构在没有外力作用下完成一个完全振动过程所需的时间。从物理中我们知道，当体系受到一个振动周期与其本身固有周期相当接近的冲击力作用时，体系中的振动会逐步增加直至其开始共振，如果没有阻力会导致破坏。例如，当士兵们过桥，他们必须打乱步伐以保证不以桥的固有频率行进而导致桥的倒塌。这一振动力称为共振荷载；它们与动力冲击力完全不同，会产生更大的瞬时作用。

典型建筑基本自振周期的范围为：单层建筑 0.1 秒，10 层承重砖墙建筑 0.6 秒，更为柔性的 10 层刚框架建筑 1 秒，20 层刚框架建筑 2 秒，纽约 59 层 Citicorp 建筑 7 秒（如图 7.36），109 层的芝加哥西尔斯大厦 7.6 秒，纽约 110 层世贸中心 10 秒。长跨桥梁的固有周期与细长的高层建筑在同一范围内。

地震荷载突然激烈，主要为短周期（只有几分之一秒）随机的形式，风载与其相比显得比较平和，它逐渐增强至其最大力然后在几秒钟内再减小。风流（紊流）包含的周期范围较宽，因而只受到其中一小部分的激振作用，换句话说，风流的大小和频率变化很大。最激烈的振动具有最大振幅，通常发生在 15 ~ 20 秒或更长的长周期范围内，而振幅小的短周期阵风更常发生，如时间间隔小于 2 秒的风。这里只是针对顺风振动，即振动方向与风的方向一致，而不是针对更为严重的由旋风引起的横风运动，它将在下一节“风荷载”中介绍。相反，对于地震，场地的固有振动周期大致范围为：坚硬土 0.1 秒至软土的 5 秒，在美国重要地区的主导周期为 0.5 ~ 1.0 秒。将建筑的固有周期与激振力的一个周期相比，显然刚性结构在地震作用下进入部分共振状态，而对于具有较大固有周期的柔性巨型摩天大楼可能在较小的风作用下进入部分共振状态。

此外，细长高层建筑具有较长的固有周期，因而对于短周期阵风较敏感；例如，一个 2 秒的阵风对于柔软的高层建筑必须视为是动力荷载而对于低层建筑则为静力荷载。在抗震设计中，场地的基本周期与建筑弹性阶段的基本固有周期有关，由场地-结构共振系数 S 体现（如式（3.23））。

可得到以下结论，当振动源的周期比结构的周期长许多时（即频率低很多）如刚性建筑在风荷载作用下的情况，荷载可认为是静力的。但当振动来源的周期比结构周期短许多（即频率高得多），如爆炸引起的地震波作用以及人们所经历的振动情况，则荷载必须认为是动力荷载并相应引起应力的增大。然而，我们应该记住当荷载变化较慢但其周期与结构固有周期较接近时，也会引起动力情况，如对于一柔性的带有长周期的高层建筑就会引起共振荷载。由于结构的固有周期是一个十分重要的参数，将对其作简单介绍以便帮助读者形成一些动力作用的概念。

在弹性阶段的初步设计中，有时可将一建筑结构简化为单自由度自由振动弹性体系，其中整个建筑的质量堆积在结构顶部并由一无质量的弹簧支撑。这一倒置的摆只有一种运动形式（图3.4）。这种等效单自由度体系对于一层建筑是合理的，其柱的质量（弹簧）与堆积在屋面的质量相比非常小而被忽略；即使是海岸建筑也可视为一巨大的倒置摆。水塔、了望塔和电视发射塔中的井道不是无质量的，这时，质量（在某种程度上）连续的分配代表了更多自由度的体系。在多自由度自由振动体系中，如高层建筑，初步设计时可假定质量和刚度均匀分布并只考虑其基本振型，假定建筑基础为固定端，不会侧移和转动。

在普通的循环荷载下，材料仍处于弹性阶段。然而，如在严重的地震荷载作用下，材料过应力会到非弹性阶段。承受变化荷载的线弹性构件会回到其起始位置，如图3.4d 力-位移图中的直线段所示，相反，由大地震引起的较大的循环荷载会导致相当量的塑性变形；如表示钢结构变形的图3.14d 所示。在加载过程中沿着张拉方向会产生永久变形；假定下降段与初始加载段具有相同的斜率，当反向受压加载并卸载后，会形成一反向弧线。这一荷载循环形成一封闭的应力-应变曲线称为滞回曲线，其中位于滞回曲线内的面积代表了每一次循环以热量、摩擦等消耗的能量。对于一弹性构件，滞回应力-应变关系仅仅是一条直线，其能量先存储起来然后释放出来，使结构沿着反方向运动，类似于弹簧。图3.4d 只显示了一延性结构第一次循环的理想化曲线。最为重要的是各种材料以及构件、连接和结构类型在反复荷载作用下的受力特性。

若后续曲线与第一次循环的曲线紧贴，则表明滞回曲线稳定的，不存在强度退化，换句话说，结构具有较大的能量耗散能力（如刚性钢框架）。相反，退化滞回曲线表明材料的承载力和刚度以及结构体系会随着荷载反复而退化。

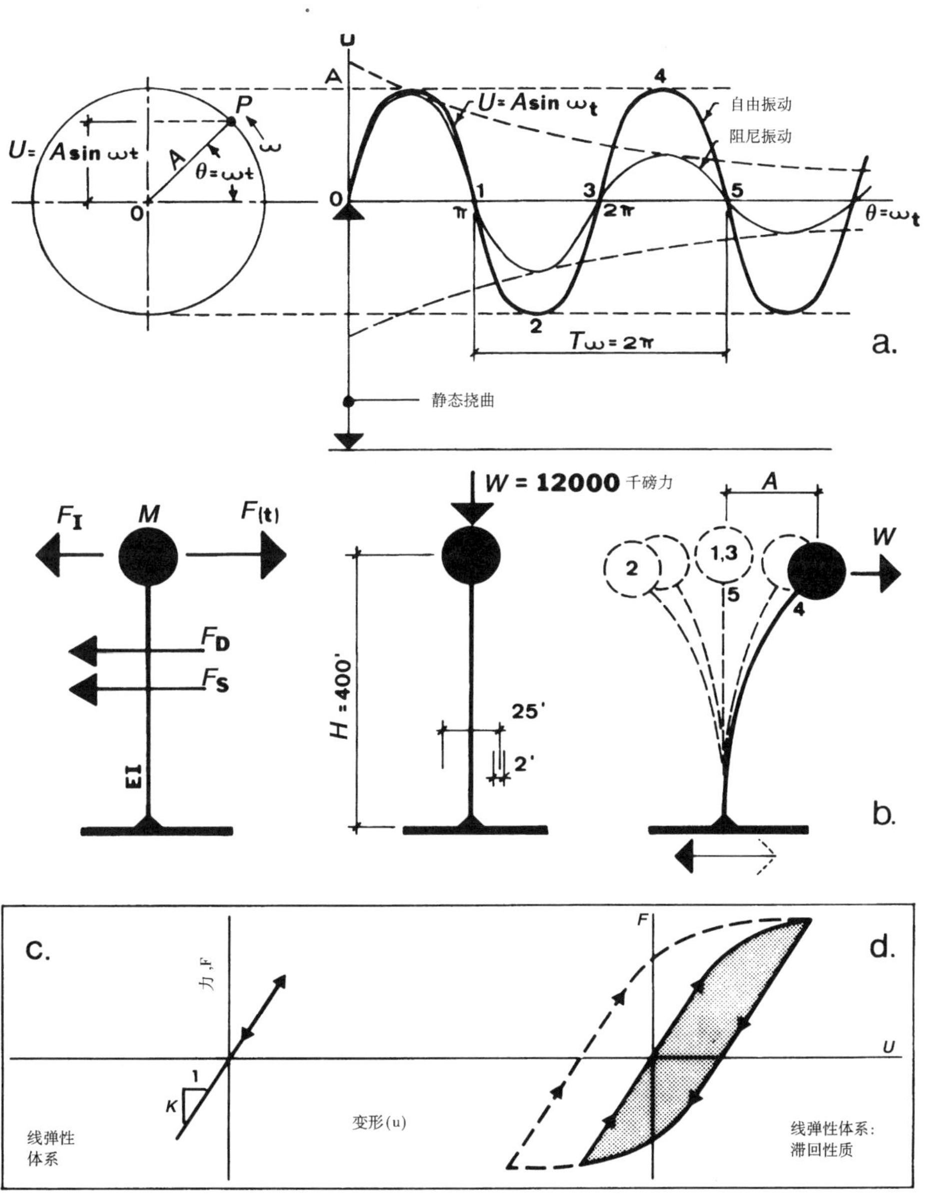

图3.4 周期荷载下单自由度系统的响应

下面研究图 3.4b 中的理想化单自由度弹性体系，其激振力或是直接作用的外部动力荷载（如风荷载），或是等效力（如地震时的地面加速度）。这一动力荷载 $F(t)$ 由下列内部抵抗力平衡：

- 弹性抵抗力（弹簧力）F_s：抵抗变形。其值为

$$F_s = ku \tag{a}$$

  式中 k 为结构的抗侧刚度（如式 5.1），u 为侧向位移。弹性力与相对位移成正比。

- 惯性力 F_i：根据牛顿运动定律等于质量 m 和加速度 a 的乘积。质量是指一个物体内物质的数量，而且是其惯性的衡量标准。伽利略引入了物体抵抗运动变化的趋势称为惯性。将加速度表达成为运动速度 v 的变化率（其中速度 v 等于物体位置 u 改变的速率），得

$$F_i = ma = m(\mathrm{d}v/\mathrm{d}t) = m(\mathrm{d}^2u/\mathrm{d}t^2) \tag{b}$$

- 阻尼力 F_d：抵抗速度变化（即与相对速度成正比），其中 c 为阻尼系数

$$F_d = cv = c(\mathrm{d}u/\mathrm{d}t) \tag{c}$$

因而，图 4.3b 中的运动平衡方程可表达为

$$F_i + F_d + F_s = F(t)$$

$$m(\mathrm{d}^2u/\mathrm{d}t^2) + c(\mathrm{d}u/\mathrm{d}t) + ku = F(t) \tag{3.4}$$

这里所感兴趣的是由自由振动反映出来的结构的基本振动特性（即结构的固有周期），它是在无外力作用下对于初始挠动的反应，就如强迫振动（$F(t)=0$）。保守地，结构可假定为无阻尼系统；已经有人发现在一般情况下，特别是对于作用时间短的荷载，阻尼对振动的固有周期影响不是很大；除此之外，我们只对最大动力反应感兴趣。因此，式（3.4）的运动方程可简化为

$$F_i + F_s = 0$$

$$\mathrm{d}^2u/\mathrm{d}t^2 + (k/m)u = 0 \tag{3.5}$$

这一不同形式的方程表达了简化后的简谐振动，可用正弦和余弦函数表示以一点 P 代表物体沿着圆周运动（图 3.4a），其角速度或圆周频率为常数，该运动可以最为简便

地以正弦振动曲线来描述；任意时刻 t 的角位移 θ 等于 wt。由于圆周上的任意点代表了振动位移的座标，物体的侧向挠度可以速度和最大振幅 A 的函数来表达

$$u = A\ \sin\ \omega t \tag{3.6}$$

对时间求两次导数后得物体在周期运动中的加速度 a

$$d^2u/dt^2 = a = -A\omega^2 \sin\ \omega t \tag{3.7}$$

将式（3.6）和（3.7）带入（3.5），可得无阻尼振动的固有圆频率 ω

$$\omega = \sqrt{(k/m)} \qquad (r/s) \tag{3.8}$$

这时，简谐振动的一个完整波长距离为 $\omega t = 2\pi$；或完成一次圆周运动的振动固有周期 T 为

$$T = 2\pi/\omega = 2\pi\sqrt{m/k} = 2\pi\sqrt{W/kg} \qquad (s) \tag{3.9}$$

用结构的重量 W 和重力加速度 $g = 32.2ft/s^2$ 来表示质量 m，得 $m = W/g$。

振动也可以用时间来描述，即每秒完成圆周振动的次数，即振动固有圆周频率 f，单位为赫兹（Hz），它是固有周期 T 的倒数。

$$f = 1/T \qquad (Hz) \tag{3.10}$$

这些方程表明结构的固有周期取决于质量和刚度。当结构轻（或刚）时，它的固有周期短（或高的频率）。

当 $\sin\omega t = -1$ 时，从式（3.7）的最大位移中可以推出最大加速度 a，即

$$a = A\omega^2 = A\ (k/m)\ = A\ (2\pi f)^2 = A\ (2\pi/T)^2 \tag{3.11}$$

人类对于加速度和加速度的变化较为敏感，这便成为感觉细长高层建筑运动的主要因素。通常，对于 10 年一遇、最大水平加速度在 0.005g 至 0.015g（即 0.05 ~ 0.15m/s^2）之间，人们的感觉是舒适的（如例 3.1）；0.02g 便认为是有干扰的，而 0.05g 则令人感觉不舒适了。从上式可以看出，降低加速度不是一件简单的任务，因为它需要增加结构的质量（可能不可行），或是降低结构频率（即增长周期），或是提供特殊的阻尼系统。若需要使振动幅度 A 降低，则必须使结构刚度增加。然而，当增加结构刚度时，周期缩短而导致加速度增加。换句话说，刚度的增加导致频率以平方增加。减小结构位移，同时又增加频率的方式则对加速度几乎没有影响。此外，应该认识到增加结构质量的同时刚度增加，而且侧向惯性力累积增大。这里，混凝土建筑采用较高的自然阻尼系统有利于降低敏感水平。

例 3.1

纽约的帝国大厦在 80 英里/小时（mph）风速下的挠度为 6.5 英寸，然后相对挠度位置振动 7.2 英寸。因而最大挠度为

$\Delta_{max} = 6.5 + 7.2/2 = 10.1$ 英寸 $\leqslant H/500 = 1248(12)/500 \approx 30$ 英寸（约 76.2cm）

振幅或位移峰值为：$A = 0.5(7.2) = 3.6$ 英寸（约 9.1cm）

计算固有频率为：$f = 0.12\text{Hz}$，

或固有周期为：$T = 1/f = 1/0.12 = 8.33\text{s}$，

或固有圆频率为：$\omega = 2\pi f = 0.24\pi$。

将最大加速度表示成为 g 的分数，其中 $g = 32.2\text{ft/s}^2$，则加速度等于

$$\begin{aligned} a = A\omega^2 &= 3.6(0.24)\pi^2 \\ &= 2.047\text{in/s}^2 = 0.171\text{ft/s}^2 = 0.052\text{m/s}^2 \\ &= 0.171/32.2 = 0.0053\text{g} \end{aligned} \tag{3.11}$$

因而可以认为帝国大厦内的人们几乎不能感觉其在风荷载作用下的运动。

例 3.2

计算一混凝土电视塔的近似固有周期，其距离底部 400 英尺处有一较大顶盖。如图 3.4b 所示，假定一均匀的 25 英尺长圆形井道，带有 2 英尺宽的墙，混凝土的弹性模量为 $E_c = 4000$ 千磅力/英寸^2。所有的质量都集中在顶盖内，以重量表示为 12000 磅力；认为井道无质量。

薄墙圆形井道的近似惯性距为

$$I = \pi R^3 t = \pi(12.5)^3 2 = 12272 \text{ 英尺}^4 (\text{约 } 105.92\text{m}^4)$$

根据式（5.1）竖向悬臂结构的侧向刚度是侧向静挠度 Δ 的函数，其中单位荷载 $P = 1$ 作用在顶部，EI = 常数。

$$k = 1/\Delta = 3EI/H^3$$

将这一弹簧常数带入式（3.9）得到塔的近似固有周期。

$$\begin{aligned} T_1 &= 2\pi\sqrt{W/kg} = 2\pi\sqrt{WH^3/(3EIg)} \\ &= 2\pi\sqrt{12000(400)^3/[3(4000)12^2(12272)32.2} \\ &= 6.66\text{s}, \text{ 或 } f = 1/T = 0.15\text{Hz} \end{aligned} \tag{3.12}$$

对于给定的位移峰值（即振幅）最大惯性力可根据式（3.11）得到，如

$$F_1 = ma = mA\omega^2 = mA\ (2\pi/T)^2$$

若风需要2s的时间达到其峰值时（即假定正弦波线的四分之一），则相应的周期取为。虽然人们不会感到塔的振动，但由于塔的固有周期和风周期之间的差值相对较小，因而应当考虑共振荷载。设计者与其直接增加静荷载（质量），不如考虑降低结构的固有周期，如 $T=5s$，这将导致下列的质量－刚度比

$$m/k = (T/2\pi)^2 = (5/2\pi)^2 = 0.63$$

我们可以得出塔的设计不仅取决于稳态静力风压，还与振动分量有关，以及结构的刚度和质量；阻尼的影响将在后面介绍。

介绍单自由度体系可以使读者对动力分析形成一些概念，然而实际结构很少能用等效质量和无质量弹簧组成的单自由度体系来表示。显然，高层建筑是多自由度体系且具有许多种可能的侧向位移模式，它代表的是分布质量体系。一个连续质量结构为一 n 个自由度体系，然而可以转化为等效堆积质量体系。换句话说，可以转换成多自由度体系，其中质量集中在楼层处而柱和墙的重量与楼板重量相比认为可以忽略。因而，通过将许多独立单自由度体系的作用叠加可以得到每一个集中质量体系的振型。n 层建筑具有 n 个自由度和 n 个互相独立的振型以及 n 个固有周期，因而需要 n 个方程来求解。其动力响应为一系列复杂的振动，需要冗长的计算机运算。然而对于求解重要的第一振型有一种快速方法，特别是具有最长周期的基本（第一）振型。应该记住干扰冲击作用可能与简谐振动不是十分接近，但却在自然界中是随机而不稳定的。

下列给出了一些估算结构固有周期的近似公式。习题3.8以线性方式推导质量和刚度均匀分布的弯曲型结构（如图2.18所示）时固有周期。可以近似估算为

$$T = 2\pi H\sqrt{W/\ (3gk)} = 2\pi H\sqrt{WR/\ (3gM)} \qquad \textbf{(3.13)}$$

这时，根据基于限制位移率（如对于风荷载 $R=\Delta/H=1/500$）的式（2.13），结构刚度为 $k=M/\phi$。

对于竖向单自由度悬臂梁（如图3.4b），式（3.9）中 W/k 的比例可以解释为由地面地震加速度 a 和 W 引起的结构顶部的最大静力位移 Δ：

$$T=2\pi\sqrt{W/kg}=2\pi\sqrt{\Delta/a}$$

然而，地面加速度可以表示成为重力加速度的百分数，g 或 $a=c$（g）、这时，地震系数 C 以及在本章“地震荷载”（同时参阅习题 3.22，$C_1=ZICS$）中讨论到的一些其他系数，叫做 C_1 带入上述方程中，令：$g=32.2$（12）in/s^2：

$$T=0.32\sqrt{\Delta/C_1}$$

由于此周期是基于单自由度体系的振动圆周期，Edward Teal 提出了下列多自由度结构的表达式（Teal，1975）：

$$T_1=0.25\sqrt{\Delta/C_1} \quad (\mathrm{s}) \tag{3.14}$$

通常，在首次计算此公式中采用 2/3 的允许侧移：

$$\Delta=0.67\ (0.005H)\ =0.0033H$$

式（3.13）适用于质量和刚度均匀分布、具有常数直线变形的弯曲型性结构中，一般多层建筑振动响应是极其复杂的。对于建筑固有周期和基本振型的初步估算 UBC 规范给出了下列经验公式：

- 对于 N 层的刚性框架

$$T_1=0.1N \quad （如式（3.22））$$

- 对于其他建筑结构

$$T_1=0.05H/\sqrt{D} \quad （如式（3.21））$$

Teal 公式（3.14）给出了对于矮的刚性框架建筑和高窄斜撑框架更为合理的估算周期公式。式（3.22）也可用于其他高柔结构（如斜撑框架以及筒体结构）的初次估算。

同样重要的是，轻质大跨楼板结构可能对于动力激振敏感，例如人的行走和跳舞引起周期为 0.25 ~0.5s。显然，当楼板体系的固有周期等于 0.2s 或更长时，可能产生共振荷载以及令人讨厌的运动形式。通常认为均布荷载结构为一等效单自由度体系并忽略其质量，可以估算楼板结构振动的固有周期。因此，根据式（3.9），令 $W/k=\Delta$（如习题 3.2），其中最大静力挠度 Δ 为当楼板振动时由静荷载和活荷载引起的：

$$T=2\pi\sqrt{W/kg}=6.3\sqrt{\Delta/g}=0.32\sqrt{\Delta} \quad (\mathrm{s}) \tag{3.15}$$

实际上，0.32 这一系数取决于楼板类型，并且在 0.25 ~ 0.32 范围内变化，通常取 0.29。

对于结构振动较小的情况，只要考虑了由加速度引起的应力集中，常常采用增加静力荷载的简单方法，然而对于大振动情况则必须采用动力分析方法。当构件承受冲击荷载，常常采用在活荷载中引入冲击系数增大活荷载的方法来考虑动力效应，或者采用动力分析来计算最大力。如果没有其他特殊情况，规范规定了采用以下方式来增大荷载或力：

对于电梯支座	100%
对于带有操作室的移动式起重机	25%
支撑大梁及其节点	
对于带有悬挂式操作室的移动式起重机	10%
支撑大梁及其节点	
对于轻型机械设备、井道、发动机的支座，不小于	20%
对于往复式设备或电动单体，不小于	50%
对于支撑楼板和阳台的吊架	33%

为了考虑运动起重机的影响，规范中给出了侧向力作为起重机和所提升荷载重量的百分数。在受到较大冲击荷载和动力荷载的地方，结构承受着引起拉压应力交替的振动，构件经历老化；规范也考虑到了由于反复受力引起的强度下降。

必须控制较大的动力作用，不仅要确定结构设计时所需依据的其最大值，而且要改变振动来源的周期（如发动机），将结构与激振力隔离，增加结构阻尼以及控制结构的质量－刚度比值。增加摩天大楼的刚度是控制振动最为重要的考虑。限制结构振动的阻尼量（如临界阻尼）与质量和刚度的乘积成正比。因而，对一给定建筑，可以通过以下方法减小动力响应：

- 增大刚度
- 增大质量（与阻尼有关）
- 增加阻尼

然而，由于增加结构刚度会导致材料使用的增加，同时也使质量变大，必须寻求其他增加结构阻尼的经济的方法。除了结构材料的自然阻尼外，可采用人工阻尼来控制动力激振力，类似于我们汽车上的吸振器。

自然阻尼包括内部阻尼和其他减小振动的自然方式。内部阻尼是每个结构的特性，并由结构变形激活；它导致振幅延缓（图 3.4a）。它以三种主要形式（磁滞、粘滞和摩擦阻尼）来抵抗运动。磁滞阻尼反应了内部材料在循环荷载下受力状态时形成封闭曲线中所吸收的能量；而粘滞阻尼由流体提供，如空气；摩擦阻尼来源于相邻运动物体之间的摩擦。阻尼的效果取决于建造方式，并且根据其程度按照 2% ~15% 的临界阻尼排序（物体在完成一次完全振动过程之前停止振动所需要的阻尼称为临界阻尼）。在连续整体结构中，如焊接钢框架和现浇混凝土框架，振动主要由其内部材料的摩擦来耗散；在弹性阶段磁滞阻尼相对较小。带裂缝的普通钢筋混凝土比无裂缝的后张拉混凝土或钢材具有更高的阻尼能力。已经发现高层混凝土建筑比钢结构的阻尼高出约 30%！相反，具有许多节点和较大连接面的结构，如板和组合结构以及带有许多附加非结构填充构件（隔墙、外墙、窗等）的建筑，大多由摩擦力抵抗加速度。显然应优先采用高储备结构体系和混合建造方式。

除了材料内部阻尼以外，其他自然阻尼方式包括下列特殊的设计考虑：

- 材料的塑性性能
- 建筑的隔离
- 建筑形式和质地

塑性性能与阻尼相似是因为它也干扰弹性振动。钢筋和延性钢筋混凝土的塑性允许它们以摩擦、热量、开裂等形式在弹性阶段耗散部分能量。延性构造使得在地震作用下控制某些特定构件的能量耗散成为可能，例如，在建筑底部（如图 3.5*a*）的薄弱层、或是偏心桁架连接，钢筋混凝土框架中的柱外塑性铰，开槽墙结构以及通过连梁屈服耗散大部分能量的连肢墙。

在弱层吸收冲击概念中，位于第一层、顶部和底部的柱可能在地震作用下吸振器作用之前屈服。晚期的著名结构工程师，SOM 的法兹勒·康（Fazlur Khan）和硅酸盐水泥协会的马克·芬泰尔（Mark Fintel）于 1969 年发展了这一概念，它允许控制由地震引起的破坏。在这种建造技术中，允许第一层随着地震发生变形而其上部结构保持不变，因而停留在弹性阶段。这一概念首先应用在 1973 年华盛顿，Tacoma 的圣约瑟夫（St. Joseph）医院中（图 3.5a）。设备层中环绕在楼梯和电梯井中心区域的柱在对角受到后张拉预应力索的支撑，柱在地震运动中屈服后，对角支撑有效地吸收能量，将剪力传递到下面的剪力墙中。若结构要偏离中心，预应力索用来拉回结构至中垂线。

为了控制振动由地面传向建筑，例如直接位于建筑下的铁路交通或地震，可将其

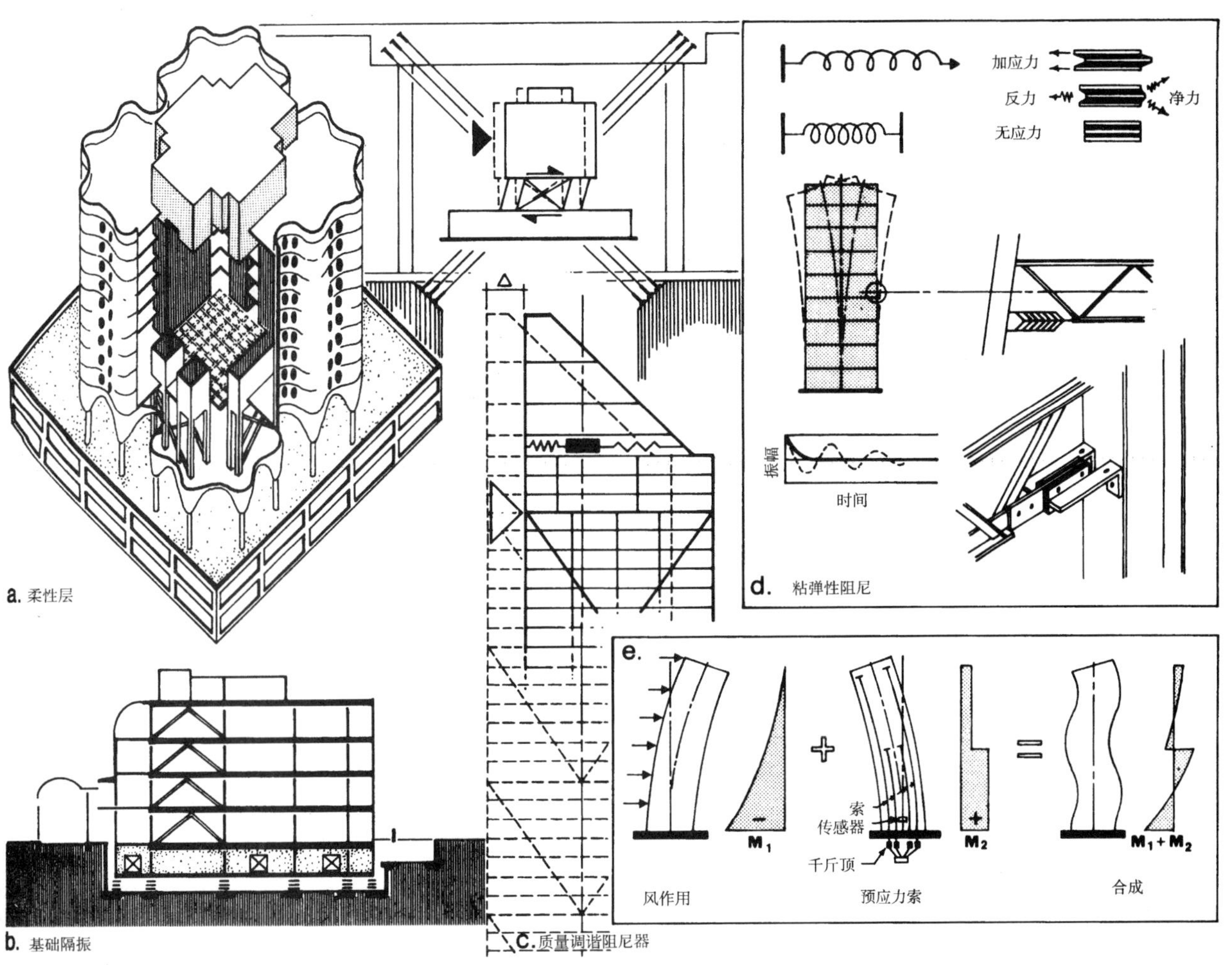

图3.5 用阻尼控制动力

与地面隔离以使其如同一飘移刚体，对于 5～10 层的中高层建筑，其受力性能与机械设备的隔振基础相类似。

在底部固定的结构中地面运动向上传递，可能会引起地面加速度在上部楼层放大，如振动发生在隔离层上，建造在隔离层上的建筑几乎不变形。下列是采用隔离地基所需考虑的要点：

- 柔性：必须允许柔性的软支撑，如在地震作用下的侧向变形（例，弹性支座，滚动支座，滑动支座等）
- 能量耗散：阻尼器必须以粘滞、摩擦和液压装置来控制地面和结构之间的位移。它们改变结构振动的固有周期使之与地面的周期不同，则不会发生放大作用。

而当高兴结构缓慢的来回运动时，隔离器耗散了大部分的地面地震加速度能量。

- 刚度：对于较小的使用荷载，如风荷载和小地震荷载，需要有最小的初始抗侧刚度。已经发展了特殊的弹性材料和机械装置来提供较高的初始刚度，并且在应变增大时软化。

位于加州 San Bernardino 县的 Foothill 社区司法中心（1986）是美国第一座建造在隔离体系上的建筑，该隔离体系由 98 个橡胶和钢承板分层夹板组成，每一个重 1100 磅。基础隔离器位于建筑底部每一钢柱下；它们具有较高的竖向刚度以支撑结构重量；但它们的水平刚度较低，因而可以吸收水平地面地震运动。由于结构如同刚性体一样作用，所以循环运动主要集中在隔离器上，使得建筑的周期远离地震的频率。基础隔离体系是使结构飘移的重要概念，而不是将结构固定在地面上以强迫其不运动。

对于每一座高层建筑，高风速产生的空气动力会引起漩涡，产生天然阻尼。这时，结构外形、立面的材质、斜切角部、开槽、截断开口、悬臂部位等会引起风紊流，反过来可以作为振动的天然阻尼方式。在对大量建筑外形经过空气动力学试验后，匹兹堡的 U. S. Steel 大厦采用了开槽角部和三角形外形（如图 7. 4e）。其他阻尼设计方法包括对结构质量的操纵以及采用拉杆体系连接。

除了结构的天然阻尼以外，有时需要采用人工阻尼体系（类似于关门器和汽车中的吸振器），特别是对于细长的高层摩天大厦可以有效抵抗阵风作用。人工阻尼体系可以分为主动和被动两种形式。

被动阻尼通常基于库仑摩擦（Coulomb friction）、粘滞摩擦或活塞类型的吸振器。在库仑摩擦节点中，相连构件之间的自然干摩擦阻止滑移。摩擦力是常数且只取决于摩擦系数和物体重量。更为普遍的是粘滞阻尼，其摩擦取决于滑移表面流体薄层之间的剪切，将在随后的小节中讨论。

被动阻尼的例子有纽约的世贸中心（1972）和西雅图的 Columbia Seafirst 中心（1985）。在纽约世贸中心内，粘滞阻尼器固定在外露腹板钢节点的底部弦杆端部和相邻的外柱上（图 3. 5d）。如同其名字所提示，粘滞材料既有弹性（如同橡皮板一样会回到起始位置）和粘性（如同液体一样在压力之下有流动的趋势）。粘弹性材料以剪力抵抗外力，它不像弹簧一样储存能量，而将能量转化为热量向四周环境发散。因而，当力释放后，材料不会象弹簧那样向前和向后产生突变，而是缓慢地回到其不受力位置，结构因阻尼不再振动；由于阻尼的响应，阵风在建筑内部散发热量（A. R.，1971）。

76 层的哥伦比亚中心塔（Cloumbia Center tower）中，在一些刚性框架核心的对角支撑上安装了粘弹性阻尼器（由钢夹板和橡胶化的塑料材料组成）。当支撑构件来回运动时，粘弹性材料经历剪切变形，因而耗散能量并减小结构在大风暴中的位移。

现今正在研究几种主动阻尼体系，但实际应用的只有动力被动质量阻尼器，如波士顿的 John Hancock 塔楼（1977）和纽约的 Citicorp 中心（1978）。

在 Citicorp 大厦中，置 410 吨的混凝土质量块于结构顶部，用弹簧阻尼设备在两个主要水平方向与结构连接。质量调节到以结构固有周期一样的周期运动，约为 7 秒。当结构摆动时，质量要保持原位，因为它可以在一几乎没有摩擦的油层上自由飘移，但却会拉伸压缩弹簧（图 3.5c）。弹簧反过来将结构拉伸和推回中心位置。换句话说，调制质量以结构相同的周期振动的趋势，但方向相反，因而有效地抵消和阻挡结构运动。

现在研究一些其他的主动阻尼体系：

- 主动质量冲击阻尼器：这些与调制质量阻尼器相类似，但滑移质量块不与支撑结构连接。
- 主动拉索控制体系：早在 20 世纪 60 年代，法国的 Eugene Freyssinet 和美国的 Lev Zetlin 提出了通过在结构内引入受力索而产生相反方向的变形来控制结构的侧向位移（图 3.5e）。这种方法不需要在结构中增加质量以提供抗侧刚度，而这些质量在 100 年中大多数只吸收一次最大的风速。接近于外立面的钢索在其底部固定在千斤顶。一个感应单元测量风速和方向。这一信息传递到底部可以使千斤顶张拉钢索的控制单元中。则离心张力引入了用来抵消风致弯矩，因而弯矩被平衡而且侧向变形大大减小。钢索中和结构受力边中的拉力值随着风压的大小和方向改变。这一概念与外伸手臂试图提起重物和试图保持其位置时肌肉中的拉伸感觉类似。主动拉索控制同时可以运用到对角支撑体系中。
- 脉冲控制体系：为了降低建筑振动的响应，从桶中喷射出来的压缩空气会在一层或更多层中释放而在短时间内引起抵消侧向力的效果（脉冲）。
- 空气释放体系：由于在建筑迎风面上的正压力会在背风面上引起吸力，可以通过在背风侧释放空气来抵消压力差。因而不仅侧向作用值降低，而且当风速改变允许空气进入负压区域而将建筑推向相反的一侧时，会形成最小振动。
- 附加气动装置：各种类型的翼状可移动附加装置固定在建筑顶部附近，类似于飞机的机翼，并受到感应器的控制。它们可以有效地降低建筑对风荷载的响应。

风荷载

风力是最具破坏性的自然力之一。由于风力不像恒载一样为常数和静止，而大小和方向上以不可预测的方式波动，所以很难预测风力的特征，风的特征受地形（平原、森林、起伏、山区、城市、植被、粗糙度）、结构类型（形状，大小，高度，纹理、柔性、气密性等）和气流特性（空气密度、方向、速度连续程度等）的影响。

龙卷风是最具灾难性的风。在美国，龙卷风主要集中在落基山和阿帕拉其亚山区间，其中心的切向风速可高至500 磅力/英尺^2。建筑被龙卷风侵袭的概率非常小，故建筑通常不考虑抗龙卷风。建筑设计风速为200 英里/小时下具有95%的可靠性，也需要考虑严重的飓风。龙卷风仅影响3 平方英里的较小区域，而飓风却影响几千平方英里的范围，故更具破坏性。飓风主要集中在太平洋海岸，它们不仅风速大而且带来海浪和暴雨。靠进飓风的风眼风力最大，旋转风的曲率半径如此之大以至于可以将其路径看作直线，西太平洋的台风和印度洋、阿拉伯海和澳大亚近海的季节性台风与大西洋和南太平洋地区的飓风行为相近。

早期的大楼能抵抗水平侧移和风所引起的共振，这些建筑的立面由较小开洞的重石、布置紧凑的柱、高质量的框架构件和隔墙组成，从而建筑物刚度、质量很大能提供较高的阻力；除此之外，立面的纹理和许多收进能形成有效的气动阻尼。而现代的玻璃幕墙或高层的面层采用强度更高的材料，大跨梁允许大的开间和轻质可移的隔墙。柔性轻质结构对水平侧移和由台风下产生的振动更加脆弱。风在高层柔性建筑中不仅沿风向上产生共振，在横风向也产生共振。

与建筑表面正交的风荷载与风速直接相关。风速由常平均速度（连续部分）和变化的阵风速度（动力部分）组成。在平均风压下建筑沿风向偏移。在阵风作用下，建筑在偏移的位置上产生振动，这个振动可能比静态位移还大！但是必须强调的是风速随时间作不均匀变化；它时刻变化着。

空气沿地球运动，由于摩擦作用在靠近地球表面的空气速度降低，且近地面的风性能不稳定；尽管城市中平均风速较小，但阵风速度会较大。在建筑物的边界，平均风载随着高度的增加，并为地面粗糙度的函数。如图 3.6 上部所示，周围物体（如地貌和建筑）的相互影响越大，则最大稳恒荷载越大。空气流穿过建筑后，其性能有所改变。风产生偏转，随后和原有的气流再次结合，在迎风面上产生正压，其他面产生负压，如图3.6中矩形和环形井架的平面图所示。建筑须承受风压力。风流的分散程度依赖于建筑形状和其表面性质；平表面会产生明显的风拖曳。对于给定的风向，流线型（如机翼和海豚的侧面）对空气流动的阻力最小。

典型的矩形塔（图3.6左上角）在其上边形成递减运动，从而产生地面的涡流，给行人带来不变。由于风在竖向和水平角落处有所偏转，从而形成一系列涡流和旋涡，或加速流。旋涡与涡流相近，它尽是慢速移动的环向空气流，对建筑物只产生较小的侧移。涡流为方向向上并产生负压的高速气流。涡流在建筑物各方向轮流生成，它们分散后产生很小的压力，从形成方向推建筑并在风横截面方向产生共振（见第二章“建筑荷载”部分）。故强风下柔性塔的最大位移不是在平行风向上而是在垂直风向上；共振振幅不是由阵风产生，而是由涡旋产生。结构的自振频率依赖于结构的柔度、阻力大小、风速和风向。风速高时，结构的自振周期可能与涡流的周期一致，故可能形成共振。匹兹堡的梯形钢结构就削去其边角以生成紊流，从而增大平均阻尼。高层建筑中近年来所采用的减少旋涡的技术是在顶部开些完全垂直的孔以形成紊流，起控制振动的作用，这条概念在达拉斯的56层德克萨斯州商业大厦（1987年建成）中首次采用。

除涡流之外，透流（through - flow）也很重要。麻省理工学院的地球科学家（图3.6左）最初在建筑内开了一条风的通道，从而在地面上产生相应的强风，并使最大压力出现在迎风面的中心而不是由规范假定的在其顶部。风洞试验也证明对于没有开洞的建筑，由于邻近建筑的通道效应，最大压力将出现在其基础上。当空气穿过两栋高层之间的间隔时会产生较高的风速，从而形成文氏管（venturi）效应。所以在规划建筑物时，应使相邻建筑互相保护以减少风载和人行道的风。同时，建筑物须注意朝向以降低风压和减少“根部”荷载。不规则建筑的形状应接近流线圆柱体而不是矩形体以满足规范所规定的允许风压折减。上面的讨论表明风压随着高度的增加并不一定增加，但风压取决于建筑物的性质和其周围的环境的地形。读者可以研究下一图3.6所示的空气流和建筑群间复杂的相互作用，该作用受建筑布局影响。

风力作用下建筑的响应可从不同的角度来探讨。多个面的风力会产生双向弯曲，也可能产生扭转（见图2.14）。对于常见的矩形建筑，主要的风向可分成两部分——与迎风面垂直的部分和形成扭转的部分。尽管具有较大摩擦阻力的房屋立面（例如锯齿

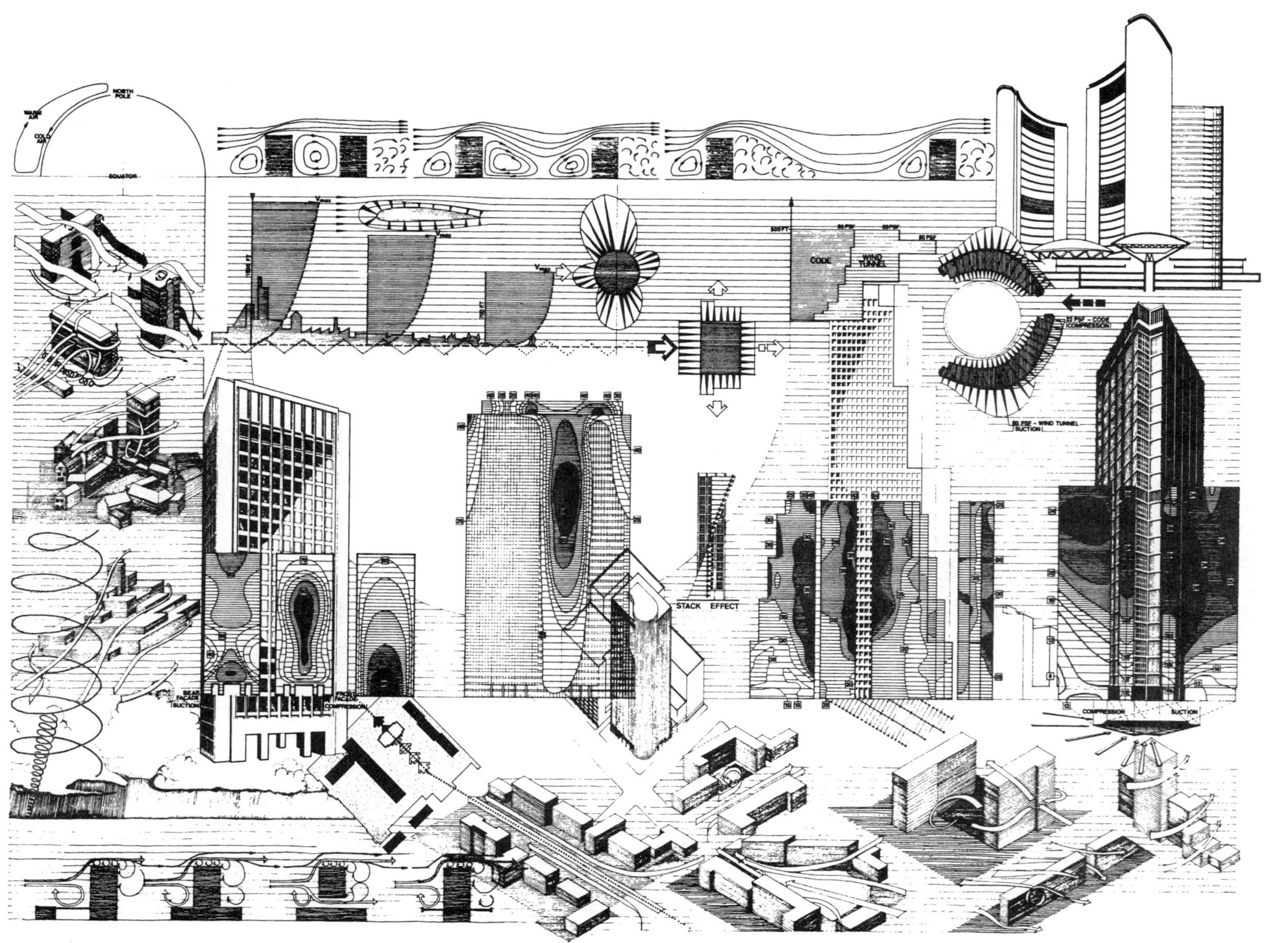

图 3.6　风载因素

NORTH POLE
WARM AIR
COLD AIR
EQUATOR
CODE
WIND TUNNEL
STACK EFFECT
COMPRESSION
SUCTION

面）会产生明显的风曳，由于以非90°角吹向建筑的风将自然耗散，故与迎风面垂直的风非常重要，它控制着建筑物的设计。对于非常规的曲线形结构，比较难预测出易受攻击的角度，在风洞试验中，必须采用许多的探测器来探测不同速度、不同的角度，以确定危险角度。

尽管规范对常见建筑的设计是十分完善的，但对于特殊形状的高层，高宽比大于5的柔性建筑，高度超过400英尺（ft）的建筑，轻质柔性建筑和特殊的观景高层仍有欠缺。对这些建筑，可采用风洞试验或计算机模型来模拟风压分布和建筑物的反应。除了静力特征（压力荷载）之外，还须其他的试验以模拟动态反应，但这需要特殊的模型来复制结构的质量、柔度和自振频率。这里必须提及的是West Ontario大学的Davenport教授。他从19世纪60年代以后就致力于风洞试验的研究，对风工程的发展作出了杰出的贡献。

早在19世纪60年代早期，多伦多市政厅（见图3.6右上）的设计者就意识到尽管用肋板加固的悬壁竖向筒形薄壳能有效减少风载，但非传统的建筑和它们的临近位置使得风力作用变得不可预测。风洞试验表明荷载为规范所规定的四倍；注意超高截面会产生非常规的压力分配。除了较大的风压之外，必须定出起控制作用的风向，应为它能产生最大的扭矩。图3.6所示各种特殊形状建筑的轮廓，明确的证明了立面上复杂的风压，从而有力地证明了规范的假定。

尽管规范对结构的主要受力构件十分完善，但对局部受荷部分，特别是附属部分不很完善。1974年大风吹碎了芝加哥西尔斯大厦和标准石油组织大楼的50多扇窗户。波士顿John Hancock塔楼（1973）玻璃幕墙的损坏同样也是由风荷载产生的。风洞试验表明立面上某些区域的压力为规范规定的3倍。另外，据规范假定靠近基础的荷载也会越大，而非靠近顶部。故从底到顶，玻璃厚度应增加而非减少。试验所得出的风力图可作为玻璃幕墙设计的基础。与风向不同的尖角处的压力必须特别留心，它可能是中心墙荷载的两倍，故在边界需要更厚的玻璃。下面将简要讨论沿风向规范对水平荷载的规定。

按照丹尼尔·贝尔努利（Daniel Bernoulli）（1700－1782）的理论，对于速度为V的连续空气流，作用于刚性物体上的局部动压力q与速度的平方有关，即

$$q = \frac{1}{2}\rho V^2 \tag{a}$$

其中空气密度ρ为空气重量除以重力加速度$g=32.2$英尺/秒^2。对于海平面上，气温为15°的标准情况，空气重0.0756磅/英尺^3，故可推出风速（英里/小时）相对应的值（见公式4.2，ANSI A58.1－1982）。所以公式（a）可用速度V（英里/小时）来表示为：

$$q=0.00256V^2\ (\text{磅/英尺}^2) \tag{b}$$

值得注意的是空气密度与其位置、高度、时间和天气有关；若各自的气候参为已知，可推导出不同的数字参数。美国气象局所记录的年基本最大风速V（英里/小时）为30英尺，这个值建立在1、25、50及100年的平均发生间隔之上的。通常，公式（3.7）中可采用平均发生周期为50年的风速，若要使破坏发生的可能性较小，可用周期为100年的最大风速。注意公式（3.7）中的风速在迈阿密最高，随后在纽约、芝加哥和洛杉矶逐步减小，例如迈阿密的风载是休斯顿的2倍、芝加哥的4倍。

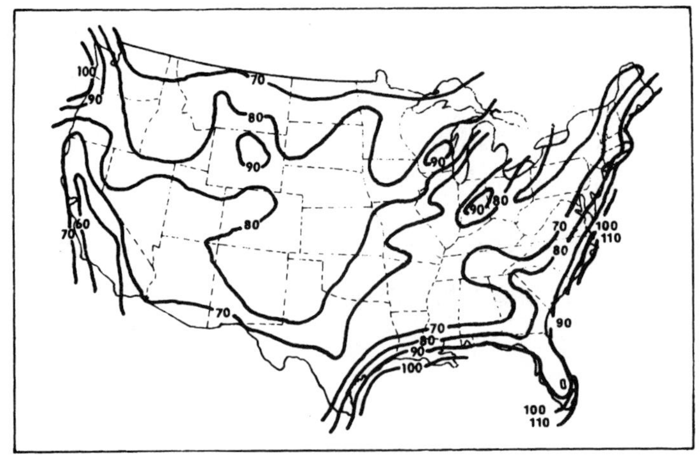

图3.7 地面30英尺以上风速图（每小时英里）

据美国国家标准协会规定：建筑物和其他结构的最小设计荷载，动压力转化为考虑建筑外露条件后高度 z 处的速度压力（磅力/英尺^2）：

$$q_z = 0.00256K_z \ (IV)^2 \tag{c}$$

对高于 15 英尺的建筑，速度压力系数

$$K_z = 2.58 \ (z/z_g)^{2/\alpha} \tag{d}$$

该公式表明风速随高度按幂次增加。ANSI A58.1 表明了主要抗风建筑体系的四个分区，反映了表面粗糙程度（地形、植被和其他人工物体）对风速的影响，它们分别为：

- A（大城市中心，$\alpha = 3.0$，$z_g = 1500$ 英尺）
- B（郊区，森林，$\alpha = 4.5$，$z_g = 1200$ 英尺）
- C（平坦，开阔的乡村，$\alpha = 7.0$，$z_g = 900$ 英尺）
- D（平坦，无障碍物的海岸，$\alpha = 10.0$，$z_g = 700$ 英尺）

其中 z_g 是地面摩擦不影响风速的海拔，即梯度高度，α 为幂指数。

对于本文中的设计例题，场地通常满足 C 条件，故公式（d）可变为：

$$K_z = 2.58 \ (z/900)^{2/7} \approx \ (z/30)^{2/7} \tag{e}$$

公式 c 中的重要系数 I 将风速调整至年超出概率，它反映了海岸和内河地区最大风速出现概率的不同；系数 I 与建筑所处环境有关——其范围在 0.95 ~ 1.11 之间。本文中，规定距海岸 100 英里的内陆地区 I 类型建筑，$I = 1$，故公式（c）、（e）可合并并简化为：

$$q_z = 0.00256V^2 \ (z/30)^{2/7} \tag{f}$$

该公式是由 SBC 规范考虑 100 年一遇的风速后推出的。必须提醒的是：对平坦、无阻碍的海岸地区速度压力须增大；对郊区，速度力须减小；在城区，由于相邻建筑会产生较高的阵风和通道效应，故压力增加。

到目前为止，仅涉及到对刚性、不能移动的建筑的局部压力。事实上，空气流并非一下子就会吹过来，而且当穿过建筑后，与其原来的方向有所偏移。到现在为止，没有考虑建筑物本身对风压力分布的影响，这明显不对。当风吹向一栋建筑时，建筑的形状，大小、材料、开洞和柔性对压力分布的大小有影响。建筑物可看作浸在流水中，流动方式的改变也会使速度压力改变。建筑会受常见的横向力作用，横向作用由侧举力产生，例如常见的在翼形板上的提升作用。因为建筑物在气流方向受拉，故常见的风力也可称为拉力；常见的风力主要通过直接的常压力形成，即可通过迎风面上的正压力和背方面的负压力，及与建筑的表面摩擦力来决定。建筑所受的拉力可由外压力系数 c_p 来定义，对诸如格构框架、开口结构、烟囱、桁式塔、桁式桅杆等，由其形状系数 c_f 来定义。主要受力结构的外压力系数表示建筑投影载面上的平均风荷载；而非受力构件部分上的局部外压力系数（为每平方英尺上的力）。负压力系数代表着负压，正压力系数代表正压。这些系数由不同的建筑类型、立面和风向来决定，在各种规范和 ANSI A58.1 中可查。

不论建筑比例，一栋平屋顶矩形建筑迎风墙上的压力系数为 0.8，依其平面尺寸，后墙的负压系数在 -0.5 ~ -0.2 之间。大多数的规范对常见的矩形截面建筑给出 0.8 +0.5 =1.3 的系数，这是考虑结构综合设计后正压和负压叠加后的值。同样，对六边或八边柱的设计，最终的风压系数为 1.0，对圆形或椭圆柱，其系数为 0.8。对于阵风，不起控制作用的水平受力的结构，速度压力公式（f）转变为等效平均静风压力为：

$$p_z = q_z G_h C_p \approx q_z C_p \tag{3.16}$$

高层弯曲型性建筑对仅持续 1 ~2 秒的阵风非常敏感。故并不由在 35 ~60s 内的最大速度（70 ~120 英里/小时）的风来控制其设计，应为阵风速度来控制。在公式（3.16）中，阵风反应系数 G_h 代表由于风紊流和柔性建筑的动力效应放大的附加力，而不包括偏转、涡流、急振、驰泻等的影响。对阵风反映系数的表达非常复杂，超过了本文的介绍范围；读者可参阅 ANSI A58.1 作进一步的深化。该系数与风和建筑的动力特性有关，即与平行风向的基本周期和阻尼特征有关；它取决于建筑尺寸、大小、形状和表面粗糙程度和场地条件。通常场地条件 A 比场地条件 C 产生更大的风紊流，从而需要更大的阵风影响系数。据规范，当建筑物刚度较小和高宽比大于 5，且高度大于 400 英尺，或因于其他原因建筑易在风载下产生共振时，它对动力影响比较敏感。对于常见的刚度较大的普通建筑物的设计，紊流现象可以忽略，尤其是对开阔地带采用较大的风压力值时。

ANSI A58.1 对风荷载分析采用比例化方法重构风和结构的共同作用，但大多数规范不采用。常用的方法是将速度压力乘以相应力的压力系数 C_p 来获得风压。例如由公式（f）和式（3.16）在常见的矩形截面采用平均压力系数 C_p，则有效设计压力为：

$$p_z = q_z C_p = 0.00256 C_p V^2 \ (z/30)^{2/7}$$
$$= 0.00333 V^2 \ (z/30)^{2/7} \qquad (\mathbf{3.17})$$

图3.8中列出了美国内河区域常见的最大风速为70英里/小时和80英里/小时下的情况。例如，对于高度为201～300英尺的情况，采用平均高度250英尺，则70英里/小时风速下的风压力为：

$$P_{250} = 0.00333 \ (70)^2 \ (250/30)^{2/7} = 29.90 \text{ 磅力/英尺}^2 \ (\text{约 } 1435.80\text{N/m}^2)$$

尽管沿建筑高度与竖直面正交的风压力分布是非常重要的，但从其他方向而来的

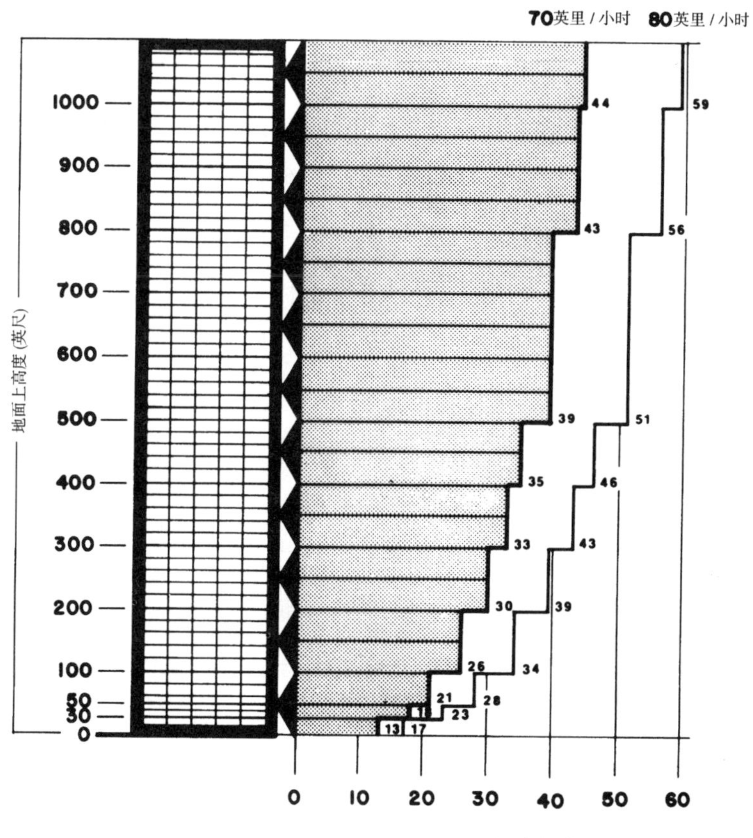

图3.8 规范典型风压分布

风作用仍需验正。例如，加拿大规范规定在每个立面上同时有75%的风同时作用，这相当于沿两个主轴方向将轴向分力分解71%（如（$P/\sqrt{2}$）100%）。

对平面为六边形成或八边形的建筑，需用到其投影面积（见图2.8），图3.8中的值需乘以0.8；同时，对于平面呈圆形或椭圆形的建筑，图3.8中的值需乘以0.6，建筑形状是必要的考虑因素；矩形建筑受力为圆形建筑的2倍。

在悬壁角落边的墙受到的局部风压可能会比整栋结构设计时的平均风压大，而且在给定高度处它们并不均匀，这在图3.8中风压轮廓图中的同心方式是一致的。这一点对于次要构件的设计非常重要，例如涂层和上光层，它们将所受的风载传至主要抗风体系之中，在这种情况下，阵风系数必须同时考虑局部效应和共振荷载。覆层的自振周期通常小于0.2s，比阵风周期小，故覆层可用等效静载来设计。除了外部风压之外，必须记住建筑并非全都气密；墙具有透气性，且窗户能开放。故空气能穿过建筑，就像空调中的空气流动一样，此时对于幕墙和其他构件的设计须考虑空气产生的内压。内部风压可同外部风力一样确定，即用速度压力乘上内压力系数来得到。规范中已给出不同情况下的内压系数；考虑内压力时，可忽略阵风系数。内压有类似气球的性能，即迎风面上有向外的压力，背风面或侧墙有开口时会产生向里的压力。当迎风面及背风面均有30%的开洞时，每片墙均可看作分别敞边，故内压力可看作与外压力相等。在有固定玻璃窗的高层，特别是建在寒冷地区的高层，内外的压力差会使空气从压力高的面积移至压力低的面积，直至压力趋向平衡；这就造成迎风面上的空气渗入和背风面上空气流出。但压力差不仅由风产生，而且可由气温差形成，或由所谓的烟囱效应和风扇效应形成。由温差产生的压力大小（当室外比室内冷时），与堆叠的高度成正比；因此，这种热气流的浮力是高层建筑中特有的现象，这种现象对超高层建筑显得尤其重要，在高层中，这种热气流就像烟道一样将风从底部楼层向上拖动。至于烟囱摆动，在冬季，空气随气温升高而上升，使得上部楼层空气膨胀并且从下部楼层外所吸收的冷空气收缩。这就产生了高速度的空气流并使上部楼层背风面上向外的正压增加，并在下部楼层中产生负压。空气沿阻力最小的路径运动，特别是在与通风井性能相近的结构中（如楼梯间的支撑墙、电梯梯井和机械井道）。空气流通过密封井道中的立面墙、所有的开洞、超高层中的水平分隔墙及用建筑的双重入口而形成。在夏季，空气流产生相似的压力，但风流向相反。由于风扇效应产生的向外的压力对围护结构来说是均匀的，在增压高层中，由于竖向空气循环和空调设备产生的“堆叠效应”会使建筑内压力增加5磅力/英尺^2；此时内部压力的真实值仍然处于早期发展阶段。对于一般荷载条件的幕墙和外板的初步设计，可采用图 3.8 中的风压力值。

无论在室内还是室外，人对风的抵抗能力已成为高层设计的一个重要的考虑因素。建筑结构必须承担的水平侧移和共振应控制在人们能接受的限度之内；除了建筑强度之外，还须考虑建筑的刚度和阻尼。一些建筑中的居民已经经历了由于侧移造成的“运动病”；人们感觉到建筑在移动和扭转。人类对加速度而非位移或速度非常敏感。在有些高层饭店中，由于风力作用，酒受到搅拌而沉淀以至变得不透明。风力还会对机械设备造成损坏。振动的电梯、电梯撞击梯井、窗边的漏洞有时会产生噪声。建筑周围也可能产生不悦耳的哨声。纽约城中部分 40～50 层的高楼的水平侧移、扭转和楼板侧斜已使人不可能在办公桌边工作；在风暴季节雇员们通常不得不停工。高层外面的奇怪事件会使居民和邻居产生不适和烦恼。局部风特征的变化，如涡流形成的建筑尾迹、撕破晾晒的衣物、损坏的花园、扭坏敞开的车门、抛散的杂物等。因为建筑立面上的风紊流，在一些建筑中发现，除了平静的日子之外根本不能使用阳台。更糟的是，窗户有可能被吹碎从而对行人产生严重伤害甚至死亡，有关这方面的例子很多。重要是要认识到在当今高层设计中人的忍受能力和在建筑中的活动是值得关注。

地震作用

地震是最具破坏力的自然力之一；中国 1556 年发生的西安大地震造成 830000 人的死亡，还有许多更具破坏性的地震。地震通常突然发生，没有任何预兆，只需 10～20 秒就可将城市变为废墟，使岛屿消失，使河流改向并产生新的陆地和河流。美国的建筑设计师通常自动的将地震和加利福利亚，阿拉斯加联系起来。他们并没意识到查尔斯顿，南加州（1886）和靠近孟菲斯（1811，1812）的新马德里密苏里地震与旧金山的大地震规模一样，而且 1/3 的美国人居住在地震频发区域。不仅洛杉矶、旧金山（1906），而且布法罗、普罗维登斯、波士顿、查尔斯顿、孟菲斯、圣路易斯、盐湖城、西雅图和安克雷奇等大都市地区都是地震易发区域。在世界其他部分，例如环太平洋、喜马拉马山脉（如中国和印度）和伊朗也是地震多发区域，设计者必须熟悉地震所带来的影响，从而使所设计的建筑能抗震和保护生命。

根据板块漂移理论，地壳由浮在地球表面的不同的板块组成。每块板每年移动几英寸。在板块相交点，每块板块都想滑过对方。例如沿圣安德雷斯断层，太平洋板块和北美板块以不同的速度向西北向移动。若在某处板块被阻止移动，例如受摩擦或互相冲撞，则板块内会贮存弹性形变直到材料不能抵抗形变为止。当应变超过极限时，板块就会撕裂或滑移，这就传导致地壳的分裂，形成断层。这种应变能释放会导致从震源在各个方向穿过地壳或沿地表高速传播的复杂振动，以不同的速度在不同的实践周期达到建筑物，（图 3.9）。比较典型的地震波形式为纵向 P 波，P 波压缩土地和在横向前后来移动建筑基础。随后较慢的横向 S 波在与传播方向垂直的平面内振动，它使建筑物上下移动，而且使建筑以适当的角度与 P 波从一边到另一边移动。P 波和 S 波是主波，它们从地球内部穿过。只有压缩波可能穿过气体和液体。相反，没有竖向运动的 Q 波和在竖向和水平上均有振动的 R 波，沿地壳传播上的相对速度较慢的平面波。与低频率，长周期波相反，由于地震波远离其发源地，故其高频部分易于衰退，故短周期低层和大体积建筑在震中附近更易受影响，长周期高更易受从远处传来的低频波的影响。当然将地震波传到地面所经历路径的地质状况影响地震波的性能。通常，地震的最具破坏性的部分集中在 10～20s 内。

地震可以分为近震和远震。近震靠近震源，故对区部地区影响较大。远震的影响范围大。大多数地震主要沿板块边界产生，落基山东部的地震却发生在板块中间的地球的深处，它们并不沿断层发生；故此时覆盖层、砂和泥的重量挤压土。例如马德里东南及密苏里州是常发地震带，它位于在一个称为马德里断层的古地下裂面处，但是，由于更古的断层的地质降低了快波的传递速度，故振动波反而比西边的波传得远，从而其影响范围也大，故其性破坏也大。近年发现加里佛利亚不仅存在有表面断层，而且在地表下有 4～10 英里的断层，这些断层虽没将地壳折断但结成衣褶皱和小山。

大部分的地震属构造性的，但是火山爆发或岩浆的地下运动也能形成地震。除了构造和火山地震之外，还有人工地震，例如，由于地下核爆炸和修建大型水库。地震对建筑产生的破坏主要有：

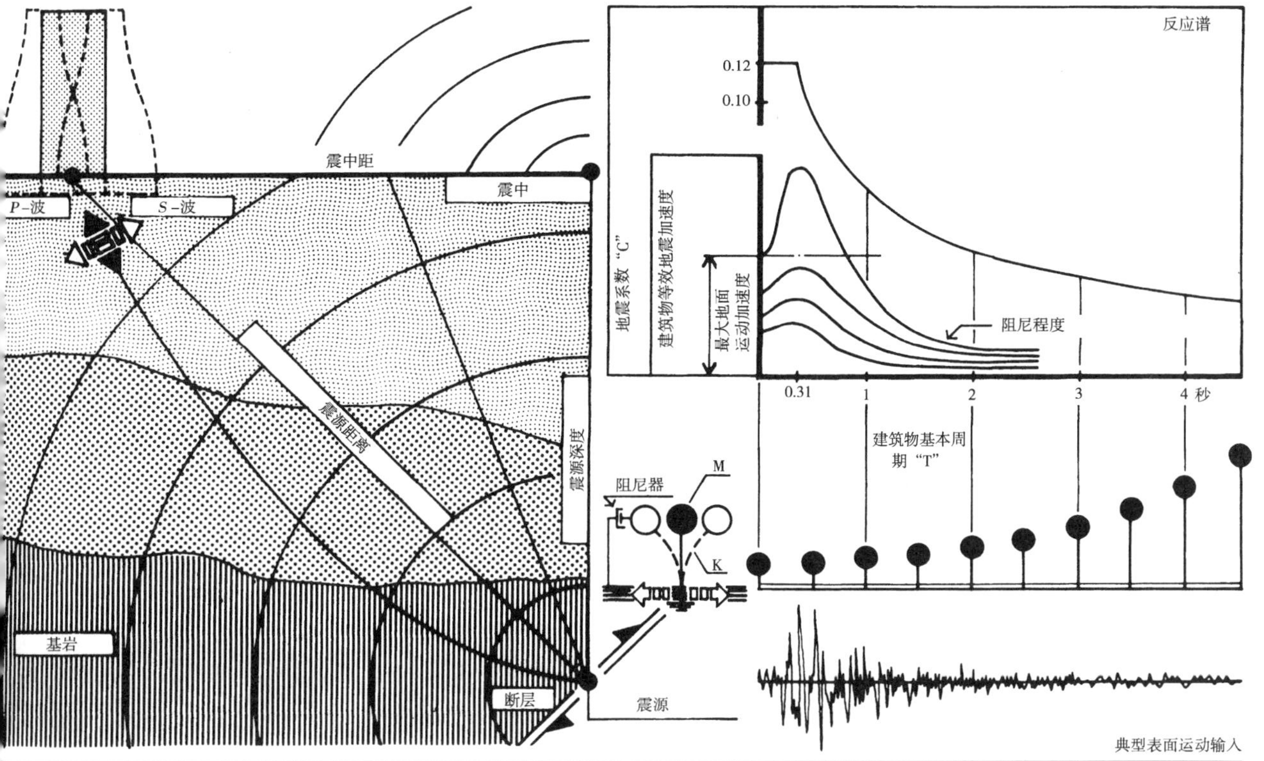

图3.9 地震作用

- 断层区的地面断裂
- 地面滑移形成地表破坏。此时没有地面断裂，地面水平和竖向运动：泥土滑塌，地面沉陷：地面振动使土液化而使土丧失承载力（液化时饱和土由于水压力从固体转化成液体状）
- 海啸，它是由于海地地壳突然错位而形成的大海浪
- 大地震动：它的影响与施放能量的大小、位置、持续时间、现场地质和建筑功能有关

地震还能带来诸于火灾、疾病、爆炸，水灾和经济和社会的混乱。

因为建筑底下的断层变化概率非常小，以下的讨论将把大震作为抗震设计的主要目标。由于地震发生的偶然性，对地震作用的设计不能仅认为是一门精确的工程学科，一些工程师甚至认为它是一门艺术。设计是建立在假设基础上而不是精确的数据上的，对地面运动和建筑物在三维上的反映的预制是不可能精确的。

美国拥有系列分散在地震区的地震观测站记录地震的历史以预测地震的发生。在这些观测站中有地震仪，强震加速度记录仪和倾斜仪。观测网可以定位地震中心，即震中深度。这些观测网还决录震波强度最大的点，观测网通常布置在远离震中的断层处。地震的等级由地震仪来计算，地震仪记录地面运动的放映，其做出的 Z 形线来放映振动不同的振幅。在中国不仅用地震仪来预测地震的来临，而且也通过动物的异常行为来预测。

地震可据其释放的能量或其强度来划分。由加州工学院查尔斯 · F · 里查特（Charles F. Richter）在 1935 年发明的里氏等级是一种测量震中释放能量的方法。它在 Cogarithmic 等级的基础上将地震划分为 3 ~ 9 级，每增加一级代表地震释放为前一级的 32 倍。将广岛原子弹释放的能量用里氏等级来表示为 6.4 级，与 1964 年阿拉斯加的 8.4 级大地震相比，可以看出地震多释放约 1000（32 × 32）倍的能量，1906 年圣弗朗西哥大地震为 8.25 级，1812 年新马里兰地震为 8.2 级。震级大于 6 级的可认为严重地震，4 ~ 5 级地震为中震，大于 8 级的地震为特大地震。1976 年中国唐山大地震中，约有 2 千 5 百万人丧生。里氏等级没有考虑震后影响。位于人口密集区域的 6 级地震可能比位于人口稀少区域的 8 级地震破坏性更大。1988 年美国 6.9 级地震的死亡人数约为 1985 年墨西哥 8.1 级地震 10000 死亡人口的六倍。

地震烈度表（MMI）最初由 G · 墨考利（Guiseppe Mercalli）（1850 – 1914）针对意大利的情况发明，而后由 H · O · 伍德（H. O. Wood）和 F · 纽曼（F. Neumann）在 1913 年修改为适用于美国。这种方法具有主观性，它根据 12 级强度来描叙地震所带来的破坏。地震分布图（见图 3.10）由标准建筑规范（UBC）采用，它与 MMI 等级一致。建筑应该在小震下不损坏，中震时没有结构破坏，但允许非结构构件破坏：大震时不倒塌，但结构和非结构件允许损坏。

为简化，复杂的、随机的地震可看作是前后的水平运动。因为竖向建筑已按重力控制来设计，故可忽略竖向震动。由于地震时，大地在水平方向突然加速，使得建筑基础同时加速而上部却不能同时加速，故而产生水平的惯性力。这种现象与坐车时突然加速或电梯突然加速时的感觉类似。假定建筑物和基础均为刚性，忽略结构的性能和激振运动的特殊特征（包括场地地质各件的影响），故建筑物的加速度等于地面加速度，据牛顿第二定律，水平惯性力等于质量 M 和地面加速度 a 的乘积，质量等于建筑物重 W 除以重力加速度 $g=32.2$ 英尺/秒^2。

$$F=Ma=W\left(a/g\right)=Wc \tag{2.10}$$

令 $a/g=c$（地震影响系数），则地面加速度可用重力 g 加速度来表示：$a=c\,(g)$。例如，0.2g 的地面加速度为 0.2（32）=6.4 英尺/秒^2，或水平惯性力等于建筑物自重的 20%。对于中震，地面加速度在 0.2～0.39 之间，对严重地震，地面加速度大于 0.49。

为了得到惯性力的大小，我们假定建筑物为刚性，而像海中的船一样摇动和举起（这一点明显不对）。建筑的惯性要阻止地面运动，故建筑产生形变，所以建筑刚度参与作用；基础的振动会产生一系列复杂的共振。但是可以发现多层建筑的弹性反应由第一振型决定，故初步设计中可将建筑物看成单自由度体系或悬臂钟摆。为了估计建筑刚度对其水平惯性力或加速度的影响，可将刚度随高度降低建筑看作倒钟摆（见图 3.9 右），每种情况均可看成有效荷载，钟摆高度的增加表明建筑柔性和周期的增加，其中周期为建筑来回摆动和完成一个周期的自由振动所需时间。所选的钟摆模型表明低层建筑的基本周期在 0.1～0.4s 之间，高层建筑的周期为 1～3s，以上这些值包括了平均阻尼。结构可看作按线性反应（尽管某些构件在压力下可能达到塑性，从而产生不可恢复的变形和作非线性反应）。

摆锤与可移基础相连，在地面加速度下前后振动，这个加速度值是通过实际或模拟地震加速度谱获得的最大值。美国通常采用的记录是 1940 年 EL Centro 地震，其最大加速度为 0.3g，若要清楚每栋建筑物的最大反应（如加速度，绝对位移或水平惯性力），对于给定的地震运动可以采用反应谱法。每块场地均有自己的反应谱。图（3.9）所示的反应谱（用 VBC 公式（12－2）（1985 年版）或公式（3.19）中可推出的自振周期来表示地震系数 C）为建筑基频的函数。从反应谱中得出如下结论：

- 刚性建筑与地面一起运动，且比产生挠曲，其加速度等于地面加速度。
- 自振周期为0.3s左右的建筑的水平加速度比地面加速度大。此时土壤周期与建筑周期一致，故理论上若没有阻力就会产生共振。换句话说，地面运动通过穿过建筑而得到放大，从而使建筑的加速度远远大于地面加速度。
- 自振周期大于1.4s的柔性建筑的水平加速度小于地面加速度。这明显表明对于短时间地震采用高且柔的结构是有利的，但是，这种强度的波出现在地震几秒，随后波的周期与建筑物周期接近，会更加危险。

据VBC可得周期长的柔性结构比短周期的刚性建筑的水平力要小。

建筑的阻尼量取决于建筑消耗能量的程度。例如，通过摩擦将能量转化为热，摩擦是由建筑构件间连接形式、材料类型和装修情况决定的。不同的阻尼情况形成不同的反应谱，但它们的波形却是相同的，高阻尼产生的加速度小，形成平滑的曲线（见图3.9）。

在反应谱中仅根据多层的自振周期将其看成一单自由度体系的假定太过简化，特别是对于柔性结构。可将高层结构看成在每层高度处有集中质量的竖直柱（见图3.11），其中每层的集中质量为楼板和该层中的柱、墙和隔墙的质量之和。当质量块、多自由度体受地面振动激励影响时，就会形成不同类型的运动模式和相应的变形。有多种自由度（即破坏形式），每种形式均有其相应的自振周期。但是，对于刚性多层，第一或基本周期起控制作用；对于柔性结构，基本周期影响也最大。

主要的建筑规范均采用反应谱原则，反应谱形状由UBC（1985年编辑）给出。在数学上用地震系数C来定义。图3.9中，地震系数C在考虑基础效应可能增加的情况下，乘上了土层状态系数S。

除此之外，对严重地震还需考虑材料性能。在扭压重复周期荷载作用下，一些构件（次梁，主梁）会发生弹塑性变形，其应力应变曲线会有滞回环。在这种情况下，韧性钢的承载力不会折减，而脆性材料则相反，其承载力迅速消退，并很快发生破坏。

规范通过考虑建筑总重，用基本周期表示的建筑动力特性，地震分布区，结构形式，现场地质条件，建筑物的重要性来进一步修正公式（2.10）。值得一提的是，除非建筑物是常规形状和有合理的平均刚度，否则对建筑物的动力分析是必要的，故常规结构最小水平力可据等效基本剪力来表示如下：

$$V = ZIKCSW \tag{3.18}$$

式中 V——基础处总水平力或剪力；

Z——地震发生区系数（见地震区分布图，图 3.10）

在 0 地区（无危险） $Z=0$；

在 1 地区（小危险） $Z=3116$；

在 2 地区（中等危险） $Z=318$；

在 3 地区（大危险） $Z=314$；

在 4 地区（大危险，接近于（）） $Z=1$；

I——重要系数：对诸如医院和消防局等必要设施 $I=1.5$；

对一间房屋有 300 人以上的建筑 $I=1.25$；

其他情况下 $I=1.00$；

K——建筑物类型系数（见表 3.4）；

C——地震系数（公式（3.19））；

S——土壤结构相互作用系数，由公式 3.23 或以下情况决定：

对类岩石组成或岩石层上小于 200 英尺高的硬土层：$S=1.0$；

对深粘土层或岩石层大于 200 英尺高的硬土层：$S=1.2$；

对弱土中硬土及高大于 30 英尺的砂土层或未明土壤状况：$S=1.5$；

W——恒活载荷载组合值。

地震影响系数为：

$$C = \frac{1}{15\sqrt{T}} \leqslant 0.12 \quad 或 \quad T \geqslant 0.3\text{s} \tag{3.19}$$

$$CS \leqslant 0.14 \tag{3.20}$$

公式（3.19）中，基本周期 T 单位为秒，T 值须通过复杂的方法来计算或测得，在初步设计时 并不知道 T 值。在对许多已建建筑测量的基础上可用如下的估计式：

$$T = \frac{0.05h_n}{\sqrt{D}} \tag{3.21}$$

式中 h_n——从基础顶算起的建筑物高度；

D——平行与力方向的建筑物大小。

对完全受水平力的抗弯框架，在未与其他刚性杆连接的情况下，规范允许每层周期为0.1秒。

$$T=0.10N \tag{3.22}$$

其中：N为结构超出地面以上的楼层数。

在结构基本周期和场地条件均未知的情况下，可令$CS=0.14$以快速的估计出基底剪力

$$V=ZIKCSW=0.14ZIKW \tag{3.18a}$$

系数K（韧性系数、水平力系数、建筑类型系数）中考虑了建筑类型和水平力作用影响。K值分布在0.67～1.33之间，这个值是根据结构的反应并通过经验估算而来的，它反映了结构韧性或能量消散程度及结构的超静定次数。对韧性、连续刚性框架，

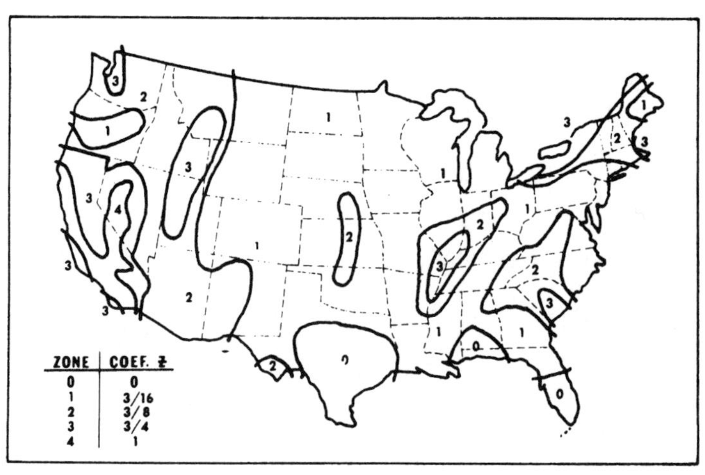

图3.10 地震区划图

构件及它们之间的连接满足所需的强度和变形能力，故 K 值较低。韧性为杆件在没有强度损失的情况下经历非弹性变形的能力，它表示结构的超静定次数和对负荷的承载能力。对剪力墙和集中框支结构，其 K 值为上述值的两倍，这些可看成短周期的刚性闭合框架，并产生水平力。因为剪力墙和集中框支结构不能抵抗较大的变形，故其韧性较小。对诸如砖和混凝土的脆性材料，当它们没有配筋时，内力不会重新分配而是形成裂缝直到丧失承载力；在超出弹性界限后，这些材料不能产生较大的变形，且缺少储存强度。故韧性低的建筑的强度较大，其受力应该控制在材料的弹性范围内，且不允许非弹性变形。

对由剪力墙或支撑框架来平衡水平力，且框架至少能承担25%水平力的建筑物，其系数 $K=0.8$（见表3.4）。但是，若对刚性框架的连接没有作适当的设计，也会发生脆性破坏。地震设计需要有多自由度的韧性结构，抗风设计需要适当的刚度以满足居住要和控制非结构构件的破坏。

土壤或场地系数 S 考虑了场地和建筑物相互作用及振动传至现场的途径等因素。S 等于：

$$S = 1.0 + \frac{T}{T_s} - 0.5\left[\frac{T}{T_s}\right]^2, \quad \text{当} \quad \frac{T}{T_s} \leqslant 1.0 \tag{3.23a}$$

$$S = 1.2 + 0.6\left[\frac{T}{T_s}\right] - 0.3\left[\frac{T}{T_s}\right]^2, \quad \text{当} \quad \frac{T}{T_s} \geqslant 1.0 \tag{3.23b}$$

其中，T_s 为建立在岩土数据之上的场地周期（s）

$$0.5\text{s} \leqslant T_s \leqslant 2.5\text{s}$$
$$T \geqslant 0.3\text{s}$$

当场地周期和结构周期接近时，它们就会共同作用，地震力也相应增加。因此，当 $T/T_s=1$ 时，从上面公式可得最大振幅 $S=1.5$。

场地的动力性能取决于基岩上不同土层的类型和高度。下覆土层为浅、密的硬性土的场地自振周期小，但这个周期仍大于基岩的周期，特别是当地震强度较低时。当下覆土层为深，柔性土时，场地的周期将变长，由于深层软土不能快速振动，则基岩的加速度在震级较小时增加，而在震级较大时减少。场地土的常见基本周期在0.1s（硬土）~5s（柔土）之间，通常在0.25~1s之间取值。

表 3.4 建筑物水平力系数（K）

建筑类型	K 值
没有另外分类的所有体系	1.00
箱式体系建筑：水平力由剪力墙或框架平衡	1.33
满足下列件的具有韧性框架或剪力墙的建筑物	0.80
● 剪力墙和框架依其各自刚度分配水平力	
● 剪力墙单独作用时平衡所有的水平力	
● 框架单独作用时平衡 25% 的水平力	
能平衡水平力的韧性抗弯框架	0.67

1985 年的墨西哥城大地震，其里氏震级为 8.1 级，导致近 10000 人死亡，其地面水平加速度为 0.18g，这个值并没达到加里福利亚的最大值。但大地和建筑物发生共振，且地震持续 80～110s，造成的危害非常大。在这种情况下，大地运动周期为 2s，同中高层建筑的周期相一致。

居住重要系数 I 不仅考虑了生命安全必须得到保障，而且考虑到在某些情况下必须控制危害的蔓延，对于震后救灾起重要作用的建筑，如医院、消防局、发电厂、警察局和交通局等都必须得到妥善保护。

据公式（3.18a）可以推出：在地震易发区域的常见刚性建筑的最大水平惯性力在从柔性框架建筑总重的 9%（$V=0.09W$）和刚性剪力墙结构的 19% 之间。在本文中，建筑物高度对水平力大小没有直接影响。这一点与风荷载设计有所不同。另外一方面，对 30 层的柔性框架，水平力为其重的 40%。作为初步计算，在主要受灾区，水平地震力大小在高层柔性框架重量的 5% 至刚性剪力墙结构重量的 20% 之间。

基础剪力的分配

公式 $V=ZIKCSW$ 并没表明剪力沿结构高度如何发配。在任何高度处的剪力取决于结构的变形，即取决于任何高度处的质量和振幅，可假定剪力沿高度线性分布。地震力使结构产生不同形式的弯曲，即有各种不同的振型。图 3.11 中只画出了最重要的前三种振型，但必须意到高层建筑实际上是有多中层变形方式的多自由度体系。例如，一栋 30 层刚性框架，其第一振动周期为 $T_1=0.1N=0.1(30)=3\text{s}$。据图 3.11 给出的三种情况中对第一振型的线性估计，则有如下的第二和第三周期 $T_2=T_1/3=3/3=1\text{s}$，$T_3=T_1/5=3/5=0.6\text{s}$。无论在何种情况，第一振型可简化为摆锤状，它对结构的影响最大，特别是刚性或短周期建筑物的反映更为强烈。柔性长周期建筑反应叫为缓慢，且表现为长期和复杂的运动。在这种情况下，高振型表明了鞭稍效应。屋顶处的集中力考虑了这个效应（图 3.11）。振型的形状可以看作水平力的分配方式，只要没有较大的非弹性变形，通过叠加每种振型下的力就可得到瞬时的水平力。力之间相互叠加和抵消，其最大剪力可看成由梯形荷载产生的。UBC 规定对质量沿高度均匀分布的建筑可采用梯形荷载（即对每层重量和高度相等、几何形状、刚度、强度和质量在水平和竖直方向上规则分布的矩形结构）。对于其他形状的建筑，其质量分布对水平力分布的影响可参考图 2.8。

考虑到柔性建筑的鞭稍效应，规范将部分的水平剪力 V 作为屋顶的集中荷载 F_t，剩下的 $V-F_t$ 部分沿建筑物高度按梯形方式分配。当基本周期 T 在 0.7 ~ 3.57s 之间时，须考虑屋顶荷载 F_t，即

$$F_t=0.07TV\leqslant 0.25V \tag{3.24}$$

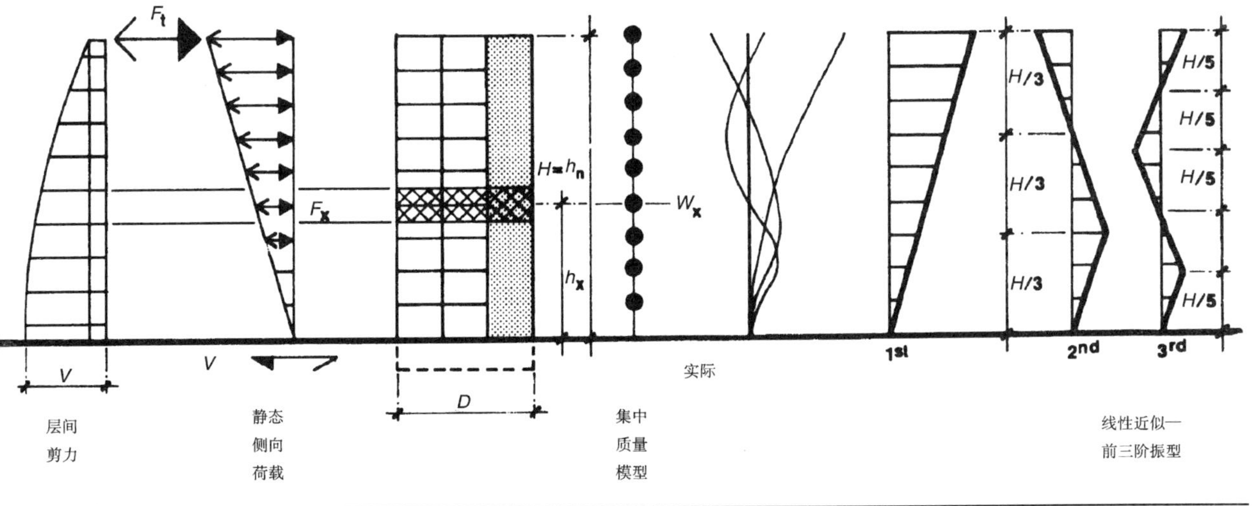

3.11 等价倾向地震力分布

按 UBC 规范，$V-F_t$ 部分如同楼层处的集中荷载，它在整个建筑高度内按梯形规律分布。

若每层楼的重量 W 相等，则 F 与高度成正比（见图 3.11）

$$\frac{F_1}{h_1}=\frac{F_2}{h_2}=\frac{F_3}{h_3}=\ldots=\frac{F_x}{h_x}$$

水平等效力为 $V-F_t=F_1+F_2+\ldots F_n$

但， $F_1=h_1\ (F_x/h_x)$，$F_2=h_2\ (F_x/h_x)$， $V-F_t=\frac{F_x}{h_x}\ (h_1+h_2\ldots+h_n)$

故可得

$$F_x=\frac{(V-F_t)\ h_x}{h_1+h_2+\ldots h_n}=\frac{(V-F_t)h_x}{\sum_{i=1}^{n}h_i} \tag{3.25a}$$

考虑到每层楼的高度可能不为常数，故分布力 F_x 大小为：

$$F_x=\frac{(V-F_t)w_xh_x}{\sum_{i=1}^{n}w_ih_i} \tag{3.25b}$$

其中：w_i，w_x——高度 i 或 x 处楼层占总重的比例；

h_i，h_x——i 和 x 处从基础开始计的高度；

n——主体结构的层数。

规范的一些附加规定

不规则形状结构

等效静力法仅适用于几何、刚度、强度和质量没有竖向或水平突变的常规形状的结构。对于非常规的结构，水平力的分布须在考虑结构动力特征的基础上来决定。

侧移

除在可以证明侧移对结构无影响的情况以外，相邻楼层间的相对侧移不得超过楼层高度的 0.005 倍，对无筋砖石结构为 0.025 倍。

偶然扭转

抗剪构件不仅要能抵抗由于刚度和质量中心不重合所产生的水平扭转所带来的剪

力，而且由于每层质量分布不均，构件还要抵抗由楼层剪力与不超过建筑最大直径5%的偏心 e 共同作用所产生的扭矩。

$$e = 0.05D_{max} \tag{3.26}$$

倾覆

在任意一层，建筑须能抵抗由风或地震造成的倾覆。初步设计时，变矩可按梯形分布公式来计算，基底的倾覆弯矩为

$$M = F_t h_n + \sum_{i=1}^{n} F_i h_i \tag{3.27}$$

构件所受的水平力

类似如女儿墙（装饰、固件、用具造成的）的破坏会给人们的安全带来严重威胁。

UBC（1985年版）规定结构部分和它们附属部分的设计，须考虑承担与其重量成比例的水平力，其公式为：

$$F_p = ZIC_p W_p \tag{3.28}$$

其中： F——部件所受的水平力；

Z——区内或然系数；

W_p——部件重；

C_p——由表3.5可查得；

I——居住者重要系数。

表3.5 构件的水平力系数（C_p）

结构构件	C_p 值
内、外墙	0.30（力与表面垂直）
悬臂女儿墙	0.80（力与表面垂直）
装饰部件	0.80（力可为任何方向）
装配式构件的接点和其他构件	0.30（力可为任何方向）
其他	

位于3、4 级地震区的高于160 英尺的建筑

这些建筑须有足够延性的框架以承当至少 25% 的水平地震力。对 K 值在 0.67 和 0.80 之间的所有建筑均须有延性钢框架或现浇钢筋混凝土。钢筋混凝土须满足特殊的规范要求（见第 7 章“骨架建筑”）。

其他设计要求

- 所有结构构件均须设计为抗水平力的整体，除非该部件不受地震力或风作用的影响
- 在 2、3 及 4 级抗震区，用以抗地震的砖石或混凝土杆件须配筋
- 混凝土或砖墙应锚固在能给它提供水平支撑的楼板和屋顶中
- 单独的桩帽和沉箱须用拉杆连接，拉杆通过受拉或受压，能承受至少 10% 的桩帽或沉箱的荷载。

结论

从基本抗剪公式中可得如下结论：质量大的建筑比质量小的建筑受力大。为了减少挠曲和振动而增加刚度，会在能有效传递短周期振动的浅层堆载场地产生较大的惯性力。另外一方面，建在厚软土之上的柔性高层比刚性高层受的水平力大，其原因在于该土层不能快速的将振动以将高频率地震波从岩层传至建筑体。刚性框架比斜撑框剪结构更理想，但在大震时，这种建筑非常柔而且变形较大，会造成非结构构件（窗帘、顶板等）的损坏。与之相反，刚性建筑能抗弯曲变形（故不会发生非结构构件的破坏），但它缺少韧性，需要更多的材料。故采用中等刚度的建筑是较理想的解决方案，它能提供所需框架的韧性和剪力墙的刚度。

为了防止建筑物的反应被扩大，应适当选择建筑物的质量和刚度，以使其周期与地面运动的周期不同。应平均分配建筑体的刚度，且结构构件应避免不连续布置；结构不连续是杆件破坏的主要原因。为了防止扭转，质心不应偏离刚度中心（见第五章“竖向受结构水平力分配”）。当非对称结构弯曲时，会产生扭转。理想情况下，建筑须双轴对称，从而只会产生偶然扭转。读者可以看到：非规则形状或缺少对称性的建筑会产生扭转，同时将建筑底部的挠曲从刚度中心开始放大。结构上的突变和刚度上的突变会产生应力集中，从而引发潜在的破坏。例如：应力集中会出现在

不同构件的交结处；最好是将建筑在其接点处分开，从而它们能作为个体单独作用。另外，具有多个支座的建筑比只是有单独支座建筑更易损坏。因为地震在构件中会使应力反向，故结构须能承受疲劳的影响。长度变形能通过采用柔层的概念来控制和集中在某一层（见图 3.21）。同时，可考虑采用诸如振动吸收器和质量调节器等特殊的阻尼设备。

抗震设计是建立在大量的失败和试验之上的。研究者通常想采用更准确的方式来预测地震和作出应对。等效静力法明显只是使用于初步的估计，它只能对常规的设计提供合理的结果。系数 Z、I 和 K 并不是建立在定量计算之上，而是建立在定性判断之上。只有系数 C 和 S，粗略地包括了动力因素，但动力影响是建立在从远离震中处所得到的数据基础之上的，并不清楚地面运动的情况。箱形结构的框架系数没有考虑剪力墙及其组合，也没考虑施工材料的不同。建筑振动的频率受非结构构件的影响，例如非承重隔能增加建筑的刚度。反应谱忽略了力的时间效应，地震系数低估了不同地震的谱值；在强震下，建筑物部分会出现非弹性变形，从而可以消耗部分地震力。故建筑通常承担远远大于其弹性分析之上的承载力。由非弹性变形提供的潜在的强度允许设计者降低抗震系数。但是，因为地震的不可预测性，有必要采用超静定结构来防止其发生破坏。

下列的例子解释了规范的等效静力法。

例 3.3

图 3.12 中的七层建筑建在 2 级地震区，水平力由建筑的刚性框架来承担；内柱仅承担重力，场地土周期为 0.8s，初步设计时采用如下条件。

楼板重，包括梁柱及防火设备	85 磅力/英尺^2
幕墙，包括柱及托梁	15 磅力/英尺^2
速度为 70 英里/小时的平均风力	21 磅力/英尺^2

总重为

$$W=7\ [0.085\ (90\times 75)\ +0.015\ (90+75)\ 2\ (11.5)]\ =4414.73\text{k}$$

刚性框架的基本周期为：

$$T=0.1N=0.1\ (7)\ =0.7\text{s}$$

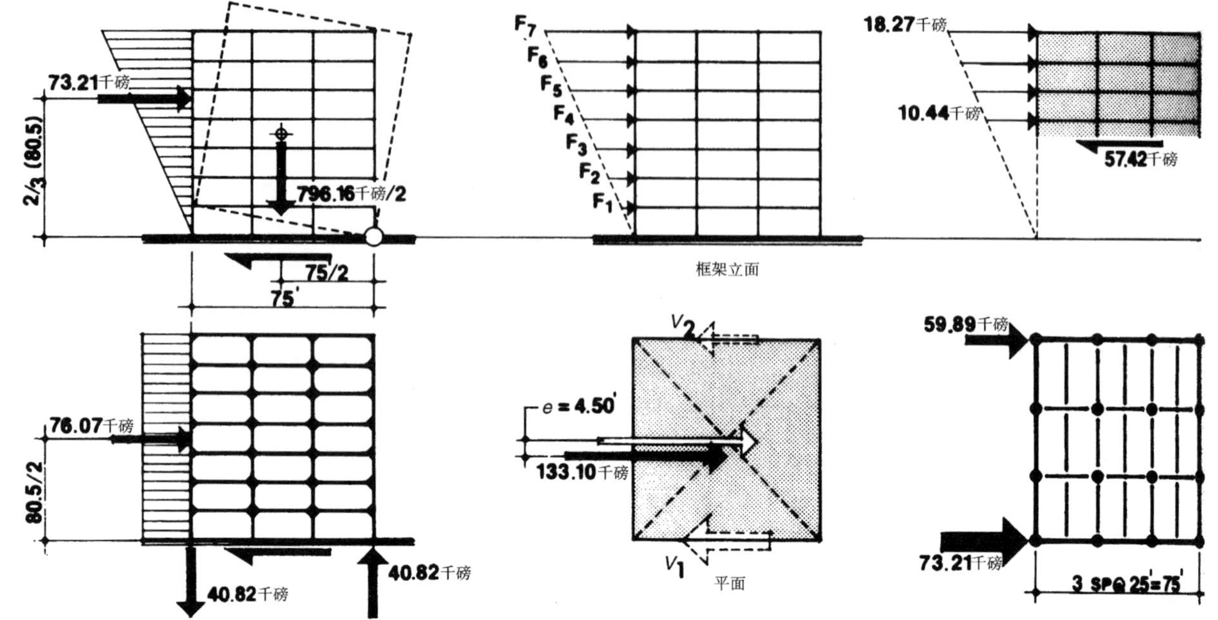

图 3.12 例 3.3 中结构对侧向力作用的响应

建筑物与场地土的周期比为：

$$T/T_s = 0.7/0.8 = 0.88 \leqslant 1.0$$

土壤系数为：

$$S = 1.0 + (T/T_s) - 0.5(T/T_s)^2 = 1.0 + 0.88 - 0.5(0.88)^2 \approx 1.5 \quad \textbf{(3.23a)}$$

地震系数为：

$$C = \frac{1}{15\sqrt{T}} = \frac{1}{15\sqrt{0.7}} = 0.0797 < 0.12 \quad \textbf{(3.19)}$$

$$CS = 0.0797(1.5) = 0.12 < 0.14 \quad \textbf{(3.20)}$$

因此，基底剪力为

$$V = ZIKCSW = (3/8)(1)\ 0.67(0.12)\ W = 0.03W$$

$$= 0.33(4414.73) = 133.10 \text{ 千磅力（约 592.19kN）} \quad \textbf{(3.18)}$$

由于 $T \leqslant 0.7$ 秒，故不考虑超静定效应，$F_t = 0$

基底剪力作用在最大建筑直径 5% 的偏心距上：

$$e = 0.05D_{max} = 0.05(90) = 4.5 \text{ 英尺（约 1.4m）} \quad \textbf{(3.26)}$$

每一榀框架沿横截面承担部分剪力：首先，考虑图 3.12 中的弯矩

$$V_1(90) - 133.10(45 + 4.5) = 0, \quad V_1 = 73.21 \text{ 千磅力（约 325.73kN）}$$

水平等效力为：

$$V_2 = 133.10 - 73.21 = 59.89 \text{ 千磅力（约 } 266.46\text{kN）}$$

沿高度对基底的剪力分配（公式（3.25））为：

$$F_x = V\frac{h_x}{\sum_{n=1}^{n} h_i} = 73.21h_x/322 = 0.227h_x$$

其中：$\sum_{n=1}^{n} h_i = 11.5(1+2+...+7) = 322$ 英尺（约 98.15m） 或

$= h\ [n\ (1+n)\ /2] = 11.5\ [7\ (1+7)\ /2] = 322$ 英尺

在第七层和第四层的水平力分别为：

$$F_7 = 0.227\ (7\times 11.5) = 18.27 \text{ 千磅力（约 } 81.29\text{kN）}$$

$$F_4 = 0.227\ (4\times 11.5) = 10.44 \text{ 千磅力（约 } 46.45\text{kN）}$$

第四层楼处的地震剪力为：

$$V_4 = \left[\frac{18.27+10.44}{2}\right]4 = 57.42 \text{ 千磅力（约 } 255.47\text{kN）}$$

每榀框架须承担的风荷载为：

$V_w = 0.021(90\times 80.5)/2 = 76.07$ 千磅力（约 338.45kN）> 73.2 千磅力（约 325.73kN）

风剪力略比地震剪力大。

对基础的风弯矩为：

$$M_w = 76.07\ (80.5/2) = 3061.82 \text{ 千磅力·英尺（约 } 4152.18\text{kN·m）}$$

对基底的地震弯矩为：

$$M_s = 73.21(80.5)2/3 = 3928.94 \text{ 千磅力·英尺（约 } 5328.10\text{kN·m）} > M_w \qquad \textbf{(3.27)}$$

故地震弯矩起控制作用。

抗水平力的框架重为：

$W_f = 7[0.085(75\times 15) + 0.015(75+2(15))11.5] = 796.16$ 千磅力（约 3542.28kN）

为防倾覆的安全系数为：

$$S.F = M_{res}/M_{act} = \frac{796.16\ (75/2)}{3928.94} = 7.60 > 1.5 \text{ 满足} \qquad \textbf{(2.9)}$$

例 3.4

检验 2 级地震区，风速为 80 英里/小时的十层加筋中两片长 25 英尺的内横墙的稳定性；建筑布局见图 3.13b。所有的墙均采用 8 英寸，轻质混凝土块；装饰材料重 80 磅力/英尺^2。假定楼面恒载为 100 磅力/英尺^2，屋面恒载为 800 磅力/英尺^2，楼层高 10 英尺。初步检验中可忽略开洞和附加扭矩。

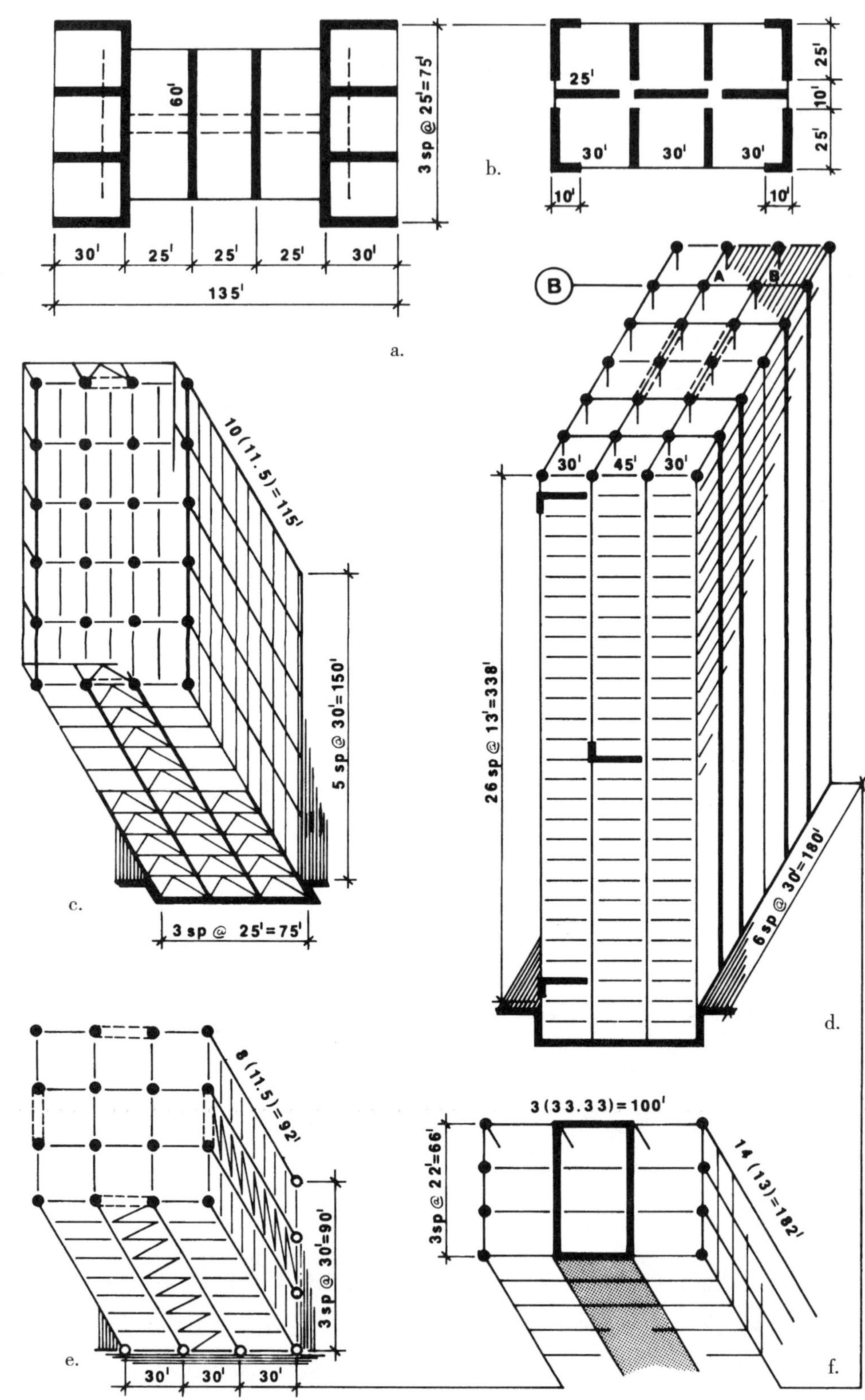

图3.13 各种建筑结构对侧力作用的响应

首先确定建筑物总重：

墙总重为： 10［（25+10）4+25（6）+30］0.080（10）=2560 千磅力

屋顶恒载为：（90×60）0.080 =432 千磅力

楼面恒载为：9（90×60）0.100 =4860 千磅力

建筑总重为： =7852 千磅力

基本周期为：

$$T=\frac{0.05h_n}{\sqrt{D}}=\frac{0.05\ (100)}{\sqrt{60}}=0.646\text{s}\leqslant 0.7\text{s} \qquad (\mathbf{3.21})$$

抗震系数为：

$$C=\frac{1}{15\sqrt{T}}=\frac{1}{15\sqrt{0.646}}=0.083<0.12 \qquad (\mathbf{3.19})$$

$$CS=0.083\ (1.5)\ =0.125<0.14 \qquad (\mathbf{3.20})$$

剪力墙的系数为 $K=1.33$

故基底剪力为：

$$V=ZIKCSW=0.375\ (1)\ 1.33\ (0.125)\ W=0.062W \qquad (\mathbf{3.18})$$

$$=0.062\ (7852)\ =486.82\ \text{千磅力（约 2165.96kN）}$$

由图 3.8 可保守估计平均风压力为 28 磅力/英尺^2，则风剪力为：

$V_w=0.028(90\times100)=252$ 千磅力（约 1121.20kN）<486.82 千磅力（约 2165.96kN）

因为 $T\leqslant0.7\text{s}$，故可不考虑超静定效应，即

$$F_t=0$$

作为初步估测，所有的横墙均可看成同样的形状和厚度（即刚度相同），同时忽略墙翼缘及穿过走廊的墙的有利的影响。同时可忽略所需的最小偏心距；因此，每一片横墙须承担的剪力为

$$V=486.82/8=60.85\ \text{千磅力（k）（约 270.73kN）}$$

每片墙重：

$$W=30\times30\ (0.080+0.100\ (9))\ +25\times100\ (0.080)$$

$$=882+200=1082\ \text{千磅力（k）（约 4814.03kN）}$$

防倾覆的安全系数为：

$$S.F=\frac{M_{res}}{M_{act}}=\frac{1082\ (25/2)}{60.85\ (100)\ 2/3}=3.33>1.50 \quad \text{满足} \qquad (\mathbf{2.9})$$

不可预见荷载

整栋建筑、建筑部分、单独构件及材料在重力和水平荷载的直接作用下或在地面下沉或材料性质变化等间接作用下，或多或少会产生位移。这种反应自由地发展，会在结构构件中产生附加力（有时称之为闭锁力或反应加载），以阻止自由的形变。

在荷载作用下，结构构件会产生轴向弯曲和形变。重力荷载作用下水平楼板将竖向弯曲，在风或地震作用下竖向板会产生水平侧移。由于提高材料强度使得构件尺寸减小刚度降低，从而加大了构件挠曲。若构件没有起拱，在恒载作用下会产生永久形变，如楼板中的情况相类似。在温度作用下材料会膨胀或收缩。砖和木材会随湿度的变化而膨胀或收缩。类似混凝土和砖石材料在施工期会经历若干的化学反应。这些材料在持续荷载作用下会产生蠕变和收缩，这一点在预应力混凝土中特别明显。

通常，为了防止应力集中，应避免高度不连续。采用充分的隔离可将杆件的外露减至最少。例如，为避免在类似砖石的抗拉强度低的材料中产生裂缝，在关键点应采用活动接头。如可采用施工缝（如膨胀缝，隔离缝）。它们将设置在整浇结构中不互相依赖的部分之间，从而使各部分的位移能相互影响。这些节点处理包括控制缝（如收缩缝），它用削弱截面从而最终控制由于收缩产生的裂缝。还如缩水带，它是在一定时间内起作用的，允许混凝土早期干缩的临时缝；当混凝土浇捣不连续时可采用施工缝。

首先，图 3. 14 简要的探讨了整栋建筑的运动情况。明显可以看出对不同的结构类型，都有刚性建筑比柔性建筑挠曲小。当建筑物截面质量、柔度、荷载分布不均或采用同样材料但结构几何形状不同（如图 3. 14，d－g 部分）时也会出现不同的位移。建筑体不同的竖向，水平和环向运动应该采用适当的节点处理以使建筑物分开和独自工作。必须牢记的，每块整体均应有其自己的结构形式，否则相邻的整体须互相支撑，这时需要采用特殊的结构缝（图 3. 14，第二部分）。

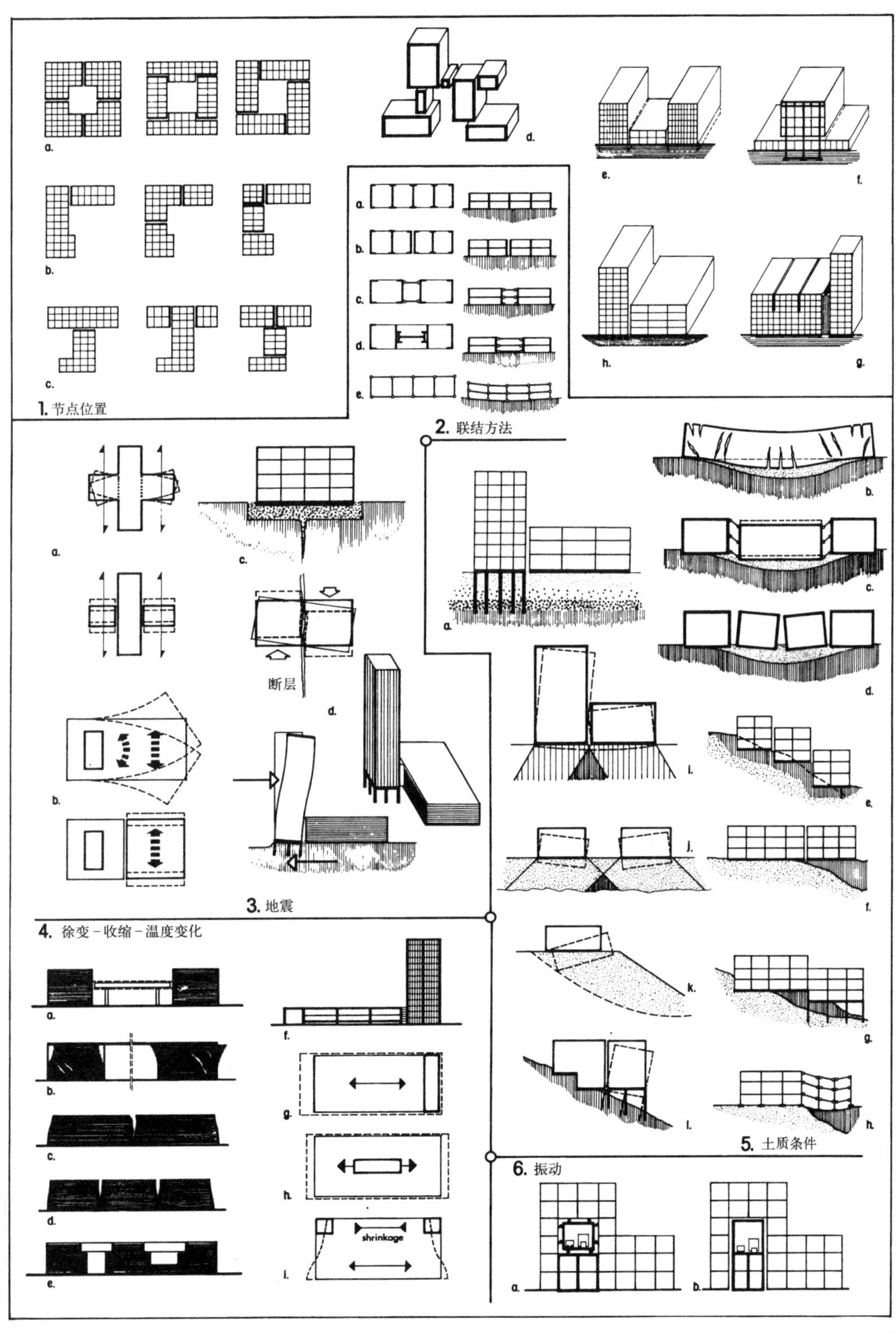

a.
b.
c.
d.
1. 节点位置
a.
b.
c.
d.
e.
2. 联结方法
e.
f.
h.
g.
a.
c.
断层
d.
b.
3. 地震
4. 徐变－收缩－温度变化
a.
b.
c.
d.
e.
f.
g.
h.
shrinkage
i.
a.
b.
c.
d.
i.
e.
j.
f.
k.
g.
l.
h.
5. 土质条件
6. 振动
a.
b.

图 3.14　建筑连接

从视觉角度来看，上述原理也适用于需要柔性或刚性转换的结构。图 3. 14 第 2a 至 e 部分给出了一些可能采用的节点处理方法。包括沿长度中点处只有一条施工缝的连续结构（图 3. 14 第 2a 部分），及有大型节点的铰接排架（图 3. 14 第 2c，d 部分）和能调整不同运动的柔性铰接体系（图 3. 14 第 2e 部分）。

应该将由机械设备、电梯、汽车和其他设备产生的振动分离出来，或者分离支持这些设备的结构（图 3. 14 第 6b 部分），或者采取特殊的接头处理以加大阻尼以使振动不致传向建筑的其他部分（图 3. 14，第 6a 部分）。抗震缝（图 3. 14，第 3 部分）能控制由地面运动产生的水平位移，它将建筑物分离以使它们独立的运动。例如，不规则平面形状结构的翼缘会向不同的方向运动，然而较厚的中间部分（刚度大）几乎不运动，这种扭转和平移会在翼缘和中间部分的连接部位产生大的压力。通常对于质量和刚度分布不均的建筑应如图 3. 14 第 1a 至 g 部分所示那样进行隔离。

因为质心和刚度中心不重合，规则建筑中也能产生扭转（图 3. 14 第 3b 部分），柔性高层和其相邻的刚性裙房之间的净距（图 3. 14，第 3d 部分）必须足够的大以免地震时它们撞到一起。对于建在断层之上的建筑，可以采用筏式基础及让建筑建在沙垫层之上来防止断裂（图 3. 14，第 3c 部分），这个垫层类似于一条缝，它允许建筑沿断层在产生不同运动的同时能旋转甚至于滑移。

建筑地下部分保持恒温，上部暴露在大气中随气温的变化而膨胀和收缩。当不允许下部和上部之间有不同的运动时，就会产生应力。这一点对于复合建筑尤其重要（图 3. 14 第 1b 至 d 部分），在复合建筑中，将连接处的翼缘分开有利于防止应力集中现象。为了避免上部建筑产生高温振动，应在建筑中放置即时膨胀缝。

图 3. 14 第五部分所示的例子表明了构造缝如何控制降以使潜在的应力减至最小。土的固结、剪切破坏、地下河床破坏、收缩及膨胀（如粘土）、倒塌（排水管、矿洞的倒塌）、扩大（地下冻土），滑坡（图 3. 14 第 5k 部分），化学攻击和其他许多因素均可导致土的沉降。建在可压缩土上的受载均匀的长平形建筑以向里凹的方式挠曲，当其主要支撑结构和基础偏心布置时，它的挠曲为凸形。通过膨胀缝或焊接钢筋（图 3. 14 第 5b 和 c 部分）将长形建筑（包括基础）分割成小块是有利的。当同一栋建筑地基土质不同（图 3. 14 第 5f 部分）、场地土有坡度（图 3. 14 第 5e，y 部分）或不均匀（图 3. 14 第 5j 部分）或采用不同的基础形式时也会产生不同的沉降。对于有坡度的场地，由于建筑物自重上层土向下滑移的趋势，可通过将外部建筑用深基础锚固在下部土层上来解决（图 3. 14 第 5l 部分）。在不同的沉降下柔性高

层建筑可能会倾斜（图 3.14，第 5i 部分），例如当地基由于相邻建筑的存在而受荷不均。可通过将超静定的刚性连续结构替换为静定柔性的焊接体系来减少不均匀沉降（图 3.14 第 51 部分）。

可以得到如下推论：不论膨胀缝的作用是什么，即无论它是用于控制温度、湿度、滑移、干缩、沉降、地震或动力荷载，还是其他的原因，必须考虑以下准则：

- 较长的建筑应该分成若干部分，同时膨胀缝应靠近刚性部位而非柔性部位
- 由于开洞结构易遭受大的温度变化，故其膨胀缝间距应该密一些
- 不规则平面的建筑应按图 3.14 第 1a 至 c 部分分隔成若干部分
- 由若干独立的高层和底层结构体系组成的建筑原在它们的连接处分隔开

沿整个建筑的膨胀缝的最大间距在钢结构和混凝土结构建筑中长度应在 200 ~ 300 英尺之间，对剪力墙结构为 300 ~ 400 英尺。有些没有达到上述要求的建筑包括（无缝大体积混凝土建筑）已被建成而且能正常工作

下文将探讨温度对墙和屋顶的影响。外部结构里面与室内温度相关连，同时取决于导热程度和外部气温条件，外层须与气温和湿度的波动相适应。下面将探讨诸如钢和钢筋混凝土（包括铝窗架和玻璃中的混凝土等）两种不同材料之间的不同运动。

早期的高层并不关心温度变化，因为这些结构开窗很小，其立面由重石或砖石构成。这些外墙能承担相当大的荷载，在某种程度上其作用与钢框架类似。这种结构对温度变化、干缩和徐变不敏感，它们很少高于 20 层。另外，它们的骨架远远大于今天所采用的骨架，而且由于用砖作隔墙，其刚度很大。

现在，结构框架不受保护，甚至完全裸露。窗户代替了墙；窗户由轻质板组成。19 世纪 50 年代末期开始降低建筑刚度。它通过采用薄悬空立面板和高强材料组成的小截面构件，以及随计算机发展而形成的更准确的结构性能了解来实现。另外，由于混凝土楼层高度增加，从而在徐变和干缩下柱变短，这些现象都不能被忽略。

室内杆件处于约为 70℉的常温下，故不会产生长度的变化；外部构件要经历从冬季最冷的天气到夏天最热的气温的变化 。除此之外，不仅周围空气湿度影响外表面构件，而且风、太阳辐射和冷凝均影响构件的外表面。材料的平均温度不仅取决于周围材料的抗热性能，而且取决于外部高温的持续时间。这种气温变化使外部结构产生运动，由于内部构件处于内部常温 T_i 之下且内外构件之间为刚性连接，所以运动受到内部结构的制约。内部温度和材料平均温度 T_m 的温差下产生的应力在高于 20 层的建

筑中起控制作用。

$$\Delta T = T_i - T_m \tag{3.29a}$$

假定 $T_i > T_m$，通常，当外部墙不受内部结构制约，且允许自由运动，则在主体结构中不会产生应力。但是，有些墙须能适应由其自身平均温度产生的运动，它们的设计须考虑如下运动：

- 外墙和主体结构的相对运动
- 窗间墙构件间的运动
- 窗间墙构件间的相动运动

材料平均温度的确定非常复杂且超出了本文讨论的范围。但用钢柱作为例子可以解释一些基本的概念（图 3.15 顶部），柱的裸露程度取决于柱与墙的相对位置和柱材料的抗热性能。柱可位于建筑内外或沿墙布置；故可分为完全、半面或不裸露。柱也可仅覆盖钢材料。内部绝热使得柱内外形成较大的温度变化。在高层中，绝热柱也需自然流动的空气流或机械形成的通风来控制其温度（图 3.15 右）。

在上面的讨论中，我们忽略了柱表面防火材料和绝热的影响，对太阳的表面由于受太阳辐射，其温度高于空气温度；杆件假定宽度相当小（例如小于 12 英寸），故可不考虑周围空气温度传递的时间差。下面的讨论通过一些简化假定，以导出各种情况下杆件的平均温度，从而以建立对热传递机制的认识。对北方气候，可假定室内温度为 $F_i = 70°F$，室外温度为 $T_o = -20°F$。对宽度小于 12 英寸的杆件的实际设计温度按每 40 年出现一次的概率从已准备好的图中找到冬天最低的气温和夏天最高的气温。必须提醒的是，对于办公楼，周末和平时的室内温度不同。

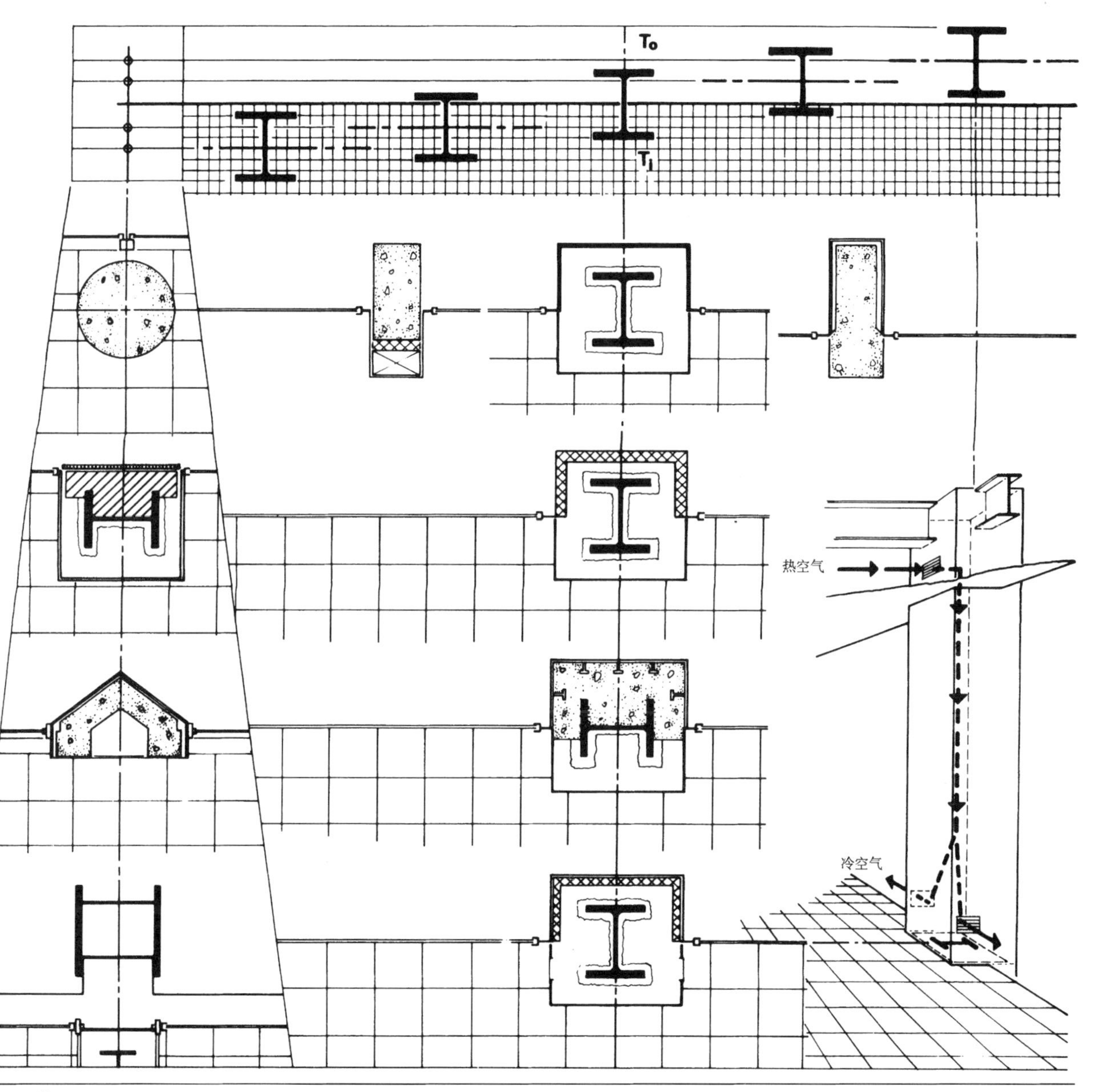

3.15 柱

对部分外露的柱、墙或屋顶，沿横截面的温度变化会产生轴向变形，由于温度梯度会产生弯曲。这里暂且不讨论热弯曲的现象（见图3.18）。材料平均温度 T_m 是通过假定表面温度等于周围空气湿度及用两个面间的线性温度梯度来确定的：$T_m=(T_i+T_o)$，于是温差为：

$$\Delta T=T_i-T_m=T_m-T_o=(T_i-T_o)/2,\qquad 当\ T_i>T_o$$
$$\Delta T=T_m-T_i=T_o-T_m=(T_o-T_i)/2,\qquad 当\ T_o>T_i \tag{3.29b}$$

对于上面所给出的条件，假定负的室外温度 $-T_o$ 产生如下的温差，

$$\Delta T=(T_i-T_o)/2=(T_i-(-T_o))/2=(T_i+T_o)/2$$
$$=(70-(-20))/2=(70+20)/2=45^{\circ}F\ (约7.2^{\circ}C)$$

注意到对于给定的条件，钢柱的平均温度等于温差。在阳光地带，假定冬天平均温度 $T_o=20^{\circ}F$ 且 $T_I=70^{\circ}F$，则温差为：$\Delta T=(70-20)/2=25^{\circ}F$（约 $-3.9^{\circ}C$）。

对完全外露的柱、墙、屋顶或柱的大部分或绝热材料，材料的平均温度可假定等于周围空气的温度 $T_m=T_o=-20^{\circ}F$（约 $-28.9^{\circ}C$），故沿截面温度变化恒定，只产生轴向变形而无弯曲－初步探讨时可不考虑太阳幅射和绝热。当杆件受内部构件制约时，温差为：

$$\Delta T=T_i-T_m=T_i-T_o,\ 当\ T_i>T_o$$
$$\Delta T=T_m-T_i=T_o-T_i,\ 当\ T_o>T_i \tag{3.29c}$$

对于上面的例子，钢柱的平均温度为（$T_m=T_o=-20^{\circ}F$），温差为（$\Delta T=70-(-20)=90^{\circ}F$）。

对于结构外面隔热充分的情况下，设计时可忽略温度。但是，对于前面提及的完全外露的外墙，须考虑其温度变化。在这种情况下，平均温度 $T_m=T_o$。杆件运动由初始温度 T_{or} 和极端温度 T_f 间的温差产生。

$$\Delta T=T_{or}-T_f \tag{3.29d}$$

极端温度在夏季为最高温度下 T_{max} 或冬季的最低温度 T_{min}。初始温度可认为是在

建筑区的常规施工期间的平均温度。

与其采用平均温度的最大上升或下降的温差作为设计温差，不如采用材料手册中所认可的材料最高和最低温度作为温差。这种方法假定杆件在 T_{max} 或 T_{min} 温度时施工，故其温差能反映给定场地的临界温差。

$$\pm \Delta T = T_{or} - T_{f} = T_{max} - T_{min} \tag{3.30}$$

美国东北部的温差为

$$\pm \Delta T = 100 - (-20) = 120°F\ (约48.9℃)$$

但是，值得注意的是对于背光立面，特别是在金属幕墙中，按上述方法所得的温差会比实际温差大。例如：背光金属立面夏季最高温度为，在冬天温度比室外温度低，故其温度化范围为。

杆件长度变化 ΔL 与温度变化 ΔT 成正比，可用线性热膨胀系数 α 来表示，即

$$\Delta L = \varepsilon_{t} L = \alpha L \Delta T \tag{3.31}$$

在这里，L 为杆件高度（英寸），温度应变 $\varepsilon_{t} = \Delta L/L = \alpha \Delta T$。注意线性杆件的位移随其长度增加而增加。

某些材料与平均膨胀系数约为：

$\alpha = 5.5 \times 10^{-6}$	英寸/英寸·°F	普通混凝土和花岗石
$\alpha = 6.5 \times 10^{-6}$	英寸/英寸·°F	钢和砂石
$\alpha = 12.8 \times 10^{-6}$	英寸/英寸·°F	铝材
$\alpha = 17.5 \times 10^{-6}$	英寸/英寸·°F	玻璃/聚酯板
$\alpha = 5 \times 10^{-6}$	英寸/英寸·°F	窗玻璃
$\alpha = 4.3 \times 10^{-6}$	英寸/英寸·°F	轻质混凝土砌体和石花石
$\alpha = 3.6 \times 10^{-6}$	英寸/英寸·°F	纵向布置的粘土砖，其竖直方向运动比水平方向多50%

除了受温度影响外，由于吸湿粘土砖会膨胀，平均湿度系数为 2.0×10^{-4} in/in 的粘土砖比混凝土砌块弹性模量大，但对于由混凝土砌块组成的墙，干缩和徐变更重要。在前90天内会产生60%的干缩；它等效于温度下降 $33F$（或可用 2.0×10^{-4} in/in 的干缩值）数。对轻质混凝土，干缩系数大于50%。徐变是应力、时间和混凝土性能的函数，在前半年内徐变与干缩相似，有70%的非弹性变形发生，徐变系数通常为 $(5 \sim 10) \times 10^{-4}$ in/in。

可简单的推导出由于阻止运动产生的轴向应力，将固定梁看作可以自由运动（见图3.17右上），可以找到使杆件回到其最初固定位置的力 P 或应力 F_a，

$$\pm \Delta L = PL/AE = f_a L/E = \varepsilon_t L = \alpha L \Delta T$$

$$\pm f_a = \varepsilon_t E = \alpha E \Delta T \qquad (3.32a)$$

这些应力只在约束不允许构件自由运动时才会存在。注意，温度应力与杆件尺寸和跨度无关。

作为例子，下面将探讨粘土砌体，并将其看作完全外露。由于温度和湿度变化及屋顶的运动，砌体墙（图3.14第4c，d部分）产生收缩，但其收缩受到横墙制约，在基础处，收缩受基础接触面上的摩擦制约，基础不受温度和湿度波动影响。墙中将逐步产生拉应力，也可能产生裂缝来释放应力。为了能吸收某些水平运动，须布置竖向膨胀缝来减少墙长以使就应力处于允许控制的范围之内。

例3.5

确定由温度下降在100英尺长的约束粘土砌体墙中所引起的拉应力，其中

$\Delta T = T_{max} - T_{min} = 100$℉（约37.8℃）　系数 $\alpha = 3.6 \times 10^{-6}$in/in/℉

$E = 2,400,000$ 磅力/英寸^2

$$f_t = \alpha E \Delta T = 3.6\,(10)^{-6}\,(2400000)\,100$$

$= 864$ 磅力/英寸^2（约5958.4kN/m^2）$> F_t = 72$ 磅力/英寸^2（约496.5kN/m^2）

(3.32a)

这个拉应力大大超过了材料的承受能力。竖向伸缩缝的应用允许水平移动，这样比用水平钢筋或粘合梁更能减轻水平拉应力。

在确定伸缩缝间隔时，考虑温度的增量 $\Delta T = 100$℉下和由于湿度影响产生的膨胀，取系数 $\varepsilon_s = 2.0 \times 10^{-4}$in/in。忽略交叉墙体、板、竖向钢筋以及基础的约束影响。若设一个带有弹性密封剂、宽为1英寸的伸缩缝的连接的最大允许应变为0.5，可给出伸缩缝的间隔 L 的计算公式

$$\Delta L = (\varepsilon_s + \varepsilon_t)\,L = [0.0002 + 0.0000036\,(T_{max} - T_{min})]\,L$$

$$1/2 = [0.0002 + 0.0000036\,(100)]\,L$$

$$L = 892.86 \text{ in} = 74.41 \text{ 英尺（约22.68m）} \qquad (3.33)$$

因为弹性接缝密封剂的压缩率仅为0.25。所以实际要求更宽的伸缩缝或更小的间

隔，否则会出现密封剂的破坏。一般地，砖砌体墙的伸缩缝间隔根据其宽度不应超过 50～100 英尺，但在转角和墙的交接处，以及沿柱或壁柱的情况下应该在 30 英尺之内。

竖直缝在长墙中非常普遍，它在高层中对水平运动进行调节的作用；水平释放缝能控制砖石、粘土和现浇混凝土结构中竖向运动（图 3.16）。水平膨胀缝应直接敷于支撑面层保护板块的搭角下。通常，填充墙并不由基础直接支撑，而是由结构部分支撑，同是由于填充墙不与结构发生复合作用，故填充墙的运动不受其支承系统的影响。混凝土框架在弹性变形、徐变和干缩作用下缩短，钢框架在后期有明显的弹性变形。在夏天高温影响下竖向膨胀（见问题 3.32）。若施工缝宽度不足以满足框架缩短的复合影响，即楼板厚度减少而立面膨胀，则荷载将从框架部分传向填充墙，使填充墙损坏。非常明显，砌体墙吸收水，同时缺少柔性和韧性，故比金属幕墙更易损坏。注意大理石膨胀系数为花岗岩的两倍的事实，因此，对用花岩岗作材料的膨胀缝宽度

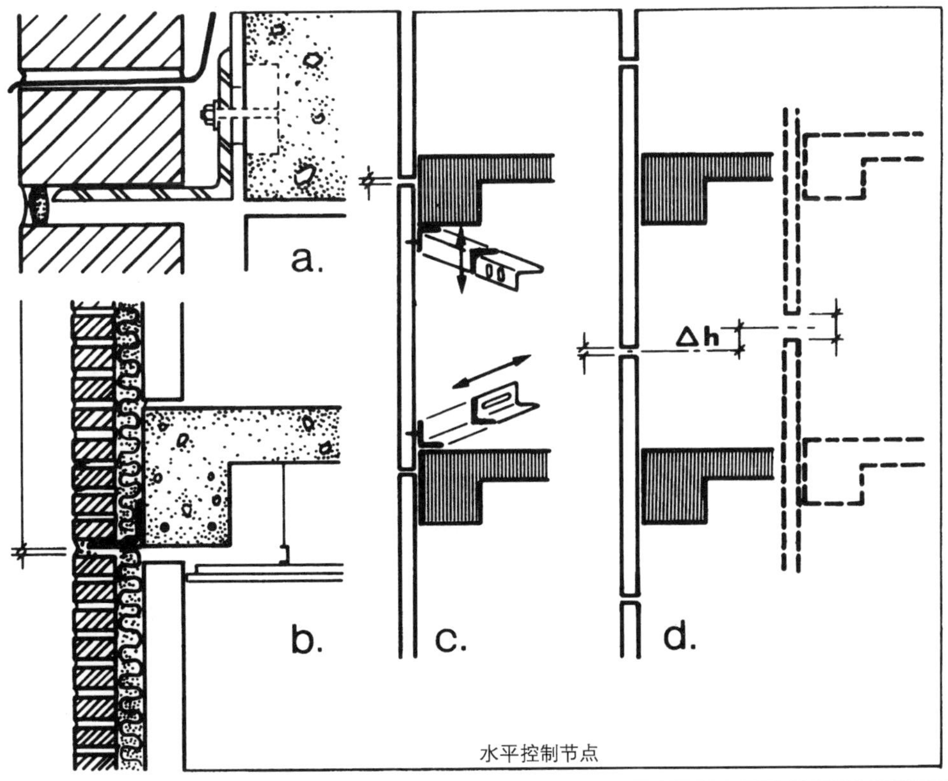

图3.16 幕墙水平释放节点的重要性

可以减小。有些塑料材料的膨胀系数是传统混凝土的 5～10 倍。故在设计时应加以注意用这些材料的膨胀缝。

玻璃不仅承当风荷载，而且布置在结构开洞内以使机械应力和热应力减至最小。热应力除取决于温差之外，还取决于建筑朝向，玻璃类型、大小和形状，遮阳情况，框架类型，建筑物地理位置等。玻璃幕墙温度的变化明显会产生应力。

温差对屋面板影响非常大，屋面板，特别是砌体墙上的混凝土板（图 3. 17c），易发生大的运动。黑色屋面受太阳直射后产生的温度将远高于周围空气温度。绝热质量非常关键，但它不能防止混凝土板挠曲和水平膨胀，从而在没有布置滑块的砌体中（如没有布置屋面垫石和在板与墙之间没有端缝）会产生应力。若这种自由的运动受到

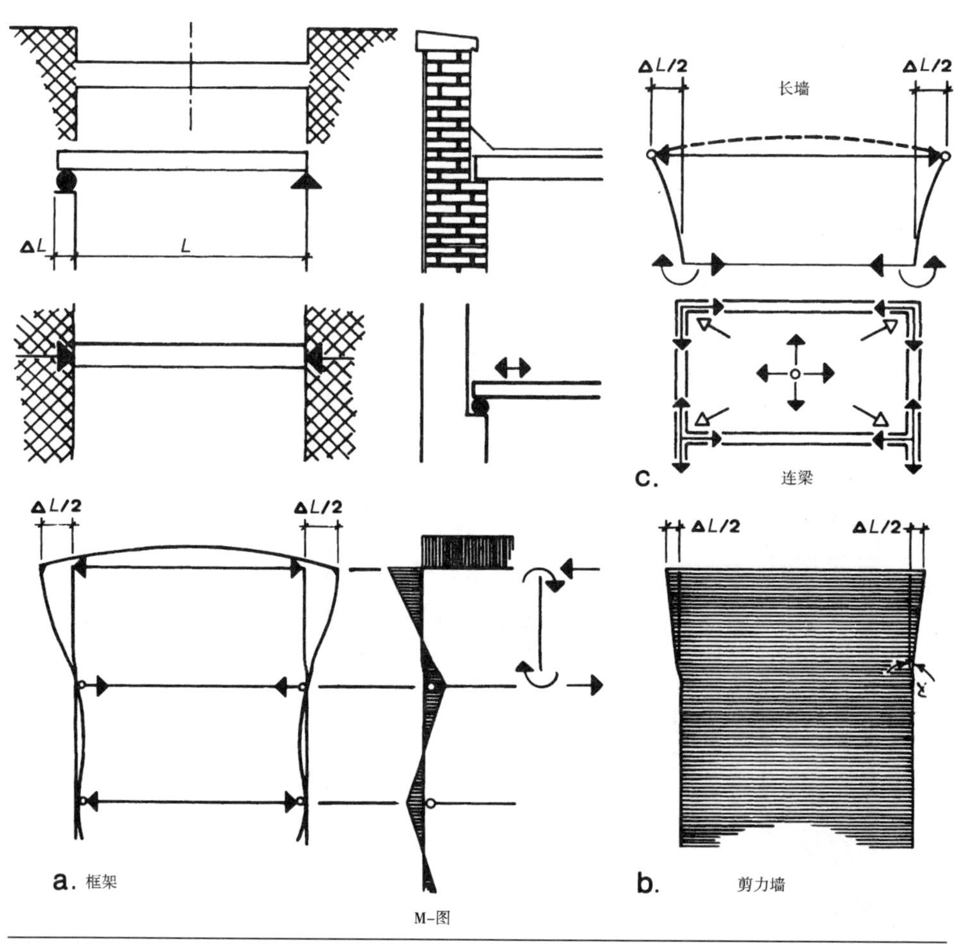

图3.17 热移动的影响

制约，则竖向结构会产生水平挠曲（图 3. 17a，b，c），这种情况在布置长墙且弹性模量较低的砌体结构中常常出现（见问题 3. 23）。为了减少热运动，可以沿板中心或平行于长墙方向布置纵向缝以控制膨胀，同时，水平联系梁通过不允许墙受应力作用来控制和平衡板的运动。图 3. 17a 所示的受框架制约的屋顶水平膨胀表明从顶向下的弯曲递减。同时，现浇混凝土板干缩，若不允许滑移，则会使墙产生向里的挠曲。换句话讲，地表上板有收缩的趋势，特别是在柔性结构中竖向构件对收缩的制约很小，而结构基础却没有收缩趋势，故限制了上部的收缩。

若结构不是以均匀的方式来承担所受的水平力，而是由刚度集中的核心部分来承担，那么必须考虑核心部分在建筑内的布置（图 3. 14 第 4g、h、l 部分）。对于核心部分对称分布在结构中的情况（图 3. 14 第 4h 部分），则产生平均的水平位移。当核心部分偏心布置在结构外端（图 3. 14 第 g 部分），则产生一个方向的位移。若没采取措施来控制这种水平挠曲，则会在砌体墙中产生很大的应力。

当两端固定的内柱或墙部分外露时，则不能忽略室内外温差。同时，对于外露混凝土板，在夏季，它的表面温度将比其周围温度高 50℉，在冬季时也远远高于零度（而板的下面却远低于零度），从而在截面上产生温差。这种情况，低温面收缩而高温面膨胀，从而截面弯曲，当杆件长度不能改变时就会产生轴向应力，当弯曲受到制约时会产生弯曲应力；杆件的平均温度变化产生轴力，其余的温度变化产生弯矩（图 3. 18）。据公式 3. 29b，假定在两面之间温度呈线性变化，忽略（$T_i > T_o$）时的绝热效应，则在中心处，杆件长度的变化为

$$\Delta L = \alpha L \Delta T = \alpha L\ (T_i - T_o)\ /2 \tag{3.34}$$

对于外表面温度 $\Delta T = T_i - T_o$（该值为中轴线温差的两部）的情况下产生的弯曲可推导如下。对高为 d 的对称截面，从图 3. 18 可得其角度变化为

$$d\theta \approx dx/R = \ (\alpha \Delta T dx/2)\ /d/2 \quad 或$$

$$d\theta/dx = 1/R = \alpha \Delta T/d \tag{a}$$

从构件强度来看，曲率与弯矩成正比

$$1/R = M/EI \tag{b}$$

从公式（a）和（b）可得，温度产生的旋转变形，或需用来阻止弯曲的固端弯矩可推导如下：

$$M=\alpha\Delta TEI/d \tag{3.35}$$

注意热弯矩与跨度 L 无关，而是杆件刚度 EI 的函数。静定梁中存在应变和弯曲变形而无热应力，超静定梁中由于温度梯度产生明显的弯曲应力而无热应变。对两端自由的抗弯构件中轴线上的轴向变形由公式（3.34）可以得到。对于对称截面，若产生弯曲（而非线位移）受到制约，则由公式（3.35）可得其热弯曲应力：

$$\pm f_b=\frac{Md/2}{I}=\alpha E\Delta T/2 \tag{3.32b}$$

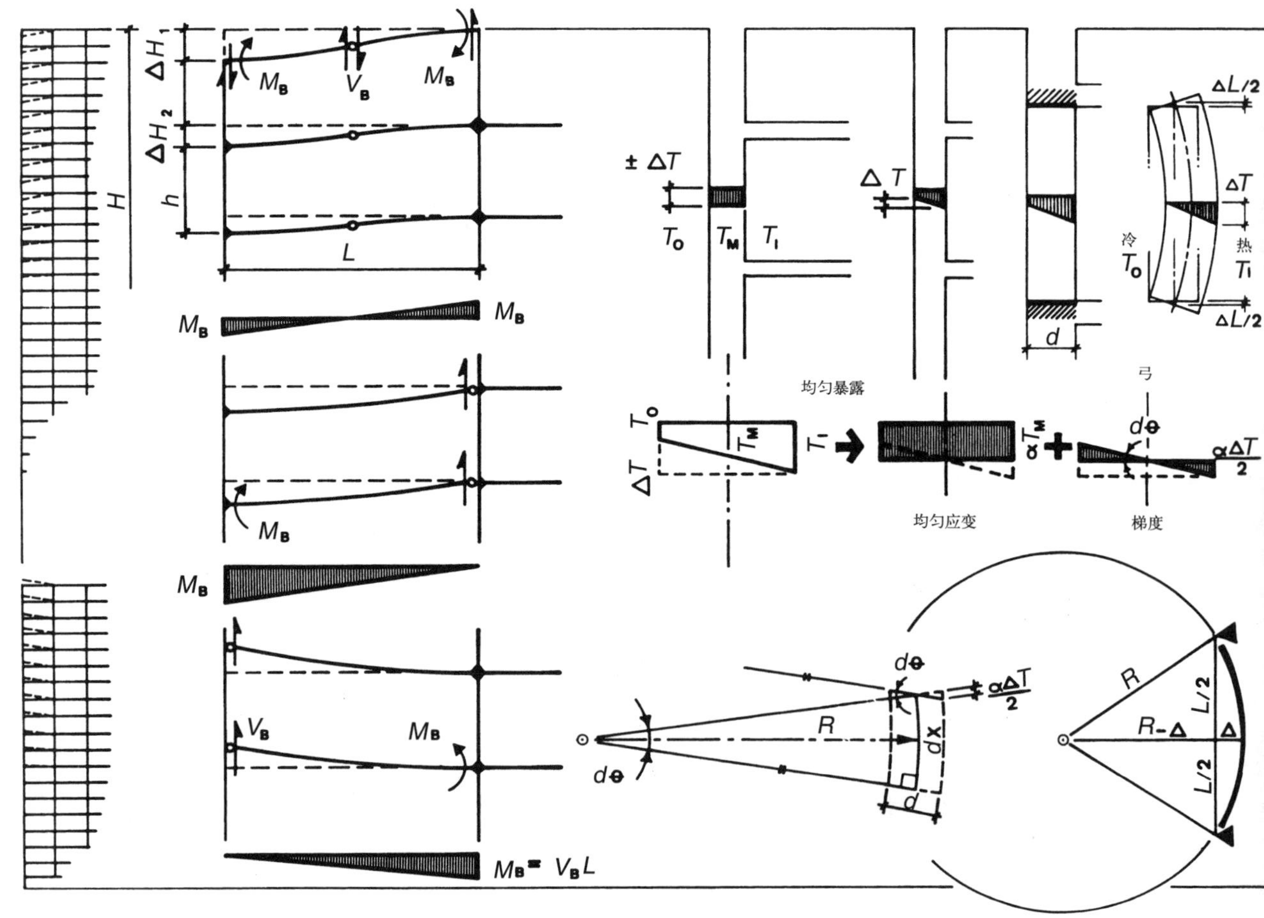

图 3.18 差异变形产生的弯曲

对同一根杆件，若阻止平均温度 T_m 下的线位移且忽略弯曲，则所产生的轴向应力为 $T_i - T_m$ = （$T_i - T_o$）/2 = $\Delta T/2$

$$f_a = \alpha E \Delta T/2 \tag{3.32c}$$

当杆端的线性运动及旋转位移完全受约束时，则温度弯曲应力和平均轴向应力的组合值即为最终法向应力。对于对称截面，弯曲应力和轴力各占法向应力的一半。如 $T_i > T_o$ 时产生拉应力，在室内表面拉应力为 0，在外表面拉应力最大，其大小为

$$f_a = f_b + f_a = \alpha E \Delta T \tag{3.32d}$$

连续构件易受温度变化影响。但在高层中有比低层更大的刚性梁约束柱的运动。

由于常弯矩的曲率为常数，故梁的最大挠曲可以从受弯梁的几何图形（图 3.18）中得到：

R^2 = （$L/2$）^{2} + （$R-\Delta$）^{2}，即 $2R\Delta - \Delta^2$ = （$L/2$）^{2}，其中 Δ^2 非常小，可以忽略。

$$\Delta \simeq L^2/8R \tag{c}$$

将公式（a）代入（c）可得最大挠度

$$\Delta_{max} = \alpha \Delta T L^2/8d \tag{3.36a}$$

注意到杆件挠曲与杆件刚度无关，与其跨度和杆件高有关。故除了角落处外，墙的温度弯曲并不明显。在角落处，若与墙没有连接器约束，则填充墙会分离和损坏填缝料。没有作适当隔热处理的屋面和诸如停车场类的无暖气开敞结构的向外弯曲也是很关键的。当在这些构件两端加约束以阻止其自由旋转时，则在两端会产生应力。

对不均匀的外露情况（图 3.19 所示），外露核心结构和管状塔的最大水平位移可通过将结构看作竖向钟摆和令 $L=2H$ 由公式 3.36a 得到。

$$\Delta_{max} = \alpha \Delta T H^2/2d \tag{3.36b}$$

对于火灾时结构构件的抗热性能，读者可参阅图 1.22 中的简要讨论部分。

高层中立面框架的缩短非常重要。假定外梁与柱铰接以允许梁转动，则在考虑内部核心结构时可将外柱看作能上下自由移动。但事实上，板和梁（梁可能与柱通过弯

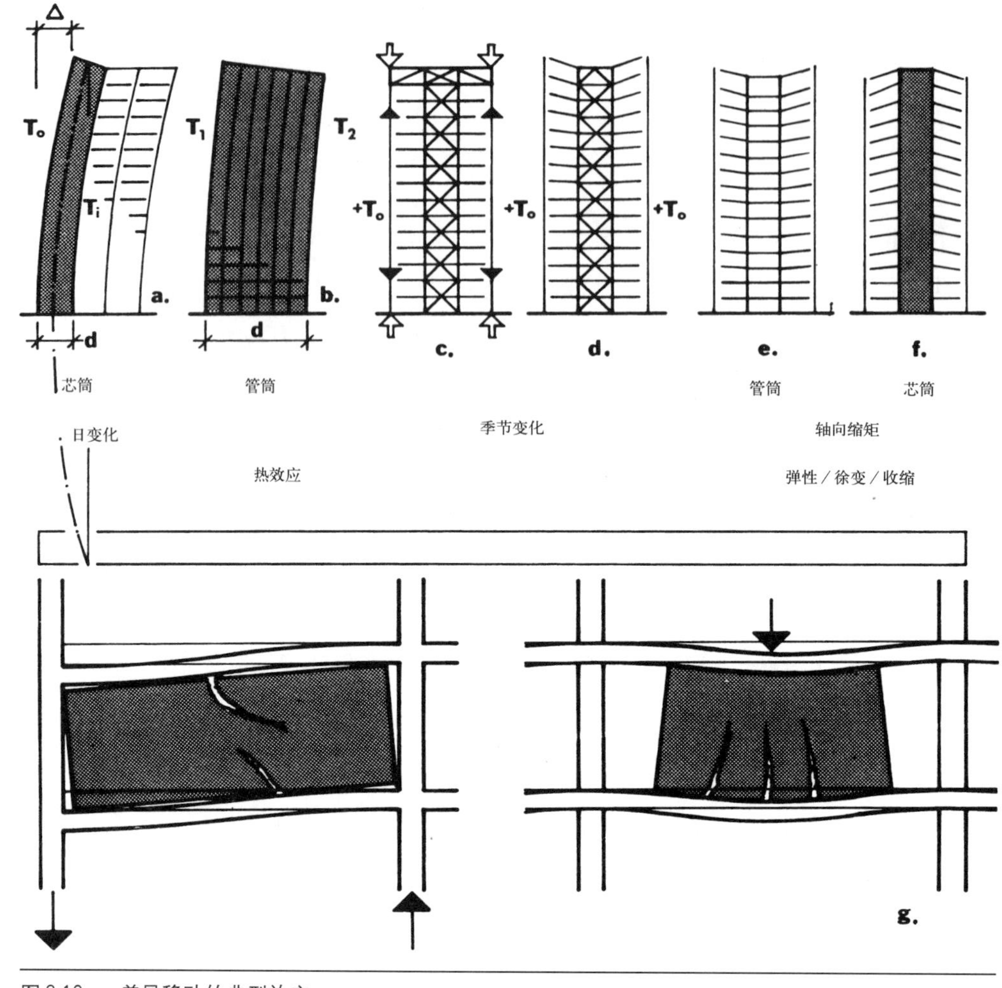

图 3.19 差异移动的典型效应

矩连接）会约束部分的自由转动（图 3.18 左），约束程度取决于外开间楼板的刚度和跨度以及内开间中外柱和内柱的相对刚度。

若所有的柱均为外柱且内部为竖向支撑，则季节性气温度变化对结构没有影响。由于朝南墙比朝北墙的温差变化大，则外部结构的竖向移动不均匀；同时，由于四个角落的柱外露情况不同，则在其相邻柱中会产生不同的运动。结构内部运动不一致（图 3.18 左）会在柱中产生轴力和使楼板弯曲。

结构顶部的自由运动达到最大，从而在上部结构中产生最大的竖向翘曲，这与风载时在下部结构中产生最大的翘曲正好相反。高层中不仅须增大梁尺寸，而且上部结构周边混凝土板也需加大配筋以适应由与结构竖向运动增加所导致的高应力。上部楼板在热运动下产生的框架扭曲会在隔墙中产生应力和裂缝；特别是对石膏板、刚性顶板和砖隔墙。柱中最大温度荷载出现在底层，底层对运动的约束最大；因此，随着高度和楼板刚度增加，柱中约束和应力也相应增加。外柱在其膨胀受无穷大刚度楼板梁或斜撑约束（图 3. 19c）时，轴压力达到最大，冬季外柱轴力降低而内柱轴力增加，在夏天正好相反。

SOM 的 Fazlur R. Khan 和 Anthony F. Nasetta 在 1970 年提出将上部楼板中的外柱与内柱、墙的相对运动限制在 $\Delta H=3/4$ 英寸的范围内。对混凝土结构，假定外开间的跨度 $L=37.5$ 英尺，则相应的梁中心的挠度为$\frac{1}{2}$（$L/300$） $=L/600$，这个值在隔墙中不会产生过量的龟裂，而且可以组合重力荷载或其他的荷载所产生的挠度。

当非结构体系（隔墙或填充墙）布置在梁下时，需在梁下留出足够的空间，以免梁在活载下产生使之挠曲与非结构构件接触，从而在构件中产生压力并使其出现裂缝（图 3. 19g）。隔墙应与玻璃类似的方式布置，同样的原理也适用于石膏顶板，若与顶板直接联系的梁刚度较小的话，顶板中会产生裂缝。在处理悬挑之类大的挠曲和索结构的延伸时须留心。必须安装特殊的楼梯间以减小建筑物的运动。另外，需控制整个结构的柔性，以免水平荷载产生的扭曲对非承载体系产生应力。

例 3. 6

50 层楼、650 英尺高的钢结构中柱部分外露；外开间梁跨度为 36 英尺。建筑物位于美国东北方，须考虑最低温度 $T_o=-20$℉时的最大温差位移。假定室内温度 $T_i=70$℉。

柱的平均温度为

$$T_m=(T_i+T_o)/2=(70+(-20))/2=25\text{℉}\ (约-3.9\text{℃})$$

因此，室内温度与材料平均温度之间的温差为

$$\Delta T=T_i-T_m=(T_i-T_o)/2=(70-(-20))/2=70-25=45\text{℉}\ (约7.2\text{℃}) \quad \textbf{(3.29b)}$$

柱没受板约束，可以自由转动，沿柱整个高度平均温度变化为 45℉。在结构高度上，因假定柱截面和楼层高度不变（故每层楼的自由转动相等）。据公式（3. 31）（令 $\Delta L=\Delta H$）可得屋面处最大收缩为

$$\Delta H = \alpha H \Delta T = 6.5\ (10)^{-6}\ (650 \times 12)\ 45$$
$$= (0.0456\ \text{英寸/层})\ 50 = 2.28\ \text{英寸}\ (\text{约}\ 5.79\text{cm})$$

假定允许位移为0.75英寸，则最终位移为2.28－10.75＝1.53英寸，或1.53/2.28＝67%的自由运动须由结构来约束。

通常，要考虑如下的热效应：柱长度变化产生弯矩（如梁和柱中弯矩）－由于力从外柱传至内柱在柱内产生轴力－由于约束弯曲柱中产生应力。

作为估算，约束的67%自由运动在屋顶处产生的热弯曲应力和底层柱中的热轴向应力，可用如下方法得到（见图3.18左上）。

由基础沉降产生的梁应力，可通过假定梁有刚性支撑（如柱的实际刚度可忽略）和将梁看作由两根刚度 $I_B/2$ 的水平悬臂梁得到（见图3.18左上）

$$\Delta H/2 = \frac{V_B\ (L_B/2)^3}{3EI_B},\ \text{或} \qquad \Delta H = \frac{V_B L_B^3}{12EI_B}$$

因此，令梁刚度 $k_B = I_B/L_B$，则梁中剪力为

$$V_B = \Delta H\ (12EI_B/L_B^3)\ = \Delta H\ (12Ek_B/L_B^2) \tag{3.37a}$$

剪力产生的梁弯矩（见表A.14）为

$$M_B = V_B\ (L_B/2)\ = \Delta H\ (6EI_B/L_B^2)\ = \Delta H\ (6Ek_B/L_B) \tag{3.37b}$$

故，高为 d 的对称截面弯曲应力 f_b 为：

$$f_b = M_B d/2I_B = \Delta H\ (3Ed/L_B^2)$$

若梁高 $d = L/24$，则

$$f_b = E\ (\Delta H)\ /8L_B \tag{3.38}$$

其中：L 单位为英寸，f_b 单位为千磅力/英寸^2，E 单位为千磅力/英寸^2，ΔH 单位为英寸。

故，顶层梁应力为：

$$f_b = \frac{29000\ (1.53)}{8\ (36)\ 12} = 12.84\ \text{千磅力/英寸}^2\ (\text{约}\ 88548.16\text{kN/m}^2)$$

对于（12.84/24）100＝53.5%的允许弯曲应力，可采用A36钢，计算时忽略了施工缝的旋转和假定刚性边界条件。注意从缝工缝的平衡中，得到温度在顶层外柱中产

生的弯矩较大。

内外柱中框架翘曲产生的热轴力由从顶层到基础的梁中热剪力积累而成。在冬季外柱轴力减少，内柱轴力增加；在夏季正好相反。基础处柱中热轴力等于梁中剪力之和除以柱的横截面积 A_c。

$$f_a = \sum (V_B)_n / A_c$$

为了得到梁剪力 V_B 而确定每层梁的刚度 K_B 是费时的，故在估计轴向应力时可用如下方法。楼板刚度越大，柱端位移越小，从而柱中热应力越大。假定刚性楼板并将外柱看作长为 650 英尺、且有 1.53 英寸的收缩被约束的等效柱，故在底层位移约束最大处轴向拉力如下，注意：$\Delta T = (T_i - T_o)/2$

$$f_a = \alpha E \Delta T = 6.5 \times 10^{-6}(29000)45(0.67) = 5.68 \text{ 千磅力/英寸}^2 (\text{约 } 39170.84\text{kN/m}^2) \tag{3.32a}$$

例中得到的温度应力应与其他诸如重力和风载组合，以找到控制应力。另外，还须考虑由弯曲产生的应力。

问题 3.26 中表明当例 3.6 中柱完全外露时，柱和梁中的热应力非常大。通常，高层中竖向位移可通过以下任何一种方法来控制。

- 减少结构外露状况
- 采用与楼层同高的钢桁架或后张法预应力混凝土梁连接内部剪力墙（如屋顶盖桁）。另外，腰桁或围檩能平衡不同的位移（见图 3.19c 和图 7.30）
- 将结构分成较小的次要结构以形成温度断层
- 上部楼层中的柱用深梁刚性连接
- 采用合理的施工手段（见如下的讨论）
- 使柱中机械和自然然通风，从而材料温度以实内温度相等（$T_i \approx T_m$）
- 在上部楼层中采用简支梁来释放应力。剪力连接器作为对普通荷载下外柱的水平支撑，在较大荷载下应可滑移和转动。当梁为铰链时，且按冬季条件控制设计时，梁须布置在内柱、墙上，从而可使不同位移和重力产生的负弯矩彼此抵消，且局部弯矩增加较小，相应地，当夏季条件控制设计时，梁应与外柱铰接（见图 3.18 左）

外框架外露的管状混凝土结构的热/徐变/干缩性能，与具有绝热填充板的同样结构的性能对比鲜明。由于每种方法都有优点，决定采用何种形式并非易事。

温度波动、弹性轴向变形、抗水平力结构和内部结构之间由于混凝土徐变和收缩产生的与时间相关的变形，均能在竖向结构中产生的差异线位移，或竖向翘曲。用 $\Delta L = \Sigma PL/AE = \Sigma f_a L/E$，表示的弹性收缩指在柱受荷情况下产生的轴向变形，可由应力决定。例如：16 千磅力/英寸^2 压力下的 12 英尺高钢柱收缩量 $\Delta L = 16$（12）12/29000 =0.8in（英寸）（约 20.32cm）/层，对 100 层结构，其结果为 8 英寸，在 50 层的结构为 4 英寸。

但是，对于混凝土柱，除了弹性变形之外，还要考虑由于徐变和收缩的变形。混凝土受压徐变所致缩短取决于应力水平、混凝土强度、纵向配筋率和混凝土加载龄期。干缩造成的收缩由自由水蒸发产生；也即是说，混凝土硬化时产生收缩。徐变和收缩变形 65% 发生在混凝土浇捣的第一周，剩下的收缩要经历几年时间，混凝土和钢柱缩短总量在同一量级，但是不是同时发生。

由于活载的可变性，所有的柱或墙不可能受相等的应力（P/A 不为常量），故其收缩量也不等。例如，在管筒钢结构中，内柱采用高强钢，故较小的截面就能承担重力－它们也支撑较大的管筒面积，内柱比边柱的轴向收缩短。边柱间距较小，其支承面积也小－它们承担水平荷载和较小的重力荷载，边柱尺寸按很少发生的、作用时间较短的风力决定，由于刚度需要，采用碳钢（A36），因此，内柱和外柱的收缩不平衡，从而产生所谓的“碟效应”（见图 3.19c）。这种效应在混凝土或复合柱中更加严重，这些柱中同时还须考虑干缩和徐变。必须记住，强度较高的钢柱弹性缩短大于混凝土柱中的弹性收缩。

相反，若由混凝土芯筒或框支筒承担水平力，沿四周大间距边柱只受轴力。在重力作用下核心墙的缩短远小于外部钢柱的缩短（图 3.19f）。

为了弥补差异位移，不仅要考虑施工顺序，而且在安装过程中须在上部楼层中用到超长柱以保持楼板水平。因此顶层无风柱须长于抗风柱，从而使得完工后柱长度相等。正确的柱长可通过配重来获得。例如，如前例中 0.08 英寸/层，每十层为 0.8 英寸，而不是在每层增加柱长度。对于现浇混凝土施工，因为徐变和收缩均与时间有关。不同位移的纠正十分复杂。在施工中通过调整模板高度至初步使用时期望的收缩来实现目的。

对于玻璃幕墙、竖向机械桩和楼板找平控制柱的差异收缩也非常重要。楼板的弯曲不仅由内外部结构差异位移造成，而且内柱间活载分配或相邻柱、墙的刚度不同也会造成；这些反过来会使荷载重分布，刚度大和变形小的构件会受到更大的荷载。尽管在高层中不同的竖向位移十分关键，但外露拱肩会在楼板中产生水平热应变和应力，故它们应整体连接。

不仅在不同的建筑构件中会有差异竖向收缩，而且在整个建筑中也能产生。例如，为防止由于约束澳大利亚墨尔本65层 Rialto Towers Building 的两栋整体混凝土塔由于高度不同产生的收缩，在低塔中施加部分竖向预应力以等效重力来产生非弹性变形。

水压力和土压力

地下结构，包括建于压缩土层上的建筑，所受荷载与上部结构所受荷载不同。建筑的地下结构必须承担由土、地震和地下水引起的侧向压力，冻土的膨胀挤压力和地表面上超载引起的应力。侧向土压力的大小与分布沿地下墙是不确定的。它们不仅赖于土的性质，而且依赖于建筑物的柔度。侧压应力分为主动压应力状态，（土可以侧向移动，如较柔的悬臂挡土墙）、适用于绝对刚性建筑物的平衡状态（通常适用于有地下室墙的情况，假定两相对侧面互相平衡）、被动压应力状态（此种情况下，墙可以向土的方向移动）。本文中，主动压力最小，被动压应力最大，而平衡状态下的应力介于两者之间。

在初步设计中，侧向土压力可看作是由于土的重量引起的等效液体压力。对于非粘性土，砂和碎石，最小主动压应力介于 30 磅力/英尺^3（水平地表下干的粒状土）和其 2 倍（湿干）。相比之下，粘性土（像粘土和泥）当它们吸收水后会膨胀，因此就引起大的侧向力，在这种情况下，等效的液体压应力就会高达 120 磅力/英尺^3，它的单位重量产生的压应力是干粒土的 4 倍。显然，墙后面应该填以非粘性材料而不应是饱和土，以便排水。概括地说，非粘性土可以看作是一种有两倍水的重量但只发挥一半的压力的液体。

在墙上的等效最小侧向液体压应力由图 3.20 表示出。对于干的粒状土，等效最小侧向压应力等于等效的液体表观密度 30 磅力/英尺^3 乘以地表面到所说点的距离，便得

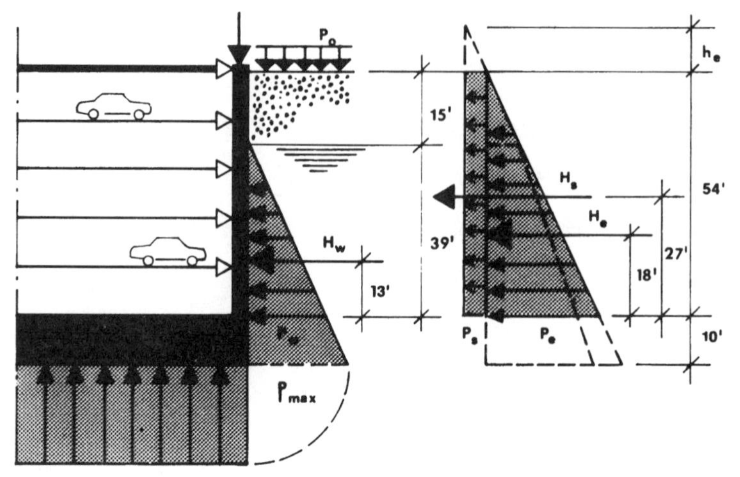

图3.20　地下结构的水土压力

到一个简单的沿高度线性变化公式：

$$P_e = 30h \tag{3.39}$$

因此，最大的侧压应力发生在墙与基础的交界点：

$$P_e = 30\ (54)\ = 1620\ \text{磅力/英尺}^3\ (\text{约}\ 255.06\text{kN/m}^3)$$

或者，由图3.20给出情况下总的土压力是：

$$H_e = 1.62\ (54/2)\ = 43.74\ \text{磅力/英尺}\ (\text{约}\ 638.06\text{kN/m})$$

如果存在地下水，则侧向压应力是水的表观密度的62.4磅力/英尺^3。

$$P_w = wh_i = 62.4h_i \tag{3.40}$$

由于静水压力，水下面的土的表观密度就会减小，土的重量等于它的正常干表观密度减去它所占水的重量。对于粗略估计，取土的干土重量而忽略浮力是保守的，也可以取等效液体压力的80%或者减少水的压力的20%，作为非粘性土与水共同作用的结果。

$$P_w = 0.8\ (62.4)\ h_i \approx 50h_i \tag{3.41}$$

因此，地下水位15英尺下的最大水压力，近似为：

$$P_w \approx 50\ (39)\ = 1950\ \text{磅力/英尺}^3\ (\text{约}\ 307.01\text{kN/m}^3)$$

或者，总的侧向水压力为：

$$H_w = 1.95\ (39/2) = 38.03\ \text{千磅力/英尺}\ (\text{约}\ 554.76\text{kN/m})$$

最大的侧向水压力发生在基础底部且等于向上的浮力，在结构物的早期阶段，最关心的是向上的抬升力，则地下室底板不得不设计来抵抗向上的浮力。

$$P_{max} = wh_i = 62.4\ (49) = 3057.6\ \text{磅力/英尺}^2\ (\text{约}\ 146.83\text{kN/m}^2)$$

墙必须承担由人、车、路面、楼房在填土上面活动而引起的额外应力，这些荷载叫做附加荷载，可以近似为均布面、线或者点荷载。由于均布加荷载 P_0 引起的侧向压力 P_s 可以近似转换为一个回填土的等效高度 h_e，其高度等于附加荷载 P_0 除以土的表观密度 w。

由固定荷载或活荷载这些附加荷载引起的等效侧向压应力依赖于土的类型，可近似为沿墙体的一个常量，而且在非粘性的干土和表观密度为 $w = 100$ 磅力/英尺^2 的情况下

$$P_s = 0.30P_0 \tag{3.42}$$

如对一路面超载 $P_0 = 150$ 磅力/英尺^2，侧向压应力为：

$$P_s = 0.30\ (150) = 45\ \text{磅力/英尺}^3\ (\text{约}\ 7.08\text{kN/m}^3)$$

或者，总的侧向压应力为：

$$H_s = 0.045\ (54) = 2.43\ \text{千磅力/英尺}\ (\text{约}\ 35.45\text{kN/m}^3)$$

荷载组合

大多数所讨论的荷载可能同时发生，如果它们是可叠加的就应该叠加起来，但是，这些荷载共同作用的最大效应可能小于它们的单独作用，因此，当组合时，单个荷载可能减少。有时，让这些荷载共同作用是不可能的；例如：以 50 年为周期的风荷载恰好与一个在 30 ~60s 内造成大破坏的大地震同时发生的概率非常小。因此，结构规范没有要求设计考虑它们同时作用，而考虑它们单独发生的情况。同理，对大多数屋顶结构，最大雪载与最大风载共同作用的概率非常小，而且 70 英里/小时的风至少吹去屋顶上的部分雪。

在允许应力设计中，像在本文中对钢结构和砖石结构所用一样，允许应力只有一个

简单的安全因子，它把超载、材料性质的变化、残余应力和其他非确定性的因素考虑在一起。在这里，对一些荷载进行组合，荷载组合因子是为了削减组合的影响。类似方法也用于钢结构的塑性设计中。

相比之下，钢筋混凝土结构的强度设计和钢结构的荷载与抵抗系数设计中，荷载的不确定性在荷载分项系数中考虑，而材料抗力的不确定性在抵抗分项系数中考虑；设计基于杆件的真实强度而不是它的计算应力。例如，活荷载采用比恒载更大的荷载效应系数，从而可以考虑活荷载的不确定性。既然 LRFD（荷载与分项系数设计方法）基于概率设计方法，则 AISC（美国钢结构协会）提出的 LRFD 比 ACI 的强度设计方法更合理。下列是通常所碰到的使用荷载：

D = 由结构自重引起的恒载（包括结构构件和永久设施，预埋构件等）；

L = 由于居住、活动装备及可动部分引的活载；

Lr = 屋顶活荷载；

W = 风载；

S = 雪载；

E = 地震作用；

R = 由于雨水或冰引起的荷载，不包括积水的影响；

T = 由于温度的改变、收缩、湿度的改变、脆变、不同变形等引起的自应变力；

H = 由于土和地下水引起的重力和侧向力；

F = 由于流体的压力和最大高度引起的荷载；

P = 由于积水引起的荷载。

当基于允许应力设计时，荷载应该考虑如下的组合：

$$
\begin{aligned}
&D \\
&D+L+(Lr\text{ 或 }S\text{ 或 }R) \\
&D+(W\text{ 或 }E) \\
&[D+L+(Lr\text{ 或 }S\text{ 或 }R)+(W\text{ 或 }E)]\times 0.75 \\
&[D+L+(Lr\text{ 或 }S\text{ 或 }R)+T]\times 0.75 \\
&[D+(W\text{ 或 }E)+T]\times 0.75 \\
&[D+(Lr\text{ 或 }S\text{ 或 }R)+(W\text{ 或 }E)+T]\times 0.66
\end{aligned}
\tag{3.43}
$$

当 F、H、P 或 T 对结构的影响很大时，它们应该考虑到设计中，为了考虑这些情况，规范允许把许用应力稍作提高或者把组合荷载稍作折减。例如，当恒载 D 与活载 L、风载 W 共同作用时，许用应力可提高 33%，或者荷载折减 25%，这相当于用 0.75 这个荷载组合系数来乘以荷载。但是，荷载组合中并不完全包括以上全部荷载。一些材料规范（如砖石、木料）在风载、地震作用或爆炸荷载这种短期荷载的情况下，考虑材料强度的增加，也允许许用应力乘以系数 1.33，或者荷载折减 25%。用于砌体时由于板作用（如幕墙作用），设计由拉应力控制

$$0.75\ (D+\ (W \text{或} E))$$

当连续钢构件或钢框架按塑性设计时，它们的强度就应该承担如下荷载：

$$\begin{aligned} &1.7\ (D+L) \\ &1.3\ [D+L+\ (W \text{或} E)] \end{aligned} \qquad \textbf{(3.44)}$$

在弹性理论或工作应力理论中，构件的设计基于弹性分析所得的应力值，而相应的材料特性也只是在弹性的范围内。使用荷载引起的应力必须保持在许用应力值以下。规范中规定的许用应力是屈服应力的函数（如对钢梁 $F_b=0.66F_y$），或者是材料碎裂强度的函数（如对钢筋混凝土梁而言是 $F_b=0.45f'_c$），或者是屈曲荷载的函数（对细长杆而言）。在钢结构的塑性设计中，过程基本上是一样，只是这里破坏时的最大弯矩由极限荷载确定；极限荷载是引起结构全部或部分破坏时的荷载。塑性理论考虑了结构的延性能力而可形成在一定弯矩下可转动的塑性铰，从而发生弯矩由高应力区向低应力区的重分配。但是，在普通钢筋混凝土结构设计中，由于杆件缺乏延性，凭着经验弯矩发生部分重分配是可行的。弹性理论与塑性理论中的安全系数是主观确定的，且适用于各种荷载状态，也就是说，适用于可预知的恒载和各种活载。

相比之下，强度设计方法承认由荷载类型的不确定性和抗力的不确定性引起的加载的不确定性。在这里，荷载的组合效应并不是要超过结构的抗力而使结构破坏，换句话说，设计抗力 ϕR_n 必须大于或等于所要求的抗力 $\sum\gamma_i Q_i$，此抗力由几种荷载组合后计算所得来。

设计抗力设计荷载效应（或所要求的抗力）：

$$\phi R_n \geqslant \sum \gamma_i Q_i \qquad \textbf{(3.45)}$$

抗力包括强度极限状态和使用极限状态。荷的分项系数 γ 和抗力的分项系数 ϕ 反应了不确定性的大小，也就是说，理论的不准确性、材料性质和杆件尺寸的变化、荷载确定的不准确。概率设计方法在 AISC LRFD 规范中用来确定该项系数。抗力的分项系数 $\phi\leq1.0$，因为真实的抗力小于名义值 R_n，荷载分项系数 $\gamma\leq1.0$，反映了真实荷载

效应可能偏离名义平均荷载的影响。在其他准则中，极限抗力 R_n 依赖于材料、极限状态、破坏模式和后果及分析模型中可能的错误。

AISC LRFD 规范对钢结构允许弹性分析和塑性分析并存。基于 ANSI 规范，列出如下荷载组合及其相对应的分项系数：

$$
\begin{aligned}
&(1)\ 1.4D \\
&(2)\ 1.2D+1.6L+0.5\ (Lr\ \text{或}\ S\ \text{或}\ R) \\
&(3)\ 1.2D+1.6\ (Lr\ \text{或}\ S\ \text{或}\ R)\ +\ (0.5L\ \text{或}\ 0.8W) \\
&(4)\ 1.2D+1.3W+0.5L+0.5\ (Lr\ \text{或}\ S\ \text{或}\ R) \\
&(5)\ 1.2D+1.5E+\ (0.5L\ \text{或}\ 0.2S) \\
&(6)\ 0.9D-\ (1.3W\ \text{或}\ 1.5E)
\end{aligned}
\tag{3.46}
$$

另外：对厂房、公众场所和所有活载超过 100 磅力/英尺^2 的地方而言，在荷载组合（3）、（4）、（5）中 L 的分项系数为 1.0。

当 F、H、P 或 T 对结构的影响很大时，它们应在设计中考虑到并且为如下极限荷载：$1.3F$、$1.6H$、$1.2P$ 和 $1.2T$。

一般的分项系数：对受拉屈服和弯剪下的梁：$\phi=0.9$；对柱：$\phi=0.85$；对受拉破坏：$\phi=0.75$；对 A307 螺栓：$\phi=0.6$。

ACI 建筑规范对钢筋混凝土作出如下荷载组合及其相应的分项系数 γ：

$$
\begin{gathered}
1.4D+1.7L \\
1.4\ (D+T) \\
0.75\ (1.4D+1.7L+1.7\ (W\ \text{或}\ 1.1E)) \\
0.75\ (1.4D+1.4T+1.7L) \\
0.9D+1.3+\ (W\ \text{或}\ 1.1E)
\end{gathered}
\tag{3.47}
$$

抗力的折减因子 ϕ 在如下几种情况下分别如下：

轴向拉伸、受弯、拉弯	0.90	
剪扭	0.85	
素混凝土的受弯	0.65	
混凝土中的支承	0.70	
带箍筋的柱	0.70	
带螺旋筋的柱	0.75	**(3.48)**

异常荷载和结构安全性

因为房屋是人建的，总归是会破坏的，包括灾难破坏、倒塌或由于材料的缺陷而导致的破坏。破坏可能是局部的，也可能是整体的；可能是突然破坏，也可能是由不同材料的非粘合性、老化、缺乏可修复性或变形而引起的缓慢破坏。结构的破坏可能发生在建造时，也可能发生在它已完工后。破坏可能的原因有设计上的错误或疏忽，末考虑到的建筑用途、缺乏实际经验、缺少质量控制、设计者和施工者与业主之间缺乏交流，不完整或者甚至错误的施工详图，或者缺少现场监理。破坏也可能是由于异常荷载（像爆炸、火灾、洪水、旋风和车辆撞击）引起的，如果房屋缺乏结构上的超静定，则破坏的机会会更大，也就是说，结构应是个有储备强度的体系。

特别自 80 年代后期 90 年代前期以来，传媒界就报道过多次房屋破坏事故（包括“危房综合症”），设计者能力提出过质问。这种使用状态差、功能失调的楼房体系，室内空气污染等等状况，在逐渐上升的责任保险赔偿（或保险的必要性）和增多的法律纠纷中表现出来。由于设计方法改变了，也要关注在过去 25 年所建的建筑的寿命（耐久性）。过去的失败主要是由于对新的建造技术进行实验，现今的破坏是由于建筑责任的分解使设计者、制造者、承包者、经理和监理分离。最近，不惜任何代价对安全的考虑，以及通过立法降低破坏风险已成惊人的发展趋势，当然也成为建筑设计、实验、适应性、改革和发明中最令人兴奋的一面。使承包者和经理不懈寻求保证结构安全性的原因，是大型结构破坏对生命的危险。早在公元前 1700 年前，巴比伦 Hammurabi 国王在著名的法典中包含对建造缺陷严厉的惩罚，罗马在建筑中也十分强调安全性。

在以往许多建筑破坏案例中，有设计师可以学习的方面。如发生在公元 557 年伊斯坦布尔 Hagia Sophia 的地震中，许多只建造了 21 年的圆屋顶塌了，原因是支撑不够。法国 Beauvais 的哥特式大教堂倒塌了两次，该教堂曾被认为已达到了轻型与精致完美结合的表现，其空前的拱高超过了 157 英尺，在 1284 年它刚建造完后，主拱首先倒塌，原因可能是超载；然后在 1573 年，由于支撑结构布置的不正确，490 英尺高的石塔倒塌。最近，华盛顿柔性 Tacona Narrows 悬索桥（1940 年的倒塌）已成为缺乏合理的气流动力设计的典型例子。在 1968 年英国伦敦的 Roman Point22 层公寓（如图 6. 19）由于其18层发生煤气爆炸，导致其角部连续倒塌，以致重新评价大板建筑结构的完整性以及高层建筑的工业体制。在1970年末期，几个大跨屋面的破坏，其中包括1978年的Hartford Civil Center Coliseum空间框架的倒塌，在众多原因中包括设计错误、检查不力、没有按正确的建造工序等。1978年西弗吉尼亚一冷却塔的顶升框架体系倒塌，造成51个工人死亡。

城市基础的锈蚀已成为关注的焦点。1980年代，桥梁以惊人的速度倒塌，美国有超过40%的桥梁结构有缺陷或功能过时，由于暴露在外在环境中及冲击荷载和反复荷载作用下，桥特别容易随时间老化。不仅普通混凝土结构和钢结构桥，也包括世界上大多数的斜拉桥，由于腐蚀作用而使钢索的失效，所以必须定期检测和维修桥梁，但实际情况并不是这样。

人们对于1981年Kansas城市的Hyatt Regency人行天桥的倒塌还记忆犹新，由于设计失误，造成113人死亡，118人受伤。最近几年，最严重的建筑事故发生在1987年CT Bridgeport Lambiance Regency高层公寓建筑的倒塌，它采用的是升板施工方式，在此事故中，一个重要支撑部位升板构造的破坏导致了一系列反应，连续倒塌导致28个工人死亡，许多工人受伤。

在建筑领域，破坏这个术语很广泛用来表示建筑的不完美。破坏不仅仅意味着一栋建筑的倒塌，也包括可能导致构件破坏的局部缺陷。如对一些钢筋混凝土结构，特别是建在20年前的停车库，表现出混凝土的剥落、破碎、钢筋的锈蚀而引起的累进恶化。严重的是在节点或连接处等关键点的不足。例如，预应力混凝土的节点常不考虑由恒定的预压应力引起的连续变形（如徐变），当阻止这些变形，在节点处组合应力就会导致破碎；另一个问题就是材料和由国外制造商制造的产品（或通过许多中介）的质量，这些产品会低于标准的或者是劣品。

最近的麻烦在于外墙、隔墙的裂缝通病，屋顶渗漏。有覆层的附着设施的腐蚀和水的侵入是常见的问题，建在芝加哥的1136英尺高的AMOCO大楼的骨架，在完工15年后就不得不用2英寸厚的花岗石来重修，原因是原来的1.25英寸厚大理石板发生弯曲。有大量的例子，破碎的玻璃被旋风吸出框架又撞击在其他的玻璃上，从而可能伤害人，通常这是因为建筑物缺乏刚度，原因是高强材料的开发、倾向于优化和非结构材料的非复合功能，从而使楼房就变得更轻、更柔，容易发生振动。一个值得注的例子是在波士顿60层高的（John Hancock Tower [1973]）。这面耀目的镜子790英尺高的断面为117290英尺的长菱形柔性钢结构，由于它的美学角度而赢得荣誉，但是也由于它的技术错误得到了广泛的批评。早在它的建筑时期，基础墙的凹陷引起公用线路的破坏及邻近建筑的沉降。调查显示自从 1973 年 1 月份开始，暴风雪就引起了大面积的玻璃破碎，最后大约 1/3 的塔楼玻璃不得不用胶合板代替，而且还发现塔楼在短边方向连续摇晃和扭转，引起的加速度使塔楼里面的居民感到不舒服，不得不在第 58 层里相反的位置装上巨大的阻尼器来调谐。而且沿塔楼长轴刚度柔，以致在一般的荷载作用下的影响能引起它摇摇欲坠，其结果是不得不在对角线上加上斜支撑以使长轴方向上的刚度增加一倍。双层玻璃破碎与建筑物的振动之间好像没有联系，表现出是由于两片玻璃边缘的封口的疲劳破坏引起的，原因是周期性的风载和温度应为而节点缺乏柔性。John Hancock 塔楼技术问题的一个有利方面是发展了风洞试验。

专家全面研究和记录建筑破坏，从中学习以免以后犯同样的错误。工程辩论原则在最近几年达成广泛共识；已经形成了对破坏进行调查和评价的程序。涉及到新建建筑的寿命（由大量错误反映）；旧建筑的退化（包括能耗、修复与维护的需要），使得建筑评估成为一个新的研究领域，类似于预防药，它评估和判断房屋特性的好坏。

在本文中，所关心的是对结构在建造时和完工后的破坏的基本预防，这些破坏可能是由于荷载条件的不确定性（如超载、偶然低概率荷载）、或材料强度的不确定性，但最有可能的是由于人为的错误。结构破坏归因于人为错误大致可分如下几种：设计差、支撑结构布置不充分、工人草率、材料标准不够、施工图错误、文档冲突、在设计和建造阶段缺乏质量控制等。

在前面几节中已讨论过常规荷载，异常或偶然荷载通常是结构破坏的原因，但通常在设计中不予讨论，因为它们发生的概率很小，而且认为它们由储备的承载能力来承担，例如：

- 爆炸，外部或内部爆炸荷载（如气体、炸弹等）
- 撞击，冲击荷载（如风砂石、起重机、汽车、飞机等）
- 声载
- 旋风
- 洪水
- 火灾
- 破坏行为和恐怖行为

在结构设计中的安全系数仅仅是很粗糙地处理刚才提到的所有不确定性，它对结构的安全性作出基本的估价，也反映了经济性与可适用性。像在本章“荷载组合”那节中提到：安全系数对于公共安全设施在工作应力设计中是钢的屈服应力（或混凝土的破碎强度）与许用应力的比率，而在极限荷设计中是极限荷载与设计强度的比率，在弹塑性设计方法中，简单的一个安全系数包括了所有荷载情况和其他不确定性，在对混凝土的强度设计和对钢的 LRFD 中，考虑了各种荷载情况下的不确定性和材料抗力的不确定性。这种限定的设计概念反映了结构向质量保证的快速发展。在这里，质量是由功能上的和关键强度上的要求所控制，而专业知识能力和设计与建筑单位的声誉并没有考虑进去，且检查也没考虑进去。对公共安全，强度极限状态基于使全部结构或其部分倒塌的最大承载能力，或者由概念设计得到（如，在延性结构中塑性机构和塑性铰的形成，允许较大的塑性变形而不会塌）。使用极限状态指在正常使用条件下的功能特性，包括对杆件变形、混凝土裂缝宽度、建筑偏差、加速度和覆盖层与屋顶的漏水。

对梁、板、柱、墙与节点的设计通常基于单个构件，考虑不同形式下的局部破坏（如剪、弯、不稳定、偏斜），因此，安全系数是单个构件的强度极限状态与使用极限状态的函数，而且作为一个整体独立于个整个结构体系，作为整个结构的部分的单个构件，其重要性没有在抗力分系数中考虑。例如，一座摩天大楼的底层柱子被认为与顶部柱子或两层高楼房的柱子一样，在管道中的斜柱与承力柱的区别被忽略了，而且，防止整个建筑物（像在斜撑框架的管支撑体系中的柱）的破坏可以引起连续的倒塌。多余自由度的数目也被忽略。

加设多余自由度对防止结构破坏是最重要，而且也是设计中的基本概念。如果结构将要破坏，它应该能维护自己；应该能承受超载和有多条独立的传力路径；至少应该对即将来临的灾难作出充分的警告，单个构件的破坏不应该导致一系列连琐的破坏而最终使庞大的结构破坏。设计者应该预知关键位置的潜在破坏。从某种角度上说有点像在一座桥的关键部位用炸药爆炸使桥关键支撑破坏，以便桥在自己重力作用下，引起连续的倒塌。

作为非超静定体系的构件应设计在一个较低的许用应力范围内，而超静定体系中的构件应预示灾难（像下凹与破碎），而且结构应有能力重新分配力，作为一个储备体系，应使载流沿各条不同路径传递。结构多余的自由度必须由不同点形成破坏机构的形式来检查，以便建立可能的破坏形式，从而对破坏结果进行评估。结构超静定次等于它的多余自由度数目。很明显，一个典型的高层建筑要比一个普通的低层建筑多很多的可能破坏形式，一个管架结构的自由度数目比一个特别容易在柱边受剪破坏的非支撑平板结构的多。必须强调，超静定设计并不意味着过于安全的设计和缺乏经济性，而是结构体系类型的一项功能。

对同样外观，延性结构比脆性结构多很多的多余自由度数目。尽管砖石结构是由脆性材料建成的，但它们的刚度相当大，原因在于墙体的紧密排列和较重的重量，它们不会突然破坏，就像19世纪的铸铁框架结构，发生在中世纪大教堂的砖石结构的类似破坏，由侧向压力与基础的沉降引起的，因此只是形式的原因，而且远远低于材料的强度。因为缺乏延性，脆性结构必须设计成近似弹性反应来抵抗像严重地震这样的偶然荷载，因此要求更大的安全系数。

然而，应该记住，在特殊的条件下，一个延性的钢结构也可能发生一种超乎预期形式的突然破坏，这种突然破坏可能是脆性破坏或疲劳破坏，像建造过程（如残余拉应力）、低温、高集中应力和其他条件引起的不寻常状态都可导致表现出脆性特性。二次世界大战中的焊接船发生脆性破坏就是这类破坏的一个例子。疲劳破坏是在低于极限拉应力的应力状态下，由于周期性的加载而引起的突发破坏。疲劳破坏最有可能发生在桥梁和飞机中的拉杆上，或者在起重机和振动装备的机械部分或支撑结构上，也就是说，发生在有大量荷载起伏或广泛的应力反向的结构上。然而，常规建筑的设计，通常不考虑最大使用荷载的周期性。因为它们低于2000个循环（大约相当于在25分钟中两次）。普通建筑也没有必要考虑疲劳荷载，像风载、地震作用，因为它们不经常发生。

当杆件不是连续的而是铰接的时候，材料是延性或是脆性的特性根本就不介入。在这种情况下，破坏发生在连结点，在铰中为最弱的连接，就像在预制混凝土结构中。另一相似的例子是在大板混凝土结构中缺乏结构的统一性，经常是在仅依靠简单的重力和摩擦作用（如摩擦连接）的节点处发生破坏，在结构不能提供不同的传力路径和超静定体系的情况下（见图6.9），可能引起连续倒塌。很清楚，在地震区，完整性和延性是结构提供充分的储备强度所必需的。一个结构必须像一个单元一样，而不应是单个构件的集合。因为混凝土框架的脆性特性，特殊的延性混凝土框架结构（见图7.20）要求能吸收严重的地震荷载，在局部破坏后，能不引起一连续的倒塌。同理，在1930年代，大量采用加筋砖石结构，在加强筋的作用下，砖石建筑被连在一起形成了一个完整的空间结构，从而能较好地抵抗地震荷载。

剪力墙典型的破坏形式见图6.12，延性或半延性框架结构的塌模式见图3.21。不同的加载模式和荷载强度形成系列加载路径，取决于构件的强度、刚度及排列。对于一高度超静定（或多余约束）结构，确定它最小的倒塌荷载不是简单的事，当考虑到

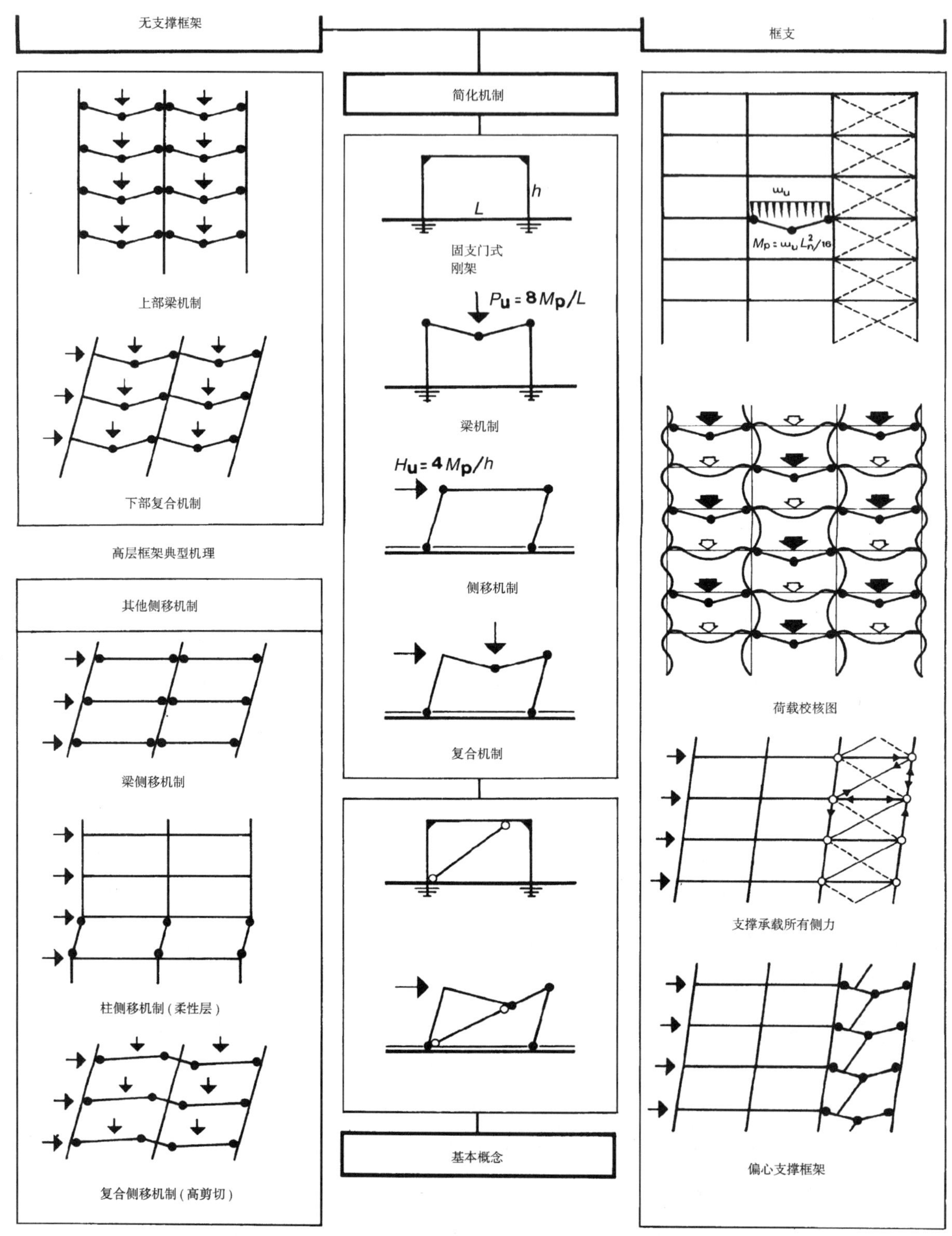

图 3.21　延性框架结构的普通倒塌模式

连接楼板的倒塌时（如板的塑性屈服线理论），就会变得更加复杂。当组合荷载能产生完全的坍塌机构时，重力荷载可能就会造成局部破坏。首先，由于弯曲屈服，局部破坏通常发生在高应力点，而且在这些点常产生塑性铰以承担一定的弯矩和允许连续结构（如超静定结构）承担更多的荷载，因此允许弯矩重分配。对于只要发生破坏就丧失对转动抵抗的脆性铰而言，塑性铰则相反。当产生足够多的铰而形成一个机构时，一个超静定结就会发生完全的倒塌。既然结构设计要求能承担严重地震荷载，很明显结构的稳定性（包括铰的形成）必须得以评估，以便防止结构的倒塌。读者也许想参考关于塑性分析和设计的文献，以便清楚的看到框架结构在超过弹性范围后的特性。

在斜撑框架体系中，连续梁可以通过假设经过局部破坏而形成三个塑性铰很快的设计出来。柱的破坏也是三个塑性铰的形成，或在柱及相连梁中的塑性铰的形成。同轴的，斜撑简单框架侧面刚度很大，但是仅有中等延性，因此在严重地震区，斜撑与框架联合在一起，在弯曲后必须保持有必要的延性。另一方面，在中等地震荷作用下，同轴斜撑框架表现出刚性而在严重荷载作用下表现出延性。在这种情况下，斜撑中的轴向荷载被转化为梁中的剪力，形成对短弱连接的抗剪塑性铰（见图7.24）。

相比斜撑框架，在非斜撑抗弯框架中的塑性铰的形成基本依赖于梁的刚度。在梁的刚度很大条件下，建筑的偏移基本取决于柱的弯曲，因此引起柱的侧移机构。但当梁刚度很小的条件下，建筑的偏移基本取决于梁的弯曲，因此引起梁的侧转机构。可以想像到，在多层建筑的顶部，由于受重力控制，则三个铰发生在梁中，然而在底部，由重力和侧向力共同主导，就形成复合偏移机构，塑性铰可能发生在梁的两端。

刚架允许较大的变形，因此十分具有延性，但因为它非常柔软，它们在地震荷载中也会引很多非结构的破坏。为了防止此类情况发生，必须由通过增加梁超过强度的要求的尺寸，以减少层间侧。

在如下的讨论中，主要介绍其中基本的机构：

- 梁机构：典型的板梁在重力荷载作用下形成局塌，塑性铰发生在梁的两端和中部。因此，总的极限弯曲，$M_u = w_u L^2/8$，由在铰处的塑性弯曲抵抗。

$$M_u = w_u L^2/8 = 2M_p \text{ 或 } M_p = w_u L^2/16 = 1.7wL^2/16 \leq Z_x F_y \qquad \textbf{(3.49)}$$

因此，塑性截面模量

$$Z_X = M_P / F_y \tag{3.50}$$

注意：塑性力矩的承载能力仅是荷载和杆件跨长的函数，与杆件尺寸无关，就像在弹性方法中一样。

在开始屈服后，塑性的储备强度由截面形状因素 f 来衡量，对 W – 截面而言，$f=1.12$。

$$f = M_P / F_y = Z/S = 1.12 \tag{3.51}$$

把方程（3.51）代入方程（3.49），用截面弹性模量代替截面塑性模量，得

$$M_{max} = wL^2/16 \leq 1.12 S_x F_y / 1.7 = 0.66 F_y S_x = F_b S_x \tag{3.52}$$

然而依照弹性理论；

$$M_{max} \simeq wL^2/12 \leqslant F_b S_x = 0.66 F_y S_x$$

可以看出，基于塑性理论量一连续梁能用 $wL^2/12$ 代替在弹性设计中的 $wL^2/16$，因此假定在稳定和变形要求已满足情况下，可以节约大约 25% 的梁的重量。

在侧向荷载和重力作用下，可形成以下几种破坏模式：

- 梁侧移机构：在侧向力作用下当柱被设计成比梁有较大的抵抗弯曲时首先形成。这种强柱弱梁的设计概念在地震荷载作用下最容易形成坍塌机构，而且被大多数规范所推荐。
- 柱侧移机构：形成于柱首先发生塑性铰的情况，而且当某一层已形成机构就会引起侧向不稳定。在地震的反复作用下，这种机构估计会发生在底层，对高层建筑来说应该避免的。这种所谓的柔性楼层设计概念应用流行，通常使底层柱子具有较大的延性，它限定非弹性到一种水平，使之像一个振动的吸收器来吸收地震作用，从而保护建筑的其余部分，使它们保持弹性。

  柱侧移机构概念可解释为如图 3.21 所示的简单的固定的门式框架，在这种情况下，极限侧向力 H_u 引起的弯矩能被两根柱所平衡。

$$M_u = (H_u h)/2$$

这个弯矩，反过来由在柱的顶部和底部的塑性弯矩 Mp 来抵抗，假定梁的抗弯能力大于柱的抗弯能力。

$$(H_u h)/2 = 2M_p \quad 或 \quad M_p = (H_u h)/4 \tag{3.63}$$

柱被设计来抵抗重力和侧向力的共同作用。

- 混合侧移机构：由侧向力和重力共同作用个开产生，就像在图 3.21 表示的几种情况。在这里，在刚性梁的情况下，由于机构在压弯作用下而使二次影响被扩大，使柱可能破坏。但是，在一般情况下，强柱弱梁的概念应该贯穿整个结构，换句话说，在节点上下侧的柱的塑性力矩的总和应该大于此节点两侧的梁的塑性力矩的总和，这种条件可以通过选择高强钢作为柱而 A3.6 钢作为梁来满足。

习题

3.1 对 15 层，平板结构的办公楼，求底层和第 13 层柱子受到的力 f 和 g，见图 3.2。恒载 140 磅力/英尺^2，幕墙重 20 磅力/英尺^2，考虑底顶荷载为楼板荷载的 75%，标准层底 12 英尺。

3.2 采用单向板或双向板支撑的各种结构体系，计算其典型内墙的总楼面荷载（图 3.2a－1）仅对于纵墙结构（图 3.2b）的外墙进行研究，首先假定其外墙为连续实体墙，再假定带有 5 英尺宽的竖向条带的开口墙（记只有 50% 的内面墙采用来承载）。

3.3 一高层办公建筑为典型的楼板框架结构，2.5 英寸的混凝土板支撑在密肋钢夹板，该夹板跨度为 15 英尺（如图 3.2H），假定楼面静载为 60 磅力/英尺^2，其中包括层面 15 磅力/英尺^2，假定活载 80 磅力/英尺^2。设梁 3－4 和梁 1－5 受载，令 $F_y = 50$ 千磅力/英寸^2，设计该简支梁，并确实所选择的钢材。

3.4 假定习题 3.3 中的楼板结构为一 20 层建筑的标准结构，其平均楼高为 12 英尺，层面静载取值与标准楼面静载相同，但活载为 30 磅力/英尺^2，假定柱的荷载为常数，其中包括防火和连接材料，等于楼面面积的 12 磅力/英尺^2，考虑结构的侧向支撑，对结构的第二层的柱的尺寸作以估算。

3.5 一 10 层工业建筑，平均层高 10 英尺（如图 3.2I）的标准楼板框架结构，计算其重力荷载分布，假定其楼板结构与习题 3.3 相同，且具有相同静荷载，但居宅部分活载 40 磅力/英尺^2，走道为 60 磅力/英尺^2，确定简支梁 $B1$、$B2$、$B3$、及铰接梁 $G1$ 的尺寸，此外，确定第二层某一标准内柱的荷载。根据习题 3.4 相同的假定，计算柱的尺寸，采用 A36 钢筋。

3.6 忽略梁 $B2$ 并假定均布荷载，计算习题3.5中梁 $G1$ 的荷载，这种假定对首次估算梁的尺寸，是否合理，比较弯曲。

3.7 对于图3.2j中的三个八层核心筒结构，只根据150磅力/英尺^{2}的楼面荷载和层面荷载，计算第三层核心筒受到的荷载，同时画出核心筒中的轴向力流。

3.8 a：计算习题2.5中杆的近似固有周期的频率，在这一初步设计中，将所有的重力荷载轴向的作用于顶部。

b：一竖向9英寸的钢索，截面积为0.459平方英寸，支撑10千磅力的重量，求体系的固的周期。$E=2400$ 千磅力/英寸^2。

c：采用式3.13计算例2.1中结构的近似振动周期。

3.9 计算一25层刚框架建筑在短边方向上的临界荷载。刚性框架在横向跨长25英尺，在纵方向上跨长20英尺，建筑的平面尺寸为175英尺×100英尺，高（25×12）=300英尺，假定在4级地震区，临界风速为70英里/小时，平均恒载195磅力/英尺^2，并忽略小偏心，求作用在第25层及24层楼面上的地震力，并验算结构的稳定性?

3.10 求在习题3.9中，作用在第10层上的最大扭矩。

3.11 一10层刚性混凝土框架，受到平均恒重为115磅力/英尺^{3}的力。框架横向跨长30英尺，纵向25英尺，结构高10×12=120英尺，计算作用在结构上的总的剪力，假定结构的平面尺寸为200英尺×90英尺，建在高震区而且没有必要的设施。校核结构的稳定性并比较地震作用与平均风压力为30磅力/英尺^{2}时的作用，同时，求出在第三层的求出地震剪力。

3.12 校核一典型有内横墙的8层公寓的稳定性（如图3.31)。假定结构建在四级地震区且受一速度为80英里/小时的风作用，结构的外形被简化以便利用对称条件，假定平均厚度为10英寸的石灰浆，中空混凝土块墙重80磅力/英尺^2，作用在层顶的恒载为70磅力/英尺^2，楼面恒载90磅力/英尺^2，标准层高9英尺，忽略墙的凸边缘及地震力的小偏心。

3.13 对一10层侧向斜撑铰接框架（如图3.13c）计算侧向压力的重分布。假定受风速为80英里/小时的沿长边的风作用，并求出每楼层的侧向力及倾覆力矩的大小。

3.14 假定习题3.13中的结构受到一通常均布风压，求出其倾覆力矩，并把它与精确解作以比较。

3.15 计算由地震作用（3级）引起的作用在一10层框架结构上的侧向力的重分

布（见图3.13c）。由于钢框架在纵向有刚架作用而在横向有K形斜支撑作用使得它具有侧向刚度。假定如下的典型楼面重：

3英寸轻质混凝土填充材料（110磅力/英尺^3）	40磅力/英尺^2
3英寸金属面层	3磅力/英尺^2
顶板及机械管道	5磅力/英尺^2
隔墙	20磅力/英尺^2
假定板、墙、喷射的防火材料大约等于	15磅力/英尺^2
总的楼面重	83磅力/英尺^2
幕墙，包括柱和拱肩面层	15磅力/英尺^2

作如此近似的假定，保守的认为屋面的重量与楼面重量相同而且考虑到第一层楼板稍许超出地面，求荷载在结构两个方向上的重分布，并计算横向的倾覆力矩。

3.16 比较习题3.13习题3.16中的风荷载的作用与地震荷载的作用，并指出哪种作用控制设计。计算抗倾震力矩的安全系数，假定设有K形斜撑（如在结构的表层的全部宽度中加以斜撑）并考虑只有中间开间斜撑，能得出什么结果。

3.17 一26层办公厅一楼（见图3.13d）由4个假定有相同刚度的刚性构架贯穿横向及在纵向沿建筑物的服务中心布置X形斜撑提供侧向稳定，服务中心由点划线标出，标准楼层高13英尺，假定荷载如下列表：

- 恒载：考虑一楼面荷载与层面荷载相等。

楼板体系包括空腹搁栅（中列中2ft间隔的托梁上搁置压型钢板和2.5吋混凝土板）、钢板上的混凝土板：	30磅力/英尺^2
悬挂的防火顶板：	7磅力/英尺^2
机械管道及杂项荷载：	3磅力/英尺^2
	40磅力/英尺^2
对柱、支撑、节点等平均荷载：	12磅力/英尺^2
	52磅力/英尺^2
正面墙荷载及金属面层：	25磅力/英尺^2

- 活载：

顶层	30磅力/英尺^2
办公面积（包括隔墙）：	80磅力/英尺^2

风载（假定风压恒定）： 30 磅力/英尺^2

a. 考虑活荷载折减，试确定一典型 T 字形钢托梁的受荷情况，并画出受力图。

b. 考虑活荷载折减，试确定钢桁支架 AB 的受荷情况，并画出受力图。

c. 考虑活荷载折减，试确定底层柱 A 的受荷情况。

d. 假定该建筑物处于 2 度设防区，试估算底层和 10 层处的地震力。防倾覆的安全系数是多少？风荷载和地震作用中考虑谁的作用更重要？

3.18 位于旧金山的一栋 14 层的商用楼（见图 3.13f）。其核心筒部分承担 75% 的水平荷载，其余的水平荷载由框架平均分摊。初步设计时可假定楼面等效平均恒荷载为 130 磅力/英尺^2，活荷载为 25 磅力/英尺^2。楼板的平均厚度为 13 英尺。忽略附加扭矩的影响（即计算时不考虑 $e_{\min}$ 的影响）。

a. 确定各层所需承担的由地震所产生剪力。

b. 确定第 7 层处的地震力。

c. 确定风荷载所产生的剪力和扭转，并和地震作用下的结果进行比较。

d. 将建筑物仅看作一个独立的实体来确定避免倾覆所需的安全系数。

3.19 如图 3.13e 所示的 8 层建筑物位于 2 度地震设防区。假定单位楼面面积上楼板和竖向框架的等效自重为 100 磅力/英尺^2，单位立面面积上框架重 15 磅力/英尺^2。假定屋面自重等于楼板自重；忽略附加扭矩的影响。

a. 假定立面上的中间跨用于承担水平向荷载；风荷载为 24 磅力/英尺^2，不考虑扭转作用。试估算在风荷载作用下第四层楼面处的剪应力，并比较地震荷载的结果。

b. 地震荷载在刚性框架上如何分布？确定各墙所需承担的力。

c. 按规范要求，该建筑是否能抵抗倾覆？如果不安全，有什么弥补措施？

3.20 题 3.16 中的建筑物在第四层处结构发生变化，试检验该处的受力情况 。

3.21 电梯重为 1200lb，能提升的人总重为 800lb。若电梯加速度为 12 英尺/秒^2，则电梯在上升时的重力是多少？提升缆绳的抗拉强度应为多少？计算由于加速的影响给荷载所产生的影响。重力加速度为 32.2 英尺/秒^2。

3.22 高层刚框架的自振周期约为 $T=0.1\text{N}$；对较低的刚性结构，可用如下公式来估计：

$$T=0.25\sqrt{\Delta/C_1}$$

其中：$C_1=ZICS$，$\Delta\leqslant0.0051P$（英寸）

试用这些公式来确定例 3.3 所给出的建筑物的自振周期，并比较其结果。

3.23 一砖石结构开间宽 22 英尺，沿中央有宽为 5 英尺的走廊。忽略混凝土屋面板上的隔热层，并将这些板看作是相互平行的宽 1 英尺的细长条来估算这些板的自由弯矩。

a. 忽略屋面板的弯曲，假定平均收缩系数为 0.0005 英尺/英尺，每华氏温度上的热膨胀系数为 $\alpha=5.5\times10^{-6}$英尺/英尺，室外温度为 -25℉，室内温度为 75℉，试计算板的早期变形。

b. 若板的变形受到墙的约束，试求板对墙的作用。假定板中混凝土抗压强度为 4000 磅力/英尺^2，板厚 4 英尺。

c. 若夏季室外温度为 110℉，室内温度为 75℉，同时假定墙和板之间可以产生相对滑移。试估计此时在 7.675 英寸厚和 10 英尺高的砖墙中所产生的弯曲应力。

d. 假定隔热层位于屋面板下部，即板的变形不受内部结构的约束，同时又设有滑移面，试确定所需接头的宽度。

3.24 若钢筋混凝土中钢筋和混凝土材料的热膨胀系数不一致，会出现什么现象?

3.25 一墙在温度为 30℉时长 120 英尺，其两端所设的 1.5 英寸宽的收缩缝允许墙宽收缩 0.25 英寸，但受临近建筑物的限制，墙长不能改变。忽略墙和基础及其他横墙的相互作用，试求在 110℉时抗压强度为 4000 磅力/英尺^2 的混凝土墙的应力。

3.26 假定例 3.6 中的柱没有隔热处理，试确定屋面梁和底层柱中的应力。

3.27 假定夏季最高温度为 120℉，试研究在没有隔热处理和部分隔热处理条件下例 3.6 中柱中的应力分布。

3.28 一截面为 $W18\times35$ 的长 20 英尺的 A36 型钢梁，室外温度为 -5℉，室内温度为 75℉。

a. 试确定简支梁在部分隔热处理情况下的最大热变形。

b. 若梁两端固定，试确定梁的弯矩。并确定梁在约束下的热应力。

3.29 一厚 6 英寸，长 60 英尺的混凝土板置于摩擦系统 $\mu=1.5$ 的地基上。在温降和干燥收缩作用下梁的变形受到摩擦力的制约会产生拉力。此时梁并未完全约束，其约束程度取决于地基的摩擦阻力。忽略任何持久的活荷载。

a. 若采用 $F_t=0.66$，$F_y=40$ 千磅力/英寸^2 等级 60 的钢筋，试确定其数量。

b. 若梁中采用 $F_t=7.5\sqrt{f'_c}$，抗压强度为 3000 磅力/英寸^2 的混凝土，同时不采用钢筋，试确定在板中不出现裂缝的支座的最大间距。

3.30　假定温差为 $\Delta T=100$℉，不计地面摩擦的影响，试确定板中间距为 40 英尺的接头宽度。

3.31　一尺寸为 12 英寸 ×24 英寸的楼板承重梁位于室外环境下。梁的平均温度为 -20 华氏度，室内楼板的温度为 +70℉。板和梁之间为刚性连接，即梁的长度不能改变。试确定梁中 $F_t=24$ 千磅力/英寸^2，等级为 60 的钢筋所受的拉应力。

3.32　假定在弹性变形、徐变和干燥收缩的影响下，每英寸柱的长度减少了 0.0009 英寸。在计算覆盖材料由于温差 $\Delta T=100$℉所产生的膨胀时采用热膨胀系数为每华氏度 $\alpha=6\times10^{-6}$英寸/英寸。试估计置于用于支撑高层建筑的砂石覆盖层的座角钢下，间距为 12 英尺的水平膨胀接头的宽度。

3.33　试估算一 10 层建筑中承重混凝土墙的收缩量。该墙采用高为 9 英尺的预制普通混凝土嵌镶板。假定室外温度 $T_o=-20$℉，室内温度 $T_i=70$℉。其他条件为徐变系数为 0.00012 英寸/英寸，收缩系数为 0.00020 英寸/英寸，热膨胀系数 $\alpha=5.5\times10^{-6}$英寸/英寸。

3.34　含 6061 合金的铝制窗框架长 15 英尺，其玻璃板在 60℉，长 14.99 英尺，即此时玻璃和框架之间并非完全紧密接触。试问在什么温度调教下玻璃板才和铝框架紧密接触？

$\alpha_{al}=13\times10^{-6}$英寸/英寸/℉，$\alpha_{gl}=5\times10^{-6}$英寸/英寸/℉。

3.35　见问题 4.22

3.36　一停车场顶棚由高 30 英寸，间距为 25 英尺的混凝土梁支持。在温差 $\Delta T=35$℉时梁会产生向上的弯拱。若梁端不能旋转，试确定梁中温度所产生的弯矩和拉应力。其中：$E_c=4300$ 千磅力/英寸^2，$I=50000$ 英寸^4，$\alpha=6\times10^{-6}$英寸/英寸/℉。

4 梁柱的初步设计

按规范要求来设计结构构件通常是复杂和耗时的。为了能将精力集中在建筑结构整体上，本章将推导一些适用于初步设计的简化过程和公式。另外，为了能使读者更好的理解本书其他章节将涉及到的不同类型建筑物的结构设计，本章还将回顾和介绍一些有关混凝土和钢结构设计的基本原理。至于砌体和墙体的设计原理，读者可参阅本书第六章。

尽管许多手册中已经提供了梁柱的常用尺寸，本章的目的在于使读者熟悉结构的性能，从而能迅速的估算构件大小和对结构设计进行全局性的控制，而不是单纯依赖于各种手册和计算软件所提供的解决方案。例如：在设计初期比较和评估不同的布置方案时，必须了解荷载和应力的大小顺序；在设计阶段，为了达到审美要求，须知道构件的尺寸；在施工现场校核图纸及检查计算机输出结果时，必须对构件尺寸是否合理和构件大小能否适用于超静定结构做出迅速的判断。

美国钢结构协会（AISC）和美国混凝土协会（ACI）所制定的结构设计要求是结构设计的准则；它们已为绝大多数的美国建筑规范所采纳。对于钢构件的设计，本章采用了为读者所熟悉的许用应力设计方法；对于钢筋混凝土构件的设计，将采用强度方法。即要求设计强度至少满足根据受荷情况推出的需要的。如第三章“荷载组合”部分所示，所需要的强度可通过作用荷载分别乘上相应的荷载系数得到（见公式3.47）。设计强度为名义强度乘以承载力折减系数，ϕ：

$$\text{设计强度} \geq \text{所需强度} \tag{3.45}$$

抗弯强度：　$\phi M_n \geq M_u$ （$=1.4M_D+1.7M_L$）

轴向强度：　$\phi P_n \geq P_u$

抗剪强度：　$\phi V_n \geq V_u$

抗扭强度：　$\phi T_n \geq T_u$

其中的强度折减系数 ϕ 在第三章的“荷载组合”部分中给出（公式 3.48）。

为了能减少钢筋腐蚀和火灾时的强度损失，现浇钢筋混凝土构件最小保护层厚度为：

土体中： 3 英寸

露天：

#6 至#18 钢筋 2 英寸

小于#5 钢筋 1½英寸

室内：

板，墙，托梁：小于#11 钢筋 3/4 英寸

板，墙，托梁：大于#14 钢筋 1½英寸

梁，柱：主筋，箍筋 1½英寸

混凝土梁（CONCRETEBEAMS）

对于现浇混凝土建筑，梁是楼板不可分割的一部分；这一点将在第五章“楼板构架体系”和“钢筋混凝土板体系”中做进一步的讨论。考虑重力荷载，梁和楼板在跨中正弯矩区域形成 T 形截面（对于托梁为 L 形）；在靠近支座的负弯矩区域，梁和楼板为矩形截面。对于板简单搁置在梁上的预制混凝土建筑，矩形和倒 T 形也是常见的。由于框架梁中的轴力相对较小，在初步设计时可将其忽略。

受弯构件的尺寸估算取决于其刚度和强度。通常，刚度控制着诸如板，托梁，浅梁和长跨梁的设计。对于这些构件，构件的最小高度由其刚度决定。梁挠度与跨度的比例 Δ/L 能用跨高比 L/t 乘以常数 C 表示。

$$\Delta/L = C\ (L/t)$$

为了避免在钢筋混凝土构件计算中复杂的挠度计算，计算时对 L/t 比做出了限制。对于不同情况的最小高度 t 和跨度 L（见习题 4.1）如下：

$$\begin{aligned}
&\text{悬臂梁：} L\ (12)\ /t = 8 \quad \text{或} && t_{\min} = 1.5L \\
&\text{单跨梁：} && t = L/1.33 = 3L/4 \\
&\text{连续梁：} && t = L/1.5 = 2L/3 \qquad \textbf{(4.1)}
\end{aligned}$$

以上的值是针对常见混凝土和等级为60的钢筋而言。对于等级为40的钢筋，梁高度可减少20%；对于90磅力/英尺^{3}或120磅力/英尺^{3}轻质混凝土，梁高须相应增加10%或20%。

不须抗压筋的常见梁（如非短跨和非长跨梁，或在支座处受较大集中荷载的梁）的尺寸取决于弯曲压应力。除了在无筋板（如托梁，基础）和在平板和板中受冲切剪力的柱以外，剪力并不起控制作用。下面所给出的估算梁尺寸和抗弯钢筋的数量的公式由梁抗弯强度推导而来，计算抗剪钢筋的公式由抗剪强度推导而来。混凝土梁的尺寸取决于截面配筋的数量，即取决于控制支座处的配筋率$\rho = A_s/b_w d$。（在控制支座处，连续梁仅为矩形构件。）也即常见混凝土梁的尺寸由最大弯矩处的弯曲压应力来决定，在该处，受压横截面积最小。本章中用来计算梁高的公式是针对常见的等级为60的钢和平均配筋率$\rho = \rho_{max}/2 \simeq 1\%$的情况而言的,从而钢筋在梁中能合理布置及对绕曲进行合理的控制。在上述条件下,抗力系数为:$R_u = \phi R_n = M_u/b_w d^2 \simeq 0.52$千磅力/英寸^2(约3586.06kN/m^2)。该公式在下面将通过用混合单位制来改变形式——它适用于混凝土强度为3000~6000千磅力/英寸^{2}的情况。若假定平均荷载系数等于1.5,该公式还能用作用弯矩来作如下表示:

$$bd^2 = 23M_u \simeq 35M \tag{4.2}$$

式中 M_u——极限弯矩（千磅力·英尺），约为1.5M；

b ——梁腹板宽度（英寸）；

d ——梁有效高度（英寸）。

值得注意的是上述公式采用的是混合单位制。从公式可以看出，通过假定梁宽，很容易就能得到梁高。

假定梁截面未开裂，用矩形截面平衡条件下的工作应力法，上述公式还能推导出混凝土的最大应力f_c。用和上述相同的材料，可得到：

$$f_c \simeq M/S = M/(bd^2/6) \leqslant 0.45 f_c' \text{ 或 } bd^2 = 40M \tag{4.3}$$

但若公式4.2采用的是等级为40的钢，则相应的最小配筋率为1.6%，对于50千磅力/英寸^{2}的钢筋，最小配筋率为1.3%，而不是60千磅力/英寸^{2}钢的1%。假设在连续梁中由重力产生的弯矩起控制作用，公式4.2还能作进一步的简化（见习题4.1）：

$$d = 1.45 l_n \sqrt{w_u / b_w} \tag{4.4}$$

式中 w_u ——极限均布荷载（千磅力/英尺）；

l_n ——为梁静跨（英尺）；

d ——梁有效高度（英寸）；

b_w ——梁腹板宽（英寸）。

对于初步设计，在常见的梁宽 b 为 10～16 英寸，等级 60 的钢最小配筋率 1%，和采用支座中对中的距离的梁跨 L，可从公式（4.4）推出如下简化表达式：

$$d = 0.4L\sqrt{w_u} \quad \textbf{(4.5)}$$

值得提醒的是：从结构整体来看，采用宽而浅的梁比采用设计人员习惯用的窄而深的梁更经济。在这种情况下，受常见荷载作用的板除了考虑防火要求之外，其厚度主要由变形条件而非强度条件控制。

当横截面积已知，梁抗弯钢筋可由一些步骤来决定。如图 4.1 所示，平衡作用弯矩 M_u 和钢筋强度 A_sf_y，其中，钢筋强度将乘上承载力折减系数 $\phi = 0.9$。

$$M_u \leqslant \phi M_n = \phi Tz = \phi A_s f_y z \quad \textbf{(4.6)}$$

从以上公式可以看出，矩形截面梁，托梁和 T 形梁的抗弯钢筋可用平均力臂长度 $z = 0.9d$ 得到。

$$A_s = M_u / (0.8 f_y d) \geqslant \rho_{min} b_w d = 0.2 (b_w d) / f_y \quad \textbf{(4.7a)}$$

式中 A_s ——抗弯钢筋总面积（英寸^2）；

M_u——极限弯矩（千磅力·英寸）；

f_y ——钢筋屈服应力（千磅力/英寸^2）；

d ——梁有效高度（英寸）。

上述公式对于常见配筋率为 1%～1.6% 的情况所给出的结果比较合理。各种普通混凝土强度和配筋率的变化在这个范围内是不敏感的，这可从给定钢筋强度曲线密集在一起接近直线明显看到（参见习题 4.1）。但是，作为初步设计，只要配筋率小于附表 A.4 中所给出的不同等级钢筋的最大配筋率 ρ_{max}，该公式均适用。值得注意的是混凝土强度为 3000 磅力/英寸^2 和钢筋强度为 60 千磅力/英寸^2 的情况，这时，当配筋率超过 1.1% 时，该公式计算精度不高。

公式 4.6 跨中梁板组合作用所形成的 T 形梁，在跨中，混凝土的抗压承载力非常大，使得受压区往往落在板翼缘之内，从而对于初步设计，T 形梁可看作为宽度为 b_e 的宽而浅的矩形梁来设计；而且只需验算最小配筋率 ρ_{min}。

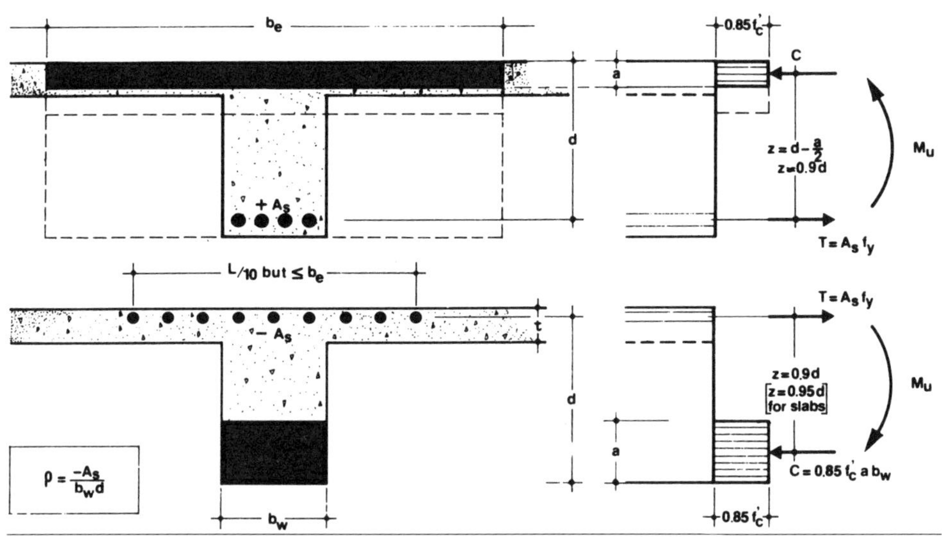

图 4.1 极限荷载下单向混凝土板梁的等效应力分布

对于常见的配筋率远远小于梁的实心混凝土板，在估算时，z 通常取 $0.95d$，从而将可得到所需的抗弯钢筋面积：

$$A_s = M_u / (0.85 f_y d) \geq A_{smin} \tag{4.7b}$$

通常采用等级为 60 的钢筋——等级为 40 的钢筋须多耗 50% 的钢筋。作为初步设计，可将等级为 60 的钢筋强度代入公式 4.6 后用于板的设计；该公式采用混合单位制。

$$A_s = M_u / 4d \geq b_w d / 300 \tag{4.8a}$$

式中 M_u——极限弯矩（千磅力·英尺）；

A_s——抗弯钢筋总面积（英寸^2）；

d——梁有限高度（英寸）。

值得注意的是：板的最小配筋率 ρ_{min} 为 0.33%。当抗弯钢筋布置在梁内且配筋率在 1.6% 左右时，可不检验保证梁不发生少筋破坏及受拉破坏的最大配筋率 ρ_{max}；但对于混凝土强度为 3000 磅力/英寸^2 和钢筋强度为 60 千磅力/英寸^2 的情况，须验证是否满足最大配筋率（ρ_{max} 为 1.61%）。

由工作应力法，公式 4.7 在用于初步设计时，可令 $z = jd = 7d/8$，可得：

$$A_s = \frac{M}{f_s z} = \frac{M}{f_s jd} \approx M / (0.875 d f_s) \tag{4.7c}$$

在该公式中，对于等级为40和50的钢筋，极限拉应力f_s为20千磅力/英寸^2，对于等级为60或更高的钢筋，极限拉应力f_s为24千磅力/英寸^2。

另外一个建立在作用荷载和常见荷载条件$D/L=2/l$基础之上的用于初步设计的常用公式推导如下：

$$M_u \simeq 1.4\ (2M/3)\ +1.7\ (M/3)\ =1.5M$$

$$A_s = M_u/\ (0.8f_y d)\ =1.5M/\ [0.8\ (60)\ d]\ =M/32d \qquad (4.9)$$

值得注意的是：上述公式并没采用混合单位制；弯矩单位为千磅力·英寸，高度d单位也为英寸。

从受压面到钢筋质心的有效高度d可用高度t来表示如下：

梁（内高，从外表减去0.5英寸）：

单筋梁（通常为T形梁的顶部钢筋）： $d=t-2.50$

双筋梁： $d=t-3.50$

托梁： $d=t-1.25$

板：

单向板： $d=t-1.00$

双向板（上皮钢筋中心）： $d=t-1.50$

下面将讨论抗剪设计的简化方法。虽然常见梁中，剪力并不起控制作用，但在承受较大荷载的短跨梁及诸如托梁之类的腹板不配筋的梁中，剪力却起控制作用。

钢筋混凝土钢筋的抗剪承载力由混凝土的抗剪强度ϕV_c和钢筋的抗剪强度ϕV_s组成。明显可以看出，它至少须和极限剪应力V_u相等，在图4.2研究处$V_u=1.4V_D+1.7V_L$。

$$V_u \leqslant \phi V_n = \phi V_c + \phi V_s \qquad (4.10)$$

对混凝土抗剪强度的较保守的估计为

$$\phi V_c = \phi\ (2\sqrt{f_c'})\ b_w d \qquad (4.11)$$

假定考虑剪切时的承重力折减系数为$\phi=0.85$，混凝土抗压强度为$f_c'=4000$磅力/英寸^2，从而可得$\phi V_c=0.85\ (2\sqrt{4000})\ b_w d/1000$，或者

$$\phi V_c = 0.11 b_w d \qquad (4.12)$$

式中 b_w——梁腹板宽（英寸）；

d——梁有效高度（英寸）；

ϕV_c——混凝土的抗剪强度（千磅力）。

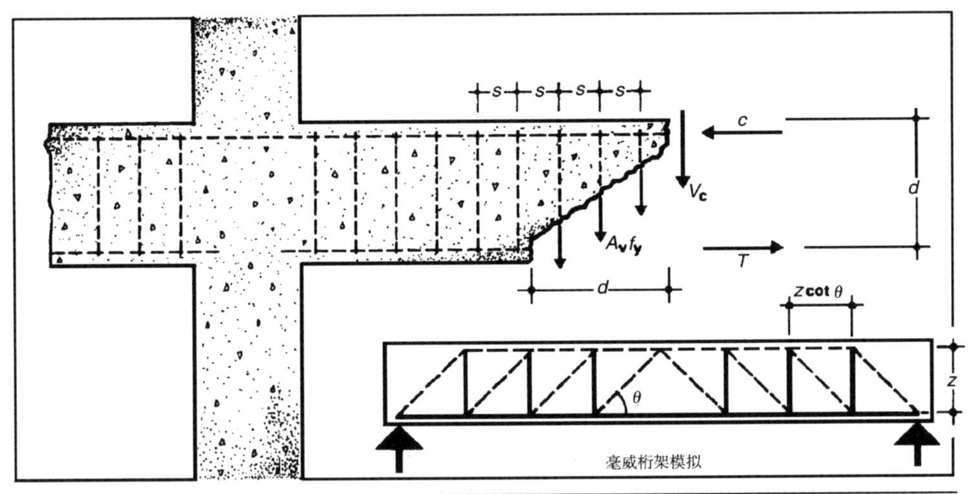

图 4.2 箍筋的抗剪能力

必须提醒的是：对于梁柱的设计，混凝土的抗剪承载力在轴向压力的作用下显著增加！抗剪钢筋分布在梁腹板内，它由靠近支座处的的纵向钢筋和/或 U 形竖向箍筋来提供。图 4.2 所示，毫威桁架（Howe - truss）的受力模拟清晰的反映了混凝土梁中理想化的拉、压作用。对于整个截面均有横向裂缝的浅梁，其抗剪钢筋的强度与混凝土构件的尺寸和强度无关。图 4.2 所示箍筋的承载力为：

$$\phi V_s = \phi\ (A_v f_y)\ n = \phi\ (A_v f_y)\ d/s \tag{4.13}$$

其中 $n\ (A_v f_y)$ 为沿斜裂缝方向 n 根箍筋的拉力之和。假定斜裂缝在水平方向上的投影长度等于有效高度 d，箍筋数量 n 就可用梁的有效高度 d 和箍筋间距 S 表示为 $n = d/s$。最大箍筋间距为 $s = d/2$，标准情况下采用 $s = d/3$，大多数情况采用 $s = d/4$，但同时须考虑箍筋间距不得小于 3 英寸。而且间距变化量不得少于 1/2 英寸。

$$s = d/n,\ d/2,\ d/3,\ d/4$$

对于常见的 $f_y = 60$ 千磅力/英寸^2，$\phi = 0.85$ 及面积之和 $A_v = 2\ (0.1)\ = 0.22$ 英寸^2 的双肢箍，可得到如下箍筋强度：

$$\phi V_s = \phi A_v f_y n = 0.85\ (0.22)\ 60n = 11n \tag{4.14}$$

其中：$n = 2,\ 3,\ 4$。

对于宽腹梁，可采用多肢箍，例如，当 24 英寸 $< b_w <$ 47 英寸时，可用四肢箍。

可采用如下设计步骤：

- 可不配抗剪钢筋

当 $$V_u \leqslant \phi V_c/2 = \phi\sqrt{f'_c}b_w d \quad (4.15)$$

或对于 4000 磅力/英寸^2 混凝土，用名义极限应力表示时

$$v_u = V_u/b_w d \leqslant \phi\sqrt{f'_c} = 54 \text{ 磅力/英寸}^2 \text{（约 372.40kN/m}^2\text{）}$$

- 只需满足最小抗剪筋配筋率（对梁，而不是浅梁、板、基础和托梁）。

当 $$\phi V_c/2 < V_u \leqslant \phi V_c \quad (4.16)$$

或对 4000 磅力/英寸^2 混凝土

$$v_u = V_u/b_w d \leqslant 107 \text{ 磅力/英寸}^2 \text{（约 737.90kN/m}^2\text{）}$$

- 需计算配筋

当 $$V_u > \phi V_c \quad (4.17)$$

当梁上某点 X 处的极限剪力 V_{max} 超过了混凝土的抗剪承载力，就需要配置抗剪筋以平衡超出的那部分剪应力 $V_u - \phi V_c$。

据公式 4.10 和 4.13，所需箍筋抗剪承载力 ϕV_s 和相应的箍筋间距的关系为：

$$V_u - \phi V_c \leqslant \phi V_s \quad \text{或} \quad s \leqslant A_v f_y d/(V_u/\phi - V_c) \quad (4.18a)$$

例如：$\phi V_s = 11n$ 时

$$n \geqslant (V_u - \phi V_c)/11 = d/s \geqslant 2 \quad \text{或} \quad s \leqslant 11d/(V_u - \phi V_c) \leqslant d/2 \quad (4.18b)$$

不仅要求最大箍距（或最小箍筋直径）满足 $s \leqslant d/2$，而且对于腹板钢筋，也要求能传递 $\phi 50 = 42$ 磅力/英寸^2 的剪应力

$$s \leqslant A_v f_y/50b_w \quad (4.19)$$

上式对常见 4000 磅力/英寸^2 的混凝土的梁尺寸并不起控制作用。但当 $s_{max} = d/2$ 时，就有如下要求：

$$V_u - \phi V_c \leqslant \phi 4\sqrt{f'_c}b_w d, \quad \text{但} \quad \phi V_c = 2\phi\sqrt{f'_c}b_w d,$$
$$\text{或} \quad V_u \leqslant 6\phi\sqrt{f'_c}b_w d$$

让 $f'_c = 4000$ 磅力/英寸^2，$\phi = 0.85$，于是 $V_u \leqslant 0.32b_w d$ 或 $v_u = V_u/b_w d \leqslant 322$ 磅力/英寸^2（约 2220.60kN/m^2）

故对于常见情况的最小梁高 d 约为

$$d_{min} \approx 3V_u/b_w \quad (4.20)$$

但必须提醒的是：当最大箍距为 $d/4$ 时，规范不允许采用浅梁。

扭转也能产生附加剪应力，其剪应力被附近的箍筋所平衡，相应的附加弯矩也被梁

周的纵向钢筋所平衡。对于整体式楼面结构的托梁，抗扭设计是必要的。由活荷载不对称分布所产生的梁内扭转通常不作为控制标准。本文对抗扭设计不做进一步的描述，但设计者须采用特殊的措施来减小扭转对结构构件的影响或者是扩大构件尺寸以忽略扭矩。

考虑不同的梁尺寸，可以得到如下结论：

- 满足挠度控制条件（公式 4.1）的梁任何比例均可
- 抗剪强度同梁横截面积直径相关（公式 4.1），从而它只影响梁面积大小而不影响梁尺寸间的比例关系。剪力只是在承受较大荷载的短跨梁和无腹筋梁中才起控制作用。抗弯承载力主要与高度平方有关（公式 4.2），故从节约材料的角度来看，用窄而深的梁可降低配筋率，从而更经济。对于短跨梁常用的高宽比在 1.5 和 2 之间，对长跨梁在 2.5 和 3 之间。但从建筑的整个过程来看，用宽而浅的梁较之用窄而深的梁经济。比如说：在平托梁结构中，支撑梁高度通常和托梁高度相等，为了节省模板工程造价而不是材料造价，同时为了降低建筑物整体高度，用宽而浅的梁较为经济。又如：改变梁宽，只影响到底模板而对边模板和支撑结构没有影响。对于浅宽梁通常先据挠度控制条件来验证，随后可用抗弯要求得到梁宽，最后，将这个梁宽加上 2 ~ 3 英寸。在设计时，通常在整栋建筑中有同样的梁或板尺寸，只是根据梁跨度和荷载变化来改变梁配筋。
- 梁尺寸比例也受抗弯钢筋的布置影响。在窄梁中，通常需配数层钢筋。读者可参阅附表 A.3 中不同钢筋组合时梁的最小宽度。抗剪梁对梁尺寸也有影响。例如，小梁需要箍筋间距非常小。除此之外，将梁宽设计得比柱至少宽 2 英寸是有利的，它将使梁角部钢筋无阻碍的穿过柱。

例 4.1

一栋开间为 30 英尺 ×40 英尺的混凝土框架结构办公楼，楼面布置如图 4.3 所示。读者可在例 5.5 中参考荷载布置情况和单向板的设计。本例中将讨论连续内梁和主梁的设计，所用材料强度分别为 $f'_c = 4000$ 磅力/英寸^2，$f_y = 60000$ 磅力/英寸^2。

第一部分：柱设计

底层内柱子尺寸由公式 4.59a 来确定（公式 4.59 将在本章后面推导）

$$A_g = nA/10 = 6\ (34 \times 30)\ /10 = 612\ \text{英寸}^2$$

用 25 英寸 ×25 英寸的柱，$A_g = 625$ 英寸^2（约 4032.3cm^2）

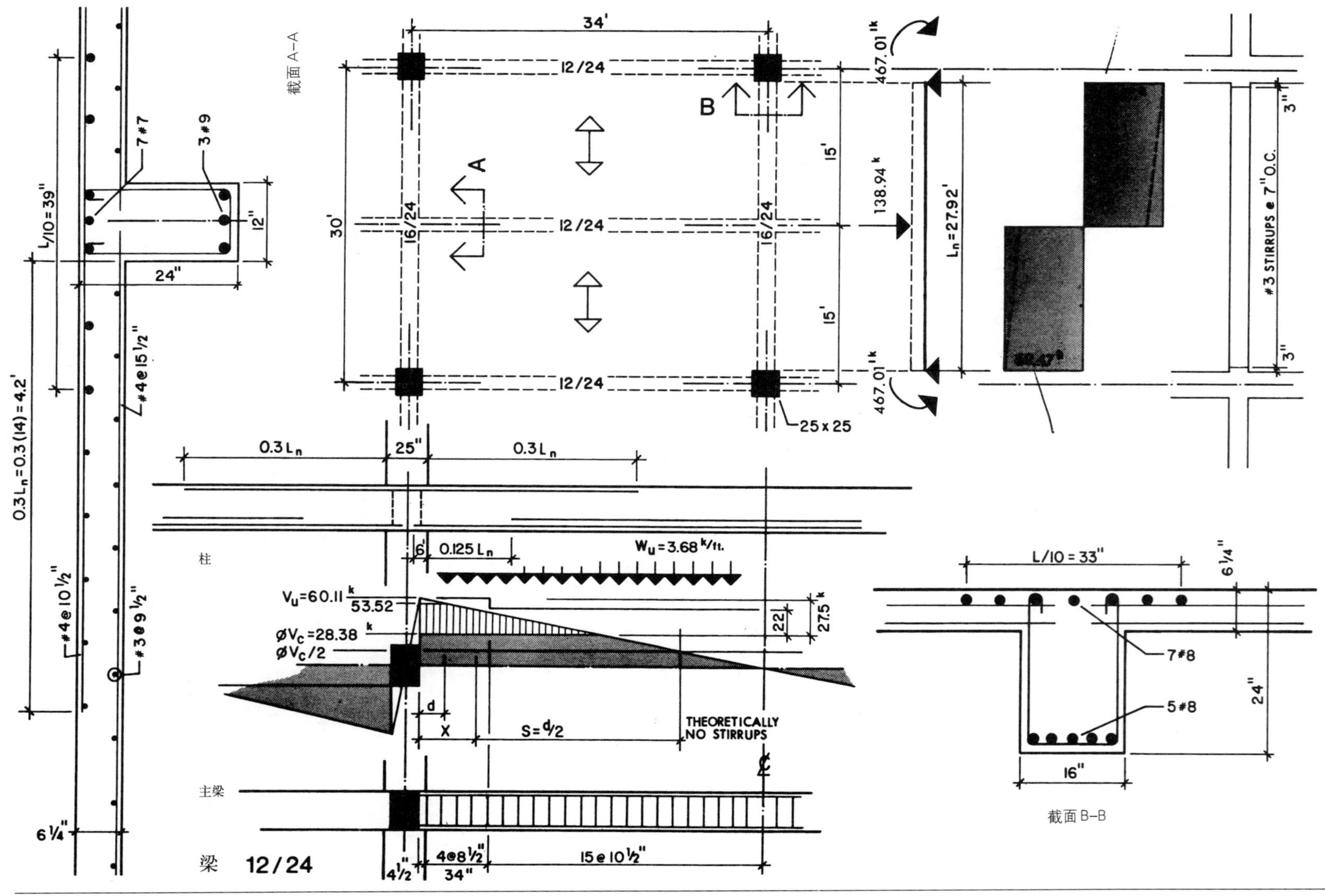

图 4.3

截面 A-A
34'
12/24
12/24
12/24
16/24
16/24
30'
A
B
15'
15'
138.94k
467.01'k
467.01'k
Ln=27.92'
25x25
#3 STIRRUPS @ 7"O.C.
3"
3"
7#7
3#9
L/10=39"
12"
24"
#4@15 1/2"
0.3Ln=0.3(14)=4.2'
#4@10 1/2"
#3@9 1/2"
6 1/4"
0.3Ln
25"
0.3Ln
柱
6
0.125Ln
Wu=3.68 k/ft.
Vu=60.11k
53.52
ØVc=28.38k
ØVc/2
22
27.5k
d
X
S=d/2
THEORETICALLY NO STIRRUPS
主梁
梁
12/24
4 1/2"
4@8 1/2"
34"
15@10 1/2"
L/10=33"
6 1/4"
7#8
5#8
24"
16"
截面 B-B

第二部分：梁设计

假定梁宽 $b_w=12$ 英寸，对宽为 16 英寸的主梁，其净跨为

$$l_n=34-16/12=32.67\text{ 英尺（约 9.96m）}$$

因为 $A=15\times34=510$ 英尺$^2\geqslant150$ 英尺^2，活载折减为

$$R_1=0.08\%A=0.08\ (15\times34)\ =40.8\%$$

$$R_2=23\ (1+D/L)\ =23\ (1+103/80)\ =52.61\%<60\% \qquad \textbf{(3.1)}$$

用折减系数 40.8%。作为梁重的估算，其高可为

$$t=L/1.5=34/1.5=22.67\text{ 英寸（约 57.58cm）} \qquad \textbf{(4.1)}$$

考虑到施工方便及用到 2 英寸的增量，故梁高可定为 $t=24$ 英寸（约 60.96m）。

梁须支撑如下荷载（见例 5.5 中板恒载部分）

板荷载：$(1.4(103)+1.7(80)0.59)15/1000$ $=3.37$ 千磅力/英尺（约 49.16kN/m）

墙重：$1.4[(24-6.25)12/12^2](1)0.150$ $=0.31$ 千磅力/英尺（约 4.52kN/m）

合计： $=3.68$ 千磅力/英尺（约 53.68kN/m）

支座和跨中的弯矩（由图 5.8a 可得）分别为：

$$-M_u=w_uI_n^2/11=3.68\ (32.67)^2/11=357.07\text{ 千磅力·英尺（约 484.55kN·m）}$$

$$+M_u=w_uI_n^2/16=3.68\ (32.67)^2/16=245.49\text{ 千磅力·英尺（约 333.13kN·m）}$$

支座顶部所需抗弯钢筋面积为

$$-A_s=M_u/4d=357.07/4\ (21.5)\ =4.15\text{ 英寸}^2\text{（约 26.77cm}^2\text{）} \qquad \textbf{(4.8)}$$

用 7 根#7，$A_s=4.20$ 英寸^2（约 27.10cm^2）。

由于 T 形梁在支座处翼缘受拉，故部分抗变筋将放置在假定宽度为 $L/10=32.67\ (12)\ /10=39.20$ 英寸的翼缘内。在钢筋骨架中放 3 根#7 筋及在板两边各放置 2 根#7 筋。

相应的配筋率不大于是 1.6%，故从抗变角度来讲，梁尺寸估算时合理的。

$$\rho=A_s/b_wd=4.2/12\ (21.5)\ =1.63\%$$

跨中所需底部钢筋为

$$+A_s=M_u/4d=245.49/4\ (21.5)\ =2.86\text{ 英寸}^2\text{（约 18.45cm}^2\text{）} \qquad \textbf{(4.8)}$$

用 3 根#9 筋，$A_s=3.00$ 英寸^2（约 19.35cm^2），据附表 A.3：$b_{req}=9.80$（约 24.89cm）$\leqslant$ 12 英寸（约 30.48cm）

考虑到 T 形梁翼缘抗压能力很强，故只需检验最小配筋率 ρ_{min}。据 ACI 规范，只用腹板宽度即可：

$$A_{smin}=b_wd/300=12(21.5)/300=0.86\text{ 英寸}^2\text{（约 5.55cm}^2\text{）}\leqslant3.00\text{in}^2\text{（约 19.35cm}^2\text{）} \qquad \textbf{(4.8)}$$

值得注意的是：对于简支 T 形梁，其翼缘也可用于抗压，故能满足 ρ_{max}。

随后，将检验剪力是否满足条件。用 $f_y=60$ 千磅力/英寸^2 的#3 箍。主梁最大剪应力为

$$R=3.68\ (32.67/2)\ =60.11\text{k}\ (约\ 267.44\text{kN})$$

在距主梁面 d 处最大剪应力为

$$V_{umax}=60.11-3.68\ (21.5/12)\ =53.52\ 千磅力\ (约\ 238.12\text{kN})$$

检验梁高是否满足条件：

$d_{min}=3V_u/b_w=3(53.52)/12=13.38$ 英寸(约 33.99cm)≤21.5 英寸(约 54.61cm)满足。

(4.20)

混凝土抗剪强度为：

$$\phi V_c=0.11b_w d=0.11\ (12)\ 21.5=28.38\ 千磅力\ (约\ 126.27\text{kN}) \qquad \textbf{(4.12)}$$

箍筋强度为：

$$\phi V_s=11n \qquad \textbf{(4.14)}$$

分别用箍距为 $d/2$、$d/2.5$ 及 $d/3$ 来确定箍筋强度

$$s=d/2\ 或\ \phi V_s=11\ (2)\ =22\ 千磅力\ (约\ 97.88\text{kN})$$

$$s=d/2.5\ 或\ \phi V_s=11\ (2.5)\ =27.5\ 千磅力\ (约\ 122.35\text{kN})$$

$$s=d/3\ 或\ \phi V_s=11\ (3)\ =33\ 千磅力\ (约\ 146.82\text{kN})$$

因为支座处剪应力最大，故支座处的箍距最小。

$V_u-\phi V_c=53.52-28.38=25.14$（约 111.85kN）<27.5 千磅力（约 122.35kN）

箍距用 $d/2.5$，其承载力为 27.5 千磅力（约 122.35kN），大于未平衡部分的 25.14 千磅力（约 111.85kN）。

必须找到未平衡剪力大小为 22 千磅力、位置 x，也即在 x 处箍距能从 $d/2.5$ 变为 $s_{max}=d/2$，在图 4.3 中利用三角形的相似性，可有

$$V_u/\ (l_n/2)\ =\ (\phi V_s+\phi V_c)\ /\ [\ (l_n/2)\ -x]$$

或

$$x=\ [1-\ (\phi V_s+\phi V_c)\ /V_u]\ l_n/2$$

$60.11/32.67/2=[22+28.38]/[(32.67/2)-x]$，或 $x=2.64$ 英尺(约 19.51m)

箍距如下：

$s=d/2.5=21.5/2.5=8.60$ 英寸（约 21.84cm），故可选#3@ 8½in. o. c.

$s=d/2=21.5/2=10.75$ 英寸（约 27.30cm），故可选#3@ 10½in. o. c.

箍筋布置见图 4.3，但值得注意的是，还可采用其他的箍筋组合方式，本处的目的在于向读者提供快速设计的例子。

理论上，跨中附近箍筋应力没有超过 $\phi V_c/2$，但是在跨中活荷载作用下，梁受剪状况将变得混乱，故通常，需以 $s_{max}=d/2$ 配筋。另外，考虑到施工要求，在钢筋骨架中也需配箍。

第三部分：主梁设计

假定主梁高宽比 $b_w/t=16/24$。由于主梁跨度小于次梁跨度，但高度相同，所以可不考虑挠曲变形，活载折减与次梁相同。主梁净跨为：

$$l_n=30-25/12=27.92 \text{ 英尺（约 8.51m）}$$

由次梁传来的集中荷载为

$$P_u=3.68\ (32.67)\ =120.23 \text{ 千磅力（约 534.93kN）}$$

主梁重：1.4（24（16）/12^2（1）0.150 =0.56 千磅力/英尺（约 8.17kN/m）

附加活荷载：1.7（0.080×0.59）16/12 =0.11 千磅力/英尺（约 1.60kN/m）

荷载之和： =0.67 千磅力/英尺（约 9.77kN/m）

集中荷载可用与均布荷载在支座处产生相等变矩的原则换算为等效均布荷载。

$$M_s=Pl_n/8=wl_n^2/11$$

$$w_{eq}=11P/8l_n=11\ (120.23)\ /8\ (27.92)\ =5.92 \text{ 千磅力/英尺（约 86.36kN/m）}$$

故总均布荷载为：

$$w=0.67+5.92=6.59 \text{ 千磅力/英尺（约 96.13kN/m）}$$

控制弯矩及相应的抗弯钢筋计算如下：

<u>支座处：</u>

$$-M_u=w_u l_n^2/11=6.59\ (27.92)^2/11=467.01 \text{ 千磅力·英尺（约 633.74kN·m）}$$

$$-A_s=M_u/4d=467.01/4\ (21.5)\ =5.43 \text{ 英寸}^2 \text{（约 35.03cm}^2\text{）}$$

用 7 根#8 筋，$A_s=5.53$ 英寸^2（约 35.68cm^2），间距为 27.92（12）/10=35.5 英寸（约 90.17cm）

相应的配筋率接近 1.6%，故从抗弯角度来看，主梁大小满足要求。

$$\rho=A_s/b_w d=5.53/16\ (21.5)\ =1.61\%$$

<u>跨中：</u>

$$+M_u=w_u l_n^2/16=6.59\ (27.92)^2/16=321.07 \text{ 千磅力·英尺（约 435.69kN·m）}$$

$$+A_s=M_u/4d=321.07/4\ (21.5)\ =3.73 \text{ 英寸}^2 \text{（约 24.06cm}^2\text{）}$$

用 5 根#8 筋，$A_s=3.95$ 英寸^2，$b_{req}=13.3$ 英寸（约 85.81cm^2）≤16 英寸（约 103.23cm^2）

<u>检验：</u>

$A_{smin}=b_w d/300=16(21.5)/300=1.15$ 英寸^2（约 7.42cm^2）<3.95 英寸^2（约 25.48cm^2）

接下来，用$f_y=60$ 千磅力/英寸^2 的#3 箍来满足剪力条件。由于均布荷载远远小于集中荷载的等效均布荷载，同时为了简化计算，可假定均布荷载被其在跨中的合力等效代替（见图 4.3）。

在柱面或距柱面 d 处的最大剪力为

$$V_{umax}=(120.23+0.67(27.92))/2=138.94/2=69.47 \text{ 千磅力}$$

首先，用最大箍距 $s_{max}=d/2$ 来检验给定的梁高是否满足要求。

$d_{min}=3V_u/b_w=3(69.47)/16$

$=13.03$ 英寸（约 33.10cm）<21.5 英寸（约 54.61cm）故高度满足要求。

由于剪力在整个梁跨内基本不变，故配筋也不变。

$$V_u\leqslant\phi V_s+\phi V_c$$

$$V_u-\phi V_c\leqslant\phi V_s$$

$$V_u-0.11b_w d=\phi A_v f_y n$$

$$69.47-0.11(16\times21.5)\leqslant11n,\ 31.63\leqslant11n=11d/s$$

$$s=11(21.5/31.63)=7.48 \text{ 英寸（约 19.00cm）}$$

用#3 箍@7in. o. c. 。

混凝土墙梁

有许多关于混凝土深梁的例子。例如本章中的剪力墙、柱的传力梁、单独基础的基础墙、柱帽及楼板横隔梁。对于给定跨距 L 的混凝土梁，随着高度的变化，其性能也发生显著的变化。当高跨比 $h/L_n<0.2$ 且平均荷载作用在顶部的梁，其性能与线性构件或浅梁相似。对于较深的梁截面，须考虑抗剪设计。下面将介绍随着 h/L_n 的增加梁抗弯性能的变化。对于 $h/L_n>0.4$ 的连续梁或 $h/L_n>0.8$ 的单跨梁，作用荷载在相应推力拱的作用下能传递到支座。当应力分布不是线性或剪应变不像常见浅梁那样可忽略时，深梁的性能更像平面构件或平板，如图表 4.4a 和 6.9 所示的弹性弯曲应力布图不再呈线性。在正弯矩作用区，混凝土的抗压应力不再起控制作用，如跨中的主拉力迹线所表明的，与集中在底部的拉应力相比，它们相对较小。

当在常见梁的顶部施加荷载时，公式 4.7a 表明，对于矩形截面，其抗力臂长 z 约为 $0.9d$。但随着高跨比的增加，对于给定的矩形截面，其力臂却在减少。作为墙梁的

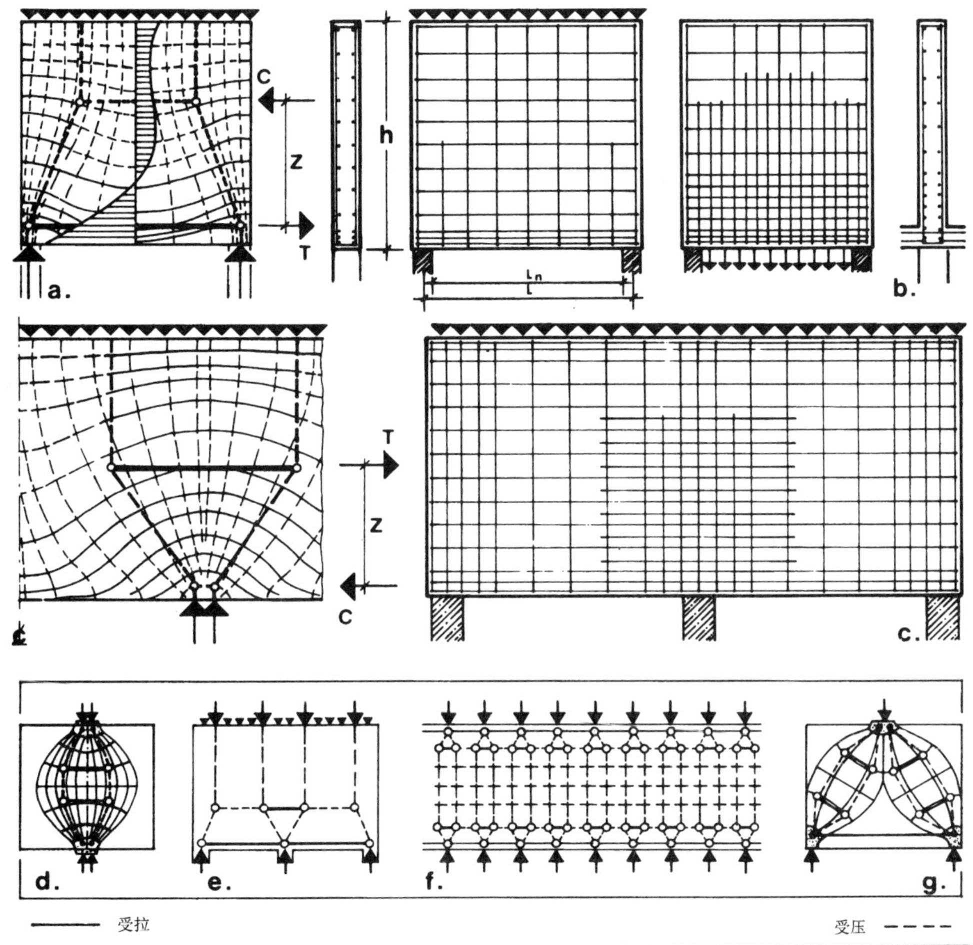

图4.4 墙梁

初步设计，可将 z 取较小的 $0.5L$ 或 $0.6h$。例如，对于顶部承担均布荷载，梁高等于跨度（$h/L=1$）的简支梁，其底部抗弯筋可估算如下：

$$M_u \leqslant \phi M_n = \phi A_s f_y z \tag{4.6}$$

$$w_u L^2/8 = 0.9 A_s f_y\ (0.5L),\ W_u = w_u L$$

$$A_s = 0.28 W_u/f_y \geqslant A_{smin} = 0.2bd/f_y \tag{4.21}$$

简支墙梁的底部可看做有拉杆的承压拱，或者可看为作为拉杆的墙基上的托梁。用来平衡局部弯矩的拉筋须布置在梁底部（见图 4.4a）。这一点可由应力图来证明。当简支梁顶部受荷，图 4.4a 和 6.9 中所示的拉应力迹线相对较为平缓。这表明水平筋主要用于抗拉，但当简支梁在底部受荷或者支撑交叉深梁的时候，拉应力迹线变得十分陡峭。故而有必要配置竖向钢筋。由于应力迹线与浅梁应力迹线相似，故可将以上类型的梁的初步设计看作为浅梁设计。

对于顶部受均布荷载的连续梁其应力迹线相对平缓，故主要配置水平钢筋及支座处的附加水平筋。图6.9所示的支座处的应力图表明受拉区几乎沿伸到梁底而且分布在较大高度的范围之内，故可认为梁截面受拉。于是在整个截面高度之内水平支座钢筋需要更加均匀的分布。实际的布置取决于的大小或相应力图的形状。当（$h/L_n>1$）时，因为顶部拉应力迹线较少或不存在（见图6.9），梁顶不需支撑筋。

对于其他的支撑及受荷情况，图4.4所用的（索拉结成拱机制、类桁架或简化立杆－拉结模型）是观察和表示应力迹线及对墙梁进行应力流分析的有效方法。与在受均布荷载时采用抛物线拱模型类似，对集中荷载作用可采用 A－框架模型（见图4.4g）。

例如，忽略 h/L_n 效应和控制据公式（4.20）得到的剪应力，可用作估计转换墙梁的梁尺寸。由于内部成拱作用，明显可看出深梁中混凝土的抗剪承载力 V_c 比一般梁高。用公式4.11可估计出混凝土的抗剪强度。图6.9所示许多情况下斜向应力迹线集中布的情况表明抗剪设计的重要性。尽管对于常规受荷的墙梁，混凝土的剪应力并不起控制作用，但沿梁须布置水平和竖向钢筋。这一点将在第六章“预应力混凝土墙”中作进一步的讨论。

钢梁

高层建筑楼板结构中常用的钢梁形式有W形空腹钢、托梁、桁架、空腹梁、扁式主梁，板式主梁和锥形与腰锥形梁。

对于空腹钢搁栅的设计，读者可阅参相映手册中的荷载表，或者钢托梁协会（SJI）的规范。钢搁栅与桁架外形相似，它们通常均为W形。可看作受均布荷载的简支梁来设计，在楼地面结构中常用到两种不同的空腹搁栅：

1）*K*系列（标准情况），高度范围在8～30英寸内，跨度为8～60英尺。

2）*LH*系列（长跨钢搁栅），高度范围在18～40英寸内，跨度为25～96英尺。

为了充分利用波纹钢板，搁栅间距通常为2～4英尺。搁栅通过对角或搁栅撑来稳定。在估算搁栅高度时，用高宽比1/24，这个值是长跨桁架的1/2。

$$t = L/2 \qquad (4.22)$$

本章只对轧辗 W 型钢梁的设计做简要的说明。其品种可分为很多类。目前，最大的梁为 $W36 \times 848$，截面模量 $s_x = 3170$ 英寸^3。对于超过 100 英尺的梁，须采用深而轻的梁截面，即可用板式主梁（单腹板或双腹板）或桁架（组合构件）。在混凝土梁部分曾提及框架梁中轴力较小，在初步设计时可忽略。

梁通常由受弯来控制设计，对称梁截面的设计公式为

$$f_b = M/S \leqslant F_b\text{，或者 } s \geqslant M/F_b \qquad (4.23)$$

截面模量可查阅附表。允许弯曲应力 F_b 取决与受压边的水平支撑情况及截面特征。截面特征为在轴力存在的情况下，受压翼缘（F'）和腹板（F'''）的柔性。括号中的屈服应力为假象值，超过这个值后，翼缘和腹板将不受压。

大多数楼板梁在水平方向受混凝土板支撑。几乎对所有的 A36 钢梁均有 $F_y \leqslant F'_y$；故可认为它们受压，即在纵向弯曲发生之前，截面的塑性能得到充分的发挥。在这种情况下，对于双向对称的构件，其强轴方向的允许弯曲应力为

$$F_b = 0.66F_y \qquad (4.24a)$$

例如：对于 A36 钢梁，$F_b = 0.66$（36） $= 23.76$ 千磅力/英寸^2（通常用24 千磅力/英寸^2）。双向对称构件（包括实心矩形和圆杆）的弱轴方向上的允许弯曲应力为

$$F_b = 0.75F_y \qquad (4.24b)$$

当梁沿弱轴方向弯曲时，由于此方向上的水平刚度较大，故在此方向不需支撑。在箱形截面（如管材）中也有同样的结论。

对未支撑长度 L_b 大于理论值 L_c 的柱，其受压翼缘不需支撑。但对于初步设计，L_b 须小于 L_u（$L_c \leqslant L_b \leqslant L_u$）。另外，若腹板未受压（$F_y < F'''_y$）或翼缘未受压（$F_y < F'''_y$），则允许的弯曲应力为

$$F_b = 0.60F_y \qquad (4.25)$$

例如，对于 A36 钢：$F_b = 0.6$（36） $\simeq 22$ 千磅力/英寸^2（约 151718.02kN/m^2）

在 s_x 选择表或 AISC 钢结构施工手册中的 W 型钢性能表或本书附录 A.11 中可查得设计参数F'_y，F'''_y。

应检验由集中荷载所产生的应力集中是否会使翼缘和腹板连接处的腹板断裂。对于轧辗和装配型钢梁，只要腹板不被孔洞消弱或在支座附近无大的荷载，则剪应力$f_v = v/A_w = v/(dt_w) \leq 0.4F_y$，对梁尺寸的初步设计不起控制作用。

对于支撑塑性顶板的梁，建立在活荷载基础之上的确保梁不发生弯折的挠度限制条件为$L/360$。AISC 规范特别注明：由于全应力楼板梁和主梁的设计由挠度条件来控制，故对于 A36 钢梁，其最小高度为$L(F_y/800)$或$L/22$。这样，跨度为 30 英尺的钢梁的最小高度为$30(12)/=16.36$英寸，才能使挠度在限制范围之内。对于无阻尼的易受地震影响的框架梁，建议采用最小高度$L/20$。大跨度梁在恒载作用下挠曲呈拱形。

承受均布荷载的梁挠度可用如下步骤来估计。首先，据单跨梁弯矩$M = wl^2/8$，然后令M单位为千磅力·英尺，I为英寸^{4}及$E = 29000$千磅力/英寸^2，即可得到简支梁的挠度Δ_s

$$\Delta_s = 5wL^4/(384EI) = 5ML^2/(48EI)$$

$$\text{或者}\qquad \Delta_s = ML^2/(16lI) \tag{4.26}$$

若令$f_b = (M/t/2)/I$，该公式还可作进一步简化：

$$\Delta_s \simeq f_b(L^2/t)/1000 \tag{4.27}$$

其中：f_b单位为千磅力/英寸^2，L为英尺，t为英寸。

对于满载的情况，令$f_b = F_b = 24$千磅力/英寸^2，即可得

$$\Delta_s = 0.0248L^2/t \tag{4.28}$$

其中：L为梁跨（英尺），t为梁高（英寸），Δ_s由满载所产生的梁挠度（英寸）。

对于初步设计，上式也可用于承受填梁的集中荷载的楼板框架梁的挠度计算。注意到对于最大弯曲应力F_b，挠度取决于跨度的平方和梁高；否则，随着弯曲应力的增加，挠度也增加。因此，对于由同样跨度和高度的梁，在满载情况下达到极限应力时的挠度相同。

对于两端固定的梁，相应的挠度为$\Delta = 0.2\Delta_s$，连续梁最大挠度可假定为简支梁的25%。

$$\Delta = 0.25\Delta_s$$

为了能快速估计出平均荷载作用下简支梁（用 A36 钢）的尺寸，在实际中常用到大致如下（混合单位制）（见习题 4.5）。

- W 型梁截面模量 S_x 约为梁重 W 和名义高度之积除以 10。

$$S_x = wt/10 \text{ 或 } I_x = S_x\ (t/2)\ = wt^2/20 \qquad (\mathbf{4.29})$$

例如，对于 $W16 \times 36$ 钢：$s = 36\ (16)\ /10 = 57.6$ 英寸^3（约 943.89cm^3）。实际 s 为 56.5 英寸^3（约 925.87cm^3）。

- W 型梁名义高度 t（英寸）约等于其跨度（英尺）的一半：

$$t = L/2 \qquad (\mathbf{4.30})$$

对于受支撑的填梁，名义高度通常定义为

$$t = L/1.5$$

- 梁截面重 w（磅力/英尺）约为梁所承受总荷载 W 的 1.25 倍

$$w = 1.25W \qquad (\mathbf{4.31})$$

最大挠度 Δ 是名义高度 t（英寸）的 1/10

$$\Delta_{max} = t/10 \qquad (\mathbf{4.32})$$

例 4.2

间距为 8 英尺和跨度为 20 英尺的简支梁，每根梁均受 1 千磅力/英尺的均布荷载，用 $A36$ 钢。试估计梁尺寸。

梁名义高度为：$t = L/2 = 20/2 = 10$ 英寸（约 25.4cm）

所需梁重为：$w = 1.25\ (w)\ = 1.25\ (1 \times 20)\ = 25$ 磅力/英尺（约 364.69N/m）

最大挠度为：$\Delta = t/10 = 10/10 = 1$ 英寸（约 2.54cm）

假想截面为 $W10 \times 25$，但不存在这样的截面，故采用与之接近的截面，如 $W10 \times 26$。

组合梁

通过将钢梁进埋入混凝土中，让接触面间的自然粘结平衡水平剪应力（为了满足防火要求通常也做类似处理），或者是用剪力连接件连接板和钢梁的以抗剪，就可以得到组合梁。对于梁跨度大于 25～30 英尺的高层建筑，通常采用剪力连接的组合梁，一般它能将构件强度和刚度提高 50% 以上。两种材料的粘结通常采用焊过在翼缘中旨在平衡剪力和防止滑移的柱尖螺栓或槽形连接件来过接；在实际运用中，考虑到经济效益可允许有限制的滑移。在非组合楼面体系中，板和梁在相反方向上毫无联系。但在

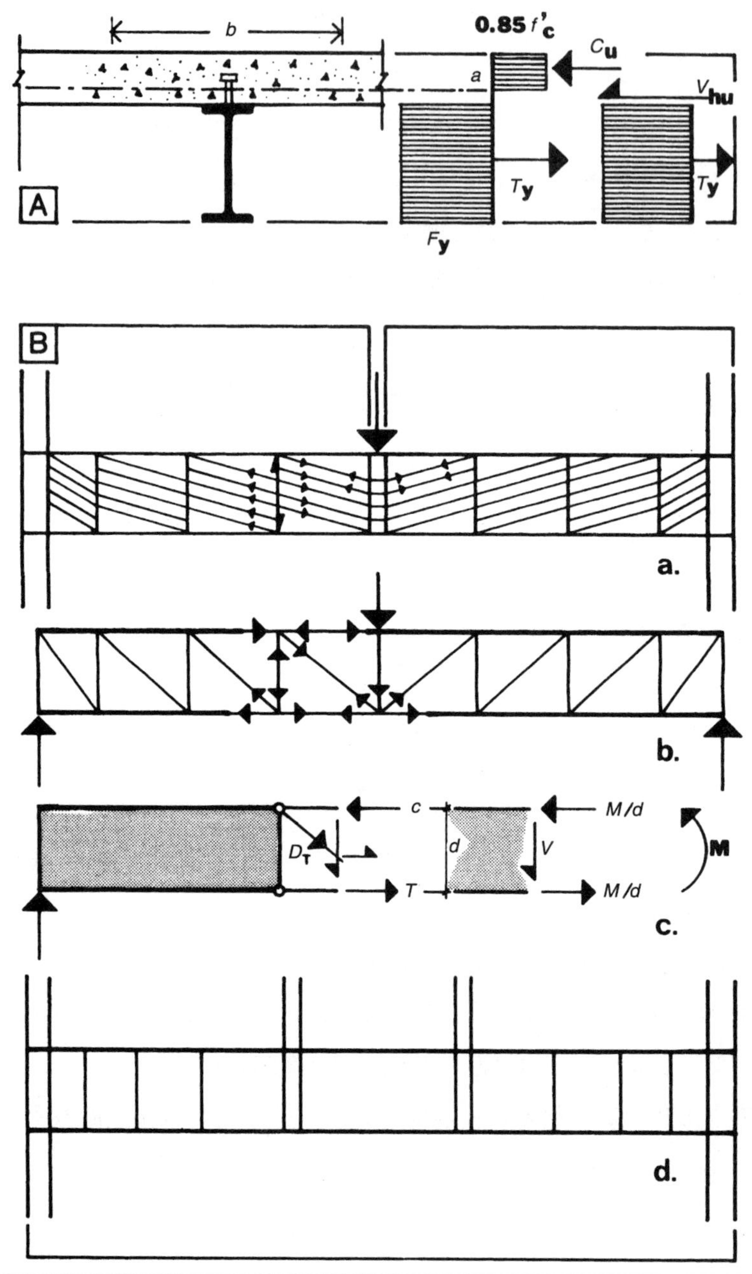

图4.5 组合梁板和板式主桁

组合楼面体系中，钢梁和部分板组成T形梁，如同整体式混凝土结构一样（见图4.1）。当波纹钢板跨度方向与支承梁相垂直时，仅考虑板上部分的混凝土在结构上有效（即钢板下部的混凝土可忽略其作用）。然而对于两者相平行的情况，整个板高度范围之内的混凝土均认为是有效的。对于连续梁，在正弯矩的作用区常有复合作用，但在负变矩作用区若无特殊的钢筋，就不考虑复合作用。

对于通过剪力件连接组合梁的计算，经验上由于组合作用，钢梁的承载力提高了1/3，即仅靠钢梁就可承担75%的弯矩。但值得注意的是：若在施工阶段梁没有支撑，则梁自身还须承担楼面恒载及没有叠加的施工荷载

板与钢梁交界面所需承担剪力的剪力件的数量可用如下方法估算：

假定中和轴落在组合截面的混凝土板内，从而在极限荷载的情况下，混凝土板能充分承担整个压力。因此，对于组合作用，剪力件须能传递钢梁的受拉承载力 $T_y = A_sF_y$（见图4.5A）。即 T_y 由连接件的剪力承载力乘上荷载系数2来平衡

$$T_y = A_sF_y = 2V_h$$

因此，在最大弯矩和零弯矩之间所需承担的水平剪力为

$$V_n = A_sF_y/2 \tag{4.33}$$

其中：A_s 为钢梁截面面积

简支梁中连接件数量 n 等于剪力 V_n 除以单根连接件的允许承载力 q（可在钢结构施工手册中查得），对于荷载对称的情况，还须乘以2。

$$n = 2\ (v_n/q)\ = A_sF_y/q$$

当没有集中荷载时，连接件可平均放置。对于部分组合作用的情况，所需的剪力连接比完全组合作用时少。

钢板梁

板梁为组合单腹I型梁和双腹或多腹箱型梁。它们由宽翼缘和相对较小的由竖向平板或水平板来加强的腹板组成。在集中荷载作用下，钢板梁需刚度要求较高。当今，如图4.5d所示，板通常焊接成一个整体。

对于重载的情况，板梁比轧辗梁提供更大的惯性矩。在普通荷载作用下，对于跨度大于70英尺的情况，用板梁比用轧辗梁更为经济。甚至在跨度短至35英尺时，由于设计者可随意布置梁截面的大小比例，板梁比轧辗梁更具竞争力。

由于腹板宽度较窄和须考虑相应受弯，故板梁的设计变得极为复杂。它的性能介于轧辗梁和桁架梁之间。若板梁腹板受剪至失效，表明沿腹板的斜向受压，则相反方向的斜向拉力须平衡整个剪力（见图4.5a）。每块腹板的受拉区与受压杆类似，须由翼

缘和竖向刚度来保持稳定。因此，板梁的性能与 pratt 桁架（见图 4.5b）相似。其中板翼缘组成弦杆，腹板可设计为斜拉杆件，两者合在一起组成受压构件的竖向刚度。本章中对于承担整个弯矩的翼缘设计采用桁架模型，考虑腹板承担整个剪力。可假定在屈服之前翼缘板不会失稳；否则，翼缘的水平和竖向受弯及腹板水平变弯的失稳设计要求允许应力进行折减。

下面的步骤可用于一根 I 形焊接板梁（A36）初步设计：

- 若无净空高度或审美方面的考虑，可假定常用板梁高 d 为跨度的 1/10。
- 假定翼缘全部承担弯矩，用其截面的整个高度作为惯性力臂，来决定翼缘面积 Af（翼缘面积法，见图 4.5c）。

$$f_c = P/A_f = (M/d)/A_f \leqslant F_b = 0.6F_y$$

或

$$A_f = bt_f = (M/d)/F_b \tag{4.34}$$

其中：$F_b = 0.6(36) = 22$ 千磅力/英寸^2。假定受压翼缘在水平和竖向受支撑。用允许的宽度厚比（AISC，sec. 1.10.6）来检验受压翼缘厚度是否能平衡局部弯曲：

$$(b/2)/t_f \leqslant 16 \quad 或 \quad t_f \geqslant b/32 \tag{4.35}$$

- 假定翼缘应力无折减来决定板厚。因此，根据允许高厚比（AISC，sec. 1.1.6）相应的板厚为：

$$t_w \geqslant h/162 \tag{4.36}$$

但 t_w 不得小于这个值的 1/2，也不得小于 1/4 英寸。检验柱中的剪应力

$$f_v = v/A_w \leqslant F_v = 0.4F_y \tag{4.37}$$

其中：$A_w = t_w h$，$h = d - 2t_f$

现在可用惯性法中常见的弯矩来检验板截面和加劲杆的位置。

预应力混凝土梁

这里将对适用于高层建筑中的预应力原则作简要的介绍。这些原则还适用于其他建筑物，在这些建筑物中，预制构件在现场组合和用后张法张拉以形成一个刚性整体。在预制混凝土制品厂，也广泛地用到这些原则。这些工厂大批量生产预张拉中空板或四通截面。尽管后张法在斜坡楼板结构中已应用了相当长一段时间，但直到近来，无粘结后张预应力才在高层（包括停车库）中得到大规模的应用。不同混凝土楼板的跨度范围（见第五章“预应力混凝土板体系”部分）受经济条件限制，随着跨度的增加，楼板自重增加。除此之外，由于徐变形成的长期挠曲变得重要起来。用预应力混凝土楼板结构体系，不仅可减少建筑物高度，而且跨度也可增加 30% ~40%。

施加预应力的两种机械方法为先张法和后张法。先张法通常用于预制混凝土构件中。在这种情况下，预应力筋锚固在模具或夹具的支座上，且在混凝土浇捣之前张拉，当混凝土达到设计强度时，可释放预应力筋或者剪断长筋施工工艺中的预应力筋。通过钢筋和混凝土之间的粘结阻止钢筋恢复至原长从而对混凝土产生压力。

后张法中预应力筋的应力是当混凝土达到其设计强度的 75% 以后便用液压千斤顶来拉插入在预埋的金属/塑料导管中的线材、钢绞线或钢筋。尽管通常在导管中灌浆，但混凝土预应力并不由粘结产生而是通过两端特殊的锚固设备受弯产生的。采用预应力混凝土的目的在于改进材料的组合性能。而且由于单独部分的高强度减少混凝土用量，在预应力混凝土构件中，预压力对构件产生弯矩与荷载所产生的弯矩方向相反。在非预应力钢筋混凝土构件中，截面的钢筋充分发挥作用之前就产生裂缝。而采用预应力设计的构件，通过预先张拉高强度的钢筋，混凝土和钢筋的相互作用大大改善以至于在作用荷载下，截面可不出现裂缝。从而使整个截面得到充分利用。封闭的常压力有效地承担了由于外荷载所产生的拉力，故可以采用浅且刚度大的截面，以降低层高和控制挠曲。这一点对大跨压构件十分重要，但是，须要提醒的是，预应力筋和锚具成本增加，安装费用也增加，同时需要必要的高质量的控制及熟练的施工工艺，这些使得后张法仅对于大跨度的构件才经济。

由于构件的收缩和徐变，预应力混凝土构件长度减小，将损失部分预应力——大约为 40 千磅力/英寸^2。由于一般规定预应力损失在初始预拉力的 20% 以内，故对损失为 40 千磅力/英寸^2 的情况需 200 千磅力/英寸^2 的钢筋，所以后张法预应力构件需采用高强钢筋——线材、钢绞线或合金。常见用于后张法的钢绞线强度分别为 250 千磅力/

英寸^2 和 270 千磅力/英寸^2，其弹性模量均为 27500 千磅力/英寸^2（见附表 A. 5）。对于等级为 145 和 160 合金钢筋的几何特征，读者可参阅其非预应力筋的相应部分（附表 A. 1）。

对于预应力楼板结构体系，常见的跨高比如下：板 45，阔梁 32，托梁 30，梁 24。预应力混凝土构件的高度约为等效非预应力构件的 60% ~85%。对于高层建筑中常用的预应力连续梁，可采用如下的经验规则。其中跨度 L 单位为英尺，梁高 t 单位为英寸。

阔梁：	$t = L/3 \sim L/2.5$
托梁：	$t = L/2.5 \sim L/2$
梁：	$t = L/2 \sim L/1.7$
主梁：	$t = L/2 \sim L/1.3$

对于初步设计，单跨梁可取上面范围中的较小部分。

在外力弯矩 M 的作用下，混凝土构件中用来承担有效预拉力 P 的预拉筋的面积可根据公式 4. 7c（仅适用于快速估算）得出：

$$A_s = P/f_s = (M/Z)/f_s，其中：Z \approx 0.8t，f_s = 0.56 f_{pu}。$$

所需混凝土构件的横截面积为

$$A_c = P/f_c = (M/Z)/f_c，其中 Z \approx 0.8t。$$

板的预压力 $f_c = 350$ 磅力/英寸^2，梁的预压力约为 700 磅力/英寸^2。

本文中假定混凝土全截面受压，从而在承担外力时，整个截面均有效，但有时允许构件开裂，使梁局部预压反而会更经济。这时，在常见高度下的预应力筋通常受拉或构件中有一定数量的非预应力筋。由于全截面受力设计中截面不开裂，构件可看作是均质组合构件，故可采用建立在弹性特征 $f = P/A \pm M/S$ 之上的允许拉应力法设计。此时须考虑两种受荷阶段：（1）初始阶段，构件在预应力及自重的共同作用下向上弯曲。（2）最终状态，构件在满布重力荷载作用下向下弯曲。

通常最终荷载状态控制着预应力的大小，但在混凝土截面中起控制作用的最大拉应力和压应力均发生在初始阶段。由于本章的重点在于常见后张法楼板体系中构件的初步设计，图 4. 6d 所示直线形预应力筋的主梁加载情况，仅考虑作用于梁和楼板的典型均匀加载。这个均布荷载产生抛物线形状的弯矩图，记住扁平抛物线形降落的预应力筋或受压混凝土拱表征了均布荷载下索的形状和其纯轴向作用的相应。若让预拉筋呈抛物线状布置，则预拉后，就会产生一个向上的可以平衡部分重力荷载的均布荷载。在 T. Y. Lin 于 19 世纪 60 年代提出的荷载平衡设计概念中已指明：预应力筋的布置应和施加荷载的布置相一致，以镜象重力荷载的弯矩图。预拉筋产生与外荷载方向相反的等效力，并产生与部分外载所产生的弯矩方向相反的弯矩（Lin 和 Burn，1981）。采用后张法处理的平板中的二维荷载平衡的概念与第五章“后张法预应力板”中的一维梁方法类似。

设计者必须估计出预应力所需平衡的外力大小，这通常比较复杂。当活载小于恒载时，可假定所需平衡的外力大小为恒载大小。也有的设计者在初步估算平衡外力时采用平均压应力。为了避免过多的徐变，预压力在板中为 175 ~ 400 磅力/英寸^2，在梁中为 600 ~ 800 磅力/英寸^2。

本文假定所需平衡的荷载等于衡载 w_p，从而恒载所产生的挠度等于预应力所产生的起拱高度。故理论上，预应力构件没有挠曲。由于荷载间需相互平衡，而截面又处于常压状态，所以恒载在跨中所产生的弯矩需等于预应力产生的弯矩 P（e）。可将预应力筋看作与图 4. 6c 中的吊索类似。由统计数据可以看出，预应力筋所产生的抵抗弯矩 P（e）须平衡外力所产生的变矩，$w_p = w_D$。

$$P(e) = w_p L^2/8 = w_D L^2/8$$

故在通常情况下，由预应力平衡的荷载（w_p）

$$w_p = 8Pe/L^2 \quad \textbf{(4.38)}$$

或者，用来平衡恒载 w_D 的预应力 P 为

$$P = w_p L^2/8e = w_D L^2/8e \quad \textbf{(4.39)}$$

在初始阶段呈抛物线状的预应力筋在混凝土中产生压力，从而产生方向向上的等于均布恒载的荷载。只要预应力筋锚固在简支梁或连续梁的中和轴上，其结果即组合荷载为 0，梁处于常压状态。对于楼板梁的估算，可忽略板的翼缘效应将 T 形梁简化成矩形梁。从而在预应力 P 的作用下，梁只有轴力而无弯曲。

$$f_a = P/A \quad \textbf{(4.40)}$$

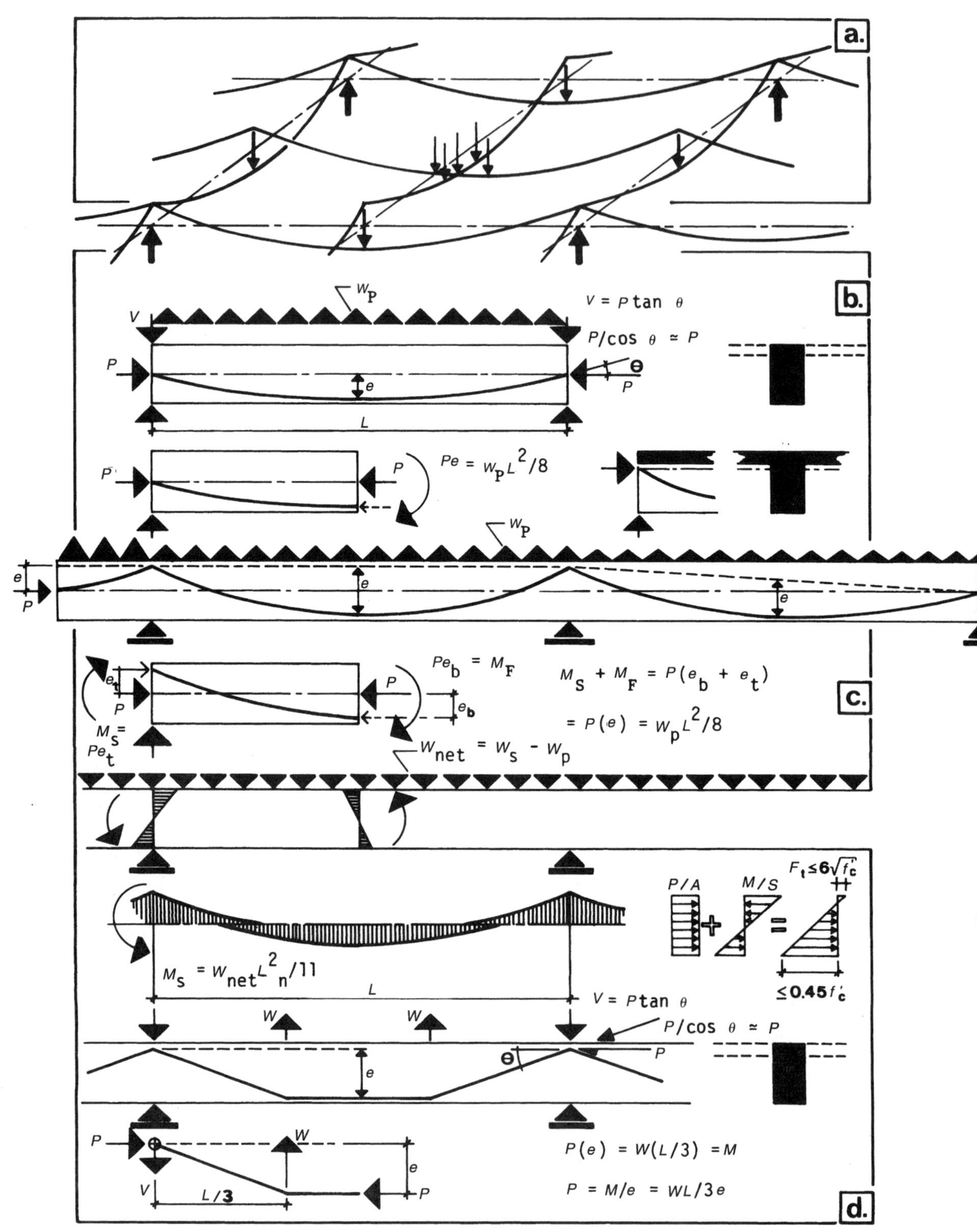

图4.6　强应力混凝土的荷载平衡法

连续梁中钢筋并不像假定的那样在支座处曲率发生突变，实事上只是在支座附近有所弯点的光滑曲线。但实事证明，不考虑预力筋曲率反向效应的荷载平衡法足够精确。

尽管预应力的大小由最终状态控制，但对于预应力筋的初步设计，由于徐变、干缩、弹性变形和钢筋滑移等将产生初始应力 P_i 的折减，本章将不讨论复杂的预应力损失。作为初步设计，通常考虑预应损失在内，本章规定预应力折减为20%，即

$$P = 0.8P_i$$

后张法钢筋的允许拉力 f_{pi} 在钢筋起拱和预应力传递后是拉筋强度 f_{pu} 的70%，即

$$f_{pi} = 0.70f_{pu}$$

因此，所需预拉筋的面积为

$$A_S = P_i/f_{pi} = (P/0.8)/0.7f_{pu} = P/0.56f_{pu}$$

对于预应力筋梁未能平衡的那部分外载，可通过将预应力梁看作非预应力梁来处理。未平衡荷载（即活载）产生如下的弯曲应力：

$$f_b = +M_L/S \tag{4.41}$$

在考虑预应力损失后，由预应力和活载弯曲所产生的最大组合压应力应比允许应力小：

$$f_c = f_b + f_a = M_L/S + P/A \leqslant 0.45 f'_c \tag{4.42}$$

混凝土中最大拉压力为：

$$f_t = f_b - f_a = M_L/S - P/A \leqslant 6\sqrt{f'_c} \tag{4.43}$$

在初步设计时不必检验预应力传递后及预应损失之前混凝土中的初始应力状。读者可参考 ACI 规范来求得混凝土中允许压应力和拉应力。

例 4.3

一栋办公楼建筑中连续单向板的跨度为25英尺，净跨为23英尺。板承受80磅力/英尺^2 的活载，试估计典型内跨所需的后张法预应力筋（考虑末端需较大的预应力）。由于活载与恒载大小接近，设计时可认为满布恒载且没有挠曲变形，采用 $f'_c=4000$ 磅力/英寸^2 和等级为270的钢筋估算梁高（见第五章“后张预应力板”）：

$t \simeq L/4 = 25/4 = 6.25$ 英寸（约15.88cm），故采用高6.5英寸（约16.51cm）的板。

板重（150/12）6.5 =81.25 千磅力/英尺^2（约 3901.63N/m^2），加上楼层粉饰得最终恒载为 85 千磅力/英尺^2（约 4081.7N/m^2）。

对于呈抛物线状的应力筋面布置，索的最大悬垂量为：

$$e = t - 2d' = 6.5 - 2\ (1)\ = 4.50 \text{ 英寸（约 11.43cm）}$$

平衡恒载所需的预应力为：

$$P = w_D L^2/8e = 0.085\ (25)^2/\ [8\ (4.5)\ /12]$$
$$= 17.71 \text{ 千磅力/英尺（约 258.35kN/m）（每块板）} \qquad (4.39)$$

故平均压力为

$$f_a = P/A = 17710/6.5\ (12)\ = 227 \text{ 千磅力/英尺}^2 \text{（约 1565.45kN/m}^2\text{）} \qquad (4.40)$$

平均压应力在 175（约 1206.85kN/m^2）~400 千磅力/英尺^2（约 2758.50kN/m^2）之间。

下面检验由活载所产生的弯曲应力。控制处的支座弯矩（据图 5.8a）为：

$$-M_s = w_L l_n^{\ 2}/11 = 0.080\ (23)^2/11 = 3.85 \text{ 千磅力·英尺/英尺（约 17.13kN·m/m）}$$

相应的弯曲应力：

$$f_b = +M/S = 3850\ (12)\ /\ [12\ (6.5)^2/6]\ = 546 \text{ 千磅力/英尺}^2 \text{（约 3765.36kN/m}^2\text{）}$$

组合压应力为

$$f_c = f_b + f_a = 546 + 227 = 773 \text{ 千磅力/英尺}^2 \leqslant 0.45 f'_c = 0.45\ (4000)$$
$$= 1800 \text{ 千磅力/英尺}^2 \text{（约 12413.27kN/m}^2\text{）} \qquad (4.42)$$

考虑预应力损失之后的压应力小于允许压应力。拉应力为

$$f_t = f_b - f_a = 546 - 227 = 319 \text{ 千磅力/英尺}^2 \leqslant 6\sqrt{f'_c} = 6\sqrt{4000}$$
$$= 380 \text{ 千磅力/英尺}^2 \text{（约 2620.58kN/m}^2\text{）} \qquad (4.43)$$

由于拉应力满足要求，故所选预应力筋可据公式（4.41）求得，所需的预应力筋面积为：

$$A_s = P/0.56 f_{pu} = 17.71/0.56\ (270)\ = 0.117 \text{ 英寸}^2\text{/英尺（约 2.47cm}^2\text{/m）}$$

故每平方英尺板上的平均钢筋重为：

$$w_s = A_s \gamma = A_s\ (490/12^2)\ = A_s \text{（3.4 磅力/英寸}^2\text{/英尺）} = 0.117\ (3.4)$$
$$= 0.398 \text{ 磅力/英尺}^2 \text{（约 19.04N/m}^2\text{）}$$

这个值在单向板是常见的，对于单位为 0.5 英寸的预应力筋，其间距为：

$$12/0.117 = s/0.153\text{，或 } s = 15.69 \text{ 英寸（约 39.85cm）}$$

板中间用半径为 0.5 英寸，等级为 270，间距为 15.5 英寸的钢筋。但据 ACI 规范，

需采用构造配筋。不仅在最终精确设计阶段，而且在初步设计阶段，预应力力杆件要按为弹性状态下的无裂缝构件来验算。除此之外，由于恒载不产生挠曲，故须检验由活载所产生的弯曲变形和由徐变产生的挠曲（它在后张法预应力构件中起控制作用）。同时还须检验构件在极限强下开裂面的抗弯和抗剪。抗剪筋的计算等效为在后张预应力筋产生的轴力作用下的普通钢筋混凝土梁。

在例 4.3 中，恒活载大小相等。用预应力来平衡恒载可得出满意的结果。在大多数情况下，活载远远小于恒载的一半。故用预应力来平衡整个恒载显得不经济而且需过多的预应力（见例 5.10），设计者可认为 80% 的恒载被等效预应力荷载 w_p 平衡：

$$w_p = 0.8 w_D \tag{4.44a}$$

当活载比恒载大时，预应力需平衡部分活载，作为估算可用：

$$w_p = w_D + w_L/2 \tag{4.44b}$$

但是，值得提醒的是向上的起拱在活载和附加恒载并不起作用时明显得多余——故只需平衡那些出现频率高的活载，作为近似，在办公楼设计时可假定恒活载大小相等，对于公寓楼板和梁设计，恒载常大于活载。

对于通常情况下恒活载并不相等的情况，通常须要多次尝试才能决定出最经济的荷载平衡方案。对于这种情况，可以采用如下建立在抗拉承载力之上的相互作用过程进行预应力 w_p 的估算。

弯曲应力由作用荷载减去等效预应力荷载所得的未平衡荷产生：

$$w_{net} = w_s - w_p$$

连续梁的控制弯矩为：

$$M = w_{net}\ (l_n)^2/11$$

可由满布荷载作用下产生的控制拉应力来估算预应力 P 的大小：

$$\begin{aligned} &f_t = f_b - f_a \leq 6\sqrt{f'_c} \\ &f_a = f_b - 6\sqrt{f'_c} \quad 或 \quad P/A = M/S - 6\sqrt{f'_c} \quad 或 \\ &P \geq (A/S)\ M - 6A\sqrt{f'_c} \end{aligned} \tag{4.45}$$

得到预应力后，其等效均布荷载（见公式 4.38）为：

$$w_p = 8Pe/L^2 \tag{4.38}$$

等效衡载须等于设计之初所假定等荷载，若两者不等，则需要重新假定一个值，然后重复以上步骤，直到这些值收敛为止。通常这些值收敛速度非常快（见习题 4.31）。

柱

从结构的观点出发，柱的尺寸和形状取决于所承受荷载的大小、类型和柱的细长比。主要承受轴力且水平方向有楼板支撑的柱在两个主轴方向应有相同的惯性矩。另外，柱在其弯曲轴方向上需要较大的尺寸，而在刚度较低的另外一个轴上需有在两端支撑以抗弯。

读者应了解柱的长细比由来表示；随着长细比的增加，轴向受力柱的强度将降低。根据柱的破坏方式，可将柱划分为：

- 由于压碎和或屈服（如材料破坏）破坏的短柱 $Kl/r \leqslant 40$
- 由于弯曲破坏（如失稳）的长细柱

  例如钢柱在 $Kl/r \geqslant 100$ 时，由于弹性受弯而损坏。对于介于长柱和短柱之间的柱，由于非弹性弯曲而损坏。

常见柱通常为短柱和中长柱，欧拉公式所描述的钢架体系中的横向支撑及桁架中的腹板具有长柱特征。

除了轴力以外，大部分柱要承担变矩。在铰接框架体系中，由于偏心及相对较小的局部弯曲造成柱受弯。在刚性框架中，由于梁连续，故弯矩直接传给柱。取决于连续程度，托梁可能为刚性或半刚性的。本文所讨论的柱不仅在水平荷载和重力荷载作用下产生弯曲，而且可能由于有缺陷的长柱水平方向上的偏心使得轴力能间接产生弯矩（即 $P-\Delta$ 效应）。

尽管轴力 P 和弯矩 M 之间的作用常被看成简单累加或百分比处理过程，这种方法对于轴力较小的主要受弯的柱或对于 P 和 M 为线性关系，二次效应可忽略的低柔度（如 $Kl/r \leqslant 40$）的短柱是合理的。但对于高柔度的柱，P、M 作用将产生一个新的情况：由于 $P-\Delta$ 效应，其相互关系由直线变为曲线。因此，线性公式必须在考虑由于水平位移所产生的二次效应的基础上进行修正。实际运用中是通过调整由于重力荷载产生的没有侧移弯矩和水平荷载产生的有侧移弯矩的组合弯矩的大小来实现的。二次效应对于受较大水平荷载的受弯构件和由几根柱和长的长跨梁的桥式框架中是非常重要的。

在常见的多层框架结构中，因为其中的柱通常柔度较小，故可以看成短柱，所以

柱设计中由 K 值效应所带来的影响相对较小。柱柔度的大小直接取决于所采用的框架类型—也就是说，取决于框架的水平刚度。对框支柱通常假定没有侧移，故柱柔度通常较小，其强度也没有多大折减。在这种情况下，单曲率是最糟糕的受弯图形（见图3.3），实际长度可看作为其有效高度（$K=1$）。虽然该假设对铰接柱是正确的，对于刚框支，用该假设是较为保守的。对于柱对称布置的水平支撑结构，内柱在初步设计时可忽略其弯矩。对于外柱的初步设计，可假定反向曲率，故可忽略弯矩大小。若框架柱仅在其弱轴前面有支撑，而强轴方向允许侧移，对于初步设计，可假定用弱轴来控制柱的设计（$K_y=1.0$）。

读者也可在第七章中“框架－剪力墙相互作用”部分中参阅刚性框架－剪力墙的相互作用。框架结构的底部楼层中，水平力由剪力墙来承担；在上部楼层中，水平力由框架来承担。因此，对于初步设计，可假定最上两层无支撑，同时，水平力折减50%。

在诸如刚性框架和平板结构的无支撑结构中，尽管对于对称框架在对称荷载（实际中并不存在）时，没有侧移发生，但梁/板及柱须阻止侧移。其柱受弯成为双向挠曲，但水平向能产生侧移，从而有效高度等于或大于实际长度（$K \geqslant 1$）。柱的强度受其顶部和底部主梁的影响；即取决于柱刚度（$(I/L)_c$）与梁刚度（$(I/L)_g$）之比。每层楼中柱和梁的相对尺寸控制着转动大小，从而控制柱的有效长度。由于柱强度增加，梁尺寸增加（或将发生复合楼板作）或柱尺寸减少，从而转动减小；K 系数影响也减少。例如：为了减少结构水平位移和相应的 K 值，可选择 A36 的梁和 A572 等级为 50 的柱。在最糟糕的情况下，例如，在有抗弯板梁和刚柱（如 $K \geqslant 3$）的高层平板结构的基础中，柱的有效高度可超过几层楼高。另外一个极端为水平位移的刚性深梁楼板体系，能阻止抗弯柱的转动，从而可得到理论上的强度为 $K=1.0$，或可接受的最小设计系数为 $K=1.2$。

在高层中部楼层的柱刚度通常比梁大，所以其 K 系数比其底部的大。在多层框架的顶部，由于重力仍控制主梁的设计，梁尺寸没有变化。然而，柱尺寸从顶向下增加，从而 K 值增大。对于高而柔的建筑，特别是对于刚性框架底部柱的设计，水平力关键；由于这些建筑的刚度控制着结构的水平侧移，从而 K 值减小。

对于常见的高宽比小于 2 和常见楼层高度的无支撑多层建筑，由于柱的数量足够用以承担水平位移和相对较小的水平力，故水平力影响是次要的；在这种情况下，仅外柱受未平衡的重力弯矩影响。但是，对于受水平荷载的 15 层的多层建筑，其内部柱的设计主要由重力荷载来控制。弯矩效应，即组合作用，仅使应力增加 10% 左右。故得到如下结论：常见无支撑多层的水平位移可控制在合理范围的内。故柱可以认为是短柱，即 K 值效应对设计影响不大，初步设计时可以忽略 $P-\Delta$ 效应。

钢柱

在多层框架中常用的柱为 W10，W12 和 W14 截面；偶尔也会用到管状或箱形截面。由于 W14 系列能提供较宽翼缘的截面以平衡两上主轴方向上的回转半径，从而得到广泛应用。其设计面积从 6.49 英寸^2（W12×22）到 215 英寸^2（W14×730）。须提醒的是，对由剪切破坏（如弯曲）控制设计的梁采用 W－梁截面而非标准的截面能节省材料。

在高层建筑的基础，或建筑结构前两层中用以提高抗弯承载力的长无支撑柱中常受大荷载的影响，故可采用到组合柱。

组可柱还可用来提供刚度来控制位移。它们通常由诸如板型、角型和 W 形的基本构件组成，常见的有如下几种形状：

- 交叠 W 形截面
- 十字形组合柱，如两至四个 W 形截面
- 箱形柱（开口或封口，有或无内腹板）以组成单，双或多重井筒柱。多层中的井筒柱可用缀条、缀板、开孔或实体覆板来连接。

杆件的布置和组合柱的形状不仅能满足结构功能（连接）和审美要求，而且能提供用以抵抗水平和全局受弯的最大的回转半径。

在多层结构中，随着荷载从顶至下逐步增加，其柱尺寸和强度也逐步增加，例如：从 A36 钢至 A572 钢以及不同的等级钢。通常在 2～3 层高度内可采用相同截面的尺寸。

对于柱呈对称布置的水平支撑结构，其内柱在初步设计时可忽略弯矩，有较高度系数可认为 $K=1.0$。常见柱通常柔度较小，故柱强度没多大折减。与柔度 Kl/r 相对应的允许轴向应力可从 AISC 钢结构手册中相应部分获得。

对于柔度小于 30 的短柱，可对允许压应力 $0.6F_y$ 折减 10%。

对于柔度在 120～200 之间的长柱，主要构件设计时可用建立在弹性弯曲之上的欧拉公式。

$$F_a = 12\pi^2 E / [23 (Kl/r)^2] \simeq 149000 / (Kl/r)^2 \quad \text{（千磅力/英寸}^2\text{）} \quad \textbf{(4.46)}$$

对诸如柔度大于 120 小于 200 的斜向支撑等次要构件的设计，AISC 规范规定允许

应力可以扩大。

建立在非弹性弯曲之上的 AISC 规范所允许的中等长度柱的应力公式，对于 A36 钢，可用 $Kl/r=30\sim120$ 的直线来替换曲线来简化（见问题 4.7）。

$$F_a \simeq 23-0.1Kl/r, \quad 30 \leqslant Kl/r \leqslant 120 \tag{4.47}$$

式中 F_a——允许轴向压应力（千磅力/英寸^2）；

K——有效高度系数；

l——实际无支撑杆件长度（英寸）；

r——回转半径（英寸）。

例如，对于 $Kl/r=44$，$F_a \simeq 23-0.1(44)=18.60$ 千磅力/英寸^2，同实际值 18.86 接近。

对初步设计，可用柱重来表示柱尺寸，即

$$w_c=A_s\gamma=A_s(490/12^2)=A_s(3.4 \text{ 磅力/英寸}^2\text{/英尺})$$

或
$$A_s=0.294w_c$$

用平均钢重 $\gamma=490$，令 $f_a=P/A_s=F_a$，将 F_a 和 A_s 的值代入公式，可得：

$$w_c \approx P/(7-0.03Kl/r) \tag{4.48}$$

其中，w_c 为柱重（磅力/英尺），P 为轴力（千磅力）。

水平支撑高层建筑中柱的柔度较小，例如：对于高 1 = 11ft 的无支撑柱，常见柔度如下所示：

半径 $r=3$ 英寸，w_{12}截面：$Kl/r=1(11)12/3=44$

半径 $r=4$ 英寸，w_{14}截面：$Kl/r=1(11)12/4=33$

注意上述两种情况中允许应力只有 5% 的区别。由于柔度较小，允许应力只能增加 14%，即说明支撑结构中柱多为短柱。

例 4.4

估计 15 层支撑框架结构中底层钢柱的尺寸。内柱无支撑长度为 11 英尺且支撑 24 英尺 ×24 英尺的面积。假定恒载为 80 千磅力/英尺^2。折减后的活载为 50 千磅力/英尺^2，用 A36 钢。分别采用半径 $W12$ 的 $r=3$ 英寸截面和 $W14$ 的 $r=4$ 英寸截面并比较计算结果。

轴向力之和之为：

$$P=15\ (24\times24)\ (0.080+0.050)\ =1123.20\ \text{千磅力}$$

所需柱重为：

$$w_c\approx P/\ (7-0.03Kl/r) \qquad (4.48)$$

$W12$：$w_c\approx1123.2/\ [7-0.03\ (1\ (11)\ 12/3)]\ =197.75$ 磅力/英尺，用 $W12\times210$

$W14$：$w_c\approx1123.2/\ [7-0.03\ (1\ (11)\ 12/4)]\ =186.89$ 磅力/英尺，用 $W14\times193$

对多层支撑建筑中的内柱设计，若恒载为 80 千磅力/英尺^2，折减后活载为 50 千磅力/英尺^2，即合力为 $w=130$ 千磅力/英尺^2，对于 $W12$ 或 $W14$ 截面假定其柔度为 50，对式（4.48）还可作进一步的简化。

轴力等于单层荷载 wA 乘上层数 n：

$$P=wAn=0.130nA，\text{故}\ w_c\approx0.130nA/\ [7-0.03\ (50)]$$

$$\text{或}\ w_c\approx nA/40 \qquad (4.49)$$

其中：A 为柱所支承的楼面面积（英尺^2）；

n 为柱支撑的楼层数。

须提醒的是由于采用了较大的柱柔度，故该公式所得的结果较为保守，从而可采用比计算结果小的截面。公式中的柱重也可由柱截面面积表示，即 $A_s=0.294w_c$

$$A_s\simeq nA/136 \qquad (4.50)$$

例 4.5

用公式（4.49）来估计例 4.4 中的柱尺寸。

$w_c\approx nA/40=15\ (24\times24)\ /40=216$ 磅力/英尺，用 $W12\times210$ 或 $W14\times211$。

刚性框架中，特别是当其水平方向没有支撑，或仅支撑其外部柱时，对柱的初步设计，除了考虑柱所受的轴力外，还应考虑其所受的弯矩。

本章中对非水平支撑结构中的侧移对柱设计的影响作了简要的介绍。由于大柔度中长柱中的 P-Δ 效应，须调整其弯矩。对常见无支撑多层建筑中 $l/r\leqslant50$ 的柔性柱，由于结构能提供足够的刚度，其 K 值可近似看为均匀分布。但对于高层中低层长 11 英尺的无支撑柱，即使忽略上述结果和假定柔度为 59，用半径 $W14$，$r=4$ 的 $K_y=1.8$ 钢柱与用 $K=1.0$ 和 $Kl/r=33$ 的水平支撑柱相比，柱强度只减少 11%。故可得出在初步设计阶段，对柱端转动的精确估计只是在中长柱中比较重要，尽管在柔细长柱中也比较关键。另外，还需提醒的是尽管因为采取轻质门窗和可移隔墙使建筑变得更柔，1961年前柱设计时采用的是其实际高度。

本文中柱梁连接考虑为刚性；对刚性连接，由于梁的有效刚度降低，故框架抗侧移能力降低。

基于以上讨论，对于梁柱的初步设计，其水平位移能控制在合理的范围之类，故柱可认为是低柔度柱，从而能忽略其 $P\text{-}\Delta$ 效应，也不须放大其所受的弯矩。对于低柔度柱，可得其承载力可用 P_a 与 M_a 或其应力的线性关系来表示。

单向受弯时，其简化公式为：

$$f_a/F_a + f_b/F_b \leqslant 1 \tag{4.51}$$

其中：$f_a = P/A_s$ = 轴力；

$F_a = P_a/A_s$ = 允许轴应力；

$f_b = M/S$ = 弯曲应力；

$F_b = M_a/S$ = 允许弯曲应力。

在初步设计时，可假定 $F_b = F_a$，

$$P/A_s + M/S \leqslant P_a/A_s$$

令 $B = A_s/S$ = 弯曲系数，它将弯矩用等效轴力 P' 代替。

$$P + P' = P + BM \leqslant P_a$$

由于该假设较为保守，从而公式将使柱尺寸扩大。因此，可用比上述公式计算所得的柱尺寸小的柱。通常，考虑到双向受弯，等效轴应力 P_{eq} 为：

$$P_{eq} = P + P'_x + P'_y = P + B_xM_x + B_yM_y \tag{4.52}$$

现行 AISC 手册可根据（Kl）$_y$ 或（Kl）$_x$/（r_x/r_y）来方便的选择柱截面。作为试算，对于 $B_x = 0.18$ 钢，可选 $W14$；对 $B_x = 0.21$ 钢，选 $W12$；$B_x = 0.26$ 钢，$W10$，$B_y = 3B_x$，$r_x/r_y = 1.7$。但若柱承载力的一半用于抗弯，由于用较深 W 形截面将有比表中所提供的截面更强抗弯性能，故此时选用表中的截面并不经济。

例 4.6

确定强轴方向无支撑，弱轴方向有支撑（即此方向没有侧移）的长 12 英尺的 W14

形柱（A36）的尺寸。柱受轴力500千磅力，弯矩 $M_x=200$ 千磅力·英尺。初步计算中可假定弱轴方向控制柱的设计（见问题4.8）。可选用 $K_y=1.0$ 和 $B_x=0.18$。

$$P_{eq}=P+P'=P+B_xM_x$$
$$=500+0.18\ (200)\ 12=932\ \text{千磅力} \qquad (\mathbf{4.52})$$

对于 $Kl=1$（12），查AISC手册的柱受荷表，可得如下截面

$$\text{用}\ W14\times159 \quad P_a=911\text{k},\ B_x=0.184\simeq0.18$$

例 4.7

假定上题中两个方向均无支撑，试确定柱尺寸。作为估算，假定 $K_y=1.8$（这是非常保守的）。$Kl=1.8$（12）$=21.6$，约为22。$P_{eq}=932$ 千磅力。从AISC柱表中可查得：试采用 $W14\times176$，$P_a=874$ 千磅力。

若没有AISC钢结构手册，可假定W形截面的弯曲系数对高层建筑大截面柱为 $B_x=2.5/t$；中高层 $B_x=2.6/t$；低层 $B_x=2.7/t$（见问题4.9）（t 为名义高度）；另外，假定 $B_y=3B_x$。对于弯轴运远大于轴力的情况，用深梁会比常见的 $W14$ 和 $W12$ 截面更经济，此时可假定 $B_x=3/t$。

对于重载，将已上信息代入梁柱公式，可得

$$P+P'=P+B_xM_x=P+2.5M_x/t=A_sF_a,\qquad \text{或}$$
$$A_s=(P+B_xM_x)/F_a=(P+2.5M_x/t)/F_a \qquad (\mathbf{4.53})$$

对于 $W14$（$t=14$ 英寸，$r_y=4$ 英寸），$W12$（$t=12$ 英寸，$r_y=3$ 英寸）及 $W10$（$t=10$ 英寸，$r_y=2.6$ 英寸），易估计出柱截面面积 $r_x=1.7r_y$。另外，当弯曲作用影响非常大时，须选择比上述公式计算所得的稍小的截面（因为该公式的假定偏保守）。

例 4.8

用公式4.53来确定例4.6中柱尺寸，假定 $K_x=1.8$ 和 $K_y=1.0$，并检验哪个轴控制柱的设计。

$$(Kl/r)_y=1\ (12)\ 12/4=36$$
$$(Kl/r)_x=1.8\ (12)\ 12/1.7\ (4)\ =38.12\geqslant36$$

因此，强轴控制柱的设计，用线性公式可得

$$F_a \simeq 23-0.1\ (Kl/r)\ =23-0.1\ (38.12)\ =19.19\ \text{千磅力/英寸}^2$$

故所需最小横截面积为：

$$\begin{aligned} A_s &= (P+2.5M_x/t)\ /F_a \\ &= [500+2.5\ (200\ (12)\ /14]\ /19.19=48.39\ \text{英寸}^2 \end{aligned} \tag{4.53}$$

用 $W14\times159$，$A_s=46.7$ 英寸^2，$r_x=6.38$ 英寸，$r_y=4$ 英寸

值得提醒的是：无论是用 x 轴的估计长度（例 4.6 就属这种情况），还是已知 y 轴的有效长度，计算结果几乎没有区别。

混凝土柱

常见高层中的大部分混凝土柱截面为矩形或圆形。在角柱或板墙式柱中偶尔也采用多边形、T 形或 L 形截面。

常见柱的竖向配筋率在 1% ~8% 之间，竖向钢筋用水平联结或螺栓筋固定以形成钢骨架。如柱中竖向筋不是捆在一起，其允许的配筋率约在 5% ~6% 之间；当配筋率超过 4% 时，应检验底层的梁柱钢筋间距。混凝土柱并非采用拉结或螺旋箍，而是与其他材料共同作用。组合柱是钢管混凝土柱或管状柱（如：巨型柱方案），或者为外包型钢的钢筋混凝土柱（在高层组合框架体系中常可见到）。

由于现场施工的钢筋混凝土构件内在连续性，混凝土柱可看作柱梁。在支撑框架中，它们的破坏形式为材料破坏；在无支撑框架或非常柔的支撑框架中常为失稳破坏。读者可从以下观点中区分以上两种柱。

- 短柱可忽略其柔度
- 长柱必须考虑具柔度，且由于水平位移产生（P-Δ 效应），弯矩明显降低。

水平支护结构中的柱可看作短柱。此时，可假定柱有效高度 $Kl_u=1.01_u$。在常见单纯混凝土结构中，若柱厚度 t 大于其净长 1/14 的 l_u 或楼板顶与梁或柱帽（见问题 14.13）的距离，支撑结构中的柔度效应可忽略。通常，对于方形截面柱：

$$\begin{aligned} &\text{底层之上的柱}\ t\geqslant l_u/14 \\ &\text{无约束的底层柱}\ t\geqslant l_u/10 \end{aligned} \tag{4.54a}$$

故对于净高 $l_u=8\sim12\text{ft}$ 的柱，相应的最小柱尺寸在 $8\sim10\text{in}$ 的范围内，设计者通常用 8in 作为柱的最小高度。这一点是建立在防火要求上的。研究结果表明，在支撑框架中 90% 以上的柱受弯可以忽略，即可看成短柱。

在无抗侧移的框架中由于柔度准则不在起控制作用，柱将需要较大的柱截面，这明显不合理。据 ACI 规范，若 $Kl_u/r\leqslant22$，无支撑柱可看作短柱，可采用与梁刚度相等或建立在刚性梁的等效柱思想之上的最小有效高度系数 $K=1.2$，故对某些情况下忽略柔度的矩形截面柱可得如下公式：

$$t\geqslant l_u/6 \tag{4.54b}$$

这个限制条件代表了从短柱到长柱的变化界限，对低层建筑或高层上部楼层中的柱设计尤其适用。注意到由于可以忽略柔度影响，尽管水平支护柱的柔度将比承担较小水平力的等效无支撑柱大，无支撑框架中柱的高度可能是支撑框架中的两倍（明显不合理）。研究结果表明在无支撑框架中 4% 的柱实际上为短柱。但必须牢记的是由于高强混凝土的发展，柱截面将变得更小从而柱柔度增加，使得柱更易受稳定问题和荷载二次效应的影响。

作为初步设计，在普通支撑建筑中，可假定忽略柱的柔度，在无支撑框架中也可有同样的假定。但初步设计时须减低柱的配筋率，以便在最终设计阶段需要考虑柔度时能提高配筋率。

下面的讨论将把柱看作短柱，其破坏始于材料破坏。在现浇钢筋混凝土施工中，由于混凝土内在的连续性和单一的刚性连接，故每根柱均需承担少量的弯矩－也就是说，柱通常按梁式柱设计，其性能和破坏方式取决于极限力 P_u 和 M_u 的相对大小或偏心距，即用力 P_u 对截面中性轴的偏心作用（偏心距 $e=M_u/P_u$）静态等代。

研究表明大多数的混凝土柱受压破坏；即轴力的偏心距小于压拉破坏同时发生时的偏心距 e_b。当 $e>e_b$ 时，与轴力相比，弯矩非常大，P_u 作用在截面之外，柱破坏始于受拉破坏。

受压破坏柱能承受较大的轴力和弯矩。在受拉破坏区结论相反：随着轴向作用的增强，由于轴力预压柱和弯矩诱发拉伸超压，柱反而能承受更大的变矩（见图 4.71）。

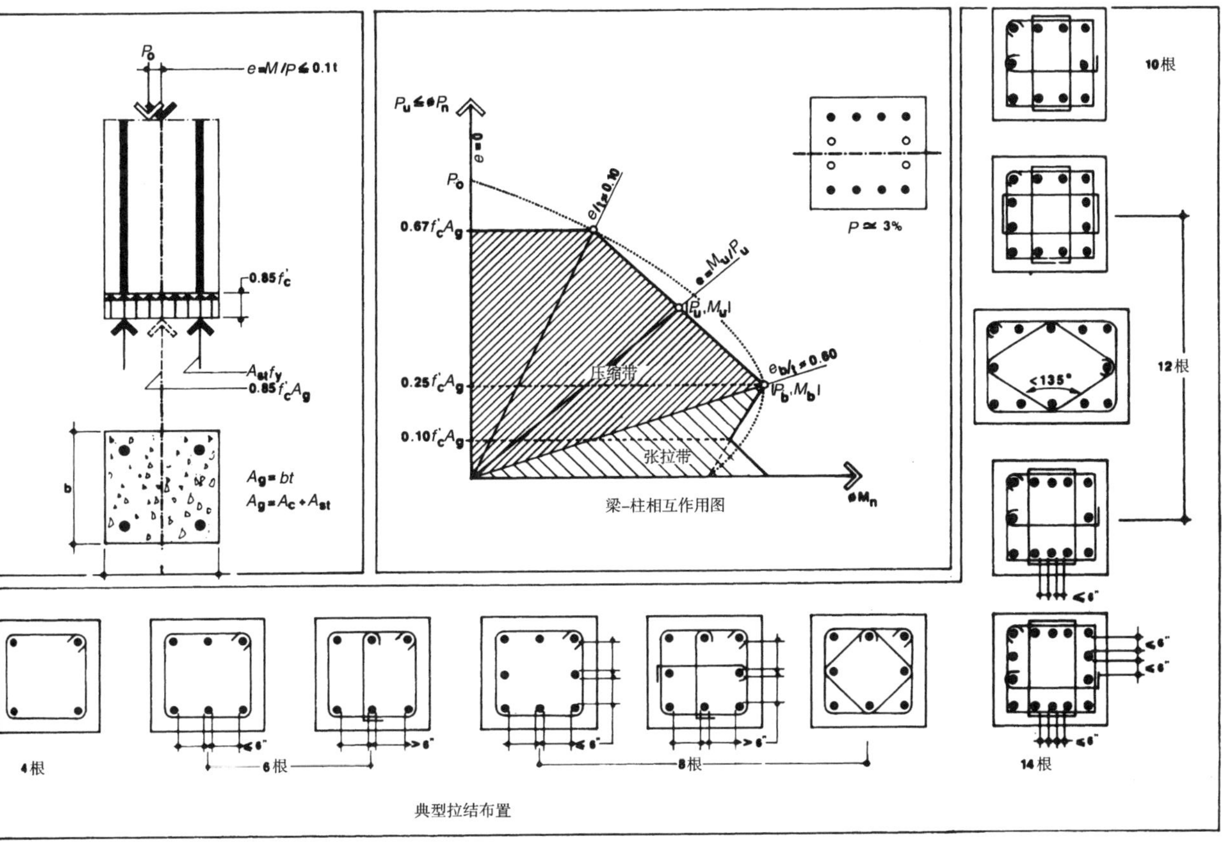

4.7 钢筋混凝土柱

考虑受荷情况，分如下三种短柱：

- 主要受轴力和受较小弯矩的柱；它们主要为轴力构件，其破坏始于受压破坏。在常规布筋的水平支撑建筑的内柱常为这种柱。
- 须承受轴力和弯矩的柱，柱的每一承载能力接近；这种柱为梁一柱，其破坏多为受压破坏，无支撑建筑中常见这种柱。
- 受较大弯矩和较小轴力的柱；它们主要为始于受拉破坏的抗弯构件（如梁）。

作为混凝土柱的初步设计，本文中讨论前两类型（它们在常见建筑中较为普遍），即只考虑受压破坏和用普通混凝土。

对于柱承担的弯矩较小的情况，ACI 规范过去要求对于约束柱，偏心率须大于截面高度的 10%：

$$e\geq0.1t \tag{4.55}$$

这种情况在常规配筋的水平支撑建筑中的内柱较常见（梁的重力弯矩互相平衡）。对于这些柱，除了上部楼层，柱不须承担较大的水平荷载，重力、风和地震组合不起控制作用。外柱也可有与内柱同样的截面。外柱受较小的轴力和由未平衡重力荷载产生的梁旋转所产生的弯矩。

以上情况也适用于无支撑建筑上部楼层和水平力不起控制作用但仍须考虑柔度的建筑块体的初步设计。对这种情况，柱的最小竖向钢筋配筋率可为柱表面积的10%（$\rho_{min}=A_{st}/A_g=0.01$）。柔度效应可由最终设计阶段用附加钢筋来克服。

仅在同心荷载下短柱的受承载力 $\phi P_n=P_o$ 由混凝土强度 $\phi 0.85f'_cA_c$ 和钢筋强度 ϕf_yA_{st}组成（如图4.7所示）。对于采用拉结筋的柱，该公式在考虑现浇混凝土施工时的特性后可用系数0.8作进一步折减，此时弯矩 $M_{umin}=P_ue_{min}$用最小偏心率 $e_{min}=0.1t$ 计算，故对于受压的矩形短柱有

$$P_u \leqslant \phi P_n$$

$$\leqslant \phi 0.80\left[0.85f'_c\left(A_g-A_{st}\right)+f_yA_{st}\right] \tag{4.56a}$$

$$\leqslant \phi 0.80A_g\left[0.85f'_c\left(1-\rho_g\right)+\rho_gf_y\right] \tag{4.56b}$$

$$\leqslant \phi 0.80A_g\left[0.85f'_c+\rho_g\left(f_y-0.85f'_c\right)\right] \tag{4.56c}$$

式中 P_u ——轴力（千磅力）；

A_g ——柱横截面积（英寸^2），等于混凝土面积 A_c 加上纵向筋面积 A_{st}（即：$A_g=A_c+A_{st}$）；

f'_c ——混凝土抗压强度（千磅力/英寸^2）；

$\rho_g=A_{st}/A_g$，为柱的配筋率；

f_y ——纵向钢筋屈服强度。

从以上公式可得所求柱的横截面积。对于等级为60的钢，考虑到混凝土强度减小，钢筋强度（$f_y-0.85f'_c$）为最小（见公式4.56c）。对于拉结筋柱，用承载力折减系数 $\phi=0.7$。故对短柱的初步设计可用如下方法：

$$\text{在 } A_g=P_u/\left(0.5f'_c+0.3\rho_g\right) \text{ 时，} e=M_u/P_u\leqslant 0.1t \tag{4.57}$$

式中 ρ_g——柱配筋率（%）

例如，对于最小配筋率 $\rho_g=1\%$ 和4000磅力/英寸^2 的混凝土，$A_g=0.44P_u$，当 ρ_g

$=4\%$ 时，$A_g=0.31P_u$。这表明配筋率提高 4 倍，柱截面减少 30%。对螺旋箍柱，其承载力于拉结筋柱的 14%，故用螺旋箍钢而不用拉结筋，同时，柱截面降低 12%——但是螺旋筋的价格为拉结筋的 2 倍。另外，对于 $\rho_g\simeq1\%$ 的情况，将轴力除以平均强度，可得到 4. 56c 的简化形式：

$$A_g=P_u/0.55f_c' \tag{4.58a}$$

对边长和圆柱直径相等且有同样数量竖向钢筋的方柱，圆柱承载力是它的 80%。即若要求圆柱和方柱强度相等，其直径需大于方柱边长的 13%。另外一方面，用同样的钢筋，圆螺旋筋柱的轴力承载力是方形拉结筋柱的 90%。规则多边形柱看作其外切圆柱来设计，其他的诸如 L 形柱可看作看是矩形柱的交叠。

对于配筋率为 1%，允许压应力为 $0.22f_c'$ 的情况，用工作应力法，公式 4. 58a 可进一步简化：

$$A_g=P/0.25f_c'=4P/f_c' \tag{4.58b}$$

公式 4. 58a 可对 100 磅力/英尺^2 恒载且折减活载为 50 磅力/英尺^2 的情况作进一步简化：

$$P_u=nA\ [1.4\ (0.100)\ +1.7\ (0.050)]\ =0.225nA$$

令$f_c'=4$ 千磅力/英寸^2 并代入公式 4. 58a，可得

$$A_g=nA/10 \tag{4.59a}$$

柱面积 A_g（英寸^2）等于柱所支撑的楼板面积 nA（英尺^2）除以 10，其中楼板面积为单层楼板面积 A 乘以层数 n。

对于承受较小荷载的公寓楼，可以如下公式估算柱尺寸：

$$A_g=nA/12 \tag{4.59b}$$

对办公楼中的水平支撑柱，可用配筋率 1%，强度为 8000 磅力/英寸^2 的混凝土，$A_g=nA/20$，6000 磅力/英寸^2，$A_g=nA/15$。须牢记的是该公式仅适用于满足以上荷载各件的布置的水平支撑内柱。

与公式 4. 56 相似，受压柱的抗压强度由钢筋截面，纵向筋和混凝土共同分担。因此，stoky 复合柱的抗压强度（其设计屈服强度为 52 千磅力/英寸^2）可用如下条件表示：

● 钢管混凝土柱：

$$P_u \leqslant A_s F_y + A_{st} F_{yr} + 0.85 f'_c A_c \tag{4.60a}$$

● 劲性混凝土柱：

$$P_u \leqslant A_s F_y + 0.7 \left(A_{st} F_{yr} + 0.85 f'_c A_c \right) \tag{4.60b}$$

这里必须考虑混凝土和钢筋之间的剪力传递。

例 4.9

一栋 15 层的水平支撑混凝土框架结构，开间为 20 英尺 ×20 英尺，满足所讨论的荷载条件。假定每三层楼的柱尺寸相同，试估计柱尺寸。

每根内柱所支撑的楼板面积为 $A = 20\ (20) = 400$ 英尺^2。三层的楼板面积之和为 1200 英尺^2。

13 至 15 层：　$A_g = 1200/10 = 120$ 英寸^2　　柱尺寸为 12 英寸 ×12 英寸
10 至 12 层：　$A_g = 2\ (120) = 240$ 英寸^2　　柱尺寸为 16 英寸 ×16 英寸
7 至 9 层：　$A_g = 3\ (120) = 360$ 英寸^2　　柱尺寸为 20 英寸 ×20 英寸
4 至 6 层：　$A_g = 4\ (120) = 480$ 英寸^2　　柱尺寸为 22 英寸 ×22 英寸
1 至 3 层：　$A_g = 5\ (120) = 600$ 英寸^2　　柱尺寸为 25 英寸 ×25 英寸

底层：柱占 $A_g/A = [\ (25/12)^2/400]\ 100 \approx 1.1\%$ 的楼板面积

考虑到模板工程的造价通常在层与层之间不改变柱的尺寸，而是改变材料强度和配筋率。在多层建筑中，建筑物底层柱尺寸最大，故可采用高强混凝土（如 10000 磅力/英寸^2）和等级为 60 钢的合理的最大的配筋率。随着楼层的上升，柱中配筋率逐步达到最小配筋率 1%。同时 8000 磅力/英寸^2 混凝土也被低强混凝土（如 10000 磅力/英寸^2）所代替。一直持续以上过程直到柱尺寸能实质性减小。但必须考虑只改变柱的尺度，通常将柱尺寸按 30% ~50% 的模数减小更为经济。

例 4.10

估算例 4.9 中第一层内柱尺寸。配筋率为 3%（非最小配筋率 1%）。$f'_c = 4000$ 磅力/英寸^2 和 $f_y = 60$ 千磅力/英寸^2。柱净高度为 10 英尺。

楼板极限荷载为：

$$w_u = 1.4D + 1.7L = 1.4(0.100) + 1.7(0.050) = 0.225 \text{ 千磅力/英尺}^2$$

柱子负荷等于楼层荷载乘以柱所支撑的楼板面积：

$$P_u = 0.225(20 \times 20)15 = 1350 \text{ 千磅力}$$

所需柱面积为：

$$\begin{aligned} A_g &= P_u / (0.5f'_c + 0.3\rho_g) \\ &= 1350 / [0.5(4) + 0.3(3)] = 465.52 \text{ 英寸}^2 \end{aligned} \qquad \textbf{(4.57)}$$

柱尺寸为 22 英寸 ×22 英寸，$A_g = 484$ 英寸^2

因为 $l_u/t = 10(12)/22 = 5.46 < 10$，所以柱可看忽略柔度的短柱。

用公式 4.57 来确定实际配筋率 ρ_g。

$$484 = 1350 / [0.5(4) + 0.3\rho_g],\ \rho_g = 2.63\%$$

$$A_{st} = \rho_g A_g = 0.0263(484) = 12.73 \text{ 英寸}^2$$

用 14#9，$A_{st} = 14$ 英寸^2，在两对边放置 5 根筋，其余的钢筋沿另外两边布置。

据 ACI 规范，对于#10 或更小的纵向普通受拉筋，须用#3 的水平筋来环箍，对于更大尺寸的筋或钢筋束，所需水平拉结筋直径为#4。拉结筋的竖向间距取以下值中的最小值：

16 主筋直径：16（1.128）=18.05 英寸

48 拉结筋直径：48（0.375）=18 英寸

最小柱尺寸：22 英寸

用#3 拉结筋@ 18 英寸

ACI 规范还规定角落和纵向钢筋发生改变处须有足够的水平支撑且包角不超过 135 度，不允许大于 6 英寸的钢筋。清洁拉结周边。纵筋的净距不得小于竖向筋直径的 1.5 倍或 1.5 英寸。对于图 4.7 所示的布置情况，须检验有四根钢筋和较大间距的控制截面（见图 4.7），即：

$$\begin{aligned} &[22 - 2(1.5 + 0.375 + 2(1.128))]/3 \\ &= 4.58 \text{ 英寸} < 6 \text{ 英寸} \quad \text{间距满足条件} \end{aligned}$$

须提及的是当拉结筋还用作承担剪力的箍筋时须考虑最大箍距 $s_{max} = d/2$。通常柱中缺少抗剪配筋是导致地震区柱破坏的主要原因（如柱的剪切破坏）。

在高层刚性框架中，柱（特别是建筑物底部柱）须承受剪力曲屈即受弯区的水平荷载。另外，由于柔度改变了弯矩的作用，须考虑柔度影响。水平支撑建筑中的前导柱的受力特征与无支撑建筑中的梁 - 柱相类似。

将柱所受弯矩 M_u 等效为偏心率为 P_u：$M_u = P_u(e)$ 的轴力 $e = M_u/P_u$，梁 - 柱通常采取的配筋率约在 2.5% ~3% 之间。采用等级为 60 的钢时的柱尺寸可按如下推导：

- 主要受轴力及较小弯矩，配筋率为 2.5 的柱尺寸，可由公式 4.57 推导为：

$$A_g = 1.5P_u/f'_c,\ e \simeq 0.1t \quad \textbf{(a)}$$

- 当轴力和弯矩同时作用，从而柱同时发生受拉和受压破坏时，破坏发生时的轴力

$$P_b = 0.3bdf'_c$$

令 $P_u = P_b$ 和 $d \approx 0.83t$，在约束状态下柱的尺寸为

$$A_g = P_u/0.25f'_c = 4P_u/f'_c \quad \textbf{(b)}$$

当配筋率为 3% 时，在 $e_b = 0.6t$ 发生受拉破坏。

- 对配筋率在 2.5% ~3% 之间的柱，其横截面积可用等级为 60 钢在受压破坏范围 $1.5P_u/f'_c$ 和 $4P_u/f'_c$ 的上下界之间的线性关系来表示（见图 4.15）。当配筋率为 3% 时，梁一柱公式可简化为偏心率不超过柱高 3 的情况。注意 e_b 随着配筋率的不同而改变（如：$\rho \approx 2.5\%$，$e \leqslant t/2$）。

$$A_g = P_u[1 + 5(e/t)]/f'_c,\ e \leqslant 0.6t \quad \textbf{(4.61)}$$

已假定钢筋布置在与受弯面垂直的的两个面上，弯矩较大时，这一点是合理的。若钢筋布置在四个面上，则在初步设计时可不考虑与弯矩方向平行的钢筋的抗弯。通常当 $e/t > 0.2$，钢筋放在矩形的端面会更有效。明显可看出圆柱不利于抗弯。

对于弯矩很大而轴力较小的情况，受拉破坏控制柱的设计，通过假定 $P_u < P_b$，$e > e_b$。初步设计时，柱可看作梁作为来设计：

$$M_u \approx (\phi A_s f_y/2)\ 0.9d \simeq 0.3A_s f_y d \quad \textbf{(4.62)}$$

对于双向受弯，可将偏心距 e_x 和 e_y 或 M_{ux} 和 M_{uy} 相加而并不是将其完全相加即可估计出对称方柱的四面配筋。

对于梁 - 柱的设计，设计者通常在用公式 4.7 时忽略钢筋的承载力。弯曲和柔度

效应将在最终阶段纵向筋设计时考虑：

$$A_g = P_u/0.5f'_c = 2P_u/f'_c \tag{4.63a}$$

注意到上式可令公式 4.61 中 $e = t/5$ 得到。若超过该偏心率，但配筋率仍为 3%。柱横截面大小按照偏心力的大小可定为 P_u/f'_c。当采用工作应力法时，公式 4.63 可用如下公式代替：

$$A_g = P/0.22f'_c \simeq 5P/f'_c \tag{4.63b}$$

该公式代表荷载承载力为公式 4.63 中 40% 的情况，这是规范所要求的。

例 4.11

长度 l_u 为 10 英尺的无支撑柱，受 $P_u = 640$ 千磅力和 $M_u = 320$ 千磅力·英尺的荷载作用。取配筋率为 3%（从而附加钢筋能克服荷载的二次效应）来估计柱尺寸。$f'_c = 4000$ 磅力/英寸^2 和 $f_y = 60$ 千磅力/英寸^2。

轴力的等效偏心距为：

$$e = M_u/P_u = 320\ (12)\ /640 = 6 \text{ 英寸}$$

用公式 4.63a，可得：

$$A_g = P_u/0.5f'_c = 640/0.5\ (4) = 320 \text{ 英寸}^2$$

故可采英寸用 18 英寸 ×18 英寸的柱截面。

用公式 4.61 及令 $t = 18$ 英寸，有：

$$A_g = P_u\ [1 + 5\ (e/t)]\ /f'_c = 640\ [1 + 5\ (6/18)]\ /4 = 427 \text{ 英寸}^2$$

故可采用 18 英寸 ×22 英寸的柱截面，令 $t = 22$ 英寸，有：

$$A_g = 640\ [1 + 5\ (6/22)]\ /4 = 378 \text{ 英寸}^2$$

采用 18 英寸 ×22 英寸的柱截面，$A_g = 396$ 英寸^2，$e/t = 6/22 = 0.27 < 0.6$。

$\rho_g = 3\%$ 时所需的纵向钢筋为

$$A_{st} = \rho_g A_g = 0.03\ (396) = 11.88 \text{ 英寸}^2$$

钢筋取用 10#10，$A_s = 12.70$ 英寸^2，沿两端面布置，并配#3@18 英寸箍筋（见例 4.10)。

检验柔度：

$$l_u/t = 10\ (12)\ /20 = 6 \text{ 英寸（见公式（4.54b））}$$

从而，取决于建筑物水平刚度，本例中柱柔度等于考虑梁－柱刚度或钢性梁作用基础之上的限制值6，故柔度并不起控制作用。

受拉构件

高层中受拉构件是桁架中的主要杆件。悬臂构件中，受拉构件用作竖向吊架和悬索。受拉构件也可作为斜向抗风支撑，墙梁的竖向支座，主梁的拉索，起重机的拉索和电梯的吊索。受拉构件通常为钢构件，也有预应力构件（将在例7.1中作进一步的讨论)。常见的受拉构件有钢索、圆钢、条钢和辗轧钢及组合构件。

单形构件和组合构件

若用刚性杆件来抗弯和将荷载反向（某些桁架中即是如此），由于索和圆钢易受弯，故可选用辗轧截面。显而易见，刚性截面的柔度应尽量小。常见的辗轧截面有角形、槽形、管状和宽翼缘截面。组合截面由单一构件集合而成，通常通过缀条，实心或多孔板来连接，例如封闭箱形或类似双角或星形的开口形。由于连接处往往是最薄弱的部分，故受拉构件的连接处理往往非常重要。常用的连接方式有焊接及螺栓连接。

通常，横截面形状对受拉构件的抗拉承载力影响很小，即可不考虑连接影响。受拉构件受力后变直，而不像受压构件产生水平位移或弯曲。

除铰接构件外的受拉构件的初步设计应基于整个截面面积上的屈服而非最薄弱截面净面积上的屈服（因为薄弱截面须在知道连接方式后在最终设计阶段考虑)。

$$f_t = P/A_s \leq F_t = 0.6F_y \text{ 或 } A_s = P/0.6F_y \tag{4.64}$$

为了保证除圆杆外的受拉构件的最小刚度和避免不必要的水平位移和振动，AISC规范建议对于主要受拉构件，其最大柔度比为240，对于水平支护和其他次要构件，最大柔度比为300。故受拉构件的最小回转半径

$$r_{min} = \sqrt{I/A} = L/240 \tag{4.65}$$

当受拉构件也要用于抗弯（本文只讨论一轴受弯的情况），可用如下公式来设计：

$$A_s = (P + BM)/F_t = (P + BM)/0.6F_y \tag{4.66}$$

读者可参考钢柱设计（公式4.52）来推导（4.66）式及其中各项的定义

圆钢、方钢和扁钢

圆钢和扁钢常作用抗风支撑、索、屋顶的吊杆和墙梁的支座。为了限制圆钢的柔度，通常限定最小直径为5/8英寸或 $L/500$，圆钢和扁钢可以预拉以防止由于在自重下钢度损失造成的斜杆下垂。圆杆可通过焊连或用螺纹端及用螺栓，套管和U形夹来连接。扁钢可用焊接，螺栓连接或铰接。AISC规范允许螺纹连接处截面用其净面净 F_u 来代替折减面积，其允许拉力为 $0.33F_u$。A36钢拉应力为58千磅力/英寸^2。

$$f_t = P/A_s \leqslant 0.33F_u \quad 或 \quad A_s = 3P/F_u \tag{4.67}$$

这里，拉力 p 至少为6。

索（钢索及桥缆）

索常用于起吊机，悬臂建筑；偶尔也可用作抗风支撑，此时，它们须预拉以抗压和抗震。索的连接需考虑特殊的措施，因为索的强度约为低碳钢（其极限抗拉强度 F_u 取决于外层等级，在200~250千磅力/英寸^{2}之间）的5倍，故最终材料将最小，从而使得索截面变小，及钢索弹性模量为20000千磅力/英寸^2，缆的弹模为24000千磅力/英寸^2，故较易受弯和易于构形，同时易受延伸率 $\Delta L = PL/AE$ 的影响。索的承载力可从各种手册中查到，但对于初步设计，其允许抗拉强度 F_t 约为 $F_u/3$，同时其有效面积 A_n 约为名义总面积 A_s 的2~3倍。

故所需索的横截面积为：

$$A_s \simeq 1.5A_n = 1.5\ (P/F_t)\ \approx 4.5P/F_u \tag{4.68}$$

相应的索直径通过 $A_s = \pi d^2/4$ 得到：

$$d = \sqrt{4A_s/\pi} = 1.13\sqrt{A_s} \approx 2.4\sqrt{P/F_u} \tag{4.69}$$

习题：

4.1 推导用于计算混凝土梁尺寸和抗弯，抗剪筋面积的公式。

4.2 矩形梁支承的混凝土板，所受最大剪力 $V_u = 30k$。$f'_c = 4000$ 磅力/英寸^2 和 $f_y = 40000$ 磅力/英寸^2，假定梁高宽比为1/2，讨论在如下情况中的梁尺寸 b/t，和箍筋间距（若需要）。a）不配抗剪筋；b）抗剪筋按最小配筋率配置；c）

最大箍距 $d/2$ 的最小截面。

4.3 净跨 $l_n=18$ 英尺的混凝土梁（$b/d=14/24$），在其 1－3 处支承板梁。每根板梁产生 $P_u=80$ 千磅力的集中力。主梁重已包括在集中荷载内。$f_c'=4000$ 磅力/英寸^2，$f_y=60000$ 磅力/英寸^2，用#3 箍，试确定箍筋间距。

4.4 21ft（$b/d=12/24$），净跨为 $w_u=8$ 千磅力/英尺的连续梁承受极限均布荷载 $f_c'=3000$ 磅力/英寸^2 和 $f_y=60000$ 磅力/英寸^2，确定箍间距。

4.5 推导在均布荷载下确定简支 W 型梁尺寸的公式（用 A36 钢）。

4.6 确定跨度 60 英尺，受集中荷载 150 千磅力，均布荷载 2 千磅力/英尺（包括自重）的焊接钢板梁（A36）尺寸。

4.7 假定允许应力和柔度呈线性关系，推导 A36 中长刚柱的允许应力，$Kl/r=30\sim120$。

4.8 若例 4.6 中估计有效轴长度（例如 $K_x=1.8$）而不是已知的 4.6 轴的长度，试证明对柱设计影响。

4.9 证明型梁的弯曲系数 B_x 等于 $2.5/t$，并解释弯曲系数的意义。

4.10 估计长 11 英尺 W12 型（A36），承受集中荷载为 600 千磅的内柱尺寸，柱在弱轴方向受支护，强轴方向可自由侧移。

4.11 估计长 12 英尺 W14 型（A36），受 1000 千磅集中荷载和 275 千磅力·英尺弯矩的柱尺寸，柱在两主轴方向均受支撑。

4.12 估计两主方向均支撑的框架结构中角柱的尺寸。其无支撑长度在每个方向均为 12 英尺，受荷 $P=500$ 千磅力，$M_x=60$ 千磅力·英尺，$M_y=10$ 千磅力·英尺，用 A36 钢。

4.13 估计在无支撑建筑水平支撑矩形混凝土柱的最小尺寸。可不考虑结构设计时的柔度，并推导公式（4.57～4.59）。

4.14 估计受拉和受压破坏同时发生时轴力 P_b 的大小。假定钢筋平行弯曲轴并对称布置，$f_y=60$ 千磅力/英寸^2。

4.15 用配筋率 $\rho_g=2.2\%$ 和 3.0% 之间的线性方法来推导梁－柱的受压破坏公式（公式 4.61），$f_c'=4000$ 磅力/英寸^2 和 $f_y=60000$ 磅力/英寸^2。

4.16 净高为 9 英尺，6 英寸的平板建筑的内柱，极限荷载 $P_u=400$ 千磅力。平板建筑需柱尺寸 12 英寸×12 英寸，确定配筋量，$f_c'=4000$ 磅力/英寸^2 和 $f_y=60000$ 磅力/英寸^2。

4.17 确定承受 $P_D=200$ 千磅力，$P_L=125$ 千磅力，$M_D=50$ 千磅力·英尺，$M_L=$

25 千磅力·英尺的方形柱。$f'_c=4000$ 磅力/英寸^2 和 $f_y=60000$ 磅力/英寸^2。假定侧移并不起控制作用。

4.18 调整 4.17 中柱尺寸以使其为轴向构件，并配筋。

4.19 如果例 4.17 中 $e=8$ 英寸和 $e=12$ 英寸，将选择何种截面？

4.20 确定水平支护建筑中配筋 2% 的内柱尺寸，柱无支撑的高度为 8 英尺 6 英寸，受力 $P_D=300$ 千磅力和 $P_L=200$ 千磅力。$f'_c=4000$ 磅力/英寸^2 和 $f_y=60000$ 磅力/英寸^2。

4.21 估计 50 层水平支撑建筑的底层外柱的尺寸。柱支撑的楼板面积为 10 英尺 × 20 英尺，受平均荷载 165 磅力/英尺^2，活载 80 磅力/英尺^2。假定活载可折减 60%。平均楼层高度为 12 英尺 6 英寸。$f'_c=5000$ 磅力/英寸^2 和 $f_y=60000$ 磅力/英寸^2（注：未平衡重力弯矩在最初设计阶段将讨论）。

4.22 在满布荷载下弹性变形和 0.1% 英寸/英寸的徐变下，4.21 中柱长度缩短多少？你能预见结构上会有什么问题吗？

4.23 确定水平支撑刚性框架混凝土结构顶层的内柱尺寸。假定柱净高为 $l_u=10$ 英尺，受 $P_D=100$ 千磅力和 $P_L=40$ 千磅力，活载和重力荷载互相平衡。$f'_c=4000$ 磅力/英寸^2 和 $f_y=60000$ 磅力/英寸^2。钢筋用最小配筋率。

4.24 若 4.23 中柱水平支撑，结构部分刚性，确定柱尺寸。

4.25 12 层平板公寓楼开间 18 英尺 ×18 英尺，楼高 9 英尺。水平剪力由剪力墙来承担。假定活载 40 磅力/英尺^2，恒载 100 磅力/英尺^2（包括轻质厚度为 7.5 英寸的混凝土板隔墙和柱的重量）。估计底层内柱的尺寸。$f'_c/f_y=5/60$ 和 $\rho_g=2\%$。

4.26 估计楼高为 12 英尺的无支撑五层平板建筑底层内柱的尺寸。3 开间框架，每榀宽 20 英尺，间距 20 英尺，即内柱需支撑 20 英尺的开间。包括屋顶在内的每层荷载为：8 英寸混凝土板（100 磅力/英尺^2），柱为 10% 板重，隔墙 20 磅力/英尺^2，活载 50 磅力/英尺^2，外墙 30 磅力/英尺^2。风压 20 磅力/英尺^2 为常数。$f'_c/f_y=4/60$。

4.27 12 层框剪结构。横向三跨跨度为 22 英尺，纵向七榀跨度 26 英尺。两片剪力墙横向布置。楼高 12 英尺。确定刚性框架第二层的内柱尺寸。恒载为 160 磅力/英尺^2（包括隔墙重 20 磅力/英尺^2）、顶板和设备管线重（10 磅力/英尺^2）、梁和板重），活载 50 磅力/英尺^2 可折减 60%。注意：轴向重力荷载控制柱的设计。由于布置内柱，可忽略重力弯矩。由于建筑不算很高，故水平力不起控制作用。另外，水平剪力可看作由基础处的剪力墙来承担，可以认为柱所受弯矩较小。$f'_c/f_y=4/60$，配筋率2%。

4.28 估计11层刚性混凝土框架办公楼第二层高12英尺的内柱尺寸。荷载如下：$P_D=350$千磅力，$P_L=130$千磅力，$M_D=45$千磅力·英尺，$M_L=35$千磅力·英尺，$f'_c/f_y=4/60$。

4.29 结构核心部分为方形，刚性混凝土建筑由36英尺×36英尺九个开间组成。建筑为10层，底层高13英尺，其他层高均为15英尺。用等级为60钢筋和5千磅力/英寸^{2}混凝土来确定底层内柱尺寸。平均楼板恒载为170磅力/英尺^2，外墙为30磅力/英尺^2。屋顶活载为20磅力/英尺^2，办公楼活载为50磅力/英尺^2。隔墙活载为20磅力/英尺^2，活载可折减60%。对于给定的高层，当混凝土结构自重较大时，可假定风荷载并不起控制作用。另外，可忽略柱须承受的未平衡梁弯矩产生的重力弯矩。附加钢筋可平衡部分弯矩。

4.30 间距8英尺，跨度30英尺的组合简支板梁，估计其尺寸。假定楼板活载为175磅力/英尺^2，A36钢，4000磅力/英寸^{2}混凝土。

4.31 14英寸×60英寸后张连续梁，每边支撑30英尺单向板。单向板厚度为7.5英寸。中对中梁跨为30英尺，柱尺寸为16英寸×16英寸。恒载由重10磅力/英尺^{2}的顶板和重20磅力/英尺^{2}的隔墙组成，折减活载为50磅力/英尺^2。试估计预应力筋大小和检验混凝土强度。$f'_c=4000$磅力/英寸^2，预应力筋等级为160。可忽略板翼缘宽，梁可着作矩形截面。

4.32 宽20英寸，高30英寸，跨度为24英尺的连续梁用垂度为6英寸的抛物线性索来预拉。假定3千磅力/英尺的力被平衡。确定所需预应力和钢筋，并检验应力。钢铰线等级270，混凝土为4000磅力/英寸^2。忽略板翼缘效应和T形梁作用。

4.33 用连续梁来推导在图6.4b中由于预应力产生的向上荷载。假定梁跨不变，悬臂长为10英尺，外跨度等于内跨度。并作出你的结论。

5 建筑的竖向面及横向面

建筑物通常是由平行的水平面（楼盖结构）和竖向支撑面（墙和/或框架）组成。重力和侧向力通过楼盖结构传到竖向平面，而后传至地基。静力荷载传递路径的大小、方向及类型取决于竖向平面的几何形状、刚度和它们在建筑物中的布置。在此，仅研究侧向荷载沿着楼层隔板分布到竖向支撑结构中的一些典型情况。

楼板由结构空间或许还有设备空间组成。在本书中，结构部分包括了由框架体系支撑的楼板。顶板直接与结构相接或悬于结构上。本章分析各种楼盖框架体系和几种钢筋混凝土板（包括楼梯板）的结构设计。

侧向力在竖向支撑结构上的分布

本书对于建筑结构的基本性能已作了介绍（如图2.14）。由风荷载引起的外部侧向作用力，因地震（可能也因风）使得建筑物内部质量振动而产生的惯性力，必须由楼板框架分配到竖向支撑结构。高层建筑中楼盖的作用通常像刚性水平隔板，当受到弹性竖向构件支撑（如剪力墙、框支结构或细长筒体）时，受力如弯曲型悬臂梁；但是当由框架支撑时，它们的作用像剪切型悬臂梁。这些抗侧力结构可被视为底部固定的竖向悬臂梁，其水平荷载集中于各个楼层。楼板的作用犹如水平深梁，在适当连接的竖向抵抗构件中根据它们的相对剪切和弯曲刚度分配水平力。

竖向支撑结构的布置有许多形式，从对称到不对称布置，或从三个平面组成的最简单形式到搁栅式。

支撑结构可以是单独的空间核心单元位于建筑内，或是独立的竖向平面，抑或是位于建筑物的周边。

在竖向结构规则对称布置的建筑中，施加的侧向荷载合力作用线通过刚度中心

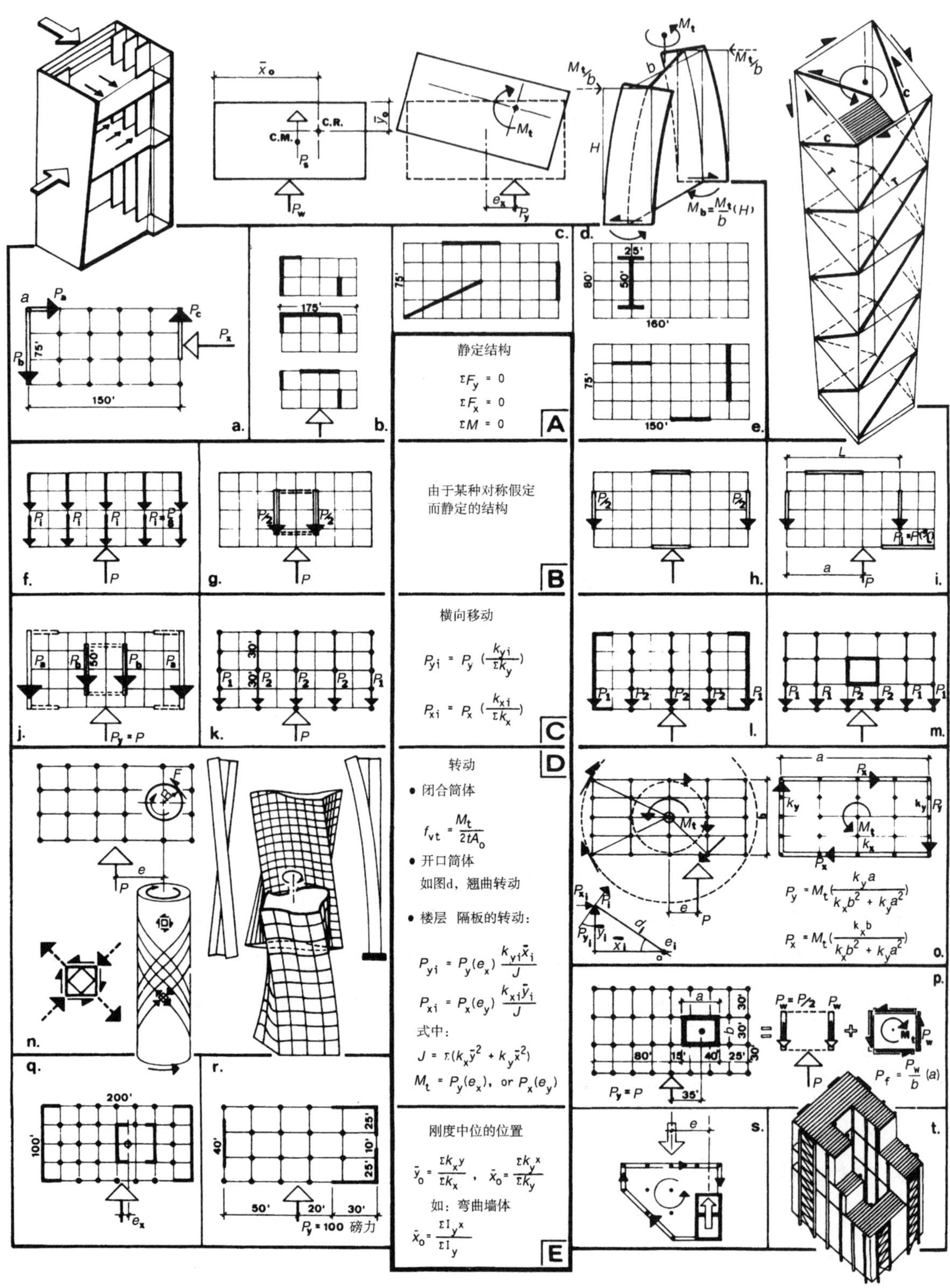

图5.1 侧向力在竖向支撑结构上的分布

(反力中心)，支撑系统的挠曲等同于完全平动。在对称建筑中，几何中心与质量中心和刚度中心重合，位于对称轴的相交处。然而，当对称结构受偏心荷载作用，由于扭转影响相对较小，在初步设计中可忽略。

建筑的不对称是由几何、刚度或质量分布引起的——外加荷载合力作用不通过刚度中心。在这种情况下，刚性楼板不仅平移，而且沿着侧向荷载的作用方向转动。在偏心建筑中，有必要将竖向构件布置成能提供足够抗扭刚度的形式，例如沿着幕墙建筑的周边布置竖向构件来控制扭转位移。在斜坡形或阶梯形的非对称建筑形式中，扭转反应随着高度和平面形式的变化而变化。混合结构形式、复杂不规则的平立面效应，以及它们对侧向荷载作用的反应不属于本章讨论范围。在本书中，只对简单但却是典型的矩形建筑形式的基本概念和作用与反作用性能作简单介绍，为读者提供一些建筑性能的概念。

对初步设计采用下列简化假定：

- 刚性楼板假定；楼板具有足够的刚度以传递刚性整体位移。
- 忽略平面、竖向结构面对弱轴（如板作用）的弯曲刚度。
- 忽略单个面式竖向单元的抗弯力。
- 相交的平面单元分别计算；在角部附近无剪力流。
- 基于平均剪应力假说，认为沿剪力墙中的剪力流是常数。
- 隔板与抗侧力的竖向板之间假设为铰接（即忽略楼板和剪力墙间相互作用)。

虽然高层建筑中的楼板结构通常被认为是刚性隔板，但以下情况例外：

- 在相对较窄的建筑物中密布的剪力墙与楼层隔板相比刚度大。
- 位于狭长建筑中的楼层隔板，而该建筑的深梁跨度较大，跨高比大于3。
- 由于中庭、电梯间、楼梯间而削弱的楼层隔板。

在本章的下一节中将对楼层隔板作进一步的讨论。

以下对于典型荷载情况的叙述是按照复杂程度渐进的，首先讨论静定情况，然后是对称结构和对扭转受力的介绍，最后讨论混合不规则结构。讨论顺序与图5.1相同。

静定结构

当一框架建筑受到不超过 3 个平面的、抗侧力体系水平支撑，则根据平衡方程，侧力在这些单元上的分布可认为是静定的，与抗力体系的刚度无关。

$$\Sigma F_x = 0, \qquad \Sigma F_y = 0, \qquad \Sigma M = 0$$

应该注意到直接作用与扭转作用不必区分，也没有必要确定反力中心。3 块平面可在建筑中任意布置，只要它们不平行，作用线也不重合。因为如果那样布置的话结构将不能抵抗垂直方向的荷载，也不能提供扭转稳定性。

典型的竖向构件布置为沿着结构周边布置，或作为内部筒体，或其他类型组合（如图 5.1a－e）。若 3 块结构面组成一个空间单元，如槽形或宽翼缘板，或是布置成为 T 形或 L 形截面及一块分离面，则在初步设计中可将它们作为分离单元处理，如图 5.1b 所示，在“扭转”这一节中将作深入讨论。由于未考虑空间结构连接处提供的附加力，将其视为离散单元进行分析通常是保守的。然而，我们应该记住，地震作用在连接体系中产生的作用力要远远大于分散面体系在连接处的力，构件在这些节点处可自由运动。此外，我们应记住 T 形、U 形和 I 形截面只能提高弯曲刚度，但对在较低建筑所需的剪切刚度却影响很小。

例 5.1

如图 5.1a 所示 20 层建筑，平均层高 10 英尺（建筑总高 200 英尺），平均风压 30 磅力/英尺^2，求由风荷载引起的力在墙间的分配。

作用于宽度方向面的侧向风压总力为：

$$P_x = 0.030\ (200 \times 75) = 450 \text{ 千磅力（约 2002.14kN）}$$

根据 x 方向平衡方程得到 A 墙底部作用力：

$$\Sigma F_x = 0 = 450 - P_A, \qquad P_A = 450 \text{ 千磅力（约 2002.14kN）}$$

对 a 点取距的弯矩平衡方程可得到抵抗扭转的墙力：

$$\Sigma M_a = 0 = 450\ (75/2) - P_c\ (150), \quad \text{或} \quad P_c = 112.5 \text{ 千磅力（约 500.54kN）}$$

$$\Sigma F_y = 0 = 112.5 - P_B, \quad \text{或} \quad P_B = 112.5 \text{ 千磅力（约 500.54kN）}$$

作用于纵向侧面的风总压力为：

$$P_y = 0.030\ (200 \times 150)\ = 900 \text{ 千磅力（约 4004.28kN）}$$

由水平 y 方向的静力平衡方程得 A 墙反力为 0。

$$\Sigma F_y = 0 = P_A$$

根据对称性，B 墙与 C 墙承担相同的荷载。

$$P_B = P_C = 900/2 = 450 \text{ 千磅力（约 2002.14kN）}$$

因对称而静定的结构

在支撑平面数量大于 3 的情况下，若结构平面布置、结构体系、材料和作用力是对称的，侧力传递仍被视为静定。图 5. 1b 中显示了一些例子。

对一个规则布置的排架或大开间横隔墙，外力作用通过反力中心，所以不产生扭转。在楼层隔板比抗力构件刚度大的地方，相同的 n 片墙承担相同比例的总荷载，P。

$$P_i = P/n$$

然而对于密部横墙结构如图 5. 1f 所示，其刚度大于楼板刚度；楼板被视为带有未屈服竖向支撑的弯曲构件，因而侧向作用按贡献面积比例分配。

对于沿结构周边的四边形墙（如图 5. 1h），或内部矩形核心筒（图 5. 1g），可以假定只有与荷载方向平行的两片墙抵抗荷载；因为对称，每片墙各自承担一半的荷载。然而对于图 5. 1i 中所示的情况，荷载对墙的作用需通过弯矩方程得出。通常，筒体结构（图 5. 1g）因其弯曲可看作是三维筒体悬臂梁作用，其中翼缘主要抵抗扭矩，而腹板抵抗剪力。

对称情况下超静定力的分布

当结构由大超过 3 块的竖向面支撑，或不具有上一节中的对称情况，则其侧向力的分布是不确定的。

本节中，将研究不同结构体系对称布置的特殊情况，如图 5. 1f 所示。在这种结构中，荷载仅引起平移；也就是说，刚度中心与合力作用以及质量中心重合。设计者须能区分使用同一种材料的单一结构体系（如图 5. 1j 承重墙结构，或图 5. 1k 刚框架结构）和混合结构（如图 5. 1l、5. 1m 所示的刚框架支撑混凝土墙结构）。

水平荷载引起刚性楼板水平位移，从而迫使所有的竖向结构面在直接荷载作用下以相同的量偏斜。因而，侧向力根据支撑结构的相对刚度分配。显然，刚度大的构件比相对较柔的构件受力大，因为在偏斜相同的情况下，它所需的力比后者大。

刚度是结构抵抗侧向力的一个量，定义为弹簧常数，k，即单位力 $P=1$ 作用下产生的侧向位移。所以刚度与柔度互为倒数。

$$k=P/\Delta=1/\Delta \tag{5.1}$$

对于 n 个平行的抗侧力结构体系，每个体系都有自己的绝对抗侧刚度，k_i，则侧向位移可表达为：

$$\Delta=P/\sum k_i \tag{5.2}$$

公式（7.22）显示，侧向力 P 在每层按抗力结构的相对刚度传递给相交墙和框架。所以对于结构单元 i，所承受的力为：

$$P_i=P\left(k_i/\sum k\right) \tag{5.3}$$

式中：P = 该楼层的侧向力总和；

P_i = 第 i 个结构单元抵抗的侧向力；

k_i = 第 i 个结构的绝对刚度；

$k_i/\sum k$ = 第 i 个结构的相对刚度。

上述方法定义在 y 方向。x 方向的荷载分配可以用相同的方法。

由于侧向力的分配不取决于结构单元的决对刚度，而是相连单元的相对刚度，式（5.3）可进一步简化。首先，简单定义一下实体墙，刚框架和框支结构的近似绝对刚度。

在多层墙结构中，墙可视为上下固定。则由单位力 P 将引起的各层侧向位移，实体墙板由弯曲和剪力作用引起的刚度（根据表 $A.14$）为：

$$k=Et\left[\left(h/L\right)^3+3\left(h/L\right)\right] \tag{5.4}$$

符号含义参阅式（6.3）。

相似的，普通的楼层框架由临界剪力作用引起的近似刚度：

$$k=\left(12E/h\right)/\left(L/\sum I_G+h/\sum I_{ci}\right) \tag{5.5}$$

基于只由受拉对角支撑引起的腹板位移可得 X 形支撑框架板的刚度（根据式 7.18）为：

$$k=\left(EA_d\cos^3\theta\right)/L=\left(EA_d\sin\theta\cos^2\theta\right)/h \tag{5.6}$$

正如前面所述，由于只作了不同体系间的相互比较，在分配侧向力时取用构件的相对刚度，而不是绝对刚度。目前正在研究典型结构相对刚度的简便表达式。

墙结构的挠曲线可分为弯曲型和剪切型，弯曲型挠曲线类似于潜梁的挠屈线，其挠度与其弯矩成正比；剪切型挠曲线类似于深梁，其挠曲线曲率与剪力成正比。墙结构的挠曲线也可以是两种类型的结合。

在低层建筑纵向横墙的侧向力分配中（如式6.14），可忽略弯曲挠度，而只根据剪切变形进行分析。这时，可假定墙采用相同的材料（E = 常数），墙的相对刚度直接与其横截面的腹板面积 A_i 成正比；当墙截面等厚时，侧向力的分配可简化为与墙的长度 L 成正比。

$$P_i = P\left(k_i/\sum k\right) = P\left(A_i/\sum A\right) = P\left(L_i/\sum L\right) \tag{5.3a}$$

在高层建筑中，实体墙的高度最小为其宽度的 3 倍（如式 6.14），可忽略剪切挠度，所以在 E 为常数时，墙的刚度与其惯性矩成正比；当墙等截面厚时，刚度与墙长度的立方成正比。这样，侧向力分配的计算公式为：

$$P_i = P\left(k_i/\sum k\right) = P\left(I_i/\sum I\right) = P\left(L_i^3/\sum L^3\right) \tag{5.3b}$$

采用不同的建筑材料时，如混凝土砌块与粘土砖墙混用，改写上式为：

$$P_i = P\left[(EI)_i/\sum(EI)\right] \tag{5.3c}$$

并联剪力墙的侧向力分配相当复杂，取决于墙刚度的估算值，将在第 6 章中作深入讨论。

例 5.2

例 5.1 中的结构，其剪力墙布置如图 5.1j，侧向力由风压作用于结构纵面引起。出于保守，忽略垂直与风压方向的墙翼缘抵抗作用。

总的风压值：

$$P_y = 0.030\ (200\times150) = 900 \text{ 千磅力（约 4004.28kN）}$$

墙 A 相对与墙 B 的惯性矩表达式为：

$$I_A/I_B = L_A^3/L_B^3 = 75^3/50^3 = 3.375\text{，或 } I_A = 3.375I_B$$

总弯曲刚度为

$$\sum I = 2\left(I_A + I_B\right) = 2\left(3.375I_B + I_B\right) = 8.75I_B$$

侧向力 P_y 在横墙中的分配直接与其相对刚度成正比

$$P_{yi} = P_y\left(k_{yi}/\sum k_y\right) \tag{5.3b}$$

$$P_A = 900\ (3.375I_B/8.75I_B) = 347.14$$ 千磅力（约 1544.50kN），

$$P_B = 900\ (I_B/8.75I_B) = 102.86$$ 千磅力（约 457.64kN）

检验：$\sum F_y = 0 = 900 - 2\ (347.14 + 102.86)$ 满足

扭转

在接下来的研究中，由于几何、刚度或质量分布在结构平面内的不对称布置，或偏心荷载作用，在侧向力分布分析中将包含扭转的影响。

扭转的产生（如图 2.14 所示）有以下两种原因：结构的不对称性，支撑体系的偏心和不对称布置，即楼板的重心与刚度中心不重合；荷载的方向性，即合力作用线不通过刚度中心（偏心力作用）。另外，扭转作用也会由不均匀风压、偶然地震偏心作用、地面扭转运动引起。抵抗扭转的最有效部位为距离扭转中心最远的点，如结构的角部和周边。闭合筒体结构由于其连续的抗扭刚度显然是利于抵抗扭转作用的。同时我们应该了解，通过分离结构形式可以避免结构非对称布置，分离后结构不作为一个整体作用，而更像是几个对称结构共同作用的组合体。

在本节的前两部分研究了简单筒式结构，其刚度中心已知，这时研究重心为结构筒体在扭转作用下的受力特性。在后两部分，根据刚性楼板体系作用如隔板的假定，研究各种由墙、框架和筒体组成的抵抗结构体系在扭转作用下的力分布。

正如在第 2 章中所提到的，筒体可以形成闭口或开口以及单体或多单元体系。典型的筒体截面为圆形、正方形和长方形，或者是由宽翼缘和槽形组成的开口筒体。刚性楼层隔板使筒体变刚，并假定在楼板所在的水平面阻止截面的扭转。侧向力在筒体构件中的近似分配计算时，应区分闭口和开口。

闭合井筒

典型的闭合井筒是圆形的、方的或其他多边形，它们可组成单独的或分隔的单元。闭合圆形筒体，由于其完全对称性，是抵抗扭转的理想形状。对于一个实心筒体，任意一点的扭转剪应力与其离开旋转轴的距离成正比；因此，薄壁空心筒体的应力状态为一均匀剪应力分布。当空心筒体受扭，它并不发生侧向位移而改变其截面形状。最可信的了解剪力流的方法是通过旋转筒体，发现原来竖向垂直的线成了螺旋线（图 5.1n）；所以由扭转引起的主应力线以拉压方式形成螺旋线。这些正应力可转换成为 45°方向斜面上的纯剪力，在薄壁筒体的横向和竖向上形成均匀剪应力。

由均匀扭转剪应力流形成的弯矩（图 5.1n）与扭矩平衡。

$$M_t = qR\ (2\pi R),\quad \text{或}\quad q = (M_t/R)\ /2\pi R = M_t/2A_o$$

相应的均匀扭转剪应力，也就是通常所称的圣维南扭矩（以在 1855 年发展了纯扭理论的法国工程师 Saint - Venant 命名）为

$$f_{vt} = q/A = q/L\ (t) = (M_t/R)\ /2\pi Rt$$
$$= M_t/2\pi R^2 t = (M_t/R)\ /A = M_t/2tA_o \qquad \textbf{(5.7a)}$$

这个表达式也可由更为人熟悉的采用扭转惯性矩的扭转等式得出

$$f_{vt} = M_t c/J = M_t R/2\pi R^3 t = M_t/2tA_o \qquad \textbf{(5.7b)}$$

式中：J = 极惯性矩 = 互相垂直的惯性矩之和 $= I_x + I_y = 2I = 2\pi R^3 t$；

A = 薄壁筒体墙的截面积 $= 2\pi Rt$；

A_o = 墙体中心线包围的面积 $= \pi R^2$；

c = 截面中心至外边缘的距离 $\approx R$。

由直接荷载作用引起的最大剪应力发生在中和轴，对于薄壁圆形筒体近似计算为

$$f_{vmax} = 2P/A \qquad \textbf{(5.8)}$$

同样，任何形状的非圆形、闭合薄壁筒体，虽然在它受扭时不仅旋转还会翘曲（由于截面不是圆形，图 5.1n），它的扭转主要还是由沿者筒体梁的剪应力来抵抗。然而，在薄壁闭合筒体中，薄壁墙的弯曲不很明显，所以忽略截面的变形。由于结构筒体墙较低的厚宽比和较低的宽高比，筒体可被视为薄壁梁。假定扭转主要由扭转剪应力流来抵抗，便成为一种类似与液体在封闭圆环内流动的连续形式。可认为这种剪力流接近于均匀分布，由式 5.7a 表达，其中 A_o 为筒体墙中心线包围的面积。

$$f_{vt} = M_t/2tA_o \qquad \textbf{(5.9)}$$

矩形筒体（图 5.2）的扭转剪应力，根据式 5.9 为

$$f_{vt} = M_t/2tA_o = M_t/2ta^2$$

在这种情况下，扭转抗力或极惯性矩，$J = ta^3$。

相应的每堵墙的总剪力为

$$P_t = f_{vt}\ (t)\ a = (M_t/2)\ /a$$

上述结果可同样简便地由静力方程获得（如图5.1p），其中剪力由四周长为 a 的墙体剪力抵抗力来平衡。

$$M_t = 2\ [P_t\ (a)],\quad 或\quad P_t = M_t/2a$$

假定横向力完全由与力方向平行的腹板墙抵抗

$$P_w = P/2$$

由侧移和旋转引起的最大剪力发生在内墙，根据上面的表达式可得其值为

$$P_{max} = (P + M_t/a)\ /2 \tag{5.10}$$

由侧移和旋转引起的相应最大剪力同样可用下式来表达

$$f_{vmax} = P/2ta + M_t/2tA_o \tag{5.11}$$

也可用同样的方法来确定矩形筒体 $a \times b$ 的近似扭转力。根据式5.3，均匀剪应力为

$$f_{vt} = M_t/2tA_o = M_t/2tab$$

相应腹板墙的剪力为

$$P_w = f_{vt}\ (t)\ b = M_t/2a$$

这个结果可采用上面相同的方法由静力方程得到

$$M_t = P_w\ (a)\ + P_F\ (b) \tag{a}$$

然而，对于薄壁筒体中的常扭转剪应力状态，假定墙等厚，墙所受的力与其长度成正比

$$f_{vt} = P_w/bt = P_F/at,\quad 或\quad P_w/b = P_F/a \tag{b}$$

将式（b）代入式（a）得

$$P_w = (M_t/a)\ /2,\qquad P_F = (M_t/b)\ /2$$

这样，由直接的和旋转的作用引起的最大剪力发生在内腹板墙（图5.1p）。

$$P_{max} = (P + M_t/a)\ /2 \tag{5.10}$$

令 $a = b$，式（5.11）又一次给出了最大剪应力。

扭矩很容易沿空间桁架流动（图5.1，右上角）。假定一个铰接的桁架，并根据节点的力平衡方程，可用熟悉的方法分析它。设计能抵抗扭转的混凝土梁时必须用空间桁架来模拟。在这种情况下，混凝土梁由受拉钢筋笼和混凝土受压斜撑组成。沿截面分布的竖向角部钢筋和其他竖向钢筋抵抗竖向拉力，水平钢筋（闭合箍筋）抵抗水平拉力。也就是说，钢筋承担了由扭转产生的斜向拉力分量。

总之，必须强调开口会影响筒体的受力性能，所以它很少视为是真正的闭合体系。因而，可对圣维南扭矩进行独立分析，因而，可对圣维南扭矩进行独立分析，但需要

考虑弯曲扭矩引起的轴向应力，这些内容会在下一节讨论。此外，当筒体开口后，剪力中心会外移（例如图2.14k的对称结构），侧向力引起偏心作用，因此在弯曲的基础上还要产生扭转。

开口筒体

对于开口结构形式如I形，E形，H形和U形截面的悬臂支撑，扭矩不再像闭合筒体那样主要由简单的均匀扭转应力传递，而是以弯曲扭矩和不均匀的扭转剪应力传递。

在扭转时开口筒体会引起明显的翘曲，产生相当大的扭转弯矩和剪应力。想象一在边界不受约束的宽翼缘截面自由翘曲（即翼缘转动形成直线而不弯曲），则构件均匀翘曲并只承受扭转剪应力（如图5.1n）。然而，当梁在一端固定时，类似于竖直悬臂筒体结构在基础受到约束，固端的翘曲受到约束，则扭转完全由翼缘的弯矩抵抗力承担，叫做翘曲扭矩，在这种情况下，圣维南剪应力为0。端部约束效果随着距离自由端或顶部越近而越小。换句话说，扭转率沿着构件长度方向变化，在底部为0，并随着高度逐渐增加至顶部达最大值，所以翘曲是不均匀的，同时截面抵抗扭的形式也随截面改变，从底部的完全翘曲扭矩至自由端的纯扭转应力。

虽然在一个结构邻近顶部区域的扭转剪力比较明显，但在初步设计中其值相对仍较低。在结构靠近底部区域，由于基础的约束和相邻接结构构件的连接作用使得翼缘产生的弯曲成为抵抗扭转的主要部分。假定扭矩由沿着翼缘的一对力偶来代替，忽略腹板由于刚度低而产生的弯曲，可得到如下结论，扭转主要由翼缘的横向弯曲及其相应的剪力和正应力来抵抗。当介于极端的固定端和自由端之间的情况时，结构中圣维南扭矩和翘曲扭矩复杂的相互作用超出了本节的研究范围，同时对建筑出入口开洞的影响也不作讨论。

当一简单实体矩形板受扭时，它的变形不均匀，在截面产生翘曲并引起相应的不均匀剪应力。如前所述，当构件翘曲不受约束，产生圣维南扭矩。实体矩形板的这一特性正好与圆形筒体形成对比，因为圆形筒体由于其完全对称，当扭转时不翘曲，并均匀分布剪应力。因而，对于实体矩形板而言，扭转后不再保持平截面。由于方形筒体的角部较刚，最大剪应力不发生在离旋转轴最远的点，其受力状态为最大剪应力发生在矩形长边中点而在角部无剪应力。圣维南指出对于宽为 b、厚为 t 的薄板，最大剪应力为

$$f_{vt}=M_t t/\ (bt^3/3)\ =M_t/\ (bt^2/3)$$

由矩形板组成的薄壁开口截面的扭转剪应力与单个矩形板的扭抗转力的合力值几乎相同。这样，可通过将截面离散成单块板来近似得出纯扭转剪应力的分布。将截面视为矩形板的组合，可由下式得到开口薄壁筒体（$b/t \geqslant 10$）的最大剪应力

$$f_{vt} = M_t t/J \tag{5.12}$$

式中薄壁开口截面的 J 值可通过估算各矩形的有效扭转抵抗矩或者叫做等效极惯性矩来获得

$$J \simeq \sum bt^3/3$$

例如由两块翼缘板和一块腹板组成的宽翼缘或槽型截面的扭转抵抗矩为

$$J = \sum bt^3/3 = (2b_f t_f^3 + b_w t_w^3)/3$$

又如，有狭缝的方形筒体（令 $b = a$）的极惯性矩为

$$J = \sum bt^3/3 = 4(at^3)/3$$

比较闭合和开口方形筒体的剪应力显示开口截面在扭转剪力流下的性能较差，且开口截面的扭转惯性矩较小。

闭合筒体的扭转剪应力为

$$f_{vtc} = M_t/2tA_o = M_t/2ta^2$$

带缝的筒体最大扭转剪应力为

$$f_{vto} = M_t t/J = M_t t/(4(at^3))/3) = 0.75M_t/at^2$$

开口筒体与闭合筒体的扭转剪应力比为

$$f_{vto}/f_{vtc} = 1.5(a/t)$$

用例 5.3 中的筒体宽度与墙后的比值，得

$$f_{vto} = 1.5[30(12)/18]f_{vtc} = 30f_{vtc}$$

因而，有狭缝的开口筒体扭转剪应力为闭合筒体的 30 倍。

在本文中不再深入研究开口截面的扭转剪应力。快速初步设计时，假定开口筒体的扭矩由完全扭转引起的剪应力和轴力来抵抗，而忽略圣维南扭转。相反，假定闭合筒体中的扭矩完全由纯扭转剪应力承担，忽略墙的翘曲和开孔影响。

具有至少两片平行墙的开口筒体中，如宽翼缘和槽形截面（例：H 形，I 形，U 形），这些墙体通过弯曲有效地抵抗扭矩。没有平行墙的平面布置，如 + 形，L 形，Y

形和 T 形截面，则扭转稳定性较低。应该记住，将各结构单元布置离扭转中心越远，获得的力臂越大，从而提供更大的抵抗弯矩力。在筒体受扭太大时，采取以下布置方式更有效，即使用偏心核心筒来承担直接荷载作用，而周边类似与筒体的框架提供抗扭刚度（如图 5.1s）。这种布置方式对于地震荷载作用下的幕墙结构十分重要，其中必须具有由周边构件提供的最小刚度。

由于弯曲扭矩控制了开口筒体的设计，在确定侧向力的近似分布以及求解翘曲应力和正应力时，核心筒墙的相交板可视为离散构件。而在计算由直接荷载引起的弯曲梁应力时，应考虑它们形状的连续性，这些将在本书的其他章节中讨论。翘曲应力应叠加在直接荷载引起的应力上，如例 5.3。

例 5.3

如图 5.1p，平均侧向风压 35 磅力/英尺^2 作用在高为 360 英尺的结构纵向立面，采用两种抵抗形式：(1) 偏心正方形核心筒，边长 30 英尺、宽 18 英寸的混凝土墙；(2) 40 英尺 ×30 英尺的矩形核心筒。分别计算闭合和开孔（由电梯或门洞引起的）两种状态时近似最大剪应力。

核心筒所承受的总风压为

$$P_y = 0.035\ (360 \times 160) = 2016\ 千磅力（约\ 8969.59kN）$$

风压引起的核心筒扭矩

$$M_t = P_y\ (e_x) = 2016\ (35) = 70560\ 千磅力 \cdot 英尺（约\ 95750.34kN \cdot m）$$

根据式 5.10，沿正方形核心筒腹板边的最大墙所受力

$$P_{max} = (P + M_t/a)/2 = (2016 + 70560/30)/2 = 1008 + 1176$$
$$= 2184\ 千磅力（约\ 9717.05kN）$$

当墙宽增至 40 英尺时，由于力臂增加，在腹板中将产生一个较小的临界力来提供更大的扭转抵抗力

$$P_{max} = (2016 + 70560/40)/2 = 1890\ 千磅力（约\ 8408.99kN）$$

将产生下列临界应力情况：

- 闭合筒体：在这种情况下，扭矩假定完全由简单的扭转剪应力抵抗。同时，腹板会承担几乎所有的直剪。这样，正方形核心筒中由直接荷载和扭转荷载作用引起的最大总剪应力近似值为

$$f_v = P_{max}/bt = 2,184000/18\ (30)\ 12 = 337\ 磅力/英寸^2\ (约\ 2324.04\text{kN/m}^2)$$

弯曲应力只会由直接荷载作用（2016/2 = 1008 千磅力）产生，它将完全有筒体截面来抵抗。

- 有狭缝的筒体：在开口筒体中，假定扭矩完全由墙体弯曲来抵抗——忽略开口截面的不均匀扭转剪应力。这样，最大剪应力取决于弯曲扭矩和直接荷载作用，而对于闭合筒体来说，弯曲应力不仅取决于直接荷载作用，也取决于扭矩。

  带缝的正方形筒体假定由两个槽形截面构成，其中扭矩完全由平行的并且不开孔的腹板墙来抵抗；有狭缝的翼缘可保守地认为不受力。这样，由直接荷载和扭转作用引起的最大墙力为

$$P_{max} = 2016/2 + 70560/30 = 1008 + 2352 = 3360\ 千磅力\ (约\ 14949.31\text{kN})$$

这个力对于基础取矩为

$$M = 3360\ (360/2) = 640,800\ 千磅力 \cdot 英尺\ (约\ 820717.23\text{kN} \cdot \text{m})$$

相应的最大剪力和受荷墙中的完全应力为

$$f_v = V/A = 3,360,000/\ [18\ (30)\ 12] = 519\ 磅力/英寸^2\ (约\ 3579.16\text{kN/m}^2)$$

$$f_b = M/S = \frac{604,800,000\ (12)}{18\ (30 \times 12)^2/6} = 18667\ 磅力/英寸^2\ (约\ 128732.49\text{kN/m}^2)$$

墙中的弯曲应力很高，必须用钢筋来抵抗。无疑，更精确的解答需要考虑核心筒的确切特性，有时它会介于两种情况之间。但是求取更精确的解需要复杂的三维计算机分析。

对称布置的多重侧向力抵抗体系

在本小节将对各种基于楼板刚性假定的结构体系，如墙结构，框架和筒式结构，在侧向力作用下的力分布作简单介绍。首先研究具有对称布置的结构。如图 5.1o 中刚性框架结构，在对称荷载作用下侧向挠度是常数，所以荷载分配可简单地认为与稀疏布置的排架刚度成正比。在这种情况下，假定各榀排架相同，则每榀排架承受相同的荷载：$P_i = P/5$。

虽然质量中心和刚度中心在给定的算例中是重合的，但还是需要考虑偶然的扭转作用。例如，在地震设计中，需要考虑最小扭转偏心矩 e，其值相当于在分析层面结构最大尺寸的 5%。这个扭矩 $M_t = P\ (e)$ 将在给定层的所有柱中引起剪力，在这种情况下，假定柱的尺寸相同。假定楼板在旋转下保持刚性并且保持结构的截面形状，任何一根柱中的剪力可方便地有下面熟悉的公式获得

$$f_{vt}=M_t c/J=M_t d_i/(I_x+I_y)=M_t d_i/(A\sum d^2) \tag{5.7b}$$

式中 A——柱的横截面（假定为常数）；

J——极惯性矩

$=I_x+I_y=A\sum d^2=A\sum(\overline{y}^2+\overline{x}^2)$；

$\overline{x}$或$\overline{y}$＝每个体系 i 的轴线与刚度中心间的垂直距离。

柱必须抵抗的扭转剪力为

$$P_i=f_{vi}A=M_t d_i/\sum(\overline{y}^2+\overline{x}^2) \tag{5.13a}$$

扭转合力 P_i 可分解为$\overline{x}$和$\overline{y}$方向上的分量（如图 5.10）

$$\tan\theta_i=\overline{y}_i/\overline{x}_i=P_{xi}/Py_i \quad 或 \quad P_{xi}/\overline{y}_i=P_{yi}/\overline{x}_i \tag{a}$$

扭转平衡方程为

$$P_i d_i=P_{xi}(\overline{y}_i)+P_{yi}(\overline{x}_i) \tag{b}$$

将式 a 代入式 b 得

$$P_i/d_i=P_{yi}/\overline{x}_i=P_{xi}/\overline{y}_i \tag{c}$$

将式 c 代入 5.13a 可得扭转分力

$$P_{yi}=M_t\,\overline{x}_i/\sum(\overline{y}^2+\overline{x}^2),\qquad P_{xi}=M_t\,\overline{y}_i/\sum(\overline{y}^2+\overline{x}^2) \tag{5.13b}$$

当各抵抗柱的刚度不同时，式（d）成为更一般的形式

$$P_{yi}=M_t k_{yi}\overline{x}_i/J,\qquad P_{xi}=M_t k_{xi}\overline{y}_i/J \tag{5.14}$$

式中 J——在一楼层中的总的抗扭刚度

$=\Sigma(k_x\,\overline{y}^2+k_y\,\overline{x}^2)$；

$\overline{x}$或$\overline{y}$ ——墙或框架的轴线与刚度中心间的垂直距离；

$\overline{x}_i$ 或$\overline{y}_i$ ——所研究的墙或框架体系 i 的轴线与刚度中心间的垂直距离。

对剪力墙的不对称布置，同样可以使用方程的简化方式，会在下一节中讨论。

在考虑扭矩作用的钢框架（图 5.10）设计中，假定周边框架承担全部扭矩，因而为墙提供更多的刚度。

$$M_t=P_y(a)+P_x(b)$$

周边框架、框支筒体或其他混合结构，在矩形平面形式中会有不同的刚度，如图 5.10 所标识。令$\overline{x}=a/2$，$\overline{y}=b/2$ 得到（根据式 5.14）得到扭转刚度为

$$J=2\left[k_x(b/2)^2+k_y(a/2)^2\right]=(k_xb^2+k_ya^2)/2$$

同样令$\overline{x}_i=a/2$，$\overline{y}_i=b/2$，将上式代入式 5.14，可得到扭矩分解到周边的力（与各平面框架的抗剪承载力相一致）。

$$P_y=M_tk_ya/(k_xb^2+k_ya^2),\qquad P_x=M_tk_xb/(k_xb^2+k_ya^2) \tag{5.15}$$

在初步设计中，假定腹板很刚而承担所有扭矩，可得到下列简单的表达式

$$M_t=P_y(a)\quad \text{或}\quad P_y=M_t/a\qquad P_x=0$$

将扭矩与直接荷载相加。

非对称布置的多重侧向力抵抗体系

在抗侧力体系非对称布置时，首先应找到刚度中心。它的位置不仅取决于体系的布置，还取决于它的刚度分布。当侧向荷载的合力以任何角度作用在刚度中心处，不会产生扭转和旋转变形。

刚度中心可根据下列计算来获得，假定楼板体系为刚性体，可用结构平面中的合力代替剪应力，所以由合力$\sum P_j=P$引起的对任意参考轴（如图 5.2 中的墙轴线 A）的扭矩必须等于对该轴的合力矩。

$$P(\overline{x}_o)=\sum P_i(x) \tag{a}$$

将其代入等式 5.3，$P_i=P(k_i/\sum k)$ 可得$\overline{x}_o$和$\overline{y}_o$轴位置。这些剪切轴线的交点既为剪力中心，表明了刚度中心的位置，可用下列等式表达。在本文中，当只考虑某一楼层并忽略各种抗侧力结构构件的刚度变化和性能变化时，认为这些中心沿着结构高度是（包括扭转中心）不变的，即忽略了刚度中心和剪力中心在各个楼层中的变化。

$$\overline{x}_o=\sum k_yx/\sum k_y,\qquad \overline{y}_o=\sum k_xy/\sum k_x \tag{5.16a}$$

对弯曲型悬臂结构，用惯性矩来确定剪力轴和扭矩，而在直接荷载作用下寻找中性轴位置及相应的弯曲应力时需要用到单个结构构件的横截面积。

$$\overline{x}_o=\sum I_yx/\sum I_y,\qquad \overline{y}_o=\sum I_xy/\sum I_x \tag{5.16b}$$

对剪切型悬臂结构，当采用相同厚度的墙及相同的材料时，确定剪力轴时需要用到墙的长度。

$$\overline{x}_o=\sum L_yx/\sum L_y,\qquad \overline{y}_o=\sum I_xy/\sum L_x \tag{5.16c}$$

当刚度中心位置已知时，可将合力作用在刚度中心并同时产生扭矩

$$M_t = P_y\ (e_x)\ + P_x\ (e_y)$$

这样，直接荷载和扭矩可采用式5.3b 和式5.14 在各个结构构件中分配。例如，沿着 y 方向（如图5.2 中的 P_y），当横向力和扭转剪力作用在同一方向上时

$$P_{yi} = P_y\ (k_{yi}/\sum k_y)\ + M_t\ (k_{yi}\bar{x}_i/J)\ = P_y\ [\ (k_{yi}/\sum k_y)\ + e_x\ (k_{yi}\bar{x}_i/J)]\quad (5.17)$$

在初步设计中，由于平行与力作用方向的结构平面具有较大刚度而考虑其作用，但忽略垂直于外力作用方向的墙/框架的贡献，可得到扭转刚度（见式5.14）的简单表达式。

$$J = \sum\ (k_x\ \bar{y}^2 + k_y\ \bar{x}^2)\ \approx \sum k_y\ \bar{x}^2 \quad (5.18)$$

当非对称结构由混合结构组成时，如双肢剪力墙结构或具有钢框架和开孔核心筒的框支结构，显然需要用到三维计算机分析。而结构不规则会使问题变得更为复杂。

例 5.4

如图5.2 中的高层建筑中横墙非对称布置，确定侧向力的分配。所有的墙都采用相同的厚度和材料。在快速初步设计中，与荷载作用方向垂直的墙体，即翼缘的抵抗力忽略不计。

首先，必须确定刚度中心，它必位于 x – 对称轴。为简化计算，墙 A 和墙 C 的惯性矩以墙 B 的值来表达。

$$I_A/I_B = L_A^3/L_B^3 = 40^3/20^3 = 8,\quad 或\quad I_A = 8I_B$$

$$I_C/I_B = L_C^3/L_B^3 = 30^3/20^3 = 3.375,\quad 或\quad I_C = 3.375I_B$$

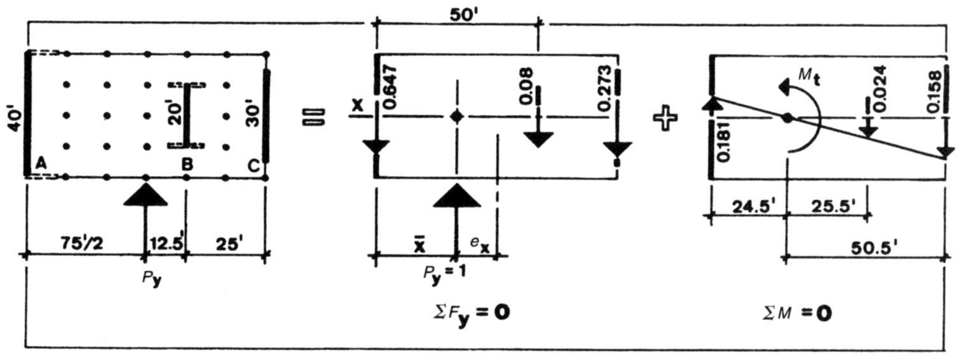

图5.2 例5.4中横梁承重的受力分析

总的抗弯刚度为

$$\sum I_y = I_A + I_B + I_C = 8I_B + I_B + 3.375I_B = 12.375I_B$$

这样，根据式5.2所定义的，剪力墙的位置可通过将所有墙对 A 墙取矩获得。

$$\bar{x}_o = \sum I_y x / \sum I_y = [I_B(50) + 3.375I_B(75)] / 12.375I_B = 24.50\text{ 英尺（约 7.47m）} \quad (5.16b)$$

则合力的偏心矩为

$$e_x = 37.5 - 24.50 = 13\text{ 英尺（约 3.97m）}$$

相应的扭矩为

$$M_t = P_y(e_x) = 13P_y$$

忽略翼缘作用时，所有墙体的抗扭刚度为

$$J = \sum k_y \bar{x}^2 = \sum I_y \bar{x}^2 \quad (5.18)$$
$$= I_B[8(24.5)^2 + l(25.5)^2 + 3.375(50.5)^2] = 14059.34I_B$$

现在，考虑扭转剪力的方向与横向剪力相关，可得每片墙必须承担的力。

$$P_{yi} = P_y(k_{yi}/\sum k_y) + M_t(k_{yi}\bar{x}_i/J) \quad (5.17)$$
$$P_A = P_y(8I_B 12.375I_B) - 13P_y(8I_B(24.50)/14059.34I_b)$$
$$= 0.647P_y - 0.181P_y = 0.466P_y$$
$$P_B = P_y(I_B/12.375I_B) + 13P_y(I_B(25.50)/14059.34I_B)$$
$$= 0.081P_y + 0.024P_y = 0.105P_y$$
$$P_C = P_y(3.375I_B/12.375I_B) + 13P_y(3.375I_B(50.5)/14059.34I_B)$$
$$= 0.273P_y + 0.158P_y = 0.431P_y$$

检验： $\sum F_y = 0 = 0.466P_y + 0.105P_y + 0.431P_y - P_y$ 合格

可以看出 B 墙刚度较低而且离旋转轴近，所以 A 墙和 C 墙承担了大部分荷载。这样，在初步设计中，不仅可以忽略刚度低的结构构件，而且可以忽略距离扭转中心近的构件的贡献。

楼层隔板

在前几节中我们已经讨论过，楼面构架作用是约束结构构件使之成为一整体，将侧向力分配到竖向支撑构件上，并且为竖向构件提供横向铰接支撑。楼层隔板在侧向荷载作用下的受力特性取决于它的结构形式。相对于低层建筑中许多屋面的薄板结构（如压型钢板），典型的高层建筑混凝土板可视为是刚性的。在侧向力作用下每一层楼层隔板如同深梁作用，可视为主要承担剪力的巨大扁平楼板梁的薄腹板，而周边的构件（如托梁），如同梁翼缘一样，以轴向受力的形式承担垂直于荷载作用方向的扭矩。

而周边的构件（如托梁），如同梁翼缘一样，以轴向受力的形式承担垂直于荷载作用方向的扭矩。例如，图 5. 1 中的典型楼层隔板必须传递作用于横向立面的风荷载：

$$w = 0.030\ (10)\ = 0.3 \text{ 千磅力/英尺（约 4.38kN/m）}$$

荷载引起的最大弯矩：

$$M_{max} = wL^2/8 = 0.3\ (150)^2/8 = 843.75 \text{ 千磅力·英尺（约 100.11kN）}$$

此弯矩由垂直于荷载作用方向的隔板边缘部分以受压或受拉的形式来抵抗。若结构有托梁而且与板具有较好的抗剪连接，则它们将（如同柱的作用）承担跨中的最大弦杆力 P。

$$P = M/D = 843.75/75 = 11.25 \text{ 千磅力（约 50.05kN）}$$

隔板所必须抵抗的最大剪力为

$$V_{max} = 0.3\ (150/2)\ = 22.5 \text{ 千磅力（约 33.37kN）}$$

为将这部分剪力传到 C 墙，需要一根辅助的拉杆，长 50 英尺，因而所需要的隔板深度只要 75 英尺。假定平均剪力分布值为 22. 5/75 = 0. 3 千磅力/英尺，则辅助的增强构件在混凝土板中所需承担的力为：

$$P = 0.3\ (25)\ = 7.5 \text{ 千磅力（约 33.37kN）}$$

在通常的情况下，板容易吸收隔板应力，并受到楼层框架支撑。使用复合结构通常可提高隔板作用效果。然而在有些情况下必须通过加强楼板的强度和刚度来保证其隔板作用，特别是在楼板由于太多开孔或者在侧向力分配的部位处结构形式发生突变的情况下，以及由于质量和结构体系突变引起应力集中时。图 5. 3 显示了这种情况中的一些简单例子。

当楼板为预制混凝土板，必须将其联结起来共同工作，同时不允许各板之间有相对滑移，从而保证它能发挥隔板作用。当采用如图 5. 3a 和 b 中的桁架分析以及图 5. 3c 中的拱分析时，可以得到一些对剪力流强度的认识和分析模型，在预制板施工设计时需要用到它们。如图 5. 3d，楼板在结构的周边和横向由连续梁连结，同时有可能现场浇注形成单元间隔间。

当立面柱未受到楼板梁的侧向支撑，或需要增加托梁的抗扭刚度时，需要在结构

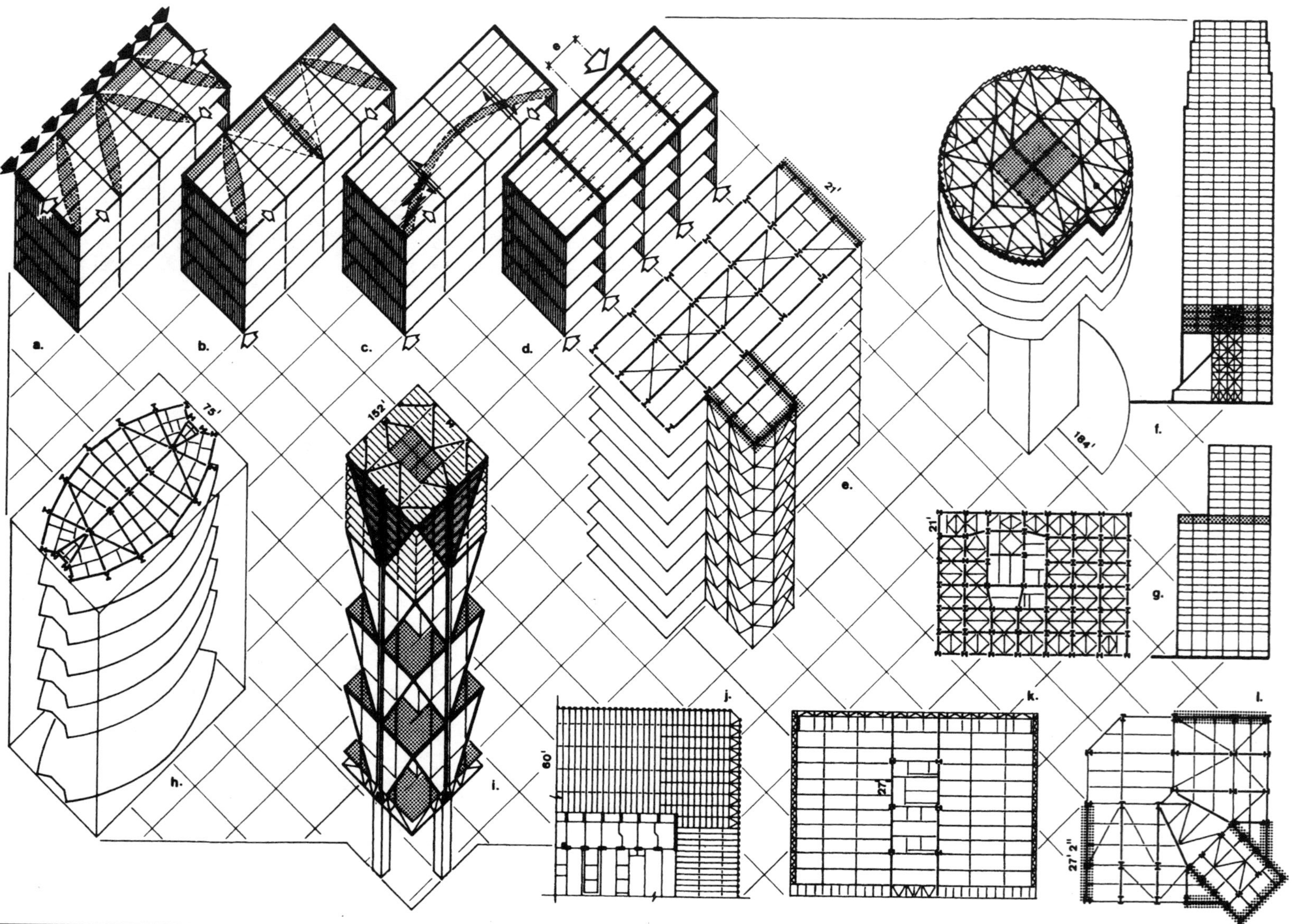

图5.3 楼层结构的刚性隔板作用

周边加强对板的支撑。这种情况如图 5. 3j，图中梁增强了外柱的抵抗屈曲刚度，图 5. 3k 中，水平支撑体系与墙桁架体系由楼板体系联结。在这种情况下，水平支撑为墙提供侧向支撑，并且将风荷载沿着楼层隔板传递到周边墙上。有时需要将分散的竖向支撑体系联结起来，特别是在组合结构体系中。

有时需要将分散的竖向支撑体系联结起来，特别是在组合结构体系中。如图 5. 3l 中，五个竖向桁架在每隔 3 层的地方由水平支撑体系联结；图 5. 3e 中也有类似的情况。

当在一个建筑中有结构形式的改变，则需要水平转换层，如图 5. 3f、g 和 i。在图 5. 3i 中，侧向力每隔 8 层由核心筒传递到外部桁架上。在图 5. 3g 中，一个 10 层的刚性框架位于 15 层高的结构上部，而该结构中只有周边框架抵抗侧向力作用。这种由双向刚性框架抗侧力体系向周边刚性框架体系的转变需要对转换区域内的两层楼板提供足够的水平支撑。在图 5. 3f 中，切槽以下为筒体，其中五层转换结构约束周边构件成为一个增强核心筒。在切槽上的五层转换楼层水平面用桁架支撑，用来将侧向荷载从周边构件传递到核心筒，这显然需要足够多的附加截面支撑。类似的在西尔斯塔（见图 7. 33）中，二层桁架被置于筒体削弱处。在这种情况下，桁架将风荷载和重力荷载传递到下部更多数量的筒体上。

楼面构架体系

楼层结构除了为建筑整体提供需要的隔板作用保证其稳定以外，还需要将重力荷载传递到竖向支撑构件中。楼层结构由板组成，通常支撑在框架上。楼面构架则由支撑在柱或墙上的主梁（大梁）和支撑在主梁上的次梁组成，楼板由次梁支撑。图 5. 4 中有各类支撑形式，如直接搁置在主梁上的单向或双向板，各种形式的由次梁支撑的板，以及位于浅梁上的双向板或直接支撑在柱上的板。这种受弯构件体系（重力荷载由板传向梁再传至竖向结构体系）对于认识各类框架布置是很重要的。

结构构件的布置形式与以下几方面因素有关，如建筑外形（平面布置）；竖向支撑构件的位置（按常用尺寸布置）；荷载流的效应。竖向支撑构件形成了结构开间和基本建筑形式。一个建筑可以由平均或不平均间距的多种开间形式组成，它可以是只有一个开间的大跨结构体系，也可以是如同许多塔式建筑一样的放射状建筑形式。图 5. 4a 为典型的框架布置形式，其中有带有核心筒的塔式结构，双向布置柱或周边布置柱的结构，也有横跨整个建筑宽度的单向悬臂梁体系，或是中间走廊体系。显然有无限多种结构组合方式可用来形成规则的或不规则的结构布置。

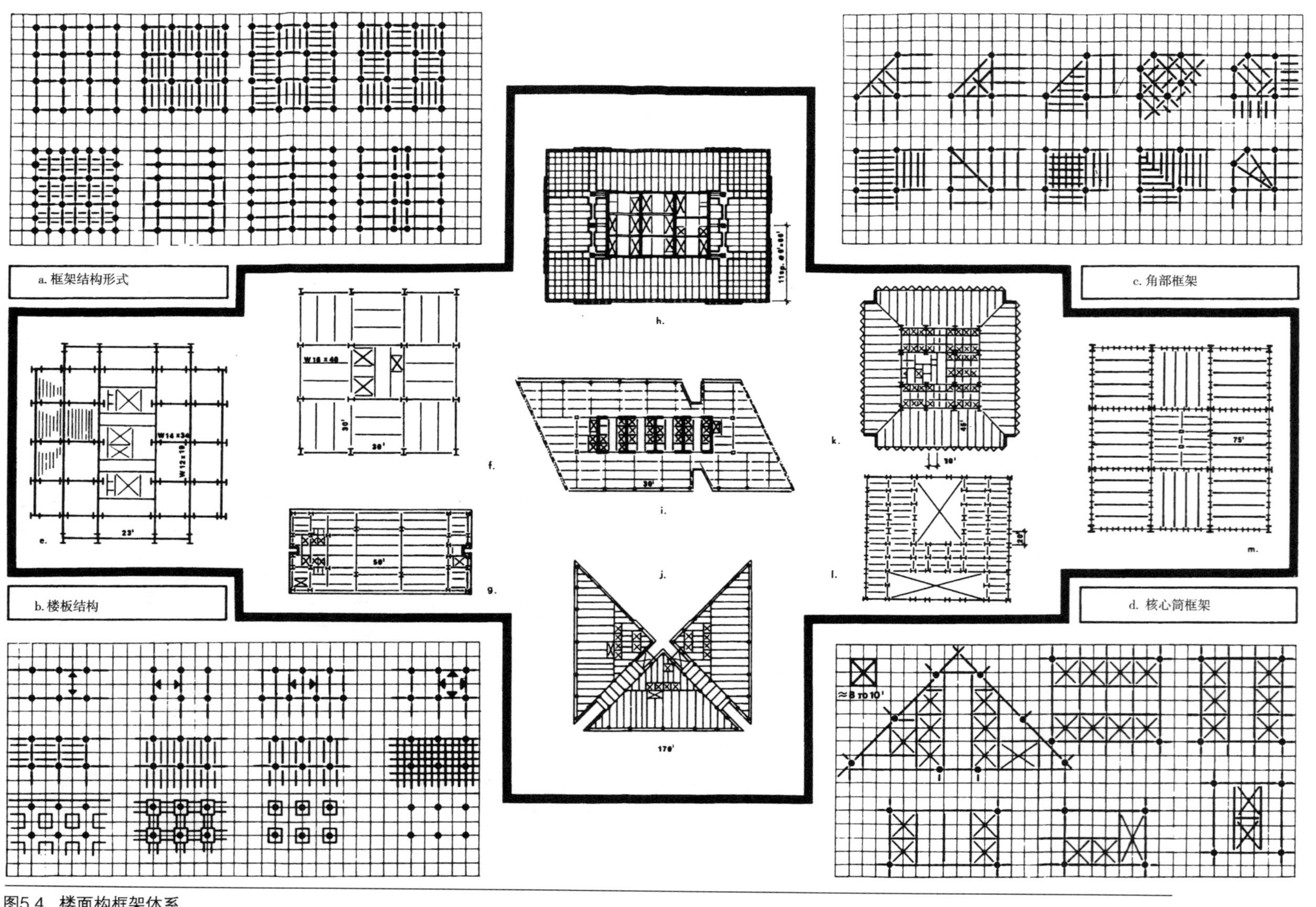

图5.4　楼面构框架体系

角部条件（图 5.4c）会引起有趣的框架情况，因为它通常需要平衡传至外柱的荷载流，并且控制各柱不相同的轴向收缩。对于有核心筒体的建筑，楼面构架以单向受力的方式横跨于周边构件和核心筒之间。但在角部开间这种情况不可能发生。可能的解决荷载流的方法是：

可能的解决荷载流的方法是：延长梁的单向跨度，但交替地在不同楼板中调转方向以达到双向分配；采用双向梁网格；从核心筒边缘到建筑边缘布置对角支撑，这样可使大部分荷载作用于角柱；或使用图 5.4c 中任何一种角部结构形式。

建筑开口会影响楼面构架形式的规则性，如管道和排气管，或是位于核心筒内的电梯井和楼梯间；除了楼层结构外，梁也需支撑围墙。图 5.4d 中为典型的电梯井框架布置。

图 5.5 建议了几种混凝土楼面构架的有潜力的表现方式。在各种情况下，由于混凝土在现浇和预制中均表现出塑性，允许了楼层结构构件的标准处理和整体性。平面布置的变化（图 5.5 中下部），从四角书桌式的板柱单元到邻接的伞状单元，表明单元之间的空间可由中间楼板桥接。从几何学的角度看，可有无穷的布置方式，特别是当采用多边形式时。由刚梁上的双向板至双向密肋楼板的视觉变化（图 5.5，左上）显示了其他支撑形式的可行性。

根据钢筋和混凝土这两种建筑材料，高层建筑的楼板结构形式可概述为：

- 轻型或普通混凝土的楼层结构。

  单向板体系：现浇实心板，搁栅板，预制混凝土板（实心或空心板，T 形板），复合板（钢楼板，预制构件），和后张拉板。

  双向板体系：双向板（在刚梁和浅梁排架上），无梁楼/平板，双向密肋板，后张拉板，预制板和壳。

  在这以章中的“钢筋混凝土板体系”中将深入讨论混凝土板体系。

- 钢结构中的楼板结构由楼板和钢框架组成。它们可分开工作，也可共同工作。

  薄板结构可能为：预制混凝土板，金属板上现浇的混凝土板（复合或非复合），预制混凝土空心板，陶瓷板（通常用于老式建筑或其他国家）。

  典型的水平跨构件有：轧制梁，开孔腹板钢托梁，平板梁，格构梁，桁架，空腹大梁，空腹梁（堞形梁），短梁，楔形梁和变截面梁，错列桁架。

钢结构楼面构架必须能抗火，可通过完全抗火方式或利用屋面作为防火保护层。屋面，作为阻火结构，可保护楼层结构和电缆沟，管道和其他设备遭受火灾。直接实施的防火设施，如敷盖防火法，可应用于支撑钢梁（见图 1.22）中，当作为结构用时，可应用于钢楼板的下方。

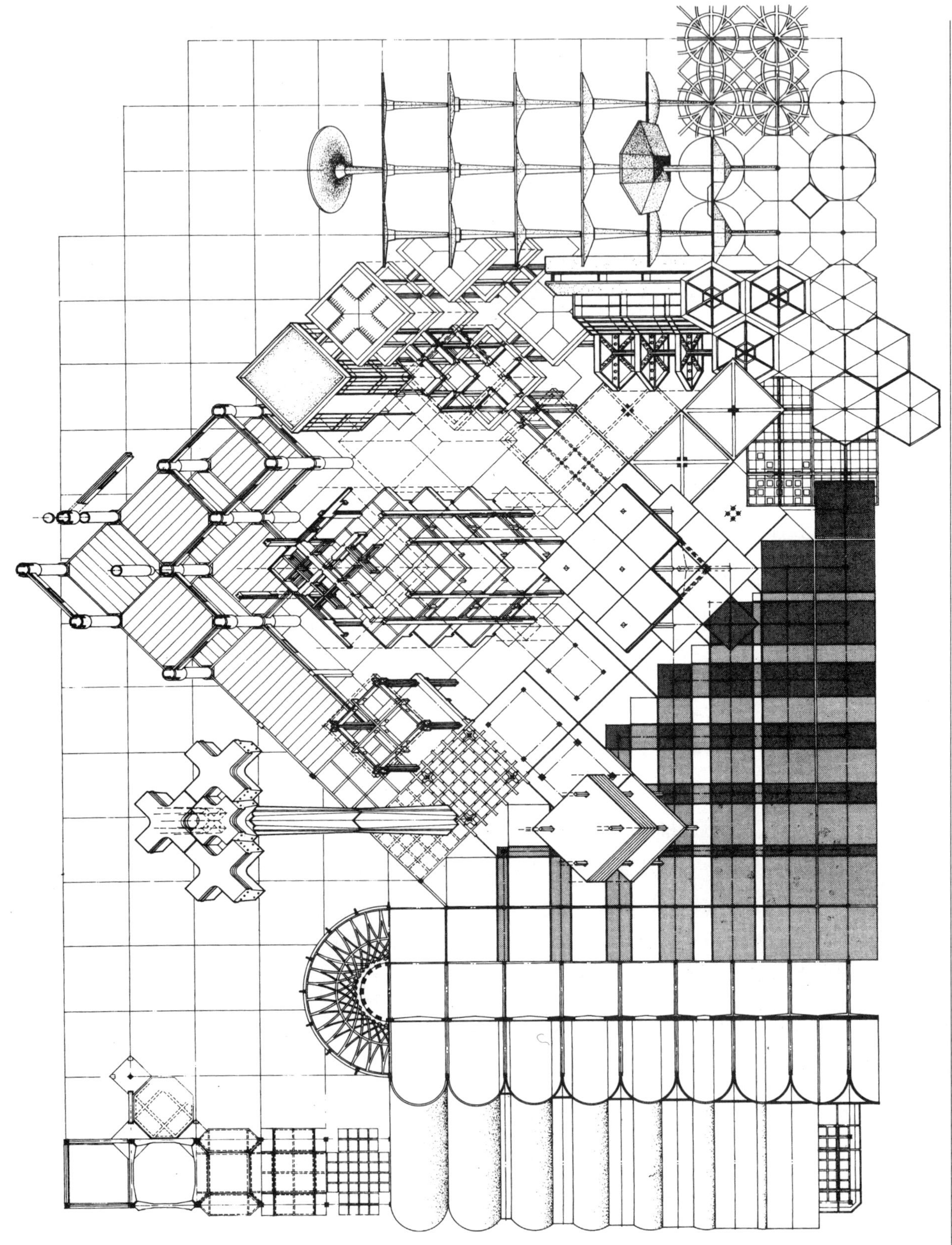

图 5.6 中为几种典型的楼板体系。

(a) 钢梁支撑预制混凝土板和悬挂式防火屋面。用轻质混凝土并配有焊接钢筋网的结构面层来约束板。

(b) 带有 2.5 英寸厚混凝土板（位于钢模上）的空腹钢搁栅和悬挂式防火屋面板。

(c) 组合钢梁支撑空心预制混凝土楼板。

(d) Dyna - Frame 预制混凝土框架体系（Strescon 工业公司，巴尔的摩，马里兰州，1984）

(e) 作为刚性框架施工一部分的长跨变截面钢梁，可适应跨中范围内的管道施工。

(f) 4.5 英寸厚的混凝土板，位于带有钢梁的永久钢模上，以及悬挂式防火屋面，而不是带有无防火等级屋面板的防火梁。

(g) 带有悬挑交叉梁的短柱 - 梁组合楼板体系：这种体系由 J. P. Colaco 于本世纪 70 年代初发展起来的。在这种体系中，短柱上的梁焊接在主梁宽翼缘上部，并与组合楼板共同受力。从结构的观点看，这种短柱 - 梁体系的受力性能类似于空腹桁架；它的设计基于支撑组合结构的假定。梁中的开孔可允许设备管道通过，并允许悬臂楼板梁穿越。

楼层结构的高度取决于开间尺寸和荷载的大小；办公建筑的活荷载为住宅的 2 倍。高层建筑的基本跨度在 35 ~ 42 英尺范围内，其跨高比对楼板构架来说大约为 20 ~ 24。实践中，本书的其他部分将介绍第一次初步确定构件尺寸的设计中所应用的单凭经验的方法。楼面框架的高度是重要的设计考虑内容；高度的增加会导致楼板重量的减小，特别是桁架变得有竞争力的时候，因为那时重量的减轻会抵消其较高的单位造价。楼板单位面积的重量与楼板数量无关，对于低层和高层建筑其值几乎一样，但是，正如前面说到的，它的值却是楼板厚度的函数。无梁楼板的楼板厚度最小，特别是当它用于屋面板时，记住钢结构通常需要屋面板。钢框架和混凝土板的组合作用也会导致楼板厚度的减小，例如使用高强钢时，当强度而不是刚度控制设计时，可得到较浅的梁截面。将梁向上反拱可使混凝土板在自重作用下向下弯曲至水平面，这样可以减小层高，并使楼板厚度保持常数。

楼板总高度相当重要，因为它必须与水平设备布置相适应；这时板的厚度对标准高层办公楼来说在 3 ~ 4 英尺范围内。而在住宅中，设备是垂直布置的，楼板厚度可大大减小。办公楼中水平布置的设备需要结构支撑，有两种方式。管道悬挂在楼板结构上，并在楼板下穿行；或者楼板直接支撑管道。带有开口的梁可以提供直接支撑，如桁架、构架梁、空腹梁和短柱 - 梁体系，在这种情况下，设备支撑体系与结构体系融为一体。这种方法正好与将设备管道悬挂支撑的方法相反，这种方法与将设备管道悬挂支撑的方法相反，因为将管道悬挂时管道布置体系与结构体系是互不相关的。除了将管道和电线管以及电子和通讯设施置于楼面构架结构之下或之间，也可将它们放置在具有双层地板的楼面板之上（见第一章“机械及电力设备”一节）；推荐电脑房中面层施工完成楼板上的高度至少为12英寸。

虽然较高的楼板比浅板轻，但它增加了建筑物的整体高度，这对高层建筑是十分重要的。不仅管道、面层、电梯以及其他竖向板中的材料使用会增加，而且竖向荷载和侧向力作用都会增加。有人认为开间尺寸的选择所依据的原则为在提供需要空间的前提下使层高最小。为了获得最佳层高，必须研究下列楼面构架布置的基本构造体系：（1）浅、重楼面框架，管道位于其下；（2）深、轻楼面框架，设备从开孔梁中穿过。

对于非常细长的建筑，需要采用大开间和大跨楼板体系以保证将重力荷载传递到相应的建筑周边部位，这样建筑物的所有重力荷载成为用来稳定建筑在侧向力作用下的倾覆的平衡力。

虽然在基于强度和挠度准则时，得到较高的活荷载与静荷载比好像是有效的，但楼板结构会有振动问题。具有最小重量的弯曲、长跨楼板结构，如钢托梁混凝土板楼板体系和长跨预制混凝土板，除了承担跳舞或体育运动引起的动载以外，还可能承受来自人行交通的冲击荷载。虽然楼板在结构上是安全的，其摆动却是令人讨厌的。这个问题可通过提高楼板刚度，改变其自振频率的方法得到解决（减小结构跨度或增加楼板梁的惯性矩），也可以通过增加结构天然阻尼质量的方法解决，或者增加阻尼。增加质量也就是增加混凝土板的厚度，会使天然阻尼增加。通过增加刚度，结构基本周期降低至比一个外激力的频率还低。然而，增加刚度需要加高梁截面使其惯性矩增大，或者采用组合结构。深板结构，反过来会增加建筑物的高度和造价。楼板梁的约束支承连接（另一方面）会增加刚度，但随之也把振动传递到周围结构上去，这是不希望发生的。因此，可行的方法是添加附属结构，如隔断、地毯、吊顶以及覆置在托梁上的吸振器，或者设置位于楼层中间而两端带有橡胶垫子的柱子，都可快速减小振幅。

图5.4中间部分的图片研究了各种建筑形式的一些典型的楼面构架布置。它所包含的范围从四层带有核心筒（图5.4f）的办公楼简单框架到110层楼的西尔斯塔（图5.4m）。其中前者的垫梁支撑3.25英寸厚位于2英寸厚的组合钢楼板极其上面的轻质组合混凝土面层。在这种情况下，40英寸厚的长跨华伦式斜腹杆桁架，与楼板组合作用，间隔15英尺，连接75平方英尺的开间。为平衡筒体框架的荷载，桁架跨度方向在筒体角部每搁6层交替变换。楼板由3英寸金属楼板和2.5英寸的轻质混凝土面层的组合结构构成。

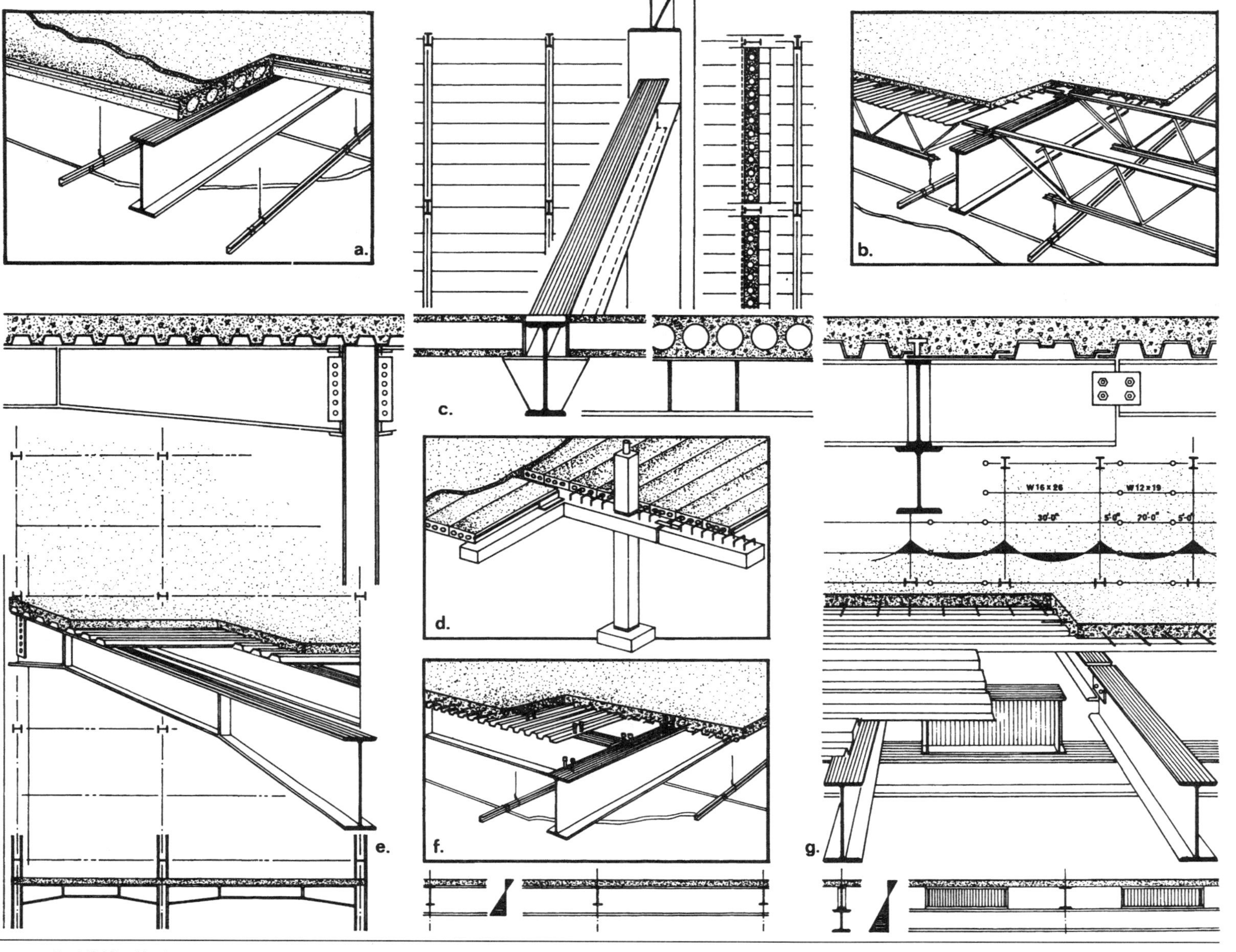

图5.6 典型的楼面体系

在11层的刚性框架公寓建筑（图5.4e）中，空腹板钢托梁和钢楼板以及2.5英寸厚的钢筋混凝土楼板组成开间形式。对于17层端部带有支撑的核心筒建筑（图5.4g）只允许有四根中间柱，因而两个主要长跨方向需要有悬臂梁和长跨横梁。梁与由3英寸厚混合金属楼板和2.5英寸厚普通混凝土面层组成的楼板共同作用。

对于位于休斯顿的52层One Shell Plaza建筑（图5.4h），在核心筒和外柱之间采用了40英尺跨度的单向混凝土搁栅板，而在角部采用了双向waffle体系。由于双向板会增加位于梁条带上的荷载从核心筒角部向外柱的传递量，这些柱子承担更多的楼面荷载因而需要加大其尺寸，从而在视觉上获得了向外突伸的效果。

位于芝加哥1136英尺高的AMOCO建筑（图5.4k）是一简单的钢结构筒体，由5英尺宽，V形折叠板和外柱组成，其中外柱在中部的高度为10英尺，并与5.5英尺高的槽形圈梁刚性连接。楼板体系由位于核心筒和周边结构之间的38英寸高跨度45英尺的简支桁架组成。桁架间隔10英尺，层与层之间交错布置，形成外部V形柱的交错板。楼板由1.5英寸厚的钢板和5000磅力/英寸^2、4英寸厚的混凝土面层组合而成。

图5.7中的例子显示了各种塔式建筑的典型楼板框架布置形式，如矩形、截角矩形。三角形、梯形、圆形和其他多边形形式。其中，主梁跨越内部核心筒与外部周边结构之间的最小距离，因而保证了中间核心筒周围区域柔性开孔空间。我们已经讨论了角部的特殊问题（如图5.4c）。主梁可以直接支撑于外柱之上，如柱密布的筒体结构（图5.7b，c，d，g，l，等）和其他结构形式（图5.7a，e），它们也可以支撑在圈梁之上（图5.7f，h. i，j）。

对于位于芝加哥的Marina城市大厦（图5.7e），沿着外部直径为109英尺的圆形布置的混凝土柱直接通过跨度为31英尺支撑在混凝土板上的梁与沿着内部直径为47英尺的圆形布置的梁连接。相反，对于八边形塔（图5.7h），大体积的深圈梁连接沿着结构周长布置的八根柱子，并且支撑跨度为37英尺呈放射线形的主梁。

对于八边形筒体（图5.7c），楼板梁在中间隔10英尺，而在外部柱到核心筒区域中平均跨度为41英尺。它们与楼板共同作用，楼板由2英寸厚组合金属楼板和3.5英寸厚的轻质混凝土面层组成。将梁作出拱形来抵消静荷载引起的挠度。对于每一梯形塔（图5.7a），42.5英尺的短柱梁连接每一根外柱与内部核心筒的柱，其在中间部分的间隔为30英尺，短柱梁还支撑次梁；这样组成共同作用的楼板结构。

对于平行四边形的塔（图5.7j），33英尺宽的混凝土搁栅板支撑在核心筒和外部圈梁上。对于楼板框架布置成风车形的混凝土塔（图5.7i），沿着结构周边，空腹桁架组成的柱用来支撑跨度大约为35英尺的大梁。

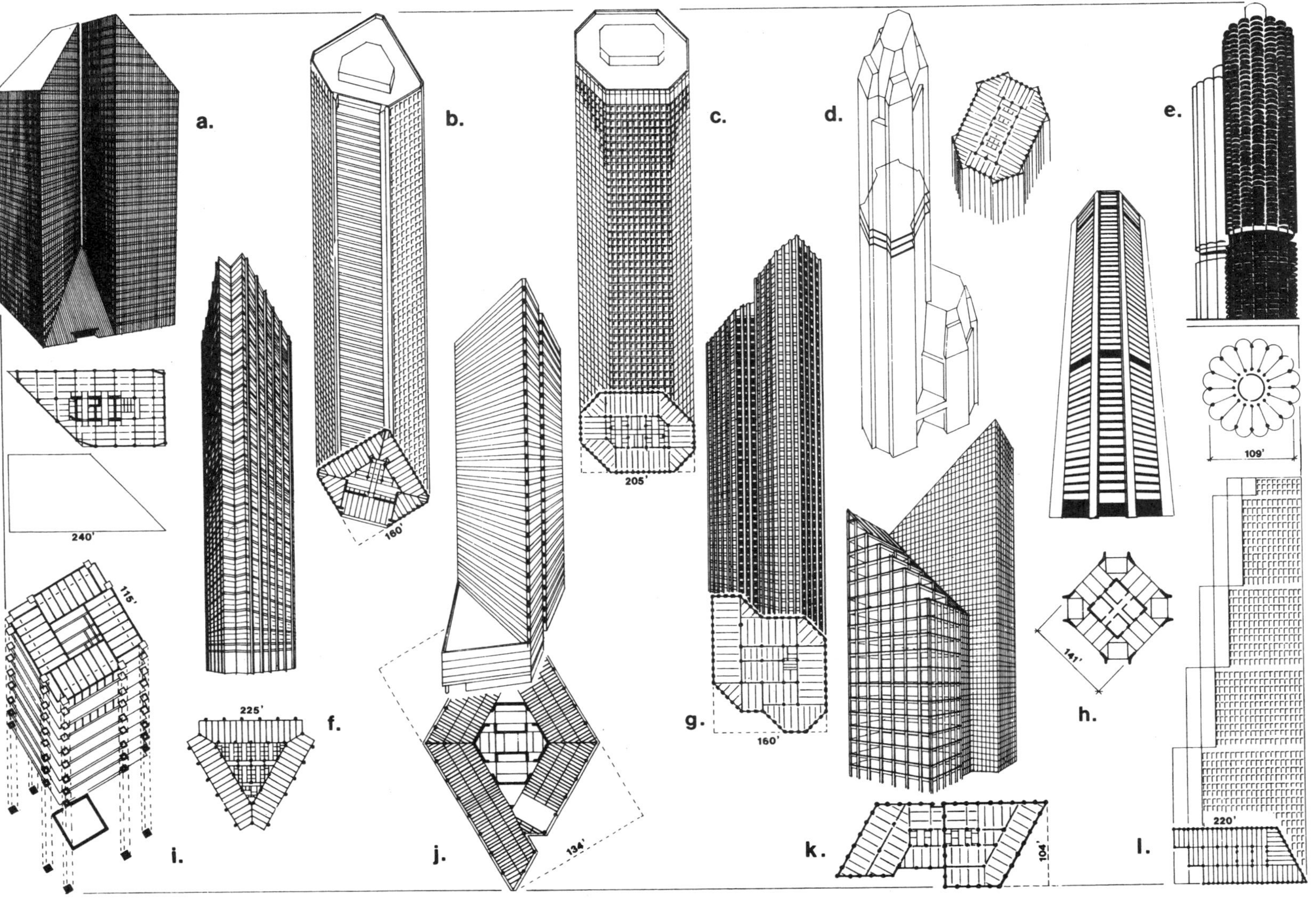

图 5.7 楼面框架结构

顶板

顶板直接附着在楼面构架上，或者使用拉杆或钢丝索从楼板上悬挂下来。它的施工方法基于湿法和干法。例如，在高层住宅施工中，灰浆、喷涂表面，或吸音瓦可直接在混凝土板和实体上施工，如人们熟悉的石膏板、金属板条或摸灰浆时用的钉板条固定在空腹托梁上，而腹板中的开孔可使管道穿行。

在高层建筑施工中最常用的是悬挂屋面。它所包含的范围从公共建筑中使用的独特雕刻类型的屋面到只是提供所需屋面空间的普通功能型屋面。顶板可为实心板或由瓦片组成；有时也可以为玻璃纤维或模拟装饰灰浆的增强石膏线条。最常用的顶板形式为金属线条以金属板拼接组成，公共建筑中常用的灰浆顶板。同样，在办公楼中通常使用灰浆或石膏板屋面以及模数制的吸声瓦屋面，它们采用隐藏的或是外露的、单向的或是双向的搁栅来支撑。模数是板跨允许值的函数，其值可以为几片瓦的宽度至大跨板的几英尺跨度。

从材料的角度看，有许多种不同的悬挂屋面体系。选择所使用的顶板不仅与它们的价格有关，而且与它们的使用性能也有关。一些依赖于建筑类型的设计标准为

- 隔声（防止声音传播以及通过吸收降低噪声），隔热和隔火；
- 较小的表面反射率以保证建筑物内的亮度（光滑，白色）；
- 持久性；
- 抗震性；
- 照明设备的定位以及空气补给和回气扩散器的组合；
- 通风口可达性；
- 为管道和可能的回气口所留的屋面空间；
- 能量储存：屋面板上性质随时间变化的材料可视为吸（散）热装置，在白天吸收太阳能，而当温度降低时释放热量；
- 可视性；
- 价格等。

在整体顶板中，无论是具有板材的线性类型或是具有底衬隔声板的网格型，各类支撑屋面体系的构架，隔声和防火的屋面材料，光、空气扩散器都被视为整体，它们应由一家厂商制造，而不是由不同厂家制造的各种构件的组合体。

屋面对声音的控制途径是采用柔软、具吸收性的表面来减少噪声，而采用硬质的、反射表面来防止声音的传播。如果楼面构架没有防火等级，则顶板必须具有防火等级。

为保证建筑的位移，需要沿着结构周边和墙以及悬挂屋面的联结处布置缓冲节点；它们同时可以保护节点受火灾破坏。为防止地震时的自由振动，屋面还应该与结构水平联结。为防止地震时的自由振动，屋面还应该与结构水平联结。

钢筋混凝土板体系

板的主要作用是承受重力荷载，因而在初步设计中，可不用考虑建筑整体而只考虑板所在的局部。本书其他章节介绍将在高层建筑中较高楼层的板在不同竖向运动（如支撑安装）影响下的性能，以及在侧向力作用下的应力。

如同面层的混凝土板覆盖或直接形成楼面构架。它们是平面结构，允许荷载沿许多方向分流，这便与梁形成了对比，因为梁为线构件只允许荷载沿一个方向传递；梁的高度通常比宽度大的多，从而可以有效地抵抗弯曲旋转。与其相对比，板为较薄的二维构件，只承担很小的荷载；它们的连续表面提供了高次超静定，由于应力重分布而具有较高的强度储备。

板的受力性能可通过极限破坏法获得，从而得到板的坍塌荷载（板的塑性铰线理论），也可以通过传统的弹性理论得到板的受力性能，如同本书中所用即为后者。板在荷载作用下的反应是相当复杂的，受到以下准则的影响：

- 板的形式：长方形、圆形、三角形、梯形、多边形、自由形式等；
- 边界条件和支撑位置：固支程度、简支、自由边、刚梁/墙、弯曲梁带支撑；
- 静力荷载的形式和位置：点、线、面荷载；
- 材料性质：徐变、收缩、组合作用；
- 板的特性：各向同性、各向异性、实体板、空心板、波纹板及带肋板、预应力板、非预应力板、单向板、双向板、普通重量板、轻质板等；
- 标度：强度和韧性；
- 干扰因素：开孔、质量集中等。

图 5.8b 为矩形板的支撑位置对荷载流影响的例子。板受梁/墙的支撑形式有：沿板的四周，或者三边支撑一边自由，或两平行边受支撑，或两垂直变受支撑（悬臂），在角部受柱支撑，等等。这些支撑在整体式构造中沿着板连续。支撑不连续时，板可以自由转动，如位于砌体墙上的板。

大多数板在设计时承受均布静荷载和活荷载，而较大的集中力和线荷载认为直接作用于梁上。荷载通过板的弯曲、剪切和扭转传递到支撑上。对于支撑在两平行墙上

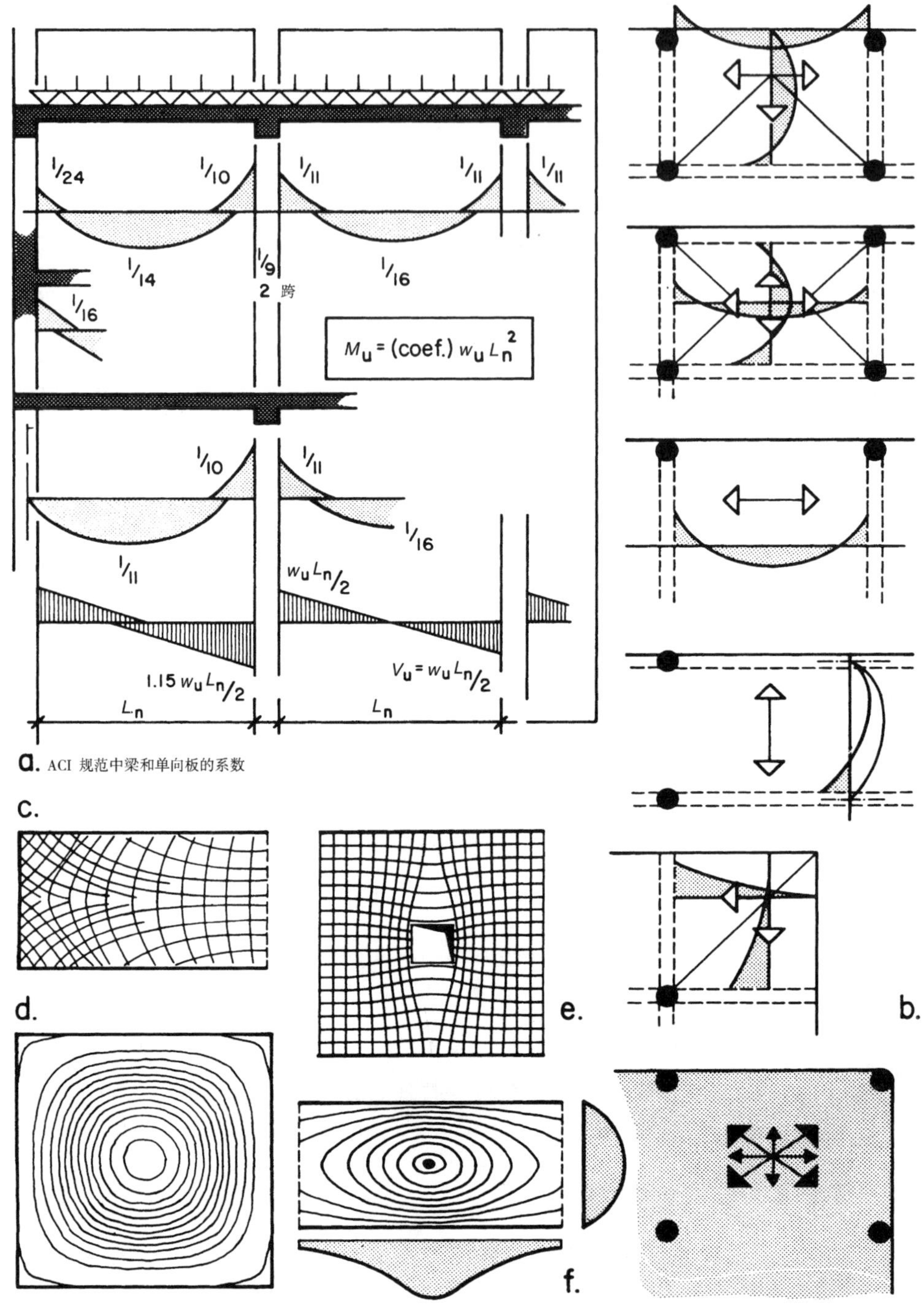

图 5.8 板结构：支撑和边界条件的影响

的板，板跨越一个方向，成为单向板。当板四周均受支撑时，它跨越两个主要方向，称为双向板。单向板包括实心板、空心板和带肋板，而双向板包括位于钢梁和浅弯曲梁上的双向板、无梁楼板、无梁平板和双向密肋板。

图 5.8c 中为一三边支撑的窄板，显示了板尺寸大小对荷载流的影响以及从单向板受力到双向板受力的转变。主弯矩线在大约板长一半的范围之内清楚地显示了单向板受力性能，而在端部区域明显地表现出三个方向的作用。

板的受力性能可通过其变形体现出来，如双向正方形板的挠曲线（图 5.8d）；注意到由于板的方形作用，挠曲线由圆形变为带有圆角的正方形。

矩形板可被划分为矩形网格，或从受力性能看，成为一交叉梁板体系。为了获得在均布荷载作用下的应力初步设计值，取出一英尺宽的条带当作浅梁进行分析，同时考虑边界支撑条件。注意图 5.8b 中各种板的弯矩图。条带设计法显然忽略了板面的连续性。板除了以弯曲和扭转来抵抗外力以外，当如果它们如同双向板一样变形，成为不能再发展的凹形表面时，也可以通过薄膜效应抵抗外力。然而在柱面（如可展曲面）受弯板（如单向板）中，当支撑不允许水平位移时才会产生薄膜应力。因为条带法只考虑弯曲，显然它只能由于初步确定荷载大小的估算中。通常，荷载会选择最短的和最刚的路线到达支撑。

当常见的均布荷载被集中荷载替代时，板的受力情况会变得复杂许多。单向板在均布荷载作用下呈现出圆柱形表面，因而反应了单向弯曲和单向板的作用。然而，同样这块板在承受集中力作用（图 5.8f）时，力如同扇形一样扩散，并导致板的变形犹如碟子，显示了双向作用。显然在这种情况下使用单向条带分析时，由于忽略了相邻条带的作用，结果偏于保守。

板中的开孔对表面连续性的影响取决于它们的相对尺寸。小的开孔，如机械设备井道，通常是不重要的。在孔周围的应力会集中（图 5.8e）。在开口的四周，增加与被切割主筋数量相同的钢筋可提供足够的强度。大的开口，如楼梯井和电梯井，则必须由框架支撑。

在本节讨论中，在板配筋合理的前提条件下假定板各向同性，所以板所受的荷载与其支撑布置的几何尺寸有关。这时，只简单研究一下板在重力荷载作用下的受力性能至于板对抗侧力的影响，也即部分板成为竖向连续框架的一部分，读者可查阅框架分析这一节。

板施工中使用的混凝土常为普通型或轻质混凝土，普通配筋或预应力配筋，现浇或预制，或是上述情况的任意组合。从施工的角度看，混凝土板可分类为：

- 现浇混凝土
- 预制混凝土或金属楼板，带有或不带有组合作用的钢梁与现浇混凝土的组合

- 预制混凝土楼板与现浇面层，它们共同作用
- 完全预制混凝土

对现浇混凝土楼面构架的合理跨度为：

20 ~ 25 英尺：高层建筑的无梁平板结构

25 ~ 30 英尺：带形板结构

对于重荷载作用下的无梁楼板，如工业建筑和仓库

35 ~ 40 英尺：单向梁和板结构

托梁板和 skip - joist 结构

需要外露或支撑重荷载情况下的密肋板结构

支撑重荷载的双向梁和板结构

$L>40$ 英尺：后张拉无梁楼板结构

后张拉双向密肋板

后张拉楼面构架

对于连续楼面构架构件的常用跨高比为：扁平板 36，单向板 28，梁和托梁 21。这些比例对于后张拉构件会增加，大约为板 45，托梁板 30 以及梁 24。

单向实心板

许多楼板为单向板。它们跨越横梁与横梁之间，并由框架梁支撑。在现浇混凝土施工中，板与楼面框架形成整体。单向板是一种狭长板，其长度至少为宽度的两倍。在均布重力作用下，它们弯曲成近似与圆柱形表面，其单独的一根屈曲线反应了板的单向受力性能。应该记住板的双重作用，它不仅横跨梁与梁之间，同时为梁在垂直方向提供了翼缘（T 形梁）。

在承重砌体结构中，如果板是现浇的，它将成为跨越墙与墙之间的连续整体，或成为简支预制单元。墙基础和挡土墙是主要以单向板形式作用的又一例子，同样幕墙板在侧向力作用下也如此作用。

单向板被视为一系列互相独立的一英尺宽浅梁，它的设计已在第四章“混凝土梁”中讨论过。抗弯主筋沿梁受力方向配置，次筋必须与主筋垂直配置以控制由于收缩和温度下降引起的裂缝，同时它可重新分配可能的集中荷载。所谓的温度配筋（构造配筋）也是板所需的最小抗弯配筋量。它等于：

$$A_{smin}=0.002bt \quad 当 \quad f_y=40 和 50 千磅力/英寸^2 \qquad \textbf{(5.19)}$$

$$A_{smin}=0.0018bt \quad 当 \quad f_y=60 千磅力/英寸^2$$

这一温度配筋位于底部钢筋的上面但在上部钢筋的下面，其间距不能超过 $5t$ 或英寸 18 英寸。

除了混凝土托梁外单向板和墙中的抗弯主筋间距不能大于 $3t$ 或 18 英寸。

在双向板中，控制截面的钢筋间距不能超过 $2t$，其他截面不超过 $3t$。单向混凝土板当其厚度为 4 ~7 英寸时，其正常的跨度为 10 ~20 英尺。

住宅及办公楼的板厚通常由允许挠曲值和抗火要求决定；除了在重荷载情况下，弯曲应力和剪应力很少决定板厚。在初步估算板厚 t（英寸）时，将板厚值作为中到中跨度 L（英尺）的函数：

简支：$t = L/2 \geqslant 4$ 英寸对于防火结构

悬臂：$t = L \geqslant 4$ 英寸

两端连续：$t = L/3 \geqslant 4$ 英寸

外部开间的连续板应具有较大板厚。上述给定值是针对 40 号钢筋普通混凝土（w_c =145 磅力/英尺^3）。对于 60 号钢筋，90 磅力/英尺^3 的轻质混凝土，板厚应增加 25%；对于 110 和 120 磅力/英尺^3 轻质混凝土，板厚应增加 10%。然而，应该注意到如果进行挠度验算，则采用越薄的板越经济。

混凝土结构的整体特性使得板的设计超静定次数很高并需要框架分析。为简化连续梁和单向板在重力荷载作用下的设计，ACI 规范允许采用近似弯矩和剪力系数（图 5.8a），这些系数考虑下列情况的临界活荷载布置：

- 两跨及两跨以上
- 跨度基本相同，其中最大跨度不超过最小跨度长的 20%
- 荷载均匀分布
- 单位活荷载不超过单位静荷载的 3 倍

图 5.8a 中各种边界条件的控制截面系数是根据净跨 ln 所得。其弯矩公式为：

$$M_u = (\text{coef.})\ w_u l_n^2 \tag{5.20}$$

例 5.5

六层混凝土框架办公楼，如图 4.3，开间为 30 英尺 ×40 英尺的楼面构架。混凝土板承受面层荷载 5 磅力/英尺^2，隔断荷载 20 磅力/英尺^2，以及活荷载 80 磅力/英尺^2。在这种情况下，研究一种典型的设计不当板；至于梁的设计，参考例 4.1。其中，f'_c = 4000 磅力/英寸^2，f_y =60,000 磅力/英寸^2。

当支撑梁的宽度为 12 英寸时，典型外部开间的净跨为

$$\text{ln} = 15 - 12/12 = 14 \text{ 英尺}$$

板厚估算值为

$$t = (L/3)\ 1.25 = (15/3)\ 1.25 = 6.15$$ 英寸（约 15.62cm）

采用 6.25 英寸厚板。

对于单向板没有活荷载折减。板必须承受的极限均布荷载为

$w_u = 1.4w_D + 1.7w_L$

$= (1.4(6.25(150/12) + 5 + 20) + 1.7(80))/1000$

$= 1.4(0.103) + 1.7(0.080) = 0.28$ 千磅力/英尺^2（约 13.45kN/m^2）

在支座及跨中的控制弯矩为

$-M_u = w_u l_n^2/11 = 0.28\ (14)^2/11 = 4.99$ 千磅力·英尺/英尺（22.20kN·m/m）

$+M_u = w_u l_n^2/16 = 0.28\ (14)^2/16 = 3.43$ 千磅力·英尺/英尺（约 15.26kN·m/m）

相应的板配筋为

在支座处：$-A_s = M_u/\ (0.85 f_y d) = 4.99\ (12)\ /\ [0.85\ (60)\ 5.25]$

$= 0.244$ 英寸^2/英尺（约 5.16cm^2/m）

跨中：$+A_s = 3.43\ (12)\ /\ [0.85\ (60)\ 5.25] = 0.154$ 英寸^2/英尺（约 3.26cm^2/m）

$\geq A_{smin} = 0.135$ 英寸^2/英尺（约 2.86cm^2/m）

温度配筋：

$A_{smin} = 0.0018bt = 0.0018\ (12)\ 6.25 = 0.135$ 英寸^2/英尺（约 2.86cm^2/m）

采用下列的板配筋方式（或表 A.2）

支座处上部钢筋：$12/0.224 = s/0.2$，$s = 10.71$ 英寸（约 27.20cm）

采用#4@ 10 1/2in. o. c.，$A_s = 0.229$ 英寸^2（约 1.93cm^2）

板中底部配筋：$12/0.154 = s/0.2$，$s = 15.58$ 英寸（约 39.57cm）

采用#4@ 15 1/2in. o. c.，$A_s = 0.155$ 英寸^2（约 1.00cm^2）

温度配筋：$12/0.135 = s/0.11$，$s = 9.78$ 英寸（约 24.84cm）

采用#3@ 9 1/2in. o. c.，$A_s = 0.139$ 英寸^2（约 0.90cm^2）

最大配筋率：$\rho = A_s/bd = 0.229/12\ (5.25) = 0.36\% < 1.6\%$

显然，对普通板而言钢筋配筋率是相当低的。

在单向混凝土板中抗剪一般不成为问题。如，在本题中当保守地忽略梁面宽度，则最大剪力值为

$$V_u = 0.28\ (14/2) = 1.96$$ 千磅力/英尺（约 28.60kN/m）

混凝土的抗剪强度为

$\phi V_c = 0.11 b_w d = 0.11(12)5.25 = 6.93$（约 101.09kN/m）$> 1.96$ 千磅力/英尺（约 28.60kN/m） **(4.12)**

剪力可由混凝土来抵抗。

预制混凝土板

预制混凝土板体系通常有两种不同的形式。一种为用于现浇混凝土模板的预制板；在最后使用阶段，它与现浇板共同作用。在另一种体系中，预制板直接放置在楼板托梁上，或放置在直接支撑在梁到梁或墙到墙的楼板上。在住宅和办公楼中常常使用大批量生产的空心板和双 T 形截面板。

其中的大多数为先张拉板并带有厚度从 2～3.5 英寸厚的现浇混凝土面层，由于混凝土面层粗糙的表面可以提供足够的抗剪能力，所以它可以与预制板共同工作。面层可使楼板结构在侧向力分布时提供隔板作用。典型的 4 英尺宽空心板的厚度范围为 4～12 英寸，其跨度范围为 15～38 英尺。建议最大跨高比为 40 或

$$t = L/3.33 = 0.3L$$

无面层的空心板重量根据不同的生产厂商会变化。在初步设计中，6 英寸后的空心板可假定其重为 45 磅力/英尺^2，而 8 英寸厚板为 57 磅力/英尺^2。

搁栅楼板

当跨度增加时，实心板的厚度增加，导致恒载也相应的增大，所以在设计板时主要考虑板承受自重而不是外加荷载。另一方面，现浇的搁栅板、带肋板可以在提供强度和刚度所需要的厚度的前提下而不增加静荷载与活荷载之比。密肋楼板结构中标准的肋间尺寸为 20～40 英寸宽，6～24 英寸深。在通常荷载作用下，搁栅的间距一般为 2～3 英尺，相应的肋宽为 5～6 英寸，板厚为 2～3 英寸。典型的经济跨度为 35～40 英尺；当采用后张拉预应力筋，跨度可增加 30%～40%。在初步估算板厚 t（英寸）时，将其视为跨度 L（英尺）的函数，公式为：

$$简支：t = 3L/5 = 0.6L$$

$$悬臂：t = 1.2L$$

$$两端连续：t = L/2.2 \simeq 0.5L$$

外部开间的连续板厚应大些。上述给定值是针对 40 号钢筋普通混凝土（$w_c = 145$ 磅力/英尺^3）。对于 60 号钢筋，90 磅力/英尺^3 的轻质混凝土，板厚应增加 25%；对于 110 磅力/英尺^3 和 120 磅力/英尺^3 轻质混凝土，板厚应增加 10%。然而，应该记住，对于未配筋的腹板，剪力将控制搁栅板的厚度。

根据 ACI 规范，在搁栅楼板体系中肋宽不应小于 4in，其深度不应小于最小肋宽的3.5 倍。肋间净宽不应超过 30 英寸。搁栅楼板结构不满足上述要求时应分开按梁和板分别设计。

由于肋是密布的，薄板只能形成托梁（T 形梁）的翼缘。在通常的荷载情况下，

板中垂直于肋方向的弯曲应力可完全由素混凝土承担，因而在板中只需配置与托梁正交的温度钢筋（如焊接钢筋网）。

搁栅楼板中的剪应力一般不重要，所以不需要使用箍筋。如果剪力超过了混凝土的抗剪能力，将受拉钢筋弯起或增加肋宽可提供所需要的抗剪承载力。当跨度超过 20 英尺时，应使用垂直于托梁的荷载分配肋。通常的情况是，当跨度小于 30 英尺时，在跨中布置一根肋条，而当跨度大于 30 英尺时，在 1/3 处布置两根肋条。

使用无抗火等级的轻质屋面板时，板厚应增加至 4 或 4.5 英寸，以达到防火等级。由于这种板可跨越的间距超过通常托梁之间的间距 3 英尺，所以从经济的角度考虑，采用特殊形式的密肋楼板单元可使托梁间距增加至 6 英尺或 8 英尺至 10 英尺。显然，这种较宽的模板单元，或者 skip - joist 的受力性能类似于梁上板的受力性能，所以常用的 30 英寸宽的模板单元可由 66 英寸宽的模板单元来代替。

位于最大间距约为 2 英尺的空腹钢托梁上的板厚通常为 2 ~ 2.5 英寸。

例 5.6

一个多开间、连续混凝土搁栅楼板，净跨为 20 英尺，中到中跨度为 21 英尺，肋板宽 5 英寸，10 + 3 英寸深，中到中间距为 35 英寸（图 5.9）。根据控制边跨进行初步设计（因为那里的楼板受到托梁的约束）。板所受活荷载为 80 磅力/英尺^2，隔断静荷载 20 磅力/英尺^2，搁栅撑、楼板面层和设备荷载 10 磅力/英尺^2。参数，$f'_c = 4000$ 磅力/英寸^2，$f_y = 60000$ 磅力/英寸^2。

无须计算挠度，搁栅楼板的总高度应为

$t = 1.25\ (L/2.2) = 1.25\ (21/2.2) = 11.93$ 英寸 ≤ 13 英寸（约 30.30cm ≤ 33.02cm）

3 英寸厚板的最小配筋为

$$A_{smin} = 0.0018bt = 0.0018\ (12)\ 3 = 0.065 \text{ 英寸}^2/\text{英尺}\ (\text{约 } 1.37\text{cm}^2/\text{m})$$

$$s_{min} = 5t = 5\ (3) = 15 \text{ 英寸} \leq 18 \text{ 英寸}\ (\text{约 } 38.1\text{cm}) \leq 45.72\text{cm})$$

采用#3@ 15in. o. c.，$A_s = 0.11\ (12)\ /15 = 0.088$ 英寸^2/英尺（约 1.86cm^2/m），在垂直于托梁的方向以及通常在悬臂板上配置钢筋，以抵抗可能的正、负弯矩。

如图 5.9 所示，对斜率为 1/12 的勒板采用平均宽度 5.83 英寸，搁栅楼板重为

$$w = 3(150/12) + 150(5.83 \times 10/12^2)/(35/12) = 58.32 \text{ 磅力/英尺}^2 (\text{约 } 2.80\text{kN/m}^2)$$

当无活荷载折减时，极限荷载为

$$w_u = 1.4\ (58.32 + 30) + 1.7\ (80) = 260 \text{ 磅力/英尺}^2\ (\text{约 } 12.49\text{kN/m}^2)$$

取 $d \simeq t - 1.25 = 13 - 1.25 = 11.75$ 英寸时，控制弯矩及相应的配筋为

内部支撑：$-M_u = w_u l_n^2/10 = 0.76\ (20)^2/10 = 30.4$ 千磅力·英尺（约 41.25kN·m）

$$-A_s = M_u/4d = 30.4/4\ (11.75)\ = 0.647\ \text{英寸}^2\ (\text{约}\ 4.17\text{cm}^2)$$

采用2#4 和 1#5 桁架钢筋，$A_s = 0.71$ 英寸^2（约 4.58cm^2），分布在有效翼缘宽度内，该宽度为 $L/10 = 21\ (12)\ /10 = 25$ 英寸（约 63.5cm）<35 英寸（约 88.9cm），配筋量为

$$\rho = A_s/b_w d = 0.71/5\ (11.75)\ = 1.21\% < 1.6\%$$

采用相同的方法可得到外部支座的配筋。

跨中：$+M_u = w_u l_n^2/14 = 0.76\ (20)^2/14 = 21.71$ 千磅力·英尺（约 29.46kN·m）

$$+A_s = 21.71/4\ (11.75)\ = 0.462\ \text{英寸}^2\ (\text{约}\ 2.98\text{cm}^2)$$

采用 1#4 钢筋和 1#5 桁架钢筋，如图 5.9 所示，$A_s = 0.51$ 英寸^2（约 3.29cm^2）。

在内部第一个支座的表面，最大剪力为 $1.15 w_u l_u/2$，其中剪力由于连续效应而增加。

$$V_u = 1.15\ (0.76)\ 20/2 = 8.74\ \text{千磅力}\ (\text{约}\ 38.89\text{kN})$$

离梁面距离为 d 的截面最大剪力为

$$V_{umax} = 8.74 - 0.76\ (11.75/12)\ = 8.00\ \text{千磅力}\ (\text{约}\ 35.59\text{kN})$$

在 ACI 规范所给定情况下的梁，肋板的抗剪强度可取比上述值大 10% 的值。然后，根据式（4.12）

$$1.1\phi V_c = 1.1\ (0.11 b_w d)\ - 1.1\ (0.11)\ 5\ (11.75)$$
$$= 7.11\ \text{千磅力} < 8.00\ \text{千磅力}\ (\text{约}\ 31.63\text{kN} < 35.59\text{kN})$$

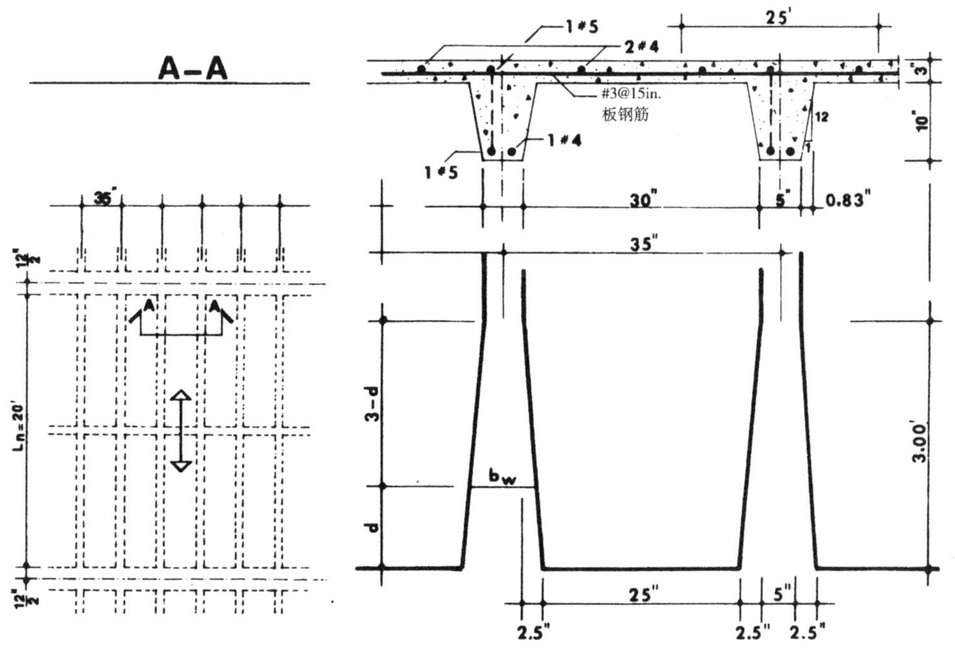

图5.9 搁栅楼板

混凝土的承载力不足。通常采用加宽肋板来提高混凝土的抗剪强度。在 skip－joist 结构中，可通过在托梁中心线配置#3 单肢箍筋来提高抗剪能力。

忽略弯曲钢筋但考虑支座处的坡度（如图 5.9），则梁宽为

$$b_w=5+\left(\frac{3-d}{3}\right)5=5+\left(\frac{3-0.98}{3}\right)5=8.37\text{ 英寸（约 21.26cm）}$$

因而，混凝土的抗剪强度为

$\phi V_c=7.11\ (8.37/5)\ =11.90$ 千磅力 >8.00 千磅力（约 52.95kN >35.59kN）　满足

组合单向板体系

现浇混凝土可以与钢楼板和预制混凝土构件共同作用。钢楼板楼板在高层建筑施工中是最常用的。商业上可提供的楼板有几乎无限多种外形和尺寸。它们可以是波纹形、带肋形，抑或是折叠形、带有配筋肋的钢薄板。最常用的楼面钢楼板形式为 1.5 和 3 英寸高、肋间距 6～12 英寸，但有时也有 2 英寸高的楼板，厚度范围从 0.0596 英寸（16 标距）到 0.0295 英寸（22 标距）。其承载力取决于高度、外形和金属厚度以及支座形式。

现场使用的钢楼板可能只是作为混凝土模板（即楼板模板）和工作平台。这时，板的受力性能与带有普通配筋的带肋楼板相类似。由于楼板没有防火要求，所以采用这种方法的优点为施工速度快。座钢楼板组合楼板中，楼板和混凝土的接触面必须抵抗水平剪力；材料通过化学粘结和物理连接装置结合在一起。翼缘的锯齿形或甲板的腹板，或是焊接在楼板顶部的横向钢筋，或其他机械装置提供了这种水平抗剪承载力，并防止竖向分离。在组合楼板模板中，冷成形钢板提供了双重作用：作为施工阶段的平台；在最终使用阶段作为单向板的抵抗正弯矩配筋。如果内跨梁支座需要连续性而且板具有足够的厚度，则对于简支跨只需要在内跨支座焊接钢丝网作为抗收缩配筋，或采用特殊的焊接钢丝网作为负弯矩配筋。

由于格构式楼板具有相当大的强度，所有常常使用强度较小的轻质混凝土（如 110 千磅力/英尺），作为轻质楼板体系。板总厚度的最小值应为 3.5 英寸，楼板上的最小混凝土面层厚度为 2 英寸；这种混凝土面层的厚度变化范围在 2.5～4 英寸之间。对于 1.5 英寸的组合格构式带肋楼板的经济跨度最大为 15 英尺，而对于 3 英寸楼板的跨度最大值为 15 英尺。大多数组合混凝土楼板模板视为简支板。这时，板厚最小值为

$$t\geqslant L/2\geqslant 3.5\text{ 英寸}$$

在非组合施工阶段，钢楼板在静荷载下的弯曲应力 w_1（其中包括湿混凝土重和 20 磅力/英尺的施工荷载）为：

$$f_b = M_1/S_d = (w_1 L^2/8S_d)\ 12 = 1.5 w_1 L^2/S_d \leqslant 0.6 F_y$$

当应力大于允许应力值时，或者选择强度更高的楼板，或者在施工阶段提供支柱支撑以减小弯曲变形。然而，金属楼板的选择不仅取决于荷载和跨度，同时也取决于是否在楼板中布置电线。

例 5.7

一 4 英寸厚组合轻质混凝土板，带有 1.5 英寸，22 标距的钢楼板，跨度 7 英尺。检验在施工阶段 55 磅力/英尺荷载的情况下，是否需要参与共同作用的临时支撑。取用，$S_d = 0.21$ 英寸^3/英尺，$F_y = 33$ 千磅力/英寸。

$$f_b = 1.5(0.055)7^2/0.21 = 19.25\ \text{千磅力/英寸} \leqslant 0.6(33)$$
$$= 19.8\ \text{千磅力/英寸}(\text{约 } 136546.15\text{kN/m}^2)$$

不需要支柱支撑。由于未受支柱支撑的楼板甲板承担板自重和一些附加荷载，所以板只需要提供一部分活荷载的支撑。

最后组合阶段，简支板可认为超配筋，而混凝土在弯曲时为薄弱部分。然而，在许多测试中都显示组合板的承载力取决于剪力而不是弯矩。在设计组合楼板时，读者应参阅钢楼板生产厂商目录中的允许荷载值。在混凝土结构中，有两种组合板体系：

- 预制、先张拉搁栅与现浇混凝土板组合。
- 先张拉、预制薄板（2～3 英寸厚）作为浇注组合板体系中混凝土的模板。这种体系可应用于跨度大于 25 英尺的情况中。在施工阶段，必须支撑预制薄板来承担湿混凝土的重量。对于长跨结构，采用空心预制单元以减小静荷载。

双向板

ACI 规范认为现浇混凝土双向板为三位结构中的一个连系部分。将一框架建筑视为沿着楼板中心线竖向切割后的结构，位于两柱的中间，首先沿着宽度向然后与其垂直沿着长度方向（图 7.12 左下）。则空间结构分割成等效的平行平面刚性框架，并与垂直框架连接。这些框架中的梁弯曲刚度各不相同；它们可以是浅的宽板梁，如在平板和无梁楼板中，它们也可以是 T 形深梁，如梁上的双向板中。

ACI 规范在以下两种设计方法中都使用这一等效框架概念。

- 直接设计方法：只对重力荷载作用适用的半经验方法。
- 等效框架方法。

对框架法的深入讨论，读者可查阅第七章中刚性框架这一节。

这里不再对等效框架概念作进一步探讨，原因是其分析本质所具有的复杂性，这种复杂程度导致它在水平连续板的双向受力分析中难以形成概念。此外，等效框架概念假定侧向力在双向板支撑于刚梁上的建筑中完全由刚性框架承担，而在无梁楼板建筑中由刚度大的剪力墙或周边筒体承担，所以重力荷载控制了双向板的设计。应该认识到上述假定只适用于高层建筑中，因为在普通的中等高度建筑中，侧向力通常不起控制作用。因而，在板的初步设计中只考虑重力荷载是合理的。

在过去，重力荷载作用下板的设计通常基于弹性分析或经验方法，在弹性分析中，认为每块楼板与其上下端的柱固接。直到 1971 年 ACI 规范才区分了双向板支撑在刚梁上和双向板直接支撑在柱上两种设计方法。由于只研究这种极限状态但却是典型的情况（而不是介于这两者之间的情况，如板支撑在弯曲浅梁上），所以需要用到经验方法，而不是目前 ACI 规范中统一起来的一般方法。特别是在分析水平板在重力荷载作用下的受力概念时应采用经验方法。

支撑在刚梁或墙上的双向板

当矩形单向板在均布重力荷载作用下变形时，其形状犹如圆柱面。所有荷载沿着一个方向传递到刚性支座上，如同单向弯曲挠曲线所表现的那样。另一方面，被隔离的方形板在四边受支撑（图 5.10，其变形如同碟子），就好像一个位于圆形底盘上的倒置浅圆屋顶（图 5.10e），在角部有负弯曲，与穹隅相类似，因为穹隅允许圆形屋顶向矩形底盘的转变。板的这种双向作用是十分复杂的，将在以后的章节中介绍。与其试图预测板的弹性受力性能，还不如使用经验公式。经验公式中的系数不反应应力变化，而是一个常数，即假定了平均弯矩的均匀包络线；他们所关心的是板的整体安全性。在初步设计中，可以使用 ACI318 - 63 中的方法 2；当板在四边受到刚度足够的梁的支撑时，ACI 规范仍然允许使用这种分析方法。这种方法是最简单的方法，同时也是最不经济的方法，因为它没有考虑塑性重分布；然而，它却给出了支撑在梁上的双向板设计方法。在弯矩系数法中，双向板在每个方向划分为板宽一半的中间条带，对称于中心线，在两侧 1/4 板宽处划分成柱顶条带（如图 5.10d）。

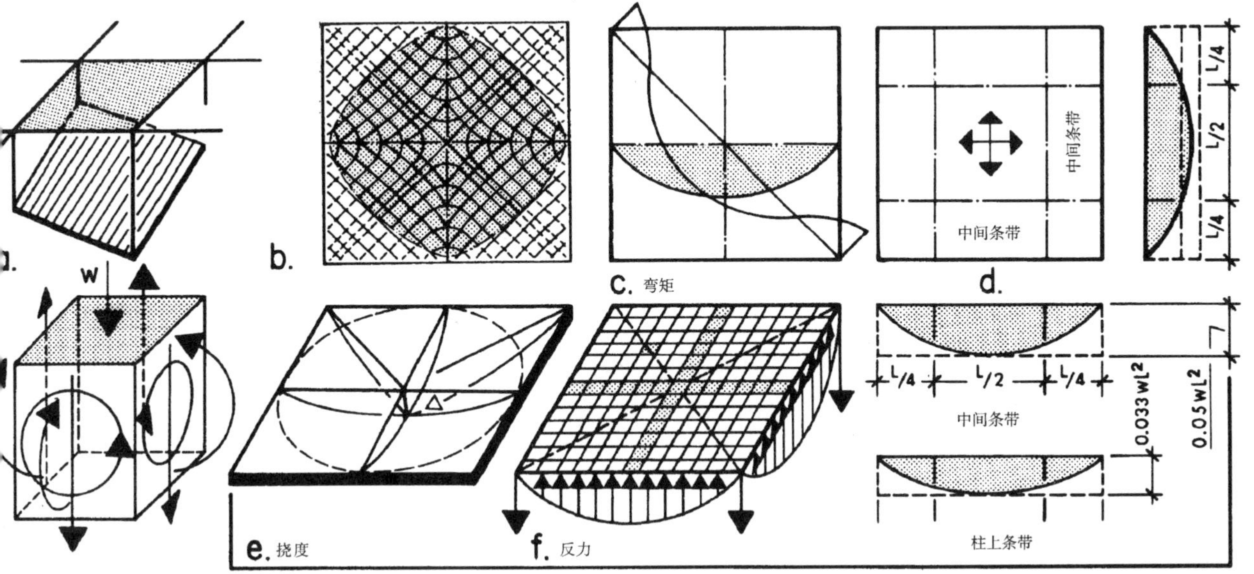

5.10 支撑在刚性支撑上的双向板介绍

在两侧 1/4 板宽处划分成柱顶条带（如图 5.10d）。柱顶条带中每英尺宽度的平均弯矩取为相应中间条带弯矩的 2/3，这样反应了弯矩向边缘区域的递减性。

为了进一步了解板的受力性能，首先将方形板沿着纵向及横向划分成互相平行的一英尺宽条带（图 5.10e）。当沿着对称轴方向将互相垂直的条带分离分析时，每一个浅板梁受力性能近似于单向弯曲体系，平均承担荷载。因而，在每个方向中点处的最大弯矩为：

$$M_{max} = (w/2)\ L^2/8 = 0.625wL^2$$

然而在实际情况下，条带并不是互不联结的离散体，而在其边界处联结，这样便使板在弯曲时可提供抗扭转力。在弯矩经验系数法中（表 A.7），这种情况下的近似最大弯矩为

$$M_{max} = 0.05wL^2$$

因而，沿着中心条带，80% 的扭矩是通过弯曲来抵抗的，而 20% 通过扭转来抵抗（忽略薄膜效应）。有趣的发现是，简支方形板中的最大弯矩与简支圆形板的最大弯矩几乎相等。基于相似的道理，简支多边形板（包括三角形板）的最大弯矩可由其等效内接圆的最大弯矩来近似。同样有趣的是，对于连续的或固支的圆形和方形板其最大支座弯矩也几乎是相同的。

当简支板为矩形时，可通过使其想象中的两方向中间条带最大挠度相等的方法（因为在两条带的交点处（即板中心）位移必须是相等的）近似计算沿长度方向和宽度方向分别承担的荷载部分（图5.10e）。

$$5w_sL_s^4/384EI=5w_LL_L^4/384EI \quad 或$$
$$w_L=w_s\ (L_s/L_L)^4=w_sm^4$$

当比例 $m=L_s/L_L$ 下降时，越来越多的荷载由短边方向承担，而长度方向所承担的荷载减小。例如，令 $m=0.5$，则 $w_L=w_s\ (0.5)^4=w_s/16$，但

$$w=w_s+w_L=w_s\ (1+1/16) \quad 或 \quad w_s=0.94w$$

这时，94%的荷载由短边方向承担，而在长度方向只有很小的荷载。显然，当板的长度与其宽度之比大于2时，可认为板为跨越短边方向的单向板。典型的双向板中，m 值的范围在 $0.7M$。从以上讨论中可以看出，短边方向承担较大的恒载，并引起与长度方向相比更大的弯矩。类似的，板中刚性的连续边界会比简支边界吸引更多的荷载。因而板的尺寸形状和边界支撑条件决定了各向同性板中荷载的分布。

与中心条带平行的条带不仅受弯，同时受扭。板单元的位移图（图5.10a）显示，除了弯曲会引起剪力（V_x，V_y）和弯矩（M_x，M_y）以外，扭转也会引起扭转剪力和扭转弯矩（M_{xy}，M_{yx}）。

当设计者在分析假想的平行条带时，其弯矩从中心条带到边界条带逐步减小（图5.10e），而扭矩增加，或者说斜杆效应增加。在刚性角部区域这种效应尤为显著，因为在该区域板趋向于对角支撑。角部区域限制了板自由转动，引起了板沿着对角线方向发生类似于固端梁的梁作用（图5.10b，c）。为了防止不连续边界角部区域的上翘，板必须在角部被固定，并由对角上层钢筋来抵抗负弯矩。

板的这种在均布荷载作用下的复杂受力性能可由不包括扭转应力的最大和最小主弯矩线令人信服的反应出来，它表明了弯曲应力的方向是以圆形向外辐射（图5.10b）。其中，连续实线代表了板底部的拉应力（最大正弯矩），而虚线代表了曲率的变换。

虽然 Pier Luigi Nervi（著名的意大利设计师）曾经如此做过，但获得配筋板的拉力线显然是不实际的（见图5.11g）。将简支板中的肋板沿着主应力流方向变为曲线时，Nervi 发现了不曾预料的美丽曲线图，当肋板在外部荷载作用下以动态、有机的方式反应时，它使得材料变活了。

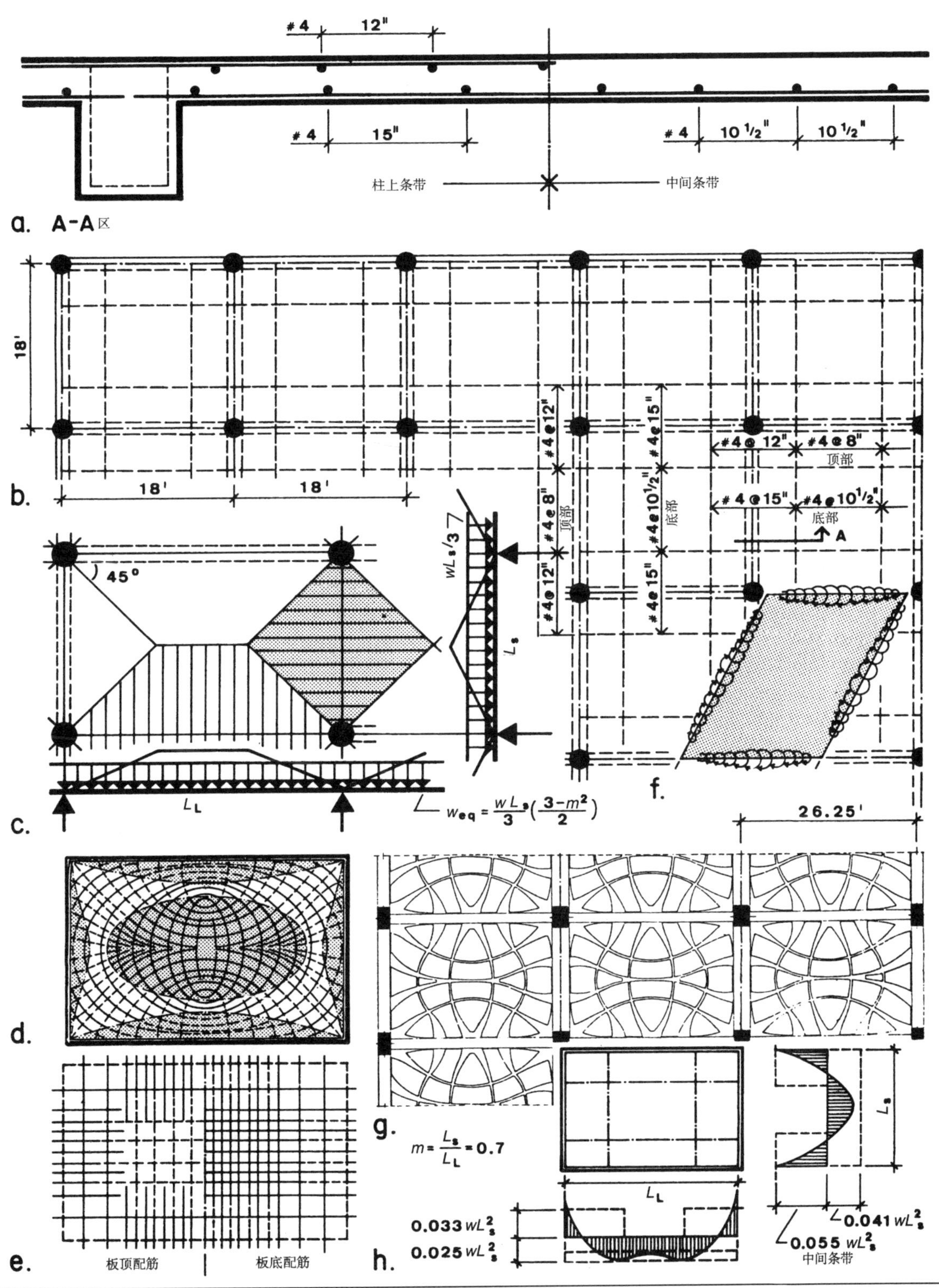

图5.11 刚性梁上双向板的设计

与简支板对比，在连续板中几乎没有角部弯矩；那里的刚性梁截面则承担了所有的扭矩。图 5.11d 中的主弯矩包络线显示了各向同性板中复杂的应力变化。

对于支撑在刚梁上的双向板，控制弯矩假定沿着板的中心线方向，在板的中部区域为正弯矩，而在梁边界处为负弯矩。可采用类似的方法来显示其他类型板的受力性能；即将假想的中心条带视作等效的 1 英尺宽的浅梁。

表 A.7 给出了各种类型板及尺寸的板的弯矩系数，其表达式为 $m = L_s/L_L$（短边与长边之比）。对中间条带的弯矩 M_u 计算如下

$$M_u = (\text{coef.})\ w_u L_s^2 \tag{5.21}$$

式中 L_s——短边长度，通常为梁或墙的中到中距离（英尺）。

注意到长跨弯矩系数与短跨弯矩系数之比为其跨度比的平方！

柱顶条带每英尺宽度的平均弯矩可取为相应中间条带弯矩的 2/3。

应该记住选用弯矩系数是基于板整体浇注且带有支撑梁或墙的情况下。反过来，对于建筑物外开间的简支情况，由于在支撑处约束比较弱会使正弯矩增加。

对于典型的使用弯起钢筋的外部板，根据图 5.11e 中显示的假定弯矩作用，抗弯钢筋应沿着假想的一英尺宽梁条带的两个方向配置。根据 ACI 规范，位于控制条带的主筋间距不应超过板厚的 2 倍。在其他部位，间距为板厚的 3 倍，也即柱顶条带的钢筋间距与相应的控制条带相比增加 50%，但不能超过 18 英寸。

观察其弯矩图（图 5.10e，f）可以轻易的发现双向板的反力不为常数。因而，沿着板边缘的剪力分布也不是常数。通常，短边方向梁所承担的荷载为楼板相应的三角形区域内的荷载，而长边方向梁上的荷载为板相应梯形区域内的荷载（图 5.11c）。这时，典型的内部开间板中的最大剪力发生在中间条带的端部

$$V_{umax} = w_u L_s/2 \tag{5.22}$$

与平板相反，双向板中作用于梁上的剪力通常是不重要的；所以分析梁时忽略剪力影响。

支撑梁上的荷载可转换成相应的均布荷载（见题 5.33），因而可以获得近似弯矩（如图 5.8a）。

无论采用何种钢筋，根据 ACI 318－63，可估算支撑在刚梁上的双向板厚度，其值与混凝土强度无关，如下

$$t = L/3.75 \geq 4 \text{ 英寸} \tag{5.23}$$

式中 t = 板厚（英寸）；

L = 板跨度平均值，$(L_s + L_L)/2$ （英尺）

由于采用了接近于 $\rho_{max}/2$ 的配筋量，其挠度应在允许范围内。

例 5.8

某一办公楼混凝土楼板框架，梁布置为 18 英尺 ×18 英尺；开间内采用双向混凝土板。活荷载为 80 磅力/英尺^2，附加静荷载为面层静载 10 磅力/英尺^2，隔断静载 20 磅力/英尺^2。取用f'_c =4000 磅力/英寸^2，f_y =40000 磅力/英寸^2。对内跨板作初步设计。

估算板厚

$t = L/3.75 = 18/3.75 = 4.8$ 英寸（约 12.19cm） 取板厚 5 英寸（约 12.7cm）

极限均布荷载

$w_u = 1.4(5(0.150/12) + 0.030) + 1.7(0.080) = 0.27$ 千磅力/英尺^2(约 12.97kN/m^2)

由于开间尺寸小于 400 英尺^2，不采用活荷载折减。

从表 A.7 中可以查得内跨板中间条带的弯矩系数。

沿着板边缘的支座负弯矩为

$M_u =$ (coef.) $w_u L_s^2 = 0.033\ (0.27)\ 18^2 = 2.89$ 千磅力・英尺（约 3.92kN・m）

跨中正弯矩为

$M_u = 0.025\ (0.27)\ 18^2 = 2.19$ 千磅力・英尺（约 2.97kN・m）

令 $d = 5 - 1.5 = 3.5$，则相应的抗弯配筋为

$$A_s = M_u / (0.85 f_y d) \qquad \textbf{(4.7b)}$$

$-A_s = 2.89\ (12)\ /\ [0.85\ (40)\ 3.5] = 0.291$ 英寸^2/英尺（约 6.16cm^2/m）

$+A_s = 2.19\ (12)\ /\ [0.85\ (40)\ 3.5] = 0.221$ 英寸^2/英尺（约 4.67cm^2/m）

$A_{smin} = 0.0020bt = 0.0020\ (12)\ 5 = 0.120$ 英寸^2/英尺（约 2.54cm^2/m）

为中间条带选择配筋（图 5.11a，b，e）。沿着板边缘梁上的顶部配筋为

$s =$ (0.2/0.291) 12 = 8.25 英寸（约 20.96cm）

采用#4@ 8 in. o. c.

该区域内的底部配筋为

$s =$ (0.2/0.221) 12 = 10.86 英寸（约 27.58cm）

双向采用#4@ 10 1/2in. o. c.

柱顶条带中的平均弯矩为相应中间条带弯矩的 2/3，相应的钢筋间距 s 增加 50%；但是间距不应超过 $3t = 3\ (5) = 15$ 英寸（约 38.10cm）。

支座处的顶部钢筋：$s=1.5$（8）=12 英寸（约 30.48cm），采用#4@12in. o. c.

该区域内的底部配筋：$s=1.5$（10.5）=15.75（约 40.01cm）>15 英寸（约 38.1cm），采用#4@15in. o. c.

在这里不使用直纹钢筋作为顶部和底部的配筋，而选用板底钢筋弯起（图 5.11e）。

最大剪力发生在中间条带端部的梁截面上（图 5.10f）。

$$V_u = w_u L_s/2 = 0.27\ (18-1)\ /2 = 2.3$$ 千磅力（约 10.23kN）

混凝土的抗剪承载力为

$\phi V_c = 0.11 b_w d = 0.11(12)3.5 = 4.62$ 千磅力 >2.3 千磅力（约 20.56kN >10.23kN）（**4.12**）

对于双向板的梁，剪力很少成为问题。

在连续梁抗弯初步设计中，板的三角形荷载可转换为均布荷载（图 5.11c），因而可以采用 ACI 规范中适用于梁及单向板的弯矩系数。当不考虑活荷载折减，等效均布梁荷载为

$$w_u L_s/3 = (0.27\ (18)\ /3)\ 2 = 3.24$$ 千磅力/英尺（约 47.26kN/m）

墙本身的重量以及可能的作用在墙上的荷载应加到此荷载中去。

虽然相对于单向板，考虑板的双向作用时可以节省配筋。但是，梁的支座会使层高增加并且只允许管道在梁底部通过。由于这些不利因素，在典型的高层建筑中，梁上的双向板已广泛地被平板概念所替代；这种概念同时允许使用形式简单的模板和配筋形式，因而可减少施工时间，并降低劳动力成本。

无梁楼板和无梁平板

从受力性能来看，双向板是相当复杂的结构。图 5.12d 显示了均匀重力荷载作用下荷载流沿着各向同性板传递时的主弯矩线。这时，柱支撑周围的主弯矩为负值，呈现圆形和放射状，而正弯矩区域与柱基本呈线性连接。这种图形让人们想起了有机体结构，从树叶的经络网格，昆虫翅膀的精致网状形式，放射型的蜘蛛网以及圆锥形帐篷的轮廓线，意识到拉索反应与荷载及相应的弯矩图之间的相似关系。Pier Luigi Nervi 为意大利罗马的 Catti 羊毛厂设计的厂房（1953）在楼板肋条布置中确实遵循了主弯矩准则。然而在几个世纪以前，中世纪晚期的建筑师已经无意识中采用了这种以带肋拱顶来预测拉力线的图形；英国都德时期的扇形拱就是一个有力的证明。

支撑于柱上普通双向板形式有：

- 平板：板直接由柱或墙支撑，其合理的跨度为 20 ~ 25 英尺。这种体系适合于不规则的支撑布置。

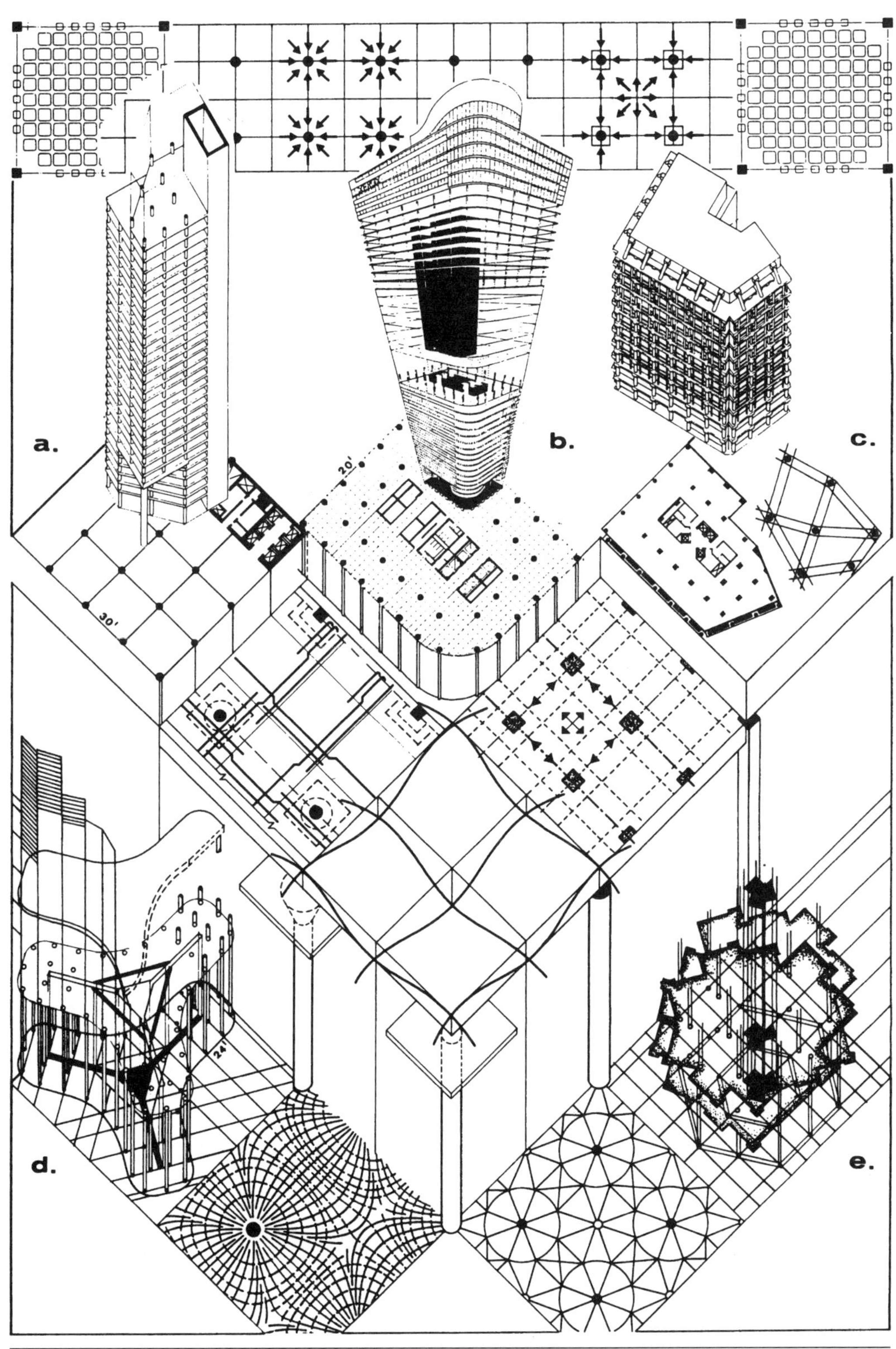

图5.12 无梁楼板结构

- 这种体系适合于不规则的支撑布置。在公寓建筑、宾馆和宿舍中较常采用。无梁薄板结构允许整个建筑的高度降低。
- 无梁楼板：板在柱顶加厚（如，无梁楼盖钢筋混凝土柱顶加厚的托板），柱可能带有柱帽。这种无梁体系用于工业建筑、仓库、车库等重荷载大跨结构中。其合理的跨度为 25 ~30 英尺。
- 支撑与宽浅梁带上的双向板
- 井式楼盖：有两种体系：

  仅在中央部分具有井式形式的实板

  双向密肋板

  双向托梁通常形成标准的正方形穹顶模板，面积约 30 平方英寸，20 英寸厚。在柱顶周围省略这种托梁形式来形成实体顶板抵抗剪力。井式楼盖的合理跨度为 35 ~40 英尺，通常应用于图书馆和需要暴露屋顶结构的公共建筑的第一层。

在初步设计和较轻的住宅荷载下，板的厚度可根据挠度控制来估算（见题 5. 17），

$$无梁楼板：t \geq L_L/3.33 \geq 4 英寸 \tag{5.24a}$$

$$平板：t \geq L_L 3 \geq 5 英寸 \tag{5.24b}$$

式中 L_L 为跨度较大方向柱中线到柱中线的跨度，单位英尺，板厚 t 单位英寸。然而通常情况下板厚是由柱周围的冲切剪力来控制的。在高层建筑中无梁楼盖/平板的厚度一般取为 5 ~10 英寸。

典型的内跨板、角部板以及带有托梁的侧板的厚度应增加 10%。上述厚度值基于钢筋强度为 60 千磅力/英寸^2 的情况，当钢筋强度下降至 40 千磅力/英寸^2 时，应减小 10%，而 50 千磅力/英寸^2 时减小 5%。

下列无梁楼板初步设计模型取自于 ACI 规范的早期版本（ACI 318 -63）。这种经验方法与现在所用的直接设计方法在某些方面类似。在以前设计支撑于梁上的双向板时，假定侧向荷载由刚度大的剪力墙承担，所以重力荷载控制了无梁楼板/平板的设计。

支撑于钢梁上的双向板将荷载传至其周边梁上，而梁再将荷载传递到柱上。在无梁楼板/平板中没有梁，所以梁作用必须由板来替代；试想隐藏的楼板梁跨越柱与柱之间，则平板的受力性能类似于支撑在梁上的双向板。图 5. 13a 显示一部分板的跨度方向与假想楼板梁的方向平行，而另一部分板的跨度方向与假想楼板梁的方向垂直，然后板必须与梁的方向平行。可以得到如下结论，总的荷载必须由各个方向板完全承担。这就表面无梁楼板的弯矩值应与单向板的弯矩值在同一范围内。

楼板的总荷载 wL_2 以单向受力的方式被传递至隐藏楼板梁上，如图 5. 13b 所示，然后总荷载横向传递至柱上。总的静力弯矩 M_o 为

$$M_o = (w_u L_2)\ l_n^2/8 \qquad (5.25)$$

式中：l_n = 柱间净跨或柱帽间跨度 L_1；

L_2 = 与 L_1 跨垂直方向的跨度。

对典型的中间跨，假定梁两端固定，则总静力弯矩的2/3 为负值而1/3 为正值。根据 ACI 规范，65% 的总静力弯矩被分配到支座上，而余下的（35%）则不进行分配。对于端跨的不同分配方式，读者可查阅规范。

为适应双向板的储备强度和高次超静定，只要总静力弯矩不变，ACI 规范允许 10% 的正负弯矩进行重新分配。

下一步，板沿着纵向和横向划分成柱顶条带和中间条带，用以考虑不同的应力强度（图 5. 13c）。柱顶条带在距离柱中心两侧的宽度等于板边长 L_1 和 L_2 中较小值的 1/4（间图 5. 13b）。中间条带定义为位于柱顶条带中间的部分。因而，对于均匀的正方形板布置，中间条带和柱顶条带在两个主要方向上均占据板宽的一半。

根据 ACI 规范，较刚的柱顶条带承担 75% 的支座弯矩 $0.65M_o$

$$M_1 = 0.75\ (0.65M_o) = 0.49M_o \qquad (5.26)$$

较柔的中间条带则承担余下的 25% 支座弯矩

$$M_3 = 0.25\ (0.65M_o) = 0.16M_o \qquad (5.27)$$

采用类似的方法但用较小的比例，柱顶条带承担 60% 的正弯矩 $0.35M_o$

$$M_2 = 0.60\ (0.35M_o) = 0.21M_o \qquad (5.28)$$

余下的 40% 弯矩由中间条带承担

$$M_4 = 0.40\ (0.35M_o) = 0.14M_o \qquad (5.29)$$

弯矩绝对值的最大值或是板的抗弯承载力在柱支撑处。对于正方形板，保守地令平板的净跨为 $l_n = 0.95L$，则总的柱顶条带负弯矩为

$$M_1 = 0.49M_o = 0.49\ (w_u L)\ (0.95L)^2/8 = 0.055w_u L^3$$

或者每英尺宽的支座弯矩为

$$M_1 = 0.055w_u L^3/\ (L/2) = 0.111w_u L^2 \simeq w_u L^2/9 \qquad (5.30)$$

注意到正如前面所说的，弯矩的取值在单向板的取值范围内。则相应的弯矩为

$$M_4 = 0.14M_o = 0.111w_u L^2\ (0.14/0.49) = 0.032w_u L^2 \qquad (5.31)$$

可以看到支撑于梁上的双向板由于其较刚的边界支撑条件，最大弯矩值比单向板减小约 20%。

对于方形板，在横向配置与纵向相同的钢筋。两个方向的钢筋最大间距都不能超

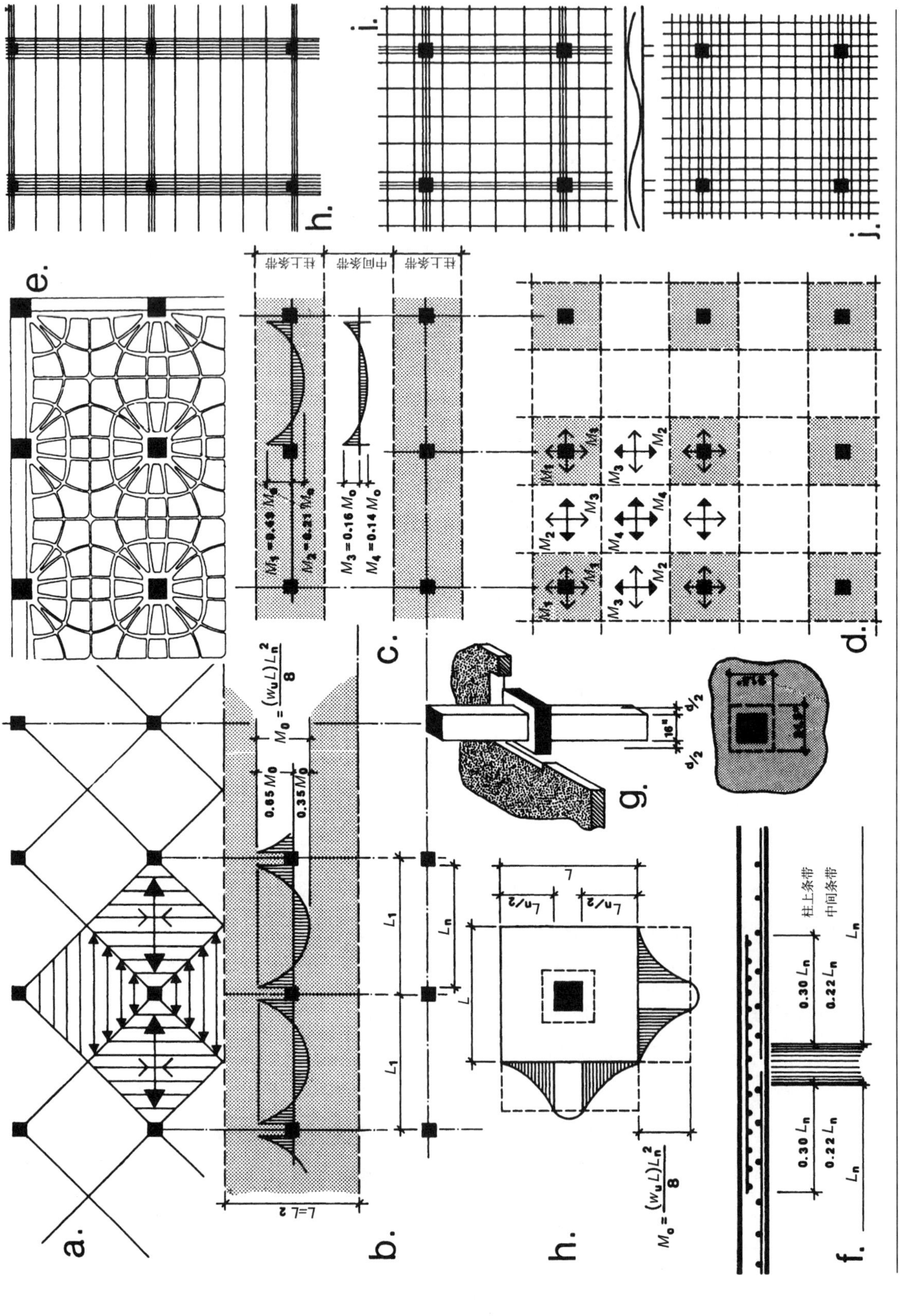

a.

b.

$L = L_2$

L_1 L_1 L_n

$0.65\ M_0$

$0.35\ M_0$

$M_0 = \frac{(w_u L) L_n^2}{8}$

c.

$M_1 = 0.49\ M_0$

$M_2 = 0.21\ M_0$

$M_3 = 0.16\ M_0$

$M_4 = 0.14\ M_0$

柱上条带

中间条带

柱上条带

d.

M_1 M_2 M_3 M_4

e.

h.

L $L_n/2$ $L_n/2$

$M_o = \frac{(w_u L) L_n^2}{8}$

g.

16"

d/2 d/2

f.

$0.30\ L_n$ $0.30\ L_n$

$0.22\ L_n$ $0.22\ L_n$

L_n L_n

柱上条带

中间条带

h.

i.

j.

图5.12 无梁平板和后张拉预应力板的设计

过板厚的 2 倍。

每一个人都应该记住，对于长方形平板，沿着柱顶条带的长跨方向产生较大弯矩，相反对于支撑于梁上的双向板，中间条带的短跨方向产生较大弯矩。

在支撑于梁上的双向板中，剪力由梁传递到柱上；而由板传至梁上的剪力被忽略。然而，在无梁楼板/平板结构中，由于不存在梁，柱有冲切板的趋势——这一冲切剪力是十分重要的。在板中采用柱帽、无梁楼盖钢筋混凝土柱顶加厚托板或抗剪柱头配筋可以提供板的抗剪承载力。在双向作用距离柱 $d/2$ 长的范围内（图 5.13g），混凝土的抗剪强度为

$$\phi V_c = \phi \ (4\sqrt{f'_c}) \ b_o d \tag{5.32}$$

式中 $\phi = 0.85$；

b_o——控制截面的周长（英寸）；

f'_c——混凝土强度（磅力/英寸^2）；

d——板的有效高度（英寸）。

柱中弯剪组合作用产生最高的应力集中（如柱上的拉力）。

当柱上增加了柱帽和加厚托板后，不仅板的抗剪承载力增加，板的有效跨度也降低，导致平板中弯矩减小。另一方面，柱周围的刚度增加会吸引更多的总静力弯矩 M_0，因而降低了弯矩，M_4。一般情况下，采用柱帽只会导致负弯矩微微减少。

在基础设计中我们可以找到平板结构应用的其他例子。基础底板假定为倒置的双向板；柱中荷载与假设的均匀土压力相平衡。单个柱底基础的受力方向可视为倒置的隔离平板承受均匀荷载并在中间由柱支撑。同时，在两个方向按单向作用方式传递总荷载，要求在方形基础底部两垂直方向布置相同的钢筋（图 5.13h）。总的弯矩最大值为

$$M_o = w_u L \ (l_n/2) \ l_n/4 = \ (w_u L) \ l_n^2/8 \tag{5.25}$$

式中：l_n = 从柱面至基础的悬挑跨度 = $(L-b)/2$。

对于平板，控制冲切剪力发生在距离混凝土柱表面 $d/2$ 处。

例 5.9

高层公寓建筑，开间 18 英尺 ×18 英尺，采用平板结构支撑于 16 英寸 ×16 英寸柱上。侧向荷载由剪力墙承担。活荷载 40 磅力/英尺^2，由隔断附加的静荷载为 20 磅力/英尺^2。取用 $f'_c = 3000$ 磅力/英寸^2，$f_y = 60000$ 磅力/英寸^2。对内跨板作初步设计。

假定外跨板的厚度决定整个楼板的厚度，然后根据挠度控制来估算板厚。

$t=1.1(L/3)=1.1(18/3)=6.6$ 英寸(约 16.76cm)　　取 7 英寸厚板(约 17.78cm)

由于板的面积小于 400 平方英尺，不进行活荷载折减，则板的最终荷载值为

$w_u=1.4(7(0.150/12)+0.020)+1.7(0.040)=0.22$ 千磅力/英尺^2(约 10.56kN/m^2)

到上层钢筋质心的有效高度 d 可保守地估算为

$$d=7-1.5=5.5 \text{ 英寸（约 13.97cm）}$$

板厚必须通过在柱面周围 $d/2$ 处的冲切剪力验算（图 5.13g）。总剪力为

$$V_u=0.22\ (18^2-[\ (16+5.5)\ /12]^2=70.57 \text{ 千磅力（约 313.98kN）}$$

混凝土抵抗冲切破坏的抗剪强度为

$$\phi V_c=\phi\ (4\sqrt{f'_c})\ b_o d=0.85\ (4\sqrt{3000})\ 4\ (21.5)\ 5.5/1000$$

$$=88.09\text{k}>70.57 \text{ 千磅力（约 391.93kN}>313.98\text{kN）}$$

则 7 英寸厚的板可以抵抗冲切剪力。

内跨板的总静载弯矩为

$$M_o=\ (w_u L)\ l_n^2/8=0.22\ (18)\ /\ (18-16/12)^2/8$$

$$=137.5 \text{ 千磅力·英尺/18 英尺（约 186.59kN·m/5.49m）}$$

柱顶条带的负弯矩为总弯矩值的 49%

$M_1=0.49\ (137.5)\ =67.38$ 千磅力·英尺/9 英尺（约 91.44kN·m/2.75m）

柱顶条带的正弯矩为总弯矩值的 21%

$M_2=0.21M_o=0.21\ (137.5)\ =28.88$ 千磅力·英尺/9 英尺（约 39.19kN·m/2.75m）

中间条带的负弯矩为

$M_3=0.16M_o=0.16\ (137.5)\ =22$ 千磅力·英尺/9 英尺（约 29.85kN·m/2.75m）

中间条带的正弯矩为

$M_4=0.14M_o=0.14\ (137.5)\ =19.25$ 千磅力·英尺/9 英尺（约 26.12kN·m/2.75m）

大致计算得跨越柱截面板的顶部配筋为

$A_{s1}=M_u/\ (0.85f_y d)\ =67.38\ (12)\ /\ [0.85\ (60)\ 5.5]\ =2.88$ 英寸^2/9 英尺

$=0.32$ 英寸^2/英尺（约 6.77cm^2/m）

抵抗柱顶条带负弯矩的#4 钢筋总数为根，或 $s=\ (0.2/0.32)\ 12=7.5$ 英寸

采用#4@7 1/2in. o. c.

柱顶条带板范围内的底部配筋为

$A_{s2}=28.88(12)/[0.85(60)5.5]=1.24$ 英寸^2/9 英尺$=0.138$ 英寸^2/英尺(约 2.92cm^2/m)

$A_{smin}=0.0018bt=0.0018\ (12)\ 7=0.151$ 英寸^2/英尺（约 3.19cm^2/m）$>A_{s2}$

采用#4 钢筋间距为

(0. 2/0. 151) 12 = 15. 89 英寸（约 40. 36cm） > $2t$ = 14 英寸（约 35. 56cm）

取#4@ 14in. o. c.

图 5. 13 为钢筋布置图。

采用相似的方法可以获得中间条带的配筋。

后张拉板

预制先张拉楼板，如先张拉双 T 形板和空心板，已在高层建筑中应用了几十年了。但在现场大量采用无粘结后张拉板是最近才发展起来的。在大跨和浅板中应用尤显其经济性和其他优势。由于先张拉构件在使用荷载下不会开裂，它比普通钢筋混凝土构件更刚，因而在挠度控制最小构件厚度时，它可以做的更薄。而在相同板厚的情况下，比传统的钢筋混凝土板跨度更大，因而内部空间的布置更加灵活。

例如，先张拉平板用于住宅建筑中的跨度为 24 ~ 30 英尺，用于办公建筑中跨度为 35 ~ 45 英尺。这表明当采用后张拉板（而不是普通混凝土结构），板的跨度可增加 30% ~ 40%。而对于非预应力的单向无梁楼板或平板常用的跨高比为 36 左右的范围内，对于后张拉板为 45。

对于连续板结构，通常采用抛物线形预应力筋。由于板设计时考虑成为受均布荷载，因而荷载平衡法成为简便的基本设计方法。在第四章“预应力混凝土梁”中提到，预应力产生向上的荷载可抵消部分重力荷载。在设计板时，取被平衡的荷载通常与静载相等，而静载又与活载大致相等，所以静载引起的挠度与预应力产生的反弯度相等，则不产生挠度。然后将由活荷载引起的弯曲应力与均布轴向预拉应力叠加。

单向板被视为连续的一英尺宽梁，因而预应力筋与支座垂直布置，而非预应力筋的分布筋与支座平行（图 5. 13h，例 4. 3）。支撑梁也可以进行后张拉（如习题 4. 31），特别是当它们形成宽扁条带时，其厚度可估算为至 $t = L/3 \sim L/2.5$。

虽然双向荷载平衡概念（如图 4. 6a）与单向梁设计方法十分相似，但双向的预应力筋布置尤其重要。图 5. 13h – j 显示了双向板中各种预应力筋的布置方式。支撑于刚性梁支座上的双向板，其最佳的布置方式好像是均匀布置规则网格的预应力薄膜网状结构（图 5. 13i）。

在平板结构中，无论是现浇板还是升板技术，后张拉板的应用更为普遍。预应力筋的布置可直接依据平板设计的连续梁概念，如图 5. 13j 所示，其中柱带周围较密的钢筋布置显示了沿着柱顶条带的应力集中。

图 5.13h 所示的窄条预应力筋布置在无梁平板中使用非常多；它大大地简化了构造要求和安装过程。这种后张拉特性创造了支撑于预应力板梁上的预应力单向板。

预应力实体板的常用跨高比为 45 左右的范围内，而对于预应力搁栅板为 30。在进行预应力连续楼板设计时，可采用下列经验公式，其中跨度为 L（单位：英尺），板厚 t（单位：英寸）。

单向实体板：	$t=L/4.2\sim L/3.5$
单向格栅板：	$t=L/2.5\sim L/2$
位于刚性支座上的双向板：	$t=L/4.5\sim L/3.75$
无梁楼板：	$t=L/4\sim L/3.75$
平板：	$t=L/3.75\sim L/3.5$
井式楼盖：	$t=L/3\sim L/2.5$

在初步设计中，上述板厚取值中的较小值也可以用在简支楼板结构中。

例 5.10

对一后张拉板进行初步设计，其内部开间为常用的 30 英尺 ×30 英尺，由 16 英寸 ×16 英寸．柱支撑。板所受荷载为：隔断静载：20 磅力/英尺^2，折减活荷载：40 磅力/英尺^2。混凝土强度取$f'_c=4000$ 磅力/英寸^2，270 号钢筋束。在初步设计时，由于活荷载远小于总荷载的一半，假定 80% 的静载被平衡。

根据式 $t=L/3.5=30/3.5=8.57$ 英寸估算板厚；取用 8.5 英寸厚板。计算荷载。

板自重：（150/12）8.5 =	106 磅力/英尺^2
隔断：	20 磅力/英尺^2
静载：	126 磅力/英尺^2
折减活荷载：	40 磅力/英尺^2
总荷载：	166 磅力/英尺^2

30 英尺宽的连续板梁的荷载为

$$w_D=0.126\ (30)\ =3.78\text{klf}\ (约\ 55.15\text{kN/m})$$

$$w_L=0.040\ (30)\ =1.20\text{klf}\ (约\ 17.51\text{kN/m})$$

$$w_s=4.98\text{klf}\ (约\ 72.66\text{kN/m})$$

对于抛物线形预应力筋，钢索偏心约为

$$e=t-2d'=8.5-2\ (1.5)\ =5.5\ 英寸\ (约\ 13.97\text{cm})$$

假定等效的预应力荷载：

$$w_P = 0.8w_D = 0.8\ (3.78) = 3.02\text{klf}\ (约\ 44.06\text{kN/m}) \tag{4.44a}$$

这时，根据式 4.39，平衡这一荷载所需要的预应力为

$P = w_P L^2/8e = 3.02(30)^2/[8(5.5)/12] = 741.27$ 千磅力/30 英尺(约 3298.08kN/9.15m)每条带

这将引起一个平均预压应力，其中 75% 的力作用在 15 英尺宽的柱顶条带上，

$f_a = P/A = 0.75(741270)/[8.5(15)12] = 363.37$ 磅力/英寸^2(约 2505.89kN/m^2)

这一值处在板所受预应力值的典型范围内（175～400 磅力/英寸^2）。

由净荷载引起的弯矩

$$w_{net} = w_s - w_P = 4.98 - 3.02 = 1.96\text{klf}\ (约\ 28.60\text{kN/m})$$

$M_o = w_{net} l_n^2/8 = 1.96(30 - 16/12)^2/8 = 201.34$ 千磅力·英尺/30 英尺(约 273.22kN·m/9.15m)

柱顶条带的控制弯矩为

$-M_s = 0.49M_o = 0.49(201.34) = 98.65$ 千磅力·英尺/15 英尺(约 133.87kN·m/4.58m)

相应的弯曲应力为

$f_b = \pm M/S = 98650(12)/[15(12)8.5^2/6] = 546.16$ 磅力/英寸^2(约 3766.46kN/m^2)

组合压应力为

$f_c = f_b + f_a = 546.16 + 363.37 = 909.53$ 磅力/英寸^2(约 6272.36kN/m^2) $\leqslant 0.45f'_c$

$= 0.45(4000) = 1800$ 磅力/英寸^2(约 12413.27kN/m^2) **(4.42)**

组合压应力值比允许值小。

拉应力同样满足要求，如下式：

$f_t = f_b - f_a = 546.16 - 363.37 = 182.79$ 磅力/英寸^2 （约 1260.57kN/m^2） $\leqslant 6\sqrt{f'_c}$

$= 6\sqrt{4000} = 380$ 磅力/英寸^2 （约 2620.58kN/m^2） **(4.43)**

由于拉应力很低，混凝土没有得到充分利用，因而预应力钢筋束将承担更多荷载。

根据式（4.41），所需的钢筋面积为

$A_s = P/0.56f_{pu} = 741.27/0.56\ (270) = 4.90$ 英寸^2/30 英尺 （约 31.61cm^2/9.15m）

根据 ACI 规范，75% 的弯矩或相应的配筋集中在柱顶条带

$A_s = 0.75\ (4.90) = 3.68$ 英寸^2/15 英尺 $= 0.245$ 英寸^2/英尺 （约 4.82cm^2/m）

对于直径为 0.6 英寸的钢筋，其在柱顶条带中的等效间距为（如表 A.5）

$s = (12/0.245)0.216 = 10.58$ 英寸(约 26.87cm) $< 4t = 4(8.5) = 34$ 英寸(约 86.36cm)

采用 7 根 270 号无粘结应力释放索 - 钢筋 ASTM A16，直径为 0.6 英寸，沿着柱顶条带方向间距为 10 1/2in. o. c. 。

在中间条带中，集中了25%的总弯矩，则其间距为柱顶条带钢筋间距的3倍

$$s = 3\ (10.5)\ = 31.5\ \text{英寸}\ (\text{约}\ 80.01\text{cm})\ < 6t$$

根据ACI规范318－77条注释的建议，上例中最大预应力筋间距为$4t$和$6t$。由于采用的是无粘结预应力筋，ACI规范要求在负弯矩区域的受拉截面处必须提供最小的粘结钢筋。

板每平方英尺的钢筋重量为

$$w_s = A_s\gamma_s = A_s\ (490/12^2)\ = A_s\ (3.4\text{lb/英寸}^2\text{/英尺})$$
$$= 3.4\ (4.9/30)\ 2 = 1.11\text{lb/英尺}^2\ (\text{约}\ 53.09\text{N/m}^2)$$

与通常板中值0.8*lb*/英尺^{2}相比，该值偏高，由于混凝土的应力低，所以可以预测该值。为获得净的弯曲拉应力应修正被荷载平衡掉的力，正如第四章“预应力混凝土梁”这一小节最后（同时参考习题4.31）所讨论的，若不进行修正，将得到偏小的预应力。在详细设计中，板还需通过初始设计状态和挠度的验算。在极限荷载情况下，开裂面必须通过弯曲验算，同时特别注意冲切剪力的验算。

楼梯板

楼梯经常成为整个建筑中的重要部分－而不仅仅只满足使用功能上的需要。巴洛克式建筑时期精雕楼梯强有力的象征意义，或是加泰罗尼亚地区带有薄瓦片旋转楼梯的大胆结构形式，抑或是现代主义运动中对悬挂楼梯的一些结构试验，都证明了这一观点。图5.14展示了这种楼梯的一些复杂形式。

从几何的观点看，有无穷无尽的楼梯形式（图5.14h，i）。它们可以是直线形的，弧形的，螺旋形的或是这些形式的组合；它们可以是连续的或断开的，单向的或多向的，它们可以有平台或楔形转换宽踏步。

最简单的楼梯形式是从一层到另一层的直线形，可以带有或不带有直接相邻的平台。直线形楼梯当有一个平台时成为L形，两个转折时成为Z形，以及U形，可以是平行楼梯也可以是剪刀形楼梯。

分析楼梯的结构特点时，可认为梯段板为支撑在梁（楼梯斜梁）上，或单独支撑在悬挂装置上，或直接从墙上悬伸出来。这里，如同水平、横向梁作用的踏板有许多支撑形式（图5.14e，f）。踏板也可以形成阶梯形倾斜的混凝土板沿着竖向直接支撑在平台上。大多数的混凝土楼板，包括平台，受力时如图示的折板，其中台阶位于板上，不作为结构部分。

本文中简单研究的楼梯是功能性的，其类型只包括：对于地下建筑不超过四层的交通楼梯；以及在高层建筑中作为安全出口的楼梯（其交通工具为电梯）。在高层建筑

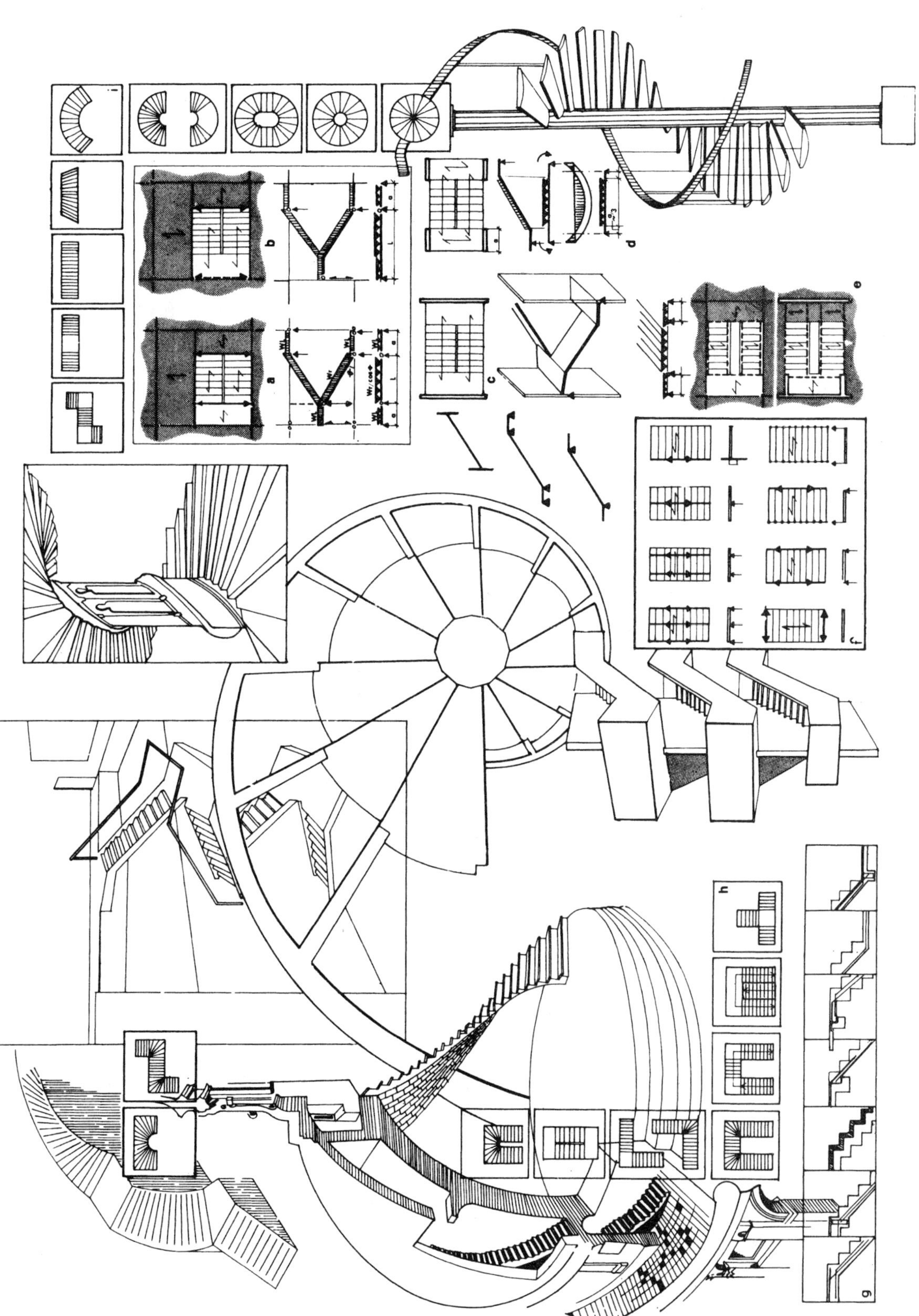

图 5.14 楼梯

中，两人通行楼梯的最小宽度常为3英尺8英寸，其位于平台之间单个楼梯段的最大垂直距离为12英尺。楼梯每踏步高度应大于4英寸而小于7英寸，踏板宽度不小于11英寸。在私人使用楼梯及其他形式楼梯中允许存在例外。

在本文中，只对现浇U形楼梯和剪刀楼梯作进一步的研究。预制混凝土楼梯和钢楼梯通常由厂商作为一个构件整体提供。

对于典型的方形楼梯井，倾斜的楼梯板可直接支撑在平台梁之间，平台的主要区域是楼板的一部分，而直接与梯段板相连的平台则从上部悬挂下来或支撑在下部支柱上。上、下平台可以是楼梯板的一部分，如在悬臂楼梯体系（图5.15c）和铰接折板体系中（图5.15b）。在图5.15d中，带有平台的倾斜板形成简支折板，而支撑梁沿着楼梯井边缘布置。为减小楼梯板的跨度，平台板可按十字状支撑在梯段板上（图5.15e）以形成宽板梁。当U形楼梯外露时，可采用带有不受支撑平台的独立悬臂楼梯，其中只有梯段板固定在楼层中；显然，这是复杂的三维结构问题。

如图5.15中典型情况的混凝土楼梯在设计时，认为它是受重力荷载的简支梁板，忽略由于三维折叠而引起的附加强度是安全的。规范已经给出了活荷载在水平投影上的值，而沿着梯段板的静荷载 w' 必须换算到水平投影方向上的等效荷载，$w'/\cos\theta$，其中 θ 为板的倾角，由于弯矩作用控制设计，所以剪力和轴向力可忽略。

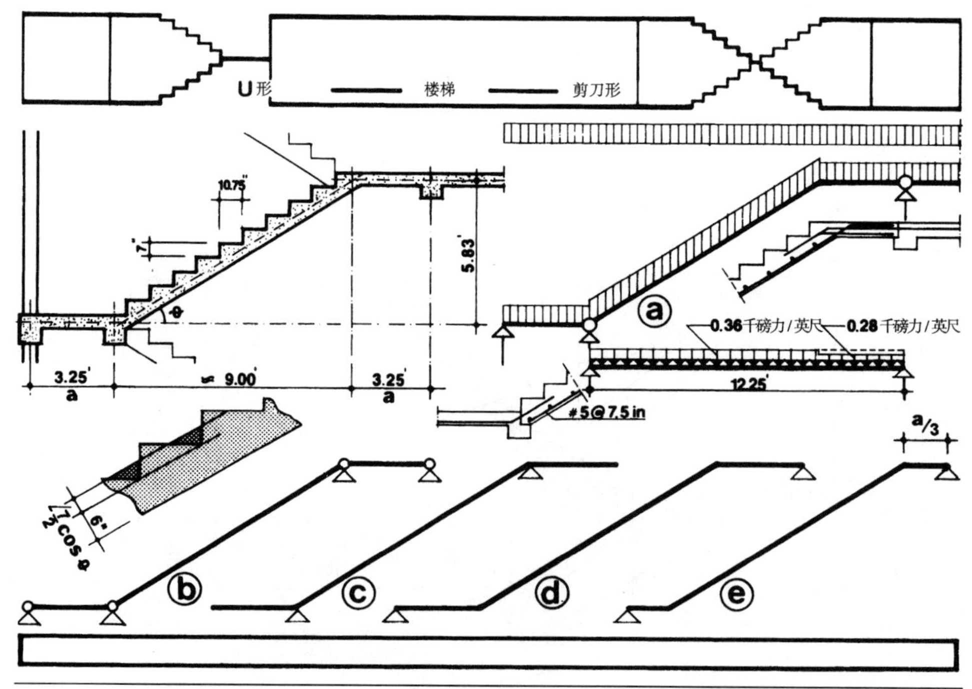

图5.15　典型楼梯板的设计（见例5.11）

例 5.11

设计图 5.15a 中的典型楼梯板，活荷载 100 磅力/英尺^2。取用f'_c =4000 磅力/英寸^2，f_y =40000 磅力/英寸^2。

估算板厚为

$$t = L/2 = 12.25/2 = 6.13 \text{ 英寸（15.57cm）}$$

由于这一折叠板的挠度显然不如水平板的挠度重要，取楼梯板厚 6 英寸。板的倾角：$\tan\theta = 5.83/9 = 0.648$ 或 $\cos\theta = 0.839$。

将踢脚板高度的一半乘以 $\cos\theta$ 换算成等效倾斜板厚再加上原来的板厚，可以用来计算楼梯斜向部分的平均重力

$$[(\cos\theta)\ 7/2+6]\ 150/12 = 36.71+75 = 111.71 \text{ 磅力/英尺}^2 \text{（约 } 5364.31\text{N/m}^2\text{）}$$

作用与倾斜楼梯部分的荷载在水平方向上的投影为

$$w_u = 1.4(111.71/\cos\theta)+1.7(100) = 356.40 \text{ 磅力/英尺}^2 = 0.36 \text{ 千磅力/英尺}^2 \text{（约 } 17.29\text{kN/m}^2\text{）}$$

平台部分的荷载为

$$w_u = 1.4\ (75)\ +1.7\ (100)\ = 275 \text{ 磅力/英尺}^2 = 0.28 \text{ 千磅力/英尺}^2 \text{（约 } 13.45\text{kN/m}^2\text{）}$$

由于较小的平台板荷载不会使由均布荷载产生的最大弯矩减小很多，楼梯荷载可以保守地假定沿着整个梁均匀分布，则可根据熟悉的公式得到弯矩。

$$M_u = w_u L^2/8 = 0.36\ (12.25)^2/8 = 6.75 \text{ 千磅力·英尺/英尺（约 } 30.03\text{kN·m/m）}$$

相应的弯曲配筋为

$$A_s = M_u/(0.85 f_y d) = 6.75(12)/[0.85(40)5] = 0.477 \text{ 英寸}^2\text{/英尺（约 } 10.09\text{cm}^2\text{/m）}$$

取用#5 钢筋时间距为：

$$s = (12/0.477)\ 0.31 = 7.80 \text{ 英寸（约 } 19.81\text{cm）}$$

采用#5@ 7 1/2 英寸 . o. c. ；对于角部钢筋的弯起和搭接参阅图 5.15。

$$A_{sm英寸} = 0.002bt = 0.002\ (12)\ 6 = 0.144 \text{ 英寸}^2\text{/英尺（约 } 3.05\text{cm}^2\text{/m）}$$

$$s = (12/0.144)\ 0.11 = 9.17 \text{ 英寸（约 } 23.29\text{cm）}$$

采用#3@ 9in. o. c. 作为主要板底配筋区域顶部的横向分布钢筋。

习题

5.1 一25 层建筑，高 300 英尺，侧向受到槽形筒式结构或其等效结构的支撑（如图 5.1b）。假定平均风压 28 磅力/英尺^2 作用于建筑纵向立面，近似计算墙所需

承担的风荷载。当强度为4000 磅力/英寸^2 核心混凝土的允许抗剪应力为210磅力/英寸^2 时，试确定墙厚?

5.2 对于图5.1c 至 i 中各种建筑布置方式，建筑高度200英尺，受到30磅力/英尺^2 的风压。假定墙厚相同，且为同一种材料；并考虑风压作用在两个主要方向。计算各建筑第一层底部各剪力墙中荷载近似分配。

5.3 将习题5.2中的开口筒式结构（图5.1d）改为封闭矩形筒体。计算近似荷载流。

5.4 以相同周长圆形筒体代替习题5.3中的正方形筒体。根据钢筋混凝土允许剪应力，例如 $4.75\sqrt{f'_c}=4.75\sqrt{4000}/1000\approx300$ 磅力/英寸^2 找出所需墙厚，忽略墙中孔洞的影响。

5.5 比较封闭筒体和开口筒体（如开槽筒体）之间的简单扭转剪应力，取用筒体半径与墙厚比值 $R/t=15$。对例5.3中的矩形筒体作相同的验算。绘出你的结论。

5.6 如习题5.2中的开口核心筒（图5.1d），当风作用在纵向立面上，假定翼缘20英寸厚，腹板墙15英寸厚，计算其近似最大应力。同时，粗略地检验上部建筑物部分的最大简单扭曲剪应力；阐述你的假定。

5.7 图5.1q 中建筑高200英尺，计算每片等厚剪力墙所受的力。取用均匀侧向风压25磅力/英尺^2 作用在建筑纵向立面。忽略翼缘墙垂直于力作用方向的反力。假定弯曲刚度同时控制端墙的设计（在初步设计中）。

5.8 习题3.10中的刚性框架，设计承担由侧移和扭转引起的最大剪力的柱。在这近似方法中，假定柱的尺寸相同。则力的大小为多少？然后假定只有周边与力的作用方向一致的框架承担扭矩，找出这时受剪力最大的柱。

5.9 在某一层高为12英尺的楼层中，侧向压力为25磅力/英尺^2，近似计算侧向力在五榀平面刚性框架中的分配。假定柱的截面为14英寸×14英寸，梁周长15英尺，截面12英寸×18英寸，内部30英尺长的梁，截面为12英寸×14英寸，混凝土强度为4000磅力/英寸^2。

5.10 将习题5.9中的结构视为一单层建筑。带有柔性屋面隔板。计算框架中力的分配。

5.11 计算例6.3横墙承重体系和例6.4中非承重剪力墙中侧向力的分配。

5.12 对于习题3.15中具有不同刚度的抗侧力围护结构，图3.13c和图5.1o，在某一给定层中，计算由最小扭转偏心率（建筑尺寸150ft 中的5%）所引起的附加地震力。令扭矩为7650千磅力·英尺，刚性框架和支撑框架刚度之比等于 $k_x/k_y=0.35$。

5.13 一高层框架结构（如图5.1r），由沿着周边等厚的剪力墙支撑，计算其侧向力的分配。假定总侧压为 $P_y=100$ 千磅力。

a）忽略翼缘作用而认为结构是静定的。

b）假定扭转由所有墙共同承担，但认为每片墙剪力相等。

c）比较上述计算结果。

5.14 考虑图5.13中的低层建筑，其中墙的受力如同剪力板。计算力的分配并比较计算结果。

5.15 将例5.4中的建筑认为是低层剪力板结构。计算侧向力分配。

5.16 将例5.2中的侧向荷载视为地震荷载。

a）令地震剪力偏心作用，偏心矩为5%的建筑长度；忽略翼缘的扭转承载力，计算由扭矩引起的附加力的分配。给出由侧移和扭转引起的完整结果。

b）忽略核心筒抵抗扭转。得出你的结果。

c）完全不考虑核心筒抵抗侧向荷载。

5.17 给出确定非预应力板厚度的经验公式的推导过程。

5.18 对于例6.4横墙承重体系居住区域的混凝土板进行初步设计。假定混凝土强度4000磅力/英寸^2，40号钢筋。

a）假定实心，简支预制普通混凝土（150磅力/英尺^3）板支撑在墙上。增加10磅力/英尺^2 的楼板面层荷载。

b）假定为现浇连续实体板。研究典型的内跨，如a）情况增加10磅力/英尺^2 荷载。

5.19 连续单向混凝土板受到10英寸宽楼板梁支撑，跨度为12英尺。除了自重外，活荷载80磅力/英尺^2，对该板进行近似计算。取用$f'_c=4000$ 磅力/英寸^2，$f_y=40$ 千磅力/英寸^2。选择板厚以满足不需检验挠度的要求。

5.20 初步确定20英尺长连续混凝土板的尺寸。由于跨度很大，采用轻质混凝土（110磅力/英尺^3），强度$f'_c=4000$ 磅力/英寸^2，$f_y=40,000$ 磅力/英寸^2。对于这种混凝土，所需厚度（根据普通混凝土不需进行挠度验算的要求）必须增加10%。如果板必须承担80磅力/英尺^2 的活荷载和5磅力/英尺^2 的屋面荷载，最大配筋量是多少？假定梁腹1英尺宽。

5.21 计算一仓库的连续单向混凝土板的外跨板，支撑在12英寸宽的梁上，梁的间隔 12 英尺；板沿着立面受到圈梁的支撑。假定除板自重外静荷载 25 磅力/英尺^2，活荷载200 磅力/英尺^2。增加板厚 1/2 英寸作为耐磨表层。取用 f'_c =4000 磅力/英寸^2，f_y =40000 磅力/英寸^2。

5.22 运用图 5.15b ~ e 中的结构概念，计算图 5.15 的楼梯。例 5.11 已经对图中情况 a 的楼梯进行了设计。活荷载 100 磅力/英尺^2。取用，f'_c =4000 磅力/英寸^2，f_y =40000 磅力/英寸^2。

5.23 住宅建筑的楼层结构为 20 英尺 ×20 英尺结构网格，采用支撑在刚性梁上的双向板。对内跨板进行初步设计。取用强度为f'_c =4000 磅力/英寸^2 的混凝土和 40 号钢筋。绘出你的配筋图。假定下列荷载情况：5 磅力/英尺^2 的楼板面层，20 磅力/英尺尺^2 的隔断和 40 磅力/英尺^2 的活荷载。

5.24 对习题 5.23 建筑中的角部板进行设计。

5.25 将习题 5.23 中的双向板改为平板后进行重新设计，假定柱的截面为 16 英寸 ×16 英寸。

5.26 设计一典型的内部开间，18 英尺 ×22 英尺，采用双向板支撑在梁上。考虑为办公建筑的荷载情况：80 磅力/英尺^2 的活荷载和 20 磅力/英尺^2 的楼板面层和屋面的附加静荷载。取用f'_c = 4000 磅力/英寸^2，f_y = 40000 磅力/英寸^2。

5.27 计算一典型平板结构的内开间 18 英尺 ×14 英尺；假定柱的截面 16 英寸 ×16 英寸。住宅建筑的荷载为 40 磅力/英尺^2 的活荷载和 20 磅力/英尺^2 的附加隔断静荷载。取用f'_c =3000 磅力/英寸^2，f_y =60000 磅力/英寸^2。计算上述柱内的近似配筋。

5.28 研究 48 英尺 ×48 英尺网格的办公建筑中典型的内跨双向梁板框架体系。12 英寸宽的后张拉混凝土梁在每个方向间距为 12 英尺。位于梁网格上的双向板必须承担折减后的活荷载 50 磅力/英尺^2 和 20 磅力/英尺^2 的隔断活荷载。取用f'_c =4000 磅力/英寸^2 和 160 号预应力钢筋。假定在静荷载作用下挠度为零，计算预应力筋。

5.29 对一办公建筑的 30 英尺单向混凝土板进行后张拉，并由 16 英寸宽的后张拉梁支撑。板所需承担的荷载为 10 磅力/英尺^2 的屋面和照明附加静荷载以及 20 磅力/英尺^2 的隔断荷载；活荷载为 60 磅力/英尺^2。取用f'_c =4000 磅力/英寸^2 和 160 号预应力钢筋。对板进行初步设计。

5.30 研究一典型的内跨后张拉双向板支撑在刚性梁上。板的面积为 30 英尺^2，承担 20 磅力/英尺^2 的隔断附加静荷载和 7 磅力/英尺^2 的零星荷载，以及 50 磅力/英尺^2 的折减后活荷载。取用f'_c = 4000 磅力/英寸^2 和 270 的无粘结钢筋。假定在完全静荷载作用挠度为零进行计算，绘出你的计算结果。

5.31 研究办公建筑内开间楼板框架体英尺系，12 英尺 ×25 英尺。单向板支撑在梁上，跨度为 12 英尺（习题 5.19）。25 英尺跨度的梁依次由 24 英尺长的主梁支撑；因而，每榀主梁在其跨中支撑一组梁。假定活荷载 80 磅力/英尺^2。取用f'_c = 4000 磅力/英寸^2 和 60 号钢筋。

a）令梁的宽度为 10 英寸，设计梁。

b）设计主梁高度。

5.32 推导连续板等效均布荷载的一般表达式，首先等效为在 1/3 点处的等效集中力，然后为 1/4 点处，这样便可以采用 ACI 规范中的弯距系数。

5.33 作用在支撑双向矩形板的梁上的荷载，可假定为从矩形角部引出的 45 度线相交（其交点连线与长边平行）后的贡献面积内的荷载。根据每一英尺梁上的均布荷载可以近似计算每一块被支撑板的弯距系数，如下：

对于短跨：$wL_s/3$

对于长跨：$(wL_s/3)(3-m^2)/2$

a）推导由作用在双向板上均布荷载引起的短跨方向上的等效均布荷载；不包括梁的自重。

b）推导由作用在双向板上均布荷载引起的长梁上的等效均布荷载；也布包括梁的自重。

5.34 计算习题 5.23 中内跨梁的尺寸 b/t = 10/15 是否满足，并找出典型内跨梁的配筋。取用 60 号钢筋和 4000 磅力/英寸^2 强度的混凝土。假定柱截面 10 英寸 ×10 英寸，重力荷载控制设计。

5.35 初步估算梁的尺寸，其间距为 8 英尺，从筒体核心至立面框架的跨度为 36 英尺。简支梁与混凝土板共同作用，板厚 4 英寸，普通混凝土强度 3000 磅力/英寸^2。假定采用 A36 钢筋和下列荷载情况：100 磅力/英尺^2 的活荷载，20 磅力/英尺^2 隔断荷载和 8 磅力/英尺^2 屋面荷载。在施工过程中不使用临时支撑。计算 3/4 英寸直径立筋的数量，与不考虑组合作用所需的钢筋量进行对比，节省多少？

6 墙结构

墙结构具有许多种形式，并可有以下几种分类：外墙和内墙；承重墙和非承重墙以及预制墙和现浇墙。内墙可以是非承重墙，用来分隔功能区（如空间隔断）；它也可以是承重墙，承担楼板荷载并作为剪力墙抵抗侧向荷载，这时承重墙类型代表了结构类型。承重墙可形成外部周边墙，也可形成所谓纵墙结构体系和单元结构体系的一部分；它们的形式可以是实体的、开孔的或是双肢墙。结构墙体可以是隔离的，单独作用，或者它们是空间所有承重墙的一部分。另一方面，这些外部墙可以只需提供结构抵御外部环境的保护，作为围护结构或是非承重的幕墙。

图 6.1 显示了一些墙的受力特性。图 6.1a 和图 6.1g 分别为高层建筑典型的墙布置和外形。荷载作用（6.1b）决定了墙体的受力特性，与其他次应力相比，它是本章主要讨论的作用。

- 在同心重力作用下，墙体受压，则在分析时必须考虑屈曲及相应的边界条件（图 6.1e）！在初步设计中忽略由于楼板作用的偏心或是连续性导致的节点弯矩。
- 在垂直于墙体表面的侧向荷载作用下，它绕着墙弱轴弯曲，受力如同板。必须抵抗风压和地震作用的幕墙，或者需要承担由于电梯高速运动引起的循环空气压力的电梯井墙，通常呈现这种受力形式。同时对于抵抗侧向土压或水压的悬臂式档土墙和地下室墙也是这种受力方式。
- 在平行于墙体表面的侧向力作用下，它绕着墙轴弯曲如同悬臂深梁（如，非承重剪力墙）。
- 当墙由柱或独立基础（而非连续基础）支撑时，其作用如同墙梁。
- 在一般情况下，墙体承担重力及侧向力的联合作用，这时称之为墙板。（如，承重剪力墙）

当平面墙体的高度增加时，需要采用支柱或扶壁（如：加劲肋）加固，或者采用

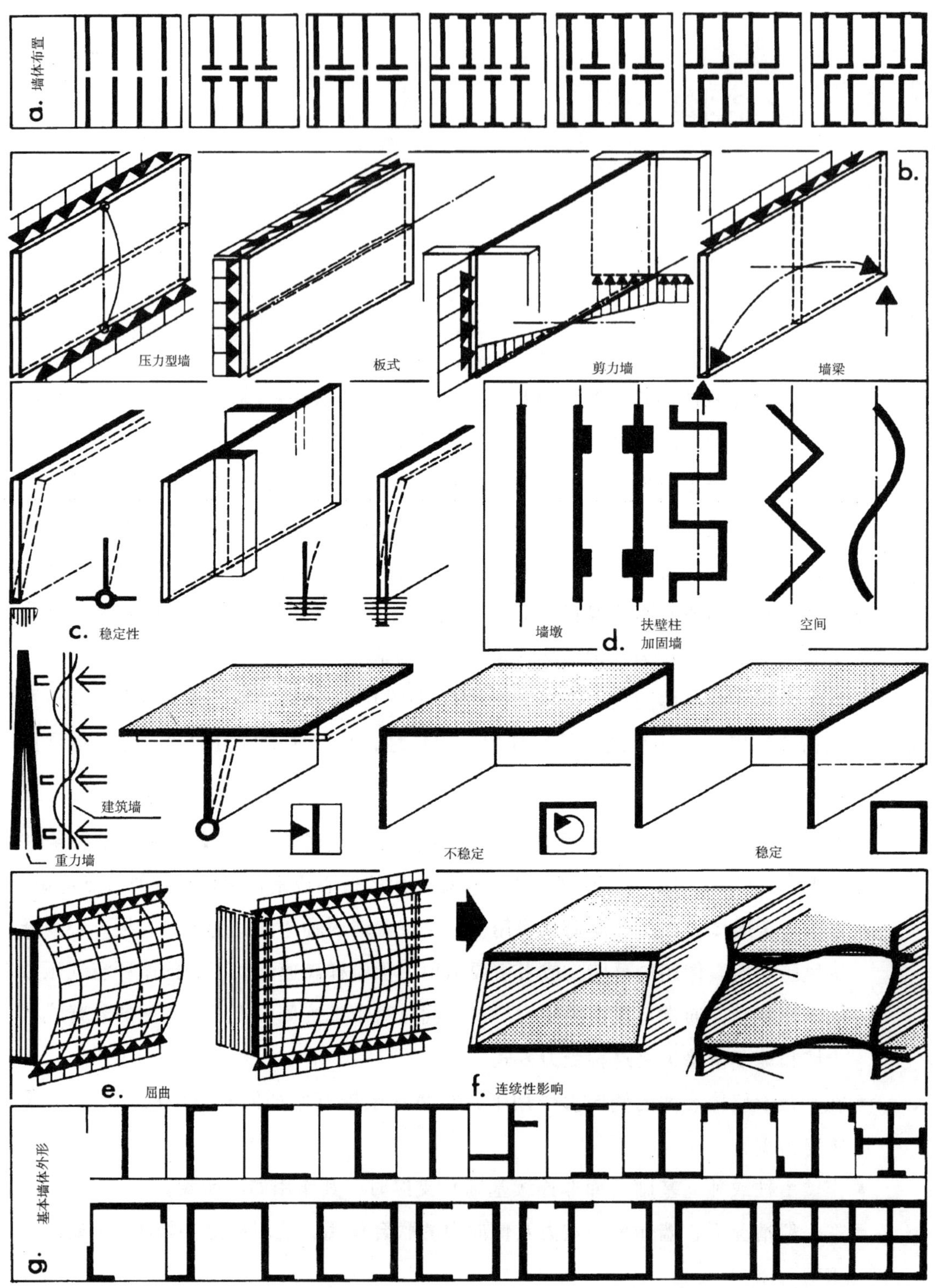

a. 墙体布置
b.
压力型墙
板式
剪力墙
墙梁
c. 稳定性
墙墩
扶壁柱
加固墙
d.
空间
建筑墙
重力墙
不稳定
稳定
e. 屈曲
f. 连续性影响
g. 基本墙体外形

图 6.1　墙受力性能

如同分格式、波纹式以及其他波浪形式的空间结构（图 6.1d）。

当平面墙体的高度增加时，需要采用支柱或扶壁（如，加劲肋）加固，或者采用如同分格式、波纹式以及其他波浪形式的空间结构（图 6.1d）。独立扁平墙通过固定在地面上来获得稳定，所以它的受力形式如同竖向悬臂板；同时（也许更有效），通过使用其他相交结构构件形成的墙体组合来使其获得稳定并增加承载力，例如在分格式建筑中，不存在单独的墙体，它是一个空间连续体。图 5.1a 显示，对于铰接这种边界条件（图 6.1f），为了得到稳定至少需要 3 块合理布置的墙体（图 6.1c）。一般当墙 - 楼板组合连续时，自然满足稳定条件。

外墙对于设计人员是最富挑战性的，因为外墙不仅要提供功能上的完整性，同时应体现建筑表达的内涵。正面墙与结构的其他外墙形成对比，因为后者无需表达建筑物的主要特性，只需提供围护即可；然而可以显露内部结构的分离式玻璃幕墙建筑不认为是正面墙。

墙这个词使人想到的是可靠性，如同岩石构筑物的本质是向人盟展现其重量和力量；随着材料的不断发展，经历了从石材到砌体到混凝土的过程，墙显示了连续表面的性质。在这个表面上所打的孔洞，如同建筑物这种有机体的眼睛，是为了安置窗。在不破坏墙体作为建筑表面本质的前提下，只有一种最大的开窗布置方式。当墙的尺寸越趋进于细长时，其作用也越与柱相似。墙体作为建筑结构不可分割的一部分与围护结构形成对比，因为由开窗和拱肩镶板组成的围护结构只是附着在结构上的外表部分。

外墙结构的发展与玻璃的发展紧密相连。叙利亚人在公元 1500 年前发明了玻璃并将其介绍到了埃及，而罗马人则第一次将其应用于窗玻璃中。玻璃的这种使用方式始于第一世纪，而要使玻璃变得完全清晰则要到中世纪。玻璃制造从罗马传入北欧，当它以微染玻璃的形式应用于 Gothic 大教堂而成为建筑中不可缺少的部分和艺术形式时，玻璃在北欧的应用已达到了顶峰。然而只到 17 世纪玻璃才被引入法国，之后作为取代木质百叶窗、油纸和平纹细布的廉价材料应用于英国普通老百姓的家庭中。最后，1851 年 Joseph Paxton's 水晶宫殿成为玻璃作为主要建材和决定建筑形式的标志，掀起了一股将玻璃屋顶建筑的热潮。在同一时期，框架结构开始取代传统的以砌体承重墙作为主要支撑体系的结构。1891 年，芝加哥 16 层高的 Monadnock 大厦在其底部的墙厚竟达 6 英尺（图 1.1e），显示了使用传统承重墙体系的局限性。

随着本世纪初的工业革命，同时伴随着结构构架的发展，玻璃日益成为高层建筑中不可缺少的组成部分，虽然在此之前建筑外表和建筑结构已经分离，几乎在同一时期，格鲁皮乌斯、勒·柯布西耶和密斯·凡·德·罗为柏林的彼得·贝伦斯（Peter Behrens）

工作。玻璃应用于窗开孔时不再认为是受到墙体保护，而是作为一个实体的基本结构。玻璃，加上钢、混凝土等新材料，以及大胆的结构设计发明，使得实体墙非实体化，并在建筑寻求采光和通风（即越少越好）中被框架和玻璃幕墙所代替，则建筑的内部被暴露，例如 Gropius 和 Meyer 设计的位于 Alfeld，GDR 的 Fagus 厂（1911）。它导致了带有水平长条带窗的实体墙的变革；通过将建筑抬升至柱上以及将墙体视为空间结构，同时导致了墙体和地面分离，不再存在正面。这种变革在勒·柯布西耶和 P·杰尼莱特（ Pierre Jeanneret ）设计的位于法国 Poissy 的 Villa Savoye 中得到充分的体现。

在高层建筑中使用玻璃墙的表现形式在20 世纪 50 年代晚期达到了成熟，以位于纽约的 Seagram 大厦（1958）为代表（图 1.2），它是由密斯·凡·德·罗设计的完全采用玻璃和钢结构的建筑。在这一玻璃 – 钢幕墙的完美组合后，在试图不采用隔板的过程中玻璃代替了作为支撑的直棂框架。完全透明的玻璃似乎不需要任何结构支撑，因而竖板框架只是提供了几何上的划分。在试图使整个建筑的重量和体积最小化的过程中导致了对建筑表面通风的要求。20 世纪 70 年代的一些对称建筑采用了隐藏竖板框架的整体玻璃幕墙，显示了包围整个建筑的轻质表面。

由于钢筋混凝土的塑性性能，在 1960 年代又发现了一些承重墙的特性，特别是在预制混凝土结构中。例如，在本文中，采用小尺寸的窗单元以形成密布的梁 – 柱正面格栅，其外表如同被打过洞的墙。

今天，后现代主义又重新采用了一些以被现代运动遗忘的手法。他们受到过去传统的感染，受到象征主义、意象、隐喻、类比、上下文的含义、暗示、修饰以及其他个人价值的鼓舞。完全盒子型建筑的严格限制已被放松，取而代之的是复杂的自由组合形式（见图 1.4）。设计者重新引入了正面，他们将其表层做试验，采用各式材料对它进行华丽装饰，装饰的材料有石、瓦、金属和玻璃。他们通过幻想与过去重新融合，例如，在文艺复兴时期的承重墙中，通过在其薄壁结构的实体墙中打洞，展现出古代柱型的装饰。尽管设计者仍然在试验更小尺寸的面层来表达纯粹主义，在 1980 年代的薄石表面还是取代了 1970 年代的玻璃表面。

然而带有装饰性和代表最小尺寸的幕墙不仅仅只是用来表达建筑的立面。建筑物的外表应显示出面层、结构和装饰作为一个整体时的相互作用，或者表达建筑物有机体的内部与外部的交流效果。显然，我们在这里无法建议出建筑物所能表现的外部环境的最小限制（如图 1.9）。

幕墙

外墙的功能可以仅仅是围护结构以及作为面层保护内部结构受外部环境的侵害。

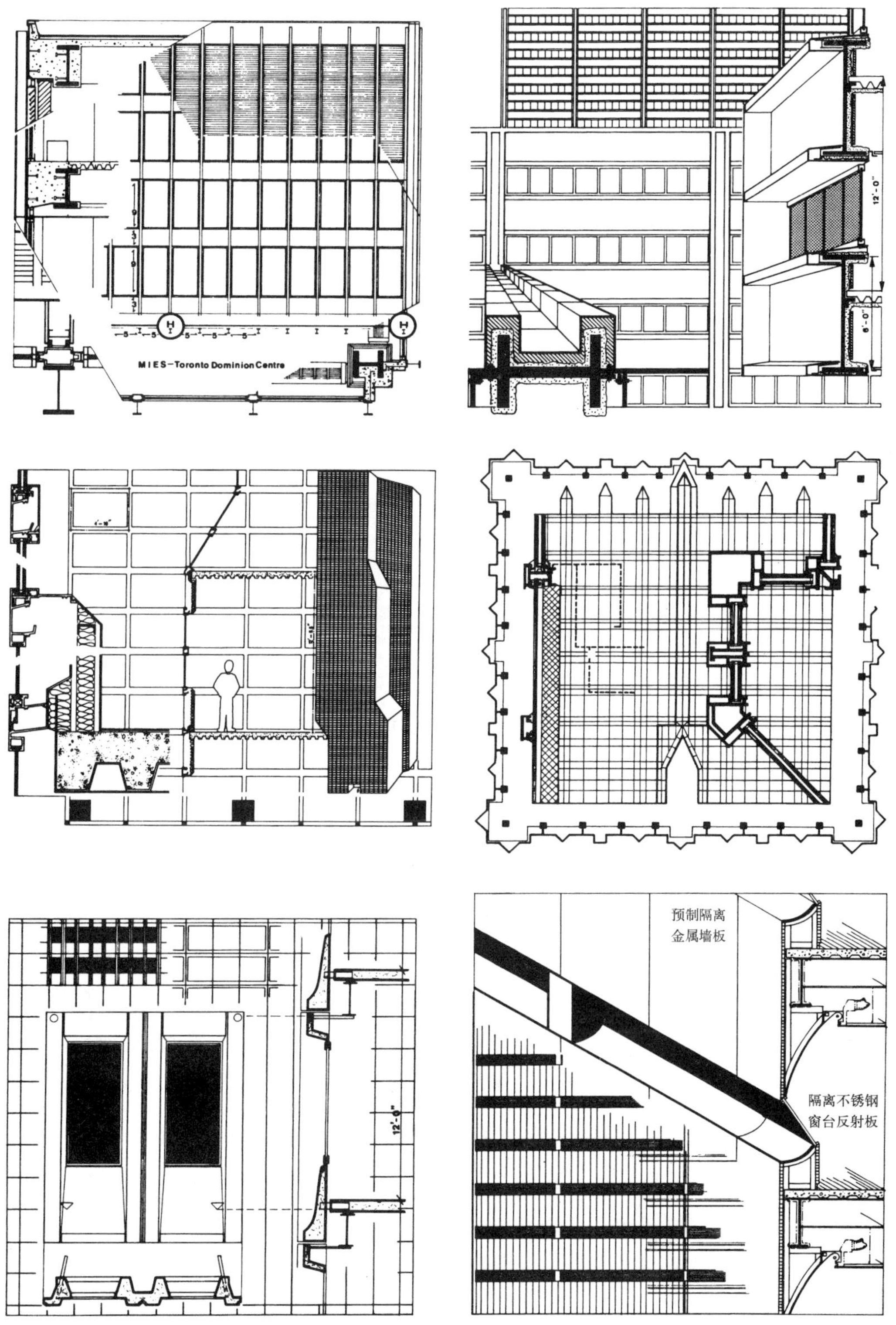

MIES—Toronto Dominion Centre
12'-0"
6'-0"
12'-0"
预制隔离
金属墙板
隔离不锈钢
窗台反射板

图 6.2　一些典型的幕墙

它们可以是几乎没有重量的薄壁，如同幕布那样从建筑结构上悬挂下来。

它们可以是几乎没有重量的薄壁，如同幕布那样从建筑结构上悬挂下来。与其完全相反的是重型承重墙，它们需要承担楼面荷载和侧向荷载，并将它们直接传递到其相应的基础上。虽然在砌体墙和混凝土墙上为了开窗而打洞后仍为承重墙，但其作用已成为只能如同竖向板那样承担风荷载的幕墙。幕墙的厚度应满足其功能要求和结构要求，这些将在以后的章节中讨论。

位于芝加哥的10层 William Jenney's 家庭保险大厦（1885）不仅被认为是第一座高层金属框架结构的建筑，而且是第一座采用幕墙的建筑。然而在本世纪的前几十年中，仍然采用石材外墙来隐藏建筑框架，显示出其承重的结构性能。直到1940年代，非结构的幕墙才开始取代大体积的砖及石材结构面层，在幕墙结构中，建筑结构与面层是分离的，重现了早期芝加哥学校的试验。位于俄勒冈州波特兰市的 Pietro Belluschi's Equitable 大厦（1948）可以认为是首次采用显露框架和铝片面层的建筑物之一，其中框架和面层无疑支撑着填充铝质拱壁和微染玻璃。稍后不久，纽约 Lever 大厦（1952）的框架被移到了幕墙背后，并采用位于带状窗间的玻璃拱壁以尽可能将其隐藏，而带状窗只采用细长连续的直棂支撑。最后，Mies van der Rohe 将幕墙结构推向成熟，他加强了结构表达，通过挑出直棂和拱肩面层使其立面模数化，开创了新的支撑结构的映像（图6.2左上角）。与之完全相反的1960年代后期的玻璃膜结构和1970年代的镜面墙结构。这些幕帘是纯粹的面层：它们可能没有方向、反重力、反结构－玻璃似乎飘浮着并使墙体非实体化。细长的微小挑出直棂框架看上去不能承载，它只是用来反应几何划分，与建筑物有机体无关（图6.2第二排）。在极端情况下，幕墙框架被隐藏，因而一块玻璃墙成为完全无缝的拉紧薄膜，好像在内部被预应力张拉，类似与充气薄膜。

最近的立面建筑装饰越来越多。设计者不仅在玻璃立面的最小尺寸或是功能上作实验，例如只有20%玻璃面积的耗能金属面层板墙（图6.2右下角），还发现了以石材面层和装饰性瓦片面板为表达的承重墙的实体性、重量和强度。使用石材面层的趋势，特别是花岗岩面层建筑，引入了与1970年代面层玻璃用量最小的不同的新设计方法。同时，一些建筑中利用预制混凝土的结构特点来形成大跨复杂的几何形状结构。

与其采用套和罩的方式来分离建筑的结构部分和围护部分，还不如通过简单的包覆柱和托梁以及在框架开间内采用填充式板来显露结构形式。这种方式可应用于大柱距结构和大跨深梁结构（图6.2右上角），或者应用于典型的搁栅楼板结构（图6.4左），以及筒体结构中的密布梁上（图6.4右）。类似的带有预制混凝土窗洞的墙板（图6.2左下）清晰地显示了框架立面的结构形式。

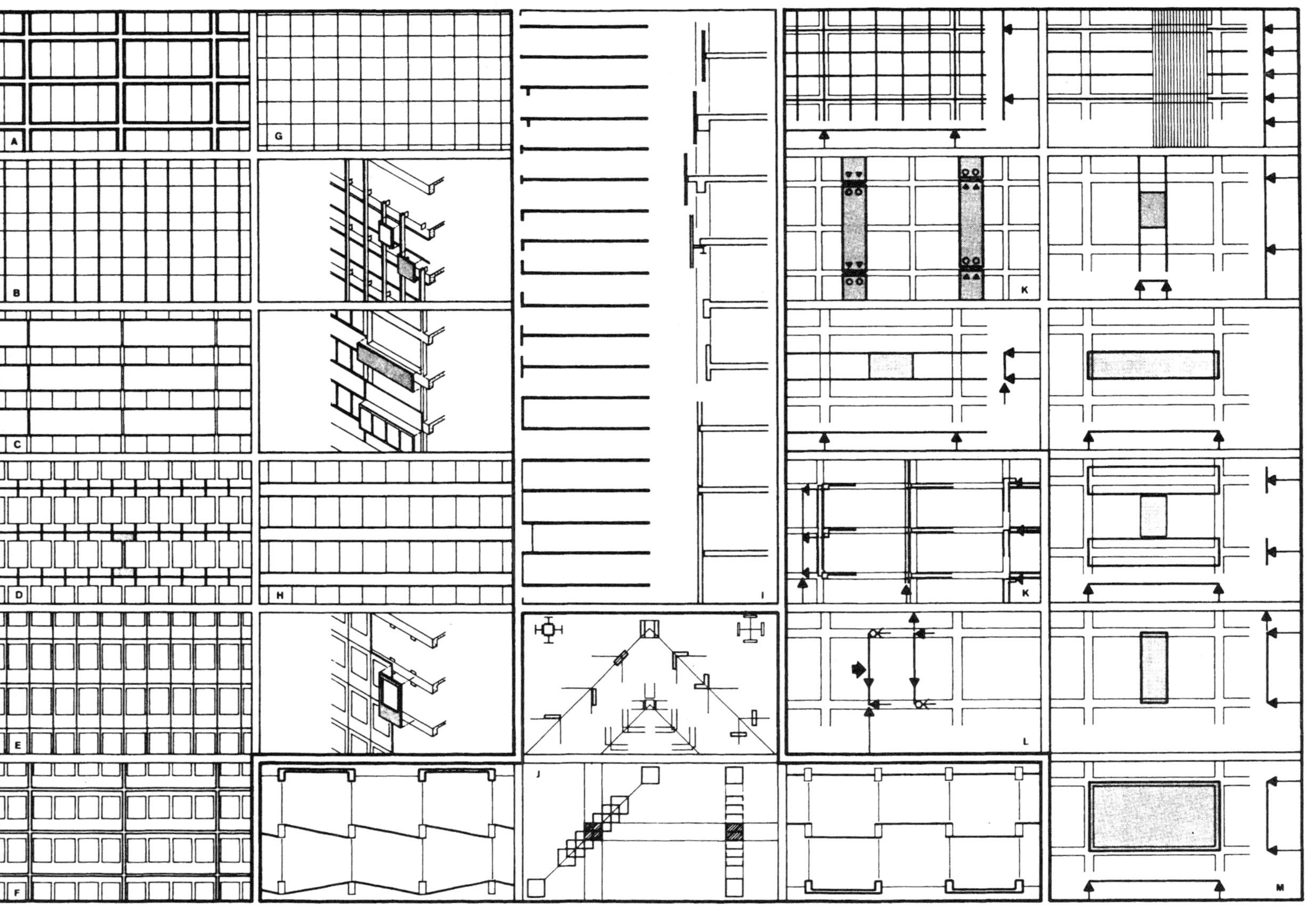

图6.3 幕墙的施工

立面类型可根据所使用的材料分类，包括金属（如铝、碳素钢、不锈钢、铜），玻璃，石材（石灰石、大理石、花岗岩、页岩、砂岩、凝灰石等），陶瓦，粘土和混凝土砌块，预制混凝土，粉饰灰泥，塑料等等。最常用的面层体系有：

- 金属幕墙
- 玻璃幕墙
- 石材面层
- 预制混凝土板
- 砖面板

从纯几何的角度，通过研究由框架或玻璃和实体板所形成的立面图案，以及围护结构和建筑结构之间的相互关系，可以获得对于建筑围护结构有机体的第一认识。在图 6. 3i 和 j 中，研究了幕墙相对于建筑结构的位置。围护结构可以位于建筑结构的前方，通常建筑立面就是如此，这时它与建筑结构融为一体；它也可以通过使用安置在楼层中间的窗间墙而位于建筑结构后方，从而显示结构形式。

围护结构通过实体率来定义。在砌体墙中，它可以有各种图形的开孔，或者围护结构由连续的水平和竖向外墙窗洞组合形成。显然，在完全玻璃墙中，人们无法区分用于开阔视野的玻璃和孤立的拱肩玻璃（insulated spandrel glazing）。与完全玻璃墙相反的是柱及拱壁面层，这时它充分展示了结构形式。从几何的角度，幕墙可以分类如下：

- 空洞墙
- 框架墙
- 横向带状窗立面
- 板墙
- 连续面层
- 柱及拱壁面层
- 混合结构（如，拱肩板、窗板、柱面层）

在框架墙中，窗的设计显然通过外露直棂来定义。在横行带状窗立面中，拱肩带（窄的或宽的，承重的或不承重的）与玻璃窗带相互交替，例如石材或金属表层带与镜面玻璃交替，因而显示了楼层结构的位置。在由不连续的具有层高高度的小或大板组成的板墙立面中，显示了楼层的分划，然而，对于不连续的格栅面层或无缝面层则不能显示楼层划分。

在以下小节中，对于幕墙功能、施工和结构的更多细节做了简单研究。

外墙的功能

外墙是内外环境的屏障。它必须抵御天气的影响，防止水、雪、尘、气和水汽的渗入，同时防止声和热的传递；控制凝结，并且必须与开窗设计与透光率协调。并且必须与开窗设计与透光率协调。对于混凝土构件，必须控制毛细裂缝的宽度。

控制气体泄漏

由于风压而导致的气体渗入将使得热负荷在 HAVC 系统下增加。气密性的缺乏还将导致水汽和噪声侵入建筑，这将在其他功能准则中作深入讨论。建筑的围护结构必须提供气密性，并且成为渗透和外泄的屏障。

控制液体泄漏

通过使用预制的（如垫片、网格胶带）高弹密封材料完全封闭可使墙体面层不渗水。但在大型建筑中，很难检测密封材料的工作性能并对其进行维修。立面构件的连续位移以及气候作用，将使得密封材料随时间老化。大风会驱使雨水沿任何方向渗入极其微小的孔隙，由于这时内外气压不同，成为一种更为复杂的状态。而且沿着建筑物外表面的雨水在重力作用下也会进入孔隙，表面张力和毛细作用会帮助水的渗入。显然水的渗入将降低热阻引起冻融破坏，并且腐蚀结构材料及产生其他作用。与其密封外墙，还不如发展双层墙或防雨墙，它们基于在内外墙间真空部分平衡压力的原理，所采用的方法是允许水侵入正面墙体的空洞然后由内部沟渠排出。这时，应将内墙密封。

控制凝结

通常，在需要取暖冬季会发生凝结。虽然防水屏障可以提供防止湿气直接侵入的保护，但保护结构抵御内部的水汽凝结则是更为严重的问题。室内湿气是由人、厨房、增湿器等引起的。随着温度的降低，水的含水能力也下降，或者说，温度降低会导致相对湿度增加，直至达到饱和或露点温度。因而在任何温度和压力情况下都具有所能含有的水汽最大值；水蒸气凝结的温度被称为露点。冬天，凝结可能在冷的内墙面和窗面上发生，例如浴室玻璃的内表面或导热性能好并形成热桥的金属构件内表面。凝结也可能在墙内部发生，当内部湿度高的水汽流至湿度和温度都较低的外部，被冷却到露点并在墙的特定位置凝结成水。可得如下结论，当热空气与冷的表面和或气体相遇冷却至露点时，它所含的水蒸气变为液体（如，68 ℉时相对湿度 30%，但在 35 ℉时相对湿度 100%）。

为了防止材料的膨胀及相应的应力或裂缝，防止由于冻融循环、玷污和腐蚀而导致的墙体破坏，由于渗入水导致分隔的不完整性，致使热阻降低以及其他对墙体的破坏，控制凝结是极其重要的。通过保持室内相对湿度在一定范围内波动可以达到控制凝结的目的，为达到该目的还可以采取的措施有：

- 在内部热表面放置不能渗透的水蒸气屏障，如塑料薄膜、金属板、涂膜纸等，这样热空气无法抵达冷的表面；
- 在冷侧设置通气孔来缓解气体和水蒸气压力，最好同时在热的一侧设置水蒸气屏障；
- 足够厚的隔断层，可透气但防水；
- 直棂上的热障，因而保持所接触的表面温度在气体露点温度以上。

抗火

如同各个相应建筑规范所定义的那样，外墙应具有一定小时数的抗火等级。薄的金属幕墙需要独立的不可燃或防火的支撑墙；外墙和楼板之间的孔隙应封闭以防止烟道产生。外部暴露的金属构件防火将在本书的其他地方作介绍（见图 1.22）。

控制噪声

吸声和隔声是控制空气传播的冲击声音的基本方法。通过坚硬的高密度材料的反射作用可以抵抗声音的传播，例如大面积不装玻璃的墙面，或是采用柔软多孔材料提供隔断，或是多壳墙体系，其中各外壳之间采用非刚性连接并各自具有不同的刚度。薄的玻璃隔声效果很差，因而抵抗噪声可以通过减少窗玻璃面积和提供气密连接来获得。外部噪声的隔断是由于表面多孔材料的吸声作用，而不是通过反射声波。通过隔离层和/或空隙扰乱声音的传播途径可以减少冲击噪声。

抗热

建筑的围护结构不停地交换热量，从热的一侧传至冷的一侧，热流的方向每天都会改变，并与季节有关。影响热流通过墙体的参数很多，包括墙的结构类型、穿越裂缝的气体渗入、金属性质、热面积及其滞后效应、墙内的热桥、墙面装饰、气体温度、直接日照辐射、遮蔽情况、风向和风速、玻璃的类型和面积、占用性质等等。表面的颜色和质地以及暴露情况决定了阳光辐射是被吸收还是反射。例如，金属外层如同反射器，而黑色表面吸收太阳热量。

通常不采用热流分析的动态模型，因为该模型包含了上述变量的复杂相互作用和时间效应，热量传递通过考虑静定稳态热流的概念来简单估算，显然这种状态与时间无关并很少发生。这时，假定在墙体中间有气体存在（顺便说一下，气体是好的绝热体），则热量以三种基本方式传递通过墙体，传导、对流和辐射，而热量只以传导方式通过实体墙，因为实体墙中所有的材料都紧密相连。热量由一个表面向另一表面的混合传递总值由整体热量传递系数或 U 值决定。材料抗热流能力 R 是热传递的倒数；热阻 $R=1/U$ 代表了抵抗热流的程度。对于热损失和热增益（Btu/小时，或瓦）的估算取决于表面面积、传递系数以及内外表面的温度差。

在轻质结构中，如面层，绝热是基本的热量控制作用方式，而在重型结构中，绝热能力成为重要的考虑因素。忽略大体积墙（如砌体墙和混凝土墙）的热量储备能力，也即忽略其在单系数热量静力模型中控制内部温度的效率是十分不现实的。这时，墙体吸收储备热量，并由于热时间滞后而延缓其传递。这一大体积热效应在土坯建筑中十分显著。热力学性能的复杂动态模型除了包含上述提到的参数外，还包括包含热面积、表面粗糙度和表面反射。

热流通过不透明幕墙由喷涂或外挂板隔离来控制，它们必须放置在外表面上，距离越近越好。它可以采用机械固定或粘结剂直接附着于板的反面，或者它可以是独立的具有防火等级的屏障。隔离效果随着墙面装饰及内外温差而变化。建筑的围护结构应在冬日有效吸收日照来控制热损失，而在夏日减小热增益，在结构细部应避免热桥作用。

墙中的重要组成部分是窗，因为它可有效地进行热传递，以实体率表达。透明材料反射、吸收和传递太阳辐射。由于玻璃墙允许太阳热量中的短波辐射通过，而对于结构内部的长波辐射如同不透明表面那样进行反射，所以热量在结构内部累积，导致温室效应，需要更多的冷负荷。虽然窗可作为有效的采光源，且在冬季较短的时间内，可从太阳获取热量，但设计时真正需要考虑的是它在夏季的热增益和冬季的热损失。显然窗面积增大会减少电力照明需要，但更多的表面热负荷需要使用供暖系统和冷却系统来抵消。所以，热量和光照分析是紧密相连的，不能单独分析。

一些特殊的玻璃用于幕墙结构中可在提高利用光照能力的同时又控制热流。其次，内部或外部的遮蔽装置，如挑檐、散热肋片和顶棚，可有效地控制夏季透过透明玻璃的热量；对于小型建筑，可在其前方附加一独立的屏挡墙。高层建筑的北侧可具有最高比例的开窗率以最大限度地获取日照（应限制热量损失），而其他侧面则应尽量减小太阳热增益以降低冷负荷；所以说高层建筑设计是以热量为主导的。例如，从温和气候至寒冷气候的转变过程中，某一高层建筑北侧的开窗率为75%，而其他侧面只有50%。若建筑各侧面的窗户均匀布置，则南侧面可有效地吸收冬日阳光，从而减小建筑内周边区域的热负荷，而挑檐和遮光板在夏季提供的阴影可减小冷负荷；在建筑的东西两侧竖向遮光板在夏季提供遮蔽作用。

控制光照

正如刚才所讨论的那样，理想情况下，玻璃应该控制进入建筑内部的光照量和太阳热量，并控制内部热量向外部的传递。日光中的紫外线应被挡在建筑外面，且日光应该不刺眼。由于薄玻璃不是有效的热隔离器，1940 年代发展了双层玻璃。高层建筑是热主导的并且需要较大的冷负荷，所以如今采用的两层和三层隔离玻璃（每层玻璃板之间是干燥空气层），可在夏季有效地控制热增益并在冬季控制热损失。然而，当热量传递减小时，可见光也会被反射，反过来会增加建筑对照明（电力）的要求及冷负荷。因而，必须优化光照、热量和照明之间的关系。目前玻璃行业正在试图发展一种在冬季可使热损失降至最小却又允许太阳光、热通过的玻璃。

玻璃可根据其强度、隔离效果以及其作为可视和不可视的用途进行分类，除此之外还可根据形式和美学因素进行分类。从视觉角度看，可以得到各种颜色和图案的不透明陶瓷面玻璃－玻璃甚至可以具有石头的外表。任何玻璃都可被弯曲成圆柱形，二次或三次反弧形，并可能与切平面部分（相连，它也可以弯曲成不规则弧形。从材料强度角度对玻璃进行分类，可参考本章中“作为结构的外墙”部分。

隔离玻璃是由两块或三块密封玻璃板组成，在玻璃板中间有空气层。任意类型和厚度的玻璃组合都可行。整体的、被切割的或隔离玻璃都可用作可视或不可视（如拱肩）玻璃，它们也有其他用途。可视玻璃在可通过的光照量和热量上与其他玻璃不同。从能量角度可将各类可视玻璃分为透明的、微染的或遮蔽的。

透明玻璃隔离性能较差，它允许大量光照和热量通过，多应用于住宅中，因为住宅中的内部遮蔽装置，如窗帘、百叶窗和软百叶帘可控制热流。尽管透明双层隔离玻璃可通过80%的可见光，它同时允许65%的不可见热量以短波红外辐射形式通过。

微染或吸热玻璃于1960 年代发展起来。它通过吸收热量（如：仿辐射器）显著地减小直接热传递。对于黑色玻璃尤为如此，但如果不是双层玻璃的话，它同时会导致建筑内部热量增加，这在热带气候中是十分重要的。灰黑和浅铜色玻璃通常传播热量比光照更有效，而浅篮玻璃正好相反。

反射玻璃（遮蔽玻璃）起始于 1970 年代。它的镜面外表反射一些太阳光线和热量。由于它的表面反射而不吸收，因而比微染玻璃更有效。虽然它比灰色玻璃和浅铜色玻璃传递的热量少，它却能反射许多可见光。遮蔽玻璃，特别是与镜子相似的类型，会将热量反射到相邻建筑上导致那里的热负荷增加。再者建筑刺眼的反射光将带来交通事故的隐患。

选择性，不完全反射的涂层玻璃起始于 1980 年代，它允许更多的可见光透过。遮蔽表层可应用于透明玻璃和微染玻璃中，因而可集中光传递或隔离光照。低反射率玻璃由两块玻璃组成，其中一块玻璃的内侧被涂膜，所以它允许更多的自然光通过而同时提供有效的热隔离。

回应玻璃将成为未来的一种智能产品。它具有依据光、热及可能的电而变化的精密可开关涂膜。在本文中，涂膜可以是亮的或暗的，如同应用于太阳玻璃中那样根据光线改变颜色，但同时又能控制热流。涂膜可与低压配电体系相连，由建筑的温度调节装置所控制，根据热量需求自动开关－建筑外层将开始成为智能建筑不可缺少的一部分。

安装方式

从建造的角度看，幕墙的分类取决于其预制程度，或是待组装的构件数量，从框架结构至板结构。换句话说，面层可一片一片安装或做成预制单元安装。与这种安装方式相反的是结构的直接面层以及填充玻璃单元。

在传统建造方式中，混凝土块或立筋隔墙用作支撑并在现场建造；它们填充周边框架，提高其刚度。在这支撑上布置砖、石面层或其他面板，如瓦、金属或塑料。面板形成了非结构的面层：它们可由许多种材料组成，作为外表面用以保护、隔离和装饰外表。它们可以粘结在结构或非结构墙体系上，也可锚接。在粘结面板中（如陶瓦、天然石），平板可用灰浆和粘结剂（如硅胶）直接固定在支撑上。在锚接面板中，金属搁栅锚固在结构上而薄的石板或其他形式的板被嵌入结构。采用耳状角铁（连续或间断取决于荷载情况）、开槽和木钉也可将石材固定在支撑上。

较厚的板，如砖面板或预制混凝土板，在楼层处由支座角钢支撑并锚固在支撑上（见图 3.16）。

与用于低层建筑的大批量商品板相反，用于高层建筑的预制幕墙体系是定制设计的。根据安装方式对幕墙进行分类如下：

框架体系

这种体系采用暴露的或隐藏的直棂框架来支撑围护板。直棂（如钢、铝、玻璃）布置可能取决于结构和/或隔断，或者它能反应所希望的网格图形。由于铝在构造时易于突起和成形，可供选择的各类铝质直棂相对较多。在全玻璃墙中，板可用硅胶粘结在结构上以隐藏内部直棂。这种方法与以 5 英尺为模数的外露竖向钢直棂相反，钢拱肩板用于围护铜灰微染玻璃的铝质框架（如图 6.2，左上）。拱肩梁和柱的钢覆盖板锚固在轻质混凝土上，用于满足钢框架的防火需要，钢幕墙被涂成黑色。图 6.2 左中处的规则方形铝质框架用来支撑蓝－绿反射玻璃，虽然每层，举例来说，都有四块玻璃组成（两块透明玻璃和两块隔离玻璃），但从外表的角度来看它似乎与建筑结构没有任何关系。类似地，在图 6.2 中右处的情况中，铝质直棂框架支撑透明、反射双层可见玻璃（60%）和带有玻璃纤维背面的反射拱肩单元。下列三种框架体系反应了现场装配的程度：

- 杆状或网格状体系（图 6.3b）：这种体系由钢或铝制造。竖向直棂构件附着在框架上，并与水平横挡构件形成构架结构。它们在现场一块一块安装用来支撑开窗和拱肩单元（如，玻璃，金属和石材板）。这种体系通常用于低层建筑。
- 单元体系：这种体系中，杆件体系的构件在商店中预制并装配成大框架支撑单元—它们用于单层或多层板中。
- 单元和直棂体系：这种体系是上述体系的组合，其中直棂现场安装，但板预先组装并放置在直棂之间的框架支撑单元中。

柱及拱肩覆盖体系

如图 6.3a 和 c 所式示，用面层材料直接覆盖柱和拱肩梁来表达结构的布置。因而这种体系由覆盖柱的部分、拱肩单元和填充玻璃单元组成。在图 6.2 右上角的情况中，除了梁腹板及无棂微染窗玻璃的水平围护条带外，框架有钢面层。类似的情况如图 6.4 中的框架，其中刚框架有涂成白色的铝质面层。这时，这时透明玻璃在竖向跨越拱肩梁之间，那里没有直棂，但隔断可以帮助承担部分玻璃重量。

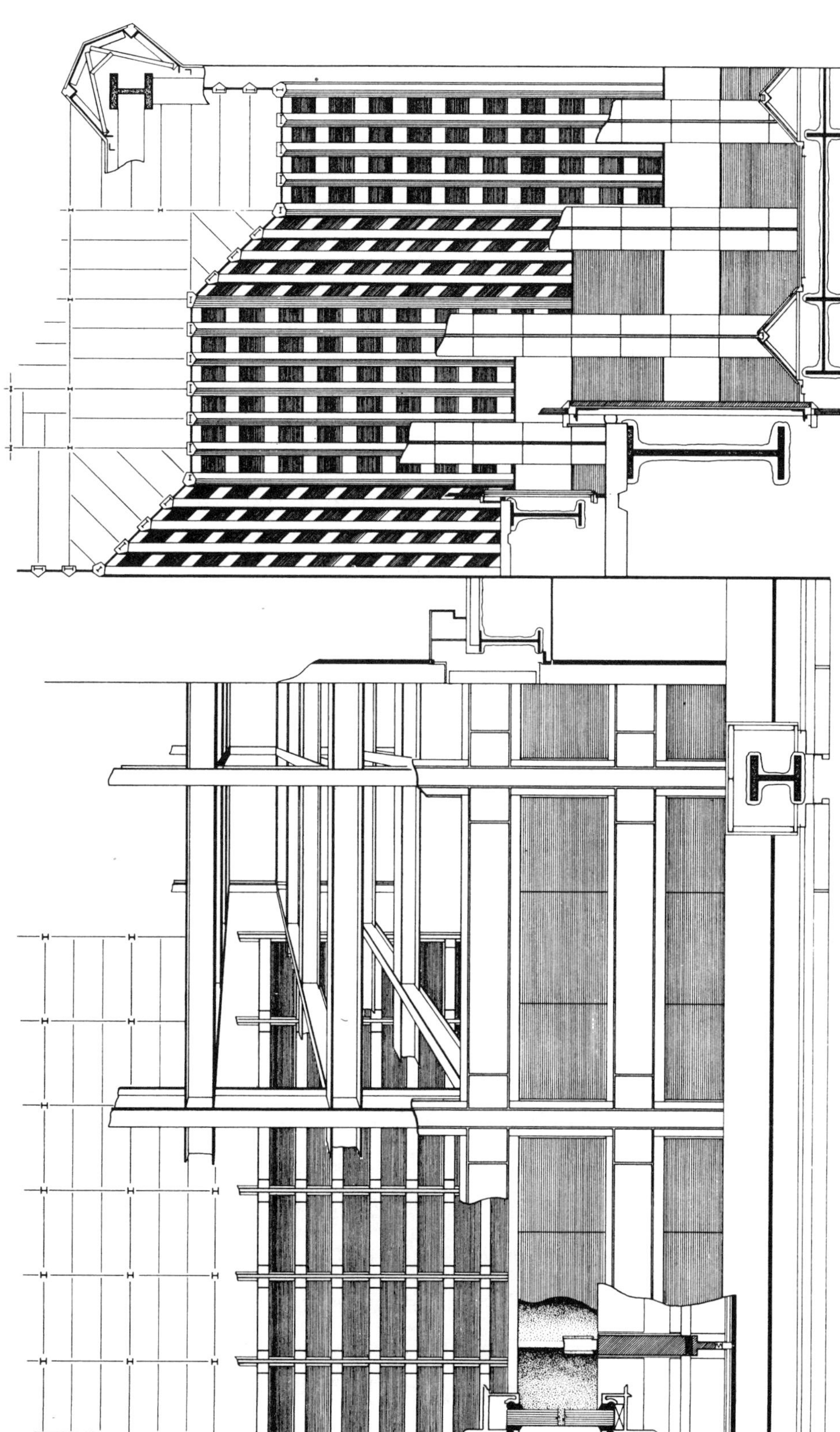

图6.4 结构与面层的连结

预制混凝土面层单元

这种单元也可用作现浇混凝土的模板，或者形成承重单元。典型的预制混凝土面层单元通常是较大的框架支撑板类型。

- 窗墙板具有框架的外形，与图 6.2 左下角的情况类似。它们可以形成大开间板和小的具有层高高度的板。
- 拱肩单元板
- 直棂墙单元（如图 6.3d）

板体系

与框架支撑单元体系相比，这种板体系形成具有更为复杂表面作用的完整单元。它们是预先组装单元，由钢板或具有最小内部节点的铸件（如，铝、混凝土，塑料）组成。它们可能具有整个层高的高度，作为大板（如图 6.3f）或小板（如图 6.3e）跨越层与层之间，或者它们与跨越柱与柱之间的装饰板组合形成深拱肩板，在这种情况下，当柱的间距较大时，需要在拱肩梁处增加附加重力支撑。它们可以有窗洞也可以没有。它们可以是重型的或是轻质的结构，它们也可以是承重的或不承重的。板体系的分类取决于材料、重量、尺寸、跨度和结构类型。预制板通常用于多层结构中，其外表面由结构和隔断（热量、声音和抗火）支撑，而其内部可能为装饰面。这时，结构可能是完整的，如塑料与金属夹层板，或者是形成分离的构件，如钢隔板（如，带有钢甲板或钢板条的立筋隔墙）、钢桁架、预应力石板或钢筋混凝土板，例如，采用干法或湿法固定的石片。许多轻质支撑体系包括拱肩板，形成分离单元，但又通过窗玻璃构件和装饰板形成整体。典型的板结构形式有：

1. 预制混凝土墙，可能带有窗洞或拱肩板：它们可以是平面的，带肋的，或是其他任何外形。混凝土可以是暴露的或带有面层。例如，混凝土支撑的石板中，1.25 英寸厚的大理石面板直接固定在混凝土板上。与重型混凝土板相反，预制的玻璃纤维加强混凝土板面层是一种薄的轻质结构。
2. 固定在钢框架或钢桁架上的面板。例如，花岗岩板（约 2 英寸厚）直接固定在钢架上，或是陶瓦或粉饰灰浆首先固定在金属板条和刚性隔离板上，然后与钢支撑连接；粘土砖可用作钢框架墙的面层。
3. 玻璃纤维加强塑料板和铝板或钢板通常采用混合结构。金属板同时需要其他装配用附件，如金属螺栓、绝缘体和垫板。

浇制铝板和塑料板常用于扁平形或模数制外形的结构中。在混合结构中，面层是层状的，带有节能泡沫填充隔离核芯或铝/纸蜂窝状墙板。以图 6.2 右下角图为例，幕墙由带有隔离泡沫核芯的铝板和从顶部向内倾斜的透明双层玻璃组成。被隔离的弧形不锈钢窗台反射器引导光线向上通过倾斜的玻璃。幕板悬挂在与结构框架螺栓连接的钢框架上。建筑东北两侧的黑灰色墙吸收热量，而西南两侧的银色墙反射热量。

4. 在现下流行的石材薄面层（常组合成 0.625～1.5 英寸厚板）中最常用的板（除了钢隔板、铝质杆状支撑板、预制混凝土板和玻璃纤维加强混凝土板以外）是钢桁架支撑板。例如，三至四块石板通过耳状角铁和均匀间隔布置的木钉固定在桁架上。风荷载和石材强度决定了石板厚度及锚件间距。

复合面层

这是建筑结构的一部分（如图 7.38b），如在筒体结构中，受力面层可提供抵抗结构侧移的额外刚度。

作为结构的幕墙

在前面几节中，已经讨论了各类框架结构（铰接的、刚性的、加劲框架、立筋隔墙、桁架等）的幕墙结构体系，面层结构（平面的或是折板，壳面），并讨论了其任意形式的组合，其中板由直棂或其他板支撑。通常，无论何种结构体系，高层建筑的非承重立面墙由各自独立的板组成，它们被水平向和竖向的软节点相隔离，因而每块板都可以单独受力。面层和结构之间未能完全分离是许多问题的原因。

根据结构形式（如图 6.3k、l、m 所示），有许多种支撑面层的方式。面层可竖向、横向和两个方向支撑。通常，实体板竖向支撑于拱肩之间，可能的话，也可支撑在水平方向第二级构件（如带有吊杆槽钢）作为直接支撑的连系梁上，因而板以单向板的形式受力。竖向跨越楼层的直棂可看成支撑填充板的梁。面层可从上层楼板结构上悬挂下来，或者固定在下层楼板上，如同柱一样受力。通常，板受两点支撑，在下层受水平和竖向支撑，而与其上层楼板用拉杆连接，这样，板便不再像幕帘一样悬挂在上层楼板上。

面层也可以水平跨越受支撑，如在带状立面中，其拱肩板可能承重或不承重。承重拱肩带可形成直接支撑在柱与柱之间的梁（桁架梁、板过梁、混凝土梁），因而避免了由拱肩梁支撑时所产生的拉力，然而这时需要对角支撑和/或水平侧向支撑来提供侧向稳定。拱肩板可支撑竖向跨越的开窗和填充板（见图 6.3m）。

面层也可两个方向受支撑，如同在缘饰镶板中，它同时受到柱和拱肩梁沿着四条边的支撑。

幕墙的结构设计者首先应该考虑的是：1）各类墙构件的强度和刚度；2）这些构件的可移动性以防止附加应力产生；3）建筑材料抵抗气候腐蚀的影响。

墙体结构必须能够承担由其自身重量产生的竖向荷载、侧向荷载以及由位移引起的不可预见荷载。墙的附属构件将这些荷载传递到主要建筑结构上，由于这些附属构件经常导致幕墙的破坏，所以对它们的设计是十分重要的——换句话说，面层连接点的位置和类型是十分重要的。墙板承担自身重量，其中包括窗框和玻璃，以及附着在其上的构件重量，如（可能的话）窗户洁净设备。幕墙的主要荷载有：

- 轻质墙板：15 磅力/英尺^2（如：钢龙骨、（带有石面层的）钢框架或钢桁架）
- 薄石板或预制混凝土板：30 磅力/英尺^2
- 金属立筋隔断和 4 英寸的砖面层：50 磅力/英尺^2
- 4 英寸面砖及 4 英寸厚混凝土砌块支撑和隔断：75 磅力/英尺^2

通过采用更轻质的后支撑和面层材料来减小面层重量是设计中需重点考虑的。

由于重力荷载每隔一定间隔会被传递到建筑结构上，所以与其他设计荷载相比不那么重要。由外部风压、内部压力及可能的地震荷载所产生的侧向荷载才是非承重外墙所主要承担的荷载。在第三章“风荷载”一节中，提到整个建筑的总风压设计值与用于立面墙设计的局部风压是不一样的。局部风压会增加，特别是在角部和建筑边缘，通常最大压力为负值（如吸力），其值可能是规范值的 2.5 倍甚至更大。主要地震带的侧向地震荷载可估算为板重的 30%。

在第三章“不可预见荷载”一节中谈到必须考虑（对幕墙设计而言）单个墙构件的位移和墙构件之间的相对位移以及墙与建筑结构之间的位移。各种不同类型的位移（它们之间不能互相干扰）有：层间位移包含扭转位移，建筑结构缩短，拱肩挠度，基础沉降，受热变形和它们之间的组合。

从某种程度上说，立面板应能够互不干扰独立移动，主要为防止板之间的不同位移而产生不可预见荷载不会由板自身来承担。由于面层破坏的一个主要原因是结构传来的附加荷载引起的超限应力，因而设计者必须考虑外墙和建筑结构之间的协调性，其中包括幕墙本身的位移和支撑结构的位移——也就是建筑柔度和墙板刚度之间的关系。一个较柔的结构，如骨架结构，会将荷载传递至外墙，但在设计缓冲节点时必须考虑由竖向和侧向荷载引起的横向位移和转动位移以及材料的体积变化（温度、湿度、徐变和收缩）。图6.5显示了建筑结构的一些基本变形，如由重力荷载、侧向荷载和直棂屈曲引起的变形以及它们作用于面层体系后产生的变形。

重力荷载导致拱肩梁挠屈。在估算两层之间竖向位移差时采用最大动荷载变形是保守的。例如，对于跨度为25英尺的梁挠度为25（12）/360＝0.83英寸，水平节点应该能够承受该挠度，或者通过增加梁的尺寸或将梁起反拱的方式来减小拱肩梁的挠度。此外，为了使面层能够受力，锚固体系必须足够柔以允许面层的竖向位移，也可以在其一端开槽达到此目的。另外，拱肩板可以扭转形式承担重型板的偏心重力，因而梁的扭转刚度应足够大以满足防止面层由于扭转变形而受力。然而我们应该记住简支拱肩梁上的典型的腹板连接只具有很小的扭转刚度。

由材料体积变化引起的竖向位移差，特别是在重型墙体结构中（如砌体面层），是十分重要的。图3.16和习题3.32显示当混凝土柱由于弹性变形、徐变和收缩作用缩短时，或是钢框架由于显著的弹性变形而缩短时，而同时面层由于温度和湿度的增加而膨胀，如果位于支座角钢处的水平节点不够宽，则它们之间的相对运动将导致面层结构的受力和屈曲。

水平荷载引起建筑侧向位移，某一层相对于其他层的水平位移称为层间位移，应该限制这些层间位移。对于允许的风压侧移 $h/500$ 和典型的层高12.5英尺，墙体垂直于建筑结构的水平位移为0.3英寸。当锚固体系不够柔以至于不能防止墙板受力，则应提供水平横向滑移连接，或者在板之间采用更小的铰连接。对于平行于面层的建筑其他方向的位移，采用纵向开槽孔来防止墙板翘曲，这对于在这一方向呈现刚性框架作用更为重要。除了侧向位移以外，还会产生层间扭转位移。

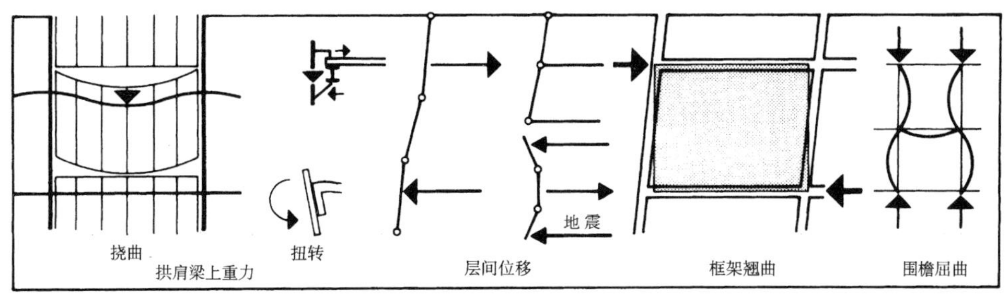

图6.5 结构的位移

楼层隔板为外墙提供侧向支撑。若楼板在某些情况下柔一些（特别是在低层建筑中），则它们发生侧向位移，如果它与墙之间没有适当的连接，反过来会导致墙体挠屈。为了防止幕墙产生超限应力，必须控制水平隔板的刚度。一些规范推荐了最大跨高比来控制楼层隔板的挠度。

外墙之间的位移可能与建筑结构的位移一样重要，墙体暴露在多变的气候环境中，它对各个构件的影响是不同的。显然暴露的直棂比隐藏的直棂膨胀或收缩得更多，相同的情况也发生在柱中（如图3.15）。作为结构的玻璃应被视作幕墙板，它可在支撑玻璃的框架洞口中移动，因而不会产生温度应力和加工应力。窗玻璃体系必须有足够的支撑和垫层以保证各种类型位移引起的荷载不会传递到玻璃上，因而它需要在玻璃和框架之间有足够的空隙。通常需要有窗或幕墙膨胀节点来控制传递到支撑玻璃框架构件上的压力。飘浮的玻璃板可沿着四边受侧向支撑，则它在风压力或吸力的作用下如同薄膜受力，玻璃板也可以在框架对边受到支撑，则它将具有单向板的受力性能。玻璃板的厚度取决于其强度、风力值、跨度和支撑条件；对于大板，应同时考虑由阵风引起的变形和振动。跨度大时需要采用厚板，特别是在对刚度有要求的情况下；若不能满足刚度要求，则需要直棂为极轻玻璃提供侧向支撑。由于立面不延伸到地面，通常会在建筑的底部采用完全玻璃墙。如果它们不是太高，则在考虑到其竖向重力后，将这些作为结构的玻璃体系在其顶部悬挂于支撑结构上，或者在底部受支撑。侧向荷载由玻璃板传递到竖向钢化玻璃直棂上（在每一竖向节点处），直棂位于板后如同梁的作用。采用水平玻璃直棂可减小竖向直棂的数量。金属夹子和透明的建筑硅胶将每根直棂（fin）安全固定在相应的玻璃板上。

由于玻璃薄膜在侧向荷载作用下有相对较大的变形，所以不能应用基于小变形理论的传统方法进行分析。此外我们应该记住玻璃是一种脆性材料，呈现出复杂的破碎机理。因而窗玻璃的结构设计通常采用基于经验的设计图纸，由厂商根据试验结果提供。常用的玻璃厚度变化范围为5/16英寸至3/8英寸以及0.5英寸，在建筑的边缘和角部采用其较大值。

与竖向玻璃相对比，在设计倾斜玻璃时，需要考虑静载、雪荷载和冲击荷载（projectile load）。通常在倾斜板中采用夹层玻璃，因而它在破碎后仍能保持平面——在投射物冲击破裂后不会碎成小片（如自由落体、风携带的瓦砾碎片）。

从玻璃材料强度的角度可将玻璃分类为：

- 普通玻璃和退火玻璃。
- 钢化玻璃，它为普通退火玻璃强度的两倍。
- 全钢化玻璃，其强度为退火玻璃的4倍，但它的刚度增加不多——会碎裂成小片。

- 夹层玻璃，它可由上述任意的整体玻璃片组成，与塑料薄膜粘结在一起；通常用于倾斜表面上。
- 夹丝玻璃，它不是钢化玻璃——当玻璃破碎时，其中的金属丝网连接玻璃碎片并防止其掉落－金属丝网不增加玻璃的强度。

现今流行的薄石面层（如，花岗岩碎片、由酸雨引起的石灰石剥蚀碎片和由于反复热循环而使大理石变形为两端翘起的碟形）的破坏继续提醒我们对于这种新型的结构技术还有许多需要研究的方面。所列举的石材强度只能作为大致的参考，因为其强度除了取决于石材纹理方向与荷载方向的相对关系外，还受到气候（如，冻/融和热循环，化学侵蚀）、湿度、表面装饰、锯痕和钻孔的影响。此外，附着结构的应力和装配应力也是重要的。所有这些未知情况显示薄石材结构设计时采用的安全系数必须高于其他的传统技术。

在面层与建筑结构的交接面，附着结构传递荷载。承重连结传递重力荷载而侧向连结，如垂直于墙体的水平拉杆，抵抗风吸力和由重力产生的扭转。可以直接提供连接，如带有支架的预制混凝土板，或者采用类似于不锈钢和铝质锚固件、平板、角钢的连接构件，但它们必须能防腐蚀。支座位置应在最小挠度处，通常靠近柱。连结应具有能抵抗侧向压力的刚度，但又必须具有允许可能产生的结构和面层之间相对位移的柔度；换句话说，它们在侧向位移时必须能弯曲和滑移。连结中的纵向、横向和竖向开槽孔不仅是自由移动的需要，同时也是用于调整结构和面层在制造、安装时产生的误差，并许可了现场不能预计的可能产生的调整。通常，当表层具有足够的强度和刚度，并与主要结构适当连接时，它就可被视为建筑结构的一个组成部分，如筒体结构中受力外包层概念。实心的密封层可形作为连结。其重要性在于它们必须保证结构能抵御气候变化，提供粘结能力，允许位移，随时间在暴露情况下保持弹性，具有耐久性以及具有足够高的强度以传递结构荷载，例如，从窗玻璃传递至周围支撑框架上的荷载。最常用的幕墙密封层的主要材料是硅胶。在窗玻璃结构中，硅胶密封层甚至取代了直棂。这时，无色透明的硅胶密封层作为粘合剂来连接竖向支撑的门窗玻璃，并提高窗玻璃相对于它带有直棂时的可视性。

将结构和外墙的位移视为是独立的，互不相关的情况是相当不切实际的；这些位移的组合及叠加会产生新的状态。另外，必须考虑其他影响，如由建筑的形状和结构体系所决定的弯曲刚度和扭转刚度，或是墙体连结不是假象的那样柔或不能滑移，抑或是板之间的密封层失效，随时间丧失了抵御气候变化的能力而且不能防止水的渗入，以至使锚固体系逐渐破坏并由于液体冻结引起压力。这许多变量之间复杂的相互作用使得高层建筑幕墙板的足尺试验成为需要，验证锚固件的握紧力以及窗玻璃不会突然爆裂和破碎。

隔墙

隔墙属于内墙用来划分空间以提供视觉、听觉屏障以及可能的防火屏障。它们是非承重墙，只承担自身重量和最小 5 磅力/英尺^2 的侧向荷载，但不承担楼面荷载。有时固定的隔墙设计成剪力墙以增加建筑的侧向刚度。隔墙分为：1）活动隔墙；和 2）固定隔墙。

永久隔墙包围核心区域的空间，如电梯井、楼梯间、通风井和设备房，而活动隔墙用来划分敞开的办公空间。这些活动隔墙由楼板支撑而不一定直接位于梁上。它们可位于任何位置并可重新布置，因而它们的重力荷载除了在轻质隔断时参考规范值外，通常取为不超过 20 磅力/英尺^2 的等效均部静载。永久隔墙的重力荷载可取其实际重量或等效均部荷载，但井道墙必须取其实际重量。电梯井墙的设计十分重要，因为它必须抵抗正负约 15 磅力/英尺^2 的空气压力，该压力是由高速运动的电梯在井道中上下运动而形成的抽吸作用引起的。类似的，通风井应能抵抗侧向气压，该气压则是为保证着火时烟雾能在井内流动而给井内增压所引起的。因而，它们将承担许多弯曲应力，而它们的侧向位移应小于隔墙高度的 1/240。

永久隔墙可以是砌体结构（如，砖、轻质混凝土或石膏砌块），也可以是框架式隔墙，两侧带有一层或多层的面层，如灰浆和/或石膏板。可拆隔墙由预制单元组成，它们通常为专利产品因而较贵。根据支撑结构可对它们进行分类：框架加上填充墙；框架加上帖面板；或板体系。

用作框架的材料可以是金属或木材。与砌体隔墙相比，框架式隔墙为轻质结构（通常 8 ~ 16 磅力/英尺^2）并且容易组装，这对于高层建筑是优先需要考虑的。典型的框架式隔墙由立筋干砌墙结构组成，其中防火和隔声卷材附着在墙上（可能有几层），而隔声毡安装在墙面的空隙处。例如，一个活动隔墙由石膏板、H 型钢立柱、隔墙地龙骨和工字形顶横杆组成。

通常，隔墙的受力形式与窗玻璃相似，应该可以在框架洞口中移动，这样才不会由于竖向梁的变形和破裂而受力；同时，由于侧向框架在风及地震作用下会破坏，因而荷载不能传递到侧向框架上，同样由于上一层竖向框架会因温差影响而破坏，荷载也不能传递到它那儿（如图 3. 19g）。在墙的侧边和顶边需要特殊的连结以保证结构的位移。在地震设计中则需要更为复杂的连结，如滑动接口。

砌筑墙体

人类使用砌体结构和未烧制的泥土结构已有几千年了。石材是最早的天然建筑材料，而晒干砖坯或过火砖则是最早的人造建材。预制混凝土砌块是最近才发展起来的，到 1870 年代它在芝加哥已被普遍使用并被称为人造石。廉价的土坯砖，也称作晒干泥砖在许多地区得到应用。它是由泥土、水及植物纤维（如切短稻草）拌和，放在模具内成形，然后在太阳下晒干。在夯土建筑中，通过模板夯实泥土来建造坚硬的泥墙。希腊人在建造他们的石庙以及印加人建造他们的石墙时采用干砌缝来砌筑砖或砌块，但显然用砂浆接缝来砌筑会方便得多。埃及人用石膏作为砂浆。早在公元前 2000 年，克里岛人已经开始使用石灰砂浆，而希腊人在公元前 600 年发现了火山灰水泥，之后被罗马人改进。

在高层建筑中，传统的大体积墙已经被现代的工程薄壁结构所代替，因为在大体积墙中重力必须超过由侧向荷载作用引起的拉应力。在对现代高层砖砌体或混凝土砌块结构进行初步结构设计时，有必要在讨论墙类型和墙在荷载作用下的受力特点之前首先介绍一些砌体结构的基本概念。在高层墙结构中最常用的砌体单元或实心或空心。它们是：由粘土、页岩或混凝土制成的砖；混凝土砌块，其性质取决于混凝土拌和物中的骨料；以及在美国很少使用的粘土瓦。

砖可以制成任意大小，但其绝大部分都具有模数制，其名义尺寸等于其实际尺寸加上灰缝的厚度（3/8 英寸或 0. 5 英寸）。例如，一块标准砖的名义模数值为：4 英寸宽、8 英寸长、$2\frac{2}{3}$英寸高。将它累筑 3 层可得 8 英寸高；这一尺寸是建筑中以 4 英寸作为基本参考尺寸的倍数。实心的和空心的粘土砖被分为 SW（严厉气候）、MW（温和气候）和 NW（不能暴露，为耐久性最差的等级，只能用于结构内部）三个等英寸级。

混凝土砌块同样有许多尺寸和形状。当它们的实体体积小于 75% 时认为是空心砌块，反之则认为是实心砌块。大多数混凝土砌块单元为顺砌型，具有 2 到 3 个中心孔。对于 3/8 英寸厚灰浆的典型混凝土砌块名义尺寸为：16 英寸长，8 英寸宽，4 英寸，6 英寸、8 英寸、10 英寸或 12 英寸高。普通砌块的名义尺寸与 4 英寸 基本参考模数相符。表 A. 8 给出了砌体单元的截面性质。典型的面层单元有裂面混凝土砌块、切开的肋条、槽纹砌块以及许多其他形式。

砌体的抗压强度定义为f'_m，由砂浆的抗压强度（m_o），砌体单元的强度和工程质量控制，表 A. 10 给出了其值。对于需检查的结构，即其工程质量与合同图纸及构造要求相符，表 A. 9 给出了粘土砖和混凝土砌体的允许应力值，该值由砌体强度获得。在许多规范中，对于无需检查的结构常进行 33% ~50% 允许应力的折减。粘土砖和混凝土砌体的受力性能是不同的。粘土砖具有较高的弹性模量并比相应的混凝土单元强度高。然而粘土砖的性质会随着温度而改变，受潮时会膨胀，混凝土砌体在建造完后会收缩和徐变。

然而粘土砖的性质会随着温度而改变，受潮时会膨胀，混凝土砌体在建造完后会收缩和徐变。

除了砂浆接缝外，墙中的砌体单元必须连系在一起以形成结构单元。可以通过交叉相叠砌体单元、金属拉杆、加强节点、灌浆，或是通过与竖向核心混凝土柱相连的横向连系梁来达到上述目的。在传统实心砌体结构中通过叠筑单元来获得连结，其中顺砌砖为墙提供了纵向连接而拉结丁砖提供横向连接。有许多连接形式，如熟悉的英国式砌合，其丁砖层与顺砖层交错（如图 6.7 上部）。在混凝土砌块结构中最常用的连接形式就是顺砖砌合。金属拉结的砌体连接通常用于空心墙、组合墙、顺砌的双层实体墙以及不带有叠加单元而采用对缝砌法的实体墙，在这种实体墙中通常使用连系梁来增加墙的整体性。在灌浆砌体墙结构中，水泥浆灌注在混凝土砌块的竖向孔洞中；这种砌块为带有细骨料的混凝土材料制成。

砌体墙的强度取决于砂浆强度和砌体单元的强度。因而只有当采用了足够强度的砂浆时才能采用高强度的砖。如今，过去使用的石灰砂浆良好的工作性能已经与水泥砂浆的较高强度相结合。水泥－石灰砂浆是由水泥、石灰、砂、水以及可能需要的外加剂组成。灰浆强度取决于水泥和砂的品种及含量，根据其强度可将灰浆分为四个等级：

- M 等级砂浆（波特兰水泥：石灰：砂 =1∶1/4∶3）具有最大抗压强度。
- S 等级砂浆（1∶1/2∶4 1/2）具有较高的连结抗拉强度和相当的抗压强度，建议运用在外墙较低等级的砌体中。
- N 等级砂浆（1∶1∶6）是中等强度的砂浆。
- O 等级砂浆（1∶2∶9）应用于非承重墙。

为了提高抗拉强度最近又发展了其他类型的砂浆。通常，砌体连接处使用的粘结材料比砌体单元本身具有更高的强度。例如：

- 高粘结力砂浆，如由 Dow 化学公司发明的 Sarabond。它是一种可以显著提高砂浆粘结力的有机粘结剂，使得设计者可以利用砌体单元本身的抗拉强度。不经过试验，可取其允许弯曲拉应力值为 $0.3f'_t$ 或 112 磅力/英寸^2。当考虑风荷载和地震作用时，在不试验的情况下，该允许应力值可提高 1/3 达到 150 磅力/英寸^2；其中 f'_t 为极限弯曲拉应力。
- 有机砂浆可提供高强粘结。其灰缝非常薄（约 1/8 英寸）以至于需要砌体单元具有精确的尺寸。这种砂浆用于填缝枪中。
- 传统灰浆采用纤维增强表面包层后应用到砌体墙表面上。砌体单元干砌，其中没有灰浆，然后在每一面上涂上表面粘结灰浆。

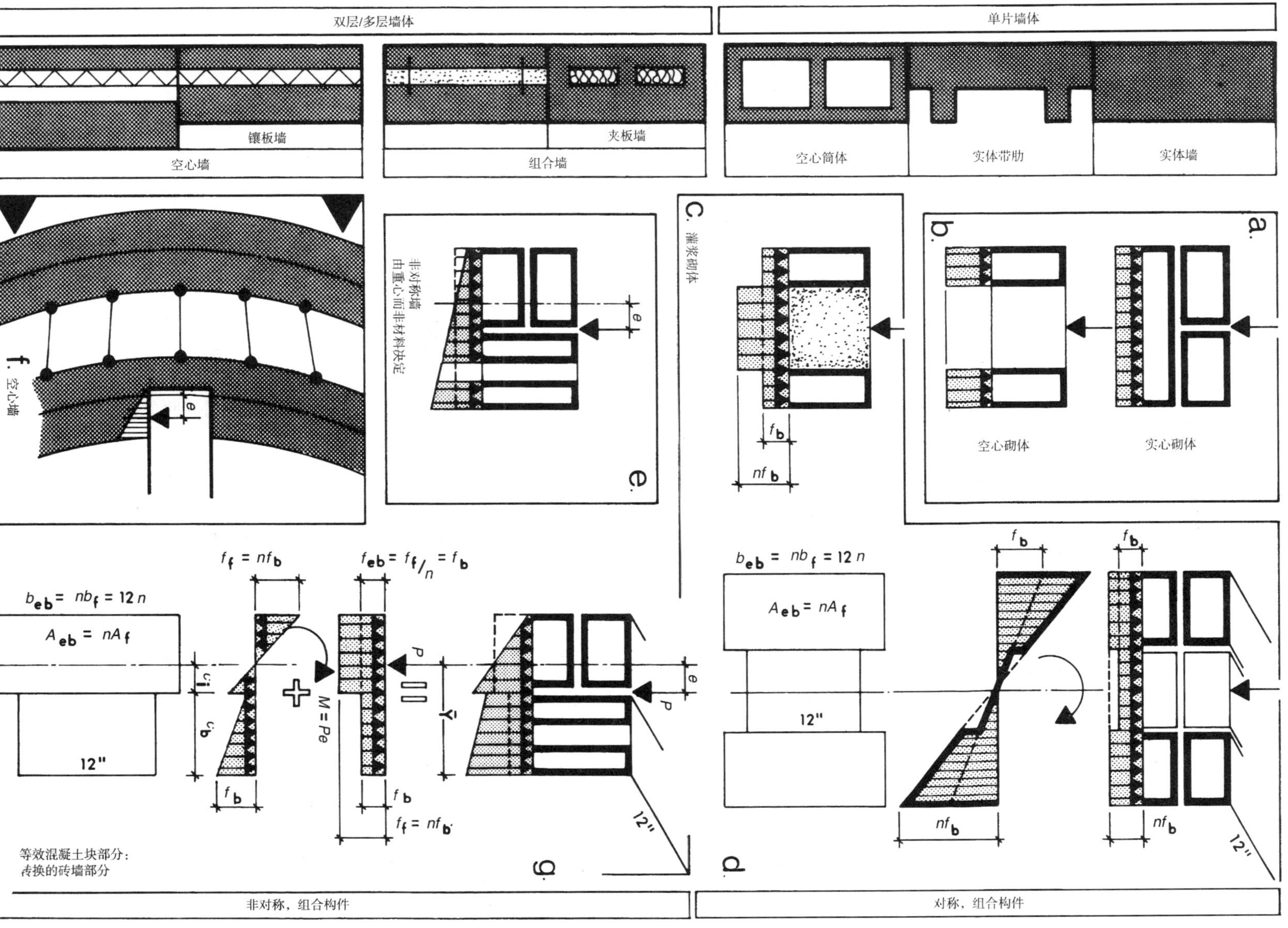

图6.6　各类墙体结构在重力作用下的反应

砌体墙分类

砌体墙可以是承重的，非承重的，或是镶板墙——形成单层或多层墙板体系（图 6.6）。单片墙体可以是实心的、空心的、带肋的或是弧形的。典型的多层墙体系为空心墙，镶板墙或组合墙。砌体墙可以配筋、部分配筋或不配筋。

由轴向力和弯曲引起的应力分布取决于墙的类型。墙在几何上对称并由一种材料建造，则可以认为其在任意截面上都是匀质材料。典型的例子是实心砖墙和混凝土空心砌块墙（图 6.6a、英寸 b），或是具有相同面层和支撑墙的空心墙和组合墙。这时，熟悉的轴向力公式为 $f = P/A \pm M/S$。

然而，在图 6.6e 中，虽然采用了相同材料和宽度的实心和空心砌体单元，但其截面从几何角度看是不对称的。因而在考虑了偏心或中和轴后，作用在中心线上的偏心轴向力还将引起弯曲。当除了几何不对称外，还采用不同的材料，例如典型的粘土砖面层贴在混凝土砌块上（图 6.6g），则截面从受力的角度看也是不对称的，因为两种材料的弹性模量是不同的。当时 $E_f > E_b$（即 $E_{facing} > E_{backup}$），中心轴线比图 6.6e 中所示的还要靠左。可以通过数学转换或是将一种材料（面层粘土砖）由另一种材料（支撑混凝土砌块）替代而获得匀质截面来计算应力。在设计过程中，首先假定最小墙厚度以及最低灰浆强度。如果这个条件不能满足，先提高灰浆强度然后增加墙厚。在下列几节中，简单介绍力各种墙的类型（如图 6.10）。

实心砌体墙

当砌体单元的孔隙率小于 25% 时认为是实心的。实心砌体墙可以是单层或多层墙；多层墙由砌体单元，金属拉杆和金属增强填缝连接。

空心砌体墙

典型单层承重混凝土砌块墙的厚度为 6 英寸、8 英寸、10 英寸或 12 英寸。面层和墙腹板的完全铺砂浆垫层的应力分布图与实心单元结构相似。而空心墙侧面的铺砂浆垫层的应力图则不相同，因为它没有与墙腹板连接，所以不能传力。则墙厚为 12 英寸，采用最小净截面时，8 英寸混凝土砌块墙的惯性矩为

$$I_b = 12\ (7.625^3 - 5.125^3)\ /12 = 309\ \text{英寸}^4/\text{英尺}\ (\text{约}\ 42169.02\text{cm}^4/\text{m})$$

表 A.8 给了该值。

灌浆砌体墙

除了所使用的钢筋以外，灌浆砌体墙的结构与配筋砌体墙（如图6.7）基本上一致。

专利的砌体墙体系

市场上有许多种专利承重墙，例如，由 Cleverland 的 George Ivany 发明的 Ivany 混凝土砌块。这时，单孔轻质空心混凝土砌块在腹板具有特殊的开槽与水平钢筋相协调，而竖向钢筋则沿着砌块孔洞布置。混凝土浇注到孔洞中来埋置双向钢筋网格。

空心墙

典型的空心墙由两片墙组成，由空气或2~3英寸厚的隔断空间相隔，其中的空心部分同时可用来吸收湿气。金属拉杆或圆钢是传力机构——它们连接面层和支撑墙使其相互支撑并共同承担荷载，但它们不是复合结构。通常，一个4英寸厚的外砖面层只是作为面板，或者抵抗风压，而内部支撑墙（如，粘土砖、混凝土砌块或立筋隔墙）则除了承受水平荷载外还要承担楼层荷载（图6.6f）。并不总是内侧那片墙承担楼层荷载，有时候两片墙共同承重。每一片墙承担侧向荷载的一部分，w，而其中刚度大的所承受的荷载也多。当需要两片墙共同作用时，则需要足够数量的具有一定抗拉和抗压强度的拉杆布置在适当的位置。在侧向荷载作用下，假定两片墙如简支梁作用具有相同的位移，可得下列关系式：

$$\Delta_f = \Delta_b，或 5wh^4/(384EI)_f = 5wh^4/(384EI)_b$$

可得

$$(w/EI)_f = (w/EI)_b，或 \quad w_b = w_f(EI)_b/(EI)_f = w_f(I_b/nI_f) \tag{a}$$

式中：

$$n = E_f/E_b = 模量比 \tag{6.1}$$

然而总荷载由两片墙共同承担：

$$w = w_f + w_b \tag{b}$$

将式（a）带入式（b）可得每片墙承担的荷载，换句话说，即面层墙和支撑墙各自承担自己的荷载部分。

$$w_f = \frac{w(EI)_f}{(EI)_f + (EI)_b} = \frac{wnI_f}{nI_f + I_b}$$

$$w_b = \frac{w(EI)_b}{(EI)_f + (EI)_b} = \frac{wl_b}{nI_f + I_b} \tag{6.2}$$

对于面层墙和支撑墙相同的情况，显然每片墙承担一半的荷载。可以注意到上述表达式与式5.3本质上相同。

例6.1

确定一14英寸厚非承重空心墙的弯曲应力，它位于一5层建筑的顶层。该墙由连续4英寸厚粘土砖面层（抗压强度$f'_m=2800$磅力/英寸^2）和建造于楼板之间的8英寸空心混凝土砌块支撑墙（$f'_m=200$磅力/英寸^2）组成。支座之间的墙高为9英尺，风压等于23磅力/英尺^2。忽略相对较小的轴向力。

参考表A.8：

$I_f=48$英寸^4/英尺，$S_f=26$英寸^3/英尺，$I_b=309$英寸^4/英尺，$S_b=81$英寸^3/英尺

参考表A.9：

$$E_m=1000f'_m$$

模量比为：$n=E_f/E_b=2800（1000）/2000（1000）=1.4$

总的转换后惯性矩为

$nI_f+I_b=1.4(48)+309=67.2+309=376.2$英寸^4/英尺（约51339.76cm^4/m）

每片墙承担的荷载为

$w_f=23（67.2/376.2）=4.11$磅力/英尺^2（约197.36N/m^2）　　**(6.2)**

$w_b=23（309/376.2）=$<u>18.89磅力/英尺^2</u>（约907.10N/m^2）

$w=23.00$磅力/英尺^2（约1104.46N/m^2）

假定两片墙都如同简支板受力，由于砖面层的连续性它将提供更多的刚度。

$M_f=4.11（9）^2/8=41.61$ft-lb/英尺（约185.13N·m/m）

$M_b=18.89（9）^2/8=191.26$ft-lb/英尺（约850.95N·m/m）

墙中的弯曲应力和相应的从表A.9中查得的允许拉应力为

$f_f=M/S=41.61(12)/26=19.21$磅力/英寸$^2<36(1.33)$

$=47.88$磅力/英寸^2(约330.19kN/m^2)

$f_b=191.26(12)/81=28.34$(约195.44kN/m^2)$<23(1.33)$(约132.48kN/m^2)

$=30.59$磅力/英寸^2(约210.96kN/m^2)

墙满足要求。

镶板墙

本文中感兴趣的只是一些锚接镶面板，而不是如采用拉杆连接的粘结镶面板。一个典型的例子是4英寸厚的砌体面板用金属拉杆固定到一相对较柔的支撑体系上，如金属立

筋隔墙。虽然镶面板通常不属于结构部分，只假定其将风荷载直接传递到支撑体系上，然而在支撑体系较柔时，必须考虑两片墙体之间的刚度协调以防止过大的变形和砌体墙的开裂（如习题6.10）。镶板墙的另一个例子是外层两层混凝土砌体墙组成的空心墙，其中内片墙上带有隔离层，由普通砌块支撑和切开的肋条及劈面实体镶板砌块组成。

组合墙

组合构件是不匀质的——它们由各种材料组成。组合墙形成多层墙体系，通常有两种材料组成一个共同作用的单元。

典型的例子是灌浆砌体墙，配筋砌体墙和砖－砌块墙。非砌体组合墙的例子有塑料或金属夹层板，组合面层等等。这里对组合砌体墙作深入研究。它们可以是对称的，如灌浆砌块墙（图6.6c），或由粘土砖面层和内部混凝土砖组成的墙（如图6.6d），或者它们是不对称的，如由砖面层和混凝土砌块支撑组成的墙（如图6.6g）。应该记住不仅外片墙和内片墙采用不同的几何尺寸会引起不对称，使用不同的材料也会引起不对称。同时，两片墙体不会像空心墙中的墙体一样共同作用，但还是应该用砂浆、拉杆、墙配筋或拉结丁砖将它们联系起来。现在对砖面层和空心混凝土砌块支撑的一些常见情况进行研究。

在设计组合构件的弹性方法中，通常的做法是将组合体系转换成为等效匀质材料然后按传统的方法进行设计。在实体梁的弯曲理论中，假定受力后应变呈线性，即纵向纤维的轴向变形与其离开中和轴的距离成正比。当不同材料之间不允许有相对滑移时也可在组合受力中采用相同的假定，这时连接状况的重要性显而易见。由此可得，对于双片墙，面层和支撑墙体之间的连结面具有相同的应变：

$$\varepsilon_f = \varepsilon_b \quad 或 \quad (f/E)_f = (f/E)_b$$

可以从这一表达式中得到两片墙之间的应变关系。当 $n>1$ 时，面层材料刚度大因而吸收更多的应力。

$$f_f = f_b\ (E_f/E_b) = nf_b \tag{6.3a}$$

现在将面层墙体转换成与支撑墙体材料相同的等效形式，将面层中的应力 f_f 除以模量系数 n 得到等效支撑材料应力 f_{eb}，则得到了匀质材料墙。

$$f_{eb} = f_f/n \tag{6.3b}$$

由于墙体的面层部分已经被转换成等效支撑墙材料，在给定点两种材料应具有相同的力。

$$P_b = P_f \quad 或 \quad f_b A_b = f_f A_f = nf_b A_f = f_b A_{eb} \quad 或 \quad A_{eb} = nA_f \tag{6.4a}$$

因此，通过将面层墙体的面积 A_f 乘以系数 n，可以将其转换成等效支撑墙体材料 A_{eb}。假定面层与支撑墙的厚度不改变，只有平行与中和轴的截面面积发生改变。这时

转换面层的等效宽度为

$$b_{eb} = nb_f \quad (6.4b)$$

当组合构件不同材料的截面转换成等效的相同材料后，只要记住首先找出不对称截面的中心线位置，就可以根据适用于匀质材料熟悉的设计公式计算应力。

在假定了面层材料的转换方法后，可以得到支撑墙体最外侧纤维组合应力的表达式，

$$f_b = P/(A_b + nA_f) \pm M\bar{y}/I \quad (6.5a)$$

以及面层外侧纤维的组合应力

$$f_f = P/(A_b + nA_f) \pm nM(t - \bar{y})/I \quad (6.5b)$$

注意到在砖及砌块接触面上有应力突变（图 6.6c，d，g），正好证明了在常应变下，刚度大的材料应力也较大（如习题 6.11 和 6.22）。

同时我们也应该注意到墙的重力会引起弯曲。空心墙中各片墙的缩短是相互独立的，而组合墙中的缩短却受到限制。不同的缩短值会引起弯曲，但它很小可以忽略。

配筋砌体墙

图 6.7 显示了典型的配筋砖和混凝土砌块墙；它们用于承担较大荷载的情况中。由于砌体承重墙的延性较差，在地震区域必须对它们配筋。

- 配筋砖墙：这种类型的墙通常为两片结构，类似于空心墙，在其 1 ~ 6 英寸中间空隙中配有竖向和横向钢筋然后灌浆以形成组合结构。根据结构的需要，对于在水平灰缝中配有水平钢筋（即 2（3.625）+3/4 英寸灌浆）的配筋砖墙；以及带有水平钢筋配置在 2 英寸厚的灌浆层中的 9.25 英寸厚（即 2（3.625）+2）砖墙，它们的最小厚度要求为 8 英寸。
- 配筋混凝土砌块墙：单层空心砌块砌体单元对准排列以形成连续的竖向孔洞用来在需要的时候配置钢筋；这一孔洞也可以灌浆。砌体以及灌浆和钢筋形成了一个类似于钢筋混凝土构件的组合结构。

在地震作用不太严重的地区经常采用部分配筋砌体墙。除了用来抵抗弯曲拉应力的配筋以外，它们与完全砌体墙的设计方法相同，在部分配筋砌体中没有最小配筋率。

砌体和钢筋组合作用的设计与钢筋混凝土的工作应力法相类似，即转换钢筋以获得完全混凝土构件的匀质截面。在本文中，采用了下列部分配筋砌体墙的初步设计方法。它与承受侧向荷载及/或偏心重力荷载如同竖向板作用的墙体设计以及如同悬臂深梁作用的剪力墙设计方法都不同。

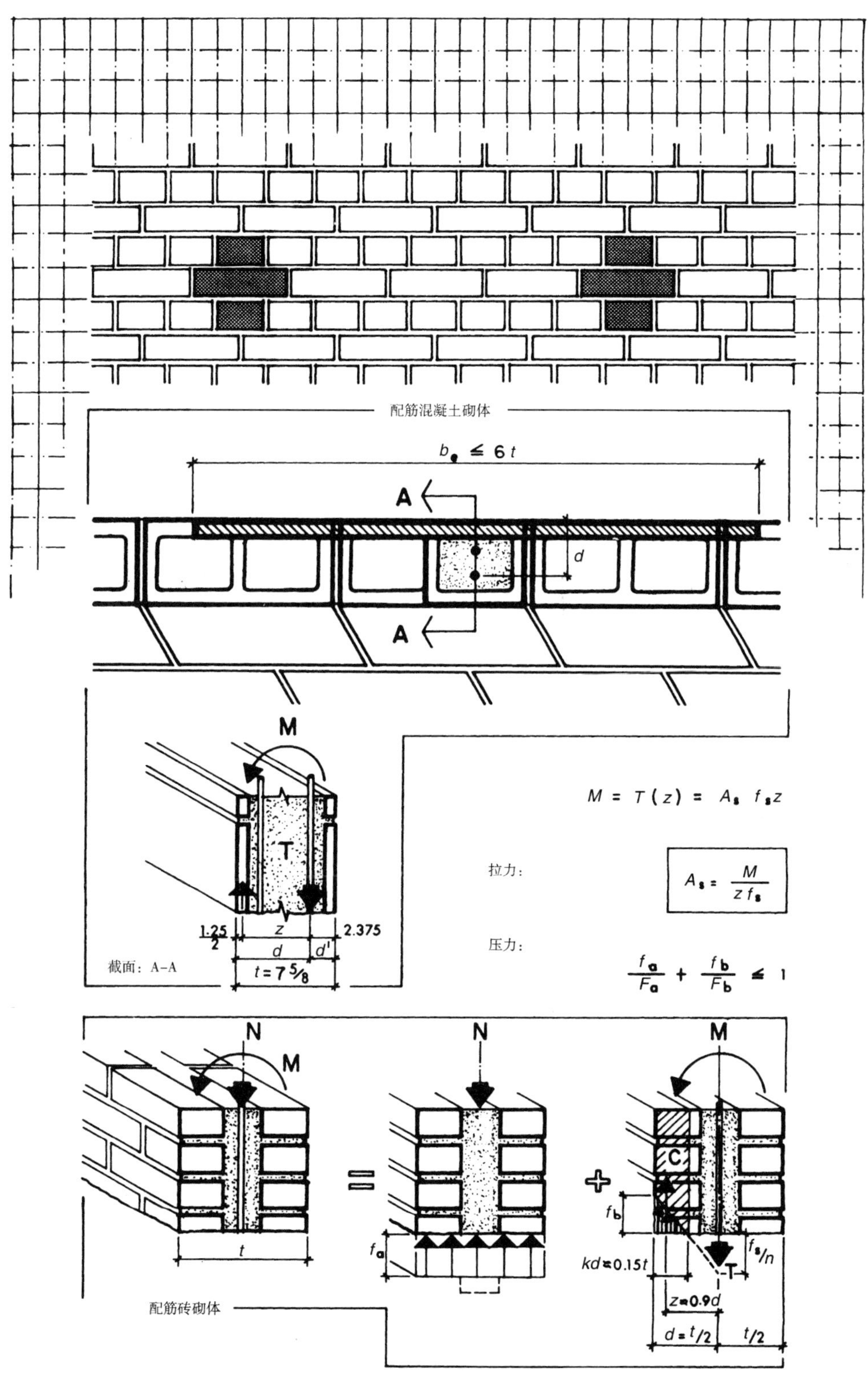

图6.7 典型的砌体粘结与配筋砌体墙的初步设计

当墙体如同竖向板一样抵抗垂直于其表面的侧向力，同时拉应力超过了根据截面不开裂而得的允许值时，墙体需要配筋。

$$f_t = M/S - P/A > 1.33F_t$$

对于不承重的幕墙，可保守地忽略由于墙自重引起的较小的轴向力，并假定所有的拉力由钢筋承担（例6.2）。

同样，对于承重墙，可保守地假定钢筋承担所有拉力。将轴向荷载作用于整个截面的独立作用与作用于开裂截面的弯矩叠加，可得到近似的最大压应力，如图6.7和例6.2所示。

$$f_a/F_a + f_b/F_b \leqslant 1.33 \quad (1)$$

这个统一的式子是基于临时风荷载或地震作用。

当墙体如同剪力墙一样承担平行与它的侧向荷载时，在初步设计时可假定一个匀质的不开裂截面。这时，根据复合应力图所得的总拉力由位于拉应力图中心线的钢筋承担（例6.5）。

外部非承重墙

虽然外部墙必须承担由风荷载或地震作用引起的侧向力，但除了自身重力以外不承担其他竖向力的墙被认为是非承重的。前面已经介绍了各种幕墙体系，并谈到设计幕墙时所用的风荷载与设计整个建筑时所取的风荷载值不相同。局部风压会收到角部及其他建筑几何造型的影响；在重要的区域会产生较高的局部应力，特别是吸力。此外，还必须考虑由内部结构压力引起的附加影响。在初步设计时，本文采用图3.8所给出的风压值，它对于一般情况下是保守的。

幕墙可被视为将侧向力传递到主要结构上的竖向板。当这些板双向受力时，一部分荷载竖向传递而余下的水平传递；荷载流取决于材料性质，板的几何尺寸和边界条件（如图5.11）。水平传递至柱或横墙的荷载值及竖向传递至板或连系梁上的荷载值是相当不确定的，特别是在考虑墙开洞的影响时。此外，由于砌体是各向异性的，使得估算应力流进一步变得复杂；它在水平方向（平行于接缝）的拉弯强度比竖直方向（垂直于接缝）的大。由于开洞部分破坏了砌体墙的双向作用，可假定墙沿着竖向支撑在楼板上，类似于平行的一英尺宽浅梁，其中垂直于水平灰缝的弯曲抗拉强度控制墙的设计。

前面已经讨论过，必须考虑建筑结构的柔性和幕墙刚度之间的协调性，即两种体系之间的不同位移（当结构高度增加时变得更为重要）。显然，一个较柔的结构如骨架建筑向外部非承重墙所传递的荷载比较刚的结构向承重墙所传递的荷载多。

支承在基础上高度不超过100英尺的砌体幕墙可假定能承担其自身的重量。这时，镶面板是连续的，因而在侧向荷载作用下如同连续多跨竖向板一样作用。它在侧向受到楼板支撑，并由连系梁、柱或承重墙拉结，这种锚接必须足够柔以至于允许不同的竖向位移。在特定的情况下，由于受开洞的位置影响可能不存在非承重幕墙，则幕墙必须直接由建筑框架来支撑。

在高层建筑中，幕墙再不可能是非承重的了；它由支撑在每层的连续板组成，并被水平和竖向节点分隔，因而如同简支竖向板一样受力。砖镶面板的重量由每层楼底

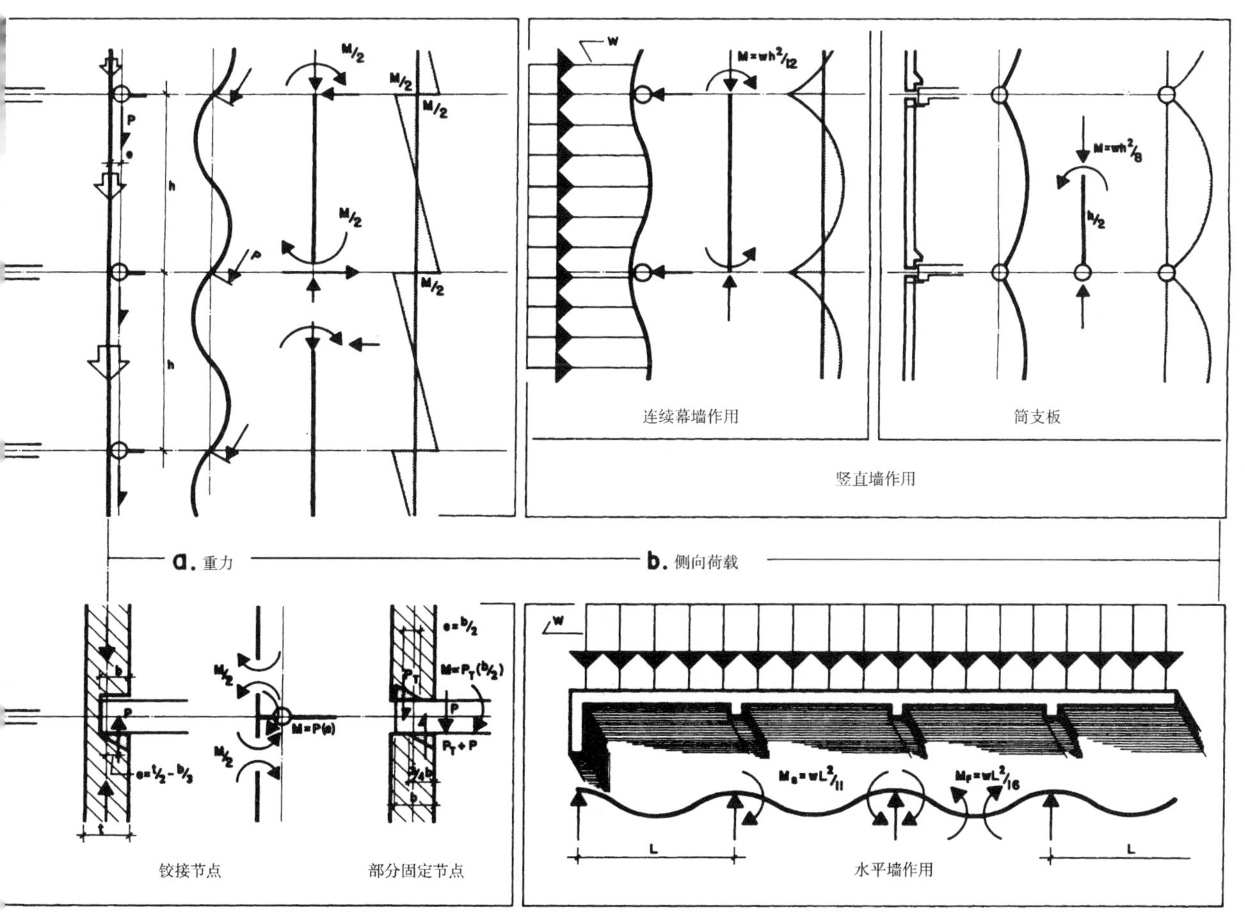

6.8 外部砖墙在侧向力和重力作用下的反应

部固定在建筑结构上的支座角钢承担（如同3.16）；在支座角钢下是水平节点。位于板顶部的连接只作为侧向拉杆。幕墙与支撑结构之间的连接是十分重要的；需要提供足够数量的拉杆和传力连接。如前所述，它们应该允许幕墙和支撑结构之间的不同变形。与其采用在现场手工一块一块砌砖，到不如采用预制非承重砖板，它不需要支撑结构。它们可以是强粘结砖砌体板或配筋砌体板（其空心砖中有竖向钢筋）。

有时，砖墙可以水平支撑在短柱、柱或承重墙上（图6.8，习题6.8）。例如，在4in厚的部分配筋砖中，2根#2水平钢筋沿着水平灰缝布置，根据弯矩值确定为每隔两层布置一道钢筋抵抗侧向荷载引起的拉应力。

通常，砖幕墙的结构设计由建筑顶层的拉应力控制，那里风荷载最大而轴向力最小。墙的自重几乎不能抵消弯曲拉力，因而可保守地被忽略。

例6.2

研究一位于15层楼建筑顶层的外部非承重砌体墙，风压34磅力/英尺^2，位于地震区域。标准层的竖向支撑简支墙板12英尺长，但顶层板具有2.5英尺的悬臂女儿墙。

首先确定作用在8英寸厚墙板（重120/12）8＝80磅力/英尺^2）上的地震荷载。作用于女儿墙的侧向荷载（表3.5）为

$$F_\rho = ZIC_\rho W_\rho = 1\ (1)\ 0.8\ (80)\ = 64\ 磅力/英尺^2 > 34\ 磅力/英尺^2 \qquad \textbf{(3.28)}$$

即使由于外部条件而增大风荷载，地震作用仍明显大于风压，该荷载产生的最大悬臂力矩为

$$M_{max} = 64\ (2.5)\ 2.5/2 = 200\text{ft-lb}/英尺\ (约\ 889.84\text{N}\cdot\text{m/m})$$

典型楼层板的侧向荷载为

$$F_\rho = ZIC_\rho W_\rho = 1(1)0.3(80) = 24\ 磅力/英尺^2(约\ 1152.48\text{N/m}^2)$$

$$< 34\ 磅力/英尺^2(约\ 1632.68\text{N/m}^2)$$

因而风压起控制作用。忽略风荷载对悬臂部分的影响，简支板中相应的最大弯矩为

$$M_{max} = 34\ (12)^2/8 = 612\text{ft-lb}/英尺\ (约\ 2.72\text{kN}\cdot\text{m/m})$$

这一弯矩比悬臂部分弯矩大，控制了墙板的设计

a）计算采用S砂浆的8英寸厚实体砖墙并检验是否满足条件。查阅表A.8得到墙体截面性质。假定板自重由其底部承担。

由于女儿墙的有利作用，控制弯曲拉应力位于从顶部向下数第二层的简支标准层墙板的中点上（图6.8）。

$f_t = f_b - f_a = M/S - P/A$

$= 612(12)/116 - 80(12/2)92 = 63.31 - 5.22 = 58.09$ 磅力/英寸^2（约 400.60kN/m^2）

允许应力值为

$F_t = 1.33F_t = 1.33$（36）$= 47.88$ 磅力/英寸^2（约 330.19kN/m^2）

墙不满足要求。注意到板中弯矩最大处由自重引起的轴向压应力很小，以致在初步设计中可忽略。为了增加砌体墙的抗拉能力，或者采用较大的混凝土砌块支撑，或者给墙配筋。

b）计算 8 英寸配筋砖墙所需的近似配筋量。采用8000 磅力/英寸^2 的砖，S 等级砂浆，$F_s = 20$ 千磅力/英寸^2 的 40 号钢筋，并检验。

查表 A.10 得砌体的抗压强度为$f'_m = 2400$ 磅力/英寸^2。假定钢筋承担所有由最大弯矩引起的拉力，类似于用在钢筋混凝土梁的式（4.7）；忽略压应力的影响。

$$M = T\ (z) = A_s f_s\ (z) \tag{a}$$

内力臂（如图 6.7 所标示）近似为

$$Z = 0.9d \qquad 式中\ d = t/2 \tag{b}$$

从式（a）和式（b）中可得所需钢筋量

$$A_s = M/\ (zf_s) = M/\ (0.45tf_s) \tag{6.6}$$

在本例中用来抵抗风荷载弯矩所需的钢筋约为

$A_s = 612$（12）/［0.45（8）1.33（20000）］$= 0.077$ 英寸^2/英尺（约 1.63cm^2/m）

其中最小配筋面积不应小于墙净截面面积的 0.07%。

$A_{s\ min} = \rho_{min}bt = 0.0007$（12）$8 = 0.0672$ 英寸^2/英尺（约 1.42cm^2/m）

采用#4 钢筋，间距（12/0.77）$0.2 \simeq 31$ 英寸（约 78.74cm）

如图 6.7 所标示，可根据下式计算由弯曲引起的近似压应力。

$$M = C\ (z) \tag{c}$$

其中合压力等于

$$C = b\ (kd)\ f_b\ (1/2) \tag{d}$$

这时，可根据 C 的位置（在离表面 $0.1d$ 处）求得应力块高度如下

$$kd = 3\ (0.1d) = 0.15t \qquad 式中\ d = t/2 \tag{e}$$

将式（b），（d）和（e）带入（c），得

$$M = bf_b\ (0.03375t^2)$$

因而，由弯曲引起的最大压应力近似等于

$$f_b \approx M/\ [bt^2/30]\ \leq F_b \qquad \textbf{(6.7)}$$

当截面视为是匀质时，与开裂截面相比，弯曲应力减小 20%。

$$f_b = M/S = M/\ [b\ (t/2)^2/6]\ = M/\ [bt^2/24]$$

则砖墙中近似最大压应力为

$$f_b \approx 612\ (12)\ /\ [12\ (8)^2/30]\ = 286.88\ \text{磅力/英寸}^2\ (\text{约}\ 1978.40\text{kN/m}^2)$$

查表 A.9 得允许压应力为

$$F_b = 1.33\ (0.33f'_m)\ = 1.33\ (0.33)\ 2400 = 1053.36\ \text{磅力/英寸}^2\ (\text{约}\ 7264.24\text{kN/m}^2)\ > f_b$$

即使将较小的轴向压力加上去，砖墙仍能轻松得抵抗弯曲压应力。

c）现在为了进行练习，计算一 8 英寸厚的配筋混凝土砌块支撑墙的竖向配筋，采用4000 磅力/英寸^2 的混凝土砌块单元和 S 级砂浆且需检查，40 号钢筋 $F_t = 20$ 千磅力/英寸^2。

配筋混凝土砌块墙在弯曲开裂后形成 T 形截面，由灌浆核心和墙壳组成（如图 6.7）。由于受压面英寸积很大导致中和轴靠近墙壳，可保守地假定应力合力作用在较薄的墙壳中心线。对于 8 英寸和 10 英寸砌块，d'取为 2.375 英寸，而 12 英寸和 16 英寸的砌块取为 2.625 英寸。

类似与配筋砖砌体情况和式（4.7c），由弯矩产生的拉力完全由钢筋承担。

$$A_s = M/\ (zf_s)$$

因而，在给定的条件下，所需配筋量如下

$$A_s = 612\ (12)\ /\ [4.625\ (20000)\ 1.33]\ = 0.0597\ \text{英寸}^2/\text{英尺}\ (\text{约}\ 1.26\text{cm}^2/\text{m})$$

其中内力臂等于

$$z = 7.625 - 2.375 - 1.25/2 = 4.625\ \text{英寸}\ (\text{约}\ 11.75\text{cm})$$

采用两根钢筋时检验最小配筋率

$$\rho = A_s/A_c = 0.0597\ (2)\ /48 = 0.0025 > \rho_{min} = 0.0007$$

试用#4 钢筋，间距（12/0.0597）0.2≈40 英寸，其中中间区域的核心孔间隔 8in。采用一根#4@40 英寸钢筋靠近每一外侧墙壳来考虑地震荷载两个方向的作用，以及风压和吸力。注意到将钢筋放置于灌浆孔的中央来抵抗两个方向的作用力更经济，这时

的设计方法类似于配筋砖墙的设计。

由于T形截面可提供较宽的压翼缘面积，可认为该截面为弱配筋，则在初步设计中压应力变得不重要了。近似计算压应力时假定墙体不配筋并忽略支撑墙和镶面板的重量，注意到由于截面开裂，应力会有所提高。

$f_b = M/S = 612\ (12)\ /81 = 90.67$ 磅力/英寸^2（约 625.28kN/m^2）

$F_b = 1.33\ (0.33f'_m) = 1.33\ (0.33)\ 2000 = 877.80$ 磅力/英寸^2（约 6053.54kN/m^2）$>f_b$

承重墙

承重墙是主要建筑结构的一部分；它承担楼面荷载和侧向力。在本章一开始已经介绍了典型的墙体布置（如图6.1），而且将在第七章中对于许多可能的承重墙布置作进一步讨论（如图7.2）。对承重墙进行快速粗略的划分得下列基本体系：

- 纵墙承重体系
- 横墙承重体系
- 纵横墙混合承重体系

在纵墙承重体系中（如图6.11），主要承重墙的方向与建筑长度方向平行，并形成外部的立面墙和内部的走道墙。楼板垂直地支撑在其上，因而支撑在外部楼板成为悬臂构件。除了承担楼面荷载以外，立面墙还必须作为幕墙（即竖向板作用），将垂直于它们的风荷载传递到楼层隔板上，然后再将侧向力传递至横向剪力墙上，该剪力墙可能是非承重的。这些剪力墙沿着横向布置，常常作为端立面墙和电梯井墙。对于与建筑长度方向平行的不太重要的侧向力，则纵墙作为承重剪力墙。

横墙承重体系由垂直于建筑长度方向的平行墙组成（如图6.15），因而与立面处理无关。这些横向承重墙对于平行于它们（即垂直于长度方向）的侧向力同时作为剪力墙。楼板支撑在横墙上。电梯井墙或走道墙提供建筑长度方向的稳定性。

纵横墙混合承重体系由横向和纵向两个方向的承重墙组成，因而为上述两种体系的组合。根据墙体的布置，楼板可能是双向板。基本体系的无限组合形式可由图7.2中的混杂案例或布局表达。

在本小节中，只对承重墙与同心和偏心重力荷载及幕墙作用有关的一些性质作研究，而其剪力墙作用在下一节中讨论。采用第三章“静荷载与活荷载”一节中介绍的近似方法，分析楼面荷载在承重墙中的分布将变得相对简单一些。

为了加深对墙中轴向荷载流以及开洞影响的认识，图6.9为一些有助于理解的图例。这一荷载流的本质可形象化为水流，当其在均匀流动时遇到一障碍物后所呈现的水流线。流网的最终形式取决于障碍物的形状或墙中开洞情况以及支撑条件。通常，流线水滴形物体对平行于它的流线抵抗力最小，提供了最佳的开洞方式。障碍物的影响程度，即流线的集中程度，显示现了水流速度增加或相应的荷载作用的强烈程度。

在图 6.9 中，描述了各种理想的匀质材料墙的形式，显然这协形式在砌体墙中是不实际的，而且与钢筋混凝土墙也不完全相符。在这种情况下，各种形式和形状的开洞以及它们所处的各个位置影响着墙的表面。荷载可以以均布或集中力的形式作用在墙顶部或底部。墙板对于几何形状、荷载和支撑情况的总体反应可大致分为两类，即轴向受力墙体系和墙梁结构。

当墙中开洞，简单的竖向平行压应力线（实线）被推向两侧，因而引起了侧向推力和垂直于应力线的拉力线（虚线）。换句话说，均匀轴向应力被各种应力的复杂状态所代替。当两个开洞距离很近，在其中间只有很窄的空间时，压力线必须以漏斗形状的样子通过该空间。由于直的应力线被弯曲，所产生的弧形线必须与与其成直角的拉力线相平衡，因而相应的应力线流网由互相平衡的弧形拉力线和应力线组成。开洞的干扰程度反应在拱形拉力线和压应力线的斜率和集中程度。

例如，当一简支墙梁在顶部受荷，大多数荷载由拱形压应力线直接传递到支座是——侧向推力由穿越梁的相对平缓的拉力迹线平衡。相反，当这一墙梁在底部受荷时，则形成较陡的拉力线（与压力拱连接）。从图 6.9 中可见较陡的角部和几何不规则情况会引起应力线集中，即产生局部应力集中。当一集中荷载作用在一面积较小的墙上（图 6.9 底部），它向墙内扩散，形成拉应力线。从上面讨论中可以得到如下结论，在初步概念设计阶段将某一构件以主应力线形式画出各种应力状态是十分有用的，因为它可以形成荷载流形式的概念而获得应力集中的情况，通常在这时不采用将结构构件划分成规则网格，应用数学模型计算应力的方法。

楼面荷载向墙的传递取决于楼层结构在墙上的支撑情况。图 6.10 显示了带有不同楼板结构体系的各种墙的细部情况。其中有现浇混凝土板，预制混凝土板，钢格栅预制混凝土板，还有具有专利的结构体系。将环状钢筋从混凝土构件中伸出并增加横向配筋可以改善预制混凝土连接（图 6.10d，j）；在节点混凝土浇注完后连接形成。同时应该记住楼板作为水平隔板将侧向力传递到剪力墙上，

因而需要楼板和墙之间的连接除了传递楼板的重力荷载外，还要能传递水平剪力和拉结力。

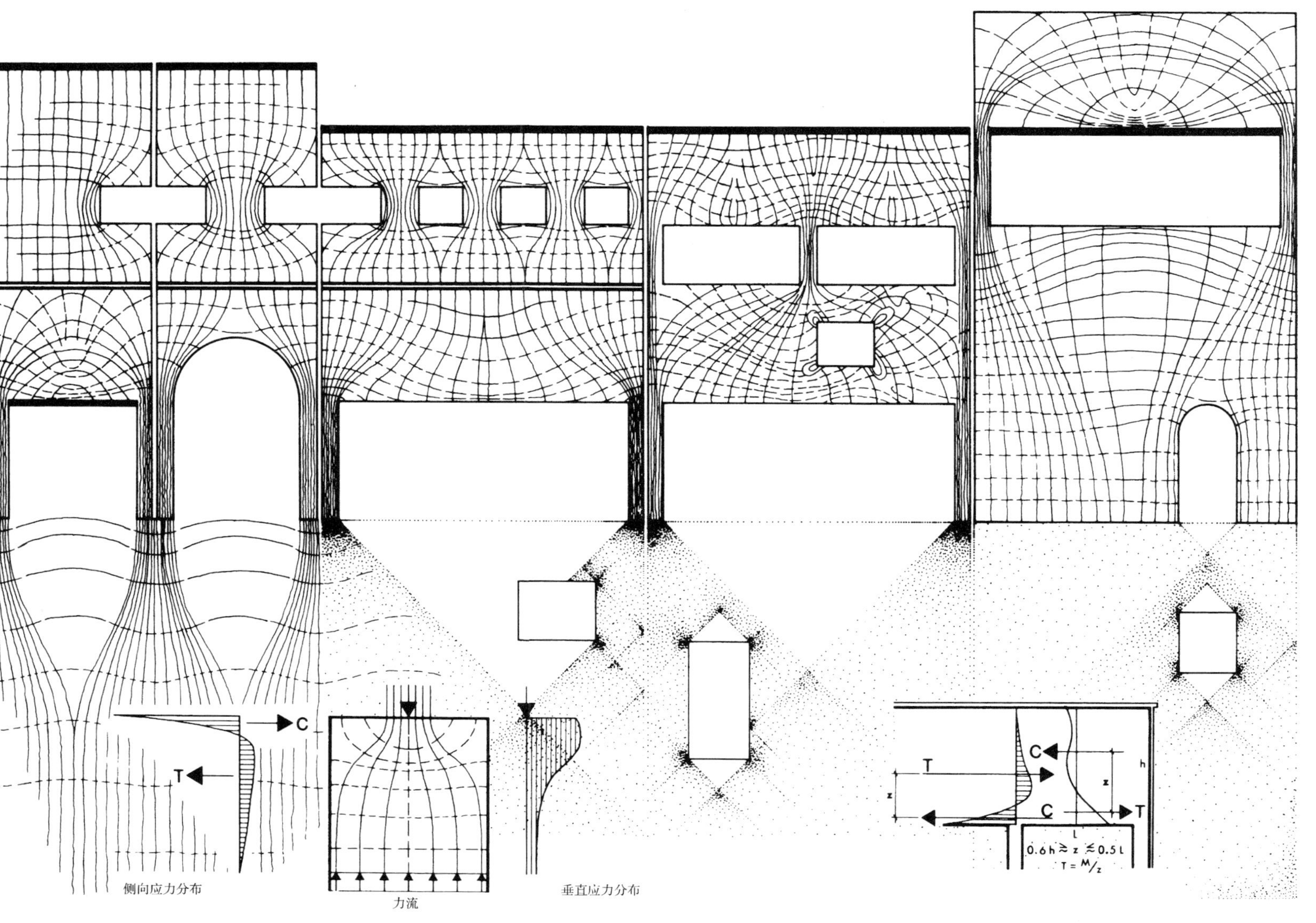

图6.9 墙内的重力流

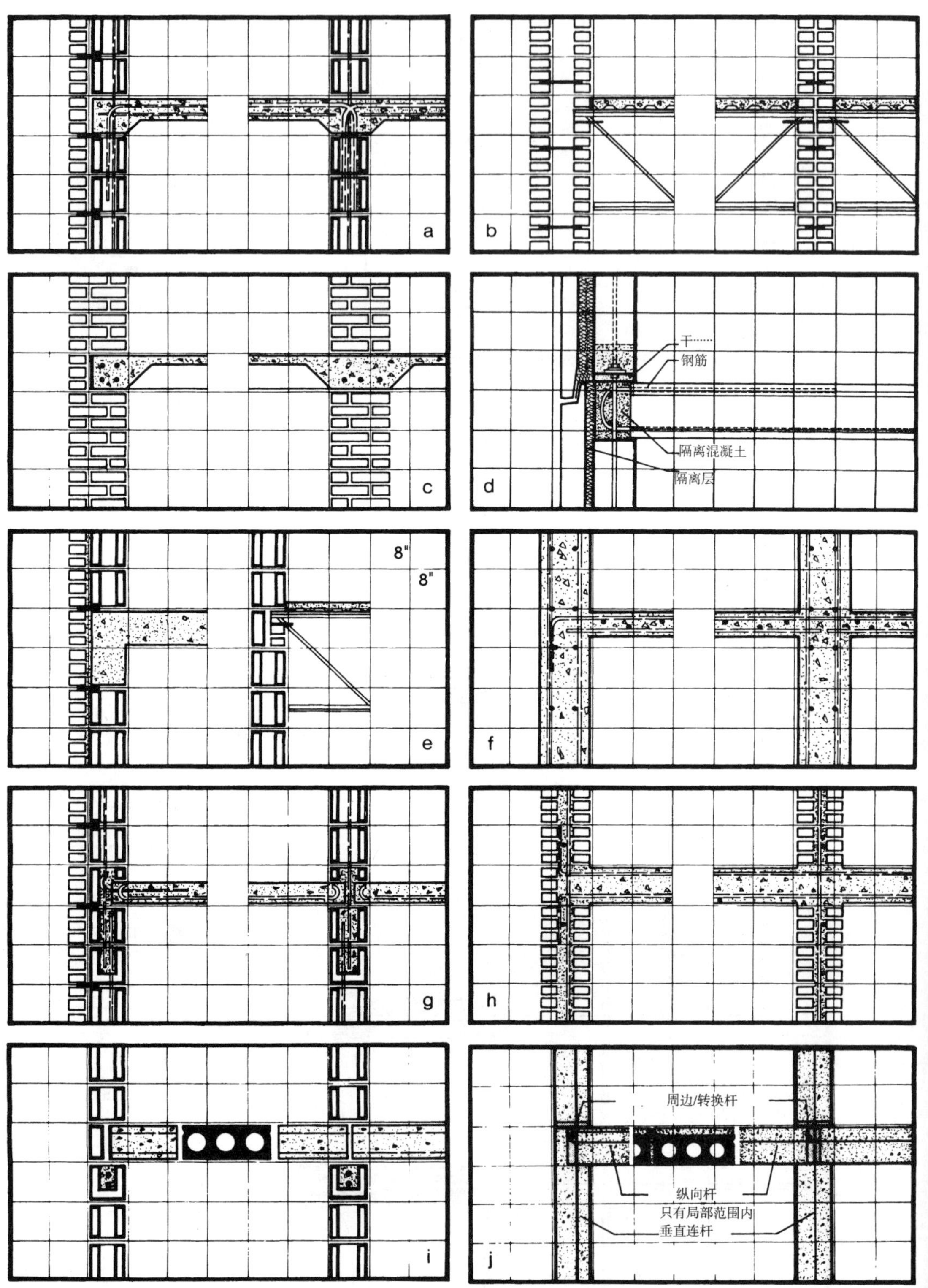

图6.10　典型承重墙和楼板连接

在对称布置情况下，内部横向承重剪力墙可假定承担两侧楼板所有的楼面荷载，因而在墙内只引起轴向力而不产生由不对称活荷载情况引起的扭转（如图3.3）。然而，当墙只支撑楼板的一侧时，如外部纵墙的情况，由于作用力线与墙轴线重合的可能性几乎没有，楼板作用将使墙产生扭转（如图6.8a）。

除了偏心力作用外，还必须估算墙的夹紧作用，即约束程度，这是一项较难的任务。典型的楼板结构如钢搁栅加混凝土楼板和预制单T或双T截面板（其中只有梁腹支撑在墙上）可以认为其楼板－墙连接是铰接的。通常，假定墙承重时应力呈三角形分布。这时，根据应力在宽度为 b 的承载面积中的三角形分布，可求得由静荷载和活荷载引起的楼板偏心合力 P 的作用位置，并进而得出弯矩 M

$$M = P\ (e)\ = P\ (t/2 - b/3) \tag{6.8}$$

对于预制混凝土板结构，必须考虑建造顺序。由于楼板放置在砌体墙或混凝土墙板上，可自由转动，其重力 P_D 所引起的弯矩为

$$M_D = P_D\ (e)\ = P_D\ (t/2 - b/3) \tag{a}$$

当面层是在上层墙建造后再建造时，考虑到面层重量和活荷引起载引起的附加荷载，引起夹紧情况。这时，假定砌体墙直接位于板顶，不允许板自由转动。产生的固端弯矩是板跨度 L 的函数，可近似估算为

$$M_L = w_L L^2/18 \tag{b}$$

因此，将板的偏心静荷载所引起的弯矩与附加荷载引起的固端弯矩相加得合弯矩

$$M = P_D\ (t/2 - b/3)\ + w_L L^2/18 \tag{6.9}$$

对于现浇混凝土板体系，由于板上部的墙通常在板模板支撑拆除前建造，砌体墙将限制板的转动。在多层建筑靠顶层的部分，由于不存在较大的轴力来提供夹紧作用，以及由于连接滑移，仍然可以假定楼板－墙连接是铰接。对于连续现浇混凝土承重墙结构的受力特点，请参阅第七章“框架结构”中对刚性框架结构的讨论。

将楼板延伸至墙另一侧表面时（如图6.8a）可使由于楼板偏心作用而引起的弯矩降到最小，但夹紧作用却有很大增加。由墙提供的夹紧作用可近似计算为

$$M = P_T\ (b/2) \tag{6.10}$$

从这一表达式中显然可以看出在高层建筑靠近底部的部分，由上部传来的总轴向力 P_T 在墙中引起的夹紧作用相当大。因而可认为墙受到重力预应力，与楼板连结传来的拉应力相抵消。

楼板－墙连结处的弯矩在上部和下部墙中根据它们的相对刚度 I/h 进行分配（同时参考式（7.6））。由于在通常情况下，墙的刚度不会发生变化（如墙厚和墙重），可假定在墙连续时，一半弯矩向上传递而一半弯矩向下传递。然而在顶层中所有的屋面弯矩由下部墙体承担。由于楼层隔板会为不平衡弯矩提供必要的水平反力，并将这些力传递到剪力墙上，因而在每一楼层处产生的弯矩只发生在局部而且不会累积。

虽然高层建筑中较高楼层的外墙在风压作用下，屋面/楼面的静荷载可能不足于抵消由竖向板作用（如幕墙作用）引起的拉应力，但高层建筑承重墙的设计通常还是以压应力为主。

在初步设计中，建议采用规范提供的墙厚，该值为砌体墙未支撑跨度 h 的函数（如，净高和净长）。所有的砌体墙应具有最小厚度 $h/36$，但非承重墙必须具有最小厚度 $h/20$。在快速近似计算中，记住以下非承重砌体墙最小墙厚的表达式是十分方便的，

$$t_{min}=0.6h \tag{6.11}$$

以下这一例子将讨论典型承重墙初步设计中的一些基本概念。

例 6.3

研究一 10 层楼内纵墙结构（典型的纵墙结构形式）的公寓建筑，如图 6.11。承重墙与建筑纵向轴线平行，楼板支撑在承重墙上；在垂直方向布置非承重墙来抵抗主要方向上的风荷载（见例 6.5）。

首先检验 8 英寸厚的面砖墙承载力。由于开洞，墙被认为是由一系列单独的 5 英尺宽的墙带组成，因而其承载面积只有 50%。楼板结构由位于墙上的 4 英寸钢托梁组成。非支撑墙高 9 英尺。建筑必须抵抗 80 英里/小时的风压。采用 8000 磅力/英寸^2 的砖单元和 N 级砂浆且需检查（查表 A. 10 得 $f'_m=2000$ 磅力/英寸^2）。假定以下荷载：

45 磅力/英尺^2 屋面静荷载，30 磅力/英尺^2 屋面活荷载；

55 磅力/英尺^2 楼面静荷载，其中包括隔断重量；

40 磅力/英尺^2 楼面活荷载（只针对公寓部分面积）；

80 磅力/英尺^2 墙重，其中包括窗重量。

计算建筑底部的控制压应力，正好在第二结构层的下方。

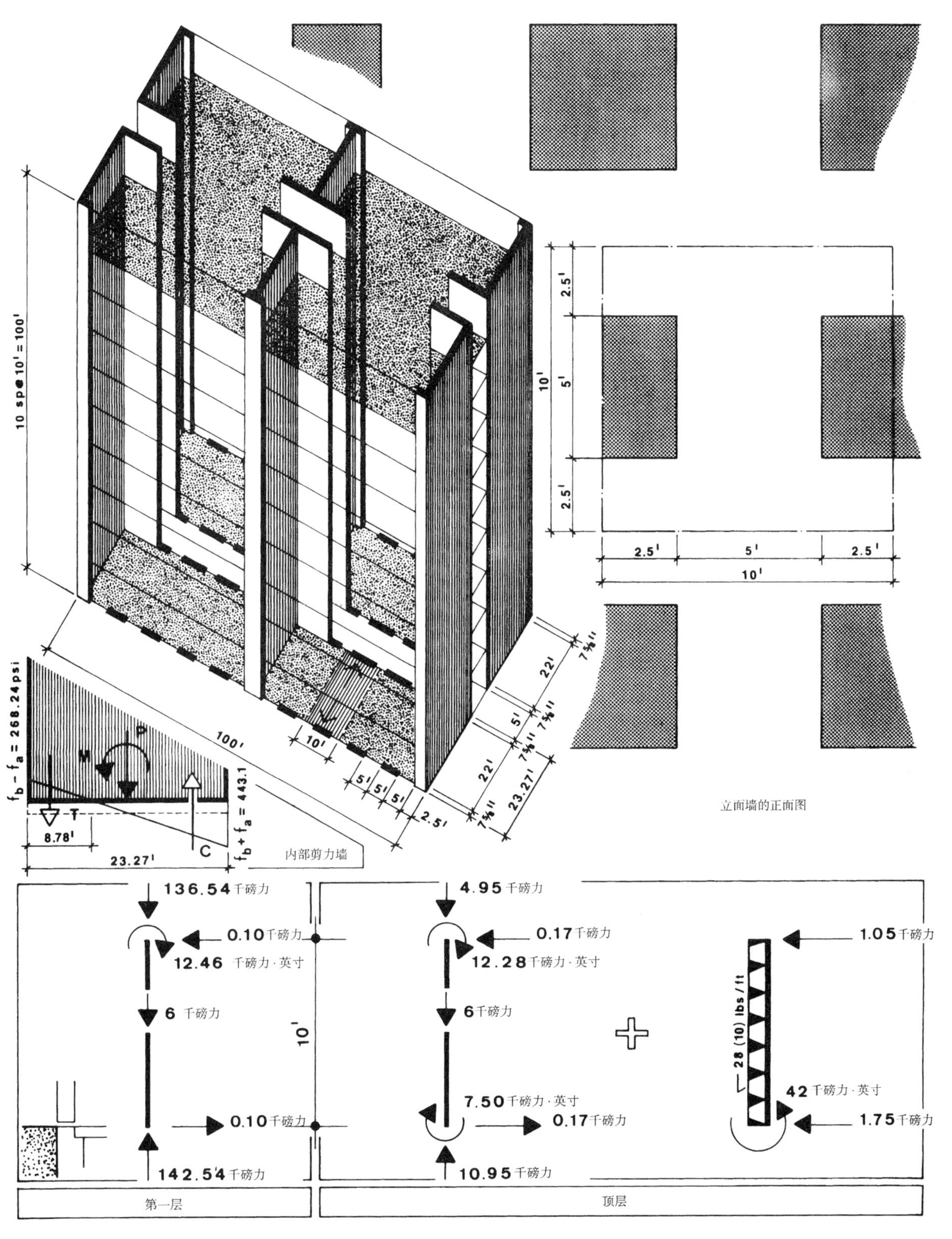

图6.11 典型的纵向承重结构

假定底层楼面框架位于混凝土砌块的地下室墙上，形成独立的结构。检验位于顶层的控制拉应力。

首先确定第二层以上的重力荷载（图6.11）。5英尺的墙支撑楼板贡献面积10×11=110英尺^2。

静荷载为：

屋面荷载：	0.045×10	=	4.95千磅力（约20.02kN）
楼板荷载：	$8(0.055\times110)=8(6.05)$	=	48.40千磅力（约215.34kN）
<u>墙荷载：</u>	$9[(10^2-5^2)0.080]=9(6.00)$	=	<u>54.00千磅力（约240.26kN）</u>
总荷载：	$\sum P_D$	=	107.35千磅力（约477.62kN）

根据第三章中“静荷载和活荷载”一节，对公寓面积进行活荷载折减

$$R_1=0.08\%A=0.08(110)8=70.40\%>60\%$$

$$R_2=23(1+(D/L))=23(1+55/40)=54.63\%$$

因而活荷载可折减55%，则活荷载值为

$$P_L=0.030(110)+8(0.45\times0.040)110=3.30+8(1.98)$$
$$=3.30+15.84=19.14\text{ 千磅力（约85.16kN）}$$

位于第二结构层以上的所有荷载为

$$P_T=107.35+19.14=126.49\text{ 千磅力（约562.78kN）}$$

对于活荷载折减0.08（110）=8.8%时，墙必须承担的楼层荷载为

$$P_F=[0.055+0.91(0.040)]110=10.05\text{ 千磅力（约44.71kN）}$$

这一楼层荷载的偏心作用在墙内引起弯矩

$$M=P(e)=P(t/2-b/3)$$
$$=10.05[(7.625/2)-4/3]=10.05(2.48)$$
$$=24.92\text{ 千磅力·英寸（约281.62kN·cm）} \quad \textbf{(6.8)}$$

其中一半弯矩由楼板上部墙承担，而另一半由下部墙承担。现在可计算第一层顶部的控制应力（图6.11）。该处的轴向力由位于第二层以上结构的总荷载和楼层荷载引起的局部弯矩产生。轴向力为

$$f_a=P/A=(126.49+10.05)1000/[5(92)]=136540/[5(92)]$$
$$=296.83\text{ 千磅力/英寸}^2\text{（约2047.02kN/m}^2\text{）}$$

允许压应力（表A.9）近似等于

$$F_a\simeq f'_m(0.233-h/300t)=2000\{0.233-9(12)/[300(7.625)]\}$$

$=466-94.43=371.57$ 千磅力/英寸^2（约 2562.44kN/m^2）

弯曲应力等于

$f_b=\pm M/S=(24920/2)/[5(116)]=\pm 21.48$ 磅力/英寸^2（约 $\pm$148.13kN/m^2）

允许弯曲压应力近似等于

$F_b\simeq 0.33f'_m=0.33(2000)=660$ 磅力/英寸^2（约 4551.53kN/m^2）

检验梁柱节点得

$$f_a/F_a+f_bF_b\leqslant 1$$

$(296.83/371.57)+(21.48/660)=0.799+0.033=0.832<1$ 满足

这显示轴向作用控制设计因而在初步设计时可忽略局部弯曲。此外，在第一次近似设计承重墙结构时可以忽略长细比的影响。

以下简化方法可用于快速检验承重墙中的控制压应力，该压应力位于建筑底部或其他墙厚度或材料发生变化的地方。

$$f_a=P/A\leqslant F_a\simeq 0.2f'_m \tag{6.12}$$

和以前一样,可检验得控制轴向压应力位于建筑底部第一层(而不是在顶部)的墙底部。

相应的轴向静荷载和活荷载为：

$P_D=4.95+9(6.05)+10(6.00)=119.40$ 千磅力（约 531.23kN）

$P_L=3.30+9(1.98)=21.12$ 千磅力（约 93.97kN）

$P_T=P_D+P_L=119.40+21.12=140.52$ 千磅力（约 625.20kN）

相应的轴向压应力为

$f_a=P/A=140520/[5(92)]=305.48$ 磅力/英寸$^2<400$ 磅力/英寸^2

（约 2106.67kN/m$^2<$2758.50kN/m^2）

其中近似允许压应力值为

$F_a\simeq 0.2f'_m=0.2(2000)=400$ 磅力/英寸^2（约 2758.50kN/m^2）

由于端弯矩在墙内引起的剪应力较小，因而忽略。这种风荷载垂直作用在墙上并加上重力荷载的荷载情况很少控制高层建筑底部的设计（如习题 6.15）。

现在检验顶层墙的控制拉应力，因为这时虽然由静荷载引起得轴向力很小，但风压很高。在建筑顶层，可假定风压为 28 磅力/英尺^2（如图 3.8），忽略沿着屋面角部的更大应力。

保守地假定墙的跨度等于楼层高度，计算连续墙底部由风荷载引起得最大弯矩，

$M_w=wh^2/8=(28\times 10)10^2/8=3500$ft-lbs $=42$ 千磅力·英寸（约 474.64kN·cm）

墙底部的最大风剪应力为

$V_w=0.028\ (10\times10)\ /2+3.50/10=1.75$ 千磅力（约 7.79kN）

因而重力与风压抵消，只考虑静荷载。

由偏心楼层作用在底部引起的墙内弯矩为

$M_{Db}=6.05\ (2.48)\ /2=7.50$ 千磅力·英寸（约 84.76kN·cm）

然而在顶部的重力弯矩必须由墙完全平衡。

$M_{Dt}=4.95\ (2.48)\ =12.28$ 千磅力·英寸（约 138.78kN·cm）

相应的剪力为

$V_D=[\ (12.28+7.50)\ /12]\ /10=0.17k\ (0.76kN)$

现在可检验位于顶层楼板底部的控制拉应力。

该位置的轴向力由风荷载和屋面重量引起。注意到楼板绕着墙转动的方向与风弯矩的方向相反（图 6.11）。

$$\begin{aligned} f_t &= M/S-P_D/A \\ &= [\ (42.00-7.50)\ /5\ (116)\ -\ (6.00+4.95)\ /5\ (92)]\ 1000 \\ &= 59.48-23.80=35.68 \text{ 磅力/英寸}^2 \text{（约 } 246.06\text{kN/m}^2\text{）} \end{aligned}$$

因而，N 级砂浆满足要求。墙在快速设计中认为是非承重的，并忽略轴向压应力，则不能满足要求。

剪应力等于

$f_v=V/A=\ (1.75-0.17)\ 1000/\ [5\ (92)]\ =3.43$ 磅力/英寸^2（约 23.65kN/m^2）

忽略重力的有利影响，允许剪应力为

$F_v=0.5\sqrt{f'_m}=0.5\sqrt{2000}=22.36$ 磅力/英寸^2（约 154.20kN/m^2）

在风荷载情况下增加允许应力值后得

$F_v=1.33(22.36)=29.74$ 磅力/英寸^2(约 205.09kN/m^2)

>3.43 磅力/英寸^2(约 23.65kN/m^2)　满足

在一般情况下，初步设计中无须检验剪应力！参考习题 6.16 中对顶层受完全重力荷载的计算。

外部纵墙作为剪力墙承担重力荷载和垂直于墙的风荷载时须进行检验。这时，墙受双向弯曲作用、然而，由于风压相对较小而纵墙的惯性矩较大，在初步设计中可忽略这种受力状态。

剪力墙

在建筑结构中，竖向结构板与水平楼板连接在一起。来自风和地震的侧向荷载沿着如同水平深梁作用的楼层框架分配，传递到竖向剪力墙，假定由与侧向荷载平行的剪力墙承担。剪力墙然后再将荷载传至基础和地面。

剪力墙这一名称可能会引起混淆，因为它实际上是一受弯曲的梁，而不是以剪力作用控制竖向悬臂墙的剪力梁。在横墙结构中（如图6.15），剪力墙同时也是承重墙；它们可以平行内联，或是交错排列，有时也可以任意布置。在住宅结构中的平行横墙通常间距为12ft和24ft。在纵墙结构中（图6.11），剪力墙可能是非承重的，与加强框架结构的剪力墙相类似。承重墙结构中的剪力墙通常为现浇混凝土、预制混凝土和砌体。

在大型混凝土墙板结构中，剪力墙可形成简单平表面，而在砌体结构中，它们通常会与其他墙相交，假定相交处有适当的连接，则在端部形成单个或双个迂回墙和抵抗侧向力的有效宽度。因此，砌体剪力墙可视为沿着层高方向的竖向悬臂板梁，其中墙代表腹板，楼板为腹板加劲肋而端部迂回墙为翼缘。与不带迂回墙的平墙相比，随着墙的惯性矩增加，翼缘板的承载力和刚度显然会有较大的增加。将同一直线上的剪力墙连起来可进一步增加其抗侧刚度，同时有助于减小可能产生的拉应力，这些内容将在本节稍后部分作详细讨论。

竖向和侧向荷载沿着不开孔的简单实体悬臂剪力墙的力流根据基本的力学公式是为人熟悉的。这将在以后讨论（如图6.14顶部）；侧向剪力和重力流向着基础线性增加，而弯矩增加更快，可能在迎风面引起拉力。图6.12显示常见的机构破坏。如第四章对浅梁和深梁的讨论中所验证的那样，剪力墙的几何尺寸将决定它的强度是由剪力还是由弯曲来控制。

为了设计剪力墙，必须确定其荷载。由于建筑被刚性楼板拉结在一起，对于侧向荷载，可假定建筑整体弯曲。因而在对称情况下，每片剪力墙都呈现相同的挠度形状，假定墙-楼板之间的连接足够大，可以传递水平和竖向力，则根据它们的刚度承担相应大小的荷载。当结构由不同形式的剪力墙组合而成，最刚的体系将承担最多荷载，而最柔的体系承担的荷载最小。一旦确定每一片墙所受的荷载，就可以分析其受力特性。

剪力墙的刚度由其挠度计算而得（见第五章“对称情况下不确定力的分布”一节）。当认为墙为实体且基础是刚性的，如图6.13上中部所示，挠屈形式反过来由墙的高宽比（H/L）决定。根据表A.14中非均布荷载，并假定混凝土和砌体的剪切刚度为其弹性模量的40%，则实体剪力墙由弯曲和剪力引起的侧向挠度等于

$$\Delta = \Delta_f + \Delta_s$$

$$= wH^4/(8EI) + 6wH^2/(10GA)\text{，令 } G \simeq 0.4E\text{，} V = wH$$

$$\Delta = 1.5V[(H/L)^3 + H/L]/ET \tag{6.13}$$

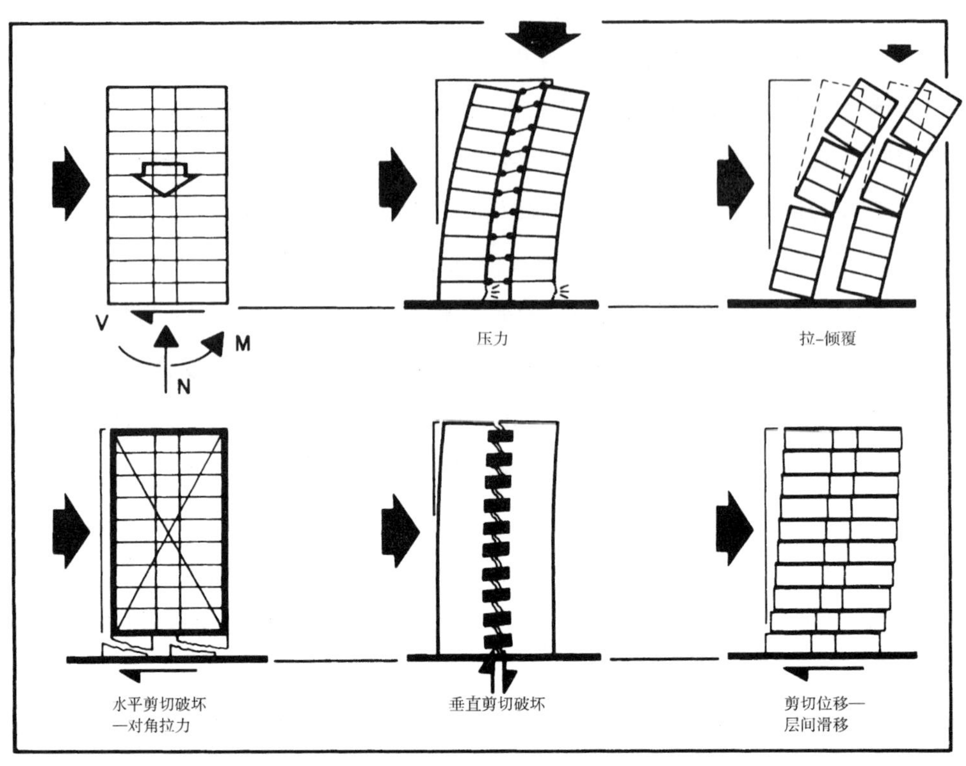

图6.12　带孔悬臂式剪力墙的典型破坏形态

三角形荷载，例如地震作用，所引起的侧向摆动大约增加50%。相应的侧向剪力挠度与弯曲挠度之比为

$$\Delta_s/\Delta_f = (L/H)^2 \tag{6.14}$$

从这一表达式可得出如下结论：

- 长宽比大于3（$H/L \geq 3$）的纵向实体墙受力如同剪力刚性板，其中剪切挠度其控制作用。这时，弯曲挠度可能只占总挠度的10%，因而在初步设计中可忽略。可对墙一层一层进行分析。
- 相反，对于高宽比大于3（$H/L \geq 3$）的细长实体墙，剪切变形只占总变形的10%而在初步设计中忽略。然而，墙上的开洞将减小抵抗剪力的面积，则剪切变形不能再忽略。细长实体墙显然比剪力板柔；它是弯矩体系，其受力如同弯曲挠度控制的悬臂深梁。
- 过渡实体墙代表了由长墙向细高墙转变的中间状态。在这种情况下，剪切和弯曲共同引起侧向挠度。

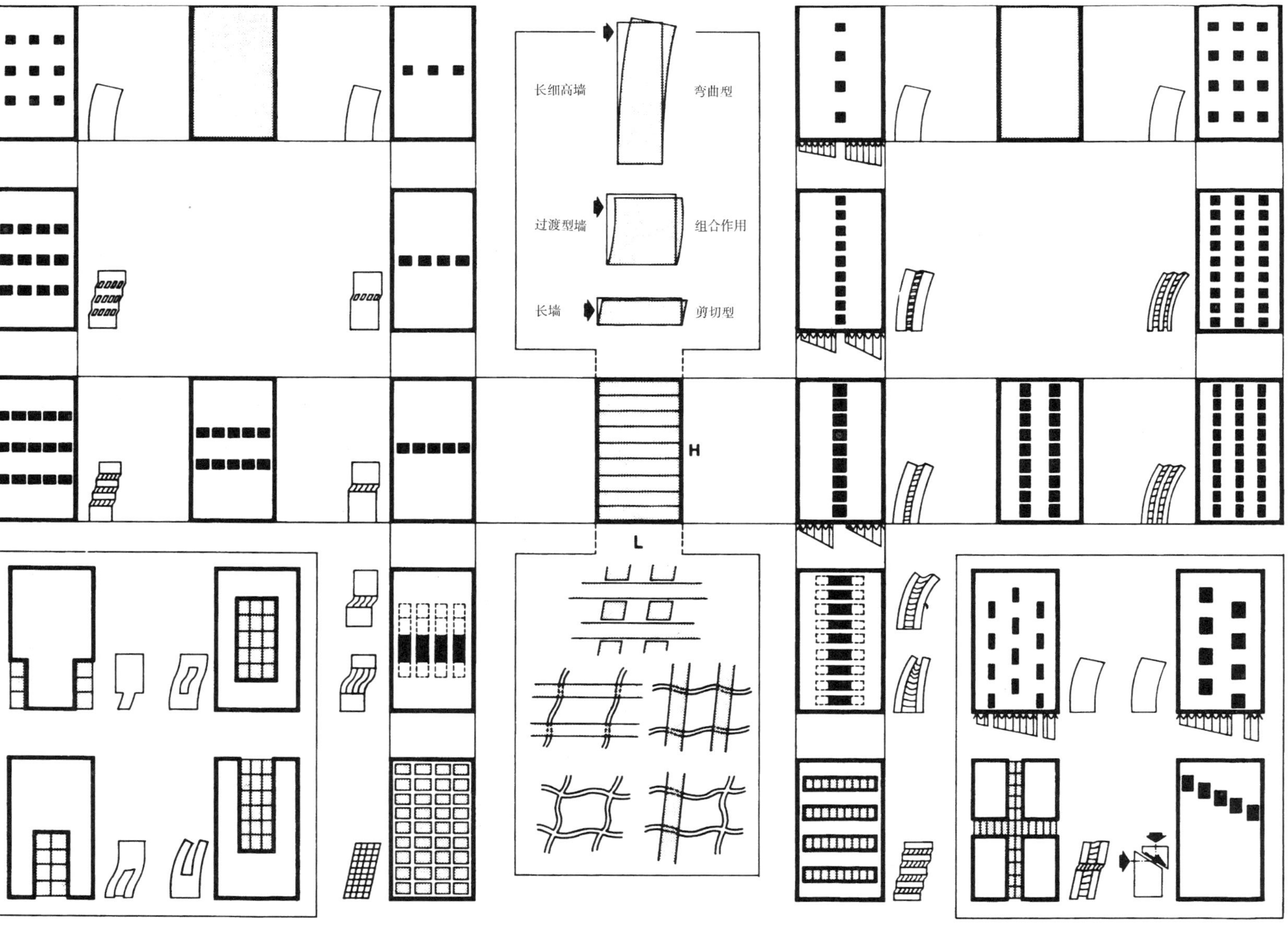

图6.13 侧向作用力对开口墙体的影响

典型的实体剪力墙可作为单边施荷走道的承重内横墙，也可与纵向走道墙共同承担双边施荷过道荷载。

通常开洞会影响墙的受力特性和刚度；它们的大小、位置、形状和对齐程度都很重要，因为它们打乱了荷载传递途径的连续性。同时，外形和墙截面形式的突变也会引起应力集中这种负作用（如图6.9）。读者可以仔细看一下图6.13，其中研究了各种开洞形式对应力分布和侧向变形的影响。墙中较大的开洞可能会使框架作用占据主导地位，而小的开洞则可能对墙的受力特点没有任何影响。一个大的开洞可能比一条窄的窗带条影响小，因为后者将墙分成了两半。类似的，交错的开洞形式可能比规则的开窗形式影响小。显然，墙的受力状况不仅与墙的开洞率有关，还与洞口布置有关。

墙可能具有的开洞形式有无限多种，特别是对于外部剪力墙；它们可以是均匀分布的或集中在一起，甚至是随机布置的。一些更为常用的均匀窗洞布置的墙的形式有：

- 带有小的连系梁和大的支柱的竖向窗狭洞，成为双肢剪力墙结构（在以后作讨论）。
- 带有大过梁和柔性支柱的水平窗条带：由于深过梁的刚度大，它们很少变形，然而柱沿着洞口高度会弯曲，其变形特点类似于填缝式结构。
- 透空墙：当在规则网格上的洞口尺寸增加时，透空墙的受力特点由带BF有大支柱和深过梁的刚性实体墙变为柔性框架。

各种结构形式的常见楼层破坏形式如图6.13底部中间所示；根据构件尺寸的大小，也即其相对刚度，或呈现剪切变形，或呈现弯曲变形。由于楼板的刚性隔板作用和其上部传来的重力荷载，可在计算高层建筑中每一层楼的墙和框架侧向挠度时认为它们在上下都固定。显然，整个建筑的侧向挠度就是其作为悬臂结构形式的挠度。

将独立的剪力墙连系起来是很常见的。很多情况下，窗、门或走道的竖向排列将墙划分成两片甚至更多片墙。梁、板、过梁、楼板或上述构件的任意组合形式可以用来连系同一直线上的剪力墙。确定剪力墙之间连系的程度是相当复杂的。对于同一直线上具有相同刚度和几何尺寸的剪力墙，研究其在极限时的情况可以帮助我们获得一些其受力特点的认识（图6.14）。

1）柔性连接：在这种连接下，洞口很大而连系梁相对较低且非常柔，或着连系梁只受到简支。这时，连系起来的剪力墙可认为由两片分开的墙组成，每片成为独立的竖向悬臂构件。连系梁不承担任何竖向剪力（$V_G=0$），它们只是作为铰接支杆以轴向受力方式传递一部分侧向力，类似于空心墙中的拉杆。

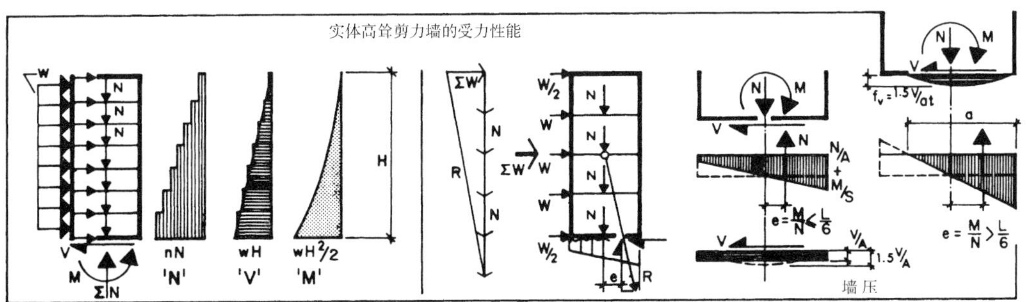

开口剪力墙在均布侧向荷载下的反应

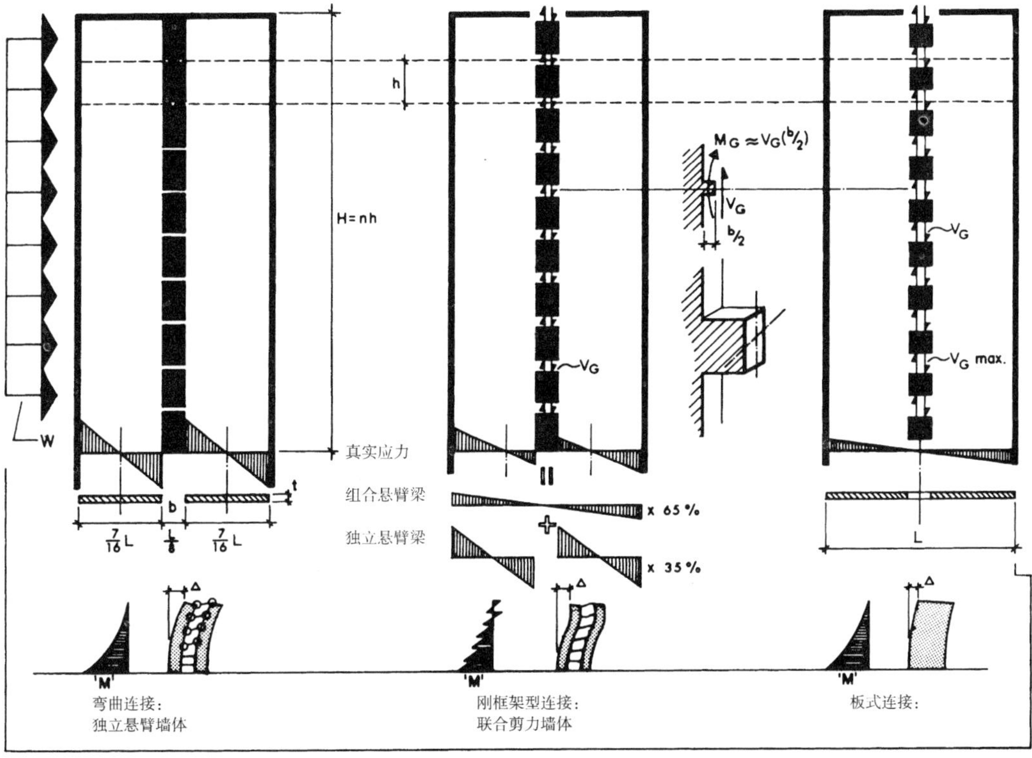

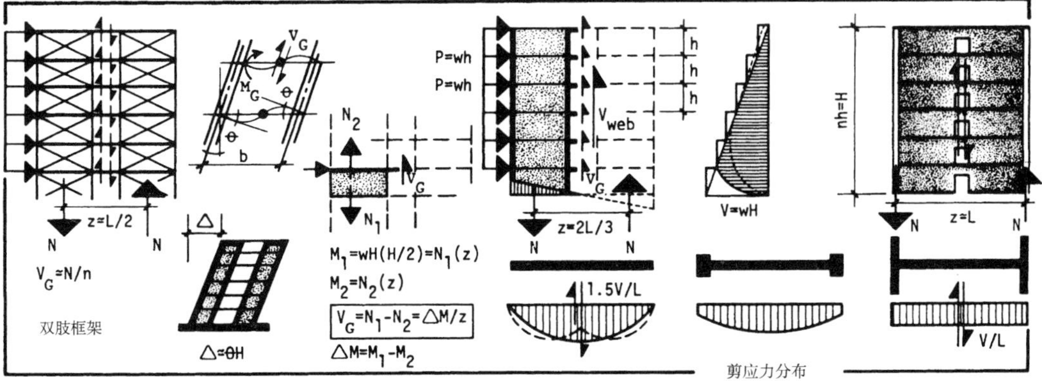

图6.14 普通剪力墙的受力

两片位于同一直线上完全相同的墙体被宽度为 $b=L/8$ 的走道分隔，它所提供的惯性矩为：$I=2\ [t\ (7L/16)^3/12 \simeq tL^3/72]$。相应的最大弯曲应力为

$$f_b = (M/2)\ (7/32)\ L/\ [tL^3/144] \simeq 16M/tL^2$$

2）板式连接：在这种连接情况下，墙上的开洞很小，因而形成了深梁。换句话说，托墙深梁刚度很大，所以开孔不会影响整个剪力墙的悬臂作用。墙体的惯性矩为 $I=tL^3/12$，忽略竖向荷载时，相应的结构侧向挠度为

$$\Delta = wH^4/8EI$$

与柔性连接体系相比，显然这种剪力墙体系的刚度要大 6 倍。其最大弯曲应力为

$$f_b = M\ (L/2)\ /\ [tL^3/12] = 6M/tL^2$$

可得，应力只有柔性连接剪力墙单片墙体受力的 1/3。

3）刚性框架连接：通常，连系梁既不是完全柔性的也不是完全刚性的；由于梁会传递一部分剪力和弯矩，所以同一直线的墙肢确实会相互影响。连系墙墙体的侧向位移很大程度上取决于连系梁的刚度，它可以抵抗竖向剪切破坏；对于细长墙体，它决定了建筑侧向位移。估算墙内的弯曲应力相当复杂而且超过了本书的研究范围。对于图 6.14 中的特定情况，墙体总的受力可假想为由大约 65% 的组合悬臂作用加上 35% 的独立悬臂作用组成。

在对刚性框架连接的初步设计中，可在设计墙时保守地忽略连系作用，而将墙视为悬臂模式；然而在设计连系梁时，则必须考虑竖向剪切变形来消除梁中可能的开裂变形。

假定梁与组合墙结构刚性连接，可估算连系梁跨中的竖向剪力值。根据材料力学公式可得长方形截面梁的最大剪应力在轴线质心处，值为 $f_v=1.5\ (V/A)$。换句话说，实体剪力墙单位长度上的最大水平剪力和单位高度上的竖向剪力等于 $P_v=f_v\ (t) = 1.5V/L$，其中截面面积为 $A=tL$。则楼层剪力为常数时，由刚性连系梁承担的竖向剪力为

$$V_G = 1.5\ (V/L)\ h \tag{a}$$

上式中，V 为连系梁以下所有楼层的水平剪力和。通常剪力墙带有翼缘。然而对于翼缘很大时，腹板剪力为常数，$f_v=V/A$。因而，连系梁剪力可达

$$V_G = (V/L)\ h \tag{b}$$

式（a）和式（b）也可以通过用竖向剪力 V_G 来平衡楼层上部和下部弯曲应力的方

法方便地获得，如图 6.14 底部所示。式（a）和（b）所给的连系梁剪力值对于带有相对较小洞口的墙来说是合理的；然而，对于大开孔，梁上剪力接近于 0（$V_G=0$）。换句话说，当洞口增大时，墙中的悬臂作用更趋近于独立状态，而导致梁中剪力降低；墙中心处的弯曲应力增加，而该处的剪力减小，如图 6.14 所示。则可得到采用下式第一次估算梁中剪力是保守的（考虑翼缘影响和开洞影响）

$$V_G \approx (V/L)\ h \tag{6.15}$$

因而，在近似设计时，假定竖向剪力流为常数或采用单位剪力，因而总剪力沿着基础方向呈阶梯三角形增加。

如图 6.14 左下方所示，对于两片完全相同的桁架式钢构架可以得到几乎相同的结论。在每一层中由侧向力引起的扭转弯矩 M 被位于墙中反力中心的轴力 N 所抵抗：$M=N(z)$；这些力之间的内力臂大约为 $z=0.56L$，或近似等于 $z=L/2$。总的腹板竖向剪力必须与轴向力 N 相抵消，即 $N=V_{web}$。对于延性材料——钢，可假定腹板剪力由所有 n 根连系梁均匀承担，$V_G=V_{web}/n$

$$V_G=(M/z)/n=[wH(H/2)/L/2]/n=(V/L)/h$$

式中：$H=nh$

由竖向剪破坏所引起的位于墙处的最大连梁弯矩近似等于

$$M_G \approx V_G(b/2) \tag{6.16}$$

某一并联剪力墙体系由细长墙和大跨连系梁组成，通过保守地假定其侧向挠度主要由水平连系梁的竖向剪破坏引起（如式 7.12），可以近似计算其侧向挠度。图 6.14 和图 7.17 显示了最大侧向位移可估算为

$$\Delta \approx \theta H=\frac{HV_G b^2}{12EI_G}=\frac{HM_G b}{6EI_G} \tag{6.17}$$

同时应该记住，对于细长墙（$H/L\geqslant 3$），翼缘会使建筑侧向刚度有较大的增加，而对于低层建筑中的长墙情况则非如此，它的侧向刚度由剪切变形控制（即腹板面积）。

在预制大板墙结构中，竖向连接的抗剪力可以与并联剪力墙结构中梁的刚度相比较。这时，墙－墙连结可以是开放的，只在每一楼层处有铰连接，因而不能传递竖向剪力，而且不能防止滑移，导致各板的独立作用和整体刚度的降低。在刚性连接体系中，墙体相互影响，而在半刚性连结中，只有部分竖向滑移发生，类似于刚性框架连

接。

以下研究一些典型的建筑形式，以形成剪力墙设计的一些基本概念。主要的结论有：

- 通常，在横墙承重体系中，由于侧向力引起的拉力被重力抵消，因而设计承重带翼缘剪力墙时压应力控制。剪应力很少起控制作用。
- 另一方面，非承重剪力墙的设计可能由抵抗倾覆的稳定性和拉应力控制。对于只有少数几片墙且分隔较远时则更符合这种情况，这样它们必须抵抗较大的侧向力。有必要将剪力墙与相交的承重墙拉结起来以控制倾覆弯矩。同时剪应力可能比较重要。

例 6.4

如图 6.15 所示，一 10 层住宅公寓（典型的横墙承重体系），其内横墙厚 8 英寸，标准层高 10 英尺。

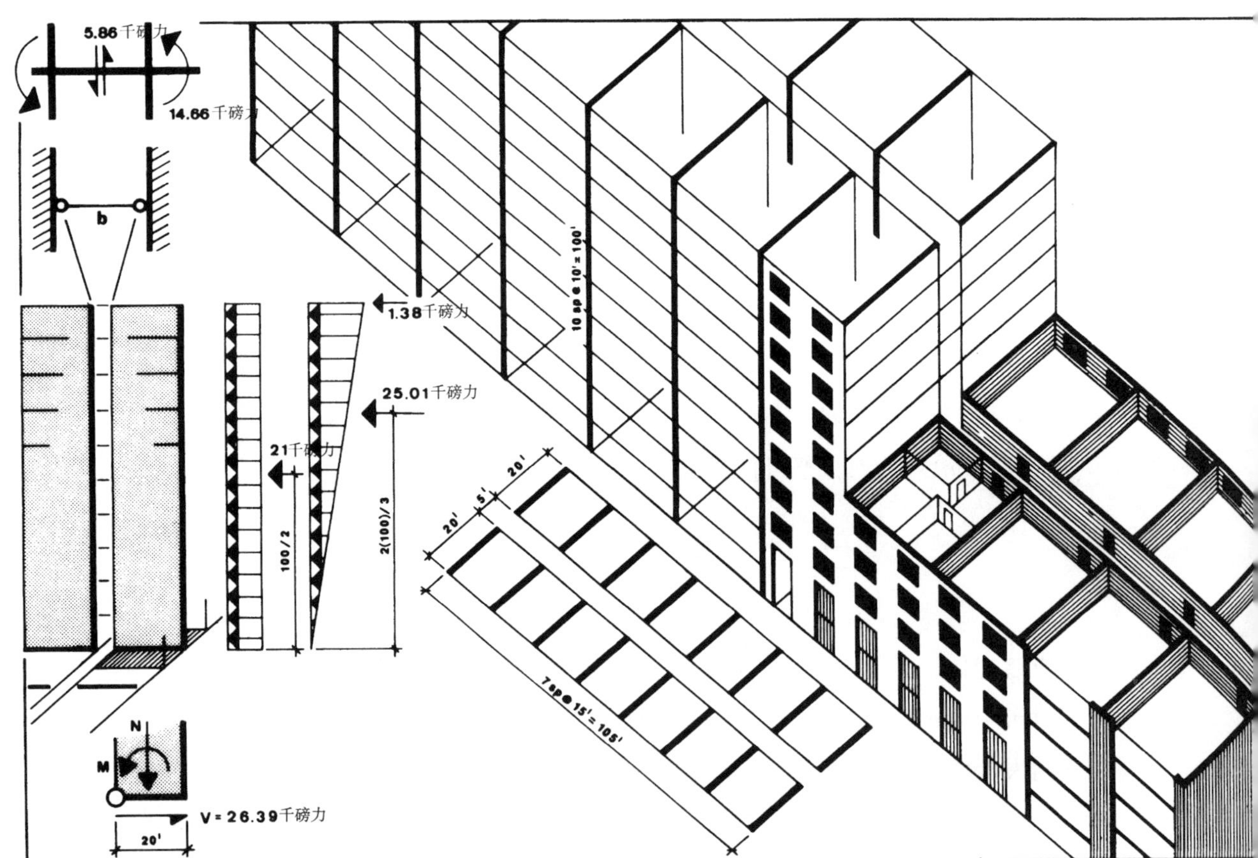

图6.15 典型的剪力墙结构

横墙为承重墙，支撑楼层荷载，同时也作为剪力墙抵抗作用于建筑长度方向表面的风荷载和地震作用。两片平行的横墙相隔 15 英尺；走道上的弯曲连系构件可视为铰接支杆。假定只有承重剪力墙的腹板抵抗外力（如图 2.16），在初步设计中保守地忽略翼缘作用；假定所有的剪力墙提供相同的刚度。作用在建筑短边方向的侧向力由沿着立面和内部走道的纵向剪力墙体系承担。

认为屋面静荷载与楼面静荷载相等，采用下列荷载取值：楼面静荷载 65 磅力/英尺^2，楼面活荷载 40 磅力/英尺^2，屋面活荷载 30 磅力/英尺^2，墙重 80 磅力/英尺^2。假定纵向走道墙承担附加走道活荷载，则保守地忽略。侧向荷载的基准设计值为 80 英里/小时风速，位于地震区域。采用 28000 磅力/英寸^2 砖单元和 N 级砂浆且需检查。墙的无支撑高度为 9 英尺 6 英寸。

第一层采用 20 英尺内承重墙，楼面和墙自重所引起的静荷载为

P_D = ［0.065（15×22.5）+0.080（10×20）］10 =379.38 千磅力（约 1687.94kN）

每平方受支撑面积（除屋面荷载外）的活荷载折减为 8%，但不应超过

$$R = 23\ (1 + (D/L)) \leqslant 60\% \tag{3.1}$$

每英尺的常用折减系数为

$$R = (15 \times 22.5)\ 0.08 = 27\%$$

在本例中第一层的活荷载折减为

$$R_1 = (27\%)\ 9 = 243\%$$

$$R_2 = 23\ (1 + 65/40) = 60.38\% > 60\%$$

因而活荷载折减 60%。

第一层的轴向活荷载为

P_L［0.040（0.4）9+0.030］（15×22.5）=58.73 千磅力（约 261.30kN）

第一层总的轴向力为

$P_T = P_D + P_L$ =379.38+58.73 =438.11 千磅力（约 1949.24kN）

对于侧向荷载作用，许多密布的横墙为楼层隔板提供足够刚度的支撑，因而楼层隔板可视为是柔性的。则侧向风压在内墙中根据贡献面积进行分配，与刚度无关。然而，当计算荷载向端墙传递时仍应保守地采用刚性楼层隔板概念。

首先，计算风荷载。在初步设计中不采用实际风荷载分布，取用 28 磅力/英尺^2 的均匀风压（如图 3.18）是安全的。

一片内部剪力墙所必须承担的所有风荷载剪力为

V_w = ［0.028（15×100）］/2 =21 千磅力（约 93.43kN）

荷载所引起的绕建筑基础的弯矩为

$$M_w = 21\ (100/2)\ = 1050 \text{ 千磅力·英尺（约 1424.86kN·m）}$$

现在检验 2 号区域的地震荷载。首先确定建筑总重量；对于沿着立面方向的纵墙和走道墙假定 50% 的开洞率。

纵墙重量：	[0.080（105×100）0.5]	=1680 千磅力（约 7474.66kN）
横墙重量：	[0.080（20×100）] 16	=2560 千磅力（约 11389.95kN）
楼层重量：	[0.065（45×105）] 10	=3071 千磅力（约 13663.49kN）
总建筑重量：		=7311 千磅力（约 32528.10kN）

在缺乏对建筑周期计算更精确计算的条件时，可采用下列式子进行估算

$$T = 0.05h_n/\sqrt{D} = 0.05\ (100)\ /\sqrt{45} = 0.745s \qquad (3.21)$$

地震系数等于

$$C = 1/\ [15\sqrt{T} = 1/\ [15\sqrt{0.745}]\ = 0.077 \leqslant 0.12 \qquad (3.19)$$

不能建立现场建筑共振的数值系数。

$$CS = 0.077\ (1.5)\ = 0.1158 \leqslant 0.14$$

对于长方体建筑，其框架系数为 $K=1.33$。重要性系数 $I=1$。2 号区域的地区系数 $Z=3/8$。作用在建筑上总的地震作用力为

$$V = ZIKCSW = (3/8)1(1.33)(0.1158)7311 = 422 \text{ 千磅力（约 1877.56kN）} \qquad (3.18)$$

因而，16 片横墙各自承担的剪力为

$$V_s = 422/16 = 26.39 \text{ 千磅力（约 117.41kN）} > 21 \text{ 千磅力（约 93.43kN）}$$

由于自振周期 $T \geqslant 0.7$ 秒，作用在建筑顶部的抽力为

$$F_t = 0.07TV = 0.07\ (0.745)\ 26.39 = 1.38 \text{ 千磅力（约 6.14kN）} \qquad (3.24)$$

假定重力均匀分布，即三角形荷载分布，则由地震荷载作用引起的扭矩为

$$M_s = 1.38\ (100)\ +\ (26.39 - 1.38)\ 100\ (2/3)$$
$$= 1805 \text{ 千磅力·英尺（约 2449.40kN·m）} > 1050 \text{ 千磅力·英尺（约 1424.86kN·m）}$$

地震剪力和扭矩都比预计的风荷载值大，因而为设计控制值。注意忽略了由最小地震偏心（5%）105 = 5.25 英尺而引起的附加扭转剪力！

首先，检验防止倾覆的稳定性。抗静力荷载弯矩值为

$$M_{res} = P_D\ (20/2)\ = 379.38\ (20/2)\ = 3794 \text{ 千磅力·英尺（约 5148.48kN·m）}$$

防止倾覆的安全系数为

$$S.F = M_{res}/M_{act} = 3794/1805 = 2.10 > 1.5 \quad \text{满足} \qquad (2.9)$$

由静荷载和活荷载引起的在第一层处的轴向压应力为

$f_a = P_T/A = 438110/$ [7.625 (20) 12] $=239$ 磅力/英寸^2 (约 1648.21kN/m^2)

$F_a \simeq 0.5f'_m = 0.2$ (2000) $=400$ 磅力/英寸^2 (约 2758.50kN/m^2) $>f_a$ 满足

上式中忽略了建筑长细比对允许压应力的影响(如例 6.3)。由侧向力作用引起的弯曲应力为

$f_b = \pm M/S = 1805000(12)/[7.625(20\times12)^2/6] = 296$ 磅力/英寸^2(约 2041.29kN/m^2)

$F_b \simeq 0.33f'_m = 0.33$ (2000) $=660$ 磅力/英寸^2 (约 4551.53kN/m^2)

现在,检验由静荷载、活荷载和地震作用引起的轴向压应力和弯曲压应力之和。

$f_a/F_a + f_b/F_b \leqslant 1$ (1.33)

$239/400 + 296/600 = 0.60 + 0.45 = 1.05 < 1.33$ 满足

由侧向力作用和静荷载作用引起的控制拉应力为

$f_t = f_b - f_a \leqslant 1.33F_t$

$= M/S - P_D/A = 296 - 379380/$ [7.625 (20) 12]

$= 296 - 207 = 89$ 磅力/英寸^2 (约 613.77kN/m^2) >1.33 (28)

$= 37$ 磅力/英寸^2 (约 255.16kN/m^2) 不能满足

显然必须考虑翼缘的重量和它们的抗弯能力。当没有翼缘时,应采用钢筋(例 6.5),或者两片位于同一直线上的剪力墙用刚性梁连接起来,或者增加墙的厚度同时提高所使用砂浆的等级。

由于剪力墙带有翼缘,可假定剪应力沿着墙的长度方向均匀分布。

$f_v = V/A = 26390/$ [7.625 (20) 12] $=14.42$ 磅力/英寸^2 (约 99.44kN/m^2)

$F_v = 1.33$ $(0.5\sqrt{f'_m} = 1.33$ $(0.5\sqrt{2000} = 29.74$ 磅力/英寸^2 (约 205.09kN/m^2) $>f_v$ 满足

在本例中,墙初步设计时认为连系板为柔性的。考虑到练习的需要,现在假定走道部分的板支撑在连续混凝土梁上并为墙提供刚性框架连接。虽然检验板的方法仍然是正确的(虽然有些保守),但当连续梁不能承担弯矩时,它们受侧向力作用时会弯曲并有可能开裂。

在建筑底部墙的控制地震剪力为 $V_s = 26.39$ 千磅力(约 117.41kN)。估算相应的梁上剪力为

$V_G \approx$ (V/L) $h = 2$ (26.39/45) $10 = 11.73$ 千磅力 (约 52.19kN) **(6.15)**

因而,必须按下列弯矩设计第一层的梁

$$M_G \simeq V_G\ (b/2)\ = 11.73\ (5/2)\ = 29.32\ \text{千磅力·英尺（约 39.79kN·m）} \quad \textbf{(6.16)}$$

例 6.5

在例 6.3 中，研究了如图 6.11 所示的纵墙承重体系中的外墙。这里，将检验在侧向风荷载作用下，沿着建筑（典型的非承重剪力墙）短边方向的 8 英寸厚内部非承重砖剪力墙；至于荷载情况参阅例 6.3。假定中间走道部分的墙不连接。

在第五章“对称情况下不确定力的分配”一节中已经提到根据楼板的刚性隔板作用，侧向力在竖向剪力墙中按照其相对刚度进行分配。在单位力 P 作用下刚度 k 为侧向变形 Δ 的倒数。

$$k = 1/\Delta \quad \textbf{(5.1)}$$

由于墙的近似尺寸为 $H/L \approx 100/23 = 4.35 > 3$，弯曲变形显然占控制地位。因而，墙横截面的惯性矩决定了侧向风力 P 的分配。由于建筑墙体和电梯井对称布置，只有产生横向力；然而，在地震作用下必须考虑扭转作用。每片剪力墙所受力为

$$P_i = P\ (k_i/\sum k)\ = P\ (I_i/\sum I) \quad \textbf{(5.3b)}$$

在习题 2.21 中已经计算了下列惯性矩（联系图 2.16f）：

- 每片端墙：$I_e = 1118$ 英尺^4（约 9.67m^4）
- 每片内墙：$I_i = 1616$ 英尺^4（约 13.98m^4）

因而，所有剪力墙所提供的总刚度为

$$\sum I = 4\ (1118)\ + 2\ (1616)\ = 7704\ \text{英尺}^4\ \text{（约 66.67m}^4\text{）}$$

根据它们的相对刚度，四片端墙中的每一片抵抗荷载占总荷载中的比例为

$$I_e/\sum I = (1118/7704)\ 100 = 14.51\%$$

每两片内墙承担的荷载为

$$I_i/\sum I = (1616/7704)\ 100 = 20.98\%$$

$$\text{检验：} 4\ (14.51)\ + 2\ (20.98)\ = 100\% \qquad \text{正确}$$

由于在初步设计中计算每一片剪力墙的惯性矩很耗时，设计者想将位于剪力墙之间相对跨度较大的楼层隔板视为柔性。这时，风荷载可根据贡献立面面积进行分配，即每片端墙承担 12.5% 侧向力，每片内墙承担 25% 的侧向力。上述计算中得每片端墙应当承担 14.51% 的侧向力，因而采用这种方法将有些偏于不安全。

对于剪力墙分布较密的情况，可以假定（在初步设计中）所有的剪力墙刚度相同，并考虑刚性隔板作用。在本例中，采用上述假定情况，则每片墙必须承担 100/6 = 16.67% 的总荷载。

与其随高度改变风荷载值，不如保守地假定均匀的压力 28 磅力/英尺²。作用在建筑上的总风压（如图 3.15）为，

$$P_H = 0.028\ (100 \times 100)\ = 280 \text{ 千磅力（约 1245.78kN）}$$

因而，每一片内部剪力墙必须抵抗

$$P_w = 280\ (20.98\%)\ = 58.74 \text{ 千磅力（约 261.35kN）}$$

侧向力引起的绕建筑底部的弯矩为

$$M_w = 58.74\ (100/2)\ = 2937 \text{ 千磅力·英尺（约 3985.53kN·m）}$$

根据对称剪力墙并忽略由翼缘支撑的楼层荷载可以保守地计算用来抵抗倾覆弯矩的重量，其中剪力墙带有 7.5 英尺宽的翼缘，则重量值由立面翼缘的平均宽度而得（如图 6.11 右侧）。

腹板重：	0.080（22×100）	=176 千磅力（约 783.06kN）
外部翼缘重：	0.080（7.5×100）	=60 千磅力（约 266.95kN）
内部翼缘重：		=60 千磅力（约 266.95kN）
总墙重：		=296 千磅力（1316.96kN）

墙提供的抵抗弯矩为

$$M_{res} = 176\ (11 + 0.635)\ + 60\ (0.635 + 22 + 0.635/2)\ + 60\ (0.635/2)$$

$$= 296\ (0.635 + 22/2)\ = 3444 \text{ 千磅力·英尺（约 4673.53kN·m）}$$

抵抗倾覆的安全系数等于

$$S.F. = M_{res}/M_w = 3444/2937 = 1.17 < 1.5 \qquad \text{不满足}$$

如果建筑不锚固在基础或地面则不安全。显然这时应当考虑翼缘上的楼面荷载，参考习题 6.26 为一更精确的计算。

剪力由带翼缘墙的腹板以均匀受力的形式承担，得到下列剪应力

$$f_v = V/A = 58740/\ [7.625\ (23.27)\ 12]\ = 27.59 \text{ 千磅力/英寸}^2 \text{（约 190.27kN/m}^2\text{）}$$

$$F_v = 1.33(0.5\sqrt{f'_m}) = 1.33(0.5)\sqrt{2000}) = 29.74 \text{ 千磅力/英寸}^2\text{（约 205.09kN/m}^2\text{）} > f_v$$

满足

由于本例的目的在于演示如何计算抵抗较高拉应力的配筋，所以则下列计算中只考虑墙的腹板作用。

根据腹板的重量得轴向压应力为

$$f_a = P/A = 176000/\ [7.625\ (22)\ 12]\ = 87.43 \text{ 磅力/英寸}^2 \text{（约 602.94kN/m}^2\text{）}$$

$$F_a \approx 0.2f'_m = 0.2\ (2000)\ = 400 \text{ 磅力/英寸}^2 \text{（约 2758.50kN/m}^2\text{）忽略墙的长细比影响}$$

由侧向力作用引起的弯曲应力为

$$\pm f_b = M/S = 2937000\ (12)\ /\ [7.625\ (23.27\times12)^2/6]$$

$= 355.67$ 磅力/英寸^2（约 2452.79kN/m^2）

$F_b \approx 0.33f'_m = 0.33\ (2000)\ = 660$ 磅力/英寸^2（约 4551.53kN/m^2）

轴向压应力与弯曲压应力之和不成为问题。

$$f_a/F_a + f_b/F_b \leqslant 1\ (1.33)$$

$87.43/400 + 355.67/660 = 0.76 < 1.33$ 满足

拉应力远远大于砌体的承载力

$$f_t = f_b - f_a \leqslant 1.33F_t$$

$= 355.67 - 87.43 = 268.24$ 磅力/英寸^2（约 1849.85kN/m^2）$> 1.33\ (28)$

$= 37.24$ 磅力/英寸^2（约 257.02kN/m^2） 不满足

显然在假定的情况下需要配钢筋。

在快速初步设计中，假定墙截面匀质不开裂，而拉力抵抗力由钢筋来提供。考虑配筋作用在拉应力三角形的中心，在其应力允许范围内受力。这些假定是保守的，因为在实际情况中，钢筋靠近墙的边缘，会提供更大的力臂，所得的较小的力也只需要较少的配筋；因而基于弹性理论和平截面假定实际的钢筋应力低于允许应力值。应力图参阅图 6.11。

根据相似三角形，拉应力块的长度 x 为

$23.27/\ [443.10 + 268.24]\ = x/268.24$ 或 $x = 8.78$ 英尺（约 2.68m）

拉力 T 与拉应力块的面积相等。

$T = 268.24\ (8.78/2)\ 12\ (7.625)\ /1000 = 107.75$ 千磅力（约 479.40kN）

承担这一力所需的钢筋面积近似等于

$A_s \simeq T/1.33F_s = 107.75/1.33\ (20)\ = 4.05$ 英寸^2（约 26.13cm^2）

试用 4#7 和 4#6 钢筋，$A_s = 4.16$ 英寸^2（约 26.84cm^2）

至于计算配筋更精确的方法请采用习题 6.29。

墙开洞的连接

当墙中由墙自重以及其他附加的均布荷载引起的规则荷载流受到窗洞或门洞的隔断时，应力线被推向两侧（图 6.16b）并产生侧向推力（如图 6.9 中所讨论的）。孔洞周围的密集的应力线显示了这些区域的应力集中，与平缓的侧向弧线相比，尖角区域的集中特别明显。可以想象一均匀的荷载流，在墙内围着空洞产生虚拟的张力拱，引起侧向推力必须由邻近的砌体来抵抗，或由楼板的拉结作用抵抗，或由其他拉力抵抗装置抵抗。当开洞离墙边缘过近时，墙中的抗剪承载力不足以抵消侧向推力，因而产生裂缝。

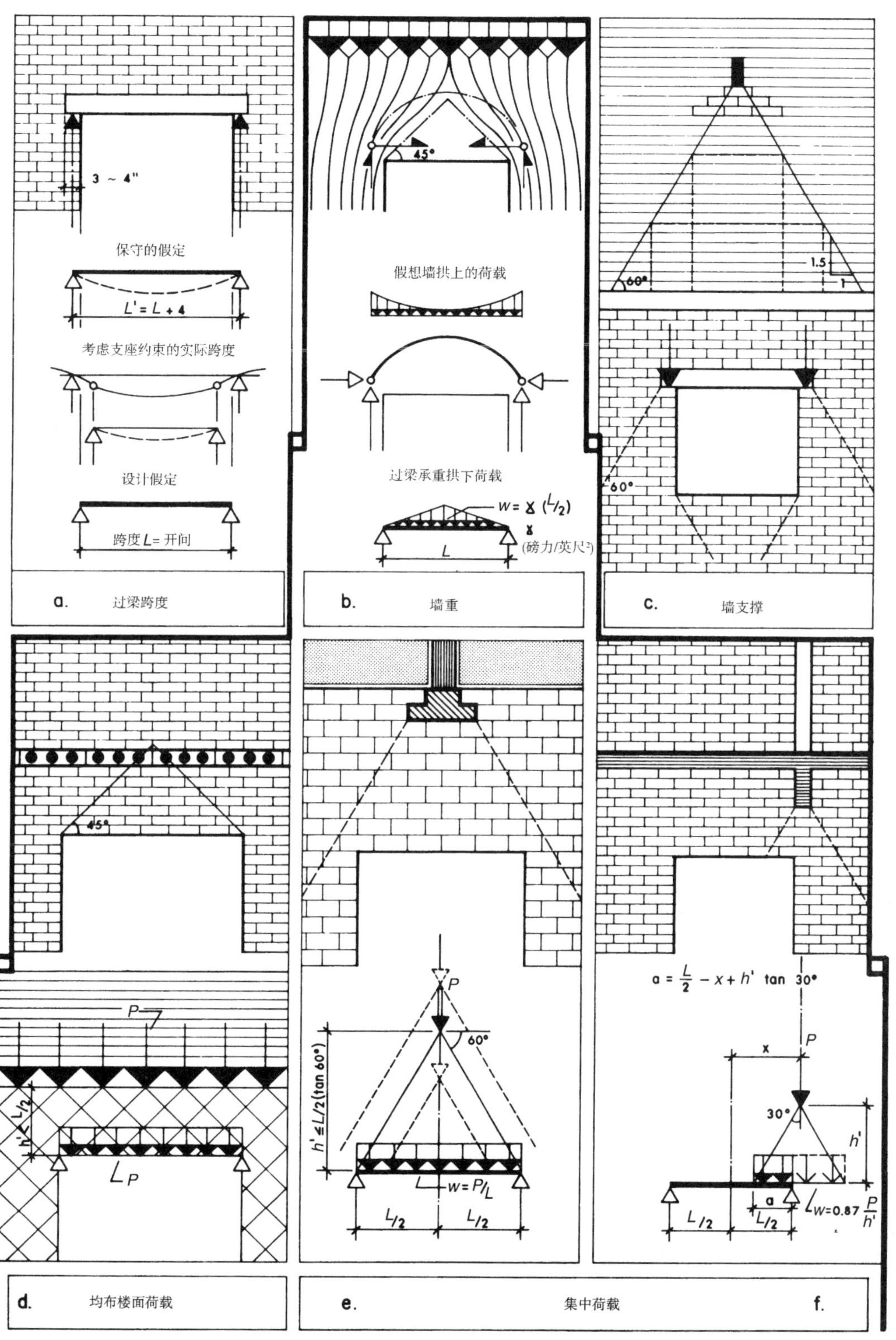

3 ~ 4"
保守的假定
L' = L + 4
考虑支座约束的实际跨度
设计假定
跨度 L = 开间
a. 过梁跨度
45°
假想墙拱上的荷载
过梁承重拱下荷载
w = γ (L/2)
γ (磅力/英尺²)
L
b. 墙重
1.5
1
60°
60°
c. 墙支撑
45°
P
L/2
h'
L_P
d. 均布楼面荷载
P
60°
h' ≤ L/2 (tan 60°)
w = P/L
L/2
L/2
a = L/2 − x + h' tan 30°
x
P
30°
h'
a
L/2
L/2
w = 0.87 P/h'
e. 集中荷载 f.

图 6.16 过梁上的荷载

可得如下结论，对于矩形孔洞，这一拱形作用将墙中大部分荷载传递到孔洞附近，因而只有很小一部分位于想象的拱形面积以下的荷载由连梁承担。

在实际中，常用三角形面积墙重引起的荷载来计算确定这种不确定的梁荷载，其中截面沿45°方向开裂，而三角形的高度等于连梁跨度的一半；这种形式的裂缝已经在过梁安装好以后观察到了。显然，这种假定不适用于堆砌法砌筑的墙，也不适用于高度不满足拱作用需要的墙——这时连梁上所有的荷载必须直接以梁作用来承担。

连接墙中孔洞的方法有以下几种：

- 过梁
- 梁（如：圈梁、大尺寸过梁）
- 拱：长拱或陡拱（如：圆拱、半圆拱、尖拱）、突拱或虚拱、短跨拱（单砖拱或平拱、平圆拱）
- 墙梁

这里，对连梁和梁作进一步的研究。各种连梁的类型有：

- 钢连梁：例如用在空心墙和镶板墙中的角钢；实体墙中的I形、T形或U形截面梁；对于小开孔采用扁钢或平板或是组合构件，如双角钢构件。
- 预制或现浇钢筋混凝土梁。
- 预制或现浇混凝土砌体连梁（如槽形截面或实心截面）。
- 配筋砌体砖过梁或砖梁（隐藏梁）。

开孔的大小，荷载情况以及可能的建筑形式会决定连梁的形式。连梁可以隐藏在墙中，也可以作为结构构件暴露在外。连梁可以由墙支撑，或者从托梁上悬挂下来以支撑砌体面层。

当连梁简支于墙上并允许自由转动，则其有效跨度近似等于支撑墙中－中之间的距离。虽然墙提供了一些夹紧作用，然而（图6.16a）梁中的简支部分会在孔洞的净跨内向下运动。可得的结论为估算连梁跨度时取用净跨或开洞的宽度是保守的。当跨度较大，混凝土或砌体连梁承担的荷载也较大，建议采用在支座顶部采用负弯矩钢筋，以避免开裂破坏；在这种情况下以及均布荷载时，取：$-M=wL^2/10$。

在设计连梁时所选用的典型设计荷载有（图6.16c－f）：

- 墙重，表达为三角形荷载。
- 由楼板引起的均布荷载。
- 梁上部分的均布荷载，可能是由其上某一集中荷载引起的。
- 梁和/或柱荷载的直接作用所产生的集中荷载。

由三角形墙重在连梁顶部引起的最大弯矩（图6.16b）为

$$M_{max}=wL^2/12=WL/6 \quad (6.18)$$

式中： $W=\gamma\ [L\ (L/2)\ /2]\ =\gamma L^2/4$

不仅连梁本身会产生均布荷载，上部楼层也会引起均布荷载。当均布楼面荷载作用在假想的45°三角形顶部内（图6.16d），即位于连梁上高度小于 $L/2$ 区域内，可保守地假定均布荷载直接由连梁承担，得到熟悉的弯矩公式

$$M_{max}=pL^2/8 \quad (6.19)$$

然而，必须记住，当立面荷载作用在上述三角形之上，则由假想的拱来承担荷载，这时会引起侧向推力，该推力必须平衡。此外，在建造过程中必须提供临时支撑，直到砌体养护结束并可以提供拱作用以后才能拆除！

梁或柱的集中荷载分配取决于墙的特性（如：砂浆、连结、砌体单元类型、材料）。通常建议采用竖向30°、横向60°的角度分配（图6.16e，f）。因而，一个荷载如同在三角形荷载流底部的均匀荷载一样按照三角形发散。根据集中荷载相对于连梁的位置，只有其中的一部分均匀荷载作用到连梁上（图6.16f））。

由一个荷载 P 引起的荷载 w，直接在连梁上部宽度为 $\tan30°=(b/2)/h'$，或 $b=2h'\tan30°$ 中分配，其中 h' 为连梁上部荷载的竖向距离（图6.16f）。因而，作用在连梁上的荷载强度为

$$w=P/b=P/[2h'\tan30°]=0.87P/h' \quad (6.20)$$

定义荷载 P 位置与孔洞中心线的距离等于 x，则必须由连梁承担的部分均匀荷载 a 为

$$a=(L/2)-(x-b/2)=(L/2)-x+h'\tan30° \quad (6.21)$$

墙中应力流线的集中发生在（即应力集中）墙内待分配荷载的点上，例如楼板梁和连梁支撑（图6.16c）。在这些支撑点上有必要采用垫板，同时尽可能在其下部采用强度较大的砌体单元（发散反力），以保证砌体不破坏。习惯上认为垫板中的荷载均匀分布，或参阅平均应力而不采用其真实应力，然而真实应力更接近于梯形或三角形外形的应力分布。连梁的最小支撑长度取为3~4英寸。

砌体允许的承载力对于全面积支撑时为 $0.25f'_m$，但当垫板的面积占支撑面积的1/3或更少时，允许支撑应力为 $0.3f'_m$（表A.9）。

例6.6

对一8英寸厚的砖过梁（配筋砖梁）作初步设计，其跨越窗洞的宽度为5英尺，且须承担除墙自重以外，作用在窗洞上2英尺处的楼面均部荷载1千磅力/英尺。采用抗压强度

为$f'_m=2500$ 磅力/英寸^2 的砖砌基础工艺，以及允许强度为 $F_s=20000$ 磅力/英寸^2 的钢筋。

由于均布荷载的作用位置在顶点 45°三角形的范围以内，而且 $h'=2$ 英尺 $<L/2=5/2$ 英尺，所以该荷载必须由过梁来承担。对于一重为 125 磅力/英尺^3 的砌体或一重为（125/12）8 =83.33 磅力/英尺^2 的墙，过梁上三角形面积中的所有荷载为

$$W=83.33\ [5\ (5/2)\ /2]\ =520.83\text{lb}\ (约\ 2317.28\text{N})$$

由均布荷载和三角形荷载引起的弯矩为

$$M_{max}=wL^2/8+WL/6$$
$$=1000\ (5)^2/8+520.83\ (5)\ /6=3559.03\ 英尺\text{-lb}$$
$$=42.708\ 英寸\text{-lb}\ (约\ 482.64\text{N}\cdot\text{cm})$$

当保守地忽略距离支撑 d 处的控制剪力时，最大剪力反力为

$$V_{max}=520.83/2+1000\ (5/2)\ =2760\text{lb}\ (约\ 12279.79\text{N})$$

根据剪力要求决定砖梁的高度，所以不需要腹板配筋。

$$f_v=V/\ (bjd)\ \simeq V/\ [b\ (0.9)\ d]\ \leqslant F_v=0.7\sqrt{f'_m}\qquad 式中：z=jd\simeq 0.9d$$
$$2760/\ [8\ (0.9)\ d]\ =0.7\sqrt{2500}\quad 或\ d=10.95\ 英寸\ (约\ 4.95\text{cm})$$

根据最接近砖体积模数来选择梁高 5（2 2/3）－3/8≈13 英寸（图 6.17），所以 $d=13-1.5=11.50$ 英寸。对于混凝土砌块过梁，其有效高度可取为 $d=t-3.5$ 英寸。

用来抵抗弯矩所需要的钢筋为（如图 6.7）

$$A_s=M/zf_s\approx M/\ [f_s\ (0.9\text{d})]$$
$$=42.708/\ [20\ (0.9)\ 11.50]\ =0.21\ 英寸^2\ (约\ 1.35\text{cm}^2)$$

在灌浆孔底部中心放置一根#5 水平钢筋 $A_s=0.31$ 英寸^2（约 2.00cm^2）（图 6.17）。

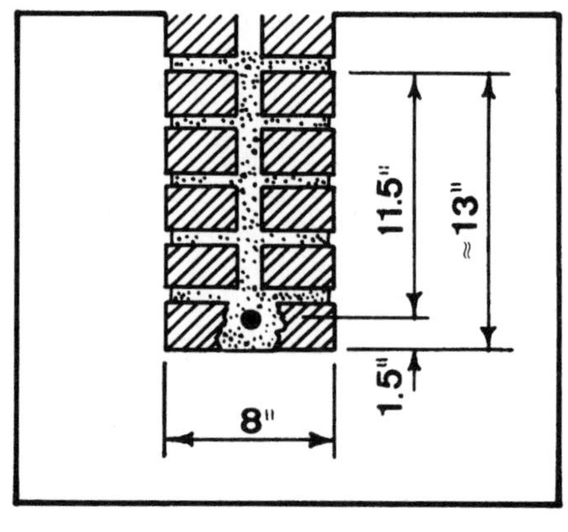

图6.17　墙过梁

把梁作为实体截面（而不是开裂的）来检验砖内的弯曲压应力，这种方法偏于不安全（式4.3）。

$$f_b \simeq M/S \leqslant 0.33 f'_m$$

$$= 42708/\left[8\ (11.5)^2/6\right] = 242.20 \text{ 磅力/英寸}^2 \text{（约 } 1670.27\text{kN/m}^2\text{）}$$

$$\leqslant 0.33\ (2500) = 825 \text{ 磅力/英寸}^2 \text{（约 } 5689.41\text{kN/m}^2\text{）}$$

由于允许应力比估算应力大许多，故认为截面是安全的。

钢筋混凝土墙

整体现浇混凝土结构和预制混凝土结构之间有本质上的区别。整体结构允许竖向和水平板之间的联系作用，因而与由预制构件建造的结构相比具有更大的刚度和承载力储备，而预制混凝土结构，如大板或箱形结构，其刚度取决于连结情况因而不能提供太多的强度储备。通常，与估算楼板与砌体墙之间部分约束的程度（如图6.10）一样，很难估算连续性的程度。

由于砌体的抗拉强度低，砌体墙只能作为受压构件，而混凝土墙允许其如同梁一样作用，所以在确定开间时提供了更多的余地。图1.19和1.20中一些阶梯形的建筑显示了布置的灵活性。

在图6.18中，各种三维预制矩形单元或箱形单元进一步说明了确定开间的许多方法。然而，应该认识到，图6.18中所示的情况只是特例，而且只是无限空间填充或非空间填充单元（多边形）体系中的一部分。

从成形的角度看，箱形单元的特点可以描述为：

筒体单元	狭—长形	直立（图6.18，2a）
		水平（图6.18，2b）
密布墙单元	宽—短形	直立（图6.18，3a）
		水平（图6.18，3b）
墙—楼板形	狭—长（图6.18，4a，c）	
	宽—短（图6.18，5a，c）	
	倾斜：直立（图6.18，4b）	
	斜向一边（图6.18，4d，5d）	
H形单元（图6.18，6a，b）		
片状单元	对于所有形状（如，图6.18，2c，3c）	

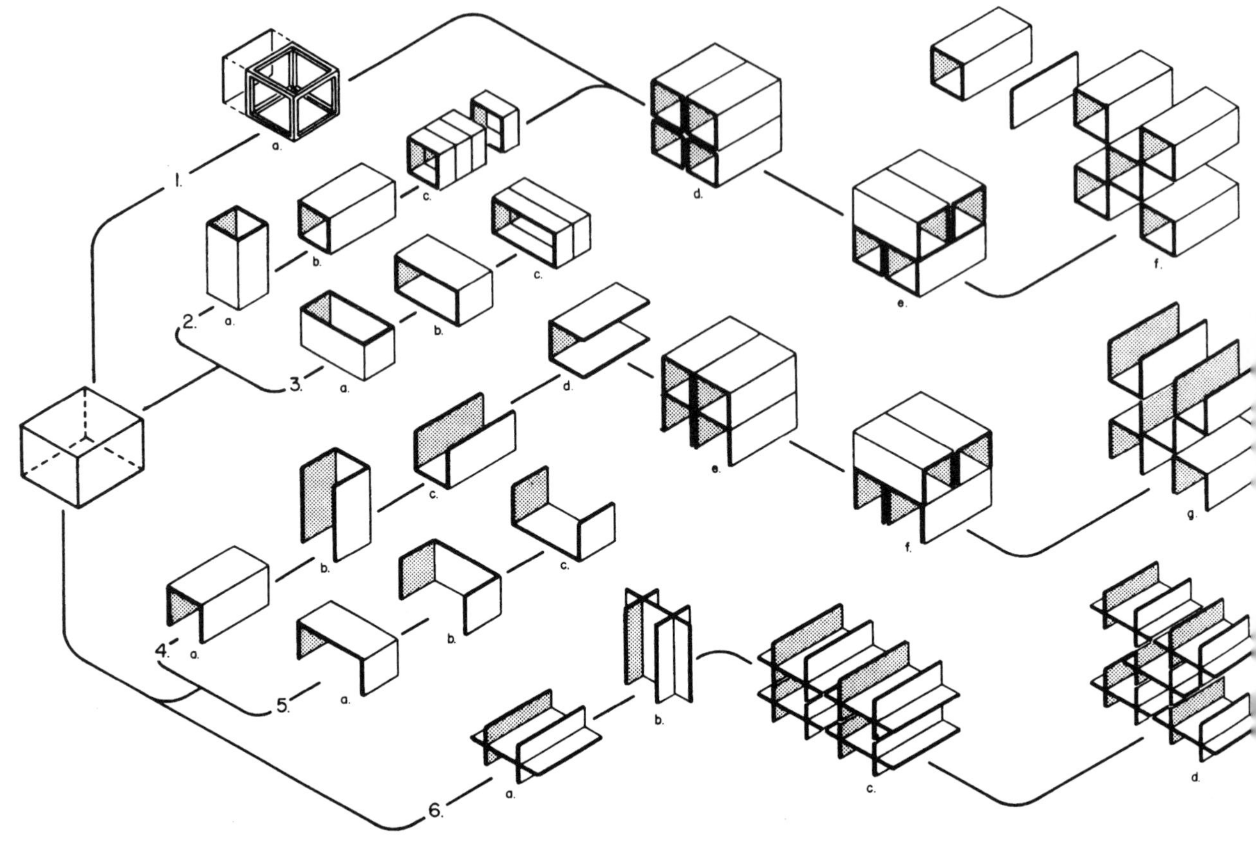

图6.18 箱形

从空间的角度看，有三种基本形式：

- 纵向，水平封闭形状形成连系空间，产生地道效应。
- 竖向封闭形状形成双层交互空间。
- 宽的，窄的，分段的或片状的单元，在分隔时有更大的自由度。

墙板体系可以采用干砌缝、半干砌缝或湿砌缝。在大型建筑中最好采用湿砌缝；它们采用带弯钩钢筋的互相连接或纵向和横向的拉结体系。

虽然大型预制混凝土板可以有其他布置形式，如本章“承重墙”一节中所提到的，但其最常用于承重剪力墙。这里，对图6.19中常见的横墙承重体系作一讨论。通常，大板的高度等于层高，其面积至少有一个房间那么大；它们的尺寸为长度方向10~45英尺，高8~10英尺，厚6~12英寸。前面已经显示了普通的墙截面（图6.6左）；外墙可能需要夹层形式，因为它们需要隔断。典型的楼板为实体单元、空心单元或密肋单元。

1968 年位于英国伦敦的22层住宅建筑 RonanPoint 的第 18 层发生煤气爆炸，其外部承重墙板炸飞，进而引发其上下楼层墙板的坍塌，导致建筑整个角部的破坏（图 6.19 右上）。在此之后许多国家开始研究大板建筑的结构整体性；得到的结论为，大板结构在设计时不仅需要取用主要的水平和竖向荷载情况，还要考虑进一步坍塌引起的荷载。

为了降低由于局部破坏引起的连续性坍塌，各种结构构件必须沿着竖向、周边、纵向和横向用拉杆拉结成整体，如图 6.19 所示；拉杆（即配筋）必须放置在现场连接材料的水平连结中。当发生局部破坏时，结构应能够提供荷载传递的其他途径，因而不会发生进一步破坏。可采用如下方法（图 6.19 左）：

- 墙的梁作用/悬臂作用
- 板的悬链特点
- 墙的竖向悬挂
- 楼板的隔板作用

钢筋拉杆将各种建筑构件连系在一起。在节点处它为结构构件提供了一定的连续性并增强了节点内的延性，它有利于持续变形；同时钢筋也增强了节点的抗剪能力，帮助重新分配荷载。显然在严重地震区域，其他非正常荷载如爆炸荷载以及控制相对较刚的板结构产生的不同沉降，拉结是必不可少的。各种拉结的主要作用为：

- 当下部板破坏时，墙中预应力或非预应力连续竖向拉杆可以保证水平节点抵抗剪切滑移的夹紧作用和销栓作用以形成悬臂和梁作用。它们为构造板提供竖向悬挂作用，并保证抵抗墙被侧向“踢出”。
- 连续的周边拉杆在建筑周边形成圈梁。在横向拉杆的协助下，它们将楼板连系在一起（如图 5.3d），这样便保证了楼板的隔板作用，传递侧向荷载并为楼板深梁提供弯曲配筋。当支撑墙板无效时，周边拉杆也允许了角部板的薄膜作用。
- 在墙支撑上的楼板节点内局部非预应力纵向拉杆为相邻板提供连续性，因而在下部板破坏时，它们可以发挥悬链线作用。
- 位于楼板中支撑墙上的横向拉杆（预应力或非预应力）与周边拉杆相锚接。它们可以抵抗墙节点内的水平和竖向滑移，并在下部板破坏时保证水平梁作用（图 6.19 左上），其中包括拉杆在板受力时作为弯曲配筋。

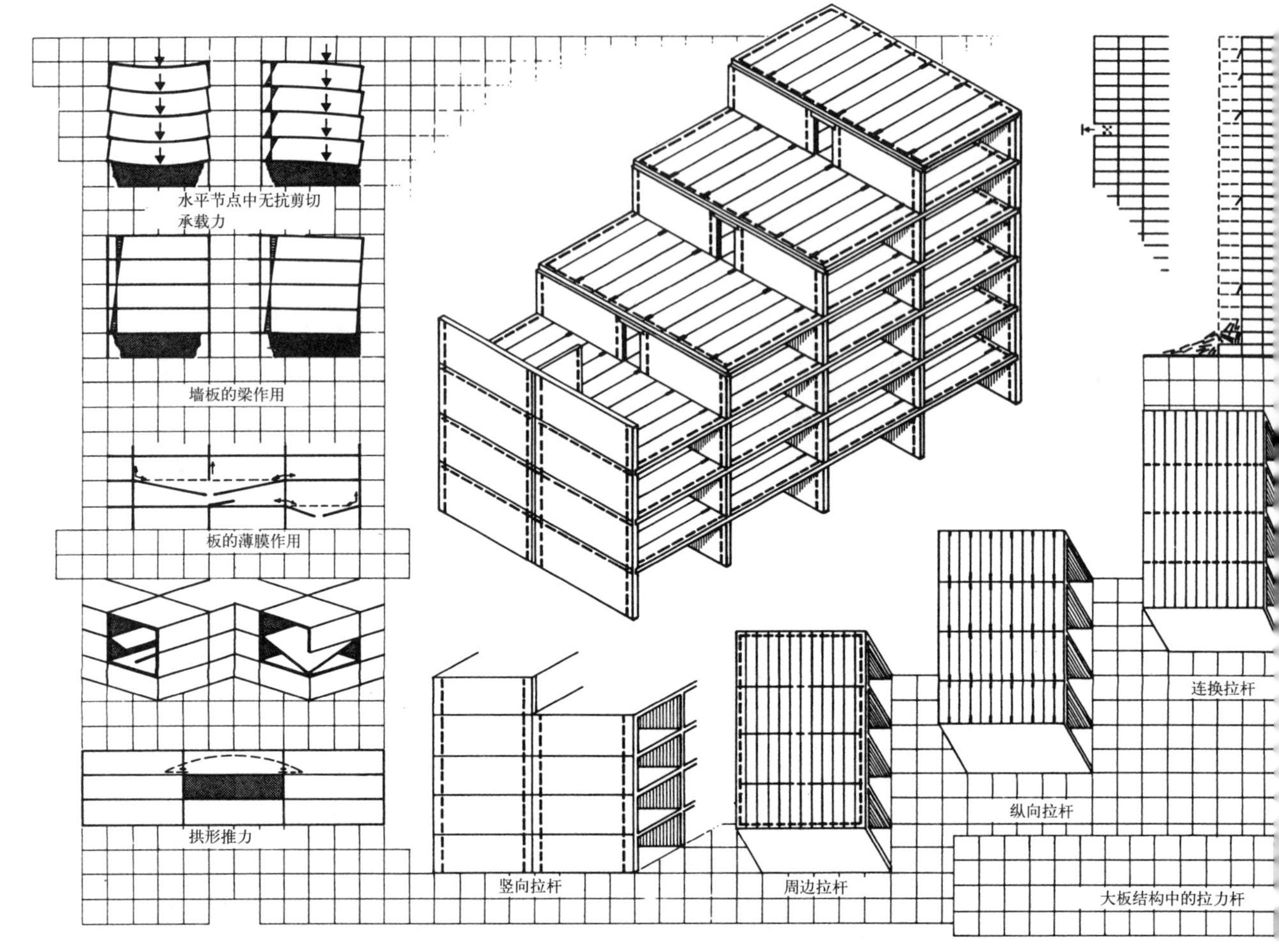

图6.19　大板施工

大板结构的受力特性，如图6.19中间的建筑形式，是很不确定的。整个结构的承载力取决于单个墙板之间相互作用的程度以及墙与楼板之间的相互作用。它同时也取决于节点（应力集中发生的地方）的强度和刚度而不是板的承载力。预制板或是以简支形式或是以带有现浇面层的连续板形式抵抗竖向荷载，连续板中包括墙支座处的负钢筋。将钢筋从板中突起与墙中钢筋在节点连接可以获得连续形式板。对于侧向荷载，当楼板连接适当时，可假定楼板如同刚性隔板作用。

在侧向力作用下，可将大板（在初步设计中）视为整体独立的竖向悬臂构件。

然而当它们是由多层板组成时，如双层组装墙板情况，在本章“剪力墙”一节中所讲到的，竖向墙与墙之间的关键节点（通常呈楔形）的剪切刚度与弯曲连墙（如图6.14）的受力性能相似，因而决定了剪力墙中的应力分布。在初步设计中，可以忽略板之间的相互作用，并将竖向半刚性连接不起作用。

剪力墙的受力性能取决与它的高宽比。高的细长墙受弯曲控制，而经常用在低和中高层建筑中的大面积长墙受剪力控制。对于细长剪力墙（$H/L>2.5$），竖向抗剪配筋 A_v 比水平抗剪配筋 A_h（如梁中箍筋）抵抗剪力的性能差，因而只需要配置最少的竖向钢筋即可。对于长剪力墙（$L/H>2$），竖向抗剪钢筋更为有效而与水平钢筋配置相同的数量。这时，均匀分布的竖向抗剪钢筋同时足以提供所需的抗弯刚度。然而，对于高的细长剪力墙，抗弯配筋 A_s，必须集中配置在墙的端部。

根据式4.16，当极限剪力设计值比混凝土的抗剪强度小时，需要配置最小抗剪钢筋。但当 $V_u \leq \phi V_c/2$ 时，则没有最小抗剪配筋的要求（根据式4.15），但在水平和竖向都有最小配筋要求以限制裂缝宽度（见例6.7）。

对于一般情况下钢筋混凝土墙的初步设计，可以得到以下结论：

- 非承重墙如幕墙、隔墙、悬臂挡土墙、低层建筑的基础墙以及多层地下结构的外墙，主要为弯曲体系，可以忽略垂直作用在墙板的水平力和相对较小的轴向力。因而，如同钢筋混凝土幕墙板的这类墙，可以认为是抵抗风荷载和地震荷载的竖向板，可忽略板自重引起的轴向荷载对墙体抗弯承载力的影响。
- 另一方面，多重承重墙结构，可认为主要是轴向体系，可忽略作用在墙截面核心（$e \leq t/6$）内的应力合力以及弯曲影响。这种情况在纵横墙混合承重结构中的相对短跨墙中是典型的，其侧向力不起控制作用，因而可以如同砌体墙截面所示的那样忽略剪力墙作用。这时，ACI 规范提供了经验设计方法，将在例6.7中进一步讨论。
- 对于非承重钢筋混凝土剪力墙的初步设计参阅习题6.40。
- 对于墙梁的初步结构设计参阅第四章“混凝土墙梁”一节。
- 在一般情况下，钢筋混凝土截面同时承担弯曲荷载和轴向荷载，必须采用合理的设计方法，与混凝土柱设计要求相类似。

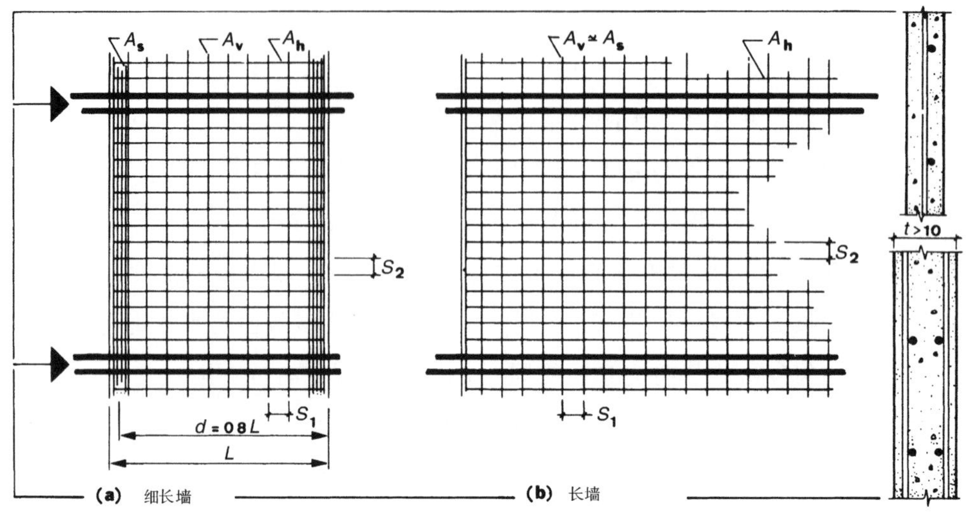

图6.20 钢筋混凝土墙

例 6.7

对一钢筋混凝土承重墙作初步设计：在一 5 层公寓住宅中，标准层层高 8 英尺，楼板厚 8 英寸，8 英寸厚的预制钢筋混凝土横墙跨度为 30 英尺，支撑 8 英寸厚的预制空心楼板。取用下列荷载情况：

楼面/屋面静荷载，包括 5 磅力/英尺^2 的
机械荷载和 5 磅力/英尺^2 的组合屋面荷载： 60 磅力/英尺^2

隔断静荷载： 10 磅力/英尺^2

楼面/屋面活荷载，保守地忽略楼面活荷载折减： 40 磅力/英尺^2

采用普通混凝土，f'_c = 4000 磅力/英寸^2，f_y = 60 千磅力/英寸^2。由于建筑相对较低，假定侧向力与重力的组合荷载情况不起控制作用，所以在初步设计中可以忽略横墙的剪力墙作用。

当采用经验设计方法时，根据 ACI 规范 14. 5. 3. 1 一节，承重墙的总厚不能小于 1/25 未受支撑的高度或宽度，取两者的小值，并不小于 4 英寸。

$$t \geq l_c/25 \tag{6.22}$$

= 8（12）/25 = 3. 84 英寸（约 9. 75cm）≤8 英寸（约 20. 32cm） 满足

作用在第一层的重力作用为：

静荷载：30［0. 060（5） + 0. 010（4）］ + 8（0. 150/12）8. 67（5） =

10. 2 + 4. 34 = 14. 54 千磅力/英尺（约 212. 10kN/m）

活荷载：30（0.040）5 =6.0 千磅力/英尺（约 87.53kN/m）

乘以荷载系数以后得

$P_u = 1.4P_D + 1.7P_L = 1.4（14.54） + 1.7（6） = 30.56$ 千磅力/英尺（约 445.80kN/m）

由于荷载合力作用在典型内墙总厚度的中间 1/3 范围内，可以采用 ACI 规范的经验公式设计方法。根据侧向荷载由走道墙承担的事实，竖向荷载合力的有效偏心率只是由于预制板的偏心支撑所引起的，可以被忽略（$e \leqslant t/6$，同时参考例 6.3）。因此，可认为墙承担同心竖向荷载。

根据规范，墙的设计强度和其轴向承载力为

$$\phi P_{nw} = 0.55\phi f'_c A_g \left[1 - (kl_c/32t)^2\right] \tag{6.23}$$

式中 ϕ = 强度折减系数 =0.70；

k = 长度有效系数：

侧移情况下取 2.0；

侧向框架支撑，但两端不受抵抗旋转的约束时取 1.0；

侧向科技支撑同时在两端受到抵抗旋转约束时取 0.8；

t = 墙厚（英寸）；

l_c = 竖向支撑间的距离（英寸）；

A_g = 墙截面的净面积（英寸^2）；

f'_c = 混凝土强度（磅力/英寸^2）。

由于建筑受到沿着内走道的剪力墙的侧向支撑，可保守地假定典型的墙在两端不受到抵抗旋转的约束，其长细比可取为

$$kl_c/t = 1.0（8 \times 12）/8 = 12$$

根据式（6.23），墙的承载力为

$\phi P_{nw} = 0.55（0.7）4.0（8 \times 12）\left[1 - (12/32)^2\right]$

$= 147.84(0.86) = 127.05$ 千磅力/英尺（约 1853.35kN/m）

$\geqslant 30.56$ 千磅力/英尺（约 445.80kN/m）

墙的承载力比乘以系数以后的荷载大许多，因而对于可能的更大的荷载偏心率有足够的承载力储备。上式也显示了忽略楼面的活荷载折减是合理的。此外，长细比的影响将导致墙承载力减小 14%。

根据 ACI 规范 14.3 一节，假定每一英尺宽的墙上变形钢筋不大于#5 和 60 号时，最小的横向和竖向配筋为：

竖向：$A_v = 0.0012bt = 0.0012（12）8 = 0.115$ 英寸^2/英尺（约 2.43cm^2/m）

横向：$A_h = 0.0020bt = 0.0020（12）8 = 0.192$ 英寸^2/英尺（约 4.06cm^3/m）

钢筋的最大间距为

$$s \leqslant 3t \leqslant 18 \text{ 英寸} \tag{6.24}$$

$$s = 3\ (8) = 24 \text{ 英寸（约 60.96cm）} \geqslant 18 \text{ 英寸（约 45.72cm）}$$

从表 A.2 中选择并参考图 6.20b 的布置，

#4@18 英寸竖向钢筋，$A_v = 0.13$ 英寸^2/英尺（约 2.75cm^2/m）

#4@12 英寸水平钢筋，$A_h = 0.20$ 英寸^2/英尺（约 4.23cm^2/m）

由于墙厚不超过 10 英寸，钢筋可布置在墙的中心，采用一层钢筋而不是两层钢筋，例如沿着每一面配置#3@13 英寸的水平钢筋和#3@18 英寸的竖向钢筋。在预制混凝土板中采用相同的均匀配筋形式，但必须增加竖向连续的拉力杆。然而，在竖向根据强度不需要均匀配筋，则在设计墙板时，在其周围配置连续拉力杆，而在板的顶部和底部配置水平钢筋。

对于受到集中荷载作用的墙，墙中承担荷载的有效长度不能超过荷载中－中的距离，也不能超过墙宽加上 4 倍墙厚的长度（如习题 6.39）。

承重框架墙

大多数规范都允许只到四层的木材或钢材多层承重墙结构。它们使用平板框架结构，但需要对角支撑以抵抗侧向力作用引起的屈曲。木立筋隔墙结构设计中的重点是与木纹垂直的压力和木材的收缩特性。这里，由于支撑楼板隔墙中使用有木纹的木材，水分丧失会引起相当大的累计收缩。这一收缩值，加上徐变，是不均匀的，因而会产生必须受到控制的竖向位移差；控制竖向位移差的措施对于保证那些非结构构件，如灰浆，墙和窗，不受力不屈曲或开裂，或是开口不变形是必要的。显然带木纹木材的厚度应最小化，并沿着墙的各个方向采用相同的用量以保持均匀收缩。此外，在每一楼层的重要部位应设置伸缩缝。正如已经讨论过的那样，必须考虑相对较刚的砌体镶面板之间和木框架之间的位移差，特别是在开孔处。在较低的楼层中，由于墙板端部支撑的需要，与木纹垂直的应力控制隔墙的尺寸。通过使用较贵的轻型木框架可以减少上述问题，而隔墙在整个层高范围内应是连续的。

承重立筋隔墙的施工与木立筋隔墙的施工相类似。槽形隔墙由耐腐蚀轧制型钢组成，间距 16～24 英寸；它们与槽形钢轨在顶部或底部锚接。

钢板剪力墙

虽然钢板剪力墙在造船业中已使用多年，但它作为一种经济建造方式的概念起始与70年代后期。

这里的钢板通过竖向和水平加劲杆平衡，如T形截面和槽形截面。管状梁在每一楼层与楼板焊接以提供抗扭力，因此减小了板的有效屈曲长度。这些薄板不仅提供需要的刚度，还用最少的材料提供延性，延性是地震荷载的重要特征。此外，使用车间焊接和现场螺栓连接，可有效地预制钢板墙。加劲钢板墙（通常带有窗洞）的设计主要基于由轴向荷载，弯曲荷载和剪力引起的屈曲。这里，必须考虑楼板和柱线之间楼板的总的屈曲，以及加劲杆之间板的局部屈曲。然而，应注意到在边缘锚接的板可以承担比其屈曲荷载大得多的荷载。

习题

6.1 计算11英尺×5英尺石灰幕墙板在20磅力/英尺^{2}风压下的厚度，竖向跨度为9英尺。假定允许弯曲拉应力为125磅力/英寸^2；材料自重为144磅力/英尺^2。

6.2 假定习题6.1中幕墙的石灰封檐板延伸3英尺超过屋面，形成女儿墙。计算板厚是否仍然满足要求。

6.3 一多层建筑非承重幕砖墙，4英寸厚，侧向受到每间隔8英尺的楼板结构的支撑。计算墙是否能够抵抗24磅力/英尺^{2}风荷载。假定选用Sarabond砂浆，其允许弯曲压应力为112磅力/英寸^2。砖重120磅力/英尺^3。

6.4 计算一建筑上部12英寸厚连续非承重砖墙，位于4号地震区域，风压20磅力/英尺^2。立面墙在侧向受到间隔20英尺楼板结构的支撑。采用M或S砂浆并检验。

6.5 检验一4英寸厚、10英尺高预制非承重砖墙是否能够抵抗26磅力/英尺^{2}风压。取用$f'_m=8000$磅力/英寸^{2}单元和Sarabond砂浆，其允许弯曲拉应力为112磅力/英寸^2，剪应力为100磅力/英寸^2。

6.6 当习题6.5中采用粘土砖和N号砂浆，计算墙厚。

6.7 检验由两片4英寸厚的砖墙单元组成的空心墙是否满足习题6.5中砂浆类型的情况。

6.8 一典型的外跨非承重砌体墙位于建筑顶层，跨度16英尺至壁柱中心，它的竖向悬臂部分为10英尺8英寸。虽然板的比例为1.5，但水平固端情况和竖向悬臂情况相对比会导致大部分荷载沿着水平方向流动，因而保守地假定水平方向呈现单向板作用。

a. 检验12英寸厚空心混凝土砌体墙是否满足20磅力/英尺^{2}的风压。采用N

号砂浆需检查。

b. 假定壁柱底部固定上部简支，计算壁柱所承担的控制力。

6.9 对位于一 10 层建筑顶层的砖/混凝土砌块空心墙进行快速检验。墙窗洞的布置导致其在竖向直接支撑在楼板上，间隔为 8 英尺。建筑物当地的设计风速为 70 英里/小时。6 英寸厚的空心混凝土砌块支撑强度为 $f'_m=2000$ 磅力/英寸^2，4 英寸厚粘土砖单元的强度为 $f'_m=4000$ 磅力/英寸^2。使用 M 号砂浆并需检查。

6.10 对于习题 6.9 的情况，为保证 4 英寸厚的砖镶面板不破坏，计算金属立筋隔墙所需要的刚度。

6.11 对一 4 英寸厚砖和 6 英寸厚空心混凝土砌块组合墙进行快速检验，该墙在两片墙体内带有 3/8 英寸的连接片，位于 12 层楼建筑的顶层，所受风速 80 英里/小时。假定呈单向板作用，且未支撑高度为 8 英尺，层高 9.5 英尺。取用 4000 磅力/英寸^2 的混凝土砌块和 10000 磅力/英寸^2 的砖单元以及 M 号砂浆并需检查。令混凝土墙的允许拉应力为 23 磅力/英寸^2，忽略墙的自重。

6.12 一 5 英寸预制混凝土夹层板带有 2 英寸隔层，两侧厚度相同。首先认为墙为组合结构具有需要的足够的剪切连接，然后视其为如空心墙一样的非组合体系。假定截面不开裂，因而在初步设计中可忽略两侧板中的配筋，计算两种情况下的刚度差。

6.13 一 8 英寸厚，16 英尺高的中空简支混凝土砌块墙，位于最严重的地震区域，必须承担 20 磅力/英尺^2 的风压。首先检验在不配筋的条件下墙体是否能抵抗纵向力。然后在配有需要的钢筋情况下，计算其灌浆孔的间距。令砌体单元强度为 2000 磅力/英寸^2，密度 120 磅力/英尺^3，S 号砂浆，40 号钢筋，其允许拉应力为 $F_s=20$ 千磅力/英寸^2。

6.14 一 25 英尺高配筋砖墙必须抵抗 30 磅力/英尺^2 的风压。计算墙的最小厚度，以及取用 40 号钢筋（$F_s=20$ 千磅力/英寸^2）时所需的配筋量。假定墙呈现简支梁作用，8000 磅力/英寸^2 的砖单元和 S 号砂浆。

6.15 例 6.2 中的底层，研究在完全重力荷载加上与墙垂直风荷载作用下的情况。

6.16 例 6.2 中顶层，研究在完全重力荷载下的情况。

6.17 在习题 6.16 已研究过的墙上加上 3 英尺高的女儿墙。在近似计算中忽略增加的高度引起的风压。

6.18 研究一 8 层纵墙承重结构的外墙，外立面和内走道之间的间距为 16 英尺。

假定从一楼层中心至另一楼层中心的层高 9 英尺，未受支撑的高度 8 英尺。对于不带面层的预制混凝土楼板，假定 4 英寸的垫板。采用 8 英寸空心混凝土砌块墙时估算所需的砌体承载力。墙上的开孔很小，所以其对于应力分布的影响可忽略。

对于这种住宅建筑假定下列荷载情况：

屋面：45 磅力/英尺^2 静荷载和 30 磅力/英尺^2 的活荷载

楼面：60 磅力/英尺^2 静荷载，包括隔断

对于住宅区域 40 磅力/英尺^2 活荷载

墙： 65 磅力/英尺^2，包括非结构的镶面板

取用 70 英里/小时风速作为计算风压的基数。

6.19 在一多层建筑底部，8 英寸厚砖墙未受支撑高度为 8 英尺，但真实层高为 9 英尺，承担从上部楼层传来的轴向力 12 千磅力/英尺。除此荷载外，还有由预制混凝土搁栅板和其最小 4 英寸的垫板引起的楼面荷载 1.4 千磅力/英尺。采用 N 号砂浆不需要特殊的检查时，计算所需砖单元的强度。

6.20 假定混凝土板作为楼层结构，计算习题 6.19 情况中的墙体弯矩。设跨度 28 英尺，活荷载为给定荷载的 40%。并考虑夹紧作用的影响。

6.21 一 9 英寸配筋砖墙必须承担 5 千磅力/英尺的轴向力，相对于中心轴线偏心矩 3 英寸。如果选用 4000 磅力/英寸^2 的砖单元和 N 号砂浆，并不需要特别的检查，检验墙是否满足要求。如果需要配筋的话，计算近似配筋（F_s = 20 千磅力/英寸^2）。设未受支撑高度为 8 英尺。

6.22 一 8 英寸厚外部组合墙由 4 英寸砖面板，4 英寸空心混凝土砌块支撑以及其当中 3/8 英寸的连接片组成，该墙支撑 8 层的住宅建筑。楼层间的墙高 8 英尺。预制楼板无面层，与混凝土砌块同高。

a. 根据屋面层的应力情况选择砂浆类型，其楼面荷载等于 1 千磅力/英尺。假定弹性模量。

b. 根据建筑的一层的荷载情况选择混凝土砌块单元的抗压强度，其中沿着中心轴线的轴向力为 12 千磅力/英尺，楼面荷载 1 千磅力/英尺。检验假设的 n 值（1.2）。

6.23 一九层住宅建筑，在第一层下有架空，根据横墙承重体系建造，其布置与例 6.4 相类似。横墙中到中距离 28 英尺，23 英尺宽；走道宽 5 英尺。标准层层高 8 英尺，8 英寸，其未受支撑高度为 8 英尺。内部的 12 英寸厚空心混凝土砌块剪力墙位于第一层楼板框架之下的架空中，计算其所需强度。

设下列荷载情况：楼面和屋面静荷载 =70 磅力/英尺^2，屋面活荷载 =30 磅力/英尺^2，楼面活荷载 =40 磅力/英尺^2，内部 12 英寸空心砌块墙及石灰面层重 =75 磅力/英尺^2。在风速 80 英里/小时条件下设计。

6.24　对例 6.4 中的十层横墙承重结构，选用外部 6 英寸空心混凝土砌块自支撑幕墙。墙自重 60 磅力/英尺^2，包括陶瓷面层。设只有 50% 墙的面积用于幕墙作用。

6.25　如果习题 6.24 中自支撑砌体幕墙需被设计为位于建筑底部承受压力，而不是位于建筑顶部承受拉力，计算所需层数。取 f'_m =2000 磅力/英寸^2，并忽略窗洞。

6.26　研究习题 6.5 中纵墙承重结构的抗扭稳定性，即考虑横墙翼缘后检验横墙的扭矩。

6.27　一住宅建筑长 100 英尺，高 100 英尺，宽 60 英尺。一均布风压 30 磅力/英尺^2 作用在短边立面上，由中间的非承重墙脊承担，该墙可看成为三片 25 英尺长的独立墙。检验 12 英寸砖墙，可在需要时采用 40 号钢筋。砌体强度 f'_m =1400 磅力/英寸^2，S 号砂浆。墙自重 120 磅力/英尺^2，其未受支撑高度 h =9 英尺。

6.28　一五层横墙承重住宅建筑由 8 英寸厚混凝土大板建造。大板高 8 英尺，间隔 30 英尺，支撑 8 英寸厚预应力空心混凝土板。设下列荷载情况：屋面活荷载 =40 磅力/英尺^2，板的静荷载 =50 磅力/英尺^2，隔断荷载 =10 磅力/英尺^2，机械设备荷载 =5 磅力/英尺^2，以及组合屋面 =6 磅力/英尺^2；由于为低层建筑，在初步设计中可忽略风压。采用普通混凝土，f'_c =4000 磅力/英寸^2 和 f_y =40 千磅力/英寸^2 的钢筋。考虑未受支撑板的高度也等于 8 英尺。检验板的承载力并计算配筋。

6.29　对例 6.5，考虑钢筋合力的实际位置，进行更接近实际情况的配筋。

6.30　计算例 6.5 中内部剪力墙的高度，满足砌体墙可承担风引起的拉力而不需要配筋。

6.31　对例 6.4 中控制顶层的侧移在 6 英寸厚走道混凝土板（f'_c =4000 磅力/英寸^2）中引起的弯矩进行近似检验。对于不配筋砌体允许安全侧移系数为 1/400。

6.32　对于图 6.16 中的情况 d，过梁不仅承担 12 英寸厚砖墙重量 120 磅力/英尺^2，还承担开孔上部 3 英尺的均布楼面荷载 1 千磅力/英尺。假定门洞宽 12 英尺，计算最大梁弯矩。

6.33　设习题 6.32 中的过梁还必须承担柱传来的集中力 5 千磅力，作用位置在楼层面距离开孔中心 1.73 英尺处。确定附加荷载引起的最大弯矩。考虑所有荷载时，选用 W 或 M 截面和 A36 号钢筋。

6.34 一角钢过梁跨越 6 英尺宽的窗洞，承担 4 英寸厚砖幕墙重量 120 磅力/英尺^3。采用 A36 号钢筋时计算过梁的尺寸。

6.35 对于习题 6.34 中的墙洞采用部分砖拱，其最大高跨比为 0.15；这时选择 5 英寸的起拱高度。保守地假定拉应力为零，计算拱的高度。选用砌体强度 2000 磅力/英寸^2 和 N 号砂浆，不需检验。

6.36 对于一位于 8 英寸厚砖墙中（120 磅力/英尺^3）10 英尺宽的开孔，首先计算 T 形截面过梁的尺寸，然后计算两根角钢（A36）作为过梁的尺寸。

6.37 对于习题 6.36 中 10 英尺宽的开口采用一 8 英寸的配筋灌浆砖过梁。计算 8 英寸 ×10.5 英寸梁采用 40 号钢筋时所需的近似配筋量。当采用砌体强度 800 磅力/英寸^2 和 N 号砂浆不需检验时，检验砖过梁的抗剪和抗压承载力是否满足。

6.38 一 8 英寸 ×16 英寸混凝土砌体过梁必须承担楼面均布荷载 0.5 千磅力/英尺，包括其自重和 2 千磅力位于跨中的单个荷载，都作用在过梁上 $h'=2$ 英尺的地方；开口的净跨为 6 英尺。设砌体墙的自重为 80 磅力/英尺^2，强度为 $f'_m=2000$ 磅力/英寸^2。

6.39 一 14 英尺高配筋混凝土沉重墙受到侧向支撑，底部固定以防止转动，它必须支撑预制单 T 形板（带有 8 英寸宽的梁腹）组成的楼板体系，中到中间距为 8 英尺。设 T 形梁的楼板反力为 $P_D=30$ 磅力和 $P_L=15$ 磅力，在此初步设计中忽略墙自重。取用 $f'_c=4000$ 磅力/英寸^2 和 $f_y=60$ 千磅力/英寸^2。

6.40 研究例 6.7 中框架结构的住宅建筑。设体积 120 英尺 ×65 英尺 ×50 英尺沿高度在短向由两片对称布置 10 英尺长的非承重混凝土剪力墙平衡。剪力墙承受 30 磅力/英尺^2 的均匀风压，采用最小抗剪配筋时，对其进行初步设计；同时近似计算弯曲配筋。在这种初步设计方法中忽略墙的自重。取用 $f'_c=3$ 千磅力/英寸^2 和 $f_y=60$ 千磅力/英寸^2。

7 建筑结构体系

这里讨论高层建筑的常用支撑结构，前面已经做过概念介绍（图 2.3 ~ 2.7）。

建筑必须承受重力和侧向作用力这些主要荷载。对于重力荷载，如图 7.1 所示，结构的重量几乎随层数线性增加。本文中，竖向结构单元（柱体、墙体）的重量随高度大致线性增加，因为其重量与确定竖向构件尺寸的轴向应力成比例，而每层楼面的重量保持不变。注意到有意思的是，对于高度不超过 30 ~ 40 层的建筑，楼面的重量（也就是楼板成本），超过了整个结构成本构成的一半。然而，随建筑高度和细长比增加，侧向作用的重要性以非线性方式上升，成为主导因素。因此，抵抗侧向作用所需材料随高度呈平方增加，即如图 7.1 重量 - 高度关系图中上部曲线所表示的那样急剧加速上升。

对典型的 20 ~ 30 层范围的中等 - 高层建筑，竖向结构的抗力几乎掩盖了侧向力的影响，据图 7.1 仅需整个结构材料的大约 10% 作为侧向抗力。SOM 的 Fazlar Khan，近代杰出的结构工程师指明，（对高层建筑）选择因侧向作用引起的弯曲应力不超过轴向重力应力的 1/3 这样的结构体系是经济的，这样由图 7.1 上部的曲线表示的侧向作用效应可以忽略（见方程 2.8）。然而，在一定高度建筑侧移变得很重要，以致于结构材料的刚度而不是强度控制设计。刚度取决于建筑形状和结构的空间组织。

要使重量/高度曲线间的差距最小化，这对建筑设计者来说是个挑战，即开发最优的抗侧力结构系统以最小化水平力的效应。特定系统的这个定义与材料用量相关，至少钢结构如此。这可用单位面积的重量，即结构总重量与建筑轮廓面积之比来度量。因此，对给定空间需求的结构优化可导出具有最小重量的最大强度和刚度。这将导致开发可用于特定高度的新型结构体系。必须牢记不仅要考虑材料成本，还要考虑制作成本与安装时间。

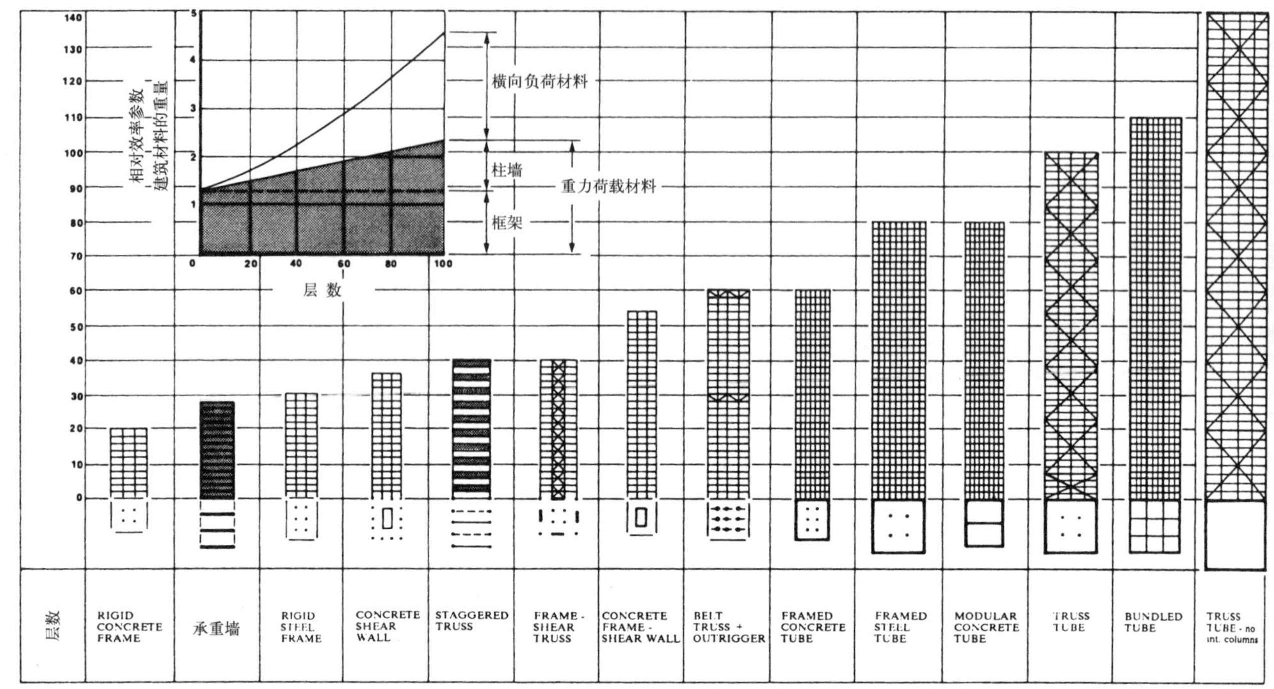

图 7.1　结构类型

在 1960 年代中期，Fazlur Khan 就认为（同时也为计算机模拟的发展所支持）占主导地位的刚性框架不是高层建筑的惟一体系。基于对材料力学性质和材料与构件更深入的认识，结构可以作为整体对待或者说以三维方式形成建筑。Khan 稍后建议了适用于特定高度常用形状和比例的办公室结构体系的范围，图 7.1 示出了部分。表 7.1 所列钢结构变化从 10 层楼结构的 6.3 磅力/英尺^2 到 100 层结构的 29 磅力/英尺^2。

然而，必须认识到这种特定高度对应系统只是一个无效的尺度，因为这个非常简化的方法不能考虑很多因素。诸如建筑形状，建筑高度（高宽比），功能要求（如多功能建筑办公室间的比例或功能类型），特殊外部荷载条件（如环境因素）和许多其他因素对结构选型都有影响。然而尽管不必依靠于图 7.1 中的因素也许可以认为给定条件下的任意建筑形式都有一个最优解。

表 7.1　高层钢结构的典型重量

建筑实例	年代	楼数	高/宽	psf	结构体系
纽约帝国大厦	1931	102	9.3	42.2	刚框支
芝加哥，John Hancock 中心	1968	100	7.9	29.7	桁架筒
纽约，世贸中心	1972	110	6.9	37.0	框筒
芝加哥，西尔斯大厦	1974	109	6.4	30.0	束筒
纽约，Chane Manhettan 大通（曼哈顿）	1963	60	7.3	55.2	刚框支
比兹堡，美国钢建筑	1971	64	6.3	33.0	剪力墙+带状桁架
明尼阿波力斯，I. D. S 中心	1971	57	6.1	17.9	剪力墙+带状桁架
波士顿，波士顿建筑公司	1970	41	4.1	21.0	K 形支撑筒
旧金山，Alcoa 建筑	1969	26	4.0	26.0	格状筒
马萨诸塞州 Brockton 低收入之家	1971	10	5.1	6.3	

我们不该忘记弗兰克·怀特（Frank Lloyg Wright）早在 1920 年对树状混凝土悬臂结构的试验，在本质上是与传统的骨架建筑形式相反的建筑。这个方法最近引发了超过 50 层高的建筑，其大型混凝土核心提供侧向抗力。1960 年代大量混凝土结构采用外露芯筒，以便保障三向支撑结构（通常为桥式）连接强度和将辅助服务空间清晰地区分开来。这种情况在设计理念上不同于同一时期的钢骨架结构。混凝土结构的效益（很大程度上）根据施工过程评估，再加上材料用量（混凝土大致 0.5 ~ 1.0 英尺^3/英尺^2，钢筋 2 ~ 4 磅力/英尺^2），相反，钢结构只考虑材料用量。

比较表 7.1，1960 年代后期与此前的建筑，新结构体系的开发进展明显。102 层刚框支剪力墙体系的帝国大厦用钢 42.2 磅力/英尺^2，而桁架筒的 John Hancock 中心仅为 29.7 磅力/英尺^2，比前者少 30% 的结构材料。60 层的曼哈顿大通银行为大跨刚框支结构（55.2 磅力/英尺^2 结构钢）与稍低的 54 层 IDS 大厦（仅 17.9 磅力/英尺^2，采用带排架的剪力墙加带状桁架）相比是最无效益的。很明显，每种结构只适用于特定的高度范围。

换句话，比尺改变要求不同的结构，正如 SOM 的 Myrou Goldsmith 在 1950 年代早期根据动物结构和树表结构提出的建议（参见第二章“结构语言基本概念”一节）。

作为普通钢结构重量估计的尺度，设计者通常用楼层 N 除以 3 再加上 6，对 40 层的建筑，钢结构的重量大致在

$$
\begin{aligned}
w &= 6 + N/3 \\
&= 6 + 40/3 = 19.33 \text{ 磅力/英尺}^2
\end{aligned}
\tag{7.1}
$$

典型钢结构混合体系的总用钢量大致在全钢结构建筑的 40% ~60% 范围。

今天，许多高层建筑不再采用 1960 年代或 1970 年代早期的单线型状，复合混凝土建筑形体更为流行。借助计算机处理复杂的几何形体，丰富的新结构布局成为现实，这些基本上都是 Fazlur Khan 在图 7.1 标明的基本结构体系的组合。另外风洞试验已可精确地测评建筑在风场中的响应。尽管结构分析与设计越来越复杂，不应忽略的基本点是材料和结构布置不仅提供自身刚度，利用计算机也应研讨结构的形式，以便有效地减少材料。

对于给定的复杂建筑造型，新结构体系，包括组合结构（composite structure）和钢筋混凝土混合结构（mixed steel - concrete system）应反映最优解答。大型建筑可分解为较小的区块；巨型框架可为未来的超高层建筑提供支撑。希望建筑师会用潜在的丰富结构去表现结构的力与支撑的目的，而不是让工程师将结构塞进所演绎的与其特性无关的形体。在下述的条件中简要探讨常用结构体系。

承重墙结构（Bearing - Wall structures）

传统的承重墙结构与砖或石头砌块直接相关，这可回溯到数千年前。其承载特性最令人信服的表述，或许是秘鲁安底斯山 Incas 的石雕墙，每块石砖以难以置信的精度成型与定位。石材的大胆应用由高耸的欧洲中世纪教堂展示。砖，是最古老的制作建材：当制砖技艺从埃及和古代近东（叙利亚、巴比伦、波斯）传入后，罗马人将之提升到很高的复杂水平——砖也成了罗马普通的建筑材料。但是，随着罗马帝国的消亡，制砖技艺也在欧洲消失而为石材代替，直到罗马式和哥特式建筑复兴时期。令人振奋的例子是沿波罗的海 Hanseatic 镇的哥特式砖房，如德国 Lubeck 的圣玛丽教堂。也应当提到法国南部 Albi 宏伟的哥特式砖砌天主教堂，因其墩台向内突，外部呈现厚重、要

塞式的外墙。

在19世纪80年代钢骨架引入前，高层建筑的最初的支撑结构是承重墙。过去承重墙由能承重的砌块建造。块体重量和平面布局不灵巧，使其在高层建筑中缺乏效率，于是19世纪被钢骨架取代后，其用量迅速下降。这类建筑的局限性用芝加哥16层的Monadcock建筑（1891年）示例，其底部墙体宽度超过6英尺到顶部逐步减薄到30英寸（墙的设计按经验方法最小12英寸，每向下一层增加4英寸）。因此，建筑物高度加大要求墙体面积相对楼层面积的幅度变得尤其重要。

本世纪上半叶，砌体主要用作高层建筑的面墙，填充墙和防火墙。二次世界大战后。欧洲设计人员引入薄墙砌体建筑，其在高层建筑承重墙的作用开始复活，支撑16层的建筑采用厚仅16英寸的无筋砌体。例如，在瑞士Schwamendingen的18层公寓楼（1957年），内部砖墙厚5~10英寸，外部承重砖墙仅有15英寸厚（由建筑热工而不是结构需求所定）。薄墙建筑基于工作应力的合理设计方式，即将建筑视为一个整体，墙和楼板与传统的经验方法相反，后者将建筑视为独立墙体，类似于组集在一起的悬臂挡护墙，以求达到最大高度下的最小厚度。

20世纪60年代美国引入工程设计方法，较早的砖承重墙范例是建筑师泰索·凯特斯拉斯（Tasso Katselas）和结构师理查德·杰塞特（Richard Gensert）完成的匹兹堡23层的Penn Circle公寓楼。相比，20世纪30年代起源于加利福尼亚州以抵御地震作用的加筋砌体也有广泛应用。

除砌体外，因二战后住宅严重短缺，欧洲开发了高层混凝土大板结构，这种工业化的混凝土体系不仅适用于迅速拼装成多层单元，还比传统施工方式经济，这类欧洲体系1960年代引入美国，后来由HUD的“作业突破”（“Operation Breakthrough”）计划进一步发展。这种大板块建筑起源于法国（如Cebus，Coignet，Tracoba，Sectra），英国（如Bison，Camus，Wate，Tersons），丹麦（如Larsen和Nielson，Jesperson），加拿大（Descon/Concordia）和其他国家。美国第一家大型混凝土墙板体系始于1960年代的Sepp Firkas，1970年代初Dillon体系紧随其后。同时期，其他美国公司致力于便于组合的公用设施盒式模块（如Shelley和Eachry），而不是开放式易装配模块。如在San Antonio，21层的希尔顿Palacio Del Rio酒店（1968年）采用侧模组装预制混凝土盒。

蒙特利尔的67栖息地展览是建筑过程的视觉表白（图1.19），魔方般组装的混凝土盒状单元构成阶梯式金字塔形都市建筑。1960年代后期，欧洲的大板体系表明单位楼层面积的墙体数和大开间楼板比美国传统建筑方式昂贵。此外，由于套间必须置于相对狭小的墙体空间之间，大开间不具备太多的灵活性。

承重墙建筑广泛应用于需要细划空间的建筑类型，如住宅。承重墙既可直接形成明确的房间空间（12~18英尺），也可相距达30英尺，配合大跨楼板体系，由隔墙分隔房间。以砖、混凝土块、混凝土制大板、现浇钢筋混凝土为承重结构的15层建筑今天也很普遍，这类建筑可达26层高度。

承重墙结构适宜于多种建筑形式与布局，示例见图7.2。立面可为板式、塔式及任意形式。墙的布局可取多种形式，图7.2列出了一些基本体系：

- 横墙体系
- 长墙体系
- 组合式：如双向横（隔）墙体系
- 筒式体系
- 搁栅体系
- 放射状体系

自然，上述体系的组合可产生无尽的混合体系。墙体可延伸互接、或交错、或相互切割、或作为功能独立的单元以形成各自的墙柱。住宅根据单元套和功能要求而不是按承重模式的搁栅式组织在前面已阐明（见图1.18）。

图7.2很多密集蜂管式墙体布局表明，承重墙结构的内在紧缩性最有效的布置方式中，墙应按提供侧向稳定性的主要方向和支撑必要的建筑重量定向。然而，建筑的强度和刚度不仅取决于墙体的平面布局，而且还与楼板平面和墙体立面的连接程度有关。同样，也取决于墙体的完整性，诸如墙体材料的功能，节点类型，墙体开洞（不仅包括数量，而且涉及尺寸、形状和布局，参见图6.13）。第三章“砌体墙”一节已讨论了墙既可耦连也可分离，如果连接合适，则以交叉墙式翼缘墙形式共同工作。

正如其名，高层建筑承重墙结构主营受压，典型的公寓式建筑和酒店以密集格栅状布置的墙体尤其如此。自重大到足以抵消由侧力和其他次生效应产生的弯曲拉力，以致可仅考虑重力（至少对初步设计阶段）。这里假定由侧向荷载产生的应力不超过重力荷载产生的压应力的1/3（方程2.8）。尽管压应力控制内部承重墙的设计，上部楼层外承重墙仍由拉力控制，这时作为抗风的幕墙，板的特征显著而轴向荷载很小。

读者可参考第6章关于墙体在荷载作用下的性能和墙体类型的详细讨论，为管线

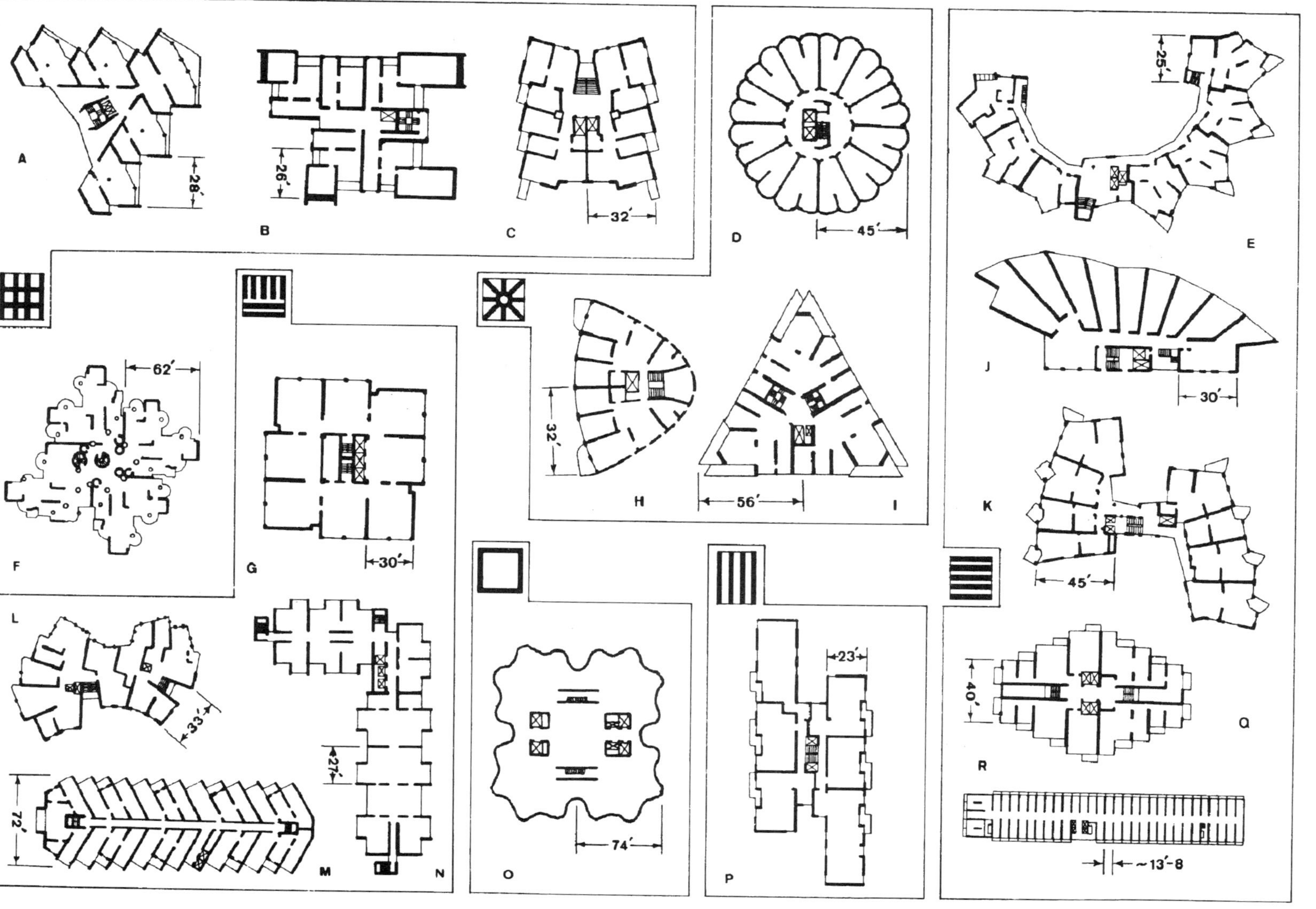

A
28'
B
26'
C
32'
D
45'
E
25'
F
62'
G
30'
H
32'
I
56'
J
30'
K
45'
L
33'
M
72'
N
27'
O
74'
P
23'
Q
40'
R
~13'-8

图 7.2 承重墙结构

施工在钢结构和混凝土结构墙上开孔在本章后面讨论，本文也会提及 Bertrand Goleberg's 发明的混凝土墙体特性试验，如华盛顿特区 Tacoma 13 层的 St. Joseph（圣·约瑟芬）医院特殊的椭圆形开窗是为使得墙体应力流均匀连续，避免了方形窗角部的开裂。这个结构中，10m 厚波状混凝土不是落在地面，而像由 16 根直径 3 英尺的圆锥顶沿壳式墙周连成的拱支撑的壳式深梁。

芯筒结构（CORE STRUCTURE）

住宅的功能固定，能量供给易于垂向分送，承重墙结构可很好地满足这些要求。相反，办公和商用建筑要求布局灵活性最大，也即提供隔墙可任意分割、移动的空间。这时，各种辅助系统的竖向循环与分配必经集中在竖向管道中，然后在每层楼面水平排管，这些竖向芯筒也可作为建筑侧向稳定性结构。

剪力墙、桁架、框架作为建筑物结构体系的许多方式已讨论过了（见图 2.4 和图 5.1）。这些抗侧力立面可以作为独立的单元布置（在本章“框支结构”一节作进一步讨论），或通常由钢框支/现浇混凝土形成空间芯筒，其布局原则为侧向力下偏心最小。混凝土内筒会被门洞与辅助设备开孔削弱，当总开洞率低于芯墙面积的 30%，同时开孔小且错开布置，那么在初步设计时开孔对整个筒体的影响可忽略（见第五章“扭转”一节），如果开洞沿高度成一列，那么芯筒可当作开口管道（忽略连梁的耦合效应）。通常，芯筒被竖向开洞分成独立非耦合平面墙体单元，类似于一系列宽翼或槽形截面。高层建筑中电梯可置于特定层位，改变了芯筒的竖向轮廓，造成筒体偏心而产生扭力。

类似于早前讨论的墙体，芯筒的性能取决于其细度（见图 6.13）。短粗的芯筒为剪切型，筒圈提供主要抗力，弯曲可忽略不计。当筒体高宽比大于 3 时，初步设计只需考虑受弯，此时，翼缘承担大部分抗力。长细比大于 7 的塔式建筑柔度成为控制因素，芯筒的形状、数量、布设位置等方面的变化在一些案例中讨论（见图 2.4 和图 7.3）。

从结构的观点，芯筒可取作为竖向支撑结构单元，或与其他结构系统承当竖向重力荷载，或与其他芯筒分担侧向力，因此，设计人员应区分下列情况：

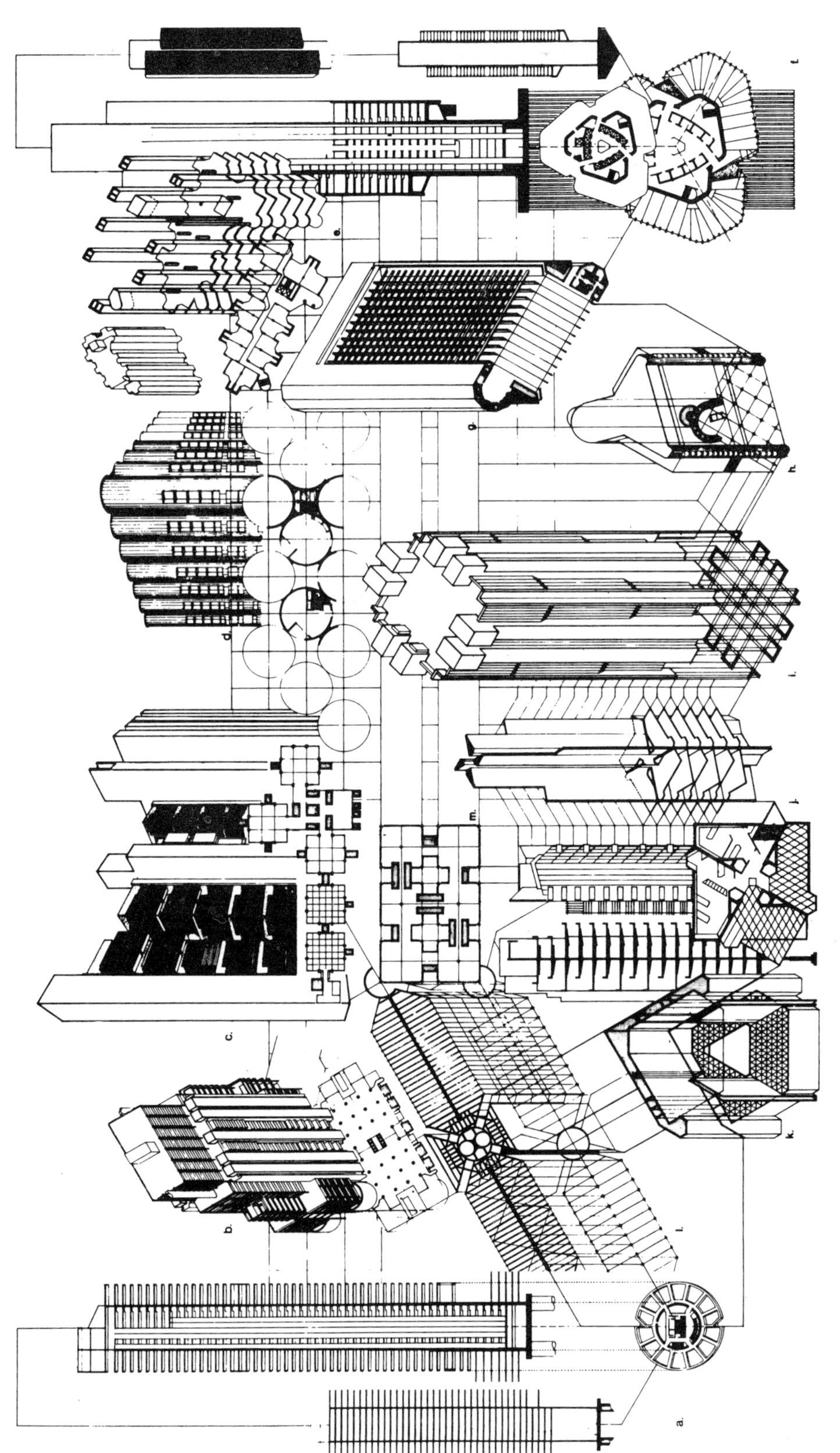

图 7.3 芯筒结构

- 单筒结构：整个建筑由筒体支撑。
- 多筒结构：整个建筑物由多个筒体支撑。
- 筒与柱或剪力墙的组合：

  筒与墙梁形成巨型框架支撑附属结构，如框架与悬吊结构；

  筒作为悬吊框架的固定点，如预制混凝土构架；

  筒与剪力墙共同工作。

本节或多或少着重于纯筒体结构，且筒主要与地基相连，桥式结构和悬吊结构将在后面讨论，芯筒和框架的组合体系在本章的其他部分详细分析。

为导出芯筒与其他结构体系相互作用的基本认识，各种类型的单筒结构已列于图7.4。不同芯筒结构对竖向和侧向荷载的响应描述以此为例，大部分案例是不言自明的，更复杂的复合体系将在本章稍后讨论。

图7.4的基本筒体结构描述如下：

1. 单筒结构

   建筑中，中央筒体是惟一的支撑结构（图7.4a.c）筒体是受压构件，因此钢筋混凝土是最有效解答，因而要求芯筒有足够的尺寸。

- 带悬挑楼板的芯筒

  因为所有垂向和水平荷载都由芯筒承担，只允许最小的开孔削弱，开洞交错布置以达到影响最小，如果沿周边同时布置柱，尽管弯曲刚度不高，由于所有重力荷载集中，剪切刚性仍很高。必经记住整个建筑的重量给芯筒施加了应力，使其趋于受压状态，以此产生较高刚度，混凝土截面不致因预应力而开裂。显然，建筑物的所有荷载集中于芯筒的一个很小区域内，要求土体具有很高的承载力。

  如在第五章“扭转”一节所讨论，芯筒对侧向荷载的响应取决于其形状、均匀性和刚度、荷载方向。单个大型混凝土悬臂芯筒结构的强度最好明证，是附带40英尺悬挑楼板的42层新加坡财政大厦（见图7.3a），由著名工程师威廉姆（William J. LeMessurier）设计。

  赖特因第一座树状高层建筑而出名，它集成了混凝土的特性。这座位于威斯康星州Racine的15层Johnson Wax公司实验大楼，看起来由地面下很深的

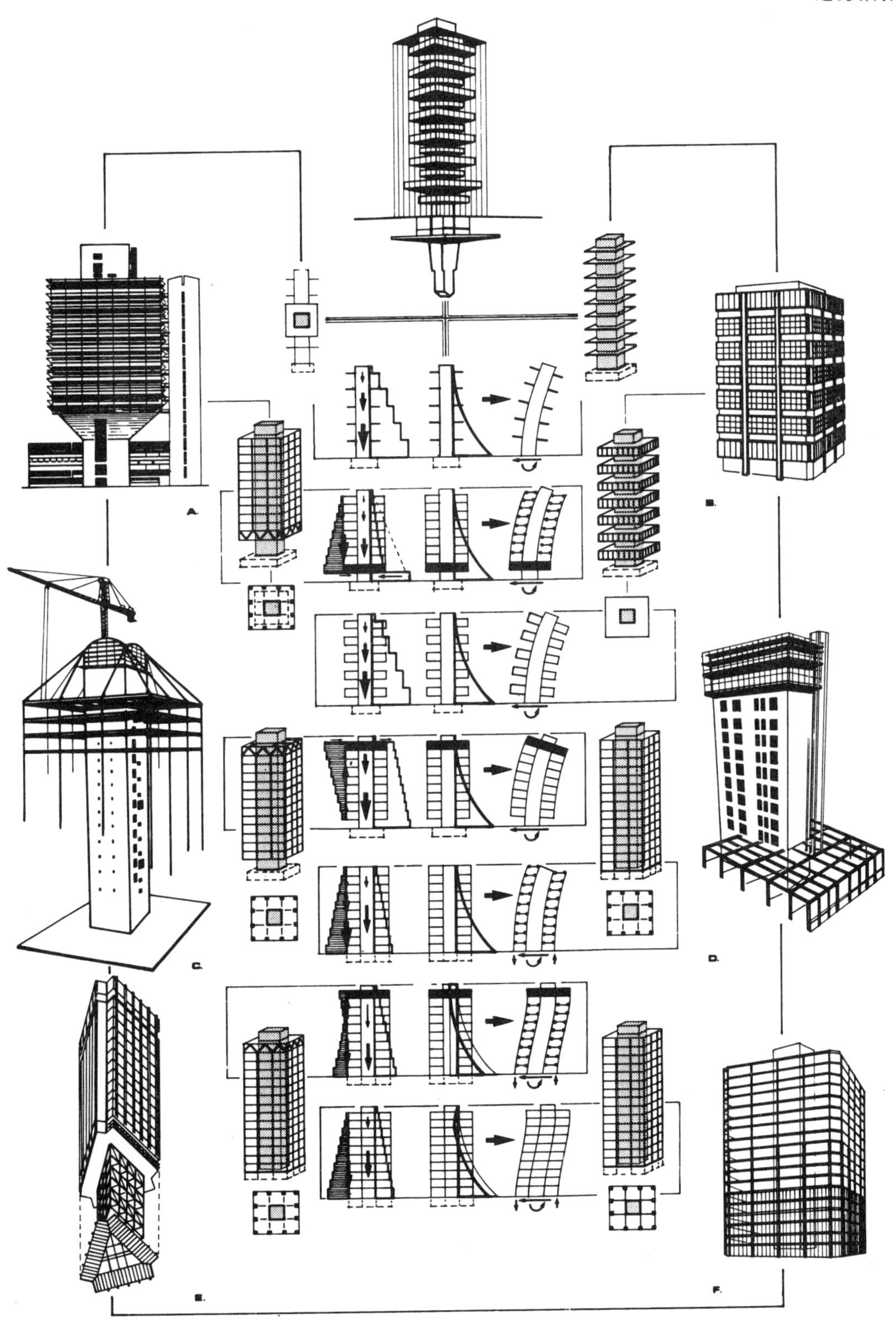

图 7.4 中央建筑芯筒

竖井生长出地面，类似于树根。他 1956 年完成的俄克拉荷马 Bartlesuille 的 Price 塔（见图 7.3j）最终实现了 1929 年为纽约市提议的圣马可塔。这座 16 层悬臂建筑采用内隔墙为内芯筒，外围筒墙内十字形开口混凝土筒将四个内筒包封起来，平面组织为一旋转矩形，格栅状锥形由附属的四个中空筒向外悬挑。

日本东京 Kenzo Tang 的 Shizaoka 大厦（图 7.5g）更像是矩形雕塑的代表，或是这个城市巨型结构的抽象概述，它强调悬臂蒴状单元的圆柱形力度来表现。当挑出楼板因负弯矩和刚度不足时，最好的办法是用像 Vierendeel 桁架空腹桁架（图 7.6b）将周边的两个楼板连接，以加强悬挑分担荷载。

- 带大块体的悬臂筒体

结构可采用蘑菇状或倒置在外柱上的金字塔，这时，每层楼板的荷载不直接传递到筒体，代之的是以一个或几个层面楼层高度为悬臂的部分集结，然后传至筒体。德国法兰克福 Egon Eiermann 的 7～9 层 Olivetti 塔（图 7.4a）是个很好的范例。伦敦 52 层的 National Westminster 银行由不规则混凝土筒体支撑 3 个挑出的办公楼翼，每一翼都承受大块蜂巢式的腰形、距地面不同高度挑出的板（见图 7.3f）。这个典型的楼板框架翼由跨度 23～30 英尺的钢梁组成，一端锚固在筒体，另一端支撑于周边的钢柱上，周边柱仅承担重力，由巨形基础上的悬臂支架托起。西雅图 40 层的 Rainier 银行大厦采用底座设计原理（图 7.5a）。然而，一坐落在外倾混凝土座的 30 层边长 140 英尺方塔，所有侧向荷载由其周边的钢框架承担。

- 顶部和芯部大块体的悬臂芯筒（图 7.4 和 7.5h、i）。

该案例中，周边柱作为受拉构件、或从上部楼层交错悬吊支撑楼板的吊点。与其他体系不同，重力流路径长，故首先通过张拉结构导入建筑物顶部，然后沿筒体传至基础，由于这个超载直接作用于混凝土芯筒顶部使之处于强压应力状态，因此增加筒体刚度是有益的，从而钢筋混凝土筒作为横向荷载作用下的悬臂构件不会产生裂缝。

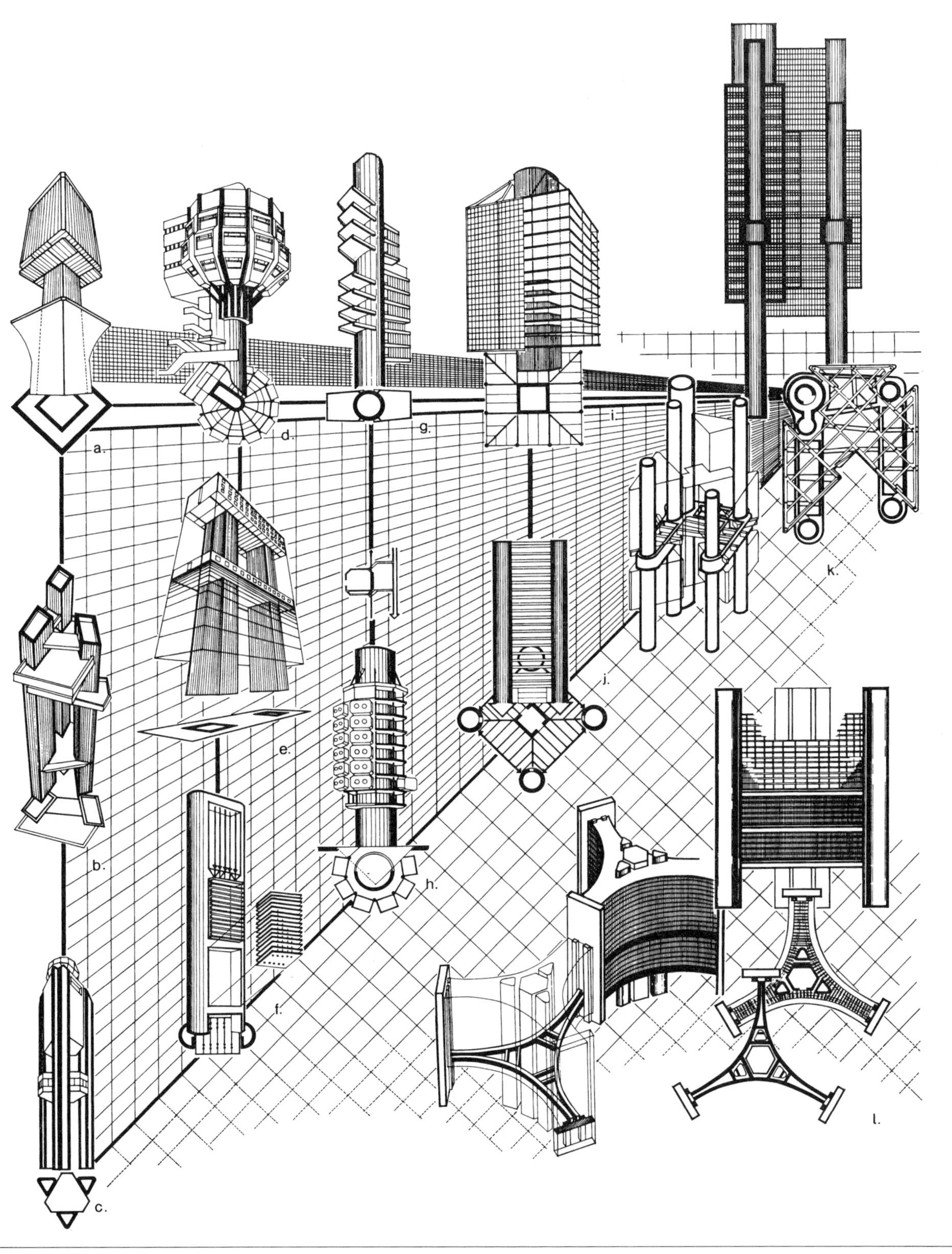

图 7.5 建筑芯筒

2. 带铰接刚架的筒

本例中（图7.4）筒体单独承担侧向力，而框架直接将重力传至基础。由于整个侧向稳定性由中央筒体保障，周边结构应尽可能轻，剪力芯筒墙厚可逐渐减薄或在电梯库处收进，取决于建筑高度侧向刚度和强度（随高度减小）。20层以上的建筑，围成电梯和楼梯间的中央混凝土芯筒通常足以抵抗所有侧向荷载。自然，对于法国巴黎蒙帕那斯59层高的Tour Maine——要求一座巨大的钢筋混凝土筒体以提供侧向抗力，而周边钢框架和铰接的钢结构板梁仅承受重力荷载。若中央支撑芯筒太细，这种结构概念不经济甚至不现实，因要控制侧移和加速度，耗钢量会增加，另外，基础巨大上浮力要求加强抗拔系统。

3. 带刚框架筒（Core with Rigid Frame）

这种情况（图7.4f），芯筒和周边框架共同承担侧力，可看作筒中筒（又参见图7.29）

4. 带剪力墙筒

必须提的是意大利米兰34层的Pirelli大厦（1959，图2.1右上），为这类中第一座重要的高层钢筋混凝土结构。这个狭窄、细长的塔形建筑由著名结构工程师皮尔·卢基（Pier Luigi Nervi）设计，其侧向稳定性由分置两端的一对三角形筒和一组内部双拼墙拉柱提供，这些竖向结构支撑的带状楼板框架在中部大约跨距80英尺，端部跨距42.5英尺，这样的布置以便将大部分重力荷载集中在内部双重剪力墙以保持稳定性，这些墙柱厚度和与楼板的连接随高度减少，因为剪切抗压强度要求降低。

5. 带悬挑和腰桁筒体

本例中（图7.4e），盖式桁架作为筒体的水平延伸将外围柱连接到筒体，迫使整个结构如同空间单体。

通过结构大致所需的空间功能而不使结构与建筑物或全建筑相分离，是1960年代早期结构主义者所关注的。那一时期的一些建筑师将筒体原则与桥梁概念（或巨型结构）结合起来，除代谢论者（Metabolists）或英国的Archigram带有他们的理想化的设想，他们中的一些代表，如路易斯·康（Louis Kahn）、约翰·安德鲁斯（John Andrews）、凯文（Kevin Roche）、I. M. Pei和保罗·鲁道夫（Paul Rudolph）。

许多具有外露服务竖井的多筒建筑受1960年代Metabolists思想的影响，将沿筒体的竖向循环和所服务的空间清晰地划开。根据肯祖·唐（Kenzo Tange）“建筑物就像器官一样新陈代谢”，城市群体由多层桥梁相连接的竖向服务塔楼组成，再分成细胞。Kisho Kurokawa 在其带太空舱表现了这种关系（图 7.41），预制的钢盒夹到外露的混凝土服务井筒。

在宾夕法尼亚费城的 Richards 医学实验室（1961 年，图 7.3c），Louis Kahn 将塔楼筒体连接到为其服务的每一个建筑群，表现其显要性。康涅迪克州 New Haven 哥伦布骑士大厦（23 层，1969 年，图 7.5j）由分置于四角的混凝土圆柱塔楼和中央方形电梯井筒支撑，72 英尺、长 36 英寸高的钢结构格架像桥梁一样跨在角隅筒体之间，负载板梁，由于拱肩、格架和部分梁是外露的，同时建筑物的玻璃放置在无摩擦的衬垫上以使其可允许较宽的温度变形。塔楼后张以使其受压而像竖直的悬臂梁一承受侧向力作用。

约翰·安德鲁斯设计的澳大利亚悉尼 34 层的国王乔治大厦（图 7.3h），楼层平面是削去顶部的三角形，三个顶点各置一混凝土筒体：一个大电梯井筒和两小楼梯间。重力荷载由置于柱上的常规平板传递。图 7.5b 三个塔楼由挑出的观景平台相连。一组谷仓（图 7.3d）被改造成 8 层楼的普通旅馆，巴黎大学复杂科学学院（图 7.31）是城市巨型结构的一个例子，整个场地划分成 25 个矩形开间，每个尺寸约 180 英尺 ×220 英尺、59 英尺宽的建筑物沿柱网布置，形成网状链围出庭院，在交叉点设置圆柱服务井筒，这些 31ft 的混凝土筒体为这个复杂的城市建筑提供侧向稳定能力。

贝聿铭 1976 年设计的新加坡 52 层 OCBC 中心（图 7.5f）主要由混凝土巨型框架组成，支撑附属的插入式 14 层普通混凝土叠堆式框架建筑。两个半圆筒体与大约 115 英尺跨度的预应力混凝土梁架抵抗水平荷载。德国慕尼黑的 Hypo 银行（1981 年，图 7.5）表现了 21 层的桥梁式混凝土结构，四个圆形塔与在第十一层楼面一个楼层高的平台（由三个刚性连接的混凝土箱梁组成）形成一个不规则空间刚性矩形框架。由筒状塔楼与周边刚性连接平台清晰表明，这个主体结构支撑其上的 15 层附属结构并悬吊其下 6 层。

另一个桥式结构是奥地利维也纳平面呈 Y 形的 24 层联合国总部（1978 年，图 7.51），跨长 235 英尺的预应力混凝土曲线箱梁在三个层面形成中脊和桥式平台。它们坐落在三翼端部的 6 个中空腿和中央三角形上，构成巨型框架，曲线箱形脊支撑至 13 楼，其扭矩靠其间的相互依托和中央筒体的对称性平衡来消除，侧向荷载由中央筒体和三个连接到每对“腿”上的外部楼梯井承担，桥式平台支撑与拉住两者。

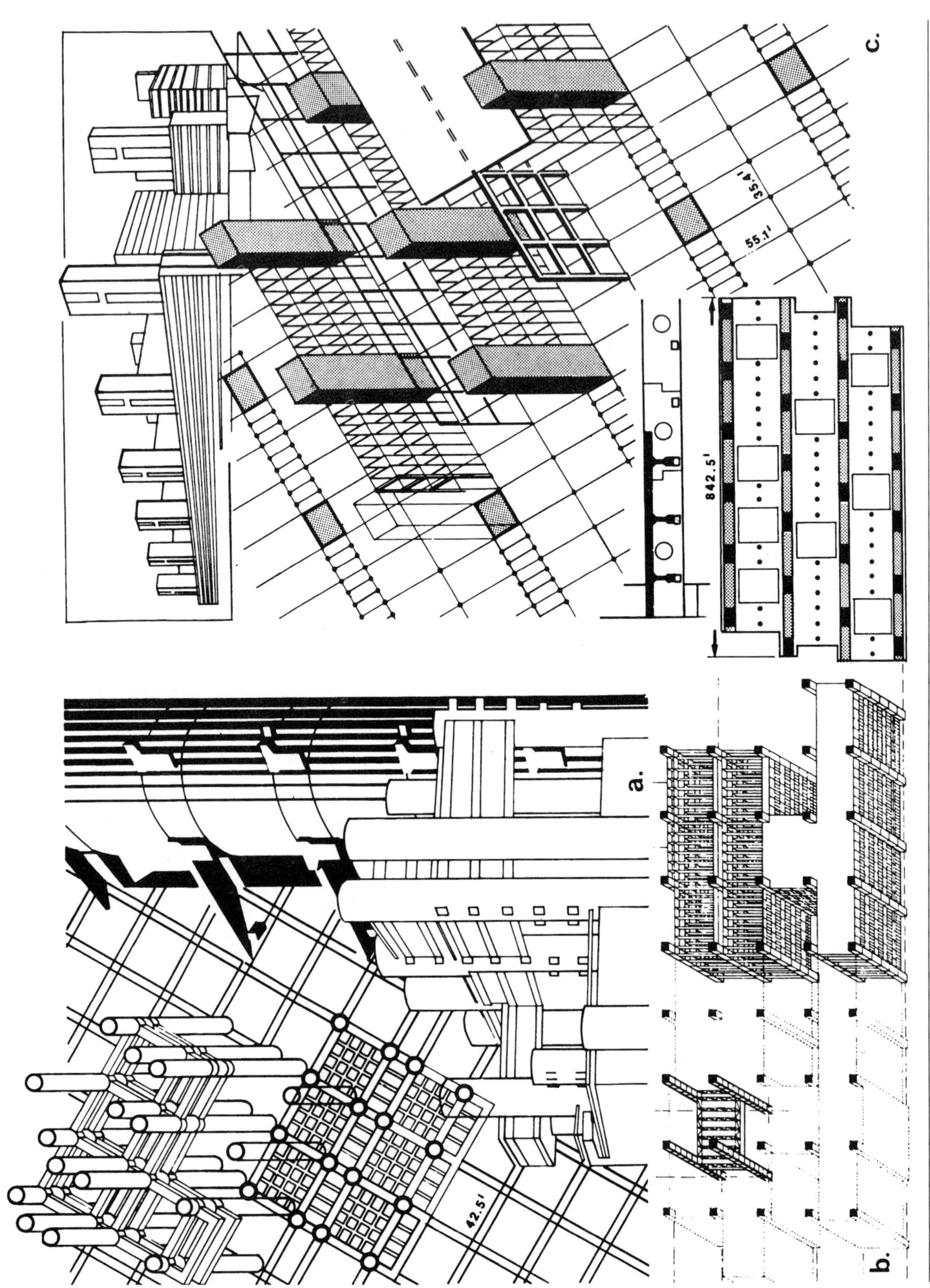

图 7.6　巨型结构

代谢论者运用桥梁概念连接市政工程或巨型结构，能量和服务通过竖向筒体分配到多层水平桥梁，因而以建筑块来表示功能图和功能区。这个概念的一个实例是 Kenzo Tange's 在日本 Kofu 的 Yamanashi 交流中心（1967 年，图 7. 6a），4 个功能空间块由 16 个中空混凝土筒支撑，沿中央密排筒加强抗震能力，塔之间的净跨 42. 5 英尺，平面采用 10. 625 英尺的模数。

其他桥式结构的例子可在 70 年代医院规划中找到。加拿大哈米顿健康科学中心典型的结构模式，由高约 8. 5 英尺的大跨双向桁架梁构成，性能类似于平板，到钢框架设备井跨距 73. 5 英尺。类似地，明尼阿波利斯明尼苏达大学健康科学联合体 10 英尺方形井筒置于方形模块的角部，跨度 49. 33 英尺的双榀主钢梁单向搭于混凝土塔间，支撑与之相垂直的 36 英寸深的次级钢桁架。

或许已建最强大的巨型结构是德国亚琛的大学诊所（图 7. 6c）。设备塔支配和组织这个巨大的联合体。总平面尺寸 842. 5 英尺 ×441 英尺。24 个 177 英尺高的混凝土塔提供建筑物的侧向稳定性，布置成平行交替的 6 排，其间形成庭院。借助其间的柱体平行脊为预应力大跨混凝土托梁楼板提供支撑。

桥式结构（BRIDGE STRUCTURE）

引入这个主题在于开发高层建筑中运用大跨结构的意识。与桥梁概念密切相关的是前述筒体结构，许多建筑形成巨型结构以桥梁方式支撑附属建筑。类似地，下一节的悬吊结构也是基于桥梁原理，超高层建筑采用巨型框架或超级桁架集中建筑物重量到特定点以达到稳定。

1960 年代的设计人员已激发出桥梁结构的理念，关注到大尺度的市政建筑并想把地基和设备从社交活动分离出来。这些巨型结构或市政结构由日本的仿生学者、英国的 Archigram、以及法国（如 Yona Friedman）、德国（如 Echhard Schalze - Fielity）的设计人员用其水平空间框架结构表述。竖向结构间大跨连接有无限的实现方式，也被表现在建筑上加以视觉研究（图 7. 7）。桥梁建筑的其他例子在本书其他部分给出。空间可用下列基本结构概念“桥梁化”：

- 刚性框架梁（Vierendeel Trusses—空腹桁梁）
- 桁架
- 拱

- 悬吊拱，可选后张
- 墙梁，可选后张

这些结构单元可按很多方式沿建筑外围布置，或隐藏在内部。整个正面可为一墙梁，或整个建筑物可形成一座桥。楼层般高的深梁在高度上的布置产生一层或多层自由空间，通过悬吊方式也可在顶部或底部支撑附加楼层，后面会讨论到这类深梁将形成错缝或交错墙体。早期高层建筑的例子如马塞诸塞州剑桥麻省理工学院21层的地球科学大楼（1964年），其高42英寸的深梁间隔9英尺，直接跨过48英尺的立面柱间；芝加哥60层的第一国民银行（1969年，图7.7b）采用了钢结构，这座高844英尺的大厦剖面上是个巨型框架，通过设备整层钢结构桁架将内柱的两排竖向荷载传递到倾斜曲线的外柱。剑桥Marriott酒店（1987年）踏步式V形平面采用交错桁架和三角形悬挑延伸到42英尺跨距，穿过建筑落于边柱（图7.7i）。

波士顿33层的联邦储备银行（1976年），高楼底部高36英尺的厚实双榀转换桁架跨在两端支撑筒体，承受其上30层的重量（图7.25g）。相比较，50层高609英尺的西雅图第一国民银行（1969年），外层壳式墙体的刚度由两个不同水平的、跨在四个角柱上的整层桁架加强（图7.7h），重力荷载由钢结构Verendeel桁式墙承担，该体系由柱距4.67英尺和3.83英尺的深梁组成，然后转换到巨大的箱形角柱，箱形柱一直上到第13～15层楼，然后变为W14截面，由风和地震产生的侧向剪力也由楼层内水平桁架传到中筒。瑞士Lugano的银行（图7.7f）正面带洞混凝土墙形成Vierendeel悬臂深梁跨越厚重墙柱。

香港21层的香港俱乐部写字楼（图7.7a）的超级结构，东立面为外露设备筒，西立面由112英尺曲线拉应力混凝土梁桥式连接的四个庞大的S形角柱构成。该梁的形状根据力流密度调整，跨中横截面为T形以有效抵抗弯曲压应力，向支座逐渐变成矩形以控制剪力。由此形成59英尺跨的无柱内部空间。

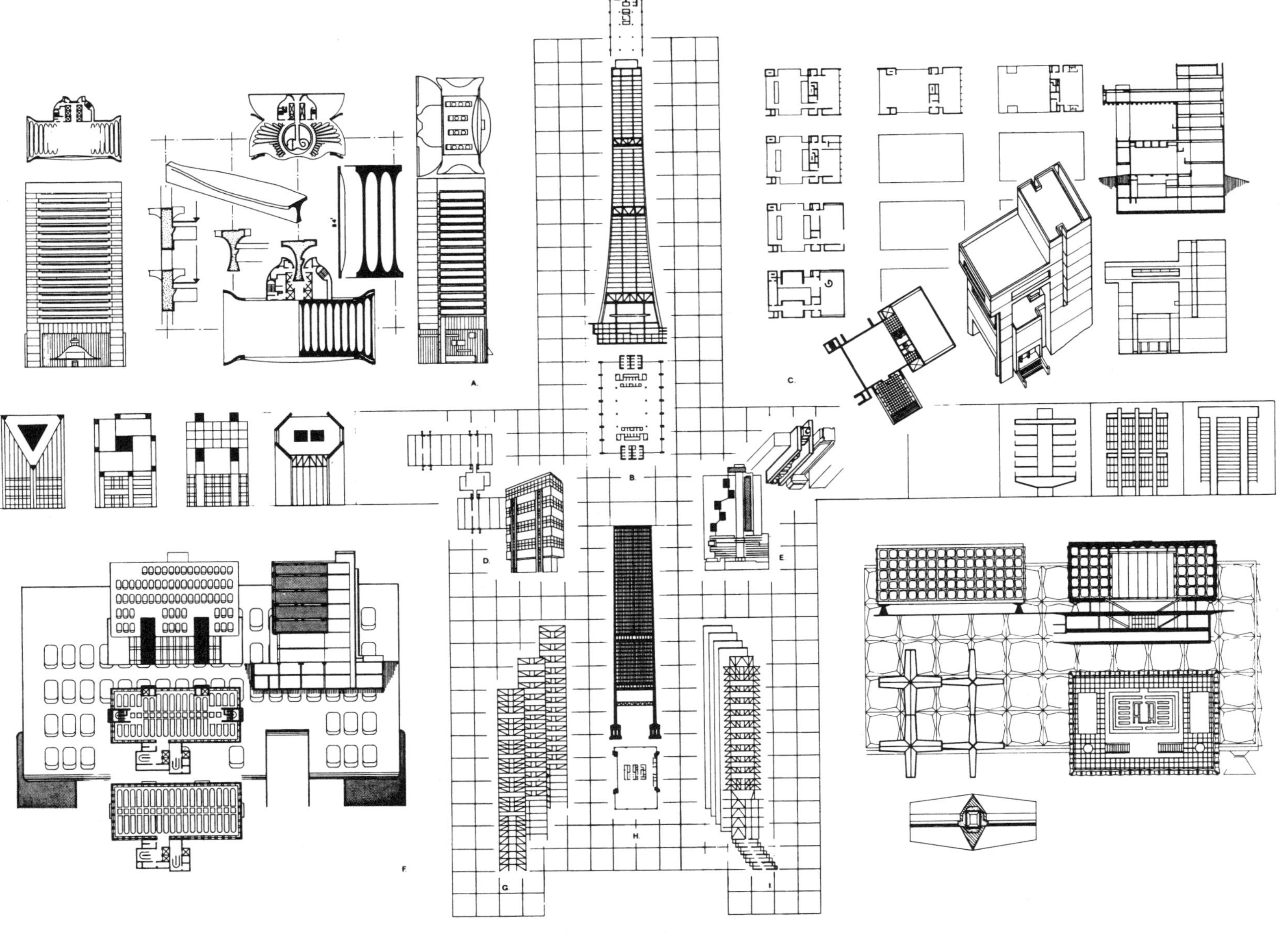

图 7.7 桥式建筑示例

耶鲁大学珍贵书籍图书馆（图 7.7j）围护墙由 5 排 49.5 高的全焊接 Vierendeel 桁架与 1.25 英寸厚的白色大理石填充板材构成，桁架由厚重混凝土角柱支撑，长跨 130 英尺，短跨 86.67 英尺。逐渐变细的箱形断腹板构件由 8 英尺 ×8 英尺格构梁制造，并贴花岗岩面砖，每榀桁架箱梁的下弦承受其上夹层（包厢层）楼层的荷载，而上弦支撑屋架。建筑物中间部分的 6 层图书书架分别独立支撑。与此相对照，康奈尔大学 Johnson 艺术中心（图 7.7c）的最下结构方法类似于建筑构成主义者（Constructivist）雕塑，将各种块体（包括桥梁）连成建筑的功能器官。

悬吊建筑（SUSPENSION BUILDING）

把悬吊原理运用于高层建筑而不仅是屋架结构，本质上属 20 世纪 50 年代后期和 20 世纪 60 年代，尽管有关概念的尝试可追溯到 20 世纪 20 年代。这一时期的结构主义者在寻求减少材料以抵抗重力中发现这一有价值的新型结构支撑体系，即从厚重结构构件中发掘无视觉障碍的明亮的空间和开敞立面。用缆索吊起楼板所需材料仅为受压柱的（像框架结构）的 1/6 这一事实给设计人员提出新的挑战。另外，这类结构使底部空间无柱体障碍。

中央巨型塔楼的树状建筑物，顶部挑出的巨人手臂、端部壳支持所拉柱体，今天已相当普遍。这类建筑的特征本章“筒体结构”一节已简要描述（图 7.4c），其应力主要为压缩和张拉，力流转换到刚性支撑的顶部而不是直接到地面。

从强度观点看，受拉构件绝对尺寸最小，不需要像受压构件那样考虑失稳而降低许用应力，整个断面充分用作抵抗荷载。进而，可以用比普通结构钢抗拉强度高 6 倍的高强材料。在本章后面将讨论到，尽管高强钢缆对最小材料用量是极其有效的，但太轻会导致缺乏刚度，后果是变形量大。再者，悬吊材料暴露于气候变化环境，温度变化会产生附加移动，设计人员必须考虑悬吊结构与筒体间的最大差异变形。

典型钢结构张拉构件在第四章已讨论，包括碾压成形和加工构件，如钢缆、杆、扁条等。钢吊件的伸长与预应力混凝土柱的张拉行为不同，后者是预应力高强度丝束与混凝土组合，也无需像钢结构那样防火。

悬吊建筑的可能组合示于图 7.8。这一分类按照主要支撑结构形式，但应意识到有无穷的几何布置。楼板或空间单元（如太空舱，整个建筑块体）由垂直或对角张拉构件这样的支撑结构悬挂。

- 刚性筒体法则

  顶部和中段层面（取决于建筑物高度）桁式（如框架，桁架，预应力混凝土深梁、水平或斜角压杆）单筒，如深梁/桁梁拱空间刚架和巨型桁架（如树状）。

下列支撑结构体系曾做过试验性探索：

- 拉线桅杆法则

  用作悬挂楼板的主要支撑结构：本例中桅杆由拉索缆施加预应力并锚固在基础（或其他边界约束体系）形成稳定受压系统，整个主体结构预张，以致拉线钢缆能吸收侧向力并提供必要的稳定性。
- 全张力（Tensegrity）或空间网格法则

  用于主体结构：自平衡内力结构是封闭的三维体系，当整个体系预加应力时，由连接受拉单元和为保持互相平衡的不连续受压构件组成。相对照，预应力空间网架仅由受拉单元组成，必须由外边条件承担其稳定性。

下面简要讨论典型悬挂建筑物。南非约翰内斯堡35层的标准银行中心（1970年，图7.8上），中央由四个合抱的管道形成筒体，筒体躯干在三个水平挑出厚实的分枝支撑三叠各10层的楼面（象树一样的结构）。这些分支由楼层高的、四向牛腿（平面呈十字形）组成，支撑8个预应力混凝土挂件，连接到楼板周边梁上（承载双向T形楼板），三个水平的悬挂系统都要求控制悬挑牛腿的尺寸。

德国慕尼黑20层BMW（宝马公司）行政大楼（1972年，图7.8中上）的四个悬挂圆柱，清晰地表现了悬挂原理。后张的牛腿断面从建筑顶部中央混凝土筒体挑出，四个中央挂件悬吊在牛腿上支撑三叶草状楼板。平均直径2.6ft的巨大预应力混凝土挂柱提供主要支撑，鼓形周边的其他柱体由设备层放射状、楼层高的悬挑承担。本例中上面7层受压，11层以下受拉。

明尼阿波利斯11层的联邦储备银行（1973年，图7.8中下）的主体结构具桥形，两条悬链各沿一正面，由四个角墩和其顶部30英尺、高273英尺跨距的桁架支撑，桁架用于防止墩的倾倒。后加的6层由拱承担，所在桁架系统产生的外冲力由悬挂系统产生的压应力抵消。悬链由3英尺深的焊接宽翼构件辅加直径4英寸的缆索组成，缆索在支座分为8根，到跨中减为2根。悬挂顶端的W8柱受压，1英寸×8英寸的板式

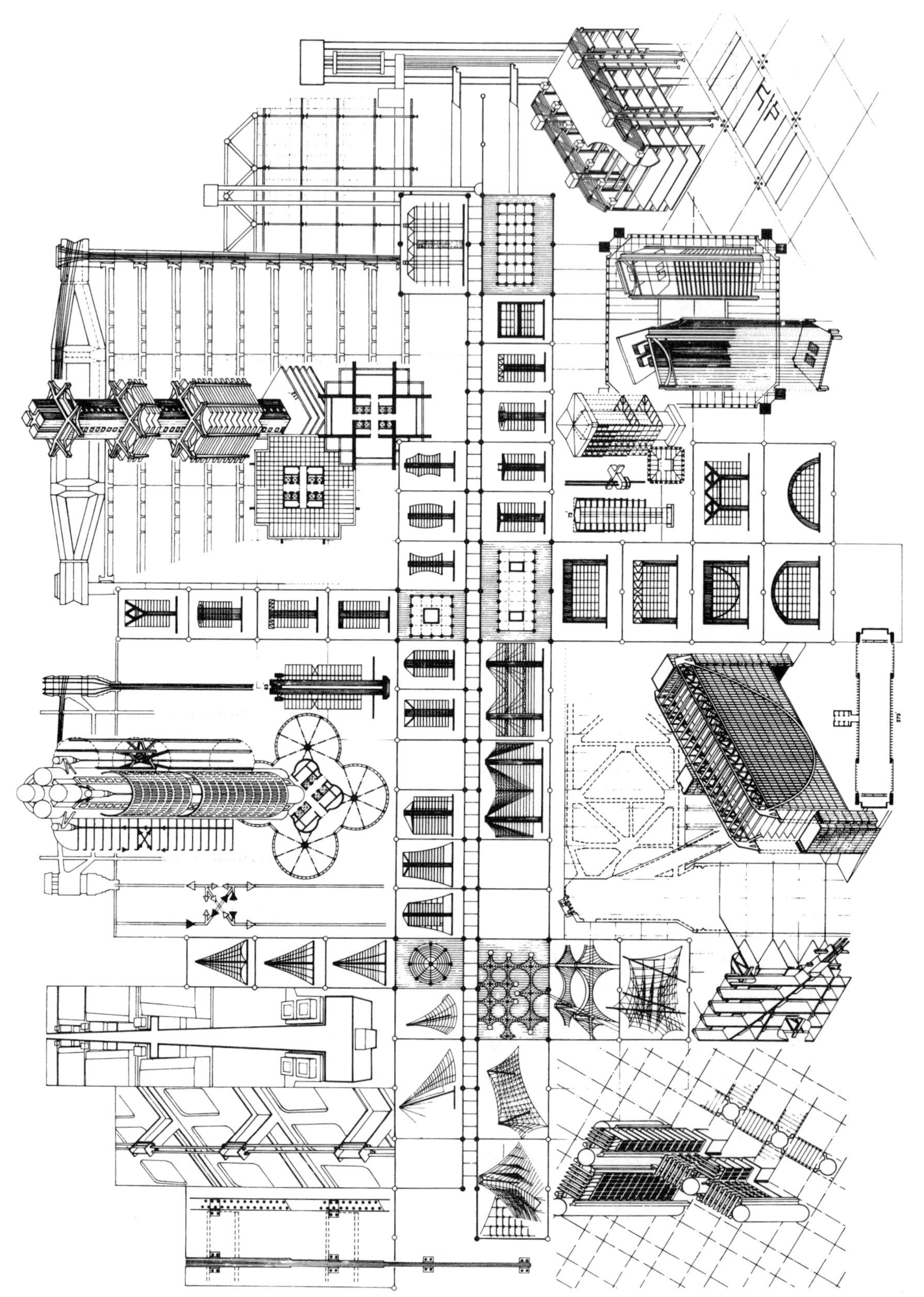

图7.8 悬吊结构

挂件连在其底部。这样拉压柱支撑60英尺跨的楼板桁架，跨过整个建筑宽度。

德国汉诺威 Narcon 大楼（1984年，图7.8右）的4层楼由一组3个外露的相邻悬臂桁架（沿正立面长度方向）悬挂。桁架由建筑物两端的4个钢结构管状柱承接，约54英尺的大跨主梁桥式穿过结构全宽由各自圆形钢管支撑。这些作为柱或拉杆的中空钢管注满水以防火。混凝土设备筒提供建筑的侧向稳定性。

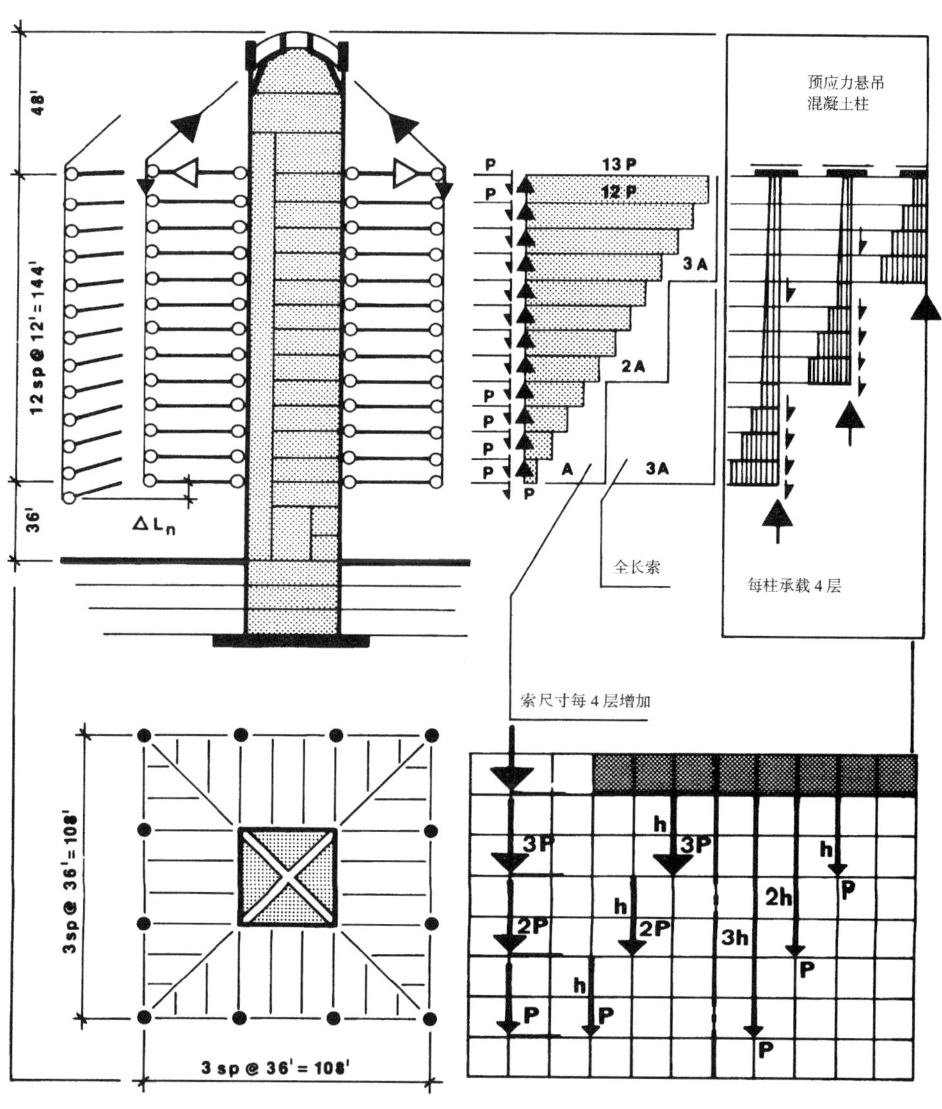

图7.9 典型悬吊结构：张拉构件分析

路易斯·康建议为32层的堪萨斯州城市办公楼（图7.8下右）采用带预应力反拱的双角柱结构，以将楼层悬挂其上。43层的香港汇丰银行大楼（图7.5）5个不同水平的双层悬挑桁架由塔楼支撑，每榀桁架带三套竖向拉杆（一个在中部其余在两端），以支撑其下楼层。

加拿大温哥华12层的西海岸广播大楼的楼层由6组36英尺的连接钢缆支撑，像窗帘样垂在曲线幕墙和两个对角线交叉的混凝土拱上。每套光缆有一对直径$2\frac{7}{8}$英寸的电镀桥缆（A586，$F_y=240$千磅力/英寸^3），副缆由一对$2\frac{3}{4}$英寸角缆组成。屋架由一对直径$2\frac{1}{2}$英寸的缆索相连，以承担屋面重量和缆索倾斜产生的附加应力。缆索倾斜使屋架梁受压。钢索敷防火涂料后置于封闭槽中，这样还使缆索在内部环境保护下不致随温度变化胀缩。这类结构抵御地震是非常有效的，因为它像树木一样（树在地震中很少损坏）可自由移动。这座建筑的进一步分析见例7.1和问题7.1。

例7.1

简要分析12层筒支撑的建筑的典型张拉吊杆（图7.9）。楼层恒载50磅力/英尺^2，活载80磅力/英尺^2，正立面墙体荷载（包括吊杆重量）取15磅力/英尺^2。有关详细讨论参见问题7.1。

吊杆支撑的楼板面积大约为

$$(18\times18)+(2/3)(18\times36)/2=540\text{ 英尺}^2\text{（约 164.7m）}$$

活荷载

$$R=23(1+D/L)=23(1+50/80)=37.38\%$$

每层楼由楼板和墙体重量作用于缆索的总荷载

$$P_T=540(0.050+0.63(0.080))+(36\times12)0.015=60.70\text{ 千磅力（约 270.07kN）}$$

最大索力（建筑物顶部）

$$P_{max}=12(60.70)=728.40\text{ 千磅力（约 3240.80kN）}$$

下面一段分析一些典型的拉索体系。

1）考虑许用拉应力 $F_t=80$ 千磅力/英寸^2 的两根高强钢缆。

据式（4.68），需要下列近似："名义"横截面面积：

$$A_s \approx 1.5\ (P/F_t)\ =1.5\ (728.40)\ /80=13.66\text{in}^2\ （约 34.70\text{cm}）$$

相应拉锁索直径

$$A_s=\pi d^2/4=13.66/2 \qquad 或 \qquad d=2.95\text{in}\ （约 7.49\text{cm}）$$

试用两根 $\Phi 3$ 英寸拉索。

现在，设计人员或许想确定哪层楼板仅受一根拉索，拉索吊件的柔度也要分析，这些将在问题 7.1 中给出答案。

2）W—截面型钢（等级为 50）和拼接构件用作吊件。

需要断面

$$A_s=P/\ F_t=728.40/\ (0.6\times 50)\ =24.28\ 英寸^2\ （约 61.67\text{cm}）$$

试用 W14×90，$A_s=26.5$ 英寸^2，或许用 ∟6×6×9/16，$A_s=4$（6.43）$=25.72$ 英寸^2（约 165.94cm^2），因为角钢数在特定楼层可减少。

3）采用三个承载能力 $f'_c=5000$ 磅力/英寸^2、索力 $f_{pu}=270$ 千磅力/英寸^2 的预应力混凝土柱。这里的近似分析中忽略了混凝土施工中可能引起的荷载变化。

吊点处理成足够预应力混凝土柱以承担外荷载的拉应力（忽略吊点受弯）同时不致使混凝土开裂。由于拉力趋于使构件伸长且不产生屈曲，混凝土柱应取为短柱。

每个混凝土吊点的最大荷载

$$P=4\ (60.70)\ =242.80\ 千磅力（约 1080.27\text{kN}）$$

据式（4.41），需要预应力缆索面积

$$A_s=P/0.56f_{pu}=242.80/\ (0.56\times 270)\ =1.61\ 英寸^2\ （约 10.39\text{cm}^2）$$

试用 14 根直径 0.438 英寸的缆索（等级为 270），从表 A.5 查得

$$A_s=14\ (0.115)\ =1.61\ 英寸^2（约 10.39\text{cm}^2）$$

据式（4.42），初步设计柱尺寸

$$A_g=\text{P}/0.45f'_c=242.80/\ (0.45\times 5)\ =107.91\ 英寸^2\ （约 696.19\text{cm}^2）$$

试截面 12 英寸×12 英寸的柱，$A_g=144$ 英寸^2（约 929.03cm^2）

假设附加普通非预应力配筋可以控制荷载引起的裂缝。进而，必须指出与悬缆相

比柱的变形很小。

除用同尺寸全长连续吊杆外，应根据强度和刚度要求选择尺寸。如此，张拉柱尺寸每隔一层应减小，或像图7.9（顶部有三个吊杆）那样成组。这个例子中，一组吊杆承载上部四层楼，一组承载5～8层，剩余一组承载1～4层。

混凝土筒体的初步设计参见问题7.1。来源于建筑物重力荷载的筒体压应力可缓解由于风力侧推的拉应力，因此，断面不会开裂，横截面惯性矩可有效抵抗侧向力（又见图7.8）。

最值得关注的是拉杆的大伸长量，注意到恒载产生的伸长可在施工中将梁起拱抵消，成形后楼板平整。然而，这要求对每一楼层都计算连接点。类似地，每个混凝土拉杆施加预应力的时间应与恒载的施加相一致，这样可防止混凝土应力超限，因此，分级施加预应力是有利的。

前面提到，与结构钢相比，高强度钢缆抵抗给定力的截面小，但特别易于伸长。例如，根据式（7.1），结构钢在22千磅力/英寸^{2}的许用应力下的瞬时单位伸长为

$$\varepsilon = f/E = 22/29000 = 0.00076$$

典型钢缆在80千磅力/英寸^{2}下的应变大致为

$$\varepsilon = 80/23000 = 0.0035$$

典型预应力混凝土在800磅力/英寸^{2}应力下的单位缩短

$$\varepsilon = 0.8/4000 = 0.0002$$

因此，钢缆的单位伸长大约比结构钢高5倍，比预应力混凝土构件高17倍。利用钢的拉伸强度和预应力混凝土柱的刚度协同工作的益处是明显的。

设计中决定性的是恒载和活载——尤其是后者将导致往复运动双重作用下的变形。这时，预应力混凝土构件表现了独特优势，因为钢筋束施工的应力抵消了恒载和活载的伸长。预应力混凝土柱的变形小，在持续外荷载作用下徐变导致的“缩短”逐渐复原。除加大构件尺寸外，这个变形也可采用高弹模混凝土进一步减小。

轴向受荷构件，长度l变截面符合$A(x)$弹性模量E，其在恒定轴向力P下的总伸长可有材料力学知

$$\Delta l = (P/E)\int_0^1 dx/A(x) \tag{7.1}$$

如果A=常数，那么

$$\Delta l = Pl/AE = fl/E = \varepsilon l$$

支撑 n 层楼重力荷载的拉杆的总伸长，等于所求楼层之上各层楼拉杆伸长之和，（图 7.9）

$$\Delta L_n = \Delta l_1 + \Delta l_2 + ... + \Delta l_n = \varepsilon_1 l_1 + \varepsilon_2 l_2 + ... + \varepsilon_n l_n \quad \textbf{(7.2a)}$$

假如：楼层高度相同，$h = l_1 = l_2 = ... = l_n$，各层楼保持恒重，$P = P_1 = P_2 = ... = P_n$，那么方程 7.2a 可简化为

$$\begin{aligned}\Delta L_n &= (Ph/A_1 + 2Ph/A_2 + ... + nPh/A_3)/E \\ &= Ph(1/A_1 + 2/A_2 + ... + n/A_3)/E \quad \textbf{(7.2b)}\end{aligned}$$

设穿过整个建筑高度的吊杆横截面积相同，$A = A_1 = A_2 = ... = A_n$，那么 7.2b 有如下简化形式

$$\Delta L_n = Ph(1 + 2 + ... + n)/AE = Ph[n(1+n)/2]AE \quad \textbf{(7.3)}$$

如，最低一层楼（图 7.9）W14 ×90 截面（例 7.1）的最大伸长

$$\Delta L_{12} = \Delta L_{max} = 60.70(12)12[12(1+12)/2]/26.5(29000) = 0.89 \text{ 英寸(约 2.26cm)}$$

对于强钢缆，由于其横截面需求和弹性模量更小，其伸长量更加重要。

格架建筑（SKELETON BUILDING）

威廉·杰尼（William Jenney）在芝加哥 10 层的家庭保险大厦（1885）首次采用铁框架作为承载砌体立面墙的惟一支撑结构后，全框架建筑诞生了。其后是笼式建筑（Cage Construction），其内框架只承载楼层荷载，外立面砌体墙自承并提供建筑的侧向稳定性。在那一时期，芝加哥框架结构成为面向集成工程学、施工技术和建筑学的建筑设计新方向的象征，在空间组织上，要求最少的材料，让其表现自身纯粹的形式。钢框架建筑成为这个国家高层建筑的主要形式，直到 1960 年代计算机模拟软件的开发才使得其他形式的结构体系成为现实。

对于二战后的建筑，格架结构再次成为寻求弥合技术学和建筑学之现代运动的中心主体，因此，复活了芝加哥学校（Chicago school）的传统，纽约 SOM 的 Lever House（1952 年）和芝加哥湖岸大道 860 ~ 880 号公寓楼（1951 年，图 7.11b）成为著名标志。它们对后现代设计者极具影响力，它们以其简洁的表现，展示结构和玻璃的新灵魂。芝加哥 662ft 高度的 Civic 中心（1965 年，图 7.11c），87ft 梁跨仿佛达到

了框架结构的极限，这个结构中，建筑下半部分刚性框架的核心区域不得不由剪力框架加强。

尽管1960年代纯盒式与格架建筑密切相关，其他高层建筑形式（基于不同设计哲学）也创立了，如意大利米兰不寻常的垂状 Velasea 塔（1975，图7.10上左）。此例中，26层钢结构混凝土结构的边柱在18层向外折，以支撑上部大块质量，使我们回忆起中世纪的城堡塔楼。

今天，似乎对建筑形状变化无制约了。格架，作为混合形成的新一代组织单元，研释于图7.10。畸形塔或带踏步框架，折射出随高度的不规则平面形式变化。格架建筑也可在各楼层形成分阶，而大型的后退式台阶或许整个就是一景观。伦敦 Lloy 的建筑，周边支撑混凝土框架（又见图5.1t）由6个卫星服务塔相围，而内边柱承载半铰的中庭结构。黑川纪章（Kisho Kurokawa）强调三维搁栅的规则性、生长变化的适应性，如 Takara Beantillion 为 Osaka's（大阪）Expo'70 设计的单个6点式空间交叉单元。典型单元由12根弯成90°角的钢管和焊接板，单元每个主方向长约22英尺开敞空气流通的格架与封闭管状墙（芝加哥奥林匹克中心，见图7.10底部）鲜明对照。

从平面分析格架示于图7.11。典型柱布局组织与建筑形式相关，从几何功能的观点示于某些平面加以研讨。这些平面形态不同于带集中质量的筒体建筑。柱的布局从边长21英尺的方形格间双向平行框架（图7.11b）到巨型重复框架（图7.11c，芝加哥 Civic 中心要求大的庭审室），柱间距从短跨公寓楼（15英尺）到大跨办公楼。图7.11a 和 b 中，采用了各种尺寸的矩形隔间，与图7.11相对照，该图为筒体区域带对角梁的柱和边框架。图7.11i 和 j 为非所讨论的标准矩形格架的配形，此时不规则柱形使其适应于板式建造。

美国住日本东京大使馆（图7.11g）三个交错台阶式塔楼之一，由30英尺方形格架以锯齿形组织，由7.2英尺宽廊道分割，此例中，每个方形单元由8根柱围绕。德国 Wulfen 台阶式住宅的开发（图7.1f）基于用钢格架划出的交错空间网格（4.20英寸×4.20英寸×3.60英寸）。图7.11e 柱的布置基于 V 形平面45°的主轴设置，这个位于法国巴黎的联合国教研文化组织秘书处（UNESCO），8层楼横向刚性混凝土框架间隔大约20英尺的悬臂梁仅由2根柱支撑。

另一典型的由纵向和横向平行平面刚架组成的格架结构示于图7.12下左。刚架可由下面段落论及的方式组织。

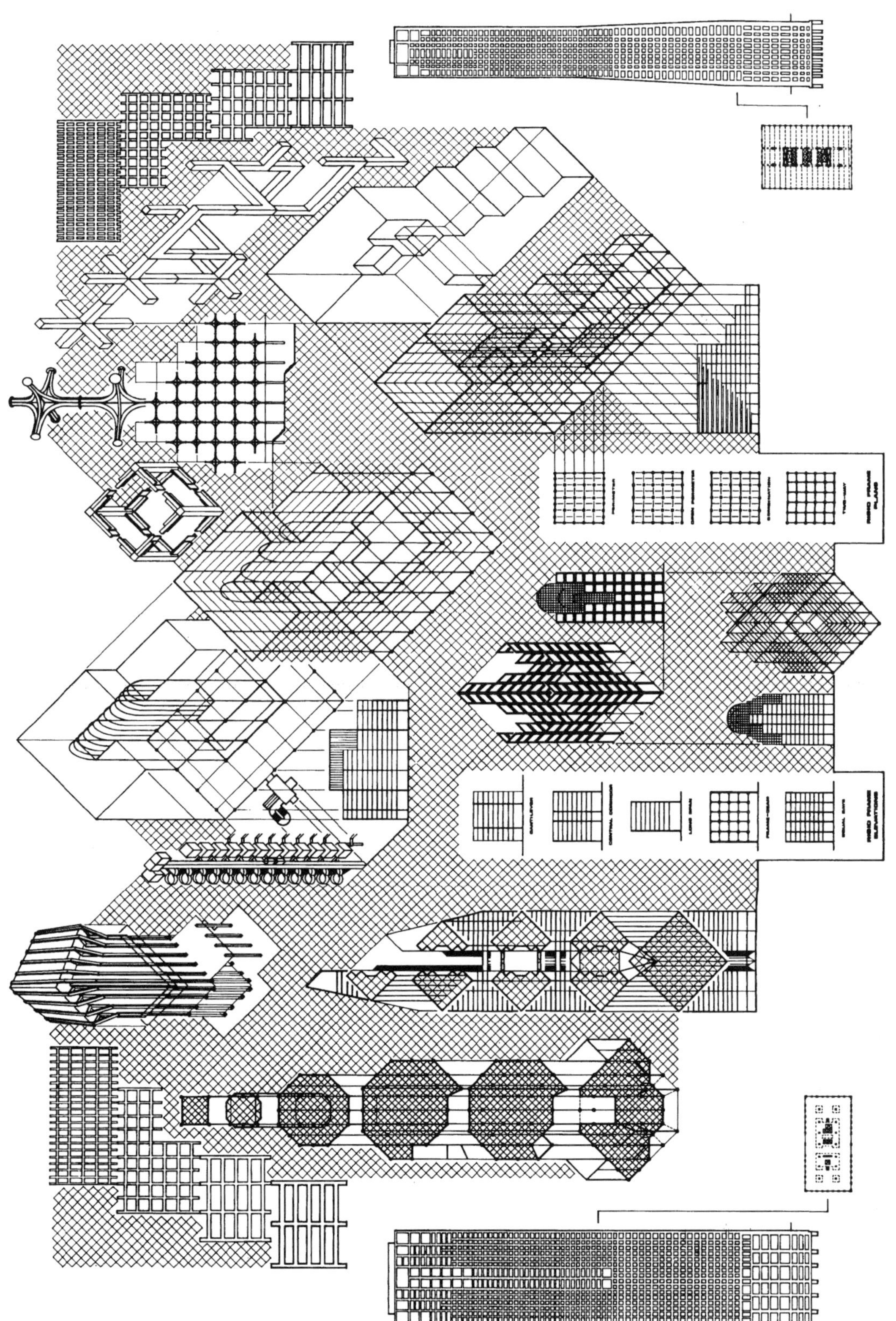

图 7.10 骨架结构

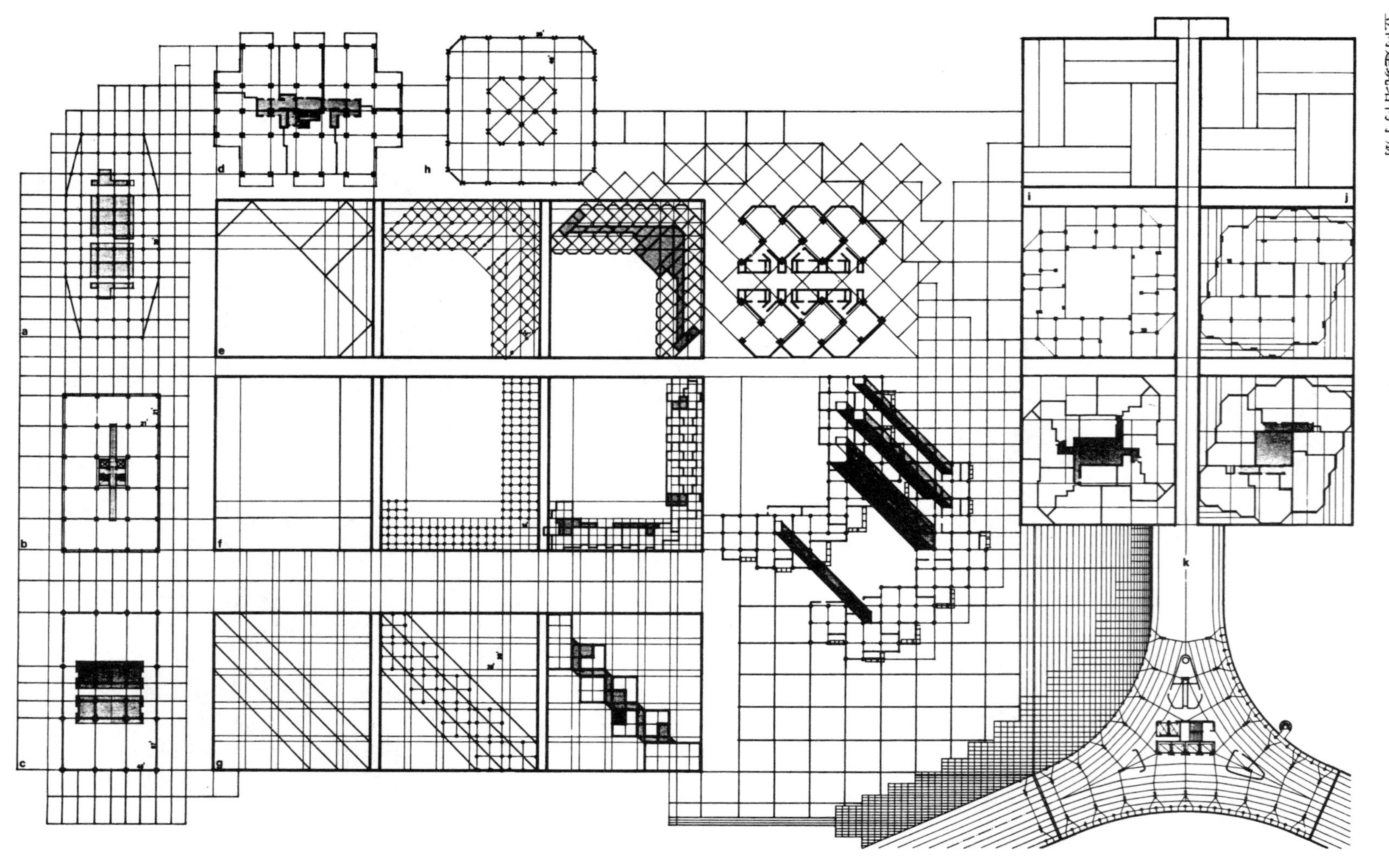

图 7.11 骨架建筑的平面布局

1. 刚接框架：

同一平面的水平梁和垂向柱用刚性节点连接组成矩形格栅，可为钢结构，或混凝土结构。主要由受弯构件抵抗侧向力，因此，其效率取决于开间跨度和构件尺寸。刚性框架对侧向荷载而言较柔，因此在结构设计中必须考虑侧移。

平板建筑（Flat Slab Building）可看作板式梁刚性框架组成，因而，随跨度增加所提供的侧向刚度变弱。

刚性框架法则看来对高度约达到30层的钢结构框架是经济的，15层的办公楼和20层的住宅宜采用混凝土框架。

带倾斜外柱逐渐变锥状框架形式的处理不仅可减小风压，而且可提高强度和侧向刚度。

2. 铰接框架：

以钢或预制混凝土构成的基本组件（图7.14上）。如销钉连接的框架单元或梁柱组建，记住销钉结点只传递剪力和轴力。尽管紧固构件缺乏连续性较柔，依靠铰的数量和布置，这种框架可抵抗侧力，紧与刚性框架的约束相比，温度变化下它可允许自由移动。通常铰接框架只承载重力，其稳定性由刚性框架或其他抗侧力结构体系完成。除钢结构和混凝土结构外，重木结构框架也偶有所见。斯坦福大学Terman工程中心（1977年，Harry Weese建筑师）使用一5层楼“胶合板”超级结构。这种夹板梁和柱仅承担重力荷载。3英寸的榫—槽砌叠成的木板，与作为楼板围护墙的1/2英寸的夹板一起承担侧向力。

3. 框支结构：

钢管是最经济的方案，这必然是源于侧向刚度需求。这类框架侧向可由剪力墙（如竖向桁架）或其他方法支撑，本章后面几节会详细讨论。

4. 组合：

刚性框架和铰接框架的一些组合示于图7.10中、下。

抗侧力框架的典型布置示于图7.12上左。侧向抵抗矩可由周边框架单独提供，它可为封闭的，也可开口，而内格架只承担重力荷载。基于强度和刚度的考虑，可用交叉框架作为周边的内支撑。自然，整个骨架可由双向抗弯刚框架体系来承担。各层面框架（图7.12右）反映了平面布局。可形成相同开间体系，中央廊道体系，大跨框架，或悬吊类型，亦可成内部（或外部）台阶式收进成锥体，或充作梁。出于功能考虑，柱的数量为内部框架功能限制，而外部框架的设计出于视觉或视点特性，常常只是设计习作。各种框架模式示于图7.10上，从大跨、深桁梁体系到带洞墙，即从开敞的框架到墙式框架。

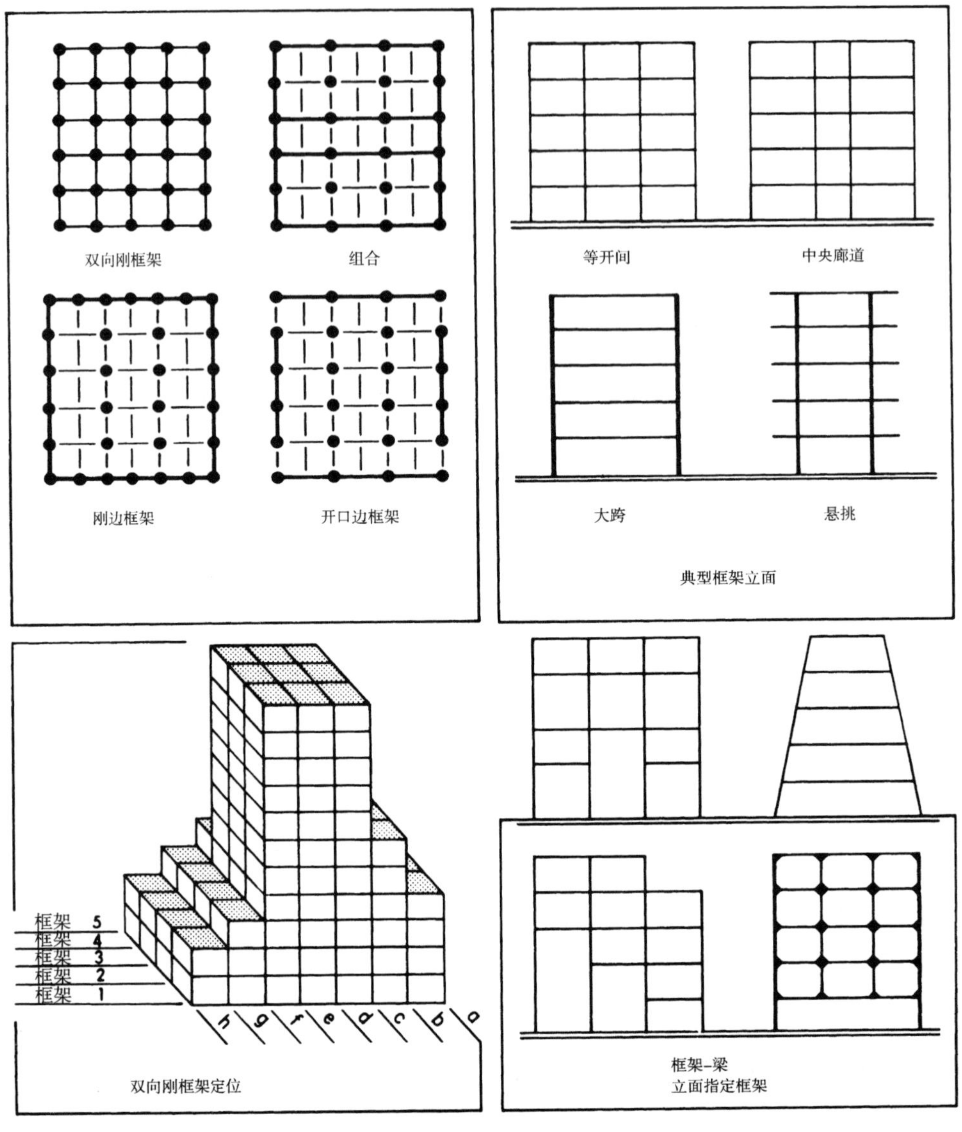

图7.12 骨架结构简介

典型的钢框架连接体系示于图 7.13，包括

- 梁 - 梁结点
- 梁接缝
- 梁柱结点
- 柱接缝

- 混合建筑梁 - 混凝土墙连接

其他连接，如吊杆类型或桁架斜坡形式，示于本书其他章节。结点可是单边（偏心）或双边（对称），连接件通常是锚栓和/或焊接。机械式机件常用普通锚固（A307）和高强锚栓（A325，A490），铆钉（A502）逐渐罕见了。栓式连接既可用轴承式，也可用摩擦式。典型建造方式是工厂焊接现场铆接，紧固件受拉、剪，或两者组合。如接缝和接点板是受剪紧固件。连接体系示于图 7.13 和如下段落。

- 柔性连接——也叫简单铰，或剪力连接。这类连接端部可转动以致只能承受剪力。典型结点如：腹板连接（如双角钢，单或双板），托座连接；端板连接。为达到弯矩传递，翼板也必须连接。
- 半刚性梁连接——由腹板、顶部角钢、底座角钢组成。由于角钢的柔性，可允许少量端部转动，因而导致部分端部弯矩。这时，腹板连接可以为抵抗剪力，而顶底部角钢传递弯矩，这样可合理地设计一个与实际弯矩相等的节点：

$$M_s = (wL^2/8)/2 = wL^2/16$$

  梁的截面抵抗矩简支时取其 1/2，固支时取其 75%。
- 刚性连接——不变形的梁柱节点，例如梁柱以 90 度连接。在加荷变形后仍保持在 90 度。通过加强翼板连接点的刚度可提供必要的转动抗力。一些典型的弯矩连接示于图 7.13，可是全焊接，全栓接，或其组合，工厂焊接现场锚接如：封口板连接，T——短桩连接，双面梁式桩牛腿翼板连接，直接连接。

现浇混凝土构件的连接，本质上应是连续的，均一梁 - 柱节点在后面简要讨论（图 7.20）。预制混凝土框架结点通常为铰接。连续连接可对预制构件后张来达到，或将预制的壳单体与内核现浇，外壳可当作现浇混凝土的模板。多层预制混凝土建筑典型软式或销钉梁 - 柱节点是

- 柱腰牛腿，可用弹性橡胶承板；
- 预埋型钢（如垂直板，W 形截面），柱上牛腿；
- 用平板或角钢制成的托垫连接。

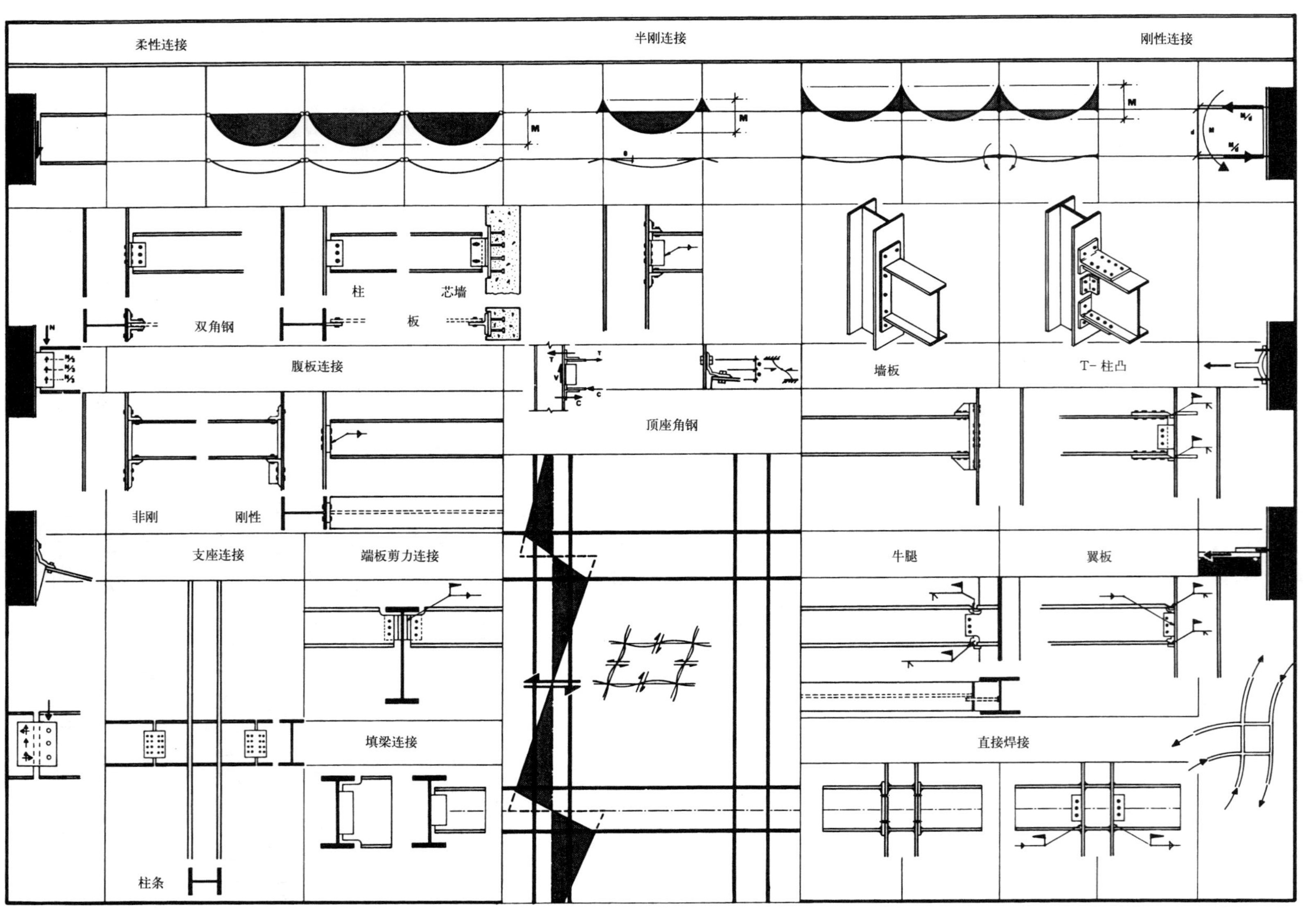

柔性连接
半刚连接
刚性连接
柱
芯墙
双角钢
板
腹板连接
墙板
T-柱凸
顶座角钢
非刚
刚性
支座连接
端板剪力连接
牛腿
翼板
填梁连接
直接焊接
柱条

图 7.13　钢结构的结点

结点可按其所传递的力区分为受压、受拉、受剪结点。它们可为“干式”或“湿式”。干式（冷）结点用低碳钢加强，通常形成构件结合处的铰结点。湿接缝可带内锁箍筋，可抗弯。

设计人员考虑构件连接形式时，不仅要关注到力流强度（图 7.15）而且要考虑安装难易。1960 年开发的预制框架具有丰富的装配模式。图 7.14 上所示为各种框架组件的基本模式，从平面到空间，从单层到多层，从分离的梁和柱到梁 - 柱框架组件。不仅预制混凝土建筑，而且纯铰结构周边框架普遍采用铰接。由于高层骨架结构主要对应侧向作用，作为装配单元的预制柱可用做周边结构。这里，梁柱节点在车间易于焊接完成，而构件跨中弯曲点（理论上最小弯矩处）搭接点宜用简单铰，以便快速安装而不致损坏整个框架功能。

一些典型框架组件如：

- 梁柱分离套件，如带梁连接柱，或树形柱（带分枝状梁托和填梁）。
- 单开间或多开间框架单元，如门式框架，U 形单元，平面或空间环单元，带悬臂单元。
- 开敞框架单元，如 T 形、L 形、H 形、十字形、星形等套件。
- 挂板单元（图 5.5），如带双向板骨架（如蘑菇状柱）。
- 特殊的框架体系（见第 6 章“安装方法”节）。

这些单元在梁和/或柱跨中（这里因侧向作用的弯矩接近口），既可是铰接，也可根据重力流将梁铰接布置在接近柱支座的位置（如树形柱）。

自然，对于两铰门式刚架，铰可布置在楼层平面以便其上相叠，或为运输、装配方便布置在其他地方。简单连接不仅经济，从加工安装角度，也易于适当相对移动。

各种形式的梁柱结点示于图 7.14 上，铰接传递剪力和轴力，而刚接还承受弯矩。构件可全为刚接或铰接，梁，柱，框架单元均如此。现场栓接最好，弯矩连接——特别是预制混凝土框架装配件——复杂而昂贵，应避免使用。

铰接框架结构的横向稳定性规范是最受关注的（图 7.14 左），一些建筑常用刚度加强方法列于下段。

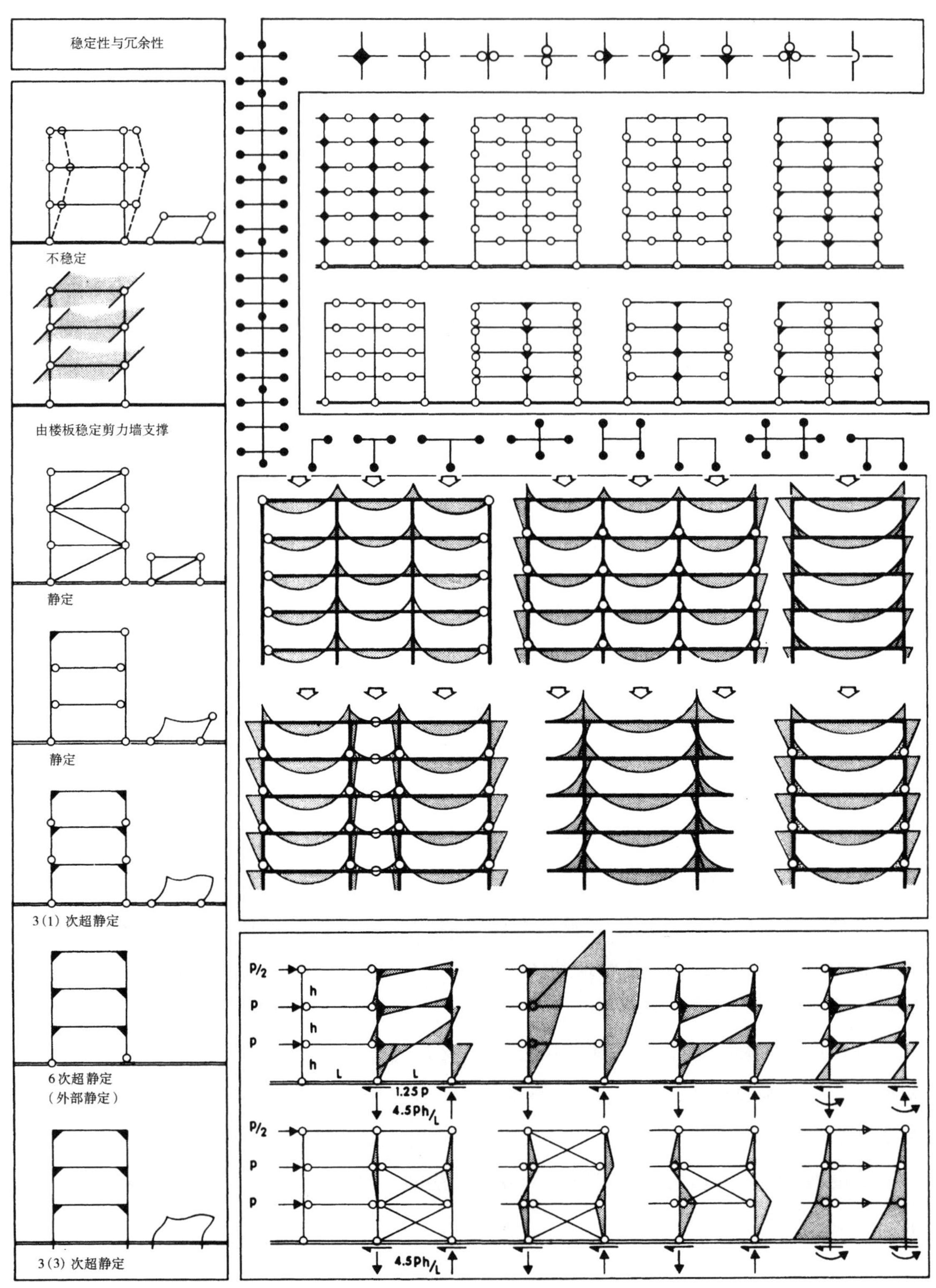

图 7.14 各种框架类型及其对荷载的响应

1. 加强建筑物刚度的途径之一是加强铰接框架平面内的稳定性，以便其抵抗侧力。采用：

- 固定于基础的连接柱（类似于旗杆），大致4层楼是可接受的。
- 通过合理安排框架单元，如门式框架叠置，相应于侧向荷载作用装配交叉单元，相对于重力荷载采用带短跨梁的树形柱，或悬臂短梁H形单元，等等可以放映荷载组合作用的框架作用。
- 后此将框架以连续方式连接在一起。
- 侧向支撑，如对竖向间隔，可侧向支撑相邻铰接框架。

在高地震危险性区域，预制混凝土框架不会广泛用作主要抗侧力支撑体系。由于连接可靠性相当重要，连接数量应尽可能减少。

2. 由梁和柱组件构成和有许多接点的铰接框架（或带独立构件的无洞框架单元），或许不能抵抗侧向荷载而仅承担重力荷载。这些类型骨架结构由刚性楼板（由剪力墙侧向支撑）提供稳定性，如滑模混凝土芯筒或混凝土砌体筒体。

铰接框架应重点考虑安装期间的稳定性，这时需临时支撑。各种铰接和刚接框架在重力和侧向荷载作用下的响应，由图7.14的弯矩图表示。

图7.15的各种骨架体系，不能示出无尽的变化，因为线性的梁柱单元彼此相关。图7.15上左，铝覆层连续框架钢结构，图7.15上中为独立双间隔梯式框架，图7.15下右所示为单个混凝土树形柱的拼装，每层的其树柱状凸节支撑T形楼板单体。其他例子示出连续十字形柱，楼层平面的顶部支撑搁置楼板的主梁，加肋梯式柱的每边承载穿孔的桁梁，或让辐射状交叉梁穿出的并将之连接的双柱。预制混凝土的雕塑性的挑战，如爱尔兰首府都柏林美国大使馆交织立面构件，竖直螺旋状单元的惟一直线部分作为柱，而其余曲线作为覆面墙。

框架的近似设计

当平面铰接框架静定时，可由三个平衡方程分析，多层框架是高度超静定的，要求其他分析方法确定沿构件的力流大小。为找出刚框架静不定次数，可将其变为静定结构，如垂直将桁梁每隔间切开以造成独立静定树形柱。对于切开的桁梁，三个未知条件消除了（$\Sigma M=0$，$\Sigma F_x=0$，$\Sigma F_y=0$），所有未知条件的总和就等于建筑结构超静定

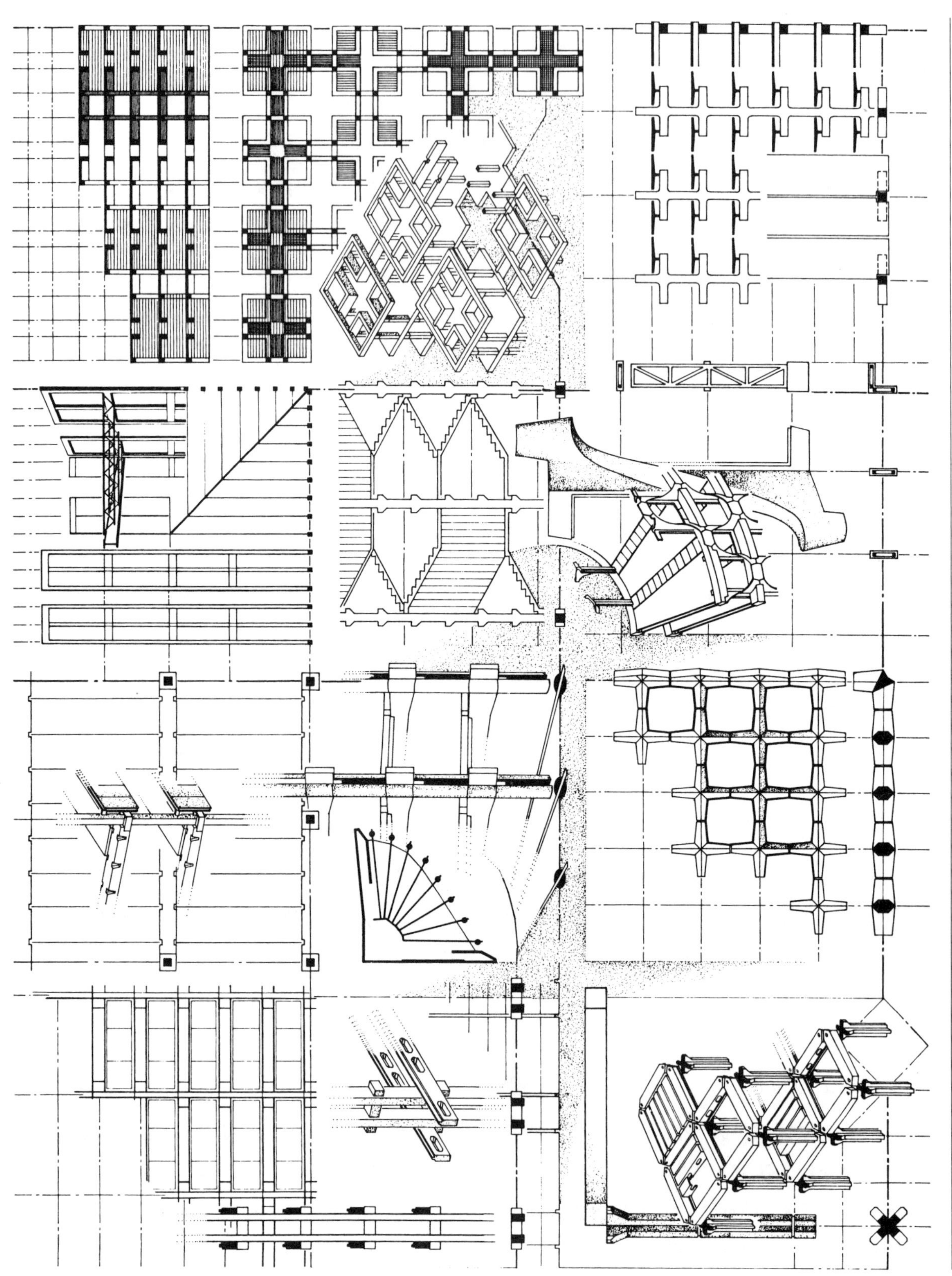

图 7.15　装配骨架结构

次数。如 10 层 3 节间刚性框架（图 7.18）有 10×3=30 桁架，每榀梁有三个未知力，这样建筑框架是 3×30=90 次超静定。这清楚地表明刚框架中地力流相当复杂，应力强度依赖于构件的相对刚度，然而，其值在开始分析时并不知道。

由于刚性框架建筑的高度超静定，近似分析方法得以发展。因为刚性框架对垂直荷载的响应明显不同于侧向力作用，就像框架变形形态所示，每一加载工况都应独立研究。这些挠曲框架形状是后续近似分析的基础，假设反弯矩位置为弯矩为 0 处，那么可将超静定结构变为静定结构。

对于初步设计和辅助提供荷载分布的感性认识，仅考虑规则框架布局即可。

重力荷载作用

已经表明，重荷作用下的规则框架侧移效应可忽略。因而，每榀框架可看作单层框架的次级配件，而每榀由梁柱组成，假设其在上下楼板处固支。重荷作用的讨论示于图 7.16。

对于梁的设计，反弯点的位置取决于边界约束、活载布局、框架布置。这时梁跨设为相同（两相邻跨中，大者不宜超过小者 20%）、活载不很高（如不用作仓储和设备）、均匀重荷载作用下，两反弯点的位置取决于边界条件，即主要与构件刚度直接相关。

- 固定边界，零弯矩点大致在距梁端 0.2*Lc* 处。例如，支座弯矩相互平衡不使柱转动的内梁，或连接构件至少比梁刚度大 5 倍（如墙柱）。
- 铰支条件，如柔性立面柱的总刚度（$\Sigma I/h$）小于梁刚度（I/L）的一半时，不能给刚性梁提供约束，这时反弯点移至支座。
- 部分固支，反弯点位置在全固和全铰情形间变化，例如，构件固定仅达 50%，那么反弯点大约在距梁端 0.1 人处，可得出结论，对于部分固支（包括滑动铰），均匀受荷载的虚铰界于 0.2*L* 和 0.0*L*。

考虑图 7.16 临界活荷载布置的效应（而不是边界约束效应），可假定近似反弯点的位置在 0.1*L*。对混凝土建筑物，活载布置的效应不太重要，因为恒载比活载大得多。

基于前述讨论，可得出如下结论，框架重力荷载下梁的反弯点可认为界于距梁端 0.1*L*~0.2*L* 之间。最大局部弯矩可设反弯点在 0.1*L* 处，由跨距 0.8*L* 的虚铰上的简支

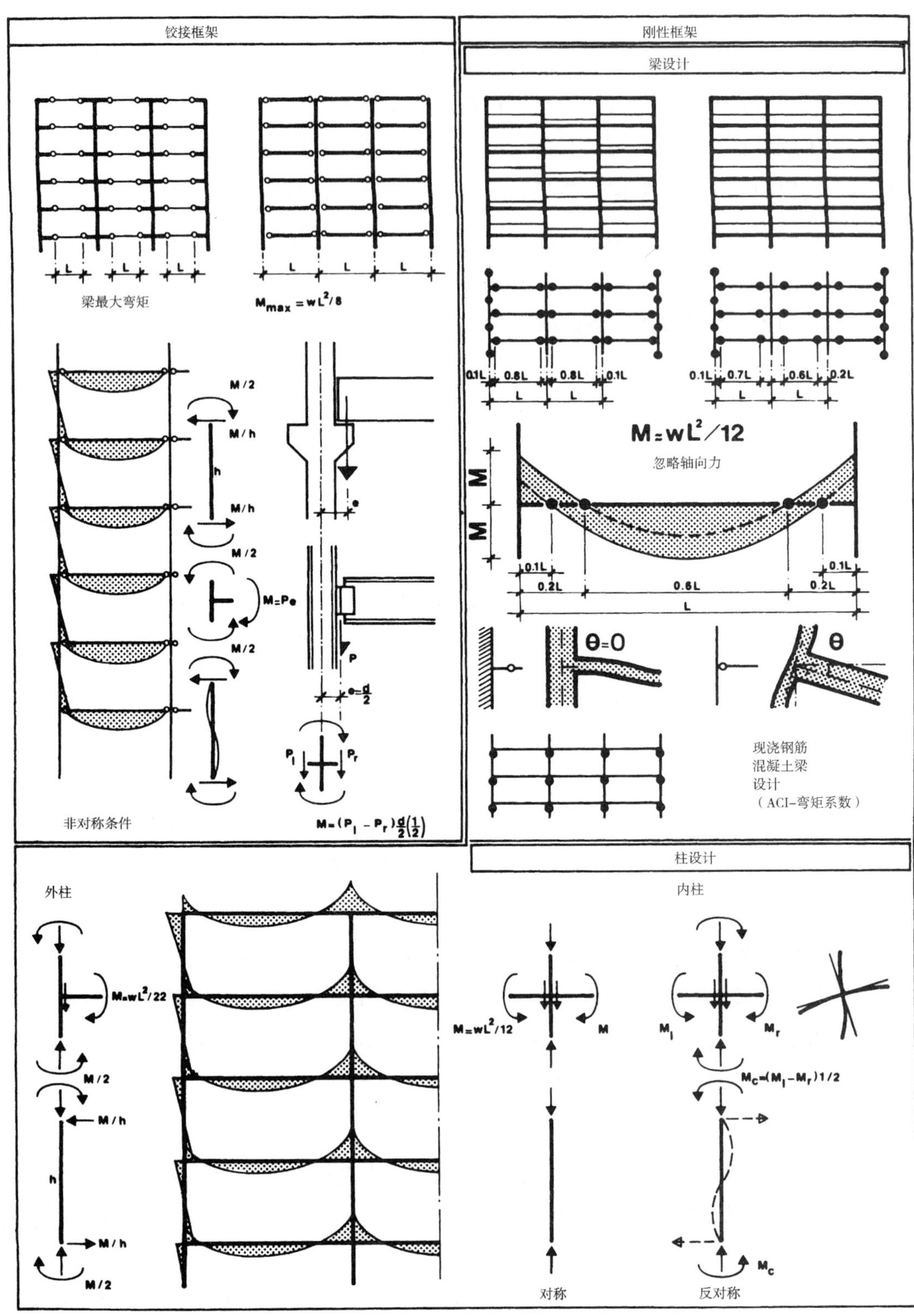

图7.16 框架对重力荷载的响应

梁来确定。

$$M_F = w\ (0.8L)^2/8 = 0.08wL^2$$

对固支，对于 0.2L 反弯点最大支撑弯矩即

$$M_s = wL^2/12 = 0.08wL^2$$

从 ACI 系数法（图 5.8）可得到几近相同的结果。

$$M_s = wl_n^2/10 = w\ (0.9L)^2/10 = 0.08wL^2$$

半刚性连接允许节点些微转动，因而引起弯矩重分布。对柔性连接，支座弯矩为 0，梁是简支的。对称荷载条件下，弹性曲线在支反力处的转角（用共轭梁法）为：

$$\theta = \pm\frac{2}{3}\left(L\frac{wL^2}{8}\right)\frac{1}{2}\ \frac{1}{EI} = \pm\frac{wl^3}{24EI} \qquad (\text{弧度}),\ M_s = 0 \qquad \textbf{(a)}$$

相比对固定边界条件，端部转动为 0，支座弯矩最大

$$\theta = 0,\ M_s = wL^2/12 \qquad \textbf{(b)}$$

归纳结论如下，随端部倾角增加（即半刚性连接），支座弯矩减小。从式（a）和（b）可导出下列方程（见表 A.14）

$$M_s = wL^2/12 - 2EI\theta/L \qquad \textbf{(7.4a)}$$

总之，对连续梁初步设计而言，在跨间或支座处采用最大弯矩是合理的

$$M = \pm wL^2/12 \qquad \textbf{(7.4b)}$$

次大的弯矩可假定由框架延性而重新分布。必须记住当支座处梁不连续时，弯矩集中在跨内，且梁的绝对最大弯矩为 $M_{max} = wL^2/8$。对塑性设计，参见式 3.52。

对重力荷载作用下连续混凝土梁的设计，可用 ACI 的系数法（图 5.8），梁的初始设计时可假定轴力为 0。

柱的初始设计可假设均匀荷载作用于整幢建筑，因而，在相对对称布置时，内柱仅受轴向荷载，平衡加载使得梁的弯矩在柱端相互抵消。然而，对外柱情形则不同，将被梁转动。对于外开间梁只是部分外边界约束，保守地可将虚铰设为距两端 0.1L 处，因此，相应地外柱上的支撑弯矩等于

$$M_s = (wL^2/8) - (w(0.8L)^2/8) \simeq wL^2/22 \quad \textbf{(7.5)}$$

这个梁的弯矩差必经由其上下柱按刚度比相平衡（7.16），高层建筑中可假设与其上下柱长度成正比，特殊条件下等于楼层高。一般地梁弯矩由上柱承担一半，另一半由其下柱承担。

$$M_{cl} = M_s\left[\frac{(I/h)_1}{(I/h)_1 + (I/h)_2}\right] \simeq M_s\left[\frac{h_2}{h_2 + h_1}\right] = M_s/2 \quad \textbf{(7.6)}$$

因而，典型对称条件，反弯矩假设为外柱的半高，而内柱无弯矩。

侧向荷载作用

由于风和地震作用产生的侧向荷载简化为施加于框架每个楼层面的集中力。换句话说，假定侧向荷载由幕墙传至拱肩梁承担，再依次传递到柱。侧向荷载作用的全面检讨示于图 7. 17。

刚框架的侧向变形取决于构件的相对刚度。柱比梁刚得多的情形（如高层板式建筑），框架可看作由单独垂直悬臂（类似于旗杆）组成。这时，弯矩由每个悬臂式柱承担，自然，在建筑基础产生很大弯矩。由于柱的转动，会在浅板梁引起弯曲，这时，反弯点在梁的跨中。

对其他极端条件，如楼板是刚性的而柱是柔性的（就像带缝结构），水平剪力使柱体破坏，因而在柱的中部形成反弯。刚性框架属于这些极端情况之间，这时反弯点形成于靠近构件的中央。对典型规则刚框架的初步设计，等效梁柱刚度可根据所有构件半长处的反弯点假定。门架法和悬臂法可用作刚框架的快速近似分析。在悬臂法中，框架处理为受弯曲作用控制的柔性悬臂梁，而门架方法认为悬臂梁由剪切破坏主导（图 7. 17 上左）。两种方法都假定所有构件的反弯点在其中部。另外，悬臂法假定每柱中的单位轴向应力与离开弯曲中性轴的距离成比例（如果各楼层中柱的面积相同，为中心轴）；门架法假定一特定剪力分布，留在后面讨论。下面这两方法的假定是化高度超静定结构为静定结构。该法已为本文所采用，以考虑高度达 25 层的传统刚框架。

前面提到，门架法假设框架所有构件反弯点位于跨中，并假设作用于框架总的侧向剪力均匀分布，在各楼层按柱支撑的宽度比例分布到各柱。换句话说，假定每榀框架弯曲时就象一系列独立的门架，如图 7. 18，而总的框架剪力取为与各门架跨度成比例。对等跨开间，其结果为剪力除于开间数，这样相当于内柱承载外柱荷载的 2 倍

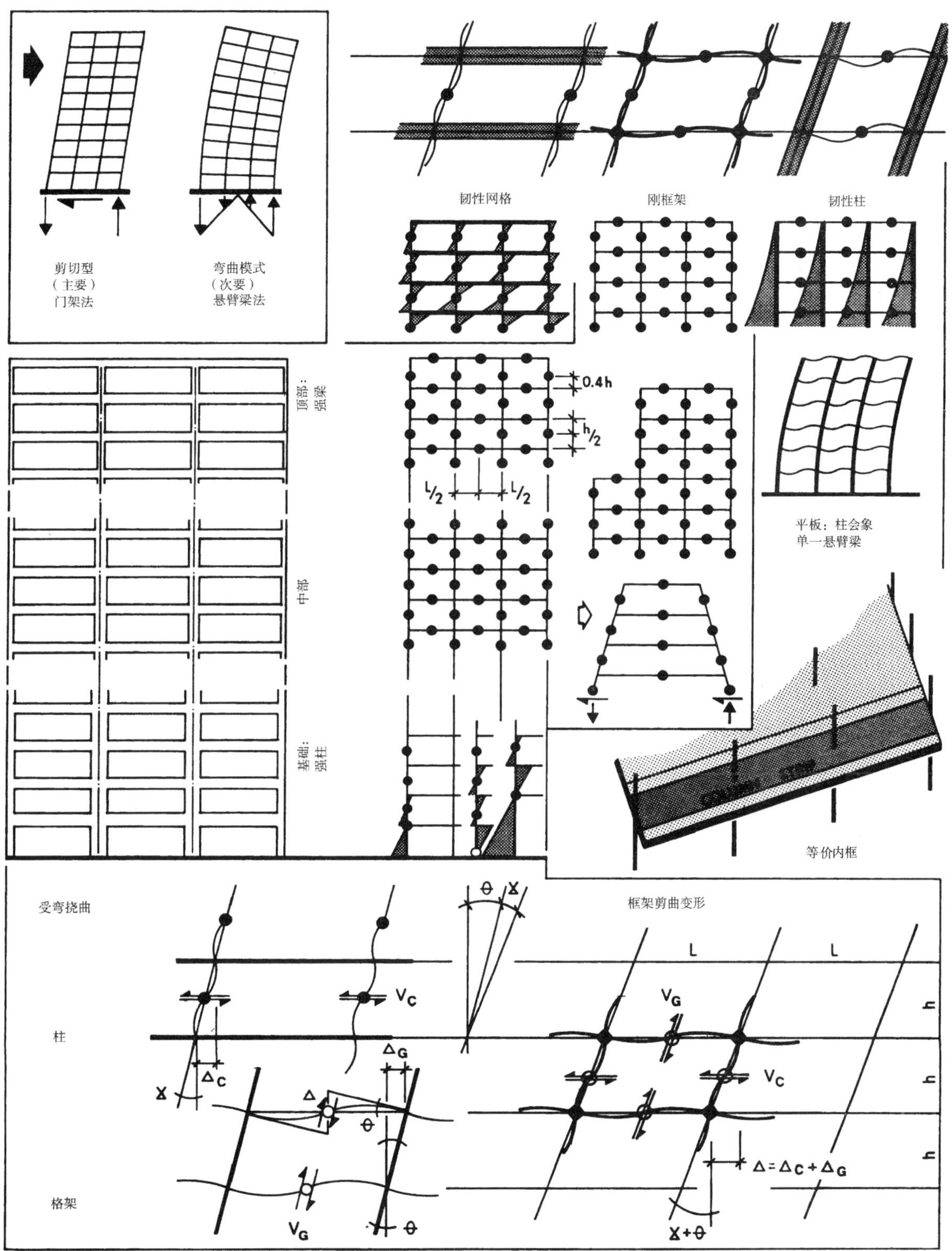

图 7.17

剪切型
（主要）
门架法
弯曲模式
（次要）
悬臂梁法
韧性网格
刚框架
韧性柱
顶部：
强梁
中部
基础：
强柱
0.4h
h/2
L/2
L/2
平板：柱会象
单一悬臂梁
等价内框
受弯挠曲
柱
格架
V_C
Δ_C
Δ_G
Δ
θ
V_G
框架剪曲变形
L
L
h
h
h
V_G
V_C
$\Delta=\Delta_C+\Delta_G$
γ+θ

（这里假定外柱的刚度为内柱的一半）。

对跨数为 n 的等跨建筑框架，总侧向压力 W，对于给定的层面（图7.18），典型内柱的剪力（楼层半高）是：

$$V_{ci}=W\left[\frac{(L_1+L_2)/2}{B}\right]=W/n \tag{7.7a}$$

相应外柱的剪力：

$$V_{ce}=V_{ci}/2 \tag{7.7b}$$

半高处的使柱剪坏的水平剪力会在柱顶部和底部产生弯矩。例如，内柱的最大弯矩为：

$$M_c=\pm V_{ci}(h/2) \tag{7.8}$$

竖向剪力由受弯桁架抵抗，这可由分离楼层高框架（示于例7.2）看到，出于初步设计，特别是高层建筑，桁架剪力可通过平衡主梁与柱的剪力（绕典型内层高模块的转动，就像柱和梁反弯点的定义一样）。另外，保守地可假定给定楼层柱的剪力无变化，因此，梁的轴向力流不存在，主梁下柱的剪力为：

$$V_{ci}(h)\approx V_G(L),\qquad 或\qquad V_G\approx V_{ci}(h/L) \tag{7.9a}$$

对外柱梁柱节点可建立类似的弯矩方程：

$$V_G\approx V_{ce}(2h/L) \tag{7.9b}$$

根据门架方法，独立内柱轴向力相互抵消（图7.18上），这样框架在轴向作用下的转动完全由外柱抵消，因而，内柱不承担任何竖向力。换句话说，侧向力作用在任意层面半高位置的反弯点所引起的弯矩，由宽度为 B 的框架外柱轴力 N_c 承担。即：

$$N_c(B)=M,\qquad 或\qquad N_c=M/B \tag{7.10}$$

门架法中，柱体剪力分布和反弯点位置的假定，将高度超静定结构简化为静定，例7.2会进一步讨论。

门架法一般过高估计内柱弯矩而低估外柱弯矩，在框架的顶层和底层，反弯点位置的假定是不精确的（图7.17），尤其是适用无缩进或构件刚度无显著变化的规则框

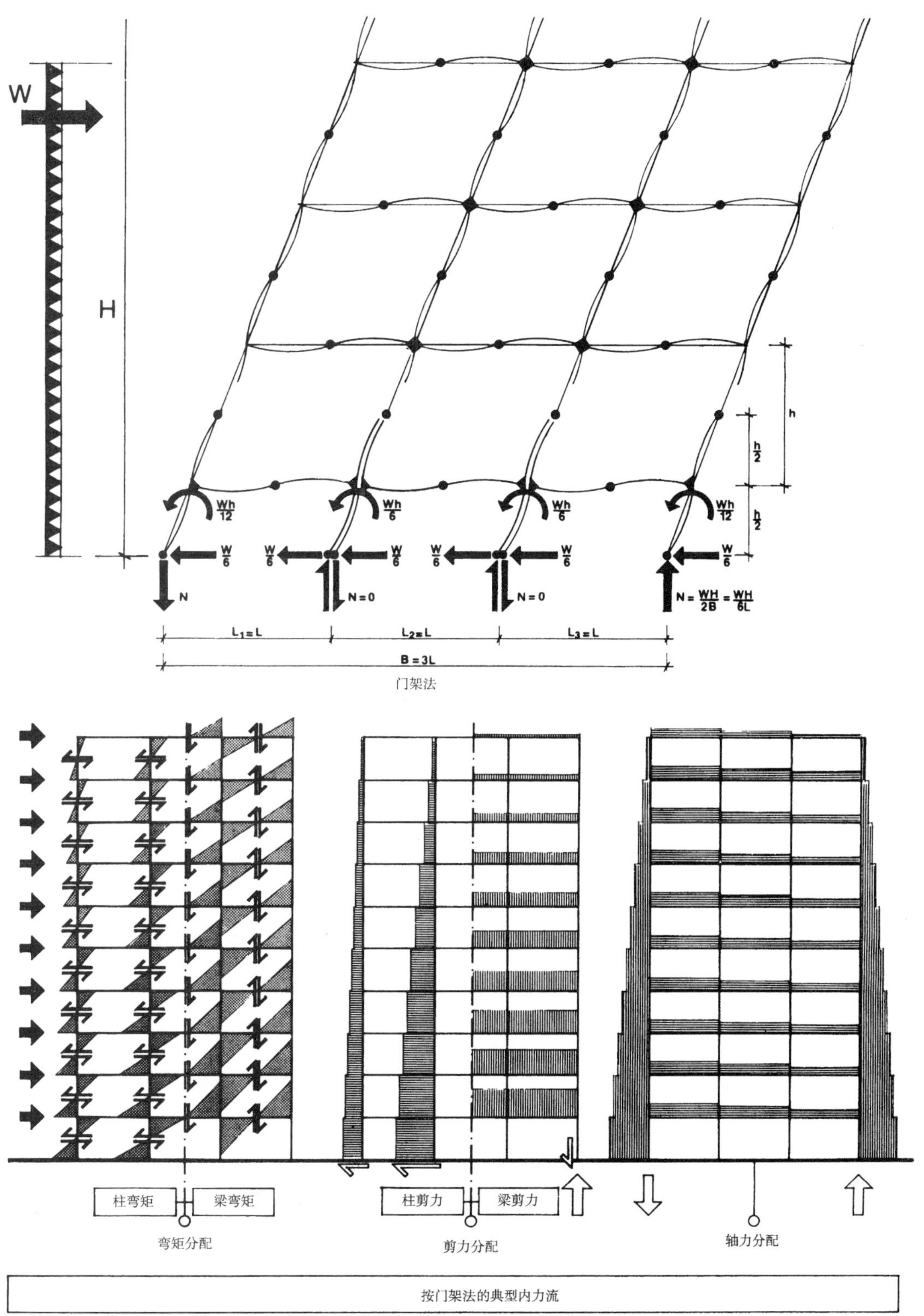

图7.18 门架法的典型力流

架。假定梁和柱的刚度大致相等，但这对上部楼层（柱较小，反弯点上移，如从柱底向上 0.6h 处，甚至进入下一层楼，尤其是混凝土框架）却未必成立，自然，对可压缩性土片基础，因其不产生很大的转动约束，虚铰下移。

侧向荷载作用于规则刚性框架的力分布示于图 7.18 下。可见下列特征：

- 框架转动导致外柱轴向力流，并从建筑物顶向底增加；内柱假定为不承担轴向力。梁的轴向力不重要，在初步设计时可忽略。
- 从建筑顶向底部，柱的剪力增加，梁的剪力也一样。每层楼面梁的剪力在整个框架宽度范围内保持恒定，因为假定内柱无轴向力。框架侧向剪坏由受弯构件抵抗，因而，梁柱弯矩增大而增加。

例 7.2

图 7.19 所示为一 15 层刚性框架建筑，长跨 25m，短跨 20m。分析相交的典型 3 内跨。板框跨地相交框上。楼层和层面恒载 80 磅力/英尺^2，楼层活载 80 磅力/英尺^2，层面活载 30 磅力/英尺^2，幕墙荷载 15 磅力/英尺^2，假定柱的重量为 14 磅力/英尺^2，对于初步设计分析，假定均匀风压为 26 磅力/英尺^2（基于 70 英里/小时风速，图 3.8）。柱 1－5，13－17 和主梁 17－18 设计采用 A36 钢。

首先，确定构件关键力（由重力和风作用），然后设计构件。

A）重荷

A.1）主梁 17－18，注意任意层面和开间所有主梁的竖向荷载相同，活载折减为：

$$R_1 = 0.08\% A = 0.08\ (20 \times 25) = 40\%$$

$$R_2 = 23\ (1 + D/L) = 23 \times (1 + 80/80) = 46\%$$

$$R_3 = 60\%$$

因此，取 40% 折减，主梁必须承受如下均匀恒和载活载。

$$w = 25\ [0.08 + 0.6\ (0.080)] = 3.2\ \text{千磅力/英尺（约 46.68kN/m）}$$

相应地，最大主梁弯矩为：

$M_{max} = wL^2/12 = 3.2 \times (20)^2/12 = 106.67$ 千磅力·英尺（约 144.75kN·m）

A.2）柱。每一外柱必须承担主梁弯矩 $M = wL^2/22$ 一半（前面论及，见图 7.16）

$M_c = (wL^2/22)/2 = 3.2 \times (20)^2/44 = 29.09$ 千磅力·英尺（约 39.48kN·m）

注意：对称布置条件下内柱不承担如何重力产生的弯矩（假设不平衡活载不重要）。

柱的活载折减为：

$$R = 46\% < (40\%) \times (n\text{ 层})$$

每层幕墙荷载为：

$$P_c = 0.015 \times (12 \times 25) = 4.5 \text{ 千磅力/层（约 20.02kN/层）}$$

外柱承载的层面荷载：

$$P_R = 25 \times 10 \times (0.030 + 0.080 + 0.014) = 31 \text{ 千磅力（约 137.93kN）}$$

内柱承载 2 倍外柱的层面荷载。

外柱承担层面荷载

$$P_F = 25 \times 10 \times [0.080 + 0.014 + 0.54 \times (0.080)] = 34.3 \text{ 千磅力/层（约 153.05kN/层）}$$

内柱承担 2 倍外柱的楼面荷载。由上述结果，我们得到要研讨的柱必须承担下列荷载：

$N_{1-5} = 31 + 14 \times (34.3) + 15 \times 4.5 = 578.7$ 千磅力（约 2663.74kN）

$N_{2-6} = 2 \times [31 + 14 \times 34.3 = 1022.4$ 千磅力（约 4548.86kN）

$N_{13-17} = 31 + 11 \times 34.3 + 12 \times 4.5 = 462.3$ 千磅力（约 2857.72kN）

B）风载。由于相交框架刚结且数量较大，保守地，可假设每榀内框架支撑从正立面扩展到相邻开间中线这些面积的均匀风压：

$$w = 0.026 \times 25 = 0.65 \text{ klf（约 9.48kN/m）}$$

B.1）柱。要找出柱必须承担的水平剪力，可沿要分析柱所在层面半高处反弯点切出一剖面。这些反弯点处，柱只有剪力和轴力。首先，在第一层面切出水平

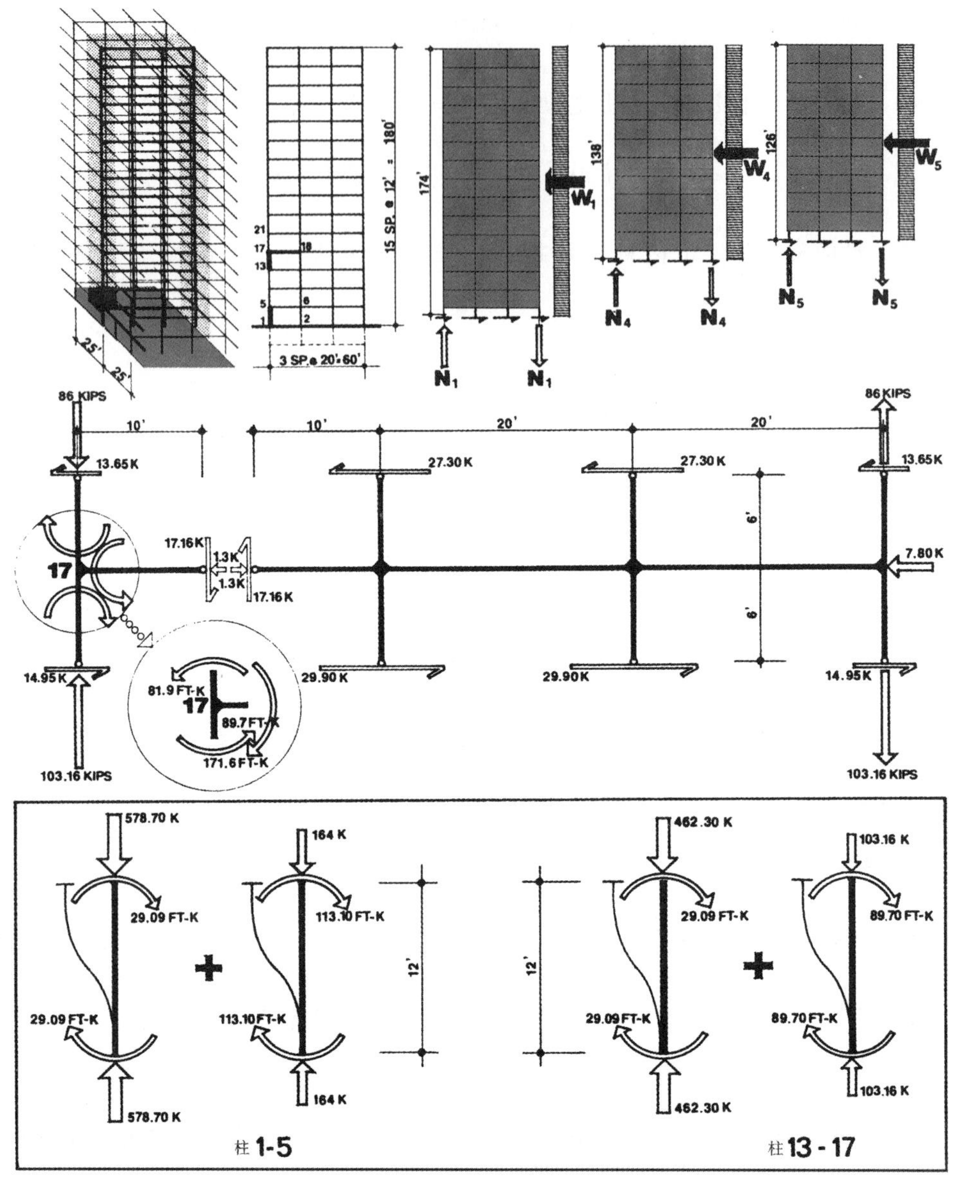

图7.19　例7.2刚框架结构分析

剖面。如图 7.19，从这个隔离体可得到如下结果：

总风载剪力：

$$W_1 = 0.65 \times 174 = 113.1 \text{ 千磅力（约 503.20kN）}$$

因为三跨相等，每一跨仅支撑 1/3 的总剪力：

$$V_{ci} = W_1 / n = 113.1/3 = 37.7 \text{ 千磅力（约 167.73kN）}$$

外柱支撑拉力之一半，即：

$$V_{ce}=V_{ci}/2=V_{1-5}=37.7/2=18.85\text{ 千磅力（约 83.87kN）}$$

相应的柱弯矩（由于剪屈），当：

$$M_{1-5}=18.85\times(12/2)=113.1\text{ 千磅力·英尺（约 153.48kN·m）}$$

$$M_i=\mathrm{M}_{2-6}=2\times113.1=226.2\text{ 千磅力·英尺（约 306.95kN·m）}$$

风压所致转动假设全部由外柱抵抗，去外柱关于风向的矩，有：

N_{1-5}（60）＝113.1×174÷2　或　N_{1-5}＝164 千磅力（受压）（约 729.67kN）

类似地，可解出第四至第五层面柱的内力，其相应的隔离体图示于 7.19.

第四层面

$$W_4=0.65\times138=89.7\text{ 千磅力（约 399.09kN）}$$

$$M_{13-17}=14.95\times12/2=89.7\text{ 千磅力·英尺（约 121.72kN·m）}$$

$$V_{13-17}=(89.7/3)/2=14.95\text{ 千磅力（约 66.52kN）}$$

$$N_{13-17}=89.7\times(138/2)/60=103.16\text{ 千磅力（约 382.63kN）}$$

第五层面

W_t＝0.65（126）＝81.9 千磅力，　M_{17-21}＝13.65(12/2)＝81.9 千磅力·英尺

V_{17-21}＝（81.9/3）/2＝13.65 千磅力，　N_{17-21}＝81.9（126/2）/60＝86 千磅力

B.2）主梁 17－18。要找出风作用在主梁产生的力，多层刚性框架可看作其上下柱在半高处为悬臂的单层框架的组构，这种切分是基于门架法对反弯点的位置的假定。本例中第五层的单层框架隔离体示于图 7.19。所注分别为已知的第 4 层和第 5 层柱的轴力和剪力。

当在主梁 17－18 的跨中（即反弯点）反出 T 形隔离体，由静力学可方便地得出主梁轴力和剪力。

竖向力－平衡（轴力力差异引起）由剪力提供：

$$V_{17-18}=103.16-86=17.16\text{ 千磅力（约 76.35kN）}$$

这个竖向剪力使主梁在端部产生弯矩：

$$M_{17-18}=17.16\times20\div2=171.6\text{ 千磅力·英尺（约 232.86kN·m）}$$

现在校核绕节点 17 弯矩的转动平衡：

$$\Sigma M=89.7+81.9-171.6=0\qquad\text{（符合）}$$

水平力平衡（或柱体剪力差）在主梁产生的轴力

$$N_{17-18}=14.95-13.65=1.3\text{ 千磅力（约 5.78kN）}$$

这个力对主梁初步设计不大，可以忽略。

初步设计时，主梁剪力可由其层面下柱体的剪力估计（偏于保守的）。

$$V_G=V_{ci}\ (h/2)\ =29.90\times12\div20=17.94\text{ 千磅力（约 79.82kN）} \qquad \textbf{(7.9)}$$

C）构件设计

C.1）主梁 17－18。对于重力何风载组合工况，规范允许荷载有 25%的折减，或许用应力增加 33%，虽然还是大于重力作用工况。

$$M=0.75\times(106.67+171.60)$$
$$=208.70\text{ 千磅力·英尺（约 283.28kN·m）}>106.67\text{ 千磅力·英尺}$$

梁中轴力在初步设计是可忽略，因其数值不大，由式 4.23 要求截面模量为：

$$S=M/F_b=208.70\times12\div24=104.35\text{ 英寸}^3\text{（约 1709.99cm}^3\text{）}$$

选择试用截面，W24×55

$A=16.2$ 英寸^2，$I_x=1350$ 英寸^4（约 56191.24cm^4），$S_x=114$ 英寸^3（约 1868.13cm^3）

C.2）柱 1－5。因建筑短边侧向力由受弯柱承担，柱以最强抗弯轴定向（图 7－19）。设 W14－截面的弯曲因子 $Bx=0.18$（或 4.52），弯矩可能为等效轴力，在柱的底部，组合加载控制柱的设计

$$P+P'=P+B_xM_x$$
$$=0.75\times[578.7+164+0.18\times(29.09+113.1)\times12]$$
$$=787.37\text{ 千磅力（约 3503.17kN）}>578.7+0.18\times(29.09)\times12$$
$$=641.53\text{ 千磅力（约 2854.30kN）}$$

对无侧向支撑建筑，取刚度因子 $K=1.8$（基于第 4 章“钢柱”一节的讨论）查 AISC 书册对于 $KL=1.8\times12\approx22$ 的柱表，第一个柱截面选为

W14×145，$P_{all}=718$ 千磅力（约 3194.53kN）

$B_x=0.184$，$A=42.7$ 英寸^2（约 275.48cm^2），$I_x=1710$ 英寸^4（约 71175.57cm^4）

须记住的是，如果不是所需截面，可选下一较小的截面为试解。

这个截面也可不用 AISC 书册的柱表，而采用下式

$$A_s=\frac{P+B_xM_x}{F_a}\approx\frac{P+2.5\ (M_x/t)}{23-0.1\ (KL/r)} \qquad \textbf{(4.53)}$$

其中许用轴压应力近似为

$$F_a \approx 23 - 0.1(KL/r) = 23 - 0.1 \times 1.8 \times 1.2 \times 12 \div 4$$
$$= 16.52 \text{ 千磅力/英寸}^2 (\text{约 } 113926.38 \text{kN/m}^2)$$

因而，所求横截面面积，用 $B_x = 2.5/t = 2.5/14 = 0.18$ 时，为

$$A_s = 787.37/16.52 = 47.66 \text{in}^2 \ (\text{约 } 307.48 \text{cm}^2)$$

选取比其略小的截面则所得结果同前。

C.3）柱 13－17。用类似其他柱的设计方法，可以发现在第四层楼面的这根柱也是由组合载荷工况控制（图 7.19）

$$P + P' = 0.75 \times [462.3 + 103.16 + 0.18 \times (29.09 + 89.7) \times 12]$$
$$= 616.54 \text{ 千磅力} > 462.3 + 0.18 \times 29.09 \times 12 = 525.13 \text{ 千磅力} (\text{约 } 2336.41 \text{kN})$$

从 AISC 手册柱表得 $KL = 1.8 \times 12 \approx 22$，可选初试截面

W14×120，$P_{all} = 578$ 千磅力（约 2571.64kN）

$B_x = 0.186$，$A = 35.3$ 英寸^2（约 227.74cm^2），$I_x = 1380$ 英寸^4（约 57439.94cm^4）

C.4）内柱(见问题 7.5)。对高达 15 层得普通多层框架建筑,规则布局,正向加载条件,内柱的初步设计可只按重力荷载,因为组合荷载工况得附加弯矩分布小于 10%。

抗弯混凝土框架的初步设计可用与钢框架类似的方法，对重力荷载的设计，参见图 5.8a，然而，特别要注意的是混凝土框架的抗震设计，因为混凝土（作为脆性材料）缺乏钢材的延性——为针对高度随机的未知惯性力，相对柔性的框架是必要的。规范允许位于中等－高等地震烈度区域的建筑物的部分构件发生屈服，自然，不致引起侧塌。在第三章“地震荷载”一节已经讨论过，抗弯框架结构的延性的最低水平力因子为 $K = 0.67$，与比其刚度大得多的承重墙体（缺乏延性）相反，承重墙的因子最高为 $K = 1.33$，因其基本在弹性响应范围设计。过去，西海岸的混凝土建筑物不超过 20 层，但延性混凝土设计（考虑非弹性变形）已创造了 30 层的建筑，还会更高。

混凝土框架必须提供延性——允许大的非弹性恢复和钢框架的能量消耗能力而不显著丧失强度。必须控制混凝土脆性破坏（压碎和剪坏）。这种延性的柔性铰可通过抗拉钢筋配筋率低于最小值达到，即允许受弯屈服和超载重分布，记住延性差的高强钢筋不宜使用。然而，要求密布横向钢筋并分布在非弹性作用区域，以限制混凝土和保障钢筋侧向支撑，换句话说，保持构件的轴向和剪切能力。因而，大量闭合箍筋（螺旋筋）和吊筋用在梁柱节点的关键应力部位（图 7.20），以增强构件延性和转动能力，拉节钢筋增强混凝土受压变形能力，防止纵向主筋受压屈服。

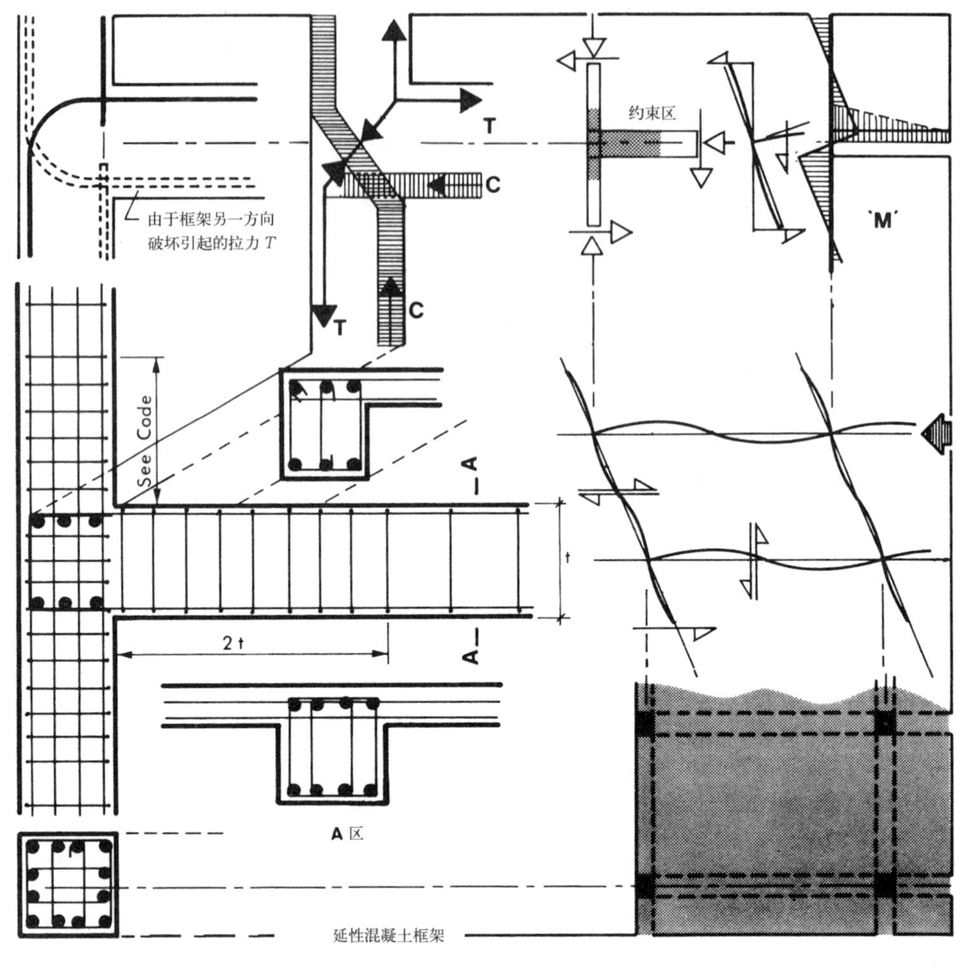

图 7.20

对强度，特别是延性，重要的是传递梁柱接点的力。节点内的连接力流以图表方式示于图 7.20。由于梁柱节点核心由拉变为受压产生斜对角力，换句话说，节点核心内由于柔性配筋产生的剪力，必须由闭合水平拉结筋侧向约束限制，同时也为压缩混凝土通过必要的侧限。明显地，纵向钢筋必须穿过节点而不截断，否则必须注意采用特殊锚接。一些特殊设计要求读者可参见 ACI 规范附录 A。

使特定构件比其他构件“弱”可达到非弹性变形的控制。规范建议的“强柱弱梁”潜在破坏机制见图 3.21。因这对结构稳定性无影响，并且梁比柱易于修复，另外，轴向压缩荷载高则延性小。地震时在梁端形成塑性铰，通过大变形吸收和消耗能量，将力分配到较强的柱体，其地震响应是弹性的。因此，应避免“弱柱”概念相关的机制（图 3. 21），仅在受控条件下允许特定柱形成铰。设计人员似乎同意延性混凝土框架建筑建造达 40 层范围是经济的。然而，不应忽略延性混凝土框架比普通框架配筋量大，因而在节点造成拥塞，特别是越高的建筑物要求更细致的详图以免钢筋交叠。

规范不鼓励采用预制混凝土框架建筑，因为难以评价节点的行为，尽管看来在延性铰生成处布置接点有意义，设计人员应避免这种情形，因为评价延性能量耗散连接的能力是极其复杂的，也许可下这样的结论：塑性铰的位置不应与节点位置重合！通过设置非屈服连续连接可强制使塑性铰远离节点。预制混凝土装配构件的连续接点可用有粘结后张法实现，性能接近延性吸能节点；然而，对无粘接后张法则不存在。由中强钢加强的冷节点形成铰接，可设在接近反弯点的低弯矩区域。

刚性框架的近似侧向挠曲

在第二章已讨论过，必须限制建筑物的侧移，以保障居民的舒适、维护连接节点的结构整体性，使幕墙、隔墙、顶板、电梯井筒的结构性损伤最小。

前述各节已经说明，框架的侧移是由于柱和梁的剪屈，以及框架整体的悬臂梁行为（由于柱的轴向变形），而腹式移动或弦式移动（悬臂受弯）控制侧向扰度，取决于建筑物的高—宽比和框架刚度（与构件尺寸成正比，与构件跨距成反比），如所表明，普通平面框架的侧向移动主要源于腹式移动，而不是弦式移动。在下述分析忽略节点应力和滑移的效应，以及由于重力荷载非对称布置产生的侧移效应，因为建筑充足的刚度和其他楼层荷载的平衡，可以认为是不重要的。建筑侧向挠曲的导数这一术语早前已定义（图 7. 17 下）。

腹式移动是由使梁柱受弯的剪力产生的剪式挠曲。柱的倾斜由考虑柱边界（如楼层主梁）为刚性导出。由于半高处 V_c 产生的侧向挠曲 Δ_c 可看作各高 $h/2$ 的两个悬臂梁得到，因而，柱受弯的侧移为：

$$\Delta_c/2 = \frac{V_c\ (h/2)^3}{3EI_c},$$

或

$$\Delta_c = \frac{V_c h^3}{12EI_c} \tag{7.11}$$

换句话说，柱的转角 γ 和挠度间的关系：

$$\tan\gamma = \Delta_c/h \simeq \gamma = \frac{V_c h^2}{12E\ I_c}$$

框架由于梁转动的侧向挠曲，可以类似方式导出。(假定梁边界，即柱是刚性的)

$$\tan\theta = \frac{\Delta/2}{L/2} \approx \theta = \frac{V_G\ (L/2)^3}{3EI_G L/2} = \frac{V_G L^2}{12EI_c}$$

因而，由于主梁受弯的侧移为

$$\Delta_G \approx \theta h = \frac{V_G L^2 h}{12EI_G} \tag{7.12}$$

可归纳出由于剪切产生的总层间位移为

$$\begin{aligned} \Delta_T &= \Delta_G + \Delta_c = (\theta+\gamma)\ h \\ \Delta_T &= \frac{V_G L^2 h}{12EI_G} + \frac{V_c h^3}{12EI_c} \end{aligned} \tag{7.13}$$

假定整个 n 层建筑侧移是线性的，得到框架体总侧移

$$\begin{aligned} \Delta &= (\theta+\gamma)\ hn = (\theta+\gamma)\ H \\ \Delta &= \left[\frac{V_G L^2}{12EI_G} + \frac{V_c h^2}{12EI_c}\right] H \end{aligned} \tag{7.14}$$

对于接近等跨的刚性框架，可以用柱的剪力表示梁的剪力（假定楼层上下柱的剪力差别不大），从而上式可进一步简化。据式（7.9a）得内柱剪力 V_{ci}

$$V_G = V_{ci}\ (h/L) \tag{7.9a}$$

接上式代入方程（7.14），得

$$\Delta = \frac{V_{ci} hH}{12E} = \left[\frac{L}{I_G} + \frac{h}{I_{ci}}\right] \tag{7.15a}$$

采用外柱剪力 V_{ce}（式 7.9b），则可导出

$$V_G = V_{ce}\ (2h/L)$$

代入式（7.14），有

$$\Delta = \frac{V_{ce}hH}{12E} = \left[\frac{2L}{I_G} + \frac{h}{I_{ce}}\right] \tag{7.15b}$$

多个柱和梁的组合满足式（7.15a）和（7.15b）的关系。

通常使用与上式近似的框架侧移表达式，根据总层间水平剪力 V 所导出，如习题 7.14。

$$\Delta = \frac{VhH}{12E} = \left[\frac{L}{\Sigma I_G} + \frac{h}{\Sigma I_c}\right] \tag{7.15c}$$

对于初步设计时，高宽比（H/B）小于 3 的刚性框架可假设以腹式侧移（即剪切型）为主，弦式侧移可忽略。对更细长的框架，由于外柱轴向变形产生的挠曲可用下述近似方法。

因外柱轴向重力应力向基础方向以大致线性方式增加，假定风力也从顶部的 0 到底部的最大线性增加，合风压 $W = V = wH$，因而可设其作用于建筑顶部，竖向悬臂框架的类似侧向挠曲为

$$\Delta = \frac{VH^3}{3EI} \tag{a}$$

按门架法，抵抗矩由外柱横截面 A_c 提供，并分配到距离 B（即框架宽度），因而，等效抵抗矩

$$I = 2\left[A_c(B/2)^2\right] = A_cB^2/2 \tag{b}$$

由于外柱抵抗全部转动，下列关系成立

$$N(B) = V(H) \qquad \text{或} \qquad V = N(B/H) \tag{c}$$

代入式（b）和（a），得弦式移动

$$\Delta = \frac{2VH^3}{3EA_cB^2} = \frac{2NH^2}{3EA_cB} = \frac{2f_cH^2}{3EB} \tag{7.16a}$$

其中 $f_c = N/A_c$——侧向力在外柱基础处于产生的最大轴向应力；B = 受弯宽度；H = 框架高度；E = 弹性模量。

对地震作用，弦移增加 50%，即

$$\Delta = \frac{VH^3}{EA_cB^2} = \frac{f_cH^2}{EB} \tag{7.16b}$$

注意，弦的侧向挠曲与总轴向变形之比等于框架高宽比。

例 7.3

确定例 7.2 刚性框架的近似侧移。

由于 $H/B=180/60=3$。由于剪力和风致弦移的总挠度可由式(7.15b)和(7.16a)确定

$$\Delta=\frac{V_{ce}hH}{12E}\left[\frac{2L}{I_G}+\frac{h}{I_{ce}}\right]+\frac{2f_cH^2}{3EB} \tag{7.17}$$

其各项由例 7.2 已得到；$f_c=N_c/A_c=164/42.7=3.84$ 千磅力/英寸^2

$$\Delta=\frac{14.95\ (12\times12)}{12\ (29000)}\ (180)\ [2\ (20\times12)\ /1350+12\ (12)\ /1380]$$

$$+180\left[\frac{2\ (3.84)\ 180\ (12)}{3\ (29000)\ 60\ (12)}\right]$$

$$=0.396+0.116+0.048=0.512+0.048$$

$$=0.56\text{ft}=6.72\text{in}\ (\text{约 }17.07\text{cm})\ \geqslant H/500$$

$$=180\ (12)\ /500=4.32\text{in}\ (\text{约 }10.97\text{cm})$$

即框架太柔，必须加强。本例中，91% 的侧移由腹式移动引起（即 70% 由主梁受弯，21% 由柱受弯），而只有 9% 由弦式移动或柱的轴向变形引起。剪力挠度显然起控制作用，这样（对初步分析而言）可以忽略受弯挠曲。具合理开间的平面刚性框架结构，如果 90% 的总侧移由剪切引起，很大程度上可作为框架梁控制建筑物的侧移刚度处理。相反，悬臂梁式（如细长框支）刚性框架主要为柱轴向变形控制。本例中大于 90% 的总挠度缘于弦式移动。

现在第五层楼面的临界弯曲刚度得到了，要求满足允许楼层侧移，如果只考虑剪切挠曲而忽略轴向变形（式 7.15b）

$$\Delta=\frac{14.95\ (12\times12)}{12\ (29000)}\ (12)\ [2\ (20\times12)\ /I_G+12\ (12)\ /1380]\ =12/500$$

$$I_G=2192.26\text{in}^4\ (\text{约 }91248.75\text{cm}^4)$$

试用 W24×86，$I_G=2370\text{in}^4$（约 98646.85cm^4）

板式建筑（FLAT Slab Building）

板式建筑由直接支于柱上的平板混凝土构成，因而取消了楼层框架。这使得层高

最大——显然对公寓式建筑特别有利——非常经济。若柱端高剪切集中，常采用叠式板和/或柱帽，无叠式板的楼板常称为无梁板，这种体系适宜于不规则支撑布置。

平板结构的一些缺点如：

- 相对属短跨，受建筑类型限制（要求相对轻的荷载和频繁分割布置，如住宅建筑）。
- 作为重型体系，要求合适的基础条件。
- 作为柔性体系，或许要求附加剪力墙提高侧向刚度。

第5章“钢筋混凝土板体系”一节对双向板进行了深入讨论。理想地，平板结构可分成一系列独立正交双向二维框架，其由柱和浅的板梁构成。对侧向抗力，刚性框架分析时常用有效板带宽度的概念。随板跨增加，由板提供的侧向刚度减小，因而引起柱趋于独立悬臂的行为（图7.17）。框架作用只能提供达10层楼建筑高度的侧向刚度。

当平板结构由内筒和边筒加强，可假定由更刚的剪力墙承担所有侧向载荷，尤其对建筑物较低部分成立，此时柔性板式结构只承载重力载荷。然而，不能忘记结构上部的侧向力主要由框架作用承担，或许可假设对初步设计而言不大重要。

芝加哥20层的Hereford大楼（1961，SOM）在芝加哥学校（Chicago School）传统教学中是表述平板结构原理的良好范例。在15英尺×22英尺网格上的混凝土外框架连接着平板的水平薄边，在柱上滚边连接，跟所熟知的宽带叠落式拱梁不同。其他几个平板式建筑的例子示于图5.12。

夹层孔结构

夹层设计概念提供了无柱工作平面间的夹层或中空空间，并且各空间相互独立。在夹层空间，楼层般高的大跨桁架（图7.21）具有桥梁式供应槽，垂直分布系统，许多类型的服务管道，包括转换间和复杂服务设备（特别是医院，有时为实验室），这样工作空间设备可通过顶板和楼板分配。辅助空间和服务目标空间之间的分离是必要的，机械设备空间的维护不应受服务层人员的自由移动干扰，或影响运转功能。医院由于医疗技术的变化极易过时。平面布置的可塑性和结构多样性，包含交替与空间变化的适应性，可由留夹层设计概念满足。尽管夹层空间增加了建筑容积，并不要求额外的水泵、日照、供热泵。

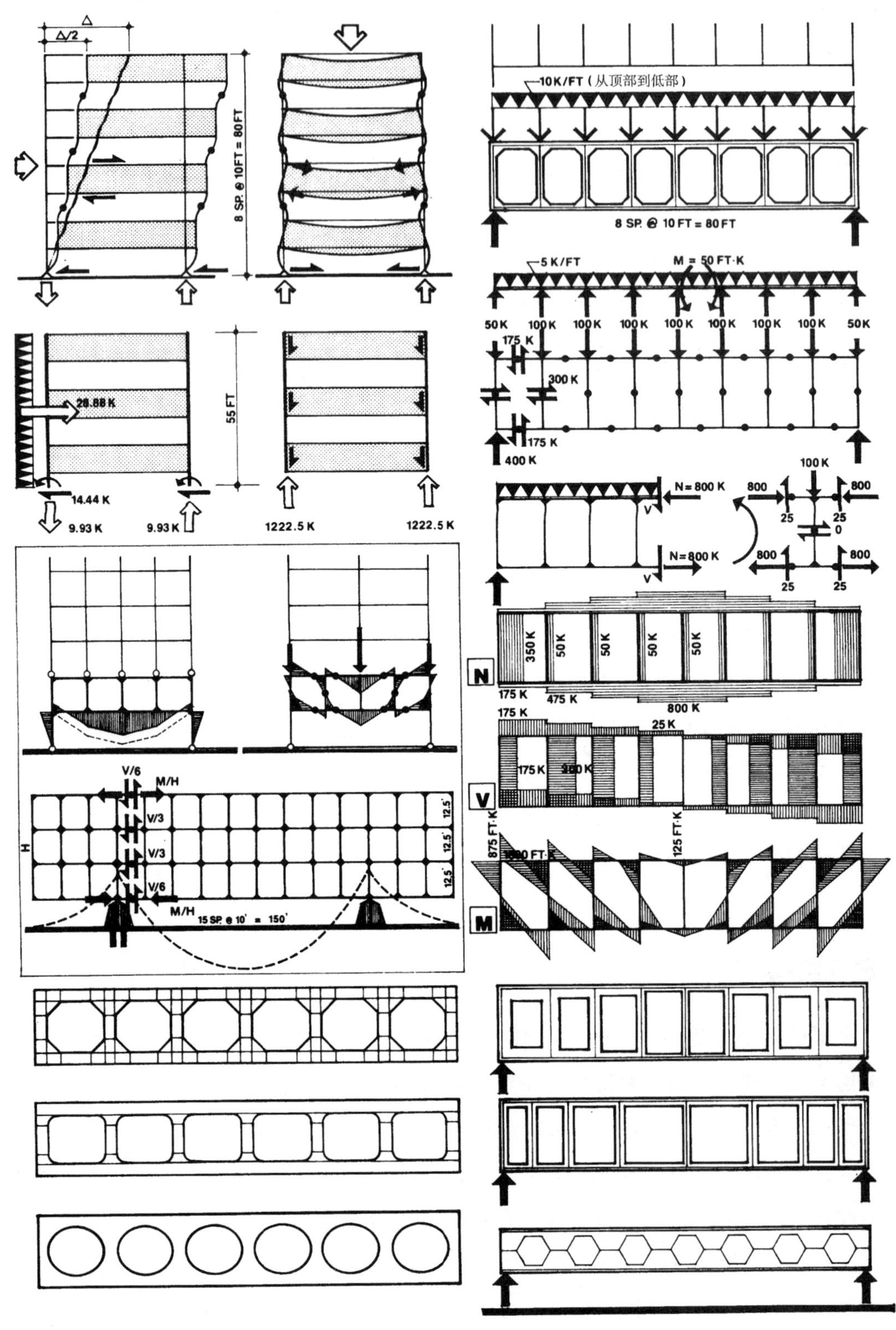

图 7.21 空腹桁架（图中，K—千磅，FT—英尺）

自由空间平台的三明治空间组织的概念是由 1960 年代的结构主义者提出的，例如，巨型市政结构那样。一个早期的例子是 Louis Kahn 的盐研究实验室（1965），其后是 70 年代许多医院结构（图 7.7）。

本节空腹桁架为夹层设计法则的内容，读者也许不熟悉这结构概念。空腹桁架避免了传统的桁架的斜角设计，因此提供了空间连续性，允许自由活动。本质上，它是将刚性框架用作梁，尽管它比刚性建筑框架更挤缩。因为水平框架梁抵抗侧向荷载，门架分析法可用作初步设计（假定构件均匀分布），因此，力流可由假设空腹桁架每跨所有构件中部为近似反弯点来估计。然而，必须认识到，框式梁与普通桁架相比效率相当低，因为剪力必须由受弯曲构件抵抗，而不是直接由桁架对角杆件的轴向作用。

读者可能熟悉用作人行天桥的空腹桁架，或短梁与塔状楼板梁的应用原理。空腹桁架的几个范例示于图 7.4b、图 7.7 和图 7.21。

例 7.4

8 层高的夹层框架建筑（图 7.21），其空腹桁架跨间距 25 英尺，跨长 80 英尺。典型桁架在其上下分别承载 5 千磅力/英尺的均布重力载荷，幕墙荷载取 15 磅力/英尺^2。等级为 50 钢用于重要桁架构件的初步设计，并设计第 3 层面柱。

1）桁架的初步分析。

上弦作为受弯曲时传递均匀荷载（5 千磅力/英尺）到桁架节点的连续梁，因为考虑桁架有足够的刚度，桁架挠曲的次效应忽略不计（如支座下沉）。主弦的负弯矩（节点处）可保守地取为

$$M = wl^2/10 = 10 = 5\ (10)^2/10 = 50\ 千磅力 \cdot 英尺\ (约\ 67.85\mathrm{kN \cdot m})$$

上下弦梁反力传到上节点，因此，上弦节点荷载

$$P = [5\ (10)]\ 2 = 100\ 千磅力\ (约\ 444.92\mathrm{kN})$$

桁架作为整体支撑 10 千磅力/英尺均布荷载，在跨中产生下述最大弯矩

$$M_{max} = wL^2/8 = 10\ (80)^2/8 = 8000\ 千磅力 \cdot 英尺\ (约\ 10856.05\mathrm{kN \cdot m})$$

这个弯矩依次由上、下弦的轴向作用抵抗。

$$N(h)=M \quad 或 \quad N=M/h=8000/10=800 千磅力（约 3559.36kN）$$

这个方法是保守的，因为弦杆的轴力较小。应该分析靠近跨中的最近节点中央弦杆，这是假设的反弯点（按门式方法，见习题 7.15）

在跨中隔离桁架的一工字形隔离体（图 7.21），清楚表明 100 千磅力节点力由弦的剪力分担，$V=100/4=25$ 千磅力。这些剪力使弦受弯

$$M=25(5)=125 千磅力·英尺（约 169.63kN·m）$$

因此，跨中的弦必须设计为轴力 $N=800$ 千磅力，弯矩 $M=50+125=175$ 千磅力·英尺（约 237.48kN·m）。

由于弦杆侧向完全由板框支撑，许用轴向应力假定由屈服力 $F_a=0.6F_y=0.6\times50=30$ 千磅力/英寸^2 控制，而不是弱轴的屈曲，弦杆关于强轴的位移对初步设计不重要。因此，对 W14 - 弦杆截面的横截面积大小为

$$A_s=[P+2.5(M/t)]/F_a \tag{4.53}$$
$$=[800+2.5(175/14)12]/30=[800+375]/30=39.17in^2(约 252.71cm^2)$$

试用　W14×132，$A_s=38.8in^2$（约 250.32cm^2）。

选择次大截面是因为构件主要受轴向作用，因为弯矩仅使用 30% 的构件能力。

与支座相邻的弦杆会更大——其行为像梁而不是梁柱（跨中桁架弯矩大而剪力小），由于靠近支座剪力高，弦杆必须抵抗更大的弯矩，但由于桁架弯矩小，只有一点点轴力。弦杆尺寸可以简单地假设为梁并增加 10% 的截向模量以引入轴向作用来快速估算。更精确的解答参见习题 7.15。

顶底部每根弦杆的剪力 $(400-50)/2=175$ 千磅力。因此，弦杆由于相邻支座剪切引起的弦杆弯矩为

$$M=175(5)=875 千磅力·英尺（约 1187.38kN·m）$$

加上由于均布荷载产生一局部弯矩

$$M_T=87+50=925 千磅力·英尺（约 1255.23kN·m）$$

要求截面横量

$$S\approx1.1(M/F_b)=1.1[925(12)/33]=370in^3（约 6063.21cm^3）$$

试　W33×130，$S_x=406in^3$（约 6768.40cm^3）。

桁架柱的行为主要像梁，特别是靠近支座时剪力最大，使柱剪断的水平剪力产生较大的弯矩。对桁架柱的近似设计基于门架法，参见习题 7.15。

构建惯量集中于节点（弯矩最大处）的截面是有益的（图 7.21），进而，减少靠近支座的开间尺寸、小弦跨度，用更多柱抵抗水平剪力等，都可降低弯曲效果，以此条件，弦和腹柱趋于恒定尺寸，如图 7.21 所示。

2）第 3 楼层面立柱的设计明显由重荷控制，就像在习题 7.16 中分析的那样。源于正立面和桁架荷载的轴向荷载为

$$N=0.015\ (25\times60)\ +3\ (10\times40)\ =1222.5\ \text{千磅力（约 5439.15kN）}$$

当桁架在重力荷载下挠曲时（图 7.21 上左）柱受弯。楼层隔板将弯矩分解到每一层面的轴向荷载，并由剪力墙（如电梯井筒，立面交叉墙）承担，沿柱不会累积重力次弯矩。在建造阶段，如果桁架弦杆由滑槽孔连接到立柱，那么，桁架恒载下的转动也不会在主柱中产生弯矩。一旦桁架就位，弦杆可刚性连接到立柱上，这样只有超载会造成转动。采用使上弦杆比下弦杆略长的起拱桁架，可消除恒载挠曲。本文中忽略桁架转动引起的次弯矩。进一步假定桁架的侧移不引起立杆转动，这样初步近似分析时立柱可当作上下端固定，K 值为 1。

AISC 规范建设采用 $K=1.2$，这样从 AISC 柱表可查得到 $KL=1.2\times10=12$，可得截面

$$\text{W14}\times159 \qquad P=1232\ \text{千磅力} \qquad I_x=1900\ \text{英寸}^4\ \text{（约 79083.97cm}^4\text{）}$$

对多层建筑，风作用产生的框架侧挠曲不重要，习题 7.16 用立杆受剪屈的侧移校核示于式 7.11（图 7.21）。

错层墙梁结构

这个新型的结构体系中，楼层般高的墙梁跨过建筑物全宽，置于给定开间的交替楼层。由于沿边墙的柱支撑（图 7.22），无内柱。墙梁通常为钢桁架，也渗透到钢筋混凝土墙梁。钢桁架隐藏在房间隔墙中，传统的石膏墙板固定在钢柱和龙骨上提供防火保护。

在带孔体系中，墙梁每隔一层楼板布设，允许楼房空间之间的不间断自由活动，而在交错墙梁体系中，墙梁用于每一楼层面，但以交错方式布设。

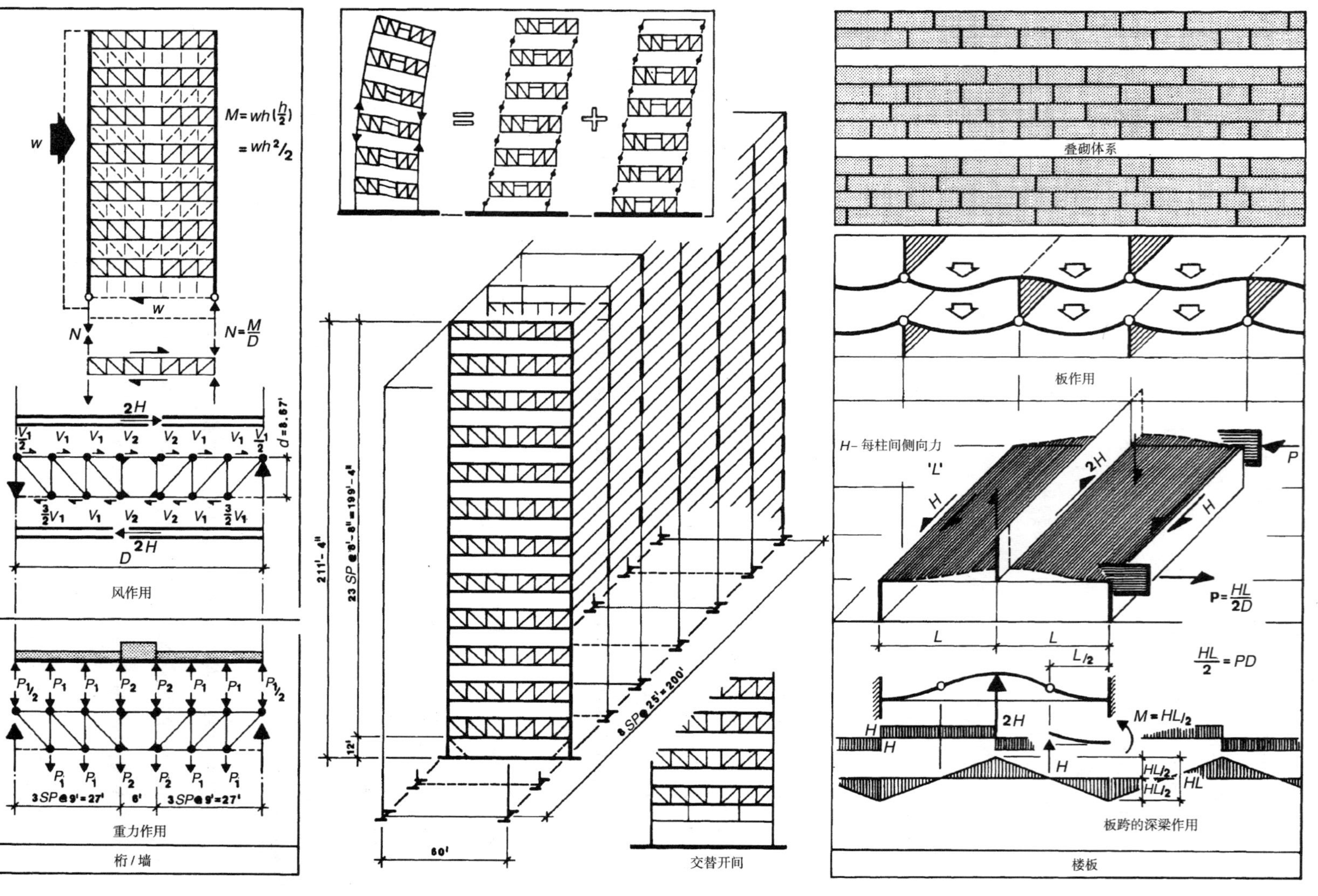

M=wh(h/2)
=wh²/2
w
N
N=M/D
2H
d=8.67'
D
风作用
3SP@9'=27'
6'
3SP@9'=27'
重力作用
桁/墙
211'-4"
23 SP@8'-8"=199'-4"
12'
60'
8 SP@25'=200'
交替开间
叠砌体系
板作用
H–每柱间侧向力
'L'
P=HL/2D
HL/2=PD
M=HL/2
板跨的深梁作用
楼板

图 7.22

这种层高式构件的布设取决于功能单元，墙梁间包含的竖向堆叠以组集砌体模块的公寓单元可简化为图 7.22 右。由于单元尺寸的变化，墙梁间距可调，或提供室外开间，最常用的组织体系是顺砖砌合或棋盘模式。

因为每一楼层面的交错墙为交错的墙梁所取代，房间宽度可加倍而不需增大楼板跨度。此时，板或楼板框架置于墙梁的承载顶端或下一层，而底部悬吊。

交错钢桁架体系在 20 世纪 60 年代中，由 MIT 建筑和土木系的一组建筑师和工程师开发，最早应用于 1967 年。这一体系最适合于宽度 60 英尺范围的狭窄板式结构，特别是带中央廊道的旅馆和公寓楼。交错墙梁原理可用于矩形、圆形和曲线形态，以及许多其他平面形式。更柔融的平面布局是陡 V 形（图 7.7i）。本例中桁架带三角形悬伸臂。交错桁架原理特别适用于 15 ~ 20 层的小高层结构，也适合高层狭窄建筑。当前，世界最高的交错桁架结构是亚特兰大 44 层的 Resorts 国际旅馆。

下面讨论钢桁架的建造。在重力荷载下斜杆的受拉反应可用作 Pratt 桁架原理。斜杆通常 45° ~ 60°放置，因而控制开间宽度。在特别位置取消斜杆，以便为走廊或门开口，矩形孔洞必须保持最小，并设在靠近桁架中（剪力最小）的位置，以不削弱桁架。典型 Pratt 桁架跨度大约为 60 英尺，其钢框架重约 6 ~ 8 磅力/英尺^2。重量较轻的交错桁架模块可节省基础成本，另外，基础也仅需沿柱边线布设。

重荷下交错桁架体系的构件结构相当传统，如例 7.5 所示，然而对侧向荷载而言，尽管桁架不搁置在同一平面，如其形成连续腹板，由于楼板刚性围护作用可当作在同一平面。其行为类似竖直工字梁，即桁架形成刚性腹板抵抗剪力，而周边立杆作为翼缘承载轴向作用的转动，由于所有重力荷载集中在边缘，整个建筑有效地抵抗倾覆。

交错桁架系中，楼板跨在桁架间，不仅承载传到墙梁的重荷，而且作为侧向受荷的水平剪力隔板，因为桁架交错、且不置于同一平面。进入每榀桁架上弦杆的侧向力流从下弦杆流出，（图 7.22）。然而，由于竖向连续性被打断，力流必须沿楼板结构进入相邻桁架上弦杆。而随这过程延续附加侧向力在每一层楼累积，即要求桁架承担建筑上部两个开间宽度的累积侧向载荷（当采用竖向通道楼盘模式时）。因而对于水平荷载作用，楼板结构必须起到能将风或地震剪力传递到桁架弦杆的作用。这个剪力被看作集中水平荷载，分布作用于桁架各节间结点，完全由斜杆抵抗，从而，仅将轴力导入立杆。楼面隔板作为深梁，必须抵抗面内受弯，由外墙的翼缘作用提供。

墙梁和楼板的作用形成三维结构响应侧向荷载作用。结构的空间行为可看作相邻夹层体系的叠加（图 7.22）。各自独立的变形模式由相当刚性的楼板连接，导致建筑的最终挠曲——即单纯、刚性、垂直悬梁，类似于管筒，其剪力由刚性，连续（但交错）的桁架腹板有效抵抗，而转动由外柱抵抗。因此，这个体系中柱主要是轴向构件而不像作为框架的梁柱因剪切受弯。建筑侧移主要由边柱移动控制。由于柱的显著轴向作用，在纵向其可沿强轴定位。对于地震作用，交错桁架结构作为剪力墙体系（$K=1.33$），但在开敞廊道节间的弦杆构件能发挥出有益的延性和吸能能力。

当桁架节间数减少，中央空腹节间效果更显著。而典型 5 节间和 7 节间桁架行为类似于框支或承重墙结构，3 节间桁架行为更像框式桁架（即框支钢架）（图 7.7g）。

例 7.5

高 24 层的公寓楼，Pratt 桁架高 8 英尺 8 英寸，以跨度 60 英尺的间距放置在高楼楼层（交替桁架结构）如图 7.22 所示，沿中心廊道，桁架带 Vierendeel（空腹桁架）节间。假定 105 磅力/英尺^2 楼面恒载、40 磅力/英尺^2 活载，混凝土砖墙重 50 磅力/英尺^2（荷载条件的详细描述见习题 7.18）。因为钢框架交错桁架建筑的设计通常由强度控制，而不是刚度，采用高强钢总体是经济的。本例中，A572 等级为 50 钢用在立柱和桁架弦杆，其余部分用 A36 钢。

对楼层结构的初步分析见习题 7.18 和 7.19。

1）弦杆设计。桁架设计基于连续弦杆和铰接腹杆构件，节点处无偏心。因为交错桁架提升抵抗主要直接应力侧向作用，本例中桁架的初步设计基于正常受荷和高度条件下的重荷，以及高层建筑的上部重荷。然而必须记住，由于风荷载，Vierended 节间的竖向破坏会控制高层建筑较低楼层中央弦杆部分的设计。对组会荷载工况的分析参见习题 7.19。

由于桁架支撑较大楼层面积，允许最大荷载折成 60%

$$
\begin{aligned}
R_1 &= 0.08\%A = 0.08\ (60\times 25) = 120\% \\
R_2 &= 23\ (1+D/L) = 23\ (1+105/40) = 83.38\% \\
R_3 &= 60\%
\end{aligned}
\qquad (3.1)
$$

因此，沿上下弦杆的均布荷载为

$$w = 25\ (0.105 + 0.4\ (0.040)) = 3.03$$ 千磅力/英尺（约 44.20kN/m）

对于构件尺寸的快速估算，可认为桁架受荷（包括廊道面积）是均匀的。然而，注意习题7.18解答中，廊道受荷为3.41千磅力/英尺。

相应桁架反力（作用于上弦杆）为

$$R_A = R_B = 2\ (3.03)\ 60/2 = 181.8$$ 千磅力（约 808.86kN）

连续杆在节点处的弯矩（假定桁架足够刚度）。保守地取为

$$M = wl^2/10 = 3.03\ (9)^2/10 = 25.54$$ 千磅力·英尺（约 34.66kN·m）

桁架设计中，弦杆基本上抵抗转角而腹杆抵抗剪力。因而，腹杆设计的重要部位是接近柱支座的剪力最大处，而跨中为弦杆设计因其弯矩最大。中央 Vierendeel 节点的效应（廊道穿过桁架）可忽略，本例中假定斜杆跨过开孔。实际上，受弯时剪力必须由弦杆抵抗，因为斜杆不能直接承担弯曲。由于非对移动荷侧向受荷的剪力（可由斜杆承载）在反弯点处施于弦杆构件以受弯形成抵抗。然而，由于跨中剪力小，初步设计时弦杆受弯的效应可忽略。

忽略外柱些微约束后，桁架最大弯矩为

$$M_{max} = wL^2/8 = 2\ (3.03)\ 60^2/8 = 2727$$ 千磅力·英尺（约 3700.56kN·m）

在跨中这个弯矩由弦杆轴向抵抗

$$N = M/h = 2727/8.67 = 314.53$$ 千磅力（约 1399.41kN）

作为保守的近似，相邻于廊道大于9英尺的弦杆是重要的，且初步设计时桁架跨中最大轴力与局部受弯弯矩一同使用。弦杆侧向由楼板框架支撑，这样，许用轴向应力基于这个近似下的屈服。假设 W10 截面弯曲因子 $B_x = 0.26$，导出要求的横截面面积为

$$\begin{aligned} A_s &= (P + B_x M_x)\ /F_a \qquad \textbf{(4.53)} \\ &= (314.53 + 0.26\ (25.54)\ 12)\ /0.6\ (50) \\ &= (314.53 + 79.69)\ /30 = 13.14 \text{ 英寸}^2 \text{（约 } 84.77\text{cm}^2\text{）} \end{aligned}$$

选择下进了弦杆为初试构件（主要根据轴向作用）。必须记住下一较小截面也许可行。

$$\mathrm{W}10\times45,\ B_{x}=0.271,\ A_{s}=13.03\ 英寸^{2}\ （约\ 85.81\mathrm{cm}^{2}）$$

这个截面用于连续受拉的下弦杆是保守的，对于腹杆的初步设计，（假定铰接）参见习题 7.18。

2）柱设计。由于侧向力仅使柱产生轴力而不受弯，并且重力荷载集中在边缘而很大，初步设计可忽略重力的组合作用工况，只假定普通的受荷和建筑高度。假设重力荷载只产生轴向力（因为桁架直接与柱相连）。可忽略由于桁架挠曲应力（因为下弦杆仅在安装完成后连接到柱体（图 7.21 上）。换句话说，槽孔用于下弦杆与柱的连接点，以释放恒载挠曲转动。桁架反力假定作用在弦杆，因此，设层面荷载等于楼层荷载，第 10 层楼面由于桁架幕墙荷载所产生的柱体荷载为

$$N=181.8\ (8)\ +25\ (8.67\times15)\ 0.050=1616.96\ 千磅力\ （约\ 7194.18\mathrm{kN}）$$

对于侧向支撑结构，柱的有效长度等于无支撑层高，这里假定建筑沿纵向支撑。对 $KL=1\ (8.67)\ \approx9$，查 AISC 柱表，选取下列初试截面

$$\mathrm{W}14\times211,\ P_{all}=1709\ 千磅力\ （约\ 7603.68\mathrm{kN}）$$

对于组合荷载工况的分析参见习题 7.19。

由于交错桁架建筑的内在刚度，侧移相当小，至少对 20 层以下的这类正常受荷条件建筑如此。侧向挠曲可由柱的偏移（式 7.16）估算。由于忽略力 Vierendeel 框架廊道的剪切破坏，这个方法不是保守的。

框支结构

通过拉条抵抗侧向力的概念是最常用的建造方法——它可用于所有类型的建筑，无论低层建筑或摩天大厦。本节重点是桁式框架。首先简要评述有关框架支撑增强侧向刚度的一些基本概念（图 7.23），各种框支体系如

- 梁 - 柱节点刚性连接（如，刚框架，框架筒）

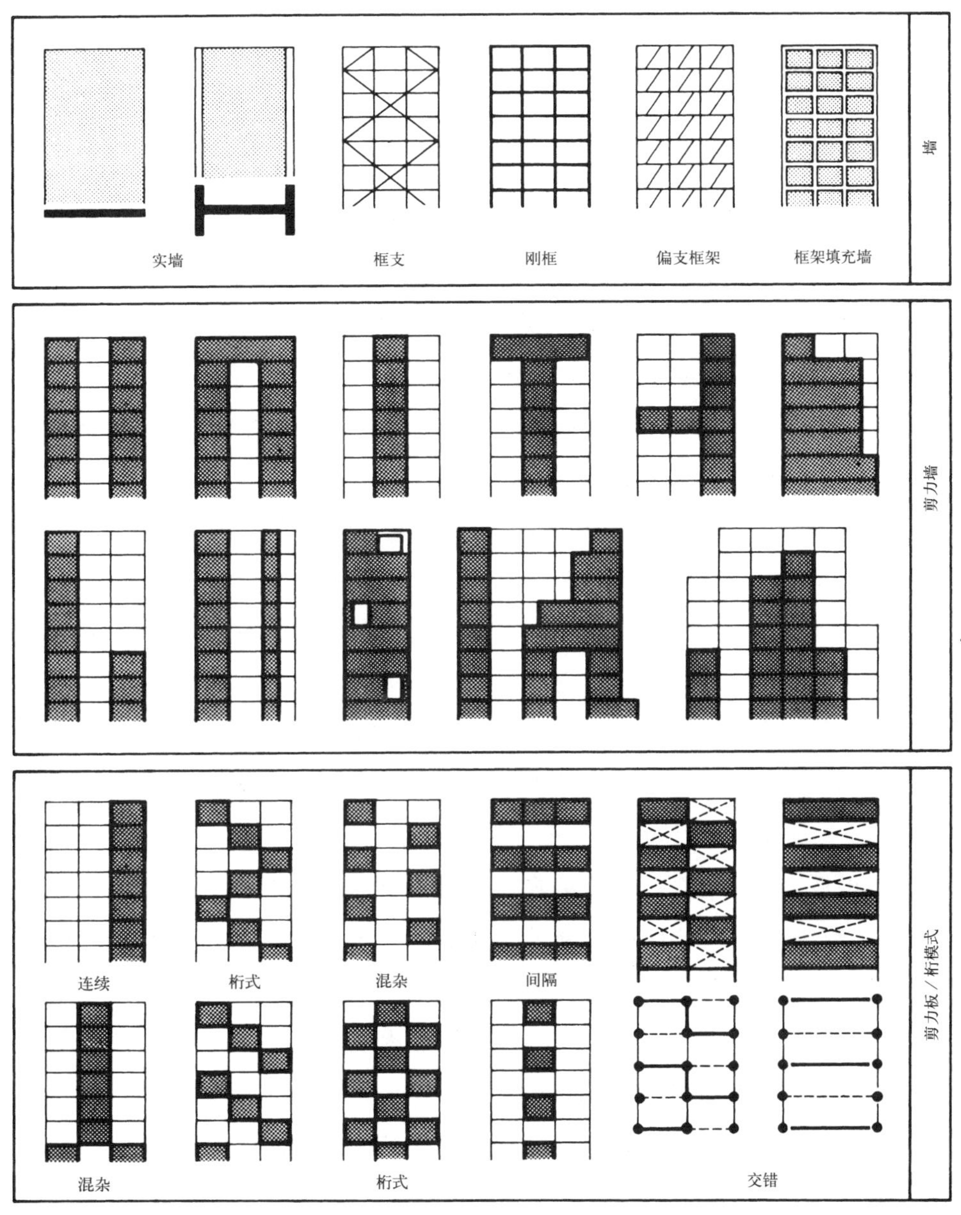

图 7.23 侧向支撑体系

- 桁式框架
- 填充框架，复合建筑（如砌体、混凝土、轻型隔墙）
- 框架内嵌板，用作承压斜撑
- 带缝剪力墙，作为延性墙板
- 实体剪力墙（如现浇或预制混凝土墙、砌块墙）

- 带洞墙
- 钢板剪力墙
- 复合刚框架和骨架填充墙
- 混合建筑（Mixed Contruction）

通常，“框支”术语不仅用于刚度增强的一般意义，而且取代桁架框架，而术语“剪力墙”常常不仅指实墙，更广义上指结构体系与抗侧力的刚度（与柔性框架相反）。本文中，因此假定剪力墙包含框支。剪力墙可抵抗剪力和转角，以及支撑重力荷载，也可只承受侧向剪力和重荷，或仅仅承载侧向力（类似于剪力板建筑）。

此前已分析过建筑那抗侧力体系的可能布局（图 2.4 和图 5.1 及其他地方）。它们可作为外部周边结构的一部分，并形成连续独立的单元，或许抗力集中由内部滑模混凝土筒体承担。图 7.23 各种剪力墙形式从独立墙、拉结墙、带洞墙、双墙、桁式墙、外挑墙、墙式超级框架、阶梯墙，直至上述各种形式的组合。墙不必形成连续竖直构件——离散板墙可按桁架样形态布局，或以交错，带孔剪力墙板或墙梁体系布局。拉条体系在支撑建筑物的后退和悬臂方面比刚性框架更有效率，框支和刚框架对于侧力抗力的交互作用在本章“框 - 剪力墙相互作用”一节讨论。

桁架在高层建筑中的一般介绍呈于图 7.24。桁架支撑结构不仅可隐入建筑中，而且也可显露。靠近巴黎的 Noisiel - sur - Marne 的巧克力工厂（1872，Jules Sanlnier），是骨架结构的最早范例之一。这种建造方法精髓确实来源于桁式桥梁以及中世纪欧洲出现的木框架，那时每个地区都发展了其独特的重木框架支撑墙模式，在木质结构间的空间，用砌体和其他混合材料填充。

早期框支高层建筑的例子是 Gustave Eiffel 的内支铁骨架——纽约 151 英尺高的自由女神（1886）。他还设计了熟铁支撑骨架结构——巴黎埃菲尔铁塔（1889，图 8.2），为当时最高建筑（约 1000 英尺）。这个最早的现代塔，其耀眼的建筑之光成为新世纪的象征。

上世纪早期，摩天大楼精致的顶部要求复杂的支撑系统。如设计了压在克莱斯勒大楼（1930）顶端穹顶上的高尖状结构。当前，后现代建筑顶部带有尖状和尖塔复活了以往的装饰和建筑风格。各种复杂屋面形状要求支撑框架，如金字塔、穹顶、尖顶、山墙、阶梯状、回叠、拱形等。这些结构复杂性不仅见于屋顶，而且在休息室人口和高层建筑的前庭。

图7.24 珩式框架

框架的基本支撑类型示于图7.24底，包括单斜支撑、X支撑、K支撑、格状支撑、偏心支撑（单斜或菱形模式）、膝式支撑和组合形式。当开窗位置使斜杆不得不卷曲时，其必须由附加构件加固。最常用的竖向桁架为X支撑、K支撑或垂直K支撑（即Warren桁架）。

平面框架支撑可越过建筑全宽，或仅用于建筑特定开间，或部分用桁架以规则或不规则方式支撑。支撑也开跨过楼层或开间形成超级斜撑，或限制于每层楼或开间内重复布置。竖向K支撑也可仅沿柱使用。换句话说，支撑体系可宽可窄，可放在每层顶部或以交错方式布置。支撑宽度是稳定性考虑的基本因素，用于特殊情形支撑形式的选取不仅是强度，刚度或经济性的函数，也是墙体开窗尺寸的函数。

当斜杆必须受控作为拉条时，要求X支撑，其连接相对简单，当支撑必须同时承担拉压时只有单一的刚杆可供选择。X支撑体系中，只有斜杆是活动的，其他杆件是冗余的，因此需要更多材料。进而与其他支撑体系相反，单开间的X支撑不允许开门窗，也不能支撑楼板梁，因而梁尺寸较大。

典型轻斜杆的构件形状为单角钢，双角钢，或槽钢，由单节点板连接，而W截面形状由双节点板（用于强支撑构件）。桁架大部分弦杆（立杆）是连续的，而斜杆是分离铰接的。集中或偏心框支的典型连接示于图7.24。

支撑结构中，桁架作用消除了框架中柱和主梁的受弯。本例中，桁架构件的响应主要为轴向作用（假定主要荷载传递到桁架结点）。由于结构的刚度一般取决于其构件的横截面尺寸，而不仅是惯性矩，侧向移动减小。

地震区，单独使用框支是不经济的。在严重地震时，为提供最小整体延性，次级抗弯框架抵抗至少25%的基础剪力，这时，K因子可从1.33减小到0.8。另一个实现所需延性的方法，是增强支撑开间梁柱节点的抗弯能力，这样，当严重地震荷载作用下支撑应力过大屈服时，刚性框架作用取而代之。

传统的集中框支结构非常刚，因为挤压线通过梁柱交界中线，熟知的象三角形的内在刚度比矩形大。然而，在强烈周期荷载作用下，由于支撑缺乏延性弯曲导致不平衡加载，如果节点不能抗弯就会造成破坏。

20世纪70年代后期，加州大学伯克力分校的E. P. Popov教授指出，当支撑至少在一端偏心连接到梁时（而不是正对梁-柱相交点），那么斜杆轴力沿梁段以弯剪方式传递，形成延性连接，在强周期加载条件下，铰行为类似刚性橡胶。与连接长度有关，长连接其行为像塑性受弯铰；连接短，其行为像剪切型塑性铰。剪型连接的显著偏心在2倍梁高的等级。连接强度取为防止轴向荷载累积至产生塑性大变形和使压杆避免屈曲（图3.21）。

高层建筑的侧向支撑无须限制到内筒、剪力墙和外挑梁。它可由其他外立面（结构用作美学功能）表述。在外部支撑易于找到合适位置，内部会限制活动空间的自由流畅。外式X形超级斜撑可由内部较小的次级支撑替换。沿周边支撑开间的布设也有效地解决了扭转问题，特别是不对称建筑。对中等高层，周边支撑也可由于抗扭，而这个作用通常由内部承担。

图7.25揭示梁各种外桁架应用的案例，立面桁架是

- 立面墙的部分，可全视（图7.25e）
- 精巧地包含在墙面内（图7.25b）
- 建筑表层前面（图7.25m）

立面桁架可勾勒出建筑形状。桁架可是平面的、折叠的、（图7.25j）或曲面，它们可形成独立竖向悬臂（图7.25f）、空间筒体单元（图7.25h、g）、桥（图7.25k）、偏心筒（图7.25d）、连续空间管状单元（图7.25e、p）、或形成多面体空间桁架。

桁架可密集如格栅（图7.25l. n），或稀疏如超级斜撑（图7.25a、b、c等）。在Milwaukee的42层第一威斯康星中心（图7.25i），建筑底部、中部或顶部的水平带状桁架连接到内部挑出的剪切桁架，因而加强周围刚性框架结构的刚度。拟建的东京世纪塔（图7.25o）的偏心支撑桁架表现为两个建筑立面。墨西哥城25层的A型Nonoalco塔（1964，图2.21b）侧向稳定性由倾斜的混凝土边墙和153英尺宽，417英尺高的三角形混凝土斜撑支撑。

41层的波士顿公司大厦（图7.25b）约一半的重力和所有风载由斜撑支撑，然后传递到重型逐渐变锥的角柱。周边框架表征竖向K型框式桁架以对应侧向荷载，而三个分离相叠的K支撑单元共享四个相同角柱以承担重力荷载。本例中，竖向立面柱将自重荷载传递到受拉压的斜杆。这个140英尺见方，601英尺高的塔不是纯筒结构（尽管其行为像筒）。在基础，2层楼的单元从24英尺高的桁架悬吊，两个角柱间跨度达140英尺。

波士顿联邦储备银行（图7.25g）细长钢框架，有极大的高宽比6.82，置于两个筒体上。2个巨大的36英尺高转换桁架搁在靠近塔基的各自立面，像桥梁一样跨过143－英尺到侧腹芯墙，承载其上30楼层的所有重力荷载。两个支撑端筒（尽管大部分风

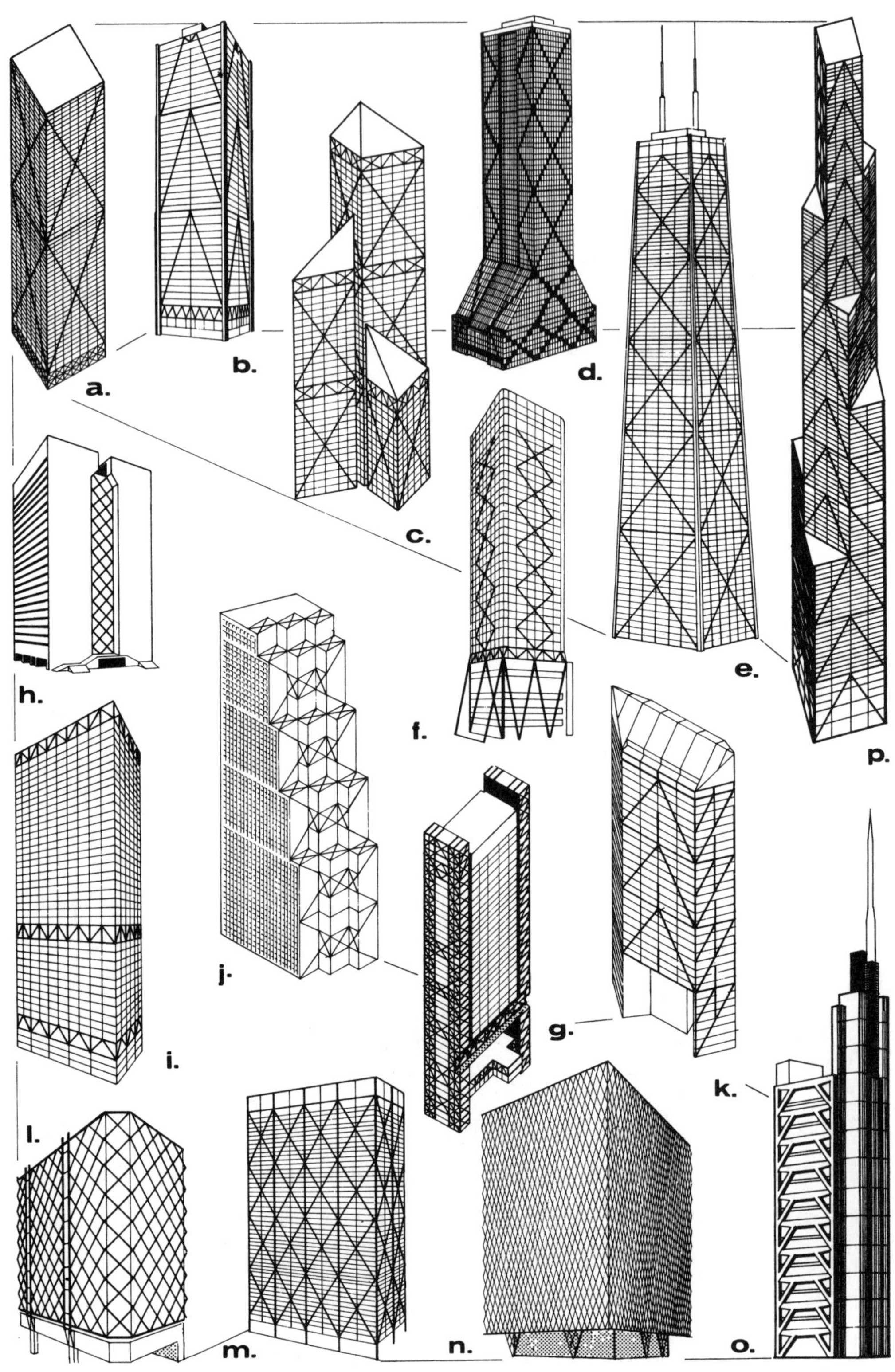

图 7.25　立面桁架

载由外墙的 2 个 X 支撑超级桁架分担）也承担部分风载。

明尼阿波利斯 25 层的 Hennepin 县政府中心（图 7.25h），高 390 英尺，由 2 个板式塔和将其相连的中央大厅在各楼层桥式联接。塔耦合到正厅空间框架，绕厅周边形成巨大的 X 支撑开放筒（或箱笼），并抵抗所有侧向力。

图 7.25 的其他大多数例子为支撑筒，在本章“筒体结构" 和" 巨型结构”中讨论。

在例 7.6 和相关问题中，简要分析采用 X 支撑，K 支撑和角支撑的典型桁架（图 7.26）。这些体系对于中高层是经济的。这些条件下，唯有竖向桁架抵抗侧向力。所有主梁和斜杆是铰链的，这样竖向单跨桁架可当作静定结构（尽管立杆是连续的），忽略次应力，由于斜杆使梁柱受弯，只有角撑框架是复杂的结构体系，因而产生一介于刚性框架和框支之间的体系。除 X 支撑框架外，所有桁式框架承载重力荷载。由于 K 支撑体系斜杆长度缩短，会产生较小轴向变形，与其他对角支撑受弯情况相比，建筑侧移小。

例 7.6

8 层骨架建筑，侧向由 K 支撑（沿短边立面）和刚框架体系加强（分别沿侧面积和长边）。框架布置参见图 7.26a。对框支初步分析言，竖向框架主要承担侧向荷载，假定如下加荷条件。

- 楼面恒载，包括隔墙：75 磅力/英尺^2
- 主梁，柱，防火涂料的等效楼面荷载：10 磅力/英尺^2
- 活载：40 磅力/英尺^2
- 面层：15 磅力/英尺^2
- 风载：28 磅力/英尺^2
- 屋面按楼面处理

因为只有两个竖向悬臂桁架抵抗整个风压，侧向力相当大，而活载折减相对较小，合理化假定（为建筑底部桁架构件的快速近似）组合荷载工况增加 33% 的许用应力。因此，这里只分析恒载和风载情况。

首先，确定风作用下的构件内力。风压作用在整个建筑的 7.5 层楼，第一层作为基础各层面受单一荷载作用，为

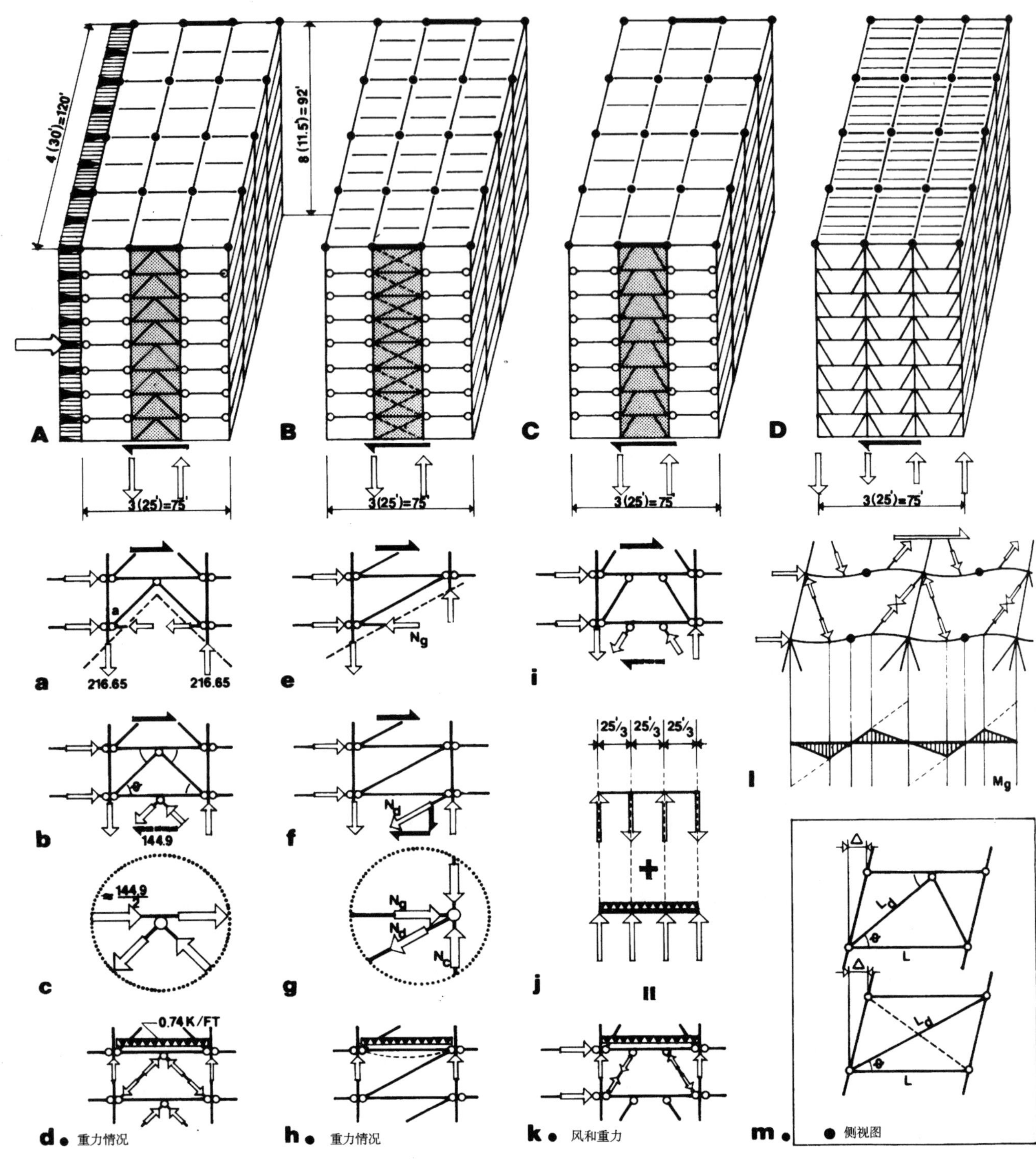

图7.26 典型桁式框架分析

0.028 [11.5 (7.5)] 120 = 289.8 千磅力（约 1289.38kN）

每个竖向悬臂立面桁架分担一半荷载

289.8/2 = 144.9 千磅力（约 644.69kN）

风致剪力由腹杆抵抗。首先找出斜杆长度和倾角

$l_d = \sqrt{(25/2)^2 + 11.5^2} = 16.99$ 英尺（约 5.18m）

$\cos\theta = 12.5/16.99 = 0.736$，$\sin\theta = 0.677$

图 7.26 斜杆的水平分量的拉压方式抵抗风致剪力

$$\Sigma F_x = 0 = 144.9 - 2\ (N_d/16.99)\ 12.5 = 144.9 - 2N_d\cos\theta$$

$N_d = 98.47$ 千磅力（T，C）

从快速近似的目的，假设各一半的剪力由主梁受拉（被风向）和受压（迎风），图 7.26c

$N_G \approx 144.9/2 = 72.45$ 千磅力（C，T）（约 322.34kN）

侧向力必须由桁架弦杆或内柱的转动承担（在第一楼层面），图 7.26a

0.028 [11.5 (6.5)] 120/2 = 125.58 千磅力（约 558.73kN）

侧向压力合力到转动点 a 的力臂

[6.5 (11.5) /2] + 11.5/2 = 43.13 英尺（约 13.15m）

由转动平衡导出柱受力

$\Sigma M = 0 = 125.58\ (43.13) - N_c\ (25)$　　$N_c = 216.65$ 千磅力（T，C）（约 963.92kN）

拱式桁架承担下列均布重力载荷（楼面和幕墙）

$w_D = 0.075\ (15/2) + 0.015\ (11.5) = 0.74$ 千磅力/英尺（约 10.79kN/m）

这个荷载在两跨连续主梁内支撑产生的最大弯矩为

$M_D = 0.74\ (25/2)^2/8 = 14.45$ 千磅力·英尺（约 19.61kN·m）

第一层楼必须支撑下列恒载

$N_D = 0.085\ (25 \times 15)\ 8 + 0.015\ (25 \times 92) = 289.5$ 千磅力（约 1288.04kN）

柱的总轴向荷载（由风和恒载）为

$N_T = 289.50 + 216.65 = 506.15$ 千磅力（约 2251.96kN）

对 W14 截面，侧向支撑柱的细长比为

$$Kl/r \approx 1\ (11.5)\ 12/4 = 35$$

相应许用轴向应力大致为

$$F_a \approx 23 - 0.1Kl/r = 23 - 0.1(35) = 19.5\ \text{千磅力/英寸}^2(\text{约}\ 134477.27\text{kN/m}^2) \quad (\mathbf{4.47})$$

因此，要求柱的横截面积是

$$A_s = N/F_a = 506.15/19.5 = 25.96\ \text{英寸}^2\ (\text{约}\ 167.48\text{cm}^2)$$

试 W14 ×90，$A_s = 26.5$ 英寸^2（约 170.97cm^2），$r_y = 3.70$ 英寸（约 9.40cm）。

从 AISC 可查到 $Kl = 1 \times 11.5$ 的相同截面，注意 289.50 千磅力的重力荷载不比风致拉力大很多，清晰表明抵抗恒载弯矩不比作用弯矩大 50%，因此支撑框架必须锚在地面（用沉箱或柱）以抵抗上拔力，或支撑最初三层开间以增加恒载抵抗弯矩。

斜杆也承载一点重力荷载，因其提供拱梁跨中支撑（图 7.26d），梁在该点的反力为

$$P_D = 0.74\ (12.5)\ 5/4 = 11.56\ \text{千磅力}\ (\text{约}\ 51.43\text{kN})$$

累加节点处的竖向力，得斜撑因恒载的压力

$$\Sigma F_y = 0 = 11.56 - 2\ (N_d/16.99)\ 11.5 = 11.56 - 2N_d \sin\theta$$

$$N_d = 8.54\ \text{千磅力（压）（约}\ 38.00\text{kN）}$$

因而，重要受压斜撑必须承载下列总荷载

$$N = 8.54 + 98.47 = 107.01\ \text{千磅力}\ (\text{约}\ 476.11\text{kN})$$

按受压构件的最大长细比 200，考虑 W12 拱肩梁之间实际无支撑长度，最大回转半径为

$$Kl/r \approx 1\ (16.99 - 1)\ 12/r = 200, \quad r_{min} = 0.96\ \text{英寸}\ (\text{约}\ 2.44\text{cm})$$

对 $Kl = 1 \times 15.99 = 16$。从 ASIC 手册柱表查得

$$2\ \text{L}6 \times 4 \times 5/8, \quad P_{all} = 129\ \text{千磅力}\ (\text{约}\ 573.95\text{kN})$$

$$A_s = 11.7\ \text{英寸}^2\ (\text{约}\ 75.48\text{cm}^2), \quad r_y = r_{min} = 1.67\ \text{英寸}\ (\text{约}\ 4.24\text{cm})$$

斜撑 8.54 千磅力的压力引起连续主梁柱微小张力

$$N = (8.54/16.99)\ 12.5 = 6.28\ \text{千磅力（拉）（约}\ 27.94\text{kN）}$$

据轴向压力 $N = 72.45 - 6.28 = 66.17$ 千磅力（约 294.40kN）和弯矩 $M = 14.45$ 千磅力·英尺（约 19.61kN·m），可确定主梁大致尺寸。侧向支撑的轻型梁柱（式 4.53），其 $F_a = 0.6$。$F_y \approx 22$ 千磅力/英寸^2（对于中高层结构），所求横截面积

$$A_s = [P + 2.6(M_x/t)]/F_a = [66.17 + 2.6(14.45(12)/12)]/22$$

$$= 4.72 \text{ 英寸}^2 (\text{约 } 30.45\text{cm}^2) \quad \textbf{(4.53)}$$

注意到主要作用为轴向，尽管较小的下一截面可能满足，选下列截面

W12 × 19　　$A_s = 5.57$ 英寸^2 （约 35.94cm^2）

K－桁架的侧向挠曲按以下近似。建筑总挠曲等于腹杆移动和斜杆移动之和。腹杆移动可由累加主梁缩短和支撑伸长估算（图 7.26m）。

简单地，主梁缩短由其水平位移构成，即拉条伸长并假定等于支撑缩短

$$\Delta_1 = f_G\ (L/2)\ /E = f_G L/2E \quad \textbf{(a)}$$

因伸长的节间位移和斜杆等量缩短可让拉条长度自然改变 Δl 然后将其转回水平位置近似，但沿假定直线段，忽略角度变化

$$\Delta_2 = \Delta_d/\cos\theta = (f_d L_d/E)\ /\cos\theta$$

$$\Delta_2 = \frac{f_d L}{2E\cos^2\theta},\qquad \text{其中，} L_d = L/2\cos\theta \quad \textbf{(b)}$$

因此，楼面腹板位移等于

$$\Delta_{wed} = \Delta_1 + \Delta_2 = \frac{L}{2E}\ (f_G + f_d/\cos^2\theta) \quad \textbf{(c)}$$

n 层建筑的线性剪切位移为

$$\Delta_{wed} = \frac{nL}{2E}\ (f_G + f_d/\cos^2\theta) \quad \textbf{(7.18)}$$

对单斜杆支撑，或 X－支撑（带不受压斜杆），线性剪位移上述的 2 倍。

斜杆因风致侧移的近似偏移已在式（7.16a）导出，因此竖向 K－桁架的侧移估算值为

$$\Delta = \Delta_{ch} + \Delta_{wed} = \frac{2f_c H^2}{3EB} + \frac{nL}{2E}\ (f_G + f_d/\cos^2\theta) \quad \textbf{(7.19)}$$

式中　$f_G = (N/A)_G$ ——水平构件由水平力引起的平均应力；

$f_d = (N/A)_d$ ——斜杆由于水平力引起的平均应力；

$f_c = (N/A)_c$ ——由于侧向力引起的柱轴向应力；

n ——楼层数；

E ——弹性模量。

细长桁架的侧移由斜杆偏移（柔性变形）控制，而桁架低层节间的挠曲主要是腹杆偏移，即斜杆伸长（剪切变形）。

至此，只分析了单跨桁架。要确定多开间即超静定桁架支撑体系的大致力流。等跨时总水平剪力可简单地用开间数相除（对应于腹杆侧移），分析过程可象单开间一样进行。对多开间支撑的弦杆移动，桁架可看作竖直梁（具有柱面积 A 乘以其到重力中心的距离 r）的等效惯性距，用桁架效率因子0.8（见式（7.16a）的推导）

$$I \approx 0.8 \Sigma A_c r^2 \tag{7.20}$$

例 7.7

确定例7.6桁架的大致侧移。

构件中风效应力

$$f_G = 72.45/5.57 = 13.01 \text{ 千磅力/英寸}^2$$

$$f_d = 98.47/11.7 = 8.42 \text{ 千磅力/英寸}^2$$

$$f_c = 216.65/26.5 = 8.18 \text{ 千磅力/英寸}^2$$

将这些结果代入式（7.19），导出

$$\Delta = \frac{2f_c H^2}{3EB} + \frac{nL}{2E}\ (f_G + f_d/\cos^2\theta)$$

$$= \frac{2\ (8.18)\ (92 \times 12)^2}{3\ (29000)\ 25\ (12)} + \frac{8\ (25 \times 12)}{2\ (29000)}\ (13.01 + 8.42/0.736^2)$$

$$= 0.764 + 0.538 + 0.643 = 1.945 \text{ 英寸（约 4.940cm）}$$

$$\Delta_{all} = 0.002H = 0.002\ (92)\ 12$$

$$= 2.208 \text{ 英寸（约 5.608cm）} > 1.945 \text{ 英寸（约 4.940cm）满足}$$

框架－剪力墙相互作用

在一定高度（取决于建筑比例和框架布置密度），刚性框架结构会变成“一团糟”和不经济，这样必须由钢支撑、混凝土剪力墙或本章“框支结构”一节开始部分讨论的一些其他措施加强（参见图7.23）。如果建筑对称，支撑可在筒体区域，必须记住建筑中央的服务井筒在一定高度后是柔弱的（因其落在转动轴位置），尽管它确实提供抗剪能力，减小刚性框架的剪切变形。本节后面表明，对高层建筑，大部分横向荷载由建筑较低部分的剪力墙，或建筑顶部的框架作用承载。

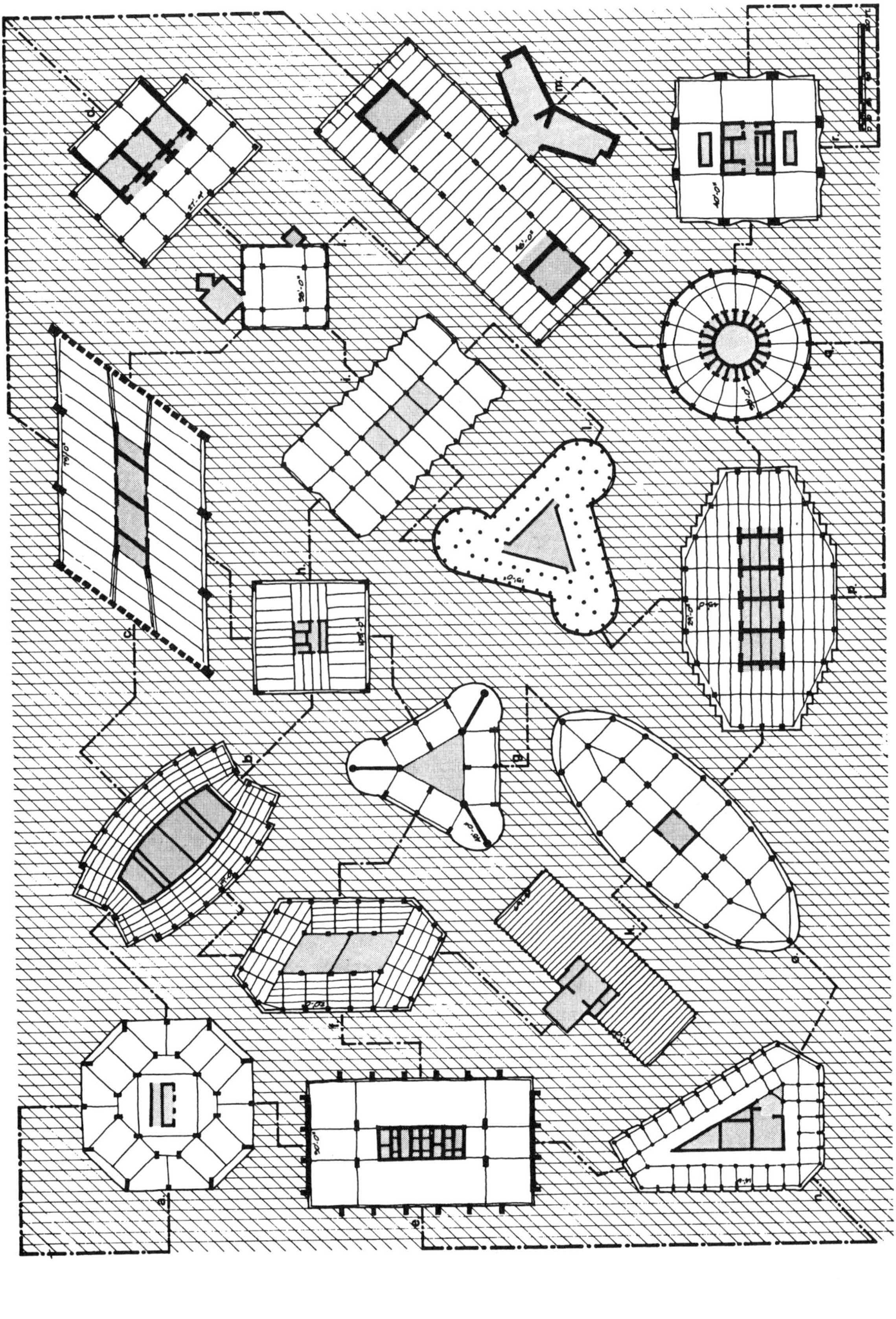

图 7.27 剪刀墙-框架体系

尽管剪力墙使结构刚度加强，对控制风和中等地震下的侧移是必需，但也会减小延性——为应付不可能预见的严重周期地震力所必须的特性。为改善混凝土墙，剪力墙的延性，剪力墙可与斜撑耦合加强，所引起的力流可改善转动延性。桁架偏心支撑和带缝墙的有益方面已经讨论过了，为减小混凝土筒体的刚性，芯墙也可在每一楼层水平分离以便与钢杆连接，这样就只承担剪力而无竖向荷载，因而让剪力墙吸收很大的地震力。

当前，世界上最高的全混凝土建筑是芝加哥 Somth Wacker Drive 塔（1990，图 7.28b）75 层，高 946 英尺，其侧向剪力由内筒剪力墙和框架交互提供，典型框架 - 剪力墙建筑平面示于图 7.27。一些建筑中，筒体是最刚的构件，抵抗所有侧向荷载（图 7.27b，k，l，l，g——五个独立混凝土剪力墙），其他建筑中抗侧力作用是分担的，例如，一栋 40 层的混凝土结构（图 7.27e）50% 的横向风力由筒体承担，25% 由两墙框架。类似的力分布形式见图 7.27c。图 7.27h 为 13 层混合建筑结构由滑模混凝土筒构建，由钢结构楼板梁和后张预制混凝土边框架（由厚重的 L 形角柱和 105 英尺跨深梁组成）构成。刚性框架提供 60%，筒体 40% 的风载抗力。纽约 38 层的 Seagram 大楼（图 7.27d）为核心部位带抗风支撑的刚框架结构，支撑埋入 12m 厚的混凝土剪力墙直至第 17 层楼，再上到 29 层时，只有斜撑。芝加哥 60 层的马里纳城市塔楼（Marina City Tower）的混凝土筒体承担了大约 70% 的水平荷载，其余部分由环绕会框架承载。

图 7.28 研讨其他类型的框架 - 剪力墙交互结构。佛罗里达 Jacksonville 高 27 层的 Gulf 生命塔楼（Gulf Life Tower）（图 7.28*i*）由 53 英尺矩形滑模混凝土筒体和周边悬臂框架构成，每个立面只有 2 根逐渐变锥的柱。柱设在大约 1/3 的位置，拱式主梁悬挑 42 英尺，按力流密度逐渐变尖。这个建筑的主要特点是预制边框，由预制柱壳填充轻骨料混凝土建筑，同时，16 块预制梁节段后张，共同形成 133 英尺拱式主梁。节点灌浆并用可压缩乳胶垫圈沿周边密封。楼板框架由 40 英尺跨预制 T 形楼板，施以混凝土面层复合构成。为平衡分布柱上的荷载，T 截面的跨度在交替楼层转到相反方向。所有侧向力由中心筒体承担。

Fort Worth 46 层的城市中心办公楼（图 7.28e）的楼板呈梢轴状，由三角架对夹具状柱支撑。侧向稳定性由支撑筒体和焊接边框提供。上部楼层风载几近由两个体系等同分担，而在底部，筒体几乎承担了所有侧向力（因为三角柱几乎没有抗弯刚度）。新加坡 73 层的 Raffles 酒店（图 7.28h）平面呈滴珠状，这个 741 英尺的混凝土塔要求将典型的楼板框架体系组合成方形和圆形平面形式。楼板梁直接由周边柱支撑，因而无需拱式梁。

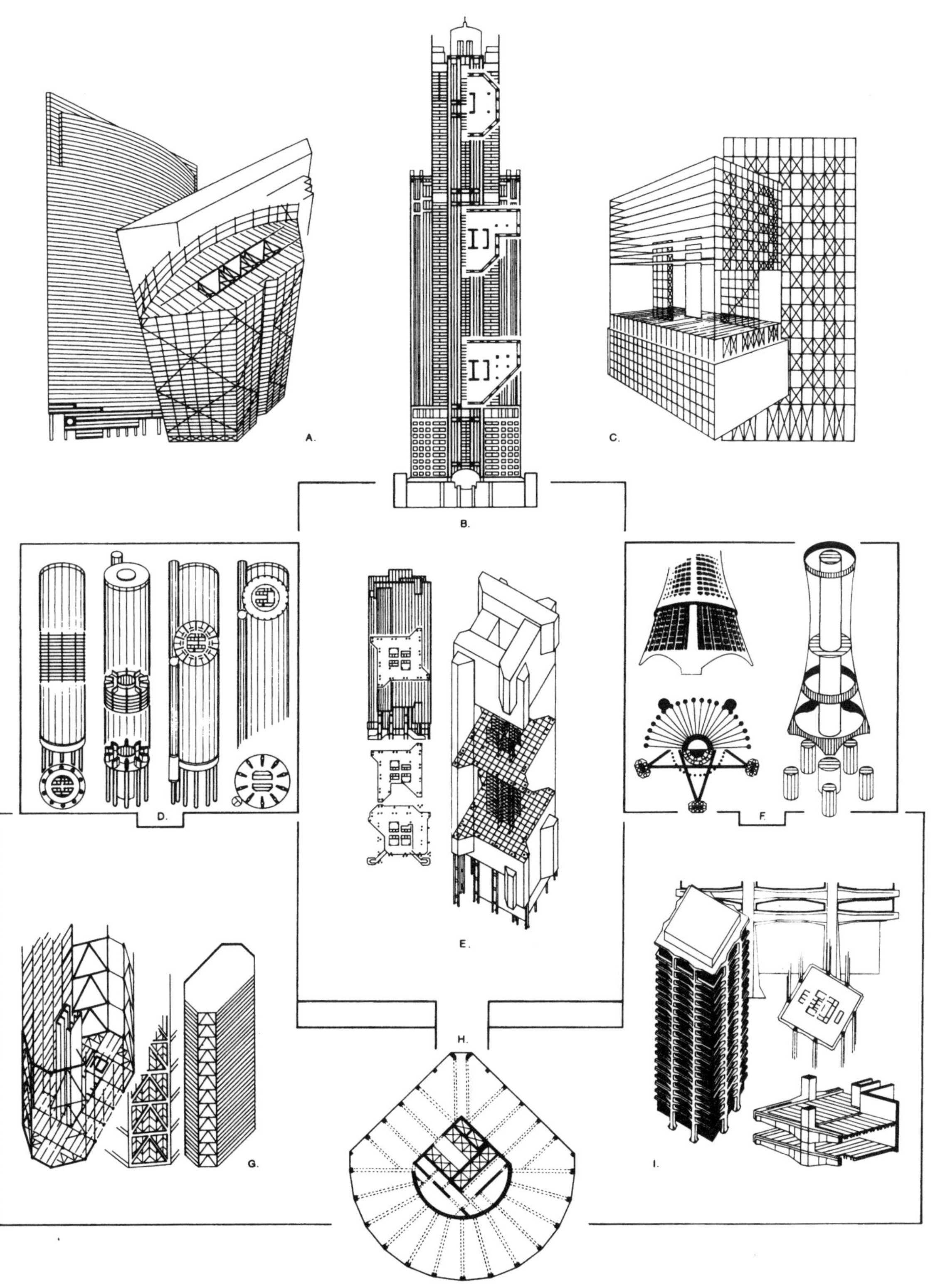

图 7.28　框支结构

弗吉尼亚30层的塔楼形状象螺旋桨，风力会产生巨大的扭转。在建筑的两个平坦外边X形支撑抵抗这些扭转荷载和窄面上的风力，也为周边墙体提供足够的刚度。在宽面上风的直接作用由内筒支撑抵抗，复合框架建筑用于8层以下，顶部的传统钢框架以节省安装时间。类似地，芝加哥西瓦克大厦（36层风扇形），沿曲面外墙的X形外支撑抵抗风荷扭转，而X支撑的钢筒体承担其余的侧向力。在拱廊层面，外X形支撑不能延续到基础，这样楼面隔板不得不传递荷载到内筒，内筒是上至3层楼面的混凝土井以提供必要的抗扭刚度。巴黎 Rue Crowlebarbe24层的公寓楼（图7.28c）是钢框架结构，其管状柱填充混凝土，支撑沿中央框架纵向。在较低部分横向由混凝土剪力墙端墙支撑，建筑上部由交错管状格栅支撑。

亚特兰大圆柱状70层的 Peachtree Plasa 酒店（图7.28d）由3部分构成，7层中庭。酒店塔楼越过中庭踏在10个墩实的边柱和筒体上，中庭上的转换层，厚重的箱梁使塔楼径向墙到基底柱的传递成为可能。它的形状几乎不阻碍风的流动，它的蜂巢状几何形体具有良好刚度，尽管相连的外电梯井筒增加了风的拖曳也产生扭转。耦合剪力墙从53英尺宽的筒体辐射，并且由平板楼板和周边梁形成的交互内筒连在一起像轮辐一样抵抗风力。基底厚实的周边柱（类似于销接构件）不承载任何侧向荷载的35层 Mercantile 塔楼（图7.28g），平面看起来像拉长的八边形，外露的K桁架每3层递升，布置在建筑周边的四个对角面，为完全槽式支撑，拱梁在窄面弯矩连接到桁架，一开间的焊接钢框架置于相邻的宽敞面。所有侧向力由两端的巨型槽抵抗，这种结构体系对于窄面的侧向荷载形如偏筒，而对重要的宽面是交互框架－剪力墙体系。因为桁架在角部呈角状，可以抵抗来自两个主方向的侧向荷载。内框仅承载重力荷载。

马来西亚吉隆坡38层圆形双曲面 LUTH 塔，由中心圆周混凝土筒体和放射状预制先张楼板梁构成，楼板由带预制楼板支架的周边柱和现浇顶盖支撑。在楼层高的预应力混凝土转换环梁（就像一条腰带）之下，柱子成对延续，直至到达厚实的预应力拱形支撑体系，该体系用于将许多小周边柱荷载传递到5个厚实的基底柱。建筑上部和下部外倾柱在楼板框架中引起张力，而内倾部分产生压力。源于重力作用的这些侧向力在基础层特别重要，倾斜柱在柱帽上会造成严重的外冲，这可由星状模式连接桩帽的预应力拉结梁来平衡。外框架墙和筒体由剪力墙连接，这样两个结构体系共同起作用抵抗侧向荷载，类似于筒中筒结构。

洛杉矶73层的第一国内世界中心（1989，图7.29），是当前世界上最严重地震带最高的办公楼。1018英尺的圆柱钢结构塔多次缩进，组成柔性周边延性抗弯框架和刚性中央支撑筒（由4个厚重的4英尺×4英尺，采用7英寸厚板焊接而成的钢箱柱形成），在大部分建筑高度范围内提供必要的刚度，且承载几近 2/3 的建筑竖向荷载。支撑混凝土板跨的钢楼板梁从 74 英尺的方形内筒到周边框架，达到 55 英尺。

刚框架－剪力墙结构交互作用行为取决于刚框架与剪力墙以相对刚度（即各种抗侧力组件的相对刚度）。通常，剪力墙提供的刚度最大，就像中央筒体和大开间周边柱塔楼结构这样的例子，剪力筒体可提供90%的侧向刚度。对中等高度建筑和高层底部，剪力墙总体提供大部分侧向抗力。对初步设计而言，刚框架抗侧力效应可忽略不计（如例 7.8 所示），然而，必须要有一最小的剪力墙以考虑刚性框支。据 ACI 规范，如果一层楼中，剪力墙提供的总刚度至少为该层所有柱刚度之和的 6 倍（习题 7.23）钢筋混凝土框架可看作框支的。因此，至少侧向荷载的 6/7 或几乎全部会由剪力墙承担。

$$\Sigma(EI/L)_{\text{wall}} \geqslant 6\Sigma(EI/L)_{\text{col}} \tag{7.21a}$$

如果材料和层高不变，上式可简化为

$$\Sigma I_{\text{w}} \geqslant 6\Sigma I_{\text{c}} \tag{7.21b}$$

这个考量对柱的设计非常重要（见第 4 章“柱“节）。对侧向支撑建筑，可减小柱设计的复杂性，因为细长比效应可忽略。同时，相对较小的侧移几乎不影响柱弯矩的大小。

对初步设计，柱和墙可选无弯曲裂缝刚度，因而，对所选墙厚 t 时所需最小墙长 L（假设所有墙具有相同长度）据式 7.21b 为

$$\Sigma I_{\text{W}} = \Sigma tL^3/12 \geqslant 6\Sigma I_{\text{c}}$$

或

$$L \geqslant \sqrt[3]{72\Sigma I_{\text{c}}/\Sigma t} \qquad (\text{英寸}) \tag{7.21c}$$

例 7.8

一100 英尺×100 英尺、30 英尺高的钢筋混凝土塔楼由一40 英尺方形中央筒（从中到中量测）和边柱支撑，柱距25 英尺。假定筒体为闭合圆管的筒体，忽略带洞墙和内部交叉墙。对这办公楼基础的初步设计，楼面恒载取 100 千磅力/英尺^2，活载折减为 50 千磅力/英尺^2，均匀风压取 33 千磅力/英尺^2。层面荷载取为与楼板同。建筑基础筒体部分采用6000 千

磅力/英尺^2 混凝土，墙厚沿建筑全高取为 10m 厚（即整个建筑高度为常刚度）。

筒体承担下列荷载

墙荷：4（40×360）1.5（0.150）=12960 千磅力（约 57661.63kN）

楼板恒载：0.100（70×70）30 = 14700 千磅力（约 65403.24kN）

P_D = 27660 千磅力（约 123064.87kN）

楼面活载：0.50（70×70）30 = 7350 千磅力（约 32701.62kN）

P = 35.010 千磅力（约 155.766kN）

基底风载弯矩

M_w = 0.033（100×360）360/2 = 213840 千磅力·英尺（约 290182.16kN·m）

由筒体恒载产生的抵抗弯矩

M_r = 27660（40/2）= 553200 千磅力·英尺（约 750695.72kN·m）

因而，抗倾覆安全系数

$S.F. = M_r/M_w$ = 553200/213840 = 2.59 ≥ 1.5　（满足）

细长筒行为像悬臂管，其侧向变形由弯矩控制，换句话说，其抗弯刚度低而抗剪刚度高。假设筒体悬臂总是受压以致不会发生受拉裂缝，即截面充分发挥作用，因此，初步设计时，钢筋混凝土当作弹性，忽略钢筋储备。

混凝土管筒截面性质可由假定开孔率不超过 30% 得到，这样初步校核可忽略井筒的削弱。

横截面积

A = 4［40（12）］18 = 34560 英寸^2（约 222967.30cm^2）

惯性矩

I =（$41.5^4 - 38.5^4$）/12 = 64090 英尺^4（约 554.61m^4）

截面模量

$S = I/(d/2) = I/41.5/2$ = 64090/20.75 = 3089 英尺^3 = 5337230 英寸^3（约 87461529.59cm^3）

由式 7.26，近似值为

$S \approx 4td^2/3$ = 4（1.5）40^2/3 = 3200 英尺^3（约 90.79m^3）

工作应力法中（ACI 互换设计法），（无轴力）受弯混凝土的压缩应力限制在

$0.45f'_c$，而受压无严重弯矩的墙，取为 $0.22f'_c$（忽略长细比影响）。因此，对 6000 磅力/英寸^2 混凝土的许用压应力约为 0.22（600）=1.32 千磅力/英寸^2，现在可校核基础应力条件

重力恒载引起的应力为

$$f_c = P/A = 35010/34560 = 1.01 \text{ 千磅力/英寸}^2\text{（约 }6965.23\text{kN/m}^2\text{）}$$
$$\leqslant 1.32 \text{ 千磅力/英寸}^2\text{（约 }9103.08\text{kN/m}^2\text{）}$$

由重力和风载引起的应力

$$f_c = 0.75\ (P/A + M/S)$$
$$= 0.75\ (1.01 + 213,840\ (12)\ /5337230)\ = 0.75\ (1.01 + 0.48)$$
$$= 1.12 \text{ 千磅力/英寸}^2\text{（约 }7723.82\text{kN/m}^2\text{）} \leqslant 1.32 \text{ 千磅力/英寸}^2\text{（约 }9103.08\text{kN/m}^2\text{）}$$

恒载和风载引起的应力

$$f_c = (27660/34560) + 0.48 = 0.80 + 0.48$$
$$= 1.28 \text{ 千磅力/英寸}^2\text{（约 }8827.23\text{kN/m}^2\text{）} \leqslant 1.32 \text{ 千磅力/英寸}^2\text{（}9103.08\text{kN/m}^2\text{）}$$
$$f_t = P_D/A - M/S$$
$$= 0.80 - 0.48 = 0.32 \text{ 千磅力/英寸}^2\text{（约 }2206.81\text{kN/m}^2\text{）} \quad \text{（无拉力）}$$

筒体处于受压。所以弹性方法可用于快速分析，也表明压应力保持在允许极限内，剪应力可认为不重要。

建筑顶部的弯曲侧移（忽略周边框架的有益效应后和墙体开洞的弱化效应），可简单地将筒体看作竖向抵抗均匀水平风载的悬臂梁来粗略校核。普通混凝土的弹性模量

$$E_c = 57000\sqrt{f'_c} = 57000\sqrt{6000}/1000 = 4415.20 \text{ 千磅力/英寸}^2$$
$$= 635789 \text{ 千磅力/英尺}^2\text{（约 }30530587.78\text{kN/m}^2\text{）}$$

最大建筑挠曲

$$\Delta = wH^4/8EI = MH^2/4EI = \frac{213840\ (360)^2}{4\ (635789)\ 64090} = 0.17 \text{ 英尺} = 2.04 \text{ 英寸（约 }5.18\text{cm）}$$

$$\Delta_{all} = 0.002H = 0.002(360)12 = 8.64 \text{ 英寸(约 }21.95\text{cm)} \geqslant 2.04 \text{ 英寸(约 }5.18\text{cm)} \quad \text{合格}$$

建筑最大总侧移指标 R 为

$$\Delta/H = 0.17/360 = 1/2118 \leqslant 1/500$$

总侧移指数在限制内，必须记住层间位移可能较大。

一个典型刚性框架－剪力墙结构——即侧向支撑刚性框——侧向荷载的很大部分通常由比柔性框架更刚的剪力墙承担。对粗略的初步设计，尽管两者的挠度在顶部会相等，可假定每个结构体系独立工作，然而，必须认识到，剪力墙的弯曲变形相当地不同于高层建筑刚性框架的线性剪力挠曲，这样两个系统的相互作用导致全新的结构类型。因此，只考虑建筑顶部像柱样挠曲是非常不精确的，进而，体系的相互作用会重分布，不仅只按其刚度比例分布，后面会讨论到这些。

$$\Delta_w = \Delta_f \tag{a}$$

两个系统的挠曲按其刚度表示，由式（5.2）

$$P_w / \Sigma k_w = P_f / \Sigma k_f \tag{b}$$

每个结构体系，承担一定比例的总荷载 P

$$P = P_w + P_f \tag{c}$$

将式（b）代入（c），表示侧向力，通过刚性楼板围护墙按支撑结构体系相对刚度分布。这在式（5.3）已表明。

$$\begin{aligned} P_w &= P/(1 + \Sigma k_f / \Sigma k_w) = P[\Sigma k_w / (\Sigma k_w + \Sigma k_f)] \\ P_f &= P/(1 + \Sigma k_w / \Sigma k_f) = P[\Sigma k_f / (\Sigma k_w + \Sigma k_f)] \end{aligned} \tag{7.22}$$

例 7.9

若不采用例 7.3 中增加主梁刚度控制刚框架结构的侧移，而是用 2 肢 16 英寸的厚剪力墙支置于周边中间开间的短边来加强刚度。建筑长边也为 5 跨结构。

据例 7.2，作用在典型内框上的风致剪力为 $W_1 = 113.1$ 千磅力，这个侧向压力产生的挠曲在例 7.3 导出为 $\Delta = 0.56$ 英尺。

因此框架相应的刚度为

$$k_f = P_f / \Delta_f = 113.1/0.56 = 201.96 \text{ 千磅力/英尺（约 2946.10kN/m）}$$

现假设所有风压由两肢纪念塔墙承担。每肢墙必须承担下述荷载

$$P = 0.026(180 \times 125)/2 = 292.5 \text{ 千磅力（约 1301.39kN）}$$

每肢墙提供的惯性矩为

$$I = (16/12)(20)^3/12 = 888.89 \text{ 英尺}^4 \text{（约 7.69m}^4\text{）}$$

普通4000磅力/英寸^{2}混凝土的弹性模量为

$$E_c = 57000\sqrt{f'_c} = 57000\sqrt{4000}/1000 = 3605 \text{ 千磅力/英寸}^2$$
$$= 519120 \text{ 千磅力/英尺}^2 \text{（约 } 24928142.4\text{kN/m}^2\text{）}$$

因此，悬臂墙肢的最大挠度为

$$\Delta_w = \frac{WH^3}{8EI} = \frac{292.5\ (180)^3}{8\ (519120)\ 888.89} = 0.462\text{ft（约 }0.141\text{m）}$$

相应墙肢刚度

$$k_w = P_w/\Delta_w = 292.5/0.462 = 633.12 \text{ 千磅力/英尺（约 } 9235.66\text{kN/m）}$$

墙肢和框架刚度比（由两墙肢和回榀内框构成，端头框架不是刚性的）为

$$\Sigma k_w/\Sigma k_f = 2\ (633.12)\ /4\ (201.96)\ = 1.57$$

因此，框架大约抵抗的风载比例为

$$P_f = P/\ (1 + \Sigma k_w/\Sigma k_f)\ = P/\ (1 + 1.57)\ = 0.39P$$

即榀内框架只抵抗约39%，而两肢剪力墙则抵抗61%的风载。然而，前面强调过，这个比例沿高度变化不是恒定的。

刚框架和剪力墙的相互作用实际上比这个粗步估算复杂得多，也不能仅仅从这两个结构体系在顶部的协调来求解。还需记住每一墙肢和框架的相对刚度不是沿整个高度保持常数，而会突然改变（如建筑几何尺寸变化）。必须强调，每个结构体系的变形不是简单的线性叠加，组合结构的合成刚度比其组件刚度的单纯叠加高得多。图7.29表明，框架剪切变形和剪力墙受弯挠曲相加导致整个建筑呈扁平S形曲线。由于每一结构体系的不同挠曲特征，在整个建筑上部墙肢被框架拉回，因为那里墙肢挠曲倾角大。而在较低处被推向前，因为此处挠曲框架的倾角最大仿佛是剪力型框架建筑置于柔性悬臂型结构之上。

图7.29表明，刚性框架抵抗部分总悬臂弯矩（主要的外柱的轴向作用）而其余部分由受弯剪力墙承担。剪力墙的设计显然由建筑下半部分最大弯矩控制，上半部分弯矩图曲线的转向表明刚框架相互作用的影响。对刚框架的设计，重要的是必须承担受弯时剪力的大小，对图7.29中的特定条件，框架必须支撑的最大剪力为悬臂基底总剪力的40%。注意到建筑上半部分剪力的分布相对均匀，因而结果是刚度均匀框架（有别于自由端框架）。进而，最重要的事实是建筑顶部框架必须承担剪力（尽管外在剪力

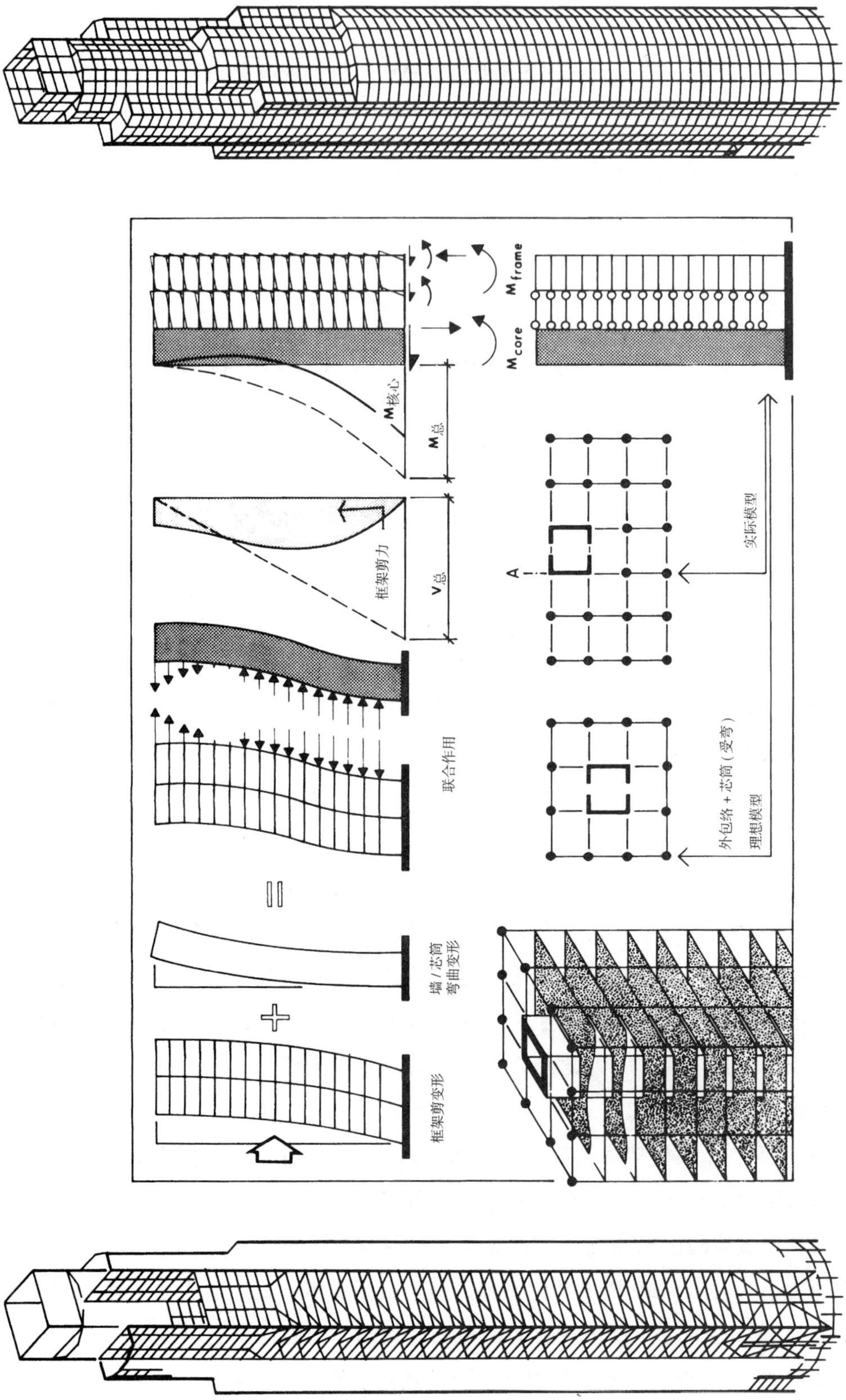

图 7.29 刚框架剪力墙交互作用

为0)，该内部剪力由框架－墙肢相互作用产生。对细高刚性框架－剪力墙建筑可得出如下结论，

- 顶部剪力梁作用占优势，其侧向力主要由刚性框架承担，由于剪力重分布，框架承担的荷载比外部高。
- 下部主要为受弯梁作用构成，几乎所有侧向力由剪力墙承担。

相比较，对中等高度的建筑，如果墙肢刚度在楼层之内至少为所有柱刚度的6倍，忽略框架－剪力墙的相互作用是合理的（式7.21)，此时，所有侧向荷载施于剪力墙，而框架只承担重力荷载。对普通平板－剪力墙建筑尤其如此，其框架几乎不提供刚度。

带外挑剪力墙

在一定高度，框支是不经济的，特别是剪力筒体太细长以致于不能抵抗过多的侧移。这时，建筑结构的效率可用楼层般高或深梁式外挑改善，从筒体伸出的外挑臂与周边结构既可采用直接连接单柱方式，也可连到腰带状桁架。这使得周边柱的作用像支撑杆或拉条，从而使应力和偏心荷载重分布，如图7.30所示。换句话说，筒体抵抗水平剪力，外挑臂将筒体竖向剪力传递到外柱，这使整个结构为类似于悬臂筒中筒的空间建筑单元，但是在“外筒”无剪切刚度。带悬挑和立柱的筒体特性类似于海轮上带撑竿和横索的桅杆，另外，重力使柱的不同缩短、全部和部分暴露外柱的大部分温度张胀缩均可得到抑制，例如，季节变化的均匀膨胀由刚性外挑牛腿防止，由此引起柱体附加压缩（图3.19)，而昼夜不均衡热膨胀会造成建筑物受弯。

图7.30a和图7.30e表示自由悬臂的侧向变形。当挑梁支撑筒体与外柱相耦合，侧向荷载下筒体（与挑臂一道）趋于转动时，柱的下拉作用使其不能象自由悬臂一样转动，此力使筒体产生反弯，表现出曲线转向（图7.30c，d，f)。这种转动约束（或部分固定)，通过柱体（形成力偶）轴力抵抗部分转动，减少了挑梁处筒体的弯矩，显然在材料使用上更有效率。因此，挑梁抵消了筒体部分弯矩或转动（图7.30h，i)，减少了建筑总侧移。有趣的是注意外挑桁架影响其下部分的侧移，但其上更大（图7.30b)。可以得出结论，挑梁臂使边柱参与承载转动和弯矩。

顶盖结构展示的建筑逆转曲线（图7.30c，f)，由于侧向荷载产生沿筒体的轴向力

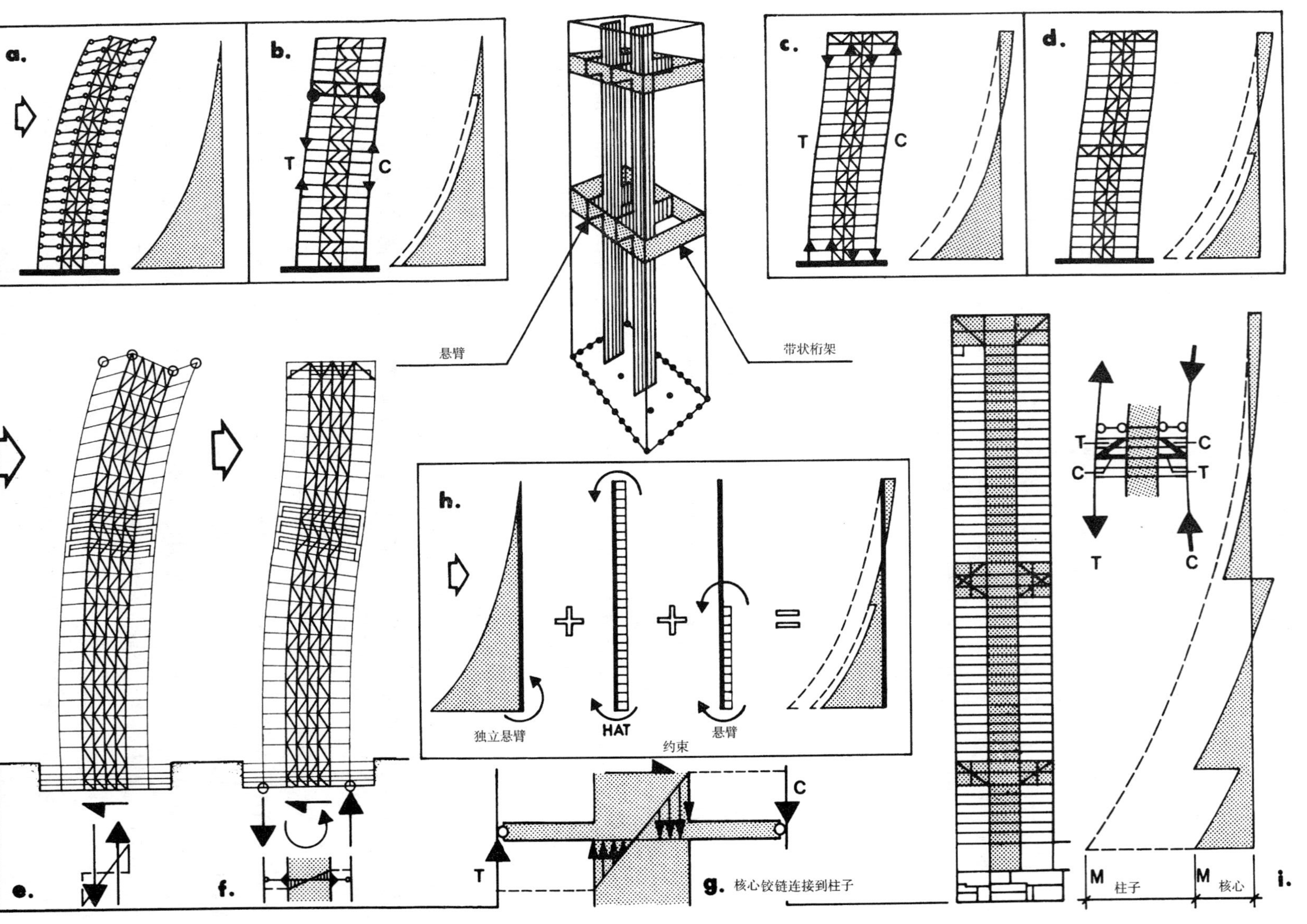

图 7.30 铰接框架+核心/悬臂结构

由拉变为压，在5/8高度处形成反弯点，而沿全高在迎风面外柱轴向受拉，背风向轴向受压。随挑梁变柔与转动，影响点向上移。与无约束悬臂梁相比，这一结构筒体的倾覆弯矩约减少30%～40%，侧移也显著减少。顶盖结构建筑对均匀风荷载 w 的响应特征可简化为刚度 EI 均一的悬臂梁。其最大挠曲矩是自由悬臂梁在侧向荷载下的值 Δ_w，由于弯矩约束作用减少 Δ_M（由顶盖挑梁和外柱的连接作用）。

$$\Delta = \Delta_w - \Delta_M = \frac{wH^4}{8EI} - \frac{MH^2}{2EI} = \frac{H^2}{2EI}\left(\frac{wH^2}{4} - M\right) \tag{7.23}$$

对弯矩约束 M 的进一步讨论参见习题7.30。

挑梁由筒体悬伸出，然后铰接到筒体以更好地发挥筒体抗弯能力（图7.30g），且不至于将弯矩导入柱体而只有轴力作用，因而不损坏柱的轴向能力。假使悬挑桁架与柱刚性连接，整个体系如同一个单元，从而只引用了一小部分筒体抗弯能力，因为筒体的墙肢离建筑中性轴相对较近。楼板梁与外柱的连接也是铰接，这样在柱中不会引起任何重力弯矩。

外挑系统可由钢筋混凝土墙梁，钢桁架，工字形钢腹板主梁，或斜杆支撑（牛腿）形成超级斜撑（图7.39a）。由于侧向力的变异，这些斜撑必须按拉压杆设计。在强震活动区，外挑 Vierendeel 体系（从中央偏心支撑框架挑出）将提供必要的延性。外挑梁布设的各个关键部位通常与设备层相吻合。建筑的侧移取决于刚度，挑梁，腰桁和筒体的数量与位置。

现在讨论外挑梁筒体原则的一些原理和实例。蒙特丽尔47层的维多利亚广场（图2.3，1964），是首个运用这一原理的混凝土建筑。楼层高的X斜撑在四个水平将结实的角柱与X形筒体剪力墙相接。匹茨堡64层的美国钢结构大楼（图5.7f，7.4e和7.30f）为带支撑的三角筒体构成，外露中空箱形柱构成的周边主框架、带墩主梁（每隔两层将柱连接到箱形拱梁）每3层将柱体连接到21根外柱的刚柱空间框架式帽，可以防止顶部转动。主框承载的2层次框仅受重荷，建筑可看作一系列竖向叠置的多层单元。等边凹角三角形建筑从本质上降低风荷载（图3.6），外围露出的管状柱用防冻液体填充（第1章“防火”节）。

52层的IDS大楼（明尼阿波利斯，图7.30i）是钢筋混凝土筒体，周边钢框架和在第3层将筒体与外柱缚在一起的桁梁。从筒体到周边柱跨度45英尺的开敞空间为3英尺高的楼板桁架，跨于桁架间16英寸深的次梁支撑复合楼板，42层的 Milwankee 第1威斯康星中心（图7.25i）中段和建筑顶部的带状桁架，与从中央筒体挑出的桁架一起，加强刚性边框结构，该边框柱距 20 英尺，在风作用下具框筒行为。建筑底部的腰桁将柱上荷载传递到柱距更宽的基底。

纽约 61 层的胜利大厦，轮轴状芯筒结构在顶部锚于两个巨大的盖梁，第 20 层以下连入周边剪力墙。这样，盖梁和周边剪力墙协助控制筒体的侧向位移。上部 38 层的混凝土结构公寓部分，竖向荷载由筒体和柱体承担。由于办公区城的 13 层楼要求无内

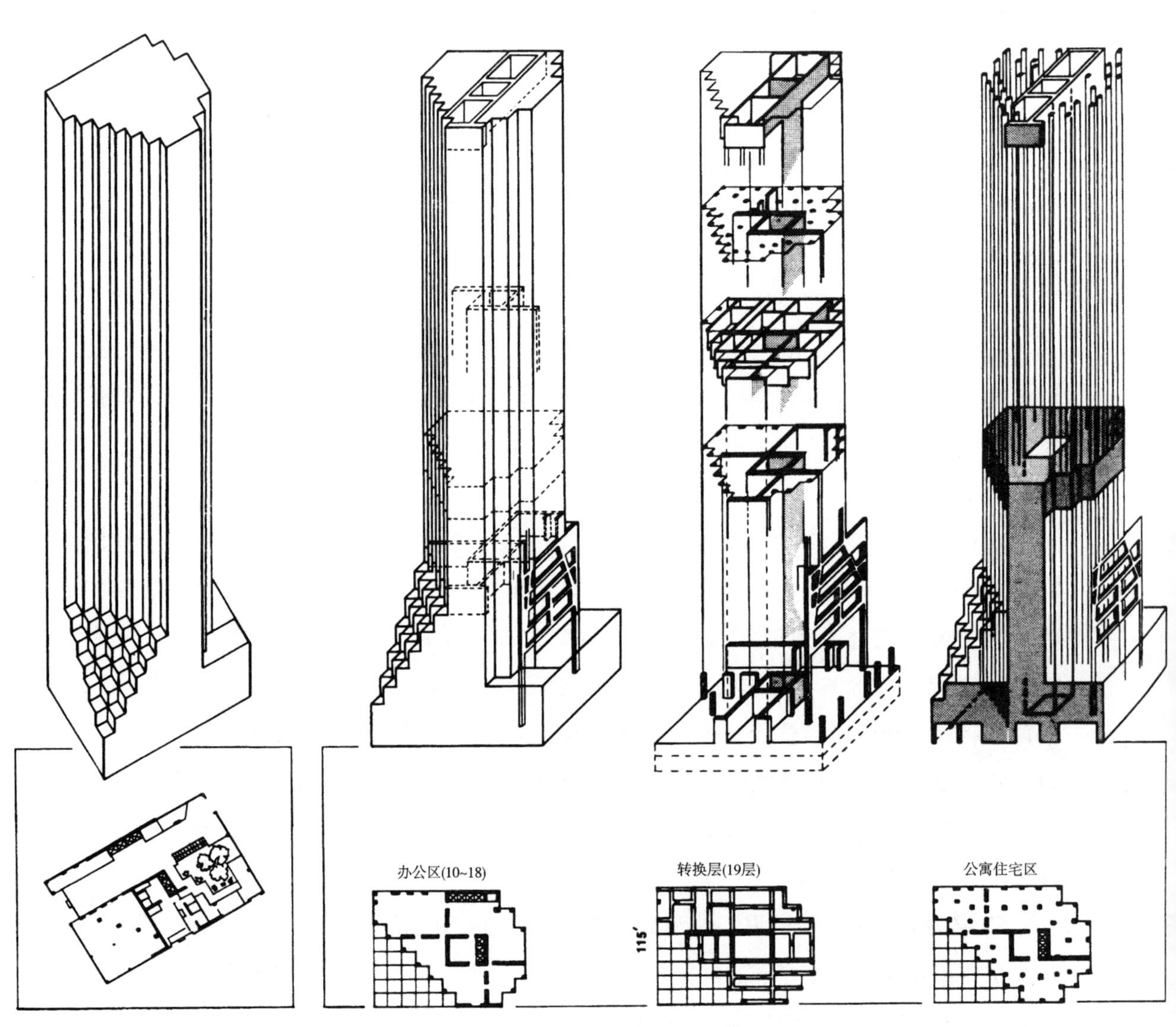

图 7.31

柱，复杂的3层楼深转换桁梁体系设于第19层的设备层，要求将52根柱减到8根，然而，结构体系也传递部分风载到周边剪力墙。另一系列转换主梁为建筑物背向的中庭所需的开敞空间。这时，在第11层楼的4根柱的荷载用人字形框架转换到第7层的2根柱体。

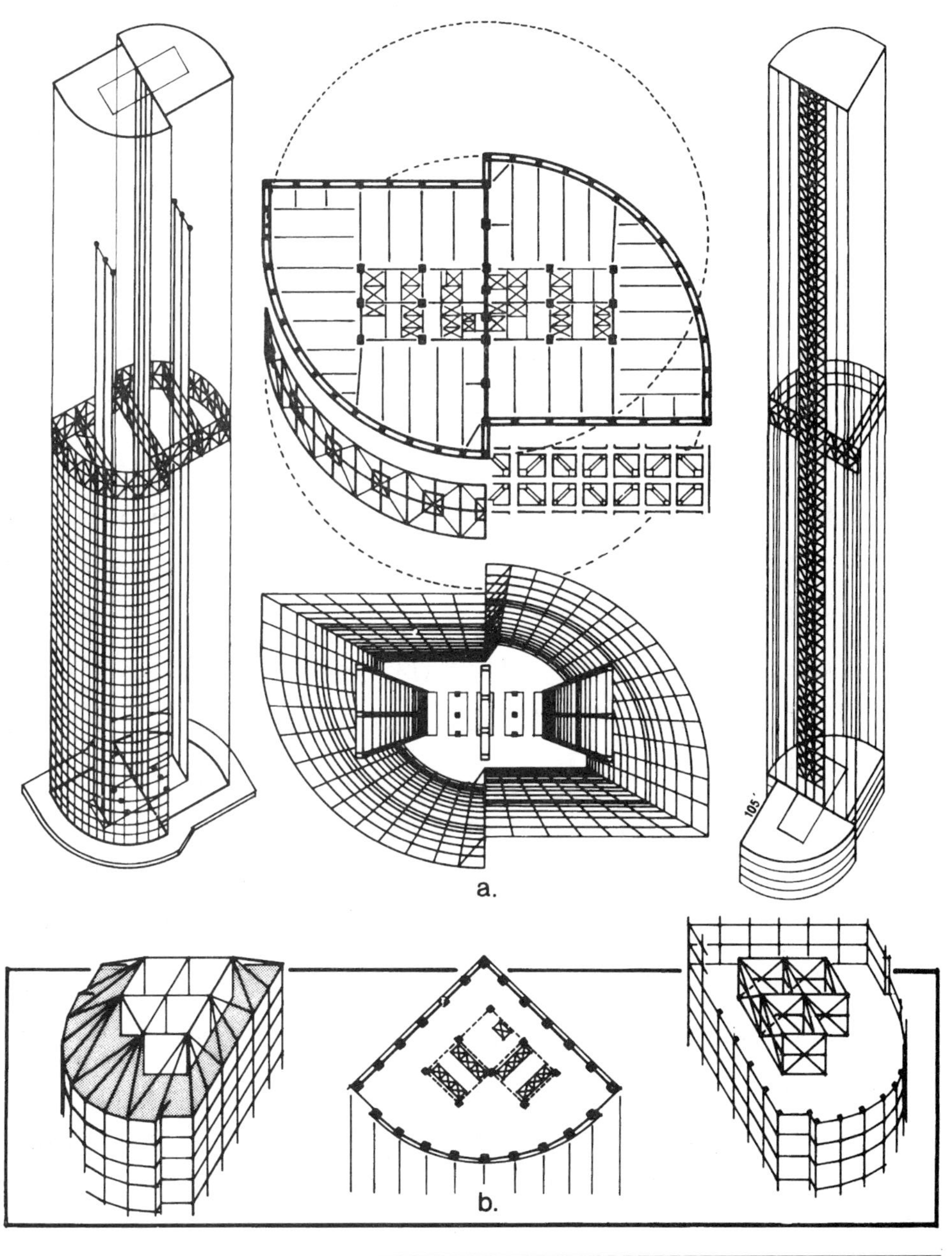

图7.32 休士顿联盟银行和纽约洲大街17号大厦(下)

休斯顿71层的联盟银行大厦（图7.32a）为束筒结构。由2个1/4圆柱钢结构筒反对称错开布置。在34楼和35楼的悬桁连接到3个垂直的芯筒桁架加强刚度。绕周边的腰桁保持建筑物的刚度，并使荷载均匀分布。次级柱体系布置在筒桁相会处，周边柱典型柱距15英尺，建筑物的曲线外形减少25%的风载。纽约17街一幢42层的大楼（图7.32b）平面呈1/4的半径为123英尺的圆形，这个钢框建筑的混合结构由束状带支撑的管筒连接到周边抵抗扭矩的抗弯钢架组成，并和空间盖桁耦合作用。

管状结构

当建筑物高度增加超过60层时，细长的内筒和平面框架不再足以有效抵抗侧向力。这时，建筑的周边框架应具备巨型悬臂管筒性能的担负这一任务，这样外壳以三维中空结构作用（即一封闭箱梁），而外墙单独联接到角柱，内部由刚性水平围护墙支撑。这一概念由自然界结构的三维作用演化出，也可在汽车和航空器壳体设计中找到。密集柱距和窄深拱梁也趋于与所有外柱重力荷载相等（作用类似于承重墙），使外柱的尺寸最小化。另外，封闭的边筒抗扭能力优越，管筒的概念使高层建筑的承重墙复活了，但这是以钢结构、混凝土结构和复合结构建造，而不是砌体结构。这类结构中，采光窗可直接置于柱体间，因此无需额外的幕墙。

在侧向力作用下，简单的中空竖向管筒性能的有效性取决于其截面属性（即建筑平面）和在腹（竖直筒体剪力墙）上开窗的数量。带洞壳筒（开孔率小于30%）可看作具备均匀翼板的理想悬臂梁。相比而言，框式筒（墙面开孔率在50%等级）不具管筒的作用。或由于“腹板”太柔不能充分发挥“翼板”行为。本质上，增加框架梁的高度，（如深拱梁式管筒）侧向刚度可大幅度改善。增加所有梁深可改善柔性框式管筒的“腹板”刚度，类似于带腰桁的框式筒，设备层的腰式桁架也可达到这一目的。自然，当斜撑充分施于框架时可达到管筒的效果。这时，筒被相连成支撑的筒，这时斜撑以轴向受力方式有效地抵抗侧向力。对这一条件，竖向柱布置间距可进一步放大，因而允许开敞的立面。

墙上开洞不必保持恒定，尽管这样做经济。窗口尺寸相应于功能要求而变化，或根据力流密度安排。巴黎590英尺高、45层的Fiat大厦（1974）采用等墙厚的混凝土管筒，窗的尺寸在宽度上随建筑高度增加，这样在顶部窗最大（顶部要求最小）。类似地，芝加哥728英尺高的64层奥林匹克中心（1981，图7.10下左或右图），混凝土框式管筒的墙随使用者的需求采用不同的开洞率。各种形式的墙体开孔和墙框式管筒示于图 7.33H ~ O，也可作为管状筒的基本组织。

- 开洞壳式管筒（图 7.33J）
  混凝土墙管筒
  压力加工钢管筒
  钢 - 混凝土复合管筒
- 框式筒或 Vierendeel 管筒（图 7.33H）
- 深梁式管筒（图 7.33I）
- 桁带框式管筒（图 7.33L）
- 桁式或斜撑式管筒（图 7.33M）
- 搁栅式桁筒（图 7.33N）
- 棱柱筒（图 7.33O）
- 组合（如图 7.33K）

单纯边筒的概念的理想方法，可采用圆或接近方形断面的紧密双对称面形式，显然，这对狭窄拉长的形状并不合适，因其刚度必须加强以保持管筒侧向力作用下的形状，以便有效抗扭。拉长形式除吸引侧向力外，沿狭窄面抗减强度很低，沿其长面的整体翼缘作用也不能激活。对建筑周边很大的单筒，必须由内部支撑。而今，大部分高层建筑的平面形状不再是规则的，因而筒的作用效率低。当平面构形要求不连续边墙时，如图 7.32a 错开的 1/4 圆周，在几何突变处会有局部应力集中，并叠加到整个管筒。许多混合建筑形状几何构成复杂，后退的阶状将一种斜撑过渡为另一种形式，这要求结构体系的各种组合方式适应空间要求。最终导致比 20 世纪 60 年代单纯柱式悬臂形式复杂的结构解答。

对于建筑形式和尺度的这些考虑，管式筒结构可按其悬臂或截面（即平面形式）根据图 7.33A ~ G 进一步组织为

- 纯管筒概念
  单纯周边管筒（图 7.33G；如框式，桁式墙）
  筒中筒（图 7.33E）
  束筒（图 7.33D）

图 7.33 管筒结构

- 改进管筒

  内支撑筒（图 7.33F）

  偏筒（图 7.33A）

  混合筒（图 7.33B，C）

高层建筑管筒原理的发明是20 世纪60 年代的精彩折现，以寻求明确的把握结构和优化结构体系。然而，管筒结构的发展，没有近期杰出的结构工程师 Fuzlur Khan（SOM）则无从谈起。他的研究、著作和建筑设计对高层建筑领域，尤其是管筒建筑有深远影响。他非常关注结构的效率，表现其建筑之美。追求结构形式的纯、真、简。许多重点在管筒结构的细微但本质的结构概念，由 Khan 在芝加哥 I. T. T. 作为建筑学教师与其学生和同事一道研究的。

尽管在 1964 年由内芯筒加强的外框式混凝土管筒原理已应用于 2 幢 38 层的办公楼——芝加哥 Brunswick 大楼和纽约 CBS 大楼。管筒建筑的早期范例应属匹茨堡 IBM 大楼（1963）13 层的搁栅钢管和芝加哥 Dewitt - Chestnut 公寓楼（1965）的 43 层框式筒体，管筒原则的迅速发展最终导致那一时期新一代的摩天大楼。1968 年，芝加哥 John Hancock 大楼的桁式钢筒体达到 1127 英尺。接下来是 1971 年休斯顿 714 英尺高的 One Shell 广场，最高的轻骨料混凝土建筑，采用筒中筒原理。1972 年，框式钢结构管筒的纽约世贸中心达到 1368 英尺，高 679 英尺复合边筒，新奥尔良 51 层的 One Shell 方塔在同年完成。1973 年完成的是芝加哥 1136 英尺高的框式钢结构管筒 AMOCO 大楼（图 2.21f，图 5.4K）。最后，1454 英尺高的钢结构束筒——芝加哥西尔斯大厦——1974 年完成于这个纯管筒式超级摩天大楼的时代。在某种意义上，为那时最高的混凝土结构，芝加哥 859 英尺高的 Water Tower Place（图 2.17e）划上句号。该建筑采用内剪力墙刚度加强的边筒。

开洞壳筒——框筒

管筒是内部由刚性楼板支撑的三维中空结构。从地面悬出、覆盖整个结构单元，而不是分离结构构件来抵御。管筒以拉、压方式承载弯矩，而剪力主要沿腹板抵抗，即由桁式筒的斜杆和框式筒的梁柱受弯承担。单纯边管筒的悬臂效率取决于墙上开洞的形状和尺寸。无窗筒体显然比许多开孔刚度要大，明显，小而圆的开洞比矩形的对力流的干扰小，因矩形会在角部和各边应力集中（图 6.9，图 6.13）小开洞率的管筒，如小于 30% 的开孔率，特征像理想的悬臂梁，当开窗为圆形时尤其如此。然而，当矩形开孔变大时，开孔墙筒变成框筒，软柔易弯，行为像平行于侧向力作用方向的开口槽形刚框架组成的偏筒结构。但是，通过增加拱肩梁的深度和刚度，其悬臂刚度和性能可大大改善。这类管筒称为深拱肩管筒。

典型框式钢结构筒体的开洞尺寸为墙面的50%，穿孔混凝土管筒在30%～40%之间，宽柱小间距并与深拱肩梁刚性连接。典型的框式筒外柱间距约4英尺到10英尺，或更大（取决于构件比例）。拱肩梁深2～5英尺。自然，梁－柱格架比例取决于建筑长细比、高度、功能要求和建筑模块。钢结构中，极紧密的柱间节点多而不经济，因为钢结构的单位成本与节点数量成比例。由于周边框架的主要任务是抵抗侧向力，象柱一样的深梁断面比传统的W14更有效。钢结构全焊接柱墩通常在车间预制，然后现场在跨中栓锚在拱肩和焊在柱肢上。钢结构或复合结构内部钢框架为栓铰连接，而刚性的楼层隔板墙铰到边筒的梁柱上。通常，楼板结构由复合楼板层组成，可能有复合钢梁或桁架。

在以分析的观点研究管筒行为特征前，首先讨论单筒的性质和回顾一些重要建筑的发展。

芝加哥43层的DeWitt－Chestnut公寓大楼（1965）是首个框式单管筒结构。这个125英尺×81英尺、395英尺高的混凝土筒的外柱距（带2英尺深拱肩梁）为5.5英尺。楼板结构由柱距大约20英尺的内柱支撑的平板组成。

运用框式筒原理最著名的例子是纽约110层的世贸中心（1972/1973，图1.14a，2.17f，5.3j，和习题7.26）。这个1368英尺高的塔楼形成一个208英尺的方形钢结构边筒，14英寸的箱式方柱在中央间距仅为3.33英尺，且由4.33英尺的深板式拱肩相连，在楼板上方14英寸仅允许宽19英寸、高78英寸的狭窄窗洞。楼板桁架深约35英寸，间距6.66英尺，与其上4英寸厚的轻骨料混凝土板复合组成。跨于筒体和外墙间，跨距35～60英尺。

管筒概念不仅局限于细高建筑物，已表明这一体系对中高层结构也是经济的，例如，23层、110英尺方形钢骨架可组织成22英尺方形开间，通过周边间隔设柱，可达成11英尺均匀柱距。这个密集栓距与刚性拱肩梁一道，形成接近方格的边筒。

20世纪60年代和70年代，早期传统矩形周边筒已逐渐被自由成形的形状取代。这些新型式从38层11条边的折叠边筒（1978，图5.7g），到50层不规则八边形塔楼（1980，图5.7c），两者均为中心柱距10英尺的钢结构管筒。145英尺×205英尺的八边形平面，高692英尺的边筒缺乏对称性，于是产生附加侧向作用，但是扭矩由封闭筒体有效地抵抗。对323英尺高，平面呈大切角矩形的框式混凝土筒体

(1981，图 7.33h)，类似于多边折叠角，中央部位的间距为 15 英尺切角与 4 英尺的拱肩深梁连接。对 726 英尺高，交切方形形成的钻石状平面塔楼（1982，图 7.33c）中央部位的复合柱间距 10 英尺，与钢结构拱肩梁连接。42 英尺的钢结构楼板梁跨在复合筒和钢结构筒之间。

匹茨堡 54 层 727 英尺高的 One Mellon 银行中心（1983）平面呈拉长的八边形（图 5.7d，7.38b)，是外露的压力加工钢板管筒，附有桁带和角部原嵌板的框式筒的柱子间距 10 英尺（中到中)，由深拱肩梁连接。1/4 ~ 5/16 英寸厚的 A36 钢板与框架复合作用减少风致晃动，钢板以 10 英尺宽、36 英尺高、3 层楼高的刚韧性格板方式安装。这些立面格板连接到框架，只传递剪力而无轴力。另外，板间需要拉条和附加连接件和铰，以消除热膨胀。由于受力表层仅控制风荷移动，无需做防火处理。周边柱在建筑上部缩进部分竖向板不连续，必须由筒体支撑。

下面讨论中，研究无任何不连续的普通对称管筒对侧向作用的反力。首先分析支撑深拱肩梁或开孔墙（小于 30% 开洞率）这样的理想管筒。中空的边管筒墙厚与横截面的尺寸比（注意与内芯筒的区别）的影响可忽略，因为刚性楼板的刚度加强效果明显。然而，侧向荷载作用下，这种薄墙梁行为引起的受弯应力不再与其到中性轴的距离成比例。对单一悬臂箱梁的理想情况（图 7.34，中)，熟知的弯曲理论（或是悬臂结）可用于初步设计。横截面积 A_c 的密集周边柱（其间距 L)，可用等效墙体厚度 t 代替。

$$A_c = tL \qquad \text{或} \qquad t = A_c/L$$

这时，矩形管筒的惯性矩

$$I = [bd^3 - (b-2t)(d-2t)^3]/12 \tag{7.24a}$$

但是，把管筒当作腹板和翼板的组合，忽略翼板对其自身轴线的惯性矩，于是可得到管筒惯性矩更简化的表达式

$$I = I_w + I_f \approx 2[td^3/12 + tb(d/2)^2] = td^2(d+3b)/6 \tag{7.24b}$$

截面模量为

$$S = I/0.5d \approx td(d+3b)/3 \tag{7.25}$$

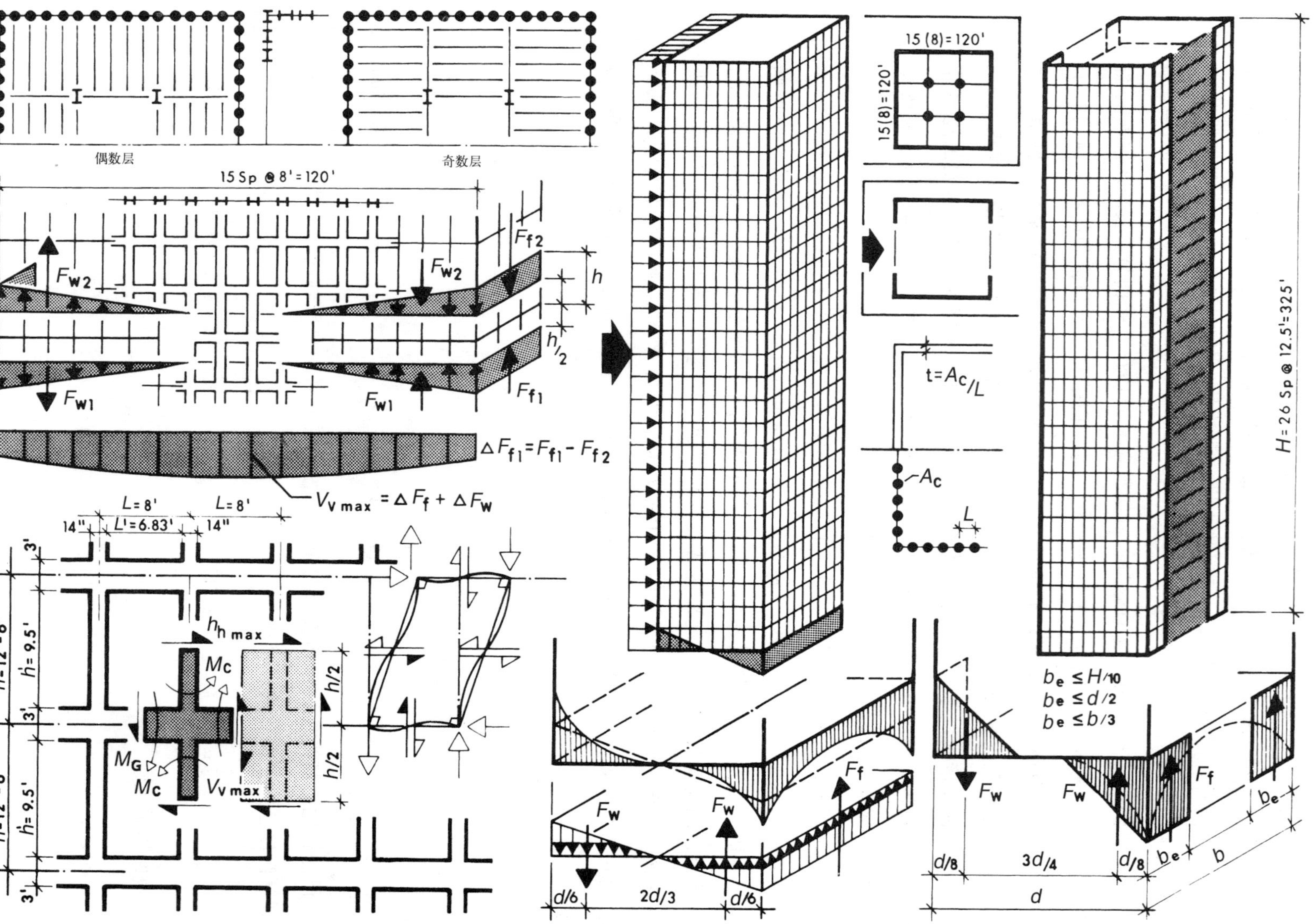

图 7.34 悬臂管筒的特性

对 $b=d$ 的方筒，截面模量为

$$S=4td^2/3 \tag{7.26}$$

方筒外层纤维应力 f_z 等于

$$f_z=M/S=0.75M/td^2$$

或：翼缘柱力为

$$F_f=f_z bt=f_z dt=0.75M/d, \quad \text{或} \quad F_f(d)=0.75M \tag{7.27}$$

上式表明，理想筒 75% 的倾覆弯距由翼像抵抗，其余 25% 由腹板承担。

因而，顺风向和背风向每根柱承载荷载 N_f。

$$N_f=f_z A_c \ (0.75M/td^2)\ A_c=0.75ML/d^2$$

令：n = 开间数 $=b/L=d/L$，导出

$$N_f=0.75M/dn=F_f/n \tag{7.28a}$$

但是其假定弯距完全由翼板承担，那么，每根柱承担的力为

$$N_f=(M/d)\ /\ (n+1)\ =F_f/\ (n+1) \tag{7.28b}$$

沿腹板面的剪力使柱和主梁受弯。对初步估算言，水平剪力看作由封闭管中导出一样等值分布。这时腹板墙当作刚性框架，按门架法，内柱剪力由每层半高处的剪力平衡。

$$V_h=f_v A_c=(V/2)\ /n \tag{7.29}$$

这里，V 为给定水平的总侧向剪力。

主梁剪力的近似计算，可采用墙体框架划为十字形模块（图 7.34）的办法，就像在柱的半高处和拱肩跨中定义反弯点。或等效矩形板模块一样。沿模块剪力平衡导出

$$V_v\ (L)\ =V_h\ (h) \quad \text{或} \quad V_v=V_h\ (h/L) \tag{7.9a}$$

关键梁、柱截面的弯距为

$$M_c=V_h\ (h'/2), \quad M_G=V_V\ (L'/2) \tag{7.30}$$

带洞墙筒，无视其墙体性质，采用实墙的理想管筒性为做初步设计是不现实的，如图 7.10 所示。对减弱的悬臂效果，可做下列假定：

- 剪力看作均匀并由腹板承载，即墙平行于侧力作用风向（式（7.29））
- 弯曲由翼板均匀承担，即墙垂至于侧向力（式（7.28b））

另一方面，框式筒的行为相当有别，介于纯悬臂结构和纯框架之间。薄壁梁和墙体大开洞（墙面开洞尺寸在50%等级）的影响，使线性应力分布的假定不现实。三维管筒的有效性受腹板框架的柔性——特别是拱肩梁轴力分配下剪滞的限制。由于柱间剪滞，角柱产生更大的力，这样离角部较远的柱有效性小（图 7.35），因而，抵抗侧力时筒体的三维整体性不再有效。对初步估算，封闭筒可由开口或部分筒（由两个沿腹板方向抵抗倾覆力矩的等效槽形截面）代替。这时，翼板有效宽度 b_e 近似为不超过腹板深度（$d/2$），1/3 管筒翼板宽度（$b/3$），或建筑高度的 10%（$H/10$），记住这些仅是经验值。利用图 7.34 右的槽形截面尺寸，其抗弯能力

$$\begin{aligned} M &= F_f(d) + F_w(3d/4) \\ &= f_z(b_e t)d + f_z(3dt/8)(3d/4)/2 \end{aligned} \tag{a}$$

翼缘轴向承载力 F_f 可由式（a）导出为

$$F_f = F_z b_e t, \qquad m = b_e + 9d/64$$
$$F_f = Mb_e/dm \tag{7.31}$$

腹板轴力 F_w 由式（a）导出

$$F_w = f_z \times (3dt/8)/2, \qquad m = b_e + 9d/64$$
$$F_w = 3M/16m \tag{7.32}$$

事实上，沿腹板剪应力不为常数，而是在腹板中性轴为最大（图 7.34，左），如例 7.10 所示。必须记住。一些柱和主梁的最大剪力也会造成较大的弯距。为克服框式中空管筒的剪滞问题，如前提及可采用深拱肩梁和桁架。SOM 著名结构工程师 Fazlur Khan 将发展的概念用以设计芝加哥 John Hancock 中心和西尔斯大厦的筒状承重墙。这些例子中，由于侧向作用的弯曲应力 f_b，不超过轴向应力 f_a 的 1/3，或 $f_b/f_a \leqslant 0.33$。这样，风载不致增加支撑构件尺寸（见式（2.8））。

第三章“隐性荷载”节已讨论了高层管筒结构的“碟效应”。中央筒体（仅承受重力）和外筒（抗风系统）间存在差异沉降。相对于外柱而言，内筒会变短引起楼板卷曲。要克服这一问题，不受风载柱要设计得略长，并用低强度材料，而侧面受风柱宜用高强材料。

理想等墙厚细长管筒的侧移由挠曲性控制。均匀风荷载使竖向悬臂梁挠曲量

$$\Delta = wH^4/8EI \tag{7.33}$$

这时，由封闭中空提供的惯性矩由式 7.24b 给出。实际上，管筒的柔度决定侧移。对单一框式筒，挠度来源于平行于侧向力的腹板框架的弯曲特性，一般来说，70% ~ 75% 的侧向位移由于腹板框架受剪，而其余是周边柱的理想化筒体受拉压。对初步估算而言，保守地可将框式筒当作平面框架，其平行于风荷载的两面作用独立刚架，根据门架法（式 7.17）忽略内柱轴向变形。例如，纽约世界贸易中心细长塔的侧向变形，可如习题 7.26 所示那样由腹板的层式移动估算。

例 7.10

图 7.34 所示，26 层 325 英尺高，120 英尺 ×120 英尺框式筒，平均层高 12 英尺 6 英寸，柱距 8 英尺。可用下列荷载条件：

楼板/层面恒载，包括顶板和附件：	60 磅力/英尺^2
隔墙恒载：	20 磅力/英尺^2
折减后的办公活载	50 磅力/英尺^2
层面活载	15 磅力/英尺^2
风载	40 磅力/英尺^2

建筑基底典型边柱，经分析采用 A36 钢以控制侧移。

管筒结构中，外边框作用像承重墙，柱群帮助分配重力流，因此可假设是荷载平均分布，这样做强度上是保守的，因为应力趋于超载点零分布到强度富余区域。然而，必须记住，由于柱距大，边墙相对于竖向刚度相当柔，那么大部分重荷传到角柱。

因而，像本例一样，用从属面积法循环轴向重力（也可由于柱距相对较大的框架结构），如果竖向刚度满足该值是保守的。

尽管会产生应力重分布，由于楼板的框格布局柱中重力流并不均一。为使荷载分

配差异最小，偶数楼板框架体系与奇数的正交定位：可以假定，除支撑主梁的8根柱和4根角柱外，其他柱中力流相当均匀。明显，主梁柱承载较多重荷而角柱较少。但是，必须记住，与其他柱相比，尽管角柱不承担太多重荷，但承担大部分风载。

位移建筑物中轴线之一的典型立面柱，在地面层平面承载下列轴向荷载（注意，对选定的奇数楼板体系包含层面框架）

幕墙荷载：0.015（8×325）	=39.0 千磅力
楼面恒载：0.080（8×20）13	=166.4 千磅力
总轴向恒载：	=205.4 千磅力
楼面活载：0.050（8×20）13	=104.0 千磅力
总轴向荷载：	=309.4 千磅力

1）粗略校核框式筒。作为初次近似，假定剪力由腹板，而弯距全部由翼板承载

建筑物必须抵抗下列总风载

$$V_w = 0.040（120\times325） = 1560 \text{ 千磅力（约 6940.75kN）}$$

建筑基底的倾覆弯距

$$M_w = 1560（325/2） = 253500 \text{ 千磅力·英尺（约 344001.02kN·m）}$$

管筒翼缘（即垂直于风向的其他）以控压方式抵抗整个弯距，

$$253500 = N_T（120） \quad 或 \quad N_T = 2112.5 \text{ 千磅力（约 9398.94kN）}$$

因此，迎风面和背风面的16根柱之一（受拉或压，取决于风向）承载

$$N_c = 2112.5/16 = 132.03 \text{ 千磅力（约 587.38kN）} \tag{7.28b}$$

沿平行风向之腹板面的柱假定为仅支撑剪力而无轴力。据门架法，对15个等开间，其每根内柱的均匀风致剪力（不考虑楼层的实际剪力分布）为

$$V_h = 1560/2/15 = 52 \text{ 千磅力（约 231.36kN）} \tag{7.29}$$

作为快速计算，假定第一层楼半高处柱的剪力反弯点位置，这样总主梁面上由于剪曲的临界弯距为

$$M_c = \pm V_h（h'/2） = 52（9.5/2） = 247 \text{ 千磅力·英尺（约 335.18kN·m）} \tag{7.30}$$

相应的主梁剪力和弯距为

$$V_N = V_h\ (h/L)\ = 52\ (12.5/8)\ = 81.25\ \text{千磅力（约 361.50kN）} \qquad \mathbf{(7.9a)}$$

$$M_G = V_v(L'/2) = 81.25(6.83/2) = 277.47\ \text{千磅力·英尺（约 376.53kN·m）} \qquad \mathbf{(7.30)}$$

2）现在，采用等价槽形截面的偏筒这一更精确的方法确定柱中近似风致剪力。

考虑作用总楼层面上的风力之和，建筑物必需承载的总风致剪力，

$$V_w = 0.040\ (120 \times 318.75)\ = 1530\ \text{千磅力（约 6807.28kN）}$$

第 1 楼层面半高的倾覆弯距为

$$M_w = 1530\ (318.75/2)\ = 243844\ \text{千磅力·英尺（约 330897.77kN·m）}$$

有效翼缘宽度为

$$b_e = b/3 = 120/3 = 40\ \text{英尺（约 12.2m）} \leqslant d/2 = 60\ \text{英尺（约 18.3m）}$$

$$b_e = H/10 = 325/10 = 32.5\text{ft（约 9.91m）（控制值）}$$

式（7.31）的系数 m 为

$$m = b_e + 9d/64 = 32.5 + 9\ (120)\ /64 = 49.38\text{ft（约 15.06m）}$$

总翼缘力为

$$F_f = Mb_e/dm = 32.5M/120\ (49.38)\ = 0.005485M \qquad \mathbf{(7.31)}$$

第一楼层半高处总翼缘力为

$$F_{f1} = 0.005485\ (243844)\ /2 = 668.74\ \text{千磅力（约 2975.36kN）}$$

第一层以上，总翼缘力为

$$V_{w2} = 0.040\ (120 \times 306.25)\ = 1470\ \text{千磅力（约 6540.32kN）}$$

$$F_{f2} = 0.005485\ (1470 \times 306.25/2)\ /2 = 617.32\ \text{千磅力（约 2746.58kN）}$$

在 $b_e = 32.5$ 英尺上分布这个总翼缘力，柱距 8 英尺时每柱分担

$$N_c = 668.74\ (8/32.5)\ = 164.61\ \text{千磅力（约 732.38kN）}$$

将此结果与 1）所得比较，发现 $x = 164.61/132.03 = 1.25$，或角柱的力比前大 25%。通常，为快速近似计算，可角柱的轴向风载增大 50%（与连续管筒相比）以考虑剪滞。

基底与一层以上轴向力的差值等于腹板剪力，就像图 7.34 剪力图的曲线部分所反映的那样。

建筑角部最小腹板剪力为

$$\Delta F_f = 668.74 - 617.32 = 51.42 \text{ 千磅力（约 228.78kN）}$$

总腹板力

$$F_w = 3M/16m = 3M/16(49.38) = 0.0038m \qquad \textbf{(7.32)}$$

在基底，总腹板力为

$$F_{w1} = 0.0038(243.844)/2 = 463.30 \text{ 千磅力（约 2070.21kN）}$$

一楼以上总腹板力

$$F_{w2} = 0.0038(1470 \times 306.25/2)/2 = 427.68 \text{ 千磅力（约 1902.83kN）}$$

腹板中性轴最大竖向剪力由翼缘和腹板剪力组成

$$V_{max} = \Delta F_f + \Delta F_w = 51.42 + 35.62 = 87.04 \text{ 千磅力（约 387.26kN）}$$

柱端面相应的主梁弯距

$$M_G = 87.04(6.83/2) = 297.24 \text{ 千磅力·英尺（约 539.06kN·m）}$$

同时，剪滞引起比简化稍大的弯距（约 7%），相应柱的剪力和弯距为

$$V_{hmax} = V_{vmax}(L/h) = 87.04(8/12.5) = 55.71 \text{ 千磅力（约 247.86kN）}$$
$$M_c = 55.71(9.5/2) = 264.60 \text{ 千磅力·英尺（约 223.36kN·m）}$$

对柱的初始设计而言，可合理地认定管筒足够刚度以致于柱仅受侧向支撑。无支撑长度 $h_x = 9.5$ 英尺也缘于截面弱轴，故

$$(Kh)_y = 1(9.5)$$

典型腹式柱（无主梁或角柱），必须抵抗轴向重力和剪曲弯距，而同样的在受到正交风载作用时作为翼缘柱。对于初步校核，假定这一关键的典型柱位于管筒中性轴，这一点它必须抵抗最大剪力而不是承载轴向风力（由与角柱相邻的柱承载（而剪力小））。注意柱以其有效抵抗剪曲的强轴定向。

W14 柱（$B_x \approx 0.18$）各种加载条件的分析如下：

腹板作用：

$$D + L + W: \; P_{eq} = P + B_x M_x = 0.75[(309.4 + 0.18(264.6)12)]$$
$$= 660.71 \text{ 千磅力（约 2939.63kN）} \geqslant 309.4 \text{ 千磅力（约 1376.58kN）}$$

$$D + W: \quad P_{eq} = 205.4 + 0.18(264.6)12 = 776.94 \text{ 千磅力（约 3456.76kN）}$$

（显然为控制值）

翼像作用：

$D+W$： $P_{eq}=205.4+164.61=370.01$ 千磅力（约 1646.25kN）

$D+L+W$： $\geqslant 0.75\ (309.4+164.61)=355.5$ 千磅力（约 1581.69kN）

注意柱的设计显然应基于腹板作用，即剪力面而不是翼缘作用！

由 AISC 柱表，对 $KL=1\ (9.5)$，试

$$\text{W14}\times 132,\ P_{all}=772.5\ \text{千磅力},\ A=38.8\text{in}^2$$

另外，也可用近似许用应力的手工设计方法。

$$F_a\approx 23-0.1KL/r=23-0.1(1)9.5(12)/4=20.15\ \text{千磅力/英寸}^2(\text{约 }103.44\text{kN/m}^2) \quad (\mathbf{4.47})$$

因而，要求横截面积

$A=N/F_a=776.94/20.15=38.56$ 英寸^2（约 248.77cm^2）$\leqslant 38.8$ 英寸^2（约 250.32cm^2）

框支筒

框式边筒的固有弱点在于其拱肩梁的弯曲性质。通过增加斜杆以最小化剪切变形，其刚性有本质改变。这时，剪力主要由轴向作用的支撑直接吸收，而不是由受弯的拱肩梁，这样生成接近真实的悬臂梁。斜撑有效地转换筒周力，保持筒体形状。由于支撑有效地吸收侧向力，外柱柱距可更宽，从而有更广的开间。

除流行的对角支撑框式筒采用宽大间距斜撑，还可看到桁式筒（即桁式墙）和格栅桁架式筒（即无竖向柱的密排斜撑）体系，如下所示。

由于空间桁架与框式筒间的相互作用，斜撑框筒的行为相当复杂，为进一步理解，最初可将每个系统看作独立的。在侧向荷载作用下，桁式腹板（由斜撑和水平拉条组成）以拉压方式有效抵抗剪力，而空间桁式筒整体抵抗扭转（即倾覆），角柱作为空间悬臂桁架的弦杆承载最大的荷载。桁架有效地传递筒周荷载，特别是扭矩（各边不相垂直时尤其如此）。在重力荷载作用下斜撑分配荷载和位置差以使墙的应力相等，因为在重力荷载作用下斜撑作用像倾斜柱，也不会产生拉应力，对超高层建筑斜撑应以约45°角布置，会有更宽的空间断面。

旧金山 26 层的 Alcoa 大楼（1967，图 7.25m）是早期桁式钢结构筒的有力陈述。100 英尺×200 英尺的 12 根外柱、398 英尺高的管筒以 51 英尺间隔，由 X 支撑连在一

起呈现竖向桁架。墙元突出幕墙外3.5英尺，而防火仍是必须的。

细长的拉杆在支撑五层楼的斜撑交叉的柱间半空悬吊，使得建筑物结构上为一叠四个6层楼。尽管附加内钢框架的各个方向必须提供25%的地震抗力，以满足必要的延性。

最普通的支撑筒为斜撑框筒，正如100层的芝加哥John Hancock中心（1968，图7.25e）大胆表现的那样。这个1127英尺高的削顶金字塔的斜撑构件不仅用作支撑，也把周边柱连在一起，使整个钢结构建筑象一个平均横截面132英尺×211英尺的中空筒。几乎所有荷载工况下斜撑均受压，对这个建筑的进一步分析读者可参见习题7.27。

第一个混凝土斜撑框筒为纽约50层的第3大街办公楼（1985，图7.33中底）。对这个极细的570英尺高，70英尺×125英尺平面高宽比8:1的筒，支撑的作用由混凝土的对角方式填充窗洞，同时沿对角配置达到。在窄面只需设置单斜撑，而宽面设置双斜撑，外柱沿周边柱距（中到中）9.33英尺，极细长的建筑比例要求斜撑混凝土筒体，以获得必要的侧向刚度和有效地利用混凝土重量作为稳定和预加应力媒介，克服拉应力，减少开裂。内筒墙允许无柱的自由空间，因其尺寸小且位于中央，对抗侧力有微小影响。另外，筒的偏心引起外柱重力荷载，以及相应的徐变和收缩长期效应的不均匀分布，因而也要求斜撑等量有效地分布柱体应力。

纯搁栅筒中，边墙由柱距紧密的斜撑作为侧斜柱以承载重力荷载和支撑建筑物抗侧力，斜撑也可由拱肩梁连接起来。斜撑对倾向力的响应有效率，但传递重荷不如柱那样有效。进而，斜撑间要求大量节点和开窗的细部问题，使纯搁栅式桁架不现实，尤其对钢结构言。边筒的概念首先于1963年应用于13层的IBM大楼（匹茨堡，图2.17b，5.3k，7.25n）。用4个搁栅式桁墙在边角连接，构成筒体，对角搁栅110英尺×137英尺、高170英尺的钢筒由平板体系连在一起，这些板也作为楼板的连接件传递一半的楼面总荷载，也以围护方式传递侧向力。对其他支撑筒体结构，读者可参考图7.25。

筒中筒

为改善框支边筒的剪切刚度，可加内支撑钢或混凝土筒。尽管建筑物中央的剪力筒体弱弯（由于位置靠近转动轴），它却提供抗剪，减少外框筒的剪切变形。或许可得出结论，这种相互作用使外筒主要抵抗转动，而内筒抵抗剪力，这就导致内支筒的轴向应力与外框筒的一样大。这样，两个结构体系的相互作用产生了一全新的结构体系，其行为可看作框式筒剪切模式与剪力墙受弯模式的叠加，结果为扁平S-曲线（图

7.35，左)，其中在顶部框式筒减小剪力筒的侧向挠曲，而靠近基底筒体减小了框架的挠曲。

对初步设计而言，外框筒可由腹板替换，即用平行于侧力作用分析的平面框架。假设楼板与筒体销钉连接，这样成为仅传递侧力的轴力构件，如前述建筑上部两个系统被推开，而靠近基底被拉拢基于框架－剪力墙相互作用系统（图7.29）。可归结出近似分析法。自然，当楼板框架为弯距连接到内外筒体，那么耦合效应使分析变得更加复杂化。

1964年建成的最初两幢筒中筒建筑都是用钢筋混凝土，其周边长几近相同。外部155英尺×125英尺，高491英尺的纽约CBS总部（图7.33，底右）围成85英尺×55英尺的内筒，外部5英尺宽的柱相距10英尺。厚重的三角形（实际为五边形）柱只允许5英尺的开间，而给人以承重柱墙的表象。相比，边柱墙筒170英尺×114英尺，高478英尺的芝加哥Brunswick大楼围成93英尺×37英尺的内筒，1.75英尺宽的柱沿建筑周边间隔9.33英尺（图2.6中）。

筒中筒的概念大规模引入为休斯顿714英尺高的One Shell广场（1971，图5.4h），这一建筑中，192英尺×132英尺边筒围成98英尺×56英尺内筒，所有外柱18英寸宽，随高度变化，间距6英尺（中到中），楼板结构类似于芝加哥的Brunswick大楼。

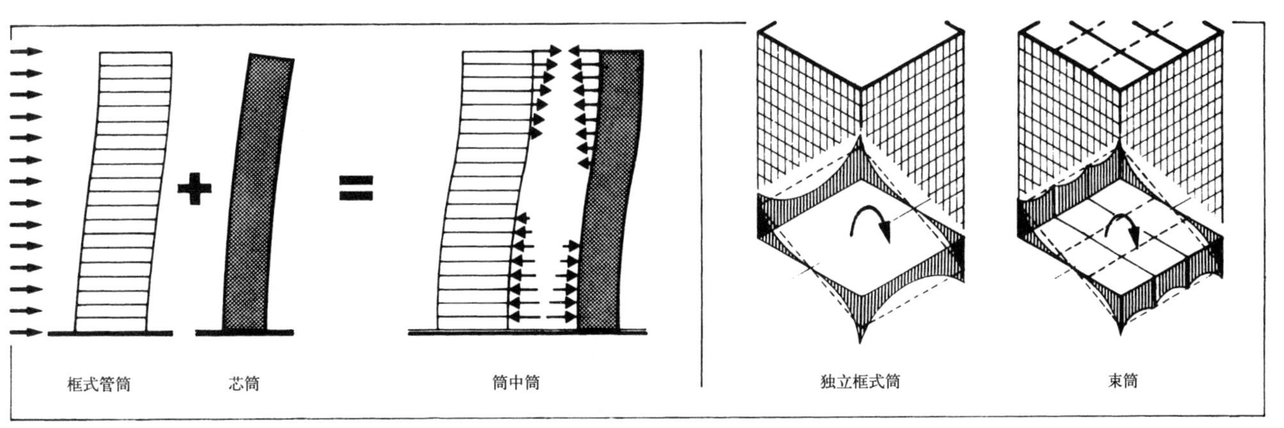

图7.35

澳大利亚悉尼70层的MLC中心（1976，图5.7h）平面呈八边形，仅有8个厚重锥状边柱，由6英尺高拱肩梁连接，沿周边跨距35英尺和60英尺。这个786英尺高的钢筋混凝土结构像个筒中筒，其141英尺见方，深拱肩式外框筒围出一个67英尺方形内筒。

日本东京60层的办公大楼（1978，图7.33，中右），由143ft×234ft，742英尺高的带41英尺宽内螺旋筒体组成。这个结构用钢骨架混合体系，其边钢柱间距约10.5英尺，内筒带缝预制混凝土填充墙板用于建筑塔楼部分，它可抵抗30%的侧力，增强建筑物刚度。切缝可防止嵌板吸收过多的能量，因而使其行为像延性剪力墙，因而其在反复循环地震荷载作用下，其行为与钢骨架的弯曲行为协调。

日本人进一步将筒中筒概念发展为三重筒用于东京52层办公楼（1974，图7.33g）塔楼为带大切角的三角形，三个主楼面161英尺长，而三个切角边63英尺。这个结构，外框筒抵抗所有风载，而三个筒一起抵抗地震力，建筑物所有柱相距9.9英尺。

新一代高层建筑自由形成、发展的平面形成如图7.33e所示，表征切角重组的平行四边形。这个筒中筒结构由钢筋混凝土边框式筒和混凝土内筒构成。钢材用于楼板和内柱。边筒由3英尺宽柱（间距9.66英尺）和3.25英尺高拱肩梁（从建筑顶到底厚度增加）组成。框式筒绕角部由实墙完成以便力的连续传递。

束筒

束筒不仅可看作边筒高度相互直接相邻的多重筒体的集合，也可视为由内部框式腹板形成的复式筒结构刚度加强的大型边筒，其行为类似由地面伸出的巨大多单元带洞箱式悬臂主梁。由于每个筒体表现的行为独立，平行于侧力作用的内外腹板在外框架连接处产生峰值应力点（图7.35，右）。因而单边筒的剪滞大大减小，由分布更均匀的柱力替换，从而达到更有效的翼缘作用。由于多单元悬臂筒的三维作用，对于规则形状束筒的初步设计，可当作真实悬臂梁（忽略剪滞）对于不同高度束筒的设计而言，重要的是重荷下柱的缩短差异。例如，100层楼筒体的缩短为相邻50层筒体2倍，这一不协调性必须关心。

对超高层建筑，束筒原理不仅从强度的观点是有效的，对不规则平面和建筑构形的支撑结构亦如此。这时，不规则平面可划分成不同形状的独立单元，形成可在任意期望标高终止的竖向筒体。

第一个也是最著名的束筒结构是芝加哥110层的西尔斯大厦（1974，图7.33，中右）。这个1454英尺高的筒由9个75英尺方形框式钢筒在不同高度集束，形成在底部达225英尺的方形筒，相邻筒共用框架墙。柱相距15英尺，最大柱在角部以响应风载。柱由40英寸高、75英尺跨的复合楼板桁架连接（图5.4m），结构周边对单筒来说太大——几乎不能用交叉框架支撑，以致于达致剪滞大大的减低的纯管悬臂梁。结构效率用33磅力/英尺^{2}的低耗钢量表述。由于单个筒体的独立强度，其在不同高度消失，在66层和90层两次收进，在29～31层的设备段采用腰桁为转换体系。这些桁架体系将结构横竖相连，增加了结构的侧向刚度，将上部楼层的重力和风载分配到下面更大的模块，减少了“碟效应”（特别是收进处，由于重力引起柱的差异缩短）。力流大小的初步分析示于问题7.28。

芝加哥57层的OneMagnificentMile（1983年，图7.33中左中）是由3个6边形钢筋混凝土框筒构成，每个的高度均不同。外柱距在不同标高相应于不同功能而设：对办公区，为20英尺；对公寓层在2.5英尺到9英尺变化；对商用和停车层面，为20英尺。内筒柱距10英尺。公寓和办公楼层采用大板法施工。模块筒体不必同形。例如，迈阿密53层的东南财政中心（1984图7.33d）730英尺高的复合筒由矩形筒和阶梯状三角筒（带普通框架——其间为剪力墙）构成。内部重力式框架是全钢结构。

委内瑞拉Caracas的TorreBanaven办公大厦（图5.4j图7.25c）处于严重地震活动带，要求特殊的钢结构束筒，该大厦由三个独立的平面呈三角形的桁式框筒组成，中央筒高680英尺，在两层楼层的设备水平，三个筒由水平钢桁架连接起来，使整个建筑对于侧力作用活像一个整体。

下面章节讨论改进过的纯筒概念。

内支筒

拉长或复杂几何平面形式使边筒的腹板作用不可能实现，这样如果不施加内支撑，不可能产生剪切抗力。类似地，复合相交形状要求附加内部刚性加强的结构，以使边筒像整体系统一样。下例案例实证一些典型条件。

改进筒体的一个早期范例，是859英尺高的Warter Tiwer Okace（芝加哥1976，图2.17e）这长220英尺×95英尺的细长大厦外柱间隔15.5英尺，拱肩梁相对较浅，边筒因此很软，不得不用对分筒体的内部剪力墙横向支撑，并承担65%的风载。64层塔楼到12楼基底双开间的传递（这是抗风体系变为双筒）由13层楼的10英尺深的混凝土梁网格实现。

更复杂的几何形状也许并非单筒作用，如示出的253英尺×113英尺接长的不规则

6 面形（图 7.33f）高 503 英尺的塔楼。本例中，单一框式，10 英尺柱距的钢结构边筒的概念，由于 6 面形平面顶点的过度剪滞，使其不可能得到有效筒体响应而不得不改进。但是经横向增加钢框架，外墙连在一起充分达到翼缘效果。

休士顿 50 层的 Four Allen 中心（1984，图 7.33 底左）平而呈带半圆端的拉长矩形，这个 109 英尺 ×259 英尺英尺细长的 695 英尺高塔，具有狭窄非紧凑形状和宽度仅 26 英尺的线筒，要求由柱距 15 英尺的边筒构成的混合钢结构。内部治三条线支撑：由构成筒体剪力桁架的腹板和每边的框架系统，以及正层楼高的次级桁架，形成四单元束筒。横框由 40 英尺跨的凸梁构成，即中跨上下楼板与短柱焊接，这样为筒体和边柱间提供了必要的竖向剪切抗力，改善了刚度。柱体支脚间的连接不承载，也不传递任何竖向荷载，通过强制使反弯点进入主梁，柱体只只提供风载挠曲抗力，因而大大改善了结构的刚度和强度，使建筑像筒一样工作。由于筒体剪切桁/框架相互作用，在建筑物顶部和底部框架柱是不必要的，在这些层面略去了。典型例子是 40 英尺跨 W21 楼板梁连入每个边柱形成框架，与 15 英尺跨由英寸厚的轻骨料混凝土板置于 3¼英寸深金属底层[❶]构成复合楼板。

休士顿 970 英尺高的束状钢结构筒，Allied Bank 大厦（1983，图 7.32a）由 2 个 1/4 圆周反对称放置，横向由带挑桁和腰桁的支撑剪力墙刚度加强。

部分筒

通常框筒概念与高层建筑相联系。对于中等高层结构，也许不必开发整个周边以抗侧力，代之以不完全或沿建筑腹板的 C－式部分筒就已足够。这个方法直接相应于框式筒的近似设计，而边筒可缩减为抵抗倾覆力矩的两榀等价槽钢（图 7.34 右）。一个早期范例是密西根 Sowthfvekd，周边 183 英尺 ×93 英尺、450 英尺高的城市大厦（1975）。这个结构中钢结构偏筒（即槽形非完全桁式框筒）横过短边，沿长边扩展 45 英尺。

芝加哥 58 层的 Onterie 中心（1986，图 7.25d）由两端的外对角框式槽筒提供稳定。这个混凝土框式筒的柱距 4.5 ~ 6.5 英尺，用混凝土填充窗间空隙以对角模式支撑，这些填充墙板不仅作为管筒的桁式钢结构管筒的斜支撑，也作为剪力墙板。两个开口筒之间的相互作用由楼板围护墙和拱肩梁（跨过开口处）提供。支撑角部向外冲的合力由环绕建筑三个楼面的拱肩梁持续张拉限制。

---

❶ 即压型钢板——译者注。

新一代摩天楼超然于纯结构体系的趋势以休士顿 75 层的德克萨斯商业大厦为代表，完成于 1981 年，高 1002 英尺的复合筒平面呈 160 英尺方形，其中一角切去 45°的大切角，形成一个五边形（图 5. 7b，7. 33a）。该塔为一割裂的管，形成一开口框式边筒，中央复合柱间距 10 英尺，这个不完整筒在第 5 边（切角处）由 85 英尺的大跨钢桁梁连接。侧向荷载沿此开口边由连梁传递到 *U* 形复合剪立筒体，楼板为钢结构框架。

混杂筒

许多复杂的建筑形状源于繁杂的几何构成，而不是源于支撑结构的特性。因而，为满足几何要求结果往往不是直线式的纯结构，而是相应于经济解决方案的结构体系的组合。这些混合结构系统相当复杂，就象那些修正管筒体系已表明的那样。管筒与其他体系有许多可能的组合，后面以建筑案例来展开讨论。

早期范例是 20 世纪 70 年代中期 32 层的建筑（图 7. 33b），这个不规则 181 英尺 × 100 英尺高层大厦由两个相接的八边形构成。侧向由柱距 10 英尺的内筒和外部槽形墙式框架（两端柱距 9. 3 ~ 14 英尺）构成。

亚特兰大 52 层的 Geogra - Paorfoe 中心（1982，图 1. 14c，图 5. 71，图 7. 25j）平面呈四边形，但在各层楼面有四个大的收进，在倾斜的东立面形成五边锯齿面。这个 671 英尺高、123 英尺宽的钢结构，由三边柱距 10 英尺的框式筒和第四小边双折曲式桁架墙封闭。建筑较低部分的筒体由一组三个竖向内芯桁架（带挑梁连接到边桁梁）来加强。

休士顿 57 层共和银行中心（1983 年）踏步式构形（图 7. 33 中左）绘出三个相邻塔的表现，因其高度不同，每个塔要求不同的抗侧力体系。为使建筑在不平衡风载下的总体扭转最小，剪切抗力必然分配到三个塔结构，进一步优化刚度中心，使之接近侧向作用中心（风吹在 250 英尺长的立面上）。最高一塔为 780 英尺，由边筒构成，内部由 Vierendeel（弗伦第尔桁架，空腹桁架）盖桁封闭（沿山墙屋面），将框支内心筒与外筒连接在一起。中塔侧向由一槽形带塔式挑梁盖桁的偏筒构成，桁架与芯筒相连，类似于高耸塔楼的边筒。低塔仅要求沿端面的平面焊接框架，焊接的周边筒和刚性框架钢结构由 10 英尺柱距、43 英寸的高的槽形扁平拱肩梁构成，树形柱在跨中锚接。楼板结构由跨距 42 英尺的复合梁连接芯筒和外柱，4. 5 英寸厚的轻骨料混凝土板置于 2 英寸深的压型钢板上。建筑结构钢总重为 25. 2 磅力/英尺^2。

纽约 36 层 AT&T（1983）办公大厦（图 2. 33 上中）立于高脚柱和芯柱筒上，使得基底有 134 英尺高的开敞公共空间。塔楼部分竖向由两个分立于建筑端部的钢结构分割筒构成，中央由 50 英尺跨的铰接梁连接，顶底部由水平交叉的支撑管连接。每个竖向管筒内部由两个工字形钢板外挑墙梁（带门洞）支撑且起分隔作用；每隔 7 层主梁由芯筒竖向桁架扩展至外柱。侧向力从塔楼到外高脚柱和中央钢板剪力芯筒的传递方式较早已描述（图 2.13）。

达拉斯 60 层的建筑 Momentum Place（1987 年，图 7.33 上右，边筒尺寸 200 英尺 ×135 英尺，高 797 英尺），由四角的带洞混凝土墙构成，复合柱与钢拱肩梁设填充墙。第 15 层，绕四角的筒式墙因由矩形向十字形转换而不能连续，建筑在该层面为全钢结构。这时，必须用两层框支与楼板围护加强，使风致剪力从芯筒传递到边筒。为提供无柱的底部公共空间（第 6 层面）由内封混凝土的钢板主梁转换，沿长立面混凝土墙中柱距从上部的 5 英尺，其下变到 25 英尺间；在短边，其上的复合柱转换成其下 38 英尺柱距的混凝土柱。

达拉斯 60 层、726 英尺高的钢框架联盟银行大厦（1986 年，图 7.33 上左）具有精巧的几何造型，外形为一 40 层矩形主楼，其四面体式的边在每边切开，因而，平面随高度变化，从 12 楼的方形到 45 楼的偏菱形，顶部为 16 层的三棱柱顶盖。较高楼层的菱形平面按 4 层高的菱形块重复。这个结构中，方形块件的悬角支撑于 30 英尺宽的塔门。明显，不同形状的组合造成风作用时不对称弯曲和扭转，从上部到底层开敞空间力的传递也是不利的。另外，在重力下四面体相对的斜面产生关于竖轴的扭转，侧向荷载不仅由 40 层塔楼的周边桁式框架抵抗，而且还有两边在基底桥跨 156 英尺的巨形桁架和两个相对边 8 层高跨过 96 英尺的宽敞空间的桁架。巨型桁架由 8 层高的子桁架（带一层 Vierendeel 梁）作为其弦杆，以抵抗楼层半高交接处斜撑的不平衡水平分量；顶部的棱柱结构由三角形盖桁焊接组成，从顶部到桁式框架的转换由扩展至第 36 层的抗弯焊接框架提供保障。典型楼板结构由钢梁（50 千磅力/英寸^2）支撑置于 3 英寸深压型钢板上，与厚 2.5 英寸的混凝土板复合而成，混凝土由纤维网加筋以加速施工，建筑耗钢仅 22 磅力/英尺^2，建筑结构相当经济。

巨型结构

巨型在 20 世纪 60 年代是建筑学家和城市规划学家的主导视觉概念。城市被抽象化，在激奋的技术潜能帮助下，结构框架被分为更小的模块组件，以容纳未来的无限生长和变化。从纯结构的观点看，这些巨型结构，从大体积、多层、大跨、连接竖向芯筒的桥等的大规模功能组织（即表现城市器官的服务与功能），到分解为不显眼、尺度更人性化的块体，通过模块群的自然堆栈，或将单元塞入空间框架。

本文中，巨型结构这一术语不是指表现就社区或整个城市综合规划的视觉解答，而仅是建筑的支撑结构，然而，该术语的基本概念仍然基于支撑和服务次级结构（或更小的单一建筑块体）的主要结构。一些早期实例或多或少地表达了巨型结构原理：日本 Kofu（甲府）[1] 的 Yamanashi 通讯中心（1967 年，图 7.6a）的桥式结构，辛辛那提州 New Haven 哥伦布骑士大楼（1969 年，图 7.51），芝加哥 John Hancock 中心（1968 年，图 7.25e）超级斜撑形成的筒体，匹茨堡美国钢结构大楼（1970 年，图 7.4e）其主要框架支撑竖向堆叠 3 层单元，明尼阿波利斯联邦储备银行（1973 年，图 7.8）采用悬索桥概念，新加坡 OCBC 中心（1976 年，图 2.5f）的巨型结构具有 14 层插件式叠块件。

今天的巨型结构进化为与空间需求相应的结构效能，另外，复杂的计算机和软件使得更好地理解结构行为成为可能。在当前混合建筑形式中带有许多收进以及细长建筑形状，材料的布局必须有效地抵抗倾覆。进而，城市高层建筑是多用途结构，与城市构筑物集成一体（在其底部），因此要求开间布局的多变性，包括多层开敞相互堆叠的前庭，所有这些和其他的缘于激发巨型结构概念的进一步发展。

的确，这种新生巨型结构最重要的范例之一，是纽约 59 层的 Citicorp 中心（1977 年，图 7.36 底左数第 5 图），在本节稍后会详细讨论。本例中，著名结构工程师 William J. LeMessurier 引入了一全新的思考方式，设计带有 8 层序列“V”形支撑的结构，看起来简单、清晰，但比设计人员所习惯的要复杂得多。

与由工程师倡导的这一振奋的结构原理发展相比，结构的动力性能通常隐藏于表皮之下，因为较之立面的更强烈关注（即符号学与肖像学），它只是从属性的。另一趋势以 43 层的香港汇丰银行（1985 年，图 7.37）为代表，本例中尽管它没有表现结构效率的优势或纯结构的理性与优雅，却引入一种更包容的设计尺寸，它提醒建筑师有一种控制集成建筑结构和技术的方式。Foster 的建筑师、与 Ove Arup 的结构工程师和其他许多专业人事一道，以团队方式表达了（以原创的光辉形象）当前复杂的技术水准，由此欢呼科学与功能成为艺术品。桥式支撑结构清晰，允许上部中央空间敞开，仅使用自动扶梯，简单地只要设计结构塔——电梯和预制机械模块（包含卫浴设施和沿建筑周边的独立空调设备），方法上与经典高层建筑的传统中央

[1] 甲府［日本本州岛中南部城市］——译注。

芯筒理念完全不同。建筑功能和人员流动、组件拼装服务模块和其他预制块件、大楼智能化、复杂的楼梯系统、细部的完善，都非常清晰。结构本身的详细讨论见本节稍后部分。

除与空间需求和经济解答以及结构展示主义相应的复杂结构开发外，美国的陈旧观念在20世纪80年代随摩天大厦产生出许多新的结构概念，美国摩天大厦的诞生地总是那么迷恋于和感受到征服者和高度的挑战。在1956年，Frank Lloyd Wright建议达英里高的悬臂式伊利诺伊斯空中城市（Sky－City，图7.36左）。这个528层的钢结构大厦平面呈三脚架，竖向划分为5个100层，可以容纳130000住户。也不能忘记的是，自建成于1931年1250英尺高的纽约帝国大厦后，建筑高度并没有戏剧性的高潮。新的超高层建筑（150层以上）建议构成竖向城市，尺度的冲击可由纽约世界贸易中心看到，它每天为50000个工人和80000参观者服务，自然与竖向城市服务相关的问题和它对周围城市的冲击是巨大的，远比设计和建造支撑结构复杂，也是本文所关注的。

随建筑高度增加，建筑变得更细柔，因而更容易受动力行为损坏。风作用下的摇晃和加速度也更加重要，另外柱的差异伸缩和温度变化是其他要考虑的问题。由于细长比大，建筑的稳定性（用高度和顺风向的地基宽度间关系表示）是关注的基本问题。例如，200层大约2400英尺高的建筑，常用的6~8最大高宽比必须增加到10，从而底部必须有240英尺的方形塔以满足典型城市块体尺度，使居民更亲近自然光和视野，不仅这个极细的结构要有足够刚度，而且尽可能大的重量宜集中在周边和某些超级柱的最佳位置（很可能是四个大体积角柱），以便有效地抵消风致倾覆（图2.1c）。这个超级塔楼从顶部到底是锥形的，其几何外轮廓造型风阻最小，同时震动阻尼性能良好。

尽管将来不一定建摩天大厦，但由此引出的新结构概念可用于更传统的建筑。这些新结构体系是：

- 双层空间框架支撑筒
- 内部和/或外部超级斜撑结构
- 巨型框架
- 套叠巨型框架
- 空间框支筒
- 拉索塔

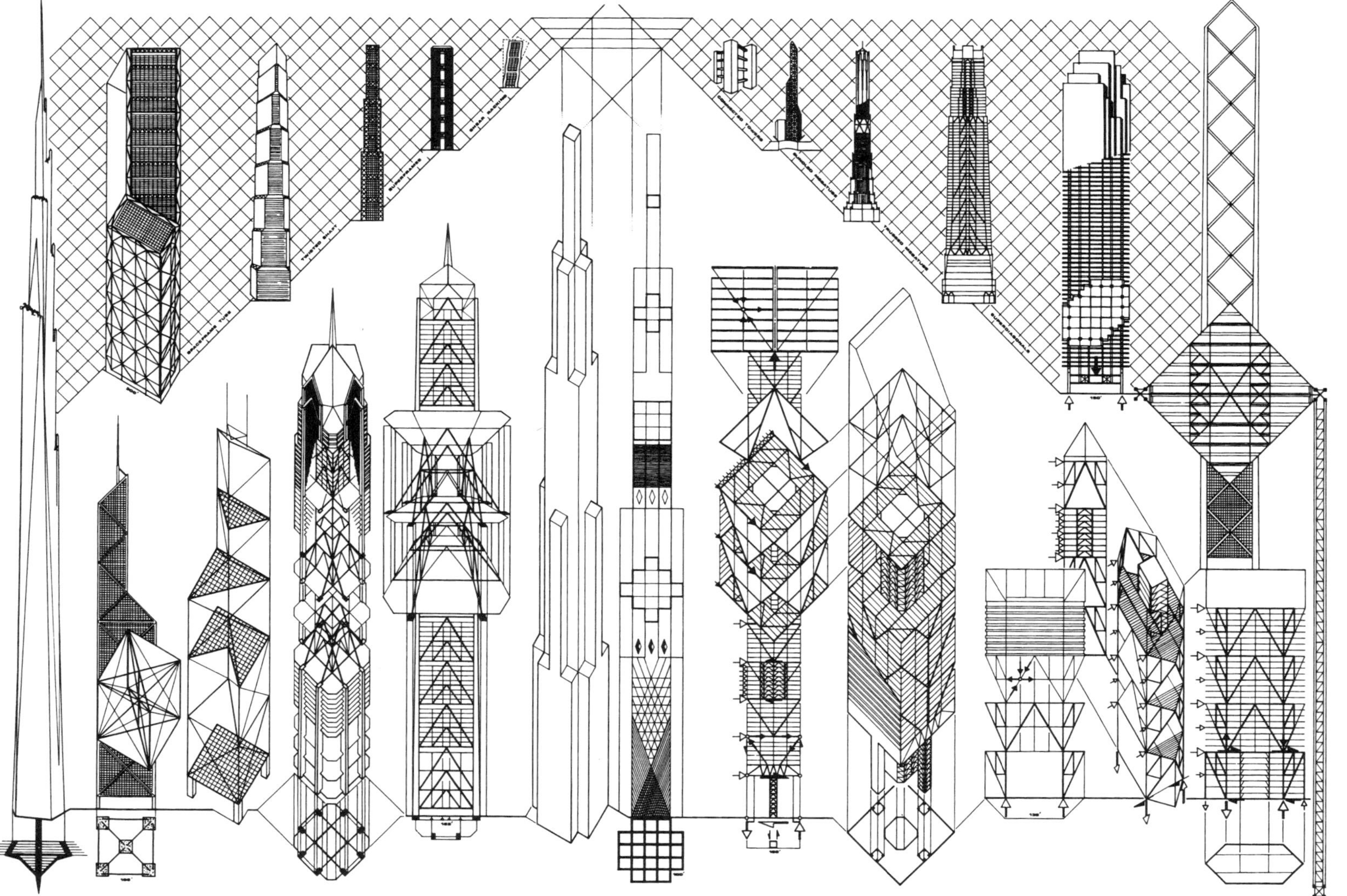

图 7.36　巨型结构

- 中空巨型筒
- 相联塔楼群

超高建筑发展的先驱者之一是SOM[1]的Myron Goldsmith，他关注与结构相关的尺度法则，早在1953年（他的硕士论文中）他提出了86层的钢筋混凝土超级框架，其后与Faglur Khan（1960年代早期为芝加哥I. I. T的建筑学教授）一道，完成了大量高层建筑有效抵抗侧向力的设计和施工研究（在学生协助下）。1969年I. I. T的另一位教授Alfred Swenson，进而以其150层全支撑超级筒体，发展了超级框架的概念（图7.36上左起第2图）。他用双层周边超级框架墙结构于1656高的塔楼。整个建筑竖向由8套桁式超级楼层细划相距207英尺，而较低的半部柱承载超级楼板上，所有荷载传至周边巨型筒。

20世纪70年代，Fazlur Khan建议用超级框架取代多重柱的概念，支撑4个塔体积角柱。在每20层左右用超级转换桁架（同时在建筑的内外），这样允许所有重力荷载流向4个角柱。这种巨型框架的理念用于芝加哥70层的Dearborn中心（1988年），是这类结构的首例（7.36上左起第4）。其原则可回溯列Khan关于市政多用途摩天大厦超级框架的研究，芝加哥的John Hancock中心为这一理念先驱的代表。Dearborn中心外部门式巨型框架的框肢有效地集中于建筑的各个角，他们表征框式复合筒，并在6个层面由水平钢桁架连结。这些超级框架支撑其内的次级框架，允许一系列11个高度化5层到7层的中庭堆叠，这使得阳光进入，创造出楼中楼的意境 。

下面段落简要讨论20世纪80年代提出的一些超高层建筑结构体系。在Frank Lloyd Wright的英里高塔挑战下，休士顿著名的结构工程师Joseph P Colaco建议了一全混凝土锥形边桁巨筒，其基底呈500英尺的方形，划分为21个100英尺的方形模块（图7.36中），内柱间距20英尺（沿模块边线），穿透建筑的开洞可减小风致加速度，建筑重量大约25磅力/英尺^3。

对150~200层范围的超高层建筑，巨型框架进一步演化，Fazlur Khan所感兴趣的套叠式超级框架计划，由SOM的Hal Iyenger开发为168层的建筑方案，这个阶梯状尖塔、三叠超级框架像望远镜一样套在其中（图7.36上，左起第3）。

LeMessurier也研究过超高层建筑的可行性，它称为Erewhon中心（图7.36上

---

[1] 美国芝加哥著名的建筑师事物所，设计了西尔斯大厦等国际著名超高层建筑——译注。

右）。他认为如果建筑底脚按比例随高度增长，建筑物无高度限制。然而，因居民需要合理的光照和自然景色，他将建筑基础限制在 220 英尺方形基础高宽比 12 的范围，这样，他建议了 207 层的塔楼（大约为 1/2 英里高），用边桁支撑巨框、18 层一叠的模块。这个 2760 英尺高的巨框由角部四个高强混凝土柱构成，在地面上的柱 40 英尺见方，外部由钢结构超级斜撑连结形成网状，内部超级斜撑将所有重力荷载带到四个塔体的角柱。

Lev Zetlin 公司的建筑师 Harry Weese 与结构工程师 Charles H Thornton 一道，提出了由 7 段，每段 30 层构成的 210 层拉索塔楼（图 7.36 上左起第 2），2500 英尺高的扭曲建筑中筒，基底 300 英尺见方，在顶部宽度变到 200 英尺见方时旋转 45°，顶部的四角用 8 根倾斜超级柱连接到底部，以此模仿拉索的作用。当在风压下建筑侧移和转动时，拉索柱将其拉回到竖向正确位置。

Kay Vierk Janis 提议了一 142 层的摩天大厦（她在 I. T. T. 的建筑硕士论文，1986 年，图 7.25p）。这个 1245 英尺高的钢结构筒高宽比 8.3，基底 210 英尺见方，转动为更小的方形（采用随建筑上升的收进），外部 K 形支撑无间断地贯穿建筑顶底。建筑结构上半部分，内部是悬吊桁架传递所有重力（包括电梯芯筒荷载）到周边的每 10 榀楼板，外斜撑将所有荷载集中于角柱，有效地稳定塔体以抗倾覆。

在许多其他建造巨型结构的建议中，是关于用空中桥梁连接非常细柔的建筑物，不仅是为了共同分担侧向抗力和更有效地加强风致震动阻尼，而且也将某些城市功能转换到上部建筑水平。在下面的段落中，将详细讨论一些杰出的新式巨型结构。

59 层的纽约 Citicorp 中心（1977 年，图 5.3i 和图 7.36）确实是一独特结构。152 英尺见方，914 英尺高的塔楼由沿建筑周边的巨型桁架构成，桁架形成独立的 8 层堆块。在每个的第 8 层，超级斜撑从每一塔向中央的超级柱伸出，伸进角部形成巨大的拱肩梁，形成八层的三维结构单元（图 7.36 中右）。建筑重量的一半由中央芯筒承担，另一半由边桁架结构承担。在外部重力荷载首先由受压斜柱（由拱肩梁加强稳定性，就像张力开带）聚积，然后回馈到 4 个 60 英寸宽的大体积箱形柱（其宽度随建筑高度变化），最后带到底部 9 层高的巨腿。侧向力完全由桁式边框抵抗，然而为了传递风载至结构，作用于 8 层排架上的侧向力首先由楼板传至 68 英尺的方形钢芯筒（图 5.3i）。内芯就像竖直的梁，侧向每 8 层由桁式楼板支撑，（依次）将侧向力荷载传回到主要桁式边框结构，因此风致剪力被桁架分解为轴向，而弯矩由桅柱抵抗。因为桁架并未延伸到基底，风致剪力从周边基底桁架沿桁式楼板围护传递到中央支撑芯筒，这样，

17.5 英尺方形巨腿仅需抵抗重力和风致倾覆（图 2.13），大体积芯筒必须作为剪力筒体承担整个建柱的风致剪力。两层的基底桁架不仅支撑板，而且用作悬臂工作平台结构（施工中要求无支撑）。耗钢 27 磅力/英尺^2，相同高度的其他大多数建筑耗钢 27 磅力/英尺^2，结构体系效率已相当好了。160ft 的皇冠室作为质量阻压器（图 3.5c），最初设计用于装置沿斜面的太阳能采集器。

William J. LeMessurier 设计了另一复杂、独特的钢结构，克利夫兰医学互利大楼（1983 年，图 7.36 下右）。这个建筑中底部开敞空间要求特殊的力流传递系统，垂直于建筑宽敞面的主风载由楼层隔板传递到中央桁式筒，其作用像 4 层侧向支撑的竖向连续梁，而荷载由内芯筒传至外边的桁式结构。然而，主支撑设于每 8 层层面，那里主要的楼板隔板直接连结芯筒和周边巨型桁架。

达拉斯 70 层的 Inter First 广场（1985 年，图 7.36 上右起第二），平面呈拉伸六边形，为一临界高/宽比 7.24∶1 的极细长建筑。由于业主要求开敞的周边，LeMessurier 为这个 921 英尺高建筑提出了一天才解答，外周边采用钢柱嵌入混凝土，内部钢框架的混合结构。从稳定性考虑，在第 16 层外柱支撑整个建筑，这里柱从幕墙回退 20 英尺，柱距 30 英尺，柱截面尺寸从 6 英尺 ×6 英尺到 8 英尺 ×8 英尺，外柱间为双向 Vierendeel 钢框架，作为承载重力的深梁和抵抗风致剪力的腹板，梁 42 英寸深以在框架中取得必要的刚度。轻钢芯筒由框架悬吊，而不是置于基础上。

Helmut Jahn 建议的休士顿西南银行（1982 年，图 7.36）底左起第 3），为 82 层方尖碑状带切角方塔。这个细长的 1220 英尺高锥形结构，平面从基底的 165 英尺方形到顶部变为 135 英尺方形。LeMessurier 再一次拿出原创支撑结构，然而，与建筑形式无关，整个建筑由 8 根超级支撑，每边 2 根尺寸从底部的 10 英尺 ×15 英尺减小到顶部的 5 英尺 ×5 英尺。内部钢结构超级斜撑跨骑到芯筒，十字横过平面连接到对面的大体积边柱（类似于希腊十字勋章），这个十字形内部主撑以 9 层楼的模块组织，它们聚积和传递每一模块底部的重力荷载以及作为抗风剪的腹板。

纽约著名的结构工程师 Leslie E. Robertson 为 72 层的香港中国银行（1988 年）开发出另一种独特的结构（图 7.36 下左起第 2），其由 4 个邻接的、从方形基础升起的、不同高度三棱柱构成，为当时亚洲最高建筑和世界第 5 高度建筑，1209 英尺的塔楼为空间框支筒体，以 13 层的桁架模块组织，建筑底部 170 英尺的方形平面划分成 4 个三角形象限。空间桁架抵抗侧向荷载，并将几乎整幢建筑重量传递到角部四个超级柱，这些柱位于四个象限中心，在 25 层楼不连续，这里它将荷载传输到四面体顶部，再由四面体传至超级柱。13 层桁架模块的中部横向桁架（即绕建筑物以传递来自于内柱的重力荷载到角部超级柱的水平桁架）在立面上没有表现。与美国相比，香港的荷载条件严重得多，活载和风载为纽约的2倍，地震荷载为旧金山的4倍。超级斜撑并非在角部相互直接相连，形成复杂的空间连接，而是大体积混凝土柱，从而迫使混凝土起到剪力传递机制，主结构的混合建筑结构由角部（斜撑连接点）分离钢柱构成，并由大体积混凝土柱包裹粘结在一起。巨型斜撑桁架构件为内填混凝土钢箱柱，建筑底部的开敞空间不允许斜撑延续到底部。在第4层，特殊加强的楼层围护墙用于传递侧向剪力至钢板芯墙（设计为三单元剪力筒）。

香港574英尺、43层的汇丰银行大楼（1985年，图7.37）由一群8个塔楼支撑。塔对形成4个平行的巨型框架，变高度结构独立的建筑堆块（由双层楼空间分离）从巨型框架悬吊，折射出建筑竖向的5个层面带。主结构由四榀平行的防火铝涂层钢结构巨型框架构成，每榀由两座两个双层铰接悬臂吊桁架构成，跨距110英尺于桅柱间，并挑出35英尺。三个竖向钢筒吊杆从桥式桁架悬吊，一个在跨中，两端悬壁各一，支撑主体楼板格架达9层。出于建筑考虑，桅柱间悬吊桁架的顶部弦杆在立面上隐去，重力流的效率令人信服地由最小张拉材料（需要从塔到塔间桥式连接的非凡大跨度建筑）阐明。矩形平面尺寸约180英尺×236英尺的建筑由4个平行的巨型框架沿垂直断面水平划分成30层、37层、43层，巨型框架清楚地表现了相互堆叠的悬吊桥特征。巨型框架的边形成16.7英尺宽的循环和边缘带，并支撑36英尺跨的复合楼板梁，在三个主要区带间距约8英尺。塔在桁架水平由位于管状塔柱的内线上的交叉斜撑连接。侧向荷载由桅柱（与桁架和交叉支撑一道）以框架方式支撑如图7.37示出了两个主风向，表明多层门式框架中，柱的剪曲占主导地位。在每层楼面的梁刚性连接形成Vierendeel箱桁，其平面尺寸15.8英尺×16.7英尺（中到中），塔楼由4个超级角柱通过上述连接构成，柱为圆形钢管，从底部直径4.6英尺、厚度3.9英寸的墙到顶部变尖（直径2.6英尺、厚度1.6英寸）。

复合和混合钢-混凝土建筑

钢筋混凝土与钢的集成作用不仅多见于复合金属壳板[1]和楼板-框架体系，也可在更大尺度上看到，所感兴趣的不是结构构件——板、梁、柱的复合作用，而是这些构件的组合或相互作用，或融入单一结构体系。在过去10年左右开发的典型复合建筑类型如下：

[1] 压型钢板叠合板——译者注。

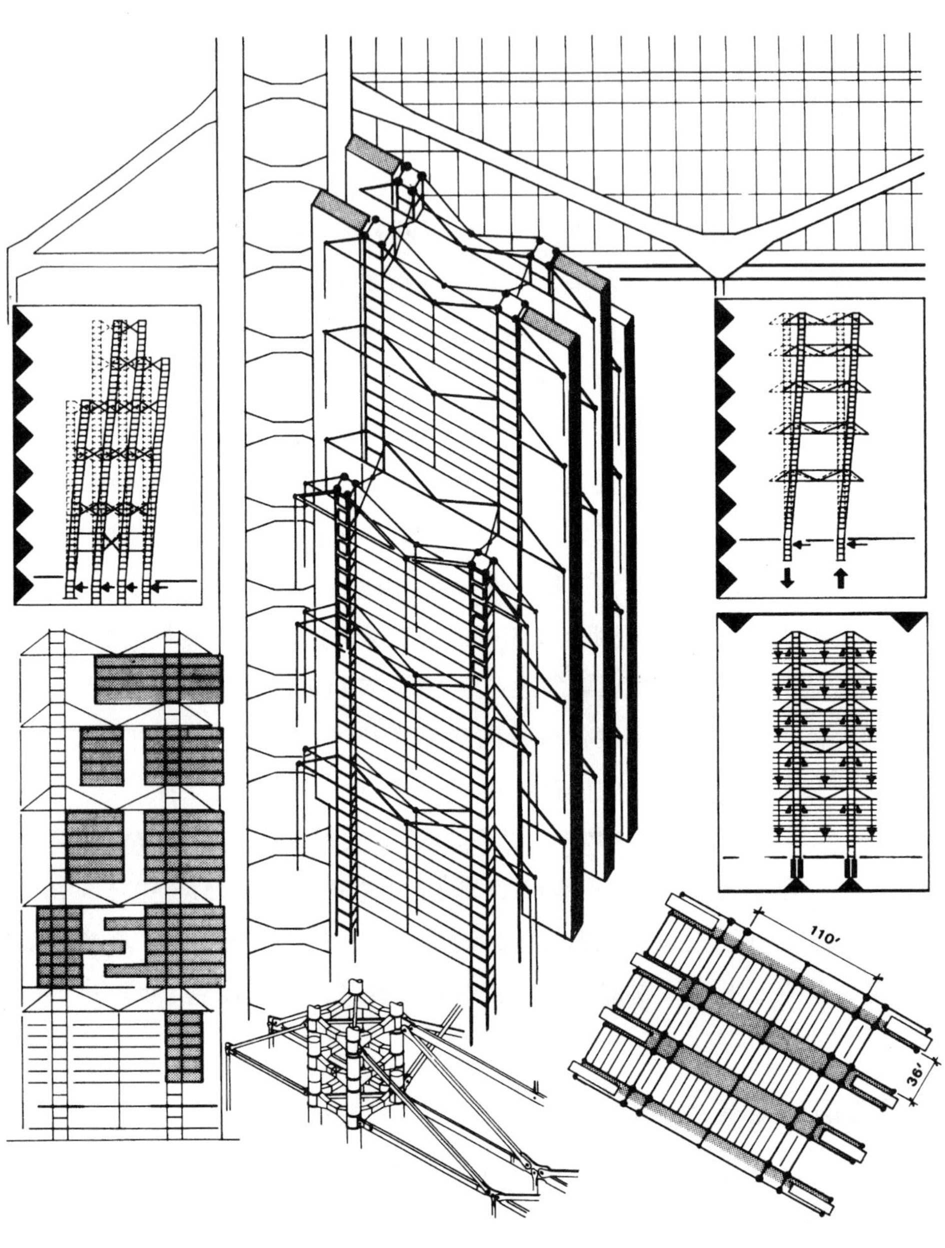

图 7.37 香港银行

- 复合框筒
- 复合钢结构框架
- 复合内芯筒支撑体系
- 复合巨型框架
- 杂合复合结构

20 世纪初，混凝土包封钢框架已得到应用，尽管至 50 年代后期仅允许楼板框架体系采用机械式剪力连接件这样的全复合作用。复合建造取钢和混凝土特征积极的一面，建造的速度、强度、重量、以及内部钢结构布置的灵活性，与低成本材料（包括减少用钢 50%）刚度、大阻尼质量、抗火、和混凝土的模注性等相结合。复合结构施工方法有助于（根据当前趋势）将建筑形式从纯矩形结构组织中解放出来。

最近，混合钢混凝土建筑（Mixed steel - concrete building）也变得很受欢迎。某种意义上，采用混凝土楼板和基础的混合建筑已存在于钢结构中，尽管混凝土起到次要作用。然而，组合混凝土、钢的主要结构构件——或复合建筑——是个相对新的发展。例如，经常在混凝土建筑的顶部置钢结构建筑；反之亦然。另外，中央混凝土筒可用滑模施工到预定的高度，然后绕其建钢框架。自然，钢框架可首先安装到预期层数，然后内芯筒框架可包封于混凝土中。通常，混凝土用作垂直建筑单元和板，而楼板框架为钢结构。显然钢—混凝土混合建筑中，有许多实际可能的组合。在研究复合和混合建筑系统前，简要评述普通的复合构件类型（可参见本书相应章节）。

复合构件

为达到混凝土和钢构件间的全复合作用，两种材料间的粘结必须保证防止其间产生滑移，这样其性能就像一种新的类似于钢筋混凝土的互锁材料。对受弯构件，当钢材截面完全充分嵌入混凝土中时自动达到复合特性；但是，当钢仅是部分包入或构件仅是相互接触时，需要机械剪力连接件。这种新型复合材料的目的在于改善比其他准则重要的强度和刚度。典型复合类型为：

- 复合柱（见第 4 章“混凝土柱”中相关节）

钢管混凝土柱（Concrete－filled tube）：钢管提供安装钢框架、竖向加劲和水平连接；

劲性混凝土（或钢骨混凝土）柱（Concrete－encased steel column）：外包可为钢筋混凝土柱，或仅作防火目的；当仅用做安装目的时，钢芯柱可较小。

- 复合梁（见第4章“复合梁”节）

  混凝土包裹钢梁；

  连接钢梁的楼板，或带剪力件的压型钢板。

- 复合“T”形梁、梯型梁、桁架，大梁、敞腹钢托梁（见第5章楼板框架系统）
- 短柱（见图5.6g）
- 复合板（见第5章复合单向板体系）

  复合金属装饰板；

  预制混凝土托梁或薄板；

  预制混凝土楼面嵌板。

- 复合模板涂层
- 复合剪力墙（如芯筒）

复合建筑结构体系

这里，关于新型复合建筑结构体系的讨论中用到下列组织方法：

复合框筒

- 外包混凝土钢框架
- 嵌入钢筋混凝土柱中带钢拱肩梁的轧制型钢复合柱
- 带混凝土拱肩梁的复合柱
- 带钢拱肩梁的钢管填充混凝土柱

外包混凝土的钢框架形式的复合管筒施工时，外部的复合框架式筒与内部仅受重力的钢管相结合。首先开始施作钢框行到预定的层数（经常在混凝土施工前10层）。一般钢框设计为仅受重力荷载，柱的尺寸小，因而在安装过程必须用临时缆索拉结和焊接成框架。当楼板结构完成后，预先绑扎的钢筋笼和绕其的模板置于外柱和拱肩梁，这样就可以浇注混凝土。对立面而言，预制永久混凝土模板也可作为建筑物的最后表层。可以得出结论，在这类建筑中，简单钢框架由外边的现绕混凝土带洞墙筒侧力稳

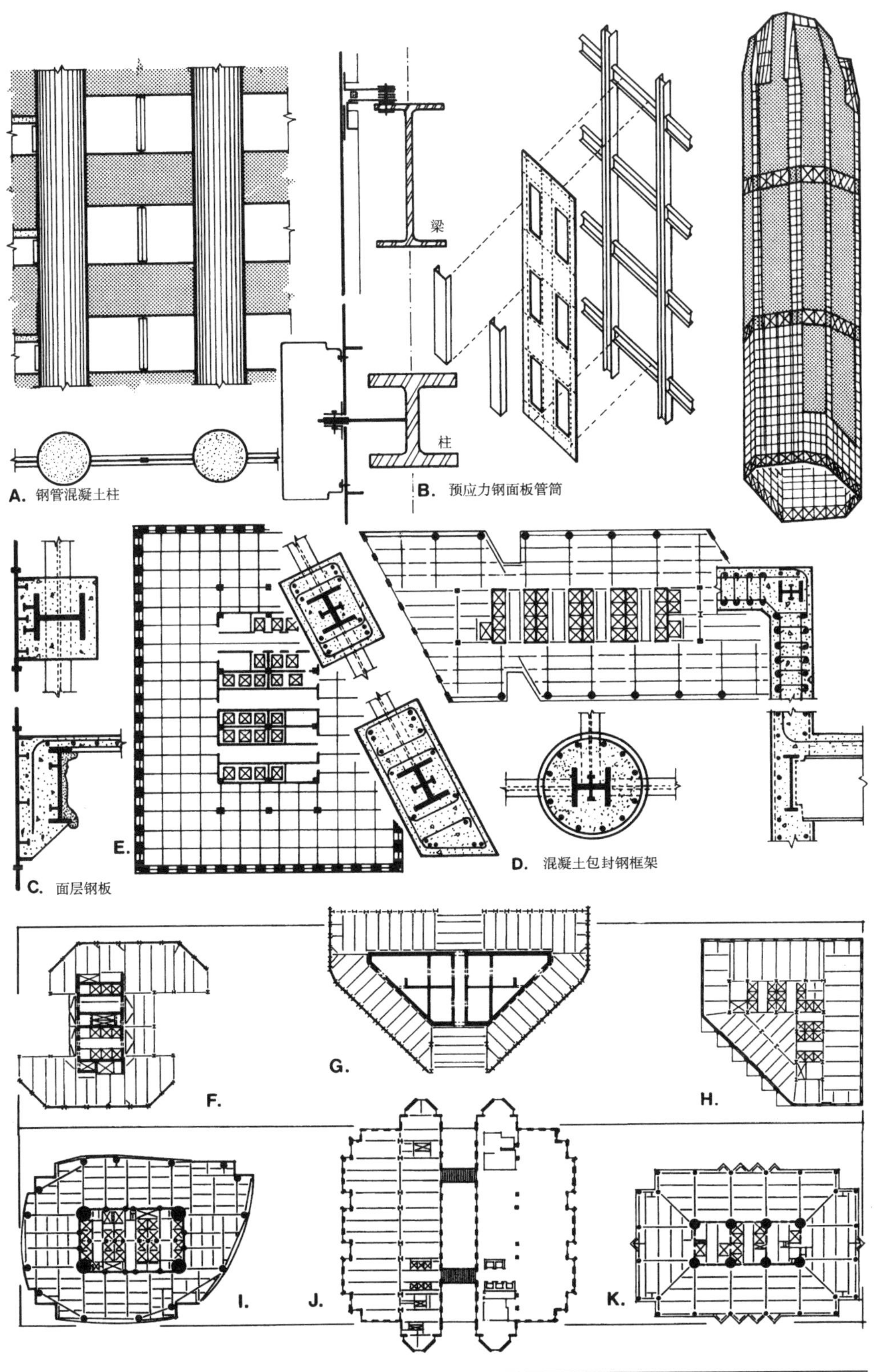

图 7.38 复合建筑结构

定和加强刚度。

首个复合筒是新奥尔良 51 层的 One Shell 大厦（1972 年，图 7.38e）。这个平面 130 英尺 ×180 英尺，高 697 英尺的框式边筒为劲性混凝土钢框架类型，柱宽 4 英尺，间距 10 英尺（中中）。另一个设计范例是芝加哥第一国民广场（1981 年，图 7.38h），外柱间距 15 英尺。休士顿 75 层的德克萨斯商业大厦（1981 年，图 5.7b 和 7.33a）是一劈裂型复合筒建筑，四边为复合柱，第五边的开敞跨后为复合剪力芯筒。混合建筑造型的潜在适宜性，或许可由图 7.33 的某些例子表明，如图 7.33c 的复合边筒、图 7.33e 的复合筒中筒和图 7.33d 的复合束筒。

复合钢框架

- 钢骨混凝土框架
- 嵌入钢筋混凝土柱的带钢梁的轧制型钢复合柱
- 带钢主梁的混凝土填充钢管柱
- 未包封混凝土的钢框架：钢柱带复合梁和负弯矩钢筋

旧金山 Reid & Tarics 公司的 Alexander Tarics 为这种类型的方案，50 层建筑带复合外钢框架，由径向突出 5 英尺的钢管填充混凝土柱构成，柱间距 15 英尺（中中），钢拱肩梁带翼缘，主梁由柱突出，无间断。这样只有主梁腹板必须连接到钢管柱（图 7.38a），深 6 英尺的主梁为框架抗侧力所需，在外框架仅承载重力处采用浅梁。

复合嵌板支撑钢框架

- 预制钢筋混凝土填充剪力墙板
- 带缝预制钢筋混凝土剪力墙板
- 钢面层复合体系
- 预应力钢皮附于钢管筒

带预制钢筋混凝土填充墙板的钢骨架支撑已在本章“筒中筒”一节提到（见图 7.33 中右），这些板被置于内芯筒，或沿立面嵌板的外周边，或以桁式模数布置以加刚框架。Mies vam der Rohe 是第一个引入钢涂层复合处理立面的建筑师。在他的湖岸大道公寓楼（芝加哥）中，他用$\frac{5}{16}$英寸厚的彩钢板覆盖钢框架的防火混凝土，这一金属层由剪件粘结到钢筋混凝土中（图7.38c），它不仅作为保护表皮和装饰，而且也提供结构抗力。因于钢皮不防火，建筑规范只允许它承担侧向力，而非竖向荷载。对预应力皮原理的讨论参见本章关于“带洞壳筒－框式筒”（图7.38b）。

复合内芯筒支撑体系

- 带内包钢框架的复合剪力芯筒墙
- 芯筒区为混凝土填充钢管柱（如“庞然大物”计划）
- 带斜撑腹板或腹板嵌入混凝土的竖向桁架的钢框架
- 复合混杂芯筒（如钢桁架作为腹板并连接混凝土剪力墙翼）

这个类型建筑的一个例子，是纽约44层的49号塔楼（图7.38f）。这个精巧、晶体状结构由槽状外刚性钢框架（两个相对面）辅助支撑的混合芯筒构成。芯筒单独承载平行于长墙的侧向力。35层以上复合筒体中断，由钢框架代替。这个建筑中首先安装框架，接下来填充混凝土剪力墙。

西雅图58层720英尺高的双联方塔（图7.38i）由4个直径10英尺的大体积芯柱和14个大间距边柱（在地面直径3～4英尺）支撑。本案中，芯筒抵抗侧向力和承载约40%的重力荷载，庞大的芯柱连接到支撑的抗弯框架，斜角撑在35～38层由周边连接筒体。复合混凝土不用通常的配筋，而采用$\frac{5}{8}$英寸厚的钢壳衬于剪力柱的内边。钢管柱填充19000磅力/英寸^{2}混凝土（当时最强的现浇混凝土）。钢结构先于泵送混凝土两层安装。楼板结构由复合主梁与复合装饰板一道构成。西雅图44层的太平洋第一中心（图7.38k）采用类似结构系统，该例中采用高7.5英尺的芯筒管柱和最大直径2.5英尺边柱，均填充19000磅力/英寸^{2}混凝土。

复合巨型框架

巨型框架形成框筒的巨腿，以混凝土或以复合方式建造。这些超级腿或由钢桁架相连内框，或许是全钢结构（图7.36）。复合巨型桁架结构的一例是1209ft高的香港中国银行，当前世界最高的复合建筑结构。它在四角用超级复合柱和巨大的钢箱斜撑（填充混凝土）见图7.36和本章本节“巨型结构”的讨论。

混杂结构

见下列分节关于“钢混凝土混合筑结构体系”的讨论

钢－混凝土混合结构体系

该体系随复杂几何形体的开发和相应的混杂结构需求而受欢迎。复杂的计算机软件使得工程师能分析过去从不可能的结构，拿出建筑建造的最经济解答，这包括广泛选择来源于钢结构、混凝土结构、复合结构的主要建筑元素的许多可能组合。竖向混合体系可能来自于混用型建筑，其结构体系随使用者改变。例如，建筑上层部分住宅的平板混凝土结构，底部变成大跨钢框架的办公区。典型的钢混凝土混合结构例子（注意有些或与复合结构体系相重）为：

- 由铰接或刚结钢框架环绕的滑模混凝土芯筒
- 现浇混凝土达至某一楼层，其上仅为钢结构
- 全钢结构上至某一楼层然后改为复合结构
- 复合框筒（或混凝土筒）加内部钢框架
- 复合剪力墙加复合框架
- 现浇混凝土建筑带钢楼板框架

典型案例如达拉斯 60 层的 Momentum Place（图 7.33 上右），加拿大 Calgary52 层、730 英尺高的 Eau Claire Estate Tower（1983 年，图 7.38g）。后例，内部混凝土芯筒与外周边刚性钢框架（沿折叠面典型柱距 10 英尺）一道抵抗侧力，两个系统由复杂桁架连接。

下面的例子或许能最好地阐明建筑结构潜在的复杂混合特性。休士顿这座 131 英尺 ×240 英尺、49 层的第一城市大厦（1981 年，图 7.38d）平面呈平行四边形，四个 11 层交错割槽切入长立面，破开了周边结构的连续性，因而要求复杂的混合结构。这个 660 英尺高的混合建筑，侧向力主要由芯筒复合剪力墙抵抗，其次由建筑两端短边的复合框架。在上部楼层复合混凝土芯筒转变为框架结构，这个复合框架由嵌入钢筋混凝土柱的轧制型钢复合柱和弯矩连接钢梁构成。沿宽面的复合柱仅承载重荷。复合短柱一主梁体系用于楼板结构。施工时复合柱与剪力墙落在钢框架后 10～12 层。

达拉斯 42 层的 CityPlace 大厦（1988 年，图 7.38j）由与外墙高度铰接的两个混凝

土管筒和在每端凸出的两个扶壁构成。管筒并肩而立，相距30ft，每节五层由中庭楼板相接，其他层由两桥形成7块5层高的中庭。现浇混凝土双筒内含钢框架并由钢结构连接，在较低层面大部分侧向力要由内扶壁以剪力墙形式抵抗，而在上部层面，由筒体的框架作用抵抗。

混杂结构

像由几何、材料、结构布置、建筑用途等所表示的那样，前面几节已强调了脱离纯结构奔向混杂结构的趋势。理想的交互式计算机辅助设计，使成组设计和施工方法成为可能，即允许设计者在设计早期吸收到施工新技术。由于建筑过程进一步朝向自动化和合理化，营造管理人员必须在较早阶段介入项目规划。复杂结构的设计不仅包括有效的结构体系和施工技术（包括施工管理），也包括供能的建筑智能和开发商的财政策略。除多用途空间和内部中庭外，最近开发的具有多次收进，精巧顶盖，富丽的立面模板（或许带深槽）等复杂建筑形式，导致满足这些复杂空间几何形体的复杂结构，计算机技术使工程师能处理这些新情况。自然，值得讨论的是对许多建筑案例，设计早期阶段更好地理解结构而不是仅为几何目的，可减少矛盾和糟糕解答。

在寻找更有效的结构解决方案中已开发新一代体系，尤其对特别高的建筑，借助复杂计算机和软件的帮助，对建筑表现有令人振奋的潜力。新结构不必跟在本文前几节的传统分类。当前基于材料、结构类型和布置这些基本变量的结构选型，不再是有限可能数目中的简单选择。计算机数学模型已使混合建造（随高度变化）成为可能，从而产生几乎是无尽的可能性，这样可优化结构布置，消除不必要杆件以获得最少材料的最佳结构。自然除结构外的其他设计考虑也应包括在内，但设计概念可快速、高效地用计算机程序检验。

图7.39和图7.40一些混杂结构的讨论，试图阐明新建筑技术的潜势。这里的惟一打算是强调建筑的混杂特点，表现为：

- 建筑物体的质量
- 混合建造
- 复杂结构
- 收进的影响

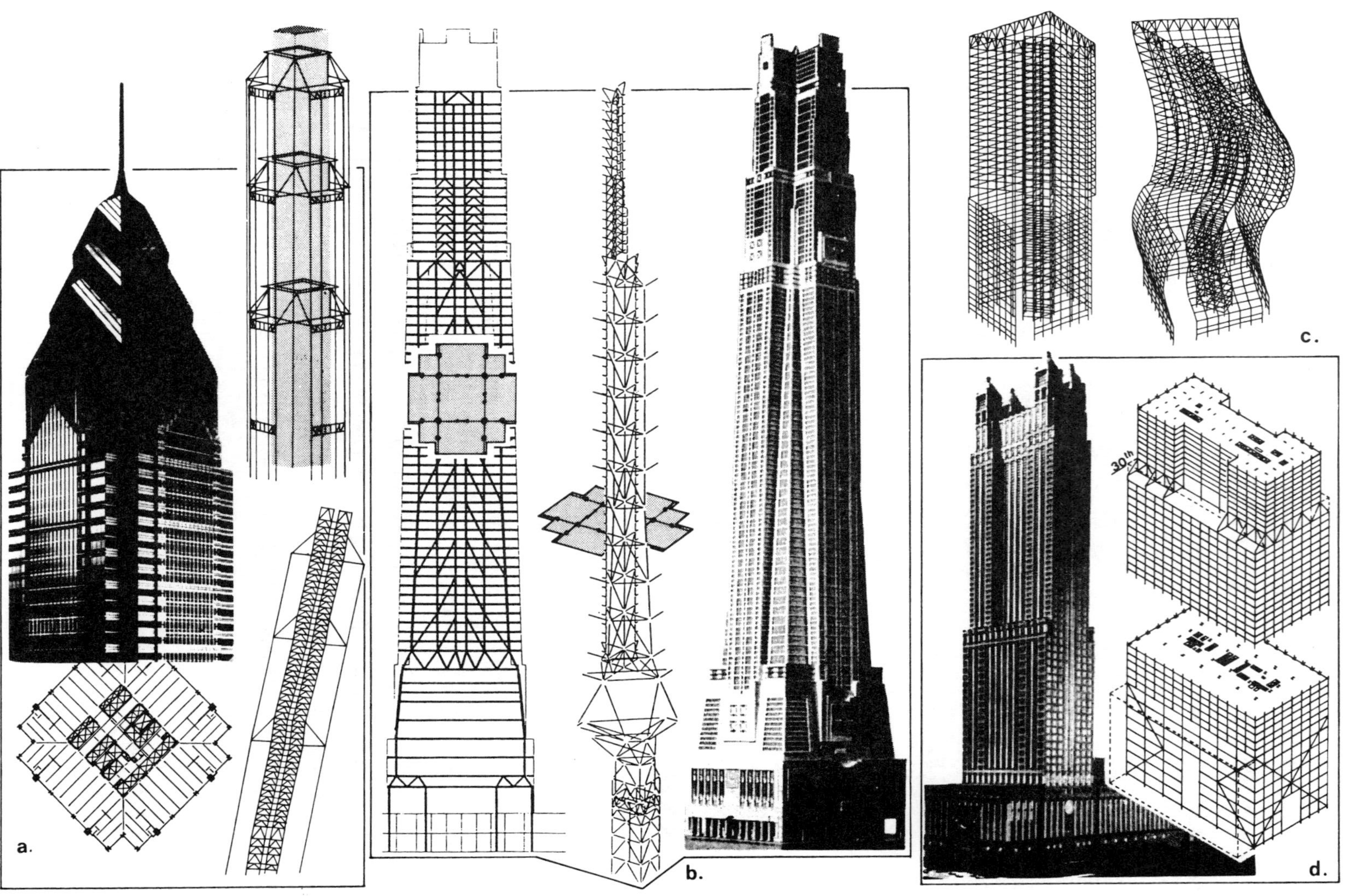

图 7.39 混杂结构

洛杉矶 Wilshire 财务大楼（1986 年）不寻常的情形为，21 层的三角形办公塔楼座于 11 层矩形 176 英尺 ×150 英尺停车场结构之顶部，图 7.39c。该案关键在于不规则建筑物质量和刚度的突变在地震和风扭下的重要特性。对两个形状，设计人员选择刚性框架，并由普通刚性芯框补充。芯筒以类似于“脊柱”的方式将楔型连接到下部箱形，并起调谐和控制动力响应作用，图 7.39c 为计算机绘制的一个结构变形模式，其表现令人折服。

芝加哥 66 层的北密执安大楼（1989 年，图 7.39d）是多用途混合结构，其 36 层混凝土建筑置于钢结构第 30 层的顶部。30 层的钢结构第 9 层起为柱距 15 英尺的边框筒构成，结构顶部的住宅部分由两个 C 形框架连接的部分组成。已知道混凝土施工和无梁楼板结构对 15 英尺 ×20 英尺开间是最经济的。在转换层，由转换梁体系提供混凝土段较密的内柱空间。

纽约麦迪逊大道 383 号 71 层大楼（图 7.39b）为与休士顿西南银行（图 7.36）类似的结构。该例中，LeMessurier 提出主体超级结构平面为希腊式十字图案，限定在建筑内部交叉以定义服务芯筒，而不是沿周边布局。超级桁架抗风，而超级斜撑将每 8 层的重力荷载传递至超级柱。这个结构中，钢筋混凝土用于坡面以上关键的最初 10 层，而钢结构用于其上下，1040 英尺高的锥形塔具三重竖向组织，建筑向上约 2/3 处，从中段向上的传递，肩桁作为支撑其上约 20 层的平台并连接上下结构。

费城 61 层的自由第一广场，是利用计算机结构布置优化，获得最经济用钢量 23psf 的钢结构体系的例子，165 英尺见方、945 英尺高塔，侧向由 3 组 8 个四层高超级斜撑挑梁稳定，它从 70 英尺见方的支撑芯筒连接到单一外柱的每一面悬挑。为控制风的上托力，大部分建筑重量集中于角部芯柱和外边的悬挑柱。为达到这个目标，外桁架以三层跨在悬挑柱间，集结与转换其上恒载。

建筑轮廓收进和建筑大部分悬挑过相邻标志性建筑，造成了一些不寻常的结构问题。建筑收进处竖向柱中断，产生新的荷载条件。柱既可由通常的深梁系挑起，亦可为斜柱，因而从一平面到另一平面间产生了冲力。典型转换体系（图 7.40 示出其中一些）为：

- 由内柱悬挑出独立楼板梁
- 由内部主柱悬挑出楼层高的 Vierendeel 桁
- 全多层钢框架或巨型 Vierendeel 桁架悬挑（图 7.40g）
- 从一个或多个芯筒挑起的建筑

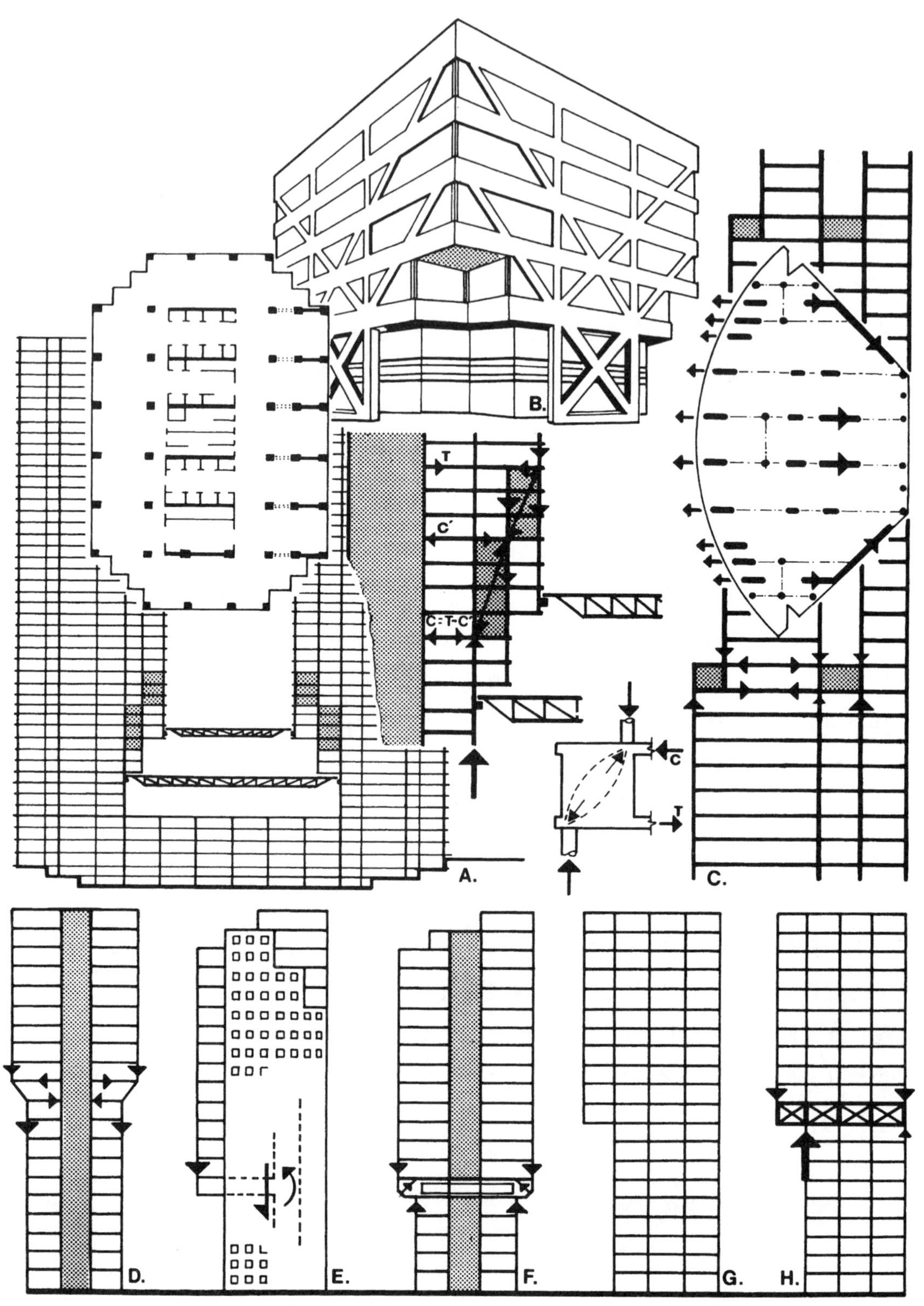

图 7.40　板进与悬挑

- 用于支撑其上悬吊建筑部分的悬臂钢桁架（图 7.40h）主梁，或钢筋混凝土深梁
- 通过对混凝土预应力钢筋束施加预应力，柱会朝上升起（图 7.40f）
- 外柱作为倾斜柱的延续，侧向由作为拉杆的顶梁和作为压杆的底梁支撑（图 7.40d）

图 7.40b 的外部承载钢框架墙，角部允许阶梯状收进，这样产生一转换进口。迈阿密 37 层的 Centrust 大厦（1986 年，图 7.40c）置于 11 层停车场顶部，这个钢筋混凝土结构由 2 个 C 形偏筒构成，柱距 15 英尺，由框架连接。结构设计的关键是 3 个 15 英尺沿圆周墙的收进。顶部的阶状收进采用经典的转换主梁；对于其他部位，采用偏心三单边板式牛腿转换，柱上方的荷载斜对角穿过牛腿，直接到其下外柱。竖向荷载的这一位移引起牛腿的转动由上部楼板受压和下部楼板受压来约束，因此楼板必须施加预应力。楼板围护墙中冲力依次由转换楼层内外竖向剪力墙框侧向稳定。

芝加哥 Mercantile Exchange 44 层的双塔办公室（1984 年，图 7.40a），接近基底处由 150 英尺、9.5 英尺深钢屋架连接，其下由 175 英尺长、14 英尺深楼板桁架覆盖无柱的交易大厅。两个混凝土塔的上部 30 层楼，由每个交易主楼层上方挑出 32 英尺。由 Alfred Benesch 公司的结构工程师 Shankar Nair 开发了特有的荷载转换体系。外柱荷载包括支持交易大厅巨大屋桁的悬吊柱，通过 7 层高的围护墙或剪力板框对角转换到巨大的内柱。悬臂作用产生的转动由楼板轴向抵抗，楼板锚固在内部电梯芯筒剪力墙中。换句话说，8 层楼用作转换牛腿的侧向稳定装置，上部楼层作为拉杆，而下部楼层为压杆以传递挤压力到剪力墙。因为剪力墙中导入较大弯曲，塔楼建造时让楼板起拱（并不在铅垂位置）以补偿水平挠曲。

非常规建筑结构

如图 7.41 所示，许多前述章节未能覆盖的结构类型。有些本质上是试验型的，表现了迷人的新结构概念，或许由更包容的设计哲理所驱动。经常地，这些概念本质上与结构有关，或在寻求创新解答中由生物学演化出来。一方面它们直接反应了植物组织的细胞结构，或晶体秩序的规则重复，产生空间框架和多面体集合结构；另一方面，也代表了视觉形象，如自代榭环境的生物基因模型（设计为模拟生长过程），又如海水中引起珊瑚生长的化学反应，使结构能自建。与之相反的是 Paolo Soleri 的生态建筑，

图7.41　非传统建筑结构

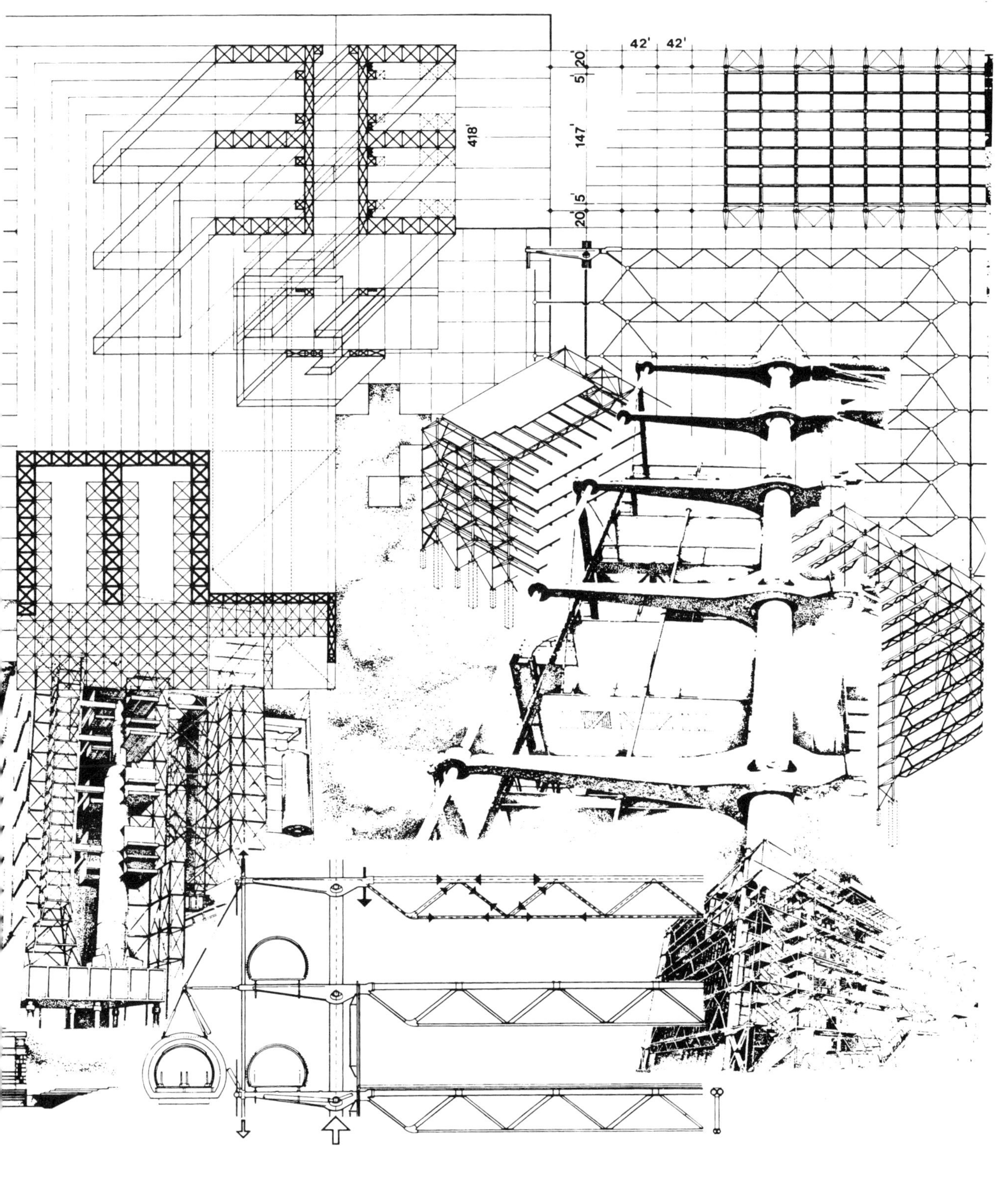

图 7.41 （续）

他在20世纪60年代理想的巨型城市，拼装巨大尺度的器官和支配迷人的联合体。他把生态建筑看作建筑生态，1970年在亚里桑那沙漠城市Arcosanti开始这项工作，最终该城容纳了2500人。Soleri主要依赖传统方法和低技术建造方法完成混凝土墙、拱顶、半圆顶等曲线型生物形态。

Soieri相信功能服从于形式，相反，Archigram提议，以其20世纪60年代机械化的城市响应动态环境，实为先进工业化的庆典诗篇。这些“硬环境”描绘机器或机器人器官集成了各种基础设计概念。像动力响应结构、零件箱、插件和夹紧式太空舱住房，可变几何型体（就如用空间框架和多面体所表现那样），以及运动（包括机械服务）全部都探索过。这种精神为Expo67的1964年蒙特利尔大厦项目中由Peter Cook反映。这个600英尺高塔的中央混凝土井筒，具有巨大的外露根系，他将各种娱乐模块和临时展览单元附于其上。

就如在许多Archigram策划中反映的那样，巴黎蓬皮杜中心（1977年，图7.4右）是1960年代这一精神的实现。建筑师Piano和Rogers感受到建筑作为一个巨大的、似乎由可调脚手架支撑的、适应性的围护栏。所有的结构构件外露，清晰地表现其结构功能，结点活动连接，铸钢的创新运用开创了建筑设计的新时机。结构由平行十字框架划分成13个42英尺宽的开间。典型的6层桁架由8英尺深、147英尺跨的Warren桁架梁构成该，梁为细小的悬臂梁（gerberetts－销接到铸钢管状柱上的铸钢小梁），其短臂从柱向内悬挑5英尺以承载桁架，长挑臂伸展20英尺到外立面，由竖向拉杆向下拉结，置柱于受压，竖向索网受拉使重力偏心荷载最小。这个体系也用于减小大跨桁架的活载挠曲，因而使其高度最小。该梁系以德国桥梁工程师Heinrich Gerber命名，他为处理沉降问题于1866年率先采用铰接悬臂梁体系。蓬皮杜中心的大跨Warren桁架，顶部受压弦杆用连续的双管，底部受拉弦杆由连续实心圆杆构成。斜杆交替为单根受压管和实心圆拉杆，结点由铸钢连接。标准圆钢梁，跨距10英尺（中中）跨于桁架并以复合作用支撑混凝土楼板。玻璃立面落在柱和gerberttes梁后。建筑在十字交叉方向侧向稳定由沿短边立面的框支作用，以及在跨中和两端用三对管状斜撑连接水平桁架，提供长轴方向的侧向稳定性沿两个外立面，由置于竖向拉结间的后张由重力张拉钢杆斜撑提供。水平力由楼板传到外水平管筒，该筒体通过在交错楼层的水平支撑连接gerberetts梁的两端。

下列例子的结构体系来自于张力结构原理、空间框架、箱式建筑、气动力学。20世纪70年代早期，Manfredi Nicoletti提出200英尺高的螺旋面摩天大厦，其螺旋的每一叶形状像个帆。三个帆卷曲的形状高度复杂，似乎对风阻力最小。螺旋形式不仅在两个方形产生拖曳力，而且还有竖向升力。Nicoletti 运用张力结构原理，分离压缩和拉伸应力。三个中央圆柱状钢筒桥式连接，形成刚性巨型框架。这个竖向受压的超级支撑体系支撑一系列斜拉索（沿帆的外表面），以及沿翼的外边缘即每一楼层外转角抗风拉索。双层空间楼板由斜拉索和抗风索使之背靠芯筒处于受压状态。

Carlo Moretti 提出的 50 层住宅大厦（1976 年）由中央圆柱状态混凝土设备筒构成，（每层楼面）三个独立公寓管筒锚于其上，平面上形成一大三角。这些楼板一管筒截面呈椭圆形，由上下均一的壳组成，其作为超级支撑，沿边缘由钢缆稳定，钢缆绕成螺旋状达至建筑顶部，并锚于筒顶外挑臂上。

一个设计组一直在试验空间桁架或空间框架概念。这类结构比常规方块结构更刚（由于为空间三角形），因为构件与外荷载直接响应，而不是受弯，因而要求较少材料。这时，结构由空间框架，或预应力拉 - 压网格成形，围成多面体链。几何空间的构成可看作多面体的排列。在超级建筑尺度上，空间框架由一些多面体图形的基本多层巨型模块构成，每一大跨水平构件和巨型模块斜柱形成空间框架，并将实际居住空间包含其中。

1957 年 Louis Kahn 与 Anne Griswold Tyng 一道，为一 616 英尺高建筑提出了巨型空间框架概念。主楼板为空间框架的一部分，由 66 英尺高的四面体支撑。倾斜柱相交的结点，11 英尺深柱头容纳机械设备。中间楼板的高度可以变化。Syracuse 大学的 Francois Gabriel 教授 1981 年提出一个住房群的基本建筑块，具有六面体棱柱形式，用顶、底部六面体楼盖组成，由 6 个斜柱连接。这些独立单元堆叠起来形成竖向空间桁架。

佛罗里达州 Cape Kennedy 的运载器装配大楼（1966 年）是世界最大的封闭空间建筑之一，高 50 层。本质上它是个大得足以覆盖超过 30 层楼高火箭装配的巨型盒子，它大到有时在室内形成云层并下雨。这个建筑由两套 3 个桁式塔楼构成，桁架锚固在地面用桩抗拔，平面上布置成两个背靠背的山字形，由屋架结构相结。

除采用空间框架外可用多面体相互堆叠达到相同的几何划分。较常用的矩形盒子单元只不过是空间充填蜂窝体系的一种特例。这类建筑最著名的例子是加拿大蒙特利尔 Moshe Safdie 的住宅（1967 年，图 1.19 上右），预制的盒子单元也可塞进框架结构（图 2.7a）或粘附于竖向设备井筒上。东京 Kisho Kurokawa15 层的 Nakagin Capsule 大厦（1972 年，图 7.41 中）由 2 个相距 21 英尺的钢框架混凝土芯筒构成，每一芯筒仅 12 英尺见方。从两个井筒的 175 英尺和 150 英尺高度悬挑出 140 个在工厂预制的太空舱，每一个相互独立，其间垂直和水平间距分别为 12 英寸和 18 英寸，每舱 8 英尺高、8 英尺宽、13 英尺长，无装饰重量仅 4t，太空舱主体结构为全焊接钢桁盒子，每舱为一自备单人单元，舱体在四点（即四个底座）附连到芯筒，两个底角用钢板托，两个上角用两根 6in 工字梁悬挑。

过去，人们已研究过高层建筑气动力学。1967 年 Jean – Paul Jungmann 提出住宅群受压蜂窝结构，其墙膜由空气构件（即高压管）构成，楼板用充气垫。气动单元的球状多层集块由内部低压空气升起并稳定。

20 世纪 70 年代早期，在 Sam Luis Obispo 加州理工学院的 Jens G Pohl 教授从技术和功能观点实测了多层空气支撑建筑。有趣的是调查一 8 层充气管以导出相关力的粗略概念。对 140 磅力/英尺^2 的典型两层荷载，要求高于大气压的内压（1 磅力/英寸^2 = 144 磅力/英尺^2）以支撑每层楼板，这样所有楼层需 8 磅力/英寸^2。14 磅力/英寸^2 的内压是人体舒适度的极限，8 磅力/英寸^2 的压力必须增加 10%，因为细长比的原因膜的强度要折减。对 50 英尺直径 8 层楼的管状建筑，内压产生下述环箍力。

$$T = pR = 1.1\ (8)\ (25 \times 12)\ = 2640\text{lb/in}\ （约\ 462436.54\text{N/m}）（随高度变化）$$

对 0.13 的厚的膜，表面张拉应力为

$$f_t = T/A = 2.64/\ (1 \times 0.13)\ = 20.31\ 千磅力/英寸^2\ （约\ 140063.24\text{kN/m}^2）$$

用安全系数 2.2，则要求材料为

$$f_{ut} = 2.2\ (20.31)\ = 44.68\ 千磅力/英寸^2\ （约\ 308125.34\text{kN/m}^2）$$

明显，这样高的压强要求采用外部索网以支持膜材。

从非常规建筑的几个案例的讨论可得出如下结论，新结构体系的创造是无止境的，设计者的想象力和独创性也是无穷的。

习题

7.1 高 12 层筒支撑建筑（图 7.9）由芯筒落下 6 套拉索形成 12 个吊件以承载周边所有 12 层楼的重量。在屋顶层面，用另一套拉索承载屋架重量产生的附加力和转换拉索方向。芯筒冠由两个斜十字拱构成以支撑角部拉索。主屋架梁因将主拉索撑离芯筒而受压，依此由受压环加强刚度。假设荷载条件如下：

典型楼板重

1½的复合地板 +2½的混凝土 + 梁（间隔 12 英尺）

	35 磅力/英尺^2
顶板	7 磅力/英尺^2
设备	5 磅力/英尺^2
其他	3 磅力/英尺^2
	50 磅力/英尺^2

幕墙吊杆和拱肩（单位墙面积）	15 磅力/英尺^2
风载	24 磅力/英尺^2
活载（办公区域）	80 磅力/英尺^2

a. 确定在广场层面芯筒是否必须承载拉伸应力。（假设：屋面荷载为楼面荷载的 2 倍，芯筒承载等于楼面荷载忽略芯筒位移产生的弯曲应力，以及芯墙上开洞芯筒强度降低。

b. 近似确定 10 的厚混凝土芯墙的承载能力（假设：5500 磅力/英寸^2 混凝土的许用压缩应力为 $0.22f'_c=1210$ 磅力/英寸^2 忽略压屈）。

c. 确定典型立面拉索（非角部拉索）的最大伸长，以及在第 5 楼层面的伸长量。校核 2～2⅝直径的镀锋桥梁索是否满足索的性质为：拉断强度 417 吨，4.13，预拉后弹性模量 =23000 千磅力/英寸^2。

d. 如果拉索尺寸随荷载每四层增加，确定（3）中拉索最大伸长量。

7.2 如果正立面较核问题 7.1 芯筒的拉伸条件吊拉由柱替换并将荷载直接传到地面，但不承担任何侧向力。

7.3 图 7.8 的两根钢悬链线由 200 英尺高的墩台上垂下，类似于悬吊桥。跨距 273 英尺升起 150 英尺，假定每一支座荷载 30 千磅力/英尺悬链由 3 英尺深焊接宽翼构件和缆索构成，假设平均许用拉伸应力为 60 千磅力/英寸^2（已计入柔性控制困素）。确定悬链的近似断面面积。

7.4 用 AISC 手册所附图标较核例 7.2 重第四楼层面假定的 $K=1.8$。

7.5 例 7.2 中若采用 A36 钢试确定建筑物一楼层面典型内柱的尺寸。

7.6 例 7.2 中确定在哪一层楼荷载组合开始控制楼板主梁的设计。进而校核工况控制顶楼 W_C14 内柱的设计。

7.7　一25层钢框架混凝土建筑形成一20英尺×25英尺开间的水平格架，其中短边为5个20英尺开间，长边为7个25英尺开间。典型屋高12英尺（第一层和顶部3层层高15英尺）要分析第一层面典型内柱。假设每层平均恒载165磅力/英尺^2（包括上部两层机械设备）隔墙荷载20磅力/英尺^2 典型办公活载80磅力/英尺^2，初步设计风压取30磅力/英尺^2 忽略建筑侧移的次效应。采用5000磅力/英寸^2 混凝土和等级为60钢，试确定柱的初步尺寸。

7.8　分析问题3.15（图3.13c）1楼层面典型内框结构构件注意这个简化框架体系仅承载重力荷载，楼板活载50磅力/英尺^2 采用A36钢。

7.9　三层钢框架建筑，短三个边为18英尺开间，长边四个21.5英尺开间，假定层高14英尺考虑，暗梁平行于长边间距6英尺。

活载：	
第一层（零售）	100磅力/英尺^2
第二，三层（办公）	80磅力/英尺^2
屋面	40磅力/英尺^2

风载：	
假定平均风压	20磅力/英尺^2

恒载：	
对典型楼层和屋面	
4英寸混凝土板	48磅力/英尺^2
3英寸的煤渣垫层	15磅力/英尺^2
1英寸水泥抹面	12磅力/英尺^2
吊顶（金属板条和石膏板）	10磅力/英尺^2
	85磅力/英尺^2
嵌梁（带防火层）	25磅力/英尺^2
	110磅力/英尺^2

试设计嵌梁。分析第一层作为内柱第二层为外梁的一榀内框。考虑风和重力荷载工况假定主梁重为200lbs/英尺包括混凝土防火层，并没含防柱重相

当于楼面 10 磅力/英尺^2。采用 A36 钢对柱设计取 $K_y=1.3$。

7.10 由于问题 7.9 相对较低，带铰接梁的固定柱或许可用做结构体系采用问题 7.9 相同的荷载与材料，分析办公空间典型填梁和主梁和第一层的内柱。

7.11 在问题 3.17（图 3.13d）已求出荷载的 26 层办公楼，短边用 4 个刚框架加固。假定所有框刚度相同，试分析框架 B 的下列情况。

(1) 从丁二系列中选择敞腹托梁（间距 2 英尺）

(2) 画出重力作用下主梁和柱的弯矩图，找出一楼柱外柱的重力荷载。

(3) 当风压为 30 磅力/英尺^2 时,确定一层外柱和主梁的剪力,轴力和弯矩。

(4) 采用 50 千磅力/英寸^2 钢，设计一层外柱和外开间主梁。考虑侧向力的作用效应与建筑高度相关。

7.12 确定问题 7.11 第一层柱的风致弯矩，建筑铰接于基础。

7.13 图 3.13d 设计第 13 层内柱和中跨主梁。设风和重力同时作用，柱用 A36 钢其余数据同问题 7.11。

7.14 考虑仅有腹板移动时，导出刚性框架建筑的近似侧向挠曲（式 7.15c）。

7.15 对例 7.4 的 Vierended 桁架的力流做更精确的分析。确定邻近外柱支座处弦杆和腹杆的近似尺寸（用等级为 50 钢）。

7.16 例 7.4 表明风不控制柱的设计进一步确定在给定风载 21 磅力/英尺^2 下建筑的侧移量

7.17 40 英尺跨、9 英尺高的 4 开间 Vierended 桁架在中跨支于柱上传递 200 千磅力荷载，设开间均为 10 英尺用构件半长反弯点确定近似力流。

7.18 层数 24 层公寓楼，采用 8 英尺 8 的高 Pratt 桁架跨度 60 英尺，以不同楼层交替方式相距 50 英尺布置，沿中央廊道桁架有 6 英尺宽 Virended 框格，而桁架框架 9 英尺宽（图 7.22）设荷载条件如下：

楼面重

8 预制中空芯筒混凝土原板（含 2#面层）	72 磅力/英尺^2
钢框架	8 磅力/英尺^2
顶板、楼板、设备等	5 磅力/英尺^2
隔墙	20 磅力/英尺^2
	105 磅力/英尺^2

考虑屋面重量与楼面相重量相同

立面量

设窗和轻骨料混凝土板重 50 磅力/英尺^2

活载

公寓 40 磅力/英尺^2

廊道 100 磅力/英尺^2

屋面 20 磅力/英尺^2

以重力作用（对交错结构是合理的）做主要结构构件的初步设计分析（楼板，桁架，柱），柱和桁架弦杆采用 A527 等级为 50 钢，其余部分 A36 钢。

7.19 考虑 24 磅力/英尺^2 均匀风压时，分析问题 7.18 关键的二楼层面交错桁架校核顶部桁架弦杆，思考楼板行为。

7.20 将例 7.6 建筑的 K 支撑用 X 支撑（图 7.26B）替换，找出第一层桁架构件尺寸，确定建筑物近似侧移比较两个支撑系统的结果。用 A36 钢。

7.21 用全高直角支撑（图 7.26c）代替例 7.6 的 K 支撑估计构件尺寸，比较结果（用 A36 钢）。

7.22 五层平板混凝土结构侧向用剪力墙支撑长边由 5 个 24 英尺跨，短边 3 个 20 英尺跨构成。首层高 15 英尺，其余层 12 英尺，荷载条件为：屋面 122 磅力/英尺^2 恒载 20 磅力/英尺^2 活载楼面 136 磅力/英尺^2 恒载（包括隔墙 20 磅力/英尺^2，顶板 10 磅力/英尺^2）活载 50 磅力/英尺^2，柱重等效为楼面荷载 8 磅力/英尺^2 确定一楼层面典型内柱 14 × 14 的配筋采用等级为 60 钢 4000 磅力/英寸^2 混凝土。

7.23 校核习题 7.22 中柱是否可沿短边支撑（两个 8 英寸厚 8 英尺长剪力墙位于各边外框。设 8 个内柱 14 英寸 ×14 英寸，12 个外柱 14 英寸 ×12 英寸确定墙的最小长度。

7.24 设习题 7.22 的平板结构无支撑，这样框架必须抵抗 25 磅力/英尺^2 的侧向风压。确定柱的尺寸，讨论大致配筋。

7.25 设习题 7.22 平板结构由两个槽形混凝土内筒（在建筑两端）侧向支撑，长立面作用均匀风压 25 磅力/英尺^2，确定 25 英尺长、8 厚混凝土墙（即槽行筒腹板）。最小配筋率是否满足（采用 4000 磅力/英寸^2 混凝土，60

千磅力/英寸^2 钢)? 设侧向力完全由墙承担，板柱框架只承担重力（该假定对相对的该建筑是否合理）。

7.26 世贸中心110层双塔形成208英尺见方中空筒（带80英尺×138英尺中央芯筒)，悬臂高1350英尺。确定基础边柱近似轴向力，采用建筑边柱12磅力/英尺^3 风压45磅力/英尺^2，设整个风致弯矩全部由筒体翼缘分担，临街面层的80根柱（柱距10英尺）支撑塔楼，典型楼板用了300根柱）设柱横截面积 A_C =408平方英寸估计侧向挠曲。

7.27 芝加哥John Hancock中心双锥切角金字塔（高1091英尺)，基底尺寸约164英尺×262英尺向上变锥顶层为100英尺×160英尺外柱斜管抵抗所有侧向荷载，设芯筒承载整个建筑重力荷载的50%。斜撑将24根边柱缚在一起即每面7柱。分折长面背风向基底处的立面柱。设恒载165磅力/英尺^2，边柱活载折减后为50磅力/英尺^2 均匀风载45磅力/英尺^2（考虑建筑变锥的效应)。忽略建筑形状影响，取 F_y =50千磅力/英寸^2。

7.28 芝加哥1454英尺高西尔斯大厦由9个75英尺方形束筒（图5.4m图7.33）构成，直至第50层，即建筑在基底时为225英尺×225英尺见方。管筒在第50、66、90层收进。柱由宽翼截面建造，沿每模块周边间距（中中）15英尺。除角部模块柱较大外（因风的剪滞作用荷载较大)，典型柱尺寸翼缘到翼缘39英寸、宽24~30英寸，要抵抗120磅力/英尺^2 重荷和50磅力/英尺^2 平均风压，对基底柱尺寸A36做一快速估算。风压分折时折为100层等效高度。

7.29 平面136英尺×136英尺见方，带40英尺中央筒20层的框筒结构，高250英尺。平均层高12英尺6英寸。楼板框架方向随楼层交替改变（图7.34）用下列荷载条件：楼板轻骨料混凝土覆于钢衬板上47磅力/英尺^2 隔墙恒载20磅力/英尺^2，顶板5磅力/英尺^2，其他5磅力/英尺^2，幕墙30磅力/英尺^2，办公空间活载50磅力/英尺^2，屋面20磅力/英尺^2，风载40磅力/英尺^2。确定基底典型边柱尺寸（非角柱和桁柱)，用A36钢控制侧移设柱宽14英寸桁梁高3英尺。

7.30 分析挑头梁体系的弯矩约束和式7.23中的柱结点。

8 其他的竖向建筑结构

许多其他结构具有高层建筑的尺度。不仅以土壤（地面上或地下）为取向，而且会在深水和外层空间中。其例子如，用于慕尼黑奥林匹克体育场建设的550吨汽车吊，其直立高度530英尺，最大水平伸长300英尺；德国一个高750英尺的发射塔，冷却塔稍微超过埃菲尔塔的一半高；墨西哥湾巨大的Bullwinkle平台高1615英尺，比帝国大厦高出365英尺；加拿大Sudbury的一个混凝土烟囱与曼哈顿大厦一样高。当前，世界最高的结构是波兰华沙2108英尺高的拉线发射塔。世界最深的海洋（南非的Western Deep）为17,600英尺（5364.5m），像14幢帝国大厦叠放一起。最后，巨型空间卫星使得地球的摩天大厦形同侏儒。

本书其他章节讨论了当前所有的最高建筑物，将其列于图8.1。这个高度的竞赛始于巴黎埃菲尔塔（1889年），终于代表第二代摩天大厦的纽约帝国大厦（1931）。第三代世界当前最高建筑——芝加哥的西尔斯大厦（1974），达到最高点。所有十幢最高建筑用钢结构或混合结构建造。几栋150层范围的超高层建筑蓝图已绘就。看来第四代高层建筑不仅只会在美国出现。

塔（TOWERS）

直到20世纪，塔只用石材或砌体建造，平面或方、或圆、或呈多边形，或独立、或为建筑的一部分（教堂、修道院、市政厅、宫殿）或环绕城市和城堡的加固城墙，可能位于边角或大门。塔用于观测和通讯，但常用于防御。后者发展出除其社会、宗教或功能而外的符号意义。如像伦敦的大笨钟，巴黎埃菲尔塔，华盛顿纪念塔，比萨斜塔，圣路易斯拱门，还有洛杉矶的瓦特塔，都已成为其城市的象征，这里只列出一小部分。

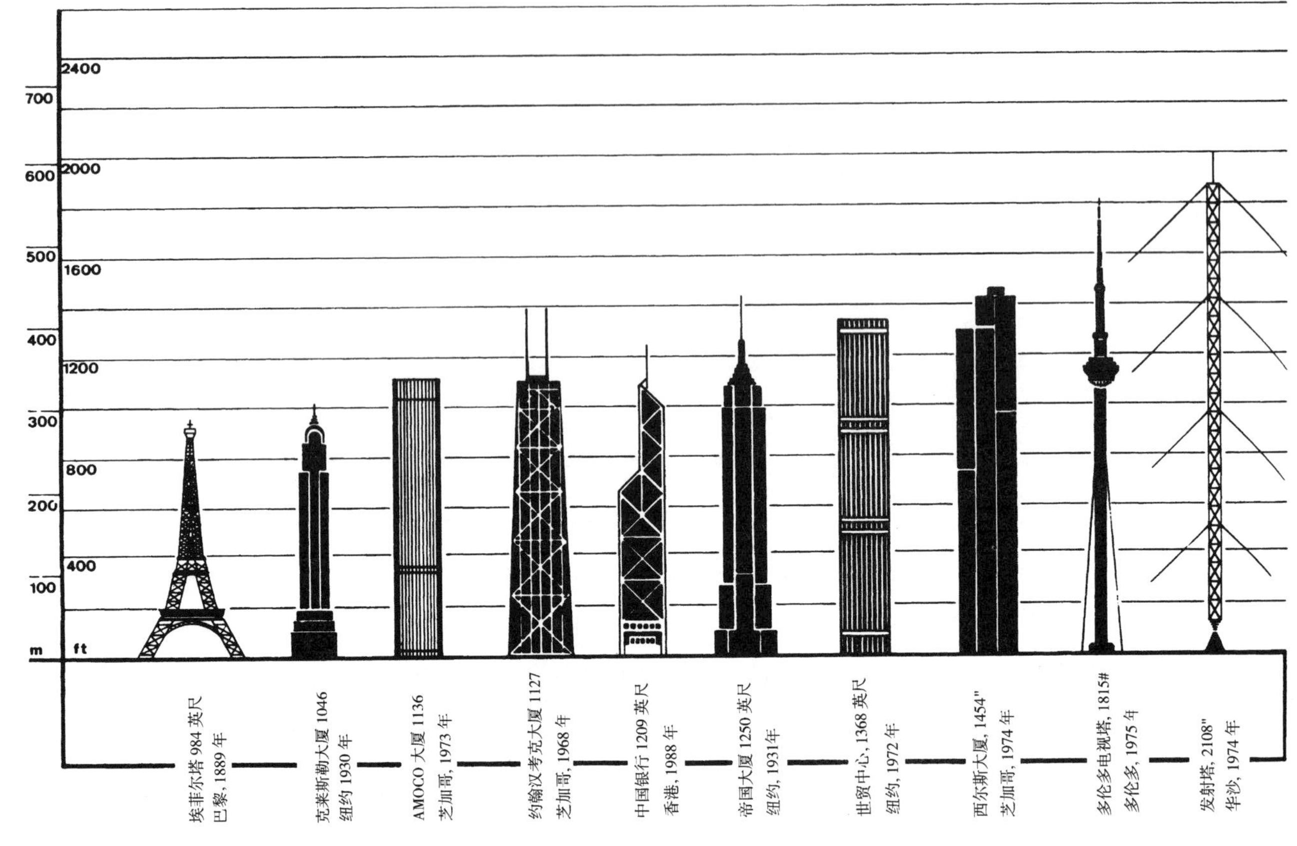

图 8.1　最高的建筑结构

历史上首个知名的高耸结构或许是美索不达米亚 Sumerians 的人造山状寺庙（公元前 3000 年），类似于埃及阶梯状的金字塔，和墨西哥印第安人的寺庙金字塔，或印度佛教山形台阶山寺。这些所谓的“ziggurats”❶ 可认为是高塔结构的先驱。传说中的“巴比塔（Tower of Babel，公元前 600 年）”，由新巴比伦国王 Nebuchadnezzar 重建。据认为这个锥状的砖结构高约 300 英尺（91.4m），方形基础接近 300 英尺（91.4m），以矩形螺旋方式绕塔的坡道通向塔顶平台。另一个著名的是埃及亚历山大 Pharos 的灯塔——古代七大奇迹之一——，这个高 450 英尺（137.2m）巨大的砌体塔建于大约公元前 280 年的托勒密❷时代。

不仅钟楼（自立的钟状塔楼）是意大利许多城市的象征，而且中世纪的塔楼建筑具有城堡状塔楼（为防御目的而建，也是统治家族权力的象征）。著名的有塔斯卡尼和

❶ 古代亚述和巴比伦的金字塔形神庙——译者注。

❷ 埃及的托勒密五朝——译者注。

波洛尼亚（意大利中部城市）San Giminiano 的塔，例如 Asineli 塔（公元 1119 年）高 319 英尺（97.2m）平面呈 29 英尺（8.8m）的方形。爱尔兰古代坚固的圆形石塔与修道院相邻而建，几乎没有开窗。这些塔至圆锥形钟楼高达 130 英尺（39.6m），直径只有 19 英尺（5.8m），为修道士遭维京人（北欧海盗）袭击时的避难所。过去的其他塔的结构中，埃及的方尖石塔顶部带外挑平台以作祷告用、高耸的穆斯林清真寺仍不断地建造，另外还有中国、日本、缅甸等的佛教宝塔。

与早期罗马式教堂和修道院许多厚实塔楼不同的是，哥特式轻巧与装饰华丽的高塔。塔的上部为风雨留有开孔，砌块尖顶以精致的骨架建造。466 英尺（142m）高的斯特拉斯堡天主教堂是中世纪最高的建筑物，并保持记录 450 年之久，直到 1880 年才被高 515 英尺（157m）的科隆天主教堂取代，后者在 1890 年被 528 英尺（161m）的乌尔木（德国南部城市）教堂超过。1884 年，555 英尺（169.2m）高的华盛顿纪念塔成为最高的结构（直到目前仍是世界最高的承重砌体结构，参见问题 2.6），最后于 1889 年，埃菲尔塔，第一个真正的现代高耸结构达到了难以置信的 984 英尺（300m）高度。随社会政治经济结构的改变而开发的钢材和钢筋混凝土，使得从砌体承重墙到 20 世纪新一代轻质塔结构的转化成为可能。为 1889 年巴黎展览会而建的埃菲尔塔或可看做这个新时代开始的标志。

然而，直到 20 世纪 50 年代，随通讯工业的进步，高度记录才不断打破。1572 英尺（479.1m）高俄克拉荷马城市拉线桅杆电视塔，由三角形格栅钢桅构成，建于 1954 年。那时期的钢塔与混凝土塔形成对照。1953 年，杰出的结构工程师弗里茨·莱昂哈特（Fritz Leonhardt）以德国斯图加特 710 英尺（216.4m）高的电视塔，成为细长自承混凝土悬臂塔的先驱。该塔成为波起欧洲的电视塔样板，为 1976 年 1815 英尺（553.2m）高的多伦多塔，1978 年莫斯科 1762 英尺（537m）高的 Ostankino 塔，东柏林 1187 英尺（361.8m），以及法兰克福 1086 英尺（331m）的通讯塔等奠定了基础。加拿大安大略 Sudbury 建于 1970 年高 1250 英尺（381m）的混凝土烟囱，与纽约帝国大厦一样高，其锥体从基底 116 英尺（35.4m）到顶部变为 52 英尺（15.8m）。世界最高的结构为波兰华沙 2108 英尺（624.5m）（1974 年，图 8.2）和美国北达科他州 Fargo 的 2063 英尺（628.8m）高拉线桅杆。

和以往常用石头和砌体建造的块体井筒塔相比，由于建筑新技术和钢材与钢筋混凝土的强度与延续性，今天的塔可取任意形状，并以最少的材料达到巨大高度。笨重的承重墙重力塔为细高的轻质、壳体悬臂塔所取代，也比过去完成更多的功能，图 8.2 只是其中的一些示例。它们也可作为建筑、桥梁、离岸平台和油罐的支撑结构，或仅承载泛光灯、广告牌、旗帜、输电线，或无线电天线。它们可是自承，如跳水塔，滑雪塔，地下矿井的井筒，钻井塔，谷仓，冷却塔，起重机，烟囱，航空控制塔，天文观察塔，电梯井，通风井筒，展示塔，体育场支撑篷顶的斜塔，以及像纽约自由女神的标志塔。

图 8.2 所示桥塔的形状取决于其用于支撑道路的方式。德国波恩 Friedrich – Ebert 斜拉桥塔为相应于扇形单索面布局的悬臂单塔。然而，英国 Humber 吊桥塔形成一个横向单开间刚性框架，另一方面，双拼梯形箱梁桥面置于冲出谷底的两个塔式长腿上，由提供门架作用的系梁连接。

塔结构可如下分组：

- 自立塔
- 拉索塔

自立塔是自承的。按照其细长度，可细划为：

- 重力塔：矮胖的塔
- 悬臂塔：细长的塔（如烟囱、旗杆，通讯塔）

塔既可为混凝土、钢桁架、刚性框架，也可是金属杆。常用结构类型是：

- 闭合管筒：单体或多体塔
- 开口筒：单体或多体塔
- 带腿塔：三腿或四腿，可形成多筒塔
- 竖向结构平面行为独立的束墙/框架
- 树状塔
- 试验塔结构

拉线塔，如高耸天线结构，其杆柱极端细长，风载不像悬臂塔那样由材料受弯来平衡，而是由拉线与桅杆或拉线间的连接结点。稳定性、重力和侧向力作用下的应力、细度、柔度、和动力特性等基本概念已在第 2 章“建筑支撑结构引论”和“结构语言的基本概念”（参见图 2.1）中简要论及。

细长自承塔的结构设计主要考虑风荷载，接下来是其整体形状。对于非常高的塔，圆形或多边形锥状管筒看来流线型最好，因为其对风向变化的阻抗最小，且扭转刚度高。必须指出，风的分布显然不是常数，垂直于风向的吸力大于风压（见图 3.6）。开口钢桁架塔的实体率指示裸露钢材面积与包络面积的关系，因而反映风作用

图 8.2 塔

的大小。

细长塔像直立的、以受弯将风力导入地面的悬臂梁（见图2.1a），其轮廓为锥形，或取为指数函数的形状（式2.7）。与自承方式（其井筒的截面模量提供抗弯抗力）相比，拉线桅杆的转动抗力由缆索提供。静态风压是稳定性考量的基本点，细长柔性塔的设计也必须考虑动力荷载的作用（参见图2.1e），因为扰动的阵风和可能的地震加速度会突然施加与迅速改变。另外，风（具长周期）会与柔性结构的固有周期接近，因而引起共振荷载，由此产生的振荡和相应侧向力的积累取决于体系表现出的阻尼。

塔不仅在侧向力作用下弯曲，偏心重力荷载、端部和平台位置的非对称活载作用（参见图2.1b）等也会。类似地，光照和阴影下的温差使井筒产生背离太阳的转动。柔性塔的侧移过度会生成重力附加弯矩，特别是塔顶（即 $P-\Delta$ 效应）。类似于麦穗在风吹下摇动细长的麦秸，由于位置偏心麦粒导致附加弯矩（图8.3）。这时，叶片横截面随侧向力流而响应：在基底为管筒，其上呈V形，尖端扁平可调。如果叶片整个高度为扁平，显然不能支撑其自身重量。

可以得出结论，除稳定性、强度和动力特性外，必须考虑刚度。特别是必须考虑旋转餐厅和观察平台中人员的舒适性，或在安设精密设备时必需控制的挠曲和加速度。塔必须提供一定的刚性，不能象自然结构那样挠曲（因其仅提供最小侧向抗力）。

各种塔结构类型示于图8.3。其变化从锥形自承塔或看起来自承的矮胖实体重力塔到侧向支撑拉线桅杆，到轻型抗重力柱，细长悬臂梁（可能附带大头）。塔既可相对刚，也可相当柔，像拉线堆栈、拉索桁架塔、张力桅杆，或高压气动管筒。

威尼斯艺术家沃尔特·凯特纳（Walter Kaitna）沉迷于力与挠度的视觉平衡。1962年创造了一个雕塑，他以某种模式将几个不同长度的钢杆锚固在底板上，然后他弯曲扭转这些杆，迫使其在顶部结合在一起，并相互保持平衡。这些杆为受力状态，传递封闭力的能量，你可感受到释放时的爆发，但只有在其不相连时才可能发生，那时它们会回缩到其自然位置。

建筑的细柔部分意味着或者重力与静载、或者侧向力与临界动荷载的控制设计。德国圆屋塔和意大利比萨斜塔为重力塔的实例，其重力产生的压力使建筑预压，超过侧向力转动产生的拉力。这时竖向重力与水平风力的合力中心落在基础中部（核心）1/3处（参见图2.1c）。

图 8.3 塔式结构

巴黎984英尺埃菲尔塔大面积铺展清晰地表明其稳定性。这个锻铁塔的重量看来很容易平衡风致倾覆，同时采用向上变窄的桁架减小风压。结构基本上由四个格状箱形角柱形成指数状拱形，塔顶相互靠在一起，不同高度用四个平台连接。对常风压塔形接近悬索。第一个平台下的四个拱无任何结构功能，纯粹起装饰作用，第二个平台以上，四个箱柱交叉支撑，形成刚性切角金字塔（参见习题2.7）。

相比较，1086英尺的法兰克福细长通讯塔从地面悬伸，抗弯刚度隐藏于地下，类似树根。管状混凝土塔从基底的65.6英尺到968英尺标志处变为18.4英尺，墙厚从58.6英寸减为39.3英寸。它支撑巨大的直径为188英尺、6层钢框架、圆锥状吊舱和其上7个混凝土悬挑平台。舱体有旋转餐厅、观光平台、天线平台、和邮政操作楼面。西雅图600英尺的“空间针”（1968年，图2.1d）基本上是个三角架，三个腿向上到细腰变尖，然后火炬般伸展支撑5层建筑，包括旋转餐厅。

加拿大多伦多1815英尺高的CN塔是当前世界最高的自承结构，其三腿Y形截面向上变尖支撑7层的太空舱，用作观景餐厅和广播设备；混凝土塔置于18英尺厚Y形后张井格筏基。整体竖向后张大大增加了细塔的寿命，因为构件无裂缝，整个截面都能抵抗转动。

威斯康星州的Racine镇，Johnson Wax公司15层的试验楼结构（Frank Lloyd Wright设计，1950年，图8.3底右），表现了一棵抽象的树，树干生长出地面，蘑菇状的楼板分出枝杈。相比较图8.3带70英尺中央方筒、140英尺见方、22层的塔楼的有效形式，塔的后张楼板基于施工经济性要求。

拉线桅杆是极细长的（参见图2.1a和图8.3），因此必须由后张缆支撑；缆索，或铰接、或固定在基础，需要加大地基锚固拉线板。根据塔高，低塔可采用设于塔顶（或其下）的单拉索，而高塔必须采用多索。可用成120°的三索体系，或90°的四索体系。对于风载，桅杆作为弹簧似的拉索弹性支撑的连续梁；对于重力和缆索的预拉与风力，桅杆相当于压杆。如果预张太高，井筒会曲屈，太低则会过度晃动。必须记住，类似于竖向预应力混凝土塔，塔因缆索施加预应力受压，刚度也随之增加。但桅杆变形时，短塔的缆索基本保持直线，但高塔必须考虑缆索下垂较大。非常细的塔不仅受到重力，也受到动力、风作用，引起附加弯矩和扭转。风的动力作用引起桅杆中的弯矩随频率而变。

澳大利亚悉尼700英尺高的塔（图8.3），横向由形成旋转双曲面的预应力索网稳定，用直线缆规则安装。直径22英尺的钢筒支撑的头包含两个饭店、观景台、水塔

（带水击吸收装置，用作阵风的耗能装置的一部分）。

罗伯特·L·尼古拉斯（Robert Le Ricolais）提议的旋转多边形索网塔（1962 年，图 8.3）。索沿周边形成空间闭合的张力索网支撑楼板，连接到中央受压脊柱；索网缆索绕环状楼隔板。刚度和强度由最小重量的几何形体提供。20 世纪 60 年代，建筑学家沃尔夫冈·多宁（Wolfgang Döring）提出开口索－桁柔性骨架，将一些楼板和柱处理为立柱，用连续的索将建筑物连接在一起，提供必要的侧向刚度。

与传统的静态单一材料体系提供的刚性相对应，设计者曾谋求过动态支撑结构。人体就是复杂塔状结构的一个例子，铰接的不稳定骨架受压时，由沿关节的韧带骨骼肌肉和肌腱拉伸来稳定，允许肌体运动。著名的张力结构设计者 Frei Otto 调查了最优重量与运动、研究了人的脊柱（由多节脊椎组成、靠肌肉和肌腱挺立）。他在 1963 年的脊柱桅杆这个动态雕塑中表现了响应随机压力的空间运动和拉压抗重力特征。可从吊车、塔吊、或拉线原理（如像帆船的中索具）找到类似功能。

Kenneth Snelson 在他的张力桅杆中，探索了拉压的空间相互作用，就如他的锥形张力缆和管状雕塑“针塔”（1968 年）。术语全张力（Tensegrity）一词由 Buckminster Fuller 建立，起源于张力结构。与传统建筑结构相比，实心构件形成连续刚性骨架，在全张力体系中，体积由连续缆索张力网或制成独立、不连续压杆、相互不接触的预应力表皮限定。

图 2.1g 已示出塔的典型基础。小塔和烟囱时为平板，长塔用独立基础（可能需要锚固以抗拔）。高塔可用壳式基础，如单一或切角锥和其他旋转壳（带肋或不带肋），可有环行地梁。桩或沉井的需求取决于土体的承载能力。必须记住索的基础必须抵抗上拔和剪力。与浅筏基典型平板不同的是，Frank Lloyd Wright 在 Johnson Wax 实验室塔楼采用的是深桩基方法，特别是旗杆式建筑。

地下结构（UNDERGROUND STRUCTURE）

人们将地球直接用作庇护所已有数千年地历史，始于最早穴居者。他们一直生活在地下，如像中国北方黄土高坡的浅表土下城市[❶]。他们从石头中切出住房，挖出孔洞空间（如印度佛教石刻建筑、埃塞俄比亚石刻神象）。他们从软岩中刻出整个村庄或沿山坡的市镇，如土耳其 Auatolia、西西里、突尼西亚和许多其他地方。岩石建筑过去在

❶ 如陕北的窑洞——译者注。

许多国家是实用的，特别在印度、埃及、亚述、里西亚（希腊人所为）、佩特拉[1]，有由波斯人、罗马人、阿拉伯人等留下的石刻。著名的美国西南部峰巢砂岩崖壁由印第安人所建。

自我保护的本能使无数的动物住在地下，通常是至少两处公寓式多层住宅。地下结构在战时总是用作避难和防御，包括民用和工业防弹掩体。20 世纪 30 年代，法国沿德国边境建造了防预的前线要塞，称为马奇诺（Maginot）防线。而在第一次世纪大战时的这个预备要塞为半地下，马奇诺防线的神经中心深埋地下，只能通过隧道和电梯系统到达。尽管蛛网般复杂的地下城确实代表了重要的设计成就，以及为 19 纪下半中叶 Jules Verne 及其后的 H G Weiis 所梦昧的“乌托帮”式地下生活的首次实现，最终证明，作为军事设施是徒劳的。二次世界大战末期，纳粹宣传机器声称一支地下军队在一地下秘密要塞待命，装备有强大的由地下工产制造的新式武器，会将德国人从占领力量中解救出来。

许多国家，建筑设计要求具备平时使用和战时民防避难所的双重功能。象前苏联、中国、瑞士、瑞典、挪威等国建有地下抗核爆冲击避护所。其他地下军事设施包括陆基导弹，埋于重重钢筋混凝土井筒中，以避免附近核爆冲击。

过去地下生活的原因主要为气候、防御和文化习俗。今天，特别是过去 20 年左右地下空间的开发则是为其他目的。由于地表拥挤，地下都市成为必然，包括集群交通系统、服务管线、仓储（如食物、水、油、气和其他物资）、停车场、废物处理设施、商业、工业、研究、以及其他特殊客户正在侵入都市地下空间。日本人不仅正在海上进行人造岛实验，而且也设计地下城以缓和国家空间的嘈杂。下世纪早期（指 21 世纪），他们希望用大型竖直井筒（包含电梯，发电设备和其他供能设施）由隧道连接到球体（作为商业、工地、教育、和其他设施之用）的地下城市网络。人居建设仍在地面。这些地下环境中可生长植物，阳光通过排气口反射进入，温度和湿度可调控。

近地表掩土式建筑易于储能，由于存放有毒和放射性物质、生产和储存热能、水力和核电站、以及（前面提及的）军事和民防等等的需要，深层地下空间的用途已浮现。很多世纪，地下空间的开发基于从矿山和隧道获得的专门知识。四千年前，工程师们在幼发拉低河下游建了一条隧道。最近隧道用于高速公路、铁路、航运、給排水、

---

[1] 约旦西南部古都，位于约旦的阿拉伯沙漠——译者注。

地铁、燃料储存、发电厂、公共设施等等。长达 33.5 英里的青函隧道[1]（Sei Kan Tunnel）为施工的一大突破，该隧道连接日本本州和北海道，为当时世界最长的水下走廊。矿山开采所得经验通常与煤矿相关，其大约 3000 ~ 4000 英尺深，采用竖向通风与电梯升降井筒作为交通体系。南非 12000 英尺深金矿操作的综合性和复杂性，使其雇用 15000 人，并且设置了大量制冰厂的降温。

地下建筑可按其接近地表程度划分。

- 近地表建筑是一种水平面铺展类型，由地下结构的人造屋面（或覆盖）构成。包括下列类型：

  掩土建筑

  地下室型空间

  明挖法技术如交通引流

- 竖向地下多层面建筑，可由斜坡和自动扶梯出入，并构成庭院式洞穴。本案中可用传统的地下室施工法或明挖管沟法。然而，更深时土和岩石本身能起到自然屋顶结构作用，这样可用下列步序。

  隧道法（如地铁、仓储、商业设施）

  矿山法（如房柱法）

- 深层地下空间仅可由电梯或罐笼进出，必须采用矿山技术。

隧道既可顶进亦可钻进深层地下，这样不会干扰地表活动。建筑地下室和供能网或可直接接近地表的街面，采用明挖法施工。

各种地下施工法的讨论列于图 8.4。图形的中心表现的是城市地下结构的复杂网络。反映了通过管线、浅基础提供物质支持、和通过建筑地下室补给系统补充生存能量，这样一个保障城市机能存活的大量根植体系。带有许多不同尺寸和类型分枝如管、涵、道、缆的复杂分布系统，沿着街道供水、气、汽、电、通讯到建筑物，也承担排水和排污。地下设施系统的规模与城市大小成比例。大城市会相当拥挤，可将之置入更深的多用途隧道，但更道路、铁路和地铁要求精确的隧道系统。人流通过多层管道

---

[1] 现在最长为连接英国和法国的英吉利海峡隧道——译者注。

的迷宫、沿大厅、通道、楼梯、自动扶梯、电梯等分散。地铁管道的多层网络用做地铁车站和竖向通风井筒。

许多城市摩天大夏下的大规模多用途地下室空间很有名，但密集的地下人行网络（如多伦多和蒙特利尔）则不多。多伦多地下购物系统可能是北美最大的，由隧道迷宫、自行扶梯、地铁车站、地下室连通道、零售店、饭店、影剧院、喷泉花园以及很多其他成分构成。法国巴黎 Les Halles 大型地下城市的复杂性，不仅由地铁和道路地下交通运输网（包括公共汽车站和地铁站以及停车位）形成的巨大换乘站和连通道代表，也提供了购物设施、游泳池、影剧院等。瑞典的地下工厂、电厂、五金、废水处理、购物中心等有悠久的传统。

美国遍及肯萨斯、密苏里州的独特地下空间是利用开采过的石灰矿，所用房柱法中各种挖成的室间留有支持顶板的柱（图 8.4 底右）。巨大的洞穴留作商业用（如制造与仓储）。在地下 50 ~ 200 英尺，温度几乎保持在恒定的 57°F，而湿度为适中的 50%。

20 世纪 70 年代，由于环境恶劣，当地无可用能源，明尼苏答大学采纳储能要求。温度变化从夏季 100°F 到冬季 -30°F，然而 8 英尺深的地下温度决不会降到冰点，而 26 英尺深度则全年几乎为恒定的 50°F，仅比舒适要求冷 18°F。明显，地下结构可取几乎恒温的优点，这样与暴露表面的建筑相比制冷/热能耗剧激减少。大学的地下空间研究中心已成为美国开发掩土建筑指南的领导集团之一。明尼阿波利斯的 Williama Hall（1977 年）具有三层地下室的庭院式建筑就是应用这一原理的良好范例，不仅仅对于居家，更广用途亦如此。

图 8.4 的其他例子涉及更深的地下结构，例如，燃烧物，爆炸物，或有毒材料地下储藏室可建在荒芜的矿山，岩盐穴和其他采空区（如水平坑道形洞空）、或储罐系统（带竖向岩洞大型地下岩穹穴用于原油储藏池，图 8.4 上右）。基于房柱设计，开采过的地下洞室具有数千英尺的隧道网络，例如，500 英尺深，可用作存储液化石油气（图 8.4 下左）。

有意义的是深埋于矿房和岩盐穴的核废料孤立出来，使其不成为人类健康的威胁。岩盐穴的藏所如图 8.4（上左）所示，带中央柱盐穴为几个竖井通道提供通风、岩块升降、废物处理等之用。核电站的反应堆废料地下储藏所（8.4 上左起第三）可由各种岩室构成，岩室只储存活动性废料，并由隧道系统和几个混凝土储存井筒相连，混凝土罐储存大部分更危险的废料。

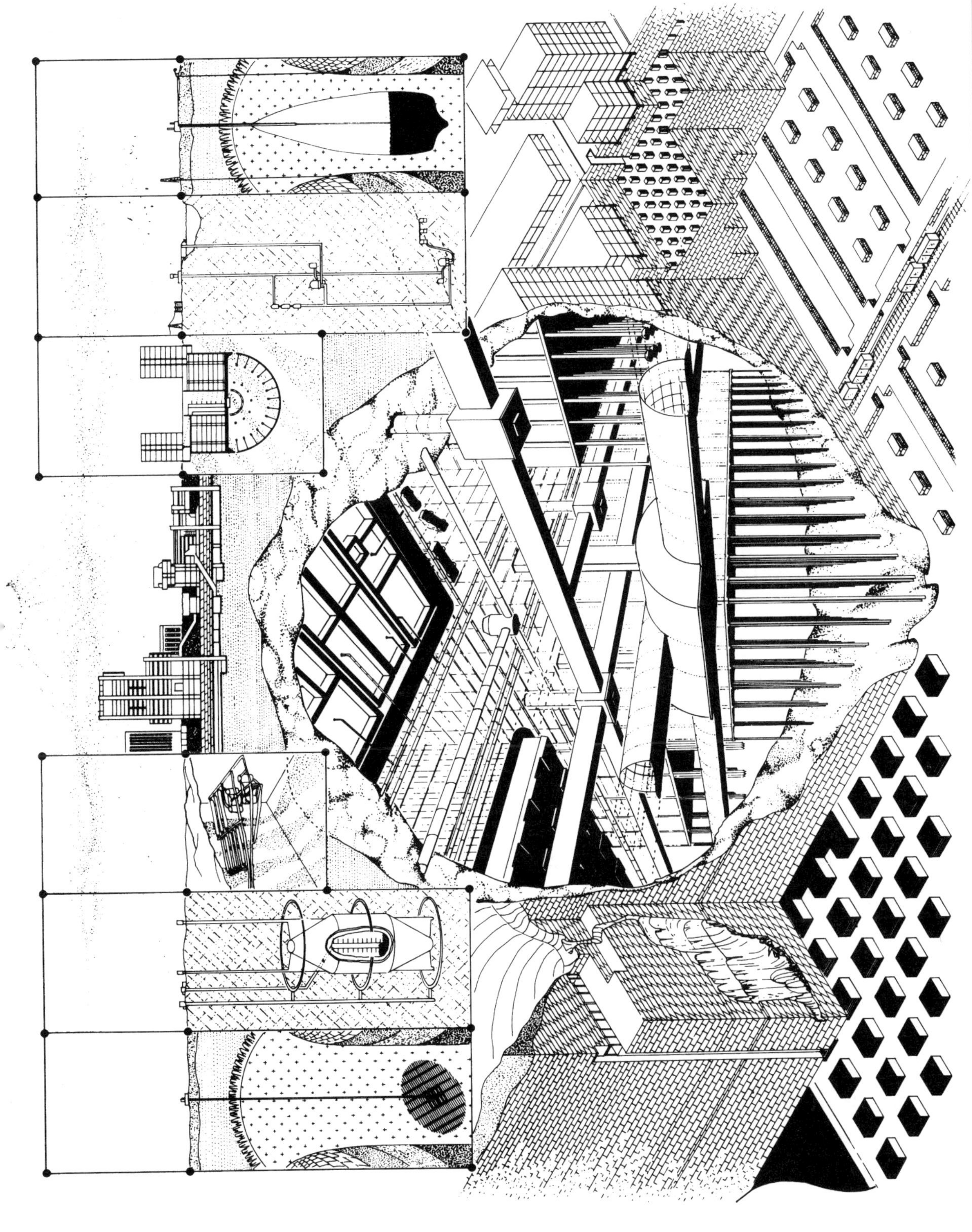

图 8.4 地下结构

地下水电站和抽水蓄能电站排泄入多通道储存室。峰值时间，水流通过涡轮机流到复杂洞穴低处的储存库产生电能，在非峰值时间多余电能将储存库的水泵送到较高水库。图 8.4（上右起第二）所示断面，通过所提议的地下泵送水力储存电站的安装，采用两个电站，其一深 1800 英尺存纳一半的抽水量和发电能力，另一半在 3600 英尺深。

离岸建筑（OFFSHORE ARCHITECTURE）

人们总会生活在水上或如东方的（乌篷船），或桩上住宅建筑。秘鲁 - 波利维亚边境 Titicaca 湖边 Urus 的漂浮村庄，由 6 ~ 7 英尺厚的 totora 芦苇制成的筏支撑。过去，水作为防御入侵的天然屏障，范例如哥伦布前的墨西科城和威尼斯，两个城市都栖于水面的桩上。早在公元前 483 年，哥波斯国王 Xerxes 与希腊人作战时就使用军事浮桥。然而，直到 20 世纪 70 年代早期能源危机，迫使石油工业开钻离岸的深水油井，至此才建造了一些大型人工结构。

迪拜位于波斯湾岸 200 英尺的巨大水下钢结构石油储存罐，重 15000 吨，20 层楼那样高；最大直径 270 英尺墨西哥湾的 Bullwinkle 石油平台升起 1615 英尺也仅至其钻进平台顶部，它比芝加哥西尔斯大厦高 161 英尺，为当前世界最高的建筑。北海的 Niniam 中央平台为 560 英尺高的大体积重力或混凝土结构，重约 550000 吨，比纽约世贸中心单塔重量 325000 吨重得多。挪威 Statjord - B 离岸平台总重 899000 吨，是人类移动的最重物体。

今天，海洋不再像过去那样仅是运输、渔业或垃圾场。为应付土地短缺、人口增长、食物需求增加、以及陆上能源衰绝，海洋正得以开发。他含有大量生物和矿物资源，可供采集和海床采矿。都市成长和沿岸城市拥挤的快速发展，包括缺乏其能提供的基本服务，会迫使城市膨胀建水上人工岛，海洋可用作自足新区和能源场所。

海洋结构可以是水上、水面、水下或海床上。他们可位于浅海或深海；既可固定也可移动；既可为直接锚固到海床上的刚性结构，亦可为漂浮的。海洋结构面临很多变化，包括浅水域的填土和堤坎、海艇浮桥、灯塔、灯船、用作桥/建筑/机场/干坞的避风式浮体结构、研究用平台、漂浮或底部直立储藏罐、潜水站、加载装置、钻进容器、油田配套装备等。这些海洋结构用钢、混凝土和预应力混凝土制造。

为获得离岸结构性能的一些基本理解，必须知道它们对极恶劣的环境响应和其如何建造。海洋结构必须抵抗的荷载大小和类型，取决于水中位置、深度和结构尺寸（以及类型）。明显，固定结构不得不承担漂浮结构的力。永久荷载由重力荷载（恒载）和外部水压构成，其他重力荷载包括活载（如压舱物，甲板荷载），最重要是风暴时的风载和波浪冲击荷载，而在美国西海岸，地震起控制作用。其他要考虑的荷载如流动力（如潮流、风流、河水流），冲击荷载（如船舶冲撞、浮冰、冰山、吊车荷载、装料冲击、抛锚力），冰胀力，地震（海啸：长周波），疲劳荷载，洋底滑动，热荷载，运输/装配荷载等。

静水压力均匀作用在各个方向、与深度成比例。对于普通条件下的海水，密度 $\gamma=$ 64lb/英尺^3

$$p_i=\gamma h_i=64h_i \tag{8.1}$$

作用在沉入海水中的物体上的所有力之和为向上的力，或称为随静水压力增加的浮力。这个浮力等于物体顶面 A_1、底面 A_2 的竖向合力差，也即等于所排开的液体重量（图 8.5）

$$\Sigma F_y=0=\gamma h_1A_1+W-\gamma h_2A_2 \tag{8.2}$$

为简化，让 $A_1=A_2=A$，导出

$$P_B=\gamma\ (h_2-h_1)\ A=\gamma V$$

其中，$(h_2-h_1)\ A=V$——体积

因此，一个重量 W 的物体会下沉，直至与其受到的浮力 P_B 相平衡，$W=P_B$。如果浮力大于重量，它会浮在表明上；然而如果重量大于浮力它会沉到底部。根据这个阿基米德定律，物体部分或全部沉入液体所受到的浮力等于其所排开的液体重量。

最关键的是动水波压，在表面最大，随深度消失。当密集波载的周期与平台结构的固有周期接近，必须作动力分析。多个波周期与结构基频匹配时产生共振加载。尽管这些力很小，但会随时间积累导致疲劳。由 100 英尺高、1300 英尺长规则波导出的典型波周期，对普通钢框支平台为15 秒，重力塔20 秒，常用作初步设计的准则。相比较而言，复杂结构的固有频率更长，达到 100 秒左右，因此远在主波周期之上。例如，拉线塔的固有周期30 秒，与相应平台比，很少有使其共振的波。

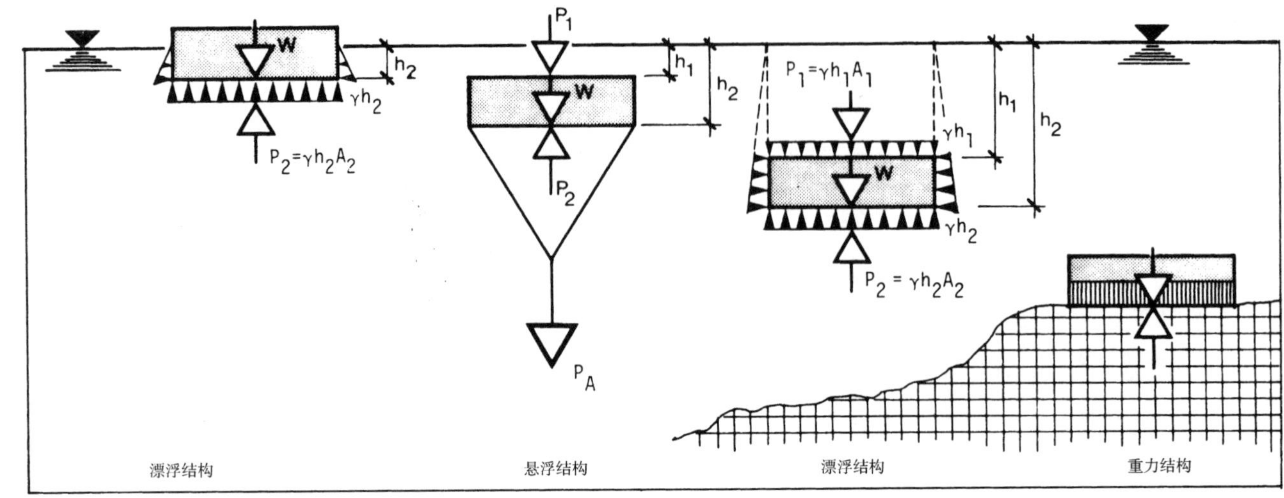

图 8.5 海洋结构相关的基本概念

海洋猛烈冲击于其中的任何物体，其力量之剧远超过陆地上我们熟知的（除地震外）力。漂浮和固定结构的稳定性成为关注焦点。超级结构定位于百年一遇最高波浪的波峰以上，如在北海至少为 80 英尺。

下列讨论中，简要分析已建或拟议的离岸结构，图 8.6 示出了一部分。早在 20 世纪 60 年代，未来派设计师在探求更有代表性的城市和社会形态时就认为在海洋上能建立海上文明和人类的居住区。保罗·梅门特（Paul Maymont）就是当时持有这种看法的设计之一，他建议在日本修建抗地震的漂浮城市。Buckminster Fuller 和 ShojiSandao 在 1968 年设计了漂浮城市“Triton city”。Tigerman 的“永恒城市”计划就是建造一座四面体组合而成的漂浮城镇。Rudolf Doernach 和 William Katavolos 设想未来的海上城市应该上自我生长、漂浮、能通过化学反应来生成，或者应像海洋生物一样生长的有生命力的结构。Archigram 研究小组（1964）的一部分计划，（例如 Warren Chalk 的“水下城市”和 Ron Heron 的“海上移动的城市”）纯粹来自于想象。Edouard Albert 和 Jacques Cousteau 于 1966 年建议在摩纳哥湾建造一座人造的漂流岛屿，平面为内径 722 英尺的五角形，其基础有 164 英尺深，且有一半在水面之下（图 8.6 左上）。

早在 20 世纪 50 年代，Kiyonori Kikutake 就提出了多种修建海上生活区的概念。最后，他在 1975 年建造 Aquapolis 时实现了他的思想。他修建了一座水上展览厅，该厅也是世界上首座独立的水上城市。这座水上城市是为 1975 年的冲绳博览会设计的（见图

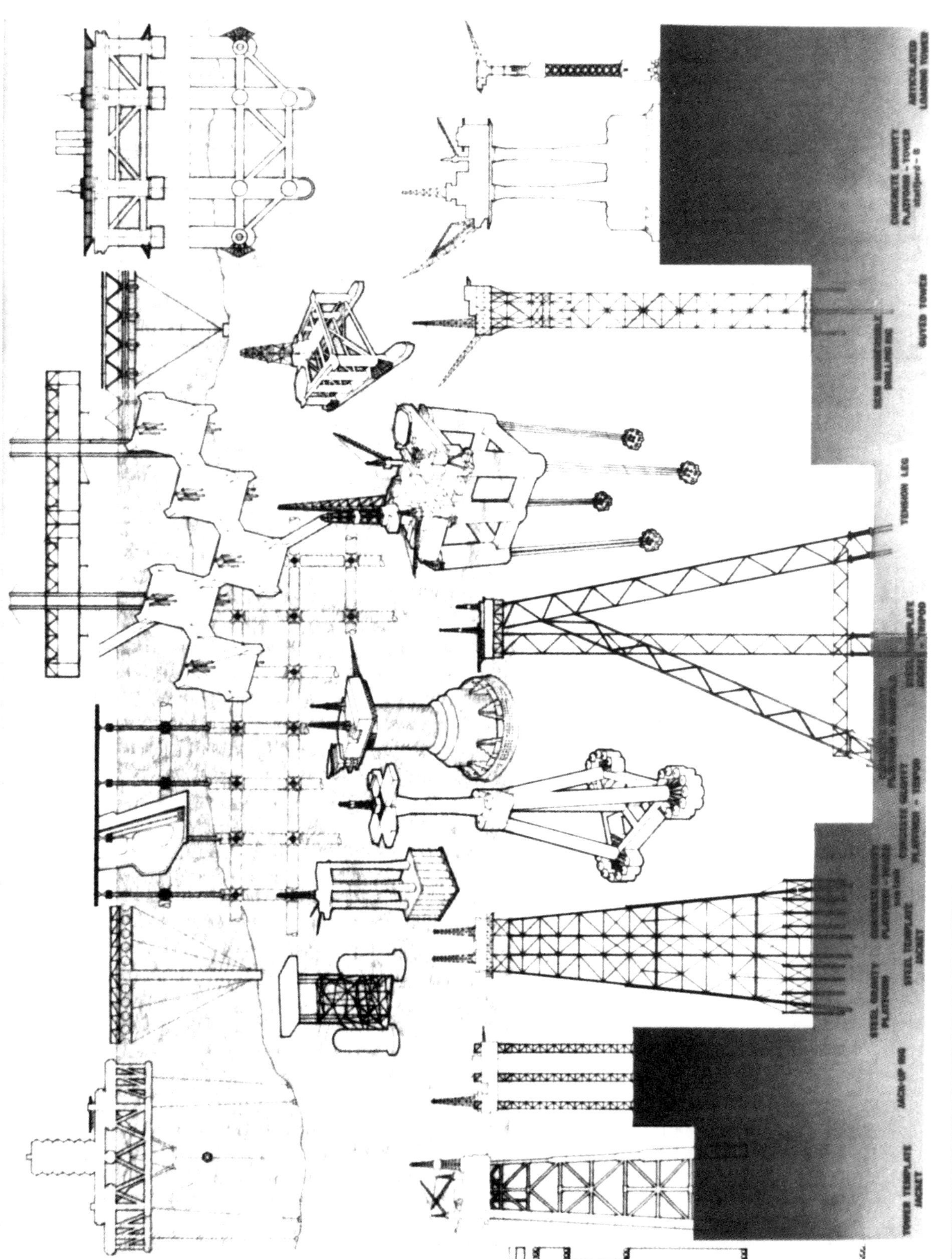

图 8.6

TOWER TEMPLATE JACKET
JACK-UP RIG
STEEL GRAVITY PLATFORM
STEEL TEMPLATE JACKET
GUYED TOWER
TENSION LEG
ARTICULATED LOADING TOWER

8.6 右上)，这座巨大的漂浮的半水下钢结构可以同时容纳2400名参观者，单单上层甲板的面积就有2.5英亩。三块正方形的甲板由16根圆柱状的柱子支撑，其中有12根柱的直径为25英尺，4根为10英尺。这些柱在水平和对角线方向用直径为10英尺或6英尺的钢管支撑，在平面上形成八边形的框架体系。这些柱建在由四座33英尺宽、20英尺高的船体上，其中两艘船长341英尺，另两艘长184英尺。每8根柱子就用两根铁链固定住 Aquapolis。16根铁链拴在沉入岩床下73英尺的直径为25英尺的钢筋混凝土锚上。当风暴来临时，就收紧这些铁链，压舱筒进水，从而展览厅的吃水线可以达到66英尺，排水28000吨，这种稳定性完全能适应海洋环境。大约需要4小时才能使结构的吃水线从66英尺下降到20英尺，排水19000吨。Kikutake 建议在东京海湾修建一座占地150英亩，可同时容纳20000人的预应力结构。该结构由165英尺×660英尺×20英尺的底部开口的预应力混凝土船体组成，这些船的浮力就由船下的空气囊提供。

结构工程师 Lev Zetlin 早在20世纪70年代就提出了在深水区域利用圆柱形浮相来支撑平台结构作为海上飞机场（见图8.6左上第二幅）；该平台由沉箱和钢索来固定。对于支撑在钢桩上的纽约 Laguardia 机场的混凝土跑道，Lev Zetlin 建议增加大直径充气橡胶管提供向上的浮力，从而以支撑较重的飞机（图8.6左上第三幅）。在另外一项目（图8.6右上第二幅）中，Lev Zetlin 通过收紧拉索，使得平台下潜，增加平台的浮力。Thomas R. Kuesel 在1985年曾提出在深水渡口设置拉索桥，该桥的每座桥架依靠桥墩和巨大的圆形浮筒来支撑。这些浮筒用锚固在浮筒下部的竖直或对角线方向的钢索来固定。

1982年，一位新加坡的设计师受委托在6.5英亩的的混凝土游艇上设计一座50层的海上旅店。1987年，一座7层高的旅店从新加坡造船所出发并停泊在澳大利亚的大堡礁；这座9800吨的建筑物占据礁湖322000平方英尺的面积。这座5层楼的旅店在一艘长292英尺、90英尺宽、19英尺高的两层钢驳船上。这艘驳船有双层的夹板，两层夹板间和船的底部的空间形成不透水的筒，这个筒也可用作压舱物，和油罐的停锚一样，这些旅店采用一套单点系泊处系统；停泊系统能随风流方式的改变自动调节。

在离多伦多不远的安大略湖，修建五座水上临时建筑（1971），这些建筑建造在桁架结构组成的人造岛上（图8.6上中）。这些边长为90英尺的临时建筑用由四根挑出水面承担顶部悬索桁架的管状角柱组成的核心筒来支撑，这些柱子承担桁架平台传来的荷载，各个悬索相互垂直。

码头可设计为固定或漂浮的结构。在春潮不高，水底不深且为岩石层的地区或建造设置桩基的码头建筑，然而在春潮很高的情况下，对于所有的人行道和主要的桥墩均需有一套由驳船、橡胶管、金属鼓筒或电镀的钢浮筒所组成的体系。浮筒的用途非常广泛，例如可用作游泳或工作的平台、网球场、渡口、救生筏、游艇、原油码头等等。

体积较大的离岸建筑大多和石油工业有关。早在本世纪初，就有人在加利福尼亚海岸寻找石油。但是直到 1930 年前后，由于石油工业的发展，在加利福尼亚和墨西哥海湾才出现了离岸建筑。早期的离岸建筑主要由木材建造，并用木桩支撑，这些建筑仅在水上部分受到支护；而且布置在只有 15 英尺深的水面上。第二次世界大战之后，修建了首座独立式钢平台，而且也引进了装配在驳船上的可移动的建筑。到 20 世纪 20 年代，建在打入混凝土桩上的现浇混凝土平台已经建造于委内瑞拉的 Maracaibo 湖上。1941 年，英国人在泰晤士河建造了四幢混凝土结构的海上检查站，成为后来北海石油混凝土重力结构的基本原型。

早期的平台建在离岸不完的浅水之上，因此，建造这些平台所遇到的只是相对较现代化的技术问题。但当石油生产移至深水区和极其复杂的恶劣环境时（20 世纪 50 年代），海洋平台不得不扩大体积和采取复杂的结构体系，因而修建这些平台也变得复杂起来。最后，在 20 世纪 70 年代末期，新兴的结构概念使得在深至 5000 英尺的水面上修建平台成为可能。

离岸建筑建造在海边。建筑的主要部分或整个结构通过驳船运输（或漂游）拖曳到现场。他们通常不是直接就位，也就是说要旋转至垂直位置；比如说，这些结构或许会通过慢慢的给浮筒注水来就位。一旦塔架锚固在基础之上，就可以建造上部建筑或平台。若塔架自身没有足够的浮力，就需使用附加浮筒以保证结构能漂浮在水面上。浮筒多为圆柱状，同时需能承受较大的水压力。

和直接锚固在地面上的固定平台相比较而言，漂浮钻搭在浅水至中等深度水中通过一套厚重的多重锚具体系来固定本身的位置；锚固在地面上的系泊索具用来防止钻塔的移动。在深水区，漂浮钻塔可采用诸如电动推进装置的动态位置识别系统，根据风和海浪的变化来调整自身的位置。与固定索泊相比，单点系泊索具在环境较差的海面上固定驳船或浮筒更具优势。

图 8.6 中所示为和石油工业相联系的不同种大型离岸建筑。其基本的分类如下：

- 钻探塔
- 永久性生产平台

  固定平台

移动平台

可移动钻探平台通常用于踏勘目的。常见的类型如下：

- 自升式钻井平台，用于水深在400英尺左右的区域，且固定在海床上。这种钻台的拖动原理和浮筒一样，在甲板上有外伸的支撑，或者可伸缩的支撑，到现场后将这些支撑腿向下插入海床。
- 半水下平台，用于水深在300~3000英尺的区域。工作甲板由空腹截面柱支撑，这些柱支撑在巨大的浮筒上。拖动钻台时，浮筒在水面移动，当到达现场时，浮筒中就注入海水以给钻台就位。下沉的浮筒阻止了海水的波浪，同时也能固定钻台，从而在风和海浪的作用下，钻井平台的运动较小。
- 海底钻油船为一种海上运行的交通工具或驳船，它适用于在水深从0~8000英尺区域的钻探工作。

永久性工作平台可分为固定平台和柔性平台。固定平台可分为轻质格子型钢平台，混凝土重力搭和三脚架平台。

钢桁架平台用得最广泛；它们由甲板，支撑系统和基础组成。支撑系统为塔状的立体X形或K形支护框架，通常由4~12根支撑平台的支柱组成。每根支柱的基础把荷载传递给底部桩群。钢架平台体系只有一些垂直的大直径支柱（如四脚平台），侧向支撑较少。这种平台并不采用驳船来拖曳，其本身的支柱所产生的浮力就足以使平台上浮。20世纪70年代晚期这种平台的体积就达到创记录的程度。埃克松石油公司的Hondo平台（1976）就位于850英尺深的水面之上，距加利福尼亚的Santa Barbara海底945英尺。该平台支撑系统的基础面积为235英尺×170英尺。该支撑系统由两部分组成，拖到现场后在水平方向上连接，然后在中空千斤顶和浮筒中注水，最后锚固在海度。壳牌石油公司Cognac平台（1978）位于墨西哥海湾1025英尺深的水面之上，钻塔高至1407英尺，支撑系统从水平上14英尺高处为84英尺×164英尺，至海底变为380英尺×400英尺。该支撑系统由8根直径为7英尺的主支柱和在较低位置的2根同样尺寸的辅助支柱组成，系统分成三个部分来拖运，在水下垂直安装。首先，浮筒拖动14000吨的部分到海底，该部分放在有24根直径7英尺、打到海床上450英尺的群柱上，随后，中间和顶部在竖直方向上和基础部分连接以支撑夹板和钻台。

与钢桁架依靠桩来定位不同，重力式平台的重量足以使本身稳定。重力式平台的上部重型结构或搭架要么是锚固在基础上，要么连接充满砂或水的沉箱，或者是采用能够提供重力的储油罐。重力式平台通常为混凝土结构，但是也会发现底部为储油罐的钢结构重力平台（如 Tecnomare 平台）。

大体积的混凝土离岸建筑始于 1973 年的 Ekofisk 油箱。该油箱位于北海中部水下 230 英尺的大型人造岛，现在该油箱主要用于平台。它的一个中央舱室（内有 9 个储油箱组成）平面为 170 英尺 ×170 英尺，高 295 英尺，周围环绕直径为 302 英尺的开口挡水墙。更大的 Ninian 中央平台（1978）位于北海下 456 英尺深。它有一根直径为 148 英尺、高为 560 英尺、支撑着钢甲板的柱。这根柱子由一 圆形外墙包围，内部圆形平面空间等分为许多房间。直径为 455 英尺的基础由三块共心但高度不同的环行舱室组成。这些舱室并没按预先安排用于储油，而是充满砂和水的沉箱。和以前通过开孔墙来保护单根巨柱不同，当今的设计更倾向于塔架概念或所谓的 Condeep 设计，这些方法包括了 Andoc 和 Sea Tank 的设计构造。

Condeep 设计中有一个六边形的格构式基础，每个基础由一系列圆柱形单元空间组成，单元空间上下为半球形。这些单元空间能够在牵引时提供浮力，同时也可以作为储油室。从这些沉箱中伸出 2 ~4 四个空心柱或塔架形成底部，圆锥形骨架上部为圆柱形的外形。例如北海水域的巨型 Statifjordβ 石油开采平口（1981），高 164 英尺，基础直径 555 英尺，基础由 24 个存储单元空间组成。四个搭架支撑两层钢甲板，平面尺寸为 181 英尺 ×351 英尺。Andoc 和 Sea Tank 的结构设计基于 Condeep 的设计思想，他们采用正方形基础，每个基础又分为几个正方形单元空间。

在那些位于水下约 1000 英尺处，采用混凝土结构作为采油平台的不同设计概念中，有一种提法用倾斜的中空柱组成三角架以提供必要的水平稳定。类似地，Mandrill400 钢三角架结构适用于水面下 1600 英尺的区域。

和固定平台相反，柔性平台随着风浪的作用而移动而非固定的抵抗风浪，这样可以减少水平力的大小。下面将分别讨论柔性平台的主要类别。

拉索式塔架为相对呈柔性的柱，其性能和拉索式桅杆类似。由于水平荷载和相应的弯矩由绳索来承担，拉索式塔架只受重力荷载。墨西哥海湾的 Exxon's Lena（1985）高 1305 英尺，处于水下 1000 英尺处。边长为 120 英尺的正方形支撑塔架连接着 3 层边长为 156 英尺的正方形平台，塔架底部有一单桩基础。水平方向由一系列直径为 5 英寸的钢索连接，每根钢索固定在直径为 72 英寸的桩基，极限拉力为 200 吨。大风暴来临时，迎风面的重力装置被设计成可以提升的装置，从而使得拉索系统承担较大的风浪荷载。空间框架的塔架的顶部有 16 根支柱以承担夹板和浮筒的重量，塔的下部有 12 根支柱。浮筒不仅用于拉索式塔架的安装，而且是拉索式塔架的永久组成部分，它可增加拉索式塔架的稳定性和减少拉索式塔架的竖向基础荷载。

环接塔架由一个中空混凝土浮筒或带有浮筒的钢格栅结构组成；塔和基础用铰相连接，基础通过桩或压舱物与海床锚固。塔架通过浮筒保持竖直，塔架和基础的铰链可使弯矩传向基础。塔架的性能和倒置的钟摆相类似，周期大于波浪周期。

与拉力索泊体系的半水下移动钻井平台相类似，受拉柱平台为竖向固定的漂浮平台。其上部结构由甲板和固定在抗拔桩或基础上的竖向钢管所牵引的浮筒组成。平台的浮筒产生向上的力，从而使支柱受拉后固定平台的位置。这种系统尤其适用于深水结构。

大型离岸结构的设计非常复杂，其安装更具挑战性。漂浮重达上千吨的混凝土结构，或者是将长 1078 英尺，截面为 120 英尺 ×120 英尺的钢塔运到 580 英尺长的驳船上，并将它安装在 1000 英尺的水下，这些都是人类所创造的奇迹。

星际结构（STARSCAPERS）

将来，太空制造装配巨型结构，地球上的高层建筑会矮如侏儒。例如，曼哈顿太阳能卫星，它可在太空收集阳光并以微波能的方式射向地球，再转换成电能。太空总是迷人的，有无尽潜能，就如像 1865 年 Jules Veme 的著名星际旅游小说关于人类首次到月球的旅行所反映的那样。德国 Hermann Oberth 最早的空间站设计深受其影响。战后太空船发展的一个重要标志是德国的 V2 火箭，大部分由 Werher von Braun 设计，并在二战后期采用。浪漫振奋的空间生活始于 1957 年 Sputuik－I 卫星的发射，在苏联 1961 年发射第一枚载人飞船进入轨道后迅速增长，至 1969 年美国阿波罗宇航船在月球着陆达到高潮。

20 世纪 60 年代的未来学设计人员梦想空间殖民地，把太空看作地球城市危机的一个出路，以真正先驱者的精神，抛弃过去，一切从头开始。Poli Solen 沉迷于卫星样城市，1967 年设计了 Asteromo 轨道生态城。Lockheed 提出“1990 空间城市”，一个巨大的包含必要功能模块的转动轮盘。类似地，1975 年 Ames 研究院的一组工程师、科学家和设计人员提出一项“英里轮状轨道运转结构”作为 10000 人的空间居住地。本例中直径 427 英尺环状外筒为人们生活工作场所，由 6 个直径 48 英尺的轮辐提供通往中央集结站，也是入港站，结构绕地球和月球等距的轨道，巨大的圆形轮环绕中心每分钟一周，模拟地球正常重力。

采用所能发现的典型硬件，是 20 世纪 60 年代实验建筑师的精神。空间建筑师首先接受巨大的机械线条弹射状运输工具，然后蜂巢状钩在一起形成块团，或包含各种模块的开敞框架设施。最小重量、空间框架、多面体集合、部件和功能单元、装配空间、充气单元、以及巨型框架的自适应膨胀性质，使太空舱可掛插其上，这些概念是完全清晰的。通过旋转单元的离心力可以模拟重力。

从现在起 20 年后生活在太空中不再是个梦。前苏联和平号空间站[1]设计为永久定居点，带有巨大翼状太阳能板，1986 年就在轨道上了。用大力神火箭可推进 100 吨有效荷载，因而使大型载人空间站成为可能。一次性重型运载工具，比可重复翼式运载设备有较高的运载能力。

毫无疑问，在不远的将来大型卫星将在空间运转，它用于巨大的多枝无线通讯，微波发射（直径几乎达到 1000 英尺）或为多功能载人平台。这些卫星或像盘，叉，球，圆柱，轮辐，轮，飞机或其组合。它们或是用桁架和敞面结构、集装箱或其他单元可挂。由于这些空间轨道结构太大，以致它们必须在空间借助施工平台用太空飞船运送的构件建造。1984 年 NASA 开发了第一代空间站构形，称为“能之塔”（图 8.7），其名来自于 450 英尺的中央脊桁架结构（带十字臂），以各种方式排列的模块单元附加到塔上。线状桁架的底部悬吊压力模块，为工作和生活用（即居住，实验，保障）以及其他子系统如公共设备和通讯。服务维修建造平台系于中脊，太阳能板固定在塔顶。由于人在无人工重力空间环境只能生存有限时间（大致 90 天），空间站必须载入使之运转的机组成员。

最后，空间诞生的飞行空间站，由浩大的多层桁架状格架构成，代表开拓自给自足的城市，装载所有必需品，包括实验、工厂、五金居、服务站、停车区、空间自由飞行器的入坞设施，以及航天飞机货运转送站（与其他星球任务有关），正如前面提及巨大的卫星，不能以其完成后的形态在地球上建造后发射到太空，到目前为止，它们太大（太重）太柔，必须在建造平台上装配，平台上有处理材料和设备的构架，在低层地球轨道（LEO 距地球 500 英里，由太空飞船进出）上用作空间加工厂。运送数百吨的硬件需要许多次飞行任务。在这里加工后，卫星由轨道转运工具摆渡或推进到如 22300 英里的地球同步轨道（GEO），那里空间站保持在地球上同一个点。

然而，在这些梦想实现前，我们必须首先学会在无重力环境下如何建造低层重大平台。进而，必须认识到能用太空飞船运输到指定高度的有效荷载量和舱体尺寸是有限的。昂贵的穿梭飞行必须最小，最小重量结构和有效行囊成为最重要的设计准则，基本结构框架的建造可以基于可展或可安装方法，即或者采用低密度货舱（采用单式

---

[1] 在使用了 15 年后，和平号空间站于 2001 年 3 月 23 日坠毁于太平洋——译者注。

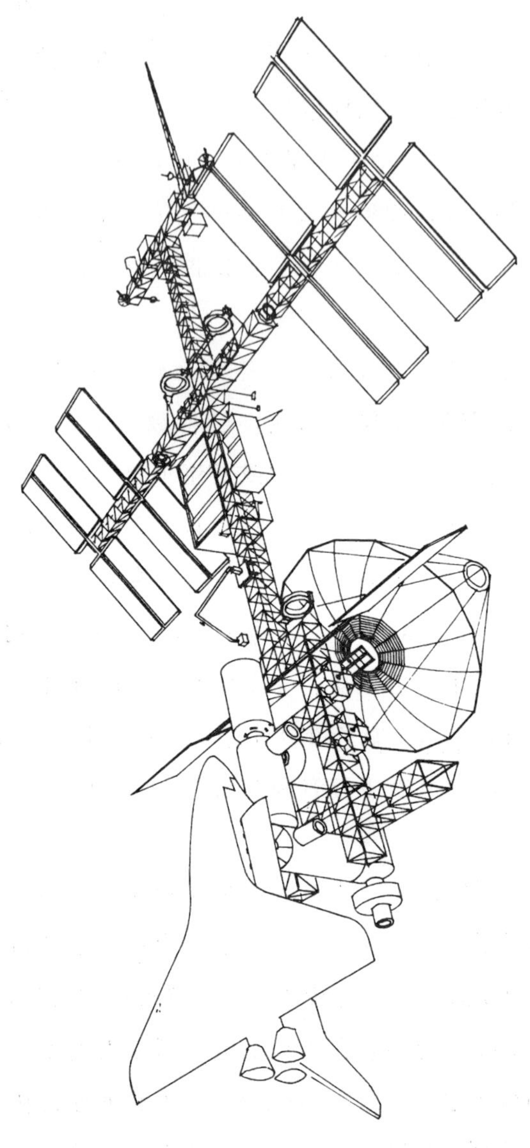

图 8.7 空间站

单层可发展系统在地球上弦拼然后可像伞一样撑开)；或者结构组件密集地排入太空飞船仓中，然后在太空一块拼装（或许借助太空起重机同时机械加工像角钢圆钢一类的梁——自动梁件)，而主要轨道支撑结构在空间装配，在地球制造一些膜结构预加模块作为压缩包带到太空后再充气。除让宇航员装配可展和易安装太空结构外，将来可由机械人完成。进而在天空中最终会创造新材料，生产新产品。

设计这些太空平台需要全新的方法，因为太空环境根本不同于地球条件。重荷几乎不存在，因而结构不必支撑其自重，风和地震力也不存在，也不需要基础，不能浇捣像混凝土这样的材料。然而会遇到周期性的辐射热和冷却，例如从 -250°F 到 250°F 变化。这些极端温度变化作用在材料（如机械特性材料衰退）和结构上（由于结构变形产生温度荷载）变得更加重要。另外，发射、运输、太空船停靠和推进产生的巨大动力荷载也必须考虑。对极轻的轨道运转结构而言，刚度是主要决定量，在建造过程中必须无变形，就位时仅允许微小挠曲。空间站必须能屏蔽轨道漂浮物（即来源于其他卫星的太空垃圾），太空生活模块受内压以保持内部大气压，因而像个气球（从结构的观点）使圆柱、球壳、特定多面体保持其形状。

轨道平台的框架材料既可是铝管亦可是复合管（即石墨环氧，必须控制热运动）、材料必须轻而强、方便堆叠、易于建造，例如包含易于附加的单元，单手完成无需工具，效用可靠。特定复合材料（如由玻璃与石墨混合纤维增强的热塑环氧）有较强的热不敏感性。记住温度变化可达 700°F，热塑复合材料温度上升会使玻璃膨胀，但石墨收缩，因此复合纤维热胀系数为 0。

空间结构的简要介绍主要关注于大平台的建造性方面，不涉及可居住性和零重力下人的行为。围护的基本概念，如上下周边的定义（以地球上的思考），现在有完全不同的意义，因为所有的行星皆可用作工作平面。人类必须锁定自己所在固定位置工作，家具为围护结构的集成部分并且非常难组织，任何微小的物件都必须固定以使其不漂浮。低重力环境，人会失去肌肉力量，钙开始从骨质中流失，他们必须保持体育锻炼。自然，对生物而言生成类似地球的重力环境是有益的，无论以何种速度规划太空环境都是不远的将来令人振奋的一部分。

附录 A：结构设计用表

钢筋混凝土设计用表

表 1.1　各种钢筋的计算面积（英寸²）

尺寸	名义直径（英寸）	重量（lb/英尺）	数量									
			1	2	3	4	5	6	7	8	9	10
#3	0.375	0.376	0.11	0.22	0.33	0.44	0.55	0.66	0.77	0.88	0.99	1.10
#4	0.500	0.668	0.20	0.40	0.60	0.80	1.00	1.20	1.40	1.60	1.80	2.00
#5	0.625	1.043	0.31	0.62	0.93	1.24	1.55	1.86	2.17	2.48	2.79	3.10
#6	0.750	1.502	0.44	0.88	1.32	1.76	2.20	2.64	3.08	3.52	3.96	4.40
#7	0.875	2.044	0.60	1.20	1.80	2.40	3.00	3.60	4.20	4.80	5.40	6.00
#8	1.000	2.670	0.79	1.58	2.37	3.16	3.95	4.74	5.53	6.32	7.11	7.90
#9	1.128	3.400	1.00	2.00	3.00	4.00	5.00	6.00	7.00	8.00	9.00	10.00
#10	1.270	4.303	1.27	2.54	3.81	5.08	6.35	7.62	8.89	10.16	11.43	12.70
#11	1.410	5.313	1.56	3.12	4.68	6.24	7.80	9.36	10.92	12.48	14.04	15.60
#14	1.693	7.650	2.25	4.50	6.75	9.00	11.25	13.50	15.75	18.00	20.25	25.50
#18	2.257	13.600	4.00	8.00	12.00	16.00	20.00	24.00	28.00	32.00	36.00	40.00

表 1.2　各种配筋间距每英尺宽的平均面积（英寸²/英尺）

尺寸	名义直径（英寸）	钢筋间距（英寸）													
		2	2½	3	3½	4	4½	5	5½	6	7	8	9	10	12
#3	0.375	0.66	0.53	0.44	0.38	0.33	0.29	0.26	0.24	0.22	0.19	0.17	0.15	0.13	0.11
#4	0.500	1.18	0.94	0.78	0.67	0.59	0.52	0.47	0.43	0.39	0.34	0.29	0.26	0.24	0.20
#5	0.625	1.84	1.47	1.23	1.05	0.92	0.82	0.74	0.67	0.61	0.53	0.46	0.41	0.37	0.31
#6	0.750	2.65	2.12	1.77	1.51	1.32	1.18	1.06	0.96	0.88	0.76	0.66	0.59	0.53	0.44
#7	0.875	3.61	2.88	2.40	2.06	1.80	1.60	1.44	1.31	1.20	1.03	0.9	0.80	0.72	0.60
#8	1.000	—	3.77	3.14	2.69	2.36	2.09	1.88	1.71	1.57	1.35	1.18	1.05	0.94	0.78
#9	1.128	—	4.80	4.00	3.43	3.00	2.67	2.40	2.18	2.00	1.71	1.50	1.33	1.20	1.00
#10	1.270	—	—	5.06	4.34	3.80	3.37	3.04	2.76	2.53	2.17	1.89	1.69	1.52	1.27
#11	1.410	—	—	6.25	5.36	4.69	4.17	3.75	3.41	3.12	2.68	2.34	2.08	1.87	1.56

表 1.3　3#双肢箍的最小梁宽（按 ACI 规范，英寸）

立筋尺寸	单层配筋数						
	2	3	4	5	6	7	8
#4	6.8	8.3	9.8	11.3	12.8	14.3	15.8
#5	6.9	8.5	10.2	11.8	13.4	15.0	16.7
#6	7.0	8.8	10.5	12.3	14.0	15.8	17.5
#7	7.2	9.0	10.9	12.8	14.7	16.5	18.4
#8	7.3	9.3	11.3	13.3	15.3	17.3	19.3
#9	7.6	9.8	12.2	14.3	16.6	18.8	21.1
#10	7.8	10.4	12.9	15.5	18.0	20.5	23.1
#11	8.1	10.9	13.8	16.6	19.4	22.2	25.0
#14	8.9	12.3	15.7	19.1	22.5	25.9	29.3
#18	10.6	15.1	19.6	24.1	28.6	33.1	37.6

表 1.4　单筋矩形梁的最大配筋率　$\rho_{max}=0.75\rho b$

f_y（磅力/英寸^2）	f'_c（磅力/英寸^2）				
	3000 （$\beta_1=0.85$）	3500 （$\beta_1=0.85$）	4000 （$\beta_1=0.85$）	5000 （$\beta_1=0.80$）	6000 （$\beta_1=0.75$）
40,000	0.0278	0.0325	0.0371	0.0437	0.0491
50,000	0.0206	0.0241	0.0275	0.0324	0.0364
60,000	0.0160	0.0187	0.0214	0.0252	0.0283

表 1.5　7m 索应力损失的典型特征（ASTMA416）

等级	名义直径		名义面积		最小张拉强度	
	（英寸）	（mm）	（英寸^2）	（mm^2）	（千磅力/英寸^2）	（MPa）
等级 250	0.25	6.35	0.036	23.22		
	0.313	7.94	0.058	37.42		
	0.375	9.53	0.080	51.61		
	0.438	11.11	0.108	69.68	250	1725
	0.500	12.54	0.144	92.90		
	0.600	15.24	0.216	139.35		
等级 270	0.375	9.53	0.085	54.84		
	0.438	11.11	0.115	74.19		
	0.500	12.54	0.153	98.71	270	1860
	0.563	14.29	0.192	123.87		
	0.600	15.24	0.216	139.35		

表 1.6 混凝土和砌体用钢筋

钢材品种	钢筋尺寸数量	等级/屈服强度（千磅力/英寸^2）	许用拉应力（千磅力/英寸^2）	最小拉伸强度（千磅力/英寸^2）
Billet steel（ASTM A615）	3～11 3～11 14、18	40 60	20 24	70 90
钢轨钢（ASTM A616）	3～11 3～11	50 60	20 24	80 90
车轴钢（ASTM A617）	3～11 3～11	40 60	20 24	70 90
低合金钢（ASTM A706）	3～11 14、18	60	24	80

表 1.7 双向板的弯矩系数（ACI 方法 2）

弯矩	短边（m 值）						长边（所有 m 值）
	1.0	0.9	0.8	0.7	0.6	<0.5	
1——内板							
连续边负弯矩	0.033	0.040	0.048	0.055	0.063	0.083	0.033
非连续边负弯矩	—	—	—	—	—	—	—
跨中正弯矩	0.025	0.030	0.036	0.041	0.047	0.062	0.025
2——三边支撑							
负弯矩							
连续边	0.041	0.048	0.055	0.062	0.069	0.085	0.041
不连续边	0.021	0.024	0.027	0.031	0.035	0.042	0.021
跨中正弯矩	0.031	0.036	0.041	0.047	0.052	0.064	0.031
3——三边支撑							
负弯矩							
连续边	0.049	0.057	0.064	0.071	0.078	0.090	0.049
不连续边	0.025	0.028	0.032	0.036	0.039	0.045	0.025
跨中正弯矩	0.037	0.043	0.048	0.054	0.059	0.068	0.037
4——三边支撑							
负弯矩							
连续边	0.058	0.066	0.074	0.082	0.090	0.098	0.058
不连续边	0.029	0.033	0.037	0.041	0.045	0.049	0.029
跨中正弯矩	0.044	0.050	0.056	0.062	0.068	0.074	0.044
5——三边支撑							
负弯矩							
连续边	—	—	—	—	—	—	—
不连续边	0.033	0.038	0.043	0.047	0.053	0.055	0.033
跨中正弯矩	0.050	0.057	0.064	0.072	0.080	0.083	0.050

砌体结构设计用表

表 1.8　砌体截面特性

名义厚度（英寸）	混凝土空心砌块								实心砌块		
	净面积（英寸^2/英尺）	墙重（磅力/英尺^2） 密度（磅力/英尺^3）					惯性矩（英寸^4/英尺）	截面模量（英寸^3/英尺）	面积（英寸^2/英尺）	惯性矩（英寸^4/英尺）	截面模量（英寸^3/英尺）
		60	80	100	120	140					
4	28	14	18	22	27	31	38	21	44	48	26
6	37	20	26	33	40	46	130	46	68	178	63
8	48	24	32	40	47	55	309	81	92	443	116
10	60	28	37	47	56	65	567	118	116	892	185
12	68	34	45	55	67	78	929	160	140	1571	270

表 1.9　砌体结构许用应力（初步设计用）

应力状态	混凝土	砖
压轴向 （墙）	$F_a = 0.225f'_m(1-(h/40t)^3)$ ≤1000 磅力/英寸^2	$F_a \approx f'_m(0.233 - h/300t)$
弯	$F_b = 0.33f'_m$ ≤1200 磅力/英寸^2	$F_b \approx 0.33f'_m$
剪（无剪力筋） 受弯构件	$F_v = 1.1\sqrt{f'_m}$ ≤50 磅力/英寸^2	配筋： $F_v = 0.7\sqrt{f'_m}$ ≤50 磅力/英寸^2 无筋： $F_v = 0.5\sqrt{f'_m}$ ≤80 磅力/英寸^2
剪力墙	多层（$h/2L$）<1）： $F_v = 2.0\sqrt{f'_m}$ ≤40（$1.85 - h/2L$）	（56 磅力/英寸^2 N 砂浆） 配筋：F_v≤100 磅力/英寸^2
拉（无受拉筋） 与托梁垂直	$F_t = 0.5\sqrt{m_o}$ ≤25 磅力/英寸^2 F_t =23 磅力/英寸^2（M 或 S 砂浆） =16 磅力/英寸^2（N 砂浆） 中空单元	F_t =36 磅力/英寸^2（M 或 S 砂浆） =28 磅力/英寸^2（N 砂浆）
与托梁平行	双倍的正 常允许值	F_t =72 磅力/英寸^2（M 或 S 砂浆） =56 磅力/英寸^2（N 砂浆）

续表

应力状态	混凝土	砖
全承载	$F_a \leq 0.25f'_m \leq 900$ 磅力/英寸^2	$F_a = 0.25f'_m$
承载面积小于$\frac{1}{3}$	$F_a \leq 0.375f'_m \leq 1200$ 磅力/英寸^2	$F_a = 0.375f'_m$
弹模 刚性模量	$E_m = 1000f'_m \leq 2500000$ 磅力/英寸^2 $E_v = 400f'_m \leq 1000000$ 磅力/英寸^2	$E_m = 1000f'_m \leq 3000000$ 磅力/英寸^2 $E_v = 400f'_m \leq 1200000$ 磅力/英寸^2

无检查处：减少砌块允许压应力$\frac{1}{3}$，减少允许剪应力预应力$\frac{1}{2}$

表中：f'_m = 砌体比抗压强度，磅力/英寸^2（表 1.10）；

m_o = 砂浆 28 天比抗压强度；

L = 墙长；

h = 墙的净高或净长；

t = 墙厚。

表 1.10 砌块的 f'_m 值

砌体的压缩强度（磅力/英寸^2）	砌块压强度 f'_m（磅力/英寸^2）				
	混凝土砌块		砖		
	砂浆类型				
	M 和 S	N	M	S	N
14000 以上			4600	3900	3200
12000			4000	3400	2800
10000			3400	2900	2400
8000			2800	2400	2000
6000	2400	1350	2200	1900	1600
4000	2000	1250	1600	1400	1200
2500	1550	1100			
2000	1350	1000	1000	900	800
1500	1150	875			
1000	900	700			

钢结构设计用表

表 1.11 部分型钢截面

S_x（英寸³）	型号	F'_y（千磅力/英寸²）	F_y=36 千磅力/英寸² L_c（英尺）	L_u（英尺）
1110	W36×300	—	17.6	35.3
1030	W36×280	—	17.5	33.1
953	W36×260	—	17.5	30.5
895	W36×245	—	17.4	28.6
837	W36×230	—	17.4	26.8
829	W33×241	—	16.7	30.1
757	W33×221	—	16.7	27.6
719	W36×210	—	12.9	20.9
684	W33×201	—	16.6	24.9
664	W36×194	—	12.8	19.4
663	W30×211	—	15.9	29.7
623	W36×182	—	12.7	18.2
598	W30×191	—	15.9	26.9
580	W36×170	—	12.7	17.0
542	W36×160	—	12.7	15.7
539	W30×173	—	15.8	24.2
504	W36×150	—	12.6	14.6
487	W33×152	—	12.2	16.9
455	W27×161	—	14.8	25.4
448	W33×141	—	12.2	15.4
439	W36×135	—	12.3	13.0
414	W24×162	—	13.7	29.3
411	W27×146	—	14.7	23.0
406	W33×130	—	12.1	13.8
380	W30×132	—	11.1	16.1
371	W24×146	—	13.6	26.3
359	W33×118	—	12.0	12.6
355	W30×124	—	11.1	15.0
329	W30×116	—	11.1	13.8
329	W24×131	—	13.6	23.4
329	W21×147	—	13.2	30.3
299	W30×108	—	11.1	12.3
299	W27×114	—	10.6	15.9
291	W24×117	—	13.5	20.8
269	W30×99	—	10.9	11.4
267	W27×102	—	10.6	14.2
258	W24×104	58.5	13.5	18.4
243	W27×94	—	10.5	12.8
231	W18×119	—	11.9	29.1
227	W21×101	—	13.0	21.3
107	W12×79	62.6	12.8	33.3
103	W14×68	—	10.6	23.9
98.3	W18×55	—	7.9	12.1
97.4	W12×72	52.3	12.7	30.5
94.5	W21×50	—	6.9	7.8
92.2	W16×57	—	7.5	14.3
92.2	W14×61	—	10.6	21.5
88.9	W18×50	—	7.9	11.0
87.9	W12×65	43.0	12.7	27.7
81.6	W21×44	—	6.6	7.0
81.0	W16×50	—	7.5	12.7
70.6	W12×53	55.9	10.6	22.0
70.3	W14×48	—	8.5	16.0
68.4	W18×40	—	6.3	8.2
66.7	W10×60	—	10.6	31.1
64.7	W16×40	—	7.4	10.2
62.7	W14×43	—	8.4	14.4
60.0	W10×54	63.5	10.6	28.2
58.1	W12×45	—	8.5	17.7
7.6	W18×35	—	6.3	6.7
54.6	W14×38	—	7.1	11.5
51.8	W12×40	—	8.4	16.0
49.1	W10×45	—	8.5	22.8
48.6	W14×34	—	7.1	10.2
47.2	W16×31	—	5.8	7.1
45.6	W12×35	—	6.9	12.6
42.1	W10×39	—	8.4	19.8
42.0	W14×30	55.3	7.1	8.7
38.6	W12×30	—	6.9	10.8
38.4	W16×26	—	5.6	6.0
35.3	W14×26	—	5.3	70
35.0	W10×33	50.5	8.4	16.5
33.4	W12×26	57.9	6.9	9.4
32.4	W10×30	—	6.1	13.1
31.2	W8×35	64.4	8.5	22.6
29.0	W14×22	—	5.3	5.6
27.9	W10×26	—	6.1	11.4
27.5	W8×31	50.0	8.4	20.1
25.4	W12×22	—	4.3	6.4
24.3	W8×28	—	6.9	17.5

续表

S_x（英寸^3）	型号	F'_y（千磅力/英寸^2）	$F_y=36$ 千磅力/英寸^2		S_x（英寸^3）	型号	F'_y（千磅力/英寸^2）	$F_y=36$ 千磅力/英寸^2	
			L_c（英尺）	L_u（英尺）				L_c（英尺）	L_u（英尺）
222	W24×94	—	9.6	15.1	23.2	W10×22	—	6.1	9.4
213	W27×84	—	10.5	11.0	21.3	W12×19	—	4.2	5.3
204	W18×106		11.8	26.0	21.1	M14×18	—	3.6	4.0
196	W24×84	—	9.5	13.3	20.9	W8×24	64.1	6.9	15.2
192	W21×93	—	8.9	16.8	18.8	W10×19	—	4.2	7.2
188	W18×97	—	11.8	24.1	17.1	W12×16	—	4.1	4.3
176	W24×76	—	9.5	11.8	16.7	W6×25	—	6.4	20.0
171	W21×83	—	8.8	15.1	15.2	W8×18	—	5.5	9.9
166	W18×86	—	11.7	21.5	14.9	W12×14	54.3	3.5	4.2
157	W14×99	48.5	15.4	37.0	13.8	W10×15	—	4.2	5.0
154	W24×68	—	9.5	10.2	13.4	W6×20	62.1	6.4	16.4
151	W21×73	—	8.8	13.4	12.0	M12×11.8	—	2.7	3.0
146	W18×76	64.2	11.6	19.1	10.9	W10×12	47.5	3.9	4.3
143	W14×90	40.4	15.3	34.0	10.2	W5×19	—	5.3	19.5
140	W21×68	—	8.7	12.4	9.72	W6×15	31.8	6.3	12.0
134	W16×77	—	10.9	21.9	8.51	W5×16	—	5.3	16.7
131	W24×62	—	7.4	8.1	7.81	W8×10	45.8	4.2	4.7
127	W21×62	—	8.7	11.2	7.76	M10×9	—	2.6	2.7
123	W14×82	—	10.7	28.1	7.31	W6×12	—	4.2	8.6
117	W18×65	—	8.0	14.4	5.56	M6×9	50.3	4.2	6.7
117	W16×67	—	10.8	19.3	5.46	W4×13	—	4.3	15.6
114	W24×55	—	7.0	7.5	4.62	M8×6.5	—	2.4	2.5
108	W18×60	—	8.0	13.3	2.40	W6×4.4	—	1.9	2.4

表 1.12 A36 钢柱的许用应力

主要和次要构件（Kl/r <120）						主要构件（Kl/r 121~200）				次要构件（l/r 121~200）			
$\frac{Kl}{r}$	F_a（千磅力/英寸^2）	$\frac{Kl}{r}$	F_a（千磅力/英寸^2）	$\frac{Kl}{r}$	F_a（千磅力/英寸^2）	$\frac{Kl}{r}$	F_a（千磅力/英寸^2）	$\frac{Kl}{r}$	F_a（千磅力/英寸^2）	$\frac{l}{r}$	F_{as}（千磅力/英寸^2）	$\frac{l}{r}$	F_{as}（千磅力/英寸^2）
1	21.56	41	19.11	81	15.24	121	10.14	161	5.76	121	10.19	161	7.25
2	21.52	42	19.03	82	15.13	122	9.99	162	5.69	122	10.09	162	7.20
3	21.48	43	18.95	83	15.02	123	9.85	163	5.62	123	10.00	163	7.16
4	21.44	44	18.86	84	14.90	124	9.70	164	5.55	124	9.90	164	7.12
5	21.39	45	18.78	85	14.79	125	9.55	165	5.49	125	9.80	165	7.08
6	21.35	46	18.70	86	14.67	126	9.41	166	5.42	126	9.70	166	7.04
7	21.30	47	18.61	87	14.56	127	9.26	167	5.35	127	9.59	167	7.00
8	21.25	48	18.53	88	14.44	128	9.11	168	5.29	128	9.49	168	6.96
9	21.21	49	18.44	89	14.32	129	8.97	169	5.23	129	9.40	169	6.93
10	21.16	50	18.35	90	14.20	130	8.84	170	5.17	130	9.30	170	6.89

续表

主要和次要构件 ($Kl/r<120$)						主要构件 (Kl/r 121～200)				次要构件 (l/r 121～200)			
$\frac{Kl}{r}$	F_a (千磅力/英寸^2)	$\frac{Kl}{r}$	F_a (千磅力/英寸^2)	$\frac{Kl}{r}$	F_a (千磅力/英寸^2)	$\frac{Kl}{r}$	F_a (千磅力/英寸^2)	$\frac{Kl}{r}$	F_a (千磅力/英寸^2)	$\frac{l}{r}$	F_{as} (千磅力/英寸^2)	$\frac{l}{r}$	F_{as} (千磅力/英寸^2)
11	21.10	51	18.26	91	14.09	131	8.70	171	5.11	131	9.21	171	6.85
12	21.05	52	18.17	92	13.97	132	8.57	172	5.05	132	9.12	172	6.82
13	21.00	53	18.08	93	13.84	133	8.44	173	4.99	133	9.03	173	6.79
14	20.95	54	17.99	94	13.72	134	8.32	174	4.93	134	8.94	174	6.76
15	20.89	55	17.90	95	13.60	135	8.19	175	4.88	135	8.86	175	6.73
16	20.83	56	17.81	96	13.48	136	8.07	176	4.82	136	8.78	176	6.70
17	20.78	57	17.71	97	13.35	137	7.96	177	4.77	137	8.70	177	6.67
18	20.72	58	17.62	98	13.23	138	7.84	178	4.71	138	8.62	178	6.64
19	20.66	59	17.53	99	13.10	139	7.73	179	4.66	139	8.54	179	6.61
20	20.60	60	17.43	100	12.98	140	7.62	180	4.61	140	8.47	180	6.58
21	20.54	61	17.33	101	12.85	141	7.51	181	4.56	141	8.39	181	6.56
22	20.48	62	17.24	102	12.72	142	7.41	182	4.51	142	8.32	182	6.53
23	20.41	63	17.14	103	12.59	143	7.30	183	4.46	143	8.25	183	6.51
24	20.35	64	17.04	104	12.47	144	7.20	184	4.41	144	8.18	184	6.49
25	20.28	65	16.94	105	12.33	145	7.10	185	4.36	145	8.12	185	6.46
26	20.22	66	16.84	106	12.20	146	7.01	186	4.32	146	8.05	186	6.44
27	20.15	67	16.74	107	12.07	147	6.91	187	4.27	147	7.99	187	6.42
28	20.08	68	16.64	108	11.94	148	6.82	188	4.23	148	7.93	188	6.40
29	20.01	69	16.53	109	11.81	149	6.73	189	4.18	149	7.87	189	6.38
30	19.94	70	16.43	110	11.67	150	6.64	190	4.14	150	7.81	190	6.36
31	19.87	71	16.33	111	11.54	151	6.55	191	4.09	151	7.75	191	6.35
32	19.80	72	16.22	112	11.40	152	6.46	192	4.05	152	7.69	192	6.33
33	19.73	73	16.12	113	11.26	153	6.38	193	4.01	153	7.64	193	6.31
34	19.65	74	16.01	114	11.13	154	6.30	194	3.97	154	7.59	194	6.30
35	19.58	75	15.90	115	10.99	155	6.22	195	3.93	155	7.53	195	6.28
36	19.50	76	15.79	116	10.85	156	6.14	196	3.89	156	7.48	196	6.27
37	19.42	77	15.69	117	10.71	157	6.06	197	3.85	157	7.43	197	6.26
38	19.35	78	15.58	118	10.57	158	5.98	198	3.81	158	7.39	198	6.24
39	19.27	79	15.47	119	10.43	159	5.91	199	3.77	159	7.34	199	6.23
40	19.19	80	15.36	120	10.28	160	5.83	200	3.73	160	7.29	200	6.22

对次要构件，K 取 1.0。

注：$C_c=126.1$。

米制转换表

表 1.13

长度	1 英寸 = 25.4 mm	1 英尺 = 0.3048 m
面积	1 英寸^2 = 645.2 mm^2	1 英尺^2 = 0.0929 m^2
体积或截面模量	1 英寸^3 = 1639(10^3) mm^3	1 英尺^3 = 0.0283 m^3

续表

惯性矩	1 英寸^4 =0.4162(10^6) mm^4	1 英尺^4 =0.008631 m^4
力	1 lb =4.448 N	1 kip =4.448 kN
线荷载	1 lb/英尺 =14.59 N/m	1 kip/英尺 =14.59 kN/m
面荷载， 应力，弹性模量	1 lb/英尺^2 =0.0479 kN/m^2	1 lb/英寸^2 =0.006895 MPa
质量	1 lb =0.454 kg	1 t =907.18 kg
密度	1 lb/英尺^3 =16.03 kg/m^3	
弯矩	1 lb－英尺 =1.356 N·m	1 kip－英尺 =1.356 kN·m
速度	1 英尺/s =0.3048 m/s	1 mi/小时 =1.6094 km/h
加速度	1 英尺/s^2 =0.3048 m/s^2	
温度	t°C =(t° F－32)/1.8	

梁的挠曲与转动

表 1.14

侧向挠曲	挠度	剪力
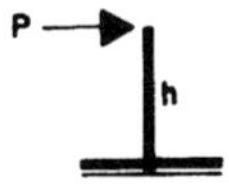 P h	$\frac{Ph^3}{3EI}$	$\frac{3Ph}{EA}$
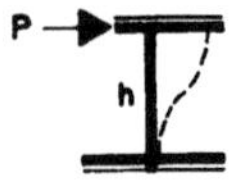 P h	$\frac{Ph^3}{12EI}$	$\frac{3Ph}{EA}$
 w h	$\frac{wh^4}{8EI}$	$\frac{1.5wh^2}{EA}$
 w h	$\frac{wh^4}{64EI}$	$\frac{1.5wh^2}{EA}$
 w h	$\frac{11wh^4}{120EI}$	$\frac{wh^2}{EA}$
结点平移和转动弯矩		
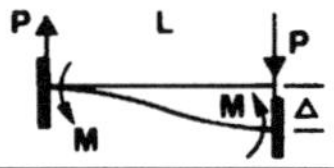 P L P M M Δ	$M=6EI\Delta/L^2$ $P=2M/L$	
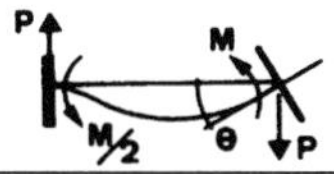 P M M/2 θ P	$M=4EI\theta/L$ $P=1.5M/L$	
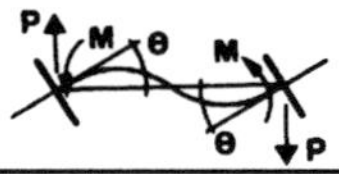 P M θ M θ P	$M=6EI\theta/L$ $P=2M/L$	

单位换算

kips ⟶千磅力

ksi ⟶千磅力/英寸^2

psi ⟶磅力/英寸^2

pcf ⟶磅/英尺^3

psf ⟶磅力/英尺^2

mph ⟶英里/小时

ft/hr ⟶英尺/小时

k－ft ⟶千磅力·英尺

in ⟶英寸

ft ⟶英尺

ft^2 ⟶英尺^2

ksf ⟶千磅力/英尺^2

ft－k ⟶英尺·千磅力

k ⟶千磅

附录 B:图中建筑物一览表

Figure 1.1.

(**a.**) *The Marshall Field Warehouse, Chicago [1887], Henry Hobson Richardson*; (**b.**) *The Home Life Insurance Co. Building, Chicago [1885], William Le Baron Jenney*; (**c.**) *Wainwright Building, St. Louis [1891], Adler and Sullivan*; (**d.**) *Guaranty Building, Buffalo [1895], Adler and Sullivan*; (**e.**) *Monadnock Building, Chicago [1891], Burnham and Root*; (**f.**) *The Reliance Building, Chicago [1894], Burnham and Company*; (**g.**) *Carson Pirie Scott Department Store, Chicago [1904], Louis Sullivan*; (**h.**) *Metropolitan Life Insurance Tower, New York [1909], Napoleon LeBrun and Sons*; (**i.**) *Woolworth Building, New York [1913], Cass Gilbert*; (**j.**) *Chicago Tribune Competition entry by Eliel Saarinen [1922]*; (**k.**) *Chrysler Building, New York [1930], William Van Alen*; (**l.**) *Empire State Building, New York [1931], Shreve, Lamb, and Harmon*; (**m.**) *Daily News Building, New York [1930], Howels and Hood*; (**n.**) *McGraw-Hill Building, New York [1931], Hood and Fouilhoux*; (**o.**) *RCA Building, New York [1933], Rockefeller Center Associates*; (**p.**) *Philadelphia Saving Fund Society Building, Philadelphia [1932], Howe and Lescaze.*

Figure 1.2.

Seagram Building, New York [1959], Mies van der Rohe with Philip Johnson.

Figure 1.4.

The buildings (from left to right) are: Top row—John Hancock, Boston (I. M. Pei); United Nations Plaza Hotel, New York (Kevin Roche, John Dinkeloo), a wire frame model (Bayley, 1983); City Center 4, Denver (Metz, Train, Youngren); a wire frame model (Bayley, 1983); Three First National Plaza, Chicago (SOM); Republic Bank Center, Houston (Johnson/Burgee); 701 4th Ave. South, Minneapolis (Murphy/Jahn); Middle row—Saint Louis Place, St. Louis (Peckham, Guyton, Albers and Viets); 333 Wacker Drive, Chicago (Kohn, Pedersen and Fox); Gleisdreieck, Frankfurt (O. M. Ungers); The Palace, Miami (Arquitectonica); ziggurat model; Transamerica Building, San Francisco (W. L. Pereira); 11 Diagonal Street, Johannesburg (Murphy/Jahn); Procter and Gamble Headquarters, Cincinnati (Kohn, Pedersen, Fox); Bottom row—Seagram Building, New York (Mies van der Rohe); E-type building block; Y-type building tower; International River-Center, New Orleans (Hellmuth, Obata and Kassabaum); tower example; Two Dallas Centre, Dallas (Cossutta and Associates); Royal Insurance Group Building, Liverpool (Tripe and Wakeham); Hyatt Regency Hotel, Dallas (W. Becket).

Figure 1.6.

Some of the architects of the buildings are:E. L. Barnes;Welton Becket;Eli Attia;Hellmuth,Obata,Kassabaum;Johnson/Burgee;Kohn,Pedersen,Fox;I. M. Pei;Cesar Pelli;Kevin Roche,John Dinkeloo;Paul Rudolph;Schooley,Cornelius and Schooley;Swanke,Hayden and Connell;E. H. Zeidler;SOM;Murphy/Jahn.

Figure 1.7.

Some of the buildings,from left to right,are:Top row—Deutsche Welle,Cologne (1st case;Hanig,Scheid,Schmidt); Metropolitan Life Insurance Co. ,Chicago (2nd case;Murphy/Jahn); Civic Center,Chicago (4th case;C. F. Murphy);Apartment building,Saarlouis (5th case;H. Ohl and C. Schnaidt); Gleisdreieck, Frankfurt (7th case; O. M. Ungers); Overseas-Chinese Banking Co. ,Singapore (8th case;I. M. Pei);Eau Claire Estates Tower,Calgary (9th case; SOM);Bottom row—Banco Bilbao,Madrid (1st case;Fernandez Alba); Brunswick Center, London (4th case;P. Hodgkinson and Leslie Martin).

Figure 1.8.

Conceptual investigation of the Gleisdreieck Office Tower,Frankfurt,FRG. O. M. Ungers,Architect,Baumeister *1/84*,TA *1985*.

Figure 1.9.

Some of the buildings,from left to right and from top to bottom,are:Documenta Urbana,Kassel, FRG (Hermann Hertzberger);2440 Boston Road,Bronx,NY (Davis,Brody and Assoc.);Health Science Center,Stony Brook,NY (Bertrand Goldberg);Mercantile Financial Center,Dallas,TX (Johnson/Burgee); Park Centre,Calgary,Canada (Kohn,Pedersen,Fox); The Palace,Miami,FL (Arquitectonica);Student Dormitories,Boulder,CO (Wagener Van der Vorste);Sony Tower,Osaka,Japan (Kisho Kurokawa);N. E. G. Employees' Service Facilities,Ootsu,Japan (Arata Isozaki);Casa Milà,Barcelona,Spain (Antonio Gaudi);apartment building,Caracas, Venezuela (Maricarmen Sánchez).

Figure 1.13.

(**a.**) *Thyssenhaus (26-story), Düsseldorf, FRG. Hentrich-Petschnigg, Architect*, Bauen and Wohnen,*11/60*,ENR,*Jan. 1961*;(**b.**) *New Haven Savings Bank (18-story),New Haven,CT. Wm. F. Pedersen and Associates*, Connecticut Arch. *3/4,1975*; (**c.**) *Brookhollow Central III (12-story),Houston,TX. 3D/International*,Building Design and Construction *4/82*;(**d.**) *Central Beheer,Apeldoorn,Holland. Herman Hertzberger,Architect*, Arch + *Sept. /Oct. 1974*, A + U *8312*; (**e.**) *College Life Insurance Co. (11-story), Indianapolis, IN. Kevin Roche-John Dinkeloo,Sieverts,1980*;(**f.**) *Hessische Landesbank (31-story),Frankfurt,FRG:Novotmy/Mähner, Architects,Sieverts,1980*;(**g.**) *Concorde Office Building,Sao Paulo,Brazil. Carlos Bratke Architect*,A + U *8311*;(**h.**) *IBM 590 Building (43-story),590 Madison Ave. ,New York. Edward Larrabee Barnes,Architect,James Ruderman,Structural Engineer*,Building Design and Construction *Jan. 1984*,A. R. *May 1984*,P/A *7,1979*;(**i.**) *Valley National Bank of Phoenix (40-story),Phoenix,AZ. Welton Becket and Associates*,Building Design and Construction *3/74*.

Figure 1.14.

(**a.**) *The World Trade Center,New York. Minoru Yamasaki and Associates,Architects*,The World Trade Center,*the Port Authority of NY and NJ,Oct. 1974*;(**b.**) *AT&T Corporate Headquarters, New York. Johnson/Burgee Architects*, A. R. *Oct. 1980*; (**c.**) *Georgia-Pacific Center,Atlanta,*

GA. SOM, *Architects*, Building Design and Construction *Aug. 1983*; (**d.**) *Office building 410*, *17th Street*, *Denver*, *CO. Muchow Associates*, *Architects*, USS Building Report *Sept. 1978*; (**e.**) *Commerce Court*, *Toronto*, *Canada. I. M. Pei and Associates*, *Architects*, Canadian Arch. *March 1973*; (**f.**) *Olympia Tower*, *5th Ave.*, *New York. SOM*, *Architects*, P/A *12*, *1975*; (**g.**) *Bank of America*, *San Francisco*, *CA. Pietro Belluschi Consulting*, *Architect*, *A. R. July 1970.*

Figure 1.15.

(**a.**) *Ford Foundation Office Building. New York*, *Kevin Roche*, *John Dinkeloo*, Press Fact Sheet, P/A *Feb. 1968*; (**b.**) *National Gallery of Art*, *Washington*, *D. C. I. M. Pei and Partners*, A. R. *Mid-August 1975*, Building Design and Construction *Oct. 1974*, AIA Journal *Mid-May 1979*; (**c.**) *State of Illinois Center*, *Chicago*, *IL. C. F. Murphy/H. Jahn*, ENR *Sept. 22*, *1983*, A. R. *Aug. 1980*; (**d.**) *Loews Anatole Dallas Hotel*, *Dallas*, *TX. Beran and Shelmire*, Brick in Architecture *Vol. 37*, *#1*; (**e.**) *Shinuku NS Building. Tokyo. Nikken Sekkei*, JA *Feb. 1983*, *12* Kenchiku Bunka *Dec. 1982*; (**f.**) *North Loop Redevelopment Project*, *Chicago*, *IL. C. F. Murphy/Helmuth Jahn*, A. R. *Aug. 1980*; (**g.**) *Law Courts Complex*, *Vancouver*, *Canada. Arthur Erickson*, A. R. *Dec. 1980*; (**h.**) *Time Square Hotel*, *NewYork. John Portman Associates*, ENR *Feb. 23*, *1984*; (**i.**) *Chicago Board of Trade Addition*, *Chicago*, *IL. Murphy/Jahn*, A + U *8311*; (**j.**) *The Euram Building*, *Washington*, *D. C. Hartman-Fox*, Forum *May 1972*; (**k.**) *Hercules Inc. Headquarters*, *Wilmington*, *DE. Kohn Pedersen Fox Associates*, A. R. *June 1981*, AIA *Feb. 1984*; (**l.**) *33 W. Monroe building. Chicago*, *SOM*, Building Design and Construction *June 1981*, Modern Steel Construction *1st Qtr. 1979*; (**m.**) *The John Fitzgerald Kennedy Library. Boston*, *I. M. Pei*, A. R. *Feb. 1980.*

Figure 1.17.

(**a.**) *Harbor House*, *Chicago*, *IL. Hausner and Macsai Architects [1965] (see also Macsai, 1982)*; (**b.**) *Apartment buildings "Tatzelwurm" (9 stories)*, *Roszdorf*, *FRG. Werkgemeinschaft Roszdorf*, *Architects*; (**c.**) *Apartment building "Fasan" (20 stories)*, *Stuttgart-Fasanenhof*, *FRG. Tiedje and Lehmbrock*, *Architects*, *Aregger*, *1967*; (**d.**) *Apartment building "Triemliplatz" (16 sotries)*, *Zürich*, *Switzerland. R. and E. Guyer*, *Architects [1966]*, *Aregger*, *1967*; (**e.**) *Apartment building "Romeo," Stuttgart*, *FRG. Hans Scharoun*, *Architect (see also Sting*, *1969)*; (**f.**) *Apartment building in Cologne (15 stories)*, *FRG. Schneider Architects (see also Sting*, *1969)*; (**g.**) *2440 Boston Road apartments (20 stories)*, *Bronx*, *NY. Davis Brody and Associates*, *Architects*, AIA Journal *May 1975*; (**h.**) *Twin Parks West-Site 10 – 12*, *Bronx*, *NY. G. Pasanella*, *Architect [1971] (see also Macsai*, *1982)*; (**i.**) *Apartment building in London (15 stories)*, *England. Lasdun Architects (see also Sting*, *1969)*; (**j.**) *Crawford Manor Housing (14 stories)*, *New Haven*, *CT. Paul Rudolph*, *Architect (see also Sting*, *1969)*; (**k.**) *Rokeby Condominiums*, *Nashville*, *TN. Barber and McMurray*, *Architects [1974] (see also Macsai*, *1982)*; (**l.**) *Apartment building in Bietigheim (21 stories)*, *FRG. Weber and Hoffmann*, *Architects [1967]*, *Aregger*, *1967*; (**m.**) *Eastwood Urban Housing*, *Roosevelt Island*, *NY. Sert Jackson and Associates*, *Architects*, A. R. *Aug. 1976.*

Figure 1.18.

Esslingen-Zollberg/Süd, *FRG. D. Raichle and R. Götz*, *Architects*, "*Esslingen-Zollberg/Süd—Differenzierung und Typisierung an terrassierten Bauten*", Schriftenreihe des Bundesministers für Raumordnung, Bauwesen und Städtebau, 1977.

Figure 1.19.

Barrio Gaudi (1965), *Reus (Tarragona)*, *Spain. Ricardo Bofill*, *Architect*, P/A *Sept. 1975*, AD *July 1975*, *(middle left)*; *Habitat 67*, *Montreal Canada. Moshe Safdie*, *Architect*, *A. E. Komen-*

dant Structural Engineering Consultant, P/A *Oct. 1966*, Forum *May 1967*, AD *March 1967*, *etc.*, (*top right*); *School for Field Studies, Hatsevah, Israel. I. M. Goodovitch, Architect*, AA *Nov. 1976* (*middle right*); *Wohnhügel in Marl (1967), FRG. P. Faller, H. Schröder, and R. Frey, Architects, Riccabona, 1974* (*2nd case from bottom*); *Apartment and hotel building, München-Bogenhausen (1969), FRG. Walter Ebert, Architect, Riccabona, 1974.* (*bottom*)

Figure 1.20.

Stufendomino Lyngsberg, Bonn-Bad Godesberg, FRG. A. *Wetzel Wohnbau GmbH, Schriftenreihe des Bundesministers für Raumordnung, Bauwesen, und Städtebau, 1975.*

Figure 2.1.

Read from left to right: Telecommunication Tower, Donnersberg, FRG (207 m); Empire State Building [1931], New York (381 m); Pirelli Building [1956], Milan, Italy (126 m); Telecommunication Tower, Hamburg [1965], FRG (272 m); CN Tower [1976], Toronto, Canada (553 m), Stapelhaus (22 stories, project 1964, Wolfgang Döring, FRG); Space Needle [1962], Seattle (188 m); the Great Pyramids [2570—2500, BC] at Giza, Egypt. (Cheops pyramid, originally 147 m high)

Figure 2.7.

(**a.**) *Tempo Bay Resort Hotel (14 stories), Walt Disney World, Orlando, FL. Welton Becket and Associates, Architects*, ENR *Dec. 1970*, Civil Engineering *Jan. 1973*, Arch. Franc. *Dec. 1974*; (**b.**) *Hyatt Regency San Francisco (17 stories), San Francisco*, CA. *John Portman and Associates, Architects and Engineers*, A. R. *Sept. 1973*, Arch Franc. *Dec. 1974*; (**c.**) *Our Lady of Le Plateau, Abidjan, Ivory Coast. R. Olivieri Architect, Ricardo Morandi Structural Engineer*, A + *Sept./Oct. 1974*; (**d.**) *Tempe Municipal Building (3 stories), Tempe, AZ. Michael and Kemper Goodwin, Ltd., Architects, Mann and Anderson, Structural Engineers*, ENR *Dec. 1970*, Modern Steel Construction *2nd Qtr. 1972, 1971 AISC Architectural Awards of Excellence*; (**e.**) *GTE Corporation Headquarters (ten stories), Stamford, CT. Victor H. Bisharat, Architect, Jensen and Adams, Structural Engineers*, Bethlehem Building Case History *No. 33, 1974*, ENR *Aug. 1972*; (**f.**) *UCSD Library, San Diego, CA. Pereira and Associates, Architects*, ENR *May 1970*, AIA Journal *August 1977*; (**g.**) *Hemicycle for the European Parliament, Luxembourg. M. Bohler, Architect*, Acier-Stahl-Steel *April 1979*, Detail *June 1981*; (**h.**) *Project of office building, Barnstone and Keeland, Architects, G. Cunningham, Structural Engineer*, ENR *March 1963*; (**i.**) *Municipal Administration Center, Dallas, TX. I. M. Pei and Partners*, P/A *May 1979*; (**j.**) *The Pyramid Condominium, Ocean City, MD. William Morgan, Architects, SherrerBauman and Associates*, P/A *Jan. 1975 and Sept. 1976*, AA *Oct. 1977*; (**k.**) *Hotel InterContinental (16 stories), Sharjah, United Emirates. The Architects Collaborative, Wayman C. Wing, Structural Engineer*, A/R *May 1979*; (**l.**) *Dubiner Apartment House [1960], Ramat Gan, Tel Aviv, Israel. Alfred Neumann and Zvi Hecker, Architects*, ariel *#36, 1974*; (**m.**) *Marriott Corporation Headquarters, Bethesda, MD. Mills and Petticord, Architects, GillumColaco, Structural Engineers*, USS Building Report *March 1979*; (**n.**) *Olympic Village, Montreal, Canada. Roger D'Astous and Luc Durand, Architects.*

Figure 2.10.

(**a.**) *IBM Office Building, Seattle, WA. Yamasaki and Associates, Architects, Worthington, Skilling, Helle and Jackson Structural Engineers*, A. R. *Feb. 1965*, ENR *Oct. 8, 1964*; (**b.**) *Kansas City Bank Tower, Kansas City, MO. Harry Weese and Associates, Architects, Jack D. Gillum and Associates, Structural Engineers*, Modern Steel Construction *1st Qtr. 1974*, ASCE *Jan. 1976*, ENR *June 6 1974*; (**c.**) *Brunswick Building, Chicago, IL. SOM, Architects and Structural Engineers.* Forum *April 1966*; (**d.**) *Century Plaza Towers, Los Angeles*, CA. *Minoru Yamasaki, Architects*,

Skilling, Helle, Christiansen, Robertson, Structural Engineers, ENR *March 28, 1974*; (**e.**) *Seattle-First National Bank, Seattle, WA. Naramore, Bain, Brady and Johanson, Architects, Skilling, Helle, Christiansen, Robertson Structural Engineers*, A. R. *June 1970*; (**f.**) *St. Joseph Hospital, Tacoma, WA. Bertrand Goldberg and Associates, Architects, ABAM, Structural Engineers*, ENR *July 1974*; (**g.**) *Student Dormitory, City University of Paris, Paris, France. C. Parent and M. Foroughi, E. Ghiai, Architects*, Acier-Stahl-Steel *June 1968*; (**h.**) *Tennessee State Office Building, Memphis, TN. Gassner/Nathan/Browne, Architects, O. Clarke Mann, Structural Engineers*; (**i.**) *Prentice Women's Hospital, Chicago, IL. B. Goldberg, Architects and Structural Engineers*, A. R. *July 1976*, ENR *July 1974*; (**j.**) *Australian Embassy, Paris, France. Harry Seidler and Associates, Architects, Pier Luigi Nervi, Structural Consultant*, Domas *588, Nov. 1978*; (**k.**) *IBM Development Engineering Laboratory, La Gaude, France. Marcel Breuer, Architect*, P/A *Feg. 1967*, A. R. *Feb. 1964 and May 1979*; (**l.**) *One Corporate Center, Hartford, CT. Irwin Joseph Hirsch and Associates, Architects, Irwin G. Cantor, Structural Engineer*, A. R. *Sept. 1982*; (**m.**) *Unité d'Habitation, Marseille, France. Le Corbusier, Architect*, Arch + *Jan. /Feb. 1974*; (**n.**) *U. S. Embassy, Tokyo, Japan. Cesar Pelli, Architect*, JA *March 1977*, A. R. *April 1977*; (**o.**) *Hirado Resort Hotel Ranpu, Nagasaki Prefecture, Japan. Kuni-ken, Architects and Engineers*, JA *7801, 1977.*

Figure 2.17.

(**a.**) *Administration Building, U. of Illinois (28 stories), Chicago, IL.* Forum *Aug. /Sept. 1964, May 1966*, A. R. *Oct. 1961, Aug. 1963*; (**b.**) *IBM Building (13 stories), Pittsburgh, PA.* USS AIA File *No. 17A, 1963*; (**c.**) *Houston Lighting and Power Company Electric Tower (27 stories, 1967), Houston, TX.* AISI Building Report *Vol. 4, No. 1*; (**d.**) *Tokyo Tower (333 m), Tokyo, Japan*; (**e.**) *Water Tower Place (76 stories), Chicago, IL.* ENR *July 17, 1975*; (**f.**) *The World Trade Center (110 stories), New York.* Contemporary Steel Design *AISI Vol. 1, No. 4, 1965.*

Figure 2.19.

(**f.**) *Russian Residence (20 stories), New York. SOM, Architect*, Modern Steel Construction *3rd Qtr. 1975*, Building Design and Construction *Sept. 1974*; (**h.**) *BMW Tower, Munich, FRG. Karl Schwanzer, Architect*, A + *Oct. 1973*; (**i.**) *Knights of Columbus Building, New Haven, CT. Kevin Roche and John Dinkeloo Architects*, A. R. *Aug. 1970*; (**q.**) *USS Corporate Center, Pittsburgh, PA. Harrison and Abramovitz & Abbe, Architects*, The Steel Triangle, *US Steel Publ. July 1969.*

- Crane literature of American Pecco Corporation, Liebherr Crane Corporation, and Emscor Inc.
- Design for Erection Considerations, A. A. Yee and F. R. Masuda, PCI *Nov. /Dec. 1974*
- Push-up construction: Civil Engineering-ASCE *March 1979*, AISC Engineering Journal *July 1969.*

Figure 2.21.

(**a.**) *Georgia Power Tower, Atlanta, GA. Heery and Heery, Architects and Engineers*, ENR *Nov. 1, 1979*; (**b.**) *Nonoalco Tower, Mexico City, Mexico. Mario Pani and Associates, Architects*, ENR *April 5, 1962 and May 30, 1963*; (**c.**) *BASF Office Building, Ludwigshafen, FRG. ref.: C. Santo, DBV Vorträge Betontag, 1957*; (**d.**) *Sears Tower, Chicago, IL. SOM, Architects*, ENR *July 8, 1971*; (**e.**) *Embankment Place, London, England. Terry Farrell Partnership, Architects, Ove Arup and Partners, Engineers*, A. R. *Sept. 1987*; (**f.**) *AMOCO Building, Chicago, IL. Perkins and Will Corp.*, ENR *Nov. 25, 1971*, Engineering Journal *AISC 2nd Qtr. 1975*; (**g.**) *Footing plan for an eight-story bearing wall structure, Flexicore Co., Inc. Literature*; (**h.**) *Copley Place, Boston, MA. Zaldastani Associates, Structural Engineers*, Civil Engineering/ASCE *Nov. 1984.*

Figure 3. 6.

The following references have been used: *Aynsley, 1972, 1973*; *Gandemer, 1977. 1979. The cases are read from left to right and top to bottom*: *Toronto City Hall, Toronto, Canada. Viljo Revell, Architect*, P/A *March 1963*; *Earth Sciences Building, MIT, Cambridge, MA. I. M. Pei, Architect*, P/A *March 1967*; *Xerox Centre, Chicago, IL. C. F. Murphy and H. Jahn, Architects*, P/A *12, 1980*; *Georgia-Pacific Corp. Tower, Atlanta, GA. SOM, Architects*, ENR *March 27, 1980*; *U. S. Steel Building, Pittsburgh, PA. Harrison and Abramovitz and Abbe Architects*, Forum *Dec. 1971*, *U. S. Steel*: The Steel Triangle, *1969*.

Figure 3. 15.

Some of the cases are: *Second row top from left to right*: *Xerox Center, Chicago, IL, C. F. Murphy/H. Jahn*; *Brunswick Building, Chicago, IL, SOM*; *conceptual study*; *National Life Building, Nashville, TN, SOM*; *left column from top to bottom*: *Xerox Center, Chicago, IL, C. F. Murphy/H. Jahn*; *100 William St., New York, Davis, Brody and Assoc.*; *CBS Building, New York, Eero Saarinen*; *U. S. Steel Building, Pittsburgh, PA, Harrison and Abramovitz and Abbe*; *right bottom*: *John Hancock Center, Chicago, IL, SOM (gravity type vertical air circulation)*.

Figure 5. 3.

(**e.**) *Tower building (18 stories), Little Rock, AR. Harry A. Barry, Architects, AISC, 1965*; (**f.**) *101 California Building (48 stories), San Francisco, CA. Johnson/Burgee Architects, CBM Engineers*, ENR *Feb. 28, 1980*; (**g.**) *Equitable Life Building (25 stories), San Francisco, CA. Paquette and Maurer Struct. Eng., Boris Bresler, 1968*; (**h.**) *One Chemung Canal Plaza (7 stories), Elmira, NY. Haskell and Conner and Frost Architects*, Bethlehem Steel Building Case History *No. 23, Aug. 1972*; (**i.**) *Citicorp Center (59 stories), New York. Hugh Stubbins and Associates, Architects, LeMessurier Structural Engineers*, A. R. *Mid-Aug. 1976*; (**j.**) *World Trade Center (110 stories), New York. Minoru Yamasaki and Emery Roth and Sons Architects, Worthington, Skilling, Helle and Jackson Structural Engineers*, A. R. *May 1964*; (**k.**) *IBM Building (13 stories), Pittsburgh, PA. Curtis and Davis Architects, Worthington, Skilling, Helle, and Jackson Structural Engineers*, USS Structural Report, *Aug. 1963*; (**l.**) *Life and Casualty Insurance Co. (30 stories), Nashville, TN. Edwin A. Keeble Associates*, ENR *Sept. 6, 1956*.

Figure 5. 4.

(**e.**) *Henry J. Pariseau Apartments (11 stories), Manchester, NH. Isaak Mayer Architect*, Bethlehem Steel Building Case History *No. 30, July 1973*; (**f.**) *Eastern Properties Office Building (4 stories), Lexington, KY. Johnson/Romanowitz Architects*, A. R. *May 1976*; (**g.**) *Bank of America Plaza (20 stories), San Diego, CA. Tucker, Sadler and Associates Architects*, USS Building Report, *Jan. 1983*; (**h.**) *One Shell Plaza (52 stories), Houston, TX. SOM, Architects*, Arch. and Eng. News *Oct. 1968*; (**i.**) *First City Tower (50 stories), Houston, TX. Morris-Aubry, Architect, and Walter B. Moore and Associates, Structural Engineers*, ENR *Feb. 19, 1981*, Structural Engineer *Sept. 1982 and Sept. 1983*; (**j.**) *Torre Banaven (280 ft, 470 ft, 680 ft), Caracas, Venezuela. Gillum Colaco, Structural Engineer*, ENR *July 1979*; (**k.**) *AMOCO (1136 ft), Chicago, IL. Edward Durell Stone and Associates and The Perkins and Will Corporation, Architects*, Engineering Journal *AISC, 2nd. Qtr. 1975*, ENR *Nov. 25, 1971*; (**l.**) *33 West Monroe (28 stories), Chicago, IL. SOM, Architects*, A. R. *Nov. 1981*; (**m.**) *Sears Tower (109 stories), Chicago, IL. SOM, Architects*, Engineering Journal *AISC, 3rd. Qtr. 1973*.

Figure 5.5.

Some of the building cases included in the study are: Center for Creative Studies, Detroit, MI, W. Kessler and Associates; A. N. Richards Medical Research Building, U. of Pennsylvania, Philadelphia, PA, Louis I. Kahn, Architect, Auguste Kommendant Structural Engineer; Office Building Central Beheer, Apeldoorn, Holland, Herman Hertzberger; Administration Building of the Magdeburg Insurance, Hannover, FRG. Walter Henn

Figure 5.6.

(**a.**) *Precast concrete plank with suspended fire-rated ceiling*; (**b.**) *Open-web steel joists with 2 1/2-in. concrete slab on permanent steel forming (i. e., noncomposite) and suspended fire-rated ceiling*; (**c.**) *8-in. hollow-core precast concrete plank floor spanning 24 ft supported on steel frame*, Bethlehem Steel Building Case History *No. 66, 1980*; (**d.**) *Dyna-Frame precast concrete framing system, Strescon Industries, Inc., Baltimore, MD, 1984*; (**e.**) *36/24-in. haunch steel girder of 41-and 32-ft spans*, Bethlehem Steel Building Case History *No. 15, 1971*; (**f.**) *4 1/2-in. concrete slab on permanent steel forming (in noncomposite action) composite with steel beams and suspended fire-rated ceiling, rather than fire protected beams with nonrated ceilings*; (**g.**) *Floor system composite stub-girder (40-ft span), with cantilever beams*, Bethlehem Steel Building Case History *No. 21, 1972.*

Figure 5.7.

(**a.**) *Pennzoil Place (37 stories), Houston, TX. Johnson/Burgee, Architects, Ellisor, Structural Engineers*, Bethlehem Building Case History *No. 47, Aug. 1976*, A. R. *Nov. 1976*, P/A *Aug. 1977*; (**b.**) *El Paso Tower (70 stories), Houston, TX. I. M. Pei and Partners Architects, Colaco Structural Engineers*, ENR *Aug. 3, 1978, Oct. 4, 1979, March 5, 1981*; (**c.**) *Capital National Bank Plaza (50 stories), Houston, TX. Lloyd Jones Brewer Associates, Architects, Ellisor and Tanner, Structural Engineers*, ENR *April 12, 1979*, Building Design and Construction *May 1981*, USS Building Report *May 1980*; (**d.**) *Dravo Tower (54 stories), Pittsburgh, PA. Welton Becket Associates, Architects, Lev Zetlin Associates, Structural Engineers*, P/A *Dec. 1980*, A. R. *Mid-Aug. 1981*, ENR *May 1982*; (**e.**) *Marina City Tower (60 stories), Chicago, IL. Bertrand Goldberg, Architect*, ENR *Feb. 22, 1962, July 18, 1974*; (**f.**) *U. S. Steel Headquarters Building (64 stories, 841 ft high), Pittsburgh, PA. Harrison and Abramovitz and Abbe, Architects, Skilling, Helle, Christiansen, Robertson, Structural Engineers*, A. R. *April 1967*, ASCE *April 1970*, Forum *Dec. 1971*, The Steel Triangle *U. S. Steel, July 1969*; (**g.**) *Sixty State Street (38 stories), Boston, MA. SOM, Architects and Structural Engineers, AISC Awards of Excellence 1979*; (**h.**) *M. L. C. Centre (68 stories), Sydney, Australia. Harry Seidler and Associates, Architects and Structural Engineers*, ENR *June 30, 1977*; (**i.**) *ICAO Office Building (28 stories), Montreal, Canada.* PCI Journal *Nov. /Dec. 1975*; (**j.**) *One Dallas Centre (30 stories), Dallas, TX. I. M. Pei, Architect, Weiskopf and Pickworth, Structural Engineers*, AIA Journal *Mid-May 1981*; (**k.**) *Fourth and Blanchard Building (25 stories), Seattle, WA. Chester L. Lindsey Architects, KPFF Structural Engineers*, USS Building Report *Jan. 1980*; (**l.**) *Georgia Pacific Headquarters Building (52 stories), Atlanta, GA. SOM, Architects, Weidlinger Associates, Structural Engineers*, P/A *Dec. 1980*, ENR *March 27, 1980, Oct. 11, 1979*, AA 220 *April 1982*.

Figure 5.12.

(**a.**) *535 Madison Ave., New York. Edward Larabee Barnes Architect, Irwin G. Cantor, Structural Engineer*, A. R. *March 1980*; (**b.**) *Xerox Centre, Chicago, IL. C. F. Murphy and Helmut Jahn Architects*, AIA Journal *Mid-May 1981*, P/A *Dec. 1980*; (**c.**) *National Permanent Building, Washington, D. C. Hartman-Cox Architects*, P/A *Dec. 1977*, CRSI Case History Report *7901*; (**d.**) *Lake Point Tower, Chicago, IL Schipporeit-Heinrich Architects*, A. R. *Oct. 1969*; (**e.**) *Immeuble d'habitation a Santa Marinella, Rome, Italy, Portoghesi and Gigliotti, Architects. Norberg-Schulz, 1971.*

Figure 6.2.

Read from left to right and top to bottom: Toronto-Dominion Centre, Toronto, Canada. Mies van der Rohe, A. R. *March, 1971; One Liberty Plaza, New York. SOM*, A. R. *July 1973; U. N. Plaza Hotel and Office Building, New York. Kevin Roche, John Dinkeloo and Associates*, P/A *June 1976*, G. A. Document *1970-80; PPG Place, Pittsburgh, PA. John Burgee/Philip Johnson*, A. R. *Oct. 1984*, Building Design and Construction *Oct. 1984; The 400 Colony Square Office Building, Atlanta, GA. Jova/Daniels/Busby*, Schokbeton Publ. *March/April 1973; IBM Office Building, Southfield, MI. Gunnar Birkerts and Associates*, P/A *Sept. 1975*, Bethlehem Steel Building Case History *No. 70, 1981.*

Figure 6.4.

(**a.**) *88 Pine Street, New York. I. M. Pei and Partners*, A. R. *April 1975*, AIA Journal *June 1974 (left case)*; (**b.**) *Sixty State Street, Boston, MA. SOM Awards of Excellence 1979.*

Figure 6.10.

(**a.**) *8-in. reinforced concrete masonry wall with brick veneer and cast-in-place concrete floor*; (**b.**) *Joist floor and: left) 12-in. brick cavity wall with mechanical space; right) 8-in. doublewythe solid stretcher brick wall*; (**c.**) *12-in. solid brick wall and 8-in. concrete pan joist floor construction*; (**d.**) *Jespersen-Kay Systems Inc., originally from Denmark*; (**e.**) *Left: composite brick and block wall and concrete slab; right: 8-in. concrete block wall and steel joist floor*; (**f.**) *Cast-in-place 10-in. concrete wall and slab*; (**g.**) *8-in. reinforced concrete block wall with 4-in. brick veneer and precast concrete slab with bond beams*; (**h.**) *10-in. reinforced brick wall and cast-in-place concrete slab*; (**i.**) *8-in. concrete block with veneer and precast concrete planks*; (**j.**) *Recommended practice for the construction of tied large-panel concrete structures according to PCA.*

Figure 7.2.

(**a.**) *Apartment building Wienerplatz (18 stories, reinforced concrete), Köln, FRG. Karl Hell, Architect, (Sting, 1969)*; (**b.**) *Apartment building Märkisches Viertel (18 stories), Berlin, FRG. Mathias Ungers Architect, (Sting, 1969)*; (**c.**) *Apartment building Schwamendingen (18 stories, brick), Switzerland.* P/A *Feb. 1966*, A. R. *Nov. 1963*; (**d.**) *Hilliard housing center (16 stories, reinforced concrete), Chicago, IL. B. Goldberg Associates, Architects*, Perspecta *13/14, 1971*, A. R. *Jan. 1966*, AA *Sept. 1965*; (**e.**) *Apartment building "Julia" (12 stories), Stuttgart, FRG. Hans Scharoun, Architect, (Sting, 1969)*; (**f.**) *Torres Blancas (19 stories), Madrid, Spain. F. J. Saenz de Oiza, Architect, (Sting, 1969)*; (**g.**) *Sheraton Hotel, (14 stories, brick), Monroeville, PA. Murovich Associates, Architects*, BIA Case Study #37, *1974*; (**i.**) *La Gradelle apartment building (17 stories), Geneva, Switzerland. J. Hentsch, Architect, 1965, Aregger, 1967*; (**j.**) *Neue Vahr apartments (20 stories), Bremen, FRG. Alvar Aalto, Architect*, Bauen und Wohnen *Nov. 1963, etc.*; (**k.**) *Apartment building "Salute" (18 stories, reinforced concrete), Stuttgart, FRG. Hans Scharoun, Architect, (Sting, 1969)*; (**l.**) *Grünegg A. G. apartment building (11 stories), St. Gall, Switzerland. Graf Architects, 1968, Aregger, 1967*; (**m.**) *Edge-water Tower (12 stories, concrete block), New Haven, CT. Kosinski, Architect*, Building Design and Construction *Nov. 1974*; (**n.**) *Apartment tower, University of Delaware (17 stories, precast concrete). Charles Luckman Associates*, Building Design and Construction *Oct. 1972*; (**o.**) *St. Joseph Hospital (10 stories, reinforced concrete), Tacoma. WA. B. Goldberg, Architect*, ENR *July 18, 1974*; (**p.**) *Apartment building (15 stories) in Bagnols-sur-Cèze, France. Caudilis, Josic, Woods Architects, (Sting. 1969)*; (**q.**) *Apartment building Ile Verte (28 stories, reinforced concrete), Grenoble, Switzerland. Anger and Puccinelli, Architects, 1964, Aregger, 1967*; (**r.**) *Unité d'Habitation [1954] (17 stories, reinforced concrete), Marseille, France. Le Corbusier, Architect*, Arch + *Jan./Feb. 1974, etc.*

Figure 7.3.

(**a.**) *Singapore Treasury Building (52 stories) , Singapore. The Stubbins Associates, Architects, Le Messurier Associates Structural Engineers*, A. R. *Feb. 1985*; (**b.**) *Swire Bottlers redevelopment project (31-stories) , Hong Kong. Ove Arup Partnership*, The Arup Journal *Oct. 1982*; (**c.**) Richards Medical Research Laboratory, University of Pennsylvania, Philadelphia, PA. Louis I. Kahn, Architect, August E. Kommendant, Structural Engineer, A. R. Aug. *1960*, etc. ; (**d.**) *Quaker Square Hilton, Akron, OH. Curtis and Rasmussen Inc.* Builder *Oct. 1982*; (**e.**) *Torrington Towers (14 stories) , Torrington, CT. Ulrich Franzen, Architect*, National Concrete Masonry Association *(NCMA) Vol. 31, No. 1*; (**f.**) *The National Westminster Tower (52 stories) , London, England. R. Seifert and Partners, Architects, P. Frishmann and Partners, Engineers*, RIBAJ *Dec. 1981*, ENR *Nov. 25, 1976*, Bauingenieur *May 1984, Aug. 1984*; (**g.**) *Christian Science Center (28 stories) , Boston, MA. I. M. Pei, Architect*, P/A *Oct. 1966*; (**h.**) *King George Tower (34 stories) , Sydney, Australia. John Andrews, Architect*, P/A *Feb. 1973*; (**i.**) *Banco Bilbao, Madrid, Spain. Fernandez Alba, Architect*, AA *159, Dec. / Jan. 1973*; (**j.**) *Price Tower (19 stories) , Bartlesville, OK. Wright, 1956*; (**k.**) *Hong Kong Arts Centre (19 stories) , Hong Kong. Tao Ho, Architect, 1977*; (**l.**) *Faculty of Sciences Complex, University of Paris, Paris, France. Seassal/Cassau/Coulon/Albert/de Gortchakoff, Architects*, Acier-Stahl-Steel *May 1967*; (**m.**) *Savings Bank Hannover, Hannover, FRG. H. Wilke, Architect*, Detail *April 1978*, Acier-Stahl-Steel *Nov. 1975.*

Figure 7.4.

(**a.**) *Olivetti Frankfurt, Frankfurt, FRG. Egon Eiermann, Architect, 1972*, Arch + *Sept. 1973*; (**b.**) *N. C. Mutual Life Insurance Co. , Durham, NC. Welton Becket Associates, Architects, Seelye, Stevenson, Value, and Knecht, Structural Engineers*, ENR *Aug. 20, 1964*, *PCI*: Post-Tensioning Manual, *Chicago, 1972*; (**c.**) *Westcoast Building, Vancouver, B. C. , Canada. Rhone and Iredale, Architects, Bogue Babicki and Associates, Structural Engineers*, Forum *May 1972*, P/A *Oct. 1969*, Arch. and Eng. News *Nov. 1969*, ENR *June 1969*; (**d.**) *Office building 410, 17th St. , Denver, CO. Muchow Associates, Architects, Ketchum, Konkel, Barrett, Nickel, Austin, Structural Engineers*, USS Building Report, *Sept. 1978*; (**e.**) *U. S. Steel Headquarters, Pittsburgh, PA. Harrison, Abramowitz and Abbe, Architects, Skilling, Helle, Christiansen, Robertson, Structural Engineers*, A. R. *April 1967*, *USS*: The Steel Triangle, *ADUSS 88-4434-01, July 1969*; (**f.**) *American Center, American Motors Corp. Tower, Southfield, MI. Smith, Hinchman and Grylls Associates, Architects and Engineers*, Bethlehem Steel Building Case History *No. 35, Nov. 1974*; *top*: *Laboratory Tower for Johnson Wax Company [1939] , Racine, WI. Frank Lloyd Wright, Architect, (Michaels, 1950)*

Figure 7.5.

(**a.**) *Rainier National Bank, Seattle*, WA. *Minoru Yamasaki and Associates, Architects, SHCR, Structural Engineers*, ENR *Oct. 1975*; (**b.**) *Shrine of the Missionaries tower, Sault St. Marie, MI. Progressive Design Associates, Architects, Johnston-Sahlman, Structural Engineers*, Archit. and Eng. News *Jan. 1968*; (**c.**) *Airport Mirabel, Montreal, Canada*; (**d.**) *Restaurant Tower, Berlin-Steglitz, FRG. R. Schüler and U. Witte, Architects, M. F. Manleitner and Caner, Structural Engineers*, Architektur + Bauwelt *June 1977*; (**e.**) *Russian Residence apartment building, New York. SOM, Architects, Irwin G. Cantor Associates, Structural Engineers*, Modern Steel Construction *3rd Qtr. 1975*, Domus *503 Oct. 1971*, Building Design and Construction *Sept. 1974*, Constructioneer *Aug. 1974*; (**f.**) *OCBC Centre, Singapore. I. M. Pei and Partners, Architects, Ove Arup and Partners, Structural Engineers*, ENR *June 1975*, A. R. *April 1980*; (**g.**) *Shizuoka Newspaper Co. Building, Nishi-Ginza, Tokyo, Japan. Kenzo Tange, Architect*, Forum *March 1968*; (**h.**) *Kibogaoka Youth Castle, Shiga Prefecture, Japan. Urban Science Laboratory T. Nakajima, Architect, Kinki Structural Laboratory, Structural Engineers*, JA *Oct. 1972*; (**i.**) *Westcoast Building, Vancouver, Canada. Rhone and Iredale, Architects, Bogue B. Babicki Associates, Structural Engineers*, Forum *May 1972*, P/A *Oct. 1969*, Archit. and Engin. News *Nov. 1969*, ENR *June 1969*, Civil Engineering-ASCE *Oct. 1971*; (**j.**) *Knights of Columbus Building, New Haven, CT. Kevin Roche, John Dinkeloo, Architects, Pfisterer Tor and Associates, Structural Engineers*, A. R. *Aug. 1970*, P/A *Sept. 1970*; (**k.**) *Hypo Bank, Munich, FRG. Walter and Bea Betz, Architects*, ENR *June 1979*, A. Rev. *June 1981*, Bauingenieur *56, 1981*; (**l.**) *UN City, Vienna, Austria. Johann Staber, Architect*, ENR *April 1976.*

Figure 7.6.

(**a.**) *Yamanashi Communications Center, Kofu, Yamanashi, Japan. Kenzo Tange and The Urtec Team, Architects, Fugaku Yokoyama, Structural Engineer*, Forum *Sept. 1967, etc.*; (**b.**) *Hennepin County Medical Center, Minneapolis, MN. Medical Facilities Associates, The Architects Collaborative (TAC), Bakke Kopp Ballou McFarlin, Structural Engineers*, Interstitial Systems in Healthcare Facilities, *USS, Dec. 1979*, A. R. *Sept. 1973*; (**c.**) *College of Medicine, Technical University Aachen, FRG. Weber Brand and Partners, Architects, Philipp Holzmann AG, Structural Engineers*, Bauingenieur *May 1973*, A. Rev. *Oct. 1986.*

Figure 7.7.

(**a.**) *The Hong Kong Club and Office Building, Hong Kong. Harry Seidler and Associates*, Vision *6, 1983*, A + U *Sept. 1986*; (**b.**) *The First National Bank of Chicago, Chicago, IL. C. F. Murphy Associates and the Perkins and Will-Partnership*, A. R. *April 1969, Sept, 1970*; (**c.**) *Johnson Art Center, Cornell University, Ithaca, NY. I. M. Pei and Partners*, Arch + *Jan. / Feb. 1974*; (**d.**) *University of Birmingham, England. Arup and Associates, Architects*, Detail *3, 1973*; (**e.**) *Time Square Hotel, New York. John Portman Associates*, ENR *Feb. 23, 1984*; (**f.**) *Bank in Lugano, Switzerland. Guido Tallone, Architect*, Revista Technica della Svizzera Italiana *Nov. 1982*; (**g.**) *Hotel in Nashville, TN. Yearwood and Johnson, Architects*, Civil Engineering/ASCE *June 1985*; (**h.**) *Seattle-First National Bank, Seattle*, WA. *Naramore, Bain, Brady and Johnson, Architects; Skilling, Helle, Christiansen, Robertson, Structural Engineers*, A. R. *June 1970*; (**i.**) *Marriott Hotel, Cambridge, MA. Moshe Safdie and Associates, Architects, LeMessurier, Structural Engineers*, Building Design and Construction *March 1987*; (**j.**) *Beinecke Rare Book and Manuscript Library, Yale University, New Haven, CT. SOM Architects*, ENR *Feb. 1962, etc.*

Figure 7.8.

Read from left to right; top row: BP Office Tower (12 stories), Antwerp, Belgium. Stijnen, De Meyer and Reussens, Architects, P/A *Sept. 1961*; *Administration Building, Siemens S. A., Saint-Denis, France. Bernard H. Zehrfuss, Architect, 1971, Joedicke, 1975*; *Olivetti Building (5 stories), Florence, Italy, Alberto Galardi, Architect*, Arch + *Sept. 1973*, P/A *8, 1973*; *BMW Administration Building (20 stories), Munich, FRG. Karl Schwanzer, Architect*, Arch. + *Oct. 1973*; *Standard Bank Centre (35 stories), Johannesburg, South Africa. Hentrich-Petsch-nigg and Partners*, Arch. Review *Aug. 1971*, ENR *Nov. 1968*; *second row: AUVA, Vienna, Austria. K. Hlaweniczka, Architect*, Architektur Aktuell *Dec. 1975*; *Federal Reserve Bank (11 stories), Minneapolis, MN. Gunnar Birkerts and Associates*, A. R. *Oct. 1971*, ENR *Nov. 1971*; *City Hall (11 stories), Marl, FRG. Van den Broek and Bakema, Architects*, ENR *May 1965*, A&A *Jan. 1964*; *Kansas City Office Building (32 stories, project), Kansas City, MO. Louis Kahn, Architect, A. E. Komendant, 1975.*

Figure 7.10.

Read from left to right: top row: Velasca Tower [1957], Milan, Italy. Belgiojoso/Peressutti/Rogers; Lloyd's of London, London, England. R. Rogers; Takara Beautillion, Expo 70, Osaka, Japan. Kisho Kurokawa; bottom row: Olympia Center, Chicago, IL. SOM (left and right side); 701 4th Ave. S. Minneapolis, MN. Murphy/Jahn; Project, Houston, TX. *Kevin Roche and John Dinkeloo.*

Figure 7.11.

(**a.**) *Pan Am Building (59 stories), New York. Emery Roth and Sons and Walter Gropius*, ENR *June 21, 1962*; (**b.**) *860 Lake Shore Drive (26 stories), Chicago, IL. Mies van der Rohe, 1951*; A. R. *Oct. 1963*; (**c.**) *Civic Center (648 ft, 38 stories), Chicago, IL. C. F. Murphy Associates and SOM, Forum Oct. 1966*, P/A *Oct. 1966*; (**d.**) *Married student dormitories (20 stories), Harvard University, Cambridge, MA. Sert, Jackson and Gourley*, A. R. *Sept. 1963*; (**e.**) *Akasaka Prince Hotel (48 stories), Tokyo, Japan. Kenzo Tange and Urtec*, J. A. *Aug. /Sept. 1976 and Jan. 1984*; (**f.**) *Wulfen Metastadt (7-10 stories), Wulfen-Barkenberg, FRG. Dietrich und Steigerwald, C. Riccabona, 1974*; (**g.**) *Housing for the U. S. Embassy (up to 14 stories), Tokyo, Japan. Harry Weese and Assoc.*, J. A. *Sept. 1983*; (**i.**) *Waterside (40 stories), New York. Davis, Brody and Associates*, A. R. *April 1976*; (**j.**) *Lake Village East (25 stories), Chicago, IL. Harry Weese and Associates*, A. R. *April 1975*; (**k.**) *UNESCO Secretariat (7 stories), Paris, France. Marcel Breuer, Bernard Zehrfuss and Pier Luigi Nervi, 1958 (Nervi, 1963)*.

Figure 7.15.

Read from left to right: top row: (**a.**) *88 Pine Street, New York. I. M. Pei and Associates*, A. R. *April 1975*, AIA Journal *June 1974, May 1975*; (**b.**) *See* Domus *Sept. 1973*; (**c.**) *Orange County Airport Building, CA. Craig Ellwood Associates*, Forum *May 1972*; (**d.**) *Central Beheer, Apeldoorn, Holland. Herman Hertzberger*, Arch + *Sept. /Oct. 1974*, A + U *8312*, Beton Atlas 1980, *etc.; Second row;* (**e.**) *Harvard U. Science Center, Cambridge, MA. Sert, Jackson and Associates* A. R. *Feb. 1972, March 1974*; (**f.**) *The Boston Five Cents Savings Bank, Boston, MA. Kallman McKinnel*, Forum *March 1973*; (**g.**) *Dokumenta Urbana 1982, Kassel-Dönche, FRG. Steidle and Parther*, Bauen + Wohnen *Nr. 1/2, 1981; Third row;* (**h.**) *See* Domus *597, August 1979*; (**i.**) *The Yale Rare Book Library, New Haven, CT. SOM*, ENR *Feb. 1962*; (**j.**) *U. S. Embassy, Dublin, Ireland. John M. Johansen*, P/A *Feb. 1964*; (**k.**) *Crown Street Parking Garage, New Haven, CT. Carleton Granberry Associates*, PCI Vol. *17 No. 1, Jan. /Feb. 1972.*

Figure 7.24.

Read from left to right: top: AT&T Building [1980], New York. Johnson/Burgee; Humana Building [1985], Louisville, KY. Michael Graves; Empire State Building [1931], New York. Shreve, Lamb and Harmon; PPG Tower [1982], Pittsburgh, PA. Johnson/Burgee; Chrysler Building [1930], New York. William Van Allen; Equitable Tower West [1985], New York. Edward Larrabee Barnes Associates; middle; Republic Bank Center [1982], Houston, TX. Johnson/Burgee; 525 Vine Building [1985], Cincinnati, OH. Glaser and Myers Associates; bottom: Norstar Bancorp Building [1982], Buffalo, NY. Cannon; Statue of Liberty [1886], New York. F. A. Bartholdi and A. G. Eiffel; timber framed houses [1430 to 1590] in Germany.

Figure 7.25.

(**a.**) *First International office tower (56 stories), Dallas, TX. Hellmuth, Obata and Kassabaum Inc., Architects, Ellisor and Tanner, Structural Engineers*, Modern Steel Construction *3rd/4th Qtr. 1976*; (**b.**) *Boston Company Building (42 stories), Boston, MA. Pietro Belluschi, Architects, James Ruderman, Structural Engineer*, Bethlehem Steel Building Case History *No. 1, 1970*; P/A *Oct. 1969*; (**c.**) *Torre Banaven office tower (680 ft central tower), proposal, Caracas, Venezuela. Enrique Gomez and Jorge Landi, Architects, Gillum Colaco, Structural Engineer*, ENR *July 1979*; (**d.**) *Onterie Center (58 stories), Chicago, IL. SOM, Architects*, A. R. *Mid-Aug. 1981*, Civil Engineering *Oct. 1986*; (**e.**) *John Hancock Center (100 stories), Chicago, IL. SOM, Architects*, A. R. *Jan. 1967*: ENR *Sept. 1965*, Forum *July/Aug. 1970*; (**f.**) *Whitney Museum Tower (35 stories), proposal, New York. Foster Associates, Architects, Frank Newby, Structural Engineer*, A. R. *Mid-Aug. 1979*; (**g.**) *Hennepin County Government Center (24 stories), Minneapo-*

lis, MN. John Carl Warnecke and Associates, Architects, KKBNA, Structural Engineers, A. R. *March 1977*; (**h.**) *The First Wisconsin Center (42 stories), Milwaukee, WI. SOM, Architects*, Modern Steel Construction *4th Qtr. 1973*, Building Design and Construction *Sept. 1975*; (**j.**) *Georgia-Pacific Corp. tower (52 stories), Atlanta, GA. SOM, Architects, Weid-linger Associates, Structural Engineers*, ENR *Oct. 1979*; P/A *Dec. 1980*: Building Design and Construction *Aug. 1983*; (**i.**) *Medical Mutual of Cleveland (448 ft), Cleveland, OH. Hugh Stubbins Associates, Architects, LeMessurier, Structural Engineers*, P/A *Dec. 1980*; (**k.**) *Federal Reserve Bank (33 stories), Boston, MA. Hugh Stubbins and Associates, Architects, LeMessurier, Structural Engineers*, ENR *April 1975*, A. R. *Mid-Aug. 1974*; Building Design and Construction *Jan. 1975*; Modern Steel Construction *1978*; (**l.**) *Bush Lan House (10 stories), London, England. Arup Associates, Architects*, The Structural Engineer *Feb. 1977*; ENR *Jan. 20, 1977*; (**m.**) *Alcoa Building (26 stories), San Francisco, CA. SOM, Architects*, Contemporary Structures *AISI, 1970*, ENR *July 1965*; (**n.**) *IBM Building (13 stories), Pittsburgh, PA. Curtis and Davis, Architects, Worthington, Skilling, Helle and Jackson, Structural Engineers*, USS Structural Report *August 1963*, ENR *Sept. 6, 1962*; (**o.**) *The Century Tower (20-story, 1988), proposal, Tokyo, Japan. Foster Associates, Architects, Ove Arup and Partners, Structural Engineers*, A. Review *Aug. 1988*; (**p.**) *Superskyscraper (142 stories), proposal, Chicago, IL. Kay Vierk Janis, Architect*, Civil Engineering *March 1989.*

Figure 7.27.

Read from left to right starting with the top row: (**a.**) *Arthur Schomhurg Plaza (35 stories), New York. Gruzen, Architect*, Building Design and Construction *April 1972*; (**b.**) *Tour Maine-Montparnasse (64 stories), Paris, France. Baudoin, Cassan, de Marien and Saubot, Architects*, AA *No. 178, March/April, 1975*; (**c.**) *1515 Poydras (27 stories), New Orleans, LA. SOM, Architects*, Concrete International *Sept. 1984*; (**d.**) *Seagram Building (38 stories), New York. Mies van der Rohe, Architect*; (**e.**) *One Biscayne Tower (40 stories), Miami, FL. Fraga Associates, Architects*, A. R. *Feb. 1974*, ENR *July 20, 1972*, Concrete Today *Vol. 7, No. 2*; (**f.**) *Fiduciary Trust Co. (17 stories), Boston, MA. The Architects Collaborative (TAC)*, Building Design and Construction *Nov. 1976*; (**g.**) *Portland Plaza Condominium (25 stories), Portland, OR. Daniel, Mann, Johnson and Mendenhall, Architects*, A. R. *Oct. 1973*; (**h.**) *Citizens Bank Center (13 stories), Richardson, TX. Omniplan, Architects*, A. R. *July 1975*, Civil Engineering-ASCE *April 1977*; (**i.**) *Inter First Plaza (28 stories), Houston, TX. SOM, Architects*, Architecture *Feb. 1985*; (**j.**) *Imperial Chemical Office Building (8 stories), Stamford, CT. W. F. Pedersen, Architect*, P/A *March 1971*; (**k.**) *Manufacturers and Traders Trust Co. (21 stories), Buffalo, NY. Minoru Yamasaki, Architect, Bethlehem Steel project description*; (**l.**) *Harbor Point (54 stories), Chicago, IL. Solomon, Cordwell, Buenz and Associates, Architects*, ENR *Aug. 14, 1975*; (**m.**) *City Administration Building (30 stories), Brussels, Belgium.* ENR *May 3, 1979*; (**n.**) *Westin Hotel (36 stories), Boston, MA. The Architects Collaborative*, CRSI Case History *No. 24*, Concrete International *Oct. 1983*, Building Design and Construction *Dec. 1983*; (**o.**) *Great Western Savings Center (10 stories), Beverly Hills, CA. W. L. Pereira Associates, Architects*, Building Design and Construction *March 1973*; (**p.**) *IDS Center (57 stories), Minneapolis, MN. Johnson/Burgee, Architects*, AIA Journal *June 1979*, A. R. *Aug. 1970*, ENR *Nov. 1971*; (**q.**) *Australia Square (51 stories), Sydney, Australia. Seidler Associates, Architects*, Art and Arch. *Nov. 1965*; (**r.**) *Gulf Life Tower (27 stories), Jacksonville, FL. Welton Becket and Associates, Architects*, A. R. *Nov. 1966, Jan. 1967*, ENR *July 7, 1966.*

Figure 7.28.

(**a.**) *333 West Wacker Building, Chicago, IL. Kohn, Pedersen, Fox Architects, GCE, Structural Engineers*; Building Design and Construction *June 1983*, Modern Steel Construction *1st Qtr. 1984*, P/A *Oct. 1983*; (**b.**) *311 S. Wacker Dr., Chicago, IL. Kohn, Pedersen, Fox Architects, Brackette Davis Drake, Structural Engineers*, ENR *Feb. 4, 1988*, Civil Engineering *March 1988*; (**c.**) *Apartment building, 33 Rue Croulebarbe, Paris, France. Albert-Boileau, Labourdette Architects, Bouwcentrum, 1963*; (**d.**) *Peachtree Plaza Hotel Tower, Atlanta. John Portman and Associates, Architects and Structural Engineers*, A. R. *June 1976*, ENR *Jan. 22, 1976*; (**e.**) *City Center*

Office Towers, Fort Worth, TX. Paul Rudolph, Architect, CBM, Structural Engineers, A. R. *July 1982*, G. A. Document *Oct. 1983*; (**f.**) *Luth Tower, Kuala Lumpur, Malaysia. Hijjas Kasturi Associates, Architects, Ranhill Berseketu Sdn, Bhd, Structural Engineers*, ENR *July 1, 1982, Sept. 20, 1984*, Asian Building and Construction *March 1984*; (**g.**) *Mercantile Tower, St. Louis, MO. Sverdrup and Parcel Associates and Thompson Ventulett and Stainbeck, Architects, Ellisor, Structural Engineers*, ENR *Oct. 16, 1975*, A. R. *Aug. 1975*; (**h.**) *Raffles City Tower, Singapore. I. M. Pei and Partners, Architects, Weiskopf and Pickworth, Structural Engineers*; (**i.**) *Gulf Life Tower, Jacksonville, FL. Welton Becket Associates, Architects, R. R. Bradshaw, Inc. , Structural Engineers*, A. R. *Now. 1966, Jan. 1967*; ENR *July 7, 1966.*

Figure 7.29.

First Interstate World Center [1989] (73 stories), Los Angeles, CA. I. M. Pei, Architect, CBM, Structural Engineers; Civil Engineering *Nov. 1988*; ENR *Sept. 14, 1989.*

Figure 7.30.

(**f.**) *US Steel Headquarters (64 stories), Pittsburgh, PA, Harrison and Abramovitz and Abbe, Architects, Skilling, Helle, Christiansen, Robertson, Structural Engineers*, The Steel Triangle *US Steel, July 1969*, ASCE *April 1970*, A. R. *April 1967*, Forum *Dec. 1971*, ENR *Jan. and June 1970*; (**i.**) *IDS Center (57 stories), Minneapolis, MN. Johnson/Burgee Architects, Severud/Perrone/Sturm/Conlin/Bandel, Structural Engineers*, A. R. *Aug. 1970*, ENR *Nov. 1971*, AIA Journal *June 1979.*

Figure 7.31.

Trump Tower (68 stories), New York. Swanke Hayden Connell, Architects, I. G. Cantor, Structural Engineer, CRSI Case History *No. 23*, Concrete International *March 1984*, ENR *April 15, 1982*, Building Design and Construction *Aug. 1983*, P/A *Dec. 1980*, *AA220, April 1982.*

Figure 7.32.

(**a.**) *Allied Bank Plaza [1983] (71 stories), Houston, TX. SOM, Architects*, ENR *July 15, 1982*; Architecture *April 1984*; Building Design and Construction *Sept. 1980*; (**b.**) *17 State Street building [1988] (42 stories), New York. Emery-Roth and Sons, Architects, DiSimone Caplin and Associates, Structural Engineers*, Modern Steel Construction *#4, 1988*; Civil Engineering *June 1988.*

Figure 7.33.

Read from left to right and top to bottom: Allied Bank Tower (60 stories), Dallas, TX. I. M. Pei, Architect, Modern Steel Construction *#2, 1987*; Architecture *Dec. 1986*, Building Design and Construction *Sept. 1987*; *AT&T Corporate Headquarters (37 stories), New York. Johnson/Burgee, Architects*, A. R. *Oct. 1980*; P/A *Dec. 1980*; Modern Steel Construction *AISC, 1st Qtr. 1982*; A. Rev. *Aug. 1984*; *Momentum Place (60 stories), Dallas, TX. Burgee/Johnson, Architects*, Civil Engineering, *June 1986*; ENR *Nov. 13, 1986*; *Republic Bank Center (56 stories), Houston, TX. Johnson/Burgee, Architects*, Modern Steel Construction *2nd Qtr. 1984*; Building Design and Construction *June 1983*, P/A *Feb. 1984*, Architecture *April 1984*; *One Magnificent Mile (57 stories), Chicago, IL. SOM. Architects*, Building Design and Construction *Oct. 1984*, Inland Architect *May/June 1984*, A. R. *Mid-Aug. 1980*; *Sears Tower (110 stories), Chicago, IL. SOM, Architects*, Forum *Jan. /Feb. 1974*, Engineering Journal *AISC, 3rd Qtr. 1973*, Arch. + *Aug. 1973*, Civil Engineering *Nov. 1972*; *Sunshine 60 (60 stories), Tokyo, Japan. Mitsubishi Estate Co. , Architects, Beedle, 1986*; *Four Allen Center (50 stories), Houston, TX. Lloyd Jones Brewer Associates, Architects, Ellisor and Tanner, Structural Engineers*, USS Building Report *Dec. 1984*,

Modern Steel Construction *AISC,2nd Qtr. 1983*, Building Design and Construction *June 1984*; *780 Third Ave. (50 stories), New York. SOM, Architects*, ENR *June 30, 1983*, Concrete International *Feb. 1985*; *CBS Building (38 stories), New York. Eero Saarinen, Architect*, A. R. *July 1965*, ENR *May 21, 1964*; (**a.**) *El Paso Tower (70 stories), Houston, TX. I. M. Pei, Architect*; (**b.**) *Western Pennsylvania National Bank Building (32 stories, proposal), Pittsburgh, PA. SOM, Architects*; (**c.**) *Three Houston Center Gulf Tower Building (52 stories), Houston, TX*; (**d.**) *Southeast Financial Center (53 stories), Miami, FL. SOM, Architects*; (**e.**) *First CanadianCentre (64 and 43 stories), Calgary, Canada. SOM, Architects*; (**f.**) *NCNB Plaza (40 stories), Charlotte, NC. Thompson, Ventulett and Stainback, Architects. (framed tube with interior rigid frame bracing)*; (**g.**) *Office building (52 stories), Tokyo, Japan. Nikken Sekkei. Architect (triple tube)*; (**h.**) *Pan-American Life Insurance Co. Building (27 stories), New Orleans, LA. (concrete tube)*.

Figure 7.36.

Read from left to right: bottom: Mile-high Tower. Frank Lloyd Wright, Architect, A. Forum *Nov. 1956*, A. R. *March 1957*; *The Bank of China, Hong Kong. I. M. Pei, Architect, and L. E. Robertson, Structural Engineer*, A. R. *Sept. 1985*, Civil Engineering *Aug. 1986*, ENR *Oct. 13, 1988*; *The Bank of the Southwest Tower, Houston, TX. proposal, Murphy/Jahn, Architects, and LeMessurier, Structural Engineers*, A. R. *Jan 1985*, Arch. Technology *Fall 1983*; *Trussed megatube, proposal, J. P. Colaco of CBM Engineers*, Civil Engineering *April 1986*; *Citicorp Center, New York. Hugh Stubbins, Architect, and LeMessurier, Structural Engineers*, ENR *June 24, 1976*, A. R. *Mid-Aug. 1976 and June 1978*; *Medical Mutual, Cleveland, OH. Hugh Stubbins, Architect, and LeMessurier, Structural Engineers*, P/A *Dec. 1980*; *top: Proposal for a 150-story superframe building in steel. Alfred Swenson (I. I. T., 1969), Forum Sept. 1971*; *Proposal for a 210-story guyed tower, Harry Weese, Architect, and Charles H. Thornton, Structural Engineer of Lev Zetlin Associates*, ENR *Nov. 3, 1983*, High Technology *Jan. 1985*; *Proposal for a 168-story telescoping superframe, SOM, Architects*, ENR *Nov. 3, 1983*, High Technology *Jan. 1985*, Civil Engineering/ASCE *Jan. 1984*; *Dearborn Center, Chicago, IL. SOM, Architects*, Civil Engineering-ASCE *March 1985*; *Lateral sway of megaframe*; *Proposal for a 200-story linked tower system. DeSimone and Chaplin, Architects*, High Technology *Jan. 1985*; *Proposal for a 135-story trussed tube. SOM, Architects*, Popular Science, *Dec. 1985*; *Proposal for a 130-story trussed tube. Eli Attia, Arch.*, Popular Science *Dec. 1985*; *383 Madison Ave., New York. KPF and LeMessurier Associates, Architects*, A. R. *Feb. 1987*; *InterFirst Plaza, Dallas, TX. Jarvis Putty Jarvis, Architects and LeMessurier Associates, Structural Engineers*, ENR *June 6, 1983*, A. R. *Jan. 1985*; *Erewhon Center (proposal). LeMessurier Associates*, A. R. *Feb. 1985*.

Figure 7.37.

Hongkong Bank, Hong Kong. Foster, Architect, and Ove Arup, Structural Engineer, A. Rev. *May 1981*, AA *Oct. 1982*, A + U *Oct. 1983*, Vision *Jan. 1983*, TA *Nov. 1983*, Building *July 1984*, ENR *Oct. 4, 1984*, P/A *March 1986*, DBZ *Sept. 1986*, *etc.*

Figure 7.38.

(**a.**) *Tarics A. G.: Concrete-filled steel columns for multistory construction*, Modern Steel Construction *1st Qtr. 1972*; (**b.**) *One Mellon Bank Center (54 stories), Pittsburgh, PA. Welton Becket Associates, Architects, Lev Zetlin Associates, Inc., Structural Engineers*, A. R. *Mid-Aug. 1981*, Modern Steel Construction *3rd Qtr. 1984*, P/A *Dec. 1980*, ENR *May 20, 1982*; (**c.**) *Belford, Don: Composite steel-concrete building frame*, Civil Engineering-ASCE *July 1972*; (**d.**) *First City Tower (49 stories), Houston, TX. Morris-Aubry, Architects, Walter P. Moore and Associates, Structural Engineers*, Consulting Eng. *March 1985*, ENR *Feb. 18, 1981*, P/A *Dec. 1980*, The Structural Engineer *Sept. 1982, Sept. 1983*; (**e.**) *One Shell Square Tower, New Orleans, LA. SOM, Architects*, ENR *June 3, 1971*; Civil Engineering-ASCE *April 1976*; (**f.**) *Tower 49, New York. SOM, Architects*, Civil Engineering-ASCE *March 1985*; (**g.**) *Eau Claire Estate Tower, Cal-*

gary, Canada SOM, Architects; (**h.**) *3 First National Plaza, Chicago, IL. SOM, Architects*; (**i.**) *Two Union Square Tower, Seattle*, WA. *NBBJ Group, Architects, SWMB, Structural Engineers*, ENR *Feb. 16, 1989*; (**j.**) *Cityplace Tower, Dallas, TX. Cossutta and Associates, Architects, Weiskopf and Pickworth, Structural Engineers*, ENR *Dec. 10, 1987*; (**k.**) *Pacific First Center, Seattle, WA. Callison Partnership, Architects, SWMB, Structural Engineers*, ENR *Feb. 16, 1989.*

Figure 7.39.

(**a.**) *One Liberty Place, Philadelphia, PA. Murphy/Jahn Architects, Lev Zetlin Associates, Structural Engineers*, Civil Engineering-ASCE *March 1986*, Modern Steel Construction *#2/1987*; (**b.**) *383 Madison Ave. (proposal), New York. Kohn Pedersen Fox Associates, Architects, LeMessurier Associates, Structural Engineers*, A. R. *Feb. 1985 and Feb. 1987*; (**c.**) *Wilshire Finance Building, Los Angeles, CA. Albert C. Martin and Associates, Architects/Engineers*, ENR *Sept. 19, 1985*; Civil Engineering-ASCE *March 1986*; (**d.**) *900 North Michigan, Chicago, IL. Kohn Pedersen Fox, Architects, Alfred Benesch CO., Structural Engineers*, Building Design and Construction *March 1987.*

Figure 7.40.

(**a.**) *Chicago Mercantile Exchange (44 stories), Chicago, IL. Fujikawa Johnson and Associates, Architects, Alfred Benesch and Co., Structural Engineers*, Concrete International *Dec. 1983*, A. R. *Nov. 1983*, Modern Steel Construction *2nd Qtr. 1983*; (**b.**) *Ticor Title Insurance* Co. *Office Building (6 stories), San Diego, CA. Deems/Lewis and Partners, Architects, Atkinson, Johnson and Spurrier, Structural Engineers*, Modern Steel Construction, *3rd Qtr. 1986*; (**c.**) *Centrust Tower (37 stories), Miami, FL. I. M. Pei, Architect, CBM Engineering, Inc., Structural Engineers*, Civil Engineering *Dec. 1986.*

Figure 7.41.

Read from left to right: top row: Dyodon project, pneumatic residential cells. Jean-Paul Jungmann, 1967; Modular housing structures project. J. Francois Gabriel, Housing, *Pergamon, 1981*; *Office tower project. Carlo Moretti*, Domus *558, 1976*; *Nakagin Capsule Tower [1972], Tokyo, Japan. Kisho Kurokawa*, A. R. *Feb. 1973*; *Vertical Assembly Building, Cape Kennedy, FL. Urbahn, Roberts, Seelye, Moran*, AA *March 1975*; *Centre Pompidou, Paris, France. Piano + Rogers, Architects, and Ove Arup and Associates, Structural Engineers*, AA *190 April 1977*, P/A *May 1977*, A, Review *May 1977*, AD Profiles *Feb. 1977*, A. R. *Feb. 1978*, GA *44*; *bottom row: Montreal Entertainments Tower project. Peter Cook, 1963; Helicoidal skyscraper project. Manfredi Nicoletti* A + *Nov. 1973*, L'architettura *2172*; *Space frame tower projects. Louis I. Kahn and Griswold Tyng*, ENR *June 5, 1958*; *Arcosanti. Paoli Soleri*, AIA Journal *Feb. 1971*, Arts + Architecture *V2 #4, 1984.*

Figure 8.2.

Read from left to right: Kuwait Water Towers [1980], Kuwait City, Kuwait; octagonal hyper-boloid frame for a water tower (Zusse Levinton, 1967); microwave tower [1979] in Key Largo, FL; ski jump tower, Obersdorf, FRG; bell tower [1963], Priory of the Annunciation, Bismarck, ND (Marcel Breuer); Minneapolis/Plymouth Radio Tower [1975]; 233-ft pithead tower [1981], Bergkamen, FRG; bridge on interstate 8, 40 mi east of San Diego; Friedrich Ebert Bridge [1967], Bonn, FRG; Expo Tower [1970], Osaka, Japan (Kisho Kurokawa); gravity type oil drilling platform (1970s); control tower [1974], Dallas/Fort Worth Airport; two transmission towers; olympic ski jump [1979], Lake Placid, NY; 1572-ft Okalhoma City Television Tower; hyperboloid cooling tower; Humber Bridge [1978], England; airshafts for exhaust fumes [1978], Ymuiden, the Netherlands; crane; CN Tower [1976], Toronto, Canada.

Figure 8.3.

Read from left to right and top to bottom: *Needle Tower* [*1968*] (*Kenneth Snelson*); *Force System* (*sculpture by Walter Kaitna, 1963*); *giant redwood, northern California along the Pacific Ocean*; *cereal grass*; *microwave tower*; *Centrepoint Tower* [*1972*], *Sydney, Australia*; *Spinal Column* (*kinetic sculpture by Frei Otto, 1963*); *Eiffel Tower* [*1889*], *Paris, France* (*984 ft, Gustave Eiffel*); *funicular polygon of revolution tower* [*1962*] (*Robert Le Ricolais*); *Telecommunication Tower* [*1976*], *Frankfurt, FRG* (*Leonardt and Andrae*); *377-ft tower* [*1350*] *of Freiburg Cathedral, Freiburg, FRG*: *Leaning Tower of Pisa, Italy* (*thirteenth century*); *Banco National de Desenvolvimento Economico* [*1981*], *Rio de Janeiro, Brazil* (*22-story*); *15-story laboratory tower* [*1939*], *Johnson Wax Company, Racine*, WI, (*Frank Lloyd Wright*).

Figure 8.4.

Read from left to right: *top*: *conceptual layout for a repository in a salt dome*, Underground Space (US) *1/4, 1982*; *radioactive waste disposal in salt dome*, Tunnelling and Underground Space Technology, *Vol. 1, #2, 1986*; *portion of underground repository layout for nuclear waste*, T&US *Vol. 1, #3/4, 1986*; *subsurface development proposal for the University of Minnesota*; *underground parking garage, Geneva, Switzerland*; *section through proposed power installations for a two-step underground pumped hydro storage arrangement*, US *May/June, 1983*; *salt dome cavern for crude oil storage*, US *May/June 1982*; *bottom*: *Queen of the Guadalupes, cave in the Guadalupe Mountains, Eddy County, NM*; *cavern plan for liquefied petroleum gas storage facility*, US *Vol. 3, #5, 1979*; *general view of urban underground space*; *room and pillar mining, Kansas City, MO*, Smithonian *Feb. 1979.*

Figure 8.6.

Read from left to right: *top*: *floating island, Monaco. E. Albert and J. Cousteau*; *two floating airports, proposals. Lev Zetlin*; *exhibition pavilions* [*1971*] *in Toronto, Canada. Craig-Zeidler-Strong*; *floating airport, proposal. Lev Zetlin*; *Aquapolis* [*1975*], *Okinawa, Japan. Kiyonori Kikutake*; *middle*: *Tecnomare steel gravity platform*; *Sea Tank Cormorant A* (*UK*) [*1978*]; *Tripod 300, concrete gravity structure, proposal*; *Doris, Ninian Central Platform* (*UK*) [*1978*]; *Hutton Tension-Leg Platform* (*UK*) [*1983*]; *semisubmersible drilling rig*; *bottom*: *Magnus, steel-template-jacket platform* (*UK*) [*1982*]; *jack-up rick*; *Cognac Platform, Gulf of Mexico* (*USA*) [*1978*]; *Mandrill 400, tripod steel structure, proposal*; *Lena Platform Guyed Tower, Gulf of Mexico,* (*USA*) [*1985*]; *Condeep, Statfjord B concrete gravity-base platform* (*Norway*) [*1981*]; *articulated loading platform.*

附录 C：部分习题的答案

习题 2.1　$h=3600$ 英尺
习题 2.2　$t=5/16$ 英寸
习题 2.4　$\Delta=13.84$ 英寸
习题 2.6　重力塔（Gravity tower）
习题 2.7　$f_c=11.18$ 千磅力/英寸^2，$S.F.=2.47$
习题 2.9　$f_c=114.71$ 磅力/英寸^2，$f_t=28.09$ 磅力/英寸^2
习题 2.12　$f_c=6.84$ 千磅力/英寸^2
习题 2.14　$f_b=0.96$ 千磅力/英寸^2
习题 2.21e　$I=1616$ 英尺^4
习题 3.3　BM_{3-4}；W18×40，BM_{1-5}：W21×68
习题 3.4　W14×370
习题 3.8a　$T=1.04$ 秒
习题 3.9　$V=3605$ 千磅力，S. F. =5.45
习题 3.12　$V=1718$ 千磅力，S. F. =2.29
习题 3.17d　$V=473$ 千磅力，S. F. =3.25
习题 3.21　$T=2745$lb
习题 3.25　$f_c=0.326$ 千磅力/英寸^2
习题 3.26　$f_a=14.25$ 千磅力/英寸^2，$f_b=31.97$ 千磅力/英寸^2
习题 3.28a　$\Delta=0.212$ 英寸
习题 3.30　5/8 英寸
习题 3.32　3/8 英寸
习题 3.34　$T=-23.30$℉
习题 4.3　#3 @ 6 英寸和 #3 @ 12 英寸
习题 4.6　1 5/8×20 英寸 # 3/8×68 1/4 英寸
习题 4.8　W14×159
习题 4.10　W12×120
习题 4.12　W14×120
习题 4.16　4#9，#3 ties @ 12 英寸
习题 4.19a　20×20 英寸
习题 4.21　34×34 英寸
习题 4.23　10×10 英寸，4#5，#3 ties @ 10 英寸
习题 4.26　14×14 英寸
习题 4.28　18×18 英寸
习题 4.29　28×28 英寸
习题 4.31　6#9

习题 5. 1　P_A = 490 千磅力，P_B = 980 千磅力，P_C = 0
习题 5. 3b　$P_C = P_D$ = 240 千磅力，$P_A = P_B$ = 0
习题 5. 4　t = 18 英寸
习题 5. 8　P = 78. 29 千磅力
习题 5. 9　P_i = 5. 67 千磅力，P_o = 9. 50 千磅力
习题 5. 12　P_y = 46. 90 千磅力，P_x = 8. 21 千磅力
习题 5. 14　P_{y1} = 48. 91 千磅力，P_{y2} = 51. 09/2 千磅力，P_x = 1. 81 千磅力
习题 5. 18b　5 英寸板，#4 @ 8 1/2 英寸 at support，#4 @ 13 英寸 field，#3 @ 11 英寸 temperature steel.
习题 5. 22b　4 1/2 英寸板，#4 @ 7 英寸，#3 @ 12 英寸 temperature steel
习题 5. 25　7 英寸板，#5 @ 5 1/2 英寸上柱
习题 5. 28　5-3/4 英寸合金钢
习题 5. 30　6 1/2 英寸板，in each direction strands with a diameter of 0. 438 英寸@ 12 1/2 英寸 o. c. ，f_c = 517 磅力/英寸^2，f_t = 91 磅力/英寸^2
习题 6. 1　t = 2 3/4 英寸
习题 6. 4　f_t = 62. 86 磅力/英寸^2 NG
习题 6. 6　8 英寸砖墙
习题 6. 7　Additives must be used.
习题 6. 10　I_s = 3. 07 英寸^4/英尺
习题 6. 12　I = 9. 75b，I = 0. 56b
习题 6. 14　#6 @ 22in. o. c.
习题 6. 16　f_t = 17. 34 磅力/英寸^2 ≤28 磅力/英寸^{2}满足
习题 6. 19　6000 磅力/英寸^2
习题 6. 21　#5 @ 20in. o. c.
习题 6. 24　墙不能工作。
习题 6. 26　S. F. = 1. 65≥1. 5 满足
习题 6. 27　2#6 和 2#8
习题 6. 30　4 层
习题 6. 32　M = 26. 64 英尺·千磅
习题 6. 33　M14 × 18
习题 6. 34　L 3 1/2 × 3 1/2 × 1/4
习题 6. 36a　WT7 × 11
习题 6. 37　2#4
习题 6. 38　2#4
习题 7. 2　核芯受压。
习题 7. 3　A_s = 75 英寸^2
习题 7. 4　k = 1. 9
习题 7. 5　W14 × 211
习题 7. 7　36 × 36 英寸
习题 7. 9　W16 × 31 梁，W12 × 53 柱
习题 7. 11d　W30 × 108 大梁，W14 × 370 柱
习题 7. 16　W14 × 159
习题 7. 20　W16 × 36 梁，L8 × 6 × 9/16 支柱，W14 × 109 柱
习题 7. 23　4. 02 英尺
习题 7. 24　16 × 16 英寸，2% ~3%
习题 7. 29　W14 × 109

参考书目

Ambrose, James: *Building Structures.* New York: John Wiley, 1988.

American Institute of Steel Construction: Temperature effects on tall steel framed buildings, *AISC Engineering Journal*, Oct. 1970.

American Institute of Steel Construction: *Manual of Steel Construction*, 8th ed. Chicago: AISC, 1980. American Institute of Steel Construction: *Save with Steel in Multi-Story Buildings.* New York: AISC, 1965.

American Iron and Steel Institute: *Fire-Resistant Steel-Frame Construction*, 2nd ed. Washington, D. C.: AISI, 1974.

American National Standards Institute: Minimum Design Loads for Buildings and Other Structures (ANSI A58.1-1982). New York: ANSI, 1982.

Architects and Earthquakes. Washington, D. C.: AIA Research Corporation, 1977.

Aregger, Hans and Glaus, Otto: *Highrise Building and Urban Design*, New York: Praeger, 1967.

Arnold, Christopher and Reitherman, Robert: *Building Configuration Seismic Design.* New York: John Wiley, 1982.

Aynsley, Richard M.: Wind effects around buildings. *Arch. Science Review*, March 1972.

Aynsley, Richard M.: Wind effects on high and low rise housing. *Arch. Science Review*, Sept. 1973. Bakke and Kopp, Inc., Struct. Eng.: Staggered truss framing systems for high-rise buildings. *USS Technical Report*, Dec. 1972.

Banham, Reyner: *Megastructure.* New York: Harper and Row, 1976.

Barnett, Jonathan: *An Introduction to Urban Design.* New York: Harper and Row, 1982.

Bartos, Michael J., Jr.: Building starscrapers in orbit. *Civil Engineering/ASCE*, July 1979.

Bayley, Roger W.: Designing with computers. *The Canadian Architect.* October 1983.

Bednar, Michael J.: *The New Atrium.* New York: McGraw-Hill, 1986.

Beedle, Lynn S., ed.: *Advances in Tall Buildings.* New York: Van Nostrand Reinhold, 1986.

Beedle, Lynn S., ed: *Second Century of the Skyscraper.* New York: Van Nostrand Reinhold, 1988.

Belford, Don M.: Composite steel-concrete building frame. *Civil Engineering/ASCE*, July 1972.

Bergman, Magnus S.: The development and utilization of subsurface space. *Tunnelling and Under-ground Space Technology*, Vol. 1, Number 2, 1986.

Bethlehem Steel Corporation: Building Case History, (reports), Bethlehem, PA.

Billington, David P. and Mark, R.: *Structures and Urban Environment.* Department of Civil Engineering, Princeton University, 1983.

Billington, David P., and Goldsmith, Myron, eds.: *Technique and Aesthetics in the Design of Tall Buildings.* Lehigh University, Bethlehem, PA: Institute for the Study of the High-Rise Habitat, 1986.

Bouwcentrum/Rotterdam: *Modern Steel Construction in Europe.* Amsterdam, Netherlands: Elsevier, 1963.

Bradshaw, Vaughn: *Building Control Systems.* New York: John Wiley, 1985.

Bresler, Boris, Lin, T. Y., and Scalzi, John B.: *Design of Steel Structures*, 2nd ed. New York: John Wiley, 1968.

Brick Institute of America: Technical Notes on Brick Construction from BIA, Reston, VA.

Burns, Joseph G.: *The Engineering Aesthetics of Tall Buildings.* New York: ASCE, 1985.

Chang, Fu-Kuei: Human response to motions in tall buildings. *Journal of the Structural Division*, ASCE, Vol. 99, No. ST6, June 1973.

Chopra, Anil K.: *Dynamics of Structures*. Berkeley, CA: Earthquake Engineering Research Institute, 1981.

Colaco, Joseph P.: Partial tube concept for mid-rise structures. *Engineering Journal*, AISC, 4th Otr, 1974.

Coleman, Robert A.: *Structural Systems Design*. Englewood Cliffs, NJ: Prentice-Hall, 1983.

Composite steel-concrete construction, *Journal of the Structural Division*, ASCE, Vol. 100, No. ST5, Proc. Paper 10561, May 1974.

Concrete Reinforcing Steel Institute Committee on Fire Ratings: *Reinforced Concrete Fire Resistance*. Chicago, IL: CRSI, 1980.

Condit, Carl W.: *American Building Art: The Nineteenth Century*. New York: Oxford U. Press, 1960.

Council on Tall Buildings and Urban Habitat: Monograph on Planning and Design of Tall Buildings (5 volumes): CB *Structural Design of Tall Concrete and Masonry Buildings*, 1978; SB *Structural Design of Tall Steel Buildings*, 1979; SC *Tall Building Systems and Concepts*, 1980; CL *Tall Building Criteria and Loading*, 1980; PC *Planning and Environmental Criteria for Tall Buildings*, 1981. New York: American Society of Civil Engineers.

Council on Tall Buildings and Urban Habitat: *High-Rise Buildings, Recent Progress*. Bethlehem, PA: Lehigh University, 1986.

Cowan, Henry J.: *Science and Building*. New York: John Wiley, 1978.

Coull, A. and Choudhury, J. R.: Stresses and deflections in coupled shear walls. *ACI Journal*, Feb. 1967.

Crump, Ralph W.: Games that buildings play with winds. *AIA Journal*, March 1974.

Dahinden, Justus: *Urban Structures for the Future*. New York: Praeger, 1972.

Dampers blunt the wind's force on tall buildings. *A. R.*, Sept. 1971.

Degenkolb, Henry J.: *Earthquake. Bethlehem Steel Booklet* 2717A., 1978.

Deilman, Harald: *The Dwelling: Use-Types, Plan-Types, Dwelling-Types, Building-Types*, 3rd ed. Stuttgart, FRG: K. Krämer, 1980.

Drechsel, Walther: *Turmbauwerke*. Wiesbaden, FRG: Bauverlag GMBH, 1967.

Drew, Philip: *Third Generation*. New York: Praeger, 1972.

Dym, Clive L. and Klabin, Don: Architectural implications of structural vibration. *A. R.*, Sept. 1975.

Ellers, Fred S.: Advanced offshore oil platforms. *Scientific American*, April 1982.

Evans, Martin: *Housing, Climate and Comfort*. London: Architectural Press, 1980.

Fairweather, Virginia: Building in space. *Civil Engineering/ASCE*, June 1985.

Falconer, Daniel W. and Beedle, Lynn S.: *Classification of Tall Building Systems*. Lehigh University: Fritz Engineering Lab Report 442.3, 1984.

Faller, Peter and Schröder, Hermann: *Terrassierte Bauten in der Ebene, Beispiel Wohnhügel*. Bonn, FRG: Schriftenreihe des Bundesministers für Raumordnung, Bauwesen und Städtebau, 1973.

Fintel, Mark, ed.: *Handbook of Concrete Engineering*, 2nd ed. New York: Van Nostrand Reinhold, Co., 1985.

Fintel, Mark and Ghosh, S. K.: *Economics of Long-Span Concrete Slab Systems for Office Buildings— A Survey*. Skokie, IL: PCA, 1982.

Fintel, Mark and Schultz, Donald M.: A philosophy for structural integrity of large panel buildings. *PCI Journal*, May/June 1976.

Fintel, Mark and Schultz, Donald M.: Structural integrity of large panel buildings. *ACI Journal*, May 1979.

Fitch, James M.: *American Building: The Historical Forces that Shaped It*, 2nd ed. New York: Schocken Books, 1973.

Fling, Russell S.: *Practical Design of Reinforced Concrete*. New York: John Wiley, 1987.

Gandemer, Par J.: *Wind Environment Around Buildings: Aerodynamic concepts*. Proceedings of the 4th International Conference on Wind Effects on Buildings and Structures, Heathrow 1975, Cambridge, UK: Cambridge University Press, 1977.

Gandemer, Par J.: Les effects aerodynamiques du vent dans les ensembles batis. *TA* 325, June/July 1979.

Gaylord, Edwin H., Jr. and Gaylord, Charles N., eds.: *Structural Engineering Handbook*, 2nd ed. New York: McGraw-Hill, 1979.

Gerwick, Ben C., Jr: *Construction of Offshore Structures*. New York: John Wiley, 1986.

Giedion, Siegfried: *Space, Time, and Architecture*, 5th ed. Cambridge, MA: Harvard U. Press, 1967.

Goldberger, Paul: *The Skyscraper.* New York: Alfred A. Knopf, 1982.

Graff, W. J.: *Introduction to Offshore Structures.* Houston: Gulf Publ. Co., 1981.

Grütter, Jörg Kurt: *Ästhetik der Architektur.* Stuttgart, FRG: Kohlhammer Verlag, 1987.

Guise, David: *Design and Technology in Architecture.* New York: John Wiley, 1985.

Hart, F., Henn W., and Sontag, H.: *Multi-Storey Buildings in Steel.* London: Granada Publ., 1978. Hooper, Ira: Design of beam-columns. *AISC Engineering Journal*, April 1967.

Innovation in Masonry. *P/A*, Feb. 1979.

International Conference on Planning and Design of Tall Buildings (1972: Lehigh University): *Proceedings* (5 volumes): v. C *Introduction, Conference Record, Indexes*; v. Ia *Tall Building Systems and Concepts*; v. Ib *Tall Building Criteria and Loading*; v. Ⅱ *Structural Design of Tall Steel Buildings*; v. Ⅲ *Structural Design of Tall Concrete and Masonry Buildings.* New York: American Society of Civil Engineers, 1972.

International Masonry Institute: *The New and Modern Capabilities of Engineered Loadbearing Walls.* Washington, D. C.: IMI, 1976.

Jahn, Helmut: Genesis of a tower. *Architectural Technology*, Fall 1983.

Jencks, Charles: *Skyscrapers—Skycities.* New York: Rizzoli, 1980.

Joedicke, Jürgen: *Office and Administration Buildings.* Stuttgart, FRG: K. Krämer Verlag, 1975. Khan, Fazlur R.: The future of highrise structures. *P/A*, Oct. 1972.

Knoll, Franz: Structural design concepts for the Canadian National Tower, Toronto, Canada. *Canadian Journal of Civil Engineering*, v. 2, no. 2, 1975.

Komendant, August E.: *18 Years with Architect Louis I. Kahn.* Englewood, NJ: Aloray, 1975.

Kraemer, F. W. and Meyer, Dirk: *Bürohaus-Grundrisse.* Stuttgart, FRG: A. Koch, Publ., 1974.

Leba, Theodore: *The Application of Nonreinforced Concrete Masonry Load-Bearing Walls in Multistory Structures.* McLean, VA: NCMA, 1969.

Leet, Keneth: *Reinforced Concrete Design.* New York: McGraw-Hill, 1982.

Leffler, Robert E.: Efficiency of tubular framing for medium-height buildings. *Engineering Journal*, AISC, 4th Otr., 1979.

Lehman, Conrad R.: Multi-storey suspension structures. *A. D.*, Nov. 1963.

LeMessurier, William J.: Supertall structures. *A. R.* Jan. 1985 and Feb. 1985.

Leonhardt, Fritz and Mönnig, E.: *Vorlesungen über Massivbau. Dritter Teil*, 3rd ed. Berlin, FRG: Springer Verlag, 1977.

Lerup, Lars, Cronrath, David, Liu, Chiang, and Koh, John: *Learning from Fire: A Fire Protection Primer for Architects.* Washington, D. C.: National Fire Prevention and Control Administration, U. S. Department of Commerce, PB 283 163, 1977.

Lin, T. Y. and Burns, Ned H.: *Design of Prestressed Concrete Structures*, 3rd ed. New York: John Wiley, 1981.

Lin, T. Y. and Stotesbury, Sydney D.: *Structural Concepts and Systems for Architects and Engineers*, 2nd ed. New York: Van Nostrand Reinhold Co., 1988.

Lüchinger, Arnulf: *Structuralism in Architecture and Urban Planning.* Stuttgart, FRG: K. Krämer Verlag, 1980.

Macaulay, David: *Underground.* Boston: Houghton Mifflin, 1976.

MacDonald, Angus J.: *Wind Loading on Buildings.* New York: John Wiley, 1975.

Mackintosh, Albyn: *The Application of Reinforced Concrete Masonry Load-Bearing Walls in Multi-Storied Structures.* McLean, VA: NCMA, 1973.

Macsai, John, Holland, Eugene P., Nachman, Harry S., Anderson, James R., Shlaes, Jared, and Hidvegi, Alfred J.: *Housing*, 2nd ed. New York: John Wiley, 1982.

Malhotra, H. L.: *Design of Fire-Resisting Structures.* Glasgow: Surrey U. Press, 1982.

Martin, Leslie and March, Lionel, eds.: *Urban Space and Structures.* London: Cambridge University Press, 1972.

Melaragno, Michele: *Wind in Architectural and Environmental Design.* New York: Van Nostrand Reinhold, 1982.

Messler, Norbert: *The Art Deco Skyscraper in New York.* New York: Peter Lang, 1986.

Meyer, John: Gophers go underground. *Civil Engineering/ASCE*, Oct. 1978.

Michaels, Leonard: *Contemporary Structure in Architecture.* New York: Reinhold Publ. Co., 1950.

Morris, A. E. J.: *Precast Concrete in Architecture.* London: The Whitney Library of Design, 1978.

National Concrete Masonry Association: An Information Series from NCMA. Herndon, VA: NCMA. National Concrete Masonry Association: *Tall Buildings with Concrete Masonry Bearing Walls.* Herndon, VA: NCMA, 1978.

Nervi, Pier Luigi: *Buildings, Projects, Structures 1953-1963.* New York: Praeger, 1963.

Neville, Gerald B., ed.: *Simplified Design, Reinforced Concrete Buildings of Moderate Size and Height.* Skokie, IL: PCA, 1984.

Nilson, Arthur H.: *Design of Prestressed Concrete.* New York: John Wiley, 1978.

Norberg-Schulz, Christian: *Existence, Space and Architecture.* New York: Praeger, 1971.

O'Hare, Michael: Wind whistles through MIT tower. *P/A*, March 1967.

Oppenheim, Irving J.: *Structural Systems in Design.* Pittsburgh, PA: Carnegie-Mellon University, 1979.

Optimizing the structure of the skyscraper. *A. R.*, Oct. 1972.

Pelli, Cesar: Skyscrapers. *Perspecta* 18, 1982.

Petroski, Henry: *To Engineer Is Human: The Role of Failure in Successful Design.* New York: St. Martin's, 1985.

Popov, Egor P.: Seismic steel framing systems for tall buildings. *Engineering Journal*, AISC, 3rd Qtr., 1982.

Portland Cement Association: *Building Movement and Joints.* Skokie, IL: PCA, 1982.

Post-Tensioning Institute: *Post-Tensioning Manual*, 2nd ed. Glenview, IL: PTI, 1976.

Prestressed Concrete Institute: *PCI Design Handbook, Precast and Prestressed Concrete*, 3rd ed. Chicago, IL: PCI, 1985.

Prestressed Concrete Institute: *PCI Manual for Structural Design of Architectural Precast Concrete.* PCI Publ. MNL-121, 77. Chicago, IL: PCI, 1977.

Prestressed Concrete Institute: *PCI Manual on Design of Connections for Precast Prestressed Concrete.* Chicago, IL: PCI, 1973.

Riccabona, Christof, and Wachberger, Michael: *Terrassenhäuser*, *e + p*14. Munich, FRG: Verlag Georg D. W. Callwey, 1974.

Rush, Richard: Mixed framing systems. *Building Design and Construction.* March 1987.

Salvadori, Mario: *Why Buildings Stand Up.* New York: McGraw-Hill, 1982.

Saxon, Richard: *Atrium Buildings.* New York: Van Nostrand Reinhold, 1983.

Scalzi, John B.: The Staggered Truss System—Structural Consideration. *AISC Journal*, Oct, 1971.

Schlaich, Jörg, Schäfer, Kurt, and Jennewein, Mattias: Toward a consistent design of structural concrete. *PCI Journal*, May/June 1987.

Schneider, Robert R. and Dickey, Walter L.: *Reinforced Masonry Design.* Englewood Cliffs, NJ: Prentice-Hall, 1980.

Schriftenreihe des Bundesministers für Raumordnung, Bauwesen und Städtebau: *Aktivierung des Gebäudeinnern von terrassierten Bauten in der Ebene—Beispiel Stufendomino.* Bonn-Bad Godes-berg, FRG: publication #03.033, 1975.

Schriftenreihe des Bundesministers für Raumordnung, Bauwesen und Städtebau: *Esslingen-Zollberg/Süd-Differenzierung und Typisierung an terrassierten Bauten.* Bonn-Bad Godesberg, FRG: pub-lication #01.059, 1977.

Schueller, Wolfgang: *Horizontal-Span Building Structures.* New York: John Wiley, 1983.

Schueller, Wolfgang: *High-Rise Building Structures.* New York: John Wiley, 1977.

Schueller, Wolfgang: *Exercise Manual to The Vertical Building Structure.* Virginia Tech, Blacksburg, VA: College of Architecture and Urban Studies, 1990.

Schultz, Donald M.: *Design and Construction of Large Panel Concrete Structures*, Report 6, Design Methodology. Washington, D. C.: U. S. Department of Housing and Urban Development, 1979.

Steel Joist Institute: *Catalogue of Standard Specifications, Load Tables, and Weight Tables for Steel Joists and Joist Girders.* Myrtle Beach, SC: SJI, 1987.

Sieverts, Ernst: *Bürohaus und Verwaltungsbau.* Stuttgart, FRG: Verlag W. Kohlhammer, 1980.

Standard Building Code (SBCCI), 1985 Edition. Birmingham, AL: Southern Building Code Congress International, Inc.

Sting, Hellmuth: *Der Grundriss im Mebrgeschossigen Wohnungsbau.* Stuttgart, FRG: A. Koch Publ., 1969.

Structural Clay Products Institute: *Recommended Practice for Engineered Brick Masonry.* McLean, VA: SCPI, 1969.

Suspended Ceiling Systems: The down side of up. *P/A*, Sept. 1980.

Taranath, Bungale S.: *Structural Analysis and Design of Tall Buildings.* New York: McGraw-Hill, 1988.

Tarics, Alexander G.: Concrete-filled steel columns for multi-story construction. *Modern Steel Construction*, 1st Qtr., 1972.

Teal, Edward J. : Seismic design practice for steel buildings. *AISC Journal*, 4th Qtr., 1975.

Teng, Wayne C. : *Foundation Design.* Englewood Cliffs, N. J. : Prentice-Hall, 1962.

The American Institute of Architects: *Energy in Design.* AIA Catalog #N911 and #N912, Washington, D. C. : AIA, 1982.

Building Officials & Code Administrators International, Inc. : The BOCA Basic Building Code/1981, 8th ed. Homewood, IL: BOCA, 1981.

The quiet revolution in skyscraper design. *Civil Engineering/ASCE*, May 1983.

The sky's the limit. *ENR*, Nov. 3, 1983.

The staggered truss system. *USS Report*, May 1977.

The Structures Group Metropolitan Section—ASCE and The Council of Tall Buildings and Urban Habitat: *Structural Design of Tall Buildings.* New York: SGMA, 1988.

Thinking tall. *P/A*, Dec. 1980.

Thin sheets of air. *P/A*, June 1985.

Thornton, Charles H. : Avoiding wall Problems by understanding structural movement. *A. R.*, Dec. 1981.

Timoshenko, Stephen P., and Gere, James M. : *Theory of Elastic Stability*, 2nd ed. New York: McGraw-Hill, 1961.

Tucker, Jonathan B. : Super-skyscrapers. *High Technology*, Jan. 1985.

Uniform Building Code (UBC), 1985 Edition, International Conference of Building Officials, Whittier, CA.

United States Steel: *Interstitial Systems in Healthcare Facilities.* A-DUSS 27-7601-01, Dec. 1979.

Ural, Oktay and Krapfenbauer, Robert, eds. : *Housing: The Impact of Economy and Technology.* New York: Pergamon Press, 1981.

White, Richard N. and Salmon, Charles G., eds. : *Building Structural Design Handbook.* New York: John Wiley, 1987.

Wiesner, Kenneth B. : Taming lively buildings. *Civil Engineering*, June 1986.

Wilson, Forrest: *Emerging Form in Architecture, Conversations with Lev Zetlin.* Boston: Cahners Books, 1975.

Wilson, Forrest: The perils of using thin stone and safeguards against them. *Architecture*, February 1989.

Wind Analysis: Preventive medicine for cladding, structural problems. *ENR*, March 27, 1980.

Wright, Frank Lloyd: *The Story of the Tower.* New York: Horizon Press, 1956.

Zuk, William: Kinetic structures. *Civil Engineering*, Dec. 1968.

译后：

承担本书翻译工作的是同济大学建筑工程系的老师，在此表示感谢。具体翻译人员如下：

第一章：金安石

第二章：袁勇、邵晓芸、金安石

第三章：柳献、彭定超

第四章：柳献

第五、六章：邵晓芸

第七、八章：袁勇

封面、致谢部分：袁勇、柳献

中国未成年人权力保护与犯罪预防工作

第三卷　**指导全书**

佟丽华⊙主编